南宁师范大学博士学位授予单位立项建设专项经费资助出版
南宁师范大学中国现当代文学学科带头人团队专项经费资助出版
广西文艺评论基地(南宁师范大学)科研经费资助出版

● 研究生人文素养教材

学风九编

李仰智　卢有泉　主编

中国社会科学出版社

图书在版编目（CIP）数据

学风九编/李仰智，卢有泉主编.—北京：中国社会科学出版社，2019.12

（中国哲学典籍大全）

ISBN 978-7-5203-5607-7

Ⅰ.①学… Ⅱ.①李… ②卢… Ⅲ.①学术工作－学风建设－研究－中国 Ⅳ.①G322

中国版本图书馆CIP数据核字（2019）第255978号

出 版 人	赵剑英
责任编辑	陈肖静
责任校对	刘 娟
责任印制	戴 宽

出 版	中国社会科学出版社
社 址	北京鼓楼西大街甲158号
邮 编	100720
网 址	http://www.csspw.cn
发 行 部	010-84083685
门 市 部	010-84029450
经 销	新华书店及其他书店

印刷装订	北京君升印刷有限公司
版 次	2019年12月第1版
印 次	2019年12月第1次印刷

开 本	710×1000 1/16
印 张	59.5
插 页	2
字 数	1005千字
定 价	298.00元

凡购买中国社会科学出版社图书，如有质量问题请与本社营销中心联系调换
电话：010-84083683
版权所有 侵权必究

目　录

第一编　国学史征

论中国学术思想变迁之大势（节录）/梁启超……………………（3）
孔子以后之中国学术文化精神/唐君毅…………………………（8）
宋代之金石学/王国维……………………………………………（16）
明清国子监/谭家健………………………………………………（21）
论书院/季羡林……………………………………………………（24）
清代的学术/吕思勉………………………………………………（34）
论近年之学术界/王国维…………………………………………（38）
近儒学术统系论/刘师培…………………………………………（42）
中国学/辜鸿铭……………………………………………………（49）
中国古典的精髓/辜鸿铭…………………………………………（58）
国学讲习记（节录）/邓实………………………………………（61）
东方学术之根本/梁漱溟…………………………………………（63）
新时代与新学术（节录）/钱穆…………………………………（67）
学术思想史的创建与流变/余英时………………………………（71）
博学与专精之争的历史考察/周勋初……………………………（80）

第二编　大学原始

大学/康有为………………………………………………………（89）
就任北京大学校长之演说/蔡元培………………………………（96）
五四前后的北大/蔡元培…………………………………………（99）
吾国学术之现状及清华之职责/陈寅恪…………………………（102）
大学一解/梅贻琦…………………………………………………（105）

中央大学之使命/罗家伦 …………………………………（115）
学术独立与新清华/罗家伦 …………………………………（121）
留学与求学/叶公超 …………………………………………（126）
百年学术思潮与北大/陈来 …………………………………（130）
关于大学的概念/［英］约翰·亨利 ………………………（135）
真正的哈佛/［美］詹姆士 …………………………………（138）

第三编　学者本色

人才/吴虞 ……………………………………………………（145）
中国知识分子（节录）/钱穆 ………………………………（148）
知识阶级与政治/蒋廷黻 ……………………………………（160）
学者与仕途/雷海宗 …………………………………………（165）
怎样才算是知识分子/殷海光 ………………………………（168）
知识分子立身处世之道/牟宗三 ……………………………（171）
知识分子的政治认同与政治关切/杜维明 …………………（184）
在学术文化上建立自我/杜维明 ……………………………（187）
中国知识分子与人文精神/张岱年 …………………………（191）
从性格与时代论王国维治学途径之转变（节录）/叶嘉莹……（198）
对权势说真话/［美］爱德华·萨义德 ……………………（204）
怎样才是知识分子/［英］弗兰克·富里迪 ………………（214）
海德堡与海德堡精神/［德］尼姑劳斯·桑巴特 …………（219）
什么是知识分子/［美］科塞 ………………………………（229）
成为你自己/［德］尼采 ……………………………………（234）
精神独立宣言/［法］罗曼·罗兰 …………………………（238）
论学者的使命/［德］费希特 ………………………………（240）
以学术为业（节录）/［德］韦伯 …………………………（250）
杰出科学家的特征/［英］贝弗里奇 ………………………（261）
人人独立，国家就能独立/［日］福泽谕吉 ………………（264）

第四编　学术要义

叙小修诗/袁宏道 ……………………………………………（271）
勉学/颜之推 …………………………………………………（273）
博约说/王阳明 ………………………………………………（277）

目录

学与术/梁启超 ………………………………………（279）
三十自序·二/王国维 ………………………………（283）
学术独立/陈独秀 ……………………………………（285）
一个学术独立的途径/萧公权 ………………………（287）
谈学术自由/戴逸 ……………………………………（290）
学术研究的承担/钱理群 ……………………………（293）
论学问/[英]培根 ……………………………………（299）
自我实现的人/[美]亚伯拉罕·马斯洛 ……………（301）
历史、学术与社会进步/[英]托马斯·狄金森 ……（313）
思想自由与讨论自由（节录）/[英]密尔 …………（321）
人文科学的逻辑（节录）/[德]卡希尔 ……………（332）
特立独行的力量/[英]大卫·洛契弗特 ……………（336）
论怀疑/[日]三木清 …………………………………（340）

第五编　科学思维

太史公自序（节录）/司马迁 ………………………（347）
良知在人心/王守仁 …………………………………（349）
科学精神与东西文化/梁启超 ………………………（352）
教育的根本要从自国自心发出来/章太炎 …………（359）
何谓文化教养（节录）/辜鸿铭 ……………………（370）
科学思维与宗教、神话之联系/顾颉刚 ……………（374）
说思辨/冯友兰 ………………………………………（376）
关于在中国如何推进科学思想的几个问题/李济 …（378）
人的思维路径的殊异和指归/钱锺书 ………………（384）
怀疑与信仰/李石岑 …………………………………（386）
读书破万卷，下笔如有神——天才与灵感/朱光潜 …（392）
论知性的分析方法/王元化 …………………………（396）
精神生活与精神境界/张岱年 ………………………（403）
读书中的几种心理现象/金开诚 ……………………（409）
思想出路的三动向/陈来 ……………………………（412）
自助（节录）/[美]爱默生 …………………………（418）
培养独立工作和独立思考的人/[德]爱因斯坦 ……（422）
从罗丹得到的启示/[奥]茨威格 ……………………（427）
怀疑主义的价值/[英]罗素 …………………………（430）

3

第六编　治学精神

答朱载言书/李翱……………………………………………（443）
学问之趣味/梁启超…………………………………………（446）
修学与从师/蔡元培…………………………………………（449）
教育与文化/方东美…………………………………………（453）
怀疑与学问/顾颉刚…………………………………………（462）
谈学问/梁漱溟………………………………………………（464）
生活与思想/吴晗……………………………………………（467）
取法其上，仅得乎中/华罗庚………………………………（470）
文化传统和综合创新/张岱年………………………………（472）
才能来自勤奋学习/钱伟长…………………………………（476）
应有格物致知精神/丁肇中…………………………………（479）
光荣的荆棘路/［丹］安徒生………………………………（482）
论创造/［法］罗曼·罗兰…………………………………（486）
论人的命运/［英］D·H.劳伦斯…………………………（488）
走自己的路/［美］卡耐基…………………………………（496）
科学革命的性质和必然性（节录）/［美］库恩…………（500）
所有的小径都通向山顶/［印］奥修………………………（507）
社会同学问的关系/［日］涩泽荣一………………………（509）

第七编　治学方法

读书、作文与做人/曾国藩…………………………………（515）
国学之本体与治国学之方法/章太炎………………………（521）
清代学者的治学方法（节录）/胡适………………………（533）
明学术与古书源流/胡怀琛…………………………………（541）
治学的方法与材料/胡适……………………………………（547）
中国史料的整理/陈垣………………………………………（556）
治学篇/钱基博………………………………………………（563）
史学方法导论（节录）/傅斯年……………………………（572）
读书法/马一浮………………………………………………（582）
怎样运用文学的语言/郭沫若………………………………（591）
写作的艺术/林语堂…………………………………………（595）

目录

谈读诗与趣味的培养/朱光潜……………………（602）
谈谈有关宋史研究的几个问题/邓广铭……………（608）
从对对子学起（节录）/王利器……………………（619）
治学"十六字诀"/茅以升……………………………（625）
我的史学观和我走过的学术道路（节录）/何兹全…（630）
广博·勤奋·赶超/谈家桢……………………………（646）
读书·读人·读物/金克木……………………………（650）
学读书/金克木………………………………………（655）
论学术文章的写作/任继愈…………………………（659）
"四书"教学的经验与问题/陈来……………………（662）
论作家的人生哲学/［美］杰克·伦敦……………（665）
如何阅读一本书（节录）/［美］莫提默·艾德勒…（669）
谈谈方法（节录）/［英］笛卡尔…………………（676）
怎样做文献综述（节录）/［美］劳伦斯·马奇……（686）

第八编 治学经验

清华八年（节录）/梁实秋…………………………（695）
我的教学与研究生涯/陈岱孙………………………（702）
我的学思进程/牟宗三………………………………（706）
我的治学道路/夏承焘………………………………（714）
我的治学经历/谢国桢………………………………（724）
我是如何走上研究语言学之路的/罗常培…………（729）
读书与游历（节录）/钱穆…………………………（735）
我苦学的一些经历/蔡尚思…………………………（744）
我的学术思想是什么（节录）/罗尔纲………………（749）
我和敦煌学/饶宗颐…………………………………（750）
路漫漫兮修远——简述我的学术研究道路/姜亮夫…（757）
我走上了历史教学和研究的道路/戴逸……………（761）
熊十力先生的为人与治学（节录）/任继愈………（767）
我所了解的陈寅恪先生（节录）/周一良……………（775）
开风气，育人才/费孝通……………………………（782）
学如逆水行舟，不进则退/侯仁之…………………（792）
我与《说文》/陆宗达…………………………………（800）
我的读书经历/杨宪益………………………………（805）
我和北大/邓广铭……………………………………（808）

我和《左传》/杨伯峻……………………………………………（812）
我的民俗学探究历程/钟敬文………………………………（815）
我和校雠学/程千帆…………………………………………（820）
我和中国神话（节录）/袁珂………………………………（827）
我走过的路（节录）/余英时………………………………（834）
谈翻译的甘苦/董乐山………………………………………（841）
梦想悠悠/［美］阿莱克斯·黑利…………………………（845）
我为什么写作/［美］G·奥威尔…………………………（849）
我的病历/［英］斯蒂芬·霍金……………………………（855）

第九编　学术规范

救学弊论/章太炎……………………………………………（863）
论学术道德/吴世昌…………………………………………（869）
东方文学研究的范围和特点（节录）/季羡林……………（877）
"知行合一"之源/杜维明…………………………………（888）
论白鹿洞书院学规/任继愈…………………………………（893）
国学要对现实有用/金开诚…………………………………（898）
中国学术规范的传统与前景/葛剑雄………………………（901）
关于学术规范的若干问题/许纪霖…………………………（904）
漫谈词语错用/金开诚………………………………………（910）
文后参考文献著录指南（存目）/段明莲等………………（914）
科学技术报告、学位论文和
学术论文的格式（存目）/谭丙煜等………………………（915）
全球化时代文学研究还会继续存在吗/［美］希利斯·米勒…（917）
科学要遵循人道的规律/［法］巴斯德……………………（929）
科学家是怎样做成的/［美］费恩曼………………………（932）
科学家与头脑/［日］寺田寅彦……………………………（937）
人的创造力/［印］T.V.巴山德……………………………（942）

第一编 国学史征

学风九编

第一编　国学史征

论中国学术思想变迁之大势（节录）

梁启超

　　学术思想之在一国，犹人之有精神也；而政事、法律、风俗及历史上种种之现象，则其形质也。故欲觇其国文野强弱之程度如何，必于学术思想焉求之。

　　立于五洲中之最大洲，而为其洲中之最大国者谁乎？我中华也。人口居全地球三分之一者谁乎？我中华也。四千余年之历史未尝一中断者谁乎？我中华也。我中华有四百兆人公用之语言文字，世界莫能及（据一千九百年之统计，欧洲各国语之通用，以英为最广，犹不过一百十二兆人耳，较吾华文，仅有四分之一也。印度人虽多，而其语言文字，糅杂殊甚。中国虽南北闽粤，其语异殊，至其大致则一也。此事为将来一大问题，别有文论之）；我中华有三十世纪前传来之古书，世界莫能及（《坟》、《典》、《索》、《邱》，其书不传，姑勿论。即如《尚书》，已起于三千七八百年以前，夏代史官所记载。今世界所称古书，如摩西之《旧约全书》，约距今三千五年。婆罗门之《四韦陀论》亦然，希腊和马耳之诗歌，约在二千八九百年前，门梭之《埃及史》，约在二千三百年前，皆无能及《尚书》者。若夫二千五百年以上之书，则我中国今传者尚十余种，欧洲乃无一也。此真我国民可以自豪者）。西人称世界文明之祖国有五：曰中华，曰印度，曰安息，曰埃及，曰墨西哥。然彼四地者，其国亡，其文明与之俱亡。今试一游其墟，但有摩诃末遗裔铁骑蹂躏之迹，与高加索强族金粉歌舞之场耳。而我中华者，屹然独立，继继绳绳，增长光大，以迄今日，此后且将汇万流而剂之，合一炉而冶之。於戏，美哉我国！於戏，伟大哉我国民！吾当草此论之始，吾不得不三薰三沐，仰天百拜，谢其生我于此至美之国，而为此伟大国民之一分子也。

　　深山大泽而龙蛇生焉，取精多、用物宏而魂魄强焉。此至美之国，至伟大之国民，其学术思想所磅礴郁积，又岂彼崎岖山谷中之犷族，生意弹丸上之岛夷，所能梦见者！故合世界史通观之，上世史时代之学术思想，我中华第一

3

也（泰西虽有希腊梭格拉底、亚里士多德诸贤，然安能及我先秦诸子）；中世史时代之学术思想，我中华第一也（中世史时代，我国之学术思想虽稍衰，然欧洲更甚。欧洲所得者，惟基督教及罗马法耳，自余则暗无天日。欧洲以外，更不必论）；惟近世史时代，则相形之下，吾汗颜矣。虽然，近世史之前途，未有艾也，又安见此伟大国民，不能恢复乃祖乃宗所处最高尚最荣誉之位置，而更执牛耳于全世界之学术思想界者！吾欲草此论，吾之热血，如火如焰；吾之希望，如海如潮。吾不自知吾气焰之何以垄涌，吾手足之何以舞蹈也。於戏！吾爱我祖国，吾爱我同胞之国民！

生此国，为此民，享此学术思想之恩泽，则歌之舞之，发挥之光大之，继长而增高之，吾辈之责也。而至今未闻有从事于此者何也？凡天下事必比较然后见其真，无比较则非惟不能知己之所短，并不能知己之所长。前代无论矣。今世所称好学深思之士，有两种：一则徒为本国学术思想界所窘，而于他国者未尝一涉其樊也；一则徒为外国学术思想所眩，而于本国者不屑一厝其意也。夫我界既如此其博大而深赜也。他界复如此其灿烂而蓬勃也，非竭数十年之力，于彼乎，于此乎，一一撷其实、咀其华，融会而贯通焉，则虽欲歌舞之，乌从而歌舞之？区区小子，于四库著录，十未睹一，于他国文字，初问津焉尔，夫何敢摇笔弄舌，从事于先辈所不敢从事者？虽然，吾爱我国，吾爱我国民，吾不能自已。吾姑就吾所见及之一二，杂写之以为吾将来研究此学之息壤，流布之以为吾同志研究此学者之筚路蓝缕。天如假我数十年乎，我同胞其有联袂而起者乎？仁看近世史中我中华学术思想之位置何如矣。

且吾有一言，欲为我青年同胞诸君告者：自今以往二十年中，吾不患外国学术思想之不输入，吾惟患本国学术思想之不发明。夫二十年间之不发明，于我学术思想必非有损也。虽然，凡一国之立于天地，必有其所以立之特质。欲自善其国者，不可不于此特质焉，淬厉之而增长之。今正当过渡时代苍黄不接之余，诸君如爱国也，欲唤起同胞之爱国心也，于此事必非可等闲视矣。不然，脱崇拜古人之奴隶性，而复生出一种崇拜外人、蔑视本族之奴隶性，吾惧其得不偿失也。且诸君皆以输入文明自任者也，凡教人必当因其性所近而利导之，就其已知者而比较之，则事半功倍焉。不然，外国之博士鸿儒亦多矣，顾不能有裨于我国民者何也？相知不习，而势有所扞格也。若诸君而吐弃本国学问不屑从事也，则吾国虽多得百数十之达尔文、约翰·弥勒、赫胥黎、斯宾塞，吾惧其于学界一无影响也。故吾草此论，非欲附益我国民妄自尊大之性，盖区区微意，亦有不得已焉者尔。

今于造论之前，有当提表者数端：

吾欲画分我数千年学术思想界为七时代：一胚胎时代，春秋以前是也。二全盛时代，春秋末及战国是也。三儒学统一时代，两汉是也。四老学时代，魏晋是也。五佛学时代，南北朝、唐是也。六儒、佛混合时代，宋、元、明是也。七衰落时代，近二百五十年是也。八复兴时代，今日是也。其间时代与时代之相嬗，界限常不能分明，非特学术思想有然，即政治史亦莫不然也。一时代中或含有过去时代之余波，与未来时代之萌蘖，则举其重者也，其理由于下方详说之。

吾国有特异于他国者一事，曰无宗教是也。浅识者或以是为国之耻，而不知是荣也，非辱也。宗教者于人群幼稚时代虽颇有效，及其既成长之后，则害多而利少焉。何也？以其阻学术思想之自由也。吾国民食先哲之福，不以宗教之臭味，混浊我脑性，故学术思想之发达，常优胜焉。不见夫佛教之在印度，在西藏，在蒙古，在缅甸、暹罗，恒抱持其小乘之迷信，独其入中国，则光大其大乘之理论乎？不见夫景教入中国数百年，而上流人士，从之者希乎？故吾今者但求吾学术之进步，思想之统一（统一者谓全国民之精神，非攘斥异端之谓也），不必更以宗教之末法自缚也。

生理学之公例，凡两异性相合者，其所得结果必加良（种植家常以梨接杏，以李接桃，牧畜家常以亚美利加之牡马，交欧、亚之牝驹，皆利用此例也。男女同姓，其生不蕃，两纬度不同之男女相配，所生子必较聪慧，皆缘此理）。此例殆推诸各种事物而皆同者也。大地文明祖国凡五，各辽远隔绝，不相沟通。惟埃及、安息，藉地中海之力，两文明相遇，遂产出欧洲之文明，光耀大地焉；其后阿剌伯人西渐，十字军东征，欧、亚文明，再交媾一度，乃成近世震天铄地之现象，皆此公例之明验也。我中华当战国之时，南、北两文明初相接触，而古代之学术思想达于全盛。及隋、唐间与印度文明相接触，而中世之学术思想放大光明。今则全球若比邻矣，埃及、安息、印度、墨西哥四祖国，其文明皆已灭，故虽与欧人交，而不能生新现象。盖大地今日只有两文明：一泰西文明，欧美是也；二泰东文明，中华是也。二十世纪，则两文明结婚之时代也。吾欲我同胞张灯置酒，迓轮俟门，三揖三让，以行亲迎之大典。彼西方美人，必能为我家育宁馨儿以亢我宗也。

（摘自《中国现代学术经典·梁启超卷》，河北教育出版社1996年版。本文原载于《新民丛报》1902年3月10日第三号）

学风九编

【导读】 梁启超（1873—1929），字卓如，号任公。广东新会人，曾为清华大学国学研究院教授，著有《饮冰室合集》。中国传统学术研究在改朝换代的清末民初，曾出现了昙花一现式的繁荣局面，此时大师辈出，著作纷呈，而梁启超及其《论中国学术思想变迁之大势》即为其一也。

《论中国学术思想变迁之大势》是梁启超的一部重要的学术史论著，也体现了他思想启蒙和"智育"救国的崇高理想。因此，这部学术史著述并非纯粹谈学术问题，而是隐含了其对现实政治的关怀和改革政治的意图。戊戌变法失败后，梁启超已意识到，要在中国改革政治，必须唤起民众，通过思想启蒙来塑造"新民"进而建立"新国家"。而要对民众进行思想启蒙首先就要关注学术思想，他认为学术思想直接关涉一个民族的文明程度，用他的话说："学术思想之在一国，犹人之有精神也；而政事、法律、风俗及历史上种种之现象，则其形质也。故欲觇其国文野强弱之程度如何，必于学术思想焉求之。"因此，在《论中国学术思想变迁之大势》的开篇中，梁启超比较中西学术思想，指出："故合世界史通观之，上世史时代之学术思想，我中华第一也（泰西虽有希腊梭格拉底、亚里士多德诸贤，然安能及我先秦诸子）；中世史时代之学术思想，我中华第一也（中世史时代，我国之学术思想虽稍衰，然欧洲更甚。欧洲所得者，惟基督教及罗马法耳，其余则暗无天日。欧洲以外，更不必论）；惟近世史时代，则相形之下，吾汗颜矣。虽然，近世史之前途，未有艾也，又安见此伟大国民，不能恢复乃祖乃宗所处最高尚最荣誉之位置，而更执牛耳于全世界之学术思想界者！吾欲草此论，吾之热血，如火如焰；吾之希望，如海如潮。"虽然中国学术在"上世史"和"中世史"上优于西方，但"近世史"却远不如西方，与先秦诸子时代相比也相差甚远。因而，振兴并光大中国学术已迫在眉睫——"凡天下事必比较然后见其真，无比较则非惟不能知己之所短，并不能知己之所长。前代无论矣。今世所称好学深思之士，有两种：一则徒为本国思想学术界所囿，而于他国者未尝一涉其樊也；一则徒为外国学术思想所眩，而于本国者不屑一厝其意也。"至于中国学术衰落之缘由，梁启超将其归结为封建专制统治，尤其是满清对思想和言论的严密管控，直接扼杀、窒息了学术自由，也阻碍了学术的发展——"而其所最不幸者，则建设之主动力，非由学者而由帝王也。帝王既私天下，则其所以保之者，莫亟于靖人心。事杂言庞，各是所是而非所非，此人心之所以滋动也。于是乎靖之之数，莫若取学术思想而一之。故凡专制之世，必禁言论、思想之自由。"因此，要振兴中国学术，学术思想之自由至为关键。而在《论中国学术思想变迁之大势》中，反对思想控制和主张学术自由也就成了贯穿全书的一条主线。

自从梁启超接触到西方思想和学说后，就对"自由"二字产生了浓厚的兴趣。他认为先秦诸子之学所以能兴盛，就是因为当时"思想言论之自由也"，而从先秦诸子到晚清龚自珍，学术思想自由在中国长期遭到了扼杀，在这漫漫长夜里，梁启超从龚自珍和魏源身上还是看到了一线希望，他认为："数新思想之萌蘖，其因缘固不得不远溯龚、魏。而二子皆治今文学，然则今文学与新思想之关系，果如是密切乎？曰是又不然。二子固非能纯治今文者，即今文学亦安得有尔许魔力？欲明其理，请征泰西。夫泰西古学复兴，遂开近世之治。"龚、魏二人的今文经学不仅是新思想的"萌蘖"，他们的治学还具有思想自由的倾向，与"泰西古学的复兴"相同。虽然，梁启超的一生不仅学术事业多受康有为的影响，就思想自由之开通，他也更看重康有为——"南海以其所怀抱，思以易天下，而知国人之思想，束缚既久，不可以猝易，则以其所尊信之人为鹄，就其所能解者而导之。此南海说经之微意也。……南海之功安在？则亦解二千年来人心之缚，使之敢于怀疑，而导之以入思想自由之途径而已。"由此看来，在追求学术思想自由这条道路上，从康有为到梁启超，一直在作不懈的努力。中国学术之大势，也就是在有识之士的不断努力和抗争中，向思想自由的方向迈进，也只有这样才能开启民智，挽救中国。

由于该著非一时所著，随着梁启超思想的变化，前六章与后面的内容有明显的差异。在1903年，梁启超因保皇会的事到美洲实地考察了一番，这使梁启超对西方的学术思想和中国的学术文化有了更深层的理解。因此，在《近世之学术（起明亡以迄今日）》这一章中，梁启超既彰显了中国学术内涵的精粹，又突显了西方学术的方法。若按最初的写作提纲，清代学术思想是以"衰落时代"为题的，但最终由西学看到了"科学方法"对治学的重要意义，便改变初衷，视近世学术为"学界进化之一征兆"了。

（卢有泉）

孔子以后之中国学术文化精神

唐君毅

一 九流与六艺及孔子的精神

孔子以后，诸子百家学术之分流，同依于士人人格尊严之自觉，六艺之教之散于民间，诸子百家之派别虽多，然吾人以文化观点而论其所偏重，则皆不外承孔子所承之传统文化精神之一偏，六艺之教之一偏，或天道观念之一偏而形成。惟因其原出一本，故学术文化之分流，终向往于天下之一统。诸家学术亦终汇合于汉，以建立第一个由平民为天子之坚实而博厚之大帝国。当诸子百家学术分流之际，正战国诸雄竞长之时。然诸子中，除法家、纵横家之人物外，皆未尝特与现实之政治势力结合。故文化学术思想之分派，与现实社会政治势力之分裂，未尝互相结纳，以加深世界之分裂，如今日之欧洲然。此皆由诸子百家之原出一本，而同向往天下之一统之故也。

以诸子百家精神相较，而言其所偏重，儒家偏重法周，其学兼综六艺而特重礼乐。礼者道德之精神，乐者音乐之精神。儒家由孟子之言心性，言仁义，至荀子之言礼制，言君臣之道，至《乐记》《中庸》《易传》，乃以礼乐精神之"中和"、"位序"、"同异"、"内外"、"动静"、"刚柔"，说宇宙人生社会文化之全，乃儒家思想之极致。墨家薄礼乐，而不废《诗》《书》。不废《诗》者，取其民间实际生活之记载。不废《书》者，以其载古代帝王之勤劳务实之事业。最能表示中国古人之勤劳笃实之精神之古代人物，无如平水土躬稼穑有天下之夏禹。故墨家倡法夏，墨子兼爱之教所重者，在下察于百姓耳目之实，求所以使人人之得衣食，而裕其生之道。乃不重少数士君子之盛容修饰，弦歌鼓舞之礼乐生活。故墨子精神所重者，在社会经济。墨子之言兼爱，本于天志。其谓天之意志，即为兼爱万民而生养之。此传统宗教之精神，墨子之所承，亦有合于孔子天道为仁之意。然墨家视天在外，其强调天之人格性，近乎西方基督教与回教。孔、孟则以人体仁道，由天人之道之合一，以明性与天道非二。故不强调天外在之超越的人格性。由孔子、孟子以降，教人法天之仁而行仁，即所以立人道而立天道，故人无所希慕于天。然墨子则以天之兼爱为天之意志，亦即天之欲望，故如人不为天之所欲，即遭天怒，人为天之所欲，乃为天所爱。人为天之所欲，则天亦为人之所欲，而人受天赏，得福利；反之，人为天所不欲，天亦为人之所不欲，而人受天罚，得祸害。其言乃使天与人间之关系，成交易之关系。如是以行兼爱之道，遂非自尽其心性，或理当如此之谓，而若为获天之报偿之手段。此则使人之逐实际利害之情，夹杂于宗教精神之中，而使墨子对天之宗教精神，反不如孔子之高远者也。

至于法家之精神，则纯出自战国纷争之世。法家之理想，重富国强兵，而尚耕战。其战非仁者之征伐，其耕惟所以富国而弱民。法家精神之重心，不在社会经济而只在现实之国家政治。故诗书礼乐文化之本身价值，皆为所抹杀。法家不法先王，而重备当今之所急。此为对传统文化之大反叛。然法家之轻民而尊君，视君为神圣，而诡秘化之，实利用一种人民之宗教心理。而其重刑罚之理论，亦未尝不以古代政治家之措施为例。韩非称殷之刑弃灰者之事，赞太公之杀狂矞华士。夏之事业，当以劳动为主。殷之法制乃渐备，而先罚后赏。则法家之所承者，近于殷之精神者也。诗书礼乐之中，惟书所载二帝三王之事，为法家所诵。谓法家略有得于书教亦可也。

至于道家，则庄子宋人，老子楚人，其余道家多齐人。宋与齐楚之地，受周代文化之感染较浅，而楚人尤多信巫史。老庄皆以六艺为已陈之刍狗，其所喜言者，乃至德之世，尧舜以前，则夏商周之文化，固皆不在其眼中；而现实世界之纷争，更其所欲逃避。故弃社会而就自然，外游于人间世，内心则求侔于天，与造物者游。其根本之文化精神，亦可谓近求解脱之宗教精神、超现实之形上学或哲学之精神。而老庄之帝王之道，则为一种政治理想。然自老庄所言之天与道之涵义言，则固是一遍在万物而无私者。此亦可说为中国古代宗教中天帝之信仰所转化，亦略同于孔子以仁言天。其不同于孔子者，唯是老庄喜说天之大仁不仁、无为无不为之德。无不为而一任万物之容与遨游于天地间，此天地之所以为大也。老庄实不重视自天道之使四时行、而百物生之生生不已、自强不息一面，以言天德。则老庄之天道，虽可谓横被四表，而不能纵通上下与终始，此则不如孔子儒家者。而庄子之言天机之动、天籁之行，咸其自己，不相为碍，谓天地有大美而不言，其所谓真人至人之生活中，涵天乐在，则其人生之理想境，实亦一种游心宇宙之艺术生活，而为遥契古代乐教之精神者。化人间之乐教为天地间之乐教，而倡之于世者，庄子也。

先秦学术除儒道墨法以外，阴阳家盖原始自然哲学之所遗，与儒家仁义之教之结合。亦可谓古之卜筮与易之流。至于农家，则中国经济生活中，尚农精神之说明者。农家人物，盖皆吸道墨之余绪，而别无精义。纵横家者，列国纷争之世，以权术说天下者。名家者，由诸家之辩论，以开启对逻辑、知识论之问题特加以发挥之哲学家。诸家立义规模，要皆不足以与前四家比。而杂家之《吕览》《淮南》，则诸侯分流之后，左右采获，以求反于一本之思想潮流，秦汉之际之一转捩思想也。秦之灭六国与周，实现诸子所向往之抽象的一统天下之理想。然秦以政摄教而摧残学术，其精神全不是中国文化精神，故不数传而灭。唯汉兴而后，乃实现先秦诸子所向往之文化凝合之理想。杂家所代表之文化精神渐去杂以成纯，而显为董仲舒、司马迁之精神。彼等体孔子重全面人文精神而再现之。汉之文化即先秦诸家之学术思想相汇合而实现于社会之所成，而使中国民族之统一，不止如秦之只成一抽象的形式统一，而成为真有文化内容之具体的统一者也。

二 秦汉唐宋元明清之文化精神之综贯的说明

以东西历史比论，秦之实现一抽象形式之统一于东方之世界，实类于罗马之实现一抽象的统一于西方之世界。秦以武力统一天下，罗马亦然。秦尚法，其所定制度，亦颇具规模，为汉所承。罗马之法典，亦垂范西土。二者之精神皆黑格尔所谓"理解形式"的。然罗马纯以武力法律为治，至于数百年，而后得基督教为其精神生命。而中国之秦则不三世而绝。盖以罗马之世之学术，主要唯斯多噶学派。斯多噶派之崇尚抽象之理性，正为罗马之法律精神之一部。而斯多噶派之人生理想，又不免趋于消极之忍受。中国则自孔子而后，个人人格之自尊自觉之心已甚强。儒、道、墨之学术文化精神之普遍于社会，其势不可尽泯。而皆无不与法家相反。依儒家意，唯有德者乃可为天子，孟、荀皆言禅让与征诛。道家之薄天子而不为，即看不起天子。故秦皇出游，刘邦见之曰："大丈夫当如是也"，项羽见之曰"彼可取而代也"，此乃彼等自觉其原可为天子之思想之流露，盖亦六国之后同有之思想。夫然，故天下之豪杰，可并起而亡秦。秦亡而见有具体文化生活之人，不能只以抽象之理解形式之法律统治，亦见只恃武力之不可以治天下。西方人有罗马之以法律武力统治天下之例在前，故及今仍多以法律武力为政权之基础。斯大林犹欲学第三罗马，于法律外，再济以无限度之警察精神以治国。而在中国，则自汉代秦兴，

第一编　国学史征

历史二千年更无再自觉主张纯以武力法律为治之论。汉以后，中国即可谓纯为一所谓文化国，历代皆赖儒家精神之普遍贯注于社会，提高人民之文化生活，以为佐治太平之要道矣。

　　汉代文化之形成可谓由于凝合与广被。而此凝合与广被之所以可能，则由汉初之治，即承秦之政制。汉初尚黄老，足以宽统治者之度量。继乃尊孔子，崇儒学，以树学术文化之骨干。汉代奖励孝弟力田，使人各安其居而勤事生产，以裕民生而富国家，即所以稳定社会。察举之政治制度，则所以使人民之秀者，自下而升举于上，而用于政治，此皆为汉代文治之精髓。而武力则唯用于拓边。夫然而汉代文化之形成，其初本于道家之宽大精神为政，可谓如天之覆盖社会；其以儒家精神立学术之骨干，可谓立大地之支柱；行察举之制度，则如使地上之人民上升；孝弟力田，所以使人各安土；而以武力拓疆域，则所以广天地。故汉之建立一统世界似周，而又不同。周之建立一统，赖封建与宗法。其封建初乃赖武力之支持。故周代继世之天子，虽能上承天命，及其武力弱，即不能覆盖四方诸侯。周衰而在下位者，皆求升高位。昔为卿大夫者，今为诸侯；昔为诸侯，今欲霸天下。游士驰说于四方，以致卿相之位。此正如地上之物皆升而上，又无以覆盖之者，是无以遂人大一统之望也。秦乃以强力盖之，以求一统，而终亡于恣睢。故汉兴尚黄老之宽容精神，又以察举助在下位之人民之升居上位，而使上下相孚；武力横施于四方，则人民之精神亦随之而拓展；孝弟力田，又足以使人民之各安于位。是故汉代文化精神之形成，实如上天下地之浑合而升降相涵。既能凝合而又能广被，此盖亦即汉代思想，又为阴阳家之成分所贯之故。阴阳家喜言天覆地载，与阴阳之升降，及五行四时之依四方而运，而中心之土不动之理，正所以象征汉代文化之精神。而汉代文学中之奏议与对策，则政治上，上下求通情合道之文章。而汉赋之铺张扬厉，亦一向外横施以求精神之广被之表现也。

　　汉之一统之局分，而三国鼎立之势成。历魏晋六朝，而五胡乱华。然中国社会政治之混乱，与民族之厄运，未尝使文化因而断绝。惟以政局在分裂中，及西来文化之冲击，而传统之整一的文化系统，因以疏离。以魏晋六朝与汉相比，则汉犹周初，而魏晋六朝如战国。汉之所成就，偏在政治、军事，与经济上土地之开发。其学术以经学为主。汉人之德行，表现于使民族凝合之事功，故文学中有奏议、对策，与宫殿、都城之赋。而魏晋六朝之所成就，偏在文学、艺术，其学术以哲学、文学为主。魏晋人之人格，则见于其风度之美与性情之率真，故魏晋之诗文恒善抒怀抱。汉代学术人物之精神，阔大、朴厚而浑成。魏晋六朝人则多胸襟旷达、"形超神越"（此语见《世说新语》）。此超越精神，不如西方宗教、哲学、文艺中超越精神之表现为离世异俗之瑰意奇行，唯主要表现于日常生活之间，交游清谈之中，或寄情山水之际。魏晋六朝之精神，主要乃为道家庄子之精神之更人间化。唯非人之与天游之逍遥游，乃人与人相忘之逍遥游也。魏晋人之重个性，亦不如西人重个性之无尽伸展，而唯重人物间个性之欣赏。中国文化精神中，汉人之阔大、朴厚、浑成，转为魏晋人之疏朗、清新、俊逸，可谓中国文化精神，在地上建立帝国以后，再盘旋于空阔，优悠于虚灵，以脱去其重浊之气、沉滞之质，而归于纯化之美者也。王羲之之书法，陶渊明之诗及顾恺之之画则纯化美之代表也。

至于唐代文化之兴起，则又转魏晋之虚以入实。唐代政治规模之阔大如汉而或过之。唐代文化交通及于世界。唐承汉魏晋六朝所传佛学，更大开宗派。由魏晋六朝之重空宗，而天台，而法相与华严，而禅。中国固有学术，则由玄学更转入经学，皆表现由虚入实精神。其诗由五言而至歌行，文由骈文而古文，皆亦表现一充实之美。而盛唐诗之重兴会，重情真气盛，尤表示其生命之健旺。而艺术中唐代金碧山水与壁画之华美，及雕刻中之佛像之丰盈，又皆表示唐代人精神上之富丽。整个唐代文化，多方面并行不悖之发展，为以前时代所无。此多方面之发展，未尝不似近代西洋文化之万流竞注。然唐代文化之多方面发展，有相互之照映，而不见有力量之冲突矛盾与紧张局面之存在。唐代之文化之特殊者为宗教，当时计有回教、景教、波斯教、道教与佛教。宗教势力之盛，又如西方之中世，而以佛教为最盛。佛教中又以华严为最盛。华严宗所谓一摄一切，一切摄一，一切摄一切之事理无碍、事事无碍之华严世界，正为唐代文化多方面并行发展、不相矛盾，而相涵摄之精神之最高表现。此则与西洋中世之基督教主宰文化之势力下，不免轻艺术，充满基督教与回教等之斗争，与虐待异端之事，表现截然不同之文化精神矣。

宋明为中国儒学再度复兴之时代。汉代儒学之用，表现于政治，而宋明儒学之最大价值，则见于教化。中国民族之精神，由魏晋而超越纯化，由隋唐而才情汗漫，精神充沛。至宋明则由汗漫之才情，归于收敛，充沛外凸之精神，归于平顺而向内敛抑。心智日以清，而事理日以明。故学术则有理学与功利之学。功利之学重明事，理学重明理。二者中唯理学能代表宋明人之心智之极。由唐诗之重性情，至宋诗之重意境，由唐诗之血肉丰腴，至宋诗之峻气瘦骨，由唐代歌行之舒畅，至宋词之婉曲，由唐人之笔记小说之一往情深，至宋元章回小说之曲叙事情。由唐代之金碧山水，至宋元之文人画，由唐代之法相华严之盛，至宋明以后禅宗净土之盛，皆表现中国民族心智之由反省而日以清明，如潦水尽而寒潭清，烟光凝而暮山紫，行李萧然，山川如画矣。然其中唯宋明理学之精神，为能由清明之智之极，觉内心之仁义礼智之理，以复见天地之心；而教人由智上觉悟，致知涵养并进之工夫，以希贤希圣，而以讲学教天下人之皆有此觉悟，此实同于孔子之使王官之学布于民间。然其所不同者，在孔子仍是先有意于政治，且孔子是以一人为天下之木铎；而宋明理学家之精神，则几全用于教化，而以一群人，共负起复兴学术、作育人才之大业也。

吾尝以《易经》元亨利贞仁义礼智之序，言中国民族文化精神之发展。则孔子承中国民族古代文化精神而立仁教，所开启之先秦文化之生机为元。秦汉之建立大帝国之政治，为礼制之实现为亨。魏晋隋唐之艺术、文学、政治、宗教等文化，多端发展，旁皇四达，为文化中之义道，如元亨利贞中之利。则宋元之精神为智，而欲由贞下起元者也。惜乎元清异族入主中夏，盗憎主人，而中国文化精神之发展，乃不免受一顿挫。宋明理学之发展，由朱子之重理，至王阳明而重心，至晚明而重气，由讲宇宙人生，而讲历史文化之精神之自觉。如顾炎武、黄梨州、王船山等，皆欲由历史文化精神之自觉，以上追三代，而起民族文化之生机，以建制立法，为万世开太平者也。清儒不能继其志，于是转而重考证、训诂、校勘、文字、音韵之学，以求知中国古代文化之真面目。此仍可谓是由宋明重智之精神来。然宋明所重之智，乃内心真觉悟之智，而清儒所重之智，则纯成理智上、知识上之智。此理智上、知识上之智，乃以研究历史文化中之器物文字为目的，而又非以直接研究自然社会为目的，故未能成就西洋之科学，而只成为帮助人了解中国过去学术精神之工具之学。则清儒之精神，盖非中国昔所谓求智，而亦非西洋之求智，只可谓为求知古人之真意或求信实之精神。而清代哲学、文学、艺术、宗教、政治，皆难言特殊之创造。盖皆不外求能老实学古人而近真，堪自信与被信为能传古人之衣钵、承过去之文化而已。然此求信实之精神，自为一时代之新精神。清人盖善模仿，而于汉人经学，魏晋唐宋之诗文，与宋明程、朱、陆、王之理学，元明之画，与明代以来之禅宗净土，颇皆能善学，求保存勿失。此求如实保存中国文化，即清代文化之特殊精神。然海通以还，中国文化与西洋文化相遇，清代学术文化重保存文献之精神，终不足以应大变。欧风美雨，纷至沓来。老师宿儒，遇新思潮之冲击，徒居退守之势，不免抱残守缺之讥。终至中国文化精神之堤防，乃全然溃决。而人之学习西洋文化，固未必能得彼方文化之真，而一民族之学习他方文化，又势难尽失故行。于是中西精神，互相牵挂，再加以西洋文化本身之复杂，于是国人日以动荡摇摆于新旧间与诸新间，左顾右盼，荆棘横生，矛盾百出，此乃中国文化从古至今未有之变局。而宋明以后应有之贞下起元之事，若尚渺不可期。然以此今日文化之多矛盾冲突之眼光，看中国过去历史文化之精神之发展而谓其亦如是，则蔽于今而不知古者之言。实则中国过去文化精神，不特有一贯之历史线索可寻，而汉以后中国文化精神，皆可谓只是实现先秦之文化理念之所涵。汉唐宋元明清之文化精神之发展，虽自成段落，然皆可谓次第之升进，亦皆表现中国文化之不重抽象之理性，不重一往之超越，不重绝对个体性之自由意志之精神。故秦似罗马之以抽象理性所订之法治国，而汉承之，即改而重人民具体之文化生活之安排。魏晋精神为艺术的，重人物之情性之发抒，似西洋之重个性。然魏晋人复重人物之欣赏，故有清谈，有人物之品评。隋唐宗教之盛，似中世，其文化之多方面发达似近代，而不似中世与近代之多文化冲突。宋明尚智尚理，然为由觉悟以知道德人生之理，非纯粹理智性之理。清人重考证，似科学精神，而研究对象为历史文物，其精神为求知古历史文物之实际。在整个中国文化之发展中，除为保存扩大文化而攘夷拓边之战争外，战争皆无意义，亦少促进文化之效。而中国之学术文化之人物，自春秋战国起，即未尝有藉现实之武力，以实现理想者。中国以后文化之进展，皆罕假手于战争；而战争之事，多只是乱。此亦与西方战争之或为宗教战争，或为主义战争之恒有一意义，战争中因两面各有文化理想，而战争之结果，恒可促进文化理想之综合者，实不同。故整个中国文化之发展，皆表现中国文化之特殊精神者也。

（摘自《中国文化之精神价值》，正中书局1979年修订版）

【导读】唐君毅（1909—1978），四川宜宾人。中国现代著名思想家、哲学家、教育家，当代新儒家的主要代表。1925年考入北京大学哲学系，后转南京中央大学哲学系。毕业后历任四川大学、中央大学等校教授，1949年后，唐君毅与钱穆、张丕介等在香港创办新亚书院，并兼任教务长、哲学系主任等职。1958年与徐复观、牟宗三、张君劢联名发表现代新儒家的纲领性文章《为中国文化敬告世界人士宣言》。1963年香港中文大学成立，受聘为该校首任文学院院长和哲学讲座教授。1974年，以香港中文大学哲学系讲座教授退休。1978年2月2日病逝于香港，享年七十岁，一生著述结集为《唐君毅全集》三十册。《中国文化之精神价值》是唐先生一生的重要著作，本文即节选自该著。

唐先生毕生致力于中华人文精神的重构，有人认为其学问体大思精，长于辨析又善于综摄，驰骋于东西方哲学之中，汇通儒、释、道思想之精华，而终归于中国圣贤义理之学。一般认为，唐先生治学之精髓当属从上世纪50年代开始的对中国人文精神的探究和对中国文化价值的大力弘扬，期间出版了《中国文化之精神价值》（1953年）、《人文精神之重建》（1955年）、《中国人文精神之发展》（1958年）、《中华人文与当今世界》（1975年）等四部重要的论著，其中《中国文化之精神价值》对中国文化的研究最为精深，视角最为独特，开中国文化研究之一代风气。

《孔子以后之中国学术文化精神》是全书的第四章，唐先生以西方文化思想与中国文化思想作比照，并以此为背景对中国学术文化精神的开拓与延续作了宏观的概论式描述。其中所涉及的内容，对前贤尤其是新儒学诸大家研究中国文化的成果颇多吸收，可以看作是当时中国学术文化研究的总结。尤其可贵的是，唐先生研究中国学术文化能放眼世界，在思想和研究方法、视角上，参照了黑格尔的《历史哲学》及斯宾格勒、罗素、杜威等人对中国文化的研究成果。故历来对唐君毅此著评价颇高，正如一位台湾学人所评价的，"唐先生此大著，论华夏文化之精神品格，以系统思辨架构方式，重建中国文化真、善、美之精神，不仅能深透其底蕴，其观照之高明超越，鉴赏之妙相庄严，为愚自来所读之同类著作中最完备、精彩者。其神思于人文世界往还周旋，可谓着手成春，立处皆真，佳处实非一言可尽，凡所论领域，皆各臻其极"（读《中国文化之精神价值》）。而唐先生也自认为其一生主要著作"无不与本书密切相关"，"本书之论述哲学与中国文化诸问题，虽不如吾其他之著之较为详尽，然自本书所涵蕴之义理，并连及之问题之丰富，而富启发性言，则此吾之他书皆不如此书"（《中国文化之精神价值·第一版自序》）。所以，在唐先生三十大册的全集中，该著独为其学术思想之中枢，我们通读《孔子以后之中国学术文化精神》即可见其一斑。

（卢有泉）

宋代之金石学

王国维

宋代学术方面最多进步，亦最著。其在哲学，始则有刘敞、欧阳修等，脱汉唐旧注之桎梏，以新意说经；后乃有周敦颐、程颢、程颐、张载、邵雍、朱熹诸大家，蔚为有宋一代之哲学。其在科学，则有沈括、李诫等，于历数、物理、工艺均有发明。在史学，则有司马光、洪迈、袁枢等，各有庞大之著述。绘画，则董源以降，始变唐人画工之画，而为士大夫之画。在诗歌，则兼尚技术之美，与唐人尚自然之美者，蹊径迥殊。考证之学，亦至宋而大盛。故天水一朝，人智之活动与文化之多方面，前之汉唐，后之元明，皆所不逮也。近世学术，多发端于宋人。如金石学，亦宋人所创学术之一。宋人治此学，其于搜集、著录、考订、应用各面，无不用力，不百年间，遂成一种之学问。今当就宋人对此学之功绩，一一述之。

一 搜集

宋初，内府本有藏器。仁宗皇祐三年，诏以秘阁及太常所藏三代钟鼎器付太乐所参校剂量，凡十又一器。至徽宗即位，始大事搜集。《铁围山丛谈》四云："太上皇帝即位，宪章古始。及大观初，乃效李公麟之《考古图》作《宣和殿博古图》。凡所藏者，为大小礼器，则已五百有几。独政和间为最盛，尚方所贮至六千馀数百器。时所重者，三代之器而已。若秦汉间，非殊特，盖亦不收。及宣和后，则咸蒙贮录，且累数至万馀。若岐阳宣王之石鼓、西蜀文翁礼殿之绘象，凡所知名，罔问巨细远近，悉索入九禁。而宣和殿后又创立保和殿者，左右有稽古、博古、尚古等阁，咸以贮古玉、玺印，诸鼎彝、法书、图画咸在。"此说徽宗一朝搜集古器事，最为详尽，然亦有夸诞失实处。如谓《宣和博古图》之名，取诸宣和殿；又谓其成书在大观之初而不在宣和之末，其实不然。《籀史》谓：政和癸巳秋，获兕敦于长安，而《博古图》中已著录此敦。《金石录》谓：重和戊戌，安州孝感县民耕地，得方鼎三、圆鼎二、甗一，谓之安州六器，而《博古图》已著录其五。又谓：宣和五年，青州临淄县民于齐故城耕地，得古器物数十种，其间钟十枚尤奇，而《博古图》已著录其五。然则此书之成，自在宣和五年之后，而图中所载古器仅五百馀，则政和六千馀器、宣和万馀器之说，殆不足信。或蔡氏并古玉、印玺、石刻计之。然第如《博古图》之所录，已为古今大观矣。其尤奇者，南渡以后，宣和殿器并为金人辇之而北，而绍兴内府藏器亦未尝不富，《博古图》著录之器见于张抡《绍兴内府古器评》者，尚得十之一二。盖金人不重视此种物，而宋之君臣方以重值悬购古器，故北宋内府及故家遗物往往萃于榷场，如刘敞旧藏张仲簠，刘炎于榷场得之，毕良史亦得古器十五种于盱眙榷场，其中八种皆宣和殿旧物也。《建炎以来系年要录》云：绍兴十五年，以毕良史知盱眙军，而《三朝北盟会编》谓良史以买卖书画、古器得幸于思陵。良史之知盱眙，当由高宗使之访求榷场古器耳。当南渡之初，国势未定，而高宗孜孜搜集古器如此，则宣和藏器之富，固自不足怪也。

然宋人搜集古器之风，实自私家开之。刘敞知永兴军，得先秦古器十有一物。李公麟博物精鉴，闻一器捐千金不少靳。而《考古图》、无名氏《续考古图》、王复斋《钟鼎款识》以及《集古》《金石》二录跋尾，往往于各器之下注明藏器之家，其人不下数十。虽诸家所藏不及今日私家之富，然家数之多，则反过之。观于周密《云烟过眼录》所记南方诸家藏器，知此风至宋末犹存矣。又观徽宗敕撰《宣和博古图》，实用刘敞《先秦古器图》、李公麟《考古图》体例，则徽宗之大搜古器，受私家藏器之影响实不少也。

宋人搜集古器，于铜器外兼收石刻。如岐阳《石鼓文》及秦《告巫咸文》，徽宗并致之宣和殿。又秦《告大沈久湫文》在南京蔡挺家，《告亚驼文》在洛阳刘忱家，齐谢朓《海陵王墓志》在沈括家。至石刻之贵重者，虽残石亦收之。如《汉石经》残石，黄伯思谓张焘"龙图家有十版，张氏壻家有五六版，王晋玉家有小块"。其馀碑碣，则收藏者尚少。而搜集拓本之风，则自欧阳修后，若曾巩，若赵明诚，若洪适，若王厚之，成为一代风气。而金石之外，若瓦当，若木简，无不在当时好古家网罗之内。此宋人搜集之大功也。

二 传拓及著录

宋人于金石学，不徒以搜集为能事，其最有功于此学者，则流通是也。流通之法，分为传拓与著录二种。拓墨之法始于六朝，始用之以拓汉魏石经，继以拓秦刻石。至于唐代，此法大行，宋初遂用之以拓古器文字。皇祐三年，诏以秘阁及太常所藏三代录鼎付太乐所参校剂量，又诏墨器款以赐宰执，此为传拓古器之始。刘敞在长安所得古器，悉以墨本遗欧阳修。甚至上进之器，如政和三年武昌太平湖所进古钟及安州所进六器，皆有墨本传世，则当时传拓之盛可知。然拓本流传自不能广，于是有刊木、刊石之法。有仅摹其文字者，如王俅《啸堂集古录》、薛尚功《钟鼎彝器款识法帖》是；有并图其形制者，自皇祐《三馆古器图》、刘敞《先秦古器图》以下，不下十馀种。今惟吕大临《考古图》、《宣和博古图》及无名氏《续考古图》尚存。诸书体例，于形制、文字外，兼著其尺寸，权其轻重，乃至出土之地、藏器之家亦复纪载，著录之法盖已大备。至石刻一项，则欧、赵二家，始作所藏石拓目录。此外，有为一地方作目录者，例如田槩《京兆金石录》；有通海内作目录者，例如陈思《宝刻丛编》。而洪适作《隶释》，则并录其文字，图其形制，又于目录之外别为一体例。而古玉、古钱、古印又各有专书。今宋代藏器已百不存一，石刻亦仅存十分之一，而宋人图谱、目录尚多无恙。此其流传之功，千载不可没者也。

三　考订及应用

刘敞序其所撰《先秦古器图》，言攻究古器之法曰："礼家明其制度，小学正其文字，谱牒次其世谥，乃为能尽之。"故宋考订古器物之外，可分为文字、形制、事实三项论之。

宋时首释古器文字者为杨南仲，既释皇祐三馆古器，又尽释刘敞所藏器，其说散见于欧阳氏《集古录》及吕氏《考古图》者，颇为精审。而吕大临、黄伯思、王俅、薛尚功诸家继之，虽差谬间出，然近世阮元、吴荣光诸家，未有以远过之也。至形制之学，实为宋人所擅场，凡传世古礼器之名，皆宋人之所定也。曰钟、曰鼎、曰鬲、曰甗、曰敦、曰簠、曰簋、曰壶、曰尊、曰盂、曰盦、曰盘、曰匜，皆古器自载其名，而宋人因以名之者也。曰卣、曰罍、曰爵、曰觚、曰觯、曰角、曰斝，于古器铭词中均无明文，宋人但以大小之差定之，然在今日仍无以易其说。近世江西出徐器三，其形皆宋人所谓觯也。其一铭曰："余王义楚睪（即择字）。"其吉金自作祭鍴。其一曰：义楚作祭耑。案：鍴、耑即《说文》䇑、膞字，亦即"觯"字之异文，则宋人名圆酒器为觯，于此得其证矣。又今估人所谓虎头彝者，古今著录家并谓之"匜"，而宋无名氏《续考古图》则谓之兕觥。案：此器极大，而盖作牛首形，又铭辞多云"作某某"。宝、尊、彝，其为孝享之器而非沃盥之器，甚为明白，自以宋无名氏所名为是。又古戈戟之援皆横刃非直刃，近世程氏瑶田始于《通艺录》中详论之，然宋黄伯思作《铜戈辨》已为此说。则宋人于古器物形制之学实远胜于近世，亦如其图谱之学为近世所不及也。至宋人说古器铭中所见姓名、事实，则颇多穿凿可笑，如见甲字而即以为孔甲，见丁字而即以为祖丁，其说极支离难信，然宋人亦自知之。赵氏《金石录》跋中姑匜云：右中姑匜铭与后两器皆藏李公麟家。初伯时得古方鼎，遂以为晋侯赐子产器，后得此匜，又以为晋襄公母偪姑器，殊可笑。凡三代以前诸器物出于今者，皆可宝，何必区区附托书传所载姓名，然后为奇乎！此好古之蔽也。后洪迈评博古图，陈振孙评刘原父、吕大临、黄伯思等议论略同，可知宋人未尝不知其误，亦不必尽蹈其失。至于考订石刻，则欧、赵、黄、洪诸家多翔实审慎，绝无此蔽，既据史传以考遗刻，复以遗刻还正史传，其成绩实不容蔑视也。

更就应用一方面言之，则宋初郊庙礼器皆用聂崇义《三礼图》之说。聂图虽本汉人旧图，然三代礼器自汉已失其制，及宋时古器大出，于是陆农师（佃）作《礼象》十五卷，以改旧图之失。其尊爵彝舟皆取公卿家及秘府所藏古彝器，与聂图大异。逮徽宗政和中，圜丘、方泽、太庙、明堂皆别铸新器，一以古礼器为式，后或铸以赐大臣，迄于近世犹有存者。元明以后，各省文庙礼器皆承用之，然其改革实自宋人始。又仁宗景祐间，李照修雅乐，所铸钟皆圆，与古制颇异，会官帑中获宝和钟，其形如铃而不圆，于是仿之，作新钟一县十六枚。而高若讷奉诏详定新乐，亦据汉钱尺寸，造《隋书·律历志》所载十五种尺上之。可见宋人金石之学并运用于实际，非徒空言考订而已。

四　后论

由是观之，金石之学创自宋代，不及百年已达完成之域。原其进步所以如是速者，缘宋自仁宗以后，海内无事，士大夫政事之暇，得以肆力学问。其时哲学、科学、史学、美术，各有相当之进步；士大夫亦各有相当之素养，赏鉴之趣味与研究之趣味，思古之情与求新之念，互相错综。此种精神于当时之代表人物苏轼、沈括、黄庭坚、黄伯思诸人著述中，在在可以遇之。其对古金石之兴味，亦如其对书画之兴味，一面赏鉴的，一面研究的也。汉唐元明时人之于古器物，绝不能有宋人之兴味，故宋人于金石书画之学乃陵跨百代。近世金石之学复兴，然于著录、考订皆本宋人成法，而于宋人多方面之兴味，反有所不逮。故虽谓金石学为有宋一代之学，无不可也。

（摘自《王国维文选》，上海远东出版社2011年版。本文原为王国维1926年11月为北京历史学会所作讲演的讲稿，刊于1928年《国学论丛》第1卷第3号）

【导读】 从中国学术史来看，对古代文化遗存的考察研究经历了两大阶段：传统金石学和近代考古学。即传统金石学乃近代考古学的前身。中国学者又将金石学的发展分为四个时期，即春秋末叶到隋唐五代的金石学萌芽期，宋代的金石学肇创演进期，清代金石学的兴盛期，清末到1950年前的近代考古学期。

金石学以古代青铜器和石刻碑碣为主要研究对象，通过古器物的著录及古器铭文字的考证，达到证经补史的目的。金石学于宋代肇创演进是多种因素综合作用的结果。从学术层面而言，之所以要证经补史，很大一部分因素来自于当时疑古思潮的盛行，而疑古精神的勃发又缘自于宋代学者学术追求及学术素养之高。从社会历史现实层面而言，之所以要通过古器考订古代文物制度，又是统治者有恢复礼制、重整伦常的要求。既要复礼明制，又对流传下来的经典及史料文献持怀疑态度，这是当时的统治者和学者都要面对的矛盾和难题。为解决这一问题，考订地下所发现的古器物成为重要途径，于是宋代学者"既据史传以考遗刻，复以遗刻以还正史传"，欲使经史之可信者得以确之证之，不可信者亦辨之补之。在这种情况下，促使金石学"于搜集、著录、考订、应用各方面无不用力，不百年间遂成一种之学问"。同时，金石学的研究成果也为当时社会文化统治服务，还原古器之礼制应用于实际。徽宗时太庙等礼器一以古礼器为式，元明以后文庙皆承用之。宋人金石之学非徒空言于考订，而于现实有功。

可以说，宋代金石学的发展是我国传统学术史上的重要里程碑，它昭示的不仅是文化的复兴气象，更是中国学术不断求新和开拓的精神力量。

与宋代金石学相类的便是清末民初文化新潮的涌起。同样盛行的疑古思潮，同样具有高素养学者的学术队伍，使金石学在清末民初之际再次繁荣起来。其中最具代表性的学者便是王国维。

王国维，清末民初的学术大师，被誉为近世中国学术史上之奇才，其"学无专师、自辟户牖，生平治经史、古文字、古器物之学，兼及文学史，文学批评，均有深诣创获而能开新风气"。而他随罗振玉在日本的五年时间里，尽阅罗氏所藏拓本，在帮助罗氏整理甲骨、青铜、简牍、敦煌碑帖和字画等文物时，开始专力于古史研究，撰写了一系列名重学界的古史新著，确立其在民初学术界的重要地位。

王氏研究金文学亦始于整理罗振玉收藏的先秦彝器及拓本，在分类整理成《宋代金文著录表序》《宋代金文著录表》《国朝金文著录表序》及《国朝金文著录表》的同时，王国维也对其进行考释，撰写了《毛公鼎考释序》《毛公鼎跋》《商三句兵跋》等出土文物与传世文献互证互补、金文字考释与古史研究相互发明的文章，极其有力地推动了当时金石学的发展。其后所撰写的《宋代金石学》亦是总结和归纳金石学发展得失的重要著作。王国维在金石研究过程中，既有感于宋代金石学发展之兴盛、宋人金石研究趣味之淳厚、学术精神之独立，亦有感于其好古之蔽。

然所谓瑕不掩瑜，在王国维看来，宋代金石学的创建之功及其在学术思想和学术精神上给后世的启示都是无可替代的。因此他写下《宋代之金石学》不仅是为了阐释金石文化，更是向自己和当时整个学术界提出的要求和希望，期待着金石文化的研究和综合应用能在新时代得到延续和发展。

（杨　艳）

明清国子监

谭家健

明清时期，不再分国子学和太学，也没有唐宋那样多的专科学校。这时中央办的大学采用一个名称，即国子监。明代有北京、南京两监，清代只有北京一监，这样国子监的职能就大为缩小，不再相当于教育部。

明清国子监长官为祭酒，副长官为司业，皆由翰林中选拔。其下有监丞（训导长，正七品）、博士5人、助教15人（皆从七品）、学正10人、学录7人（皆正八品）等。明清国子监生员，没有唐宋那样的出身和年龄限制，其来源，一是秀才中的贡生，包括岁贡、优贡、拔贡、恩贡、副贡，都是经过各地科举考试产生的，总称贡监；二是三品以上官员子弟，称为荫监或荫生；三是捐钱买得入监读书的资格，称为例监；四是举人入监，称举监（明万历以后很少有）。以上四类，明代统称监生，清代有时专指例监为监生。入学名额，清初为250人，分属率性、修道、广业、诚心、正义、崇志六堂，每堂由一名学正管理。后来增至300，最多时400，也收外国留学生。学生全部公费，已成家的还有家庭补助费。

学风九编

国子监教学的主要课程是程朱学派注释的"四书"、"五经"和《性理大全》、《通鉴》以及律令、书、数、御制大诰等。八股文当然是必修课。教学活动有教师"会讲",自博士至学录,每月分别讲书一次,内容各不相同。还有学生"复讲"、"背书",亦有互相讨论叫做"轮课"。明代修业期四年。通"四书"未通经者居正义、崇志、广业三堂为初级班;一年半以后考试,文理通顺者升修道、诚心二堂为中级班;又一年半以后,经史兼通文理俱优者升率性堂为高级班,再一年结业。考试采用积分法,一年积八分为及格,再派到吏部实习三个月叫做"历事",最后按成绩分别任命正式职务,如州判、县丞、主簿、教谕、中书之类。清代改四年为三年,课程除经史外,增"治事"一类,包括兵刑、河渠、乐律等实际知识,每生各习一项。考试分月试、季试,其余与明代相同。

明清当局对国子监学生思想控制极严,没有言论、结社和上书陈事的自由,否则严加惩处,所以从国子监中很少培养出优秀的人才,而只能造就俯首帖耳的俗儒。

清代除国子监外,另设"宗学"、"八旗官学",以教育皇族和八旗子弟。初期除读书外,尚有骑射之类课目,后来徒具形式。

明清各地有府、州、县学,名为学校,实际上是秀才的管理机关,非秀才不得入学。府学学官为教授,州为学正,县为教谕,副职都称训导,分别为七或八品。按制度,入学生员须专治一经,并分习礼、射、书、数四科,学官每月一讲,生员每季一考,无故不到者要受罚。实际上老师懒得讲,学生懒得听,有的甚至经年不进校门,只有触犯刑律时才被送到学校来查办,管理比国子监松弛得多。

明清时期书院仍在发展。由于其中自由讲学和议论政治的风气以及不同学派的自成体系,对封建专制统治不利,于是屡遭禁限。明代嘉靖、万历、天启年间曾先后发生四次毁书院事件,最严重的一次发生在无锡东林书院。主持人顾宪成、高攀龙等,崇尚气节,批判诈伪,讽议朝政,裁量人物,把批评矛头指向专权的宦官头子魏忠贤。从而吸引很多人士前来听讲,影响极大,被宦官们视为眼中钉,诬为"东林党人",罗织罪名,矫旨镇压。东林学者被大批逮捕流放,各地书院同时一扫而光,其害较东汉"党锢之祸"尤烈。清代初年,书院稍有恢复,有的成了传播反清复明思想的基地,统治者十分害怕,曾明令禁止。雍正十一年(1733),才下令各省省会设一书院,并拨银1000两为办学费用,以考课为中心，以八股为专业，为科举做准备。这样的书院，已变质为省立大学，与宋明书院名同而实异了。但是，也还有少数民办书院仍然保持研究学问的传统。其中一类是重视义理与经世之学的，如李二曲主讲时的关中书院，颜元主讲时的漳南书院；一类以词章诗文为重点，如姚鼐主讲时的钟山书院，沈德潜主讲时的紫阳书院；一类是注重考据训诂之学的，如阮元主持的诂经精舍，惠栋主讲时的紫阳书院。这些书院都不重八股，其中第三类影响尤大，他们继承汉学传统，并发展成为清代"朴学"，取得了许多重要学术成果。

明清两代，民间尚有蒙馆、家塾、族学等，都相当于小学性质。

戊戌变法以后，废除科举考试，兴办新式学校。北京设立京师大学堂（即北京大学前身），各省以省会大书院为高等学堂，府城书院为中学堂，州县书院为小学堂。1901年定学堂章程，学制为寻常小学堂三年，高等小学堂三至四年，中学堂四年，高等学堂（相当于大学预讲）三年，大学院（分科大学）三至四年。1903年又另立章程，蒙养（幼儿园）至初小五年，高小四年，中学五年，高等学堂三年，大学堂三至四年，其上还设通儒院，相当于研究生院。民国初年，定初小为四年，高小三年，中学四年，大学预科三年，大学本科三至四年。

（摘自《中国文化史概要》，高等教育出版社2010年版）

【导读】《明清国子监》选自谭家健主编并主笔的《中国文化史概要》第一编"历代典章制度"第六章"古代学校"。谭家健，1936年出生于湖南衡阳，1960年毕业于北京大学，中国社会科学院文学研究所研究员，主要从事中国古代散文研究，著述丰厚，《中国文化史概要》乃其中影响颇大者。

《中国文化史概要》初版于1988年9月，至1997年7月，该社重新排印，内容增加了8章，共46章，分为典章制度、各体文学、哲学宗教、文化艺术4编。正如序者汤一介所言："由于《中国文化史概要》这类的书目前较少，实属开创，因此一部比较完整的'文化史'应包含哪些内容，是一个大问题。"而《中国文化史概要》是1949年以来首部比较全面地介绍中国文化史基本知识，比较系统地叙述其发展过程和大致脉络的著作，较为科学地划定了文化史应涵盖的内容，可谓是建国以来第一部真正意义上的中国文化史通史著作。因此，该书是中国学术史研究的入门书籍之一。

在框架结构上，该书没有按照传统通史体例的编年体例编写，而是以专题为经，时间为讳，纵横交错、分门别类地来展示中国文化史，既着重于详尽地介绍中华文明各个方面的基础知识，又致力于以时代演进为顺序叙述中国文化的发展历程，由点到线，由线到面，相互关联相互交融成为一个有机整体，具有很强的系统性和学术性。而且，每章节独立成文，便于读者能对每个专题有整体的了解。例如《明清国子监》所在的第六章《古代学校》就包括了"周代国学与乡学""汉代太学和郡国之学""唐代专科学校""宋代国学三舍和书院""明清国子监"五个部分。节选其中的"明清国子监"出来，亦能自成体系，独立成文，不觉割裂。

在学术知识的阐述上，该书知识讲解翔实而适用，理论阐说简明扼要，语言明白晓畅。例如在节选的《明清国子监》这一部分中，用"不再相当于教育部"来阐明国子监的职能范围的缩减，用"相当于小学性质"来解释明清两代中民间蒙馆、家塾、族学的性质，显得明白晓畅又便于理解。当下学界行文阐述上呈现出这样一种不良风气：囫囵吞枣地运用学术概念，生搬硬套地运用学术方法，行文文风生僻晦涩。该书的文风显然是非常有借鉴价值的。

（黄　斌）

论 书 院

季羡林

中国是世界上著名的文明古国。在全世界所有的国家中，中国是唯一的有长达几千年的延续不断的教育传统的国家。这个传统当然随着历史的发展而演变，到了十九世纪末年，终于来了一个大转变：西方的资本主义教育制度传了进来，到现在也已有将近一百年的历史了。这个新教育制度，在中华人民共和国建立以后虽经改造，却也基本上被保留下来。它起了很大的作用，但不能说完美无缺。为了适应社会主义建设的需要，重新对中国古今教育制度做一个全面的、实事求是的检查，显然是非常必要的。这个检查目前还只能非常简略。

一　中国历史上的教育制度

中国几千年的教育制度，从组织结构上来看，大体上可以分为两类：一官，一私。远古时期，渺茫难窥，这里不谈。公元前三千纪末到二千纪中，夏代已有"庠"、"序"、"校"三种学校。到了公元前二千纪中叶至末叶的商代，又增加了"学"和"瞽宗"。"学"有大小之分。除了训练学生祭祀和打仗之外，还进行读、写、算的教学。西周集前代之大成，初步具有了学制系统。学制系统分国学与乡学两类。国学是中央官学，乡学是地方官学。国学分大学与小学两级。大学中有天子设立的五学和诸侯设立的泮宫。乡学中有塾、庠、序、校之分。这样一套制度对其后的中国教育有深远的影响。我国古代一直沿用此制，稍加变化，改换一些名称。西周国学的教育内容包括四个方面：三德、六行、六艺、六仪，其中六艺是最基本的。所谓六艺指：礼、乐、射、御、书、数。从字面上也可以看出来，这里面文武兼备，知识与技能并举。这种教育制是密切为当时的政治服务的。乡学以社会教化为务，内容有六艺、七教、八政以及乡三物等。总之，西周的教育已由殷商的宗教武士教育，转变为文武兼备的教育。

秦代实施以吏为师、以法为教的文教政策，是学校教育的一个倒退。

到了西汉，汉武帝正式制定了博士弟子员制度，兴办了太学。这在教育史上是一件大事。汉代官学分中央官学与地方官学两类，这里明显地受了西周的影响。

魏晋南北朝时期，封建官学时兴时废。

到了唐代，在初唐的一百多年内，生产发展，经济繁荣，成为世界上一个、也许是第一个强大的帝国。统治者对教育特别重视，官学达到了相当完善的地步，为以后的官学制度奠定了基础。这时的官学仍然分为两级：中央官学和地方官学。与前代不同之处在于组织更细致了，内容更丰富了。中央官学中的国子学、太学、四门学、广文馆都专修儒经。这可以说是唐代教育的主干。此外还有专修律学、算学、书学的学校，医学校，卜筮学校，天文、历算、漏刻学校，兽医学校，校书学校等等。另外还有一些特殊学校。所有这些学校目的都是为当时的政治经济服务的。在教学行政方面，唐承隋制，设立国子监，管理六学，以祭酒为教育最高长官。国子监的职能一直保留到清代学部成立。不过明清两代，国子监常与国学、太学混称。

宋代的官学对学生入学资格逐渐放宽，教育对象不断扩大，学校类型增加了，教学内容扩大了，增设了武学和画学。

元代对我国古代地方官学有特殊贡献，创设了诸路阴阳学，发展了天文、历算等科技教育。又创设了社学，以满足农业的需要。此外还创设蒙古国子学与回回国子学。

明承元制，仍设社学，但以教化为主。国子学以学习儒家经典为主。地方官学，除治经外，礼、乐、射、御、书、数还设科分教。

清代教育制度多承前代旧制。国子监生的对象范围比以前更宽。地方官学比较普遍。教学内容仍以儒家经典为主。另设觉罗学、旗学、土苗学等等。雍正、乾隆还设有俄罗斯学馆（堂），教汉满子弟习俄文。

我在上面简略地讲了我国古代的官学制，现在再讲一讲私学制。

古代私学包括家传与师授两种，起源极早。但是作为一种教育制度，则兴起于春秋战国之际。生产发展给私学奠定了经济基础。又由于复杂的政治斗争，需要兴私学，养士人。此外，文化下移也推动了私学的发展。在这样的情况下，私学在全国各地兴起，到了孔、墨两大显学崛起，私学发展如日中天。由此而形成的儒、墨两大学派互相攻伐，支配中国思想界达数百年之久。战国中起，百家争鸣，诸子私学蜂起。成为中国历史上最有活力的时代之一，影响深远。

到了汉代，经师讲学之风特盛。东汉私学学生人数超过太学。汉代官学和私学各有偏重，官学以今文经为主，而私学则以古文经为主，东汉末出现了综合今古的趋势，郑玄为代表。

在魏晋南北朝时期，私学稍衰，但仍盛于官学。

隋唐之际，官学繁荣，私学也极发达。隋王通私人讲学，唐代开国名臣中有一些人就出自王通之门。唐代有的学者身在官学，却又私人授徒。

宋代私人讲学极为发达。南宋书院大兴。书院原为私学性质。但是，元明清书院渐有官学性质。到了后来，有的遭禁毁，有的沦为科举预备场所。

二　书院的滥觞与发展

书院是中国封建社会的一种教育组织形式，但并非中国所专有。我认为，古代希腊苏格拉底、柏拉图、亚里士多德等师徒授受的所在地叫akademe，也是一种类似中国古代书院的组织，只是后来没有像中国这样发达而已。书院以私人创造为主，有时也有官方创办的。其特点是，在个别著名学者领导下，积聚大量图书，聚众授徒，教学与科研相结合。书院从唐五代末到清末有一千年的历史，对我国封建社会的教育产生过重大的影响。要读中国教育史，要研究现在的教育制度，应着重研究书院制度。从这个研究中，我们可以学习到很多有用的东西。

第一编　国学史征

书院这个名称，始见于唐代。当时就有私人与官方两类。最初，书院还仅仅是官方藏书、校书的地方；有的只是私人读书治学的地方，还不是真正的教育机构，清代诗人袁子才在《随园随笔》中写道："书院之名起唐玄宗时，丽正书院、集贤书院皆建于朝省，为修书之地，非士子肄业之所也。"但是，唐代已有不少私人创建的书院，《全唐传》中提到的有11所。这些也只是私人读书的地方。

真正具有聚徒讲学性质的书院，起源于庐山国学，又称白鹿国庠，地址在江西庐山，为著名的白鹿书院的前身。陆游的《南唐书》中有关于庐山国学的记载。总起来看，聚众讲学的书院形成于五代末期。有人主张，中国的书院源于东汉的"精舍"或者"精庐"，实则二者并不完全相同。

北宋初年，国家统一，但还没有充足的力量来兴办学校，于是私人书院应运而起。庐山国学或白鹿国庠，发展为白鹿洞书院。接着有很多书院相继创建，有四大书院或六大书院之称。除白鹿洞书院外，还有岳麓书院、应天府书院、嵩阳书院、石鼓书院和茅山书院。

到了南宋，书院更为发达。其数量之多，规模之大，组织之严密，制度之完善，都是空前的，几乎取代了官学，成为主要教育机构。南宋书院发达，始于朱熹修复白鹿洞书院。后来朱熹又修复和扩建了湖南岳麓书院。书院之所以发达，原因不外是理学发展而书院教学内容多为理学；官学衰落，科举腐败；许多著名学者由官学转向私人书院；印刷术的发展提供了出书快而多的条件，而书院又以藏书丰富为特点。有此数端，书院就大大地发展起来了。

元代也相当重视文化教育事业，奖励学校和书院的建设。不但文化兴盛的江南普遍创建或复兴了书院，连北方各地也相继设立了书院。但书院管理和讲学水平都很低。

到了明初，情况又有了改变。政府重点是办理官学，提倡科举，不重视书院。自洪武至成化100多年的情况就是这样。成化（1465—1487年）以后，书院才又得复兴。至嘉靖年间（1522—1566年）达到极盛。明代书院由衰到兴，王守仁、湛若水等理学大师起了重要的作用。为了宣扬他们的理学，他们所到之处，创建书院。明代末年影响最大的是东林书院。在这个书院里，师生除教学活动外，还积极参与当时的政治活动。这当然受到统治者的迫害。天启五年（1625年），太监魏忠贤下令拆毁天下书院，首及东林，兴起了中国历史上有名的迫害东林党人的大案。

到了清初，统治者采取了对书院抑制的政策。一直到雍正十一年（1733年）才令各省会设书院，属官办性质。以后发展到了2000余所，数量大大超过前代；但多数由官方操纵，完全没有独立自主的权力，因而也就没有活力。也有少数带有私人性质的书院，晚清许多著名的学者在其中讲学。

统观中国1000多年的书院制，可以看到，书院始终是封建教育的一个重要组成部分，与统治者既有调和，又有斗争。书院这种形式还影响了日本、朝鲜和东南亚一些国家。

这样的书院制有些什么特点呢？毛礼锐主编的《中国教育史简编》对中国书院的特点做了很好的归纳。我现在简要地叙述一下。他认为特点共有五个：

1、教学与科研相结合

书院最初只是学术研究机关，后来逐渐成为教学机构。教学内容多与每一个时代的学术发展，密切联系。比如南宋理学流行，书院就多讲授理学。明代王守仁等讲一种新的理学"心学"，于是书院也讲心学。到了清代，汉学与宋学对立，书院就重经学，讲考证。

2、盛行"讲会"制度，提倡百家争鸣

在南宋，朱熹和陆九渊代表两个不同的学派。淳熙二年（1175年），两派在鹅湖寺进行公开辩论。淳熙八年（1181年），朱熹邀请陆九渊到自己主持的白鹿洞书院去讲学，成为千古佳话。明代"讲会"之风更盛。王守仁和湛若水也代表两大学派，互相争辩。这种提倡自由争辩的讲会制度，一直延续到清代。

3、在教学上实行门户开放

一个书院著名学者讲学，其他书院的师生均可自由来听，不受地域限制和其他任何限制。宋、明、清三代都是如此。

4、学习以个人钻研为主

书院十分注重培养学生的自学能力，非常重视对学生的读书指导。宋、元、明、清一些大师提出了不少的读书原则。有的编制读书分年日程。有的把书院的课程分门别类，把每天的课程分成若干节。他们都注意学生的全面发展。导师决不提倡学生死记硬背，而是强调学生读书要善于提出疑难，鼓励学生争辩，教学采用问难论辩式。朱熹特别强调"读书须有疑"，"疑者足以研其微"，"疑渐渐解，以至融会贯通，都无所疑，方始是学"。吕祖谦更提出求学贵创造，要自己独立钻研，各辟门径，不能落古人窠臼。总的精神是要学生不断有发明创造。

5、师生关系融洽

中国教育素以尊师爱生为优良传统。这种精神在私人教学中表现得尤为突出。书院属于私人教学的范畴，所以尊师爱生的传统容易得到体现，在官办学校中则十分困难。朱熹曾批评太学师生关系："师生相见，漠然如行路之人。"他指出，其原因在于学校变成了"声利之场"，教学缺乏"德行道艺之实"。他自己身体力行，循循善诱，对学生有深厚感情。但是，他对学生要求极严，却不采取压制的办法。他说："尝谓学校之政，不患法制之不立，而患理义之不足以悦其心。夫理义不足以悦其心，而区区于法制之末以防之，其犹决湍之水注千仞之壑，而作罦萧苇以捍其冲流也，亦必不胜也。"（见《晦庵文集》，卷74）这些话到了今天还很值得我们玩味。明代王守仁也注意培养师生感情。明末的东林书院，师生感情更是特别深厚。

上面我撮要叙述毛礼锐等的对书院特点的五点总结。在组织管理方面，书院也有特点，如管理机关比较精干，经费一般能独立自主等等。

三　新教育制度的兴起

随着西方殖民主义者侵略的加强，随着清代封建统治的日益腐朽，自十九世纪中叶起，中国有识之士就痛切感到，中国的政治经济等非改革不行，教育当然也在改革之列。魏源认为，理学"上不足致国用，外不足靖疆国，下不足苏民困"，简直是一点用处都没有。他主张向西方学习，改造中国的传统教育。魏源以后直至19世纪末叶，有不少人说八股文无用，主张翻译外国书籍，引进外国制度。洋务运动兴起以后，新教育也随之而兴，创建新型学校，设立同文馆，学习外国语文，开展工业技术教育，创办船政学堂、机器学堂、水师学堂、武备学堂、水陆师学堂、派遣留学生，等等。1898年百日维新以后，设立京师大学堂，为现在北京大学的前身。又逐渐废科举，废八股文。经过了许多波折，以西方资本主义教育为模式的中国新教育制度基本上建立起来，在中国教育史上开辟了新的一章。

四　书院在今天的意义

我在上面非常简略地叙述了中国几千年教育发展的历史，从奴隶社会，经过封建社会，一直讲到近代受西方资本主义教育影响的新教育制度。我着重讲了书院制度。到了今天，我们已经进入了社会主义初级阶段。我们的教育已经超越了封建教育和资本主义教育。中国历史上的书院在今天还有意义吗？为什么最近几年来又出现了书院这个名称和组织呢？这是一种倒退呢，还是一种进步？这一些都是我们非思考不行的问题。

为了说明问题，我先举一个眼前的例子。1984年，北京大学哲学系中国哲学史教研室一些教师创办了中国文化书院。没有接受政府一文资助，在不长的时期内就做出了巨大的成绩，取得了惊人的发展。书院团结了一些大学和社会科学院以及其他机构已退休或尚未退休的教授和研究员；同台湾学者加强了联系；同海外华裔和非华裔学者建立了经常的巩固的关系；开办了一系列的讲座；出版了一批学术著作；建立了口述历史和为老学者录音录像的机构，等等。建立一个藏书丰富的专业图书馆的工作也正在进行。全院的同仁们正在斗志昂扬地从事书院的建设和开拓。这样的成绩当然引起了社会上的注意。在不太长的时期内，以书院命名的机构接踵兴起，形成了一股"书院热"。这些书院的兴起是否就是受了中国文化书院的影响，我不敢说，它们的详细情况，我也不清楚。我只想指出，有这样多的书院已经建立起来，这个现象值得我们思考而已。

为了回答我在上面提出的有关书院的问题，我现在想结合古代中国书院的那些特点和当前中国文化书院的经验，谈一谈书院在今天的意义。我想从六个方面来谈：

1、书院可以成为当前教育制度的补充

我国今天的教育制度，从内容上来看，应该说是社会主义的。但是从组织上来看，基本上是西方那一套。我们同资本主义国家一样，需要大批的建设人才。封建主义那种小批量培养人才的方式，远远不能满足要求。我们只能采用西方资本主义国家的大批量的生产方式，这种方式须要有严格的教学计划、课程设置、学分计算、教学组织，一切都要标准化、计量化。资本主义国家大学里计算学分的办法，一方面能比较精确地确定学生的学习量，满了一定的学习量才能毕业；另一方面也用来确定教师的教学量，以便取得报酬。这一切都是资本主义的核心精神——金钱问题所决定的。我们之所以采用这种制度，当然不是为金钱问题所左右，而是为了适应大批量培养人才的需要。

仅仅采用这样的制度够不够呢？我认为是不够的。在中国几千年的历史上，办教育一向是官、私两条路，这也可以说是一种两条腿走路吧。两者互相补充，历史证明是行之有效的。可是现在我们只剩下一条腿，只剩下官方一途，私人教育基本上不存在了。我个人认为，这无疑是一个损失。在过去执行这个政策，道理还能讲得通。今天在大家觉悟普遍提高的基础上，国家又正在进行改革，在教育方面是否也可改革一下呢？如果可以的话，提倡创办书院，鼓励私人办学，继承我国的优秀传统，实在是可以试一下的。

书院这种形式能适应今天的情况吗？我不妨先举一个例子。清华大学在建成大学以前是留美预备学校。到了20年代初，又创办了一个研究国学的机构，聘请王国维、梁启超、陈寅恪、赵元任为导师。这也是一种双轨制：一条轨道是西方式的新制度，有严格的教学计划，开设课程、计算学分、规定毕业年限、决定招生办法，都按计划进行。另一条轨道是什么计划也没有，招生和毕业都比较灵活。在一所学校内实行两套办法。如果想做比较研究，这实在是最好的样板。比较的结果怎样呢？正规制大学大批量地培养了国家建设所需要的干部，也出了一些著名的学者、教授。那个不怎么正规的国学研究部门，培养出来的人数要少得多，但几乎个个都成了教授，还不是一般的教授。这个结果实在值得我们深思。

清华的国学研究部门无书院之名，而有书院之实。它不能算是私人创办的，其精神却与古代书院一脉相通。另外一个例子是章太炎在苏州创办的国学研究所，也培养了一些人才。我在这里举的例子都属于国学范畴，其他学科我认为也是可以尝试的。这说明，私人办的书院在今天仍有其意义。古代书院那些优良传统，比如说讲会制度、提倡自由争辩、门户开放、注意培养学生独立钻研的能力、师生关系融洽等等，我们在书院中都应该继承和发扬。只希望我们教育当局找出一种承认书院学生资格的办法，不用费很大的力量，培养人才的数量就可以增加，质量也可以提高。何乐而不为呢？

2、书院可以协助解决老年教育问题

据说现在世界上有一个新名词，叫做"终生教育"。中国的成人教育有一部分同它类似，但似乎不包括老年教育，所以二者不完全相同。外国许多老人，在退休之后，到大学里报名入学，读硕士或博士学位。中国还没听说有这种情况。但是，今天中国人的平均寿命已经大大地提高，老人将会越来越多。有朝一日，老人教育也会成为问题的。我认为，书院可以帮助解决这个问题。

3、书院可以发挥老专家的作用

中国人平均寿命越来越高，老教授、老专家退休后活的时间也会越来越长。这是件好事，但也带来了新问题。这些老教授、老专家退休后作用如何发挥呢？方法当然有多种多样，有的可以继续著书立说，有的可以当顾问，有的可以联合起来，搞一些社会福利事业。但是，没有适当的机构加以组织，他们的作用发挥有时会碰到困难，交流信息也会受到障碍。在今天社会上想单枪匹

马搞出点名堂,几乎是不可能的。

我在这里想特别提一下博士生导师的问题。这些导师绝大部分都是有真才实学的,而且是经过了一定的选举和审批手续,才获得博士导师的资格的。他们到了年龄退休以后,有的为本校或本研究院返聘,继续指导博士生。但是也有一些,由于种种原因,拒绝返聘,不接受指导博士生的任务。现在全国博士生导师为数不多。老的退休了,新的上不来。许多大学都面临着这种青黄不接的局面。中年博士生导师,有的也有相当高的水平;可是在某一些方面,一时还难以达到老专家的水平。在这样的情况下,如果再让一些有能力的老教授老专家投闲置散,对国家是一个损失。这样下去,对我国博士生的培养工作是非常不利的。倘若有一些书院一类的机构,退休老教授乐意在里面工作,乐意指导研究生,岂非两全其美?中国文化书院就有这样的导师,可惜恪于现行的制度,他们无法指导博士研究生。如果有关当局本着改革的精神,授权给某一些有条件的书院,让已经取得带博士生资格的老教授老专家在这里指导博士生,对我们国家的教育事业不是一个大贡献吗?我个人认为,将来培养博士或博士后的任务可以分一点给书院。国务院学位委员会和国家教委应该承认这样培养出来的博士的资格,并且一视同仁地发给证书。这样一来,国家出不了多少钱,既调动了退休老教授老专家的积极性,又培养了高级人才,促进了学术的发展,岂非一举数得吗?

4、书院可以团结海内外的学者

中国文化书院聘请了一些学有专长的导师,已经退休的和尚未退休的都有;海内外的学者都有,不限于华裔。同时也不时邀请海外学者来院做学术报告或参加座谈会。特别值得一提的是,这样的学者中也有台湾学者。这在当前是非常有意义的工作,不言而喻。这样的工作由政府机构出面来做,不如由民间机构。原因是,这样可以绕开台湾当局制造的一些困难。海峡两岸的学者都有一个共同的愿望:祖国统一。不管通过什么途径来大陆的台湾学者,同大陆的同行们,共同在学术上切磋琢磨、互相启发,不谈政治问题,而心心相印。

5、书院可以宣扬中国文化于海外

中国有极其悠久、极其优秀的文化传统,对全世界文化的发展起过重大的作用。近代以来,我们开始向西方学习,这是完全必要的。到了今天,我们强调开放,其中包含着向外国学习,这也是完全必要的。但是,既然讲文化交流,就应该在"交"字上做文章。这并不等于要等价交换,出和入哪一方面多了一点或少了一点，这无关重要。但是，如果入超或出超严重，就值得考虑。以我的看法，现在我们是入超严重，出几乎等于没有。难道我们都要变成民族虚无主义者吗？现在世界上许多文化先进国家对我国的文化，特别是近现代的文化了解得非常少，有时候简直等于零。这不利于国际大团结，也不利于我们向外国学习。可惜这种情况还没有引起应有的重视。中国文化书院任务之一，就是向外国介绍中国文化，已经做了大量的工作，今后还将坚持不懈地继续做下去。我们决不搞那一套什么都是世界第一，那是自欺欺人之谈。但也决不容许中外不管什么人士完全抹杀中国文化的精华。那也不是实事求是的态度。

6、书院可以保存历史资料

从中国文化书院的经验来看，书院可以在保存历史资料方面做不少的工作。中国文化书院目前正在进行的有关这方面的工作有两项：一是记录口述历史；一是为老学者老专家录音录像。这都是有意义的工作，还带有点抢救的性质。这里的工作对象当然不是什么国家显要人物。但是难道只有国家显要才有被录音录像的资格吗？为这些人进行这样的工作，很有意义，我完全拥护。为并非显要而在某一方面有点贡献的人进行这样的工作，也自有其意义，这也是了解我们民族的历史所不可缺少的。

我在上面从六个方面谈了书院在今天的意义。当然不会限于这几个方面，我不过目前只想到这些而已。归纳起来，我们这样说，在中国流行了1000年的书院这种古老形式，在今天还有其意义。我们完全可以取其精华，去其糟粕，利用这个形式，加入新的内容，使它为我们的社会主义建设服务。

（摘自《季羡林随想录》之四，中国城市出版社2010年版）

【导读】中国古代教育形式主要有官学和私学两种。官学一般分为中央官学和地方官学两级。春秋时期，孔子提倡"有教无类"，突破贵族对教育的垄断，自此私学成为古代教育体系中的一个重要组成部分。书院是私学发展到高级形态的教育组织形式。至唐代，私学教育更为广泛和普遍。据袁枚《随园随笔》记载："书院之名，起于唐玄宗时，丽正书院、集贤书院，皆建于朝省。"唐朝建立了最早的官办书院，即开元六年（公元718年）唐玄宗所创设的丽正修书院，该书院作为藏书、校书之所。"书院"一词最早也始于唐朝。从宋朝开始，理学兴起，书院成为研习和传承理学思想的重要场所，书院作为一种教育制度正式形成。江西庐山的白鹿洞书院、湖南善化的岳麓书院、湖南衡阳的石鼓书院和河南商丘的应天府书院,为宋代著名的四大书院。明清时期,书院在跌宕曲折中发展。可以说,书院发轫于唐,推行于五代,兴盛于宋,普及于明清,历时达千余年,对日本、韩国及新加坡等东南亚国家的教育文化产生了深远影响。清光绪二十七年(公元1901年),清廷诏令:"除京师已设大学堂应行切实整顿外,着各省所有书院,于省城均改设大学堂,各府及直隶州均改设中学堂,各州县均改设小学堂,并多设蒙养学堂。"至此,书院正式宣告终结。

季羡林先生的《论书院》一文从四个方面谈到中国书院的历史沿革。第一部分"中国历史上的教育制度",分别讲述中国官学和私学的历史发展。第二部分"书院的滥觞与发展",探讨书院的历史变迁和特点,尤其谈到书院教研相结合、学术自由、强调学生自学能力、注重师生关系等特色,概括准确,简明扼要。第三部分"新教育制度的兴起",分析了19世纪末,西方教育模式传入中国,改变了中国传统的教育制度,正如蔡元培先生所说:"晚清时期,东方出现了急剧的变化。为维护其社会生存,不得不对教育进行变革。当时摆在我们面前的问题,是要仿效欧洲的形式,建立自己的大学。"(《中国现代大学观念及教育趋向》)第四部分"书院在今天的意义",从六个方面详细分析当今文化书院的价值意义。的确,如今的教育模式存在种种弊端,诸如填鸭式教学,变相的科举考试,只重知识,不重实践,学生不堪重负,缺乏创新变得"麻木不仁",等等。改变目前这些教育现状,已是刻不容缓。显然,我们应该多向古代的教育家学习,从古代书院的管理经验中汲取营养。古代书院非常重视德育、实践、个性发展,这些都是值得我们借鉴的。如能中西结合,各取所长,相信中国将会培养出更多真正的人才。

(廖 华)

清代的学术

吕思勉

清代学术的中坚,便是所谓汉学。这一派学术,以经学为中心。专搜辑阐发汉人之说,和宋以来人的说法相对待,所以得汉学之称。

第一编　国学史征

汉学家的考据，亦可以说是导源于宋学中之一派的。而其兴起之初，亦并不反对宋学。只是反对宋学末流空疏浅陋之弊罢了。所以其初期的经说，对于汉宋，还是择善而从的。而且有一部分工作，可以说是继续宋人的遗绪。但是到后来，其趋向渐渐地变了。其工作，专注重于考据。考据的第一个条件是真实。而中国人向来是崇古的。要讲究古，则汉人的时代，当然较诸宋人去孔子为近。所以第二期的趋势，遂成为专区别汉、宋，而不复以己意评论其短长。到此，才可称为纯正的汉学。所以也有对于这一期，而称前一期为汉宋兼采派的。

第一期的人物，如阎若璩、胡渭等，读书都极博，考证都极精。在这一点，可以说是继承明末诸儒的遗绪的。但是经世致用的精神，却渐渐的缺乏了。第二期为清代学术的中坚。其中人物甚多，近人把他分为皖、吴二派。皖派的开山，是江永，继之以戴震。其后继承这一派学风的，有段玉裁、王念孙、引之父子和末期的俞樾等。此派最精于小学，而于名物制度等，搜考亦极博。所以最长于训释。古义久经湮晦，经其疏解，而灿然复明的很多。吴派的开山，是惠周惕、惠士奇、惠栋，父子祖孙，三世相继。其后继承这一派学风的，有余萧客、王鸣盛、钱大昕、陈寿祺、乔枞父子等。这派的特长，尤在于辑佚。古说已经亡佚，经其搜辑而大略可见的不少。

汉学家的大本营在经。但因此而旁及子、史，亦都以考证的方法行之。经其校勘、训释、搜辑、考证，而发明之处也不少。其治学方法，专重证据。所研究的范围颇狭，而其研究的工夫甚深。其人大都为学问而学问。不掺以应用的，亦颇有科学的精神。

但是随着时势的变化，而汉学的本身，也渐渐地起变化了。这种变化，其初也可以说是起于汉学的本身，但是后来，适与时势相迎合，于是汉学家的纯正态度渐渐地改变。而这一派带有致用色彩的新起的学派，其结果反较从前纯正的汉学为发达。这是怎样一回事呢？原来汉学的精神，在严汉、宋之界。其初只是分别汉、宋而已，到后来，考核的工夫愈深，则对于古人的学派，分别也愈细。汉、宋固然不同，而同一汉人之中，也并非不相违异。其异同最大的，便是第三编第九章所讲的今、古文之学。其初但从事于分别汉、宋，于汉人的自相歧异，不甚措意。到后来，汉、宋的分别工作，大致告成，而汉人的分别问题，便横在眼前了。于是有分别汉人今古文之说，而专替今文说张目的。其开山，当推庄存与，而继之以刘逢禄和宋翔凤，再继之以龚自珍和魏源。更后，更是现代的廖平和康有为了。汉代今文学的宗旨，本是注重经世的。所以清代的今文学家，也带有致用的色彩。其初期的庄、刘已然，稍后的龚、魏，正值海宇沸腾，外侮侵入之际。二人都好作政论，魏源尤其留心于时务。其著述，涉及经世问题的尤多。最后到廖平，分别今古文的方法更精了。至康有为，则利用经说，自抒新解，把春秋三世之义，推而广之。而又创托古改制之说，替思想界起一个大革命。

清学中还有一派，是反对宋学的空谈，而注意于实务的。其大师便是颜元。他主张仿效古人的六艺，留心于礼、乐、兵、刑诸实务。也有少数人佩服他。但是中国的学者，习惯在书本上做工夫久了，而学术进步，学理上的探讨和事务的执行，其势也不得不分而为二。所以此派学问，传播不甚广大。

还有一派，以调和汉、宋为目的，兼想调和汉、宋二学和文士的争执的，那便是方苞创其前，姚鼐继其后的桐城派。当时汉、宋二学，互相菲薄。汉学家说宋学家空疏武断，还不能明白圣人的书，何能懂得圣人的道理？宋学家又说汉学家专留意于末节，而忘却圣人的道理，未免买椟还珠。至于文学，则宋学家带有严肃的宗教精神，固然要以事华彩为戒；便是汉学家，也多自矜以朴学，而笑文学家为华而不实的——固然，懂得文学的人，汉、宋学家中都有，然而论汉、宋学的精神，则实在如此。其实三者各有其立场，哪里可以偏废呢？所以桐城派所主张义理、考据、辞章三者不可缺一之说，实在是大中至正的。但是要兼采三者之长而去其偏，这是谈何容易的事？所以桐城派的宗旨，虽想调和三家，而其在汉、宋二学间的立场，实稍偏于宋学，而其所成就，尤以文学一方面为大。

清朝还有一位学者，很值得介绍的，那便是章学诚。章学诚对于汉、宋学都有批评。其批评，都可以说是切中其得失。而其最大的功绩，尤在史学上。原来中国人在章氏以前不甚知道"史"与"史材"的分别，又不甚明了史学的意义。于是（一）其作史，往往照着前人的格式，有的就有，无的就无，倒像填表格一样，很少能自立门类或删除前人无用的门类的。（二）去取之间，很难得当。当历史读，已经是汗牛充栋，读不胜读了，而当作保存史材看，则还是嫌其太少。章氏才发明保存史材和作史，是要分为两事的。储备史材，愈详愈妙，作史则要斟酌一时代的情势，以定去取的，不该死守前人的格式。这真是一个大发明。章氏虽然没有作过史，然其借改良方志的体例，为豫备史材的方法，则是颇有成绩的。

理学在清朝，无甚光彩。但其末造，能建立一番事功的曾国藩却是对于理学，颇有工夫的，和国藩共事的人，如罗泽南等，于理学亦很能实践。他们的成功，于理学可谓很有关系。这可见一派学问，只是其末流之弊，是要不得，至于真能得其精华的，其价值自在。

以上所说，都是清朝学术思想变迁的大概，足以代表一时代重要的思潮的。至于文学，在清朝比之前朝，可说无甚特色。称为古文正宗的桐城派，不过是谨守唐、宋人的义法，无甚创造。其余模仿汉、魏、唐、宋的骈文的人，也是如此。诗，称为一代正宗的王士祯，是无甚才力的。后来的袁、赵、蒋，虽有才力，而风格不高。中叶后竟尚宋诗，亦不能出江西派窠臼。词，清初的浙派，尚沿元、明人轻佻之习。常州派继起，颇能力追宋人的作风，但是词曲，到清代，也渐成为过去之物。不但词不能歌，就是曲也多数不能协律，至其末年，则耳目的嗜好也渐变，皮黄盛而昆曲衰了。平民文学，倒也颇为发达。用语体以作平话、弹词的很多。在当时，虽然视为小道，却是现在平民文学所以兴起的一个原因。书法，历代本有南北两派。南派所传的为帖，北派所传的为碑。自清初以前，书家都取法于帖。但是屡经翻刻，神气不免走失。所以到清中叶时，而潜心碑版之风大盛。主持此论最力，且于作书之法，阐发得最为详尽的，为包世臣。而一代书家，卓然得风气之先的，则要推邓完白。清代学术思想，都倾向于复古，在书法上亦是如此的。这也可见一种思潮正盛之时，人人受其鼓荡而不自知了。

（摘自《吕思勉学术文集》，上海人民出版社2011年版）

【导读】吕思勉（1884—1957），字诚之，我国现代著名的史学家。在中国通史、断代史以及民族史、学术史、史学史等方面都卓有成就。与钱穆、陈垣、陈寅恪被钱穆的弟子严耕望并称为"现代四大史学家"。吕思勉《清代的学术》一文为我们整理了清代的学术思想概况。

关于清代学术史的划分，有不同的说法。蒋寅主编的《中国古代文学通论·清代卷》指出，中国清代学术的发展线索可分为三种形式，分别是学术史的线索、政治史的线索和经学史的线索。按照学术史划分的代表是王国维，他将清代的学术分为三个阶段，即"国初之学大，乾嘉之学精，道咸以降之学新"。"国初之学大"是说清初的学者不拘泥于某一种领域，研究的范围很宽泛，将天文、地理、经史、民俗、文字等囊括其中。"乾嘉之学精"是指乾隆、嘉庆时期，经济发展，社会稳定，汉学逐渐兴盛，学者们变得不关心朝政，只专注于名物训诂、校勘辑佚，转向归返原典的思维特征。"道咸以降之学新"是说传统汉学一枝独秀的局面被打破，宋学、汉学相互调和，尤其是今文经学兴起，经世致用的学风高扬。据政治史划分，是为了突出政治因素对学术发展的影响，比如梁启超对此有过相关的分析。据经学史划分的代表是晚清学者皮锡瑞，他认为清代的经学有三个变化，即清初是"汉宋兼采之学"，乾隆以后是"专门汉学"，晚清时期为"西汉今文之学"。

吕思勉对清代学术的划分也是围绕经学的发展，着眼于汉学与宋学、今文与古文之间的历史演变，由此分为两个时期。第一期为宋学与汉学之间互相包容，第二期为纯正的汉学，亦为清代学术的中坚。至于每一时期的特征、代表人物，文中也有详细的分析阐述。另外，文章还对清代学术的流派给予细致的梳理。比如谈到第二阶段时，具体剖析了各种学术流派，有以江永、戴震为代表的皖派；以惠周惕、惠士奇、惠栋为代表的吴派；由汉学演变而来的，注重经世的新起学派；还有反对宋学，强调实务，以颜元为代表的一派；以及以方苞、姚鼐为代表，调和汉、宋二学的流派。最后，文章对清朝的理学、文学、艺术学亦有简短意赅的论述。

《清代的学术》可谓分析全面，又不乏真知灼见，对我们了解清代学术的整体风貌大有裨益。

（廖　华）

论近年之学术界

王国维

外界之势力之影响于学术，岂不大哉！自周之衰，文王、周公势力之瓦解也，国民之智力成熟于内，政治之纷乱乘之于外，上无统一之制度，下迫于社会之要求，于是诸子九流各创其学说，于道德、政治、文学上，灿然放万丈之光焰。此为中国思想之能动时代。自汉以后，天下太平，武帝复以孔子之说统一之。其时新遭"秦火"，儒家唯以抱残守缺为事；其为诸子之学者，亦但守其师说，无创作之思想，学界稍稍停滞矣。佛教之东适，值吾国思想凋敝之后。当此之时，学者见之，如饥者之得食，渴者之得饮。担簦访道者，接武于葱岭之道；翻经译论者，云集于南北之都。自六朝至于唐室，而佛陀之教极千古之盛矣。此为吾国思想受动之时代。然当是时，吾国固有之思想与印度之思想互相并行而不相化合。至宋儒出而一调和之，此又由受动之时代出而稍带能动之性质者也。自宋以后以至本朝，思想之停滞略同于两汉。至今日而第二之佛教又见告矣，西洋之思想是也。

今置宗教之方面勿论，但论西洋之学术。元时罗马教皇以希腊以来所谓"七术"（文法、修辞、名学、音乐、算术、几何学、天文学）遗世祖，然其书不传。至明末，而数学与历学，与基督教俱入中国，遂为国家所采用。然此等学术，皆形下之学，与我国思想上无丝毫之关系也。咸、同以来，上海、天津所译书，大率此类。唯近七八年前，侯官严氏（复）所译之赫胥黎《天演论》（赫氏原书名《进化论与伦理学》，译义不全）出，一新世人之耳目。比之佛典，其殆摄摩腾之《四十二章经》乎？嗣是以后，达尔文、斯宾塞之名，腾于众人之口；"物竞天择"之语，见于通俗之文。顾严氏所奉者，英吉利之功利论及进化论之哲学耳。其兴味之所存，不存于纯粹哲学，而存于哲学之各分科，如经济、社会等学，其所最好者也。故严氏之学风，非哲学的，而宁科学的也。此其所以不能感动吾国之思想界者也。近三四年，法国十八世纪之自然主义，由日本之介绍，而入于中国，一时学海波涛沸渭矣。然附和此说者，非出于知识，而出于情意。彼等于自然主义之根本思想固懵无所知，聊借其枝叶之语，以图遂其政治上之目的耳。由学术之方面观之，谓之无价值可也。其有蒙西洋学说之影响，而改造古代之学说，于吾国思想界上占一时之势力者，则有南海康有为之《孔子改制考》、《春秋董氏学》，浏阳谭嗣同之《仁学》。康氏以元统天之说，大有泛神论之臭味，其崇拜孔子也，颇模仿基督教；其以预言者自居，又居然抱穆罕默德之野心者也。其震人耳目之处，在脱数千年思想之束缚，而易之以西洋已失势力之迷信，此其学问上之事业，不得不与其政治上之企图同归于失败者也。然康氏之于学术，非有固有之兴味，不过以之为政治上之手段，《荀子》所谓"今之学者以为禽犊"者也。谭氏之说则出于上海教会中所译之治心免病法，其形而上学之"以太"说，半唯物论、半神秘论也。人之读此书者，其兴味不在此等幼稚之形而上学，而在其政治上之意见。谭氏此书之目的，亦在此而不在彼，固与南海康氏同也。

庚辛以还，各种杂志接踵而起。其执笔者，非喜事之学生，则亡命之逋臣也。此等杂志，本不知学问为何物，而但有政治上之目的，虽时有学术上之议论，不但剽窃灭裂而已。如《新民丛报》中之《汗德哲学》，其纰缪十且八九也。其稍有一顾之价值者，则《浙江潮》中某氏之《续无鬼论》，作者忘其科学家之本分，而闯入形而上学，以鼓吹其素朴浅薄之唯物论，其科学上之引证亦甚疏略，然其唯有学术上之目的，则固有可褒者。

又观近数年之文学，亦不重文学自己之价值，而唯视为政治教育之手段，与哲学无异。如此者，其亵渎哲学与文学之神圣之罪，固不可逭，欲求其学说之有价值，安可得也！故欲学术之发达，必视学术为目的，而不视为手段而后可。汗德《伦理学》之格言曰："当视人人为一目的，不可视为手段。"岂特人之对人当如是而已乎，对学术亦何独不然？然则彼等言政治，则言政治已耳，而必欲渎哲学、文学之神圣，此则大不可解者也。

近时之著译与杂志既如斯矣，至学校则何如？中等学校以下，但授国民必要之知识，其无与于思想上之事，固不俟论。京师大学之本科，尚无设立之日，即令设立，而据南皮张尚书之计画，仅足以养成咕哔之俗儒耳。此外私立学校，亦无足以当专门之资格者。唯上海之震旦学校，有丹徒马氏（良）之哲学讲义，虽未知其内容若何，然由其课程观之，则依然三百年前特嘉尔之独断哲学耳。国中之学校如此，则海外之留学界如何？夫同治及光绪初年之留学欧美者，皆以海军制造为主，其次法律而已，以纯粹科学专其家者，独无所闻；其稍有哲学之兴味如严复氏者，亦只以余力及之，其能接欧人深邃伟大之思想者，吾决其必无也。即令有之，亦其无表出之能力，又可决也。况近数年之留学界，或抱政治之野心，或怀实利之目的，其肯研究冷淡干燥无益于世之思想问题哉！即有其人，然现在之思想界，未受其戈戈之影响，则又可不言而决也！

由此观之，则近数年之思想界，岂特无能动之力而已乎，即谓之未尝受动，亦无不可也。夫西洋思想之入我中国，为时无几，诚不能与六朝唐室之于印度较。然西洋之思想与我中国之思想，同为入世间的，非如印度之出世间的思想，为我国古所未有也。且重洋交通，非有身热头痛之险；文字易学，非如佉卢之难也，则我国思想之受动，宜较昔日为易，而顾如上所述者何哉？盖佛教之入中国，帝王奉之，士夫敬之，蚩蚩之氓膜拜而顶礼之，且唐宋以前，孔子之一尊未定，"道统"之说未起，学者尚未有入主出奴之见也，故其学易盛，其说易行。今则大学分科不列哲学，士夫谈论，动诋异端，国家以政治上之骚动，而疑西洋之思想皆酿乱之麴蘖；小民以宗教上之嫌忌，而视欧美之学术皆两约之悬谈。且非常之说，黎民之所惧；难知之道，下士之所笑。此苏格拉底之所以仰药，婆鲁诺之所以焚身，斯披诺若之所以破门，汗德之所以解职也。其在本国且如此，况乎在风俗文物殊异之国哉！则西洋之思想之不能骤输入我中国，亦自然之势也。况中国之民，固实际的而非理论的，即令一时输入，非与我中国固有之思想相化，决不能保其势力。观夫"三藏"之书已束于高阁，两宋之说犹习于学官，前事之不忘，来者可知矣。

然由上文之说，而遂疑思想上之事，中国自中国，西洋自西洋者，此又不然。何则？知力人人之所同有，宇宙人生之问题，人人之所不得解也。其有能解释此问题之一部分者，无论其出于本国或出于外国，其偿我知识上之要求，而慰我怀疑之苦痛者，则一也。同此宇宙，同此人生，而其观宇宙人生也，则各不同。以其不同之故，而遂生彼此之见，此大不然者也。学术之所争，只有是非真伪之别耳。于是非真伪之别外，而以国家、人种、宗教之见杂之，则以学术为一手段，而非以为一目的也。未有不视学术为一目的而能发达者，学术之发达，存于其独立而已。然则吾国今日之学术界，一面当破中外之见，而一面毋以为政论之手段，则庶可有发达之日欤！

(摘自《静庵文集》，辽宁教育出版社1997年版)

【导读】王国维（1877—1927），字静安，浙江海宁人，是中国近现代史上一位享有国际声誉的著名学者。在资产阶级改良主义的影响下，王国维接受新学，将中国古典哲学、美学思想与西方哲学、美学思想进行融合，于此基础上研究哲学与美学，形成了他独特的美学思想体系，被郭沫若称为"新史学的开山"。王国维涉猎广泛，在词曲戏剧、史学、古文字学、考古学、教育、哲学、文学、美学等方面均做出了巨大贡献。

《论近年之学术界》是王国维写于光绪三十一年（1905）的一篇重要文章，细致梳理了中国历史上学术界思想的发展脉络，详细评述了清光绪末期数年间学术界的状况，指出学术、思想之独立精神的重要性。

在文中，王国维通过梳理从周朝到清代的学术思想发展脉络而指出中国历史上思想学术的发展大致经历了四个时期，即战国"思想之能动时代"、汉唐"思想受动时代"、两宋思想"由受动之时代出而稍带能动之性质"的时代、宋以后至当时思想复转入停滞而"略同于两汉"并面临"第二之佛教"（即"西洋之思想"）东适的时代。他在分析中发现，周朝处于政治衰颓、纷乱之时，却正是各种学说活跃之时，而汉代天下太平，却没有什么创作思想，学界的发展处于停滞状态。由此王国维认为外界的形势发展对学术的影响作用是巨大的。

王国维还在文中仔细考察了当时学术思想的发展状况，指出近年来的学术思想没什么进步，都是为政治的学说，没有真正的学术、学问。文章就严复以来数年间学术思想的发展状况作了简略评价，指出严复将赫胥黎的《天演论》翻译进中国后，给中国人带来了新的思想，但由于不是哲学的，而是科学的，所以对学术思想的发展影响并不大；而法国的自然主义被引入中国后，虽然反响很大，但这种学说的传播是由于情意而不是知识，在学术方面亦没有什么价值；康有为、谭嗣同的学说都在于政治而不在学术；其时各种著译和杂志上的文章也都是为政治目的而非学术；近年来的文学也都不重视文学本身的价值，而重视政治教育的手段，亵渎了哲学与文学的神圣性，根本不可能有学术价值；同时国内外的学校亦都主要怀有政治野心或实用的功利目的，根本不研究被人冷落的学问。对此，王国维指出，"故欲学术之发达，必视学术为目的，而不视为手段而后可"。

由此，王国维提出学术的发达关键在于"独立"："学术之发达，存于其独立而已。"并提出："今日之学术界，一方面要破中外的界限，一方面要不以政论为手段，才可能发达。"可见，王国维对中国历史上尤其是清代以来学术思想的发展动向非常清醒，他意识到独立的学术精神对于研究学术、做学问的重要性。

王国维所指出的学术的发达关键在于"独立"，对于今人从事学术、研究学问具有重要的启示价值和作用，陈寅恪对其的评价"独立之思想，自由之精神"在这篇文章中已有非常明显的呈露。

(罗小凤)

近儒学术统系论

刘师培

昔周季诸子，源远流分，然咸守一师之言，以自成其学。汉儒说经，最崇家法，宋明讲学，必称先师。近儒治学亦多专门名家，惟授受谨严间逊汉宋。甘泉江藩作《汉学师承记》，又作《宋学渊源记》，以详近儒之学派，然近儒之学或析同为异，或合异为同，江氏均未及备言，则以未明近儒学术之统系也。试举平昔所闻者陈列如左。

明清之交，以浙学为最盛。黄宗羲授学蕺山，而象数之学兼宗漳圃，文献之学远溯金华先哲之传，复兼言礼制，以矫空疏。传其学者数十人，以四明二万为最著，而象数之学则传于查慎行。又沈昀、张履祥亦授学蕺山，沈昀与应撝谦相切磋，均黜王崇朱，刻苦自厉。履祥亦然，而履祥之传较远。其别派则为向璿。吕留良从宗羲、履祥游，所学略与履祥近，排斥余姚，若放淫词。传其学者浙有严鸿逵，湘人有曾静，再传而至张熙，及文狱诞兴而其学遂泯（后台州齐周华犹守吕氏之学）。别有沈国模、钱德洪、史孝咸，承海门石梁之绪，以觉悟为宗，略近禅学。宗羲虽力摧其说，然沈氏弟子有韩孔当、邵曾可、劳史，邵氏世传其学，至于廷采，其学不衰。

时东林之学有高愈、高世泰、顾培，上承泾阳梁谿之传，讲学锡山。宝应朱泽沄从东林子弟游，兼承乡贤刘静之之学，亦确宗紫阳。王茂竑继之，其学益趋于征实。又吴人朱用纯、张夏、彭珑，歙人施璜、吴慎，亦笃守高、顾之学，顺康以降其学亦衰。

若孙奇逢讲学百泉，持朱陆之平，弟子尤众，以耿介、张沐为最著。汤斌之学亦出于奇逢，然所志则与奇逢异。李颙讲学关中，指心立教。然关中之士若王山史、李天生，皆敦崇实学。及顾炎武流寓华阴，以躬行礼教之说倡导其民，故授学于颙者，若王尔缉之流，均改宗紫阳。颙曾施教江南，然南人鲜宗其学，故其学亦失传。博野颜元以实学为倡，精研礼乐兵农。蠡县李塨初受学毛大可，继从元说，故所学较元尤博。大兴王源初喜论兵，与魏禧、刘继庄友善，好为纵横之谈，继亦受学于元，故持论尤高。及元游豫省而颜学被于南，塨寓秦中而颜学播于西。即江浙之士亦间宗其学，然一传以后其学骤衰，惟江宁程廷祚私淑颜李，近人德清戴望亦表彰颜李之书。舍是，传其学者鲜矣。自是以外，则太仓陆世仪幼闻几社诸贤之论，颇留心经世之术，继受学马负图，兼好程朱理学。陈言夏亦言经世，与世仪同，世仪讲学苏松间，当时鲜知其学，厥后吴江陆耀、宜兴储大文、武进李兆洛，盖皆闻世仪之风而兴起者，故精熟民生利疾而辞无迂远。

赣省之间，南宋以降学风渐衰。然道原之博闻，陆王之学术，欧曾王氏之古文，犹有存者，故易堂九子均好古文。三魏从王源、刘继庄游，兼喜论兵而文辞亦纵横。惟谢秋水学崇紫阳，与陆王异派。及雍乾之间，李绂起于临川，确宗陆学，兼侈博闻，喜为古文词，盖合赣学三派为一途。粤西谢济世党于李绂，亦崇陆黜朱，然咸植躬严正，不屈于威武。瑞金罗台山早言经世，亦工说经，及伊郁莫伸，乃移治陆王之学，兼信释典，合净土禅宗为一。吴人彭尺木、薛湘文、汪大绅从台山游，即所学亦相近，惟罗学近心斋、卓吾，彭、汪以下多宅心清静。由是吴中学派多合儒佛为一谈。至嘉道之际犹有江沆，实则赣学之支派也。

闽中之学自漳圃以象数施教，李光地袭其唾余，兼通律吕音韵，又说经近宋明，析理宗朱子，卒以致身贵显。光地之弟光坡作《礼记述注》，其子钟伦亦作《周礼训纂》，盖承四明万氏之学。杨名时受学光地，略师其旨以说经，而律吕音韵之奥惟传于王兰生。又闽人蔡世远喜言朱学，亦自谓出于光地。雷鋐受业于世远，兼从方苞问礼，然所学稍实，不欲曲学媚世，以直声著闻。自此以外，则湘有王夫之，论学确宗横渠，兼信紫阳，与余姚为敌，亦杂治经史百家。蜀有唐甄，论学确宗陆王，尤喜阳明，论政以便民为本，嫉政教礼制之失平，然均躬自植晦，不以所学授于乡，故当时鲜宗其学。别有刘原渌、姜国霖讲学山左，李闇章、范镐鼎讲学河汾，均以宗朱标其帜，弟子虽众，然不再传，其学亦晦。此皆明末国初诸儒理学之宗传也。

理学而外，则诗文之学在顺康雍乾之间亦各成派别，然雕虫小技，其宗派不足言。其有派别可言者，则宋学之外厥惟汉学。汉学以治经为主。考经学之兴，始于顾炎武、张尔岐，顾张二公均以壮志未伸，假说经以自遣。毛大可解《易》说《礼》，多述仲兄锡龄之言。阎若璩少从词人游，继治地学，与顾祖禹、黄仪、胡渭相切磋。胡渭治《易》多本黄宗羲。张昭与炎武友善，吴玉搢与昭同里，故均通小学。吴江陈启源与朱鹤龄偕隐，并治毛诗、三传，厥后大可毛诗之学传于范家相，鹤龄三传之学传于张尚瑗，若璩《尚书》之学传于冯景。又吴江王锡阐、潘柽章杂治史乘，尤工历数。柽章弟耒受数学于锡阐，兼从炎武受经，秀水朱彝尊亦从炎武问故，然所得均浅狭。别有宣城梅文鼎殚精数学，鄂人刘湘奎、闽人陈万策均受业其门。文鼎之孙瑴成世其家学，泰州陈厚耀亦得梅氏之传，而历数之学渐显。武进臧琳闭门穷经，研覃奥义，根究故训，是为汉学之始。东吴惠周惕作《诗说》、《易传》，其子士奇继之作《易说》、《春秋传》，栋承祖父之业，始确宗汉诂，所学以掇拾为主，扶植微学，笃信而不疑。厥后掇拾之学传于余萧客，《尚书》之学则江声得其传，故余、江之书言必称师。江藩受业于萧客，作《周易述补》，以续惠栋之书。藩居扬州，由是钟怀、李宗泗、徐复之流均闻风兴起。

先是徽、歙之地有汪绂、江永，上承施璜、吴慎之绪，精研理学，兼尚躬行，然即物穷理，师考亭格物之说，又精于三礼，永学犹博，于声律音韵历数之学均深思独造，长于比勘。金榜从永受学，获窥礼堂论赞之绪，学特长于《礼》。戴震之学亦出于永，然发挥光大，曲证旁通，以小学为基，以典章为辅，而历数、音韵、水地之学，咸实事求是以求其源，于宋学之误民者亦排击防闲不少懈。徽、歙之士或游其门，或私淑其学，各得其性之所近，以实学自鸣。由是治数学者前有汪莱，后有洪梧，治韵学者前有洪榜，后有江有诰，治三礼者则有凌廷堪及三胡。程瑶田亦深三礼，兼通数学，辨物正名，不愧博物之君子。此皆守戴氏之传者也。及戴氏施教燕京，而其学益远被，声音训诂之学传于金坛段玉裁，而高邮王念孙所得尤精，典章制度之学传于兴化任大椿，而李惇、刘台拱、汪中均与念孙同里，台拱治宋学，上探朱王之传，中兼治词章，杂治史籍，及从念孙游，始专意说经。顾凤苞与大椿同里，备闻其学，以授其子凤毛。焦循少从凤毛游。时凌廷堪亦居扬州，与循友善，继治数学，与汪莱切磋尤深。阮元之学亦得之焦循、凌廷堪，继从戴门弟子游，故所学均宗戴氏，以知新为主，不惑于陈言，然兼治校勘、金石。黄承吉亦友焦循，移焦氏说《易》之词以治小学，故以声为纲之说浸以大昌。时山左经生有孔继涵、孔巽轩，均问学戴震。巽轩于学尤精，兼工俪词。嗣栖霞郝懿行出阮元门，曲阜桂馥亦从元游，故均治小学，懿行治《尔雅》承阮氏之例，明于声转，故远迈邢疏。又大兴二朱、河间纪昀均笃信戴震之说，后膺高位，汲引汉学之士，故戴学愈兴。别有大兴翁方纲与阮元友善，笃嗜金石。河南之儒以武亿为最著，亿从朱门诸客游，兼识方纲，故说经之余亦兼肆金石，而金石之学遂昌。

时江浙之间学者亦争治考证，先是锡山顾栋高从李黻、方苞问故，与任启运、陈亦韩友善，其学均杂糅汉宋，言涉雅俗。而吴人何焯以博览著名，所学与浙西文士近。吴江沈彤承其学，渐以说经。嘉定钱大昕于惠、戴之学左右采获，不名一师，所学界精博之间。王鸣盛与钱同里（兼与钱为姻戚），所学略与钱近，惟博而不精。大昕兼治史乘，旁及小学、天算、地舆，其弟大昭传其史学，族子塘、坫，一精天算，一专地舆，坫兼治典章训诂，塘、坫之弟有钱侗、钱绎，兼得大昕小学之传，而钱氏之学萃于一门。继其后者，则有元和李锐，受数学于大昕。武进臧庸传其远祖臧琳之学，元和顾千里略得钱、段之传，均以工于校勘，为阮元所罗致。嗣有长洲陈奂，所学兼出于段、王，朱骏声与奂并时，亦执贽段氏之门，故均通训故。若夫纽树玉、袁廷梼之流，亦确宗钱、段，惟所学未精。

常州之学复别成宗派，自孙星衍、洪亮吉初喜词华，继治掇拾校勘之学，其说经笃信汉说，近于惠栋、王鸣盛，洪氏之子龆孙传其史学。武进张惠言久游徽、歙，主金榜家，故兼言礼制，惟说《易》则同惠栋，确信谶纬，兼工文词。庄存与张同里，喜言《公羊》，侈言微言大义，兄子绶甲传之，复昌言钟鼎古文，绶甲之甥有武进刘逢禄、长州宋翔凤，均治《公羊》，黜两汉古文之说。翔凤复从惠言游，得其文学，而常州学派以成。皖北之学莫盛于桐城，方苞幼治归氏古文，托宋学以自饰，继闻四明万氏之论，亦兼言三礼。惟姚、范校核群籍，不惑于空谈，及姚鼐兴，亦挟其古文宋学，与汉学之儒竞名，继慕戴震之学，欲执贽于其门，为震所却，乃饰汉学以自固，然笃信宋学之心不衰。江宁管同、梅曾亮均传其古文。惟里人方东树，作阮元幕宾，略窥汉学门径，乃挟其相传之宋学以与汉学为仇，作《汉学商兑》。故桐城之学自成风气，疏于考古，工于呼应顿挫之文，笃信程朱有如帝天，至于今不衰。惟马宗琏、马瑞辰间宗汉学。

浙中之士，初承朱彝尊之风，以诗词博闻相尚，于宋代以前之书籍束而勿观。杭世骏兴，始稍治史学，赵一清、齐召南兴，始兼治地理。惟余姚、四明之间，则士宗黄、万之学，于典章文献探讨尤勤。鄞县全祖望熟于乡邦佚史，继游李绂之门，又从词科诸公游，故所闻尤博。余姚邵景涵初治宋明史乘，所学与祖望近，继游朱珪、钱大昕门，故兼治小学。会稽章学诚亦熟于文献，既乃杂治史例，上追刘子玄、郑樵之传，区别古籍，因流溯源，以穷其派别，虽游朱珪之门，然所学则与戴震立异。及阮元秉钺越省，越人趋其风尚，乃转治金石校勘，树汉学以为帜。临海金鹗尤善言《礼》，湖州之士亦杂治《说文》古韵，此汉学输入浙江之始。厥后仁和龚丽正婿于段玉裁之门，其子自珍少闻段氏六书之学，继从刘申受游，亦喜言《公羊》，而校雠古籍又出于章学诚，矜言钟鼎古文，又略与常州学派近，特所得均浅狭，惟以奇文耸众听。仁和曹籀、谭献均笃信龚学，惟德清戴望受《毛诗》于陈奂，受《公羊》于宋翔凤，又笃嗜颜、李之学，而搜辑明季佚事又与全、邵相同，虽以《公羊》说《论语》，然所学不流于披猖。近人俞樾、孙诒让，则又确守王、阮之学，于训诂尤精。定海黄氏父子学粹汉宋，尤工说《礼》，所言亦近阮氏，然迥与龚氏之学异矣。若江北淮南之士，则继焦、黄而起者有江都凌曙。曙问故张惠言，又游洪榜之门，故精于言《礼》，兼治《公羊》，惟以说《礼》为本。时阮元亦乡居，故汉学益昌。先大父受经凌氏，改治《左传》，宝应刘宝楠兼承族父端临之学，专治《论语》，别有薛传均治《说文》，梅植之治《穀梁》。时句容陈立，丹徒汪芷、柳兴宗，旌德姚佩中．泾县包世荣、包慎言均寓扬州。山阳丁晏、海州许桂林亦往来邗水之间，并受学凌氏，专治《公羊》。芷治《毛诗》，兴宗通《穀梁》，佩中治汉《易》，世荣治《礼》，兼以《礼》释《诗》，慎言初治《诗》、《礼》，继治《公羊》，桂林亦治《穀梁》，尤长历数，晏遍说群经，略近惠栋，然均互相观摩，互相讨论，故与株守之学不同。甘泉罗士琳受历数之学于桂林，尤精数学。时魏源、包世臣亦纵游江淮间，士承其风，间言经世，然仍以治经为本。

若夫燕京之中，为学士所荟萃。先是，大兴徐松治西北地理，寿阳祁颖士兼考外藩史乘，及道光中叶浸成风会，而颖士之子寯藻兼治《说文》，骤跻高位。由是，平定张穆、光泽何秋涛均治地学，以小学为辅，尤熟外藩佚事。魏源、龚自珍亦然。故考域外地理者，必溯源张、何。至王筠、许瀚、苗夔，则专攻六书，咸互相师友。

然斯时宋学亦渐兴。先是，赣省陈用光传姚鼐古文之学派，衍于闽中、粤西，故粤西朱琦、龙翰臣均以古文名，而仁和邵懿辰、山阳潘德舆均治古文理学，略与桐城学派相近。粤东自阮氏提倡，后曾钊、侯康、林伯桐均治汉学，守阮氏之传，至陈澧遂杂治宋学。朱次琦崛起，汉宋兼采，学蕲有用。曾国藩出，合古文理学为一，兼治汉学，由是学风骤易。黔中有郑珍、莫友芝倡六书之学，兼治校勘，至于黎庶昌，遂兼治桐城古文。闽中，陈寿祺确宗阮氏之学，其子乔枞杂治今文《诗》，至于陈捷南，则亦兼言宋学。湘中，有邓显鹤喜言文献，至于王先谦之流，虽治训故，然亦喜古文。是皆随曾氏学派为转移者也。惟湘中前有魏源，后有王闿运，均言《公羊》，故今文学派亦昌，传于西蜀东粤。此近世学派统系之可考者也。

厥观往古通人名德，百年千里，比肩接迹，曾不数数觏。今乃聚于二百年之中，师友讲习，渊源濡染，均可寻按，岂非风尚使然耶？晚近以来风尚顿异，浮云聚沤，千变百态，不可控搏，后生学子屏遗先哲，不独前儒学说湮没不彰，即近儒之书亦显伏不可见，谓非蔑古之渐哉！故论其流别，以考学术之起源，后来承学之士其亦兴起于斯。

（摘自《中国近三百年学术史论》，上海古籍出版社2010年版。原载《国粹学报》第28期）

【导读】今人提及清代学术史研究，首先想到的三个人就是章太炎、刘师培和梁启超，而论清代学术则多论乾嘉考据学和汉学。这些观念的形成既缘于章、刘、梁三人在清代学术史方面深有研究、多有发明，亦与三人推崇戴震和皖派学术思想密不可分。自章太炎首推戴氏学术始，刘师培和梁启超相继完善对戴震学术的总结和阐发，进一步宣扬和确定戴氏在整个清代学术体系的地位，将戴震研究推向高潮。尤其是刘师培，在1905年至1907年间相继发表《东原学案序》《戴震传》《南北学派不同论》及此篇《近儒学术统系论》等，不但系统地阐释了戴震和皖派学术的特点和地位，更将戴震推上了清代学术的最高地位，对20世纪20年代以来戴震学的蓬勃发展起到了至关重要的作用。

20世纪初，当西学东渐的浪潮将传统中国学术拍打得七零八落之时，探求中国学术发展之路的任务摆在了各位学者面前。学者们或极力推崇西学，或固步自封，而更多的学人是感觉无所适从，既不知该如何评价和继承传统学术，也不知该如何面对西学。虽然有学者提出要沟通中西学术，但一方面两种文化间实有不少相抵触之处，另一方面学者们对于如何将两种文化和学术进行沟通，又应沟通哪些方面的内容也十分茫然。

刘师培的清代学术统系论以自身学术传承和学术追求为落脚点和出发点，在汲取章太炎学术观点的基础上，通过分析学术演变的内在逻辑，系联和论述明末清初至19世纪末间二百多年的学术发展轨迹与脉络，以达到辨明清代儒学学术主流、探究学术演变背景和原因的目的，借此拨开学术发展的迷雾，知其"风尚顿异，浮云聚沤，千变百态，不可控搏"的背后昭示着怎样的学术新趋势和走向。

从整体来看，刘师培是主张保护中国传统文化的。他认为当前"后生学子屏遗先哲""蔑古"的倾向不可取，传统文化不可废弃，并希望"承学之士"在明确我国学术起源的基础上能"兴起于斯"。

而对于传统学术内部的派别之争，及各人各派学术的渊源和价值，刘师培也有自己的看法。首先，对于历来有争议的清代汉、宋学派之别的问题，出身于汉学世家的刘师培颇有跳出窠臼的想法。开篇即指江藩所作《汉学师承记》《宋学渊源记》有强分派别之嫌，并提出"近儒之学或析同为异，或合异为同"，强分派别则不能尽言清代学术的事实，无法将其间的关系和衍化过程钩稽出来。刘师培认为治经当倡"通儒"之道，破除门户之见，并认为清代学者本身就有这种宽容的学术精神，他说："近儒治学亦多专门名家，惟授受谨严间逊汉宋。"因此，将清初以来230余名学者分类陈列的过程中，他尽量陈述各学者在理学、汉学、史地之学等几类学术发展间相互承传的关系，并力图证明学术的融合与打破各地域性学派的拘囿密切相关。而他之所以推崇戴震之学，其中最为重要的原因就是戴震一派具有开放、兼容的治学风格。或许刘师培的目的就是从清代学者宽容的学术精神上找到中西文化交融的理论支持。

（杨　艳）

中 国 学

辜鸿铭

一

　　不久前，为了赶时髦，一个传教士在他的一些文章的封面自称为"宿儒"，这招致了很多笑话。毫无疑问，这个想法当然是相当荒谬的。在整个中华帝国，可以肯定地说，还无一人敢大声宣称他自己是宿儒。"儒"字在中国的意思为一个文人学者所能达到的最高境地。但是，我们常常听到，一个欧洲人被称为是一个中国学家。在《中国评论》的广告里说，"在传教士中间，高深的中国学正在艰辛地耕耘"。接着，它就罗列了一堆撰稿者的姓名，并说我们相信这些学者的所有研究都是可信与可靠的。

　　现在，如果试图了解所谓的在华传教士辛勤耕耘的高深学问的高深程度，我们没有必要用德国人费希特在《文人》演讲中，或者美国人爱默生在《文学伦理学》中所提出的高标准来衡量。比方说前美国驻德公使泰勒先生被公认为大德国学家。事实上，他也仅仅是一个读过几本席勒剧本，在杂志上发表过翻译海涅诗歌的英国人而已。在他的社交圈内，他被捧为德国学家，但他自己决然不会在印刷品中公然自称。那些在中国的欧洲人中，出版了一些省的方言的对话或收集了一百条中文谚语之后，就立即给予这个人汉学家的称号。当然，取一个名字无关紧要，在条约的治外法权条款之下，一个英国人在中国可以不受惩罚地称他自己为孔子，如果这令他高兴的话。

因为一些人认为中国学已超越了早期开拓时期，马上要进入一个新的阶段了，所以我们被引导来考虑这个问题。在新的阶段，中国研究者将不仅仅满足于字典编撰这种简单工作，他们想写作专著，翻译中国民族文学中最完美的作品。他们不仅非常理智与论据充分地去评判它们，而且决定中国文学殿堂那些最受推崇的名字。接下来，我将进行以下几个方面的考察。第一，考察一下历经上述变化的欧洲人，考察他们具备什么程度的中国知识；第二，以往的中国学家做了那些工作；第三，考察现今中国学的实际情况；最后，指出什么样的中国学应是我们的发展方向。俗话说，一个站在巨人肩膀上的侏儒，很容易把自己想象得比巨人还伟大。但是，必须承认的是，侏儒拥有位置上的优势，必将具有更宽广的视野。因此，我们将站在我们的先人的肩膀上，对中国学的过去、现在与未来做一番审查。如果我们在这个过程中提出了与前人不一样的意见，我们希望不要被认为是炫耀。我们认为自己仅仅是利用了自身所处位置的优势。

首先，我们认为欧洲人的中国知识已发生变化，这表明学习一门语言知识的难点已被克服。翟理士博士说："以前人们普遍认为会说一门语言，特别是汉语中的方言是很难的。这种历史很早就在其他的历史小说中有所表述了。"确实，即使是对于书面语言也是如此。一个英国领事馆的学生，在北京住两年、在领事馆工作一两年后，就能看懂一封普通电报的大意了。所以说，我们很高兴地认为，如今在中国的外国人，他们的中国知识已发生了很大程度的改变。但是，我们对超过这个界限的夸大其辞，则感到非常怀疑。

在早期耶稣会传教士之后，马礼逊博士那本著名字典的出版，被公认为所有已完成的中国学研究的新起点。无疑，那部著作留下了一座早期新教传教士的认真、热心和尽责从事的丰碑。继马礼逊博士之后的汉学学者当中，当以德庇时爵士、郭士腊博士等为代表。德庇时爵士对中国一无所知，他自己也供认不讳。他肯定能讲官话，并能够不太费劲地阅读那种方言小说。但他所拥有的那点知识，恐怕在今天只能胜任一个领事馆中的洋员职务。然而，值得注意的是，直到今天大多数英国人关于中国的知识，是来源于德庇时爵士的书本。郭士腊博士或许比德庇时爵士更为了解中国点。但是，他却不打算做进一步了解。已故的托马斯·麦多士先生在后来揭露郭士腊的自负方面做了不错的工

第一编　国学史征

作。以及另外这种传教士如古伯察和杜赫德。在这之后,我们很奇怪地发现了蒲尔杰先生。在他的新著《中国历史》中,他将上述人物引证为权威。

欧洲所有大学中最先获得汉学讲座教授的是法国的雷慕沙。我们现在还无法对他的工作进行恰当的评价。但是他有一本引人注目的书,它是法译中文小说《双堂妹》。这本书经利·亨德读过后,他推荐给了卡莱尔,再由卡莱尔传给了约翰·史特林。这些人读过此书之后,很高兴并说书一定是出自一个天才之手,"一个天才的龙的传人"。这本书的中文名叫《玉娇梨》,是一本读起来令人愉悦的书。但是它在中国文学中只是一个次品的代表,即使在次品中也没多高的位置。不过,令人感到高兴的是,来源于中国人的大脑的思想和想象,事实上已经通过了卡莱尔和利·亨德的心灵的验证。

在雷慕沙之后的汉学家有儒莲和波迪埃。德国诗人海涅曾言,儒莲做出了一个惊奇的和重要的发现,即蒙波迪埃对汉语一窍不通,并且后者也有一个发现,即儒莲根本就不懂梵语。然而,这些著作者的开拓性工作是相当大的。他们所拥有的一个优势是他们完全精通于本国语言。另一个可能要提的法国作家是德里文,他做了前无古人的工作,即他的唐诗译作是汉学家开始进入中国文学的一个突破。

在德国,慕尼黑的帕拉特出版了一本关于中国的书,书名为《满族》。像所有其他德国的著作一样,这是一本无可挑剔的书。书的明显意图是要描绘出中国满族王朝起源的历史。但是,这本书的后面部分涉及到一些中国问题的信息,据我们所知,这是用欧洲文字书写的其他书中找不到的。就如卫三畏博士的那本《中国总论》,跟《满族》相比,也只是小人书而已。另外一个德国汉学家是斯特劳斯,他是普鲁士吞并的小德意志公国的前大臣。这个老臣在离任之后以研究汉学为乐。他出版了一本《老子》的译著,并且最近出版了一本《诗经》的译著。据广东的花之安先生评价,他的《老子》译本中的一些部分还是不错的。他翻译的《诗经》"风、雅、颂"三大部分中的"颂"也是流传广泛、评价不错的。不幸的是,我们无法获取这些书。

上述所提及的学者都被认为是早期的汉学家,他们的事业始于马礼逊博士的字典的出版。第二阶段始于两本权威的著作:一本是威妥玛爵士的《自迩集》;其次就是理雅各博士的《中国经典》翻译。

对于前者,那些中国知识已经超越讲官话阶段的西方人可能会对它不屑一顾。尽管如此,它还是所有已经出版的关于中国语言的书籍中,在力所能及的范围内做得最完美的大作。而且，这本书也是顺应时代呼唤的产物。像这种书必须写出来，瞧！它已被写出来了，在某种意义上说，它已经将现代与未来竞争的机会全部夺走了。

那些必须做的中国经典的翻译，也是时代的必然。理雅各博士已经完工了，其结果是一打吓人的卷册。无论质量如何，单从工作的量来说确实是巨大的。在这些浩繁的译著面前，我们谈论起来都有点害怕。不过坦白地说，这些译著并不能让我们满意。巴尔福先生公正地评价道：翻译这些经典大量依靠的是译者所生造的专业术语。现在我们感觉到理雅各博士所运用的术语是粗糙、拙劣、不充分的，并且在某些地方几乎是不符合语言习惯。这仅仅就形式而言。对于内容，我们不敢冒昧提出意见，还是让广东的花之安牧师来代言。他说："理雅各博士关于孟子的注解，表明了他缺乏对作者哲学思想的理解。"我们可以肯定，如果理雅各博士没有事先在其头脑中对孔子及其教义有一个完整的理解和把握，那么他是很难阅读和翻译这些作品的。尤其特别的是，无论在他的注解中，还是在他的专题研究中，都不让一个词组与句子漏掉，以此表明他以哲学整体来把握孔子教义。因此，总而言之，理雅各博士对于这些作品的价值判断，无论如何都不能作为最后的定论加以接受。并且中国经典的译者将不断更替。自从上述两本著作面世后，又出现了许多有关中国的著作。其中的确有几部具有重要的学术意义。但是还没有一部我们觉得已经表明中国学已出现了一个重要的转折。

首先是伟列亚力先生的《中国文学札记》。然而，它仅仅是一个目录，并且根本不是一本具有文学气质的书。另一本是已故梅辉立先生的《汉语指南》。当然，它并不能被认为是很完善的东西。尽管如此，它确实是一部伟大的作品，是所有关于中国的作品中最严谨和认真的了。而且，它的实际效用也是仅次于威妥玛的《自迩集》。

另一个需要注意的汉学家是英国领事馆的翟理士先生。与其他早期法国汉学家一样，翟理士先生拥有令人羡慕的清晰、有力和优美的文风优势。他所接触的每个问题，都立刻变成清晰和易懂。但是也存在一两个例外。他在选择与其笔相值的题目时并不是很幸运。一个例外是《聊斋志异》的翻译。这一翻译应当看作是中译英的典范。但是，尽管《聊斋志异》是很优美的作品，却并不是属于中国文学的一流之作。

紧接着理雅各博士工作之后，巴尔福先生最近关于庄子《南华经》的翻译,的确是抱负最高的作品。坦白地说,当我们第一次听到这个宣告时,我们的期待与高兴的程度,犹如一个英国人进入翰林院的宣告。《南华经》被公认为中国民族文学中最为完美的作品之一。自从公元前二世纪该书诞生以来,这本书对中国文学的影响几乎不亚于儒家及其学说。它对历朝历代的诗歌、浪漫主义文学产生了主导性的影响,这如同四书五经对中国哲学作品的影响一样。但是,巴尔福先生的著作根本不是翻译,说白一点,就是瞎译。我们承认,对于我们而言,给予巴尔福先生付出这么多年艰辛劳动的作品这样的评价,我们也感到很沉重。但是我们已经对它冒言,并希望我们能够做出更好的评价。我们相信,假如我们提出庄子哲学的准备解释的问题,那么巴尔福先生很难会来参加我们的讨论。我们引用最新的《南华经》中文文本编辑林希冲在前言中的话:"阅读一本书时,必须弄明白每一个字的意思;这样你才能分析句子;在弄明白句子的结构之后,你才能理解文章的段落安排;如此,最后你就能抓住整个章节的中心思想了。"如今,巴尔福先生翻译的每一页都留下了硬伤,表明他既没有明白每一个单词的含义,也没有正确分析句子的结构,并且没有准备地了解段落安排。如果以上我们所假设的陈述能够证实的话,正如他们也很难以被证实,则只要看看语法规则,就能非常清楚地知道巴尔福先生未能把握好整篇作品的中心思想了。

但是,当今所有的中国学家都倾向于把广东的安之花牧师摆在第一位。尽管我们并不认为安之花先生的著作比其他人的作品更具有学术价值或文学价值,但是我们发现,他的每一个句子都展示了他对文学和哲学原则的精准把握,而这在当今的其他学者当中则是不多见的。至于我们以为的这些原则是什么呢?这就应该留本篇的下一部分再谈论了。到时候,我们希望能够阐明中国学的方法、目的和对象。

二

花之安先生曾言,中国人不懂得任何科学研究的系统方法。然而,在中国的一部经典著作《大学》里,这部著作被大部分外国学者看作是一部"陈词滥调",提出了学者进行系统研究应遵循的系列程序。研究汉学的或许再也没有比遵循这部著作的课程所能做得更好的了。这种课程就是,首先从个体的研究开始,接着从个体进入家庭,然后再从家庭进入政府。

因此,首先对于一个研究中国的人来说,必不可少的一步是理解中国个人行为原则方面最基本的知识。其次,他还必须审视一下,在中国人复杂的社会关系和家庭生活中，这些原则是如何得到运用和贯彻的。第三，完成以上工作之后，他才能将国家的行政和管理制度作为他的注意对象和研究方向。当然，正如我们所指出的，这个研究程序只是能大致得到贯彻。如果要彻底地贯彻它，那就需要耗费学者几乎是一生的精力，锲而不舍地去追求。但是，毫无疑问，一个人只有非常熟悉上述这些原则后，他才能有资格称得上是中国学家或者自认为有很深的学问。德国诗人歌德曾说："正如同在自然的造化中一样，在人的作品中，意愿才是真正值得注意和超越一切之上的东西。"研究民族性格，最重要的和最值得注意的也是这个方面。这就是，不仅要注意一个民族的活动和实践，也要关注他们的观念和理论。必须弄明白他们是如何区分好与坏的东西，以及这个民族以何种标准划分正义和非正义。他们如何区分美与丑，智慧与愚笨等。这也就是说，那些研究中国的人应该考察个人行为准则。换句话说，我们要表达的是，研究中国，你必须懂得中国人的民族理念。如果有人提问：如何才能做到这一点呢？我们的回答是，去研究这个民族的文学，从中透视出他们最美好的民族特性，同时也能看出他们最坏的性格一面。因此，中国人权威的民族文学，应该是吸引那些研究中国的人的注意对象之一。这种预备的研究是必须的，无论是作为一种研究必经的过程，还是作为达到目标的手段。接下来，让我们来看如何研究中国文学吧。

一个德国作家曾言："欧洲文明的基础是希腊、罗马和巴勒斯坦文明，印度人、欧洲人和波斯人都属于雅利安人种，因此从种族上说，他们是亲戚关系。中世纪，欧洲文明的发展受到同阿拉伯人交往的影响。甚至直到今天，这种影响仍然存在。"但中国文明的起源、发展，以及存在的基础，同欧洲文化是没有任何关系的。所以，对于研究中国的外国人来说，要克服因不了解中国的基本观念和概念群所带来的不便。这些外国人有必要运用与自己民族不同的中国民族观念和概念，而且应在自己的语言中找到对应物。如果缺少这些对应物，就应该分解它们，以便将他们归入普遍人性当中去。例如，"仁"、"义"和"礼"，在中国的经典中不断出现，英文一般翻译为"benevolence"，"justice"，和"propriety"。但是，如果我们仔细推敲这些词语的内涵，那么就会发现这种翻译不是很合适。英文的对应词并不能囊括汉字的全部含义。此外，"humanity"一词可能是被翻译为"benevolence"的中文"仁"字最恰当的英文翻译。但这时的"humanity"，应该从不同于英语惯用法中的意义理解。冒险的译者，可能会用《圣经》中的"love"和"righteousness"来翻译"仁"。可能这一翻译比别的任何认为既表达了词的含义，同时也符合语言习惯的翻译更好些。然而，现在如果我们把这些词所传达的理念分解为普遍的人性的话，我们就会得到他们的全部含义，即"善"，"真"和"美"。

此外，研究一个民族的文学，一定要把它作为一个有机的整体去研究，而不能像目前绝大部分外国学者那样，把整体分割，毫无计划与程序进行研究。马修·阿诺德先生曾言："无论是人类完整的精神历史，即全部文学，还是仅仅一部伟大的文学作品，要将文学的真正力量体现出来，就必须把它们作为一个有机的统一整体来进行研究。"但是，目前我们所看到的研究中国的外国人中，几乎没有什么人将中国文学作为一个整体来进行研究！正因为如此，他们很少认识其价值和意义，事实上几乎没有人真正是行家。那种理解中国民族性格力量的手段也微乎其微！除里雅格等少数学者外，欧洲人主要通过翻译一些不是最好的、最平常的小说，来了解中国文学。这就如同一个外国人评价英国文学时，依靠的是布劳顿女士的著作，或者是小孩与保姆阅读的小说一样可笑。在威妥玛爵士疯狂指责中国人"智力匮乏"之时，毫无疑问他的头脑中肯定是装着中国文学的这些东西。

另一种批评中国文学的奇特评论是，认为中国文学是极其不道德的。这事实上是指中国人不道德，与此同时，绝大多数外国人也异口同声地说中国是一个不讲信用的民族。但事实并非如此。除前述那些很一般的翻译小说之外，之前研究中国的外国人的翻译，都是把儒家经典作品作为唯一的对象。除道德之外，这些儒家经典作品中当然还包括其他的东西。基于尊重巴弗尔先生的考虑，我们认为这些作品中的"令人敬佩的教义"，并非是他所评论的"功利和世故"。在此，我仅举两句话，来向巴弗尔先生请教它们是否真的是"功利和世故"。孔子在回答一位大臣时说："罪获于天，无所祷也。"另，孟子云："生，我所欲也；义，我所欲也，二者不可兼得，舍生而取义者也。"

我们认为很有必要将话题扯远点，以示对巴弗尔先生的评论的抗议。因为我们认为，在中国，那种如"上古的奴隶"、"诡辩的老手"等尖酸的词语，从不用来评论一部哲学著作，更不用说用来评判那些圣贤了。巴弗尔先生可能被他对"南华"先知的敬仰引入了歧途。而且，他期望道教应优越于其他传统的学派，所以他在表达上误入歧途。我们确信，他的那些沉着的评判应受到声讨。

让我们言归正传。我们已经说过，必须将中国文学看作一个整体而加以研究。而且，我们已经指出，欧洲人习惯于仅仅从与孔子名字有联系的那些作品，来形成他们的判断。但实际上，孔子的工作仅仅意味着中国文学刚刚起步，自那以后，又历经18朝、两千多年的发展。孔子时代，对于写作的文学形式的理解还不是很完善。

在此，让我们来谈谈，在文学研究中必须注意的重要一点，这一点已被迄今为止的中国学研究者忽视了，即文学作品的形式。诗人华兹华斯说："可以肯定，内容是很重要，但内容总要以形式表现出来。"的确如此，那些与孔子的名义相关的文学作品，就形式而言，并未伪称其已经达到完美的程度。他们被公认为经典或权威作品，在于它们所蕴涵的内容价值，而非因它们文体优美或文学形式的完美。宋朝人苏东坡的父亲曾评论道，散文体的最早形式可以追溯到孟子的对话。不过，包括散文和诗歌在内的中国文学作品，自那以后已发展出多种问题和风格。比如，西汉的文章不同于宋代的散文，这跟培根的散文与爱迪生、歌德米斯的散文之间的区别如出一辙。六朝诗歌中，那种粗野的夸张和粗糙的措辞同唐诗的纯洁、活力和出色完全不一样，这就如济慈早期诗歌的粗暴与不成熟，不同于丁尼生诗歌的刚健、清晰与色彩适当一样。

如前所述，一个研究人员只有用人民的基本原则与理念武装自己，才能将自己的研究目标设定为这个民族的社会关系。之后，再观察这些原则是如何被运用和执行的。但是，社会制度、民族的礼仪风俗并非像蘑菇一样在一夜生成，它们是经过若干世纪的发展才成今日之状。因此，研究这个民族的人民的历史是必须的。然而，现今欧洲学者对于中华民族的历史仍然一无所知。蒲尔杰博士的新著所谓《中国历史》，或许是将中国那样的文明书写出来的最差的历史了。这样一种历史，如果是写野蛮的西南非洲霍屯督人，那还或许可以容忍。这种中国历史的著作出版的事实，也只能表明欧洲人的中国知识是多么地不完善。因此，如果对中国历史都不了解，那接下来对中国社会制度的评判又如何可能正确呢？基于这种知识基础之上的作品，如卫三畏博士的《中国总论》等其他关于中国的书，它们不仅对学者毫无价值，而且还会误导大众读者。以民族的社会礼仪为例。中国无疑是一个礼仪之邦，并且将之归因于儒家的教化也无过。现在，巴尔福先生可以尽情地谈论礼仪生活中虚伪的惯例。然而，即使是翟理士先生所称的"外在礼节中的鞠躬作揖"，也是深深植根于人性之中，即我们所定义的美感的人性方面。孔子的一个弟子曾言："礼之用，和为贵，先王之道斯为美。"在经书别处又说："礼者，敬也。"现在我们看到，很明显，对一个民族的礼仪与风俗的评价，应建立在对该民族的道德原则的充分认识之上。此外，我们研究一个国家的政府与政治制度，即我们所说的研究者最后研究的工作，也应建立在对他们哲学原则和历史知识的理解基础之上。

最后，我们将引用《大学》，或外国人所称的"陈词滥调"中的一段文字来结束全文。书中说："古之欲明明德于天下者，先治其国；欲治其国者，先齐其家；欲齐其家者，先修其身。"此为本文所表达的中国学的含义。

(摘自《中国人的精神》，陕西师范大学出版社2011年版)

【导读】辜鸿铭是中国近现代史上一名颇受争议的学者，对他的评价各有褒贬。因其在宣扬中国传统文化上曾有突出贡献，吴宓称他为"中国文化之代表"(吴宓《悼辜鸿铭先生》，出自《中国人的精神》附录)，李大钊认为他因此而为中国人民扬了眉、吐了气："愚以为中国二千五百余年文化所钟出一辜鸿铭先生，已足以扬眉吐气于二十世纪之世界。"(李大钊《东西文明根本之异点》，出自《中国人的精神》附录，第161页)林语堂以其甚有骨气："辜作洋文、讲儒道，耸动一时，辜亦一怪杰矣。其旷达自喜，睥睨中外，诚近于狂。然能言顾其行，潦倒以终世，较之奴颜婢膝以事权贵者，不亦有人畜之别乎？"(林语堂《辜鸿铭》，出自《中国人的精神》附录，第130页)而陈独秀则斥其为"复古者"："社会上主张和平缓进的人，往往总说主张革命急进的人太新了。其实在辜鸿铭的眼中看来，连主张缓进的人都未免太新了；因为辜鸿铭主张复古后退，连缓进都要不得。"(陈独秀《辜鸿铭太新了》，出自《陈独秀文集》第二卷，人民出版社，2013年，第504页)

在西学东渐的呼声渐起的时代，在新文化运动不断高涨之时，在中国知识分子欲通过反省中国传统文化的缺失来救亡图存之际，辜鸿铭高举中国传统文明的旗帜、高倡中国传统精神特质、为中国传统经典思想"正名"的言行显得有些格格不入，他以留辫、纳妾、缠足等极端的、特立独行的怪异行为为中国传统文化辩护的言行颇有些乖戾。但不可否定，辜鸿铭为中国学和传统汉学经典在西方的传播而作的贡献是无可替代的，他捍卫中国文化和传统汉学精神的尊严、赢得西方学术界尊重的结果是值得肯定的。

中国学又称汉学(Sinology)，指中国以外的学者尤其是西方学者对有关中国的方方面面进行研究的一门学科。一般认为，中国学萌芽于十六至十七世纪来华传教士的著述中。辜鸿铭深感于西方学者对中国文明的狭隘认识和理解，深痛于西方中国学研究水平之低，于1883年在香港用英文写成《中国学》

一文，发表于同年10月、11月的《字林西报》上，此文为其中国学的开端之作，也是他发表的第一篇富有影响力的文章。

作为一名学贯中西的学者，评判中国学在西方的发展水平，辜鸿铭自有其特有的优势。虽难免有偏激之语，但在今天看来，他对西方中国学的批评仍有其客观之处，对中国学在西方发展的阶段性划分也有其合理性，对西方中国学学者在观念和方法上的批评可谓正中肯綮。而作为一名生于中国饱受列强侵略的、在西方长大的理想主义者，辜鸿铭的自负与自卑相交织、爱国情感与愤慨情绪相交杂、浪漫主义与保守主义相碰撞，致使他不免带着些许偏激来看待西方文化精神及西方中国学的发展，最终形成其特有的中国学评论方式和观点。

（杨　艳）

中国古典的精髓

辜鸿铭

我曾经在我的论文《中国问题》中，就这样一个问题作了论述，即中国文化的目的、中国教育的精神就在于创造新的社会。

欧美的许多无识之辈动辄断言，中国的学说里缺少"进步"的概念。然而，我的看法恰恰相反，我深信，表现在中国古典学说中的中国文化的精髓正是"秩序和进步"。《四书》里的《中庸》一篇，若我将其英译就是"Universal Order"（普遍的秩序），《中庸》有这样一句：

致中和，天地位焉，万物育焉。

因此，依照孔子的教义，即便将此句解释为"文化的目的，不仅在于人类，而且在于使所有被创造的事物都能得到充分地成长和发展"，也并不算过分。在这里，难道看不出真正的发展、进步的精神吗？只有先确立秩序——道德秩序，然后，社会的发展就会自然地发生，在无秩序——无道德秩序的地方，真正的或实际的进步是不可能有的。

欧洲人以前犯过，至今仍在犯的错误就在于他们抛开道德秩序去追求进步。就像建造巴比伦塔的古代人一样，他们一心将他们摩天大楼式的文明往高处一个劲地筑，而无视自然法则的存在，结果正如我们现在所看到的，他们的那种摩天楼式的文明正在走向崩溃了。

在中国古代经典中，"进步"这个明确而贴切的概念是俨然存在着的，如果看看《大学》，就能得到证明。

"大学之道在明明德"

所谓大学，并不像理雅各博士所译成的那样是"伟大的学问"，而实际上指的是高等的教育。无独有偶，法国的孟德斯鸠也讲了这样一段相同意义的话："我们学习知识的主要目的在于增进我们本性的美好，并使我们变得更加理智。"

纽约《国民报》的记者，艾曼·艾奇·赫斯奇黑恩先生在批评美国教育界的现状时说："我有一朋友，他在大学里当教授。他曾告诉我这样一件事，他有一次问学生，为什么对哲学，尤其是对美国土生土长的哲学——实用主义不太关心？学生回答说，哲学与人生的主要追求，即同对金钱的追求没有太大的关系，由此我们可以知道，他们认为有价值的研究在于产业和工艺的东西那一面。"在这里我们可以看出古代中国和近代欧洲在"进步"这个概念上所表现出来的不同。

近代欧洲的进步重点放在产业和机械工业的发达，而古代中国则侧重于人的进步，人的灵魂的、理智的进步，《大学》中尤其强调创造一个新的更美好的社会是高级教育的最终目的。若引用公元前一千七百六十年前后的皇帝成汤的《盘铭》中"苟日新，日日新，又日新"，就可以加深对《大学》的理解。

并且，这段铭文以文王说的"作新民"来结束全文。

如此一来，就不会再有人讲在中国的经典中缺少进步这一概念的话语了吧。有关欧美各大学高等教育的目的，我少时不太清楚，以至于一个欧洲人问我，将来最好成为一个什么样的人时，我当即不加思索地回答为当绅士。实际上，欧美各大学教育的目的在于使人能够生存而不在于让人们如何去创造一个新的更好的社会，它所给予人们的教育是让人们怎样在社会上谋取一个职位。

伊顿公学校长奥斯卡·布拉乌尼格先生在其著述《教育论》上，有如下的文字："受过完好教育的人在充满物质欲的财界是找不到自己位置的。"想想看，受过完好教育的人居然在财界找不到自己的位置，那么，这是一个怎样的世界呢？由此，我们就能容易地看出欧洲文明的致命的缺陷在什么地方。

在古代中国，受过完好教育的人必能在社会上得到相应的地位。因为我们明白，高等教育的目的无论如何也不单是为了能够使人们得到怎样生存的知识，不像爱默生所说的那样仅仅"为了糊口"，而是为了创造一个新的更美好的社会。

在这篇文章的结尾，我要再重复说一下我的看法，在中国古代经典里，"文明"的真正含义在于"秩序与发展"，教育不在于知识的积蓄而在于知性的发达。有知性就有了秩序，有秩序——道德秩序，就有了社会的进步，中国语言中"文明"虽没有明确的定义，但从其文字构成来看，它由"美好和智慧"组合而成，即美好和智慧的东西就是文明。

只有心胸狭窄、目光短浅的人才会认为中国古代经典思想中缺乏进步的概念，而认为西方摩天大楼式的文明才是唯一的最高级的文明。他们并没有透彻地理解"进步与发达"的真正含义。不把教育的目的放在社会的改造与进步的欧美教育，同汽车驾驶员训练学校没有什么差别，它虽然培养出了驾驶员，但却没有培养出一个人格完善的人，没有培养出使社会得到真正的进步与发展的人。一个不能使人们得到完美教育的文明，在本质上是不能和中国文明同日而语的。

（摘自《辜鸿铭经典文存》，上海大学出版社2008年版）

【导语】自近代以来，中西融会成为中国学风的显著倾向。而随着西学东渐对我国学术影响的不断深化，中国学人不得不思考的问题是：应如何正确看待和评判西方文明，中国传统文化应置于何种地位，在中西思潮的冲撞与交融中我们需要发展和创建的是什么样的学术体系。

辜鸿铭认为作为精神支柱的基督教已丧失其对西方社会的约束力，致使西方文明陷入两难境地。而欲摆脱这种进退维谷的困境，西方就必须要向中国传统文明学习，汲取中国经典古籍的道德精髓，以进步和道德作为文明的标准。辜鸿铭这一文明观在中西社会所引起的关注和反响大相径庭。在西方，遭受多次经济危机，经历第一次世界大战后的人们似乎从他的言论中看到了希望，对其予以高度的关注和极高的评价，辜鸿铭也因此而被视为东方文化的代言人；而在中国，急于摆脱几千年封建制度束缚，对西方近百年来的极速发展充满艳羡的人民却视辜鸿铭为怪诞、偏激而顽固的守旧主义者。

从根本来看，辜鸿铭无疑是坚执儒家文明的信徒。而作为一个在欧洲目睹西方文明的激烈矛盾、回国后亲历列强凌辱的华人，其思想的形成比当时其他任何学者所打上的时代烙印都要深刻得多。或者说，其思想性格中所包含的矛盾性是当时中西文化潮流冲撞下的极致性表现。

对待西方文明，辜鸿铭是始终以第三者的姿态，带着强烈的民族自尊心去进行剖析和批判；而看待华夏文明，他则以"一个真正的中国人"的身份，用极度感性的方式去"忠于中华之文明"，由此作出超越理性、超越客观的肯定。因为他坚信"当我们中国人西化成洋人时，欧美人只能对我们更加蔑视。事实上，只有当欧美人了解到真正的中国人——一种有着与他们截然不同却毫不逊色于他们文明的人民时，他们才会对我们有所尊重"。

所以他的华夏文明观，他的偏颇和坚执很大程度上来自于他不肯向西方列强屈服的爱国立场，同时也是对列强的肆意践踏、国人的甘于欺侮的痛恨，这与鲁迅"哀其不幸，怒其不争"的爱国情怀是相似的。

辜鸿铭是位极具个人性格特点的学者，其当时在中西文化比较和汉学输出方面的成就不容忽视，他那带有强烈主观色彩的维华言论和思想更是鲜有匹及者。我们在别除其谬误言论的同时，亦当肯定其高明之所在，尤其值得我们深思的是，他之所以能够赢得西方社会的尊重，缘于其始终不卑反亢的态度和那不肯折损的爱国热情。

（杨　艳）

国学讲习记（节录）

邓　实

国学者何，一国所自有之学也。有地而人生其上，因以成国焉。有其国者有其学。学也者，学其一国之学，以为国用，而自治其一国者也。故既有国则必有先知先觉之圣人出焉，著书立说，以俟百世。圣为天口，贤为天译，演之为宗教，尊之曰圣经，是曰一国之经学。既有国则必有其风俗习惯，治乱兴亡之故，与夫英雄豪杰，忠臣义士，儒林文苑，循吏酷吏，是曰一国之史学。既有国则其一种人之内，必有心灵秀特之士，各本其术以自鸣，若阴阳名法儒墨道德，成一家之言者，是曰一国之子学。既有国则必有一部分之师儒，读圣贤之书，守先王之道，以继往开来，明道救世，是曰一国之理学。既有国则必有政治因革损益之事，是曰一国之掌故学。既有国则必有语言文字，以道政事，以达民隐，诗以歌之，辞以文之，是曰一国之文学。是故国学者，与有国以俱来，本乎地理，根之民性，而不可须臾离也。

君子生是国，则通是学，知爱其国，无不知爱其学。学也者，读书以明理，明理以治事，学其一国之学，以为国用而自治其一国者也。自一心之微，以至国家之大，皆学也。故不明一国之学，不能治一国之事，乃若有兼通他国之学以辅益自国者，则兼材之能也，国杰之资也。然而不通自国之学，在古不知其历史，在今无以喻其民，在野不熟其祖宗之遗事，在朝即无以效忠于其子孙。知其历史，熟其遗事，则必以读本国之书，学本国之学为亟。虽然，国学之替也，汉宋操其矛焉，朱陆刺其盾焉，丛脞其考据，空疏其性理，藻绘其词章，靡靡乎香草，逐逐乎罄悦，以云学则非学，以云国则不国。呜呼，非学不国，虽匹夫与有责焉矣。夫国以有学而存，学以有国而昌。昔孔子入其国而观其教，即以知其国。《诗》曰"观国之光"，又曰"思王多士，生此王国，王国克生，维周之桢，以云士者，国之桢也"。学者，士之用也，多士力学，以为国桢，岂非国光之可观者乎。

实不敏，断断于读书报国，而无忝其为国士者。承诸君子之雅，以相与商量旧学，于荒江寂寞之上，风雨神州，鸡鸣不已。思以松柏之节，伟为国桢，庶几读书申明大义，正气尚存，国光不泯，意在斯乎。

（摘自《国学导读——国学基础文库》，中国人民大学出版社2005年版）

【导读】邓实（1877～1951），字秋枚，别署枚子、野残、鸡鸣、风雨楼主，广东顺德人。1877年生于上海。五岁亡父，与弟邓方（字秋门）相依为命。从青年起，便崇拜顾炎武，"喜为经世通今之学"。光绪二十八年（1902）创办《政艺通报》，宣传民主科学思想。后与黄节、章太炎、马叙伦、刘师培等创立国学保存会、神州国光社，出版《风雨楼丛书》和《古学会刊》，主编《国粹学报》，在知识界产生过较大的影响。

本文登载于《国粹学报》1906年第19期上，是邓实阐释国学基本问题的一篇优秀文章。

国学的兴起，源于清末民初。自1840年以来，西方文化大量涌入中国。为与西方文化抗争，一些人士开始建立国学系统，并对国学的基本内涵作界定。邓实就是其中一位。他不仅对国学的内涵作了较全面的阐释，还积极投身国学普及活动中。本文就是他对国学作界定的一篇文章。

国学到底包含哪些内涵？邓实认为，可以从六个方面来论述。一是经学，即"先知先觉"的圣人所作的经典著作。二是史学，包括各种风俗习惯，历史上的英雄传奇，名臣轶事等。三是子学，即诸子百家的学说。四是理学，即儒家发展到宋明以来的明道救世理论。五是掌故学，为历代有资于统治者施政的典故。六是文学，包含语言与文学。邓实认为，国学有其特殊性。国学与一定的地理、民情有着直接的关系，与一个国家的形成与发展息息相关。

作为国家中的一员，应该熟悉本国的历史，熟悉本国的学说，才能为国家做出贡献。如果能将他国之学用以辅助本国之学，当然能收到更好的效果。不熟悉本国之学，不知道本国的历史，自然也就不能更好地为国家、人民服务，自然也就不能推动社会的发展。一个有责任心的人，对国家负责的人，要对国学有所了解，要运用国学知识去推动国家的繁荣昌盛。

邓实所提国学的基本内涵，可以说囊括了国学的基本内容，是一次全面界定国学的尝试。经、史、子、集，这是我国传统的学术分类，《四库全书》就是按照这个分类编排图书的。当然，国学不能只是这些简单的图书分类。邓实在四部之外又加上理学和掌故学，可算是一种创新。不过，这个分类还是值得斟酌。理学为儒家在宋明时期的表现形态，也应属经学。掌故学是从历史学中来，也不必单列。

作为国学兴起时的一次尝试，邓实不仅对国学的概念作了阐释，还对国学的内涵作了界定。这对于我们今天正确认识国学，真正实现国学在现阶段的复兴，具有非常重要的意义。

（莫山洪）

东方学术之根本

梁漱溟

我常说，中国印度的学术，是要使生命成为智慧的，此意甚重要。我在《中国民族自救运动之最后觉悟》一书中《我们政治上第二个不通的路——俄国共产党发明的路》那篇文章中曾说："马克思以机械的眼光来解说社会的蜕变改进，我想在欧洲或许适用的。人类比诸其他动物，本来特别见出其能为事先的考虑思量，而有所拣择趋避，——这便是所谓意识。（因人与其他动物不同，其意识甚发达，理智很高。）因此，人类的历史似乎就不应当是机械的。'机械的'这句话是指意识之先，意识所不及，或意识无容施的。（意识似不能与机械并存，这话是反说，是宾，下面一句才是主。）然我之有生，本非意识的；有生以后，生命本身自然流行，亦几乎是意识无容施的（注意几乎二字）；意识为他（生命）用，被他所左右，而不能左右他。单就一点一点上看，似乎是意识作主；但横览社会，纵观历史，而统算起来，意识之用正不出乎无意识，生活上基本的需要，尤其当先（基本需要的范围，是随着文化之进而俱进的。）则看成是机械的，而从经济上握其枢机，推论其必然之势，亦何不可。唯物史观所以说来近理的，大概是这原故罢（这话是（似）主而仍为宾，下面才是主）。然而这只为意识被役于盲目的生命，故只在这圈里转，而不得出耳。使一旦意识之向外用者，还而对于生命本身生其作用，则此圈遂破，不得而限之矣！例如中国文化和印度文化之产生，便都是超出这唯物史观的圈外了。——中国文化和印度文化有其共同的特点，就是要人的智慧不单向外用，而回返到自家生命上来，使生命成了智慧的，而非智慧为役于生命（这是主）。"

这点便是中国学术和西洋近代学术的一个分水岭。西洋学术之产生，就是由于智慧向外用。分析观察一切，这就是科学。科学方法最要之点，即是将一切物观化。将现象放在外面，自己站在一边，才能看得清楚。它非排在外面的格式上不行；不然，就失去物观性，而不成其为科学方法了。但在中国与印度则不如此；他正好是掉转过来，不能物观，"物观就不是"了。中国的道家比较儒家是粗浅的；道家所观者虽为内观，但仍为外而非内，现在一般心理学之所谓内省法，与道家不同，但所省者亦仍为外而非内，与道家陷于同一的缺欠中。这话就是说"中西是各走一道"。天下事要紧者在此：要走那条道，就彻底的走那条道，不彻底是不行的。讲科学，不能彻底运用科学方法，则无所谓科学；其他一切做学问做事情都是如此，非彻底不可。彻底了，则底下自然要转弯。你往东去，不能徘徊，走到头自然一定转弯，没有疑问。西医往前走，自然会发现中医，现在则不能容纳中医，就是这个意思。方法只能有一个，不能掺杂调和，掺杂调和就纷乱而无所主。我开头想调和中西医，仔细研究之后才知其不可能，亦即以此。但从科学方法的应用，可以发见哲学的方法，这亦只能期之于将来。下面又说："但这意识的回向生命本身，就个人说，不到一定年龄，即生理心理发达不到相当程度，是不可能的；同样的，就一民族社会说，基础条件不备，即其文化的发达不到相当程度亦是不行。所以东西各民族早期的文化，大抵相去不远，唯物史观均易说明。到得后来，则除欧洲人尚复继续盲目地奔向前去外，东方有智慧的民族，则已转变了方向。其最大的见证，即在经济方面，生产方法不更进步，生产关系不更开展，现出一种留滞盘桓的状态，千年之后，犹无以异乎千年之前，唯物史观家莫能究其故。"

他之所以盘旋不进，就是因为他的智慧不向外用，他只讲返观内照，这如何能让生产技术进步？在印度遍山遍野几乎都是讲修养的宗教道士，生产技术自必无法进步。下面又说："而在唯物史观家所谓'上层建筑'的法律、政治及一切精神的生活过程，应视其经济基础为决定者，在东方殊不尽然；有许多处或宁说为从上层支配了下层，较近事实。至于欧洲人之为盲目的前奔，这亦有一大见证，即在其到了工业资本主义时期，经济上的无政府状态，以及破坏最大的欧洲大战所含经济上的机械必然性。总之，若没有以经济为主力而推动演出的欧洲近世，亦不会有马克思纳绎得唯物史观的理论出来。大体上这理论亦唯于欧洲社会史上可以前后都适用。倘必以此为准据，要普遍地适用于一切民族社会，恐其难通。尤其本此眼光以观测印度文化或中国文化已开发后的社会，是不免笑话的。"

我们对于唯物史观并非不了解，并且亦只有我们才能替唯物史观找到根本所在；此根本所在即在意识那句话上，乍看意识不是机械，其实它还是机械的，为役于生命。下面又说："更进一层说，仿佛物体自高处下落一样，离地面愈近，速度愈加；欧洲社会到近世晚世以来，其机械性亦愈演愈深。这时节，意识不但无救于其陷入机械之势，而且正为意识作用的发达，愈陷入无法自拔的机械网阱中。使得近世社会日益演成为机械的关系者，举其大要有三：一是经济；二是工业；三是科学。三者各为一有力之因；而尤在社会关系的一切经济化，经济的工业化，工业的科学化，互为连锁因缘以成此局，而归本则在科学。科学者，人类意识发达所开之花。今日一切成了科学化，即无不经意识化。于是就化出了这天罗地网！人类之有意识，自生物学上看是一种解放，却不料乃从意识而作茧自缚也。此皆由意识居于被役用地位之故。然于今更不得自休，只有这样走下去，倒要他彻底才行，彻底自然得到解决。——欧洲问题的解决或者更无他途呢？"

东方学术的根本，就在拿人的聪明回头来用在生命的本身上。此工夫则以儒家为最彻底，他就是专门去开发你当下的自觉，并无另外的反观内观，他让当下自觉更开大。当下自觉，就是当下的是非好恶痛痒，让这些在当下更切实明白开朗有力，喜欢这个就喜欢这个，不喜欢这个就不喜欢这个，如恶恶臭，如好好色，毫无半点虚假。道家有所观的东西，儒家则只是教你当下不马虎，此即王阳明先生之所谓致良知，亦即真诚之诚，此非反观，而实是反观之最彻底最深者，道家之反观为生理的，而他是心理的，儒家即如此而已。此话许多人都不敢讲，其实就是这样简单。儒家与道家在现在学术界都莫能自明，不能与现代学术接头，我觉得我有一个最大的责任，即为替中国儒家作一个说明，开出一个与现代学术接头的机会。《人心与人生》一书之作，即愿为儒家与现代学术界之间谋一说明，作一讨论。此工作甚难作，盖以明白心理学的人不能明白儒家，明白儒家者又不明白心理学，两者能都明白而又能有所讨论的，这个人现在很难有；我则甚愿努力于斯。

（摘自《梁漱溟全集》第二卷，山东人民出版社2005年版）

【导读】 梁漱溟（1893—1988），蒙古族，原名焕鼎，字寿铭，曾用笔名寿名、瘦民、漱溟，后以漱溟行世。原籍广西桂林，生于北京，因系出元室梁王，故入籍河南开封。中国现代新儒家学派的开山人物，著有《中国文化要义》《东西文化及其哲学》《人心与人生》等。

19世纪末20世纪初，科学主义和理性主义思潮由西方蔓延到东方，引发了东西文化论战。经过1919年"五四"新文化运动的洗礼之后，"孔家店"被打倒，"赛先生"被树立，中国思想界、学术界成为了科学主义的乐园。有些极端者甚至认为应该将科学领域无限地扩大，从自然界推延到社会人生，用自然科学领域中行之有效的方法和原则来研究解决"一切社会人事问题"；认为科学与哲学、宗教没有什么区别，有了科学，哲学和宗教也就失去了继续存在的价值和意义。

对此，梁漱溟没有盲目追随潮流，而是进行了冷静的思考，并于1921年发表了《东西文化及其哲学》一书，阐发其东方精神文明论和新儒家思想，诘难唯科学主义。该书提出了一系列的比较模式作为研究方法，将以中国、印度与西方的文化概括为三种不同的路向：西方文化是征服自然、改造环境的路向，中国文化是以意欲自为调和、持中为其根本精神的，印度文化是以意欲反身向后要求为其根本精神的。

之后,梁漱溟的精力主要转向乡村建设与教育方面,但对这一问题的思考仍在继续,不断对原来的比较模式与相关论断进行了补充与修订。例如,以"有对""无对"以及"向内用"与"向外用"之心来区别东西文化等。《东方学术之根本》正是这些思考与修订的成果之一。在《东方学术之根本》中,梁漱溟针对当时文化上顽固守旧与过度西方化两种倾向,从"昌明东方学术"着眼,强调立足本土,看到了以中、印为代表的文化与学术是"使生命成为智慧的"这一根本,坚持其提出的"生命本体"说,化合中西古今,力图使东方文化与学术走向现代化,进而创新中华文化。

总之,梁漱溟之功在于找到了新的比较模式与方法,对东方文化与学术有了全新的本质认识,为传统而古老的东方文化与学术走向现代化奠定了基础,开创了局面,继起者当循其径而努力之。

(黄 斌)

新时代与新学术(节录)

钱 穆

学术随时代为转移。新时代之降临,常有一种新学术为之领导或推进。大体言之,承平之际,学尚因袭。其时学者,率循前人轨辙,继续研求,由本达末,枝叶日繁。学术有其客观之尊严。门墙藩篱,不可逾越。方法规模,竞相仿效。学者为学问而学问,其所贡献,乃为前人学业释回增美,使益臻完密,或益趋纤弱而已。变乱之际,学尚创辟。其时学者,内本于性格之激荡,外感于时势之需要,常能从自性自格创辟一种新学问,走上一条新路径,以救时代之穷乏。而对于前人学术成规,往往有所不守。此种新学术,常带粗枝大叶猛厉生动之概。前者大体乃以学问为出发点而使用学者。后者大体则是以学者为出发点而使用学问。

然所谓新学术,亦是温故知新,从以往旧有中蕴孕而出。并非凭空翻新,绝无依傍。新学术之产生,不过能跳出一时旧圈套,或追寻更远的古代,或旁搜外邦异域，或两者兼而有之。从古人的或外邦人的所有中，交灌互织，发酵出新生命。此种新生命，可以使动乱的时代渐向承平。而此种新生命，遂为其所开新的承平时代学者所遵循，而渐趋烂熟，渐成衰颓，以至于枯老腐败，而时代又起动乱，新学术再自茁长。

若以此意看中国史，如春秋晚期以迄先秦，如北朝周隋之际以迄初唐，如北宋庆历熙宁以下迄于南宋之高孝，如明清之交嬗，莫不有此一番景象。他们一面追寻到古代旧传统，而另一面则远搜及于外邦异域。孔子自称好古敏求，同时跨出鲁国曲阜的小圈子，遍历诸邦，一代名贤耆硕，无不奉手请业。其他先秦诸子，大率皆然。魏晋大动乱以后，名流胜业，络绎渡江。其留滞在北者，困厄之余，抱残守缺，转从古经典得新精神。彼辈流离于长安，奔进于五凉，转徙于大同，仍与蓟辽齐赵诸儒汇合，又自大同南下而至洛阳。魏孝文时，北方已是一种新发酵，盎然勃然，不可掩抑。其时别有高僧达德，远行求法，拓及于天竺锡兰。而南方学者亦有返北。错综酝酿，磅礴郁塞，直到周隋初唐，终开中古之盛运。而南朝摩登名流，始终跳不出魏晋老庄之樊笼，宜其不竞。此际一段北学精神，拟诸北宋晚明，实无逊色。纵观西史，情亦略似。当中古时期之末叶，第十四世纪开始，有两大渊源，近世精神从之发脉。一曰大学校，一曰十字军。大学校于典籍研索中发现历史世界，使欧洲人士再得游神于古希腊罗马之伟大。十字军远征，使欧洲人开眼觌对新东方。即哥伦布探获新大陆，西方史家亦以谓不啻十字军之最后一幕。此种旧历史与新世界之呈露，最足开豁心胸，使人不禁生高瞻远瞩，豪呼狂啸之情。于是复兴革命之机缘成熟，而近代欧洲随之呱呱堕地。

今日我人之新时代，诚已呼之欲出。而我人之新学术，则仅如电光石火，闪烁不定。尚未到灿烂通明之候。然火种已着，风狂则火烈，不患不有烧天之势。若放眼从源头上观，乾嘉经学，早已到枯腐烂熟之境。道咸以下，则新机运已开。一面渐渐以史学代经学，一面又渐渐注意于欧美人之新世界。此两途，正合上述新学术创始之端兆。近百年来之中国人，固已荡胸涤肠，渴若饮海，愚欲移山，左右采获，博杂无方。正如先蕴压一粒火种，又复积薪不已，虽一时郁塞难扬，终必怒焰飞熛，破空而炽。

所以近百年来之学术，长久郁塞，亦自有故。乾嘉与欧美（此非指目前欧美言），比较皆在升平盛世，而我侪则局身动乱之中。吾侪最先本求摆脱乾嘉，其次乃转而步趋欧美。及其步趋欧美，乃觉欧美与乾嘉，精神蹊径，有其相似，乃重复落入乾嘉牢笼。吾侪乃以乱世之人而慕治世之业。高搭学者架子，揭橥为学问而学问之旗号，主张学问自有其客观独立之尊严。学者各傍门户，自命传统，只求为前人学问继续积累，继续分析。内部未能激发个人之真血性，外部未能针对时代之真问题。依墙壁，守格套。新时代需要新学术虽至急切，而学术界终无创辟新路之志趣与勇气。

本此症结，显二大病。一则学问与人生分成两橛。不效乾嘉以来科举宦达，志切禄利，则学欧美自由职业，竞求温饱。二则学问与时代亦失联系。学问自身分门别类，使学者藏头容尾于丛脞破碎之中，以个人私利主义而讲专门窄狭之学。学问绝不见为时代之反映，仅前人学问之传袭而已。学问亦绝不见为人格之结晶，仅私人在社会博名声占地位之凭借而已。平世所重，不妨即在学术自身，故人务献身于学问而止。乱世所重，则在人才与事业，故学术亦以能造人才兴事业者为贵。而当以真血性融入真问题，自创自辟，乃能为新时代新学术之真酵素与真火种。此与工厂化职业化，在现成学问之死格套内从事一钉一塞之畸零工作者不同。然酵素与火种，并不绝于此百年之内，而到底火不燃，酵不发，则尚犹有故。

……

新时代已面临于整个世界之前，此新时代之得救，无疑的只有乞灵于世界以往东西两大民族之洪流。然此非一手一足之烈，亦非岁月时日可期。兹事体大，中国问题将在世界问题之解决下得解决。同样，世界问题亦将在中国问题之解决下得解决。中国人与世界已共同面对此新学术之大使命。惟不知此项使命，究竟卸落在谁之肩上，完成于谁之手里。中国学者急当廓开心胸，放宽眼界，一面是自己五千年深厚博大之民族文化历史世界，一面是日新月异惊心动魄的欧亚美非澳全球新环境。向内莫忽了自己诚实的痛痒的真血性，向外莫忽了民族国家生死存亡的真问题。在此交灌互织下，自有莫大前程。至如太平盛世专门名家之业，非不雍容华贵，攀鳞附翼，据其现成格套，藏身一曲，既合时趋，亦便采撷，复与私人温饱相宜。然恐如白云苍狗，倏忽变幻，不可控搏。有大志远识者，当不为此耽误。

(摘自《文化与教育》，生活·读书·新知三联书店2009年版)

【导读】钱穆（1895—1990），江苏无锡人，字宾四，吴越王钱镠第三十四世孙，中国现代著名历史学家、思想家、教育家，历任燕京、北京、清华、四川、齐鲁、西南联大等大学教授，1949年迁居香港，与唐君毅、张丕介等创建新亚书院，任院长。1967年10月，钱穆先生移居台北，被选为中研院院士，台北故宫博物院特聘研究员。钱穆曾被中国学术界尊之为"一代宗师"，更有学者谓其为中国最后一位士大夫、国学宗师，与吕思勉、陈垣、陈寅恪并称为民国"史学四大家"。钱穆一生著述颇丰，专著即达80余种。代表作有《先秦诸子系年》《中国近三百年学术史》《国史大纲》《中国文化史导论》《文化学大义》《中国历代政治得失》《中国历史精神》《中国思想史》《中国学术通义》等。

钱穆先生一生勤勉，博通经史文学，擅长考据，在中国史、中国文化和中国学术史等方面颇多创见，尤其在先秦学术史、秦汉史、两汉经学、宋明理学、清代与近世思想史等领域，造诣最深，其一生学行在现代中国学术史上占有重要的地位。《文化与教育》初版于一九四二年，收有钱穆先生抗战时期发表的有关文化与教育等方面的二十篇文章。其上卷二十篇主要阐述中国传统文化、东西文化比较及青年的人生观等问题，而《新时代与新学术》就是此中之一。

一般认为，1930年钱穆发表《刘向刘歆父子年谱》，开启了他的独特的治学路径，之后的《先秦诸子系年》《中国近三百年学术史》《国史大纲》标志着其学术体系及基本的学术思想与精神方向大体形成。本文作于抗战期间，先生有感于国难当头，于谈中华文化、哲学、理学及佛学、老庄之际，往往涉及时事。因而，在该文中先生开宗明义，首先提出："学术随时代为转移……变乱之际，学尚创辟。其时学者，内本于性格之激荡，外感于时势之需要，常能从自性自格创辟一种新学问，走上一条新路径，以救时代之穷乏。"当然，乱世与治世之学术各有特点、各具千秋，至如新学术，先生认为并非凭空而出，是从旧有的、异域的学术中孕育而成的，是"从古人的或外邦人的所有中，浇灌互织"出的新生命。针对近百年来我国学术的弊端——"内部未能激发个人之真血性，外部未能针对时代之真问题。依墙壁，守格套。新时代需要新学术虽至急切，而学术界终无创辟新路之志趣与勇气。"先生又开出两付病方——学问与人生分成两橛；学问与时代亦失联系。先生将学术与社会、人生联系起来，既体现了其人文主义的学术思想，也体现了一种可贵的担当精神，这对今天的治学问者和学术追求，无疑是一声棒喝式的警醒。

（卢有泉）

第一编　国学史征

学术思想史的创建及流变

余英时

杜所长，各位女士、先生，很高兴能够参加这一次会议。为了配合庆祝中央研究院历史语言研究所创建七十周年，我的讲题与本所历史有密切的关系，同时以中国学术思想史研究为范畴，选定以胡适和傅斯年为例，说明二人所建立的一套古代学术思想史研究方法，及它在中国学术史上建立史学新典范的意义。

先说明为什么要从古代学术思想史这一范畴来谈中国史学新典范的建立。我的第一个理由是：20世纪中国新史学，可以说是专业化的史学。从前乾嘉考据学者虽有许多超过专家水平的研究，但实际上没有发展出专业的史学。真正产生专业的史学，历史语言研究所是第一个。甚至在胡适1917年刚返国回北京大学任教"中国哲学史"课程的过渡时期，史学也还未达专业化的地步，一直要到傅斯年创立历史语言研究所后，史学才奠定专业化的基础。其次，中国史学的建立也非各方面齐头并进的。如经济史和社会史的形成和发展都相当地迟。政治史本来是我国撰作历史的特长，然而清代在撰写大规模史著方面并没有突破前人的成就，所以章炳麟说清人考史者多，撰史者少。所以，民初新史学的渊源是来自清中叶所谓经史考据之学：从经学一步步发展，由治经而进行训诂，借以了解古代的语言；又因为要懂得古代语言，于是便寻找同时代的语言，这样就牵涉到由经学延伸至史学、子学的问题，然后则再配合古史来谈经学。钱大昕曾提及经学家只看前三史，后面便不看的情况，至少到清末民初期间，学术思想界如章炳麟、康有为、梁启超及胡适等，仍是如此，他们读的书籍仍旧集中在先秦部分。傅斯年也称自己所读的还是先秦书籍，而且已历经清代学者长期的整理。这也就是说，如果我们承认现代史学曾经历革命过程的话，那么事实上它是从中国古代哲学史或学术思想史的研究开始的，而胡适先生在此则恰好扮演着一个革命性的角色。

胡适的《中国哲学史大纲》自1919年出版至今已80年，我们倘使把他的博士论文《先秦名学史》与之互相参照，颇能看出其间完整的两个阶段性。而这也正是过去中外治史学者所忽略之处。通常中国学者研究胡适时，往往只谈胡的前著，而西方在提到胡适方面也仅引用后著，我觉得两者须配合起来，才能理解胡适在中国哲学史研究上的意义。据顾颉刚回忆和说明可知，事实上《中国哲学史大纲》在未发表前便已引起轰动。主要原因是因为过去的中国哲学史从神农、伏羲讲起，教了半年才及周公，说明当时讲授哲学史的情况，多少代表着文人业余发挥的成分，未及专业化程度；而胡适的哲学史却截断众流，从老子、孔子开始讲起，可以说在意义上则划分了另一个新阶段。《中国哲学史大纲》在今日可能已少有人阅读了，因为就内容而言，后来有许多的著作其实早已超越它，就连胡适晚年自己也认为这部著作不值得再重新修改。他在1958年返台前所写的《中国古代哲学史》序言里便说想在写完《中古思想史》和《近世思想史》后，打算用中年以后的见解重写一部《中国古代思想史》，而不采哲学史的名称，让《中国哲学史大纲》以历史文献的方式单独存在。所以今日不宜将《中国哲学史大纲》视为一部讨论哲学史的书，因为在内容上早已陈旧，胡本人也称他叙述《庄子》的生物进化论，是"年轻人的谬妄议论"。

但我们不能仅从这个角度来看待它。《中国哲学史大纲》其实是部深具开创性、革命性的论著。它的意义在于超越乾嘉各家个别的考证成就，把经史研究贯连成有组织的系统，运用的是西方哲学史研究方法。甚至本书最后还有进行明显的评判的部分——即以实验主义观点来批判古人的学说。尽管这一部分尤其受到批评，可是不能掩其开创性意义，所以我曾称此书是建立"典范"的著作。后来冯友兰的《中国哲学史》当然超越胡著，可是毕竟要晚了十几年后才刊行；而且在同时期讨论先秦诸子思想的学者事实上也已增加了许多，但冯著并未突破胡著的典范。我在前面说过，当时的人读经还是仅止于先秦，而读史则至《后汉书》为止，因此汉代的情形大致上还是很清楚的，至于魏晋以下则没什么人研究。所以民初学术界研究的重点主要放在先秦的古籍、经学及史学考证上，以此为基础所写的作品实不胜枚举。譬如最早用新史学观点写出的教科书夏曾佑的《中国古代史》，叙述便仅至汉代为止，可以想见当时最先进且最具开拓的部分，无疑是集中在古代史的研究。这是胡适撰写第一部新式哲学史的凭借，因为他有许多借力之处，如章炳麟、梁启超的影响，乃至更早孙诒让的《墨子闲诂》等，能够采撷晚清以来诸子研究风气的成果。这也是《中国哲学史大纲》出现能够轰动一时，令人耳目一新的主要理由。今天的读者恐怕是不大能理解的，因为现在我们已将胡适谈的许多内容视为常识，甚或超越而有所遗忘。尽管现今中国哲学史课程中大学生已无须研读《中国哲学史大纲》，然若自史学史的视野来研究民初史学新典范的建立，则又非看不可。

接着我要再说明这部哲学史著作的特色。蔡元培曾在本书的序里指称：能够身兼"汉学"和西方哲学史心得的学者不多，并有深入地了解，以系统的方式陈述中国古代哲学史者，胡著可以算是第一本书。四年后蔡又为《申报》五十周年纪念时撰写《五十年来中国之哲学》一文，仍然持此意见，认定胡著确为开辟新纪元的一部书。我认为《中国哲学史大纲》所具备的革命性意义其实在两方面：一部分是它本身在内容上是属于中国的，可是形式和概念上却是取自西方的，这个"典范"一直到后来也都未曾被推翻。例如冯友兰的《中国哲学史》也有类似的情形，用另一些西方哲学的观点来诠释中国哲学。所以就某些意义上而言，冯著超越胡著之处是在于：冯写完了整部中国哲学史，尽管实际上清代部分只是谈了寥寥几句，不过已是在胡适的典范后深入探讨的论著。然而冯著与胡著又有一大不同处，即冯自称采用义理的观点，也就是"宋学"的，而胡适是"汉学"的，两者确实有所分别。胡适《中国哲学史大纲》之所以至今仍值得讨论的价值，是在关于《墨经》逻辑部分，这是他研究上有所突破之处。后来胡又写《墨辩新诂》，更加深其看法。梁启超虽早于清末已开始研究墨子，但不可讳言，《墨经校释》其实是受到胡适的影响，所以梁书完成时曾请胡适写序，然后才进而有所辩驳。章炳麟也曾感到胡适在墨子方面的挑战，关于《墨经》方面，章、胡亦曾有过辩论。由此推知，至少名学史和《墨经》的研究，在概念上胡适当时可以说是领先的。金岳霖于冯友兰《中国哲学史》审查报告上称"西洋哲学与名学又非胡先生之所长"种种。就胡适理解的层面，确属一般常识，固非虚言，但若自罗素（Bertrand Russell）为《先秦名学史》写的书评所说，胡著的贡献实填补了西方汉学家对中国古代哲学史的模糊认知，同时由于它的英文书写流畅，以及对中国古典文献有确实的了解，相信这是无任何西方汉学家所能够超越的。我们从罗素的评语看出，至少胡适的哲学水平，在当时而言要撰写哲学史其实还是足够的，金岳霖的评语常为人引来讥笑胡适，恐怕也不是很公平的。无论如何，金的西方哲学造诣不可能在罗素之上。

胡适的《中国哲学史大纲》既然已开创学术思想史研究的新天地，那么又是怎样继承下去？这里则有必要提到傅斯年先生。傅向来以研究古代史著称，但我以为他不仅对中国古代思想史的研究有着相当高的造诣，而且还超越了他的老师胡适，并且事实上也影响了胡适。胡适后来之所以不再重写哲学史，部分原因就是接受了傅斯年的观念。傅的民族情绪是众所皆知的，他认为"中国哲学"一词乃日本的"贱制品"，中国从来并无这种西方式"爱智"的哲学。所以始终不赞成用philosophy来代替中国的思想。这中间当然有主观的成见，不过从另一方面来说也不无道理。因为如果把中国学术思想史中相当于"哲学"的部分单独抽来讲，其内容势必不见精彩。中国的知识论、形上思辩虽不发达，但如果写中国哲学史也不好完全避而不谈。即使再幼稚，也得交代出来，否则便不免有护短之嫌。事实上，胡适以后的中国哲学史作品也仍然是以西方哲学的某些部分作为去取的标准，从冯友兰到马克思主义派都是如此。简单地说，作者喜爱西方哲学的某部分，所撰出的中国哲学史大概也都反映自己的选择倾向。这个风气实由胡适开启，后来却更趋于明显。但是中国学术思想史则不同。因为它的撰写可以不受西方思想框架的限制，较能自由表达中国学术思想传统的特色。近世最早谈论中国学术思想史的可能是梁启超，他的《中国学术思想变迁之大势》是影响胡适早年的几篇文章之一，胡便曾在《四十自述》中说他早年便希望能继续梁氏中国学术思想史未竟的光荣事业。

　　《中国哲学史大纲》刊行后，傅斯年对此书并不很恭维。他批评这部书中有许多问题其实不一定是可靠的，例如在《中国古代文学史讲义》最后曾提到根本无所谓"古代哲学中绝"一事，显然就是针对胡适书中的末章而发。而胡适对此一点也不以为忤，由此可看出当时的自由开放的学术传统。反对胡氏的见解者很多，象是胡晚年仍坚持的论老子年代先后问题，最先有梁启超，后则有胡的学生顾颉刚等。其实，傅斯年在《战国子家叙论》里援引汪中的考证，其立论根据便和梁启超相同。胡适认为所有将老子视为孔子之后的学者，都是要维护孔子"万世师表"的历史地位，也就是说，主张孔子在前的学者，其实都据意识形态而立论。我认为这或许可适用于当时冯友兰的身上，可是绝不宜用在顾颉刚和傅斯年身上，即用之于梁启超也嫌不切。胡适在评论诸人对老子年代问题的讨论时，傅斯年的《战国子家叙论》还未发表，然而私下流传，影响层面却很大，像冯友兰即为接受傅的看法之人。因此，胡适在许多哲学史方面的具体结论，最后都被他的学生所否决甚至推翻。至于在考证方面，胡适的工作今日是不是还站得住，这里无法做总结。我只想点明：胡适研究哲学史的这套方法，毋宁是采取一种比较开放式的，如他所说是"一把两面可割的剑",只要别人能够提出坚实的证据来驳倒他,他应该是能欣然接受的。然而,人终究是无法摆脱情绪的动物,尽管胡适平时很理性,可是在老子问题上,无可否认地似乎动了感情。1922年梁启超至北大演讲《评胡适的〈中国哲学史大纲〉》时,两人曾"同台唱戏",胡则反驳梁说,但事后胡在日记里说梁的作为"不过人情世故",可见正是情绪性的反应。

1919年至1926年傅斯年先后到英、德国留学,这期间发扬胡适的方法论者,其实是顾颉刚。顾先生最大的成就即在《古史辨》。《古史辨》虽以讨论古史为范围,可是其中内容也涉及经学、子学里辨伪问题,而这也正发挥了《中国哲学史大纲》中的辨伪观念,同时也说明胡适后来考证《红楼梦》、《水浒传》演变历史过程,在辨伪史上具有其重大意义。因此可以说,直到傅斯年归国前,胡适最信任的大弟子是顾颉刚,而且胡的思想方法论在中国现代学术史上能发生普遍影响也有赖顾颉刚的《古史辨》。然而顾氏后来临终前以口述的方式说明与胡适的关系时,曾指出在1929年左右,胡的态度已产生转变。今天我们从顾的女儿顾潮所整理的资料约略可知:顾、胡彼此的关系实愈形疏远,其中最大的原因便在傅斯年。傅本与顾最熟,古史辨运动时傅曾在德国开始写信给顾,长达数十页,表示佩服,认为:

  颉刚在史学上称王了,……这事原是别人而不在我的颉刚的话,我或者不免生点嫉妒的意思,吹毛求疵,硬去找争执的地方;但早晚也是非拜倒不可。

以傅斯年这种个性极强,兼以领袖欲极高的人,能出此谦语,那是真心话。但嘴里所说是一回事,傅斯年日后的许多观点,包括辨伪观念、重建古史的看法等,无非都是希望能在古史研究上超越顾的成就。至于这是否属于明确的意识抑或潜意识的驱使,因缺乏材料我们难以证实;但从傅的文章和立论不难发现:其中不少论点显然是针对顾颉刚的辨伪主张。例如傅以为古代著作观念与今不同,"伪"的观念实不适用,这种看法很可能在留德时曾与陈寅恪讨论过。陈寅恪在冯友兰《中国哲学史》的审查报告中说"冯君之书,其取用材料,亦具通识",认为伪材料应另作诠解,还原其真,后来傅斯年也曾以战国文体著作方式为例,为文发覆其义。

历史语言研究所自1930年代迁至北平后,胡适与傅斯年的关系则渐趋密切,反而和顾颉刚间却愈来愈远了。胡适早于1926年在法国与傅斯年谈话时,还认为顾颉刚勤奋远在傅之上,可是1930年2月胡对顾的《中国上古史研究讲义》

中《易传》一章进行讨论，两人却产生意见分歧。后来顾将胡来信收入《古史辨》第三册，按语称"适之先生对于我的态度，不免误会"。1947年9月胡适在提名中央研究院院士时，史学界方面只有四人：张元济、陈垣、陈寅恪、傅斯年，并无顾颉刚。顾后来虽当选，大概是别人提名的，尚待考证。所以1954年顾颉刚批判胡适时，也称彼此的关系已经"枯死"。由此可看出胡适心目中顾、傅两人身价的转移。关于胡、傅之间的互相影响，王汎森曾有专文，我这里只就我所见略述一二，不能详及。傅斯年自德归国后的几项学术见解，后来也为胡适所接受。譬如胡适称"诸子不出于王官"，驳斥刘歆"王官说"及章炳麟的见解，傅斯年则寻求根据，认为与古代贵族职业有关，后来这项主张即发展成胡适的《说儒》。又如胡适《中国哲学史大纲》对古代宗教问题未有深入的讨论，傅斯年则特别将中国古代宗教和希伯来部落神的发展联系起来。傅氏注意古代宗教信仰及其演变，也成为胡适后来撰《说儒》一文的张本。所以《说儒》有许多观念的启发当来自两人在北平时的讨论，不光如胡适所说的受傅《周东封与殷遗民》一文影响而已。胡氏为了解决老子年代问题，企图重申老在孔之前之说，这一宗教史观点对他是有利的。胡适写的《说儒》也有许多人反对他的说法。像是钱宾四先生便认为胡的看法不能成立。但两人辩论的结果，胡适始终没有接受钱氏意见，因为他已深信傅斯年在文献上已解决了许多问题。从这些地方来看，后来胡适在中国古代思想史研究上，确曾受到傅斯年很大的影响，便如同早年胡适受梁启超启发，而晚年梁反为胡所影响一般。换句话说，1930年以后，胡先生非独在人事方面，就连思想与学术上也渐为傅斯年所影响。

　　说到傅斯年的学术成就，不能不提《性命古训辨证》一书。这部论著是他自认为最得意的作品。据傅乐成编的年谱中所载：傅斯年曾以此书提出做为参加中央研究院第一届院士选举的著作，由此可视之为他自己的代表作。它是运用语言学和史学的方法联合研究中国思想史的问题，训释古代"生"与"性"的关系 。但由于书中牵涉到的问题太复杂，文字兼以半文半白的方式表达，事实上解释得并不十分透彻，因此也获致许多批评。就我所知，胡适对它并不满意，徐复观也对"生"、"性"有着不同的意见。然而我要强调的是《性命古训辨证》所采取的语言学研究方法，确实有其特殊之处，绝非只是乾嘉以降训诂据古义为准的原则为限，因为除此之外还有历史演变的观点。所以惟有这两个方法配合起来看，才能了解傅斯年《性命古训辨证》在方法论上开创的意义。陈垣在1940年8月十四、十六两天，连续给长子乐素写信，第一封称赞《性命古训辨证》"多新材料,新解释,不可不一读"。第二封说"余阅《性命古训辨证》,深知余已落伍"。可证此书决非乾嘉旧传统可以笼罩,因为陈垣走的主要是乾嘉路线。不过从另一方面来说,这本书出版在抗战时期,后又历经国共内战,至少到目前为止,严格地说并未产生影响,而且也没有人继续在傅氏的研究基础上再发展。

究实而论,《性命古训辨证》不是关于训诂学的研究,而是一部思想史研究,特别是语言学和历史学配合起来研究思想史。这一类运用语言学及历史学,陈寅恪也擅胜场,他有几篇谈"格论"的文章,就是先把名词训诂的意义确定,然后再讲文献的哲学意义和历史脉络。如关于六祖"传法偈"问题,经陈寅恪分析偈文内容后,发现其中漏洞百出,便是使用语言学,同时参核历史学的方法来研究,这对思想史研究的影响极大。此种方法与傅斯年的相通处,极有可能是两人早年在柏林多年彼此相互影响的结果。再者,傅斯年也将《性命古训辨证》研究投射到整个中国学术传统。他在这本书的下卷第二章里专讲宋儒清儒理学,企图对"宋学"的地位重新估定,实际上均有自己的看法。就此而言,傅在书中其实暗含所谓的"大叙事"(grand narrative),这里表示着他对中国思想史的整体观点。我们过去经常望文生义,认为傅斯年继承乾嘉"汉学",所以抱持反对"宋学"的态度,其实不然。他对宋儒有许多同情的了解,这可自《性命古训辨证》以及其他的书中略知。反观胡适最为推崇的戴东原,傅对之却颇有微辞,说东原讲学问"求诸六经",是"求其是"而已,不如"求其古"。就这层意义来说,傅斯年某些深度上,是超越胡适的,因为他涉及的学科范围很广,像是对弗洛伊德(Freud)心理学的研究,可以看出早年曾下过功夫。

胡适和傅斯年在中国学术思想史领域上各辟蹊径。胡适是以一般性的哲学史方法论发挥完成《中国哲学史大纲》,傅斯年的《性命古训辨证》则开创了用语言学加上历史演变的观点来解释古代思想。这两条路后来的发展际遇殊异。胡在《中国哲学史大纲》的方法论可以说有许多人曾先后尝试,但最后却也都离开它,甚至有人步上以马克思主义为主或其他哲学理论来重建中国哲学史之路。这是研究现代中国学术思想史,特别在现代新学术建立的关键。至于《说儒》因受傅斯年影响,触及更深度的宗教和历史问题。这些问题较具启发性。大概说来,胡、傅最早都持有现代所谓启蒙理性心态,从理性观点解释中国古代思想。像傅先生所讲的"人文主义的黎明",即是这样的观念。现在研究《论语》和孔子的学者，都认为中国历史到孔子时强调人的价值或人的发现，其实是套用希腊哲学史上所谓"人文"的看法。这里可能形成过分理性的解释，将古人的看法都过于理性化，甚至以为《论语》内理性的部分均视为孔子所赋予的新的意义，至于无法解释的地方则采取怀疑或推测的态度。但在胡适《说儒》和傅斯年《性命古训辨证》中，则又开启另一较深刻的观察，从宗教上认识了古人非理性的心理层面。其中所引的材料，今天看来含义很丰富，甚至他们自己也未必完全自觉到，其中大有重新发掘的余地。《性命古训辨证》中许多观点可以改变我们过去对傅的取向的误会，即他并非胡适所谓"一分证据说一分话"，而是大量运用想象力，最显著的例证是他在书中讲"天"，颇多推测性质。但若非如此，傅绝无法写出这样深具丰富想象力的书。甚至胡适的《说儒》也是靠想象力来填补证据的不足。胡和傅并没有完全停留在"五四"的实证主义阶段，不过在正式主张方面没有转向而已。

最后我还要指出：中央研究院历史语言研究所因与胡、傅二位先生有着密切渊源的关系，发展出一套对于古代思想史新的研究方法。当然这方法后来也产生变化：胡适并非一直停留在《中国哲学史大纲》的方法论，而傅斯年也因和顾颉刚有着某种良性积极的竞争，发展出重建古史的看法及观念。所以这是中央研究院历史语言研究所在中国古代思想史研究领域的一种特殊贡献。

（摘自《余英时文集》第五卷，广西师范大学出版社2014年版。原载《古今论衡》1999年第3期）

【导读】余英时（1930— ），生于天津，祖籍安徽潜山县，当代华人世界著名历史学者、汉学家，是公认的全球最具影响力的华裔知识分子之一，曾获克鲁格人文与社会科学终身成就奖、第一届唐奖汉学奖等奖项。著有《史学与传统》《中国思想传统的现代诠释》《文化评论与中国情怀》等著作。

《学术思想史的创建与流变——从胡适与傅斯年说起》一文是余英时于1999年在庆祝中央研究院历史语言研究所创建七十周年时的发言稿，该文在中国学术思想史研究的范畴中，以胡适和傅斯年为例，探讨二人所建立的一套古代学术思想史研究方法及其在中国学术史上建立史学新典范的意义，由此梳理出学术思想史的创建与流变过程。

余英时在文中通过梳理20世纪中国史学的发展脉络，探究史学发展的渊源，认为胡适、傅斯年对学术思想史的创建与流变具有重要意义，因而对胡适、傅斯年的史学研究方法进行了细致探究。在余英时看来,傅斯年创立的历史语言研究所是第一个真正产生专业史学的研究机构,从此史学才奠定专业化的基础。而在史学发展的过程中,胡适扮演的是一个革命性的角色,对此余英时追溯了胡适的《中国哲学史大纲》、博士论文《先秦名学史》等著作,着重分析了《中国哲学史大纲》的开创性、革命性意义及其特色,挖掘了胡适在中国哲学史研究上的意义。胡适以西方哲学的观点为参照研究中国古代哲学,因此他的哲学史截断众流,从老子、孔子讲起,划分了另一个新阶段,填补了西方汉学家对中国古代哲学史的模糊认知,同时运用西方哲学史研究方法,甚至以实验主义观点批判古人的学术,超越了乾嘉各家个别的考证成就,把经史研究贯连成有组织的系统,为后来的学者从史学史的视野来研究民初史学新典范的建立奠定了基础。而傅斯年则在胡适奠定的史学基础上和胡适的哲学史方法论影响下形成了自己的学术思想路径,与胡适的学术思想史研究路径各异:"胡适是以一般的哲学史方法论发挥完成《中国哲学史大纲》,傅斯年的《性命古训辨证》则开创了用语言学加上历史演变的观点来解释古代思想。这两条路后来的发展际遇殊异。"二人的学术思想相互影响,而又各具差异,各呈其彩。因此,余英时提出,要按照傅斯年的理路,将"语言学和历史学配合起来研究思想史",同时也要看到胡适的方法论影响很大,由此"甚至有人步上以马克思主义为主或其他哲学理论来重建中国哲学史之路。这是研究现代中国学术思想史,特别在现代新学术建立时一个很重要的关键。"显然余英时敏锐地意识到学术思想史的创建与流变过程中的两种重要路径是一方面将语言学和历史学配合起来,一方面采用哲学史方法论,即将胡适和傅斯年各取其长,让两种学术思想发展路径相得益彰。

余英时在文中还指出,中央研究院历史语言研究所因与胡、傅二位先生有着密切渊源的关系,发展出一套对于古代思想史新的研究方法。后来这套研究方法发生变化,发展出重建古史的看法及观念,是中央研究院历史语言研究所在中国古代思想研究领域的一种特殊贡献,充分肯定了胡适、傅斯年对中央研究院历史语言研究所之成立的巨大贡献,也还原了历史现场,爬梳、厘析出学术思想史的创建与流变过程。

《学术思想史的创建与流变》所指出的研究中国学术思想史的研究方法,对于后来的年轻学者如何做学问、如何让一门学问专业化、史学化,都发挥了非常重要的作用与功效。

(罗小凤)

博学与专精之争的历史考察

周勋初

我讲的题目是"博学与专精之争的历史考察",我想把自己对这个问题的思考和大家交流一下。这里的这个"博学"与"专精",不是讲怎么样广博化、怎么样专精化,而是要从历史的角度考察中国人对这些问题是如何思考、如何践履的。

博学与专精的历史争论

20世纪50年代的时候我们经历了大跃进等许多事情,读书很艰难。到了60年代又要整顿,中央提出个八字方针:"调整、巩固、充实、提高",于是好多高校慢慢稳定下来,学生可以好好坐下来读书。当时我们的校长郭影秋提出要"坐下来,钻进去",这就产生了到底应该怎么做学问的争论。

我记得当时《文汇报》上有两个老教授争得很厉害,一个是郭绍虞教授,一个是夏承焘教授。郭先生提出做学问要广博,夏先生提出来要专精,他们在《文汇报》上发了很多的文章,我们看了以后深受启发。夏承焘先生虽然讲要专精,但他的学问其实很广博,我们现在都知道他在词学领域的造诣是非常深的,但我记得他在考证唐代长安曲江池时画了一张图,考证得非常清晰,这让我佩服得不得了,可见夏先生虽然主要研究宋词,但是他对唐诗也是非常熟悉的。陈寅恪先生做《长恨歌》考证时在华清池下面加了一个注,就说这是夏承焘先生首先提出来,非常感谢他。郭绍虞先生在文学批评史研究领域首屈一指,文学批评史本身就是很广博的,从孔夫子到梁启超、王国维,各个时代的思想都要涉及,郭绍虞先生对这些都有研究,而且他还能进行语音文字方面的理解,所以我觉得郭绍虞先生确实很博学,他提出要博学是和他自己的学术研究有关的。可以说郭绍虞先生讲博确实很博,夏承焘先生讲专确实也很专,但是他们在博学与专精两个方面又都是兼而有之:专的人很博,博的人也很专,因此,博和专其实是相对的概念。

我的老师叫胡小石,郭先生的学问跟胡先生的学问,从博学的角度来讲，郭先生比不了胡先生，胡先生的学问那是真正的广博，尽管他留下来的文章不是很多。胡先生的知识面是很广的，各种学问都懂，而且他的记忆力也很好，我读书时他已经70岁了，眼睛不好，让学生帮助查文献，学生念一个字胡先生跟着就能背下来，胡先生的博闻强记真是让我佩服得五体投地。我想和胡先生的博学相比，郭先生不能称为博，还是相对比较专精。胡先生也有佩服的人，他最佩服的是沈植培。沈植培是嘉兴人，一代鸿儒。王国维一共佩服两个人，其中一个就是沈植培，陈寅恪提到沈植培也是佩服得不得了。但是沈先生这个人很奇怪，他从来不写任何东西，这牵扯到一个观念的问题。

中国人现在的观念跟过去的不一样，"古之学者为己，今之学者为人"。过去中国人的学问叫"为己之学"，认为学问是为自己而做的，是要丰富自己、提高自己的。但是现在人的学问是"为人之学"，你不为人，你的生活就无法维持；你不写文章，职称就无法评上去。过去中国人把"为己之学"放在第一位，认为学问用来丰富、提高自己的修养，沈植培先生就是这么一个人。胡先生提起沈植培说："他的学问要是分几十块，拿出其中一块给我，我就受用不尽了。"我们很难想象沈先生的学问达到了什么程度，我们现在的教授和老一辈的学者相比差距真是太大了。胡先生总是给我们讲，沈先生小的时候父亲教他读书，每一本都要倒背如流，这样一直到他70岁的时候，引用的东西不用查就可以背出来。

学术史上的博学与专精

我们现代的学者和胡先生他们不能比，我们离开工具书就寸步难行。我经常想，这是什么原因造成的呢？以前中国人读书，像胡先生那样，是从四书或者五经入手的，先小学，再经学，然后子学，再然后史学，所以他们小时候主要是在经书上下工夫；而我们现在在经书的功夫，与古人有很大差距。

我想这跟整个中国的学术史有关。先秦诸子时期，百家争鸣，一个老师教一个学派。到了汉朝的时候，"罢黜百家、独尊儒术"，官方统一了经学。到了唐朝的时候实行科举，科举考试一定要考五经，并且是从里面抽出两句来，你要背出中间那几句话，所以必须从头到尾把书背得滚瓜烂熟。再到后来是考八股，是从一句话中抽出两个字，拼起来出一个题目，你要能够就这两个字写出一篇文章来，而且还要符合儒家根本的原理，因此那个时候的人也一定要把四书五经背得滚瓜烂熟。所以我们后来看到有人背《汉书》、背《资治通鉴》等，这都不奇怪。我们中国人是有"记中学"的传统的。比如顾炎武这个人，一流的大学问家，当时条件很艰苦，一天到晚在外流浪奔波，他就在马上背书，结果昏头昏脑地从马上跌下来。现代人几乎不可想象这些，胡先生也背书，但是胡先生成长在清朝末年，已经不是特别标准的了。

这里还有一个原因就是，中国过去的学问是综合性的，基本都是以几本经书为中心展开，所以大家集中精力读通一本经书就可以把所有学科的知识都学起来。比如说读《诗经》，孔子讲"多识于鸟兽草木之名"，就等于说我们现在讲的人文科学、自然科学都在这本书里面了。中国人古代的学问都讲究要博大，而且综合性的考虑比较多，从汉朝到清朝一直都有这个特点。明朝后期基督教进入中国，我们才发现洋人有好多知识都超过我们了，但是中国并不不买账，你看明朝末年、清朝初年的一些资料，经常是外国人发明一样东西中国人马上讲：这个东西我们老早就有了。甚至20世纪外国人已经发明飞机了，中国人还在讲：我们以前讲人像鸟一样从高山上飞下来，这就是飞机的雏形，只是可惜没有发展下去。清朝初年的康熙皇帝是个例外，他非常崇拜外国人，曾经非常认真地向传教士学拉丁文，当时中国的天文测算规则跟外国传教士的不一样，康熙就叫两方来比试一下，结果中国误差比洋人大，这说明当时中国的天文学已经落后于西方了。但是中国人依然不买账，一直到了清朝末年鸦片战争、中法战争，特别是中日甲午战争，这对中国刺激太大了。中国人过去总认为日本是蛮夷小邦，汉朝就开始向中国朝贡，日本对中国也一直都很恭敬，但甲午战争中国却被日本打败了。这时中国人才开始认识到，外国的坚船利炮确实比中国强，我们应该向西方学习，于是那个时候派了很多留学生到日本、到欧美去学习。翻开清朝末年的文献资料，那时到外国留学的人跟我们20世纪80年代差不多，许多士大夫比如陈三立的子女，都到国外去留学，这些留学生对中国影响特别大，可以说是改变了中国的面貌。

除了出国留学以外，中国人还废除科举制度、创办新式学堂。甲午战争以后开始办新学堂，结果学堂还没有办好八国联军就打进来了。那时有个办学堂的人叫许景澄，我们读近代史的时候都骂这个人是汉奸，因为他与袁昶反对与八国联军作战，他晓得中国和外国差距大得不得了，因此坚决主张不能打，结果后来被慈禧太后杀掉了。但我觉得中国士大夫当中最了不起的就是这批人，他们是能真正践履道义要求的读书人。

清朝末年京师大学堂是由吴汝纶主持的，他听取了很多外国人的意见，其中有一个美国人说你们中国人的学问是综合的，老是混在一起，现在一定要分科教育，比如物理学是物理学、化学是化学。所以中国人办新式学堂实行分科教育，京师大学堂就分7个科目。谭嗣同到北京以后，吴汝纶又请他提意见，谭嗣同说你们要加一个经学，因为经学是我们中国的根本，所以7个科目变成了8个。中国实行分科教育以后，老的观念慢慢地就改变了，大家做学问开始讲究专精了。到了民国的时候，科目划分就更细了，但是那个时候的人文科学还是占很大的优势，所以当时梁启超就讲知识要广博、学问要博大，后来越分越细，受欧美影响越来越深，也就越来越提倡专精了，这也是所谓的西学东渐的一个部分。

但我觉得，西学东渐最厉害的一个部分来自苏联。新中国成立以后，我们不讲西学东渐，但其实也在西学东渐，因为苏联也是西方，马克思、恩格斯都是西方人。我读大学的时候更是专精得不得了，比新中国成立之前还要细，因为苏联的教学体系就是划分得很细的。苏联的大学分为理工科，理科要跟文科合并成综合性大学，比如南京大学过去叫中央大学，中央大学解放前有8个学院、43个系，是当时全国教育体制中最完整的大学了。新中国成立以后，南京大学完全被分化掉，文科只有中文、历史、外语三个系。改革开放以后，新的体系出来了，我们发现苏联体系不如欧美，因为欧美的理论体系和实践体系可以综合在一起互相渗透，很多学问都是互相交叉的，因此我们现在又要把分开来的学科融合在一起。

治学之道——从博学与专精看起

现在很多高校的老师，一辈子就教一个朝代、一个人物，比如研究李白的一辈子教李白，研究杜甫的就一辈子教杜甫，研究《文心雕龙》的一辈子教《文心雕龙》。我参加过好多学会，发现这些老师确实下过一番工夫，但是真正能写得出好文章的人不多。好的作家、好的作品都是比较出来的。比如说最近几年我一直做李白的研究，李白这个人到底有什么特点？这个问题需要比较才能回答。 盛唐诗人李白、杜甫、王昌龄等彼此之间都是朋友，如果真正要做研究的话，最好的办法就是比较李白跟他附近的几个朋友，看看他们的不同，然后再进一步研究这些不同的来源。学科分得太细，会影响研究的水平。

我认为在做学问的时候，首先要把博学和专精的关系处理好。虽然我们现在很难达到古人那样博学，但是基本的书籍一定要读通。中国近代研究哲学的人中，冯友兰先生的水平是很高的，据他的学生说，冯先生一年当中有两本书是一定要复习的，一本是《孟子》，另一本是《庄子》，中国人过去把这叫做"温故而知新"。真正做学问的人，必须在基本的书上下工夫，不能光要求速度快。我跟胡先生做研究生的时候，他说学《楚辞》三本书一定要读，一本是王逸的《楚辞注》，一本是朱熹的《楚辞集注》，还有一本是戴震的《屈原赋注》，这三本书一本代表汉学，一本代表宋明理学，一本代表朴学，各有长处。

胡先生在两江师范学堂学习的时候，学校请了很多日本的一流学者来讲学，因此胡先生懂日文，他讲《九歌》吸收了很多日本人的研究成果，他讲中国古代的神分三种：天神、地祇、人鬼。天神包括太阳、月亮、星，这个全国各地都可以祭祀；人鬼，比如岳飞、关公，也是都可以祭祀的；地祇就是地方神，这是有地方性的。胡先生举了个例子，说妈祖只有在福建才有人祭，北方人是不祭的，这跟地方风俗及历史有关。我30岁时写《〈九歌〉新考》，那时候思想活跃，写出来的文章也很有锐气。我在里面对胡先生的研究补充了一条，考证认为楚国位于现在的淮水流域，而不是黄河流域，并认为闻一多、郭沫若讲的都不对。我一直认为，做学问既需要有独创性，还应该依靠其他一些学问，比如宗教学、民族学、人类学等。

再有一个例子是，我写了一本《李白评传》，里面的李白或许跟大家通常认为的李白不太一样。我关注到李白这个人有不同于常人的文化背景。李白在5岁的时候，其家从西域安西大都护府的碎叶迁到四川，因此我认为他受羌戎和南蛮文化的影响很深。我们可以看到李白的有些行为是跟中国传统完全不一样的。 比如，李白的一个朋友去世以后，他埋葬了那个朋友，一年以后挖开坟墓一看，尸体已经腐烂了，李白很伤心，拿起刀把朋友的骨头剔掉了。中国人是绝对不会做这种事情的，高适、王昌龄没有一个人会这样做，以前的中国人甚至连胡子都不刮、头发都不剃，这叫做"身体发肤，受之父母"。李白对待死人、葬礼的态度异于传统中国文化习俗，中国最早讲葬法的文章是墨子的《节丧》篇，墨子在这篇文章中反对儒家的厚葬。儒家讲究孝敬父母，所以父母死后要享受跟活人一样的待遇，而且汉朝人信奉天人合一，所以汉墓是很豪华的。儒家还讲父母亲死了以后儿子要守丧3年，这个主张跟人的感情有关，所以在感情上很难打倒儒家。但是墨子的东西也有道理，事实上他反映的是少数民族的葬法，羌人到现在还是火葬，我认为这又和道教有关系，因为火葬的时候是把人化成烟的，道教里面讲成仙就是这么个升天的过程。羌人的生活区域在北方，道教就产生在羌人和四川的交界处，而李白就住在这个地方，并且李白还是一个虔诚的道教徒。李白给朋友剔骨头，这在少数民族看来是二次捡骨葬、剔骨葬，它也是有自己的理由的。李白还喜欢跟人家打架，中国过去的文人是不太崇尚武力的，因此我认为这都是他受南蛮文化、羌戎文化的表现。

所以，我自己的研究体会是我们做学问还是要讲博学的，因为学问的东西触类旁通，没有广阔的知识面是旁通不起来的。当然专精也是有必要的，我们应该在博学的基础上突破一点。就治学方法来讲，博学和专精的关系一定要处理好，一个人要把专业书的70%泛读、30%精读，精读的书要翻来覆去地读。过去碰到好多人说自己读的书太少，这不是根本问题。只要能读书得法、有所突破，就一定可以有所成就。

（摘自《浙大东方论坛文集》第一辑《尔听斯聪》，浙江大学出版社2012年版）

【导读】周勋初所论述的中心问题不是做学问的如何广博与专精，而是从学术史的角度着重梳理了中国"古之学者"和"今之学者"在自我特定的历史条件下处于学术生活的广博与专精之间的并不简单的选择所折射出来的历史图景：其一，先秦诸子时期以来的汉唐明清社会以熟读四书五经、达成儒家典籍的内在价值为中心，其学问的实践功能都是深深植根于"记中学"的熟读千遍万遍而诵记一生一世的寻求广博的为学传统，都是一种为了不断阐释四书五经、儒家思想的意识形态使命而做准备的机制，必须去牺牲个人感受、个人想象和个人灵魂。其二，从汉朝到明朝，中国古代人的学问是综合性的，十分讲究博大，认定经书就是各种知识的始源，所有的具体问题都可以围绕经书的范畴与认识来展开，不愿意承认自己的封闭性和局部性，反而以此增加自我的优越感去贬低或拒斥更加先进的西洋文化。其三，清朝末年京师大学堂建立之后，终于接受外国人尤其是欧美思想观念的深刻影响，西学东渐，摒弃各种知识混搭在一起的综合性的学问之道而开始实行分科教育，人文学科的优势凸显，后来深受前苏联的非常细化的教学体系的影响，学问也更加讲究专精了。其四，改革开放之后，中国人的学问又开始追寻各学科知识的相互交叉，从而很快离开前苏联体系而追逐于理论体系与实践体系可以综合在一起相互渗透的欧美模式，导致一直细化的学科知识又重新融合在一起，学问的广博之术再次汇成强大潮流。周勋初在文章里还指出：学科分得太细，就会影响到研究水平。做学问，首先就要把广博与专精的关系处理好，特别是基本的书籍要读通。做学问既需要独创性，还应该依靠其他一些学问，诸如，人类学、民族学、宗教学等。他自己研究李白，没有局限于李白本身，就奇异地发现了李白与其南蛮文化、羌戎文化的特殊关联。做学问就应该在博学的基础上做到旁通最终突破一点。

现代著名学者梁启超曾经大为感叹:"若启超者,性虽嗜学,而爱博不专;事事皆仅涉其樊,而无所刻入;何足言著述?"(《梁任公近著第一辑》下卷,上海商务印书馆,1923年版)胡适也同样警醒自己:"余近来读书多所涉猎而不专精,泛滥无方而无所专注,所得皆皮毛也,可以入世而不足以用世,可以欺人而无以益人,可以自欺而非所以自修也。"(《我之自省》,见于姚鹏等编《胡适散文》第3卷,第23页)陈平原说,在世人眼中,胡适当然是一个大学问家,可听某些专门家评说,胡适似乎又没有什么学问。君不见金岳霖批评胡适是在牵强附会研究西洋哲学与名学,梁漱溟则批评胡适的禅宗史研究更是对佛教找不到门径。梁启超与胡适所描述的广博与专精的双重束缚表明,如何由广博转向专精最为艰难。从这些束缚中唯一具有有效的解脱应该是获得这样的认识与行动:一切的学问都是从知识的广博积累开始,真正的学问归根结底都是专精于某一领域的。其实,那些足以成为后世典范的大学问正是不为功利之所惑、不为时局之所命的个人发现与创造,这才是学问家的广博与专精的最高意义。

关于广博与专精之争,似乎总是存在着"通而不专、博而难精"的矛盾而让人歧见不一,"广博"可以使研究者获得更加广大开阔的学术视野和知识结构而走向更加广泛的社会生活与时代意义,"专精"同样使人对于社会与世界的感知的心灵更加震动、情感更加深切、生命更加和谐,也更能从某一领域展现出研究者自我的独特世界。从更加严格的意义上说,没有广博,就没有专精。但是,周勋初却不再纠缠于做学问到底是选择广博还是专精,而是从学术史的角度揭示广博与专精的历史发展的不同内在价值,他不仅丰富了对于"广博"与"专精"的理解的视野,更为重要的是他提出了广博与专精之争的背后所不易为人注意到的学术"观念"的支撑的问题:"过去的中国人的学问叫'为己之学',认为学问是为自己而做的,是要丰富自己、提高自己的,但是现在人的学问是'为人之学',你不为人,你的生活就无法维持,你不写文章,职称就无法评上去。"由这一"观念"出发所观照的不同学人所建立的"广博"与"专精"的形象就令人豁眼一亮,终于可以明白当今学术界研究者与研究对象的关系及其问题领域、学术价值的功利性与复杂性、诸多的遗憾与局限之处,太多太久的"为人之学"真正值得反省。那么忙忙碌碌的穷首皓经的注目和思考换来的只是一颗空洞的心,什么时候你的研究能够成为发自内心的"为己之学"呢?

(宾恩海)

第二编 大学原始

学风九编

大　学

康有为

上篇

大学者，国学之大者也。古者家有塾，党有庠，术有序，国有学。而国家有二：有大学，有小学。其地，则小学在公宫南之左，大学在郊（郑君以为殷制，余别有考）。其教之之人，则小学以师氏、保氏掌之。师氏以三德、三行及国中失之事教国子，居虎门之左。保氏以六艺、六仪教国子，司王闱，即《王制》所谓宫南之左也。大学则大司乐以乐德、乐语教国子。《诗·灵台》："虡业维枞，贲鼓维镛，於论鼓钟，於乐辟雍；於论鼓钟，於乐辟雍，鼍鼓逢逢，蒙瞍奏公。"辟雍在灵台、灵囿之间，则在郊也。所论者鼓钟，所奏者蒙瞍，则大司乐之学。王国则曰辟雍，诸侯则曰頖宫也。

所教之人，小学则国之贵游之弟学焉；大学则天子元子，公卿、大夫、元士之適子与乡学之俊秀学焉。小学与大学俱教国子，但小学无俊秀，与大学异，故知师、保但教贵游，乐正兼教俊秀也。

其入学之年，则《尚书大传》云："王子、公卿、大夫、元士之適子，十五入小学，二十入大学。"（案：郑君《王制注》引《书传》曰："十五入小学，十八入大学。"当是误文。《书传·略说》："余子十三入小学，十八入大学。"然无余子反早年入学之理，疑有误。郑君约二说而言之也。）《内则》："二十而冠，始习礼。"郑君注《王制》云："能习礼，则为成士。"是入大学必年二十之据。《曲礼》："人生十年曰幼学。"《内则》以"十岁，出就外傅出宿于外，学书计"。《大戴·保傅篇》："古者年八岁而出就外舍，学小艺焉，履小节焉；束发而就大学，学大艺焉，履大节焉。居则习礼文，行则鸣珮玉，是以非僻之心无自入也。"《白虎通》云："古者八岁而入小学，十有五岁而入大学。"与大戴之说略近。（案：《食货志》："八岁入小学，学六甲、五方、书计之事，始知室家长幼之节。十五入大学，学先圣礼乐，而知朝廷君臣之礼。"）古人有冠礼，重成人，嘉有德，别长幼，为人道之至重。《诗》："成人有德，小子有造。"成人即冠者，入大学者也。小子即童子，入小学者也。《论语》："冠者五六人，童子六七人。"郑君所谓幼者教于小学，长者教于大学。故《内则》十五成童，礼于未冠者，虽十九犹谓之童子，不备成人之礼。其死也。曰上殇。其丧也无缌服，绵缘布衣，不丧不帛。其杀礼如此，安能班之大学之中？《曲礼》："问大夫之子。长，则曰：能从乐人之事矣。幼，则曰：能正于乐人，未能正于乐人。"所谓"能从乐人之事"，正谓二十入大学，能受乐正之教也。幼则曰"能正于乐人"，十五成童，舞《勺》、舞《象》也。"未能正于乐人"，十岁幼学之时也。

综而论之，《曲礼》《内则》之小学有童、幼之分。十年则为幼学，则学书计，幼仪，所谓洒扫、应对、进退之节，未能正于乐人也。十五则为成童之学，学乐、诵诗、舞《勺》、舞《象》、学射御、能正于乐人也。二十而冠，为成人之学，学礼、舞《夏》、博学不出，能从乐人之事也。《书传》："十五入小学，二十入大学。"盖为士大夫子弟言之也。若《保傅篇》文说，盖为世子言。《白虎通》亦缘《保傅篇》之说也。盖王公世子其为学与常人殊，其幼时不学洒扫之节，即有师、保教以六艺、六仪、三德、三行矣。其冠亦早于常人，十五而冠，齿于大学，与群士游，以广其见闻，熟其才俊，盖王子固宜早成，不可以寻常论也。太子既与国子习于司乐，诸子又辨其等，正其位，有事则师致于太子，兵甲、祭祀、会同、宾客、政事，群子皆从。是国子虽日在学，而于国之大礼、大政无不预闻，盖古者国子之尊重，与近世翰林吉士同，今翰林又与太子詹同官，皆古义也。以在乡学、小学中学问略成，但当以乐养其身心，以礼习其容节，以政习其见闻，然后举而授之以政，莫不绰裕也。夫修德学道，既非幼学可强，闻政习礼，亦非童子所能。自非王子，其为十五入小学，二十入大学，无可疑也。

程子不细考古义，误从《白虎通》《保傅》之说，以王子之学例施于士人。朱子误从之，其为《大学章句序》，曰："古者八岁而入小学，教之以洒扫、应对、进退之节，礼、乐、射、御、书、数之文。"既与《内则》十五学乐、射、御，二十学礼之义不合，又云："及其十有五年，则自天子之元子众子，以至公卿、大夫、元子之適子，与凡民之俊秀，皆入大学，而教之以穷理正心、修己治人之道。"考后夔教胄，司乐教国子，皆曰乐德、乐言、乐舞，未闻格物、致知、诚意，正心、修身、齐家、治国、平天下条目之精详，而八条皆为虚文。家、国、天下，既未有之物，身、心、知、意，非日课之功。而于后夔、司乐相传之教诵诗习乐，似以为粗器，而非关大道，无一言及之。则《大学》一篇，殆后儒论学之精言，而非先王学规之明制，微妙精深，尤非十五岁之童子所能肄业也。

学之师既以典乐，司乐、乐正、乐师各官死，则以乐祖名神，无之而非也。典乐既著于今文《虞书》，《大司乐》一篇，又为魏文侯乐人窦公所传，最可传信者也。《王制》则兼崇四术矣。而官曰乐正、大胥、小胥，仍以乐为主也。《文王世子》有典书执礼之官，而春夏学干戈，秋冬学羽籥。干则小乐正、大胥学之，籥则籥师、籥师丞学之，南则胥鼓之，语说则大司乐授之，皆乐也。《学记》、《大学》之教，操缦安弦，博依安诗，杂服安礼，亦以乐为事，咸无八条目之虚妙精深。故谓《大学》非先王之学制也。

然则《大学》何书也？程子以为孔氏之遗书，近是也。先王创法立制，公卿世官，士庶世业，皆以粗踪实器相传。德义之精微，经纬之宏大，则惟卿士之贤者讲求辨析之，不遽以责天下之学子也。儒者不用于世，无官师可籍，故舍器而言道。又从学之士多英才，讲学日精，亦不能以寻常官学之科条为限。于是儒学规模阔大，条目精详，专为任道之学，此真王、公、卿、士、师、儒之大学。朱子曰："大学者，大人之学，固非童子所能。"即古之大学，盖未能至于是矣。

下篇

余既以古之大学仅有乐，而以《戴记》中《大学篇》为孔门之书，诚为大人之学，而非古制十五岁学堂之所习也。然《大学》之义包涵宏大，条序精详，宜朱子搜求遗书而独尊之，令学者人人有圣贤之阶梯，诚有功于学者也。而其文义训诂尚有千虑之失，不无有可商者。

其争辩之至繁，莫如格物之训。郑君训为"来物"，于义牵强。

朱子用程子穷理之说曰："格，至也；物，犹事也。穷至事物之理，欲其所知，无不尽也。"夫至与穷异，事与理隔，始以至事代格物，继以穷理代至事，愈引愈远，渐忘本旨。不可解一也。

其《格物传》曰："是故大学始教，必使学者，即凡天下之物，莫不因其已知之理而益穷之，以求至乎其极。"夫天下之物穷，一人之知有限，庄子所谓"其生也有涯，其知也无涯，以有涯求无涯，殆矣"。殆而求知，殆而已矣。尧、舜之知，而不遍物。圣人但为人伦之至，有所不知，原非所讳。非徒有讳，以谓之曰：人则受形禀气，自有界限。天地之外，六合之外，血气之内，毫发之内，无由知之，安有至极之理？以圣人神力所不能，而于始入大学之十五岁童子，责其尽格物理，即使今日格一件，明日格一件，安有至极之时哉？此阳明所以来格竹之疑，而古本之争以起。其不可解二也。

又穷理之义与致知合。古无致本心良知之说，则致知为多见多闻，自是穷理。若是，则条目有七而无八，格物为赘辞矣。其不可解三也。

朱子知其不可解，而必为是说者，盖理会未精，不知周学、孔学之殊，误以大学当周制之大学，昧于古者分官之义，乃误以后世读书穷理当之。朱子聪明绝世，精力过人，物物皆尝理会，故推本于《大学》格物之说也。不知穷格物理，惟朱子能之。义理既研极细微，训诂既精，考据亦详，经世之法，人事之曲，词章之美，书艺之精，多才多艺，博大宏富，无一不该，二千年来未见其比者也。而以之教学者，是犹腾云之龙强跛鳖以登天，万里之雕海莺鸠以扶摇，其不眩惑陨裂，丧身失命，未之有也。故谓朱子格物之说非也。

然则格物何说为然也？曰：司马温公扞格物欲之说是也。《学记》曰："扞格而则难通。"《乐记》曰："人生而静，天之性也。感于物而动，性之欲也。物至知至而后好恶形焉。好恶无节于内，知诱于外，不能反中，天理灭矣。夫物之感人无穷，而人之好恶无节，则是物至而人化物也。人化物也者，灭天理而穷人欲也。"《学记》《乐记》与《大学》，皆《戴记》中书，其训诂必同，则格为扞格，物为物欲，可谓确诂矣。且物为不美之义，而先圣深恶外物之动其中者，不止《乐记》，《孟子》亦然。《孟子》："耳目之官不思，而蔽于物。"物交物，则引之而已矣，亦恶物之累于己也。《乐记》《大学》《孟子》，皆出孔子之传，深恶外物之动其中，而思扞格之，必孔门之大义无疑也。

《乐记》自"人生而静"探起，即言节欲，其为大学始教，又无疑也。召公曰："节性惟日其迈。"制节其性，所以扞格物欲也。孟子曰："其为人也多欲，虽有存焉者寡矣。""其为人也寡欲，虽有不存焉者寡矣。"《记》曰："欲不可纵。"周子曰："圣人可学乎？曰可。可者何？曰一。一者何？曰无欲。"无欲则静虚动直。然究性之欲所以生，由于感物而动。与其物感之后，而后节性制欲，不如于物来之先，预有以扞格之，使外物之繁，纷华之美，绝不少动于吾耳目，荡于吾心志。养其中者，清明纯净，绝无波澜，光莹精洁，绝无渣滓，守耳目如城，练血气如兵，拒物如贼，养心如将，浸之濡之，久之熟之，纯完坚固，然后清明在躬，志气如神。大学之始教者如此。然后教以致知，则中有主而不动，见闻虽杂，学识益开，冰雪既净聪明，雷霆自走精锐。然后教之诚意正心，修身齐家，势如破竹，自无所难。若本心未养，则外物易动，首投之物至知至之地，则知诱于外，无节于内，不能反中，天理灭矣。故多欲之人不能读书。即聪俊之士能博学强识，而见闻庞杂，嗜欲烦多，古今至夥，求其诚意正心，修身齐家，有若登天之难，几若殊途之事。而寡欲之人，有不动心之学者，即学问稍陋而多能治其身心，以任家国之事。朱子谓"杨亿、寇莱公、陈了翁养得心甚完固，可任天下事"是也。

即朱子论学之宗旨曰："涵养须用敬，进学则在致知。"曰："敬者，主一无适之谓。"又曰："敬者，惊也，时时提撕。因有取于瑞岩和尚主人翁常惺惺。"实则"主一无适"、"常惺惺"，即扞格外物，不使知诱于外也。陈白沙诗曰："吾道有宗主，千秋朱紫阳。说敬不离口，示我入德方。"朱子于论学则以敬为入德之方，而后次以致知为进学之事，盖已合扞格物欲而后致知之序矣。盖义理之当然，非辨说所能易，故知朱子穷理之说非，而司马扞格物之诂深可从也。

朱子改定古本，则条理秩然。"格物补传"，于义未协，殊为可删。必欲补传，则《乐记》"人生而静"一节，可以移来为确诂。且同是《戴记》之文，纯粹古雅，又于乐不切当，即《大学》之错简也。以此补传，不犹俞乎？（魏校有引《乐记》诂此物字，但言之不亮。）

后儒言格物之义纷如。王阳明："格，正也，格其不正以归于正也。"欧阳崇一以"格"为"感"，"感而遂通也"。黄佐引《苍颉篇》"格，木长貌"。巧说破碎，只增笑柄。王柏、季本、高攀龙、崔铣、毛奇龄皆改本，黎立武、董槐、叶梦鼎、车清臣、方正学、王阳明、李安溪皆主古本，则徒为纷纷，不若朱子之条理矣。

（摘自《中国现代学术经典·康有为卷》，河北教育出版社1996年版。本文原为康有为《教学通义》中的一篇，写于1886年。1986年11月由《中国文化》研究集刊第三辑据原藏于上海市文物保管委员会的手稿而首次刊发）

【导读】《大学》是康有为佚稿《教学通义》中的一篇。据康有为《我史》自言，《教学通义》"著成"又"既而弃之"。现综合各方面的材料看，康有为的《教学通义》之所以会在未完成的情况下被放弃而成为佚稿，与其思想发生变更有关系的可能性是极高的。

大概康有为在1890年会晤廖平之后,对经学古今文学派的论说已发生了转变,但其时旧的观点尚有余存,新的思想还未真正形成或者说系统地形成。甚至有可能,康有为当时的思想处于一种混沌状态,或许其曾努力将其中的一部分内容进行修改,但其结果却是内容和观点前后既不相容亦不相一致,可以说要再重新整理则相当一部分内容需重写。而面对未写的篇目,如何将其完成也是一个大难题,因为原来的写作计划与当前的思想已有所冲突。

于是康有为当时打算暂时将其搁置一旁,期待日后将思绪和观点整理清楚再改写甚至是推翻重写。然而这一搁置就是近三十年,直至康有为于1920年左右自定《万木草堂丛书目录》时才想起自己曾写过这部文稿,意欲将其纳入却已不见。这篇文稿就这样成为了一篇尚未完成的佚稿。

据康有为《教学通义》之《大学》篇(上下)所述,看似康氏颇下了一番工夫进行考证,但若按图索骥则知康氏所言多循人旧说,并没有多少创新之言。

康有为于其开篇即论周代大小学制的区别和关系,就其各自所在地点、所学内容、入学人员和时间的差异进行了比较和说明。尤对《大戴礼记·保傅》《白虎通》《尚书大传》《内则》等文献所言入学时间的差异进行了一番详细推证,得出王子与士大夫子弟入小学、大学的时间有所不同的观点,即《书传》所称"十五入小学,二十入大学"是"为士大夫子弟言",《大戴礼记·保傅篇》和《白虎通》所谓"八岁而入小学,十有五岁而入大学"则是针对王公世子而言。而王公世子与士大夫子弟入学时间的差异,缘于其各自地位尊卑之异,及其将来对国政所负责任之差。随后康有为指出程、朱对周制中有关小学、大学的入学时间未进行详细考证,"误从《白虎通》《保傅》之说,以王子之学例施之士人"。

不过这一观点并非出自康有为自证、自创,而是自魏晋南北朝时期卢辩《大戴礼记解诂》以来就有的说法,卢氏曰:"外舍小学,谓虎闱师保之学也。大学,王宫之东者。束发,谓成童。《白虎通》曰:'八岁入小学,十五入大学。'是也。此太子之礼。《尚书大传》曰:'公、卿之太子,大夫、元士嫡子,年十三始入小学,见小节而践小义,年二十入大学,见大节而践大义。'此世子入学之期也。又曰:'十五年入小学,十八入大学。'谓诸子姓晚成者,至十五入小学;其早成者,十八入大学。《内则》曰'十年出就外傅,居宿于外,学书计'者,谓公卿已下教子于家也。"(卢辩《大戴礼记解

诂》，中华书局，1985年，第40页）

而程朱误从《保傅》《白虎通》之说的情况亦非康氏自创之论，早在元代马端临《文献通考》就曾指出："'八岁入小学、十五入大学'，《大戴礼·保傅传》及《白虎通》之说；'十三年入小学，二十入大学'，《尚书大传》之说。程朱二子从《保傅》《白虎通》。"又曰："今以诸书所载及此注详之，则《保傅》及《白虎通》所言，八岁入小学者乃天子世子之礼。所谓小学则在师氏虎门之左，大学则在王宫之东，亦皆天子之学也。《尚书大传》所言，十三年入小学，乃公卿、大夫、元士嫡子之礼。盖公卿已下之子弟，年方童幼，未应便入天子之学，所以十年出就外傅，且学于家塾，直至十五方令入师氏所掌虎门小学。而天子则别无私学，所以世子八岁便入小学与。"（马端临《文献通考》，浙江古籍出版社，1988年，第381页）

清代胡渭《大学翼真》卷一之《子弟入学之年》也曾对卢氏、马氏所论进行总结："《白虎通》'八岁入小学，十五入大学'，此天子诸侯之子入学之年也。《尚书大传》'十三入小学，二十入大学'，此公卿大夫元士之子入学之年也。其所谓小学、大学皆国学也。"

可见康有为有关周代入学时间的观点几乎全然来自以上各学者的著述。

其后，康有为又针对朱熹《大学章句》中所言"及其十有五年，则自天子之元子、众子，以至公卿、大夫、元子之嫡子，与凡民之俊秀皆入大学，而教之以穷理正心、修己治人之道"进行辩证，认为"考后夔教胄，司乐教国子，皆曰乐德、乐言、乐舞，未闻格物、致知、诚意、正心、修身、齐家、治国、平天下"。在康有为看来，"格物、致知"等八条皆为虚义，既非实学，非周公教学之法（"先生创法立制，公卿世官、士庶士世以粗迹实器相传"）；亦非"十五岁之童子所能肄业也"。由此得出结论，"《大学》一篇，殆后儒论学之精言，而非先王学规之明制"。

接着康有为又以"学之师既以典乐、司乐、乐正、乐师名……典乐既著于今文《虞书》，《大司乐》一篇又为魏文侯乐人窦公所专"为据，进一步推出"《大学》非先王之学制"的结论。

总之，康有为通过《大学》上下篇，强调周公学制无论是从入学时间的安排和差异，还是各学习阶段的内容来看，都是以务实为要义。而后世儒者（包括程朱）所论之《大学》偏离了这要点，成为了"舍器而言道"的"任道之学"，是"王、公、卿、士、师、儒之大学"，是朱子所言"大人之学"，非"童子所能"之学，这与周公大学之制是相违背的（"古之大学，盖未能至于是矣"）。

（杨　艳）

就任北京大学校长之演说

蔡元培

　　五年前，严几道先生为本校校长时，余方服务教育部，开学日曾有所贡献于本校。诸君多自预科毕业而来，想必闻知。士别三日，刮目相见，况时阅数载，诸君较昔当必为长足之进步矣。予今长斯校，请更以三事为诸君告。

　　一曰抱定宗旨。诸君来此求学，必有一定宗旨，欲知宗旨之正大与否，必先知大学之性质。今人肄业专门学校，学成任事，此固势所必然。而在大学则不然，大学者，研究高深学问者也。外人每指摘本校之腐败，以求学于此者，皆有做官发财思想，故毕业预科者，多入法科，入文科者甚少，入理科者尤少，盖以法科为干禄之终南捷径也。因做官心热，对于教员，则不问其学问之浅深，惟问其官阶之大小。官阶大者，特别欢迎，盖为将来毕业有人提携也。现在我国精于政法者，多入政界，专任教授者甚少，故聘请教员，不得不聘请兼职之人，亦属不得已之举。究之外人指摘之当否，姑不具论，然弭谤莫如自修，人讥我腐败，而我不腐败，问心无愧，于我何损？果欲达其做官发财之目的，则北京不少专门学校，入法科者尽可肄业法律学堂，入商科者亦可投考商业学校，又何必来此大学？所以诸君须抱定宗旨，为求学而来。入法科者，非为做官；入商科者，非为致富。宗旨既定，自趋正轨。诸君肄业于此，或三年，或四年，时间不为不多，苟能爱惜光阴，孜孜求学，则其造诣，容有底止。若徒志在做官发财，宗旨既乖，趋向自异。平时则放荡冶游，考试则熟读讲义，不问学问之有无，惟争分数之多寡；试验既终，书籍束之高阁，毫不过问，敷衍三四年，潦草塞责，文凭到手，即可借此活动于社会，岂非与求学初衷大相背驰乎？光阴虚度，学问毫无，是自误也。且辛亥之役，吾人之所以革命，因清廷官吏之腐败。即在今日，

第二编　大学原始

吾人对于当轴多不满意，亦以其道德沦丧。今诸君苟不于此时植其基，勤其学，则将来万一因生计所迫，出而任事，担任讲席，则必贻误学生；置身政界，则必贻误国家。是误人也。误己误人，又岂本心所愿乎？故宗旨不可以不正大。此余所希望于诸君者一也。

二曰砥砺德行。方今风俗日偷，道德沦丧，北京社会，尤为恶劣，败德毁行之事，触目皆是，非根基深固，鲜不为流俗所染。诸君肄业大学，当能束身自爱。然国家之兴替，视风俗之厚薄。流俗如此，前途何堪设想。故必有卓绝之士，以身作则，力矫颓俗。诸君为大学学生，地位甚高，肩此重任，责无旁贷，故诸君不惟思所以感已，更必有以励人。苟德之不修，学之不讲，同乎流俗，合乎污世，己且为人轻侮，更何足以感人。然诸君终日伏首案前，营营攻苦，毫无娱乐之事，必感身体上之苦痛。为诸君计，莫如以正当之娱乐，易不正当之娱乐，庶于道德无亏，而于身体有益。诸君入分科时，曾填写愿书，遵守本校规则，苟中道而违之，岂非与原始之意相反乎？故品行不可以不谨严。此余所希望于诸君者二也。

三曰敬爱师友。教员之教授，职员之任务，皆以图诸君求学便利，诸君能无动于衷乎？自应以诚相待，敬礼有加。至于同学共处一室，尤应互相亲爱，庶可收切磋之效。不惟开诚布公，更宜道义相勖，盖同处此校，毁誉共之。同学中苟道德有亏，行有不正，为社会所訾詈，己虽规行矩步，亦莫能辩，此所以必互相劝勉也。余在德国，每至店肆购买物品，店主殷勤款待，付价接物，互相称谢，此虽小节，然亦交际所必需，常人如此，况堂堂大学生乎？对于师友之敬爱，此余所希望于诸君者三也。

余到校视事仅数日，校事多未详悉，兹所计划者二事：一曰改良讲义。诸君既研究高深学问，自与中学、高等不同，不惟恃教员讲授，尤赖一己潜修。以后所印讲义，只列纲要，细微末节，以及精旨奥义，或讲师口授，或自行参考，以期学有心得，能裨实用；二曰添购书籍。本校图书馆书籍虽多，新出者甚少，苟不广为购办，必不足供学生之参考。刻拟筹集款项，多购新书，将来典籍满架，自可旁稽博采，无虞缺乏矣。今日所与诸君陈说者只此，以后会晤日长，随时再为商榷可也。

（摘自《蔡元培教育论著选》，人民教育出版社2011年版）

【导读】蔡元培（1868.1.11—1940.3.5），字鹤卿，又字仲申、民友、孑民，浙江绍兴人，著名教育家，中华民国首任教育总长。1917年1月9日出任北京大学校长，革新北大，开"学术"与"自由"之风，后长期出任中法大学校长。蔡先生一生坚守爱国和民主的政治理念，致力于中国教育改革，为我国新式教育制度的建设奠定了基础，为我国教育、文化及学术研究的现代化作出了开创性的贡献。本文即蔡先生就任北京大学校长时所作的一篇著名演说，对北大的发展及中国的现代教育均产生过巨大的影响。

他在这篇演说中对当时的学生以"三事"期望之。一谓"抱定宗旨"：蔡先生首先认定大学是研究高深学问的地方，凡来此学子要抱定以求学、研究学问为宗旨，而非为做官、致富。"宗旨既定，自趋正轨，诸君肄业于此，或三年，或四年，时间不为不多，苟能爱惜光阴，孜孜求学，则其造诣，容有底止……今诸君苟不于此时植其基，勤其学，则将来万一因生计所迫，出而任事，担任讲席，则必贻误学生；置身政界，则必贻误国家。"从小的方面说，这是蔡先生告诫学生在校期间应恪守本职，勤于学问，夯实基础；从大的方面说，这番告诫包含了蔡先生一贯的教育理念，即学术自由，精神独立。二谓"砥砺德行"：针对社会风气败坏，道德沦丧，蔡先生告诫学生要修身自爱，以身作则，不同乎流俗，不合乎污世；从大的方面讲，包含了其以德治校，培养学生完善人格的教育理念。三谓"敬爱师友"：蔡先生在此告诫学生，对老师要以诚相待，敬礼有加，而同学之间则应互相亲爱，开诚布公；从大的方面讲，体现了他弘扬中华文化，继承传统礼仪的思想。实际上，这"三事"正具体体现了蔡元培最核心的教育思想和毕生躬行的办学理念，对今日的中国教育及学生的治学、为人之道也具有现实的指导价值。

大学既是一个社会思想、知识的成长之地，也是对公民进行社会化并最终培养和造就合格公民的重要场所。作为大学和大学中的学子，首先要崇尚学术，胸怀远志，追求学术之独立和思想之自由，不为世俗和眼前利益所困。而大学的圣神职责就是向学生传播追求学问和学术精神的价值观念，这是一所大学的办学准则和大学教育的使命，也是一个国家、一个民族向前发展的基础和要求。因为大学教育能否培养出合格的公民，大学能否成为人才成长的摇篮，直接关乎着一个国家和民族的可持续发展和文化的传承。因此，就当今中国的大学教育和学术现状而言，蔡先生的这番告诫可谓既忠言逆耳，又振聋发聩。

（卢有泉）

五四前后的北大

蔡元培

我五十一岁至五十八岁（民国六年至十二年），任国立北京大学校长。民国五年，我在法国，接教育部电，要我回国，任北大校长。我遂于冬间回来。到上海后，多数友人均劝不可就职，说北大腐败，恐整顿不了。也有少数劝驾的，说：腐败的总要有人去整顿，不妨试一试。我从少数友人的劝，往北京。

北京大学所以著名腐败的缘故，因初办时（称京师大学堂）设仕学、师范等馆，所收的学生，都是京官。后来虽逐渐演变，而官僚的习气，不能洗尽。学生对于专任教员，不甚欢迎，较为认真的，且被反对。独于行政、司法界官吏兼任的，特别欢迎；虽时时请假，年年发旧讲义，也不讨厌，因有此师生关系，毕业后可为奥援。所以学生于讲堂上领受讲义，及当学期、学年考试时要求题目范围特别预备外，对于学术，并没有何等兴会。讲堂以外，又没有高尚的娱乐与自动的组织，遂不得不于学校以外，竟为不正当的消遣。这就是著名腐败的总因。我于第一次对学生演说时，即揭破"大学学生，当以研究学术为天职，不当以大学为升官发财之阶梯"云云。于是广延积学与热心的教员，认真教授，以提起学生研究学问的兴会。并提倡进德会（此会为民国元年吴稚晖、李石曾、张溥泉、汪精卫诸君发起，有不赌、不嫖、不娶妾的三条基本戒，又有不作官吏、不作议员、不饮酒、不食肉、不吸烟的五条选认戒），以挽奔竞及游荡的旧习；助成体育会、音乐会、画法研究会、书法研究会，以供正当的消遣；助成消费公社、学生银行、校役夜班、平民学校、平民讲演团与《新潮》等杂志，以发扬学生自动的精神，养成服务社会的能力。

北大的整顿，自文科起。旧教员中如沈尹默、沈兼士、钱玄同诸君，本已启革新的端绪；自陈独秀君来任学长，胡适之、刘半农、周豫才、周岂明诸君来任教员，而文学革命、思想自由的风气，遂大流行。理科自李仲揆、丁巽甫、王抚五、颜任光、李书华诸君来任教授后，内容始以渐充实。北大旧日的法科，本最离奇，因本国尚无成文之公、私法，乃讲外国法，分为三组：一曰德、日法，习德文、日文的听讲；二曰英、美法，习英文的听讲；三曰法国法，习法文的听讲。我深不以为然，主张授比较法，而那时教员中能授比较法的，只有王亮畴、罗钧任二君。二君均服务司法部，只能任讲师，不能任教授。所以通盘改革，甚为不易。直到王雪艇、周鲠生诸君来任教授后，始组成正式的法科，而学生亦渐去猎官的陋见，引起求学的兴会。

  我对于各家学说，依各国大学通例，循思想自由原则，兼容并包。无论何种学派，苟其言之成理，持之有故，尚不达自然淘汰之运命，即使彼此相反，也听他们自由发展。例如陈君介石、陈君汉章一派的文史，与沈君尹默一派不同；黄君季刚一派的文学，又与胡君适之的一派不同；那时候各行其是，并不相妨。对于外国语，也力矫偏重英语的旧习，增设法、德、俄诸国文学系，即世界语亦列为选科。

  那时候，受过中等教育的女生，有愿进大学的；各大学不敢提议于教育部。我说：一提议，必通不过。其实学制上并没有专收男生的明文；如招考时有女生来报名，可即著录；如考试及格，可准其就学；请从北大始。于是北大就首先兼收女生，各大学仿行，教育部也默许了。

  我于民国十二年离北大，但尚居校长名义，由蒋君梦麟代理。直到十五年自欧洲归来，始完全脱离。

（摘自蔡元培《我在教育界的经验》，《新文学史料》1979年第3期。原载一九三七年十二月《宇宙风》第五十五期。题目为编者所加）

  【导读】作为近现代中国教育界文化界的卓越先驱人物，蔡元培著名的教育思想和学术思想，曾对中国近现代高等教育、学术研究和五四新文化运动都产生过重大而深远的影响。蔡元培1916年至1927年担任北京大学校长，整顿革新了北大，开"学术"与"自由"之风。他提出的"思想自由，兼容并包"的教育学术理念，不仅成为他主持北大时的办学原则和指导思想，也成为了民国时期的北大精神和中国现代知识分子从事学术研究的一种治学精神与品格。

  《五四前后的北大》这篇短文回顾了蔡元培初任北大校长时北大的"腐败"状况及他自己作为校长对此加以整顿改善的努力，也再次重申了其"思想自由，兼容并包"的办学原则及为实现此原则而采取的种种措施。

  1916年时的北大，虽然已经改名为国立北京大学，其作为"皇家大学"的官僚气与衙门气依然浓厚，校政极其腐败；学生中不少人以上大学为升官发财之阶梯，对研究学问没有兴趣；教员中也有不少是不学无术的，讲授敷衍塞责；学风，"于学校以外，竟为不正当的消遣"……蔡元培到任后，即对学生们说："诸君须抱定宗旨，为求学而来。入法科者，非为做官；入商科者，非为致富。宗旨既定，自趋正轨。"同时采取相应的措施，改变学生的观念，整顿教师队伍，延聘积学热心的教员，发展研究所，广积图书，引导师生研究兴趣，砥砺德行，培养正当兴趣。这些措施迅速改善了校风学风，使得北京大学的面貌焕然一新。

他接着整顿文科，沟通文理，废科设系，聘请思想各异的专门人才到北大任教，成效显著，"文学革命、思想自由的风气，遂大流行"。

当然，蔡元培在北大最主要的成就，可能更在于提出"思想自由，兼容并包"的办学思想和治学理念并付诸实践，他把"思想自由，兼容并包"具体解释为："我对于各家学说，依各国大学通例，循思想自由原则，兼容并包。无论何种学派，苟其言之成理，持之有故，尚不达自然淘汰之运命，即使彼此相反，也听他们自由发展。"为贯彻实行这一教育学术理念，蔡元培在主政北大时采取的种种措施和做法一直为后人称道。比如他先后聘任陈独秀、胡适、梁漱溟、鲁迅等新文化运动的干将，又选贤任能地留任黄侃、刘师培、辜鸿铭等守旧派的学问大家，还有一批知名学者陈汉章、康宝忠、沈尹默、马叙伦、沈兼士、马裕藻等。不拘一格降人材的师资，培养出一批在后来享有大名的学者、知识分子如许德珩、罗家伦、傅斯年等知名人士，为国家建设和抗战储备了大量的人才。更难能可贵的是，蔡元培先生对于年轻人接受知识采取的是一种开放、宽容的态度。对于新旧文化之争，蔡元培态度明确，他赞同、支持陈独秀、胡适、钱玄同、周树人等人所发起的新文化运动，但同时也不排斥旧学者如黄侃、刘师培、辜鸿铭等人。蔡元培的这种有原则的兼容并包的精神，给北大输入了一股清新的血液和宽容、自由的学术风气并代代相传，成为奠定百年辉煌北大的一块精神基石。

今天，一说起北京大学，人们便会很自然的想起蔡元培老校长和他对"思想自由，兼容并包"的倡导之功，诚如梁漱溟所评价的那样，蔡元培不仅是现代北大的缔造者，也是中国现代大学理念和精神的缔造者。对学术研究者来说，还可以补充一句，蔡元培同样也是现代自由学术精神的缔造者。

（李志远）

学风九编

吾国学术之现状及清华之职责

陈寅恪

二十年以前之清华，不待予言。请略陈吾国之现状，及清华今后之责任。吾国大学之职责，在求本国学术之独立，此今日之公论也。若持此意以观全国学术现状，则自然科学，凡近年新发明之学理，新出版之图籍，吾国学人能知其概要，举其名目，已复不易。虽地质生物气象等学，可称尚有相当贡献，实乃地域材料关系所使然。古人所谓"慰情聊胜无"者，要不可遽以此而自足。西洋文学哲学艺术历史等，苟输入传达，不失其真，即为难能可贵，遑问其有所创获。社会科学则本国政治社会财政经济之情况，非乞灵于外人之所谓调查统计，几无以为研求讨论之资。教育学则与政治相通，子夏曰："仕而优则学，学而优则仕。"今日中国多数教育学者庶几近之。至于本国史学文学思想艺术史等，疑若可以几于独立者，察其实际，亦复不然。近年中国古代及近代史料发现虽多，而具有统系与不涉傅会之整理，犹待今后之努力。今日全国大学未必有人焉，能授本国通史，或一代专史，而胜任愉快者。东洲邻国以三十年来学术锐进之故，其关于吾国历史之著作，非复国人所能追步。昔元裕之、危太朴、钱受之、万季野诸人，其品格之隆污，学术之歧异，不可以一概论；然其心意中有一共同的观念，即国可亡，而史不可灭。今日国虽幸存，而国史已失其正统，若起先民于地下，其感慨如何？今日与支那语同系，诸语言犹无精密之调查研究，故难以测定国语之地位，及辨别其源流。治国语学者又多无暇为历史之探讨，及方言之调查，论其现状，似尚注重宣传方面。国文则全国大学所研究者，皆不求通解及剖析吾民族所承受文化之内容，为一种人文主义之教育，虽有贤者，势不能不以创造文学为旨归。殊不知外国大学之治其国文者，趋向固有异于是也。近年国内本国思想史之著作，几尽为先秦及两汉诸子之论文，殆皆师法昔贤，"非三代两汉之书不敢观者"。何国人之好古，一至于斯也。关于本国艺术史材料，其佳者多遭毁损，或流散于东西诸国，或秘藏于权豪之家，国人闻见尚且不能，更何从得而研究？其仅存于公家博物馆者，则高其入览券之价，实等于半公开。又因经费不充，展列匪易，以致艺术珍品不分时代，不别宗派，纷然杂陈，恍惚置身于厂甸之商肆，安能供研究者之参考？但此缺点，经费稍裕，犹易改良。独至通国无一精善之印刷工厂，则难保有国宝，而乏传真之工具，何以普及国人，资其研究？故本国艺术史学若俟其发达，犹邈不可期。

最后则图书馆事业，虽历年会议，建议之案至多，而所收之书仍少，今日国中几无论为何种专门研究，皆苦图书馆所藏之材料不足；盖今世治学以世界为范围，重在知彼，绝非闭户造车之比。况中西目录版本之学问，既不易讲求，购置搜罗之经费精神复多所制限。近年以来，奇书珍本虽多发见，其入于外国人手者故非国人之得所窥，其幸而见收于本国私家者，类皆视为奇货，秘不示人，或且待善价而沽之异国。彼辈既不能利用，或无暇利用，不唯孤负此种新材料，直为中国学术独立之罪人而已。夫吾国学术之现状如此，全国大学皆有责焉。而清华为全国所最属望，以谓大可有为之大学，故其职责尤独重，因于其二十周纪念时，直质不讳，拈出此重公案，实系吾民族精神上生死一大事者，与清华及全国学术有关诸君试一参究之。以为如何？

（摘自《中国现代学术经典·陈寅恪卷》，河北教育出版社2002年版。该文原载于1931年5月《国立清华大学20周年纪念刊》）

【导语】陈寅恪（1890.7.3—1969.10.7），字鹤寿，江西修水人，生于湖南长沙，曾先后任教于清华大学、西南联大、中山大学等。陈寅恪长期致力于史学研究，且涉猎范围甚广，对魏晋南北朝史、隋唐史、宗教史、西域各民族史、蒙古史、敦煌学及史学方法等均作出了重要的贡献。他继承了清代乾嘉学者治史中重证据、重事实的科学精神，又吸取西方的"历史演进法"，即从事物的演化和联系中考察历史，以中西结合的考证比较方法，对一些资料穷本溯源，并注意对史实的综合分析，从许多事物的联系中考证出关键所在，用以解决一系列问题。他的这种精密考证、史中求识的治学方法，使历史研究注入了科学精神，发展了中国的历史考据学。因而，著名史学家傅斯年誉之："陈先生的学问，近三百年来一人而已。"

记得在《陈寅恪学术文化随笔》的封底上有这样一句话："在20世纪的

学术追问中，学者们以其超迈的胸襟为这个骚动的世界留下了一座座学术思想的纪念碑，它赫然镌刻着：重建文化，再铸国魂。"而从陈寅恪这篇演讲中，我们读到的正是一代学人所铸造的一座学术思想丰碑——"独立之精神，自由之思想"。作为追求精神独立的一部分，他在这篇演讲中强调，求中国学术之独立"实吾民族生死一大事"。而对于当时学术不能独立的状况，陈寅恪十分悲愤，认为"吾国大学之职责，在求本国学术之独立"，这不仅是清华大学的职责，也是全国大学的圣神职责。早在1929年，他在北大史学系毕业生赠言中就曾写道："群趋东邻受国史，神州士夫羞欲死。"中国人要到他国学习自己的历史，这正是我国学术不独立的恶果，因而，培育学人的民族精神，重建中华文化，显得尤为重要。1932年，他在冯友兰《中国哲学史》的审查报告中，针对学人在研究中吸收外来文化的问题，也曾郑重指出："其真能于思想上自成系统，有所收获者，必须一方面吸收输入外来之学说，一方面不忘本来民族之地位。"因而，陈寅恪本人游学西方，在中西文化的关系上，他积极维护民族文化的主导地位，坚持民族的独立精神。

正如《陈寅恪传》作者所言，陈寅恪作为中国现代知识分子中的杰出代表，其思想是独特的、自由的；其人格是伟大的、极富个性的。他对中国历史所进行的整体性思考，他对中国学术所进行的深刻探究，他对中国文化的与众不同的审视，都是高标独立、卓尔不群的。他的博大深邃的学术研究，他的特立独行的学术精神，都是当前的中国学术界所缺乏的，因之也是所特需的。

当然，陈寅恪对中华民族文化的重建，是和其祖父辈的行迹分不开的。祖父陈宝箴在戊戌变法时主政湖南，积极推行新政，改革教育、文化，成效卓然。1937年日寇侵占北平，其父陈三立绝食而亡。受父祖行为的熏陶，陈寅恪一生永葆民族气节，热爱祖国，挚爱中华学术文化，积极献身学术事业，努力寻找重建学术文化的途径。可以说，他的所作所为，为海内外学人树立了治中国学问的榜样——为学要坚守"独立之精神、自由之思想"的大道。而对学人来说，"一种严肃的学术追求，一种理性的文化心态"似乎尤为重要。

（卢有泉）

第二编　大学原始

大学一解

梅贻琦

今日中国之大学教育，溯其源流，实自西洋移植而来，顾制度为一事，而精神又为一事。就制度言，中国教育史中固不见有形式相似之组织，就精神言，则文明人类之经验大致相同，而事有可通者。文明人类之生活要不外两大方面，曰己，曰群，或曰个人，曰社会。而教育之最大的目的，要不外使群中之己与众己所构成之群各得其安所遂生之道，且进以相位相育，相方相苞；则此地无中外，时无古今，无往而不可通者也。

西洋之大学教育已有八九百年之历史，其目的虽鲜有明白揭橥之者，然试一探究，则知其本源所在，实为希腊之人生哲学，而希腊人生哲学之精髓无它，即"一己之修明"是已（Knowthyself）。此与我国儒家思想之大本又何尝有异致？孔子于《论语·宪问》曰，"古之学者为己"，而病今之学者舍己以从人。其答子路问君子，曰"修己以敬"，进而曰，"修己以安人"，又进而曰，"修己以安百姓"；夫君子者无它，即学问成熟之人，而教育之最大收获也。曰安人安百姓者，则又明示修己为始阶，本身不为目的，其归宿，其最大之效用，为众人与社会之福利，此则较之希腊之人生哲学，又若更进一步，不仅以一己理智方面之修明为已足也。

及至大学一篇之作，而学问之最后目的，最大精神，乃益见显著。《大学》一书开章明义之数语即曰："大学之道，在明明德，在新民，在止于至善"。若论其目，则格物，致知，诚意，正心，修身，属明明德；而齐家，治国，平天下，属新民。《学记》曰："九年知类通达，强立而不反，谓之大成；夫然后足以化民易俗，近者悦服，而远者怀之，此大学之道也。"知类通达，强立不反二语，可以为明明德之注脚；化民成俗，近悦远怀三语可以为新民之注脚。孟子于《尽心章》，亦言修其身而天下平。荀子论"自知者明，自胜者强"亦不出明明德之范围，而其泛论群居生活之重要，群居生活之不能不有规律，亦无非阐发新民二字之真谛而已。总之，儒家思想之包罗虽广，其于人生哲学与教育理想之重视明明德与新民二大步骤，则始终如一也。

今日之大学教育，骤视之，若与明明德、新民之义不甚相干，然若加深察，则可知今日大学教育之种种措施，始终未能超越此二义之范围，所患者，在体认尚有未尽而实践尚有不力耳。大学课程之设备，即属于教务范围之种种，下自基本学术之传授，上至专门科目之研究，固格物致知之功夫而明明德之一部分也。课程以外之学校生活，即属于训导范围之种种，以及师长持身、治学、接物、待人之一切言行举措，苟于青年不无几分裨益，此种裨益亦必于格致诚正之心理生活见之。至若各种人文科学、社会科学学程之设置，学生课外之团体活动，以及师长以公民之资格对一般社会所有之努力，或为一种知识之准备，或为一种实地工作之预习，或为一种风声之树立，青年一旦学成离校，而于社会有所贡献，要亦不能不资此数者为一部分之挹注。此又大学教育新民之效也。

然则所谓体认未尽实践不力者又何在？明明德或修己工夫中之所谓明德，所谓己，所指乃一人整个之人格，而不是人格之片段。所谓整个之人格，即就比较旧派之心理学者之见解，至少应有知、情、志三个方面，而此三方面者皆有修明之必要。今则不然，大学教育所能措意而略有成就者，仅属知之一方面而已，夫举其一而遗其二，其所收修明之效，因已极有限也。然即就知之一端论之，目前教学方法之效率亦大有尚待扩充者。理智生活之基础为好奇心与求益心，故贵在相当之自动，能有自动之功，所能收自新之效，所谓举一反三者；举一虽在执教之人，而反三总属学生之事。若今日之教学，恐灌输之功十居七八，而启发之功十不得二三。明明德之义，释以今语，即为自我之认识，为自我知能之认识，此即在智力不甚平庸之学子亦不易为之，故必有执教之人为之启发，为之指引，而执教者之最大能事，亦即至此而尽，过此即须学子自为探索；非执教者所得而助长也。故古之善教人者，《论语》谓之善诱，《学记》谓之善喻。孟子有云："子深造之以道，欲其自得之也，自得之，则居之安，居之安，则资之深，资之深，则取之左右逢其源，故君子欲其自得之也。"此善诱或善喻之效也。今大学中之教学方法，即仅就知识教育言之，不逮尚远。此体认不足实践不力之一端也。

至意志与情绪二方面，既为寻常教学方法所不及顾，则其所恃者厥有二端，一为教师之树立楷模，二为学子之自谋修养。意志须锻炼，情绪须裁节，为教师者果能于二者均有相当之修养工夫，而于日常生活之中与以自然之流露，则从游之学子无形中有所取法；古人所谓身教，所谓以善先人之教，所指者大抵即为此两方面之品格教育，而与知识之传授不相干也。治学之精神与思想之方法，虽若完全属于理智一方面之心理生活，实则与意志之坚强与情绪之稳称有极密切之关系；治学贵谨严，思想忌偏蔽，要非持志坚定而用情有度之人不办。孟子有曰，"仁义礼智根于心，则其生色也，睟然见于面，盎于背，施于四体，四体不言而喻"。曰根于心者，修养之实，曰生于色者，修养之效而自然之流露；设学子所从游者率为此类之教师再假以时日，则濡染所及，观摩所得，亦正复有其不言而喻之功用。《学记》所称之善喻，要亦不能外此。试问今日之大学教育果具备此条件否乎？曰否。此可与三方面见之。上文不云乎？今日大学教育所能措意者仅为人格之三方面之一，为教师者果能于一己所专长之特科知识，有充分之准备，为明晰之讲授，作尽心与负责之考课，即已为良善之教师，其于学子之意志与情绪生活与此种生活之见于操守者，殆有若秦人之视越人之肥瘠；历年既久，相习成风，即在有识之士，亦复视为固然，不思改作，浸假而以此种责任完全诿诸他人，曰："此乃训育之事，与教学根本无干。"此条件不具备之一方面也。为教师者，自身固未始不为此种学风之产物，其日以孜孜者，专科知识之累积而已，新学说与新实验之传习而已，其于持志养气之道，待人接物之方，固未尝一日讲求也；试问己所未能讲求或无暇讲求者，又何能执以责人？此又一方面也。今日学校环境之内，教师与学生大率自成部落，各有其生活之习惯与时尚，舍教室中讲授之时间而外，几于不相谋面，军兴以还，此风尤甚；即有少数教师，其持养操守足为学生表率而无愧者，亦犹之椟中之玉，斗底之灯，其光辉不达于外，而学子即有切心于观摩取益者，亦自无从问径。此又一方面也。古者学子从师受业，谓之从游，孟子曰，"游于圣人之门者难为言"，间尝思之，游之时义大矣哉。学校犹水也，师生犹鱼也，其行动犹游泳也，大鱼前导，小鱼尾随，是从游也，从游既久，其濡染观摩之效，自不求而至，不为而成。反观今日师生之关系，直一奏技者与看客之关系耳，去从游之义不綦远哉！此则于大学之道，"体认尚有未尽、实践尚有不力"之第二端也。

至学子自身之修养又如何？学子自身之修养为中国教育思想中最基本之部分，亦即儒家哲学之重心所寄。《大学》八目，涉此者五，《论语》《中庸》《孟子》所反复申论者，亦以此为最大题目。宋元以后之理学，举要言之，一自身修善之哲学耳；其派别之分化虽多，门户之纷呶虽甚，所争者要为修养之方法，而于修养之必要，则靡不同也。我侪以今日之眼光相绳，颇病理学教育之过于重视个人之修养，而于社会国家之需要，反不能多所措意；末流之弊，修身养性几不复为入德育才之门，而成遁世避实之路。然理学教育之所过即为今日学校教育之所不及，今日大学生之生活中最感缺乏之一事即为个人之修养，此又可就下列三方面分别言之：

一曰时间不足。今日大学教育之学程太多，上课太忙，为众所公认之一事，学生于不上课之时间，又例须有多量之"预备"功夫，而所预备者又不出所习学程之范围，于一般之修养邈不相涉。习文史哲学者，与修养功夫尚有几分关系，其习它种理实科目者，无论其为自然科学或社会科学，犹木工水作之习一艺耳。习艺愈勤去修养愈远。何以故？曰，无闲暇故。仰观宇宙之大，俯察品物之盛，而自审其一人之生应有之地位，非有闲暇不为也。纵探历史之悠久，文教之累积，横索人我关系之复杂，社会问题之繁变，而思对此悠久与累积者宜如何承袭节取而有所发明，对复杂繁变者宜如何应付而知所排解，非有闲暇不为也；人生莫非学问也，能自作观察、欣赏、沉思、体会者，斯得之。今学程之所能加惠者，充其量，不过此种种自修功夫之资料之补助而已，门径之指点而已，至若资料之咀嚼融化，门径之实践以致于升堂入室，博者约之，万殊者一之，则非有充分之自修时间不为功。就今日之情形而言，则咀嚼之时间，且犹不足，无论融化，粗识门径之机会犹或失之，姑无论升堂入室矣。

二曰空间不足。人生不能离群，而自修不能无独，此又近顷大学教育最所忽略之一端。《大学》一书尝极论毋自欺，必慎独之理。不欺人易，不自欺难，与人相处而慎易，独居而慎难。近代之教育，一则曰社会化，再则曰集体化，卒裹舍悉成营房，学养无非操演，而慎独与不自欺之教亡矣。夫独学无友，则孤陋而寡闻，乃仅就智识之切磋而为言者也；至情绪之制裁，意志之磨励，则固为我一身一心之事，他人之于我，至多亦只所以相督励，示鉴戒而已。自"慎独"之教亡，而学子乃无法有"独"之机会，亦无复作"独"之企求；无复知人我之间精神上与实际上应有之充分之距离，适当之分寸，浸假而无复和情绪制裁与意志磨练之为何物，即无复和《大学》所称诚意之为何物，充其极，乃至于学问见识一端，亦但知从众而不知从己，但知附和而不敢自作主张，力排众议。晚近学术界中，每多随波逐浪（时人美其名曰"适应潮流"）之徒，而少砥柱中流之辈，由来有渐，实无足怪。大学一书，于开章时阐明大学之目的后，即曰，"知止而后有定，定而后能静，静而后能安，安而后能虑，虑而后能得"。今日之青年，一则因时间之不足，再则因空间之缺乏，乃至数年之间，竟能如怕黄鸟之得一丘隅以为休止。休止之时地既不可得，又遑论定、静、安、虑、得之五步功夫耶？此深可虑而当亟为之计者也。

三曰师友古人之联系之阙失。关于师之一端，上文已具论之，今日之大学青年，在社会化与集体生活化一类口号之空气之中，所与往还者，有成群之大众，有合夥之伙伴，而无友。曰集体生活，又每苦不能有一和同之集体，或若干不同而和之集体，于是人我相与之际，即一言一动之间，亦不能不多所讳饰顾忌，驯至舍寒喧笑谑与茶果征逐而外，根本不相往来。此目前有志之大学青年所最感苦闷之一端也。夫友所以祛孤陋，增闻见，而辅仁进德者也，个人修养之功，有恃于一己之努力者固半，有赖于友朋之督励者亦半；今则一己之努力既因时空两间之不足而不能有所施展，有如上文所论，而求友之难又如此，以何怪乎成德达材者之不多见也。古人亦友也，孟子有尚友之论，后人有尚友之录，其对象皆古人也。今人与年龄相若之同学中既无可相友者，有志者自犹可于古人中求之。然求之又苦不易。史学之必修课程太少，普通之大学生往往仅修习通史一两门而止，此不易一也。时人对于史学与一般过去之经验每不重视，甚者且以为革故鼎新之精神，即在完全抹杀已往，而创造未来，前人之言行，时移世迁，即不复有分毫参考之价值，此不易二也。即在专考史学之人，又往往用纯粹物观之态度以事研究，驯至古人之言行举措，其所累积之典章制度，成为一堆毫无生气之古物，与古生物学家所研究之化石骨殖无殊，此种研究之态度，非无其甚大之价值，然设过于偏注，则史学者与人生将不复有所联系，此不易三也。有此三不易，于是前哲所再三申说之"以人鉴人"之原则将日趋湮没，而"如对古人"之青年修养之一道亦曰即于恍秒不治矣。学子自身之不能多所修养，是近代教育对于大学之道体认尚有未尽、实践尚有不力之第三端也。

以上三端，所论皆为明德一方面之体认未尽与实践不力，然则新民一方面又如何？大学新民之效，厥有二端。一为大学生新民工作之准备；二为大学校对社会秩序与民族文化所能建树之风气。于此二端，今日之大学教育体认亦有未尽，而实践亦有不力也。试分论之。

大学有新民之道，则大学生者负新民工作之实际责任者也。此种实际之责任，因事先必有充分之准备，相当之实验或见习，而大学四年，即所以为此准备与实习而设，亦自无烦赘说。然此种准备与实习果尽合情理乎？则显然又为别一问题。明德功夫即为新民功夫之最根本之准备，而此则已大有不能尽如人意者在，上文已具论之矣。然准备之缺乏犹不止此。今人言教育者，动称通与专之二原则。故一则曰大学生应有通识，又应有专识，再则曰大学卒业之人应为一通才，亦应为一专家，故在大学期间之准备，为通专并重。此论固甚是，然有不尽妥者，亦有未易行者。此论亦固可以略救近时过于重视专科之弊，然犹未能充量发挥大学应有之功能。窃以为大学期内，通专虽应兼顾，而重心所寄，应在通而不在专，换言之，即须一反目前重视专科之倾向，方足以语于新民之效。夫社会生活大于社会事业，事业不过为人生之一部分，其足以辅翼人生，推进人生，固为事实，然不能谓全部人生寄寓于事业也。通识，一般生活之准备也，专识，特种事业之准备也，通识之用，不止润身而已，亦所以自通于人也，信如此论，则通识为本，而专识为末，社会所需要者，通才为大，而专家次之，以无通才为基础之专家临民，其结果不为新民，而为扰民。此通专并重未为恰当之说也。大学四年而已，以四年之短期间，而既须有通识之准备，又须有专识之准备，而二者之间又不能有所轩轾，即在上智，亦力有未逮，况中资以下乎？并重之说所以不易行者此也。偏重专科之弊，既在所必革，而并重之说又窒碍难行，则通重于专之原则尚矣。

　　难之者曰，大学而不重专门，则事业人才将焉出？曰，此未作通盘观察之论也，大学虽重要，究不为教育之全部，造就通才虽为大学应有之任务，而造就专才则固别有机构在。一曰大学之研究院。学子即成通才，而于学问之某一部门，有特殊之兴趣，与特高之推理能力，而将以研究为长期或终身事业者可以入研究院。二曰高级之专门学校。艺术之天分特高，而审美之兴趣特厚者可入艺术学校，躯干刚劲，动作活泼，技术之智能强，而理论之兴趣较薄者可入技术学校。三曰社会事业本身之训练。事业人才之造就，由于学识者半，由于经验者亦半，而经验之重要，且在学识之上，尤以社会方面之事业人才所谓经济长才者为甚，尤以在今日大学教育下所能产生之此种人才为甚。今日大学所授之社会科学知识，或失之理论过多，不切实际，或失诸凭空虚构，不近人情，或失诸西洋之资料太多，不适国情民性；学子一旦毕业而参加事业，往往发见学用不相呼应，而不得不于所谓"经验之学校"中，别谋所以自处之道，及其成，而能对社会有所贡献，则泰半自经验之学校得来，而与所从卒业之大学不甚相干，以至于甚不相干。始恍然于普通大学教育所真能造就者，不过一出身而已，一资格而已。

出身诚是也，资格亦诚是也。我辈从事大学教育者，诚能执通才之一原则，而曰，才不通则身不得出，社会亦诚能执同一之原则，而曰，无通识之准备者，不能取得参加社会事业之资格，则所谓出身与资格者，固未尝不为绝有意识之名词也。大学八目，明德之一部分至身修而止，新民之一部分自身修而始，曰出身者，亦曰身已修，德已明，可以出而从事于新民而已矣，夫亦岂易言哉？不论一人一身之修明之程度，不问其通识之有无多寡，而但以一纸文凭为出身之标识者，斯失之矣。

通识之授受不足，为今日大学教育之一大通病，固已渐为有识者所公认，然不足者果何在，则言之者尚少。大学第一年不分院系，是根据通之原则者也，至第二年而分院系，则其所据为专之原则。通则一年，而专乃三年，此不足之最大原因而显而易见者。今日而言学问，不能出自然科学，社会科学，与人文科学三大部分；曰通识者，亦曰学子对此三大部门，均有相当准备而已，分而言之，则对每门有充分之了解，合而言之，则于三者之间，能识其会通之所在，而恍然于宇宙之大，品类之多，历史之久，文教之繁，要必有其一以贯之之道，要必有其相为因缘与依倚之理，此则所谓通也。今学习仅及期年而分院分系，而许其进入专门之学，于是从事于一者，不知二与三为何物，或仅得二与三之一知半解，与道听途说者初无二致；学者之选习另一部门或院系之学程也，亦先存一"限于规定，聊复选习"之不获已之态度，日久而执教者亦曰，聊复有此规定尔，固不敢从此期学子之必成为通才也。近年以来，西方之从事于大学教育者，亦尝计虑及此，而设为补救之法矣。其大要不出二途。一为展缓分院分系之年限，有自第三学年始分者；二为第一学年中增设"通论"之学程。窃以为此二途者俱有未足，然亦颇有可供攻错之价值；可为前途改革学程支配之张本。大学所以宏造就，其所造就者为粗制滥造之专家乎，抑为比较周见洽闻，本末兼赅，博而能约之通士乎？胥于此种改革卜之矣。大学亦所以新民，吾侪于新民之义诚欲作进一步之体认与实践，欲使大学出身之人，不藉新民之名，而作扰民之实，亦胥以此种改革为入手之方。

然大学之新民之效，初不待大学生成与参加事业而始见也。学府之机构，自身亦正复有其新民之功用，就其所在地言之，大学俨然为一方教化之重镇，而就其声教所暨者言之，则充其极可以为国家文化之中心，可以为国际思潮交流与朝宗之汇点（近人有译英文Focus一字为汇点者，兹从之）。即就西洋大学发展之初期而论,十四世纪与十五世纪初年,欧洲中古文化史有三大运动焉,而此三大运动者均自大学发之。一为东西两教皇之争,其终于平息而教权复归于一者,法之巴黎大学领导之功也;二为魏克文夫(Wyclif)之宗教思想革新运动,孕育而拥护之者英之牛津大学也;三为郝斯(John Hus)之宗教改革运动,率与惠氏之运动均为十六世纪初年马丁·路得宗教改革之先声,而孕育与拥护之者,布希米亚(战前为捷克地)之蒲拉赫(Prague)大学也。

间尝思之,大学机构之所以生新民之效者,盖又不出二途。一曰为社会之倡导与表率,其在平时,表率之力为多,及处非常,则倡导之功为大。上文所举之例证,盖属于倡导一方面者也。二曰新文化因素之孕育涵养与简练揣摩。而此二途者又各有其凭藉。表率之效之凭藉为师生之人格与其言行举止。此为最显而易见者。一地之有一大学,犹一校之有教师也,学生以教师为表率,地方则以学府为表率,古人谓一乡有一善士,则一乡化之,况学府者应为四方善士之一大总汇乎?设一校之师生率为文质彬彬之人,其出而与社会周旋也,路之人亦得指而目之曰,是某校教师也,是某校生徒也,而其所由指认之事物为语默进退之间所自然流露之一种风度,则始而为学校环境以内少数人之所独有者,终将为一地方所共有,而成为一种风气;教化云者,教在学校环境以内,而化则达于学校环境以外,然则学校新民之效,固不待学生出校而始见也明矣。

新文化因素之孕育所凭藉者又为何物?师生之德行才智,图书实验,大学之设备,可无论矣。所不可不论者为自由探讨之风气。宋儒安定胡先生有曰,"艮言思不出其位,正以戒在位者也,若夫学者,则无所不思,无所不言,以其无责,可以行其志也;若云思不出其位,是自弃于浅陋之学也。"此语最当。所谓无所不思,无所不言,以今语释之,即学术自由(Academic Freedom)而已矣。今人颇有以自由主义为诟病者,是未察自由主义之真谛者也。夫自由主义(Liberalism)与荡放主义(Libertin-ism)不同,自由主义与个人主义,或乐利的个人主义,亦截然不为一事。假自由之名,而行荡放之实者,斯病矣。大学致力于知、情、志之陶冶者也,以言知,则有博约之原则在,以言情,则有裁节之原则在,以言志,则有持养之原则在,秉此三者而求其所谓"无所不思,无所不言",则荡放之弊又安从而乘之?此犹仅就学者一身内在之制裁而言之耳,若自新民之需要言之,则学术自由之重要,更有不言而自明者在。新民之大业,非旦夕可期也,既非旦夕可期,则与此种事业最有关系之大学教育，与从事于此种教育之人，其所以自处之地位，势不能不超越几分现实，其注意之所集中，势不能为一时一地之所限止，其所期望之成就，势不能为若干可以计日而待之近功。职是之故，其"无所不思"之中，必有一部分为不合时宜之思，其"无所不言"之中，亦必有一部分为不合时宜之言；亦正惟其所思所言，不尽合时宜，乃或不合于将来，而新文化之因素胥于是生，进步之机缘，胥于是启，而亲民之大业，亦胥于是奠其基矣。

大学之道，在明明德，在新民，在止于至善。至善之界说难言也，姑舍而不论。然明明德与新民二大目的固不难了解而实行者。然洵如上文所论，则今日之大学教育，于明明德一方面，了解犹颇有未尽，践履犹颇有不力者，而不尽不力者，要有三端，于新民一方面亦然，其不尽力者要有二端。不尽者尽之，不力者力之，是今日大学教育之要图也？是"大学一解"之所为作也。

（摘自《中国大学教学》2002年第10期。该文原载于《清华学报》1941年4月第13卷第1期）

【导读】 大学是现代学术研究机构中最重要的组成部分。那么，何为大学？1931年12月，梅贻琦在出任清华大学校长的演讲中，引经据典地说道："一个大学之所以为大学，全在于有没有好教授。孟子说所谓故国者，非谓有乔木之谓也，有世臣之谓也，我现在可以仿照说所谓大学者，非谓有大楼之谓也，有大师之谓也。"这一教育名言，形象地诠释了大学精神，一直为后人所推崇。

梅贻琦（1889—1962）于1931—1948年任国立清华大学校长，是清华大学历史上任期最长的校长，被誉为清华大学的"终生校长"和奠定清华校格的教育思想家。《大学一解》是梅贻琦在主持西南联大常务工作期间，由他自己写出要点并再由清华教务长潘光旦执笔代拟的文稿，发表在1941年4月《清华学报》第13卷第1期上。这篇文章集中地反映了梅贻琦执导下的清华大学诸多先进的教育理念、办学思路与治学方法，对今日大学思想学术的发展仍然具有启示意义。

本文开宗明义，阐明了大学的目的、制度与精神。虽然近现代大学制度来源于西方，但大学精神却与中华传统教育理念是一致的。作者直接引用《大学》之言提出大学教育的目标:"大学之道,在明明德,在新民,在止于至善。"又说:"若论其目,则格物,致知,诚意,正心,修身,属明明德;而齐家,治国,平天下,属新民。"儒家这种"一己之修明"的精髓,实际上还就是希腊的人生哲学。然而,"明明德"和"新民"这一理念却没能在大学教育中得到真正的贯彻,相应的种种大学教育措施往往背离了这个方向,其突出地表现为"所患者,在体认尚有未尽而实践尚有不力耳"。梅贻琦结合当时清华大学的状况,指出了大学教育存在的一些问题。在"明明德"方面,本应该全面培养学生健全人格的"知、情、志",只因为单方面重视"知"的灌输,而忽视了"情"和"志"的身教与喻引。学生未能全面"修己",究其原因有三,一曰时间不足,二曰空间不足,三曰师友古人之联系之阙失。而在"新民"方面,也就是"一为大学生新民工作之准备,二为大学校对社会秩序与民族文化所能建树之风气"这两个方面,同样存在着"通识之授受不足"未能充分发挥大学"教化之重镇"的弊端。总之,梅贻琦在此文中对大学教育偏离自身目标的种种现象,都有着精准的观察和深刻的反思,同时也提出了革新教育制度和措施的见解。他指出,教师的"身教"重于"言教",提出了著名的读书治学"从游论",更论析了大学机构在"新民"进程中的重要途径和作用,即:一曰为社会之倡导与表率,二曰新文化因素之孕育涵养与简练揣摩。作者尤其强调了"通识教育"的观点,"通识为本,而专识为末,社会所需要者,通才为大,而专家次之",他的这一观点为大学生院系选择、"通论"课程的开设及此后的学位层次教育实验,提供了理论依据。

在《大学一解》中,梅贻琦还论述了思想自由、学术自由的重要性。"所谓无所不思,无所不言,以今语释之,即学术自由而已矣"。在他看来,社会的进步、新文化因素的创生,以及"新民"大业的建设,都离不开思想学术自由的浇灌与孕育。在担任清华大学校长期间,梅贻琦发扬了蔡元培"思想自由,兼容并包"的大学新传统,将"无所不思,无所不言"作为办学指导思想,"对于校局,则以为应追随蔡孑民先生兼容并包之态度,以克尽学术自由之使命。昔日之所谓新旧,今之所谓左右,其在学校应均予以自由探讨之机会"。他积极施行集体领导、教授治校、校务分层负责等制度,为民国时代清华大学良好的治学风尚和学术繁茂做出了贡献。

(李志远)

第二编　大学原始

中央大学之使命

罗家伦

当此国难严重期间，本大学经停顿以后，能够以最短的时间，由积极筹备至于全部开学上课，并且今天第一次全体的集会，实在使我们感觉得这是很有重大意义的一回事。

这次承各位教职员先生的好意，旧的愿意继续惠教，新的就聘来教，集中在我们这个首都的学府积极努力于文化建设的事业。这是我代表中央大学要向各位表示诚恳谢意的。

本人此次来长中大，起初原感责任重大，不敢冒昧担任，现在既已担负这个大的责任，个人很愿意和诸位对于中大的使命，共同树立一个新的认识。因为我认为办理大学不仅是来办理大学普通的行政事务而已，一定要把一个大学的使命认清，从而创造一种新的精神，养成一种新的风气，以达到一个大学对于民族的使命。现在，中国的国难严重到如此，中华民族已临到生死关头，我们设在首都的国立大学，当然对于民族和国家，应尽到特殊的责任，就是负担起特殊的使命，然后办这个大学才有意义。这种使命，我觉得就是为中国建立有机体的民族文化。我认为个人的去留的期间虽有长短，但是这种使命应当是中央大学永久的负担。

本来，一个民族要能自立图存，必须具备自己的民族文化。这种文化，乃是民族精神的结晶，民族团结图存的基础。如果缺乏这种文化，其国家必定缺少生命的质素，其民族必然要被淘汰。一个国家形式上的灭亡，不过是最后的结局，必定是由于民族文化和民族精神先告衰亡。所以今日中国的危机，不仅是政治社会的腐败，而最要者却在于没有一种整个的民族文化，足以振起整个的民族精神。

我们知道：民族文化乃民族精神的表现；而民族文化之寄托，当然以国立大学为最重要。英国近代的哲学家荷尔丹（Lord Hal-dane）曾说："在大学里一个民族的灵魂，才反照出自己的真相。"可见创立民族文化的使命，大学若不能负起来，便根本失掉大学存在的意义；更无法可以领导一个民族在文化上的活动。一个民族要是不能在文化上努力创造，一定要趋于灭亡，被人取而代之的。正所谓"子有廷内，勿洒勿扫，子有钟鼓，勿鼓勿考，宛其死矣，他人是保。"其影响所及，不仅使民族的现身因此而自取灭亡，并且使这民族的后代，要继续创造其民族文化，也一定不为其他民族所允许的。从另一方面看，若是一个民族能努力建设其本身的文化，则虽经重大的危险，非常的残破，也终究可以复兴。积极的成例，就是拿破仑战争以后，普法战争以前的德意志民族。我常想今日中国的国情，正和当日德意志的情形相似。德国当时分为许多小邦，其内部的不统一，比我们恐怕还有加无已；同时法军压境，莱茵河一带俱分离而受外国的统治。这点也和我们今日的情形，不相上下。当时德意志民族历此浩劫还能复兴，据研究历史的人考察，乃由于三种伟大的力量：第一种便是政治的改革，当时有斯坦（Stein）、哈登堡（Hardenberg）一般人出来把德国的政治改革，确立公务员制度，增进行政效能，使过去政治上种种分歧割裂散漫无能的缺点，都能改善过来。第二种是军事的改革，有夏因何斯弟（Scharn-horst）和格莱斯劳（Gneisnau）一般人出来将德国的军政整理，特别是将征兵制度确立，并使军事方面各种准备充实，以为后来抵御外侮得到成功的张本。第三种便是民族文化的创立，这种力量最伟大，其影响最普通而深宏。其具体的表现便靠冯波德（Wilhelm von Humbaldt）创立的柏林大学，和柏林大学哲学教授菲希特（Fichte）一般人对于德国民族精神再造的工作。所以现代英国著名的历史家古趣（G. P. Gooch）认定创立柏林大学的工作，不仅是德国历史上重要的事，并且是全欧洲历史上重要的事。尤能使我们佩服的便是当年柏林大学的精神。在当时法军压境，内部散乱的情况之下，德国学者居然能够在危城之中讲学，以创立德意志民族自任。菲希特于1807年至1808年间在他对德意志民族讲演里说："我今天乃以一个德意志人的资格向全德意志民族讲话，将这个单一的民族中数百年来因种种不幸的事实所造成的万般差异，一扫而空。我对于你们在座的人说的话是为全体德意志民族而说的。"现在我们也需要如此，我们也要把历史上种种不幸事实所造成的所有差异，在这个民族存亡危迫的关头，一扫而空，从此开始新的努力。德意志民族的统一，就是由于这种整个的民族精神先打下了一个基础。最后俾士麦不过是收获他时代的成功。柏林大学却代表当时德意志民族的灵魂，使全德意志民族在柏林大学所创造的一个民族文化之下潜移默化而成为一个有机体的整个的组织。一个民族如果没有这种有机体的民族文化，决不能确立一个中心而凝结起来；所以我特别提出创造有机体的民族文化为本大学的使命，而热烈诚恳的希望大家为民族生存前途而努力！

讲到有机体的民族文化，我们不可不特别提到其最重要的两种含义：第一，必须大家具有复兴中华民族的共同意识。我们今日已临着生死的歧路口，若是甘于从此灭亡，自然无话可说，不然，则惟有努力奋斗，死里求生，复兴我们的民族。我们每个人都应当在这个共同意识之下来努力。第二，必须使各部分文化的努力在这个共同的意识之下，成为互相协调的。若是各部分不能协调，则必至散漫无系统，弄到各部分互相冲突，将所有力量抵消。所以无论学文的、学理的、学工的、学农的、学法的、学教育的，都应当配合得当，精神一贯，步骤整齐，向着建立民族文化的共同目标迈进。中国办学校已若干年，结果因配置失宜，以致散漫杂乱，尤其是因为没有一个共同民族意识从中主宰，以致种种努力各不相谋，结果不仅不能收合作协进之功效，反至彼此相消，一无所成。现在全国大学教授及学生，本已为数有限，若是不能同在一个建设民族文化的目标之下努力，这是民族多大的一件损失。长此以往，必至减少，甚至消灭民族的生机。人家骂我们为无组织的国家，我们应当痛心。但是我们所感觉的不仅是政治的无组织，乃是整个的社会无组织，尤其是文化也无组织。今后我们要使中国成为有组织的国家，便要赶快创立起有组织的民族文化，就是有机体的民族文化。

我上面就德意志的史实来说明我们使命的重要，并不是要大家学所谓"普鲁士主义"，而是要大家效法他们那种从文化上创造独立民族精神的努力！

我们若要负得起上面所说的使命，必定先要养成新的学风。无论校长教职员学生都要努力于移转风气。由一校的风气，转移到全国的风气。事务行政固不可废，但是我们办学校，不是专为事务行政而来的，不是无目的去做事的。若是专讲事务，那最好请洋行买办来办大学，何必需要我们？我们要认识，我们必须有高尚理想做我们的努力的目标. 认定理想的成功比任何个人的成功还大。个人任何牺牲，若是为了理想，总还值得。必须能够养成新的学风，我们的使命乃能达到。

我们要养成新的学风，尤须先从矫正时弊着手。本人诚恳地提出"诚朴雄伟"四字，来和大家互相勉励。所谓诚，即谓对学问要有诚意，不以它为升官发财的途径，不以它为取得文凭资格的工具。对于我们的使命更要有诚意，不作无目的的散漫动作，坚定地守着认定的目标走去。要知道从来成大功业、成大学问的人莫不由于备尝艰苦、锲而不舍地做出来的。我们对学问如无诚意，结果必至学问自学问，个人自个人。现在一般研究学术的都很少诚于学问。看书也好，写文章也好，都缺少对于学问的负责的态度。试问学术界习气如此，文化焉得而不堕落？做事有此习气，事业焉得而不败坏？所以我们以后对于学问事业应当一本诚心去做，至于人与人之间应当以诚相见，那更用不着说了。

其次讲到朴。朴就是质朴和朴实的意思。现在一般人皆以学问做门面，作装饰，尚纤巧，重浮华；很难看到埋头用功，不计功利，而在实际学问上作远大而艰苦的努力者。在出版界，我们只看到一些时髦的小册子，短文章，使青年的光阴虚耗在这里，青年的志气也消磨在这里，多可痛心。从前讲朴学的人，每著一书，往往费数十年；每学一理，往往参证数十次。今日做学问的和著书的，便不同了。偶有所得，便惟恐他人不知；即无所得，亦欲强饰为知。很少肯从笃实笨重上用功的，这正是庄子所谓"道隐于小成，言隐于荣华"的弊病。我们以后要体念"几何学中无王者之路"这句话。须知一切学问之中皆无"王者之路"。崇实而用笨功，才能树立起朴厚的学术气象。

第三讲到雄。今日中国民族的柔弱萎靡，非以雄字不能挽救。雄就是"大雄无畏"的雄。但是雄厚的气魄，非经相当时间的培养蕴蓄不能形成。我们看到好战者必无大勇，便可觉悟到若是我们要雄，便非从"善养吾浩然之气"着手不可。现在中国一般青年，每每流于单薄脆弱，这种趋势在体质上更是明白的表现出来。中国古代对于民族体质的赞美很可以表现当时一般的趋向。譬如诗经恭维男子的美便说他能"袒裼暴虎，献于公所"，或是"纠纠武夫，公侯干城"。恭维女子的美便说她是"硕人欣欣"。到汉朝还找得出这种审美的标准。唐朝龙门的造像，也还可以表现这种风尚。不知如何从宋朝南渡以后，受了一个重大的军事打击，便萎靡不振起来。陆放翁"老子犹堪绝大汉，诸君何至泣新亭"的诗句，虽强作豪气，却已早成强弩之末。此后讲到男子的标准，便是"有情芍药含春泪，无力蔷薇卧晓枝"一流的人。讲到女子的标准，便是"帘卷西风，人比黄花瘦"一流的人。试问时尚风习至此，民族焉得而不堕落衰微？今后吾人总要以"大雄无畏"相尚，挽转一切纤细娇弱的颓风。男子要有丈夫气，女子要无病态。不作雄健的民族，便是衰亡的民族。

第四讲到伟。说到伟便有伟大崇高的意思。今日中国人作事，往往缺乏一种伟大的意境，喜欢习于小巧。即论文学的作风，也从没有看见谁敢尝试大的作品，如但丁的《神曲》，哥德的《浮士德》；只是以短诗小品文字相尚。我们今后总要集中精力，放开眼光，努力做出几件伟大的事业，或是完成几件伟大的作品。至于一般所谓门户之见，尤不应当。到现在民族危亡的时候，大家岂可不放开眼光，看到整个民族文化的命运，而还是故步自封，怡然自满？我们只要看到整个民族存亡的前途，一切狭小的偏见都可消灭。我们切不可偏狭纤巧，凡是总须从伟大的方向做去，民族方有成功。

我们理想的学风，大致如此。虽然一时不能做到，也当存"高山仰止，景行行止"的心愿。若要大学办好，学校行政自然不能偏废，因为大学本身也是有机体的。讲到学校行政，不外教务行政和事务行政两方面。关于前者，有四项可以提出：第一要准备学术环境，多延学者讲学。原在本校有学问的教授，自当请其继续指教，外面好的学者也当设法增聘。学校方面，应当准备一个很好的精神和物质环境，使一般良好的教授都愿意聚集本校讲学，倡导一种新的学风，共同努力民族文化的建设。在学生方面，总希望大家对于教授有很好的礼貌。尊师重道，学者方能来归。

第二是注重基本课程，让学生集中精力去研究。我们看到国内大学的通病，都是好高骛远，所开课程比外国各大学更要繁杂，更要专门，但是结果适得其反。我们以后总要集中精力，贯注在几门基本的课程上，务求研究能够透彻，参考书能看得多。研究的工具自然也要先准备充足，果能如此，则比开上名目繁多的课程，反使学者只能得到东鳞西爪的知识的那般现象，岂不更为实在，更有益处？

第三是要提高程度。这当然是必要的，但我们如果能做到上面两项，则程度也自然提高了。我们准备先充实主要的课程，循序渐进，以达到从事高深研究的目标。

第四是增加设备。中大此前行政费漫无限度，不免许多浪费的地方，所以设备方面，自难扩充。我们以后必须在这点上极力改革，节省行政费来增加设备费。这是本人从办清华大学以来一贯的政策。

讲到学校事务行政，自然同属重要。现在可以提出三点来说：

第一是厉行节约，特别是注重在行政费之缩减。要拿公家的钱来浪费，来为自己做人情，是很容易的事。现在要节约起来，一定会引起多方面不快之感。这点我是不暇多顾的，要向大家预先说明。

第二是要力持廉洁。我现在预备确立全校的会计制度，使任何人无从作弊，并且要使任何主管者也无从作弊。本校的经费，行政院允许极力维持，将来无论如何，我个人总始终愿与全校教职员同甘苦。大家都养成廉俭的风气，以为全国倡。

第三要增加效能。过去人员过多，办事效能并不见高。我们以后预备少用人，多做事，总希望从合理化的事务管理中，获得最大的行政效能。使每一个人员能尽最大的努力，每一文经费获得最经济的使用。

本人自9月5日方才视事，不及一月，而10月3日即已开学，11日已全校上课，在此仓卒时间自有种种事实上的困难，使许多事未能尽如外人和本人的愿望。这种受时间限制的缺陷，希望大家能够有同情的谅解。不过，今天居然能全部整齐开学上课，也是一件不容易而可以欣幸的事。希望以全校的努力把中大这个重要的学术机关，一天一天地引上发展的轨道，以从事于有机体的中国民族文化的创造。我们正当着民族生死的关头，开始我们的工作，所以更要认清我们的使命，时刻把民族的存亡这个念头存在胸中，成为一种内心的推动力；只有这种内心的推动力才能继续不断地创造有机体的民族文化，以完成复兴中国民族的伟大事业。愿中央大学担负复兴民族的参谋本部的责任。这是本人一种热烈而诚恳的希望。

（摘自《清华老讲座》，当代世界出版社2012年版）

【导读】 国立中央大学，即今南京大学前身，乃中华民国时期系科设置最齐全、规模最大的大学。该校于1928年由国立江苏大学改称而来，1937年因抗战爆发迁至重庆、成都等地办学，史称"重庆中央大学"，抗战胜利后迁回南京。

罗家伦（1897—1969），字志希，笔名毅，浙江绍兴人。1917年入北京大学，曾与傅斯年等组织新潮社，创办《新潮》杂志，积极投身五四新文化运动。1920年赴欧美留学。1926年回国，任教于国立东南大学历史系及附中。1928年8月，任清华大学校长，使清华大学由教会学校转为国立大学。1932年8月26日，罗家伦被任命为中央大学校长。罗家伦到任之前，中央大学正处于数易校长、余波未平的动荡状态，到任后罗家伦亟需寻一契机来阐释其治校方略与教育理念，以凝心聚力，使中央大学回到正常发展轨道。1932年10月11日，罗家伦校长在第一次全校集会上对师生发表演讲，本文即讲话的讲稿。

讲稿中，罗家伦校长阐述了他认为治校"不只是普通的行政事务而已，一定要把一个大学的使命认清，从而创造一种新的精神，养成一种新的风气，以达到一个大学对于民族的使命"，同时他结合当时国家危亡的时局，以柏林大学在德意志民族文化复兴中所肩负的使命为例，对中央大学应肩负"为中国建立有机体的民族文化的使命"进行了明晰的阐述。这一使命的认识，在后来接踵而至的抗战时局中，显得尤为重要。诸多大学的众多学人正是肩负了这一使命，"艰难困苦，玉汝于成"，中华民族才有了文化砥柱，没有走向沦亡。

接着，基于"若要负得起上面所说的使命，必定先要养成新的学风"的认识，罗家伦校长针对时弊，提出了他的"四字"学风（诚、朴、雄、伟），并进行了充分地阐释，为中央大学的恢复与发展指明了前进的方向。现今南京大学"诚朴雄伟，励学敦行"的校训，即脱胎于罗家伦的"四字"学风。

最后，讲稿分教务行政与实务行政两个方面对治校的行政工作分别进行了阐述，并提出将中央大学引上进一步发展轨道的殷殷希望。

总之，全文立论高远，条理明晰，感情真挚，语言诚恳，总结了大学应有之使命，提升了学人应有之认识，展现学术应有之风骨，值得细细品读。

（黄　斌）

学术独立与新清华

罗家伦

在中国近代史上，革命的潮流常是发源于珠江流域，再澎湃到长江流域。但是辛亥革命的时候，革命的力量到长江流域就停顿了，黄河以北不曾经他涤荡过，以致北平仍为旧日帝制官僚军阀的力量所盘踞，障碍了统一的局面十几年。这回国民革命军收复北平，是国民革命力量彻底达到黄河流域的第一次，这是中国历史上一个新的纪元。国民政府于收复旧京以后，首先把清华学校改为国立清华大学，正是要在北方为国家添树一个新的文化力量！

国民革命的目的是要为中国在国际间求独立自由平等。要国家在国际间有独立自由平等的地位，必须中国的学术在国际间也有独立自由平等的地位。把美国庚款兴办的清华学校正式改为国立清华大学,正有这个深意。我今天在就职宣誓的誓词中,特别提出"学术独立"四个字,也正是认清这个深意。

我今天在这庄严的礼堂里,正式代表政府宣布国立清华大学在这明丽的清华园中成立。从今天起,清华已往留美预备学校的生命,转变而为国家完整大学的生命。

我们停止旧制全部毕业生派遣留美的办法,而且要以纯粹学术的标准,重行选聘外籍教授,这不是我们对于友邦的好意不重视,反过来说,我们倒是特别重视。我们既是国立大学,自然要研究发扬我国优美的文化,但是我们同时也以充分的热忱,接受西洋的科学文化。不过我们接受的办法不同。不是站在美国的方面,教中国的学生"来学",虽然我还要以公开考试的办法,选拔少数成绩优良的学生到美国去深造;乃是站在中国的方面,请西方著名的,第一流的不是第四五流的学者"来教"。请一班真正有造就的学者,尤其是科学家,来扶助我们科学教育的独立,把科学的根苗移植在清华园里,不,在整个的中国的土壤上,使他开花结果,枝干扶疏。

我动身来以前,便和大学院院长蔡先生商量好如何调整和组织清华的院系。我们决定先成立文、理、法三个学院。文学院分中国文学、外国文学、哲学、历史、社会人类五系。理学院分数学、物理、化学、生物、心理五系。我到北平以后,又深深地觉得以中国土地之广,地理知识之缺乏,拟添设地理一系,为科学的地理学树一基础。我们不要从文史上谈论地理,我们要在科学上把握地理。至于工程方面,则以现在的人才设备论,先成立土木工程系,而注重在水利。因为华北的水利问题太忽视了,在我们附近的永定河,还依然是无定河。等到将来人才设备够了,再行扩充成院。法学院则仅设政治、经济两系,法律系不拟添设,因为北平的法律学校太多了,我们不必叠床架屋。我们的发展,应先以文理为中心,再把文理的成就,滋长其他的部门。文理两学院,本应当是大学的中心。文哲是人类心灵能发挥得最机动最弥漫的部分。社会科学都受他们的影响。纯粹科学是一切应用科学的基础,也是源泉。断没有一个大学里,理学院办不好而工学院能单独办得好的道理。况且清华优美的环境,对于文哲的修养,纯粹科学的研究,也最为相宜。

要大学好,必先要师资好。为青年择师,必须破除一切情面,一切顾虑,以至公至正之心。凭着学术的标准去执行,经改组以后,留下的十八位教授，都是学问与教学经验，很丰富而很有成绩的。新聘的各位教授，也都是积学之士，科学是西洋的，科学是进步的，所以我希望能吸收大量青年而最有前途的学者，加入我们的教学集团来工作。只要各位能从尽心教学、努力研究八个字上做，一切设备，我当尽力添置。我想只要大家很尽心努力，又有设备，则在这比较生活安定的环境之中，经过相当年限，一定能为中国学术界放一光彩。若是本国人才不够，我们还当不分国籍的借材异地。一面请他们教学，一方面帮助我们研究。我认为罗致良好教师，是大学校长第一个责任！

至于学生，我们今年应当添招。我希望此后要做到没有一个不经过严格考试而进清华的学生；也没有一个不经过充分训练，不经过严格考试，而在清华毕业的学生。各位现在做了大学生，便应当有大学生的风度。体魄康强，精神活泼，举止端庄，人格健全，便是大学生的风度。不倦的寻求真理，热烈的爱护国家，积极的造福人类，才是大学生的职志。有学问的人，要有"振衣千仞冈，濯足万里流"的心胸，要有"珠藏川自媚，玉蕴山含辉"的仪容，处人接物，才能受人尊敬。

关于学生，我今天还有一句话要说，就是从今年起，我决定招收女生。男女教育是要平等的。我想不出理由，清华的师资设备，不能嘉惠于女生。我更不愿意看见清华的大门，劈面对女生关了！

研究是大学的灵魂。专教书而不研究，那所教的必定毫无进步。不但没进步，而且有退步。清华以前的国学研究院，经过几位大师的启迪，已经很有成绩。但是我以为单是国学还不够，应该把他扩大起来，先后成立各科研究院，让各系毕业生都有在国内深造的机会。尤其在科学研究方面，应当积极的提倡。这种研究院，是外国大学里的毕业院的性质。我说先后成立，因为我不敢好高骛远，大事铺张。这必须先视师资和设备而后定。二者不全，那研究院便是空话。我上面指出来要借材异地，主要的还是指着研究院方面。老实说，像我们在国外多读过几年书的人，回国以后，不见得都有单独研究的能力。交一个研究实验室给他，不见得主持得好；不见得他的学问，都能追踪本科在世界学术上最近的进步；不见得他的经验和眼光，能把握得住本科的核心问题。所以借材异地是必要的。不过借材异地的方法，不能和前几年请几位外国最享盛名的学者，来讲学一年或几个月一样。龚定庵说："但开风气不为师。"这种办法，只是请人家来"开风气"，而不是来"为师"。现在风气已开，这个时间已过。我心目中的办法，不是请外国最享盛名的人来一短期，而是请几位造诣已深,还在继续工作,日进未已,而又有热忱的学者,多来"为师"几年。在这期间,我们应予以充分设备上和生活上的便利,使他安心留着,不但训练我们的学生,而且辅导我们的教员。三五年后,再让他们回国;他们经营的研究室和实验室,我们便可顺利地接收过来。我认为这是把科学移植到中国来的最好的办法。但是这需要不断的接洽,适当的机会,不是一下可以成功的。假以时日,我一定在这方面努力进行。

一切近代的研究工作,需要设备。清华现在的弱点是房子太华丽,设备太稀少。设备最重要的是两方面:一方面是仪器,一方面是图书。我以后的政策是极力减少行政的费用,每年在大学总预算规定一个比例数,我想至少百分之二十,为购置图书仪器之用。呈准大学院,垂为定法,做清华设备上永久的基础。我想有若干年下去,清华的设备,一定颇有可观。积极设备,是我的职责;但是我希望各院系动用设备费的时候,要格外小心。我们不能学美国大学阔绰的模样。我们的设备当然不是买来摆架子的;我们也不能把什么设备弄得"得心应手"以后,才来动手做研究。我们要看英国剑桥大学克文的煦物理实验室的典型。这个实验室在1896年方得到一次4000镑的英金,扩充他狭小的房屋及设备;1908年才另得一项较大的数目,7135镑英金,来做设备的用途,当1919年大物理家卢斯佛德教授(Rutheiford)主持该实验室的时候,每个部门的研究费每年不过50镑,而好几位教授争这一点小小的款子,来做研究,但是这个实验室对于世界科学的贡献太大了!

我站在这华丽的礼堂里,觉得有点不安;但是我到美丽的图书馆里,并不觉得不安。我只嫌他如此讲究的地方,何以阅书的位置如此之少,所以非积极扩充不可。西文专门的书籍太少,中文书籍尤其少得可怜,这更非积极增加不可。我以为图书馆不厌舒适,不厌便利,不厌书籍丰富,才可以维系读者。我希望图书馆和实验室成为教员学生的家庭。我希望学生不在运动场就在实验室和图书馆,我只希望学生除晚上睡觉外不在宿舍!

至于行政方面人员的紧缩,费用的裁减,我已定有办法。行政效率不一定是和人员之多寡成正比例的。我们要做到廉洁化的地步。我们要把奢侈浪费的习惯,赶出清华园去!

还有一件事我不能不稍提一下,就是清华基金问题。几个月前我担任战地政务委员主管教育处来到北平的时候,知道一点内幕。我现在不便详说。其中四百多万元的存款,已化为二百多万元。有第一天把基金存进银行去,第二天银行就倒闭的事实。这不是爱护清华的人所忍见的。我当沉着进行，务必使他达到安全的地步，这才使清华经济基础得到稳定。各位暂且不问，这是我的责任所在，我更希望清华改为国立大学以后，将来行政隶属上，更能纳入大学的正轨系统，使清华能有蒸蒸日上的机会。

总之，我既然来担任清华大学的校长，我自当以充分的勇气和热忱，要来把清华办好。我职权所在的地方，决不推诿。我们既然从事国民革命，就不应该有所顾忌。我们要共同努力，为国家民族，树立一个学术独立的基础，在这优美的"水木清华"环境里面。我们要造成一个新学风以建设新清华！

（摘自《中国近代思想家文库·罗家伦卷》，中国人民大学出版社2015年版）

【导读】 罗家伦（1897—1969），字志希，笔名毅。浙江绍兴人，生于江西进贤。"五四"运动的发起人和学生领袖之一，读书期间曾与傅斯年等好友创办《新潮》杂志，宣传新文化、新道德。中国现代教育家，曾任清华大学校长、中央大学校长等职，是一个具有世界眼光和高远理想的校长。著有《新人生观》《新民族观》等。

《学术独立与新清华》是1928年9月18日罗家伦宣誓就任清华大学校长所发表的就职演讲。在这篇演讲稿中，罗家伦提出了一系列重要观念，特别是"学术独立"的提出，为建立"新清华"奠定了坚实的理论基石，也对中国大学教育观念和思想的发展具有重要的启示意义。

罗家伦在此文中鲜明地提出了"学术独立与新清华"的奋斗目标，将大学命运与国家命运紧密联系起来。在他看来，学术独立是民族独立的基础，一个国家的文化水平便体现在学术水平上，一个国家只有拥有属于自己的高水平大学，才能在国际上实现民族独立和自由平等："国民革命的目的是要为中国在国际间求独立自由平等。要国家在国际间有独立自由平等的地位，必须中国的学术在国际间也有独立自由平等的地位。"因此，他把由美国庚子赔款兴办的清华学校由留美预备学校的性质转变为国立清华大学，加上"国立"二字，寄予了民族独立的深意，也充分体现了他的大学理念和他对大学的理解，呈现了他以学术为本、将学校带入新发展阶段的终极意愿。1928年9月通过的《国立清华大学条例》中，确立国立清华大学宗旨是："根据中华民国教育部宗旨，以求中华民族在学术上之独立发展，而完成建设新中国之使命为宗旨。"显然，罗家伦的教育观念与当时的南京国民政府的教育思想是一致的，呈现了强烈的民族主义和爱国主义色彩。

罗家伦还在文中指出学术独立的方法是在吸收西方文化的基础上，发展本国文化，"要研究发扬我国优美的文化，但是我们同时也以充分的热忱，接受西洋的科学文化"。因此，他停止旧制全部毕业生派遣留美的办法，以纯粹学术的标准重新选聘外籍教授，只选拔少数成绩优良的学生到美国深造，接受外国一流学者的传授，呈现了他中西融合的教育观。

罗家伦的教育观念和思想深受其老师蔡元培的教育观影响。蔡元培曾说："民族的生存，是以学术做基础的。一个民族或国家的兴衰，先看他们民族或国家的文化与学术。学术昌明的国家，没有不强盛的；文化幼稚的民族，没有不贫弱的。"可见，罗家伦关于"学术独立"和"研究是大学的灵魂"等教育观念均师承其老师蔡元培。

虽然在后来中原大战的扰乱下，罗家伦打造"新清华"的理想半途而废，但他对清华的贡献与成绩仍是令人瞩目的。陈寅恪曾指出罗家伦"把清华正式的成为一座国立大学，功德是很高的"，"像志希这样的校长，在清华可说是前无古人，后无来者"，充分肯定了罗家伦对于清华大学的贡献。

正是罗家伦担任清华大学校长期间为实现"学术独立与新清华"的教育理想而做的各种努力，为后任校长梅贻琦后来的大手笔铺垫了康庄大道。

（罗小凤）

留学与求学

叶公超

出国留学，在国家与个人，原都是不得已的办法。因为我们的学术落后，所以想要深造学生不得不送他们出国去求学于人。这当然不能说是我们的耻辱，但亦未必是国家或个人的光荣。学术先进的国家彼此交换学者，或互派留学生原是极平常的事，就是学术稍落后的国家派人到先进的国家去留学也是不希奇的事，譬如，欧战前美国研究历史、哲学，或文字学的人多半是到德国去留学的，而至今英美学生到意大利或法兰西去学习音乐、美术的还不在少数。但是，世界上没有第二国家在最高教育方面是像中国这样几乎全盘求之于人的。稍有国家观念的人都应当觉悟，这不是一个长久的办法，更不是我们教育制度的一部分。现在我们只希望能够渐渐地提高自己大学的程度，同时也可以减少我们留学的需要，缩短我们留学的时期。

近几年来留学似乎已成为一种普遍的风气。在许多人的思想习惯上，国内大学似乎就为预备出洋而存在的。大学毕业生，只要有法子筹得一笔旅费和一年半载的最低生活费，是必要荣行的。至于入哪个学校，从什么人读书，甚而至于究竟要研究什么，似乎都还是次要的问题。要紧的是出国，先做上一个留学生。这种学生当以自费的为数较多，但官费生中也有不少这样的人。所以，出洋的人虽然日见增加，但实际求学者却似乎日益减少了。有人说，自有留学生，情形就如此。也许，不过，单就欧洲大陆与美国两方面的情形而论，我觉得现在"留而不学"以及"留而不能学"者的成分似乎比前十几年的增加多了。无论现在与过去的比较如何，现在值得注意的事实是：在巴黎，柏林，伦敦，东京，纽约等大都会里我们可以常遇着许多根本不读书，或因种种原因不能读书的中国留学生。

根本不读书的人不必谈了。不能读书的人可以分为两种：一，因为在国内时文字的根底太差，到了外国既不能随班听讲，又不能自己看书，所以就变成不能读书的人了。这种人有的到了外国之后感觉自己的文字程度太低，遂着手补习，等到有了相当的程度，已经到回国的期限了。还有的，根本就不求文字通顺，只要能对付着生活，就此鬼混下去，这种情形以巴黎与柏林两处为最甚。这种学生假使留在国内也许还能多读几部书，多得着一点知识，对于社会或许有点用处，但是像这样的下去，我们就不容易知道他们有什么用了。因经济的关系以致不能正当读书者似乎以英法为数较多。我去年住在巴黎的时候曾听说有十几位学生先后转到柏林去，因为柏林的生活程度比较便宜，而且还可以用"登记马克"，至于他们的德文呢，多半是只有几个月的程度，而以他们所研究的东西而论似乎也无需到柏林去。后来我到伦敦，又听说有学生转到德国去，也是为了同样的经济理由。我知道在英国有一位学生因为伦敦的生活程度太高跑到爱丁堡去，不幸到了那里才知道没有自己要读的课目，于是又转到利物浦，在那里住了一季之后，觉得并不比伦敦便宜多少，结果还是回到伦敦去。因为要省钱而牺牲了求学，未免太可怜了。

在国外每遇见这种迷离仿徨的青年同胞不免联想到国内一般社会对于所谓

"镀金"招牌的仰重心理。虽然近几年来教育界对于自己所培植的人材已较前略为重视,但在一般社会的眼里留学生的招牌似乎还很有点威势,尤其是在政界与商界里。这是我们对于自己已失却自信心的表现。假使国内大学或研究院毕业生的身价能等于同级的留学生的,我相信留学生的人数自然就会减少了。

上面说过,我们现在要渐渐地提高我们自己大学的程度。这个问题当然不在本文所讨论的范围之内,不过这里我们不妨先提出关系本题的一个办法,就是,我们应当多聘请外国的著名教授到中国来教书,如今年北京大学的Osgood教授,清华大学的Wiener教授等一流的人物。在实际上,请一位大师来远胜过我们派十个学生出去留学,尤其是当我们有相当完备的仪器与设备。其实我们之所以必须留学者不外乎由于国内缺乏一等的教授与完备的仪器,但这两点都不是不能逐渐补救的。当然,外国的大师是不容易请到的,不过遇着可能的机会,我们不应当轻易地放它过去,并且我们希望教育的当局能以这种办法来调剂派送留学生的政策。

还有,政府派送留学生似乎应当根据两种原则:一,我们目前所急需的知识;二,基本的学术工具。关于第一,近几年来公费留学所指定的课目大致都还有相当的切要,虽然间或也夹有类乎奢侈品的东西。本来中国目前所最需要的知识是什么,根本就不容易说,尤其是以各门专家的观点来看,况且国家的高等教育方针又并没有固定的重心。站在学术的立场上,各种课目都有同等的重要性,所以在任何大学里各系的功课是应当平均发展的。但在今日中国情形之下,我们派送留学生实在是出于不得已中的不得已,因此对于留学课目的选定应当更加检点,更加切近我们的需要。譬如,与其派人去学戏剧技术,莫如多送一个人去研究害虫或土壤的分析;与其派人去学政治学,不如多派一个人去研究炼钢的问题;与其派人到英国去研究英国文学,不如派人到英国去学纺织,或造纸。这当然不是说戏剧、政治、文学根本是次要的课目,不过从实际上着眼,这里似乎有缓急轻重的差别。关于基本学术工具的课目,近来也有文化机关注意到这一点,但在能力范围之内似乎仍有可补充的地方。譬如,留学的课目里就没有梵文一门,所以我们编起佛学大辞典来非全盘抄袭日本书籍不可;又如,我们真正研究上古语言学的人实在还是太少,以致于我们古代的历史似乎还要靠外国的学者来辟荒。这不过是两个眼前的例子而已。总之,我们留学的政策应当是一方面去采花,一方面还要去采籽回来培植。

(摘自《独立评论文选》,福建教育出版社2012年版)

【导读】 本文发表于1935年9月1日出版的《独立评论》第166号上。作者叶公超，原名崇智，字公超，广东番禺人，1904年出生于江西九江，1981年病逝于台。著名文学家、教育家、外交家。著有《介绍中国》《中国古代文化生活》《英国文学中之社会原动力》《叶公超散文集》等。

南京国民政府成立以后，留学教育发展迅速。1929年国民政府教育部相继颁发《发给留学生证书规程》《中央派遣留学生管理章程》等文件，详细规定了留学资格，同时成立中央训练部留学生管理委员会，加强留学生教育管理。1933年4月，国民政府教育部又进一步发布了《国外留学规程》，进一步确立了留学标准。尤其是国民政府教育部令清华继续考选留学生以后，中英庚款招考留英公费生，许多省的教育厅考选省官费留学生，于是留学之风可谓盛极一时。就在这股风气正盛之时，聚集在《独立评论》旗下的知识分子对此进行了理性的思考与讨论，叶公超此文正是参与当时讨论的文章之一。

在此次论争中，主要有三种倾向：一是反对留学，主要有蒋廷黻、任鸿隽、向愚、薛容、吴有训、叶公超等；二是赞成留学，主要有王炳和胡适等；三是对留学持比较中立的态度，虽不赞成盲目留学，但更多的是给政府当局或留学生提出建设性意见，主要有萨本栋、李宗义和齐思和等。

叶公超与其他持反对意见的学者大体上都认为与其派留学生，不如请外国专家来华指导，一则省经费，二则可使青年安心研究。由此，他设想的最佳留学政策是"一方面去采花，一方面还要去采籽回来培植"，并在此基础上提出了一些具有建设性的建议。

近代中国的留洋学生起自于鸦片战争以后，许多学成归国的知识分子也为国家的现代化作出了贡献。但是如何根据国家、社会和个人的实际情况，以比较理性的态度来看待留学问题，确实值得国人深思。《独立评论》知识分子大多具有西方学术背景，本身是留学教育的最大受益者，他们对留学问题进行如此激烈的论争，背后折射出自由主义暂时让位于理性民族主义——在国家人力、物力、财力极其有限之条件下，必须有计划而不能盲目派遣留学生。国家面临内忧外患，经费和人才短缺已成为中国现代化的桎梏，唯有理性的留学政策才能促进中国的现代化，才能使中国实现真正的富强。从这群知识精英话语的字里行间可感触到他们怀有强烈的爱国主义和赤诚的民族情感。

（黄　斌）

百年学术思潮与北大

陈 来

一

20世纪政治思想和本世纪政治历史的发展，为20世纪的思想或社会文化思潮提供了历史背景和框架条件。从19世纪后半纪到20世纪前半纪，政治思潮的主流是"革命"，从太平天国的农民革命到孙中山的民主主义革命到毛泽东的新民主主义革命有承接的关联。革命的观念直到70年代仍然支配着整个社会。而20世纪文化思潮的另一基调是"启蒙"，从变法派推进的政治启蒙到进化论惊起的社会启蒙到新文化运动倡扬的科学与民主为中心的文化启蒙，乃至80年代的文化热潮，无不是此种基调在不同时段的呈现和展开。而"革命"与"启蒙"也必然影响到学术转型的形式，本世纪的"史学革命""文学革命""伦理革命""文化革命"都浸染着20世纪的历史色彩。

20世纪的学术思潮某种意义上正如复调音乐，在不同的层次或方面同时展开着几个不同的旋律或主题。在思想史的这一面向，20世纪思潮在马克思主义占据主导影响之下，形成了社会主义、自由主义、文化保守主义三流互动的格局。如果说在相对的特色上面，社会主义致力于社会平等，自由主义致力于政治民主，文化保守主义致力于文化传承，则这三者可以说都是中华民族在20世纪走向现代化过程的思想表现，是对现代性的不同反应。尤其值得注意的是，这三者都与北大结下了不解之缘。北大是马克思主义传播的最早的基地，最早宣传马克思主义的李大钊、陈独秀正是在北大开始他们的宣传马克思主义的活动的。近代自由主义代表胡适也是1917年回到北大在北大开始其思想活动。而新儒家不仅其早期代表梁漱溟、熊十力是在他们在北大任教时形成自己的思想或体系，新儒家后期的代表牟宗三也是出身于北大哲学系。在这个意义上，我们也可以说，北大是20世纪三大思潮的发源地。北大在20世纪思想史的这种地位是与他的"思想自由，兼容并包"的传统分不开的。

二

解决土地问题为中心的革命、驱除外来压迫的抗战、结束混乱分裂的统一，造成了现代化发展的基础；由社会主义工业化到社会主义市场经济的确立，逐步走上一条中国特色的现代化发展道路，这是20世纪中国的大历史。学术的发展则有自己相对独立的进程，这是小历史。"学术思想"或"学术思潮"，在20世纪不同时期、不同学者的用法中，往往有很不同的意义。如梁启超曾说："学术思想之在一国，犹人之有精神也；而政事、法律、风俗及历史上种种之现象，则其形质也。"在本世纪早期梁启超、王国维的著述中，学术思想实是用以指称理论形态的"思想"，尤其是指"哲学"而言。其实，所谓学术思想、学术思潮中的"学术"是不能用"思想"来涵盖或代表的。这里的"学术"在广义上即是指人文学科的研究。所以，在我的理解中，所谓20世纪的学术思潮，实际上包含着20世纪思想史与20世纪学术史两个方面，这两个方面有联系，但又有区别。

20世纪中国人文研究的主导趋向和基本线索，一言以蔽之，就是中国传统学术向现代学术的转变。世纪初正是中国传统学术向近代学术转变的开始，而这一转变到40年代后期已初步完成，50年代以后则是这一转变的深化和展开。这一时期的人文学者对这种转变有很自觉的意识。不仅梁启超的"新史学"、胡适的"新文学"在大的学科形态上用"新"标示出现代学术转型的自觉，熊十力的"新唯识论"、冯友兰的"新理学"，以及"新墨学""新儒学"等更以"新"字体现出学术发展的自觉。20世纪人文研究的"新学"，其内含的基本理路，就是如何处理"传统"和"现代"的关系。既要在学术形态上从传统转变为现代，又要在精神和内容上作基于传统的发展。所以，20世纪人文研究的现代成果，一方面是对近代以来西方学术的大量引进，并在西方文化的参照下用新的、现代的方法、基于现代的问题意识对中国历史文化所作的研究；另一方面，熊十力、冯友兰等人的"新"学是一种冯友兰所谓"接着讲"的学术形态。冯友兰区分了"照着讲"和"接着讲"，"接着讲"不是纯然要作客观的历史研究，而是对古代学术思想做现代的发展。

近代"新"学的倡导者与实践者多与北大有密切关系，这固然是北大可引为自豪的历史。不过，20世纪后半纪，中国学术思想在"发展"方面的成绩不大，这在北大迎接百年的时刻，也应当引起警觉和重视。

三

在回顾20世纪学术思潮和学术发展的时候，有一个现象值得注意，即文化启蒙与学术建设的依次交替。从1915年开始到20年代中期，是新文化运动及其影响居主导的时代，也就是"启蒙"与"批判"的时代。但接下来从20年代后期到整个30年代乃至40年代，新文化运动对传统文化的猛烈批判并没有阻断对中国文化进行现代学术研究的"建设"步伐，客观上为传统学术的现代转型作了思潮上推进的铺垫。这一时期，不仅新史学已开始从"疑古"发展向"释古"，整个人文学术领域迎来了20世纪第一个学术建设的高潮，正如我们今天在《民国丛书》所看到的，以专史为特色，一大批学术著作纷纷出现，一代大师级的学者正是在这一时期成就起来。

历史有时非常相似，80年代的文化热在性质上是第二次新文化运动，同样以启蒙和批判为主要特色；而90年代以来，在80年代开始而处于非主流的学术建设，在90年代发展为主流。今天，我们正处于20世纪第二个新的学术建设的高潮之中，这种情形正与30年代的学术建设一样。如果说，五四文化启蒙对中国古典文化的冲击直接引发了"疑古"的学术思潮，但到30年代"疑古"思潮逐渐为"释古"的学术思潮所取代，而发展出大批学术成果；那么，可以说晚近的学术思潮变迁是"批古"为"研古"所取代。80年代文化热的启蒙运动与50年代以来对古典文化的批判合流，推进了一种"批古"的学术思潮；"批古"与"疑古"不同，"疑古"只是对古代的材料进行怀疑，而"批古"则是对古代文化的价值进行根本否定。这种思潮支配下对古代文化与历史的研究，只以凸显中国几千年文化历史中的"封建""专制"为旨归，既不能在世界多元文化视野下了解中国古代历史文化整体的内在机制，更不能理解中国古典文化中道德、审美、宗教诸精神价值。而90年代以来，这种"批古"的思潮正在逐渐为"研古"的学术态度所取代，"研古"就是对古代文化在同情之理解的态度下作实事求是的研究，这种态度是再创新的学术建设高潮的根本条件。

因此，20世纪初承继的19世纪末的遗产是革命和启蒙，而21世纪初将承继的20世纪遗产是改革和建设。认清这一历史出发点很重要。面向21世纪，我们应当改革单一的启蒙心态，发展起更宽、更深的人文反思，继续推进学术建设平稳地向纵深发展，使新的一代学术大师得以在其中成长起来。20年代的北大曾经孕育了"疑古"思潮，50年代以后的北大融合了来自清华等许多学校人文研究的传统，北大的学统得到了极大的丰富，在学术建设方面北大理应承担起更多的责任，作出更大的贡献。

四

20世纪中国传统学术向现代学术的转变，是和20世纪中国传统教育向现代教育的转变过程紧密联系的。世纪初的"废科举，兴学校"对造就近代意义的学者和近代形态的学术起了莫大的作用。20世纪学术发展的历史清楚地显示出，从新文化运动到抗战时期，最有影响的现代学术经典之作和现代学科典范的建立，大都与大学的人文专业教育有关，而且多数是以大学教科书形式出现的。50年代和60年代以历史唯物论为指导方法的学科研究典范也大都从教科书来表现。在这一方面，北大学者发挥了主要的示范作用，不仅早期刘师培、胡适有关中国的历史、文学的教科书是这样，60年代游国恩等的《中国文学史》、翦伯赞等的《中国史纲要》、任继愈等的《中国哲学史》更是这样。80年代以后，重写教科书的实践虽然为不断适应教学而继续着，但从学术研究上说，通史式教科书的时代已经一去不复返，人文领域各个断代、专题的具体研究日益深入，研究单位与学术中心在全国遍地开花，北大独领风骚的局面已经过去。虽然北大人文研究的整体实力仍居全国之首，北大的学术步伐仍在不少方面影响着国内学术的潮流，但在市场经济发育，人才流失不断的条件下，北大必须正视自己学术发展的内在缺陷，以危机感和忧患意识抓紧学术建设，以保证北大在新的世纪中仍能引领国内学术的潮流。

北大在百年的学术发展中，业已形成了对中国学术界有重大影响的、带有"北大学风"的"北大学派"，建立起了具有北大特色的学术典范。其特色是既具有世界视野，又注重中国素材；既有浓深的人文性，又有厚重的历史感；既长于构建理论的框架，又重视资料的考证；既能以宽广的胸怀吸纳西方文化和学术思想的营养，更立基于中国历史文化的精深研究；既追求现代的精神，又传承古典的传统；既强调立论的严谨，又鼓励立意的创新。北大的这些学术精神与传统是我们推进学术建设的高潮和更加开放地走向世界的宝贵资源。另一方面，也应当看到，相对于北大的人文学研究的宽厚，北大的社会科学研究应随改革的纵深发展和国际交流的频繁往来而进一步发展，人文学科内的跨学科交流、人文学科与社会科学学科的跨学科交流研究还远远不够。科际整合是现代学术发展的方向和动力，作为国内人文、社会科学学科最全的综合性大学，北大必须在这些方面加快前进的步伐，作出更多的一流研究成果，以保持和达到世界一流的学术研究水平。

(摘自《北京大学学报》1998年第2期。本文原题为《思想史格局、学术史线索、文化思潮演变——百年学术思潮与北大》)

【导读】 陈来（1952—），哲学博士，当代著名哲学家、哲学史家。祖籍浙江温州，清华大学国学研究院院长，清华大学哲学系教授、博士生导师，校学术委员会副主任。1981年北京大学哲学系研究生毕业，获哲学硕士学位，同年留系任教。1985年北京大学哲学系博士研究生毕业，获哲学博士学位。师从张岱年先生、冯友兰先生。1998年是北大百年校庆，在这样一个具有历史意义的时刻，著名学者陈来写了这篇文章，以表达他对北大百年的思考。

大学是知识分子云集的地方，大学的精神也由知识分子带来。一所具有影响力的大学，在国家发展的进程中必然有着重大的影响。北大正是这样一所在中国近现代化进程中有着巨大影响的学校。

北大之成为这样一所重要的学校，与蔡元培1916年担任该校校长有着密不可分的关系。蔡元培主张"循思想自由原则，取兼容并包之义"的办学原则，广纳英才，使那个时候的北大成为真正的大学。很多思想、文化都发源于北大。正如作者在文章中所指出的，20世纪中国社会的发展变迁，北大几乎都参与其中。从思想领域看，马克思主义的传播最早就是在北大开始的，陈独秀、李大钊是这股思潮的代表。自由主义也因胡适的回归而在北大扎根，新儒家的代表人物也都是在北大时期形成他们的思想体系。因此，北大是20世纪中国三大思潮的发源地。开创20世纪各种"新"学的知识分子，也几乎清一色与北大有着密切的关系。史学界的"疑古"、"批古"、"释古"、"研古"思潮，也都或多或少与北大有关联。20世纪各种教科书，也大都由北大率先编撰，并一直影响着学术界，影响着各大学的相关专业。说北大是中国近现代化进程的发源地，毫不为过。

大学的影响力在于其所包容的知识分子，在于这些知识分子所带来的学术思想。

正因为北大有这样一批知识分子，她才能在上个世纪独树一帜，成为中国大学的领军。也正因为有当时北大这样一个宽松的学术环境，才造就了一大批学术界的领军人物。知识分子为大学带来了先进的学术思想，大学为知识分子的发挥创造了宽松的环境，两者相辅相成，缺一不可。

随着我国社会主义建设的不断发展，北大一枝独秀的局面正在被改变。

这种改变是历史的必然，这是由我国社会发展的趋势所决定的。正如作者所说，市场经济的不断完善，各地研究基地和高校的不断发展，吸引了更多的人才。北大要想保持其在国内大学中的领先地位，必然要树立起危机意识，意识到自己的缺陷。同时，还要走科际整合的道路。更关键的，是北大必须保持原有的"循思想自由原则，取兼容并包之义"办学宗旨，坚持"百花齐放，百家争鸣"的方针，为学者创造更为合适的学术环境，才能保持其独领风骚的局面。这也正是大学所能给予知识分子的最优厚待遇。

（莫山洪）

关于大学的概念

[英] 约翰·亨利

各位先生，我向你们声明，如果有两种大学，一种是所谓的大学，它不提供住宿，不督察学习，对修满许多课程考试及格的任何人都授予学位。还有一种大学则既无教授亦无考试，只是把一定人数的年轻人召集在一起过三四年，之后把他们送出学校，像人们所说牛津大学近60年来所做的那样。如果要我在这两种大学中选择，问我这两种方法中哪一种更有利于知识的训练——我并不从道德的角度说哪一种更好，因为显而易见，强制性的学习必定好，而懒散极有害——如果我必须断定这两条道路中哪条在训练、塑造、启发人的头脑方面更为成功，哪种方法培养出来的人更适合现实的任务，训练出更好的公职人员，产生出通晓世情的人和名传后世的人，我将毫不犹豫地选择那无教授亦不考试的学校，它优于那种强求学生熟悉天底下每一门科学的学校。

当一大群年轻人，具有青年所有的敏锐、心胸开阔、富于同情心、善于观察等等特点，来到一起，自由密切交往时，即使没有人教育他们，他们也必定能互相学习；所有人的谈话，对每个人来说就是一系列的讲课，他们自己逐日学得新的概念和观点，簇新的思想以及判断事物与决定行动的各种不同原则。婴儿需要学会理解由他的感觉传递给他的信息，这就是他本分要做的事。他以为眼睛看见的一切事物都近在身旁，后来才了解到情况不尽如此。这样，他就从实际中得知他最早学到的那些基本知识的关系和用处，这是他生存必需的知识。我们在社会上的生存也需要有类似的教育，这种教育由一所大的学校或学院提供。它的作用在本身领域中可以公平地称之为开扩心胸。……姑勿论它的标准与原则为何，是真是伪，这是一种真正的教育。至少它有培养才智的意图，承认学习知识并不仅仅是被动地接受那些零星、繁琐的细节。这是有意义的教育，也能做出某种有意义的事来。一批最卖力气的教师在没有相互的同情与了解，没有思想的交流情况下，绝不可能作出这样的成绩，一批没有意见敢于发表、没有共同原则，只是教导提问的主考官也同样达不到上述目的。那些被教被问的青年不认识主考官，他们彼此也不相识，他们的主考官只在冷冰冰的教室里或在盛大的周年纪念日上向他们教授或询问一大堆种类不同、相互间并无哲理联系的题目，每星期三次或一年三次或三年一次。

……

受到初步的基础教育之后，对于愿意独立思考的人来说，在图书馆里随意涉猎，顺手取下一本书来，兴之所至，深入钻研，这该有多大的好处啊！在田野中徜徉，和被放逐的王子一同欣赏"树木的说话和溪中流水的大好文章！"这该是多么健康有益啊！

……

首先，最明显不过的是，这些例子，还可以有更多的例子足以说明知识的交流，必然是扩增知识、启发思想的条件，或从那个意义上说是造成这种条件的手段。关于扩增知识与启发思想近年来在某些地方谈论很多，这是不容否认的事实。但另一方面，同样明显的是，知识的交流并不是扩增知识、启发思想的全部过程。扩增知识所包含的意思，不仅是被动地将一堆原来不知道的观念接纳到脑子里，而是对涌来的新观念作积极有力的脑部活动。这是一种具有创造性的行动，将我们取得的知识素材转化为有条理和有意义；这是使我们的知识客体成为我们自己的主体事物，通俗地说，就是将我们接收的事物加以消化，使之与我们原先的思想融为一体，没有这些，就不会随之而生所谓知识扩增。各种观念来到脑里时，如果不把一种观念与另一种观念比较并为之建立系统，就没有知识扩增可言，我们不仅学习，而且将所学的与已知的进行对照，只有这样，我们才会感到心智在生长、在扩展。所谓启蒙，不仅是增加一点知识，而是将我们已经学到的和正在学习的大量知识吸收积聚起来，在我们的思考中心不断运转前进。因此，真正伟大并为人类普遍承认的才智之士，像亚里士多德、圣托马斯、牛顿或歌德（我说到这类才智时，有意同时举出天主教会内外的例子），能够将新与旧、过去与现在、远与近联系起来看，因而能洞察这些事物之间的互相影响。没有这种观点，就看不到整体，看不到本质和中心。用这种观点掌握的知识就不仅看到一件件事，而且可以看到它们之间的本质联系。因此这样的知识便不仅是学得某样事物而且是一种哲理。

由此类推，如果摒弃了这种分析、分类、彼此协调的过程，即使再加上多少知识，人的心智也谈不上扩展，也不能算是得到了启发或具有了综合的理解能力。举例来说，我曾指出记忆力极好的人并不就是一个哲学家，正如一本字典不能称为语法书一样。有些人脑里有包罗万象的各种思想概念，但对这些思想概念之间的实际关系却一无所知。这些可能是古玩收藏家，篡写编年史的人，或是动物标本炮制者；他们可能通晓法律，精通统计学，在各自的职位上都很有用。提到他们时，我不敢表示不敬。可是，即使有这些成就也不能保证思想不流于狭隘。如果他们只是一些博览群书的人，或是见闻甚广的人，那么他们还配不上"造诣高深"的美称，也不能算是受到了开明的教育。

同样，我们有时会碰到一些见过大世面的人或是曾在他们的时代有显赫成就的人，但是这些人不会概括归纳，也不懂得如何观察。他们掌握大量有关人和事详尽的、新奇的、引人入胜的资料。同时，由于受到不十分清楚确定的宗教、政治原则影响，他们说及一切的人和事，完全是一些就事论事的现象，引不出结论。他们对这些事物没有分析、讨论，说不出什么道理，对听者并无教益，只是单纯地说话而已，尽管这些人见闻很广，但没有人会说他们具有渊博的学识或精通哲理。

（摘自《在牛津听讲座》，中国民航出版社2002年版）

【导读】约翰·亨利（1801—1890），英国著名神学家、教育家、文学家、演说家。1854年，约翰·亨利就任爱尔兰都柏林天主教大学的校长，为了准备学校的成立而发表了一系列演说，其中就包括《关于大学的概念》一文。

关于大学的概念，中外不少学者均有过探讨。如德国著名政治家、教育家威廉·冯·洪堡认为，大学应该是"带有研究性质的学校"，"它总是把科学当作一个没有完全解决的难题来看待，它因此也是处于研究探索之中"（《论柏林高等学术机构的内部和外部组织》）。蔡元培先生亦指出，大学

"非仅为多数学生按时授课,造成一毕业生之资格而已也,实是以为共同研究学术之机关"。(《〈北京大学月刊〉发刊词》)可见,两位学者都强调了学术研究在高校的重要性。其实,两者都在强调大学对于启发学生思维、锻炼学生分析问题、解决问题的能力。那么,这种能力该怎么培养,也许从约翰·亨利的演讲中能找到答案。

  约翰·亨利在文中比较了两种不同类型的大学,一种是要求修满学分和通过考试,才能拿到学位证书;一种是无授课无考试的,大家聚集一起三四年之后即可毕业。其实两种模式各有优劣,但约翰·亨利倾向于后面一种。在他看来,理想中的大学应该是给予学生自由发挥、深入思考的场所,不一定需要教授,也不一定非要考试,而是同学们坐在一起相互讨论,各抒己见,进行各种文化思想大交流。所谓"三人行,必有必有我师焉,择其善者而从之,择其不善者而改之",彼此在一起相互商讨,在一种完全放松的状态下集思广益,往往能碰撞出思想的火花,点燃智慧的火光,这样就更容易出成果了。

  另外,约翰·亨利还认为,最成功、最有效的学习方法就是发挥人的主观能动性。他说:"学习就是发挥人的积极性和能动性。对涌来的新观念及时作出反应,将知识客体转化为自己的主体事物,把接收的事物加以消化,使它与自己原先的思想融为一体,从而扩增知识,增长心智。而这不正是教育学的核心和灵魂吗?"的确如此,大学的学习不能仅仅是记忆知识,还应该学会独立思考,融会贯通,在不断思索探求中方能进一步提高学术水平。

  约翰·亨利在《关于大学的概念》中对于大学模式、教育理念、方法都提出了自己独特的见解,对于现代的大学教育无疑具有一定的启示意义。

(廖　华)

真正的哈佛

[美] 詹姆斯

  当一个人从另一个并非自己读书的学院获得一枚勋章时,他会把这看作是一种荣誉。今天,这种荣誉光临本人,我想,它的价值已远远超过荣誉本身，因而我更乐意把它视为一种来自朋友的人格善意（personal goodwill）的荣耀表征。由于我意识到了这种善意和友好，我想谈谈自己的真实感受，以回报主席先生的盛情美意。

我并非贵校的毕业生。我甚至没有在[哈佛的]科学学院取得过任何学位，而40年前我却在该学院从事过一些研究。我没有任何选举校方领导的权利，而时至今日，我似乎也从来没有感觉到自己仿佛是完全意义上的哈佛大家庭中之一员。哈佛意味着许许多多，她是一所学校，一个催人思想的思想之家，也是一个社会俱乐部；而在我们这些文学学士中间，其俱乐部方面的意味是如此强烈，其家族联系是如此密切和微妙，以至于我们所有生活在这里的人都会和我本人有同样的感觉：无论我们可能在这里生活了多久，都会在毕业典礼这一天产生些许局外人的感觉。我们无课可上，常常置身于局外。这感觉可能是愚蠢的，但却是一种事实。我相信，我亲爱的朋友谢勒、霍利斯、兰曼或者罗伊斯的感觉永远也不会像我的朋友巴雷特·温德尔那样快乐，或者说在类似今天这样的时日里，他们的感觉永远不会像温德尔呆在家里那般快活。

我希望利用我现在讲话的特权为这些局外人说几句，因为我属于他们中的一员。许多年以前，这些局外人中，有一人从加拿大来到此地，他声音高亢，完全不同意我的所有哲学观点。一天，在一次演讲中，正当我慷慨激昂、滔滔不绝之际，他高亢的声音突然在我头顶炸响，给我当头一喝："但是，博士！博士先生！请暂且严肃一点！……"他的声音如此真诚严肃，以至于引得满堂突然像炸开了锅似的一阵大笑。现在我也要求你们在我作这一简短讲话时暂且严肃一点。今天，我们正为我们自己感到荣耀，而无论何时，只要我们在这样一些日子里高喊"哈佛"这一名字，我们就狂欢不已，手舞足蹈。一俟人们纯情发动、心血来潮，便迎来让人心潮澎湃、无比感动的日子。但是，在我们这种对往日的同窗好友、对昔时的校园和钟声、对各种纪念物和俱乐部，以及对这熟悉的"查尔斯"河流和士兵墓地的纯天然性情感（mere animal feeling）的背后，必定有着某种更深刻更合乎理性的东西。无论如何，这背后应当有某种可能的根本性理由，能够解释为什么人们会如此欢腾雀跃，激动不已，因为他们是哈佛的儿女，不曾因为某种无法言说的可怖的偶然出生而预定成为耶鲁或康奈尔大学的学子。

任何一所大学都能够培养这种类型的俱乐部式忠诚，产生这种预先特别仰慕某一大学的心理之惟一合理的根据，可能就是该大学卓尔不群的精神气质。但是，仅仅是成为这种纯俱乐部式家族意义上的大学学子——我不在乎是什么样的大学——并不能保证你能够获得任何真正的精神气质的优越性。

那种认为书本学习可以成为解除各种社会之恶的老式观念在今天已经完全破产。尽管我们这所大学的校长去年还对教师们放言这一观点，我还是这么说。我们的校座是位心性乐观的人，那时候他似乎认为，只要学校能够更好地履行其职责，社会的恶就会烟消云散。但是，社会的恶从来就没有消失过。每一个文化层次都必定会在人们的头脑中打上它自己特殊的烙印，如同某一块土地会生产出甘蔗，而另一块土地则会生产出越橘一样。如果有人问我们这样一个歧义性的问题："我们今天所处的文化层次可能隐藏的恶是什么？"我想，我们不得不作出更具歧义的回答：这些隐藏的恶是欺骗和投机取巧，是沉溺于欺骗和投机取巧；是伪善之言和对伪善之言的同情——是"达成"（getting there）这一语词之纯粹外在意义上的"成功"之极端理想化的自然结果，而尽可能达成尽可能大的成功正是我们现在这一代人的特点之所在。某位讽刺家说过，人们为自己的行为所寻找的理由恰恰是那些使他们能够为其想做的行动所发明的理由。我们可以说这也同样是由于相同教育所导致的结果。我们清楚，大学毕业生在各个方面都面临着各种公共问题。最坚定的支持者就是哈佛的学子……哈佛学子就像记者一样，为他们能够在各个方面创造可能有益于他们自己的新闻价值而感到自豪。在某位哈佛拥护者那里，你可以找到的都是公共的滥用。

在这种成功的意义上，在这种世界性的意义上，以及在这种俱乐部意义上，成为一名大学学子甚至是成为一名哈佛学子，并不足以确保任何成功，而只能在为大众崇拜和平民目的的服务中提供一种较高的智力教育而已。在这一外在的哈佛内部，有一个明确意味着比这更多东西的内在的哈佛吗？如此众多的外来者来到这里又是为了什么？他们来自我们国家最遥远的边陲僻壤，没有什么引荐，也没有什么校际关系；无论是成为这所大学的专业学生，还是成为其科学学子；无论是作为毕业生，还是一位穷学生，都在创造着他们自己的生活。他们很少或从不关闭他们的理想之门；在哈佛校旗耀眼夺目的日子里，他们便盘旋在这红色旗帜的海洋之中。但尽管他们为自己在这里所找到的滋养而陶醉狂欢，他们的忠诚却要比俱乐部成员通常具有的那种群集式忠诚更为深刻、更为微妙，因而具有更深沉内在的灵魂。

的确，存在着这样一个内在的精神的哈佛，而我所谈到的和我为之讲话的这些人都是她真正的传教士并将她的福音传播到尚不信教的人们中间。当他们来到哈佛时,首先并不是因为她是一个俱乐部,而是因为他们已经听说了她坚持不变的原子论的构成;她对例外和奇特的宽容;以及她对于个体职业和个体选择之原则的奉献。是因为她的课程不拘一格,丰富多彩;是因为她哺育了如此丰富多样的富有生命力的理想,并给这些理想的价值实现开辟了广阔的天地;所以,甚至她在大学间举行的运动会上明显处于无可挽救的二流(或者偶尔进入一流)的位置,在她看来也很不错,以至于运动会虽然不过是一次运动比赛而已,但哈佛对耶鲁的比赛胜利却不是整个法则和预言的胜利,玩具气枪也不是命运劫数的爆发。

真正的教会永远是看不见的教会。真正的哈佛也是看不见的哈佛,她在她更富于真理追求的灵魂中、在她无数独立而又常常是非常孤独的儿女们身上。思想是我们大学应该成为的植物园中的珍贵种子。注意!当上帝让一位思想家在这个世界上自由思想时——卡莱尔或爱默生说过,那时候一切都得重新安排。但是,这些思想家在他们年轻的时候却几乎总是非常孤独的人。"惟有孤傲的太阳方能凌空高照,惟有浩荡的激流方能永流不息。"最值得人们合理仰慕的大学是孤独的思想者最不会感到孤独、最能积极深入和能够产生最丰富思想的大学。在这样一种情况下,在不同的大学之间进行比较可能没有多大的意思,而她们那些纯俱乐部式的品质,并不能使她们广泛地区别开来;所有的大学都必定是值得人们忠诚的,她们都能激起学子们对她们的感情。但是我相信,作为独立而孤独的思想家的温床,哈佛仍然站在各高校的前列。思想家们将会发现,这里的思想氛围是如此地宜人,以至他们可以愉快地度过他们孤独的思想时光。当哈佛给她的儿女们打上一种单一沉重而又刻板的品格烙印之时,也将是她的衰败之日。我们的无拘无束正是我们最值得自豪的东西。让我们共同期待这种无拘无束的"思想风格"永葆青春,创造无限硕果。

(摘自《詹姆斯集》,远东出版社1997年版,万俊人译)

【导读】威廉·詹姆斯(William James, 1842—1910), 1869年获医学博士学位, 1903年获法学博士学位, 是美国本土第一位哲学家和心理学家, 因而被称为"美国心理学之父"。他还是实用主义的倡导者、美国机能主义心理学派创始人之一, 也是美国最早的实验心理学家之一, 于1875年建立美国第一个心理学实验室，对美国的教育界和心理学领域影响非同小可，约翰·杜威曾评论道："大家一致公认，他一直是美国最伟大的心理学家。如果不是因为人们对德国的人和事不合情理的赞扬，我认为，他也就是他这个时代和任何国家里最为伟大的心理学家——也许是一切时代里最为伟大的心理学家。"2006年，他被美国的权威期刊《大西洋月刊》评为"影响美国的100位人物之一（第62位）"。

《真正的哈佛》是威廉·詹姆斯于1903年6月24日哈佛大学获得法学博士学位的毕业典礼午餐会上发表的演讲，后刊印于哈佛大学《毕业生杂志》1903年9月号。

威廉·詹姆斯虽然未曾真正在哈佛大学就读，但他却在哈佛大学的教学声誉卓著，取得了杰出的成就。1872年，哈佛大学的校长查尔斯·埃利奥邀请詹姆斯去哈佛教授生理学，他接受了，从此开始在哈佛大学长达35年的教学生涯。或许正由于长期浸润于哈佛大学的文化滋养之中，詹姆斯真正领悟到了哈佛大学的灵魂与精髓。在詹姆斯看来，"哈佛意味着许许多多，她是一所学校，一个催人思想的思想之家，也是一个社会俱乐部"，他细心体验哈佛的一切，他注意到"只要高喊哈佛这一名字，我们就狂欢不已，手舞足蹈"，而体验之后便是深刻的思考，他认为"这种纯天然性情感的背后，必定有着某种更深刻更合乎理性的东西"，于是他试图去体悟、探寻、捕捉哈佛的灵魂与精髓。他从许多在校和已经毕业的哈佛学子身上捕捉到一种独特的精神气质："可能就是该大学卓尔不群的精神气质"。他发现，"真正的哈佛"乃是一个"无形的、内在的、精神的哈佛"，其精髓便是"自由的思想"与"思想的创造"："真正的哈佛是看不见的哈佛。这个看不见的哈佛存在于哈佛之子的灵魂里。这些哈佛之子无畏地追求真理，独立不羁，往往能耐得住深深的寂寞。"在这独特的精神气质里，无拘无束、独立不羁是最值得自豪的东西，与陈寅恪所言的"自由之思想、独立之精神"有异曲同工之妙，威廉·詹姆斯把握了哈佛大学的精魂，陈寅恪则把握了北京大学的精神气质。

不同的大学都是以不同的精神气质树立自己的声名，正是那看不见的哈佛精神，那无拘无束、自由的思想与思想的创造，让哈佛大学一直居于世界一流大学的引领位置。

（罗小凤）

第三编 学者本色

学风九编

第三编　学者本色

人　才

吴　虞

余顷读报章，载当道以川中独立，地方治理，亟需群策。而在野遗才，初非甚乏，征聘汲引，颇有意焉。

余惟人才之界说，至难精确。虞卿曰：人固不易知，知人亦未易。故孔尼失之于子羽，信陵失之于魏齐。令欲得傅说于胥余，出夷吾于囚房，识甯戚于车下，举胶鬲于鱼盐，殆非寻常之人所能及也。荆山之璞，非卞和不能识；柯亭之材，非蔡邕不能辨。智有所局，分有所限，不可以勉强也。然则当如曹魏陈群立九品之制，以评人才之高下，所谓德行以立道本，理才以研事机，政才以经治体，学才以综典文，武才以御军旅，农才以教耕稼，工才以作器用，商才以兴国利，辨才以长讽议者。九品量才，各宜其用，亦今日之急务矣。

然人各异德，士各擅长；真伪朱紫，转变难知。辱而言高，贪而言廉，贼而言仁，怯而言勇，诈而言信，淫而言贞；设似以乱真，多端以疑暗，此常人之所惑，达者之所嗟，谅有由也。是以世人慕古之多贤，患今之寡士，退不三思，坐语一世。如鲁哀之近舍孔公、远希稷契，齐景之高羡管仲、弗睹晏婴。则虽立九品之格，亦未足以得人才矣！况乎者好每殊，爱憎迥别。晁错不坐袁丝之处，卫公不读居易之诗；性有所偏，则举措倒置。是以轩皇爱嫫母之貌，不易落英之丽；陈侯悦敦洽之状，弗近阳文之美；文王嗜菖蒲之菹，魏帝喜搥凿之响。于是周人宝其死鼠，以为玉璞；楚人珍其山鸡，以为凤凰。燕哙以子之为大舜，胡亥以赵高为忠臣。弃周鼎而宝康瓠，遗高才而进不肖。此亦历史之故事，世上所恒有也。虽然，此仅就其不相知、不相得者言之耳！若乃虽知举贤之美，而富仰才之心；即有所知，务使沈滞。邹阳有言，女无美恶，入宫见妒；士无贤不肖，入朝见嫉。故臧文仲不进展禽，甘被仲尼之讥；公孙宏不引董生，坐受汲黯之诮；李斯之不容韩非，庞涓之加刑孙膑。自古已然。欲求如黔息碎首以明百里，北郭刎颈以申晏婴，为国荐士，非因蒙赏者，殆旷

学风九编

千戴而一遇矣！

贤才既难进而易退，不肖则愈党而营私。游扬季布，罕值曹邱之俦；登进叔敖，不遇樊姬之笑。瓦釜雷鸣，驽骀腾踔，亦何常之有乎？然则今日之所号为人才者，亦可赌矣！

若辈在满清之世，口诵《朱注》，手抚白摺，习轻华之诗赋，作割裂之文章，呕心呖血，穷老尽气，以求一第。幸而帖括有灵，居然显圣，则掇巍科，跻权要，靦然以人才自命，而人亦以人才推之。黄金之屋，如玉之颜，求无不获。曾文正曰："不信命，信运气。"实指此也。

然而词馆之英，有问日本之在东在西、四川之近海不近海者；外部之要，有言澳门在星加坡之外者；亲藩之贵，有问安南去广西近否者。甫离乎小楷试律之间，即责以钱谷兵刑之任，已觉学非所用，任违其才。矧当此玄黄绝续之秋、风潮浩荡之日，拿坡伦、梅特涅无以善其后者，乃以属于举业正轨、律赋大观、头童齿豁之徒，宁克有济？夷、齐之饿死西山，不食周粟者，非谓西伯之不能养老，自知其老而无补于时也。四皓之老而强出，意在安刘，而不悟其适以灭刘也。然若辈以腐败老大之资格，蒙昧顽陋之学识，既用以亡灭二百六十余年之满清，又用以亡成立四年之民国，且用以消灭忽而总统忽而皇帝之袁氏；乃既享权利于满清，复享权利于民国。国家有兴亡之局，人民有涂炭之灾，而若辈之资格之权利，秋毫无损。斯亦中华之妖孽，大陆之怪事矣！始知嗜鲍鱼之味，不近芝兰；为海上之夫，惯于逐臭。真龙欲下，方骇夫叶公；滥竽竞吹，足悦于齐后。明珠触于按剑，幽谷朽其美材，此庄周所由自放于泥中，孔氏所欲乘桴于海外。人才乎！人才乎！其将觅之于桂树小山之幽、堀穴岩薮之中，或庶几其一遇也乎！

（摘自《吴虞集》，四川人民出版社1985年版）

【导读】吴虞（1872—1949），原名姬传、永宽，字又陵，号黎明老人，四川新繁（今新都区）龙桥乡人。早年留学日本，归国后曾任四川《醒群报》主笔，鼓吹新学。1910年任成都府立中学国文教员，不久到北京大学任教，并在《新青年》上发表《家族制度为专制主义之根据论》、《说孝》等文，猛烈抨击旧礼教和儒家学说，在"五四"时期影响较大。胡适称他为"中国思想界的清道夫"，"四川只手打到孔家店的老英雄"。1916年1月，吴虞开始但任教育杂志社的名誉主笔。5月，他反孔非儒的文章《李卓吾别传》在《教育》

杂志第三期上刊出。大约同时，吴虞在成都报刊上还发表了《时事感言》《人才》《读荀子书后》等系列文章。晚年，吴虞任教于四川大学，1949年在孤寂中病逝于成都。

什么是人才？吴虞在回答这个问题时，基本站在反对儒家思想和旧礼教的立场上。他批判儒学中以孝为中心的封建专制和家族制度，认为在孔子的整个思想体系中，起主要作用的是礼，学礼、复礼、传礼是孔子思想和一生活动的主线。而中国封建社会中的"儒家道统"的作用，就是思想专制。自汉武"罢黜百家，独尊儒术"以来，儒学被定于一尊，孔子也成为"至圣"，结果形成中国长期以来思想学术专制的局面，严重阻碍了中国学术思想的发展。"自孔氏诛少正卯，著'侮圣言'、'非圣无法'之厉禁；孟轲继之，辟杨墨，攻异端，自附于圣人之徒；董仲舒对策，以为诸不在六艺之科、孔子之术者，皆绝其道，勿使并进；韩愈《原道》'人其人，火其书，庐其居'之说昌；于是儒教专制统一，中国学术扫地！"（《儒家主张阶级制度之害》）所以，真正的人才就是摆脱儒家思想的束缚，秉持新思想、新学说的新国民，也就是应求贤于"野"，管理国家事务断不可用封建余孽。吴虞于"五四"运动前后，大胆冲击封建礼教和封建文化，被称为是攻击"孔教"最有力的健将，他的这一人才观与他的反封建思想一致，在当时曾引起了巨大的反响。

不过，吴虞的反封建和非孝非礼的言论，更多的是个人生活的发泄。他与自己的父亲关系不好，甚至是仇敌。如他的父亲死后，他写信给住宿学校的两个女儿，"告以老魔径赴阴司告状去矣！"他的为人和言论在当时的成都文化界也颇受抵制，被视为"士林败类""名教罪人"。他与女儿的矛盾也像当年他跟父亲的矛盾一样，几乎不可调和。他对待骨肉至亲的态度是"宁我负人，毋人负我"，因而，尽管他在北京的生活极为优裕，每每出入于八大胡同，但拒绝出钱供女儿读书，以至于女儿要革他的命。吴虞这样有悖人情的丑事还有很多，以至后来学生不再信任他，新文化同仁排斥他，社会上到处是关于他的流言蜚语，从人品到学识几乎一无是处。但我们抛开他个人的缺憾或过失，实事求是地说，他生逢五四时期，思想迎合潮流，是时代的弄浪潮儿。所以，他的人才观具有现代意识，是与五四新思想相吻合的。

（卢有泉）

中国知识分子（节录）

钱 穆

我在前提到中国知识分子，此乃中国历史一条有力的动脉，该特别加以叙说。

中国知识分子，并非自古迄今，一成不变。但有一共同特点，厥为其始终以人文精神为指导之核心。因此一面不陷入宗教，一面也并不向自然科学深入。其知识对象集中在现实人生政治、社会、教育、文艺诸方面。其长处在精光凝聚，短处则若无横溢四射之趣。

姑置邃古以来，从春秋说起。其时文化已开，列国卿大夫如鲁之柳下惠、臧文仲、季文子、叔孙穆子，齐之管仲、晏婴，卫之蘧伯玉、史鳅，宋之公子鱼、子罕、向戌，晋之赵衰、叔向、韩宣子，楚之孙叔敖、令尹子文，郑子产、吴季札，秦之百里奚、由余，其人虽都是当时的贵族，但已成为将来中国典型学者之原始模样。他们的知识对象，已能超出天鬼神道之迷信，摆脱传统宗教气，而转重人文精神，以历史性世界性，在当时为国际性社会性为出发点。专在人生本位上讲求普遍的道德伦理规范，而推演到政治设施，决不纯粹以当时贵族阶级自身之狭隘观念自限。但他们亦决不撇开人事，一往地向广大宇宙，探索自然物理。因此他们既无西方宗教性格，亦缺乏西方科学精神，而在人文本位上，则已渐渐到达一融通开明之境界。此后战国平民学者兴起，贵族阶级突然陵替，其间并无贵族平民两阶级间之剧烈斗争，而列国封建经两三百年的过渡，即造成秦汉大一统。此等历史业绩，推溯根源，春秋时代贵族学者之气度心胸，与其学识修养之造诣，亦与有大功。不是战国推翻了春秋，乃是春秋孕育了战国。

战国学者多从平民阶级崛起，但当时距春秋不远，他们在生活上、意识上，几乎都沾染有浓厚的贵族气。他们的学术路向，依然沿袭春秋，以历史性、世界性、社会性的人文精神为出发，同时都对政治活动抱绝大兴趣。在上的贵族阶级，也多为他们开路，肯尽力吸引他们上进。他们亦几乎多以参入政治界，为发展其对人生社会之理想与抱负之当然途径。而讲学著书，乃成为其在政治上不获施展后之次一工作。孔子专意讲学著书，乃属晚年事。墨子亦毕生在列国间奔跑，所谓"孔席不暇暖，墨突不得黔"，都是忙于希求参加政治活动。孔、墨以下，此风益甚。总之，他们的精神兴趣，离不了政治。

即如庄周、老聃，最称隐沦人物，但他们著书讲学，亦对政治抱甚大注意。即算是在消极性地抨击政治，亦证明他们抛不掉政治意念。此亦在中国历史传统人文精神之陶冶下所应有。我们姑称此种意态为上倾性，因其偏向政治，而非下倾性，因其不刻意从社会下层努力。在当时，列国交通，已形成一世界型的文化氛围。如陈仲子之类，即使埋头在小区域里，终身不顾问政事，但风气所趋，大家注意他，依然使他脱不掉政治性。政治的大门已敞开，跃登政治舞台，即可对整个世界即全中国全人类作文化上之大贡献，哪得不使这一批专重人文精神的知识分子跃跃欲试？

他们的生活与意气亦甚豪放。孟子在当时，最号称不得意，但他后车数十乘，从者数百人，传食诸侯。所见如梁惠王、齐宣王，都是当时最大最有权势的王者。若肯稍稍迁就，不在理论上高悬标格，何尝不是立谈便至卿相。在百万大军国运存亡的大战争中，一布衣学者发表一番意见，可以影响整个国际向背，如鲁仲连之义不帝秦。此种人物与意气，使后代感为可望而不可接。无怪战国一代，在中国史上，最为后代学者所想慕而乐于称道之。

我们明白了这一点，可知中国学者何以始终不走西方自然科学的道路，何以看轻了像天文、算术、医学、音乐这一类知识，只当是一技一艺，不肯潜心深究。这些，在中国学者间，只当是一种博闻之学，只在其从事更大的活动，预计对社会人生可有更广泛贡献之外，聪明心力偶有余裕，泛滥旁及。此在整个人生中，只当是一角落，一枝节。若专精于此，譬如钻牛角尖，群认为是不急之务。国家治平，经济繁荣，教化昌明，一切人文圈内事，在中国学者观念中，较之治天文、算术、医药、音乐之类，轻重缓急，不啻霄壤。因此治天文、治算术的，只转入历法方面，俾其有裨农事。如阴阳家邹衍一辈人，则把当时仅有的天文知识强挽到实际政治上应用，讲天文还是在讲政治原理，讲仁义道德，讲人文精神。至如音乐之类，在中国学者亦只当作一种人文修养，期求达到一种内心与人格上理想境界之一种工具。孔子最看重音乐，他对音乐看法即如此。放开一步，则用在人与人交际上，社会风俗陶铸上，还是一种工具，一种以人文精神为中心向往之工具。因此在中国知识界，自然科学不能成为一种独立学问。若脱离人文中心而独立，而只当是一技一艺，受人轻视，自不能有深造远至之望。

不仅自然科学为然，即论政治，在中国知识分子的理想中，亦决不该为政治而政治。政治若脱离人文中心，连一技一艺都不如。张仪、公孙衍之徒，所以为孟子极端鄙视，其意义即在此。而孔、墨、孟、荀，又将为荷蓧丈人及庄周之徒所讥笑，其意义也在此。当知庄周等看不起儒、墨政治活动，亦由人文中心着眼。只其对人文整体看法与儒、墨不同，其实是仍站在人文圈内，并非站在人文圈外，根据超人文的眼光来批评。如是则级级提高，一切知识与活动，全就其对人文整体之看法，而衡量其意义与价值。因此在中国传统知识界，不仅无从事专精自然科学上一事一物之理想，并亦无对人文界专门探求某一种知识与专门从事某一种事业之理想。因任何知识与事业，仍不过为达到整个人文理想之一工具，一途径。若专一努力于某一特殊局部，将是执偏不足以概全，举一隅不知三隅反，仍落于一技一艺。而且属于自然科学之一技一艺，尚对人文整体有效用。若在人文事业中，割裂一部分专门研求，以一偏之见，孤往直前，有时反更对人文整体有害无益。

孔门弟子，如子路治兵，冉求理财，公西华办外交，皆有专长，但孔子所特别欣赏者，则为颜渊，颜渊不像是一个专才。墨家对机械制造，声光力学，都有相当造就，但墨子及墨家后起领袖，仍不专一注重在这些上。战国很有些专长人才，如白圭治水，孙吴治兵，李悝尽地力之类，但为知识界共同推尊蔚成风气者，也不是他们。当时知识界所追求，仍是关涉整个人文社会之全体性。若看准这一点，则战国知识界，虽其活动目标是上倾的，指向政治，但他们的根本动机还是社会性的，着眼在下层之全体民众。他们抱此一态度，使他们不仅为政治而政治，而是为社会而政治，为整个人文之全体性的理想而政治。因此他们都有一超越政治的立场，使他们和现实政治有时合不拢。纵使"孔席不暇暖，墨突不得黔"，孔子、墨子始终没有陷入政治圈内，常以不合自己理想条件，而从实际政治中抽身退出，再来从事讲学著书。但他们在内心想望中，仍不放弃政治，仍盼望终有一天他们的理想能在政治上实现。此种态度，即庄周、老聃亦不免。他们一样热望有一个理想政府与理想的政治领袖出现。因此战国学者，对政治理想总是积极向前，而对现实政治则常是消极不妥协，带有一种退婴性。这一意识形态直传到后代，成为中国标准知识分子一特点。

政治不是迁就现实，应付现实，而在为整个人文体系之一种积极理想作手段作工具。此一人文理想，则从人生大群世界性、社会性、历史性中，推阐寻求得来。此一精神，在春秋时代尚是朦胧不自觉的，直要到战国，始达成一种自觉境界。他们的政治理想，乃从文化理想人生理想中演出，政治只成为文化人生之一支。这一理想，纵然不能在实际政治上展布，依然可在人生文化的其他领域中表达。主要则归本于他们的个人生活，乃及家庭生活。孔子《论语》中已说："孝乎唯孝，友于兄弟，施于有政，是亦为政，奚其为为政。"这是说，家庭生活亦就是政治生活，家庭理想亦就是政治理想，以其同属文化人生之一支。因此期求完成一理想人，亦可即是完成了一理想政治家，这是把政治事业融化到整个人生中而言。若单把政治从整个人生中抽出而独立化，即失却政治的本原意义。要专意做一个政治家，不一定即成为一理想人。《大学》直从诚意、正心、修身、齐家、治国、平天下一以贯之，而归宿到"一是皆以修身为本"。庄周亦说"内圣外王之道"。内圣即是诚意、正心、修身、齐家，外王即是治国、平天下。治国、平天下，亦只在实现人生文化理想。此种理想，必先能在各个人身上实现，始可在大群人身上实现。若这一套文化理想，并不能在各个人身上实现，哪有能在大群人身上实现之理？因为大群人只是各个人之集合，没有各个人，即不会有大群人。

人生本来平等，人人都可是圣人，治国平天下之最高理想，在使人人能成圣人。换言之，在使人人到达一种理想的文化人生之最高境界。这一工夫，先从各个人自身做起，此即所谓修身，所谓絜矩之道。大方小方一切方，总是一个方，一切人总是一个人。认识一方形，可以认识一切方形。一个人的理想境界，可以是每个人的理想境界。政治事业不过在助人促成这件事，修身则是自己先完成这件事。此理论由儒家特别提出，实则墨家、道家，在此点上并不与儒家相违异。此是中国传统思想一普通大规范，个人人格必先在普通人格中规定其范畴。圣人只是一个共通范畴，一个共通典型，只是理想中的普通人格在特殊人格上之实践与表现。圣人人格即是最富共通性的人格。

根据此一观念，凡属特殊人格，凡属自成一范畴自成一典型的人格，其所含普通性愈小，即其人格之理想价值亦愈降。孔子、墨子、庄子，他们所理想的普通人格之实际内容有不同，但他们都主张寻求一理想的普通人格来实践表达特殊人格之这一根本观念，则并无二致。而此种理想的普通人格，则仍从世界性、社会性、历史性中，即人文精神中，籀绎归纳而来。此层在儒、墨、道三家亦无二致。如是，则我们要做一个理想人，并不在做一理想的特殊人，而在做一理想的普通人。理想上一最普通的人格，即是一最高人格。圣人只是人人皆可企及的一个最普通的人。因此他们从政治兴趣落实到人生兴趣上，而此一种人生兴趣，实极浓厚地带有一种宗教性。所谓宗教性者，指其认定人生价值，不属于个人，而属于全体大群。经此认定，而肯把自己个人没入在大群中，为大群而完成其个人。

至于特殊性的人格，超越大群而完成他的特殊性的个人主义，始终不为中国学者所看重，这又成为中国此下标准知识分子一特色。战国学者在理论上，自觉地为中国此下知识分子，描绘出此两特色，遂指导出中国历史文化走上一特殊的路向。

……

清代学风的新趋势，集中到博学派。他们注意在以往历史文献中发掘实学，却疏忽了在当前现实社会中培植活人。满清政权不断高压，书院讲学精神再难复兴，而反政府的潜流，则仍隐藏在博学派之内心。晚明遗老都尚注意政治社会一切问题，求在过去历史中诊察利病，定新方案，期待兴王。不幸而他们的理想时期，迟不出现，渐渐此希望黯澹迷糊，博学派遂转以古经籍之研索为对象。校勘、训诂、考订，说是实事求是。但此实事，已不是现实人生中事，而只转向故纸堆中做蠹鱼生活。他们所标揭的是反宋尊汉。但汉儒所重在通经达用，神化孔子，来争取政治领导地位。清儒则无此兴会。朝廷功令，对古经籍根据宋儒解释。清儒从校勘、训诂、考订各方面排击宋儒。反宋无异在反政府、反功令，但其能事亦到此而止。他们的反政府，已避开了现实政治，最多不曲学阿世，却不能正学以言。他们的正学以言，则只在校勘、训诂、考订上，再不在治国平天下的当前具体事情上。

以前东汉太学生，以清议来反对当时官立博士派的章句之学。现在清儒，则转用汉博士章句之学，来反对朝廷科举功令。他们的治学精神，其实有些近似元代，都在钻牛角尖，走向一角落，远离人生，逃避政治社会之现实中心。近人推崇清儒治学方法，认为接近西方科学精神，但他们已远离中国传统知识分子之旧路向。看轻了政治、社会、历史、宗教等实际人生，而偏向于纯文字的书本之学。换言之，则是脱离了人文中心，仅限在故纸堆中书本上，为学术而学术了。他们不想作相与作师，不在现世活人身上打主意，不关切人群大共体，他们只把兴趣集中在几本遥远陈古的书籍上，他们遂真成为一些书生与学者。他们不注意人人可为圣人的活教训，他们只想教人能读圣人书。而其读圣人书，亦不重在通大义，辨真理，而重在其版本字句，声音训诂，事物考证。总之是避免了以人文作中心。汉儒把圣人神化，清儒则把圣人书本化。近人又说清代学术相似于西方之文艺复兴，此语绝不得清儒之真相。若强要我们以西方文艺复兴相比拟，则该是宋儒，非清儒。这一风气，到道咸后，清政权将次崩溃时才变。

阮元是清代乾嘉学派博闻考证之学一员压阵的大将。他晚年提出《资治通鉴》《文献通考》二书，称之为二通。他说：读书不读此两部，即不得为通儒。学问不学此两种，即不得为通学。他的眼光从经典转移到历史，这便转向政治性社会性之现实人群上来了。但大体上，他们依然在反宋，因此不能有中国传统知识分子向来关切大群共体之一番宗教精神。从阮元再转出龚自珍，依次到康有为，重新想把孔子神化，再要把神化的孔子来争取政治领导，此一转才像真接近西汉。但西汉学者来自农村，过的是农村淳朴生活，又多从下层政治实际事务中磨练。清儒则近似明代人，生活多半都市化，一得进士，在政治上即成骄子，根柢不能像汉人之淳朴笃厚。而神化孔子为宗师，于是在学术界形成一新风气，非怪诞，即狂放。龚自珍成为道咸以下知识分子一惊动慕效的对象，康有为则直率以圣人自居，怪诞狂放，相习成风。只有江忠源、曾国藩、胡林翼、罗泽南，在清代汉学空气比较不浓厚的湖南出现，他们有意提倡宋学，但又卷入军事生活。江、胡、罗诸人都早死，只留曾国藩，亦老于军旅，在学术界又以桐城派古文自限，沉潜不深，影响不大。晚清学术界，实在未能迎接着后来的新时代，而预作一些准备与基础。

换言之，此下的新时代，实在全都是外面之冲荡，而并不由内在所孕育。因此辛亥革命，只革了清代传统政权之命。而此二百四十年的清代政权，却也早已先革了中国传统知识分子之命。于是辛亥以后，中国知识分子急切从故纸堆中钻出，又落进狂放怪诞路径，一时摸不到头脑，而西方知识新潮流已如狂涛般卷来，没有大力量，无法引归已有。于是在此短时期中，因无新学术，遂无新人才。因无新人才，遂亦无法应付此新局面。只想凭空搭起一政治的新架子，无栋梁，无柱石，这架子又如何搭得成？

辛亥以后，一时风气，人人提倡新学，又人人自期为新人。旧的接不上气，譬如一老树，把来腰斩了，生机不续。若要接枝，也须接在老根上。现在是狠心在做掘根工作。政治革命之后，高喊文化革命。文化革命之不足，再接着高喊社会革命，他们想，必要把旧的连根挖尽，才好另栽新的。这是辛亥以来四十年中国知识界之大蕲向。不幸四十年来的努力，抵不过二千年的潜存文化。这一蕲向，只如披上一件新的外衣，却没有换掉那个旧的躯壳。

　　让我举出一个最显著的例，试问这四十年来的知识分子，哪一个能忘情政治？哪一个肯毕生埋头在学术界？偶一有之，那是凤毛麟角。如王国维，如欧阳竟无，那仍是乾嘉传统，都不是站在人群社会中心，当路而立的，对社会依然说不上有大影响。其他人人慕想西化，却又很少真实西化的学者。他们先不肯死心塌地做翻译工作。惟一例外是严复，毕生尽瘁译事，不亲自著作。但到后，还不免被卷入政治漩涡。其次是不肯专就西方学术中一家一派笃信好学，谨守绳尺，不逾规矩。当知创造难，学习亦不易。学习一家一派已难，若要上自希腊，下至近代，综括西欧，古今各国，撷其菁英，揽其会通，那就更不容易了。

　　若中国真要学西方，诚心求西化，魏、晋、南北朝、隋、唐的高僧们，应该是一好榜样。须笃信、好学、守死、善道才始是。非守死节证其不好学，亦即证其不笃信，如此又何能善道？中国四十年西化无成绩，这是知识分子的罪过。高谈西化而负时望者，实际都在想做慧能马祖，不肯先做道安、僧肇、慧远、竺道生。先不肯低头做西方一弟子、一信徒，却早想昂首做中国一大师、一教主，这依然是道咸以下狂放未尽。龚定庵诗："但开风气不为师"，一百年来，多在想开风气。他们自负是学习西方的启蒙运动，却把中国二千年学术文化，当作一野蛮、一童蒙看。他们不肯真心学佛，只借仗释迦来骂孔子老聃。不肯先做一真实的学者，老实退处社会一角落，像西方学人那样分头并进，多角放射。却早自居为政治社会之领导中心，先自认为是新道统。道统建立，岂是如此般容易？

　　若论真肯认定一家一派学西方的，平心而论，则只有今天的共产党，但他们也只肯学列宁、斯大林，并不肯学马克思、恩格斯。他们所毕心尽力的仍在政治，不在学术思想。

　　从前中国知识分子，常想用学术来领导政治，这四十年来的新知识分子，则只想凭借政治来操纵学术。从这一点讲，即从其最好处说，今天中国的知识分子，依然未脱中国自己传统文化之内在束缚，依然是在上倾，非下倾，依然在争取政治领导权，依然是高唱治国平天下精神。在西方，科学、宗教、哲学、艺术分门别类，各务专长。一到中国，却混成一大洪流，便成为推翻旧传统、推翻旧文化、创造新政治、建立新社会一呼号。如是则一切一切，全成了高谈狂论。若不说是高谈狂论，则应该是一种伟大的精神之表现。但此一种伟大精神，至少必须含有一种宗教性的热忱，即对社会大群体之关切心。而此四十年来，中国知识分子不幸所最缺乏者正在此。沿袭清代，菲薄宋儒，高呼打倒孔家店，摹效西方，提倡个人自由，却不肯诚心接受基督教。竭力想把中国变成一多角形尖锐放射的西方社会，却留下了一大缺洞，没有照顾到社会下层之大整体。

近代中国人之崇慕西化，而最后则终止于马、恩、列、斯之共产主义，统一全中国，迄今已达于三十年一世之上，此亦有其理由，可资阐说者。

西方政教分，先自希腊罗马，下迄近代，凡属政治方面，全在分裂争夺之状态中，无以自逃。其统一趋势，则只有宗教方面。但耶稣乃犹太人，西欧诸民族之能分不能合，亦由此可见。马克思亦犹太人，虽主张唯物，不信耶教，但其共产主义，实亦超乎国界，盈天下人类而归之一途，不啻一变相之宗教。此惟犹太人有之，而为西欧人所不能有。列宁用之作革命之号召，但迄今苏维埃仍不能脱其欧洲人帝国主义之传统。惟共产主义究有一种世界性，一种万国一体性，即有其一种人类大群之共同性，则实远超于欧洲人近代商业资本性之上，而更见其有广大共通之一面。此则显然无足疑者。

近代中国虽竞慕西化，有"赛先生""德先生"之号召，但其风只在北平，而当时南京中央大学，即有《学衡杂志》起而反对，乃颇以中国传统文化自尊自守。此亦断然不可否认一现象。共产党又迎合社会多数，遂易一时成功。抑且在当时之西方人，终亦以中国之共产化不失为西化之一端，乃从旁赞助，美国人即为其最显著之一例。苏俄势力自西方再度东侵，外蒙古自主独立，关外三省乃及朝鲜半岛之北部，全归苏俄势力范围，此皆出美国人主张。当时美国人虽与中华民国同抗日本，但一则中国兵力弱，不如苏俄之可恃。再则中国究是东方黄种人，与苏俄之同为西方白种人者究有别。美国人不惜用大力引进苏俄，使得重返东方，史迹鲜明，尽人可知。民主政治与极权政治，资本主义与共产主义，以民族血统之更大分别言，实为一小分别。而黄色人种与白色人种之相异，则为一大分别。此以近代美国人心理言，已有显证。

我们再把最善意的看法来看中国共产党，可说他们已把马克思唯物史观与共产主义当作一种宗教信仰，由此激发了中国近代知识分子对社会大群体之关切，由此得到隐藏在其内心深微处一种宗教要求之变相满足。但中国果能继续此一趋向,则中国自将完全走上苏维埃化,而非完全西方化。苏维埃实是近代西方文化一大反动。此四十年来,中国知识分子尽力提倡西化,而结果却走上了对西化之激剧反动。此一转变,只可说依然是中国传统文化之内在要求在背后作梗。我们必先认识此一意义,乃可再进一步来推论中国之是否果能化成苏维埃。

余尝谓西方人没有中国传统之天下观,即人类相处之道义观与伦理观。西方之共产主义则为唯物的,仅重血气外向的人生,不近中国传统心性内向的人生,其间有一大区别,而中国人乃不自知。故中国而共产化,其摧残中国传统文化乃益甚。由唯心转而为唯物,较新文化运动之排斥西方耶教,为更趋于唯物化,此则距中国人自己传统为更远。而中国人苦于不自知,此尤大堪磋叹了。中国传统文化精神,正在由个性人格中反映出普遍人格,此即人人皆可为尧舜,人人皆可成佛之传统信仰。此一信仰建基于儒家之性善论。道家虽不明白提倡性善论,但其内在倾向依然主张人性善,故以归真反朴回向自然为理想。从竺道生到慧能的佛学,主张人人皆具佛性,仍是中国传统变相的性善论。耶稣教在中国不能像佛教般广深传布,其惟一症结,即在性善性恶两观念之极端冲突下受阻碍。马克思唯物史观与阶级斗争,则仍由西方传统性恶观点下演出。否则一切人生,决不致专为物质生活所操纵。一切意识,决不致专为阶级立场所决定。一切历史进步,决不致专由阶级斗争而完成。

耶教的性恶观念尚有上帝作调剂,马克思唯物史观乃始为彻头彻尾之性恶论。耶教上帝关切全人类每一个人之整个人生,马克思共产主义最多只关切到某一个阶级的物质生活。马克思只讨论经济,不讨论灵魂,因此共产主义在西方,便断不能与耶教并存。信仰马氏,必先推翻耶稣。而中国传统文化,则正因其不能接受耶稣,而可断其更不能接受马克思。若要共产主义在中国生根,则势非彻底推翻中国传统文化不为功。此四十年来的中国知识界,正在此一目标下努力,早已为共产主义披荆斩棘,导其先路。所不幸者,则如上文所分析,中国近代之不能彻底西化而转向苏联,其背后仍系中国传统文化之潜势力在暗地操纵。

这里再该提起耶稣教在西方整个文化系统中之地位与功用。西方文化体系,若专就外形看,显属一种多角性的尖锐放射。而每一角度之放射指向,都见其世俗欲极强烈,权力追求之意志极执著,个性上之自我肯定极坚决。只有耶稣教教人超越现世,转向上帝,再回头来把博爱牺牲精神冲淡实际人生中种种冲突，而做成了那一个多角形的文化体系中之相互融和，与最高调协之核心。若在西方文化中抽去耶稣教，则必然会全体变形，成为矛戟森然，到处只是唯物与斗争之一个人类修罗场。中国人在其自己文化之潜意识下，用另一眼光来看耶稣教，既已把它拒绝，而在其自己传统文化中本所蕴藏的一种人文中心的宗教热忱，即对于社会大群体之关切心，却又经此三百年来之学术转向而迹近于遗忘。如是则近代中国知识分子，自外言之，已不能有超越现实，而作高一级的向往之精神表现。自内言之，又不能超越小我，牺牲个人，对社会大群体生关切。在此情形下，其先对西方文化，因其对于自己传统的模糊观念而存一种鄙夷轻视的心理，其次又迫于现实利害之权衡而转身接受。无论其拒其受，其对西方文化，总是涉其浅，未历其深，遇其害，不获其利。

若西方之宗教信仰，乃始涉及人生之内心深处。中国人所谓仁、义、礼、智、信，礼与信皆指内心言。西方宗教亦可谓别有其一番礼与信。至于科学与民主，则无内心可言。近人如梁任公以中国重礼治与西方重法治相对，此可谓深得文化分别之大旨所在。法治重外在刑法，其主要在多数意向。而多数人则多重外物，不知重内心。然而人生所遇外物则多变，惟心性乃属天生，乃有常可循。中国文化之相传五千年以达今日者，主要乃在此。

五四运动时所对西方文化之认识，亦只提出民主政治与科学两项，并又鲜明揭起反宗教的旗帜。但在西方文化，苟无耶稣教，民主政治只像在对人争权，科学只像在对物争利，一切全落在物质与权利上，全成为一种斗争性，全是功利色彩，循是演进，则自然会走向马克思。而自己传统文化，又一时急切摆脱不掉，菁华丢了，糟粕还存。民主政治与科学精神在此潮流下全会变质，于是政治高于一切，一面还是人文中心，而一面走向极端的性恶论。

中国当前知识分子，论其文化传统，本已学绝道丧，死生绝续，不容一线。经历了满清政权两百四十年的传袭，中国传统精神，早已纸片化了。而就其所处身的社会立场言，则又单薄得可怜。两汉有地方察举，魏、晋、南北朝有门第，隋、唐以下有公开考试，传统政治下有铨叙与监察制度，都使他们一面有所倚仗，一面有所顾忌。从倚仗中得心安，从顾忌中得使心不放。中人以下也可循此轨辙，幸无大过。而农村经济之淡泊安定，又是中国传统知识分子最后一退步。

近百年来，政体急剧转变，社会经济亦同时变形。以前知识分子之安身处，现在则一切皆无，于是使其内心空怯，而又无所忌惮。而近代中国知识分子之新出身，则又是古无前例，完全走上以外国留学为惟一的门径。一批批的青年，在本国并未受有相当基础的教育，即便送往国外。试问举世间，哪一个国家，了解得中国？又是哪一个国家，真肯关心为中国特地训练一辈合适中国应用的知识与人才？他们走进每一个国家，选定每一门课程，互不相关地在仓促的三四年五六年间浅尝速化，四面八方，学成归来。了解不同，想像不同，传统不同，现状不同，拼凑安排，如何是好？各国间的政俗渊微，本原沿革，在他们是茫然的。本国的传统大体，利病委曲，在他们则更是茫然的。结果都会感得所学非所用。激进的，增加他们对本国一切的憎厌和仇恨。无所谓的，则留学外国变成变相的科举。洋翰林，洋八股，虽谑而允，受之不愧。中国传统知识分子，自唐以下，虽都参加科举，却并不从科举中养出，现在则完全托由在外国代办新科举的制度下，来希冀新中国的理想新人才。

理想是一件百衲衣，人才也是一件百衲衣，这须待自己手里针线来缝绽。哪一条针线不在手，一切新风气、新理论、新知识，正面都会合在对中国自己固有的排斥与咒诅，反面则用来作为各自私生活私奔竟的敲门砖与护身符。中国当前的知识分子，遭遇是艰苦的，职责是重大的，凭借是单薄的，培养是轻忽的。结果使国内对国外归来者失望，国外归来者也同样对国内的失望。憎厌中国，渐渐会转变成憎厌西方。

然而我们却无所用其愤慨，也无所用其悲观。中国将仍还是一中国，中国的知识分子，将仍还成其为中国的知识分子。有了新的中国知识分子，不怕会没有新中国。最要关键所在，仍在知识分子内在自身一种精神上之觉醒，一种传统人文中心宗教性的热忱之复活，此则端在知识分子之自身努力。一切外在坏境，全可迎刃而解。若我们肯回溯两千年来中国传统知识分子之深厚蕴积，与其应变多方，若我们肯承认中国传统文化有其自身之独特价值，则这一番精神之复活，似乎已到山穷水尽疑无路，柳暗花明又一村的时候了。风雨如晦，鸡鸣不已，新中国的知识分子呀！起舞吧！起舞！

（摘自《国史新论》，生活·读书·新知三联书店2012年版。该文著于一九五一年，原载《民主评论》二十一、二十二两期）

【导语】知识分子，即古之所谓"士"，西方称之为"社会的良心"。在中国，作为知识分子的士阶层不仅存在历史悠久，而且一直居于社会的中心位置，是推动社会变革和社会进步的一支重要力量。在中华文明进程中，士还是中国文化的自觉传承者，中华文化能薪火相传、绵延不绝，全赖士之功劳。所以，凡谈及中华文化，不能不提及士这一文化载体。钱穆先生即认为，中国文化就在中国人身上，主要存于士身上。在中国两千多年的封建传统中，士始终在社会上扮演着极为重要的角色。而中国文化的独特性，或曰中华文化与其他民族文化相比所表现出的特殊意义和价值，皆缘于士这一阶级以中华文化的载体而存在的传统。因而，钱穆先生认为，要治中国史，要研究中国文化与中国政治体制，就须认真对待士这一文化载体。反观钱先生对中国历史的研究，对士的观照，几乎贯穿于始终。可以说，对中国知识分子问题的研究，是钱先生史学研究的重要内容之一。

除在史学研究中对知识分子的特别观照外，钱先生还有不少著述专门研究中国的知识分子，如《中国知识分子》《中国文化传统中之士》《再论中国文化传统中之士》等。其中《中国知识分子》以史学家的独特眼光观照中国历代知识分子，处处出语惊人，绝论精妙，且学思沉潜精致，文采和畅飞扬，可以看作是钱先生论及中国知识分子的一篇宏论，也是最能体现他学术精神和治史方法的典范之作。所以，有人称之"将一部二十四史中的士之随时升降进退、真伪正歧、才气品性、风韵神致，描画得栩栩如生、淋漓尽致"。（罗义俊《论士与中国传统文化》，见《史林》1997年第4期）

《中国知识分子》前半部分以大量的篇幅论述历代士的人品、精神面貌、所属阶级及其在历史进程中所起的作用和影响等，而后半部分以极小的篇幅评价现代知识分子，主要是揭示现代知识分子的缺陷，也即为这代知识分子诊病。对中国知识分子品格的论述，基本是沿着中国历史发展的顺序逐朝评说，既重点评述士的各朝表现，又能顾及其共通的品格特征；既有对历代知识分子理想人格的建构，又不失史实的支撑，史与论巧妙结合，构成了钱先生笔下一代代知识分子的完美形象。在此，我们读钱先生此篇宏论，足以见出知识分子在中国历史进程中的独特地位——中国知识分子，真乃中国历史演进的一条有力动脉。

（卢有泉）

知识阶级与政治

蒋廷黻

我这里所讲的知识阶级是指专靠知识生活的人,那就是说,指一般以求知或传知为职业者。这个阶级包括教育界及舆论界。此外,政界及法律界与知识阶级最近,且最容易混合。工商医界距离较远,但其中亦常有人著书立论,以求影响一时的思潮,这类的人当然也要算为知识阶级的。

知识阶级与政治的关系固极重要,但不可言之过甚。在中国,因为以往读书的目的和出路全在作官,又因为我们平素作文好说偏激和统括的话,于是有许多人把救国的责任全推在知识阶级身上。自我们略知西洋历史以后,一谈法国革命就想起卢梭,一谈苏俄革命就想起马克思和列宁。这些伟人不是知识阶级的人物么?他们所作的掀天动地的事业,我们也能作,至少我们这样讲。九一八以后,因为大局的危急,国人对知识阶级的期望和责备就更深了。我们靠知识生活的人也有许多觉得救国的责任是我们义不容辞的,我们不负起这个重担来,好像就无人愿负而又能负了。这样的看法自然能给我们不少的安慰。

可惜这个看法忽略了几个基本事实。第一,知识的能力虽大,但是也有限度,利害,感情,习惯,群众心理往往抵消知识的能力。历史家研究革命者并不全归功或归罪于某思想家。第二,中国人们受过教育的太少了,思想的号召所能达到的是极有限制的。并且,中国人太穷了,对于许多问题全凭个人利害定是非。第三,我们的知识阶级,如国内其他阶级一样,也是不健全的。许多忙于为自己找出路就无暇来替国家找出路了。我说这些话不是要为我们开脱责任,不过我觉得政治是全盘生活的反映,救国是各阶级同时努力凑合而成的。知识阶级当然应负一部份的责任,甚至比其他各阶级要负较大一部份的责任。但是一个阶级,如同一个私人,倘不知自己的限制,事事都干起来,结果一事都无成。或者因为我们要负全责而事实上又不能,就置国事于不闻不问了。有些因此抱悲观,几于要自杀。

在未谈知识阶级究竟对于政治的改良能有什么贡献之先,我可指点出来两个事情是知识阶级所不应该作的。

第一，我们文人，知识阶级的人，不应该勾结军人来作政治的活动。几十年来，文人想利用军人来作政治改革的不知有了多少，其结果没有一次不是政治未改革而军阀反产生了一大堆。康梁想利用军人来改革，于是联络袁世凯。到戊戌变法最紧急的时候，袁世凯只顾了自己升官的机会，不惜牺牲全盘新政。我们绝不可说康梁是瞎眼的人，因为康梁的眼光并不在一般人之下。甲午以后，中国号称知兵的人要算袁世凯的思想最新。光绪末年，新知识界的人由袁氏提拔出来的很多，新政由他提倡的或助成的也是不少。如果康梁可靠军人来改革，那末，无疑的他们应该找袁世凯。康梁以后的政治改革家，虽其改革方案不同，其改革方法则如出一辙。运动军队和军人是清末到现在一切文人想在政界活动的惟一的法门。倘孙中山先生今日尚存在，看见现在中国这种可怜的状况，他不会懊悔靠军人来革命么？

中国近二十年内乱之罪，与其归之于武人，不如归之于文人。武人思想比较简单，欲望亦比较容易满足。文人在一处不得志者，往往群集于他处，造出种种是非，尽他们挑拨离间之能事。久而久之，他们的主人翁就打起仗来了。他们为主人翁所草的宣言和通电都标榜很高尚的主义，很纯粹的意志，好像国之兴亡在此一举。其实这些主义和意志与他们的主人翁是风马牛不相及的；这些宣言和通电，有许多是他们的主人翁看都不看的。主人翁幸而得胜了，他们就作起大官来。不幸而失败了，他们或随主人翁退守一隅；以求卷土重来；或避居租界，慢慢的再勾结别的军人。民国以来的历史就是这个循环戏的表演。这样的参加政治——文人参加政治的十之九是这样的——当然不能使政治上轨道。

第二，知识阶级的政治活动不可靠"口头洋"。西洋政治制度和政治思想，当作学术来研究是很有兴趣而且很有价值的，当作实际的政治主张未免太无聊了。愈讲这些制度和思想，我们愈离事实远，而我们的意见愈不能一致。我们现在除中国固有的制度和学说以外，加上留美留英留法留德留俄留日的学生所带回的美英法德俄日的各时代各派别的思想和所拟的制度，我们包有中外古今的学说和制度了。难怪这些东西在我们的胃里打架，使我们有胃病。我常想假使中国从初派留学生的时候到现在，所有学政治经济的都集中于某一国的某一个大学，近二三十年的纷乱可以免去大部份。其实这些学说和制度在讲者的口里不过是"口头洋"，在听者那方面完全是不可懂的外国话。我们的问题不是任何主义或任何制度的问题。我们的问题是饭碗问题，安宁问题。这些问题是政治的ABC。字母没有学会的时候，不必谈文法，更不必谈修辞学。

谈有什么好处呢？自从回国以后，我所看见的政变已有了许多次。在两派相争的时候，双方的主张，倘能实行去来，我看都不错。经过所谓政变以后，只有人变而无政变。所以我们的政变简直是愈变愈一样。使我最感困难的是两派中的领袖都有诚心想干好的，他们发表政治主张的时候，他们也有实在想作到的，并不是完全骗人。无非甲派所遇着的困难——政府没有钱，同事要掣肘，社会无公论，外人要侵略等等——并不因为乙派的上台就忽然都消灭了。如果我们政治的主张都限于三五年内所能做到的，我们意见的冲突十之八九就没有了。以往我们不谈三五年内所能做，所应做的事，而谈四五十年后的理想中国，结果发生了许多的争执，以致目前大家公认为应做而能做的，都无法作了。

在政治后进的国家，许多改革的方案免不了抄袭政治先进的国家。在社会状况和历史背景相差不远的国家之间，这种抄袭比较容易，且少危险；相差太远了，则极难而又危险。俄国与欧西相差不如中国与欧西相差之远，但在俄国，知识阶级这种抄袭已引起了许多的政治困难。苏俄革命以前的十余年，俄国政党之中最有势力的莫过于立宪民治党（Consritutional DenlocrnvioParty，简称Cadets），当时俄国的知识阶级几全属于这一党。他们所提出的政治方案即普选，国家主权在国会，责任内阁，及人权与民权。这个方案与俄国百分之八十的人民——农民——全不关痛痒。农民不但不想当议员阁员，连选举权也不想要。至于人权，如言论自由，他们就无言论；出版自由，他们并不要出版。他们所要的是土地，而关于这一点，立宪民治党却不注意了。这一党的人才盛极一时，办报，发宣言，著书，在国会里辩论这一套是他们的特长。假使生长在英国，他们很可以与英国自由党的人才比美。生长在俄国，他们总不能生根。他们的宣传，很像中国学生在学校里贴标语一样，是对团体以内的，对于外界就绝无影响了。在俄国历史上，这一党惟一的贡献是为共产党开了路。尽了这点义务以后，它就成了废物。中国的知识阶级大可不必蹈俄国立宪民治党的覆辙。

知识阶级不能单独负救国的责任，这是我在上文已经说过的。但是有两件事是我们应该努力去作的。第一，中国不统一，内乱永不能免，内乱不免，军队永不能裁，而建设无从进行。近几十年来的内乱，文人要负大部份的责任，我的理由已经说过。但是不勾结军人来作政治活动还不能算尽了我们的责任。我们应该积极的拥护中央，中央有错，我们应设法纠正，不能纠正的话，我们还是拥护中央，因为它是中央。我以为中国有一个强有力的中央政府，纵使它不满人望，比有三四个各自为政的好，即使这三四个小朝廷好像都是励精图治的。我更以为中国要有好政府必须自有一个政府始。许多人说政府不好不能统一，我说政权不统一，政府不能好。

现在政府的缺点大部份不是因为人的问题，是因为事的问题。我们既没有现代的经济，现代的社会，现代的人民，那能有现代的政治？那末，要建设现代的经济社会，培养现代的人民，这不是乱世所能干的事。同时只要有个强有力中央政府能维持国内的安宁，各种的事业——工业，商业，交通，教育——就自然而然的会进步。就是政府采取胡适之先生所谓"无为"的主义，这些事业也会进步。现在国内各界的人士都有前进的计划和志愿，因为时局不定，谁也不敢放手作去。

同时所谓中央政府的缺点，许多因为它是中央，全国注目所在，一有错处，容易发现，关于中央的新闻比较多且占较要的位置，局面较大，因之应付较难。民众对于内战和内争的态度，如同对国际战争一样，总是表同情于小者弱者。实在中央政府大概说来要比地方政府高明，并且中央的缺点，既基于事实，不是换了当局者就能免除的。

第二，我们知识阶级的人应该努力作现代人，造现代人。现代人相信知识，计划，组织。现代人以公益为私益。现代人是动的，不是静的；是入世的，不是出世的。现代人的体格与精神是整个而不能分的。中国近几十年来，女子的近代化的进步较速于男子的近代化。男子，青年的男子，还有许多头不能抬，背不能直，手不能动，腿不能跑，从体格上说，他们不配称现代人。从知识上说，我们——男女都在内——还是偏靠书本，不靠实事实物。许多的时候，我们还不知道什么是知识，什么不是知识；关于什么问题，我们配发言论，关于什么事体，我们不配发言论。曾未学医的人，忽然大谈起药性来；曾未到过西北去的人，居然拟开发西北的具体计划；平素绝不注意国际关系的，大胆的要求政府宣战。一年级的学生能够告诉校长大学应该怎么办，从未进过工厂的人大谈起劳资问题来，不知1650年是在17世纪的人硬要说历史是唯物的。现代人的知识或者不比中古的人多，但真正的现代人知道什么是他所知道而可发言的，什么是他所不知道而不应该发言的。以上所举的例子足够表示我们离现代化的远，换句话说，我们这个阶级自身是极不健全的。分内的事没有作好，很难干涉分外的事。自身愈健全，然后可以博得他界的信仰。倘若近数十年中国教育界的人和新闻界的人有了上文所举的现代人的特征,我们的政治也不得坏到这种田地了。

(摘自《蒋廷黻文存》,华龄出版社2011年版)

【导读】 蒋廷黻(1895—1965),中国著名历史学家、外交家。与梁启超共同开创了南开大学历史系,他主持开设了西洋通史、英吉利通史、美利坚合众国通史、近世欧洲经济史、欧洲列强扩充他洲史、欧洲文艺复兴及宗教改革史、欧洲外交史、中国外交史等课程。其知识渊博,长于演说,讲课很受学生欢迎。

《知识阶级与政治》是蒋廷黻于1933年写成,其时日本侵略者已占领东北三省,民族危机日益加深。这样的现状无疑刺激着当时先进的知识分子,于是,一些沐浴过欧风美雨的中国学者们开始反思中国的现状,他们忽然一反以往的政治观点,力主在中国实行新式的个人专制统治,蒋廷黻就是其中的代表。他在《知识分子与政治》中提出,知识分子应该为国家的内乱负责,而他们"全盘西化"的政治观点是极难又危险的,现在的当务之急不是帮助某个地方军阀来攫取利益,而是要帮助中央建立一个强有力之政府来实现国家的统一。只有国家真正的统一,我们才能继续探讨实行怎么样的民主制。这样的论点在当时的确是独树一帜的,可谓一石激起千层浪,在自由主义知识分子内部引起了民主与专制的激烈论争。

自从儒家提出"学而优则仕"开始,中国的士人阶级都以读书做官为己任,历代的读书人都用不同的方式来参与或影响政治。近代以来,中国处在了千百年来未有之大变局。武昌首义虽然建立了第一个民主共和国,可民主非但没有实现,内乱反而更加频繁。故而当时的一些爱国的知识分子们开始转变思想,不但对以往被视为圭臬的西方政治制度进行了质疑,也对知识分子本身这个阶层进行了剖析。蒋廷黻的《知识阶级与政治》即是如此,这篇文章立足于中国现实,将中国知识阶级与政治的关系进行了详尽的论述,提出了知识分子在政治生活中的两件"不应该作"与两件"应该努力去作"的事情。纵观全文,作者博古论今,列举充分,例如用康梁变法与孙文革命的事例来告诫读书人"不应该勾结军人来作政治的活动",又以俄国立宪民治党的失败为鉴,指出不可靠的"口头洋"等等。而全文语言朴实而通俗,毫无学究之气。仿佛一位长者在谆谆教导,热切期盼知识分子成为现代人,字里行间中也透出作者的忧国忧民之心。

(黄 斌)

第三编　学者本色

学者与仕途

雷海宗

最近行政院院长翁文灏先生在首都对十科学团体联合年会演讲时说："科学家宁可饿死，也不能去作别的事！"翁先生以学者而作官已到首揆之尊，竟说出这样的话，其惹人注意是很自然的，话中含有无限的感慨与隐痛也是显然的。但我们不愿对个人多所揣测，我们只愿趁此机会谈一谈翁氏所提出的一个根本问题，就是学者入仕的问题。

学而优则仕，甚至学尚未优也要勉强去向仕途钻营，在过去的中国本是常事，也是大家所认为当然的事。这在过去，确也有它不得不如此的道理在。过去一个读书人，除了作官外，的确无事可作。今日一切的社会事业以及其他与政治无关的工作机会，在过去根本不存在，除作官外并无任何事业可言。固然，一个人既然读书明理，尽可关起门来修身养性，但这种过高的理想不能望之于一般的凡士。所以我们站在今日的立场而对过去整个的局面下断语尚无不可，若不顾其他而专指摘"学而优则仕"的现象，则为不负责任与忽略实情的苛论，不可为训。

近代的中国，尤其民国以来的中国，整个的政治社会局面都在发生剧烈的变化，我们的国家虽尚未达到十足现代化的境界，入仕虽然仍是读书人相当重要的一条途径，但我们确已超过非"学而优则仕"不可的阶段。今日一个人如果自信有此能力，又有此机会，同时又有此兴趣，即或是一个学有专长的科学家，仍不妨去作官。翁氏的话似乎是有所为而发，不可视为正常之理；如果把翁氏的话推到尽头，那就等于说把国家大事都给不学无术的人去管，对此恐怕翁氏绝不会首肯。但反过来讲，无此机会，尤其不敢十足自信有此能力的人，大可不必发展此种兴趣，不必转弯抹角的去求官作。今日的时代已非学而优则仕的时代，但过去养成的学而优则仕的心理仍然深入人心，稍有机会即由学场跳入官场的现象未免太多，没有机会而千方百计去钻营的现象尤其令人发生无穷的感慨。翁氏的话，除了可能的个人隐痛外，大概也就是有见于此而发的感慨。默察今日求仕的士群，我们可以发现三种不同的类型。第一种是走直路的，干脆的奔走请托。这些人尚不失为老实人，最值得人同情。第二种是走曲线的，由骂入手，希望骂得对方不能忍受时而一纸官诰送上门来。第三种是直路曲线一齐走的人：光走直路，企望甚高，一旦任命发表而嫌官阶太低时，马上一变而为清高的论客，愤激的名士，前进的导师。此种人远较第二种人高明，第二种人心里明白，知道自己是在走曲线，此种曲直并进的人却很善于自欺，沉重的怨气往往能使他们相信自己真是富于正义感的忧时之士，自己对自己也不承认所"忧"的只是官阶的高低。第一种人可令人同情，第二种人尚可令人原谅，只有第三种人既不能引起同情，也更不能叫人原谅。追根究底，这还是"学而优则仕"的传统观念在作祟，所以在根本道理上我们虽不能完全接受翁院长的说法，但为矫正目前种种可憾的表现，我们仍愿承认翁氏的话是值得有政治兴趣的学人反复咀嚼的。

（摘自《历史·时势·人心》，天津人民出版社2012年版。本文原载于《周论》二卷十五期，1948年10月22日）

【导读】 "学而优则仕"是中国社会历史悠久而普遍存在的一种文化现象。从古至今，中国人对于官场的权力意识的虔诚、崇拜、思虑、惶惑形成了超于寻常的仿佛对于神灵一般的顶礼膜拜的共同文化心理，从而产生了"官本位"的坚不可摧的思想。因为由学场入官场，其"政治生涯可以让人产生权力感。知道自己在影响着别人，分享着统治他们的权力，尤其是感到自己手里握着事关重大历史事件的命脉"（马克斯·韦伯《学术与政治》，冯克利译，三联书店1998年版）。学者入仕在当今中国社会早已置换为传奇文学一样，热血沸腾、热情洋溢的不可遏制的昂扬奋发的精神与情感闪烁出令人炫目的光彩，不少的学者依靠自我处于官场的独特地位和特殊力量整合，打扮成为一个时代的学者"典范"的"重要标准"，这种唯有中国具有的锐不可当的声势和强大的冲击力在世界上无以堪与比肩者，这应该是处于大变革时代的中国社会发展进程的必然结果，从中也显露出学者的个人理想与社会理想的巨大冲突与矛盾。

进一步而论，学者入仕，这是处于现代与传统的社会历史语境中的每一位学者都必然面临的课题，隐含着学者完成自我的学术使命的表现方式或文化媒介方式的选择问题，它不仅仅是一种向往雄强人格的社会性行动，它在强调学者的个体自由与其科学研究的社会整体功利目的的一致性，而且，学者入仕应当也是学者的自我再造和学者的科学研究工作自我变相的表现，它借托政治文化来调整与改造学者以此作为解决中国社会问题的途径，大力张扬学者与中国政治一体化的维度，而基本上忽视了不能采用官场的原则与方法完成学者的学术使命的维度，这更为深层的原因还是在于眷恋中国传统文化的"学而优则仕"的文化心理作祟。在许多学者看来，中国的官场文化明显高于学者文化，前者更适合于现代社会的需要。由"学场"直路或曲线或曲直并进跳入"官场"这不只是人的活动空间的扩展和人的称谓的改变，也透露出了学者的科学研究的强烈的社会性因素，学者借托官场可以更改旧我、再造"新我"，其中的"欣悦"与"欢畅"不是亲历者真是不能自明的。当然，学者入仕在今天无疑也已经陷入很大的危机，仕途上的政治行为"不是为深思熟虑疏松土壤的铧犁，而是对付敌手的利剑，是战斗的工具"，"这样，人们便无法以科学的方法向任何人证明，他作为学术教育工作者的职责是什么"，"那些积极从事政治以追求权力的人，他们或者是为了以此作为达到某些理想或自私目标的手段，或者仅仅是'为权力而追求权力'，即享受权力带来的名望感"（马克斯·韦伯《学术与政治》，冯克利译，三联书店1998年版）。那些由官场的恶习直接渗透进来的趋时、禁锢、保守、凡庸、虚假、空洞乏义等一些消极因素大大污染了作为学者的独立性、批判性而使许多学者坠入空虚、毫无创造和个人的发现。

在雷海宗看来，学者入仕，又可以分为三个类型，一是干脆奔走请托的令人同情的直路跳入官场，二是令人原谅的由骂入手最终获得一纸官诰任命的曲线入仕，三是直路曲线一齐走的进入官场的人则始终在意自己的官阶，一旦不如意立即成为清高的论客、愤激的名士、前进的导师。"以政治为业，一是'为'政治而生存，一是'靠'政治生存。"（马克斯·韦伯《学术与政治》，冯克利译，三联书店1998年版）学者入仕，显然属于后者。无论从上述的哪一种类型来看，都已经发现雷海宗对于政治理想的怀疑、对于政治的厌弃以及对于学者入仕的隐痛，它最终强化为一种超越性的神奇观念："科学家宁可饿死，也不能去做别的事。"由此赋予了同样"不满足于埋首学问之中，时常关心国家政治、放言议政、针砭时事"的现实生活中的著名历史学家雷海宗教授的反对政治、厌弃政治法则、崇尚学术心灵自由与个性表现的动人形象。雷海宗可能终于明白："政治家每时每刻都要在内心征服一个十分无聊，却又十分符合人情的敌人：一种十分庸俗的虚荣……虚荣是一种十分普遍的品性，大概没有人能完全摆脱它。在学术和学者的圈子里，虚荣是一种职业病。但是，在学者中间，从虚荣不致损害科学工作这个意义上说，它不管表现得多么令人难以接受，却是相对无害的。政治家的情况完全不同，他的工作离不开追求权力这个必不可少的手段。……但是这种追求权力的行为，一旦不再具有客观性，不是忘我地效力于事业，而变为纯属个人的自我陶醉，他便开始对自己职业的崇高精神犯下了罪过。……致命的罪过只有两种：缺乏客观性和无责任心。……他的缺乏客观性，诱使他不去追求真实的权力，而是追求浮华不实的权力外表。他的无责任心，又会使他实质性的目标，仅仅为了权力本身而享受权力。"（马克斯·韦伯《学术与政治》，冯克利译，三联书店1998年版）

（宾恩海）

怎样才算是知识分子

殷海光

照《时代》周刊（Time）的时代论文所说，得到博士学位的人早已不足看做是知识分子。即今是大学教授也不一定就是知识分子。至于科学家，只在有限制的条件之下才算是知识分子。该刊在两个假定的条件之下来替知识分子下定义：

第一，一个知识分子不止是一个读书多的人。一个知识分子的心灵必须有独立精神和原创能力。他必须为追求观念而追求观念。如霍夫斯泰德（Richard Hofstadter）所说，一个知识分子是为追求观念而生活。勒希（Christopher Lasch）说知识分子乃以思想为生活的人。

第二，知识分子必须是他所在的社会之批评者，也是现有价值的反对者。批评他所在的社会而且反对现有的价值，乃是苏格拉底式的任务。

一个人不对流行的意见、现有的风俗习惯和大家在无意之间认定的价值发生怀疑并且提出批评，那么这个人即令读书很多，也不过是一个活书柜而已。一个"人云亦云"的读书人，至少在心灵方面没有活。

如果依照上列《时代》周刊所举两个条件来界定知识分子，那么不仅中国的知识分子很少，即令在西方世界也是寥寥可数。在现代西方，罗素是十足合于这两个条件的。史迪文逊（Adlai Steven-son）显然是一个知识分子。在中国，就我所知，明朝李卓吾勉强可作代表。自清末严又陵以降的读书人堪称知识分子的似乎不易造一清册。而且，即令有少数读书人在他们的少壮时代合于这两个条件，到了晚年又回头走童年的路，因此不算知识分子。

维斯（Paul Weiss）说，真正的知识分子没有团体，而且也没有什么朋友。赫钦士（Robert Hutchins）认为一个知识分子是试行追求真理的人。

这样看来，作一个真正的知识分子是要付出代价的，有时得付出生命的代价。苏格拉底就是一个典型。一个真正的知识分子必须"只问是非，不管一切"。他只对他的思想和见解负责。他根本不考虑一个时候流行的意见，当然更不考虑时尚的口头禅；不考虑别人对他的思想言论的好恶情绪反应；必要时也不考虑他的思想言论所引起的结果是否对他有利。一个知识分子为了真理而与整个时代背离不算稀奇。旁人对他的恭维，他不当做"精神食粮"。旁人对他的诽谤，也不足以动摇他的见解。世间的荣华富贵，不足以夺去他对真理追求的热爱。世间对他的侮辱迫害，他知道这是人间难免的事。依这推论，凡属说话务求迎合流俗的读书人，凡属立言存心哗众取宠的读书人，凡属因不耐寂寞而不能抱持真理到底的读书人，充其量只是读读书的人，并非知识分子。

海耶克说，知识分子既不是一个有原创力的思想家，又不是思想之某一特别部门的专家。典型的知识分子不一定必须有专门的知识，也不一定必须特别有聪明才智来传播观念。一个人之所以够资格叫做知识分子，是因他博学多闻，能说能写，而且他对新观念的接受比一般人来得快。

海耶克的说法没有《时代》周刊的时代论文那么严格。我对这两种说法都采用。依照海耶克的说法，中国文化里的知识分子倒是不少。《时代》周刊的时代论文所界定的知识分子是知识分子的精粹。海耶克所说的知识分子是知识分子的本干。前者是一个社会文化创建的先锋，后者是一个社会文化创建的主力。时至今日，知识分子自成一个占特殊地位的阶层之情形已经近于过去了。今日的知识分子，固然不限于在孔庙里，也不限于在学校里，而是分布在各部门里。

因此，我们现在谈文化创建，已经不是狭义的局限于拿笔杆的人的事，而是广义的扩及社会文化的各部门的优秀人物。在一现代化的文化建构上，经济工作者，工业工作者，农业工作者，以至于军事科学工作者，都不可少。可是，在传承上和方便上，以研究学问为专业的人是"搞观念的人"。我在这里所要说的种种是以这类人士为主。当然，这一点也不意含其他方面的工作对文化的创建不重要。

（摘自《中国文化的展望》，商务印书馆2011年版）

【导读】殷海光（1919—1969），原名福生，湖北黄冈人。中国当代著名的逻辑学家、哲学家。曾在《中央日报》《自由中国》担任主笔，著作有《思想与方法》《逻辑新引》《逻辑学讲话》《中国文化的展望》《生命的意义》《自由的伦理基础》等。《中国文化的展望》一书被誉为展示了"一个中国知识分子追求中国现代化的学术良心与道德勇气"（金耀基《殷海光遗著〈中国文化的展望〉我评》），《怎样才算是知识分子》即选自该书。

比较权威的词典《汉语大词典》对"知识分子"的释义是："有一定科学文化知识的脑力劳动者。如教授、工程师、会计师、编辑、记者、文艺工作者等。"拥有文化和智力是我们对知识分子最普遍的认识。然而，学界对"知识分子"的界定，众说纷纭。在殷海光看来，知识分子必须同时具备两个条件。

一是必须有独立精神和原创能力，追求真理的人。汉代儒学大师董仲舒说过："正其谊，不谋其利；明其道，不计其功"。意思是说，为了正确的义理，可以不计较利益。那么，知识分子为了真理，是可以抗争到底，是不会趋炎附势、随波逐流的，也不会因为任何个人或集团利益而扭曲自己的观念，因为他们有着独立的人格与尊严，有着无比坚定的立场。只有精神独立，才能从事学术文化研究，正如陈寅恪先生所说："没有自由思想，没有独立精神，即不能发扬真理，即不能研究学术……独立精神和自由意志是必须争的，且须以生死力争……一切都是小事，惟此是大事。"（《对科学院的答复》）

二是社会之批评者，也是现有价值的反对者。曾子曰："士不可以不弘毅，任重而道远。"国学大师南怀瑾指出知识分子应该"以救世救人作为自己的责任"。著名历史学者余英时在《士与中国文化》中谈到："所谓'知识分子'，除了献身于专业工作以外，同时还必须深切地关怀国家、社会以至世界上一切有关公共利害之事，而且这种关怀还必须是超越于个人（包括个人所属的小团体）的私利之上的。"可见，知识分子还应有社会的良知。雷海宗先生曾讽刺地说："中国知识分子一言不发的本领在全世界的历史上，可以考第一名。"作为真正的知识分子，应该代表弱势者和真理发出正义之声，成为真正的批判者。

如果具备了上述两个因素，"经济工作者，工业工作者，农业工作者，以至于军事科学工作者"都可以称为知识分子。知识分子不应以职业划分。殷海光一生就如他文中所说的知识分子那般，坚持真理，向往民主，敢于批判，为现代知识分子树立了楷模。

（廖　华）

知识分子立身处世之道

牟宗三

在我的脑子中常回旋着一个问题，就是一个知识分子，处在一个时代之中，尤其处在像我们今日这个文化交替过渡的混乱时代中，是十分麻烦的。假定知识分子本身的生命能够顺适调畅，在正常的发展中完成他自己，这必是一个健康的时代，所谓太平盛世也；否则，知识分子的生命发展不调畅，自我分裂，横撑竖架，七支八解，这个时代一定是个乱世，不健康的时代。我国自辛亥革命以后至今就是一个文化过渡时期，所以这时期的知识分子最麻烦。这都是眼前我们七八十岁人亲身经过的，所以我这几年常遇到一些青年人告诉我："你们这一代人是最麻烦的。"为什么麻烦呢？因为接触的问题多，碰击的问题多，斗争性最强。谁成功谁失败是一回事，总之脑子都很复杂。现在的年轻人处在这个比较上轨道时代中，过的是正常生活没有颠沛困苦，就不大能了解。所以我就想到这个题目。

我想用一个历史反省角度来讲两个朝代的知识分子，一个是汉朝，特指东汉末年，并也可兼赅明末，一个是宋朝，特指北宋。

知识分子能在社会上出头总有他们的规格，就是他们的规模与格调。唯说规格不一定是指他们足以为后人模范；规格与规范、模范不一样。模范可以为人所效法，而规格则不一定有这个意思，他们不能像苏东坡说韩退之那样"匹夫而为百世师，一言而为天下法"。

为什么我要特把这两个时期的知识分子的规格来说呢？因为他们有他们的特殊性，也就是说他们代表一些具有特殊性的问题。

东汉知识分子是由党锢之祸所代表的。照徐复观先生的说法，那是中国知识分子参与实际政治的第一次尝试。结果是失败了，此后也就从来没有真成功过。东汉末年政局大体说来是几个团体走马灯式的斗争，内廷是宗室、外戚、宦官，外廷便是宰相系统所代表的知识分子。在这四个成分之中，只有宰相系统有点政治上的客观意义，其他三成分统统没有这种客观意义。现在我们特别要说一说的是宦官集团在我国政治上起作用，即始自东汉，前此还不能成为一个集团，故也不能起作用。宗室、外戚、宦官都是依附皇帝而存在的，依现在的名词来说都是非理性的（irrational）存在，都没有客观的意义。为他们所依附的皇帝是理性的呢？还是非理性的呢？说句不客气的话，仍然是非理性的。

我在这里说皇帝本身是非理性的并不是指着他们的"头脑"讲的（事实上历史上好的皇帝也多得很），乃是指他们在那政治格局中的地位说的。他们的地位是怎么得来的？是从打天下打来的。在打天下的过程中，凭借的大体只是力量，胜者王侯败者贼，是没有什么道理好讲的。

所以，皇帝从他的政权取得来说，是非理性的。在从前的政治架构中，皇帝代表政权，是一切权力之根源。他这个根源处不清爽，不能理性化，也就是黑格尔所说的不能客观化（objecty）。他这个地方是非理性的，依附他而存在的宗室、外戚、宦官集团也统统是非理性的。他们代表一种特权。古人面对皇帝，天下大事一切都可以谈，但在政权方面他就不容许你讲一句话（免开尊口），这是他不可接触的地方，这就是irrational。

中国君主专制政体到东汉始发展完成。东汉末年的政治大体说来就是上述三个集团在这样一个君主专制的政体中，彼此结合，今日为敌明日为友的互相斗争中进行的。到最后，大家都垮台，东汉那个大帝国也完了。

在这将完未完之时，当然也有人（特别是知识分子）想挽救这个局势，因知识分子总有些客观的愿望。但谈何容易！当时一个大名士郭林宗就说"大厦将倾，非一木所能支"。局势发展到这种情形，照以前的说法，就是气数完了。大汉四百年天下发展到此气数完了。"气数"一词，平常大家都讲，但都没多大意义，因为没有必然性，但东汉时代的人根据那个时代的历史发展来讲，便好像很有必然性，真有意义。到这个时候，好像任何人都无法挽回，只有顺历史之大势自然拖下去似的。在这个局势之中，四个成分参与政事，互相争攘，结果是党锢之祸。

党锢之祸是知识分子与外戚合作同太监斗争，结果失败了，知识分子死得最多最惨。这些知识分子的牺牲，依史书记载，实是可歌可泣，令人有说不出的悲痛，当然值得同情，值得钦佩，了不起。但钦佩他们那种牺牲精神，死得惨，只是一种悲情，并不是正面的赞佩。他们值不值得赞佩，他们的做法值不值得我们真正的尊敬，是很有问题的。可是，对于这一批人也没有一个人忍心来责备他们，他们实在死得太惨！他们究竟是在为国家和恶势力（即太监）斗争而死的，没有一个人能同情太监的，所以他们的牺牲博取了当时社会上乃至后代历史上普遍的同情，一种高度的钦佩。但不一定是赞佩。

这是为什么呢？

因为这一类型的知识分子在以前历史上亦有一个特别的名称就是所谓"气节之士"。但是这些"气节之士"，根本上是个大悲剧，是一种在特殊政治局势下所造成的大悲剧。悲剧有许多种，有发自人性自然的，与政治无关系，永远有的，千百年以前有，千百年以后照样有。党锢之祸之悲剧是政治性的，来源不同，它是从那种特殊的政治局势中产生出的特殊人格。悲剧性的气节之士——东汉知识分子，在此有特殊的表现。

这种政治悲剧的发生，东汉末年和明朝末年是一模一样的。现在我们要想一想，这些气节之士之死是可悲的，是值得同情的，但是知识分子去和太监拼命究竟值得不值得？这便是一个问题。但是，政治若任由太监像东汉十常侍、明末魏忠贤胡闹下去，知识分子不出来讲话，没有人出来和他们拼命，也不像话，也对不起国家，有亏"忠道"。

在以前，大皇帝代表国家，大皇帝不一定是英明的，依附他而成的太监集团一定是非理性的，知识分子要表现忠道，便无可避免地要陷入这个格局之中，便无可避免地产生了这种悲剧式的气节之士。其死节之惨烈皆可歌可泣，但我并不认为这是一个好的现象。

在这里，我必须声明一下，我不认为这是一个好的现象，并不是我要大家都不重视气节；气节是道德的节操，永远应该有，知识分子怎么可以没有节操？但不一定要在这种形态中表现。因这种形态，在特种政治局势下呈现，不是很合理的。就东汉来说，主理左右国家政治的皇帝、宗室、外戚、宦官这四个成分都是非理性的；知识分子所代表的理性在他们的夹逼之下是很难伸展出来的。

我今天就提出这个问题。

这就是我国自秦汉以后至辛亥革命二千年来历史的症结，所以才有孙中山先生的革命，推翻君主专制。推翻君主专制不是平常的改朝换代，而是在解除这一历史的症结。可是对这一个症结，大家并不一定有清楚的意识，并不一定能清楚地想到。所以，回归到我们的题目上来说，气节之士的规格所成的历史悲剧，就今日而论，只能通过民主政治来解决，因只有民主政治才能把这种悲剧免掉。真正的民主政治一出现，这种悲剧便必然地在历史上消失。

这种由个人气节所形成的悲剧没有了，个人气节、个人的道德情操是永远要有的。个人道德情操和在君主专制下所形成的气节之士是两件事情，完全不能联结在一起而论的。

由气节之士形成的政治悲剧可以因民主政治之建立而消逝，但发自人性的悲剧是永远会有的，这是不能免的。

什么叫发自人性的悲剧呢？念西方文学的朋友可以知道。不是歌德所说的性格的悲剧。这种悲剧不论尧舜时代、桀纣时代、君主时代、民主时代，其至所谓天国来临的时代，都是会有的。除非人人都能变成一个神，不再是一个 human being，这种悲剧便是永远不能免的。人性的悲剧不能免，命运的悲剧也不能免。

什么是命运的悲剧呢？就是希腊的悲剧。一切都不是自己可以控制得着的，都是命运安排好的。譬如杀其父娶其母，实是人情所不能容的事，谁愿意这样做？Oedi—pus命运注定他必须这样做，他便在命运的注定中做了。这便是命运的悲剧。歌德的《浮士德》是性格的悲剧不是命运的悲剧，《红楼梦》也是性格的悲剧，虽然在《红楼梦》第一回中是把这个悲剧安排在一个命运中的。

这两种悲剧都是不可免的，但汉末明末那种气节之士的悲剧是可以免的，而且是应该免的，我们实不愿我们的历史中常出现这种惨剧。但要怎样才能免于这种惨剧呢？在这里只讲道德说仁义是没有用的，这是一个政治问题，就今日而言，必须在民主政治之真实建立处解决。

下面我们再说北宋。北宋一百五十年，知识分子最多，发议论也发得最多，所以多尔衮便对史可法说："昔宋人议论未定，兵已渡河。"自己的知识分子成天在庙堂之上嚷嚷不休，人家那里金兵已经渡河了。所以北宋之亡我们不能全怪像宋徽宗那样乌七八糟的皇帝，知识分子也是要负很大责任的。

我们现在就要看看北宋时代的知识分子究竟以什么样的形态出现的，他们的生命究竟是一种什么规格？这是一个现在人很少关心的问题。

我今天讲这个题目，其目的就是希望大家重新能对我们自己的历史文化有一种存在的感应，我们这个时代的生命大体说来都与我们自己的历史文化脱了节，没有感应。就一个国家民族来说，这绝对不是一个好现象。所以，我们需要讲一讲，也许能提醒一下，希望能再接上去，因为我们的生命就是从以往的历史文化中流下来的。你说你要洋化，你不能洋化的。美国人与美国的历史文化有感应，英国人与英国的历史文化有感应，他们和我们中国的历史文化没有感应；我们想要完全学他们，学得和美国人、英国人一样，不能学到的。结果只能使自己一切丧失，终致中国不像中国，中国人不像中国人。所以我们需要常常作些民族历史文化的提醒。

关于北宋时代的知识分子，在抗战时期我们有几位朋友常在一起谈论。姚汉源先生曾对他们每人下一评语，很切当。姚先生认为，北宋知识分子可分为四个类型：王安石代表一个形态，他是首倡变法以掀起问题的人物；司马光、三苏、理学家各代表一个形态，继之而有反应。

这些都是大家所熟知的人物，但要用一句简单的话把他们的规格说出来，也不容易。姚汉源先生就用了几句简单的话把他们一语道破，当时大家都十分欣赏。

姚先生说司马光这个人是体史而用经。以体、用两个字配合经、史、子、集来使用。他说司马光这个人体史而用经，这句话大家不一定赞成，可以商量，但我认为姚先生这句话说得对，很能道出司马光的规格。

司马光这个人体史而用经，即是说他以历史为他的本体，以经为他的作用。我们现在来看看姚先生说司马光这种体史而用经的格调是不是很健康。史能不能够做我们的"体"？经可以不可以做"用"？这样一问，我们就可以知道姚先生"体史而用经"这句话是很有分量的。

司马光这个人顽固得很。他为什么顽固呢？他是一位史学家，《资治通鉴》就是他著的。他的学问的根柢建立在史学上，但他为政的措施、运用就顽固。他反对王安石，王安石是很执拗的，司马光自认为是通达之士，结果他反对王安石的措施，便一起予以废除，这就显得顽固。就在这"顽固"上，姚先生就说他在用上是经。经，是常，是经常不变的原则，只能做体。择善而固执之，是固执坚守这个经常不变的道，经常不变的原则。这样，旁人往坏处说，只能说你迂腐；说你迂腐可以，但他绝不能说你坏。司马光的生命本体是"史"，史是讲变的，但他为人行政的作法又那么固执而不通。姚先生就从他这措施作用上说他有"经"之象，而说他"体史用经"。这"经"不是圣人的四书五经之经，而是说他那种顽固不通有"经"之"象"，有经的"样子"。

行政措施哪可以经常不变呢？行政措施靠经验、靠现实环境决定。现实环境变了，行政措施就必须顺着这"变"做适度的调整以应变，不能不变，因此不能"用经"。但司马光则不然，所以姚先生说他"体史而用经"。

我们不能说司马光不是一位了不起的人物。学问那么大，作《资治通鉴》，做宰相，而且是三朝元老，当然是个伟大人物。他有他的规模，他有他的格调。但他这规模格调并不足以做吾人之规范；不是健康的，有差谬！严格说来，他这个生命浪费了！而且以他的地位结果只是如此，对不起国家！所以，北宋亡国并不全在徽、钦二帝的昏庸，这些在政治上负责的知识分子也是要负责任的。

这里我们再想一想王安石算是什么形态。王安石给仁宗皇帝上万言书，文章写得好得很，感动人，有说服力，后来神宗皇帝信了他，就要他来变法。姚汉源先生说王安石这形态是"体文而用经"。就是说王安石的生命底子，也就是生命的本体，是文人的。文人的生命底子，严格说来，从政是不行的。有这样生命底子的人，最好是成就一个文学家，不要做别的事情，尤其是不要当宰相。王安石本身是个文人的底子，做宰相时的行政措施，凭借其一地的经验而用于全国，执一而不通，也是在"用"上有"经"象。所以姚先生说他是"体文而用经"。

现在让我们想想他所立的那些法，大体上就是：保甲、保马、均输、青苗等措施。这些所谓法都属于地方行政。但我们应知地方行政之法完全是因时制宜、因地制宜的，是没有"一定"的。适合于山东不一定适合于四川，适合于江南不一定适合于台湾，适合于一地不一定适合于全国。这有什么一定？所以，王安石对他做的是什么事情根本就没有了解！这种了解不是平常会作诗会作文就能有的。

王安石读了许多书，很会写文章。给皇帝上万言书写的都是说国家所以险象环生，就是没有行尧舜先王的大道，都是些富丽堂皇的大话，但是他那保甲、保马、青苗、均输之新法又能算是个什么尧舜先王的大道呢？但他的大话说得动听，很有催眠性，使每个人看了都会觉得真了不起、真有学问。皇帝相信了，但一行出来便是执拗不通，骚扰天下。

分明是些属于经验，因时因地制宜的地方行政措施，他硬说是先王大道，在观念上就是差谬。而且借着他宰相的权威使之风行天下，要天下人一致遵守。这完全错了，结果是必然地骚扰天下。王安石当时就是在安徽一个县做得颇好，他就拿他在这一县的措施经验作为一成不变，行之全国的原则。

顽固不通，不仅全不听劝谏，还要用特务来察诽谤。所以姚先生说他是体文而用经。他这个人看起来很了不起，其实是很不行的，因他只是体文。姚先生这样评断所代表的观察是很深刻的。梁任公说王安石是中国历史上六大政治家之一，其实他是很不行的。王船山在《宋论》中对他的评论就很低，也很严厉。所以，我们要真正了解一个人物就要看看像王船山《宋论》这样的书，不能只看时下一般人的浮泛议论。

在以前的读书人，生命总要有所守。一个人纯粹作诗作文无所谓，如果一定想列入士大夫之林，在儒家的教训之下，发政施教以兼善天下，必须要有所守。所谓有所守，就是不能随便改变自己的信仰。王安石天天讲尧舜先王之大道，结果晚年佞佛，佞佛在以前的知识分子中是令人瞧不起的，犯忌讳。自己生命的底子结果归宗释迦牟尼，圣人的教训都忘掉了，那么你以前说那些尧舜先王之大道和宰相事业究竟有没有诚意？那究竟是从你生命中发出来的呢，抑或是你一时的高兴，一时的心血来潮？这就是一个问题，一个属于王安石人格根本的问题。

在这方面，王安石是很差的。这是王船山对他的批评，这批评是很严厉的。

再说一个人晚年丧子是可悲的事。王安石晚年丧子——王雱——当然值得同情，即令王雱并不是一个好人。但他太失态，"子死魄丧"，"舍宅为寺以丐福于浮图"，这成何体统？自己口口声声称述的圣人之道哪里去了？完全丧失了自己做人的定常之道。所以王船山瞧不起他。姚先生说他"体文而用经"是不错的。他的生命底子确是如此。不过，普通一般人不一定看得到。

三苏父子是文学家，会写文章。他们在当时政治上也是一个势力。当时知识分子，尤其是作诗作文的都跟着他们走，很有号召力，当然也很有影响力。姚汉源先生说三苏父子是"体文而用史"。体文是没有问题的，因他们都是文学家，彻底的文人生命。文人的生命就发展自己的生命格调，很好。能成就一个拜伦、歌德、雪莱也很好，能成就个李白、杜甫则更好，但是就是不适宜于论政。苏东坡的诗词书画散文都好，《水调歌头》、《赤壁赋》都是读起来声调铿锵、掷地有声；真会写文章，真有文学天才。但是，他一谈政治便是瞎来。他说那些有关乎时代、社会的问题，完全不负责任。

苏东坡"体文"与王安石一样，但作起事来既没王安石的执拗也没有司马光的顽固，通达得很。他这种通达就是平常所谓的不修边幅，没有分际。这就叫做"体文而用史"。历史是变道,不是常道。在他的生命本质上完全是文人的,在现实个人生活与社会生活乃至政治生活的作用上完全又是以"史"之"变"挥洒自如,美其名曰通情达理,实则完全是放纵恣肆。所以,他这一类型的知识分子在作文章时无不议论风发,在生活中无不多姿多彩,顺俗随时,适于自便。

上面我们所说这三个知识分子集团都是在北宋政治和社会上曾起过现实作用的,下面我们将讲另一个集团——即理学家集团。

北宋时代理学家自周濂溪开始以至张横渠、二程下来也代表一大批的人物,也可说是个知识分子大集团。

社会上对理学家总有些讥讽之辞,如迂腐、无用之类。很对,理学家是没有用的,我们不能期望他们能有什么用,但是他们也有他们的好处,他们自成一个格,他们的生命顺适调畅。所以姚汉源先生说理学家是"体经而用经"。体经而用经,所以在政治上没有用。没有用就没有用,但是守本分,他们担负的责任是立教。

"体"固然是"经",但在现实生活的"用"上也是"经",一丝不苟。杀一不辜而得天下不为也,枉尺直寻不为也,这就是"用经"。对社会随便敷衍一下,有时也可以,但那是行权,行权在圣人之教中,不是随便可为的。不行权在现实上有时行不通。但他们严守这原则,所以是体经而用经。假定他们是自觉地如此,我们不能责备他们。一般人说他们无用,其实他们是无小用而有大用,这大用便是立教,垂典型。在这方面他们成功了,在历史文化上影响也是很大的。所以,像明末清初河北颜李学派,就是颜习斋、李恕谷所说,北宋出那么多"圣人",如朱夫子、陆象山等不能免于帝昺之投海,要这些理学家有什么用?这是过分的要求,气忿之辞,非平实之言。宋朝亡国的责任哪能推到理学家身上?怎能推到朱夫子、陆象山身上?他们并没有当权。当权的皇帝宰相们胡闹把天下亡了,你这里把责任都推到朱夫子身上,朱夫子怎担当得起呢?再说,你把宋朝亡国的责任都推到朱夫子身上,是高抬了朱夫子,把朱夫子看得太高了。朱夫子不是释迦牟尼佛,不是上帝,不是万能的。就是释迦、就是上帝,也没有用,你若该亡国,你就要亡国,上帝也不能救你不亡国。佛、上帝的"万能"不能从这里讲。

就理学家来说,他们只是体经而用经,立人道之常,立人道之极,他们的责任就是如此。

第三编　学者本色

北宋知识分子大体就分这四类。北宋三百年养士，宋朝对知识分子最客气，知识分子在社会上也最多，都起来了，但其规格除理学家外都不顺适调畅，不成格；知识分子不成格，所以把时代弄坏了。

现在我们说到现时代民国以来的知识分子，其大体情形都在破裂、歧出的状态之中，内心不一致，生命分裂。为什么分裂呢？我们的文化出了问题。以前的教育是单纯的，现在的教育，知识的来源五花八门。我们以为自己的文化不行了，我们要学习西方来的。西方来的文化冲击自己的生命，而自己生命自种族来看又是自黄帝、尧、舜来的中华民族的底子。这种中华民族的生命底子不一定能与西方来的观念相协调，而我们现在的知识分子又非得接受西方的观念不可。结果，是把自己的生命横撑竖架，和五马分尸一样。这种五马分尸的结果就是一个大虚妄的结果。

这是一个现实问题。

知识分子的意识形态是从外面来的，生命底子并不能对之有一相应的了解，所以上下两层隔。意识的上层是一些东西，意识的下层又是一些东西，自己也不知道这就是一个大的虚妄。这情形，大家一想就知道。

自由主义自西方十七、十八、十九世纪以来是一个政治概念，它的作用要在政治上见。自由主义跟着个体主义来，个体主义、自由主义讲的是人权，故要扣紧人权运动来了解。这根本是政治的。西方自由主义的表现就是如此，由之而开出了现代的文明。但胡适之先生在中国提倡自由主义却避免政治的重点，而只在社会日常生活上表现。这便是一个差离。所以胡先生，照徐复观先生所说，是属于"文苑传"的人物，还是文人的底子。他以文人的底子做点考据，拿做考据来当学问，这是很差劲的。这是眼前的人物，大家都可一看便知。像他这样的人物，处在这样一个时代中，不是一个健康的形态，至少不是能有重大担负的形态。他在这个时代中享这么大的声名，实在是名过其实。

以前史书中写知识分子或列入文苑传，或列入儒林传。徐复观先生说民国以来没有儒林传的人物，这也是一句有绝顶智慧的话。因为民国以来正是菲薄、轻视、讥讽、嘲笑儒家的时代。没有人肯挺身而出说"我是儒家"！没有人出来老老实实、正正经经来讲孔孟之道的。

在以前史家是把有理想、有志节、有操守的知识分子放在儒林传中的，文苑传中的人会做文做诗，但不一定有理想，对于护持世道人心没有什么作用，不能放在儒林传。

智慧、性情，是需要知识与学力来支持的。若独善其身，专从事于道德宗教之践履与修行，则知识之多少并无多大的相干。但若关联着时代、论国家的政治道路，则必须有识见与知识。这并不是可以闭门造车，凭空杜撰的。

说到这里，我们就要正面说一说现时代知识分子立身处世之道。

这说起来很简单，就是相应政治经济的现代化，依据个性原则（个人兴趣之所在，才分之所宜），充分发挥自己之所长与所好。若想兼善天下，从事政治，则必须遵守政治之常轨；教主之意识必须废弃。若想移风易俗，扶持教化，则必须从文化教养的立场，依据道德宗教之本性，来从事个人的践履与修行，此则无穷无尽。成圣成贤，成仙成佛，尽需无限的智慧与才能以赴之，决无"才智无用武之地"之境。若从事学术研究，则必须依据学问的客观规范，在学问的正当途径中，以内在的为学而学之兴趣，黾勉以赴。

盖现代化底基本原则，如我以前所屡讲，便是"并列原则"（principle of CO-ordination），而不是"隶属原则"（principle of sub-ordination），此原则便是社会各方面依其自性而撑开，各适其适，此大体是"絜矩之道"之转型，或说是絜矩之道之现代化。这样一来，以往的纠结扭曲便可解开而顺适。有现代化的政治经济，知识分子亦必须相应地有现代化意识。一切扭曲凌驾，纠结跨越，必须解消。此之谓理性之大通，是我中华民族未来发展的唯一坦途、大道，是我近年来的用心所在，也是我近年来在台、港两地所作讲演的主旨所在。

（摘自《牟宗三学术文化随笔》，中国青年出版社1996年版）

【导读】牟宗三把文人的生命本体及其规格定位在知识分子立身处世之道的中心位置，并使之相应合于社会政治经济的现代化原则（顺适"并列原则"而不是"隶属原则"）、现代化意识、理性之大通（即社会各方面依其自性而撑开，各适其适。），依据个人兴趣之所在、才分之所宜的个性原则，充分发挥自己之所长与所好，最终获得一种知识分子的独立自主的品质与价值。牟宗三这篇文章的内容极其丰富，但是他的全部观点的阐发都是围绕着知识分子的生命的"规格"（即知识分子生命的"人格"这一根本问题）这一核心概念来展开的。在他看来，无论是东汉末年的悲剧性的气节之士所代表的理性在非理性的国家政治的夹逼之下的难以伸展，还是北宋时期的司马光（"体史而用经"）、王安石（"体文而用经"）、三苏（"体文而用史"）、理学家集团（"体经而用经"）等四个类型的知识分子的现实作用，包括现时代的民国时期以来知识分子的内心歧出、生命分裂的大虚妄的表现形态，均可以从生命的"规格"的概念中推衍出来。

牟宗三认为，知识分子的生命自守的个人道德情操、理想、信仰、责任与知识分子在君主专制下所形成的气节是两件事情，是有区别的。举出北宋的王安石的"体文而用经"的表现形态为例，他生命的本体正是文人的生命底子（即"体文"），并不适合投身于政治、服务于政治，结果他做宰相时顽固地借其一地的经验而通用全国，最终执一而不通，就是在"用"上有"经"象（即"用经"）。王安石的文人生命所推行的那些行政措施根本不符合实情、时势、地域的情况，他立论的依据仍然在于自己所擅长的作诗作文上，都是那些议论风生、富丽堂皇的尧舜之道、先王之道的大话，不仅顽固不通，不听劝谏，而且他后来用特务来监察诽谤，晚年更是随意改变自己的信仰而佞佛，自己生命的底子归于释迦摩尼，抛弃了圣人之训和宰相的事业，完全丧失了自己做人的定常之道。"毁先圣之遗书而崇佛、老也，怨及同产兄弟而授人之排之也，子死魄丧而舍宅为寺以丐福于浮屠也。若此者，皆君子所固穷濒死而必不为者也。乃安石则皆为之矣。抑岂不知其为恶而冥行以蹈污涂哉？有所必为，骨强肉愤，气溢神驰，而人不能遂其所欲。"（王夫之《宋论·神宗》）由王安石可见，文人生命底子的政治人物（苏东坡则是"体文而用史"）常常会根据自我内心的心灵需要，去自由地在政治领域以文人的感性与主观心理表现自我（制定其政治措施），或顽固不通，或通达放纵，最终在政治上缺乏诚意，生命的规格被人严厉批评。

生命的"规格"是什么？牟宗三说："知识分子能在社会上出头总有他们的规格，就是他们的规模与格调。唯说规格不一定指他们足以为后人模范，规格与规范、模范不一样。模范可以为人所效法，而规格则不一定有这个意思。他们不能像苏东坡说韩退之那样'匹夫而为百世师，一言而为天下法'。"很显然，牟宗三所谓的生命规格，乃是知识分子在投身于政治方面时的个人内在的精神生活的表现力与其人格境界的综合显现，具有一种文人的生命本体在参与实际的政治活动中所必须具有的本质特征：牺牲自我的精神、感应历史文化、为人行政不固执不通、顺适环境而应变、坚守而不是随便改变自己的信仰、生活不顺俗随时和适于自便、以立教为责任、守住本分、立人道之常、立人道之极等等。牟宗三以此做了长篇的关于汉末和北宋时期的知识分子的多种参与实际政治活动的表现形态、关于现时代民国以来的知识分子内心横撑竖架、中西观念上下层隔、五马分尸一般的生命分裂、名过其实的大虚妄现状的否定性论证之后,最终就将"生命的规格"确立为知识分子立身处世之道的一个独特视角,这已然包含了他所明确交代的知识分子的不可避免的人性悲剧与命运悲剧以及处于当今历史条件下的知识分子如何立身处世的全部启示:

其一,吸取中国传统士大夫投身政治方面的历史教训,坚持与实际的政治社会保持一定的距离,及时归位于文人生命的规格和本职岗位,完成文人自我的特殊价值。"从前中国知识分子,常想用学术来领导政治,这四十年来的新知识分子,则只想凭借政治来操纵学术。从这一点讲,即从其最好处说,今天中国的知识分子,依然未脱中国自己传统文化之内在束缚,依然是在上倾,非下倾,依然在争取政治领导权,依然是高唱治国平天下精神。"(出自钱穆《国史新论》的《中国知识分子》一文,三联书店2001年版)深受历史文化传统影响,当今很多知识分子的立身处世仍然具有强烈的官本位意识,他们无法抗拒来自政治实利的巨大诱惑,知识分子本身的独立性和创造性的学术研究及其个性表现最终被政治思辨、官场思维及其改造社会的理想模式所取代。陈思和在《试论知识分子转型期的三种价值取向》一文中将文化转型时期的知识分子的立身处世定位于"庙堂意识"(知识分子借助政治权威推行自己的主张)、"广场意识"、"岗位意识"(知识分子可以寄托其价值理想的一份工作)。"岗位意识还包括知识分子更深的使命意识:维系文化传统的精脉。知识分子不止是简单的社会经济存在物,他还是文化价值体系之象征,代表全民族思想文化最高水准。人类历史最辉煌的篇章不就是知识分子文化史吗?他们在充满暴力和灾难的历史进程中别塑一个精神王国,与冷酷的世俗权力和卑琐的动物本能抗争,继绝存亡,薪尽火传,这,才是知识分子的事业,是他一刻也不能放弃的岗位。"(陈思和《中国新文学整体观》,上海文艺出版社2001年版)

其二,摒弃种种约束性规范和来自社会的功利性诱惑,始终以知识分子的独立性、科学性自律,成为真正的知识阶级,成为学界的民魂。知识分子立身处世的难题就是把这些观念应用于实际情境:必须是"为民喉舌,作为公理正义及弱势者/受害者的代表,即使面对艰难险阻也要向大众表明立场及见解","努力破除限制人类思想和沟通的刻板印象(stereotypes)和化约式的类别(reductive categories)","而且涉及奉献与冒险,勇敢与易遭攻击","依赖的是一种意识,一种怀疑、投注、不断献身于理性探究和道德判断的意识"，"对于正义与公平坚定不移的信念"（爱德华·W.萨义德《知识分子论》，单德兴 译，三联书店2002年版）。"在自我边缘化之后的知识分子"更应该重拾"抗衡统治者的正当性与自信"（王汎森《近代知识分子自我形象的转变》），真正的知识阶级"是不顾利害的，如想到种种利害，就是假的，冒充的知识阶级……不过他们对于社会永不会满意的，所感受的永远是痛苦，所看到的永远是缺点，他们预备着将来的牺牲"（鲁迅《关于知识阶级》）。"所谓学界，是一种发生较新的阶级，本该可以有将旧魂灵略加湔洗之望了，但听到'学官'的官话，和'学匪'的新名，则似乎还走着旧路。当然，也得打倒……惟有民魂值得宝贵的，惟有他发扬起来，中国才有真进步。"（鲁迅《关于知识阶级》）"知识分子的可贵之处，不在于他是否把自己的理想具体化为某种社会实践，而在于他总能够从自身传统中提出一系列的指向社会实践的理想，并以此坚持自己独立不迁的价值立场。"（郜元宝《道统、学统与政统——与许纪霖、陈思和、蔡翔的对话》）

其三，"既保持人间情怀，又发挥其专业特长"，"严格区分政治与学术，摆脱'借学术谈政治'的困境"。这是著名学者、北京大学中文系陈平原的立身处世之道，它所崇尚的是知识分子借助学术的力量而不是政治的力量去不断扫除社会现实的一切积秽痼弊，破除政治对于学术的至尊地位，使得那些企图将学术与政治联为一体的倾向显得拙劣不堪。"陈平原的选择，是几代中国学人悲剧命运总结后的一种内在超越。自一九零五年取消科举制之后，中国学人几经磨难，多经乱世而少闲暇，多经世致用，而少康德式的形而上静观。陈平原注意到，在政治与学术之间徘徊，并非只是受制于启蒙与救亡的冲突，更深深植根于中国学术传统。除事功的'出世与入世'道德的'器识与文章'，还有著述的'经世致用与雕虫小技'。作为学者，其著述倘若无关世用，连自己都于心不安。兼济天下，是学人应有的情怀，是不该否定的。但问题是我们是否有一个良好的、健康而自足体系的学人传统。"（孙郁《为学术而学术？》）"中国知识分子是否还有前途，要看他们是否能改变传统的社会结构，使自然知识、技术知识、规范知识能总合成一体，而把他们所有的知识和技术来服务人民，使知识不成为一个社会阶级的独占品。也就是说打破这知识成为阶级的旧形态。"（费孝通《论"知识阶级"》）"一切新风气、新理论、新知识，正面都会合在对中国自己固有的排斥与咒诅，反面则用来作为各自私生活私奔竞的敲门砖与护身符。中国当前的知识分子，遭遇是艰苦的，职责是重大的，凭借是单薄的，培养是轻忽的。……然而我们却无所用其愤慨，也无所用其悲观。中国将仍还是一中国，中国的知识分子，将仍还成其为中国的知识分子。有了新的中国知识分子，不怕会没有新中国。最要关键所在，仍在知识分子内在自身一种精神上之觉醒，一种传统人文中心宗教性的热忱之复活，此则端在知识分子之自身努力，一切外在环境，全可迎刃而解。"

（宾恩海）

知识分子的政治认同与政治关切

杜维明

现代知识分子的政治认同

知识分子为了救亡图存，心甘情愿地投入一个伟大的历史运动之中，知识分子群体批判的自我意识，逐渐被强烈的、为政治服务的意愿所取代，只要能够找到一个使中国强盛起来的力量，大家就愿意终身奉献。这种以革命行动为救亡图存的必然归趋的意识使得知识分子产生一种强烈的罪恶感，认为国家已到了生死存亡之秋，自己不能报效国家，不能抛头颅、洒热血，只会坐在屋里摇笔杆子，起不到什么实际作用，是志在四方的男子汉的奇耻大辱。对于献身革命、牺牲性命，他们感到新奇、佩服，也感到自己软弱无能。在这样一种压力之下，他们就很容易和现实政权所代表的政治路线认同起来。这和西方知识分子的抗议精神有很大的区别。西方知识分子的抗议，比如像罗素，他们有很深厚的经济基础，在学术界、知识界能够获得很大的支援，在政治界又能获得相当的礼遇，所以他们不会感到自己是孤零零的、手无寸铁的个人，而且他们在从事一些所谓"象牙之塔"中的工作时，也没有一种罪恶、无能或起不到任何实际作用的感觉。

知识分子的政治关切

参加各种"外抗强敌、内除国贼"的示威活动是五四以来常见的爱国现象。凡是对中国当代史有兴趣的人士，都不会忽视这种现象的历史意义。我自己也坚信既然民族生命的发扬光大要靠知识青年的政治觉醒，那么大中学生的政治关切就变成了衡断一个社会是否有政治弹性和政治前途的重大指标。因而青年的大团结，如五四以前的辛亥革命和五四以后的八年抗战都显示了中华民族精神大振的辉煌史实。

表面上，直接参加爱国运动，负起实际的政治责任，在具体的社会环境中体现自己的理想，和置身于图书馆之中静静的研读写作，远离现实政治，好像代表两条大相径庭的生命路线：一条是行动的、落实的、参入的，另一条则是静止的、脱离的、超越的。这两条路线似乎指向两种截然不同的存在型态，其中毫无相通之处。根据这个看法，有政治抱负的青年才俊必须立下"投笔从戎"的大志，只有抛弃了学术事业才真能为政治效命。读书人是没有资格过问政治的，因为在文化思想里，追求新知的人理想性太强烈根本无法洞悉现实政治的复杂面，即使勉强发言最多也只是书生之见而已！

这种类型的推论也许正是实际情况的写照，但是如果我们完全接受这个看法，那么不学无术的政客和闭门造车的学究，就会在政治和学术两大领域的权力中心拥有长期聘约。在政治上负实际行政责任而学术良心不泯灭以及在学术上专习文化思想而政治关切不减杀的人，在这种政学二分的气氛下也许只有在缝隙里讨生活的命运了。

其实，今天世界各地知识分子所面临的问题不仅是政学二分而已，更严重的应当是学术的全盘政治化的危机。明初的薛瑄至少还可以著书立说置身政治之外，他对宦官王振虽只能怒目而视，但是因为他的学术声威有其独立的崇高的社会价值，王振即使可以杀伤他，也无法屈辱他。如果学术完全被政治化了，文化思想就会丧失超越政治的意义，于是连可杀而不可辱的读书人也不可能存在了。在这种情形之下，不闻不问的学究还算是有风骨的，至于无行文人，帮闲清客，和出卖灵魂以谋求个一官半职的"学人"那就更不必说了。这种现象在华盛顿固然很普遍，但根据马来西亚一位专门研究"笨瓜政治"（正好和选贤与能的原则背道而驰的政治路线）的社会学家称，政权掌握在一批既无原则又无才干的庸人手里的现象，在发展中国家，特别显得严重，因为这些国家的"学人"，大多只想在极短的时限内求个人表现，以取得当政者的青睐，结果连三五年的中期计划也无法提出来，长远的考虑和设计更不必谈了！

儒家有"不在其位不谋其政"的教言。其实这个立场和读书人的政治关切是完全不冲突的。在位的人从政权的立场来看政治当有许多现实性的顾忌，非局外人所能知，"学术思想"在他眼里也只是政权运用的方向之一而已。从学术思想的角度来批判现实政治的读书人，正因为和政权势力有一段距离，可以观察其动态，了解其趋向，甚至洞悉其为公为私的本质。所以读书人讨论国事，应以学术思想的大原则为准，不能只顾一时的效验，而牺牲百年之忧的胸襟。

（摘自《一阳来复》，上海文艺出版社1997年版）

【导读】杜维明，祖籍广东南海，1940年生于中国昆明。哈佛大学亚洲中心资深研究员，中国当代著名学者，现代新儒家学派代表人物，当代儒家文化研究和传播的重要思想家。

《现代知识分子的政治认同》是杜维明《一阳来复》一书中的一小节，是一节不过两百多字的短文，分析了中国现代知识分子的政治认同问题。他分析比较了中国知识分子与西方知识分子对于政治、历史运动的不同态度，在他看来，中国知识分子对于投身历史运动具有极大热情，在民族危难时期，为了"使中国强盛起来"，中国的知识分子本来具有的"批判的自我意识"被强烈的"为政治服务的意愿"取代，"爱国"成为知识分子的共同政治抱负，替代了批判精神，与西方知识分子的抗议精神有很大的区别。对此，杜维明以罗素为例进行了分析，他认为西方知识分子有很深厚的经济基础，在学术界、知识界能够获得很大的支援，在政治界又能获得相当的礼遇，所以他们不会感到自己是孤零零的、手无寸铁的个人，长期身处象牙塔也不觉得罪恶、无能或起不到任何实际作用。在比较中，杜维明呈现了中国现代知识分子对政权路线进行认同的必然性，显示了他行文时一贯的凝重和严肃风格。

与这篇文章相关的是《一阳来复》一书中的随后一节《知识分子的政治关切》，探讨的也是知识分子与政治的关系问题，对现代知识分子的政治关切现象做了进一步阐述。他指出，对于中国知识分子而言，中国历史上参加各种"外抗强敌、内除国贼"的示威活动是常见的爱国现象，而知识青年的政治觉醒对于民族生命的发扬光大非常重要，因此大中学生的政治关切成为衡断一个社会是否有政治弹性和政治前途的重大指标，可以显示中华民族精神大振。杜维明认为中国知识分子有两条生命路线：一是直接参加爱国运动，一是置身于图书馆研读写作，远离现实政治，属于一种"政学二分"的对立状态。由此他指出当下世界各地知识分子所面临的问题"不仅是政学二分而已，更严重的应当是学术的全盘政治化的危机"。在杜维明看来，政学二分的倾向是错误的，尤其是学术的全盘政治化是非常危险的，儒家"不在其位不谋其政"的立场与读书人的政治关切其实是完全不冲突的",因为"如果学术完全被政治化了,文化思想就会丧失超越政治的意义,于是连可杀而不可辱的读书人也不可能存在了",杜维明的意思其实是政学不能二分,应该统一起来,进行调谐和互相辅助,因为"在位的人从政权的立场来看政治当有许多现实性的顾忌,非局外人所能知,'学术思想'在他眼里也只是政权运用的方向之一而已。从学术思想的角度来批判现实政治的读书人,正因为和政权势力有一段距离,可以观察其动态,了解其趋向,甚至洞悉其为公为私的本质"。因此他提出:"读书人讨论国事,应以学术思想的大原则为准,不能只顾一时的效验,而牺牲百年之忧的胸襟"。

杜维明对知识分子与政治之间关系的认识,有助于当下知识分子警惕"学术的全盘政治化的危机",以学术思想的大原则为准,将政治认同与学术事业完美结合。

(罗小凤)

在学术文化上建立自我

杜维明

固然,知识分子不同于专家学者。但是,知识分子能够学无专长吗?如果知识分子既没有历史意识和文化修养,又没有任何特殊的训练,他究竟凭什么资格来对重大的社会问题或基本的人生问题发表意见?知识分子自然不应把自己锁在象牙塔里和外在的环境脱离关系,但是,知识分子如果完全背弃了学术界,他不但不能在"权力影响"的角逐中获取胜利,反而会丧失掉自己的灵魂。因为当知识分子放弃了批判的精神和高于现实政治的理想,他就会失去了衡断价值的独立标准。于是金钱、官位和武器逐渐凌驾"知识"之上,知识分子的发言权被剥夺了,自身的存在也毕竟就被全盘否定。从目前的情况来观察,这已不是预言而是写实了。

我们不反对在学术上有成就的知识分子敞开学术的大门,直接面对现实社会的挑战,但我们更希望年轻的知识分子能回到书房,回到教室,回到学术界,作一番潜沉内敛的真工夫。满腔热血和坦诚直率确是难能可贵的,但是,今天中国知识分子所面临的考验不仅是经济的、社会的和政治的，而且是文化思想的。所以，我们如果不能在文化思想的领域里奋斗出一条路来，我们也许天翻地覆叫嚣一番，然后一哄而散，让别人去收拾残局。但这样做绝不会有任何长期的贡献的。

要想有长期的贡献，我们即使没有宋儒争百年不争一日的气魄，至少也应有"只问耕耘，不问收获"的抱负。自然，我们都急于发生一点"实际"的效用，为中国找出一条通向富强的捷径，但是，今天在中国知识分子之中，最缺乏的莫过于"隔离的智慧"了。没有这种智慧，我们免不了又变成另一批激情主义的牺牲者。五十年来，中国的知识分子一代一代地走出校门，去追逐实效和富强的影子。今天中国的知识分子已经僵化了，连这名称的本身都好像是时兴的舶来品，因此我们不能重蹈实用的覆辙，再来一次毫无意义的挣扎。

商业广告必须醒目，竞选演说也必须简短有力，但是知识分子的分析和评判却不能只求扣人心弦而不顾客观的理论基础。因此，培养"隔离智慧"最具体的方式，就在保持学术研讨的分析精神和自我反省的能力。前者可以帮助我们把握对方的要点，后者可以帮助我们洗脱自己的私情。只有如此，健康的学术界才能逐渐地构造起来，知识分子才有栖身之处，才能获得真正的发言权。现在连最起码的标准都没有，超然的"问题层次"更是空中楼阁。假使有什么论战，那又免不了一团漆黑。如果再没有一批学术界的勇士，敢抱着"宁愿被他人谩骂而绝不曲解他人"的雅量，则前途仍很暗淡。

事实上，真正的学术成就都是由十年寒窗和锲而不舍的长期努力所获得的。如果我们仍以为靠自己的鸿鹄之志，不作埋头苦干的工夫，就能够跳出专家形态的限制，直接迈向思想的新境界，在学术文化上建立自我，那么我们尽可再来宣传"全盘西化"，让世界各地研读中国现代史的外国学生又找到些笑料。

在国际学坛上，中国文化的发言人实在太少了。英国的汤因比，法国的萨特、马塞尔，德国的海德格尔、雅斯贝尔斯，奥地利的哈耶克，以色列最近去世的布伯，印度的拉达克利希南和日本的西谷启治，都曾飞越重洋到世界各处去传播祖国的文化思想，使得全球各地的青年学子对英国的史学精神、法国的存在主义、德国的现象学、奥地利的自由经济学派、犹太教的精义、印度文化的内涵以及日本的东方哲学皆有所了解。我们如果再来宣传在美国也早就过时的杜威哲学，试问国际学坛的第一流学者会发生什么感想？我们当然不能拿连自己都不相信的古董来搪塞外国学人，但是我们必须开始有系统地先来了解自己!

我们虽然生为中国人,但对中国自己的东西,不论古往今来,都了解得太有限了。学文学的不懂莎士比亚是耻辱,但没有摸过杜工部是可原谅的;学哲学的不能不知道康德,但可以完全忽视朱熹;学历史的没读过《罗马覆亡史》是遗憾,但没摸过《史记》却很平常。再进一步来观察,我们对现代中国的经济文化发展、社会变迁、政治情况又能了解多少?我们对自己的历史和现实环境不了解,对欧美的形形色色更是格外生疏,于是在国内时感到自己是失落的一代,在国外又觉得自己是异乡人;出国前以为出国后就会万世太平,出国后又觉得在回国前一切都是毫无意义;未能出国的以出国为终极目标,既出国的却以回国为最后归宿,于是从失落的一代到异乡人到无根的浮萍。在这种心情下,中国的知识分子再陷到"谓之懦则复类于悍也,谓之激则复类于同也,谓之虚则复类于琐,而谓之靡则复类于鄙"的风气之中,能够不相胥于溺已是万幸了,还能有什么终极的贡献!

尽管外在的条件如此的恶劣,我们仍觉得无比的乐观。我们认为,今天中国知识分子所担负的文化使命不但直接关联着将来中国学术思想发展的趋向,而且间接影响到东西文化交汇的必然发展。就一般水准而言,我们了解西方文化总比欧美人了解东方文化高明多了,如果我们再能把精神的方向转回学术,对中国文化和西方文化都再作更深入的了解,那么我们的基础必厚,立论必高,呼声也必大。为了达到这个目的,我们自然需要先生们的提携、朋友们的支持和家庭社会的鼓励,但真正的力量仍来自内心的抉择。

这条路在形式上确是孤独的奋斗,但经过一番自我建立的工夫,把生命的主宰权抓住了以后,自然会左右逢源,找到相互提携的真性情真人格。而且只有在这个基础上,中国现代知识分子才有超地域、超年龄、超职业的共同关切。海外的知识分子也许看得比较多,但缺少文化的真实感;国内的知识分子也许感触比较深,但缺乏多面性的思想挑战。我们如果常常联系,互相鼓励,中国现代的知识分子不但会成为现代中国的发言人,而且会成为东西文化交流的见证者。因此,我们提出:

现代的中国知识分子是一个在永恒的奋斗过程中了解自己,战胜自己,成全自己并实现自己的孤独灵魂。经过了这一"梦觉关",社会良心、道德勇气和济世救民的大志才有切身的意义。如果我们自己站不起来,不认为读书求学有什么特殊的价值,甚至不相信在学术文化的旅途上能找到任何庄严的意义，那么我们何不退出知识分子的立场去扮演宣传家、煽动家的角色，或者去做一群自我标榜的骚人墨客！

（摘自《杜维明学术文化随笔》，中国青年出版社1999年版。原载《大学杂志》1968年第3期）

【导读】杜维明（1940—），祖籍广东南海，出生于昆明，当代著名儒家学者，开拓了"文化中国""文明对话""启蒙反思""儒学第三期"等诸多论域，在国际思想界产生了广泛而深远的影响。

杜维明以《在学术文化上建立自我》一文指出在国际学坛上，中国文化的发言人实在太少，中国知识分子面临的是几乎失去发言权，自身的存在也被全盘否定的暗淡局面。究其因，当前中国知识分子的问题和症结是追逐实效和富强的影子，急于实现自己的效用，急于为中国找出一条富强的捷径，在实用的覆辙中不断挣扎而成为激情主义的牺牲者，从而失去自我。

而之所以会出现这些问题和症结，其最根本的问题是缺乏"隔离的智慧"。什么是"隔离的智慧"？就是不紧跟着现实翻滚的知识性的反思。所以，中国的知识分子要在当前担负并完成自己的文化使命，就必须要培养"隔离的智慧"。

杜维明强调培养"隔离的智慧"的最具体方式，就在于保持学术研讨的分析精神和自我反省的能力。保持学术研讨的分析精神，其目的是把握对方的要点，即把握西方文化的要点；拥有自我反省能力的目的，则是为了洗脱自己的私情，即真正有系统地了解中国文化。需要注意的是，在培养"隔离的智慧"的过程中，中国的知识分子既不能背弃学术界，更不能放弃批判精神和高于现实政治的理想，因为只有这样才不会丧失灵魂、失去衡断价值的独立标准，拥有超地域、超年龄、超职业的共同关注，找到相互提携的真性情真人格。从而真正了解自己、战胜自己、成全自己，并实现自己的孤独灵魂，在世界学术文化界站起来，找到读书求学的真正价值和庄严意义。

因此，今天的中国知识分子所面临的考验不仅是经济的、社会的和政治的，更是文化思想的；所担负的文化使命既直接关联着中国学术思想发展的趋向，同时也间接影响到东西文化交汇的必然发展。

总之，想要在学术上有所成就的知识分子，如若不能在文化思想的领域里奋斗出一条路来，就只能叫嚣一阵而不能有长期的贡献，更无法实现使中国学术文化建立自信和自尊的愿望。中国的知识分子要在世界学术界有自己的立足之地，就必须对中西文化都再作更为深入的了解，不再在现实中翻滚，不再陷入"谓之懦则复类于悍也，谓之激则复类于同也，谓之虚则复类于琐，而谓之靡则复类于鄙"的风气之中。找准自己的位置方可迈向思想的新境界，使自己的文化基础增厚、立论增高、呼声加大，才能建立真正的"自我"，也才能飞越重洋到世界各处去传播祖国的文化思想，让全球学者对中国文化有所了解。

（杨 艳）

中国知识分子与人文精神

张岱年

中国知识分子古代称为"士"。士在中国历史上作为一个独立的阶层，始于春秋时期。在殷商和西周时代，有一定知识的人是巫、史。巫、史都属于贵族。到春秋时期，出现了具有一定知识而失去贵族身份的"士"。孟子曾说："无恒产而有恒心理，惟士为能。"（《孟子·梁惠王上》）"士"就是没有恒产而有一定理想的知识分子，依靠知识以谋生。孟子对齐宣王说："今王发政施仁，使天下仕者皆欲立于王之朝，耕者皆欲耕于王之野，商贾皆欲藏于王之市，行旅皆欲出于王之途，……其若是，孰能御之？"（同上）这区别了仕者、耕者、商贾。"士"有别于耕者、商贾，也不一定是仕者，乃是一个独立的阶层。

春秋末期，著名的知识分子有老子、孔子、邓析、孙武等。《史记》说"老子者周守藏室之史也。"又说："老子，隐君子也。"老子本为周史，后来不知由于什么原因而成为一个隐君子。孔子曾仕于鲁，因意见不合而离鲁，周游于卫、楚、陈、蔡之间，晚年回鲁，以教学为事，当时亦被尊为"国老"。邓析是法律专家。《左传》定公九年："郑驷歂杀邓析，而用其竹刑。"孙武是军事学家，受到吴王阖庐的尊重。到战国时期，士成为各国诸侯争取的对象。当时学者的待遇是相当优厚的。以孟子为例，《孟子》记载："彭更问曰：后车数十乘，从者数百人，以传食于诸侯，不以泰乎？孟子曰：非其道，则一箪食不可受于人；如其道，则舜受尧之天下不以为泰，子以为泰乎？……子何尊梓匠轮舆，而轻为仁义者哉？"（《滕文公下》）孟子虽然不遇于时，然而游事梁齐之时，随从的弟子是很多的。《史记》记述邹衍的事迹说："驺子重于齐，适梁，梁惠王郊迎，执宾主之礼；适赵，平原君侧行襒席；如燕，昭王拥篲先驱，请列弟子之座而爱业，……其游诸侯见尊礼如此。"（按：这段记述有误，邹衍与平原君同时，而非与梁惠王同时，但备受尊礼，当系事实。与平原君同时的魏王是魏安釐王，可能梁惠王系安釐王之误。）齐国建立稷下学官。《史记·田敬仲完世家》："宣王喜文学游说之士，自如邹衍、淳于髡、田骈、接予、慎到、环渊之徒七十六人，皆赐列第，为上大夫，不治而议论。"稷下当时成为学术中心之一。从战国时期开始，士、农、工、商称为"四民"。其中士是知识分子，在历史上曾起过重要的作用。

一　以人为本位的哲学

中国古代哲学中最重要的学派有三：儒家、道家、墨家。其中儒家学说可以说是以人为本位的哲学，道家则以"道"为本位，墨家"尊天事鬼"，保留了关于天鬼的宗教信仰。后期墨家所著的《墨经》中已放弃了天鬼观念，而注重研究名辩与物理，但仍不能说是以人为本位。明显地以人为本位的学说是儒家之学。

所谓以人为本位即是以人为出发点并以人为终极关怀。《论语》记载："樊迟问知，子曰：务民之义，敬鬼神而远之，可谓知矣。"（《雍也》）"务民之义"即重视道德教化；"敬鬼神而远之"即对鬼神持存疑态度，虽没有否定鬼神但不求助于鬼神。这是儒家学说的根本宗旨。后来孔子的再传弟子孟子倡言"无鬼神"，就否认鬼神的存在了。

儒家以人为本位，肯定人的价值，又承认文化的价值。《孝经》记述孔子之言说："天地之性人为贵。"孟子强调："人之所以异于禽兽者"，荀子宣扬"人之所以为人者"。这所谓人之所以为人者，在于有道德。荀子说："水火有气而无生，草木有生而无知，禽兽有知而无义，人有气有生有知亦且有义，故最为天下贵也。"（《荀子·王制》）所谓有义，即有道德观念。这与孔子所谓"务民之义"是一脉相承的。

孔子以宣扬文化为己任，《论语》记载："子畏于匡，曰：文王既没，文不在兹乎？天之将丧斯文也，后死者，不得与于斯文也；天之未丧斯文也，匡人其如予何！"（《子罕》）所谓"文"，即今日所谓文化。《周易·象传》云:"文明以止,人文也。观乎天文,以察时变;观乎人文,以化成天下。"(《贲》)这是中国古代典籍中"文明"、"人文"名词的初次出现。天文指自然现象,人文指人类的精神生活的各种形式。儒家高度肯定了文化的价值。

儒家以人为本位,这是与宗教家以神为本位的思想相对立的。宗教宣扬以神为本、鼓吹上帝创造世界,要求皈依上帝。佛教更将佛置于天帝之上,宣传三世轮回。这些宗教信仰都鄙视人,不承认人本身的价值。儒家承认人类是天地所生的,而肯定人本身具有优异的价值。这是儒家学说的一个特点。儒家这种以人为本位的思想观点可以称之为具有人文精神。

二 坚持人格尊严

儒家宣扬人的价值,其理论基础是承认人具有独立意志,因而具有独立人格。孔子说:"三军可夺帅也,匹夫不可夺志也。"(《论语·子罕》)人人都有较三军之帅更为坚强的意志,是不能轻易改变的。因为具有独立的意志,也就具有独立的人格。孔子说:"贤者辟世,其次辟地,其次辟色,其次辟言。"(《宪问》)其所以要辟世、辟地、辟色、辟言,即为了保持独立的人格。孔子不忍辟世,而采取了辟地、辟色、辟言的态度。

孟子提出"所欲有甚于生者"、"所恶有甚于死者",他说:"生亦我所欲,所欲有甚于生者,故不为苟得也;死亦我所恶,所恶有甚于死者,故患有所不辟也。如使人之所欲莫甚于生,则凡可以得生者何不用也?使人之所恶莫甚于死者,则凡可以辟患者何不为也?由是则生而有不用也,由是则可以辟患而有不为也。是故所欲有甚于生者,所恶有甚于死者。非独贤者有是心也,人皆有之,贤者能勿丧耳。一箪食,一豆羹,得之则生,弗得则死。呼尔而与之,行道之人弗受;蹴尔而与之,乞人不屑也。"(《孟子·告子上》)从所举的例证来看,这所谓"所欲有甚于生者"即指人格尊严;所谓"所恶有甚于死者"即指人格的屈辱。孟子称"所欲有甚于生者"为"义",其所谓义即指坚持自己的独立人格同时亦尊重别人的独立人格。

孟子更提出"以德抗位"的主张,他说:"曾子曰:晋楚之富不可及也,彼以其富,我以吾仁,彼以其爵,我以吾义,吾何慊乎哉?……天下有达尊三,爵一,齿一,德一。朝廷莫如爵,乡党莫如齿,辅世长民莫如德。恶得有其一以慢其二哉?"(《孟子·公孙丑下》)孟子引曾子之言,强调道德人格的崇高价值,认为人应提高道德的自觉而不屈服于权势。这是对于人格尊严的高度肯定。

《礼记·儒行》提出了士"可杀不可辱"的论断。《儒行》云："儒有可亲而不可劫也，可近而不可迫也，可杀而不可辱也，……其刚毅有如此者。"可杀而不可辱，宁死不屈，这是对于独立人格的强烈坚持。

高扬人格尊严是中国知识分子的优秀传统之一。

三 个人对于社会的责任

中国古代哲学家不但宣扬人格尊严，而且强调社会责任心。孔子面对隐者的讥讽而叹息说："鸟兽不可与同群，吾非斯人之徒与而谁与？"（《论语·微子》）这就是肯定，个人对于社会是有一定责任的。孟子以"平治天下"自负，他说："夫天未欲平治天下也，如欲平治天下，当今之世，舍我其谁也？"（《孟子·公孙丑下》）这固然表现了傲慢自大的态度，也表现了强烈的社会责任心。孟子虽然不得志于当时，但对于后世却发生了深沉广远的影响。与孟子同时的宋钘、尹文以救世济民为志，《庄子·天下》篇述宋钘、尹文之学云："愿天下之安宁，以活民命，人我之养，毕足而止。以此白心。……见侮不辱，救民之斗；禁攻寝兵，救世之战。以此周行天下，上说下教，虽天下不敢，强聒而不舍者也。"《天下》篇赞之曰："图傲乎救世之士哉！"《庄子·逍遥游》亦述宋子的为人说："而宋荣子犹然笑之，且举世而誉之而不加劝，举世非之而不加沮，定乎内外之分，辩乎荣辱之境，斯已矣。"宋子"上说下教"、"强聒不舍"，表现了高度的社会责任心。"举世誉之而不加劝，举世非之而不加沮"，表现了坚强的独立人格。宋子的学风是值得钦敬的。

汉初陆贾追随汉高祖刘邦平定天下，劝诫刘邦说：居马上得天下，不能以马上治之。"居马上得之，宁可以马上治之乎？"这确实表述了关于社会政治的一条客观规律，对于稳定汉初的社会起了积极作用。其后贾谊向汉文帝上《治安策》，董仲舒向汉武帝上《天人三策》，都表现了知识分子对于社会政治的关怀。

《世说新语》记述后汉陈蕃、李膺的言行说："陈仲举言为士则、行为世范，登车揽辔，有澄清天下之志。""李元礼风格秀整，高自标持，欲以天下名教是非为己任。"陈、李都表现了强烈的社会责任心。

唐代韩愈谏迎佛骨，被贬之后，作诗云："一封朝奏九重天，夕贬潮州路八千。欲为圣明除弊事，肯将衰朽惜残年！"表现了对社会国家负责的刚直气概。

北宋范仲淹有两句名言："先天下之忧而忧，后天下之乐而乐"，为后世所传诵。张载自述学术宗旨说："为天地立心，为生民立命，为往圣继绝学，为万世开太平。"这表现了哲学家的广阔胸怀。

明末顾宪成主讲东林书院，尝说："官辇毂，念头不在君父上；官卦疆，念头不在百姓上；至于水间林下，三三两两，相与讲求性命，切磨德义，念头不在世道上，即有他美，君子不齿也。"这也充分表现了对于社会治乱、国家安危的深切关心。

以上举例说明汉、唐、宋、明时代有代表性的知识分子具有深沉诚挚的社会责任心和历史事实。历代具有社会责任心的知识分子很多，《二十四史》及有关史籍中有详细的记载。以上不过略举数例而已。到明清之际，顾炎武提出"天下兴亡，匹夫有责"的著名观点，黄宗羲著《明夷待访录》、王夫之著《黄书》、《噩梦》，都是强烈的社会责任心的明确表述。

真诚的社会责任心，是中国知识分子的优秀传统的重要内容。

坚持人格尊严、重视社会责任心，这都是中国知识分子人文精神的主要内涵。

四　新时代的人文精神

儒家的以人为本位的哲学，一方面宣扬独立人格与人格尊严，另一方面又强调个人对于社会的责任心，这是儒家学说的积极内容。但是，儒家有一个严重的缺点，即承认上下贵贱的等级区分是合理的。《左传》记述孔子的言论说："贵贱不愆，所谓度也。……贵贱无序，何以为国？"（昭公二十九年）这一条，孔门弟子没有收入《论语》中，可能是《论语》的编纂者有不同意见。但《左传》所记应非虚构。《论语》中所谓君子小人，有的是按道德品质来划分的，有时是按地位高下来划分的。儒家肯定贵贱有别，还是明显的。这是儒学受到历代专制帝王尊崇的原因之一。这是儒家的消极的保守观点。

在中国历史上，对于等级制度持批评态度的是道家。道家认为社会上区分君子小人是不合理的，断言："以道观之，物无贵贱。"（《庄子·秋水》）道家反对等级区分，宣扬个性自由，这是道家的高明之处，但是道家完全忽视个人对于社会的责任心，就不如儒家了。最强调社会责任心的是墨家，墨家"以绳墨自矫，而备世之急，日夜不休，以自苦为极。"（《庄子·天下》）但墨子"尊天事鬼"，又缺乏"人本"精神。后期墨家舍弃了天鬼观念，对于名辩、物理做出了卓越的贡献，但仍没有形成比较完整的人本哲学。汉代以后，墨学中绝了。

1840年鸦片战争以后，中国出现了严重的民族危机，于是救亡图存成为中国知识分子和人民群众的主要问题。经过辛亥革命，到1919年"五四"运动的前几年，一部分先进的知识分子发起了新文化运动，于是中国文化达到一个新的发展阶段。一部分学者将西方近代的人文主义思想介绍进来，并加以大力宣扬。这在当时是具有重要的进步意义的。有些论者积极鼓吹西方近代的人文主义思想，对于中国传统思想采取了全面否定的态度，却忽略了（或不了解）西方近代的一些人文主义思想家曾经受过中国古典哲学的影响。这就陷于偏失了。中国古典哲学确有其历史的时代的局限性，其中许多观点已经过时了，但是中国古典哲学中确实含有一个以人为本位的优秀传统，这还是应该充分理解、继承发扬的。

应该承认，中国的知识分子，自古以来，有一个人文精神的悠久传统，在古代，这个人文传统虽然受到等级制度和专制主义的束缚，却也发生过一定的进步作用。时至今日，时代进步了，等级制度已经废除了。我们应该在固有的优秀传统的基础之上，吸收西方近代文明的先进成就，更发挥创造性的思维，使人文精神更高度昂扬起来。

（摘自《张岱年全集》第七卷，河北人民出版社1996年版）

【导读】张岱年（1909—2004年），河北献县人。中国现代著名哲学家、哲学史家。著有《中国哲学史大纲》《文化与哲学》等著作。

《中国知识分子与人文精神》一文追溯了中国知识分子的古代渊源，追溯至春秋时期的"士"。"士"是"没有恒产而有一定理想、依靠知识以谋生的知识分子"，春秋时期与仕者、耕者、商贾相区分；战国时期则属于"四民"即士、农、工、商中的"士"，是一个独立的阶层。

张岱年在文章中梳理与概括了中国知识分子的人文精神，他总结为以人为本、坚持人格尊严、重视社会责任心，并分别对这些人文精神的主要内涵进行了详细的分析。

首先是以人为本的哲学思想。这是儒家学说的重要观点，肯定人本身具有优异的价值，与宗教家以神为本位的思想相对立，否定了上帝说和有神论。其次是坚持人格尊严。儒家宣扬人的价值，其理论基础是承认人具有独立意志，因而具有独立人格。文中对孔子、孟子的观点进行了梳理，孟子的"所欲有甚于生者"是指人格尊严，此为"义"，即坚持自己的独立人格同时亦尊重别人的独立人格；而"所恶有甚于死者"是指人格的屈辱。孟子还提出"以德抗位"的主张，强调尊重道德人格的崇高价值，认为人应提高道德的自觉而不屈服于权势，是对人格尊严的高度肯定。张岱年还分析了"士可杀不可辱"的内涵即坚守宁死不屈的独立人格，是对人格尊严的高扬。三是个人对于社会的责任。张岱年分析中国知识分子都具有社会责任心，他以孟子、陆贾、韩愈、范仲淹、顾宪成等为例说明"真诚的社会责任心，是中国知识分子的优秀传统的重要内容"，并分析了每个时代知识分子强烈的社会责任心所产生的深沉广远的影响。

古代知识分子的人文精神其实主要是儒家学说的主要思想。对此，张岱年进行了科学的分析，既肯定了儒家学说的积极内容，肯定了儒家学说以人为本，宣扬独立人格与人格尊严，强调个人对社会的责任心，同时也分析了其缺点是承认上下贵贱的等级区分是合理的。

在此基础上，张岱年以新时代知识分子的人文精神进行对比分析，他指出，在鸦片战争后的民族危亡时期，中国知识分子为救亡图存而努力，其实是中国知识分子传统人文精神中的社会责任心的体现，是对中国传统人文精神的发扬。但"五四"时期中国知识分子发起新文化运动，介绍西方近代的人文主义思想，并加以大力宣扬，同时全面否定中国传统思想。对此张岱年持否定态度，认为应该发扬中国优秀的人文精神传统。他指出："中国的知识分子形成了人文精神的优秀传统"，主张"在固有的优秀传统的基础之上，吸收西方近代文明的先进成就，更发挥创造的思维，使人文精神更高度昂扬起来"。

中国知识分子的人文精神传统是中华优秀文化传统的重要组成部分，是值得"高度昂扬"的。然而，当下中国知识分子的精神和思想境界却令人堪忧，因而，以张岱年的这篇文章反思当下中国知识分子人文精神的缺失，不无裨益。因此，张岱年对中国知识分子人文精神的思考，在当代语境下具有深远意义。

（罗小凤）

从性格与时代论王国维治学途径之转变（节录）

叶嘉莹

一　知与情兼胜的禀赋

在静安先生的性格中，最明显也最重要的一点，乃是他的"知"与"情"兼胜的禀赋。这种禀赋使他在学术研究方面，表现为一位感性与知性兼长并美的天才；可是另一方面，在现实生活中，却不幸而使他深陷于感情与理智的矛盾痛苦中无以自拔，终至成为一个以自杀来结束自己生命的悲剧人物。静安先生对于他自己之具有理智与感情相矛盾的性格也早有反省的认识，在其早期所写的《静安文集续编·自序二》中，他就曾自我分析说："余之性质，欲为哲学家则感情苦多而知力苦寡，欲为诗人则又苦感情寡而理性多。"又说："哲学上之说，大都可爱者不可信，可信者不可爱。余知真理，而余又爱其谬误。"（《王观堂先生全集》第五册）又说："知其可信而不能爱，觉其可爱而不能信，此近二、三年中最大之烦闷。"而除去自序中他所提到的在为学方面感到的"知"与"情"之矛盾以外，他在诗词中表现出来的整个生活中的矛盾痛苦则更为深切。如其《六月二十七日宿陕石》一诗云：

> 新秋一夜蚊如市，唤起劳人使自思。试问何乡堪着我？欲求大道况多歧。人生过处唯存悔，知识增时只益疑。欲语此怀谁与共，鼾声四起斗离离。

从这首诗来看，他在生活与求知上所感到的彷徨困惑的悲哀乃是显然可见的。此外如其《天寒》一首之"只分杨朱叹歧路，不应阮籍哭穷途。穷途回驾元非失，歧路亡羊信可吁"及《病中即事》一首之"拟随桑户游方外，未免杨朱泣路歧"诸句，便也都是借用杨朱之泣路歧的一则故事，来表现他在人生之途上陷于矛盾之抉择的痛苦。而他著名的两句词，《蝶恋花》一首之"辛苦钱塘江上水，日日西流日日东趋海"，当然更是他内心之矛盾痛苦的一幅极好的写照。静安先生一生的为学与为人，可以说就是徘徊于"求其可爱"与"求其可信"及人生之途的感情与理智的矛盾的追寻与抉择之中。

我们先从他为学的一方面来看。在这一方面因为他所面对的只是单纯的学问，所以不论其为偏重感情的对于"可爱"的追寻，或偏重理性的对于"可信"的追寻，虽然因出发点之不同，在其开始择别途径时，也许一度不免有感情与理智相矛盾的争战，可是既经择定之后，他往往能以其感性与知性兼美的天才相辅为用，反而取得了过人的成就。当他早期从事于文哲之学的时候，可以说乃是从感情出发的对于"可爱"的追寻，可是我们试一看，当他为叔本华悲观哲学所吸引而对之倾倒耽溺时，他所写的有关叔本华的论文如《叔本华之哲学及其教育学说》《叔本华与尼采》及《书叔本华遗传说后》，却都是站在客观立场，以理性的思辨对其学说之是否"可信"来作批判和分析。而当他耽溺于词之写作时，他也曾同时从事于词之批评及词籍之整理，既写成了一部《人间词话》，也完成了一部《唐五代二十一家词辑》。凡此种种，都足以说明静安先生在从感情出发对于"可爱"者加以追寻时，同时也正以其理性在"可爱"之中做着"可信"的追求。这正是静安先生在文哲之学的研究中，既表现有锐敏的感受，又表现有精辟之见的一个重要原因。

这种知与情兼胜的禀赋，即使当静安先生之治学途径自文哲之学转为考证之学以后，也仍然可以清楚地看出来。考证之学原来应该是完全基于理性的对于"可信"的寻求了，可是静安先生在考证之学上能有过人之成就的原因，却不只是由于一般人所共见的精严的理性的思辨而已。因为精严的考证推理的工作，尚属一般博学勤力的学者都能达致的境界，而静安先生在学术方面的创获，却更有超越于精严之考证以外者。缪钺在其《王静安与叔本华》一文中即曾云："其心中如具灵光，各种学术，经此灵光所照，即生异彩。"而给他的考证之学上投以睿智之灵光，使其不断有惊人之发明和创见的，则是由于他所禀赋的近于诗人的感性和资质，以及他对于"可爱"之追寻的一种理想。我这样说也许不易为一般人所接受，因为在静安先生的考证著述中，这种隐含的资质和心意，乃是颇不易为人所察觉的。可是如果我们仔细观察，就会发现静安先生在考证之学上，所用的方法虽是理性的，可是触发他能有惊人之发明与创见的，却往往乃是由于他所禀赋的一种属于感性的直观与想象之能力。举例而言，其在《观堂集林》卷一《肃霜涤场说》一文中，静安先生曾以双声联绵字来解释《诗经·豳风·七月》一篇的"九月肃霜，十月涤场"二语，以为乃"肃爽"及"涤荡"之意，引证了十余种以上的古籍来作为他的说法的佐证，是一篇全以理性组织的精严的考证文字。可是在篇末，他却叙述这种灵感的获得乃全得之于直观的感受，他说：

> 癸亥之岁，余再来京师，离南方之卑湿，乐北土之爽垲。九十月之交，天高日晶，木叶尽脱，因会得"肃霜""涤场"二语之妙，因巧之说云。

又如其在《尔雅草木虫鱼鸟兽释例序》一文中，曾经记叙说：

> 甲寅岁暮，国维侨居日本，为上虞罗叔言参事作《殷墟书契考释后序》，略述三百年来小学盛衰。嘉兴沈子培方伯（沈曾植）见之，以为可与言古音韵之学也。然国维实未尝从事于此（按：《观堂别集》亦录此序，本句作"余于此学殊无所得"），惟往读昔贤书，颇怪自来讲古音者详于叠韵而忽于双声。……乙卯春归国展墓，谒方伯于上海，以此愿质之方伯。……又请业曰："其以叠韵说诂训者，往往扞格不得通，然则与其谓古韵明而后诂训明，毋宁谓古双声明而后诂训明欤？"方伯曰："岂直如君言，古人转注假借虽谓之全用双声可也。"……维大惊，且自喜亿之偶中也。

对于一种"未尝从事""殊无所得"的学问，居然能于短期的观察研究之后，以臆想而直探古声韵与训诂之学的重要关键所在，静安先生直观与想象能力之过人于此可见。这也正是他在考证之学方面并非抱残守缺，而能自辟蹊径、卓然独往的真正原因所在。在他的考证专著中，时时闪现出这种灵光的作品甚多，而其中最可引为代表的一篇伟大著作，则是他以古器物古文字来考证古史所写出的《殷周制度论》。赵斐云先生曾推许之云："此篇虽寥寥不过十数页，实为近世经史二学第一篇大文字。"（赵万里《王静安先生年谱》）这种推崇，一点也不是溢美。在这篇著作中，静安先生以其过人之直观与想象的能力来观察和组织，使得一些早已死亡的支离破碎的材料，都在他的灵光照射下，像重新获得了生命一般复活起来。这种成就，当然绝不是仅靠精严的理性便可达致的。除此之外，还有一点值得注意之处，那就是他在理性的考证之外，所流露出的对于周代之文物制度的一种怀思向往之情，而这也就是我在前面所说的他对于"可爱"之追寻的理想。在这篇著作的结尾，他曾经极有深意地说：

> 殷周间之大变革，自其表言之，不过一姓一家之兴亡与都邑之转移；自其里言之，则旧制度废而新制度兴，旧文化废而新文化兴；又自其表言之，则古圣人之所以取天下及所以守者，若无异于后世之帝王；而自其里言之，则其制度文物与其立制之本意，乃出于万世治安之

大计，其心术与规摹，迥非后世帝王之所能梦见也。

又说：

> 如是则知所以驱草窃奸宄相为敌仇之民，而跻之仁寿之域者，其经纶固大有在。欲知周公之圣与周之所以王，必于是乎观之矣。

如果我们联想静安先生写作本文时军阀混战、政党相争的时代背景，就会发现静安先生在新旧文化制度变革之际，其感慨世乱、缅怀先哲的感情，乃是显然可见的。一般人只知道静安先生的考证之学乃是纯理性的由古文字声韵及古器物以考古代之制度文物，然而侯外庐在其所著《近代中国思想学说史》中，就曾经说："然而'明立制之所以然'，则并不是他的研究中心，因为他有他的理想与信仰。"这话乃是可信的。姚名达在《哀余断忆》一文中，曾经记述他有一次向静安先生问学的事，他说：

> 课后，以旧在南方大学所考孔子适周究在何年求正于先生。是篇以确实之证据，摧破前人鲁昭公二十年、二十四年、三十一年之说，而断为七年或十年。先生阅毕，寻思有顷，曰："考据颇确，特事小耳。"

观乎此，则静安先生的考证之学，其目的原不仅为考证一事一物，而别有更高远之目的与理想可知。我之所以不惮其烦地对此一点特加说明的缘故，乃是因为此一点不仅可以证明静安先生乃是一位知与情兼胜的天才，而同时也是造成他后来研究途径转变之一项重大因素。总之，知与情兼胜的禀赋，无论在其早期或晚期的学术研究方面，都曾使他的研究成果闪放出异样的光彩。这正是静安先生的过人独到之处。

其次，我们再从他为人方面来看，则同样的禀赋造成了他在现实生活中深陷于感情与理智之矛盾的终生痛苦。因为学术研究的对象只是单纯的学问而已，而现实生活的对象则是复杂而多变的人世。学问可以由一己之意愿来取舍和处理，可是人世的纠纷则无法由一己之意愿来加以解决。静安先生既以其深挚的感情对于周围的人世有着一种不能自已的关怀，又以其明察的理智对于周围的罪恶痛苦有着洞然深入的观照，于是遂不免在现实生活中常徘徊于去之既有所不忍、就之又有所不能的矛盾痛苦之中。更何况静安先生所生之时代，正值中国之文化与政治都面临新旧激变之时。本来激变之时代就足以形成一种认同混乱的彷徨困惑，更加之以当时的军阀政客又利用此变乱之时代互相争攘以各谋私利，因而制造成无数战乱和纠纷。当时的政海波澜，真可以说得上是旦夕千变。在如此的一个时代中，静安先生要想寻求其"可爱"与"可信"之理想，遂不免自陷于彷徨与矛盾之中，而时时遭遇到理想破灭之悲。于是乃发现其初以为不"可信"而"可爱"者，实非独不"可信"亦并不"可爱"，而其初以为虽不"可爱"而"可信"者，更是非独不"可爱"亦并不"可信"。然而以他当时在社会上之地位及交往，却又不免牵涉于人事及环境之种种羁绊限制之中，不仅身不得出，而且口不得言。所以他在现实生活中，所感受之痛苦虽极深，可是在著作叙述中，除去前面所引的一些诗词中不时流露出他的矛盾痛苦之情以外，真正言及现实生活之挫败者则极少。何况又加之以他的沉潜忠厚的性格，使他不仅不肯臧否人物，更且不肯自诉悲苦。所以我们要想在静安先生的著述中寻找这一类记叙，几乎是一件不可能的事。除非我们真能以静安先生之性格，处静安先生之时代，设身处地来置想，也许可以体认一二，而这也正是本章下一节所将要从事的工作，因此这一点我们将留到后面来详细讨论。总之，知与情兼胜的性格，虽然在学术方面造成了静安先生过人的成就，可是在现实生活中，这种理智与感情相矛盾之性格，也造成了静安先生终生的悲苦，更成为他走向自杀之途的一项重要因素。这是我们对于静安先生之性格所当具有的第一点认识。

二 忧郁悲观的天性

在静安先生的性格中，另一点值得我们注意的，则是他既禀有忧郁悲观的天性，又喜欢追索人生终极之问题。关于这一点，他也同样有着一种反省的自觉。他在《静安文集续编·自序》中，曾经自我叙述说："体素羸弱，性复忧郁，人生之问题日往复于吾前。"据静安先生之自叙，则这种忧郁原来乃是他天生的禀赋，而这种忧郁的天性又与他好追索人生之问题有着相连带的关系。从这种关系来探寻他悲观忧郁之性格的发展，则他所热爱过的德国哲学家叔本华，其《天才论》中的天才忧郁之说，也许有可以供我们参考之处。叔本华说："天才所以伴随忧郁的缘故，就一般来观察，那是因为智慧之光愈明亮，便愈能看透生存意志的原形，那时便会了解我们人类竟是这一付可怜相，而油然兴起悲哀之念。"（《论天才》）如果按照此一说法来观察，则我们就会发现静安先生的悲观忧郁之因，竟果然如叔氏所言，乃是由于看透了人类生存意志的原形，深感其愚蠢劳苦之足悲的缘故。在静安先生诗中表现有这种悲慨的作品甚多，而其中最值得注意的乃是他的《咏蚕》一诗，诗云：

> 余家浙水滨，栽桑径百里；年年三四月，春蚕盈筐筐。蠕蠕食复息，蠢蠢眠又起。口腹虽累人，操作终自己；丝尽口卒瘏，织就鸳鸯被。一朝

毛羽成，委之如敝屣；嵬嵬索其偶，如马遭鞭箠。喣濡视遗卵，怡然即泥涬；明年二三月，蠢蠢长孙子。茫茫千万载，辗转周复始。嗟汝竟何为，草草阅生死；岂伊悦此生，抑由天所畀。畀者固不仁，悦者长已矣；劝君歌少息，人生亦如此。

这一首诗借蚕之一生来描写充满饮食男女之欲的人生，表现得极为具体而深刻。而这种把人生完全看作生存欲望之表现的悲观的想法，则与叔本华的天才忧郁之说确有相合之处。缪钺《诗词散论》中《王静安与叔本华》一文，即曾云：

> 王静安对于西洋哲学并无深刻而有系统之研究，其喜叔本华之说而受其影响，乃自然之巧合。申言之，王静安之才性与叔本华盖多相近之点。在未读叔本华书之前，其所思所感或已有冥符者……及读叔氏书必喜其先获我心。

这一段话极有见地。静安先生曾自叙其与叔本华哲学接触研读之经过，说当他二十二岁在东文学社读书时，偶然从社中日本教师田冈佐代治的文集中，看到引用叔氏哲学者"心甚喜之"。其后四年，当他二十六岁时，"读叔本华之书而大好之，自癸卯（1903）之夏以至申辰（1904）之冬，皆与叔本华之书为伴侣之时代也"。他对于叔氏书之倾倒赏爱既有如此者，则缪钺所云"王静安之才性与叔本华盖多相近之点"的话，当是可信的。而静安先生之悲观忧郁之性格，也恰好便是叔本华天才忧郁之说的一个最好证明……

（摘自《王国维及其文学批评》第一章，北京大学出版社2014年版）

【导读】叶嘉莹从王国维"知"与"情"兼胜的禀赋，论其对于偏重感情的"可爱"与偏重理性的"可信"的追寻。一方面，王国维在从感情出发对于"可爱"者加以追寻时，他同时却也正以其理性在"可爱"之中做着"可信"的追求；另一方面，近于诗人的感性与资质，以及对于"可爱"之追寻的一种理想，又给他的考证之学投以睿智的灵光，触发惊人的发明与创见。

王国维从小就表现出对历史和考据之学的兴趣，这是他"求真"、"求是"及"关心人世"的天性。甲午战争之后，西方哲学大量涌入，他的悲观忧郁的性格，使他容易接受叔本华哲学美学的影响，以文学美术的创作和欣赏作为使人超脱于痛苦的一种解救方法。时代的转变使他的"为己"之学同时寄托了"为人"的理想，将从事文学、哲学及美学的研究作为提高人民知识、复兴民族精神、挽救国家危亡的途径。这当然属于他"求真"、"求是"及"关心人世"的天性的一部分。所以他高度评价西欧大文学家如莎士比亚、歌德等人的成就在于"与国民以精神上之慰藉",而把一些为考据而考据的研究视为"小学问"。

甲午之战和辛亥革命两次事变,促使晚清学术界许多学者发生由旧趋新又复由新趋旧的转变。具体到王国维治学途径的转变,除了外在的动因之外,更有其属于自己的内在因素。叶嘉莹更从他的交际圈子入手,分析其理想与中国特有的功利政治(包括利益婚姻)因素,得出王国维否定美学理想乃至自沉的深层原因,从而洗雪惯有的"殉清"说,强调知识分子的独立人格与天生禀赋对于艺术创造和学术追求的影响,颇富洞见。

(陈祖君)

对权势说真话

[美] 爱德华·萨义德

我要继续讨论专门化和专业主义,以及知识分子如何面对权力和权威的问题。1960年代中期,就在反越战的声浪高涨、远播之前不久,哥伦比亚大学有位看来年纪稍长的大学生来找我,请我允许他修习一门有人数限制的专题研究课。他的说词中提到自己是从战场退伍的军人,曾担任空军于越南服役。我们交谈时,他使我产生了对于专业人士心态的可怕看法。他对于自己工作所用的词汇可以说是"内行话"。当时我一直追问他:"你在空军究竟是做什么的?"他的回答给我的震撼永生难忘:"目标搜寻。"我又花了好几分钟才弄清楚他是轰炸员,他的工作就是轰炸,但他把这项工作套上了专业语言,而这种语言就某个意义而言是用来排除并混淆外行人更直接的探问。顺便说一下,我收了这个学生——也许因为我认为我该留意他,而且附带的动机是说服他抛弃可怖的术语。这可是不折不扣的"目标搜寻"。

我认为,有些知识分子接近决策层次,并能掌管是否给予工作、奖助、晋升的大权,这些知识分子更专一、持久地留意不符行规的个人,因为这些个人在上司眼中逐渐流露出争议和不合作的作风。这当然是可以理解的,如果你要完成一件事——比方说，你和你的团队要在下周提供国务院或外交部有关波斯尼亚的政策报告——周围需要的人必须是忠诚的，有着相同的假定，讲着相同的语言。我一向觉得，对于代表此系列演讲中所讨论的那些事情的知识分子而言，处于那种专业位置，主要是服侍权势并从中获得奖赏，是根本无法运用批判和相当独立的分析与判断精神的；而这种精神在我看来却应该是知识分子的贡献。换言之，严格说来知识分子不是公务员或雇员，不应完全听命于政府、集团，甚或志同道合的专业人士所组成的行会的政策目标。在这种情境下，摒弃个人的道德感，完全从专业的角度思考，或阻止怀疑而讲求协同一致——这些大诱惑使人难以被信任。许多知识分子完全屈服于这些诱惑，而就某个程度而言，我们全都如此。没有人能全然自给自足，即使最崇高伟大的自由灵魂也做不到。

我先前即主张，要维持知识分子相对的独立，就态度而言业余者比专业人士更好。但是，让我暂且以实际的、个人的方式来谈谈。首先，业余意味着选择公共空间——在广泛、无限流通的演讲、书本、文章——中的风险和不确定的结果，而不是由专家和职业人士所控制的内行人的空间。过去两年来，几度有媒体邀请我担任有职位的顾问，我都拒绝了，原因很简单，因为这意味着受限于一家电视台或杂志，也受限于那个渠道通行的政治语言和观念架构。同样，对于政府有职位的顾问我也从来没有任何兴趣，因为根本不知道他们日后会把你提供的见解作何用途。其次，直接收受酬劳来传达知识和在大学公开演讲，或应邀向不对外开放的官员的小圈子讲话，三者很不同。那在我看来十分明显，所以我一向乐于到大学演讲，却总是拒绝其他方式的邀请。第三，为了更介入政治，每当巴勒斯坦团体请我帮忙，或南非的大学邀我去访问并发言反对种族隔离政策、支持学术自由，我都照例接受。

结果，打动我的是我能真正选择支持的理念与观念，因为它们符合我所相信的价值和原则。因此，我认为自己并不受限于文学方面的专业训练，并不因为只有教授现代欧洲文学和美国文学的正式资格而把自己排除于公共政策之外。我所说、所写的是更广泛的事物，因为身为十足的业余者，我受到各式各样的献身的激励，要跨越自己狭窄的职业生涯。当然，我有意努力为这些观点争取新的、更多的听众，而这些观点是我在课堂上从不呈现的。

但是，这些对于公共领域的业余式突袭究竟是怎么一回事？知识分子是受到原生的、本地的、本能式的忠诚——种族、人民、宗教——的激发而采取知识性的行动？还是有一套更普遍、理性的原则能够甚至实际掌控一个人说话和写作的方式？其实，我所问的是知识分子的基本问题：人如何诉说真理？什么真理？为了何人？在何地？

不幸的是，我们必须以下列的回应开始：没有任何系统或方法是宽广、肯定得足以提供知识分子对于上述问题的直接答案。在世俗的世界里——在我们的世界，经由人类的努力所制造的历史世界和社会世界里——知识分子只能凭借世俗的工具；神启和灵感在私人生活中作为理解的模式是完全可行的，但在崇尚理论的人士使用起来却成为灾难，甚至是野蛮的。的确，我甚至要说，知识分子必须终生与神圣的幻景或文本的所有守护者争辩，因为这些守护者所造成的破坏不可胜数，而他们严厉残酷不容许不同意见，当然更不容许歧异。在意见与言论自由上毫不妥协，是世俗的知识分子的主要堡垒：弃守此一堡垒或容忍其基础被破坏，事实上就是背叛了知识分子的职守。那也就是为什么为拉什迪的《撒旦诗篇》辩护一直都是如此绝对核心的议题，因为不只为了这件事本身，也为了所有其他对于新闻记者、小说家、散文家、诗人、历史学家的言论权的侵犯。

而且这不只是伊斯兰教世界的议题，也是犹太教和基督教世界的议题。追求言论自由不可厚此薄彼，只注意一个区域却忽略另一个区域。因为对于宣称具有世俗的权利去守护神圣旨意的权威而言，不管他们位于何处都没有辩论可言；然而对于知识分子，严格、深入的辩论是活动的核心，也是那些没有神启的知识分子真正的舞台和背景。但是，我们又回到这个难题：一个人应该保卫、支持、代表的是什么样的真理和原则？这不是彼拉多（Pontius Pilate）式的问题，遇到难题撒手不管，而是探索的必要开始——探索今天知识分子的立足之处，以及包围他或她的是多么诡谲、未加标示的雷区。

我们不妨以现在极具争议性的有关客观、正确或事实的所有事情作为起点。1988年，美国历史学家诺维克（PeterNovick）出版了一本巨作，书名很具体有效地呈现了此一困境：《那个崇高的梦想》，副标题为"'客观性问题'与美国的历史行业"。诺维克取材自一个世纪以来美国的史学行业，显示历史探究的中心（历史学家借着客观性的理想，掌握机会尽可能真实、正确地处理事实）如何逐渐演化为彼此竞争的说法此一困境，所有这些说法使得以往历史学家对于客观性的任何相似意见耗损得仅似一块遮羞布，甚至经常连遮羞布还不如。在战时，客观性必须服务于"我们的"真理，也就是相对于法西斯式德国的美国的真理；在承平之时，则作为每个不同竞争团体（妇女、非裔美国人、亚裔美国人、同性恋、白人等等）和每个学派（马克思学派、体制、解构批评、文化研究）的客观真理。诺维克问道，在各种知识众说纷纭之后，还可能有什么交集呢？他悲哀地结论："作为广大的话语共同体，作为由共同目标、共同标准、共同目的所联合起来的学人共同体，历史这一行已经不复存在。……（历史）教授就像《士师记》最后一句所描述的：'那时期，以色列还没有君王；人人随自己的意思行事。'"

我在前一讲提到，我们这个世纪的主要知识活动之一就是质疑权威，更遑论削弱权威了。为了加强诺维克的研究发现，我们不得不说：不但对于什么构成客观现实的共识已经消失，而且许多传统的权威，包括上帝在内，大体上也被扫除了。甚至有一派影响深远的哲学家——福柯在其中占有很高的地位——主张，连谈到作者（如"弥尔顿诗篇的作者"）都是颇具偏见的夸大之词，更别说是具有意识形态的夸大之词了。

面对这种很可怕的攻击，退回到束手无策或大力重申传统价值（如全球新保守运动的特色）是不行的。我认为下列说法是真实的：对于客观性和权威的批判的确产生了正面作用，因为它强调了在世俗世界中人类如何建构真理，例如所谓白人优越性的客观真理是由古典欧洲殖民帝国所建立和维持的，也赖于强力制服非洲和亚洲民族；同样真实的是，这些民族对抗那种特定的强加在他们身上的"真理"，以提供自己独立的秩序。因此，现在每个人都提出新颖而且经常是强烈对立的世界观：人们不断听到谈论犹太教—基督教的价值、非洲中心论的价值、伊斯兰教真理、东方真理、西方真理，每一个都提供了完整的规划，排除所有其他说法。现在在各地各处都存在着不容忍和音调高亢的过分自信，不是任何一个体系所能应付的。

因此，即使虚夸之辞经常暗示"我们的"价值（不管那些价值恰好是什么）其实是普遍的，但普遍的观念却几乎完全消失了。所有知识策略中最卑劣的就是自以为是地指责其他国家中的恶行，却放过自己社会中的相同行径。对我来说，相关的典型例子就是19世纪的杰出法国知识分子托克维尔（Alexis de Tocqueville），对于我们之中许多受教而相信古典自由主义和西方民主价值的人来说，他几乎完全身体力行了那些价值观。托克维尔在著作中评量了美国的民主并批判了美国虐待印第安人和黑奴之后，在1830年代末期、1840年代面对了法国在阿尔及利亚的殖民政策：当时在比若（Thomas RobertBugeaud）的率领下，法国占领军对于阿尔及利亚的伊斯兰教徒展开了一场野蛮的绥靖之战。在阅读托克维尔讨论阿尔及利亚的著作时，他以人道方式抗议美国胡作非为的标准在面对法国的行为时却突告失效。他不是没有提出现由；他提出了理由，但这些开脱之词站不住脚，其目的只是为了以他所谓的国家尊严之名来纵容法国的殖民主义。屠杀丝毫未能改变他的心意；他说，伊斯兰教属于低劣的宗教，必须加以规训。简言之，即使他自己的国家（法国）也在执行同样不人道的政策时，他对于美国那套表面上看来普世适用的说法却被弃于不顾，任意地弃于不顾。

然而必须补充的是，托克维尔生活的那个时代，国际行为的普遍规范这种观念，其实意味着欧洲权势以及欧洲代表其他人民的这些权利的盛行，而世界上白人之外的各个民族看来如此卑贱、次等——就此而言，穆勒（John Stuart Mill）对于英国的民主自由发表了许多值得颂扬的观念，但他明白表示这些观念并不适用于印度。此外，根据19世纪的西方人看法，没有够分量的独立非洲或亚洲民族来挑战殖民军队单向地施加于黑色或褐色人种的严酷蛮横的法律。他们的命运就是被统治。举三位伟大的反帝国主义的黑人知识分子为例，范农、赛沙尔和詹姆斯生活和写作的时代是在20世纪，他们和他们所参与的解放运动在文化和政治上争取到被殖民者应享有平等待遇的权利，而这些却是托克维尔和穆勒所无缘接触到的。这些不同于以往的视角却是当代知识分子能接触到的，但这些知识分子往往不能得到下列必然的结论：若要维护基本的人类正义，对象就必须是每个人，而不只是选择性地适用于自己这一边、自己的文化、自己的国家认可的人。

因此，基本问题在于如何使自己的认同和自己的文化、社会、历史的真实情况与其他的认同、文化、民族的现实调和一致。如果只是一味偏好已经是自己的东西，是永远做不到这一点的——大吹大擂"我们的"文化荣耀或"我们的"历史胜利是不值得知识分子花费气力的，尤其在今天更是如此，因为那么多的社会由不同的种族和背景组成，以致无法以任何化约的套语加以界定。正如我在此处所尝试显示的，知识分子所代表的公共领域是极端复杂的，包含了许多令人不适的特色，但要有效介入那个领域必须仰赖知识分子对于正义与公平坚定不移的信念，能容许国家之间及个人之间的歧异，而不委诸隐藏的等级制度、偏好、评价。今天，每人口中说的都是人人平等、和谐的自由主义式的语言。知识分子的难题就是把这些观念应用于实际情境，在此情境中，平等与正义的宣称和令人难以领教的现实之间差距很大。

这在国际关系中最容易显现，那也就是为什么我在这些演讲中那么强调国际关系。最近的几个例子印证了我的想法。就在伊拉克非法入侵科威特之后的那段时期，西方的公共讨论公允地集中于不能接受侵略行为，因为那种极端蛮横的行为旨在消灭科威特。等到美国的用意明朗化时（其实美国是要以军事力量对抗伊拉克），公众的说法鼓励联合国所采取的程序，以确保根据《联合国宪章》通过决议案，要求国际制裁，并可能以武力对抗伊拉克。有少数几位知识分子既反对伊拉克入侵，也反对后来以美国为主力的沙漠风暴军事行动，就我所知这些人中没有一位提出任何证据或实际尝试辩解伊拉克为何入侵。

但当时有人正确指出的就是，美国对抗伊拉克的事由被削弱许多，因为布什当局以强大力量迫使联合国走向战争，而忽略了在1月15日开始行动之前，有许多可能以协商扭转占领情势的机会，也拒绝讨论联合国其他涉及非法占领及入侵领土的议案，因为这些案子关系到美国本身或它的某些亲密盟友。当然，就美国而言，波斯湾的真正问题是石油和战略力量，而不是布什当局所宣称的原则，但当时全国知识分子的讨论一再重复不允许单方以武力获得土地，却未谈到普遍应用这个观念，这使得这些知识分子的讨论大打折扣。美国本身最近才刚入侵并短暂占领巴拿马这个主权国家，这件事在许多支持这场战争的美国知识分子看来似乎毫不相关。的确，如果有人批评伊拉克，是否同样地也该批评美国？不行："我们的"动机更为崇高，伊拉克总统萨达姆·侯赛因是希特勒般的杀人魔王；"我们"大都出于利人的、无私的动机，因此这是一场正义的战争。

或者我们再看看苏联入侵阿富汗，是同样的错误、同样该遭到谴责的事。但美国的盟友，如以色列、土耳其，在俄国进入阿富汗之前已经非法占领其领土。同样，美国另一个盟友印尼在1970年代中期的一次非法入侵中屠杀了数以万计的帝汶人；有证据显示，美国知道并支持东帝汶战争的恐怖行为，但美国的知识分子总是忙着指责苏联的罪行，几乎无人多谈此事。历史上赫赫显现的就是美国大举入侵印度支那，结果只是摧毁了力图生存的小型、以农民为主的社会。这里的原则似乎是：美国的外交和军事政策专家应该把注意力限制在赢得对抗另一超级强国及其在越南或阿富汗的代理人的战争，而对我们自己的错误行为则绝口不提。这就是现实政治的方式。

当然如此，但我的论点是，对于当代知识分子而言，以往客观的道德规范、合理的权威已消失，他们生活在困惑的时代，只是盲目支持自己国家的行为而忽略其罪行，或者只是消极地说："我相信大家都这么做，世事本来如此。"这两种反应方式可以接受吗？相反，我们必须能说：知识分子不是专业人士，为了奉承、讨好极有缺憾的权力而丧失天性；而是——再次重申我的论点——具有另类的、更有原则立场的知识分子，使得他们事实上能对权势说真话。

那并不是意味像《旧约》般以雷霆万钧之势宣称每个人都是罪人，基本上都是邪恶的。我心中所指要谦虚、有效得多。谈论以前后一致的方式维护国际行为标准及支持人权，并不是向内心寻求由灵感或先知的直觉所提供的指引之光。全世界的国家，至少大多数的国家，都签署了"世界人权宣言"，此一人权宣言于1948年正式通过、公布，并由联合国每个新会员国重新确认。有关战争的规定，囚犯待遇，劳工、女性、儿童、移民、难民的权益，都有同样郑重其事的国际公约。这些文件中没有一个谈到有关不合格或较不平等的种族或民族，所有人都有权享受同样的自由。当然，这些权利每天都遭到破坏，就如今天波斯尼亚的种族灭绝事件所见证的。对于美国、埃及或中国政府官员，这些权利顶多是以"现实的"、而非前后一致的方式来看待。但权力的准则就是如此，而且恰好不合于知识分子的准则，因为知识分子的角色至少是把整个国际社会已经白纸黑字、集体接受的相同标准和行为规范，一体适用于所有情况。

当然其中涉及了爱国和效忠于自己民族的问题。而且当然知识分子不是单纯的机器人，全然接受数学设计的法则和规定。而且，当然作为个人的声音，恐惧和个人的时间、注意力、能力的一般限制都会产生可怕的效果。有关什么构成客观性的共识已经消失了——虽然我们这么哀叹是正确的，但不能就此完全放任于自我陷溺的主观性。我已经说过，在一个行业或民族内寻求庇护只是寻求庇护，这样并不足以回应我们每天只要从报纸新闻上就能接收到的各式刺激。

没有人能对所有议题一直不断发言。但是，我相信有特别的责任要向自己社会构成的和被授权的权势发言，因为这些权势必须向该社会的公民交代，尤其当这些权势被运用于显然不相称、不道德的战争中，或用于歧视、压迫和集体残暴的蓄意计划中。我在第二讲中说到，大家都住在民族的疆界内，使用民族语言，（大部分的时间）针对我们的民族社会发言。对于美国境内的知识分子而言，必须面对的一个现实就是我们的国家是个极端歧异的移民社会，具有异乎寻常的资源和成就，但也有可怕的一套对内的不平等和对外的干涉，不容忽视。虽然我不能为其他地区的知识分子发言，但基本论点确实依然相关，差异在于其他国家不像美国是个世界强权。

在所有这些事例中，知识分子可以借着比较已知、可得的事实和已知、可得的准则，得到对于一个情境的认识。这并非易事，因为需要记录、研究、探索，以超越一般呈现资讯时所出现的零碎、片断、必然缺憾的方式。但我相信在大部分情形中都可能知是否发生屠杀或官方刻意掩饰。第一件要事是去发现到底发生了什么事，然后是为什么发生，而且不视为孤立事件，而是展开中的历史的一部分，这个历史宽广的轮廓把自己的国家也当成参与者而纳入。辩解者、战略家和策划者的标准外交政策分析之所以前后不一，是因为往往把其他人当成一个情境的对象而关注，却很少关注"我们的"涉入及其后果，更少把它与道德的准则比较。

在我们这样高度掌理的大众社会中，说真话的目标主要是规划一个更好的事物状态，更符合一套道德标准——和平、修好、减低痛苦——将之应用于已知的事实。美国实用主义哲学家皮尔斯（C.S.Peirce）称之为不明推论式（即小前提无证明），而且被当代著名的知识分子乔姆斯基有效运用。的确，在写作和说话时，目标并不是向每个人显示自己多么正确，而是尝试促成道德风气的改变，借此如实揭露侵略，防止或放弃对于民族或个人的不公惩罚，认清权利和民主自由的树立是为了每个人的规范，而不只是为了少数人以致引人反感。然而，这些诚然是理想主义式的、经常是无法实现的目标；而且，就某个意义而言，它们与我的主题——知识分子的个人表现——并不立即相关，因为就像我所说的，经常的情况是倾向于退缩或只是循规蹈矩。

在我看来最该指责的就是知识分子的逃避；所谓逃避就是转离明知是正确的、困难的、有原则的立场，而决定不予采取。不愿意显得太过政治化；害怕看来具有争议性；需要老板或权威人物的允许；想要保有平衡、客观、温和的美誉；希望能被请教、咨询，成为有声望的委员会的一员，以留在负责可靠的主流之内；希望有朝一日能获颁荣誉学位、大奖，甚至担任驻外大使。

对知识分子而言，腐化的心态莫此为甚。如果有任何事能使人失去本性、中立化，终至戕害热情的知识分子的生命，那就是把这些习惯内化。我个人就在当代最艰难的议题之一（巴勒斯坦）遭遇这种情况。在这个议题中，害怕说出近代史上最不义之事的恐惧心理，使得许多知道真相而且可以效力的人裹足不前，充耳不闻，噤若寒蝉。然而，尽管任何直言支持巴勒斯坦权利和自决的人换来的是辱骂与诋毁，无畏、悲悯的知识分子仍应该诉说、代表真理。

尤其在1993年9月13日巴勒斯坦鳃放组织和以色列签定"奥斯陆原则宣言"之后，情况更是如此。这个极有限的突破使许多人兴高采烈，却掩盖了下列事实：那份文件非但没有保证巴勒斯坦人的权利，反倒保证以色列入延长对占领区的控制。批评这个宣言就被认定是采取反对"希望"与"和平"的立场。

最后，要对知识分子介入的模式进一言。知识分子并不是登上高山或讲坛，然后从高处慷慨陈词。知识分子显然是要在最能被听到的地方发表自己的意见，而且要能影响正在进行的实际过程，比方说，和平和正义的事业。是的，知识分子的声音是孤独的，必须自由地结合一个运动的真实情况，民族的盼望，共同理想的追求，才能得到回响。西方有全面批判例如巴勒斯坦方面的恐怖或不节制行为的癖好，机会主义要求你彻底贬斥巴勒斯坦人的作为，然后继续赞扬以色列的民主政治。然后，你必须对和平美言几句。知识分子的责任当然要求你必须对巴勒斯坦人说所有那些事情，而且在纽约、巴黎、伦敦就那个议题发表你的主要论点（那些大都会是最能发挥影响力的地方），提倡巴勒斯坦的自由，提倡所有相关者都免于恐惧和极端主义，而不只是最弱、最易受到打击的一方。

对权势说真话绝不是邦葛罗斯式的理想主义；对权势说真话是小心衡量不同的选择，择取正确的方式，然后明智地代表它，使其能实现最大的善并导致正确的改变。

（摘自《知识分子论》，生活·读书·新知三联书店2013年版，单德兴译）

【导读】 爱德华·萨义德（1935—2003）是一位著作等身、卓有创建的杰出学者。他集学术研究与政治关怀于一身，是公认的西方后殖民理论的重要奠基者，曾被誉为"当今美国最杰出的文化批评家""巴勒斯坦之子"。他出生于耶路撒冷，1950年代赴美国求学，后一直在哥伦比亚大学讲授英美文学与比较文学，但他的著述主要集中在政治与文化批判，先后出版了《东方学：西方对于东方的观念》《巴勒斯坦问题》《文化与帝国主义》《流离失所的政治》等一系列著作。同时，他又积极投身于巴勒斯坦解放运动，是当代美国最具争议的文化人士。纵观萨义德的一生，无论是其学术著述，还是政治实践，都涉及到知识分子的问题，并表现出对知识分子的极大关注，而出版于1994年的《知识分子论》，可以看做是他对知识分子问题最集中、最深入的论述。

这本书主要阐述了知识分子的角色、知识与权力的关系、人文主义关怀、反对双重标准、坚持批判立场，等等。从全书的内容看，既是萨义德关于知识分子问题的深刻论述，也是他自己作为知识分子的独特感受。他认为，知识分子立身社会的主要责任是"努力破除限制人类思想和沟通的刻板印象和化约式的类别"，无论自己属何政党、国家背景如何，"都要固守有关人类苦难和迫害的真理标准"。知识分子还要具有从压力下寻求自由的勇气，应始终秉持"一种反对的精神，而不是调适的精神"，"知识分子不是公务员或雇员，不应完全听命于政府、集团，甚或志同道合的专业人士所组成的行会的政策目标"。也就是说，知识分子应该扮演的是一个质疑而不是雇员的角色，敢于质疑权威，甚至以怀疑的眼光审视权威。并且，知识分子应该最大限度地保持自己的独立性，要甘于清贫、寂寞，秉持独立的人格与道德良知，不畏权势，不追名逐利，要勇于发表自己的意见，勇于为弱者代言，要具有批判精神，反对双重标准及偶像崇拜，如此等等。一句话，知识分子就应该是敢于"对权势说真话的人"。

"知识分子"作为一个历史概念出现于西方，当在1898年"德雷福斯事件"之后。而对这一概念的诠释，在西方也是见仁见智，如马克斯·韦伯认为知识分子是掌握文化成果并领导某一文化共同体的群体；曼海姆称知识分子是"漫漫长夜的守更人"，认为"只有知识分子才是站在最合适的立场上来理解由社会结构、实践和期望所决定的思想意识"；葛兰西把知识分子分为"有机的"和"传统的"两种人，前者是具有鲜明阶级归属的体制集团内的知识分子，而后者则是非体制集团内的知识分子；福柯认为知识分子只有正视"知识／权力"复合体系在现代社会中的具体作用，并进行具体而微的体制内的反体制抗争，文化评论的工作才能产生真正的效用……他们对知识分子最主要的认定就是具有批判精神。而所谓批判又存在两个层面，"一是专业层面的知识的形成与增长以批判作为自己的内驱力；二是社会层面，在各自的专业之外，为社会主持正义、传播真理、抵抗权势"。萨义德在这部《知识分子论》中，不仅凸现出这一批判精神，还以自己的特殊经验和身体力行，告诉我们知识分子的最终角色应该是敢于对权势说真话，进而回答了如何说真话、说什么真话、在哪里说真话等一系列问题。可以说，这是萨义德用生命写就的一部大书，最值得我们当今中国知识分子仔细品读和深层反思，以便尽快寻找到属于我们自己的位置和责任。

（卢有泉　陈　鹏）

怎样才是知识分子

[英] 弗兰克·富里迪

对知识分子的定义依据的常常是他们的职业。有时，人们提出用大脑工作的人就是在从事着知识分子工作——在西方，越来越少的人从事体力劳动，因此那里成千上万的人从事着知识分子的工作。除了教师、律师、科学家这类显而易见的人选之外，还有政府部门和私有部门的雇员这一名副其实的大军被雇佣来从事脑力工作。然而，从事非体力职业的人并不必然就是知识分子。就如罗恩·艾尔曼（Ron Eyerman）提出的，把脑力劳动者与知识分子区分开来是非常重要的，因为知识分子这一身份"不是产生于与社会地位相关的兴趣，而是其他方面的兴趣"。定义知识分子的，不是他们做什么工作，而是他们的行为方式、他们看待自己的方式，以及他们所维护的价值。

成为一个知识分子与谋生的方式无关。刘易斯·科塞（LewisCoser）提出，知识分子"为思想而活，而不是靠思想生活"。艾尔曼重复了这一观点，说"知识分子也许靠思想生活，但他们也必须为思想而活"。虽然为一种思想而活这种观念会让读者觉得过于理想化、毫无希望，它却是近几个世纪成千上万人行为的动因。事实上，可以说不论人们对这类理想主义有什么异议，它激励了许多人，使他们看到了在严肃的日常现实之上存在着创造的可能性。甚至成为一位学者也不直接等于成为一个知识分子。就如法国社会学家皮埃尔·布尔迪厄（Pierre Bourdieu）所说的，要想"拥有知识分子这一头衔"，文化生产者"必须把他们在特定文化领域里的特殊专长和权威用于这一领域之外的政治活动"。从布尔迪厄的观点看，像爱因斯坦这样的人在跨出他的专业领域（物理学）时，运用了知识分子的权威，对国际政治状况作出评论。他们作为知识分子的身份感部分地来自参与到超越了任何特定职业或兴趣的事务中。鲍曼（gauman）提出，"'成为知识分子'这句话所意味的，是要超越对自己的职业或艺术流派的偏爱和专注，关注真理、正义和时代趣味这些全球性问题"。难怪知识分子最赞许的一个美德，是有能力追求独立和自由的生活。

古德纳相信意志自由（auton-omy）是知识分子主要渴望的东西，声称"知识分子的文化和意识形态的最深层的支柱，是他们对自己的意志自由的自豪"。渴望拥有根据自己的信仰和思考来行动的自由，深深影响着知识分子的行为。这解释了知识分子何以常处于一种创造性的紧张状态之中，与主流机构加在日常生活之上的规则和限制相冲突。

要像知识分子一样感觉和行动，至少需要在精神上与日常事务的惯例和压力保持距离。艾尔曼注意到，"一个人的脑力劳动越受外部力量、法则、常规、审查者等的控制，就越少感觉自己是一个知识分子"。之所以渴望意志自由，正是因为明白思想不可能按照时间表或者特定机构的指令而发展。一般认为，一定程度的超然对获得观点和创造性至关重要。知识分子可以受雇于某个机构，但是如果他们的想象和工作始终局限于这些机构的范围内，他们就将变成纯粹的专家和技术官僚。20世纪60年代发表的一份重要的美国研究提出，假如知识分子们迷恋于"成就"，这"将意味着近代历史所了解的那种知识分子的终结"。该文的作者警告说，这种变化对美国毫无益处，因为"只有当知识分子保持批评的能力，与日常工作保持一定的距离，并培养起对终极价值的兴趣，而不是关心切近的价值时，他们才能充分地服务于社会"。

即便在最有利于文化发展的时期，知识分子也往往不安于现状。当然也存在着为占统治地位的寡头组织服务的知识界名流。但这类名流很快就转变为拥护者和辩护者，疏远了知识分子的追求。他们很快损害了他们作为知识分子的权威。很难想象在完全遵纪守法的情况下，知识分子的工作能够取得进展。无论保守的还是激进的知识分子都透过原则的三棱镜阐释世界，这些原则永远与实际的社会事务相冲突。前者批评事物的现行状况，目的是开历史的倒车，后者则是为了对它的某些方面加以改进。

知识分子的创造角色要求他远离任何特定的身份和利益。自现代社会以来，知识分子的权威就来源于他们声称一切言行都是为了社会整体利益。知识分子可以被视为启蒙传统的化身，始终追求代表全人类的立场。皮埃尔·布尔迪厄评论说，通过他们对普适性（universalism）的信奉，现代知识分子"在对特殊论（particu-larism）的拒绝中，而且通过对特殊论的拒绝，塑造着自己"。通过为那些超出特定经验的价值——理性、合理、科学、自由辩护，知识分子重新肯定了启蒙运动的独特之处。

不管个人的性格如何，知识分子总是被迫挑战当代的观念和传统。这类冲突的潜在根源存在于知识分子的普适视角中，该视角与习俗和传统相对立，后者是出于指导特定群体的生活这一实用目的而建立的。就如爱德华·萨伊德指出的，把普适性作为行动原则是一件冒险的事情。"普适意味着冒险，以便超越我们的背景、语言、民族性提供给我们的容易把握的肯定之事，正是它们经常保护我们不受他人的现实世界的威胁。"正因为有着普适信念的知识分子常常质疑流行的习俗和假定，引起不安，因此他们常被视为不爱国的、世界主义的局外人。奥威尔批评知识分子"对他们的民族性感到羞愧"，正体现了这一点。疏离的知识分子、不大顺从通行的准则，这是20世纪知识分子的部分形象。

并非所有的知识分子都赞同启蒙运动的哲学观点和政治观点。多年来，推动保守知识分子的，是他们对启蒙价值的厌恶。不过，正是在反对启蒙运动的主张、试图维护他们的传统观念时，他们也不得不超越他们特定的经验，而采用一种更世界性的观念。正如启蒙运动是他们仇恨的对象，他们的批评也是启蒙运动的产物。与他们的更激进的对手一样，保守知识分子同样是启蒙运动的结果。

成为知识分子意味着社会参与。很难既为思想而活，又不试图去影响社会。这意味着不仅参与到创造性的思想活动中，而且也担负社会责任，选取一种政治立场。不是每个知识分子都有社会参与的天性，但是作为一个群体，知识分子被引向政治生活。雷吉斯·德布雷（Regis Debray）在对法国知识分子的研究中称，知识分子不是根据教育程度来定义的，而是根据"对民众的影响"。德布雷把这一取向描绘为一种道德作为，主要是政治性的。这类作为不必是政党政治的，而是准备为公众的心灵和思想而战。

有很多对知识分子的定义。他们有时被描绘为文化标准的卫士、一群永远的批评者和异议者、社会的良心。刘易斯·科塞把知识分子定义为"从来不对现状满意的人"。不过他明白，理解知识分子的最有效的办法，是将其放到思想领域中理解。许多观察家相信，知识分子的一个突出特征是他们处理当今更广泛的问题的能力。鲍曼提出，"'成为知识分子'这句话所意味的，是要超越对自己的职业或艺术流派的偏爱和专注，关注真理、正义和时代趣味这些全球性问题。"在爱德华·萨伊德看来，知识分子通过代表一个选区的立场，或者更广泛的民众的立场，来行使他们的职能。"我的观点是，知识分子是具有表演艺术才能的人，不论是讲话、写作、教育，还是在电视上露面。"最简单然而最有用的知识分子定义之一是西摩·李普塞特（Seymour Lipset）的定义。在李普塞特看来，知识分子是"所有那些创造、传播和运用文化的人，文化是人的符号性法则，包括艺术、科学和宗教"。不管我们倾向何种定义，成为知识分子与追求思想和追求真理密切相关。

当然，知识分子并不全都有着同样的哲学和政治观点。他们为不同的观点而活。但是，尽管存在着差异，尽管这些差异有时尖锐而广泛，知识分子在影响世界这一点上有着同样的愿望。尤其是，他们都同样承诺成为他们所认为的真理的批判性声音。美国权威社会评论家怀特·米尔斯（C.Wright Mills）提出，"首先，知识分子的政治是'真理的政治'"。他认为通过追求真理，知识分子使当权者承担起责任。"无论知识分子还会成为什么，他无疑属于那些提出严肃问题的人，而且，如果他是一个政治知识分子，他就会对那些掌权者提出质疑。"

上面所描绘的知识分子画像无疑是这群人的所作所为的理想状态。在过去的整整三个世纪里，多数知识分子并不是专职的真理斗士。像其他任何人一样，知识分子常常在压力下妥协、退缩，顺从盛行的文化风气。有时他们会出卖他们的意志自由，以换取舒适的生活，有时他们的理想主义仅仅是掩盖对个人利益的坚决追求。但是，无论单个知识分子的发展轨迹和特性如何，作为一个群体，他们在质疑传统、使社会对那些有助于推进人类进步的理想和价值更加敏感方面，扮演着重要角色。

今天，批判性地对待思想的职责常与有时所说的"传统知识分子"联系在一起。把"传统"一词用做限定词，这一事实本身表明，这类人是否存在现在直接受到了怀疑。正如真理常常被表现得缺少权威一样，那些声称追求真理的人也被贬斥为过时的脱离实际的人。这解释了为何"传统批判性知识分子"这一角色与当今时代的关系不断遭到质疑。甚至支持知识分子行使权威的评论者，也相信知识分子的"传统角色已经逐渐削弱"。这个问题的敏锐评论者卡特琳·弗瑞德琼斯多蒂（Katrin Fridjonsdottir）说："也许我们不得不重新估价传统知识分子这一类型本身的含义和重要性，以及分析他们变化了的环境；那么，到底是什么使当代社会对所谓的传统知识分子的延续相对来说抱有敌意？"

（摘自《知识分子都到哪里去了》，江苏人民出版社2005年版，戴从容译）

【导语】弗兰克·富里迪，1948年出生于匈牙利，英国社会学家，曾著有《恐惧的文化》《治疗的文化》等。《知识分子都到哪里去了》一经出版，便即刻在全球引起了巨大的反响，如同一石激起千层浪，怎样才算知识分子，什么是庸人主义……这样的讨论成为相当长一个时期知识界的热点话题。

过去，在号召知识青年上山下乡那阵子，所谓的知识青年主要是初高中毕业的学生，当然也包括个别大学毕业生，这就是那个时代的所谓知识分子了。当然，现在意义的知识分子，主要是指大学毕业或具有大学毕业水准的人，这是我们对知识分子这一概念的最一般的认定。但在弗兰克·富里迪的《知识分子都到哪里去了》一书中，以他独特的眼光审视我们的社会和我们的知识界，为我们明确回答了什么人、怎样才是知识分子这一根本问题。在他看来，知识分子首先存在于大学，是活跃于大学的学者，是我们这个社会的一群文化精英。而且，这样的知识精英既不是专业的研究人员，更不是沉迷于某一专业的"技术人员"，而是关注社会政治和大众生活的一群人，他们的言行会影响整个社会及民众的价值观、伦理观和人生观，并始终朝着正确的方向迈进。如果一个大学的学者置社会、文化、艺术于不顾，整日埋首于学术研究，就是成了某一领域的专家，也绝对不能称其为知识分子。

这样，作为大学的教师，在日常的教学中，就不仅仅要"传道、授业、解惑"了。从弗兰克·富里迪的《知识分子都到哪里去了》我们可以窥见，早在玛丽·埃文斯的眼里，大学既为向学生分发知识的"包伙食堂"，那教授如果仅仅局限于校园内"传道、授业、解惑"，就无异于食堂厨师了。还有，后现代主义的大师让－弗朗索瓦·利奥曾明确提出过"教授已死"的命题，因为在互联网高度发达的今天，教授向学生传播知识，远没有互联网来得快捷又丰富。之所以出现这样的窘况，在富里迪看来，在当今的大学，知识如同商品一样，仅是一种"技术性操作的产物"，而教授则几乎成了"知识经济的商人沿街叫卖的知识"。在知识失去了真理的内质，教授只为传播或者就是"叫卖"这种商品，而非生产思想，这样的教授只是知识经济的商人，当然也就不能称其为知识分子了。

由此看来，知识分子作为社会的精英，不仅要具备渊博的学识和开阔的视野，还要关注公共话题。正如弗兰克·富里迪在书中所批评的，若一味反对精英主义，必然会导致知识分子贬值、文化领域弱智化及文化媚俗化的庸人主义思潮泛滥，而知识分子应当对社会文化与民主做出最本质的贡献。这也是他在书中一再告诫我们的——为什么在当今社会，我们有必要重建一个知识分子与普通民众能够对话的公共领域。

（卢有泉）

海德堡与海德堡精神

[德] 尼姑劳斯·桑巴特

小巧的大学城

海德堡，一座妩媚舒适、完好无损的城市，坐落在绿色的山丘中，面对莱茵河平原和蓝色的天际。

城西郊，道路直接没入我们漫游的果园和菜圃中。近邻都是名字有趣的村子和好客的农庄。山丘别墅的阳台满是花和葡萄藤，我们晚上常于此久久闲聊，脚下是冬季会结冰的舒缓的河流，散步和溜冰的人在那白色的冰面上尽情嬉笑玩乐，无拘无束。夏日，我们在棕色的河水中泅泳，小型拖船拉着我们沿河而上，我们载沉载浮顺流而下，迎向在波涛中洒下金色光线的落日。那个有着双子尖塔的老桥跨过河水，宛如秀发上一个珍贵的发夹。在高高低低的塔楼中，总会受到亲切的招待，喝茶聊天。

还有辉煌的夜。灯悬挂在树梢，古堡颓圮的墙面在烟火下闪耀。一束束烟火划过夏日的天空，当最后的天光还阻挡着夜，一轮新月已像银片般在紫罗兰的天际间开始照亮。

我们闯进这片田园风光中，我们这些年轻的老兵，经历过包围战、撤退及被俘关在某个集中营，我们这些顽固的一等兵，准备好面对冷酷的同胞之情和粗野的军中生活。我们没人可以立即适应，甚至去接受这种文明社会的亲切举止。我们无所谓地接纳仿佛理所当然涌现的谅解和温情，住在阁楼中寒酸的房间里，吃着满桌的食物，搂着投怀送抱的女孩——仿佛士兵放假一般。

我们没再回顾，就算外面发生了骇人的事，我们也不愿了解太多。占领、粮食缺乏、黑市、没有煤炭的冬天，都未困扰我们。在暴风雨后，我们享受着新生命的甜美，满怀幻想，认为世界会为我们展开。

这是刚开始的心情，是新的开端和无穷希望的时刻。启程后，落空的希望紧随而来，高度的期待免不了带来失望。两者之间，便是衡量所有生命经验的尺度。

学风九编

海德堡是个南德的小型大学城，有着数百年的深厚传统，也就是说，大学为城中最重要的机构，其名鲁佩多·卡洛拉（Ruperto Carola）享誉全球。城市的生活以大学为中心，不管是知识的、社会的、还是经济的。构成城市人口多数的教授和学生，基本上不是海德堡人，当地居民则靠这些外人而活，却不太介入他们的生活。和大学有关的，也稍微高人一等，并带着某种自负，事实上也是如此。

盟军入城之际，大学被关闭，但在战争结束几个月后，1945年8月15日，美国占领区当局又开放大学，起先只有两个系：医学系与神学系。

我立刻就在神学系注册。这不是什么机会主义，毕竟神学是最主要的人文科学。再说，也没人当真。哲学家卡尔·雅斯贝尔斯（Karl Jas-pers，1883—1969）在旧大礼堂开设其罪责问题（schuldfrage）的重要课程，大厅几乎被挤爆。听他理念的不只学生。文化社会学家阿尔弗雷德·韦伯在其住宅开设第一堂小型研讨课程。

我两堂课都上。两位硬朗的老人，优良的德国传统孕育出来的教授，在国内流放中生存下来，抹去了纳粹年代的鬼魅，坚决要为其国民和那些无所依循、无家可归的青年寻找一条通往未来的可行途径。他们十分冷静，而且义无反顾，带着强烈的责任感及令人肃然起敬的热情。

现在我们是大学生。不然还能是什么身份？我们来自市民家庭，学习还是理所当然的事，不需要拟定生活计划，只要抱持着求职的意图。我们有点瞧不起那些对学习十分严肃的同学（特别是那些比较年长的），针对国家考试或候补官员，仔细规划还要修习的课程。我们不理会必修课、研究课证书及期中考试。我们理所当然在大学中自我安排，听我们觉得有趣的课，上我们喜欢的教授的课，从系图书馆把我们能拿的书扛回自己的房间。

我们的阅读欲望难以满足。阅读，大量阅读，在开始之际，似乎更胜于生活下去。除了战争那些贫乏的知识外，我们可是一无所知，不过因为父母，对文化有种模糊的脱俗想象。一种事后补上的需求？对我们的求知欲来说，这不过是个贫乏的字眼。我们这个年纪正要探索各种各样的真实。

一有机会，我就转到哲学系，并不考虑其他特定学科。但我的兴趣过于广泛：历史、哲学、政治学、心理学、民族学、社会学，今天大家或许会说是人文科学及文化科学的各个方面和独特形式。对我和我多数的同学来说，只有一点是清楚的：我们对历史着迷，那是我们最感兴趣的一点。透过历史，我们才能理解我们的当代。

海德堡，一座完好无损的城市，不正是思索这场灾难起因，解释其前因后果的最佳地点吗？或许这座城市正因这个目的而免于全面性的毁灭，作为民族内省的一个地点，成为混乱中新秩序的胚胎。这种想法十分诱人，但毕竟是种可能，是个机会。我们站在一个时代的分水岭，这点毫无疑问。未来的远景必须在回顾失败中才能获得意义。没有很多世代能够如此自由，不受拘束地承担这项基本上每个世代都会面对的使命。世界精神在海德堡和我们相会，而我们也在场。

我们存在的基本心理状态——这个字眼当时正流行——是种刚刚萌发的陶醉感。世界必须重新被构思，重新被测度，而我们也乐于一试。

但是否也有能力一试呢？这在当时不是问题，虽然我们有适当的理由来怀疑我们的能力。我们能够提供的东西相当稀少：我们的好奇，我们的热情，我们的希望，共同积极且负责地塑造了开始的这个阶段。

海德堡亲切地接纳了我们。我们一无所知，便踏进一个有着自己的传统、自己的英雄、自己的神话及自己的仪式的知识空间。我们落入一个十分特殊的当地神祇（Genius loci）的魔力之中。因为磁力的吸引，我们来到这里。

当地神祇

众所周知，海德堡不只是个地理名称而已。这座城市是德国的精神象征。不断有人试图解释海德堡现象的特殊、固有及神秘之处，解释那个创造人们思想行为和生活意识的特定的地方神祇。到处都有人提到"海德堡精神"。这指的是什么？某种含意众多、层次丰富、错综复杂、矛盾冲突、基本上不可捉摸的东西。

开始时，是不断被诗人歌咏的自然美景的优雅魅力，而且不只诗人如此。我们听卡尔·雅斯贝尔斯说："不管从山上眺望平地，或从平地眺望内卡河谷，总是那片均匀无尽的造型。平原仿佛大海，在云影天光与色彩的脉动下充满生机，未因拔起的山峦而遭到忽视，北边的平原则因远处的哈尔德山脉（Hardt）而没能绵延无尽。从神秘的雾中谷地、草地、清泉和水塘，路又回到这片广袤之中，从隐秘安心到大胆冒险。平缓的山峦、广袤的平原、流向遥远大洋的河川，仿佛有位建筑师塑造出这片风景，好在山谷末端安置老城和半山腰的古堡废墟。"

啊，那座古堡！"这个独一无二的遗迹，其少见的美只有在见到建筑与花园如何融入这片风景，并被烘托出来，互相依存，并在这破败中察觉出坚不可摧的东西时，才会显现。登上古老的古堡山（Schlossberg）和弗里森山（Friesenberg），从大片花园漫游到平台、古堡中庭和阳台，这个比喻人类构造自然天地的生动力量便展现开来。荷尔德林（FriedrichHo1derlin，1770—1843）的《海德堡》一诗赋予了这份奇特的意义。有哪一座城市拥有这样一首诗歌！在荷尔德林笔下，海德堡的高贵便在人类的内心深处。

啊，荷尔德林！

我爱你已久，满心欢喜

想你来当母亲，并献上一首平凡的诗歌，

就我所见，你是祖国城市中

风光最美的一个。

这首诗是海德堡被浪漫主义神话般地描绘成史诗风景图像的巅峰，是德国知识市民阶层的陈腔滥调，就像生活的谎言一样真实，一样根深蒂固。

可惜不管这种自然风光的解释多么诗意和牢不可破，还是于事无补，只是指出了在既成的自然和文化之间那个特定的接合点，一个地理结构对某些特定人群所产生的魅力和吸引力。这些人几乎都是外地人，不是当地居民。当地的特质对他们而言，不是他们自小所熟悉的那种理所当然之物，而是某种征服他们、与众不同的外在之物，某种在思想和美学上鼓舞、激励、刺激他们的崇高之物。

这个甜美的背景让许多人为之着迷，因为他们的渴望在这美丽之地（Locus amoenus）找到了装饰之物，反射出他们内心深处对天堂的憧憬，一个伊甸园的倒影，类似卡布里岛（Capri）或威尼斯。海德堡是文化欧洲最北的特权之地，这些具有一个景观或城市风貌特质的地点，结合了极为精准、却又难以定义的美丽与和谐，似乎可以为一个高雅与文明、超越一般日常的存在方式提供理想的架构。见到这种景象而感到狂喜的人，可以在古典的惊叹用语中——我在世外桃源（Et in Arcadiaego）——发现恰当的表达方式，是真正由人类精选出来的可能性中的一个幻想。在这儿，我是人类，我该待在这里。

这种景观游历，在一定程度上引燃了一种独特的快乐经验。在我身上不也如此吗？但紧接而来的，便再也不是繁花盛开的树、砖瓦屋顶、灯芯草、烟囱、如诗如画的落日和荒废的古堡遗迹。我对海德堡的爱，是和人物及他们的命运有关，和人、人的性格、观念与理想有关。其客体是非物质的、"精神的",是符合黑格尔世界精神的意义的。这和自然及民俗无关,而是涉及社会与历史,涉及生平传记。

今天我们或许可说,在河流与山丘,在老桥和古堡之间,有个地貌学上的力场,可以回溯到史前的地质结构,但谁又知道呢。说不定在这儿,受制于气候因素,形成了一个小型的生态环境,制造出一个特定的地方性思想气候,激发了特定人士的创造力和一种吹毛求疵、富批判力并充满欲求的洞察力,促成一种在其他地方见不到的大胆与放肆。

捕捉在海德堡发生的现象,要属阿尔弗雷德·韦伯的尝试最为成功。1947年,在他79岁高龄,回忆第一次世界大战前,他以一位年轻教授的身份,由布拉格大学受聘到海德堡大学的岁月。"这座小城并无小市民、狭隘或自我满足的气氛,而是彻底吸纳并弥漫着世纪交替后,在德国以一种奇特方式开始发展的新鲜事物。这座城市富有智性,令人振奋,而且彻底开放。那种弗里德里希·贡多尔夫(Friedrich Gundolf)不断强调的'海德堡精神',对那些加入这个精神的人来说,宛如一种天启。这种精神把历史、哲学存在和所有的古老传统带到它的法庭面前。最特别的,是这种精神同时质疑一切平凡的事物,到处寻找新的深度和新的深层基础。很快我就发现,自己必然受其吸引,以一个提问者的身份,探询我们的历史意义到底在哪。依据这里占主导地位的精神特质,我只能提出一个涵盖一切的普遍问题。"

严格来说,海德堡精神是非海德堡人的东西,是一代代人不断更新、确认的思想经历的产物,他们符合边缘人的特质,并神奇地在这个地方相遇。他们孑然一身,以旅人和外人的身份来到这里,在这儿找到一个新的超越感性的寄托之处。

> 他们或许在梦中见过,
>
> 就像瞧着自己的故乡。
>
> 而这魔力并未欺瞒他们。
>
> ——艾兴多尔夫(1788—1857)

尽管各有差异,他们还是把自己视为一个团体。他们像雅斯贝尔斯所言那样,飘浮"在离地面五步的高度",而把他们聚在一起的"精神"则努力超脱任何现实。在大学中,这个精神超越种族,超越国界,上升到一个其应先构筑的世界水平,在德国其他地方难得一见。

并不是所有的人都能进入这个高度。"海德堡精神"倒是顽固,拒绝某人，却似乎对另一人自动表白。想要进来的人，要靠其生活方式、其作品、其思想方法，恳求入会，但却没有标准来判定是否接受或回绝这个申请。

此外，这个精神对所有人而言，还有另外的含意。一切都有可能，也都可行，但自然有其风险。愈来愈胆怯的雅斯贝尔斯表示：海德堡十分危险，也吸引危险的东西进来。思想的激进性格有时会导致荒谬之事，革命分子总是下场悲惨。对其他人而言，这种严肃的思想游戏会成为不受约束的冒险，不断扩张，企图超越一切，最终落入空无，理解一切的希望成了虚无的怀疑。

我们踏入这个有其传统，有其英雄与神话的力场中。我们莫名其妙卷入其洪流中，却一无所知。

我们不知道那些1905年革命失败后来到海德堡的大批俄国人，他们的行囊中装着陀思妥耶夫斯基（Dostojewski）和索洛维约夫（Solowjew）。这些才智过人、爱好争辩、热情洋溢的男女，令人赞叹。他们形成一个圈子，建立一座图书馆，举办宴会，每位受邀的当地人都热衷参加。他们的激进思想为当时的思想环境带来一股解放的新调。在他们面前，不求上进的知识阶层再也无法从容不迫。他们要求另一种严肃，一种马克斯·韦伯（Max Weber）乐意接受的挑战。

我们不知道施特凡·格奥尔格（Stefan George）在海德堡扮演的角色，一位"秘密德国"的国王，住在这里，不怎么平易近人，各自为政，并组建自己的部队，争取在德意志帝国中的思想统治地位。他的表达方式等同公告和命令。"贡多尔夫，来，来统治吧！"他习惯对他的爱徒弗里德里希·贡多尔夫这样说。

雅斯贝尔斯回忆，在20年代，有许多自由派文人和可能取得大学教职的人来到海德堡，其中包括布达佩斯来的乔治·卢卡奇（GeorgLukacs）和曼海姆来的恩斯特·布洛赫（Ernst Bloch）。两人后来都成了马克思主义者，声名大噪，但当时都是诺斯替教派信徒（Gnostiker），在好友圈中宣传其通神论的空想。在卢卡奇的一次演讲后，布洛赫郑重说道：刚才一位世界精神传教士（Weltgeist）走过这个房间，有东西出现了——在他继续以其特有的郑重语气说下去前，他刻意停了一下。对有些人来说，卢卡奇与其像是圣人，不如更像是一位精致的诗艺行家，一位有趣的哲学美学家，而布洛赫则是一名激昂正直的青年，他的热情、落落大方和充满机智的反讽博得别人好感。在海德堡，大家总提到他们俩。哲学家拉斯克（Emil Lask）开了个玩笑：谁是那四位福音书

第三编 学者本色

作者？马太、马克、卢卡奇和布洛赫。

对卢卡奇和布洛赫，我们所知甚少，对卡尔·曼海姆（Karl Mann-heim）和诺贝特·埃里亚斯（Norbert Elias）也一样。我们读他们的著作——《希望原则》《历史与阶级意识》或《意识形态与乌托邦》——却不知道作者和海德堡的关连。当我们抢读亚历山大·科耶夫（Alexandre Kojeve）的《黑格尔理论导读》时，我们竟不知道这位巴黎的黑格尔主义者，一名俄国流亡分子，曾在海德堡受教于雅斯贝尔斯。半个世纪后回顾这些事情，这种无知显得荒诞不经。

要知道海德堡的过去轶闻，就得借助许多不可思议的老人。一种特定的气氛，一种特定的表达方式，一种氛围，就是如此。这些老先生女士并不多谈过去，不谈自己，不谈自己精彩的传记，而那生动、时而富戏剧性的"海德堡精神"却展现在其中。只要一想到我自己无数次和埃尔斯·贾菲喝茶，却不知道她的故事，对此可见一斑！她豆蔻年华时在马克斯·韦伯生命中扮演的角色，她和情人奥托·格罗斯（Otto Groß）的关系，生下他的孩子——和她妹妹，后来成为D·H·劳伦斯终身伴侣的芙丽达（Frieda）同时——而她的一名好友也在同时生下格罗斯的孩子。她曾嫁给爱德加·贾菲，他来自柏林，后来从海德堡转至施瓦宾（Schwabing）地区参加了放荡不羁的文艺团体，最终成了慕尼黑苏维埃共和国的财政部长。对这些人，她根本不漏任何口风。她是阿尔弗雷德·韦伯的情人，是后者难缠且贴心的崇拜者，如影随形地伴他度过她所有的冒险。两人自20年代，便在现在这个阁楼中同居，即使是在法定年龄之际。我们视这为理所当然，没想过两人的命运。这个从市民风俗中强行取得的自由生活方式，并不让我们震惊。他们是一对情意温柔的奇妙伴侣。

至于阿尔弗雷德的哥哥——马克斯·韦伯的传奇，就更加独一无二，而且难以理解。他在1920年6月去世，但他的遗产却令人难忘。威廉时代（Wilhelmische Ära）的学者中，没人能像他死后，突出的身影依然长期主导着德国的知识生活。雅斯贝尔斯在20年代设计出来的圣徒肖像，在战后还流传着，韦伯之妻玛丽安娜（Marianne Weber，1870—1954）1926年出版的传记，成了我们的必修读物。但我们并不清楚这个伟大却错误的生命悲剧。知道的人依然严守秘密，直到20年后，马丁·格林（Martin Green）那本轰动一时的书才揭露事实。这本关于李希特霍芬姊妹埃尔斯与芙丽达的书，在我于《水星报》》（Merkur）发表评论后，驰名全德，并在我离开海德堡许久后，对海德堡这个概念又进入了新的评论阶段。

我当时写道，这本书的独特魅力在于剔除神话与公开秘密。要不是大胆跨越界限和打破禁忌是书中方法论的前提，并突破思想习惯和传统，达成更进一步观点的话，这种公开将会令人难以忍受。这种突破要归功于一个关键点：心理分析的成就。心理分析提供作者进行集体传记撰写的方法，临床上的团体分析和家族分析促成从科学上能清楚证明个人命运和时代精神之间的联系，不然这将永远是假设性的推测和猜想。表面上看来，此书是本无伤大雅的"女性书籍"，实际上是在世纪交替之际学术史上的一大贡献。

为了安置他的人物，马丁·格林勾勒出一个世纪之交广袤的德国政治及思想地貌。这些人物活动的社会、文化与社会学力场，由三个思想中心主导：柏林、海德堡和慕尼黑。柏林是权力与国家的中心，一个父权威权的社会秩序：所有名为普鲁士之物的中心，其象征人物是俾斯麦（Bismarck，1815—1898）。从政治地理学上来说，海德堡属于自由的西南德，是自由反对派的大本营，以启蒙和改革对抗权力，以理性和科学对抗统治，对我们来说，其象征人物非马克斯·韦伯莫属。慕尼黑（及慕尼黑城中施瓦宾地区的文艺团体）则标示着一个反普鲁士、艺术美学、非科学的文艺、性颠覆的反叛中心。

为反抗柏林的权力，海德堡运用无能的理性化，而施瓦宾采取反权力的非理性行径。这个不均衡的三角组合的实际辩证对立，则是父权、威权式、压制的父系社会和其激烈对立物的体现，一个解放在母系神话中寻得根源的无统治阶级社会的无政府乌托邦。相对于柏林，施瓦宾奠基在父权体制和母权体制的二分法上。

从社会的角度来说，这个争论是针对有效统治的上层阶级的，因此属于公民试图解放自身的脉络。透过再现社会秩序的家庭结构，这个争论依循恋母情结的关系模式，总在呈现和自己性别关系的斗争。只要和男人有关，就会涉及他们和母亲及女人的关系。女性的内在和外在束缚，只反映出男性社会的政治与社会的征服结构。女性的解放一直处于这种统治结构的下层。于是透过书中男性和两位试图独力从男性宰制下解放出来的女性的关系，来验证男主角当时在克服自己和父亲情结（这也是说：他们对性和权力的看法）的立场，便极富意义。因此本书反问书中主角的自觉与意识，格林才能在这十分私密的领域中，最后揭露出政治斗争的基本模式，并在其激烈的活动中呈现其历史倾向。

这个我一无所知、却在第一天就吸引我的"海德堡精神"如何影响我？我嗅闻到它。我体内显然有个探测神秘与灵性类东西的天线，这种无法捕捉、难以界定之物，仿佛是城中四窜的谣言。我没对任何人提起，这不是个讨论主题，而是一种感觉、一种好感、一种独特的智慧，只能透过感性而不是理性去捕捉。这是一种对生命和世界的看法。它和"自由"及"开放"这些模糊的观念有关，是一种反束缚与封闭系统的意识倾向。

类似冒险、认知欲、解放、性欲（虽然这难以言传，但在性领域中只有一个意识）这些神奇的字眼，都属于语义学的范畴。自我存在对抗他人支配。自卫对抗暴力、痛苦、恐怖活动、酷刑，不管是在主体之间，还是在主体之内。猜疑对抗等级制度、公共机关、各种军事体系、各种官僚体系及国家等。基本上，是某种基本的无政府性格结合了企图参与的丰沛热情，促使世界更加美好。

这种当时我所认为的"海德堡精神"的特性与精髓，尽管模糊不清，并在许多方面特别突出，而且不免相互矛盾，却不是一种意识形态，而是一种精神状态。它可以概分成五点：

——世界史的——不只是历史与文化史，而是一种具有世界价值的意识境界。

——未来取向，开放的——文明进程的积极意涵，圣西门（Henri deSaint—Simon）的遗产，"乐观主义"，一种为统治而准备、为准备而求知的实证伦理。

——没有敌意、仇恨的阶级斗争的文化批评，是一种让历史及社会现实透明化的启发式方法，一种情状分析。

——一种自控的心理状态的自由态度，容忍、理解与妥协的激情。

——最后是一种隋色氛围，接受自由主义、自由思想与放荡不羁。爱欲，承认女性特质为个体生活方式中的建构要素及政治文化中的酵母。

今天我往往会问，我从"海德堡精神"中获得（至今仍留存心中）的伟大想象，会不会是一种期望的产物。那是我认为我在海德堡发现到的自我精神，并寻找及构思出相应之物。我显然属于那类边缘特殊分子、过客、外人，不断迷上这可爱的地方，思绪跟着一同飞翔。我也脱离现实，飘浮"在离地面五步的高度"，因为我在这里找到了志同道合的人。

可以肯定："海德堡精神"一直是一种边缘之物，一种亚文化之物，一种怪异的衍生物。这种精神期望逃离"德国的不幸"，从德意志民族、国家及军事体制的束缚中解放出来，找到一个普遍的人类哲学。这是一种自由的和植根在个体自由上的社会理论，是德国闻所未闻的一种精神。

这种精神只可能在俾斯麦所创建的反启蒙及反自由公民民主政治意识的帝国堡垒的边缘见到,是柏林中心的对立面。

在威廉时代及后来的魏玛共和(Weimare Republik)中,海德堡已出现了进步的社会科学,焦点在于争论一种多元的及含义广泛的文化概念,以包含并解释全球性的保守及进步、观念及物质和国家及世界的发展过程中的矛盾趋势。

国社党的夺权终止了这一切。在纳粹主政留下的精神废墟中,我们发现这种建立普遍文化理论的努力,有块残骸赫然在目,也就是源自"海德堡精神"氛围中的阿尔弗雷德·韦伯的作品,他的"文化社会学"。一种根源于文化批评和历史哲学的历史人类学,满足了我们的需要,并藉以了解我们过去的历史境况。尽管这种人类学以过去的大型解释模式的形式出现,却完全涉及现在,并具未来取向。

我们可以和其结合,并再容纳一个完全遭到遗忘的德国思想史传统。由于阿尔弗雷德·韦伯命定的中介角色,"海德堡精神"再度苏醒。

今天带着幸福的目光谈论着海德堡的大多数当代人,对这种关系毫不知情。对他们来说,海德堡图像只让人想起学生社团的酗酒与击剑仪式、学生团体间煽情的民族空话、"美丽海德堡"的老套风景明信片。如果还能提到"精神"一词,大概指的是"海德堡的粗野精神"。

(摘自《海德堡岁月》,江苏人民出版社2007年版,刘兴华译)

【导读】尼古劳斯·桑巴特,1923年生于柏林,德国文学界的一位耀眼的人物,身兼科学家、外交官、自由作家等身份,是战后德国重要文学社团"四七社"创办人之一,也是当代德国重要的文化评论家。曾出版过生命告白三部曲:《柏林的青年生活》《海德堡岁月》《巴黎的学习岁月》,以及《德意志男人及其敌人》《威廉二世:替罪羔羊及中庸之人》等著述。《海德堡岁月》是其最具影响力的一部回忆录,记录了他1945年到1951年间在海德堡大学读书期间的校园人文风貌,为我们生动地描述了活跃于这一大学城的大师群像,以及战后德国的学术风貌。战争刚结束,尼古劳斯·桑巴特进入这座举世闻名的大学城,徜徉于这个科学与文学的世界里,目睹了一个个大师的风采——亲耳聆听文化社会学宗师阿尔弗雷德·韦伯及思想家卡尔·雅斯贝尔斯,旁听魏茨泽克讲弗洛伊德,拜访阿多诺和霍克海默;朗读托马斯·曼和布莱希特的作品;在图书馆阅读黑格尔、马克思和海德格尔、王尔德、萨特的经典；和师友辩论战后"德国问题"，等等。在这里，他真正领略、浸润着海德堡的人文风貌，并努力寻求也实践着"海德堡精神"。

海德堡，这座南德静谧的小城，不仅风景秀美宜人，还是历史悠久而闻名的大学城，尤其在战火纷飞的二战期间，它却避免了战争硝烟的毁灭，保存了数百年深厚的文化传统。而海德堡之所以能远离战火，特立于德意志，独行于世界学术界，关键有一种"精神"力量的支撑，这就是桑巴特在该书中深层思考的"海德堡精神"。那么，什么是海德堡精神呢？

在桑巴特看来，海德堡能够在战火中得以保全，并且在战后分离、迷茫的德国仍保有一种沉淀、理性和思考的氛围，就是因为有一种海德堡的精神在濡染并影响着生活在其中的每个人。用他的话说，他喜欢海德堡，是因为"其客体是非物质的、'精神的'、是符合黑格尔世界精神的意义的"。也就是说，这里是一处精神的家园——海德堡精神的栖居之地，而所谓的海德堡精神，正是德意志历史精神的凝聚，是生活于海德堡的一代代思想者的精神遗产和无数杰出之士的人格延续。在战后百废待兴的德国，海德堡精神正时时刻刻在影响和引导着生活在其中的每一个人，尤其是那些对知识充满渴求对思想者充满敬意的年轻人。然而，在桑巴特的视域里，虽然对从他老师雅斯贝尔斯和韦伯继承下来的海德堡精神充满认同和神往，但又多次对其质疑和反思，甚至认为它"一直是一种边缘之物，一种亚文化之物，一种怪异的衍生物……这是一种自由的和植根于个体自由上的社会理论，是德国闻所未闻的一种精神"。吾爱吾师，但更爱真理，这是桑巴特的可贵之处，也是海德堡精神的丰富性所在。

（卢有泉）

什么是知识分子

[美] 科塞

现代用语中很少有像"知识分子"这样不精确的称呼。只要一提到它，往往就会引起涉及含义和评价的争论。许多人认为，它是指很不可靠和令人厌恶的人品，还有些人则认为，它是指令人向往但经常难以企及的优秀品质。对一些人来说,知识分子是不切实际的梦想家,给严肃的生活事务带来麻烦,在另一些人看来,他们则是"人类的触角"。这个名称语焉不详,以及对它的评价所存在的分歧,使我必须明确它在本书中的含义。这里的定义,像其他场合一样,远远谈不上不偏不倚,却会带来某些成果。

有些作者倾向于用"知识分子"一词概括一切受过大学教育的人,或用西摩尔·利普塞特(Seymour M. Lipset)的话说,是"一切创造、传播和应用文化的人,这里的文化是指由艺术、科学和宗教组成的人类符号世界"。本书不打算采用这个宽泛的定义,尽管它也许有不少实际优点。因为它模糊了一部分人数虽少但性质十分重要的符号操作者的特点,他们的属性无法在大量从事艺术、科学和宗教的人身上看到。

不是所有学术界的人或所有专业人员都是知识分子,对这个事实有人遗憾,也有人赞许。理智[intellect,"知识分子"(the intellectual)一词的词根。——译注]有别于艺术和科学所需要的智力(intelligence),其前提是一种摆脱眼前经验的能力,一种走出当前实际事务的欲望,一种献身于超越专业或本职工作的整个价值的精神。理查德·霍夫施塔特(Richard Hofstadter)写道:"理智是心灵的批判性、创造性和沉思性的一面。智力寻求掌握、运用、排序和调整;理智则从事检验、思考、怀疑、理论化、批判和想像。"马克斯·韦伯对靠政治谋生和为政治而生的人之间所作的著名区分,也适用于我们这里的讨论。知识分子是为理念而生的人,不是靠理念吃饭的人。

大多数人在从事专业时,就像在其他地方一样,一般只为具体的问题寻求具体的答案,知识分子则感到有必要超越眼前的具体工作,深入到意义和价值这类更具普遍性的领域之中。正如爱德华·希尔斯(Edward Shils)所说,他们表现得"对神圣事物非常敏感,对他们宇宙的本质和控制他们社会的法则进行不同寻常的深思"。

知识分子在其活动中表现出对社会核心价值的强烈关切,他们是希望提供道德标准和维护有意义的通用符号的人,他们"在一个社会内诱发、引导和塑造表达的倾向"。现代知识分子在执行这些任务时,是坚持神圣传统的教士们的继承人,然而他们同时也是《圣经》中先知的继承人,是那些受到感召、远离宫廷和犹太会堂的制度化崇拜,在旷野中传道、谴责权势者罪恶行径的狂人的后代。知识分子是从不满足于事物的现状,从不满足于求诸陈规陋习的人。他们以更高层次的普遍真理,对当前的真理提出质问,针对注重实际的要求，他们以"不实际的应然"相抗衡。他们自命为理性、正义和真理这些抽象观念的专门卫士，是往往不被生意场和权力庙堂放在眼里的道德标准的忠实捍卫者。

我们也可以把中世纪的宫廷弄臣，算作知识分子的祖先。弄臣的角色，像拉尔夫·达伦道夫（Ralf Dahrendorf）所说明的，他不承担任何固定角色，享有非常的特权，不必遵守通常的礼仪，因为他处在社会等级制度之外，因而也被剥夺了里边的人所享有的特权。他的力量在于他不受社会等级制所要求的正常举止的约束。他处于地位卑贱者之列，同时他却得到允许，可以批评甚至嘲讽权贵。他可以揭露最令人不快的真相而不必担心报复。倘若他饰以玩笑逗乐的伪装——这是为了否认或减弱其攻击的严肃性——他可以对人人都接受的事实提出疑问。不过，即使他在逗乐，他还是使掌权者感到狼狈。他虽然得到容忍甚至奖赏，但他总是面对那些一本正经的人左右为难的反应，因为他的机智和戏谑几乎掩饰不住他的批判锋芒。

现代知识分子类似于弄臣，不只是因为他为自己要求不受限制的批评自由，还因为他表现出一种态度，因为找不到更好的说法，我们姑且称之为"戏谑"（playfulness）。当认真的实干家集中精力于眼前的事务时，知识分子们却醉心于精神娱乐，而且纯粹是为了玩味。约翰·休津加（Johan Huizinga）认为，娱乐是可有可无的、无关利益的和自由的活动。它不属于"寻常"生活，处在直接需求和欲望的日常满足之外，它不是为达到某种目的的手段，而是在自身中求得满足。知识分子倾向于回避对技术专家来说十分熟悉的智力活动，这种活动需要为达到特定结果严格寻找规范的手段。他喜欢在纯粹的知识活动中得到乐趣。正像艺术家一样，一组公式或一种语式所具有的美感，对于知识分子来说，比它的实际应用或直接用途更重要。对他而言，理念远远不是只有单纯的工具价值，它们具有终极价值。知识分子的好奇心也许不比别人多，但他们的好奇心，是凡勃伦（Veblen）贴切地称为闲情逸趣的好奇心。

凡勃伦没有把"闲情逸趣"等同于"不重要"或"无意义"，或暗示知识分子们只是些好玩耍的蜻蜓。相反，想必他会认为，他们通常都是有所执守的人，对于他们，理念的冲突事关重大。他们的戏谑，缺乏对身边直接事务的关心，只是他们笃信一种广泛的价值体系的另一种表现。知识分子比其他大多数人更严肃地看待理念，这种严肃的态度，使他们能够清楚地表达不是知识分子的人可能只有模糊意识的各种利益和愿望。用卡尔·曼海姆（Karl

Mannheim）的名言说，他们把利益的冲突转化为理念的冲突，他们把使人不安和不满的潜在根源揭露出来，从而促进了社会的自我认识。

知识分子是理念的守护者和意识形态的源头，但是与中世纪的教士或近代的政治宣传家和狂热分子不同，他们还倾向于培养一种批判态度，对于他们的时代和环境所公认的观念和假设，他们经常详加审查，他们是"另有想法"的人，是精神太平生活中的捣乱分子。

就像我在本书中所要说明的那样，每个知识分子无疑都多多少少表现出以上描述的这些特征。一些人可能更多地从事戏谑。另一些人则是最真诚的先知。我这里的目的是描绘典型的关切和取向，而不是个别人的混合表现。我清楚自己有可能受到指责，说我有着把自己描绘的群像理想化的倾向。我只能向读者保证，在描述和分析本书中的具体事例时，我力求尽可能忠实地描述这些人物。不做任何粉饰。

知识分子不但让一般公民感到迷惑不解，还使他们心神不安。但是缺了他们，现代文化几乎是不可想像的。如果让他们的远亲，脑力技术人员和专家，抢占了知识分子现有的职位，现代文化很可能会因僵化而消亡。没有知识分子对永恒的往昔形成的陈规陋习和传统发起挑战——甚至当他们维护标准和表达新的要求时——我们的文化不久就会成为一种死文化。

有着知识分子倾向的人，无疑存在于一切社会之中。保罗·雷丁（Paul Radin）提醒我们，甚至在远古时代无文字的文化中也"存在着一些人，他们个人的性情和兴趣，使他们专注于我们习惯称为哲学的基本问题"。不过我认为，只有近代社会提供了制度化的条件，使一个具有自我意识的知识分子群体得以产生。更具体地说，我承认智者及其在古代世界的后人，可以被称为现代知识分子的远祖，不过我认为，作为一个有自我意识的群体，知识分子只是在17世纪才产生的。他们是一种近代现象，他们是随着近代史的开端而登场的。

（摘自《理念人》，中央编译出版社2004年版，郭方等译）

【导读】刘易斯·科塞（Lewis Coser）（1913—），美国著名社会学家。社会学家、功能冲突论者。他出生于德国柏林的一个犹太人家庭，于1933年流亡于法国，后于1941年移民美国。曾任教于芝加哥大学。1954年从哥伦比亚大学获得博士学位。自1968年起他转至纽约大学石溪分校任教一直到退休。曾担任美国社会学会主席，并任该会执委十年，后任学会理事。著有《理念人》

《贪婪的制度》《社会学思想名家》《一束荆棘花》《在美国的流亡学者》等著作。

在《什么是知识分子》中，科塞对"知识分子"这一概念进行了界定与细致分析。"知识分子"这一词语的使用频率极高，但关于"什么是知识分子"，知识分子的内涵与外延具体是什么，中外学界一直没有形成统一认识，正如科塞所指出的："现代用语中很少有像'知识分子'这样不精确的称呼。只要一提到它，往往就会引起涉及含义和评价的争议。"对此戈德法布也指出："知识分子的身份的不确定性是一个社会学方面的重要事实。"确实，对于"知识分子"，不同的人给出的定义是不同的，韦伯、希尔斯、科塞、戈德法布、勒戈夫、鲍曼、萨特等都曾对"知识分子"下过形形色色的定义。戈德法布认为"知识分子是某些特殊类型的陌生人，特别看重自身的批判能力，独立于权力中心，自主行动，他们的听众和读者是广大民众，在'民主'社会中起了专业性质的作用，促进了对迫切的社会问题进行开明的讨论"，而勒戈夫认为知识分子乃是"以思想以及传授思想为其职业的人"，鲍曼则认为"'知识分子'一词是用来指称一个由不同职业人士所构建的集合体，其中包括小说家、诗人、艺术家、新闻记者、科学家和其他一些公众人物，这些公众人物通过影响国民思想、塑造政治领袖的行为来直接干预政治过程，并且将此看作他们的道德责任和共同权利"，"因此，'知识分子'一词乃是一声战斗的号召，它的声音穿透了在各种不同的专业和各种不同的文艺门类之间的森严壁垒，在它们的上空回荡着；这一个词呼唤着'知识者'（men of knowledge）传统的复兴，这一'知识者'传统，体现并实践着真理、道德价值和审美判断这三者的统一"。而萨特则不无幽默地认为"一位原子能科学家在研究原子物理时不是一个知识分子，但是当他在反对核武器的抗议信上签名时就是一个知识分子"。而科塞关于知识分子的认识显然是独特的，与其他人对知识分子的认识具有很大区别。他根据马克斯·韦伯对"靠政治谋生的人"和"为政治而生的人"的区分，把知识分子简括地定义为"理念的守护者和意识形态的源头"，认为"知识分子是为理念而生的人"，即"理念人"。在他看来，"知识分子是永远不满足于事物的本来样子、为理念而活着的人"、"是为理念而生的人，而不是靠理念吃饭的人"，不过，他也强调指出，"与中世纪的教士或近代的政治宣传家和狂热分子不同，他们还倾向于培养一种批判态度，对于他们的时代和环境所公认的观念和假设，他们经常详加审查，他们是'另有想法'的人，是精神太平生活的捣乱分子"。科塞将知识分子定位为"理念人",强调了知识分子对理念的执著和坚守,显然带有对知识分子的理想主义色彩,对于当下知识分子的角色定位和身份认同依然具有启示意义。

(罗小凤)

成为你自己

[德] 尼采

一个看过许多国家、民族以及世界许多地方的旅行家,若有人问他,他在各处发现人们具有什么相同的特征,他或许会回答:他们有懒惰的倾向。有些人会觉得,如果他说他们全都是怯懦的,他就说得更正确也更符合事实了。他们躲藏在习俗和舆论背后。从根本上说,每个人的心里都明白,作为一个独一无二的事物,他在世上只存在一次,不会再有第二次这样的巧合,能把如此极其纷繁的许多元素又凑到一起,组合成一个像他现在所是的个体。他明白这一点,可是他把它像亏心事一样地隐瞒着——为什么呢?因为惧怕邻人,邻人要维护习俗,用习俗包裹自己。然而,是什么东西迫使一个人惧怕邻人,随大流地去思考和行动,而不是快快乐乐地做他自己呢?在少数人也许是羞愧,在大多数人则是贪图安逸,惰性。一句话,便是那位旅行家所谈到的懒惰的倾向。

这位旅行家言之有理:人们的懒惰甚于怯懦,他们恰恰最惧怕绝对的真诚和坦白可能加于他们的负担。唯有艺术家痛恨这样草率地因袭俗套,人云亦云,而能揭示每个人的那个秘密和那件亏心事,揭示每个人都是一个一次性的奇迹这样一个命题,他们敢于向我们指出,每个人直到他每块肌肉的运动都是他自己,只是他自己,而且,只要这样严格地贯彻他的唯一性,他就是美而可观的,就像大自然的每个作品一样新奇而令人难以置信,绝对不会使人厌倦。当一个伟大的思想家蔑视人类时,他是在蔑视他们的懒惰。由于他们自己的原因,他们显得如同工厂的产品,千篇一律,不配来往和垂教。不想沦为芸芸众生的人只需做一件事,便是对自己不再懒散。他应听从他的良知的呼唤:"成为你自己!你现在所做、所想、所追求的一切,都不是你自己。"

每个年轻的心灵日日夜夜都听见这个呼唤,并且为之战栗;因为当它念及自己真正的解放时,它便隐约感觉到了其万古不移的幸福准则。只要它仍套着舆论和怯懦的枷锁,就没有任何方法能够帮助它获得这种幸福。而如果没有这样的解放,人生会是多么绝望和无聊啊!大自然中再也没有比那种人更空虚、更野蛮的造物了,这种人逃避自己的天赋,同时却朝四面八方贪婪地窥伺。结果,我们甚至不再能攻击一个这样的人,因为他完全是一个没有核心的空壳,一件鼓起来的着色的烂衣服,一个镶了边的幻影,它丝毫不能叫人害怕,也肯定不能引起同情。如果我们有权说懒惰杀害了时间,那么,对于一个把其幸福建立在公众舆论亦即个人懒惰的基础上的时代,我们就必须认真地担忧这样一段时间真正地被杀害了,我是说,它被从生命真正解放的历史中勾销了。后代必须怀着怎样巨大的厌恶来对付这个时代的遗产,彼时从事统治的不再是活生生的人,而是徒具人形的舆论。所以,在某一遥远的后代看来,我们这个时代也许是历史上最非人的时期,因而是最模糊、最陌生的时期。我走在我们许多城市新建的街道上,望着信奉公众意见的这一代人为自己建造的所有这些面目可憎的房屋,不禁思忖,百年之后它们将会怎样地荡然无存,而这些房屋的建造者们的意见也将会怎样地随之倾覆。与此相反,所有那些感觉自己不是这时代的公民的人该是怎样地充满希望,因为他们倘若是的话,他们就会一同致力于杀害他们的时代,并和他们的时代同归于尽——然而,他们宁愿唤醒时代,以求今生能够活下去。

可是,就算未来不给我们以任何希望吧——我们奇特的存在正是这样,在当下最强烈地激励着我们,要我们按照自己的标准和法则生活。激励我们的是这个不可思议的事实:我们恰恰生活在今天,并且需要无限的时间才得以产生,我们除了稍纵即逝的今天之外别无所有,必须就在这个时间内表明我们为何恰恰产生于今天。对于我们的人生,我们必须自己向自己负起责任。因此,我们也要充当这个人生的真正舵手,不让我们的生存等同于一个盲目的偶然。我们对待它应当敢作敢当、勇于冒险,尤其是因为,无论情况是最坏还是最好,我们反正会失去它。为什么要执著于这一块土地,这一种职业?为什么要顺从邻人的意见呢?恪守几百里外人们便不再当一回事的观点,这未免太小城镇气了。东方和西方不过是别人在我们眼前画的粉笔线,其用意是要愚弄我们的怯懦之心。年轻的心灵如此自语:我要为了获得自由而进行试验;而这时种种阻碍便随之而来了:两个民族之间偶然地互相仇恨和交战,或者两个地区之间横隔着大洋,或者身边有一种数千年前并不存在的宗教被倡导着。它对自己说：这一切都不是你自己。谁也不能为你建造一座你必须踏着它渡过生命之河的桥，除你自己之外没有人能这么做。尽管有无数肯载你渡河的马、桥和半神，但必须以你自己为代价，你将抵押和丧失你自己。世上有一条唯一的路，除你之外无人能走。它通往何方？不要问，走便是了。"当一个人不知道他的路还会把他引向何方的时候，他已经攀登得比任何时候更高了。"说出这个真理的那个人是谁呢？

然而，我们怎样找回自己呢？人怎样才能认识自己？他是一个幽暗的被遮蔽的东西。如果说兔子有七张皮，那么，人即使脱去了七十七张皮，仍然不能说："这就是真正的你了，这不再是外壳了。"而且，如此挖掘自己，用最直接的方式强行下到他的本质的矿井里去，这是一种折磨人的危险的做法。这时他如此容易使自己受伤，以至于无医可治。更何况，倘若舍弃了我们的本质的一切证据，我们的友谊和敌对，我们的注视和握手，我们的记忆和遗忘，我们的书籍和笔迹，还会有什么结果呢。不过，为了举行最重要的审问，尚有一个方法。年轻的心灵在回顾生活时不妨自问：迄今为止，你真正爱过什么，什么东西曾使得你的灵魂振奋，什么东西占据过它同时又赐福予它？你不妨给自己列举这一系列受珍爱的对象，而通过其特性和顺序，它们也许就向你显示了一种法则，你的真正自我的基本法则。不妨比较一下这些对象，看一看它们如何互相补充、扩展、超越、神化，它们如何组成一个阶梯，使你迄今得以朝你自己一步步攀登。因为你的真正的本质并非深藏在你里面，而是无比地高于你，至少高于你一向看作你的自我的那种东西。你的真正的教育家和塑造家向你透露，什么是你的本质的、真正的原初意义和主要原料，那是某种不可教育、不可塑造之物，但肯定也是难以被触及、束缚、瘫痪的东西，除了做你的解放者之外，你的教育家别无所能。这是一切塑造的秘诀：它并不出借人造的假肢、蜡制的鼻子、戴眼镜的眼睛——毋宁说，唯有教育的效颦者才会提供这些礼物。而教育则是解放，是扫除一切杂草、废品和企图损害作物嫩芽的害虫，是光和热的施放，是夜雨充满爱意的降临，它是对大自然的模仿和礼拜。在这里，大自然被理解为母性而慈悲的；它又是对大自然的完成，因为它预防了大自然的残酷不仁的爆发，并且化害为利，也因为它给大自然那后母般的态度和可悲的不可理喻的表现罩上了一层面纱。

（摘自《疯狂的意义：尼采超人哲学集》，天津人民出版社2007年版，周国平译）

第三编　学者本色

【导读】 尼采（Friedrich Wilhelm Nietzsc·he，1844—1900），德国著名哲学家，西方现代哲学的开创者，亦是卓越的诗人、散文家。出生于德国一个牧师家庭。著有《悲剧的诞生》等著作。其著作对宗教、现代文化、哲学、道德以及科学等各领域均提出广泛的批判与讨论，对后代哲学尤其是存在主义与后现代主义的发展影响极大。

《成为你自己》是尼采30岁时发表的一部激情之作。尼采是叔本华的崇拜者，在服兵役时将叔本华作为保佑他的"上帝"，在书中称叔本华为"教育家"，将他视为人生的教导者、人生导师。在尼采看来，每个生命个体都是世界上独一无二的存在，但大多数人却由于被习俗包裹，由于懒惰、怯懦而浪费了自身的独特性，懒惰杀害了时间，让个体的独特性被从生命真正解放的历史中勾销了，无法按照自己的标准和法则生活。他发现不同的国家、民族以及世界许多地方的人们共同特征是都有懒惰的倾向："人们的懒惰甚于怯懦，他们恰恰最惧怕绝对的真诚和坦白可能加于他们的负担"，在尼采看来，不想沦为芸芸众生的人只需做一件事，便是对自己不再懒散，而应听从良知的呼唤："成为你自己！你现在所做、所想、所追求的一切，都不是你自己。""每个年轻的心灵日日夜夜都听见这个呼唤，并且为之战栗；因为当它念及自己真正的解放时，它便隐约感觉到了其万古不移的幸福准则。只要它仍套着舆论和怯懦的枷锁，就没有任何方法能够帮助它获得这种幸福。而如果没有这样的解放，人生会是多么绝望和无聊啊！"尼采建议大家，对于人生，必须自己向自己负起责任，要充当人生的真正舵手，不让我们的生存等同于一个盲目的偶然；应当敢作敢当，勇于冒险。只有每个人把自己身上隐藏的一个更高的自我发掘出来，打开枷锁解放，才能成为真正的自己，才能找到属于个人的幸福人生。

尼采所言的"成为你自己"其实是对真实"自我"的肯定，这个"自我"包括两层含义：在较低层次上是指生命本能，是隐藏于每个人意识深处的，包括无意识的欲望、情绪、情感和体验等；在高层次上则是指精神上的"自我"，是个人自我创造的产物。在尼采眼里，二者并不矛盾，在他看来，生命本能是创造的动力和基础，前者是后者的基础，后者是前者的升华。成为你自己就是要找到真实的自我，只有成为你自己，才能对自己的人生负责，才能不辜负生命存在的价值和意义，真正做生命的主人，真诚地寻求人生的意义。

尼采的思想带有浓厚的个人主义色彩，但对于年轻人发现真实自我、激发创造力具有重要意义。这种生命哲学思潮影响了中国的"五四"一代年轻人的觉醒。正如郁达夫所言:"五四运动的最大成功,第一要算'个人'的发现,从前的人,是为君而存在,为道而存在的,现在的人才晓得为自我而存在。"

(罗小凤)

精神独立宣言

[法] 罗曼·罗兰

  散布在全世界的精神劳动者,同志们!你们在过去五年中被军队、检查机关和交战国的互相憎恨隔绝着;现在障碍物在崩溃了,边境又在开放了,我们要趁此向你们发出"号召",重新建立我们友爱的联盟,可是要使它成为一个新的联盟,比以前所存在的更坚实、更巩固。

  战争把我们的队伍搅乱了。大多数知识分子用他们的科学、他们的艺术和他们的理智为各国政府服务。我们不想对任何人提出控诉或发出任何责难。我们知道个人精神的荏弱和巨大的集体潮流的基本力量。后者一刹那间已把前者冲掉了,因为事先没有任何准备,可以帮助人们抵挡这怒潮。至少,让这次经验作为我们将来的教训吧!

  首先,让我们指出:智慧在全世界几乎完全退让了,它甘愿被狂野的暴力所奴役,从而铸成了各种灾害。思想家和艺术家们替荼毒着欧洲身心的瘟疫增加了大量不可估计的恶毒的仇恨。他们在自己的知识、回忆和想像力的军火库中搜索着煽起憎恨的理由,老的和新的理由,历史的、科学的、合乎逻辑的、富于诗意的理由。他们为了破坏人们互相的了解与友爱而工作。他们在这样做时把"思想"歪曲了,玷污了,使它降低,堕落,而他们是"思想"的代表。他们使它成为狂热的工具;(或许不自觉地)使它听凭一个政治或社会的小集团、一个政府、一个国家或一个阶层的自私利益所使唤。现在,当胜利者和被征服者从互相搏斗的野蛮混战中脱身出来,同样地遍体疮痍,心底里(虽然不肯承认)对他们的过分疯狂惭愧之至的时候——现在,被他们的纷争所纠缠的思想也一样脱身了,但已堕落。

  起来!让我们把精神从这些妥协、这些委屈的联合以及这些阴暗的奴役中解放出来！精神不是任何人的仆从。我们才是精神的仆从。我们没有别的主子。我们生存着是为了支持它的光明，捍卫它的光明，把人类中一切迷途的人们集合在它周围。我们的任务、我们的职责是要维护一个稳定的中心，在黑夜里暴风般的狂热中指出那北极星。对于这些骄傲与彼此毁灭的狂热，我们无所抉择，我们一概摒弃。我们只崇敬真理，自由的、无限的、不分国界的真理，毫无种族歧视或阶层偏见的真理。当然，我们对人类并不淡漠！我们是在为人类工作，然而是为了全体人类。我们不知道各个不同的民族。我们只知道人民，特殊而又普遍的人民；受苦和奋斗的人民，跌倒了再崛起，永远沿着他们的血汗所渗透的崎岖之路前进；人民，所有的人，都是我们的兄弟。为了使他们也能像我们这样实现博爱的大同，我们要在他们盲目的纷争上高举圣约柜——精神；自由、永恒、单一而又多元的精神。

（摘自《罗曼·罗兰文钞》，广西师范大学出版社2004年版，孙梁译）

【导读】 罗曼·罗兰（1866—1944）是法国近代文艺家。他既是一位理想主义者，又是一位英雄主义和人道主义者，他用手中的笔一次次与帝国主义、法西斯主义及悲观主义相抗争。他一生著述颇丰，广涉小说、戏剧、传记、政论等文学领域，他的作品中充斥着强烈的反抗意识和斗争精神，富有感染力。

《精神独立宣言》写于1919年3月16日，发表于同年6月26日的《人道报》上。据其1934年《战斗十五年》的导言《全景》一文所言，发表时他曾向国内外广泛征求签名，他自言当时签名人数很可观，"年内又增加了几百人"。但事实上拒绝签名者亦不在少数，拒绝签名的主要原因是无法接受罗曼·罗兰在《精神独立宣言》中所表现出来的亲苏倾向。

如罗大纲所言："对于罗曼·罗兰的转变有直接影响的重大历史事件，是1914至1918年的世界大战，和1917年的十月社会主义革命……在第一次世界大战期间，他已成为一个密切关心政治，而且有比较鲜明的政治立场的作家。尤其是在1917年俄国二月革命与伟大的十月社会主义革命之后，他的拥护苏联的政治立场可以说是始终如一的。"（《论罗曼·罗兰》）

作为一名富于反抗精神的理想主义者，罗曼·罗兰对当时的政治和社会黑暗是十分憎恨的，也正是因为如此，他的斗争意识和亲苏的政治立场才会表现得如此明显。但他又并不能跳出自己思想的窠臼，过于理想主义且富于英雄主义的他，执著地认为精神和思想是可以超阶级的，真理是"自由的、无国界的、无限制的"。在1931年6月15日发表的《向过去告别》中,他曾明确描述自己写《精神独立宣言》前的思想状态:"一九一四年至一九一九年这五年的悲惨经验,铭刻在我的脑海中,……一方面,我仍希望以自由、明智、勇敢的个人主义为基础,建立起一个没有国界的国际主义思想堡垒。另一方面,指南针指着北方,欧洲的先锋和苏联的英雄革命者所奔向的目标是:重建人类社会和道德。"(《向过去告别》,出自罗尔冈主编《认识罗曼·罗兰》,中国社会科学出版社1988年版)也就是说,当时的他坚持的是以个人主义为基础的所谓的国际主义。

且撰写《精神独立宣言》时的罗曼·罗兰坚持认为自己是一位思想家,自己的使命是保卫欧洲思想和精神的独立和自由:"我不是一位活动家,而是一位思想家,所以我认为自己的责任在于努力保持欧洲思想的纯洁、明确、公正、自由,不从属于任何党派。"并认为国内外存在一大批与他一样的"知识分子精华",他们都是精神的保卫者,是具有"坚强的性格、公民的勇气、大无畏的思想"的"最出色的优秀人物"。而《精神独立宣言》的撰写目的就是要团结他们,一起为全世界人民服务,一起"永远前进在洒满自己鲜血的艰苦道路上",一起"要以所有人民的事业为己任"。(《向过去告别》)

可他所高倡的欧洲精神的独立、自由及"博爱的团结"是不可能实现的,这一点罗曼·罗兰自己后来也有了较为清醒的认识。1934年他在《全景》中写到:"它(即《精神独立宣言》)很快就暴露出来只是些无用的空谈。"即使如此,我们也不可断言罗曼·罗兰的《宣言》完全无用。至少,当时《精神独立宣言》的发表在国内外知识界产生了广泛的反响,虽然它并未真正达到团结国际知识界的目的,但"其客观效果是有利于当时的进步势力的"。

(杨　艳)

论学者的使命

[德] 费希特

今天,我该谈谈学者的使命了。

说到这一题目,我处于一种特别的地位。诸位先生,你们全部,或者你们之中的大部分，都已经选择了科学为你们生活的职业，而我也是如此。你们为了能够被体面地视为学者阶层，想必都竭尽了你们的全部力量，而我过去就是这样做的，现在也还是这样做。我作为一个学者应该同初当学者的人们谈谈学者的使命。我应当深入地研究这个题目，并且尽我的所能去解决它；我应当毫无差错地阐述真理。当我发现这个阶层的使命很可敬，很崇高，并且在一切其他阶层面前显得很突出时，我能不违反谦虚精神，不贬低其他阶层，不给人以自命不凡的强烈印象，而规定这一使命吗？但我是作为哲学家讲话的，而哲学家有义务严格规定每一个概念。在哲学体系里恰好涉及学者的使命这个概念，我能表示反对吗？我绝不会违背已知的真理。已知的真理永远是真理，谦虚也属于真理，如果违反了真理，谦虚就成了一种假谦虚。首先，你们要冷静地研究我们的题目，好像它同我们毫无关系一样，把它当作一个来自我们完全陌生的世界里的概念来研究。你们要把我们的证明弄得更精确些。你们不要忘记，我想在适当的时机以同样大的力气阐明的事实是：每个阶层都是必不可少的；每个阶层都值得我们尊敬；给予个人以荣誉的不是阶层本身，而是很好地坚守阶层的岗位；每个阶层只有忠于职守，完满地完成了自己的使命，才受到更大的尊敬。正因为如此，学者有理由成为最谦虚的人，因为摆在他面前的目标往往是遥远的，因为他应该达到一个很崇高的理想境界，而这种理想境界他通常仅仅是经过一条漫长的道路逐渐接近的。

"人具有各种意向和天资，而每个人的使命就是尽可能地发挥自己的一切天资。尤其是人有向往社会的意向，社会使人得到新的、特别的教养，得到为社会服务的教养，使他得以非常轻易地受到教养。在这件事情上，绝不能预先给人作出规定，规定他应当完全直接在自然状态中发展自己的全部天资，或是间接通过社会发展这种天资。前一种规定是困难的，而且不能促使社会进步。因此，每一个个体都有权在社会中给自己选择一定的普遍发展的部门，而把其他部门留给社会的其他成员，并指望他们能使他分享他们的教养的优点，同样，他也能使他们分享他自己的教养。这就是社会各阶层互相区别的起源和法律根据。"

这就是我迄今所作的几次讲演的结论。全面衡量人的全部天资和需求（不是他单纯人为地想出来的需求），是按照完全可能的纯粹理性概念划分各个不同阶层的基础。对于培育任何天资，或者说，对于满足人天生的、基于人的本能的任何需求，一个特殊的阶层是可以作出贡献的。这个问题我们暂且放到以后去研究，以便现在先来研究我们最感兴趣的问题。

如果有人提出，按照上述原则建立起来的社会是否完善的问题——任何社会都是没有任何领导而借助于人的自然意向建立起来的，都是像我们在研究社会起源时所看到的那样，完全自发地建立起来的——我说，如果有人提出这个问题，那么，在回答它之前必须先研究下列问题：在一个现实的社会里，一切需求的发展和满足，也就是一切需求的同等发展和满足是否有保障？如果有保障，那这个社会作为社会就是完善的。这并不意味着这个社会已经达到了自己的目标——按照我们的上述考察，这是不可能达到的——而是意味着它也许是这样建立起来的：它必定越来越接近于自己的目标。如果这是没有保障的，那么，这个社会虽然可以侥幸沿着文明道路前进，但这是靠不住的，因为它同样也可以由于不幸的偶然事件而倒退回去。

若要担保人的全部天资得到同等的发展，首先就要有关于人的全部天资的知识，要有关于人的全部意向和需求的科学，要对人的整个本质有一个全面的估量。但这种对于整个人的完整的知识，本身就建立在一种应当发展的天资的基础上，因为人总是有求知的意向，特别是有一种认识他所极需做的事情的意向。但发展这个天资需要人的全部时间和全部力量。如果说有那么一种共同的需求，迫切需要一个特别的阶层予以满足，那么这个需求就正是需要人的全部时间和全部力量的需求。

但是，只有关于人的天资和需求的知识，而没有关于发展和满足这种天资和需求的科学，这不仅会成为一种极其可悲的和令人沮丧的知识，而且同时也会成为一种空洞的和毫无裨益的知识。谁向我指出我的缺陷，而不同时指出我怎样补救我的缺陷的手段，谁就是对我非常不友好；这种人引起了我的需求感，但没有使我能够满足这些需求。他似乎宁愿把我置于像动物那样的无知状态！简短地说，那种知识不会成为社会所要求的知识，而且为了那种知识，社会应当有一个占有这种知识的特殊阶层，因为那种知识并不以类族的完善为目标，并不借助于这种完善以达到其应有的统一的目标。所以，那种需求的知识应当同时与手段的知识统一起来，只有凭借这些手段需求才能得以满足；而这种知识理所当然属于同一个阶层，因为一种知识缺了另一种知识就不可能成为完全的，更不可能成为有用的和生动的。头一种知识是根据纯粹理性原则提出的，因而是哲学的；第二种知识部分地是建立在经验基础上的，因而是历史哲学的（不仅仅是历史的，因为我应当把那种只能从哲学上认识的目的同经验中给予的客体联系起来，以便有可能把后者视为达到前者的手段）。这种知识应当有益于社会，因此，事情不仅在于一般地知道人本身有哪些天资，人借助于何种手段可以发展这些天资，这样一种知识可能依然完全徒劳无益。这种知识还应当再前进一步，以便真正提供预期的益处。大家必须知道，我们所处的社会在一定的时代处于哪个特定的文化发展阶段，这个社会从这一阶段可以上升到哪个特定阶段，社会为此应当使用哪种手段。现在，我们诚然能够以一般的经验为前提，在任何特定经验出现以前，从理性根据中推知人类发展的进程，能够大致指明人类要达到一定的发展水平，应当经历哪些个别阶段，但是，光凭一种理性根据，我们无论如何也不能指出人类在一定时代中实际所处的阶段。为此，我们必须询问经验，必须用哲学眼光去研究过去时代的各种事件，必须把自己的目光转到自己周围发生的事情上，同时观察自己的同时代人。因此，社会所必要的这后一部分知识就是纯粹历史的。

上述三种知识结合起来——它们若不结合起来，就无济于事——构成了我们所谓的学问，或者至少应当称为某种专门的学问。谁献身于获得这些知识，谁就叫做学者。

并非每个人都应当在这三种知识方面掌握全部人类知识，这大多是不可能的。正因为不可能，如果非要这样做，就会一事无成，就会浪费一个社会成员的一生——这或许对于社会有益——而对他自己毫无所获。各人可以为自己划出上述方面的个别部分，但每个人都应该按照以下三方面研究自己的部分，即哲学方面、历史哲学方面以及单纯历史方面。我今天只是粗略地提示一下我在另一个时候还要进一步阐述的思想，以便在目前至少可以用我的论证来使人相信，研究一门精深的哲学，只要这门哲学是精深的，就决不会使获得经验知识成为多余，相反，这门哲学可以令人信服地证明经验知识是不可缺少的。获得所有这些知识的目的已如上述，即借助于这些知识，保障人类的全部天资得到同等的、持续而又进步的发展。由此，就产生了学者阶层的真正使命：高度注视人类一般的实际发展进程，并经常促进这种发展进程。各位先生，我正在克制自己，以便暂时不让我的感觉专注于当前提出的崇高思想。冷静地进行研究的道路还没有完结，但我还是应当顺便指出那些想阻挡科学自由发展的人真会干得出来的事情。我说"会干得出来"，是因为我怎么能知道究竟有没有这一类人物呢？人类的整个发展直接取决于科学的发展。谁阻碍科学的发展，谁就阻碍了人类的发展。而谁阻挡了人类发展呢？他会以怎样的形象出现在自己的时代和后代面前呢？他用一种比上千人的声音还高的调门，用行动，向他的世界和后代震耳欲聋地呼吁：至少在我还活着的时候，我周围的人们不应当变得更聪明和更优秀，因为在他们粗暴的发展进程中，不管我怎么抵抗，至少还是会被拖着往前发展，而这正是我所痛恨的；我不愿变得更文明，我不愿变得更高尚；黑暗与撒谎是我天生的爱好，我愿使尽最后力量，不使自己放弃这个爱好。人类可以放弃一切，在不触动人类的真正尊严的情况下，可以剥夺人类的一切，只是无法剥夺人类完善的可能性。这些人类的敌人阴险地、比《圣经》给我们描写的那种敌视人类的东西还狡猾地思考着，盘算着，在最神圣的深处搜寻着他们向人类进攻的突破口，以便把人类毁灭在萌芽之中。这个地方他们终于找到了——人类情不自愿地厌恶自己的形象。——现在我们还是回到我们的研究上来吧。

科学本身就是人类发展的一个分支，如果人类的全部天资应当获得进一步发展，科学的每一分支也应当进一步得到发展。因此，每一个学者，以及每一个选择了特殊阶层的人，都本能地力求进一步发展科学，特别是发展他们所选定的那部分科学。这种愿望是学者本来就有的，也是每一个从事专业的人所具有的，但学者的这种愿望要大得多。他应当用心观察其他阶层取得的进步，推动其他阶层进步，他本身难道就不想进步吗？他的进步决定着人类发展的一切其他领域的进步；他应该永远走在其他领域的前头，以便为他们开辟道路，研究这条道路，引导他们沿着这条道路前进。难道他就甘心落后吗？如果落后，他就从此不再是他所应当成为的人了；因为他不可能是别的什么人，所以他就会什么都不是了。我不是说每个学者都应当使自己的学科真的有所进展；要是他做不到这一点呢？我是说，他应当尽力而为，发展他的学科；他不应当休息，在他未能使自己的学科有所进展以前，他不应当认为他已经完成了自己的职责。只要他活着，他就能够不断地推动学科前进；要是在他达到自己的目的之前，他遇到了死亡，那他就算对这个现象世界解脱了自己的职责，这时，他的严肃的愿望才算是完成了。如果下列规则对所有人都有意义，那么它对学者来说就更具有特殊的意义，这个规则就是：学者要忘记他刚刚做了什么，要经常想到他还应当做些什么。谁要是不能随着他所走过的每一步而开阔他的活动的视野，谁就止步不前了。

学者的使命主要是为社会服务，因为他是学者，所以他比任何一个阶层都更能真正通过社会而存在，为社会而存在。因此，学者特别担负着这样一个职责：优先地、充分地发展他本身的社会才能、敏感性和传授技能。如果学者已经理所当然地获得了必要的经验知识，那他就会具有特别发达的敏感性。他应当熟悉他自己的学科中那些在他之先已经有的知识。要学到这方面的知识，他只能通过传授——不管是口头传授，还是书面传授。但只凭纯粹理性根据去思考，他就不可能发展这些知识。他应当不断研究新东西，从而保持这种敏感性，并且要尽力防止那种对别人的意见和叙述方法完全闭塞的倾向，这种倾向是经常出现的，有时还出现在卓越的独立思想家那里。之所以要尽力防止这种倾向，是因为谁也不会有这样高的学问，以至他总是不需要再学习新东西，不需要有时研究某种非常必要的东西；而且也很少有人会这样无知，以至他不能向学者传授一点后者所不知道的东西。传授技能总是学者所必须具备的，因为他掌握知识不是为了自己，而是为了社会。从少年时代起他就应当训练这种技能，总是保持这种技能的作用。至于用什么手段，我们到适当时候再研究。

　　学者现在应当把自己为社会而获得的知识，真正用于造福社会。他应当使人们具有一种真正需求的感觉，并向他们介绍满足这些需求的手段。但这并不意味着为了探求某种确实可靠的东西，他应当同他们一起，去做他必须亲自进行的深入研究。要是这样的话，他就该把所有的人都造就成像他自己可能成为的那种伟大学者了。但这是不可能的，也是不适当的。新的领域也必须加以研究。为此，还存在着一些别的阶层，如果这些人也应当把自己的时间献给学术研究，那么学者也就很快不成其为学者了。学者究竟怎样才能够和应当怎样传播自己的知识呢？不相信别人的诚实和才能，社会就不能存在，因而这种信任深深地铭刻在我们心里。单凭自然界赐予的特别恩惠，我们具有的信任永远不会到达我们最迫切需要别人的诚实和才能时所能达到的那种程度。当学者获得他应有的信任时，他才能指望这种对其诚实和才能的信任。此外，所有的人都有真理感，当然，仅仅有真理感还不够，它还必须予以阐明、检验和澄清，而这正是学者的任务。对于非学者来说，给他指明他所必需的一切真理，这是不够的；但是，如果这个真理感不是伪造的——这种情况恰恰是经常由那些自命为学者的人造成的——那么，经过别人指点，他承认真理，即使没有深刻的根据，也往往就够了。学者同样也可以指望这种真理感。因此，就我们迄今所阐明的学者概念来说，就学者的使命来说，学者就是人类的教师。

　　但是，他不仅必须使人们一般地了解他们的需求以及满足这些需求的手段，他尤其应当随时随地向他们指明在当前这个特定条件下出现的需求以及达到面临的目标的特定手段。他不仅看到眼前，同时也看到将来；他不仅看到当前的立脚点，也看到人类现在就应当向哪里前进，如果人类想坚持自己的最终目标而不偏离或后退的话。他不能要求人类刚刚瞥见那个目标，就一下子走到这个目标跟前；人类不能跳越过自己的道路。学者仅仅应当关心人类不要停顿和倒退，从这个意义上说，学者就是人类的教养员。在这里，我要明确指出，学者在这个事情上也和在他的所有事情上一样，是受道德规律支配的，这一规律显示着自相一致。学者影响着社会，而社会是基于自由概念的；社会及其每个成员都是自由的；学者只能用道德手段影响社会。学者决不会受到诱惑，用强制手段、用体力去迫使人们接受他的信念；对这种愚蠢行径，在我们这个时代已不屑一提。但是，他也不应当把他们引入迷途。何况他这样做对自己也是一种过失，无论怎样，人的职责应当高于学者的职责；因此，这样做对社会同样也是一种过错。社会的每一个体都应当根据自由选择，根据他认为最充足的信念去行动；他在自己的每一个行动中都应当把自己当作目标，也应当被社会的每个成员看作这样的目标。谁受到欺骗，谁就是被当作单纯的手段。

　　提高整个人类道德风尚是每一个人的最终目标，不仅是整个社会的最终目标，而且也是学者在社会中全部工作的最终目标。学者的职责就是永远树立这个最终目标，当他在社会上做一切事情时都要首先想到这个目标。但是，谁不是善良的人，谁就无法顺利地致力于提高人类道德风尚的工作。我们不仅要用言教，我们也要用身教，身教的说服力大得多；任何生活在社会中的人得以有好榜样，都要归功于社会，因为榜样的力量是靠我们的社会生活产生的。学者在一切文化方面都应当比其他阶层走在前面，他要做到这一点，必须花多少倍的力量啊！如果他在关系到全部文化的首要的和最高的方面落后了，他怎么能成为他终归应当成为的那种榜样呢？他又怎么能想象别人都在追随他的学说，而他却在别人眼前以自己生活中的每个行为同他的学说背道而驰呢？（基督教创始人对他的门徒的嘱咐实际上也完全适用于学者：你们都是最优秀的分子。如果最优秀的分子丧失了自己的力量，那又用什么去感召呢？如果出类拔萃的人都腐化了，那还到哪里去寻找道德善良呢？）所以，学者从这最后方面看，应当成为他的时代道德最好的人，他应当代表他的时代可能达到的道德发展的最高水平。

　　各位先生，这是我们共同的使命，这是我们共同的命运。幸运的是，学者还由于自己的特殊使命，必然要做人们作为人，为了自己共同的使命而应该做的那些事情——不是把自己的时间和精力花在别的事情上,而是花在人们过去必须珍惜时间和精力去做的事情上,把对于别人来说是一种工作之余的愉快休息当作自己的工作、事情,当作自己生活里唯一的日常劳动来做。这是一种使人身体健康和心灵高尚的思想,你们之中每个不辜负自己使命的人都会具备这种思想。我的本分就是把我这个时代和后代的教化工作担当起来:从我的工作中产生出未来各代人的道路,产生出各民族的世界史。这些民族将来还会变化。我的使命就是论证真理;我的生命和我的命运都微不足道;但我的生命的影响却无限伟大。我是真理的献身者;我为它服务;我必须为它承做一切,敢说敢作,忍受痛苦。要是我为真理而受到迫害,遭到仇视,要是我为真理而死于职守,我这样做又有什么特别的呢?我所做的不是我完全应当做的吗?

各位先生,我知道我刚才说得太多了,我也很明白,一个丧魂落魄、没有神经的时代受不了这种感情和感情的这种表现;它以犹豫忐忑、表示羞愧的喊声,把它自己所不能攀登的一切称为狂想,它带着恐惧的心情,使自己的视线避开一幅只能看到自己麻木不仁和卑陋可耻的画面,一切强有力的和高尚的东西对它产生的影响,就像对完全瘫痪的人的任何触动一样,无动于衷。这一切我都知道,但我也知道我现在在什么地方说话。我对青年人说,他们的年纪已经使他们能防备这种完全的麻木不仁,而我想同时以一种大丈夫的道德学说向他们的灵魂深处灌输一种感情,这种感情直到将来也能使他们防止这种麻木不仁。我完全坦率地承认,我正是要从天意安排我去的这个地方开始,做出某种贡献,在讲德语的地方,向一切方面传播一种大丈夫的思想方式,一种对崇高和尊严的强烈感受,一种不怕任何艰险而去完成自己的使命的火般热忱,而且只要我能够,我就继续这样做下去。因此,当你们离开这个地方,分散到各地去的时候,不管你们生活在什么地方,我都总有一天会听说你们是大丈夫,这些大丈夫选中的意中人就是真理。他们至死忠于真理,即使全世界都抛弃她,他们也一定采纳她;如果有人诽谤她,污蔑她,他们也定会公开保护她;为了她,他们将愉快地忍受大人物狡猾地隐藏起来的仇恨、愚蠢人发出的无谓微笑和短见人耸肩表示怜悯的举动。过去,我抱着这个目的说了我已经说的话,将来我还要抱着这个最终目的说我将在你们当中要说的一切。

(摘自《论学者的使命·人的使命》,商务印书馆2009年版,梁志学等译)

【导读】 约翰·哥特利勃·费希特(Johann Gottieb Fichte,1762—1814),

德国哲学家、爱国主义者，被认为是连接康德哲学和黑格尔哲学的过渡人物。费希特于1762年5月19日在德国奥伯劳济慈的一个乡村出生。1791年费希特因其著作《试评一切天启》匿名发表而被误为康德所写，康德澄清后费希特便名声大振。费希特是当时德国理性与自由的坚强斗士，他曾深受康德理论的影响，但比康德理论彻底。他的哲学理论是康德批判哲学的完成，其核心哲学思想是把理性解释为自我，提出"绝对自我"的绝对自由学说。他认为自我意识，或精神自我的创造性活动是解释经验的唯一源泉。近些年来，由于学者们注意到他对自我意识的深刻理解而重新认识到他的地位。他还在绝对自我的自由基础上系统地阐述了权利理论，为德国市民阶级的权利主张作了理论上的论证，被认为是"德国国家主义之父"。著有《自然法权基础》《全部知识学的基础》等。

《论学者的使命》是费希特于1794年出版的《论学者的使命·人的使命》一书中的一章。1794年5月，费希特受邀担任耶拿大学哲学教授，随后的五年成为他建立和发展其知识学体系的重要时期。不少学者为了个人利益和功名放弃追求真理的知识分子精神，对封建贵族和宗教势力卑躬屈膝，对此，费希特表示非常厌恶。因此，他曾多次以不同形式从不同层面对学者的使命问题进行过思考与论述，如《关于学者使命的若干演讲》《关于学者的本质及其在自由领域的表现》等专文和《以知识学为原则的自然法权基础》《以知识学为原则的伦理学体系》两本主要著作中有讨论学者的使命问题的专节；其它著作与演讲也有不少关于学者使命问题的探讨。

在《论学者的使命》中，费希特重点探讨了"什么是学者""人如何发展""学者作为一个阶层的特点""学者的使命是什么"等问题。

首先是"什么是学者"的问题。费希特一开篇便指出学者是选择了科学为自己的生活职业的人，他在《论学者的本质及其在自由领域内的表现》一文中则明确指出："任何一个受过学术教育的人，任何一个曾在大学里学习过，或者还在大学里学习的人，都必须被看做学者。"

其次是"人如何发展"。费希特认为学者也是人，人的发展是人成为学者的最基本条件。在他看来，人应当从哲学方面、历史哲学方面以及单纯历史方面结合获得完善的知识，借助于这些知识，保障人类的全部天资得到同等的、持续而又进步的发展。他指出："人具有各种意向和天资，而每个人的使命就是尽可能地发挥自己的一切天资。尤其是人有向往社会的意向，社会使人得到新的、特别的教养，得到为社会服务的教养，使他得以非常轻易地受到教养。"

另外是"学者作为一个阶层的特点"。在费希特看来，学者是一个阶层，这个阶层是"很可敬，很崇高，并且在一切其他阶层面前显得很突出"，但成为学者需要艰辛的努力，需要竭尽自己的全部力量。费希特还对学者的特征进行了研究，主要为两点：一是学者要与时俱进，不是静止的概念，而是动态的；不仅是现在的，也要是将来的。二是学者并非"通才"、无所不知的人，只需要是某一类知识的某一方面的专家，"掌握全部的人类知识，是要由学者全体共同担当和完成的，而不是哪个个体能够独自承担的"。

最后是"学者的使命是什么"，这是费希特在文章中探讨的最为重要的一个问题。他将学者的使命分为社会使命和个体使命。费希特认为，学者也是社会人，学者的使命主要是为社会服务："因为他是学者，所以他比任何一个阶层都更能真正通过社会而存在，为社会而存在。"费希特认为学者特别担负着一个职责："优先地、充分地发展他本身的社会才能、敏感性和传授技能。"因此，学者应该不断发展自己已经获得的知识，并不断研究新东西，还要学会传播自己掌握的知识，造福社会，成为"人类的教师"。费希特认为学者的社会使命是高度注视人类一般的实际发展进程，并经常促进这种发展进程。费希特将学者的社会使命分解为两个部分：一是为社会服务，一是以提高整个人类道德风尚为己任，并成为他的时代道德最好的人。此外，费希特认为学者还有个体使命，这是学者完成社会使命的前提："达到个体的完善，尽可能使一切非理性的东西服从自己，自由地按照自己固有的规律去驾驭一切非理性的东西，是学者个体的最高使命。"而个体使命的完成，需要从少年起开始训练自己的社会才能和传授技能，需要献身于科学研究，把对真理的探索作为自己毕生的事业，需要成为最谦虚的人，需要是那个时代道德最好的人。

费希特关于学者使命的思想传达了当时德国启蒙思想家们的共同心声，在当时得到了广泛认可与推崇，得到歌德、谢林、莱茵霍尔德等当时的名人、学者的肯定，也在当时有志于成为学者的年轻人心中点燃了一盏明灯。对此德国文学家海涅指出："思想家们仍受到由费希特提出的思想的鼓舞，他的言论的后果是不可估量的。即使全部先验唯心论是一种迷惘，在费希特的著作中仍然还有着一种高傲的独立性，一种对自由的爱，一种大丈夫气概，而这些，特别对于青年，是起着有益影响的。"

（罗小凤）

以学术为业（节录）

［德］韦伯

学术工作中的机遇和灵感

不过我相信，诸位：实际上还希望听点别的什么内容——对学术的内在志向。今天，这一内在志向同作为职业的科学组织相反，首先便受着一个事实的制约，即学术已达到了空前专业化的阶段，而且这种局面会一直继续下去。无论就表面还是本质而言，个人只有通过最彻底的专业化，才有可能具备信心在知识领域取得一些真正完美的成就。凡是涉足相邻学科的工作，……我这类学者偶尔为之，像社会学家那样的人则必然要经常如此——人们不得不承认，他充其量只能给提出一些有益的问题，受个人眼界的限制，这些问题是他不易想到的。个人的研究无论怎么说，必定是极其不完美的。只有严格的专业化能使学者在某一时刻，大概也是他一生中唯一的时刻，相信自己取得了一项真正能够传之久远的成就。今天，任何真正明确而有价值的成就，肯定也是一项专业成就。因此任何人，如果他不能给自己戴上眼罩，也就是说，如果他无法迫使自己相信，他灵魂的命运就取决于他在眼前这份草稿的这一段里所做的这个推断是否正确，那么他便同学术无缘了。他绝不会在内心中经历到所谓的科学"体验"。没有这种被所有局外人所嘲讽的独特的迷狂，没有这份热情，坚信"你生之前悠悠千载已逝，未来还会有千年沉寂的期待"——这全看你能否判断成功，没有这些东西，这个人便不会有科学的志向，他也不该再做下去了。因为无论什么事情，如果不能让人怀着热情去做，那么对于人来说，都是不值得做的事情。

不过事实却是，这热情，无论它达到多么真诚和深邃的程度，在任何地方都逼不出一项成果来。我们得承认，热情是"灵感"这一关键因素的前提。今天的年轻人中间流行着一种看法，以为科学已变成了一个计算问题，就像"在工厂里"一样，是在实验室或统计卡片索引中制造出来的，所需要的只是智力而不是"心灵"。首先我得说明，这种看法，表现着对无论工厂还是实验室情况的无知。在这两种场合，人们必然遇到某些事情，当然是正确的事情，让他可以取得一些有价值的成就。但这种念头是不能强迫的，它同死气沉沉的计算毫无关系。当然，计算是不可缺少的先决条件。例如，没有哪位社会学家，即使是年资已高的社会学家，会以为自己已十分出色，无须再花上大概几个月的时间，用自己的头脑去做成千上万个十分繁琐的计算。如果他想有所收获，哪怕最后的结果往往微不足道，若是把工作全都推给助理去做，他总是会受到惩罚的。但是，如果他的计算没有明确的目的，他在计算时对于自己得出的结果所"呈现"给他的意义没有明确的看法，那么他连这点结果也无法得到。通常这种念头只能从艰苦的工作中，尽管事情并非总是如此。在科研方面，业余人士的想法可以有着同专家见解完全一样甚至更大的意义。我们将许多解决某个问题的最出色的想法，或我们的许多最好的见解，归功于业余人士。如赫尔姆霍兹论说梅耶那样，业余与专家的不同，只在于他的工作方法缺乏严整的确定性，因此他通常做不到对他的想法所包含的全部意义进行控制、评估和贯彻到底。想法并不能取代工作，但换个角度说，工作也同热情差不多，不能取代想法或迫使想法出现。工作和热情，首要的是两者的结合，能够诱发想法的产生。但想法的来去行踪不定，并非随叫随到。的确，最佳想法的光临，如伊赫林所描述的，是发生在沙发上燃一支雪茄之时，或像赫尔姆霍兹以科学的精确性谈论自己的情况那样，是出现在一条缓缓上行的街道的漫步之中，如此等等。总而言之，想法是当你坐在书桌前绞尽脑汁时不期而至的。当然，如果我们不曾绞尽脑汁，热切地渴望着答案，想法也不会来到脑子里。不管怎么说，研究者必须能够承受存在于一切科学工作中的风险。灵感会不会来呢？他有可能成为一名出色的工作者，却永远得不出自己的创见。以为这种现象只在科学中存在，办公室的情况同实验室会有所不同，这乃是个严惩的误解。一个商人或大企业家，如果缺乏"经商的想象力"——即想法或灵感——那么他终其一生也不过是那种只适合于做职员或技术官员的人。他决不会是一个在组织上有真正创造力的人。与学术界狂妄自大的自以为是不同，灵感在科学领域所起的作用，肯定不比现代企业家决断实际问题时所起的作用更大。另一方面——这是经常被人遗忘的——灵感所起的作用也不比它在艺术领域的作用更小。以为数学家只要在书桌上放把尺子，一台计算器或其他什么设备，就可以得出有科学价值的成果，这是一咱很幼稚的想法。从计划和结果的角度讲，一位维尔斯特拉斯的数学想象，同艺术家的想象在方向上自然会十分不同，当然，这也是一种基本性质的不同。不过这种不同并不包括心理过程。两者有着共同的（柏拉图的"mania"意义上的）迷狂和灵感。

一个人是否具有科学灵感，取决于我们无法了解的命运，但也取决于"天赋"的有无。也正是因为这个无可怀疑的事实，一种颇为流行的观点造就了某些偶像，由于可以理解的原因，在年轻人中间尤其如此。今天我们在每一个街角和每一份杂志里，都可看到这种偶像崇拜。这些偶像就是"个性"和"个人体验"（Erleben）。两者有着密切的联系，占上风的想法是，后者就等于前者并隶属于前者。人们不畏困苦，竭力要"有所体验"，因为这就是"个性"应有的生活风格，如果没有成功，至少也要装成有这种天纵之才的样子。过去人们只把这称为"体会"（erlebnis）——用老百姓的德语说——"感觉"。我想，对于"个性"是什么东西，它意味着什么，人们已经有了更为恰当的理解。

女士们，先生们！在科学的领地，个性是只有那些全心服膺他的学科要求的人才具备的，不惟在如此。我们不知道有哪位伟大的艺术家，他除了献身于自己的工作，完全献身于自己的工作，还会做别的事情。即使具有歌德那种层次的人格，如果仅就他的艺术而言，如果他任性地想把自己的"生活"也变成一件艺术品，后果会不堪设想。若是有人对此有所怀疑，那就让他至少把自己当做歌德试试看吧。人们至少都会同意，即使像他这种千年一遇的人物，这样的任性也要付出代价。政治领域的情况有所不同，不过今天我不打算谈这个问题。但可以十分肯定地说，在科学领域，假如有人把他从事的学科当做一项表演事业，并由此登上舞台，试图以"个人体验"来证明自己，并且问"我如何才能说点在形式或内容上前无古人的话呢？"——这样一个人是不具备"个性"的。如今我们在无数场合都能看到这种行为，而无论在什么地方，只要一个人提出这样的问题，而不是发自内心地献身于学科，献身于使他因自己所服务的主题而达到高贵与尊严的学科，则他必定会受到败坏和贬低。对艺术家来说亦无不同。同科学工作和艺术中这些共有的前提条件相反，从某种意义上说，科学和艺术实践之间注定存在着深刻的差异。科学工作要受进步过程的约束，而在艺术领域，这个意义上的进步是不存在的。来自某个时代的一件艺术品创立了一种新技法，或新的透视原则，因此从艺术的意义上就比对这些技法或原则一无所知的艺术品更伟大，这样的说法是不正确的。如果技法仅限于为材料和形式辩护，也就是说，即使不采用这样的，也能以达到艺术表现力的方式去选取和构思素材，那么这件艺术品丝毫也谈不上更伟大。真正"完美的"艺术品是绝对无法超越，也绝对不会过时的。个人或许会以各自不同的方式评判其重要性，但任何人也不能说，一件从艺术角度看包含着真正"完美性"的艺术品，会因另一件同样"完美"的作品而"相形见绌"。另一方面，我们每一位科学家都知道，一个人所取得的成就，在10年、20年或50年内就会过时。这就是科学的命运，当然，也是科学工作的真正意义所在。这种情况在其他所有的文化领域一般都是如此，但科学服从并投身于这种意义，却有着独特的含义。每一次科学的"完成"都意味着新的问题，科学请求被人超越，请求相形见绌。任何希望投身于科学的人，都必须面对这一事实。科学的伤口由于具有一定的艺术性，或作为一种教育手段，肯定会在很长时间里继续有着"使人愉快"的重要作用。但是，在科学中的不断赶超，让我再重复一遍，不但是我们每个人的命运，更是我们共同的目标。我们不能在工作时不想让别人比我们更胜一筹。从原则上说，这样的进步是无止境的，这里我们触到了科学的意义问题。某件事情是否由于服从了这样的规律，它本身便成为有意义和合理的事情，这显然不是不证自明的。人们为什么要做这种在现实中没有止境也绝不可能有止境的事情呢？有些人从事科研，主要是出于纯粹实用的目的，可从这个词的广义上说，是出于技术的目的，为的是将我们的实践活动导向科学实验所揭示的前景。这些事都蛮不错，不过它们只对实用者有意义。而一位科学家，他若是确实想为自己的职业寻求一种态度，那么这会是一种什么样的个人态度呢？他坚持说，自己是"为科学而科学"，而不是仅仅为了别人可借此取得商业或技术上成功，或者仅仅是为了使他们能够吃得更好、穿得更好，更为、更善于治理自己。但是，他从事这些注定要过时的创造性工作，他相信自己能取得什么有意义的事情呢？他为何从此以后，心甘情愿地把自己拴在这个专业化的无止境的事业上呢？对此可做些一般性的说明。

理智化的过程

科学的进步是理智化过程的一部分，当然也是它最重要的一部分，这一过程我们已经经历了数千年之久，而召集对这一过程一般都会给以十分消极的评判。首先让我们澄清一下，这种由科学和技术而产生的智力的理性化，在实践中有什么实际意义。这是否意味着我们——就像今天坐在这间屋子里的各位——对我们的生存条件比印第安人或霍屯督人有更多的了解呢？这很难说。我们乘坐有轨电车的人，谁也不知道电车是如何行驶的，除非他是位机构专家。对此他无须任何。只要他能"掌握"电车的运行表,据此来安排自己的行动,也就够了。但是,对于如何制造一台可以行驶的电车,他一无所知。野蛮人对自己工具的了解是我们无法相比的。如果我们今天花钱,我敢发誓说,即使在座的诸位中间有经济学家,他们对于这个问题也会人言人殊:为什么用钱可以买到东西,并且买到的东西时多时少?野蛮人知道如何为自己搞到每天的食物,哪些制度有助于他达到这一目的。可见理智化和理性化的增进,并不意味着人对生存条件的一般知识也随之增加。但这里含有另一层意义,即这样的知识或信念:只要人们想知道,他任何时候都能够知道;从原则上说,再也没有什么神秘莫测、无法计算的力量在起作用,人们可以通过计算掌握一切。而这就意味着为世界除魅。人们不必再像相信这种神秘力量存在的野蛮人那样,为了控制或祈求神灵而求助于魔法。技术和计算在发挥着这样的功效,而这比任何其他事情更明确地意味着理智化。

那么,这个在西方文化中已持续数千年的除魅过程,这种科学即隶属于其中,又是其动力的"进步",是否有着超越单纯的实践和技术层面的意义呢?在列夫·托尔斯泰的著作中,各位可以找到对这一问题最纯净的表达形式。他从十分独特的途径触及这个问题。他的沉思所针对的全部问题,日益沉重地围绕着死亡是不是一个有意义的现象这一疑问。他以为回答是肯定的,而文明人则以为否。文明人的个人生活已被嵌入"进步"和无限之中,就这种生活内在固有的意义而言,它不可能有个终结,因为在进步征途上的文明人,总是有更进一步的可能。无论是谁,至死也不会登上巅峰,因为巅峰是处在无限之中。亚伯拉罕或古代的农人"年寿已高,有享尽天年之感",这是因为他处在生命的有机循环之中,在他临终之时,他的生命由自身的性质所定,已为他提供了所能提供的一切,也因为他再没有更多的困惑希望去解答,所以他能感到此生足矣。而一个文明人,置身于被知识、思想和问题不断丰富的文明之中,只会感到"活得累",却不可能"有享尽天年之感"。对于精神生活无休止生产出的一切,他只能捕捉到最细微的一点,而且都是些临时货色,并非终极产品。所以在他看来,死亡便成了没有意义的现象。既然死亡没有意义,这样的文明生活也就没了意义,因为正是文明的生活,通过它的无意义的"进步性",宣告了死亡的无意义。这些思想在托尔斯泰的晚期小说中随处可见,形成了他的艺术基调。

对此我们应当做何设想?除了技术的目的之外,"进步"也有公认的自身意义，使得为它献身也能成为一项有意义的职业吗？然而，以信奉科学为业的问题，亦即以科学为业对于献身者的意义问题，已经变成另一个问题：在人的生命整体中，科学的职业是什么，它的价值何在？

对于这个问题的看法，过去和现在形成巨大的差异。不知各位是否记得柏拉图《理想国》第七卷开头处那段奇妙的描述：那些被铁链锁着的岩洞里的人，他们面向身前的岩壁，身后是他们无法看到的光源。他们只注视着光线透在岩石上的影子，并试图发现这些影子之间的关系，直到有个人挣脱了脚镣，回身看到了太阳。他在目眩中四处摸索，结结巴巴地讲出了他的所见。别人都说他疯了。但是他逐渐适应了注视光明，此后他的任务便是爬回岩洞的囚徒那儿，率领他们回到光明之中。这是一位哲人，太阳则代表着科学真理，唯有这样的真理，才不理会幻觉和影子，努力达到真正的存在？

如今还有谁用这种方式看待科学呢？今天，尤其是年轻人，有着恰好相反的观点——科学思维的过程构造了一个以人为方式抽象出来的非现实的世界，这种人为的抽象根本没有能力把握真正的生活，却企图用瘦骨嶙峋的手去捕捉它的血气。在这样的生活中，即在柏拉图看来是影子在岩壁上的表演中，跳动着真实现实的脉搏。其他东西都是没有生命的幽灵，是从生活中衍生而来，仅此而已。这种转变是如何发生的呢？柏拉图在《理想国》中表现出的热情，归根结蒂要由这样一个事实来解释，在当时，所有科学知识中最伟大的工具之一——观念——已被有意识地发现，苏格拉底发现了它的重要意义，但有这种认识的并不限于他一人。在印度你也可以逻辑学的一些发端，它们同亚里士多德的逻辑学十分相近。不过任何其他地方都没有意识到观念的重要性。在希腊，人们手里第一次有了这样一件工具，利用它可将人置于一种逻辑绝境，使他没有其他退路，只能或是承认自己一无所知，或是同意这就是唯一的真理，而且是永恒的真理，决不会像盲人的行为举止那样遁于无形。这就是苏格拉底的弟子们所体验到的奇妙感受。据此似乎可以得出的结论是，只要能够发现美、善，甚至勇气、灵魂或无论什么东西的正确观念，就可把握它的真正本质。这似乎又开通了一条道路，使得人们有能力掌握和传授生活中的正确行为，首先是作为一名公民的正确行为。因为对于满脑子全是政治思想的希腊人来说，这个问题决定着一切。正是出于这个原因，人们才投身于科学。

到了文艺复兴时期，在这一希腊思想的发现之侧，又出现了科学工作的第二个伟大工具：理性实验这一控制经验的可靠手段。没有它，今日的经验科学便是不可能的。实验早就有人在做,例如印度同瑜珈禁欲技巧有关的生理实验,古希腊为了军事目的而进行的数学实验,以及中世纪出于采矿目的而做的实验。但文艺复兴的功绩在于,它使实验成了研究本身的一项原则。事实上,先驱者是艺术领域里那些伟大的创新者——像达·芬奇那样的人物。16世纪制造实验性键盘乐器的那些音乐实验者,是最具代表性的人物。实验从这个圈子,特别是通过伽里略,进入了科学,又通过培根进入了理论领域。此后在欧洲大陆的各大学中,各种严密的学科也都采纳了这种方法,开风气之先的则是意大利和荷兰的大学?

那么,对于这些刚踏入近代门槛的人来说,科学意味着什么呢?对于艺术家性质的实验者如达·芬奇和音乐创新者来说,它意味着真正的艺术,而真正的艺术,在他们眼里,就是通向真正的自然之路。艺术应当上升到一门科学的层次,这首先是指,无论从社会还是艺术家个人生活意义的角度,他应当达到(哲学)博士的水平。举例来说,达·芬奇的素描画册,就是基于这样的雄心而作。今天的情况如何?"科学是通向自然之路",这在年轻人听来会像渎神的妄言一样。现在年轻人的看法与此恰好相反,他们要求从科学的理智化中解脱出来,以便回到他个人的自然中去,而且这就等于回到了自然本身。那么最后,科学是通向艺术之路吗?这种说法连评论的必要都有。但是在严密自然科学发展的那个年代,对科学却有着更多的期望。诸位可否记得斯瓦姆默丹的话:"我借解剖跳蚤,向你证明神的存在"——诸位由此可了解那时的科学工作(受新教和清教的间接影响)是以什么作为自己的使命:是找出通向上帝之路。这条道路已不是拥有观念和演绎法的哲学家所能发现的了。

当时所有的虔敬派神学,尤其是斯本纳,都知道在中世纪的追求上帝之路上,是找不到上帝的。上帝隐而不彰,他的道路不是我们的道路,他的思想也不是我们的思想。但是人们试图利用严密的自然科学,因为这些学问可以用物理的方法来把握上帝的伤口,以此找出一些线索去了解上帝对这个世界的意图。今天的情况又如何呢?除了那些老稚童(在自然科学界当然也可以找到这类人物),今天还有谁会相信,天文学、生物学、物理学或化学,能教给我们一些有关世界意义的知识呢?即便有这样的意义,我们如何才能找到这种意义的线索?姑不论其他,自然科学家总是倾向于从根窒息这样的信念,即相信存在着世界的"意义"这种东西。自然科学是非宗教的,现在谁也不会从内心深处对此表示怀疑,无论他是否乐意承认这一点。从科学的理性主义和理智化中解脱出来,是与神同在的生命之基本前提。在有着宗教倾向,或竭力寻求宗教体验的年轻人中间,这样的愿望或其他意义相类的愿望,已成为时常可闻的基本暗语之一。并且他们追求的不止是宗教体验,而且是任何体验。唯一令人诧异的事情,是他们如今所循的路线:至今唯一尚未被理智化所触及的事情,即非理性的畛域,现在也被放入意义的领地,经受它的严格检视。这就是现代知识界非理笥的浪漫主义所表明的东西。这种从理智化中自我解放的方式所导致的结果,同那些以此作为追求目标的人所希望的正好相反。在尼采对那些"发明了幸福"的"末代人"做出毁灭性批判之后,对于天真的乐观主义将科学——即在科学的基础上支配生活的技术——欢呼为通向幸福之路这种事情,我已完全无需再费口舌了。除了在教书匠中间和编辑部里的一些老稚童,谁会相信这样的幸福?

科学不涉及终极关怀

让我们回到正题上来吧。在这些内在的前提条件下,既然过去的所有幻觉——"通向真实存在之路"、"通向艺术的真实道路"、"通向真正的自然之路"、"通向真正的上帝之路"、"通向真正的幸福之路",如今已被驱逐一空,以科学为业的意义又是什么呢?对于这个唯一重要的问题:"我们应当作什么?我们应当如何生活?"托尔斯泰提供了最简洁的回答。科学没有给我们答案,这是一个根本无法否认的事实。唯一的问题是,科学"没有"给我们提供答案的是,就什么意义而言,或对于以正确方式提出问题的人,科学是否有些用处?现在人们往往倾向于说科学"没有预设的前提"。果然如此吗?这要取决于此话是什么意思。在任何科学研究中,逻辑法则和方法的有效性,即我们在这个世界上确定方向的一般基础,都是有前提的。这些前提,至少对于我们的具体问题来说,是科学中最不成问题的方面。不过科学又进一步假设,科学研究所产生的成果,从"值得知道"这个角度说,应当是重要的。显然我们所有的问题都由此而生,因为这样的假设不能用科学方法来证实。它只能诉诸终极意义进行解释,而对于终极意义,每个人必须根据自己对生命所持的终极态度,或是接受,或是拒绝。

进一步说,学术工作同这些预设性前提的关系,因其结构而有很大差别。自然科学,例如物理学、化学和天文学,有一个不证自明的预设:在科学所能建构的范围内,掌握宇宙终极规律的知识是有价值的。所以如此,不但是因为这样的知识可以促进技术的进步,而且当获取这样的知识被视为一种"天职"时，它也是"为了自身的目的"。但是，即使这样的预设，也无法得到绝对的证明。至于科学所描述的这个世界是否值得存在——它有某种"意义"，或生活在这个世界上是有意义的——就更难以证明了。科学从来不提出这样的问题。我们可以考虑一下现代医学这门在科学上已十分发达的实用技艺。用老生常谈的话说，医学事业的一般预设是这样一个声明：医学科学有责任维持生命本身，有责任尽可能减少痛苦。这种说法是很成问题的。医生利用他所能得到的一切手段，让垂死的病人活着，即使病人恳求医生让自己解脱，即使他的亲人以为他的生命已失去意义，他们同意让他解脱痛苦，并且他们难以承受维持这种无价值的生命造成的费用——或许病人是个不幸的精神病患者——因此希望他死去，也只能希望他死去无论他们是否赞同这样做。医学的预设前提和刑法，阻止着医生中止自己的努力。这条生命是否还有价值，什么时候便失去价值，这不是医生所要问的问题。所有的自然科学给我们提供的回答，只针对这样的问题：假定我们希望从技术上控制生命，我们该如何做？至于我们是否应当从技术上控制生活，或是否应当有这样的愿望，这样做是否有终极意义，都不是科学所要涉足的问题，或它只有些出于自身目的的偏见。我们也可拿艺术科学（Kunstwissenchafte）这门学问为例。存在着艺术品，对于艺术科学是一个既定事实。这门学科试图搞清楚，在什么样的条件下才会有这样的事物存在。但它并不提出这样的问题：艺术领域是否有可能是个魔鬼炫技的世界，是个只属于俗世，从骨子里敌视上帝的领域，因为它有着根深蒂固的贵族气质，同人类的博爱精神相对立。艺术科学不追问是否应当有艺术品。或者再考虑一下法理学。法律思想的构成部分来自逻辑，部分来自习俗所建立的制度，法理学所要确定的是，根据这种法律思想的原理，什么是有法律效力的。因此它只对具体的法规或具体的解释方式是否可被视为有约束力做出判定。它并不回答这些法规是否一定应当创制的问题。法理学只能这样宣布：如果有人希望成功，那么根据我们的法律体系的规范，这一法规便是取得成功的适当方式。或我们再想想历史和文化科学。这些学科教给我们如何从其源头上理解政治、艺术、文学和社会现象。它们既不告诉我们，这些文化现象过去和现在有无存在的价值，更不会回答一个更深入的问题：是否值得花费工夫去了解这些现象。它们所预设的前提是，存在着这样的关切，希望透过这些过程，参与文明人的共同体。但是它们不能向任何人"科学地"证明，事情就是如此，并且它们预设这一关切，也绝不能证明此关切是不证自明的？

学术与政治

最后，让我们来看看同我们最相近的学科：社会学、历史学、经济学、政治科学以及希望对这些学科做出解释的其他哲学领域。有人说，并且我也同意，在课堂里没有政治的位置。就学生而言，政治在这里没有立足之地。举例来说，如果在我过去的同事、柏林的迪特里希·舍费尔的课堂上，和平主义的学生围着讲台大声叫嚣，同反和平主义的学生针对福斯特教授的所做所为毫无二致，那么尽管这后一位教授的观点在许多方面与我毫无相同之处，我对这种事情依然会同样感到痛惜。但是，就教师而言，党派政治同样不属于课堂，如果教师是从科学研究的角度对待政治，那它就更不属于课堂。因为对实际政治问题所持的意见，同对政治结构和党派地位的科学分析完全是两码事。如果是在公众集会上讲论民主，他无须隐瞒自己的态度；在这种场合，立场鲜明大致是一个人难以推卸的责任。这里所用的词语，不是科学分析的工具，而是将其他人的政治态度争取过来的手段。它们不是为深思熟虑疏松土壤的铧犁，而是对付敌手的利剑，是战斗的工具。与此相反，如果在讲座上或课堂上，以这种方式使用词句，那未免荒唐透顶。例如，如果要在课堂里讨论民主，就应当考虑民主的不同形态，分析它们的运行方式，以及为每一种形态的生活条件确定具体的结果。然后还要将它们同那些非民主的政治制度加以比较，并努力使听讲人能够找到依据他个人的最高理想确定自己立场的出发点。但是，真正的教师会保持警惕，不在讲台上以或明或暗的方式，将任何一种态度强加于学生。当然，"让事实为自己说话"是一种最不光明正大的手法。那么，我们为何应当这样做呢？我首先得声明，一些颇受尊重的同仁认为，这样的自我约束是不可能做到的，而且即使有可能做到，也不过是出于一时的怪念头才避免表态。这样，人们便无法以科学的方法向任何人证明，他作为学术教育工作者的职责是什么。他只能要求自己做到知识上的诚实，认识到，确定事实、确定逻辑和数学关系或文化价值的内在结构是一回事，而对于文化价值问题、对于在文化共同体和政治社团中应当如何行动这些文化价值的个别内容问题做出回答，则是另一回事。他必须明白，这是两个完全异质的问题。他是否还应当问一下，为何不能在课堂上兼谈两者呢？我的回答是，讲台不是先知和煽动家应呆的地方。对先知和煽动家应当这样说："到街上去向公众演说吧"，也就是说，到能批评的地方去说话。而在课堂上，坐在学生的面前，学生必须沉默，教师必须说话。学生为了自己的前程，必须听某位教师的课，而在课堂上又没有人能批评教师，如果他不尽教师的职责，用自己的知识和科研经验去帮助学生，而是趁机渔利，向他们兜售自己的政治见解，我以为这是一种不负责的做法。显然，个人几乎不可能完全做到排除自己的好恶，他会因此而面对自己良知最尖锐的指责。但这并不能证明其他事情，纯粹事实方面的错误固然可能，却并不由此证明追求真理的责任有何不当。我出于纯粹科学的利益，对此感到遗憾，我愿意引用我们史学家的著作来证明，一名科学工作者，在他表明自己的价值判断之时，也就是对事实充分理解的终结之时。不过这需要作长篇大论的讨论，超出了今晚的话题？

（摘自《学术与政治》，生活·读书·新知三联书店2013年版，冯克利译）

【导读】韦伯在演讲中指出，学术研究的内在状态受科学的发展进程所决定，而科学已经进入了一个前所未有的专业化阶段，只有在严格的专业化条件下，一个人才能有可靠的意识，在科学领域做出某种真正完美的贡献。韦伯批评学术界"以戏班班头自居"的人将自己所应当献身的志业拿到舞台上表演、以博取名利的现象。他强调，在学术领域，只有纯粹献身于事业的人，才有人格可言。一个做学问的人对自己的职业应有一种命运感或曰学术意识，那就是他的创见在10年、20年、50年内注定要过时。因为科学进步是人类的智化过程中十分重要的一部分，而且在原则上说，这种进步是无止境的。他将学术与艺术加以比较：完美的艺术品永远不会被超越，永远不会过时；而任何学术上的完美，都意味着新的课题，都愿意被超越，愿意过时。每一位愿意献身学术的人，都必须接受这个现实。重要的学术研究当然可以传世，由于本身的艺术质量而作为鉴赏手段流传下去，或者作为工作训练手段流传下去。学术上被超越，不仅是学者的共同命运，也是学者的共同目标，学者们不能不怀着让后来者居上的希望而工作。

韦伯反对在学术研究以及大学讲堂上灌输个人立场甚至用个人的政治观点来影响和塑造学生，他认为这是不负责任甚至是犯罪。学者或大学教师应该让人从自己的知识和学术经验中受益。学术虽然不能回答"我们应该怎样做？我们应该怎样活？"这样的重要问题，但也给个人的实际生命带来积极的东西。首先，科学提供了如何通过技术来把握生活，把握外在事物以及人们的行动的技术知识。其次，科学还能带给我们思维方法、思维工具和思维训练。再次，科学可以帮助人明白过来，但同时也就达到了科学的界限。他认为，为使人明白，为使人有责任感而恪尽职守，就是以学术为使命的人的道德贡献。

韦伯的研究视野非常开阔，他的演讲还从文化影响的角度指出德国甚至整个欧洲的美国化现象。另，韦伯对中国的研究亦颇有创见，他的《儒教与道教》一书，从政治体制、经济模式和宗教道德切入，分析中国之所以无法产生资本主义的根源，很值得重视。

（陈祖君）

杰出科学家的特征

［英］贝弗里奇

建设一座大教堂需要很多熟练的工匠，但只需要很少几名建筑师；类似于这种情况，建立一座科学的大厦需要很多合格的科学家，但只需要很少几名具有高度创造性的人物。在科学工作中，各种不同工作者之间的高低差别并不是截然可分的。不过，让人们都接受这种观点——科学家有不同的类别，倒是必要的。人们在书籍报刊中读到的科学家几乎全都是卓越的人物，是他们所研究的领域中的领袖。不过，这些人并不是作为一个整体的科学共同体的典型，他们是建筑师，人们应该向他们学习，从他们那里得到教益和启发。但是，如果认为所有的科学家都是这种样子，或者都应该是这种样子，那就错了。

一般地说，大部分受人敬重的科学家都有自己的性格特征，这一点与其他行业的情况是一样的。当然，他们是他们所在团体中的佼佼者。但是，那些成就格外卓著的科学家（开拓新领域的先驱们）确实都具有他们的同行和其他人所不具备的某些特点。我认为，这些杰出人物的性格有下述五大特征。

第一，他们都有超人的求知欲和好奇心。这一点在所有杰出科学家身上都表现得十分明显。他们都渴望了解已观察到的现象的本质是什么，出现这些现象的根本原因是什么。他们以探索精神研究事物，渴望探究未知世界。他们的求知欲联系着创新的激情，不仅是为了满足自己的好奇心，更是为了满足创造出某种完全属于自己独创性东西的强烈愿望——或者是一个新理论，或者是对一个实际问题的解决办法。

第二，他们如醉似痴地热衷于自己的工作。他们从自己的工作中享受到真正的乐趣，为自己的工作进展而激动万分。这种近乎狂热的情绪很有感染力，使它们可以成为研究小组鼓舞人心的领导和导师。

第三，他们都有良好的独立思考习惯。作为领袖人物，对于问题的看法应该来自自己对于证据的判断，而不应过多地受到其他人的影响。他们对自己的观点充满自信，并具有总是对问题提出疑问的习惯。有时候，他们会给人留下过分傲慢或骄傲自大的印象，显得对别人的观点不够尊重。在遇到一些似乎无法逾越的障碍，或者同事们的劝阻，或者批评意见时，他们常常十分执拗地坚持自己的观点。萨宾（Sabine）博士曾经说过："无论你是何等聪慧，如果你没有学会在挫折中生活，那你就不能成为一位科学家。"他指出，一名优秀的科学家可能要经受一百次失败才得到一次成功，而一位平庸的科学家要想得到一次成功，也许必须经受一千次失败。创新需要勇气，甚至需要有点造反精神。当科学家遭到激烈反对、辱骂甚至迫害的时候，他们的勇气就来自于自己坚定的科学信念。所以，真正的革新家有时是很孤立的，是一位"孤独者"。

第四，他们喜欢并有能力长时间艰苦工作，他们常常没有时间顾及家庭生活，也没有时间消遣娱乐。据说，目前美国一些杰出的科学家一般都每周工作一百二十个小时。他们都心甘情愿地献身于工作，把它看成是生活中最重要的事。正像许多伟大的艺术家和探险家一样，他们被一种强大的力量所驱动，但丝毫也没有追求个人物质利益的动机。

第五，他们有强烈的荣誉感，勇于为自己的成功去争取和得到荣誉。他们认为，如果做出了一项发现，最重要的就是确立发表这一结果的优先权，以及得到人们对这一优先权的认可。如果这一发现得到同行们的重视，那就是很高的奖赏了。他们对自己的工作很有感情，常常会过高地评价自己的想法。少数人（绝不是全部，恐怕也不会是最伟大的）有一种狭隘敏感的女人脾气；他们满怀猜忌地保护着对他们的创造和对他们的那一点荣誉的要求。

当然，对于杰出的科学家，我们还能列出许多其他的特点来，诸如他们有造福人类的良好愿望，有使世界变得更美好的理想，他们有竞争力，有理智而活跃的想像力，等等。但是，这些特征在科学界之外的领袖人物身上也常常能见到。科学家常常会表现出音乐才能，这可能与科学本身具有艺术性和创造性两个方面有关。

（摘自《发现的种子——〈科学研究的艺术〉续篇》，科学出版社1987年版）

第三编　学者本色

【导读】威廉·伊恩·比德莫尔·贝弗里奇，1908年出生于澳大利亚，1947年起任英国剑桥大学动物病理学教授，是一位卓有成效的科学家。其《科学研究的艺术》主要论述了科学研究的实践与思维技巧，续篇论述的是导致科学发现的智力程序，即研究的非技术方面。

与依靠资本等生产要素投入的经济增长不同，现代经济的增长越来越依赖知识含量的增加。知识经济的到来，将知识这一要素抬至前所未有的地位。而在知识增长这一过程中，科学家是无法取代的角色，尤其是那些杰出的、具有高度创造性的科学家。在作者看来，这些足以改变世界的科学家应该具备哪些特征呢？

作者在承认科学家有不同类别的必要性、每个科学家有自我个性的前提下，总结出成就卓著的科学家独具的五大特征：超人的求知欲、如痴如醉的热情、独立思考的习惯、艰苦工作的献身精神和强烈的荣誉感。

强烈的好奇心使得他们从不满足于事物的表征，总是想了解那些现象的背后究竟隐藏着什么本质。心中一连串的问号激励着他们探索未知世界的奥秘。强大的求知欲是他们进行科学研究的不竭动力。

近乎疯狂的热情是杰出科学家进行不懈研究的燃料。他们把工作当做人生最大的乐趣并愿意为挚爱的事业奉献毕生的时间与精力。他们会为自己工作过程中一点新的发现而欢呼雀跃。这种热情极富感染力，将会大大鼓舞整个研究团队。总之，高度的热情总是使这些伟人们保持最富创造性的工作状态。

独立思考是优秀科学家的重要品质。在人云亦云的现实世界，最可贵的是保持"一意孤行"的勇者姿态。即使全世界都持反对意见，也要对自己的观点保持高度自信。布鲁诺为真理殉道的精神是科学家们的榜样。欲做先驱，就要有异于常人的勇气。

异常艰苦的工作让卓越的科学家硕果累累。大量的时间投入是保证科学研究持续进行并取得成果的必要条件。他们视工作为生命的唯一内容，废寝忘食是常态，遑论家庭生活与休闲娱乐了。旁观者将他们视作"苦行僧"，他们却自得其乐。

强烈的荣誉感会让这些科学家如骑士一般，誓死捍卫自身的荣誉。不为利益，只为那至高无上的荣誉。为荣誉奋战是他们坚定的人生信条。他们也非常看重自己在同伴中的威望，同行的肯定或许是对他们不错的奖赏。

以上是杰出的科学家具备的五个最基本、最具普遍性的五个特征。这些特征的提出有利于一些青年学人反观自身的不足，并努力完善自己以期接近或达到杰出科学家的标准，为改变世界做出更大的贡献。这些特征的总结也是作者在科学研究的思维技巧方面的积极探索，对创造性思维心理学的发展有启发意义。

（黄　斌）

人人独立，国家就能独立

[日] 福泽谕吉

如国人没有独立的精神，国家独立的权利还是不能伸张。其理由有以下三点：

第一、没有独立精神的人，就不会深切地关怀国事。

所谓独立，就是没有依赖他人的心理，能够自己支配自己。例如自己能够辨明事理，处置得宜，就是不依赖他人智慧的独立；又如能够靠自己身心的操劳维持个人生活者，就是不依赖他人钱财的独立。如果人人没有独立之心，专想依赖他人，那么全国就都是些依赖他人的人，没有人来负责，这就好比盲人行列里没有带路的人，是要不得的。有人说"民可使由之，不可使知之"，假定社会上有一千个瞎子和一千个明眼人，认为只要由智者在上统治人民，人民服从上面的意志就行。这种议论虽然出自孔子，其实是大谬不然的。

在一个国家里面，才德足以担任统治者的，千人中不过一人。假如有个百万人口的国家，其中智者不过千人，其余九十九万多人都是无知的小民。智者以才德来统治这些人民，或爱民如子，或抚牧如羊；他们恩威并用，指示方向，人民也不知不觉地服从上面的命令，从而国内听不到盗窃杀人的事情，治理得很安稳。可是国人中便有主客的分别，主人是那一千个力能统治国家的智者，其余都是不闻不问的客人。既是客人，自然就用不着操心，只要依从主人就行，结果对于国家一定是漠不关心，不如主人爱国了。在这种情形之下，国内的事情还能勉强对付，一旦与外国发生战事，就不行了。那时候无知的人民虽不至倒戈相向，但因自居客位，就会认为没有牺牲性命的价值，以致多数逃跑，结果这个国家虽有百万人口，到了需要保卫的时候，却只剩下少数的人，要想国家独立就很困难了。

由此可见，为了抵御外侮，保卫国家，必须使全国充满自由独立的风气。人人不分贵贱上下都应该把国家兴亡的责任承担在自己肩上，也不分智愚明昧，都应该尽国民应尽的义务。英国人和日本人都爱护自己的国家，因为本国的国土不是属于别国人，而是属于自己的，所以爱国应该和爱自己的家一样。为了国家，不仅要牺牲财产，就是牺牲性命，也在所不惜，这就是报国的大义。

原来政府管理政务，人民受其统治，只是为着便利而划分。如果面临关系全国之事，就人民的职责来说，是没有理由只把国事交给政府，而袖手旁观的。只要具有一国国籍的人，就有在那个国家里面自由自在地饮食起居的权利；既有他的权利，也就不能不有他的义务。

从前在战国时代，骏河的今川义元率领数万兵力进攻织田信长时，信长在桶狭设伏邀击今川所部人马，斩杀义元。今川的将兵都象小蜘蛛一样不战而散，当时负有盛名的今川政权便一朝灭亡，连痕迹也没有了。然而两三年以前的普法战争，法国皇帝拿破仑在战争初起时就被普国生擒，可是法国人不但不因此失望，反而越加奋发，努力抗战。以后虽然守城数月，付出很大牺牲，才停战讲和，但法国却保持了原状。这次战役与今川战争相比，却不能同日而语。因为骏河的人民仅依靠今川一人，自居客位，不认为骏河是他的祖国；至于法国爱国之士，则多深忧国难，不待人劝，就自动为本国作战，所以才有这样的不同。由此可见：在抵御外侮、保卫祖国时，全国人民要有独立的精神，才能深切地关心国事，否则是不可能的。

第二、在国内得不到独立地位的人，也不能在接触外人时保持独立的权利。

没有独立精神的人，一定依赖别人；依赖别人的人一定怕人；怕人的人一定阿谀谄媚人。若常常怕人和谄媚人，逐渐成了习惯以后，他的脸皮就同铁一样厚。对于可耻的事也不知羞耻，应当与人讲理的时候也不敢讲理，见人只知道屈服。所谓习惯、本性即指此事，成了习惯就不容易改变了。譬如现在日本平民已经被准许冠姓和骑马；法院的作风也有所改变；表面上平民与士族是平等了，可是旧习惯不是一下子就能改变过来的。因为平民的本性还是与旧日平民无异，所以在言语应对方面还是很卑屈。一见上面的人，就说不出一点道理来；叫他站就站；叫他舞就舞。那种柔顺的样子，就像家里所喂的瘦狗，真可以说是毫无气节和不知羞耻之极。

在以前锁国的时代，旧幕府实行严加约束的政策时，人民没有气节不仅不妨碍政事，反而便于统治。因此官吏就有意使人民陷于无知无识，一味恭顺，并以此为得计。可是到了现在与外国交往之日，如果还是这样，就有大害了。譬如，乡下商人想和外国商人交易，怀着恐惧的心情来到横滨。首先见到外国人身体魁伟、资本雄厚、洋行很大、轮船很快，就已经胆战心惊，等到接近外商，与他们讲价钱，或遇外商强词夺理时，不但惊讶，又畏惧他们的威风，结果明知他们无理，也只有忍受巨大的损失和耻辱。这种损失和耻辱不是属于他一个人，而是属于一国的，实在是糊涂愚蠢。但如追溯其根源，却在于其先辈世代缺乏独立精神的商人的劣根性。商人常受武士欺凌，常在法院里挨骂，就是遇见下级的步卒，也要把他当作大人先生来奉承，其灵魂已彻底腐烂，决不是一朝一夕所能洗净。这些胆小的人们，一旦遇到那些大胆和剽悍的外国人，是没有理由不胆战心惊的。

这就是在国内不能独立的人对外也不能独立的明证。

第三、没有独立精神的人会仗势作坏事。

在旧幕府时代，有一种叫做"名目金"的勾当，即假借权势强大的"御三家"的名义放贷款，办法非常蛮横，实在令人可恨。如果有人借钱不还，本可再三向政府控告，但他们因害怕政府而不敢去控告，却用卑鄙手段，假借他人的名义，依仗他人的权威来催还贷款。这真是一种卑劣行为。现在虽然听不到出借"名目金"的人，但社会上难免没有假借外国人名义放贷款的人。由于我们没有得到确证，所以不好明白指出，但如想起往事，也就不能不对今世之人有所怀疑了。今后万一要与外人杂处，而有人假借外人的名义来干坏事，就不能不说是国家之祸。因此，人民若无独立精神，虽然便于管理，却不能因此而疏忽大意，因为灾祸往往出于意外。国民独立精神愈少，卖国之祸即随之增大，这就是前面所说的仗势作坏事。

以上三点都是由于人民没有独立精神而产生的灾祸。生当今世，只要有爱国心，则无论官民都应该首先谋求自身的独立，行有余力，再帮助他人独立。父兄教导子弟独立；老师勉励学生独立；士农工商全都应当独立起来，进而保卫国家。总之，政府与其束缚人民而独自操心国事，实不如解放人民而与人民同甘共苦。

（摘自《劝学篇》，商务印书馆2011年版，群力译）

第三编 学者本色

【导读】《人人独立，国家就能独立》出自福泽谕吉的著作《劝学篇》的第三篇之中。福泽谕吉，日本近代著名启蒙思想家、明治时期杰出的教育家。他目睹了当时日本幕府统治的黑暗与落后，坚决主张向西方的先进文明学习，并提出"脱亚入欧"论。其一生奉行民主、自由、平等、独立之信条，被视为日本近代文明的缔造者之一。

《劝学篇》成书于1876年，当时正处于明治维新运动的末期。幕府统治退出了历史舞台，日本的独立自强之路刚开始迈步。福泽谕吉深知自己处在了日本千百年以来未有之大变局，以主人翁的姿态并且怀着强烈的爱国之心写下了这本著作，倡导学习的重要性，激励人民为国分忧、勇于承担责任。从而为维新改革运动摇旗助威。

"人人独立，国家就能独立"是福泽氏最有影响力的一句话。对于现在最普通的人来说，都会认为这是一句颠扑不破的至理名言。但是要求人人都能做到自我的独立又谈何容易，更何况是当时刚刚才摆脱幕府统治的日本国民。就如同近代走向剧变的中国，人民被奴役了千年之后，一旦有识之士喊出人人平等之口号，恐怕也是赞成者少，恐慌者多，且不论还要遭受多少遗老遗少们的口诛笔伐了。故而可以说，结束一个黑暗的旧时代容易，要祛除人民心中的旧观念却困难。制度之革新不如文化之革新，文化之革新说到底是为了思想之革新，思想之革新又不能只是停留在少数知识分子的脑袋里。如果是这样，那么就又退回"与士大夫治天下，非与百姓治天下"的那个旧时代了。而现代国民都应有参政议政的权力，不但如此，还要有舍我其谁的担当。旧时代之国家政府，对待人民无非奉行恩威并用、外儒内法两套，人民只知唯唯诺诺，哪能想到自己才是这个国家的主人？那么可以说，推翻旧政府只是走向现代化的第一步，而使人民具有这种担当与责任才能保证国家现代化的持续发展。那么，开启民智、传播新思想的重任，必然落在那些先进的知识分子的肩上。福泽谕吉就是那个在新旧交替的时代所出现的新知识分子，所谓新知识分子，他们不同于以前的士大夫只是把人民规范而治之，而是像当时的伏尔泰与卢梭一样启蒙大众，与人民一同管理这个国家。

本篇文章以标题为中心论点，并逐层展开论据。从国内统治、国外外交与人身依附的三个角度阐明了人民不独立的种种弊端，举例充分而发人深省。但相对于当今论文那种文字晦涩、大谈理论的风格套路而言，语言文字通俗易懂，贴近广大群众却是本文最大的特点。作者绝不做故作深沉、高人一等的姿态，而是把看似高不可攀的道理写得接地气而且易被人接纳，所以这本书在当时的日本大众中间几乎是人手一本。这也给我们现在闭门造车、自诩为精英的知识分子以良好的借鉴。通过阅读本篇及全书，我们可以知道日本为何成为当年亚洲唯一一个摆脱殖民统治、步入世界强国之林的现代化国家的理由，也可以知道一个崭新的时代来临，不仅仅需要政治家的带领，也应该有那些思想文化巨擘们走在前头。

（黄　斌）

第四编 学术要义

学风九编

叙小修诗

袁宏道

弟小修诗，散逸者多矣，存者仅此耳。余惧其复逸也，故刻之。弟少也慧，十岁余即著《黄山》《雪》二赋，几五千余言，虽不大佳，然刻画饤饾，傅以相如、太冲之法，视今之文士矜重以垂不朽者，无以异也。然弟自厌薄之，弃去。顾独喜读老子、庄周、列御寇诸家言，皆自作注疏，多言外趣，旁及西方之书、教外之语，备极研究。既长，胆量愈廓，识见愈朗，的然以豪杰自命，而欲与一世之豪杰为友。其视妻子之相聚，如鹿豕之与群而不相属也；其视乡里小儿，如牛马之尾行而不可与一日居也。泛舟西陵，走马塞上，穷览燕、赵、齐、鲁、吴、越之地，足迹所至，几半天下，而诗文亦因之以日进。大都独抒性灵，不拘格套，非从自己胸臆流出，不肯下笔。有时情与境会，顷刻千言，如水东注，令人夺魄。其间有佳处，亦有疵处，佳处自不必言，即疵处亦多本色独造语。然予则极喜其疵处；而所谓佳者，尚不能不以粉饰蹈袭为恨，以为未能尽脱近代文人气习故也。

盖诗文至近代而卑极矣，文则必欲准于秦、汉，诗则必欲准于盛唐，剿袭模拟，影响步趋，见人有一语不相肖者，则共指以为野狐外道。曾不知文准秦、汉矣，秦、汉人曷尝字字学《六经》欤？诗准盛唐矣，盛唐人曷尝字字学汉、魏欤？秦、汉而学《六经》，岂复有秦、汉之文？盛唐而学汉、魏，岂复有盛唐之诗？唯夫代有升降，而法不相沿，各极其变，各穷其趣，所以可贵，原不可以优劣论也。且夫天下之物，孤行则必不可无，必不可无，虽欲废焉而不能；雷同则可以不有，可以不有，则虽欲存焉而不能。故吾谓今之诗文不传矣。其万一传者，或今闾阎妇人孺子所唱《擘破玉》《打草竿》之类，犹是无闻无识真人所作，故多真声，不效颦于汉、魏，不学步于盛唐，任性而发，尚能通于人之喜怒哀乐嗜好情欲，是可喜也。

盖弟既不得志于时，多感慨；又性喜豪华，不安贫窭；爱念光景，不受寂寞。百金到手，顷刻都尽，故尝贫；而沉湎嬉戏，不知樽节，故尝病；贫复不任贫，病复不任病，故多愁。愁极则吟，故尝以贫病无聊之苦，发之于诗，每每若哭若骂，不胜其哀生失路之感。予读而悲之。大概情至之语，自能感人，是谓真诗，可传也。而或者犹以太露病之，曾不知情随境变，字逐情生，但恐不达，何露之有？且《离骚》一经，忿怼之极，党人偷乐，众女谣诼，不揆中情，信谗贵怒，皆明示唾骂，安在所谓怨而不伤者乎？穷愁之时，痛哭流涕，颠倒反复，不暇择音，怨矣，宁有不伤者？且燥湿异地，刚柔异性，若夫劲质而多怼，峭急而多露，是之谓楚风，又何疑焉！

（摘自《袁宏道集笺校》，上海古籍出版社2008年版）

【导读】袁宏道（1568—1610），字中郎，湖北公安人，明万历二十年进士，历任知县、礼部主事、国子博士等职。袁宏道是明代文坛反对复古运动的主将，在文学上明确反对"文必秦汉，诗必盛唐"的风气，认为文章与时代密切相关，是当下社会生活的反映，"世道既变，文亦因之。今之不必摹古者，亦势也"。并提出了"独抒性灵，不拘格套"的性灵说。与其兄袁宗道、弟袁中道皆以才名称于世，世称"公安三袁"。他们的文学主张和文学创作开一代之风气，形成了明代的一个重要的文学流派，被称为"公安派"。

"独抒性灵，不拘格套"是袁宏道在为其弟袁中道的诗集所作的序言《叙小修诗》中提出来的诗文革新主张，即要求为诗抒写真情实感，力求创新求变，反对模拟剽窃。他的这一主张，实际上正是公安派性灵说的理论核心。

序言首先从袁中道的个性谈起，小修少时喜读老庄，成年后仍卓然不群，胆量愈廓，识见愈朗，以豪杰自命，又喜"泛舟西陵，走马塞上"，深得自然之化育。诗如其人，这样的个性使其为诗"大都独抒性灵，不拘格套，非从自己胸臆流出，不肯下笔。有时情与境会，倾刻千言，如水东注，令人夺魂"。就是说，小修的诗多是真情实感的自然流露，每当其作诗，必触景生情，情与景谐，挥笔而就，不事雕琢，更不拘陈规旧套，本色当行，自然天成，然摄人心魄之审美效果自在其中。袁宏道认为这样的诗作虽有一点瑕疵，但比之那些用心雕饰、落入旧套之作，仍是令人十分喜爱的。因为那些因循盛唐、精心雕琢的诗，虽艺术上看似完美无瑕，却是并无创建的"粉饰蹈袭"之作。由此，袁宏道从评价小修诗的特点，引出了"独抒性灵，不拘格套"的为诗大道。

当然，袁宏道"独抒性灵，不拘格套"的观点主要是针对当时文坛盛行的前后七子们模拟蹈袭的复古主义文风而提出来的，"盖诗文至近代而卑极矣，文则必欲准于秦汉，诗则必欲准于盛唐，剿袭摸拟，影响步趋，见人有一语不相肖者，则共指以为野狐外道"。因为这批复古文人不仅以"秦汉""盛唐"为诗文之准，还行同学阀，对创新求异者一概挞伐，致使世间真诗文难以存身。面对明代文坛的此种流毒恶习，袁宏道大声呼唤新变和独创："曾不知文准秦汉矣，秦汉人曷尝字字学《六经》欤？诗准盛唐矣，盛唐人曷尝字字学汉魏欤？秦汉而学《六经》，岂复有秦汉之文？盛唐而学汉魏，岂复有盛唐之诗？"每个时代有每个时代的特有社会生活和时代风尚，文学要贴近当下的社会生活，反映时代的风云际会，随着时代的发展而变化，所谓一代有一代之文学，正是这个道理；同时，文学贵在独创，只有独创的文学才能独立于世并流传千古，如果仅仅因袭前人，复古学古，所谓秦汉之文，盛唐之诗也是不能够流传于世的，这也是符合文学自身发展规律的。

袁宏道提出的性灵说，主要强调诗文写作要抒写个性、表现真情实感，不拘泥于陈规俗套，更不能邯郸学步，所谓"情至之语，自能感人，是谓真诗，可传也"。由袁宏道的为诗之道，我们自然会想到时下的为学之道。当今，在各种利益的诱惑下，学术研究也越来越商业化，论文只求数量不讲质量，因袭他人观点，抄袭他人成果者层出不穷，某些人的学术研究已不仅仅是东施效颦，而成了地地道道的文贼学偷，学术最起码的"独创"精神已荡然无存。由此看来，袁宏道的这一观点还是颇具现实意义的。

（卢有泉）

勉　学

颜之推

自古明王圣帝，犹须勤学，况凡庶乎！此事遍于经史，吾亦不能郑重，聊举近世切要，以启寤汝耳。士大夫子弟，数岁已上，莫不被教，多者或至《礼》《传》，少者不失《诗》《论》。及至冠婚，体性稍定；因此天机，倍须训诱。有志尚者，遂能磨砺，以就素业；无履立者，自兹堕慢，便为凡人。人生在世，会当有业：农民则计量耕稼，商贾则讨论货贿，工巧则致精器用，

学风九编

伎艺则沉思法术，武夫则惯习弓马，文士则讲议经书。多见士大夫耻涉农商，差务工伎，射则不能穿札，笔则才记姓名，饱食醉酒，忽忽无事，以此销日，以此终年。或因家世余绪，得一阶半级，便自为足，全忘修学；及有吉凶大事，议论得失，蒙然张口，如坐云雾；公私宴集，谈古赋诗，塞默低头，欠伸而已。有识旁观，代其入地。何惜数年勤学，长受一生愧辱哉！

梁朝全盛之时，贵游子弟，多无学术，至于谚云："上车不落则著作，体中何如则秘书。"无不熏衣剃面，傅粉施朱，驾长檐车，跟高齿屐，坐棋子方褥，凭斑丝隐囊，列器玩于左右，从容出入，望若神仙。明经求第，则顾人答策；三九公宴，则假手赋诗。当尔之时，亦快士也。及离乱之后，朝市迁革。铨衡选举，非复曩者之亲；当路秉权，不见昔时之党。求诸身而无所得，施之世而无所用。被褐而丧珠，失皮而露质，兀若枯木，泊若穷流，鹿独戎马之间，转死沟壑之际。当尔之时，诚驽材也。有学艺者，触地而安。自荒乱已来，诸见俘虏。虽百世小人，知读《论语》《孝经》者，尚为人师；虽千载冠冕，不晓书记者，莫不耕田养马。以此观之，安可不自勉耶？若能常保数百卷书，千载终不为小人也。

夫明《六经》之指，涉百家之书，纵不能增益德行，敦厉风俗，犹为一艺，得以自资。父兄不可常依，乡国不可常保，一旦流离，无人庇荫，当自求诸身耳。谚曰："积财千万，不如薄伎在身。"伎之易习而可贵者，无过读书也。世人不问愚智，皆欲识人之多，见事之广，而不肯读书，是犹求饱而懒营馔，欲暖而惰裁衣也。夫读书之人，自羲、农已来，宇宙之下，凡识几人，凡见几事，生民之成败好恶，固不足论，天地所不能藏，鬼神所不能隐也。

有客难主人曰："吾见强弩长戟，诛罪安民，以取公侯者有矣；文义习吏，匡时富国，以取卿相者有矣；学备古今，才兼文武，身无禄位，妻子饥寒者，不可胜数，安足贵学乎？"主人对曰："夫命之穷达，犹金玉木石也；修以学艺，犹磨莹雕刻也。金玉之磨莹，自美其矿璞，木石之段块，自丑其雕刻；安可言木石之雕刻，乃胜金玉之矿璞哉？不得以有学之贫贱，比于无学之富贵也。且负甲为兵，咋笔为吏，身死名灭者如牛毛，角立杰出者如芝草；握素披黄，吟道咏德，苦辛无益者如日蚀，逸乐名利者如秋荼，岂得同年而语矣。且又闻之：生而知之者上，学而知之者次。所以学者，欲其多知明达耳。必有天才，拔群出类，为将则暗与孙武、吴起同术，执政则悬得管仲、子产之教，虽未读书，吾亦谓之学矣。今子即不能然，不师古之踪迹，犹蒙被而卧耳。"

人见邻里亲戚有佳快者，使子弟慕而学之，不知使学古人，何其蔽也哉？世人但知跨马被甲，长槊强弓，便云我能为将；不知明乎天道，辩乎地利，比量逆顺，鉴达兴亡之妙也。但知承上接下，积财聚谷，便云我能为相；不知敬鬼事神，移风易俗，调节阴阳，荐举贤圣之至也。但知私财不入，公事夙办，便云我能治民；不知诚己刑物，执辔如组，反风灭火，化鸱为凤之术也。但知抱令守律，早刑晚舍，便云我能平狱；不知同辕观罪，分剑追财，假言而奸露，不问而情得之察也。爰及农商工贾，厮役奴隶，钓鱼屠肉，饭牛牧羊，皆有先达，可为师表，博学求之，无不利于事也。

夫所以读书学问，本欲开心明目，利于行耳。未知养亲者，欲其观古人之先意承颜，怡声下气，不惮劬劳，以致甘腝，惕然惭惧，起而行之也；未知事君者，欲其观古人之守职无侵，见危授命，不忘诚谏，以利社稷，恻然自念，思欲效之也；素骄奢者，欲其观古人之恭俭节用，卑以自牧，礼为教本，敬者身基，瞿然自失，敛容抑志也；素鄙吝者，欲其观古人之贵义轻财，少私寡欲，忌盈恶满，赒穷恤匮，赧然悔耻，积而能散也；素暴悍者，欲其观古人之小心黜己，齿弊舌存，含垢藏疾，尊贤容众，茶然沮丧，若不胜衣也；素怯懦者，欲其观古人之达生委命，强毅正直，立言必信，求福不回，勃然奋厉，不可恐惧。历兹以往，百行皆然。纵不能淳，去泰去甚。学之所知，施无不达。世人读书者，但能言之，不能行之，忠孝无闻，仁义不足；加以断一条讼，不必得其理；宰千户县，不必理其民；问其造屋，不必知楣横而棁竖也；问其为田，不必知稷早而黍迟也；吟啸谈谑，讽咏辞赋，事既优闲，材增迂诞，军国经纶，略无施用。故为武人俗吏所共嗤诋，良由是乎！

夫学者所以求益耳。见人读数十卷书，便自高大，凌忽长者，轻慢同列；人疾之如仇敌，恶之如鸱枭。如此以学自损，不如无学也。

古之学者为己，以补不足也；今之学者为人，但能说之也。古之学者为人，行道以利世也；今之学者为己，修身以求进也。夫学者犹种树也，春玩其华，秋登其实；讲论文章，春华也；修身利行，秋实也。

人生小幼，精神专利，长成已后，思虑散逸，固须早教，勿失机也。吾七岁时，诵《灵光殿赋》，至于今日，十年一理，犹不遗忘；二十之外，所诵经书，一月废置，便至荒芜矣。然人有坎壈，失于盛年，犹当晚学，不可自弃。孔子云："五十以学《易》，可以无大过矣。"魏武、袁遗，老而弥笃，此皆少学而至老不倦也。曾子七十乃学，名闻天下；荀卿五十，始来游学，犹为硕儒；公孙弘四十余，方读《春秋》，以此遂登丞相；朱云亦四十，始学《易》《论语》；皇甫谧二十，始受《孝经》《论语》：皆终成大儒，此并早迷而晚寤也。世人婚冠未学，便称迟暮，因循面墙，亦为愚耳。幼而学者，如日出之光，老而学者，如秉烛夜行，犹贤乎瞑目而无见者也。

学之兴废，随世轻重。汉时贤俊，皆以一经弘圣人之道，上明天时，下该人事，用此致卿相者多矣。末俗已来不复尔，空守章句，但诵师言，施之世务，殆无一可。故士大夫子弟，皆以博涉为贵，不肯专儒。梁朝皇孙以下，总丱之年，必先入学，观其志尚，出身已后，便从文史，略无卒业者。冠冕为此者，则有何胤、刘瓛、明山宾、周舍、朱异、周弘正、贺琛、贺革、萧子政、刘绍等，兼通文史，不徒讲说也。洛阳亦闻崔浩、张伟、刘芳，邺下又见邢子才：此四儒者，虽好经术，亦以才博擅名。如此诸贤，故为上品，以外率多田野闲人，音辞鄙陋，风操蚩拙，相与专固，无所堪能，问一言辄酬数百，责其指归，或无要会。邺下谚云："博士买驴，书券三纸，未有驴字。"使汝以此为师，令人气塞。孔子曰："学也禄在其中矣。"今勤无益之事，恐非业也。夫圣人之书，所以设教，但明练经文，粗通注义，常使言行有得，亦足为人；何必"仲尼居"即须两纸疏义，燕寝讲堂，亦复何在？以此得胜，宁有益乎？光阴可惜，譬诸逝水。当博览机要，以济功业；必能兼美，吾无间焉。

（摘自《颜氏家训集解》，王利器撰，中华书局2013年版）

【导读】颜之推（531—约595），字介，琅邪临沂（今山东临沂）人。梁亡后，先投北齐，后入北周。著有《颜氏家训》七卷二十篇，以教子孙。该书融立身、治家、处事、为学于一体。《勉学》乃其中第四卷第八篇，以破立并举的方式来鼓励后辈要勤勉于学。

其"破"体现在他对魏晋六朝以来盛行于士族上层的清谈玄学不肯实学之风进行了深入地批判。在颜之推看来，"人生在世，会当有业"，士农工商四民应当各习其业，学士大夫更不能例外，但齐梁以来，崇尚清谈玄学或浅学，不学无术的风气导致学风大坏，不可效仿。

其"立"体现在倡导一种以读六经为主，勤勉踏实的学风，并详细告知后辈正确的读书之法与为学之道。例如，他认为，读书要善于问，要经常与别人就学问方面互相切磋，如果闭门读书，不与人交流，就容易孤陋寡闻，因此"好问则裕"；他主张读书时要尽量扩大知识面，广泛涉猎，所谓"学者贵能博闻也",博闻能够加深对原本知识的理解。读书不可偏信也是颜之推读书观点之一,认为读书不能妄下结论,不可偏信一隅,要在全面深入研究和考察的基础上探究书籍或文章的内容。颜之推的读书观点既包括了读书目的,也包含了读书方法,对于指导我们今天的读书治学有着非常积极的意义。

在南北朝的乱世中,在浮靡不学的风气里,颜之推的《勉学》能强调学之重要,而且行文上循循善诱,方法上明晰可行,体现了他超群的学术见识与思想伟力。

(黄　斌)

博 约 说

王阳明

南元真之学于阳明子也,闻致知之说而恍若有见矣。既而疑于博约先后之训,复来请曰:"致良知以格物,格物以致其良知也,则既闻教矣。敢问先博我以文,而后约我以礼也,则先儒之说,得无亦有所不同欤?"阳明子曰:"理,一而已矣;心,一而已矣。故圣人无二教,而学者无二学。博文以约礼,格物以致其良知,一也。故先后之说,后儒支缪之见也。夫礼也者,天理也。天命之性具于吾心,其浑然全体之中,而条理节目,森然毕具,是故谓之天理。天理之条理谓之礼。是礼也,其发见于外,则有五常百行,酬酢变化,语默动静,升降周旋,隆杀厚薄之属;宣之于言而成章,措之于为而成行,书之于册而成训,炳然蔚然,其条理节目之繁,至于不可穷诘,是皆所谓文也。是文也者,礼之见于外者也;礼也者,文之存于中者也。文,显而可见之礼也;礼,微而难见之文也。是所谓体用一源,而显微无间者也。是故君子之学也,于酬酢变化、语默动静之间而求尽其条理节目焉,非他也,求尽吾心之天理焉耳矣;于升降周旋、隆杀厚薄之间而求尽其条理节目焉,非他也,求尽吾心之天理焉耳矣。求尽其条理节目焉者,博文也;求尽吾心之天理焉者,约礼也。文散于事而万殊者也,故曰博;礼根于心而一本者也,故曰约。博文而非约之以礼,则其文为虚文,而后世功利辞章之学矣;约礼而非博学于文，则其礼为虚礼，而佛、老空寂之学矣。是故约礼必在于博文，而博文乃所以约礼。二之而分先后焉者，是圣学之不明，而功利异端之说乱之也。

昔者颜子之始学于夫子也，盖亦未知道之无方体形像也，而以为有方体形像也；未知道之无穷尽止极也，而以为有穷尽止极也；是犹后儒之见事事物物皆有定理者也，是以求之仰钻瞻忽之间，而莫得其所谓。及闻夫子博约之训，既竭吾才以求之，然后知天下之事虽千变万化，而皆不出于此心之一理；然后知殊途而同归，百虑而一致，然后知斯道之本无方体形像，而不可以方体形像求之也；本无穷尽止极，而不可以穷尽止极求之也。故曰：'虽欲从之，末由也已。'盖颜子至是而始有真实之见矣。博文以约礼，格物以致其良知也，亦宁有二学乎哉？"

（摘自《王阳明全集》卷七《文录四》，上海古籍出版社2011年版）

【导读】 王守仁（1472.10.31—1529.1.9），字伯安，浙江余姚人，因曾筑室于会稽山阳明洞，自号阳明子，学者称之为阳明先生，亦称王阳明。明代著名的思想家、文学家、军事家，精通儒、道、佛，是陆王心学之集大成者。明弘治十二年（1499年）进士，历任刑部主事、右佥都御史、南赣巡抚、两广总督等职，晚年官至南京兵部尚书、都察院左都御史。因军功被封为新建伯，隆庆年间追赠新建侯。谥文成，故后人又称王文成公。

阳明学又称王学，是由王守仁发展的儒家学派。王守仁继承陆九渊"心即是理"的思想，反对程朱的"格物致知"，提倡"致良知"，力图从自己内心中去寻找"理"，"理"全在人"心"，"理"化生宇宙天地万物，人秉其秀气，故人心自秉其精要。在知与行的关系上，强调知中有行，行中有知，即所谓"知行合一"，二者不可分离。知必然要表现为行，不行则不能算真知。阳明学是明朝中晚期的主流学说之一，后传于日本，对日本及东亚都有较大影响。

实际上，王阳明的"致良知"是对其"知行合一"说的发展和超越，是阳明理论的结晶。而他的"良知"的基本内涵是："良知"是"道"、"吾心"之本体；"良知即是天理"，是识别"是非邪正"的道德伦理标准；"良知"也是人们认知客体世界的唯一真知，人的言行只有服膺于"良知"，方能符合伦理道德的要求；"良知"又是至善的"天命之性"，他把"天理"、"天命之性"皆归为"吾心良知"，认为"夫礼也者，天理也。天命之性具于吾心，其浑然全体之中，而条理节目，森然毕具，是故谓之天理"（《博约说》)。由此可见，王阳明的"良知"说包括了宇宙本体、完美至善的真知及识别善恶的道德标准。因此，"致良知"就是进行道德践行，其中包括了"格物致知"与"知行合一"，同时，"良知"既然内含"天理"，则"致良知"的核心就是"存天理，去人欲"，这是一个人最终的人生目标，即克尽心中"私欲"，用"良知"之心规范自己的思想和言行，以永葆至善之美德。

"博约"本是就文章写法而言的，主要指为文内容丰富，语言简约。晋陆机《文赋》曰："铭博约而温润，箴顿挫而清壮。"李善《注》："博约，谓事博文约也。"王守仁在《传习录》中也说："《论语》之博约，《孟子》之尽心知性，皆有所证据。"而在其《博约说》中更明确提出："求尽其条理节目焉者，博文也；求尽吾心之天理焉者，约礼也。文散于事而万殊者也，故曰博；礼根于心而一本者也，故曰约。博文而非约之以礼，则其文为虚文，而后世功利辞章之学矣；约礼而非博学于文，则其礼为虚礼，而佛、老空寂之学矣。是故约礼必在于博文，而博文乃所以约礼。"这是王阳明由"致良知"的思想来推说为文之道的。在这里，礼，即天理，博文约礼就是强调为文既要广求学问，又要恪守礼法。也就是《论语》所谓的："君子博学于文，约之以礼。"因而，在"博"与"约"的关系中，王阳明仍强调了"天理"在行文中的重要性。由此推而广之，我们当今治学为文也应具有真知灼见和深刻的思想，否则就是"虚文"，就是"功利辞章"了。

（卢有泉　陈　鹏）

学 与 术

梁启超

吾国向以"学术"二字相连属为一名辞。《礼记·乡饮酒义》云："古之学术道者。"《庄子·天下》篇云："天下之治方术者多矣。"又云："古之所谓道术者，恶乎在？"凡此所谓"术"者，即学也。惟《汉书·霍光传赞》称光"不学无术"，学与术对举始此。近世泰西，学问大盛，学者始将学与术之分野，厘然画出，各勤厥职以便民用。试语其概要，则学也者，观察事物而发明其真理者也；术也者，取其发明之真理而致诸用者也。例如以石投水则沈，投以木则浮。观察此事实，以证明水之有浮力，此物理学也；应用此真理以驾驶船舶，则航海术也。研究人体之组织，辨别各器官之技能，此生理学也；应用此真理以疗治疾病，则医术也。学与术之区分及其相关系，凡百皆准此。善夫生计学大家倭儿格之言也，曰："科学（英Science德Wissenschaft）也者，以研索事物原因结果之关系为职志者也。事物之是非良否非所问，彼其所务者，则就一结果以探索其所由来，就一原因以推断其所究极而已。术（英Art德Kunst）则反是。或有所欲焉者而欲致之，或有所恶焉者而欲避之，乃研究致之避之之策以何为适当，而利用科学上所发明之原理原则以施之于实际者也。由此言之，学者术之体，术者学之用。二者如辅车相依而不可离。学而不足以应用于术者，无益之学也；术而不以科学上之真理为基础者，欺世误人之术也。"

倭氏之言如此，读此而中外得失之林可以见矣。我国之敝，其一则学与术相混，其二则学与术相离。学混于术，则往往为一时私见所蔽，不能忠实以考求原理原则；术混于学，则往往因一事偶然之成败，而胶柱以用诸他事。离术言学，故有如考据帖括之学，白首矻矻，而丝毫不能为世用也；离学言术，故有如今之言新政者，徒袭取他人之名称，朝颁一章程，暮设一局所，曾不知其所应用者为何原则，徒治丝而棼之也。知我国之受敝在是，则所以救敝者其必有道矣。

近十余年来，不悦学之风中于全国，并前此所谓无用之学者，今且绝响，吾无取更为纠正矣。而当世名士之好谈时务者，往往轻视学问，见人有援据学理者，动斥为书生之见，此大不可也。夫学者之职，本在发明原理原则以待人用耳；而用之与否，与夫某项原则宜适用于某时某事，此则存乎操术之人。必责治学者以兼之，甚无理也。然而操术者视学位不足轻重，则其不智亦甚矣。今世各科学中，每科莫不各有其至精至确之原则若干条，而此种原则，大率皆经若干人之试验，累若干次之失败，然后有心人乃参伍错综以求其原因结果之关系，苦思力索而乃得之者也。故遵之者则必安荣，犯之者则必凋悴，盖有放诸四海而皆准，俟诸百世而不惑者。试举其一二，例如言货币者，有所谓格里森原则，谓恶货币与良货币并行，则良者必为恶者所驱逐。此一定之理，凡稍治生计学者皆能知之，而各国之规定币制者，盖莫敢犯之也。而我国当局，徒以乏此学识，乃至滥铸铜元以流毒至今矣。例如银行不能发无准备金之纸币，不能发无存款之空票，故款与人，最忌以不动产为抵押。此亦稍习银行学者所能知而莫敢犯也。而我国以上下皆乏此学识，故大清银行及各私立银行纷纷不支矣。例如租税以负担公平为原则，苟税目选择不谨，或税率轻重失宜，则必涸竭全国税源，而国与民交受其敝。此亦凡稍治财政学者所能知而莫敢犯也。而我国当局徒以乏此学识，乃至杂税烦苛，民不聊生，而国库亦终不能得相当之收入矣。凡此不过略举数端，而其他措施，罔不例是。夫当局苟实心任事，则误之于始者，虽未尝不可以补救之于终，然及其经验失败而始谋补救，则中间之所损失，不已多乎？而况乎其一败涂地未从补救者，又往往而有也；又况乎其补救之策，亦未必遂得当，而或且累失败以失败也。实则此种失败之迹，他国前史固已屡见。曾经无量数达人哲士，考求其因果关系，知现在造某因者，将未必产某果，为事万无可逃。见现在有某果，知其必为前此某因所演成，而欲补救之，则亦惟循一定之涂轨丝毫不容假借。凡此者，在前人经几许之岁月，耗几许之精力，供几许之牺牲，乃始发明之以著为实论；后人则以极短之晷刻，读其书，受其说，而按诸本国时势，求用其所宜而避其所忌，则举而措之裕如矣。此以视冥行踯躅再劳试验再累挫败然后悟其得失者，岂止事半功倍之比例而已哉！夫空谈学理者，犹饱读兵书而不临阵，死守医术而不临症，其不足恃固也。然坐是而谓兵书医书之可废，得乎？故吾甚望中年以上之士大夫现正立于社会上而担任各要职者，稍分其繁忙之晷刻，以从事乎与职务有关系之学科。吾岂欲劝人作博士哉，以为非是则体用不备，而不学无术之讥，惧终不能免耳。

（摘自《清代学术概论》，中国人民大学出版社2004年版。本文原刊于1911年6月26日《国风报》第15期，署名"沧江"，后收入《饮冰室合集·文集》之二十五）

【导读】什么是"学术"，历来对这个词的解释颇多歧见。一般认为，梁启超在1911年写的《学与术》中对这个概念的解释是最权威、也最具现代意识的。记得刘梦溪先生在《中国现代学术经典·总序》中谈到"学术"问题时，认为梁启超此文是"迄今看到的对学术一词所作的最明晰的分疏"，"学与术连用，学的内涵在于能够揭示出研究对象的因果联系，形成建立在累积知识基础上的理性认知，在学理上有所发明；术则是这种理性认知的具体运用。他反对学与术相混淆或者学与术相分离"。学与术的关系，显然不是一个简单的词语梳理，而涉及到具体的实践和深层的思想问题。

比如在实践中，"术"一般说来是一个人赖以谋生的基本技能，即从事某项工作起码的技术、能力。具备了一定的技能，职场才会接受你。比如对于一个媒体人来说，有了基本的从业技能，就能顺利完成一些日常采编工作，也就可以一直在这个行业混一碗饭吃。但要想在本行业事业有"成"，表现出色，比如经常做一些非常有影响有意义的策划，或写出一般记者写不出的深度报道、评论等，光有"术"肯定是不够的，或者说是没有发展潜力的，还必须有"学"。而所谓的"学"，就是一个人的学养、学问，包括完善的知识结构、较高的理论修养和一定的思想高度等等。这是一种文化的底功，是任何行业任何杰出者都不可或缺的。常言优秀的媒体人既是一个专家，又是一个杂家，而如果没有"学"的底功，不仅二者不能得兼，恐怕连一"家"都不是。当然，就现今各类媒体从业者的素养看，更多的是有"术"之士。至于学问之士，也需要，但无须也没必要普遍，因为好多工作有"术"之士就足以胜任了。但国人一贯看重学以致用，所以对一个人来说，不学有术也可以安生立事，但最好有学有术，最忌不学无术或有学无术。

就学术思想而言，关涉到一个人的学术目标和指归，"是人类理性认知的系统化，而且须有创辟胜解，具备独到性的品格"。有没有独特的学术思想这不仅关涉到一个学人是否成熟，是否有开拓性的贡献，也标志着一个民族的文化是否发达并挺立于世界民族之林。我们强调学术思想的开创意义，但也不能否认其传承性。一般来说，学术思想作为社会的上层建筑，与其赖以存在的经济基础是密切相关的，一种学术思想总是在其特定的社会土壤中孕育生成的，因而，一个时代有一个时代的学术思想。唯其独创性和时代的新生性，与社会固有的思想、政治，包括世俗观念等，颇有不合之处，异世独立，特立而独行。于是，我们回望人类文明进程的历史，历代都不乏因思想"异端"而身首异处之士，如布鲁诺惨遭火刑、王阳明身披廷杖、李卓吾铁窗自刎……凡身怀绝学，思想超尘，为追求真理而遗世独立者，被世人目为愚狂、疯癫，甚至境遇凄惨或惨遭毒手，中外皆然。所以，我们对学问、对怀有学术思想的学问之士多一份宽容和敬意，是十分必要的。

当然，学术思想的继承性也是十分明显的。我们说某一个国家历史悠久，文化源远流长，实际就是其学术思想薪火相传、绵延不断。虽然一个时代有一个时代的学术思想，但这个时代的学术思想不是空穴来风，不是空中楼阁，是沿着自身的发展轨道顺延生成的，是对前代的发展和新变。如我们说中华文化历史悠久，学脉不断，从先秦儒学到两汉经学、魏晋玄学、唐代佛学、宋明理学、清代朴学，一脉相承，就是这个道理。这种情况说明，学术思想是成系统的，有其一贯性和完整性，是该民族区别于他民族的重要精神分歧，对其一代一代的继承和发扬光大，是一个民族子民义不容辞的职责。因而，"学术"二字也就有了两种含义，一是存于学人身上，是其实践层面的资质体现；二是属国家或民族的重要的上层建筑，是学术之"大道"。

（卢有泉）

三十自序·二

王国维

前篇既述数年间为学之事，兹复就为学之结果述之。

余疲于哲学有日矣。哲学上之说，大都可爱者不可信，可信者不可爱。余知真理，而余又爱其谬误。伟大之形而上学、高严之伦理学，与纯粹之美学，此吾人所酷嗜也。然求其可信者，则宁在知识论上之实证论、伦理学上之快乐论，与美学上之经验论。知其可信而不能爱，觉其可爱而不能信，此近二三年中最大之烦闷，而近日之嗜好所以渐由哲学而移于文学，而欲于其中求直接之慰藉者也。要之，余之性质，欲为哲学家，则感情苦多而知力苦寡；欲为诗人，则又苦感情寡而理性多。诗歌乎？哲学乎？他日以何者终吾身？所不敢知，抑在二者之间乎？

今日之哲学界，自赫尔德曼以后，未有敢立一家系统者也。居今日而欲自立一新系统，自创一新哲学，非愚则狂也。近二十年之哲学家，如德之芬德、英之斯宾塞尔，但搜集科学之结果，或古人之说而综合之、修正之耳。此皆第二流之作者，又皆所谓可信而不可爱者也。此外所谓哲学家，则实哲学史家耳。以余之力，加之以学问，以研究哲学史，或可操成功之券。然为哲学家则不能，为哲学史则又不喜，此亦疲于哲学之一原因也。

近年嗜好之移于文学，亦有由焉，则填词之成功是也。余之于词，虽所作尚不及百阕，然自南宋以后，除一二人外，尚未有能及余者，则平日之所自信也。虽比之五代、北宋之大词人，余愧有所不如；然此等词人，亦未始无不及余之处。因词之成功，而有志于戏曲，此亦近日之奢愿也。然词之于戏曲，一抒情，一叙事，其性质既异，其难易又殊，又何敢因前者之成功，而遽冀后者乎？但余所以有志于戏曲者，又自有故。吾中国文学之最不振者，莫戏曲若。元之杂剧，明之传奇，存于今日者尚以百数，其中之文字虽有佳者，然其理想及结构，虽欲不谓至幼稚、至拙劣，不可得也。国朝之作者，虽略有进步，然比诸西洋之名剧，相去尚不能以道里计。此余所以自忘其不敏，而独有志乎是也。然目与手不相谋，志与力不相副，此又后人之通病。故他日能为之与否，所不敢知；至为之而能成功与否，则愈不敢知矣。

虽然，以余今日研究之日浅，而修养之力乏，而遽绝望于哲学及文学，毋乃太早计乎！苟积毕生之力，安知于哲学上不有所得，而于文学上不终有成功之一日乎？即今一无成功，而得于局促之生活中，以思索玩赏为消遣之法，以自道于声色货利之域，其益固已多矣。《诗》云："且以喜乐，且以永日。"此吾辈才弱者之所有事也。若夫深湛之思，创造之力，苟一日集于余躬，则俟诸天之所为欤！俟诸天之所为欤！

（摘自《清华老讲座》，当代世界出版社2012年版。本文原刊于1907年7月《教育世界》第152号）

【导读】 王国维于《三十自序·一》中曾曰："体素羸弱，性复忧郁，人生之问题日往复于吾前。自是始决从事于哲学。……夫以余境之贫薄而体之孱弱也，又每日为学时间之寡也，持之以恒，尚能小有所就，况财力精力之倍于余者，循序而进，其所造岂有量哉！故书十年间之进步，非徒以为责他日进步之券，亦将以励今之人使不自馁也。"又自评曰："若夫余之哲学上及文学上之撰述，其见识文采亦诚有过人者，此则汪氏中所谓'斯有天致，非由人力，虽情符曩哲，未足多矜'者。"

《三十自序·二》则述其数年间为学之结果，首先是总结其对哲学的感悟，道出为不少人所熟知的"哲学上之说大都可爱者不可信，可信者不可爱。余知真理而余又爱其谬误"之言。虽在哲学认知上有所悟，却仍以"疲于哲学"而告终。据其自述，具体原因主要是以下两点：就其自身之性情而言，"余之性质，欲为哲学家则感情苦多，而知力苦寡"，"以余之力，加之以学问以研究哲学史，或可操成功之券，然为哲学家则不能"；以当时哲学发展状况而言，似已进入一个瓶颈期，欲成为一名一流的哲学家是件难以企及的事。

要成为一名一流的哲学家必当创立一新的哲学系统，不然就只能以研究哲学史而成为二流的作者，或者哲学史家而已。

就此而言，王国维述其放弃哲学原因的同时，也在表达他欲在学术上有所建树，且必为一流之建树的决心。于是在而立之年，王国维决定依据自己的能力和资质寻找适合自己的学术之路。当时他认为正确的选择是文学。

选择文学的首要原因在于近年填词之成功给他带来了自信。"余之于词，虽所作尚不及百阕，然自南宋以后，除一二人外，尚未有能及余者。则平日之所自信也，虽比之五代、北宋之词人，余愧有所不如，然此等词人，亦未始无不及余之处"。

词乃曲之骨，由填词成功带来的自信引导王国维走向研究戏曲之路。更重要的是，王国维看到了中国戏曲发展中存在的问题：其一"吾中国文学之最不振者莫戏曲若"，其二"其中之文字，虽有佳者，然其理想及结构……至拙劣"，其三"国朝之作者虽略有进步，然比诸西洋之名剧，相当尚不能以道里计"。换句话说，王国维认为研究文学或者说研究戏曲，比研究哲学更易于达到自己想要的学术境界，获得意欲所求的学术成就。

虽然他自谦地说："他日能为之与否，所不敢知，至为之而能成功与否则愈不敢知矣。"但就其后王国维在戏曲研究上所获成就而言，我们不得不为他的学术眼光所折服。

（杨　艳）

学术独立

陈独秀

中国学术不发达之最大原因，莫如学者自身不知学术独立之神圣。譬如文学自有其独立之价值也，而文学家自身不承认之，必欲攀附《六经》，妄称"文以载道""代圣贤立言"，以自贬抑。史学亦自有其独立之价值也，而史学家自身不承认之，必欲攀附《春秋》，着眼大义名分，甘以史学为伦理学之附属品。音乐亦自有其独立之价值也，而音乐家自身不承认之，必欲攀附圣功王道，甘以音乐为政治学之附属品。医药拳技亦自有独立之价值也，而医家拳术家自身不承认之，必欲攀附道术，如何养神，如何练气，方"与天地鬼神合德"，方称"艺而近于道"。学者不自尊所学，欲其发达，岂可得乎？

（摘自《独秀文存》，安徽人民出版社1987年版，原载《新青年》1918年7月15日第5卷第1号）

【导读】陈独秀（1879—1942），字仲甫，号实庵，安徽怀宁（今安庆）人，中国近现代史上伟大的爱国者、革命家、启蒙思想家。陈独秀是新文化运动的发起者，五四运动的思想指导者，马克思主义的积极传播者；也是中国共产党最重要的创始人，第一代领导集体的主要领导人。其著作主要收入《独秀文存》《陈独秀思想论稿》《陈独秀著作选编》等。

陈独秀毕生致力于革命，晚年避居大后方的四川江津，穷困潦倒。但远离政治，致力于小学（即文字学）研究，成果卓著，于学问中自有其独立的见解。关于陈独秀的学术思想，主要体现在《学术独立》这篇随感中。实际上，陈所倡导的"学术独立"，也是当时致力于新文化运动的"新派"知识分子的共识，他认为："中国学术不发达之最大原因，莫如学者自身不知学术独立之神圣。"这也正如柏杨在批评国人的国民性时说的，中国人做学问，往往喜欢引经据典一箩筐，很少自己的见解。因此，"学术独立"已成了衡量中国学术是否走向世界、是否具备现代性的重要标志。当然，学术的"独立"既要有探讨学术的自由，"讨论学理之自由，乃神圣自由也"；同时，还要"勿尊圣""勿尊古""勿尊国"（《学术与国粹》）。而"勿尊国"就是要学术走向世界，"盖学术为人类之公有物，既无国界之可言，焉有独立之必要"？（《答钱玄同》）在陈独秀看来，"学术"既是"人类公有之利器"，绝对不能封闭，一定要走向世界，具有现代性。但在新文化运动中，陈的主要使命是思想革命，因而其"学术"具有明显的"为革命"的目的，学术与政治保持了密切的关系。而所谓的学术独立和学术自由，在此时更是思想解放所必须的步骤，这从他的几次讲演中突出强调"学术"的实用性就可以明证。直到晚年，他经过了同志的抛弃和牢狱之苦后，困居江津一心向学，方发现了学术的神圣价值，并抛开政治全力治学了。

本文写于1918年的五四运动前夕，陈独秀直击了中国学术之痼疾——学者少独立精神，喜欢"攀附"。而现如今，中国已是经济强国，学术研究之投入也已步入了世界前列，但学术创新水平仍远远落后于发达国家，钱学森之问似乎始终无法找到满意的答案。可见，陈独秀提出的学术独立和学术自由仍具有现实意义。因学术创新关涉学术独立，学术独立又关涉学术自由，学术自由更关涉教育制度。所以，教育制度一旦缺乏合理性和科学性，学术自由和学术独立就难以保证，而学术创新也就无从谈起了。因此，当我们今天重读陈独秀这篇随感时，真是徒有感慨了。

（卢有泉）

一个学术独立的途径

萧公权

自从胡适之先生提出学术独立的主张和达成这个主张的办法以来，国内关心学术的人士，颇多响应或讨论。虽然其中有一部分怀疑他的主张，但多数人表示赞同，并且把它加以补充解释。笔者是赞同者之一，也愿略陈所见，以补充各位先生未经注意到的一点。

检讨中国学术现状的人士，往往认定环境不良是我们学术比较落后的一个重要的原因。照他们看来，在抗战期间，国家社会动荡不安，财政经济枯窘且甚，研究设备，简陋可笑，文化教育界人士饥寒可虑。这样的环境实在有碍于研究工作顺利的进行。就是在北伐前后，中国也不是太平盛世，国家用于开展学术的财力人力也嫌不足。因此他们断定，要想中国学术进展到一个可以并肩欧美的程度，我们必须先改善环境，充实设备。纵然国家的财力有限，不能立刻普遍充实，也应当选择较有根柢的少数大学，就他们已有的设备先作局部的充实。

平心而论，这个主张是切实合理的。但它也可能引起一个误会，使得我们误认良好的研究环境是发展学术的唯一条件。其实学术的发展除了有赖于研究设备以外，更有赖于优秀精勤的研究人员。人的条件实在比物的条件更加重要，更为基本。

我们且举一些粗浅的历史事实来印证。欧洲学术（尤其是自然科学）以近年来的进步最为迅速惊人。但近代学术的根基早已奠定于近代初期纷扰动荡的两三百年当中。许多开宗风,划时代的大学者如哥白尼(Copernicus 1473—1543),卜汝诺(Bruno1548—1600),培根(Bacon 1561—1626),加利略(Galileo 1564—1642),凯卜勒(Kepler 1571—1630),格老秀士(Grotius 1583—1645),笛卡耳(Descartes 1596—1650)等都在乱世当中完成了学术的贡献。他们不但不曾得到社会或政府的重大支持或资助,甚至还有时遭受无情的压迫或摧残。卜汝诺就因为被判定邪说之罪而惨罹火刑。假如这些学者所处的环境,比当日良好一点,也许他们的造诣会更加优越。但无论如何他们并不曾因为环境不良,而停顿了他们的工作推进。

假如我们单就政治学术来说,我们会发现一个有趣的事实:卓越的政治思想家大多生于衰乱之世。以主张哲君政治传名的柏拉图,号称政治哲学始祖的亚里斯多德,首阐政府制衡原理的波利比亚都是希腊衰亡时代的人物。中古时代的大师奥古斯丁和圣多玛都不曾享太平之福。近代首届一指的"霸道"思想家马克维里生在意大利分崩离析的环境之内。首倡契约说的霍布士和自由主义宗师洛克针对着英国十七世纪的革命而著书立说。这些人的学术成就多少得力于险阻艰难的社会环境。如果他们不生于忧患之世,或者他们不会有如此超迈的学术成功。

欧美近代学者所享受的研究便利诚然比以往的较为丰富。藏书百万卷的图书馆以及价值百万金的试验室多为十九世纪以前的学者所未曾梦见。欧美的学者利用他们充实的设备努力前进,得到了突过前人的成就。拿我们国内一般的设备来相较,真是小巫大巫,望尘莫及。我们有时候这样想:假如我们也有这样优美的研究环境,我们的学术也就可以猛进直追,以达于自立的境地了。

假如我们果然有了媲美西洋的研究设备、加上同等的研究努力,我们当然可以并驾齐驱,与西洋学者作同样的学术贡献。但是我们不要忘了一个事实:近代欧美的研究设备既不是一朝所成,更不是外求而致。它们是若干世代,若干学者分程各进,层叠聚积的结果。图书馆的藏书和试验室的仪器不是仅凭金钱购买,而根本上是研究进行和研究结果的产物。研究工作愈努力,研究的设备就愈充实。到了设备充实的时候,研究工作才会有"事半功倍"的幸运,欧美近代学者的研究便利一大部分是前人开辟蹊径覆篑奠基之所赐。我们中国人不要徒然歆慕欧美的研究设备。"临川羡鱼,不如退而结网。"我们要从研究工作当中去改善研究的环境。我们不但要避免无计划的出国留学,我们也应当避免长久依赖西洋人的学术设备。换言之,我们要逐渐创立我们自己的研究设备、研究方法与学术贡献。我们不要怀疑在贫乏设备条件下进行研究的可能。请问居里夫人发现镭质所用的试验室有多少设备？莱特弟兄发明飞机所用的仪器有多大规模？

笔者并不否认设备的重要，也与一般关心学术研究的人士一样，希望国家能够实行宪法关于教育经费的规定，能够在最近的将来建立若干设备充实的大学以为推进研究工作的场所。但笔者也要强调一点：研究工作与研究设备是学术进步一件事情的两面。工作与设备应当相随共长，不能分开独进。大致说来在指定限度的一个研究设备当中，只能作那一个限度以内的研究工作，反之，在一个指定限度内的研究工作当中，也只能够有那一个限度以内的研究设备。要想学术进步，我们最好先从工作下手。我们要先在设备贫乏的研究环境当中去做艰难迟缓的研究工作，在艰缓的研究工作当中去充实研究的设备，五年，十年，三十年，五十年……一年会有一年的进步。工作者的个人不一定能够享受到丰裕的研究环境，或看见重大的学术收获，但至少他可以为后来者尽一些培本奠基的义务。在我们中国今日经济枯窘的现状里面要想发展学术，这是一个切实可循的途径。它与胡先生所提分期选校，充实设备的主张是可以相辅而行的。

（摘自《中国现代学术经典·萧公权卷》，河北教育出版社1999年版。本文原载于南京《大学周报》1948年1月26日第9期）

【导读】萧公权（1897—1981），原名笃平，自号迹园，江西泰和人，是二十世纪学贯中西的大学者。1920年，清华毕业后赴美留学，1926年取得康奈尔大学博士学位后回国，先后在南开大学、东北大学、清华大学、四川大学等校任教，1949年底赴美出任西雅图华盛顿大学教授。1981年11月4日，逝世于美国西雅图寓所。萧公权一生的著述经其弟子汪荣祖先生辑成《萧公权全集》，共九册，其中《中国政治思想史》一向被奉为中国政治思想学界的经典，蜚声海内外，是萧先生的代表作。而萧公权的学术生涯虽然以研究、传播在西方文化培育起来的政治思想为主，但其国学修养也颇为深厚，故有人总结萧公权的学术特征为："中西文化的折衷；旧学与新知的贯通。"这些在其《一个学术独立的途径》一文中也有明显的体现。

该文是为回应胡适之先生提出的学术独立及办法而作的，通过对当下不少人士认定中国学术不发达是"环境不良"所致的反驳，提出了自己的独到见解。他认为，"学术的发展除了有赖于研究设备以外，更有赖于优秀勤勉的研究人员。人的条件实在比物的条件更加重要，更为基本"。并以哥白尼、布鲁诺、伽利略、培根、笛卡尔等欧洲近代开风气、划时代的大学者为例，指出他们都是在乱世、逆境中完成学术贡献的。而且，就作者熟悉的政治学术界而言，卓越的政治思想家大多生于衰乱之世，学术成就也得力于"险阻艰难的社会环境"，柏拉图、亚里斯多德、奥古斯汀、霍布斯等莫不如是。他认为，"如果他们不生于忧患之世，或许他们不会有如此超迈的学术成功"。欧美的学术研究发展到今天，无论环境还是设备都令国内学人望尘莫及，但欧美今天的研究设备和环境也是若干世代，若干学者分程各进，层叠聚集的结果，并非一朝所成。因而，要想学术独立，"要想学术进步，我们最好先从工作下手。我们要先在设备贫乏的研究环境当中去做艰难迟缓的研究工作，在艰缓的研究工作当中去充实研究的设备，五年，十年，三十年，五十年……一年会有一年的进步。……在我们中国今日经济枯窘的现状里面要想发展学术，这是一个切实可循的途径。"虽然萧公权在该文中就当时学界热议的学术独立问题所提出的建议尚属一己之见，但对今天的学术研究，尤其是青年学人在刚刚步入学术研究的领域，在诸方面条件还不甚完善的情况下，要开拓某一方面的研究，无疑具有一定的启迪意义。

（卢有泉　陈　鹏）

谈学术自由

戴　逸

这次作家协会开会，党中央鼓励文艺界创作自由和评论自由，历史学界也应当鼓励研究自由。自由地选题，自由地发表学术意见，自由地讨论和批评，这是发展历史科学的必需。

由是对必然的认识，不能把自由当做随心所欲。人们的行动要按规律办事，总要受主客观的制约。自由和必然，自由和法制，自由和纪律是矛盾的统一，世界上不存在那种不受任何制约的绝对的自由。自由和人类的实践相联系，人类越是进步，认识和改造客观世界的能力越强，自由也就越多。自由和马克思主义不是对立的，恰恰相反，在马克思主义下才有最大的自由，社会主义制度应该比资本主义制度有更多的自由，并且只有在自由研究、自由讨论的环境中，马克思主义才能发展，马克思主义需要自由的土壤，否则，它便会僵化、变质、死亡。

我们坚持以马克思主义作指导，那是通过理论的威力，通过讲理和说服，因为真理最有力量，真理迟早会令人信服，而不是以势压人，不是下达行政命令，那就不叫指导，而叫压服，或压而不服。我们不能像汉武帝那样罢黜百家，定于一尊，不能用政治运动、大批判的办法来对待学术问题，那是错误的、极"左"的做法。这种做法在十年动乱时期登峰造极，结果是万马齐喑，什么声音也听不到了，而马列主义也没有了，只剩下一种声音，就是"四人帮"的帮腔，严重地摧残了科学。这种做法当然并不是坚持马克思主义的指导，而是歪曲、扼杀了马克思主义，千万要以此为戒。

粉碎"四人帮"以后，特别是十一届三中全会以来，整个社会经历了思想解放过程，从"四人帮"的压制下解放出来，取得了民主和自由。今天，学术自由比三十多年来任何时候都要充分些，因此出现了学术的繁荣气象。所以能取得这样大的成绩，是由于党中央的正确政策，恢复了马克思主义，在马克思主义指导下，实现了较大的学术自由。

今后，历史科学的发展要继续提倡和发扬学术自由，贯彻双百方针，允许各种意见都摆出来，各抒己见，畅所欲言，进行心平气和的讨论，造成自由的学术气氛。我们可以不同意某种学术意见，但应尊重对方，虚心倾听不同意见，允许讨论和申辩，不能粗暴地打击。有的同志习惯于一种意见，碰到新的意见，新的想法，视为离经叛道，洪水猛兽。其实，学术界总有各种学派存在，各种意见存在，不可能"舆论一律"。学术上的"舆论一律"、定于一尊没有什么好处，也根本办不到，因为世界之大，事物之复杂，变迁之迅速，人们对客观世界的认识不可能全都一致。由于观察的角度、重点、方法不同，掌握资料的不同，认识深入程度的不同，因此产生各种不同的看法，人们总要有个认识、实践、再认识的过程，逐渐接近真理。学术上的不同意见并没有什么可怕，马克思主义决不会因此垮台，正因为有各种不同的认识，才有一个用马克思主义指导的问题，引导主观的认识更接近于反映客观的实际。马克思主义正是在很多不同意见的比较和辩论中，吸收合理的因素而丰富、充实起来。马克思主义不是一个偏狭的学派，而是集中全人类的智慧形成的。例如：有人用控制论、系统论、信息论或计量数学等研究社会历史，这不失为有意义的探索，尽管目前尚不完善，尚有缺点，应该鼓励这种探索，而不应排斥、打击。

我们面临对外开放的新形势，学术界要能适应这种新形势。随着对外开放，各种思潮、观点，正确的和错误的，都会在国内传播，凡是学术上的不同学派、不同观点，只要不是在政治上捣乱，不触犯法律，都可以存在，实行最充分的学术自由。在资本主义社会中，可以研究马克思主义，在社会主义社会中，也用不着害怕研究各种各样的主义，如果有合理的部分可以借鉴、吸收，如果有错误的东西，也可以知道它错在哪里。对当代世界上的社会科学成就不闻不问，拒"敌"于国门之外，自我封锁，结果反而使我们的学术界闭目塞聪，孤陋寡闻。

邓小平同志提出"一国两制"，这是马列主义的新创造，是古今中外、史无前例的，解决了香港问题，今后也可以解决台湾问题和世界上的其他问题。一个国家内，两种不同的政治和经济制度可以较长期的并存，也必定要允许两种或更多种的思想较长期的并存，因为思想是上层建筑，是政治和经济的反映。我们要学会适应对外开放的新形势，正确对待不同的学术意见，实行最大程度的学术自由。譬如今后和香港、台湾的学术界交往，或者和外国学者交往，就不能要求人家都是唯物史观，都信奉马列主义，在学术上也可以求同存异，要有学术上的雅量，不能戴上"左"的有色眼镜，挑错找岔，唯我是从，对人家开展大批判，无限上纲，把学术问题和政治问题混淆起来。这种粗暴态度就谈不到和港台学者的交往，也谈不到开展正常的国际学术文化的交流。

我相信，今后历史学界对"百家争鸣"的方针将会贯彻得更好，将鼓励更多的学术自由，而这是发展马克思主义历史科学的最强有力的杠杆。

（摘自《繁露集》，中国社会科学出版社1997年版）

【导读】戴逸（1926—），江苏常熟人，1950年研究生毕业于中国人民大学中国革命史专业。历任中国人民大学副教授、教授、清史研究所所长、历史系主任，国务院学位委员会第二届学科评议组成员。专于清史、中国近现代史研究。

改革开放后，我国学术界也迎来了百花齐放的春天，各种思潮大量涌入中国。在这种情况下，如何认识学术自由，是非常必要的。

人生活在社会之中，必然要遵守社会的有关法则，必然要遵守国家的法律，不可能为所欲为。自由是相对的，自由与必然、法制、纪律都是相互依存的矛盾统一。追求绝对自由，就有可能违背国家的法律，社会的道德，从而为社会所抛弃。荀子说："儒以文乱法，侠以武犯禁。"国家有国家的法律，社会有社会的规矩，自由必须是在这些法律和制度之下进行。学术研究也一样。虽然我们可以自由地选题，自由地发表学术意见，自由地讨论和批评，但是，我们在做这些学术研究的时候，必须遵循相关的规定。

我国是社会主义国家，百花齐放，百家争鸣，这是学术发展的必然之路。不同学派，不同观点，都可以存在并得到发展，这是学术研究取得成绩的要素。作为社会主义国家的学者，在进行学术研究时，必然要遵守相关的法律制度，这是学术研究赖以生存的根本。马克思主义是我们进行学术研究的指导思想，否定这一指导思想，也就不可能在中国很好地进行学术研究。马克思主义是真理，其作为指导思想，是经过检验的，是科学的。

学术定于一尊，不利于学术的发展，十年动乱已经为我们证明了这一点。改革开放就是要打破这样的学术禁令，实现真正的学术自由。"凡是学术上的不同学派、不同观点，只要不是在政治上捣乱，不触犯法律，都可以存在，实行最充分的学术自由"，这就是对学术自由的最好的诠释。自由是相对的，学术自由也是相对的。我们只有在正确思想的指导下，充分发挥学术自由的精神，才能做出更好的学术研究。

（莫山洪）

学术研究的承担

钱理群

学者的自我承担

我所理解的学院派，应该有三承担。

首先是自我承担。 费孝通先生曾将他和他的老师潘光旦先生做了一个比较，并说了一句很好的话："我们（费孝通）这一代，比较看重别人怎么评价自己，而老师看重的是对不对得起自己。"搞学术首先要考虑的，就是自己要对得起自己，你的自我生命能不能在学术研究中得到创造、更新，是否有意义、有价值。不要太在乎别人怎么评价自己，更应该不断追问的，是学术研究跟我的生命有什么关系：它是外在于我的生命的还是内在于我的生命的？能不能在学术中得到生命的价值与意义，这是更重要的问题。

这个问题，在今天提出来，是有着它的特殊意义的。我们不必回避，学术也可以是一种谋生手段，毕竟像鲁迅所说，第一是生存，第二是温饱，第三才是发展。在我们的现行体制下，在你成为副教授之前，谋生是主要的。我要提的问题，是在生存、温饱基本解决"以后"，用我们通常的说法，就是达到小康，做到了衣食无虞"以后"，我们应该作怎样的选择？

应该说，现在依然有许多大学教师、学者将学术研究作为谋生的手段，不过，现在的"谋生"要求就更高了，已经不是"一间屋，一本书，一杯茶"，而是几套房子，豪华享受了。在为数不少的人那里，学术是一个谋取更大更高更多的名和利的工具。这就是我经常所说的，这些人开始的时候，下了一点苦功夫作学术研究，因此也获得了一些学术成绩与相应的学术地位，于是就利用这些学术"老本"，最大限度地获取最大的利益：政治、经济、学术的利益。这样的学术研究的最大利益化，学者自身也利益化，功利化了，整天混迹于官场、商场、娱乐场与名利场，不仅成了鲁迅说的"无文的文人"，更成了"无学的学者"。

问题的严重性，还在于这些"学者"这样的选择，是得到现行体制支持，甚至是鼓励的：只要你听话，一切都向你开放，要名有名，要利有利，而且已经制度化了。这就是我在好多场合下，都谈到的"新的科举制度"。总之，就是"请君入瓮"，或者叫"重赏之下必有勇夫"，这就有了被体制收编的危险。本来，名利之心，人皆有之，只要是以诚实的劳动（包括学术劳动）去获取名和利，追求生活的享受，这都无可厚非。问题是，这背后有一个陷阱，体制设置的陷阱，当你将获取名和利，作为自己学术研究的唯一动力，最高目标，而且这样的追逐名、利的欲望不加节制，你就必然地被体制收编，最后，成为既得利益集团的有机组成部分，那你就是"学官""学商""学霸"，而不是"学者"了。

我们正是在这样的背景下，提出"学术研究对我们自身生命的意义"的问题。在我看来，在我们具有了基本的生存和学术研究的条件以后，就应该从"名缰利锁"中解脱出来，使我们的学术劳动成为一种"自由劳动"，成为我们内在生命、精神发展的需要。

对学术的自觉承担

有一个我经常讲的故事，西南联大躲警报的故事：专攻庄子研究的刘文典教授看到新文学作家沈从文也在往防空洞跑，他勃然大怒，问沈从文：你躲什么警报？我不躲警报，庄子怎么办？你呢，你有什么理由躲警报？这段故事可能有演绎的成分，但这种狂妄态度的背后有两个东西，一是把自己的学科看得很重要，以至偏激到完全否认庄子研究之外的新文学创作。二是把自己在学科中的地位看得非常重要，有一种舍我其谁的感觉，这种感觉其实包含了很强的责任感、使命感，也就是自觉承担。

季羡林先生在评价北大历史系教授邓广铭的时候，提出一个非常重要的概念，说研究者是"后死者"。研究者和研究对象的关系其实是一个"后死者"和"先行者"的关系，尤其当研究对象是一个大家时。什么意思呢？"先行者"对"后死者"是有托付的，就像是"托孤"，"后死者"对"先行者"就有了大责任，大承担。

因此，我认为学术研究有几个境界：首先是你研究他，你讲他；其次是你接着讲，结合今天的现实，把他没讲完的话，继续讲下去，同时也是对先行者的思考深入一步；第三个境界是接着往下做。以前我不敢说这句话，因为怕别人说我太狂妄，其实，这不是个人的狂妄，这是真正有价值的学术研究的一个必然要求。为什么？因为我是"后死者"，因此我有责任，把"先行者"没有做完的事情接着往下做。至于我能否达到他们的水平，那是另外一个问题。这就是学术的承担。而且是自然发生的，也可以说是研究者和他的研究对象产生心灵的对话以后，必然产生的内在的生命冲动：你研究得愈深，就愈会感到它的深远意义，它的现实存在性，于是，你就忍不住要往下说，往下做，这就是创造性的阐释、发挥和实践。这样，你才"对得起"你的研究对象，那些先行者，同时也才"对得起"自己，因为你在你研究对象的精神创造中加入了自己的创造。其实，我们今天讲的"鲁迅""庄子""孔子"，都不只是"周树人""庄周""孔丘"个人的创造，而是包括了后来的无数研究者的创造成果，这是一个不断累积、添加，不断丰富的"文本"。一切创造性的学术研究是必然要追求这样的自己的"添加"的。这样的有学术承担的研究，才是真正有意义，有价值，并值得你去痴迷的。

于是，就有了许多"学术动物"。金岳霖先生就把搞哲学研究的叫做"哲学动物"，说即使把他关到监狱里做苦工，他满脑子想的还是哲学问题。

因为他觉得有无数的哲学研究的先行者在背后催促着他，他必须接着往下思考。所谓"哲学动物"就是有"哲学使命感"的一群"哲学呆子"，而且全世界每个国家都有，没有他们，哲学的生命就完结了。这就是真正的学院派。

什么是为学术而学术？就是以学术为生命，学术本身就构成生命中自足的存在，不需要加其他什么东西。学术本身就是生命的意义和价值。

这样的以学术为生命的学者，"读书，思考，研究，写作"就是他的生命存在方式，学术已经渗透到他的日常生活中，可以说时时刻刻都沉浸在学术状态中。王瑶先生曾对我们讲，你不要以为你在做论文的时候才是在做研究，你应该是随时都处在学术的状态之中，满脑子都是学术问题，甚至成为你的近乎本能的反应。我就有两个习惯。因为我当过中学语文老师，所以有一种本能反应，我走到哪里，看到错别字和病句就浑身不舒服，恨不得要去改它。还有，就是满脑子都是学术，任何时候，随便什么事，都会引起学术的联想。我现在还保持一个习惯，就是不光每天看报，还剪报。我觉得有价值，就剪下来，这里就有许多学术新人的创造，它会引起你许多的联想，不仅是个人的研究，也还有整个学科发展的设想。这样的"自作多情"可能就是一种"职业病"；说好听一点，就是对学术，对学科发展的自觉承担；说句大话，就是舍我其谁，要么不搞，搞就要有这个气概。

对社会的承担

再次，就是对社会对历史的承担，说更大点，就是对人类的承担。

说具体点，就是我们为谁写作？谈到我自己的写作，我可以很明确地说，我是为中国读者写作。现在很多人是为了在国际学术会议上发表论文而写作，还有一种就是为评职称而写作。我并不否认这两种写作的动机，因为作为一个学者，我自己也很重视跟国际的交流，尤其是在这样一个全球化的时代。别人，特别是学术界对你的评价，你也不能完全忽略。但是不能仅仅为了别人的评价而写作。对我来说，我更愿意为中国的普通读者而写作。我的著作不仅仅是给学术界看的，我更希望有普通读者来看。我有一个最基本的追求，就是学术性和普及性的统一。我不在乎别人说"钱理群你专搞这种普及性读物，这是浪费精力，自降身份"，我十分重视"小册子"的写作，并且引以为豪。为什么？我有三条理由。

我是研究现代文学的。现代文学本身就有一个传统，启蒙主义的传统。如何把学术的东西转化成启蒙资源不容易。对我来说，追求学术性与普及性的统一，这本身就是前面说的"接着往下做"。

还有一个重要的原因，就是我是从社会的底层出来的，我在贵州这样的中国边缘地区，底层社会经历过文化大革命。我的学术研究跟我"文革"后期的经历有直接的关系。所以我一直把我的研究称为"幸存者的写作"。我现在有了发言权，我很珍视我的发言权。我的发言不仅仅是为我个人，我对这些牺牲者和沉默的大多数是有责任的。

促使我为普通读者写作，还有一个因素是中国国情。中国人太多，所以虽然读书人比例小，最后还是有很多人读书。其实很多学界的人是不读书的，因为都太忙，我自己也很忙，别人送我的书我一般只是翻一翻，很少能把一本书从头到尾读完的。但是在中小城镇里，就有一批人，是我们的忠实读者。还有一些你意想不到的效果，比如我几年前做过一个演讲，一个人就记住了，并且现在还在读我的书。我的书他都看，但是有几本找不到，叫我寄给他。就是有这样的学术圈外的忠实读者。所以我写作时不敢乱写，原因之一就是害怕他们失望。那些读者见你的书就买，当然这样的读者不会太多，当然也不会太少。这样的读者对我的压力最大，我怕对不起他们，我写作时脑子里时时想的是这样一些普通读者。我的写作风格与写作方式受这个影响很大。我的学术著作里尽量避免用学术术语，有比较强烈的感情色彩。这不仅是我个人生命的表达的需要，也是因为考虑到这些对象。

说到这一步，就谈到了一个问题，那就是学院派跟现实的关系问题。

学院派当然不能脱离现实，但学院派和现实的关系，是有自己的特点的。它要将社会现实问题转化为学术问题。学院派学者必须具备这种能力。

学术研究必须和现实生活保持联系，必须有问题意识；问题意识常常产生于现实——当然，这个"现实"是宽泛的，不仅是政治、社会现实，更包括思想、文化、学术、经济、科学发展的现实，等等；而学者在进入研究时又必须和现实拉开距离，进行深度的观照，学理的探讨，理论的概括。这就是说，学院派的研究也是和现实有联系的，背后是有学者的现实关怀的，用我们今天所讨论的话题来说，是对社会现实有承担的；只是有的学术著作中，这样的关怀、联系、承担，表现得比较明显，容易被读者所瞩目；有的著作，就比较隐蔽，经过了许多的转换，读者不易察觉。特别是一些抽象程度比较高的理论著作，看似和现实无关，其实是更有一种大关怀，是承担着为时代提供价值理想、思维模式和新的想象力的大使命的。坦白地说，这样的研究是我更为看重的，这样的思想家的理论创造，只能心向往之了。这里，就提出了对学院派学者的一个很高的要求，既要对现实有程度不同的关注和敏感，又要具有将现实问题转换为学术问题、学术课题的眼光、方法、能力与习惯。学院派研究的乐趣，也就在这样的努力中。

（摘自《重建家园：我的退思录》，广西师范大学出版社2012年版。本文原为作者在北大的一次演讲，选入本书时略有删节。）

【导读】抄袭、剽窃、造假等不端行为在学术界时有发生，越来越多的学者感慨学术环境被污染。那么，如何防治和根治学术腐败的现象呢？钱理群先生《学术研究的承担》一文或多或少能给我们一些启示。

文章从三个方面探讨学术研究的承担者到底应该承担哪些职责。首先是学者的自我承担。为了生计，为了职称，有的学者逼于无奈从事学术研究，也许一辈子都要与论文、科研打交道，然而随着时间的流逝，却发现对学术的反感与日俱增，不自觉地被工作异化，成为赚钱的机器。不可否认，人活着就要吃饭，但吃饭并不仅仅是为了活着。陶渊明"不为五斗米折腰"，哪怕少吃少穿也活得自由自在。这是因为他知道，过得有尊严，有骨气是人理应背负的责任。梁启超曾经说过，人生须知负责任的苦处，才能知道尽责任的乐趣。对于学术研究者来说，既然接受了这份职业，就不应该被职业牵着鼻子走，而是勇敢、乐观地承担职责，徜徉在职业的乐趣中。只有真正体会到职业的乐趣，才能达到"为学术而学术"的精神，即文中所说："以学术为生命，学术本身就构成生命中自足的存在，不需要加其他什么东西。学术本身就是生命的意义和价值。"

其次是对学术的自觉承担。任何学术成果都是基于前人的研究基础，就像文中所说的："我们今天讲的'鲁迅''庄子''孔子'，都不只是'周树人''庄周''孔丘'个人的创造，而是包括了后来的无数研究者的创造成果，这是一个不断累积、添加，不断丰富的'文本'"。前人的成果来之不易，我们不能不闻不问，不再往下研究，或者轻易地否定他们的观点。要想对得起前人所做的努力，只有尊重他们的劳动成果，继续认真钻研，这样才能创造出更好的成绩。所谓伟人都是站在巨人肩膀上的。

最后是对社会的承担。无论是文科还是理工科的学术成果，都要面向读者和社会。作者都希望自己的作品能够受到大众的欢迎，要么陶冶人们的情操，要么带来实际效益。尤其当你的作品逐渐被肯定的时候，会更多地考虑受众的感受。你会发现，你的创作不再是个人的，不是随心所欲的，而是有了一丝牵挂，多了一份期待，期待你的作品得到读者认可。此时，作者心中的责任感油然而生。有了对社会的一种责任感，就会自觉地创作好作品，而不是给社会制造垃圾。

将学术当做生命的价值，将前人的成果继续深入研究，将学术回报给社会，这就是学术研究的承担。

(廖　华)

论　学　问

[英] 培根

读书为学的用途是娱乐、装饰和增长才识。在娱乐上学问的主要的用处是幽居养静；在装饰上学问的用处是辞令；在长才上学问的用处是对于事务的判断和处理。因为富于经验的人善于实行，也许能够对个别的事情一件一件地加以判断；但是最好的有关大体的议论和对事务的计划与布置，乃是从有学问的人来的。在学问上费时过多是偷懒；把学问过于用做装饰是虚假；完全依学问上的规则而断事是书生的怪癖。学问锻炼天性，而其本身又受经验的锻炼；盖人的天赋有如野生的花草，他们需要学问的修剪；而学问的本身，若不受经验的限制，则其所指示的未免过于笼统。多诈的人渺视学问，愚鲁的人羡慕学问，聪明的人运用学问；因为学问的本身并不教人如何用它们；这种运用之道乃是学问以外，学问以上的一种智能，是由观察体会才能得到的。不要为了辩驳而读书，也不要为了信仰与盲从；也不要为了言谈与议论；要以能权衡轻重、审察事理为目的。

有些书可供一尝，有些书可以吞下，有不多的几部书则应当咀嚼消化；这就是说，有些书只要读读他们的一部分就够了，有些书可以全读，但是不必过于细心地读；还有不多的几部书则应当全读，勤读，而且用心地读。有些书也可以请代表去读，并且由别人替我作出摘要来；但是这种办法只适于次要的议论和次要的书籍；否则录要的书就和蒸馏的水一样，都是无味的东西。阅读使人充实，会谈使人敏捷,写作与笔记使人精确。因此,如果一个人写得很少,那么他就必须有很好的记性;如果他很少与人会谈,那么他就必须有很敏捷的机智;并且假如他读书读得很少的话,那么他就必须要有很大的狡黠之才,才可以强不知以为知。史鉴使人明智;诗歌使人巧慧;数学使人精细;博物使人深沉;伦理之学使人庄重;逻辑与修辞使人善辩。"学问变化气质"。不特如此,精神上的缺陷没有一种是不能由相当的学问来补救的:就如同肉体上各种的病患都有适当的运动来治疗似的。踢球有益于结石和肾脏;射箭有益于胸肺;缓步有益于胃;骑马有益于头脑,诸如此类。同此,如果一个人心志不专,他顶好研究数学;因为在数学的证理之中,如果他的精神稍有不专,他就非从头再做不可。如果他的精神不善于辨别异同,那么他最好研究经院学派的著作,因为这一派的学者是条分缕析的人;如果他不善于推此知彼,旁征博引,他顶好研究律师们的案卷。如此看来,精神上各种的缺陷都可以有一种专门的补救之方了。

(摘自《培根论说文集》,商务印书馆1983年版,水天同译)

【导读】弗兰西斯·培根(1561—1626),出身于贵族家庭,英国唯物主义哲学家、科学家及散文家,马克思称其为"英国唯物主义和整个现代实验科学的真正始祖"。《论学问》是《培根论说文集》中最著名的一篇,主要论述了学问的用途、治学的目的和方法,以及学习对人的性情、品格所产生的潜移默化的影响。

开篇首先论述了学问的三种用途——娱乐、装饰和增长才识,再由学问的用途论及对待学问的三种不正确的态度——偷懒、虚伪、武断,最后归结到对学问的运用及读书的目的——权衡轻重、审察事理。在这里,培根就学问的用途,主要论证了"增长才识"。认为"才识"是和实践能力相关联的,既不是埋首书本的"偷懒",也不是用作装饰的"虚伪"或尽依书本教条断事的书生式的"怪癖",真正的"才识"是要在实践中接受考验,并在实践中得以丰富,其终极目标就是"权衡轻重、审察事理"。接下来,培根主要论述其治学的方法,这是全文的核心内容。作为治学的前提,首先要会读书、读好书,这里培根给出的读书方法是精读、勤读、全读、略读、选读;至于治学方法,培根主要告诉人们不同的治学方法具有不同作用——阅读可使人充实,会谈可使人敏捷,写作可使人精确;最后,论及不同学科的书,对人会产生不同的作用,每个人应根据自己的缺陷选择不同类型的书阅读,因为学问可以改变人的气质,这样有选择地读书,就可改变自己的气质。实际在这一部分中,培根主要在谈读书方法,认为读书不是一件孤立的行为,而一定要与"会谈"、"写作"相结合,并且,还要会选择适合自己阅读的书。书海无涯,一个人不可能读尽所有的书,只有针对自己的缺陷读书学习,方能改变自己的品性、气质,以尽可能达成人格的完善。宋人黄山谷有言:"三日不读书便语言乏味,面目可憎。"读书治学可以改变一个人,也正如培根在本文中所言:"精神上的缺陷没有一种是不能由相当的学问来补救的:就如同肉体上各种的病患都有适当的运动来治疗似的。"也就是说,学问不仅可以改变人的气质,还可以弥补一个人的人性弱点,这正体现了培根一贯秉持的"知识就是力量"的思想。而中外哲人的这些论断,在今天仍极富现实启迪意义,尤其在互联网高度发达的信息社会,整天沉迷于网络的青年一代,真应该再回到书本,通过阅读来进一步完善自己了。

(卢有泉)

自我实现的人

[美] 亚伯拉罕·马斯洛

引向自我实现的种种行为

当一个人自我实现时,他在做什么呢?他是咬紧牙关在拼命吗?在实际的行为中,自我实现是怎样体现的?下面描述自我实现的几种方式。

1、自我实现意味着充分、忘我、集中全力、全神贯注地体验生活。它意味着在体验时不带有青春期那种自我意识。在这种时刻,体验者完完全全地成为一个人。这种时刻就是自我实现的时刻,这种时刻就是自我在实现它自己的时刻。作为个人,我们都偶尔体验过这种时刻,而作为咨询顾问,我们可以帮助咨询者更经常地体验这种时刻。我们可以鼓励他们对某事物全神贯注,抛开自己的伪装、防卫和羞怯,全力以赴地投身于这件事。从外表看,我们会发现这是一种非常美妙的时刻。在那些试图做出强硬、玩世不恭、老于世故的年轻人身上,我们可以看到某些儿童天真的恢复,当他们一心一意地投入某一时刻、全神贯注地体验它时,脸上又现出了一些单纯、可爱的表情。表达这种体验的关键词语是"忘我"。然而，我们的年轻人被自我意识、自我觉知干扰得太多了，很少进入忘我的境界。

2、让我们把生命看作是一个连续不断的选择过程，在每一个选择关头都有前进与倒退的冲突。有时可能会走向防卫、安全或畏缩，有时也会向成长迈出一步。一天数次地选择成长而不是畏缩也就是一天数次地走向自我实现。自我实现是一种连续不断的发展过程，它意味着一次次地做诸如此类的选择：是说谎还是诚实，是偷窃还是保持清白，并且使每一次选择都是成长性选择。这种成长性选择也就是走向自我实现的运动。

3、说到自我实现，那就意味着有一个自我需要实现出来。人非白纸，也不是一堆泥或一团粘土。人是某种既存的东西，至少是某种"软骨"结构。从最低限度讲，人是他的气质、他的生化平衡，等等。人们都有着一个自我，我常说"倾听内在冲动的声音"，其含义就是要让自我显露出来。然而，我们绝大多数人，特别是儿童和青年，不是倾听自己的声音，而是倾听妈妈爸爸的声音，倾听权力机构的声音，倾听老人的、权威的或者传统的声音。

作为迈向自我实现的简单的第一步，有时我向学生们提出这样的建议：当面对一瓶酒，并被询问意见如何时，应当试着以一种不同的方式来回答。首先，不要看瓶上标签，这样就不会利用这个线索来考虑是否应该喜欢这种酒。然后，闭一下眼睛，默不作声，这时他们就可以努力挡住外界的声音，朝内看，用自己的舌尖品尝到酒的风味，并听从自己身内"最高法庭"的判决。只有在此时，才可以最终说"我喜欢它"或"我不喜欢它"。这样得出的结论是与我们惯常迁就的虚假结论大相径庭的。最近在一次晚宴上，我瞧着一瓶酒上的商标向女主人称赞说，她真是选到了一瓶很好的苏格兰威士忌。但我立即停止往下说，自忖道："我刚才在说什么啊？"我对苏格兰威士忌几乎一无所知，我所知道的全是广告上说的，我实际并不知道这瓶酒是好还是不好。然而我们大家都常做这种事情，拒绝做这样的蠢事就是在自我实现的不断过程中又迈进了一步。

4、在拿不准时，要诚实。"拿不准"这一短语，在各种场合都可以碰到，因此我们在此没有必要过多讨论交际手段的问题。我们往往在拿不准时是不诚实的，来咨询的人就是这样，他们往往作戏，装模作样。他们不太容易接受要他们诚实的建议。向内心索取答案意味着承担责任，这本身也就是向自我实现迈进了一大步。关于这种责任，以往研究得太少了，在我们的教科书中找不到有关的研究,有谁能调查白鼠的责任呢?然而,责任在心理治疗中却几乎像触手可及的有形物。在心理治疗中,人们可以看见它、感觉到它,了解它的分量。对于责任是怎样一回事应有清楚的了解,这是最重大的步骤之一。每一次承担责任,都是自我的一次实现。

5、我们迄今已谈了不带自我意识的体验,作出成长性的而不是畏缩性的选择,倾听冲动的声音,诚实,以及承担责任。所有这些都是迈向自我实现的步骤,它们确保着更好的生活选择。如果一个人在每个选择关头都一一做好了这些小事,他就会发现,这些小事合起来就是对生活更好的选择,选择在本质上对他合适的东西。他开始明白自己的命运是什么,谁将是自己的妻子(或丈夫),以及他的人生的使命是什么。只有一个人敢于在生活的每一关头倾听自己,倾听他本人的自我,并且镇定地说"不,我不喜欢如此这般",他才能够明智地选择一种生活。

在我看来,艺术界已被一小群舆论和趣味操纵者把持,我对他们表示怀疑。这只是我个人的判断,但是有些人自以为有资格并相当有理由这样说:"你们应喜欢我所喜欢的,否则你们就是傻瓜。"我们必须告诉人们要倾听自己趣味的声音,大多数人都不是这样做的。当你站在美术馆一幅令人迷惑的油画前时,你很难听到有人这样议论:"这幅画令人费解。"前不久,我们在布兰德斯大学观看了一次舞蹈表演。舞蹈用电子音乐伴奏,人们跳着超现实主义和达达派的东西,非常怪诞离奇。表演结束时,人们个个头晕目眩、张口结舌。在这种场合,大多数人会七嘴八舌地说一些俏皮话,但就是不说"让我捉摸一下这些舞蹈。"表达诚实的意见,这意味着敢于与众不同,宁愿成为不受欢迎、不随和的人。如果不能告诉咨询者,不管是年长或年轻的,都要作好不受欢迎的准备,那么这样的心理咨询家还不如放弃自己的努力。也就是说,要有勇气,而不要瞻前顾后。

6、自我实现不仅是一种终极状态,而且是随时随刻、点点滴滴地实现个人潜能的过程。例如,如果一个人较聪明,自我实现就是通过学习变得更有智慧。自我实现意味着发挥自己的聪明才智。自我实现并不一定指做大事情,但它或许意味着经历一个艰苦、勤奋的准备过程,以便实现自己的潜力。自我实现可以包括在钢琴键盘上练习指法。自我实现就是指努力做好自己想做的事情。只想当一个第二流的医生,并不是通向自我实现的良好途径,应当要求自己成为第一流的,或要求自己竭尽所能。

7、高峰体验是自我实现的短暂时刻，是一些心醉神迷的时刻。这种时刻是不可能买到、不可能保证，甚至是不可能有意寻求的。你只可能象 C·S·刘易斯所说的那样"喜出望外"。不过，一个人可以创造条件，使高峰体验更可能发生，也可以固执地设置障碍，使它出现的可能性减少。破除一种错觉，摆脱一种虚假的观念、了解自己不擅长什么，知道自己没有哪种潜能，这样做也是在发现自己到底是什么。

几乎每个人都有过高峰体验，但并非人人都了解这一点。不少人对这些细微的神秘体验置之不理。在它们发生后，帮助人们认识这些微妙的心醉神迷的时刻是心理咨询家或超越性心理咨询家的任务之一。但是，一个人的心灵怎样窥入另一个人的隐秘的心灵，然后再努力进行交流呢？心灵的秘密是不能写在黑板上叫人一目了然的。我们必须找到一种新的交流方式。我已经作过一种尝试。在《宗教、价值、和高峰体验》一书的附录中，我以"狂喜的交流"为题，对一种方法作了描述。我认为，从教育、咨询、以及帮助成人充分发展自己这一方面来看，这种交流方式也许比通常那种教师利用黑板与我们进行的交流更为合适。假如我热爱贝多芬，我在他的一个四重奏中听到了你没有听到的东西，我如何来教你倾听呢？显然，声响就在这里，但是我听到非常非常美妙的旋律而你却很茫然，你只听到了声音，怎样才能使你领会其中的美呢？这是教育中更困难的问题，比教你ABC或在黑板上演算数学题或解剖一只青蛙更困难。后面这一类事情对于教学双方都是外在的，一个拿着教鞭，一个学习，两个人同时都能看到目的物。尽管另一种教育更加困难，它却是心理咨询家工作的一部分。这种咨询就是超越性咨询。

8、发现自己是谁，是哪种人，喜欢什么，不喜欢什么，什么对自己有好处，什么对自己有坏处，自己要向何处去，自己的使命是什么，也就是向自己敞开自己，这一切意味着心理病理的暴露。这也意味着识别防卫心理，这种防卫被识别后，就要寻求勇气来抛弃它们。这样做是痛苦的，因为防卫体系是针对某些不愉快的事而建立的。然而，放弃防卫是值得的。如果说心理分析文献没有告诉我们别的什么，至少已使我们明白压抑并不是解决问题的上策。

我现在讲一下心理学教科书没有提到过的一种防卫机制，它对于当今一些青年人来说是一种非常重要的防卫机制，这就是去神圣化防卫机制。这些青年人怀疑价值与美德的可能性，他们觉得自己在生活中受了欺骗或挫析。他们大多数人的父母就很糊涂，他们也并不十分尊重自己的父母。这些父母自己的价值观念就是混乱的，他们看到自己孩子的行为只是吃惊，从来也不惩罚或制止他们。这些年轻人由此已得出这样一个非常广泛的结论：他们不听任何长辈的话，尤其当这位长辈的话使用了伪善者使用的字眼时更是如此。他们曾听到他们的父亲谈过要诚实、勇敢和大胆，而他们看到父亲的行为却刚好相反。

这些年青人已惯于把人降低为具体的客观物，不看这个人可能是什么，不从人的象征价值看人，不从永恒的意义上看人。例如，这些青少年已经使性"去神圣化"。性无所谓，它是自然的事。他们把性弄得过于自然，使它在许多场合已失去诗意，也就是说，性已失去几乎一切含义。自我实现意味着放弃这种防卫机制，学会"再神圣化"。

再神圣化的含义如斯宾诺莎所说，是重新愿意从"永恒的方面"看待人，或者从中世纪基督教统一的概念中来看待人。也就是说，能看到神圣的、永恒的、象征的意义。例如，看待女性是看大写的女性，看到这个大写所意味的一切，甚至在看一个具体的女人时也是如此。再举一例，一个医科大学的学生解剖大脑，如果他没有敬畏之感，缺乏统一的深度，仅仅把它看成是一个具体的东西，那么肯定就会有某种损失。采取再神圣化态度，一个人就会把大脑也看成是一个神圣之物，看到它的象征价值，看到它的诗意方面，把它看成是一种修辞的用法。

再神圣化意味着要进行大量"不实际的"谈话，年轻人会说"太陈腐了"。但对于心理咨询家，特别是为老年人提供建议的心理咨询家，由于人到老年这些关于宗教和人生意义的哲学问题开始出现，这是帮助人们走向自我实现的最重要的途径。年轻人可能会说，这都是老一套，逻辑实证主义者也许会说，这是无意义的，但对于在这一过程中来寻求我们帮助的人，这显然是很有意义和很重要的。我们最好能回答他的问题，否则就是没有尽到责任。

综上所述，我们看到，自我实现不是某一伟大时刻的问题，并不是在某日某时，号角一吹，一个人就永远、完全地步入了万神殿。自我实现是一个程度的问题，它是一点一滴微小进展的积累。我们的咨询者倾向于等待某种启示的降临，然后说："在今天三点二十三分我自我实现了！"那些符合自我实现标准、被选为自我实现被试对象的人是不断从这些小事做起的：他们倾听自己的声音，他们承担责任，他们真诚无欺，他们工作勤奋。他们不仅根据自己一生的使命，而且根据一些细节发现了自己是谁，是干什么的。例如，穿什么样的鞋脚会疼，是否喜欢吃茄子，啤酒喝多了时是否能熬夜。这一切就是真正自我的含义。他们发现了自己的生物学意义上的本性、先天的本性，那都是不可改变或很难改变的。

创造性的态度

我试图要阐发的问题是由于受到了这种观察的启发：在创造力的激发阶段，创造者忘记了自己的过去与未来，只生活在此时此刻，他完全沉浸、陶醉和专注于现在的时刻和眼前的情形，倾心于现在的问题。

这种"专注于此刻"的能力是任何一种创造必不可少的前提。而且，任何领域内的创造的某些先决条件也都与这种能够忘记时空与自我、摆脱社会和历史限制的能力有关。

那么，在这种时刻有一些什么情况发生呢？

1、抛弃过去。在处理一个当前问题时，最好的方式就是整个身心全部投入进去，探究其本质，在问题本身之中去发掘内在联系，在问题本身之中去找出（而不是臆造）答案。在欣赏一幅画或倾听接受治疗的患者的诉说时，这也是最好的方式。

另一种方式是仅仅整理过去的经验、习惯和知识以找出现在情境中哪些方面与过去的某些情境相似——也就是将其加以归类——然后使用那些在解决过去的类似问题时曾经有效的方法。这也可以比作档案员的工作，我称之为"成规化"，在现在与过去的情境相类似时，它能很好地发挥作用。

但是，当现在与过去不相似时，这种方式显然就会失效。档案员式的探讨是失败的。一个人面对一幅陌生的油画，急急忙忙地搜寻自己在艺术品方面的知识以知道自己该作何反应。他此时当然就几乎不是在看这幅画。他想要知道的无非是能据以作出迅速评价的名称、风格或内容等等。如果应该去欣赏，他才去欣赏，如果他不应该去欣赏，那就干脆作罢。

对于这样一个人来说，过去是他背负着的一个惰性的未消化的异物，它尚不属于这个人本身。

更确切地说，只有当过去重新创造了人，并且被现在人融会贯通之时，过去才变得积极并充满生机。过去不是而且也不应该是与人不相同或不相容的。它已经失去了它以前的作为外在实在的性质，变成了人，正如我过去所食的排骨已成为现在的我，而不再是排骨一样。经过融会贯通的过去与未被融会贯通的过去不同，它是勒温所谓的"非历史的过去"。

2、抛弃未来。我们常常不是为现在而致力于现在，而是为着给未来作准备。想一想，我们在交谈时多么经常地摆出一副倾听之态，而心底里却在准备自己要说的话，预习并计划着怎样反驳别人。想一想如果你知道自己须在五分钟后评论我的观点，你的态度就将会与此刻大不相同。想一想，要想成为一个真正的全神贯注的倾听者是多么困难。

如果我们聚精会神地去听、去看，我们就不再"为未来作准备"。我们不把现在仅仅看作得到某种未来结果的手段，因而贬低现在。很明显，这种忘记未来的做法显然是全心全意投身于现在的不可缺少的前提。同样明显的是，"忘记"未来的好办法就是不要为未来担忧。

当然，这只是"未来"这个概念的含义之一。处于我们自身之中的未来是我们现在的自我的一部分，它具有完全不同的意义。

3、纯真。这里指的是感知、理解和行为上的"纯真'。只有那些具有高度创造性的人通常才具备这种纯真。这些人经常被形容为襟怀坦白、光明磊落，无先入之见、无所谓"应当"与"不应当"、不讲究什么风尚和习惯、没有什么偏好、教条、没有什么固有的"适当"、"正常'、"正确"等观念。他们能够泰然面对任何事情的发生而不会大惊小怪、怨天尤人或者视而不见。

儿童更能以这种非需求的方式接受一切，睿智的老人也是一样。现在看来，我们大家都可以因为专心于"此时此刻"而更加"纯真"。

4、缩小意识范围。除了当前的情况，我们已经变得很少意识到其它任何事物，即更少分心。在这里，十分重要的一点在于我们对他人、对他们与我们的关系、对责任、职责、恐惧和希望等等的意识有所降低。我们更加摆脱了他人的羁绊。这又意味着我们找到了自己，我们更自主，成为纯真的自我和真正的自身。

事情之所以会这样，是因为我们不再与自己的真正自我相疏离，我们与自己的真正自我相疏离的最大原因就在于我们病态地与他人搅在一起，在于那种从儿童时代就已存在着的长期威胁，在于非理性的移情作用，在这种情形下，过去和现在相混淆，成人的举止如同儿童一般。（顺便指出，儿童表现出稚气是理所当然的。儿童对他人的依赖可能是很真实的。但是，他最终必须摆脱这种局面。如果父亲已经去世二十多年，儿子却仍旧害怕父亲会怎么说或怎么做，这时儿子就显然是有些毛病了。）

一言以蔽之，在此时此刻我们更能不受他人的影响。所以，即便他人本来会影响我们的行为，现在这种影响也已不再发生作用。

这意味着我们必须摘下面具，抛去想要影响、取悦别人、或给人留下美好印象以及赢得欢迎和爱戴的努力。可以这样说：如果我们没有观众，我们就不再是表演者，由于没有任何做作的必要，我们就能够忘我地献身于解决问题。

5、自我的遗忘，自我与自我意识的丧失。当你完全为非我所吸引时，你的自我意识以及自我感受都减少了。你不再能像一个旁观者或评论家那样易于观察你自己。按照心理动力学的说法，你现在不像平时那样分裂为观察的自我和体验的自我，这也就是说，你几近于成为完全在进行体验的自我（你将摆脱年轻人的羞怯，不再由于意识到众人的目光而感到难堪）。这又意味着人格变得更统一、整合与一元化。

同时，它又要求我们少去对经验进行批评和校正、评估和评价、选择和拒绝、判断和掂量以及割裂和分析。

这种忘我精神是发现人之真正本体、自我以及真实深刻的本质的一条途径。它几乎总被体验为愉快的和为人所期求的。我们无须像印度教徒和东方思想家那样去谈什么"可憎的自我"，但他们所说的也确有点道理。

6、对（自我）意识力量的抑制。在某种意义上，意识（特别是自我意识）有时是起抑制作用的，它有时会成为怀疑、冲突以及恐惧等等的中心。有时，它对于充分发挥的创造力是有害的，对于自发性和表达性是一种限制（但观察的自我是治疗时所必需的）。

然而，某种自我知觉、自我观察和自我批评——即进行自我观察的自我——又是"继发性创造力"的必不可少的条件。拿心理治疗来说吧，自我改进这个工作在一定意义上说就是批判那些进入意识范围内的经验。精神分裂症患者能够体验到许多顿悟，但是，他们无法在治疗中应用这些经验，因为他们进行着"全心全意的体验"，以至于无法进行"充分的自我观察和批判"。相应地，在创造活动中，继"灵感"阶段之后就是有条不紊的建设。

7、恐惧的消失。这意味着我们的恐惧和焦虑也将消失。同样，我们的压抑、冲突、矛盾心理、忧虑，困难以至躯体的痛苦都将消失。此时此刻，甚至我们的精神疾患和神经症也会消失（当然，前提是它们尚未严重到妨碍我们对现有事物产生浓厚兴趣）。

在这个时刻，我们充满勇气和信心，毫无畏惧、忧虑、沮丧和神经过敏。

8、防御和抑制的减弱。我们的抑制也会倾向于消失。我们的戒备、我们的（弗洛伊德所谓的）防御、我们对自己的冲动的控制以及对危险和威胁的抵御都将消失。

9、力量和勇气。创造性态度需要勇气和力量，许多关于创造性的研究已经报告了勇气的种种的形式：顽强、独立、自信、某种自傲、性格的力量以及自我的力量等等。名望很少受到考虑。恐惧和怯懦会湮灭创造性，至少能使它不大可能出现。

我认为，当我们把创造性的这个方面看作此时此地的忘我和忘他统一体的一部分时，它就较易于理解了。这个状态实质上暗示了更少的恐惧、更少的抑制、更少的防御和自卫的需要、更少的警戒、更少的人为性、更不畏讥讽、羞怯和失败。所有这些特点都是忘我和忘记观众的一部分。专心排除了恐惧。

我们可以更积极地说，当人们勇气增加时，他们会更易于受到神秘的、陌生的、新奇的、糊模的、矛盾的和非同寻常的怪异事物的吸引，他们不会多疑、害怕、警惕或者为了减轻焦虑和防御而有所举动。

10、积极的接受态度。在专心于此时此地以及忘我的时刻，我们会以一种平静的方式放弃批判（删改、选择、修正、怀疑、变更、疑虑，否定、判断以及估计等），从而变得更加积极而非消极。这就是说我们要去接受。我们不去否定，反对或者挑挑拣拣。

不妨碍目前情况的发生，这意味着我们让它淹没我们，让它表现自己的意志。我们任其自然。让它成为它自己。也许我们甚至还能欢迎它自然而然。

从谦虚、非干扰和接纳的意义上来说，这使得我们更具有道家精神了。

11、信赖而非努力、控制和奋斗。以上发生的一切都意味着一种对自我的信赖和对世界的信赖，这个世界允许暂时放弃奋斗和努力、决断和控制有意识的应付和努力。要使得一个人仅由此时此地的目前情况决定，这意味着放松、等待和接受。通常那种为了掌握、支配和控制而进行的努力与真正把握理解事物（或者问题、人等等）这一目的是背道而驰的。谈到未来就更是这样。我们必须相信自己将来遇到新奇情境时的随机应变能力。这样来说，我们就能更清楚地看到，信赖中包含自信、勇气和对世界的毫不畏惧。而且，面临未知世界时表现出来的这种信赖显然是我们能够全心全意而又胸怀坦荡地专注于现在的一个条件。

12、道家式的接受。道家精神和"接受"都包含了许多意义，这些意义很重要，但又很微妙，除了采用修辞方法之外，我们难以表达它。创造性态度的各种微妙精美的道家精神特点已被那些谈论创造性的作者们一再地描述过了，有时候是以这种方式，有时候又以那种方式。但无论采取什么方式，大家普遍认为，在创造力的原发期或灵感期，某种程度的接受性、非干扰或"无为"是关键特性，而且，从理论上和动力学上来看，它们是必不可少的。我们的问题在于，这种接受性或"任其自然"的态度与此时此地的沉迷和忘我境地这两者之间是怎样发生联系的。

从一方面来说，我们把艺术家对其对象的重视看作一个范例，我们可以说，对当前事物的这种重视代表恭敬和尊重（没有因控制愿望而引起的干扰），这种恭敬和尊重是与"严肃对待它"这一想法相联系的。这就是说，它是被作为目的来对待的，它就是它，而不是达到某种目的的手段或者说是达到某种外在目标的工具。这样慎重地对待它就意味着它是值得尊重的。

这种恭敬和尊重同样适用于对待问题、对待材料、对待情境和人。这就是作者弗利特所谓对事实的权威性和情境的法规的尊重。我不只是要允许"它"之为它，我还要以关切、热爱、赞赏和愉快的态度盼望它之为它，这就像我们对待自己的孩子、情人、心爱的小树、诗歌或者宠爱的动物一样。

要想不加努力和不加影响地就当前情况的实质和风格去感受和理解其完全的具体丰富性，并且不掺杂我们的帮助，那么，这种态度就是一个前提，这就如同在想听清别人的低语时须保持肃静一样。

13、存在认知者的整合（与分裂）。创造活动（通常）应该是一个完整的人的活动；在此时刻，他是最统一、最整合的人，整个人浑然一体，目标集中，一心一意地投身于当前的事物。因而，创造是系统化的；这也就是说，它是一个整体——或称格式塔——整个人的性质：它不像一件加到机体上的外套，它也不是细菌那样的侵入者，它与分裂完全相反。此时此地的一体是更不易分裂和更加牢不可破的。

14、允许暂回原发过程。人的整合过程从部分上说是无意识和前意识部分的恢复，尤其是原发过程（或者说是诗意的、隐喻的、神秘的、原始的和稚气的过程）的恢复。

我们的意识理智过于专注于分析、推理、计算和概念化，所以它漏去了大量的现实，尤其是我们内在的现实。

15、审美的感悟而非抽象。与那种以非干扰、非强加、非控制的方式进行品尝、欣赏、鉴赏和关注的审美的态度相比，抽象更具有积极干扰的性质，更少有道家精神，更具有选择——拒绝性质。

抽象的最终产物是数学方程式、化学方程式、地图、表格、蓝图、草图、概念、抽象的框架、模型和理论体系等等，这些东西离现实越来越远（例如，地图就不是领土）。非抽象的审美感受的最终产物是知觉的整体，在这个整体中，每个方面都同样地易于品尝，孰重孰轻的评估被抛弃了，在这里人们要的是知觉的丰富性，而不是要简化或抽象。

对于许多糊涂的科学家和哲学家来说，方程式、概念式蓝图等已经变得比现象学意义上的现实本身更加真实。幸运的是，既然我们能够对具体与抽象之间的相互作用和相互丰富有所理解，那么贬低任何一方都毫无必要了。现在，我们西方知识分子过分强调了对现实进行抽象的价值，甚至将对现实的抽象当成现实本身，我们应该强调具体地从审美角度和现象学的意义上不加抽象地去感受现象的各个方面的每一个细节，强调对现实的全部的丰富性的感受，包括对其无用的方面的感受，从而摆平这个关系。

16、最大程度的自发性。如果我们对当前的情况专心致志，专注于事物本身，而且心中又没有其它目的的话，我们就易于以自发的、不加努力的、本能般的、自动的和不加思索的方式——即以最少阻碍的高度协调的方式——完全自主地充分发挥作用和表现出我们的能力。

在人们对当前的情况进行的协调和适应中，一个重要的决定因素很可能就是当前事物的内在本质。我们能够迅速完善地不费力地适应情境和随机应变，就像画家能够使自己不断适应绘画过程的要求，角斗士能够使自己适应他的对手，一对好舞伴能够默契地相互配合，或水流入了缝隙和容器那样。

17、独特性的充分表现。极大的自发性使得自由发挥作用的机体的性质和风格能够真实地表现出来，使其独特性能够充分表现出来。自发性和表现性这两个词意味着诚实、自然、真实、没有欺诈和虚伪等等，因为它们还暗示了行为的非手段的性质、很少作人为的努力，很少阻碍人们内心发出的冲动、很少干扰人们内心的自由表达。

所以，唯一的决定因素就是当前事物的内在本质、人的内在本质，以及人们为了形成一个整体或单位而彼此互相适应的内在必要。例如，组成一支优秀的篮球队或一支弦乐四重奏乐队等等。在这种熔和情境之外的一切都是无关的，这种情境不是达到任何外在目的的手段，它本身就是目的。

18、人与世界的融合。我们以人与他的世界的融合作为结束。这个世界所指的是在创造活动中经常可以观察到的事实。我们能够有理由把它看作是必不可少的条件。我认为我谈到的这个关系错综复杂的网络有助于我们把这种融合理解成一种自然事件，而不是神秘奥妙之物。我想，如果我们把它理解为一种同构现象、一种相互的融合、一种非常合谐的匹配或互补，一种化为一体的融合，那么，它甚至还可以被加以探究。

它帮助我理解了胡库塞这样一句话的含义："如果你要画鸟，就必须变成一只鸟。"

（摘自《自我实现的人》，生活·读书·新知三联书店1987年版，许金声等译）

【导读】马斯洛（A. H. Maslow，1908—1970），美国著名心理学家，人本主义心理学代表人物，被誉为"人本心理学精神之父"，著有《动机与人格》《存在心理学探索》《人性发展能够达到的境界》等。

《自我实现的人》是马斯洛从心理学的角度科学地论述有关"自我实现"的心理知识的著作，大体反映了马斯洛人本主义心理学理论的全貌。

该书提出的一个核心而重要的概念即"自我实现的人"，这是马斯洛提出的一个理想的、健康的人格模型。这种自我实现理念，是马斯洛动机理论、高峰体验论与存在认知论、价值观理论等的基础，并且对心理学、美学、管理学等各领域都产生了深远影响，成为各学科的研究基础。自我实现理论的核心是人通过"自我实现"而满足多层次的需要，达到"高峰体验"，重新找回被技术排斥的人的价值，实现完美人格。按照马斯洛的自我需要层次理论，自我实现的需要是人的生理需要、归属需要、自尊需要等基本需要得到满足后的最高层次的一种需要，即充分利用和开发天资、能力、潜力等。这种需要必须在其他相对低级的基本需要得以实现后，才有实现的可能。自我实现的本质特征是人的潜力和创造力的发挥，其具体体现为引导自我实现的种种行为：充分、忘我、集中全力、全神贯注地体验生活。这种需要是超越性的，其理想状态是高峰体验。

马斯洛指出，创造美和欣赏美，是自我实现的一个重要目标。而审美需要源于人的内在冲动，由此，审美活动成为自我实现的需要满足的必要途径。审美活动具有形象性、超时空性、无功利性、主客体交融性，对塑造完美人格具有重要意义，可以引导人追求真、善、美，并最终导向完美人格的塑造。高峰体验是审美活动的最高境界，是完美人格的典型状态。各种知觉印象的活动，都可能带来高峰体验，如爱的体验、神秘的体验、创造的体验等。

但现实生活中,能达到自我实现的人不过是"一小部分",这些人都是杰出的人物,已达到人类生活的理想状态。在马斯洛看来,年轻人当中不可能存在较为理想的自我实现的类型,因而他研究时所选的对象主要是历史人物或与他同时代的成功人士。马斯洛曾列举若干项自我实现者的人格特征,即全面和准确地知觉现实;接纳自然、自己与他人;对人自发、坦率和真实;以问题为中心,而不是以自我为中心;具有超然于世和独处的需要;具有自主性,保持相对的独立性;具有永不衰竭的欣赏力;具有难以形容的高峰体验;对人充满爱心;具有深厚的友情;具备民主的精神;区分手段与目的;富于创造性;处事幽默、风趣;反对盲目遵从等。这些内容是马斯洛的自我实现理论的主要内涵。

在当下社会,马斯洛的自我实现理论与人本主义心理学所产生的影响已经远远超出心理学范畴,在管理学、社会学、经济学、伦理学、教育学、哲学、美学等领域都影响深远。

(罗小凤)

历史、学术与社会进步

[英] 托马斯·狄金森

在今年的北京论坛上,约300名来自不同学科和领域的学者从40多个国家和地区来到北京,齐聚一堂,在"文明的和谐与共同繁荣——文明的普遍价值和发展趋向"这一总主题下就具体问题展开探讨。各位与会者必定会在六个分论坛的讨论中发挥各自所长与专业学识。我的整个学术生涯都投入到了历史学研究之中,所以,现在我想从一名历史学家的角度来为今年北京论坛的主题做一些总体性的陈述。

一

历史学家在看待文明的发展与趋势以及和谐与繁荣是否已经实现时,会意识到它们是复杂的过程而不是简单的事件。当公众看待重要的历史发展,如欧洲文艺复兴,美国、法国和中国的革命以及工业革命时,他们通常会将这些重要的发展同某些具体的个人在具体的时间完成具体的事件联系在一起。比如他们会把美国革命理解为杰佛逊于1776年7月在费城起草独立宣言。然而，历史学家会将这个孤立的事件放到一个非常广阔的历史过程中，会思考导致美国独立宣言诞生的长期历史趋势，考虑参与其中、推动或阻碍这一决定的很多人，和这份文件在随后很长一段时间对数以百万计人在世界其他地方产生的长期而深远的影响。因此历史学家会把特定的事件看成是复杂过程的一部分，这个过程涉及整个社会并且经常产生无法预料的，甚至几十年后才能被人们发现的结果。这样的历史学家会承认重要的历史发展并不简单是已知行为导致的明显和可预料的结果，而是由连当代人都无法全面感知的复杂交错的原因和后代人都无法完全发觉的结果所构成的。中国著名的革命家和政治家周恩来，早年曾在法国留学；1972年，美国总统尼克松问他如何看待1789年法国大革命对欧洲文明的影响时，他说："现在回答还为时尚早。"这一回答幽默并且谨慎，但同时也是意义深远的。

让我们拿民主作为一种政府形式的发展和影响做个案研究。我们可以发现北美和西欧的很多政治家和公众认为民主与稳定和繁荣相关，而且他们相信民主早在很久以前就已经通过相对简单的方式实现了。历史学家则会提出一种非常不同并且更加复杂的观点。他们知道民主政府是通过几个世纪的发展才建立起来的，通向这种政府形式的道路是困难、不确定的，远不是一帆风顺的，并且这种政府形式的未来在今天来说也并不确定。西方的评论家可能会搬出2500年前古代雅典的民主作为论据，但历史学家会注意到这个社会里存在着很多奴隶，妇女没有政治权利。美国的独立宣言可以声称："我们认为下面这些真理是不言而喻的：人人生而平等……"但这份文件的起草人拥有黑奴，他们建立的政府系统在90年后才释放这些黑奴并继续剥夺他们的政治权利长达一个世纪。法国大革命迅速宣布对"自由，平等，博爱"的支持并诞生了著名的《人权和公民权宣言》，但法国却迅速退化到暴力和恐怖之中，一个军事独裁者上台试图征服全欧洲，之后的1814—1815年，一个"什么也没学到，什么也没忘记"的波旁王朝复辟。在我的国家，政治家和公众把威斯敏斯特议会夸耀得就好像它在存在的700多年历史里一直是一个民主的机关，但实际上只有下议院是选举产生的，而且在很长的一段历史里它的选民只包含比例极小的成年男性，而且它的权力也极其有限。

的确，争取自由的斗争由来已久，但自由的取得是一条漫长而艰辛的道路，直到现在还没有哪个国家可以说自己赢得了这场斗争。举个例子，在英国，我们至少可以将限制国王权力的行动追溯到1215年的《大宪章》。我们知道，17世纪40年代的平等派和19世纪三四十年代的宪章运动分子试图使行政和立法机构对人民负责。我们可以从洛克的《政府论两篇》（1690），托马斯·佩恩的《人的权力》（1791—1792）和约翰·斯图尔特·密尔的《论自由》（1869）里看到在思想上对人权和政治自由的有力支持，但是，要寻找实际的改革发生的时间，我们的目光则更要向今天靠近。英国所有的成年男性直到1918才取得投票权，成年女性到1928才取得这项权利。北美和西欧国家的完全民主选举制度没有一个存在超过一个世纪的。美国1919—1920年通过宪法第19条修正案赋予女性投票权，法国在1944年赋予女性投票权，瑞士是在上世纪70年代早期，西班牙则是在1976年。因此与通常所想象的情况相比，民主体制实际是更加现代的产物。此外，理论上还不能说这些民主体制实现了我们全部的民主理想。例如在我的国家，国家元首和上议院不通过选举产生，上议院的席位通过世袭和政府指派产生。北美和西欧国家的任何一位诚实的历史学家都能够指出，他或她的国家的民主制度与经常宣传的民主理想还有一定差距。

二

如果我们观察政治体制如何产生繁荣的方式，尤其是大多数人的而不是少数当权者的繁荣，我们还经常发现，北美和西欧的政治家和公众经常认为民主的政府给他们的人民带来了更加有活力的经济，更广泛地传播了繁荣。尽管现在这些国家的确是世界上最为发达的国家，历史学家还是会提醒我们不要简单地在民主政体和繁荣之间画上连接符。首先，民主政体来源于经济的繁荣，而不是他们造成了繁荣。只有在已经拥有某些重要的社会和经济条件的社会里，民主制度才有可能实现。在全世界人类历史的大部分时间里，大多数人居住在小村落，进行着自给自足的农业生产。他们同外部世界接触很少，他们生活在贫穷之中，他们不知道怎样改变他们的社会行为和经济环境，而且他们被少数集财富、地位和权力于一身的人所统治。在这样的社会和经济状况下，民主和繁荣不可能实现。只有在社会开始城市化，贸易和制造业充分发展，稳定的金融机构得到建立，人们对服务业，如娱乐、休闲、旅游和文化活动的需求大大增加时，更大的政治自由和更加广泛的繁荣才会出现。几乎所有这些发展都依赖于人们教育水平的提高。农民可以不识字而活一辈子，而商人、金融业者、制造者、律师、医生、教师、旅馆店主、演员等等则需要识字识数，并且，如果社会需要进一步发展，他们中的一部分需要受到高等教育。我们可以发现这些社会和经济的发展以一种日益增加的广度在17和18世纪的北美和欧洲广泛发生，而这远早于这些国家中的任何一个建立起民主政体的时间。在中世纪的欧洲，只有僧侣和极小一部分职业者有读写能力。到18世纪，大多数处于中产阶级的人们都识字了，因为他们都参与到了政治、资产管理、贸易、金融、制造或博学职业里了。他们中的大多数生活在城镇或在城镇里度过了相当长的时间。在大一些的城镇，人们建立了学校来教育这些人，印刷文化的出现使他们能够与远隔千里的人们进行交流。当经济的发展依赖能操作复杂机器、能在不同城镇和不同国家间进行交易、能为更为富有的人提供服务的工人时，国家就有必要将教育机会扩大到普通工人的身上了。英国从19世纪30年代开始普及初等教育，从70年代开始普及中等教育——这同样是发生在普及投票权之前。类似的教育发展可以在西欧和北美的很多国家里观察到。统治精英和政府并非因为大众通过民主改革获得了权利才为他们普及免费教育，而是因为有文化的劳动力和受过高等教育的职业者能大大加速经济的增长，能够产生一种更好的生活方式，而这有利于精英和他们所统治的国家。

  北美和欧洲在二战之后经济发展上的巨大成功是在人们称作"民主"的政治制度下取得的，但它们实际上有着非常不同的政治结构。荷兰和瑞典单独而言与美国一样，甚至比美国更加繁荣，但它们的社会福利体系比美国全面得多，政府对经济的干预也大得多。日本、印度和韩国经济很成功，民主体制和社会价值则更为不同。中国和新加坡有着非常成功的经济和差异巨大的政治和社会体系。最近几周，一个向来致力于自由资本主义经济的美国共和党政府也感到必须像社会主义政府那样干预银行业和金融业了。很明显，经济上的成功，民众的福祉能够通过各种不同的政治制度和社会体系来实现。现代时期令人叹为观止的经济和社会的大发展发端于西欧和北美，但是我们看到这种大发展被模仿并传播到了世界各地，尤其是亚洲以及巨大的经济体如中国、日本和印度。如果我们想要在世界范围内达到和谐与繁荣，这些重大发展必须传播得更为广泛。然而我们看到的是，它们的产生并不取决于要首先建立民主政体。在刚才所讲到的这些社会和经济上的发展在世界上得到更为广泛的传播的同时，它们当然有可能带来更多的民主政体的发展。但是其他政治制度和经济体制优于民主的可能性还是一直存在的。历史学者知道个人和国家总是处于一种既没有清晰开头又没有明显结尾的复杂过程之中。不管法兰西斯·福山

（Francis Fukuyama）在他的书中怎么说，今天的资本主义经济和民主政治制度绝不标志着"历史的终结与最后一个人"。

三

今天，北京论坛的与会者中大多数都不在政府机构里工作，没有参与立法或管理大型经济实体。我们之中几乎没有人能通过政治手段使世界变得更加和谐，或通过直接管理经济发展为全人类增加福祉。但是我们能够通过参与对教育、理解和合作的推动，来间接地、但仍然强有力地增进和谐与繁荣。

首先，我们几乎都不同程度地参与到了教育之中，如我所指出的，教育的推广对政治和经济有着深远的影响，是很多社会进步和经济繁荣的根本所在。正如我所指出的，在人类历史的大多数时间里，人们不会使用文字，只有很小一部分人接受过高等教育。每一个从贫穷、落后、只能供给一小部分精英的经济体转变为大多数人居住在城镇，参与贸易、金融、制造及服务业，生活层次得到极大提升的经济体的社会，都是因为教育机会的增长和深化造就了它们的转变。现在世界上的贫困国家和欠发达国家，很多都在撒哈拉以南地区，只要这些国家的很多民众依然连初等教育都无法获得，无法识字，它们的状况将持续下去。这些国家急缺的正是受过良好教育的公民。如果我们研究20世纪末世界上最发达和繁荣的国家，我们会发现，它们都已经从初等和中等教育的普及升华到了高等教育的普及。美国有着世界上最好的大学，为一小部分年轻人提供了非常优秀的教育。但同时美国也拥有超过2300所四年制的本科大学和学院以及近2000所授予准学位的社区大学。日本拥有超过700所的高等教育机构，法国超过500所，德国超过350所。英国现在拥有200多所授予学位的大学和学院，每一个的规模均比以前扩大了许多，同样的还有数量庞大的继续教育学院。现在世界上最发达的经济体正在为其超过30%的适龄国民提供高等教育，有些国家甚至试图把这个比例提高到50%。最近几十年最令人叹为观止的增长是大学毕业的女性人数。因为女性在养育后代方面仍扮演着主要角色，这为她们在影响下一代发展方面提供了一个特别重要的角色。

近年来，世界惊叹于中国经济的崛起，接下来是惊叹印度经济的崛起。我坚信，教育在这方面发挥了至关重要的作用。1980年，当我第一次来中国讲学的时候，中国的大学刚刚重新开放。我遇到了大约30个学生，他们非常聪明，非常刻苦并对学习充满热情（很高兴他们中的一两个今天也在场），但是，在那个时候，中国人上大学的比例还是非常低的，尤其是女性，而且中国大学在例如图书馆、实验室和设备等资源方面非常落后，无法和我所知道的任何英国、西欧和美国的大学相比。但从那时起，我对中国大学教育的扩大和发展印象深刻。中国今天的大学生数量要多得多，尤其是女性，高等教育的资源也处在一个高得多的水平上。一直以来中国的高等教育拥有世界上最好的一部分人力资源，在近年，又为这一优秀的智力库提供了建设高质量大学所需的物质资源。对我来说，很明显中国近年来令人惊讶的经济成功以及中国文化以新的形式的绽放与此间的教育变革是密不可分的。中国现在拥有一些世界上最好的大学以及最为优秀的师生。人们在亚洲其他地方也可以看到这些令人羡慕的发展。看看世界大学的排行榜，就可以找到很多东亚的国家，如日本、韩国和新加坡，它们也在提升自己的地位。

教育使学生有能力从事当今知识经济里的各种工作，同时也丰富了他们的生活，使他们为自己的行为，为他们周围的世界，为他们所处的政治社会的健康、繁荣和福祉负起更大的责任。他们对自己有了更大的控制，更大的自治权使他们对如何生活有了更多的选择。

此次北京论坛的与会者们能够增进文明间的和谐关系和推动不同文明的更大的繁荣的第二种方式，是促进对人性和我们所居住的世界的更深入的理解。不管我们研究的是什么领域，我们都或多或少地对我们自己有了更多的了解，对生活在不同社会、有着不同历史和文化的人们的相似和差异有了更大的理解，对我们的环境有了更好的理解，对我们可以藉以改善生活的医学、科技的发展有了更好的理解。如果我们不能了解我们自己和别人，如果我们不能像在北京论坛里这样自由讨论，如果我们不在本国以外进行研究和教学，如果我们不对环境所面临的威胁加以控制，如果我们不获取更多的医学知识或研究怎样更好地满足身心需求，我们就不能够取得和谐或繁荣。我们通过增强我们对所有人和所有环境的理解来延续自我和这个世界。来中国将近三十年，我所看到的是中国如何向世界打开大门的，越来越多的中国人是如何有了外国生活的直接经验或者对世界其他地方生活的一定知识。1980年，我的学生中有些从没有见过英国人，没有一个曾出国留学或旅游。现在，他们中有些人旅行得比我还要多，在外国度过的时间比我还要长。1855年，黄宽（Wong Fun）是中国第一个毕业于欧洲医学专业的学生，他所毕业的大学就是爱丁堡大学。如今，有超过500名的中国学生就读于爱丁堡大学的各个专业。这一学期首次有超过7000名的中国学生进入了英国的高等教育体系，有70000名中国学生正在英国进行不同层次的学习。在美国，也有几乎同样多的中国学生，还有很多中国学生在其他国家学习。在输出学生方面，中国并不是唯一的国家，印度向美国输出的学生更多，向英国输出的也很多。同样的，还有其他亚洲国家如韩国，新加坡和马来西亚。报纸、电视和互联网将世界其他地方的新闻带到中国，而中国的发展也被有一定深度地报道给全世界。数以亿计的人观看了最近的北京奥运会，并对其高水平的组织工作印象深刻。中国电影也走向了世界并获得了很多国际奖项。

最后，北京论坛的与会者都参与到了这一合作项目中，这种合作项目本身就能够推动和谐和良好的国际关系，但这只是广泛的学术合作项目中的一部分，这些合作牵涉到世界上很多大学以及它们的国外合作伙伴。发达国家的学术和教育管理者可以为欠发达和较贫穷国家的教育提供很大的帮助。现在，较发达国家的顶尖大学在研究计划和教学项目方面的合作比以前大大增强。比如我的学校爱丁堡大学，就和北京大学有着正式的合作关系，两校间的历史学者已经在定期互访了。在这里我想说的是，我对三十年来教授中国学生的经历感到非常高兴，这些学生有的现在已经是著名的历史学教授，同样他们也教给我很多东西。我从没在世界其他地方遇到过如此刻苦的学生和如此敬业的学者。在我与外国学者交流的经历中，与中国的交流是最令人兴奋的，而与我有同感的教授不在少数。我与中国的接触改变并丰富了我的生活。它帮助我成为一个世界公民，一个我认为所有学者都应该完成的角色转换。这里，我只给出了目前世界上大学之间巨大的学术交流网络和联合研究教学项目的冰山一角。任何一个大学，比如爱丁堡大学或北京大学，都会有数十个国际合作伙伴，而且全世界都是如此。今年的北京论坛有来自40多个国家或地区的约300名与会者这一事实就说明近年来的学术接触、交流和合作的发展是多么迅速。世界范围内几百个这样的合作必定能帮助推动良好的国际关系的发展，增加不同社会间的和谐交流并促进繁荣更为广泛的传播。

（摘自《聆听智者：北京论坛名家演讲集》，北京大学出版社2012年版）

【导读】2008年以"文明的和谐与共同繁荣——文明的普遍价值和发展趋向"为主题的北京论坛，聚集了约300名来自不同国家和地区、来自不同学科和领域的学者，他们共同讨论中西文化的发展问题。

英国学者哈里·托马斯·狄金森以历史学家的身份，从历史和学术的角度提出知识分子应如何参与到社会和文明的发展中去。他首先指出，作为历史事件，社会和文明的发展是具有复杂性的。对其复杂性的认定是以专业角度思考和推证为基础而完成的。历史学家们往往注重从三个方面来考察一个历史事件，即历史事件发展的原因、使历史事件"如此发生"的各种力量、它在整个历史和社会中的影响和作用力。通过以上思考和推证后发现，各历史事件产生的原因、力量甚至是影响和作用力往往具有不可预料性，及无法全面感知、无法完全发觉的特点。换句话说，有时历史的发展和进步并不能被学术界所了解和感知。原因就在于，历史事件的产生往往具有复杂性，其各因素和要素并不都具有显性特征，而是以"潜伏"的状态存留于历史长河中。

缘于历史发展的复杂性，哈里·托马斯·狄金森强调不要简单地将两个历史事件画上连接符。以考察政治体制和经济繁荣的关系为例，在不同国家、不同地区，二者之间表现出来的关系链是不同的。如考察北美和西欧时，人们往往会认为民主制度与经济繁荣间有着必然联系，但历史学家经过详细考证后会发现，将民主制度与经济繁荣画上连接符的前提性因素很多。首先，必须要满足民主制度实现的条件，如社会的城市化、贸易和制造业的充分发展、稳定的金融机构的建立等等，只有当这些社会和经济条件得到充分满足时，民主制度才能真正得到实现，才能在民主制度与经济繁荣间画上连接符；其次，若要使社会制度和经济状况得到进一步发展，拥有更大的政治自由和更加广泛的繁荣，发展教育则是必要的前提。即使如此，我们也不可断言民主制度与经济繁荣间的联系是必然的，因为历史学家将考察视角转向荷兰、瑞典、日本、中国等国家时，会发现经济繁荣并不只是依赖于民主政体的发展，"其他政治制度和经济体制优于民主（而使经济得到繁荣）的可能性是一直存在的"。所以各种政体下的国家和地区都有望实现本国、本地区的经济繁荣。

最后，哈里·托马斯·狄金森分析了知识分子该如何有效推动经济繁荣和社会进步的问题。他认为，知识分子可以通过推广教育、提高教育水平来帮助和推动经济的发展和社会的进步；可以通过提升学生的工作能力、丰富他们的生活、改变他们的行为方式，即通过教育学生间接地推动社会的健康发展；通过各学科领域的深入发展，促进人类对世界和环境的了解，以此增进各国家、各文明间的和谐关系，推动不同文明的共同繁荣和发展；还可以通过国际学术交流促进国际合作，推动国际关系的良性发展，使各国共享繁荣与进步。

（杨　艳）

第四编　学术要义

思想自由和讨论自由（节录）

［英］密尔

　　这样一个时代，说对于"出版自由"，作为反对腐败政府或暴虐政府的保证之一，还必须有所保护，希望已经过去。现在，我们可以假定，为要反对允许一个在利害上不与人民合一的立法机关或行政机关硬把意见指示给人民并且规定何种教义或何种论证才许人民听到，已经无需再作什么论证了。并且，问题的这一方面已由以前的作家们这样频数地又这样胜利地加以推进，所以此地就更无需特别坚持来讲了。在英国，有关出版一项的法律虽然直到今天还和在都铎尔（Tudors）朝代一样富于奴性，可是除在一时遇到某种恐慌而大臣们和法官们害怕叛乱以致惊慌失态的时候而外，却也不大有实际执行起来以反对政治讨论的危险；而一般说来，凡在立宪制的国度里，都不必顾虑政府——无论它是不是完全对人民负责——会时常试图控制发表意见，除非当它这样做时是使自己成为代表一般公众不复宽容的机关。这样说来，且让我们假定政府是与人民完全合一的，除非在它想来是符合于人民心声时从来就不想使出什么压制的权力。但是我所拒绝承认的却正是人民运用这种压力的权利，不论是由他们自己来运用或者是由他们的政府来运用。这个权力本身就是不合法的。最好的政府并不比最坏的政府较有资格来运用它。应合公众的意见来使用它比违反公众的意见来使用它，是同样有害，或者是更加有害。假定全体人类减一执有一种意见，而仅仅一人执有相反的意见，这时，人类要使那一人沉默并不比那一人（假如他有权力的话）要使人类沉默较可算为正当。如果一个意见是除对所有者本人而外便别无价值的个人所有物，如果在对它的享用上有所阻碍仅仅是一种对私人的损害，那么若问这损害所及是少数还是多数，就还有些区别。但是迫使一个意见不能发表的特殊罪恶乃在它是对整个人类的掠夺，对后代和对现存的一代都是一样，对不同意于那个意见的人比对抱持那个意见的人甚至更甚。假如那意见是对的，那么他们是被剥夺了以错误换真理的机会；假如那意见是错的，那么他们是失掉了一个差不多同样大的利益，那就是从真理与错误冲突中产生出来的对于真理的更加清楚的认识和更加生动的印象。

有必要对上述两条假设分别作一番考虑，每条在与之相应的论据上自有其各别的一枝。这里的论点有两个：我们永远不能确信我们所力图室闭的意见是一个谬误的意见；假如我们确信，要室闭它也仍然是一个罪恶。

第一点：所试图用权威加以压制的那个意见可能是真确的。想要压制它的人们当然否认它的真确性。但是那些人不是不可能错误的。他们没有权威去代替全体人类决定问题，并把每一个别人排拒在判断资料之外。若因他们确信一个意见为谬误而拒绝倾听那个意见，这是假定他们的确定性与绝对的确定性是一回事。凡压默讨论，都是假定了不可能错误性。它的判罪可以认为是根据了这个通常的论据，并不因其为通常的就更坏一些。

对于人类的良好辨识可称不幸的是，在他们实践的判断中，他们的可能错误性这一事实远没有带着它在理论中倒常得到承认的那样分量；即每人都深知自己是可能错误的，可是很少有人想着有必要对自己的可能错误性采取什么预防办法，也很少人容有这样一个假定，说他们所感觉十分确定的任何意见可能正是他们所承认自己易犯的错误之一例。一些专制的君主，或者其他习惯于受到无限度服从的人们，几乎在一切题目上对自己的意见都感有这样十足的信心。有些处境较幸的人，有时能听到自己的意见遭受批驳，是错了时也并不完全不习惯于受人纠正——这种人则是仅对自己和其周围的或素所顺服的人们所共有的一些意见才予以同样的无限信赖；因为，相应于一个人对自己的孤独判断之缺乏信心，他就常不免带着毫不置疑的信托投靠在一般"世界"的不可能错误性。而所谓世界，就每个个人说来，是指世界中他所接触到的一部分，如他的党、他的派、他的教会、他的社会阶级；至于若有一人以为所谓世界是广泛到指着他自己的国度或者他自己的时代，那么，比较起来，他就可称为几近自由主义的和心胸广大的了。这个人对于这种集体权威的信仰，也绝不因其明知其他时代、其他国度、其他党、其他派、其他教会和其他阶级过去曾经和甚至现在仍然抱有正相反的思想这一事实而有所动摇。他是把有权利反对他人的异己世界的责任转交给他自己的世界了；殊不知决定他在这无数世界之中要选取哪个作为信赖对象者乃仅仅是偶然的机遇，殊不知现在使他在伦敦成为一个牧师的一些原因同样也会早使他在北京成为一个佛教徒或孔教徒——而这些他就不操心过问了。可是，这一点是自明的，也像不拘多少论据能够表明的那样，时代并不比个人较为不可能错误一些；试看，每个时代都曾抱有许多随后的时代视为不仅伪误并且荒谬的意见；这就可知，现在流行着的许多意见必将为未来时代所排斥，其确定性正像一度流行过的许多意见已经为现代所排斥一样。

对于上述论据看来要提出的反驳，大概会采取如下的形式。这就是要说，在禁止宣传错误这件事情中比在公共权威本着自己的判断和责任所做的其他事情中，并不见更多地冒认了不可能错误性。判断传给人们，正是为了他们可以使用它。难道可以因为判断会被使用错误，就告诉人们完全不应使用它吗？要禁止在他们想来是有害的事，并不等于要求全无错误，而正是尽其分所固有的义务要本其良心上的信念而行动，纵使可能错误。假如我们因为我们的意见可能会错就永不本着自己的意见去行动，那么我们势必置自己的一切利害于不顾，也弃自己的一切义务而不尽。一个适用于一切行为的反驳，对于任何特定的行为就不能成为圆满无缺的反驳。这是政府的也是个人的义务，要形成他们所能形成的最真确的意见；要仔细小心地形成那些意见，并且永远不要把它们强加于他人，除非自己十分确信它们是对的。但是一到他们确信了的时候（这样的推理者可以说），若不畏怯退缩而不本着自己的意见去行动，并且听任一些自己真诚认为对于人类此种生活或他种生活的福利确有危险的教义毫无约束地向外散布，那就不是忠于良心而是怯懦了。因为在过去较欠开明的年月里其他人们曾经迫害过现在相信为真确的意见，人们就会说，让我们小心点，不要犯同样的错误吧；但是政府和国族也在其他事情上犯过错误，而那些事情却并未被否认为适于运用权威的题目。它们曾征收苛税，曾进行不正当的战争；我们难道应该因此就不收税，就在任何挑衅之下也不进行战争么？人、政府，都必须尽其能力所及来行动。世界上没有所谓绝对确定性这种东西，但是尽有对于人类生活中各种目的的充足保证。我们可以也必须假设自己的意见为真确以便指导我们自己的行为；而当我们去禁止坏人借宣传我们所认为谬误和有害的意见把社会引入邪途的时候，那就不算是什么假设了。

对于这个反驳，我答复道：这是假定得过多了。对于一个意见，因其在各种机会的竞斗中未被驳倒故假定其为真确，这是一回事；为了不许对它驳辩而假定其真确性，这是另一回事：二者之间是有绝大区别的。我们之所以可以为着行动之故而假定一个意见的真确性，正是以有反对它和批驳它的完全自由为条件；而且也别无其他条件能使一个像具有人类精神能力的东西享有令他成为正确的理性保证。

我们且就意见史或人类生活中的普通行为想一下，试问，这个人或那个人之所以不比他们现在那样坏一些，这应归因于什么呢？当然不应归之于人类理解中固有的力量，因为，对于一桩不是自明的事情，往往会有九十九个人完全无能力而只有一个人有能力对它做出判断，而那第一百位的能力也只是比较的；因为，在过去的每一代中，都有多数杰出的人主张过不少现在已知是错误的意见，也曾做过或赞成过许多现在没有人会认为正当的事情。可是在人类当中整个说来究竟是理性的意见和理性的行为占优势，那么这又是什么原故呢？假如果真有这种优势的话——这必定是有的，否则人类事务就会是并且曾经一直是处于几近绝望的状态——其原故就在于人类心灵具有一种品质，即作为有智慧的或有道德的存在的人类中一切可贵事物的根源，那就是，人的错误是能够改正的。借着讨论和经验人能够纠正他的错误。不是单靠经验。还必须有讨论，以指明怎样解释经验。错的意见和行事会逐渐降服于事实和论证；但要使事实和论证能对人心产生任何影响，必须把它们提到面前来。而事实这东西，若无诠释以指陈其意义，是很少能够讲出自己的道理的。这样说来，可见人类判断的全部力量和价值就靠着一个性质，即当它错了时能够被纠正过来；而它之可得信赖，也只在纠正手段经常被掌握在手中的时候。如果有一人，其判断是真正值得信任，试问它是怎样成为这样的呢？这是因为他真诚对待对他的意见和行为的批评。这是因为，他素习于倾听一切能够说出来反对他的言语，从其中一切正当的东西吸取教益，同时对自己，间或也对他人，解释虚妄的东西的虚妄性。这是因为，他深感到一个人之能够多少行近于知道一个题目的全面，其唯一途径只是聆听各种不同意见的人们关于它的说法，并研究各种不同心性对于它的观察方式。一个聪明人之获得聪明，除此之外绝无其他方式；就人类智慧的性质说，要变成聪明，除此之外也别无他样。保有一种稳定的习惯要借着与他人的意见相校证来使自己的意见得以改正和完备，只要不致在付诸实行中造成迟疑和犹豫，这是可以对那意见寄以正当信赖的唯一的稳固基础。总之，一个人既经知道了一切能够（至少是明显地）说出来的反对他的言语，而又采取了反对一切反驳者的地位——深知自己是寻求反驳和质难而不是躲避它们，深知自己没有挡蔽能够从任何方面投到这题目上来的任何光亮——这时他就有权利认为自己的判断是比那没有经过类似过程的任何人或任何群的判断较好一些。

即使人类当中最聪明的也即最有资格信任自己的判断的人们所见到的为信赖其判断所必需的理据，也还应当提到少数智者和多数愚人那个混合集体即所谓公众面前去审核，这要求是不算过多的。教会当中最称不宽容的天主教会，甚至在授封圣徒时还容许并且耐心倾听一个"魔鬼的申辩"。看来，对于人中最神圣的人，不到魔鬼对他的一切攻讦都已弄清并经权衡之后，也不能许以身后的荣誉。即使牛顿（Newton）的哲学，若未经允许加以质难，人类对它的真确性也不会像现在这样感到有完全的保证。我们的一些最有根据的信条，并没有什么可以依靠的保护，只有一份对全世界的长期请柬邀请大家都来证明那些信条为无所根据。假如这挑战不被接受，或者被接受了而所试失败，我们仍然是距离确定性很远；不过我们算是尽到了人类理智现状所许可的最大努力，我们没有忽略掉什么能够使真理有机会达到我们的东西；假如把登记表保持敞开，我们可以希望，如果还有更好的真理，到了人类心灵能予接受时就会把它找到；而同时，我们也可以相信是获得了我们今天可能获得的这样一条行近真理的进路。这就是一个可能错误的东西所能获得的确定性的数量，这也是获得这种确定性的唯一道路。

奇怪的是，人们既已承认赞成自由讨论的论据的真实性，却又反对把这些论据"推至其极"；他们没有看到，凡是理由，若不在极端的情事上有效，就不会在任何情事上有效。奇怪的是，他们既已承认对于一切可能有疑的题目都应有自由讨论，却又认为有些特定原则或教义因其如此确定——实在是他们确信其为确定——故应禁止加以质难；而还想这不算是冒认不可能错误性。须知对于任何命题，设使还有一人倘得许可就要否认其为确定，但却未得许可，这时我们若迳称为确定，那就等于把我们自己和同意于我们的人们假设为对于确定性的裁判者，并且是不听他方意见的裁判者。

在今天这个被描写为"乏于笃信而怖于怀疑"的时代里——在这里，人们之确信其意见为真确不及确信若无这些意见便不知要做什么那样多——要求一个意见应受保护以免于公众攻击的主张，依据于意见的真确性者少，依据于它对社会的重要性者多。人们申说，有某些信条对于社会福祉是这样有用——且不说是必不可少——所以政府有义务支持它们，正和有义务保护任何其他社会利益一样。在这样必要并且这样直接列于政府义务之内的情事面前，人们主张说，就是某种不及不可能错误性的东西，也足以使政府有权甚至也足以迫令政府，在人类一般意见支持之下，依照其自己的意见去行动。人们还时常论证，当然更时常思想，只有坏人才要削弱那些有益的信条；而约束坏人并禁阻只有坏人才会愿做的事，这总不能有错。这种想法是把束缚讨论的正当化问题说成问题不在教义的真确性而在其有用性；并借此迎合它自己而逃避自许为对于意见的不可能错误的裁判者的责任。他们这样迎合他们自己，却没有看到其实只是把对于不可能错误性的假定由一点转移到另一点。一个意见的有用性自身也是意见问题：和那意见本身同样可以争辩，同样应付讨论，并且要求同样多的讨论。要判定一个意见为有害，与要判定它为谬误，同样需要一个不可能错误的裁判者，除非那被宣判的意见有充分的机会为自己辩护。再说，若谓对于一个异端者虽然不许他主张其意见的真确性，也可以许他主张其意见的功利性或无害性，这也是不行的。一个意见的真确性正是其功利性的一部分。假如我们想知道要相信某一命题是否可取，试问，我们可能全不考虑到它是否真确吗？在不是坏人的而是最好的人的意见说来，没有一个与真确性相反的信条能是真正有用的；若当这种人因否认人们告诉他是有用的但他自己相信是谬误的某项教义而被责为渎犯者时，试问，你能阻止他们力陈这一辩解吗？其实，凡站在公认意见这一边的人，从来不曾放弃对于这一辩解的一切可能的利用；你不会看到他们处理功利性问题真像能够把它完全从真确性问题抽出来，恰恰相反，最主要的，正因为他们的教义独是"真理"，所以对于它的认识和信仰才被坚持为必不可少。在有用性问题的讨论上，若是如此重要的一个论据只可用于一方而不可用于他方，那就不能有公平的讨论。并且，从事实来看，当法律或公众情绪不允许对于一个意见的真确性有所争辩的时候，它们对于否认那个意见的有用性也同样少所宽容。它们最多只会容让到把那个意见的绝对必要性或者拒绝它的真正罪过减弱一些。

为了更加充分地表明只因我们已在自己的判断中判处了某些意见遂拒绝予以一听之为害，我想若把这讨论限定在一种具体的情事上面是可取的；而我所愿选定的又是对我最无利的一些情事，就是说，在那些情事上，无论在真确性问题或者在功利性问题的争辩纪录上，反对意见自由的论据都是被认作最有力的。且把所要论驳的意见定为信仰上帝和信仰彼界，或者任何一个一般公认的道德方面的教义。要在这样一个战场上作战，实予非公平的敌方以极大的优势；因为他们无疑要说（许多不要不公平的人则在心里说）：难道这些教义你还不认为足够确定而应在法律保护之下来采取的吗？难道信仰上帝也算那类意见之一，若予确信，你就说是冒认了不可能错误性吗？但是必须允许我说，并不是确信一个教义（随它是什么教义）就叫作冒认不可能错误性。我所谓冒认不可能错误性，是说担任代替他人判定那个问题，而没有允许他人听一听相反方面所能说出的东西。即使把这种冒认放在我的最严肃的信念这一边，我也仍要不折不扣地非难它和斥责它。任何一个人的劝说无论怎样积极有力，不仅说到一个意见的谬误性，并且说到它的有害后果，不仅说到它的有害后果，并且说到它的（姑且采用我所完全鄙弃的语词）不道德和不敬神；但是，只要他在从事追求那一私的判断时——虽然也享有国人或时人的公众判断的支持——阻挡人们听到对于那个意见的辩护，他就是冒认了不可能错误性。对于这种冒认，还远不能因其所针对的意见被称为不道德或不敬神就减少反对或者认为危险性较少，这乃是有关一切其他意见而且是最致命的一点。正是在所谓不道德或不敬神的场合上，一代的人曾经犯了引起后代惊诧和恐怖的可怕错误。正是在这类情事中，我们看到了历史上一些难忘的事例，当时法律之臂竟是用以铲除最好的人和最高尚的教义；在对人方面竟获得可痛心的成功，虽然有些教义则保存下来，借以（仿佛讽刺似地）掩护向那些对它们或对它们的公认解释持有异议的人们进行同样的行为。

　　向人类提醒这样一件事总难嫌其太频吧，从前有过一个名叫苏格拉底（Socrates）的人，在他和他那时候的法律权威以及公众意见之间曾发生了令人难忘的冲突。这个人生在一个富有个人伟大性的时代和国度里，凡最知道他和那个时代的人都把他当作那个时代中最有道德的人传留给我们；而我们又知道他是以后所有道德教师的领袖和原型，柏拉图（Plato）的崇高的灵示和亚里士多德（Aristotle）的明敏的功利主义——"配成健全色调的两位宗匠"这是道德哲学和一切其他哲学的两个泉眼——同样都以他为总源。这位众所公认的有史以来一切杰出思想家的宗师——他的声誉到两千多年后还在继长增高，直压倒全部其余为其祖国增光生辉的名字——经过一个法庭的裁判，竟以不敬神和不道德之罪被国人处死。所谓不敬神，是说他否认国家所信奉的神祇；真的，控诉他的人就直斥他根本不信仰任何神祇。所谓不道德，是就他的教义和教导来看，说他是一个"败坏青年的人"。在这些诉状面前，有一切根据可以相信，法官确是真诚地认为他有罪，于是就把这样一个在人类中或许值得称为空前最好的人当作罪犯来处死了。

　　再举另一个司法罪恶的事例，这件事即使继苏格拉底处死事件之后来提，都不显得是高峰转低，这就是一千八百多年以前发生在加尔瓦雷（Calvary）身上的事件。这个人，凡曾看到他的生活和听到谈话的人都在记忆上对于他的道德之崇高伟大留有这等印象，以致此后十八个世纪以来人们都敬奉为万能上帝的化身。他竟被卑劣地处死了。当作什么人呢？当作一个亵渎神明的人。人们不仅把加惠于他们的人误解了，而且把他误解得与他之为人恰正相反，把他当作不敬神的巨怪来对待，而今天却正是他们自己因那样对待了他而被认为是这样的了。人类今天对于那两桩令人悲痛的处分，特别是二者之中的后者的反感，又使得他们对于当时不祥的主演者的论断陷入极端的不公允。那些主演者，在一切方面看来，实在并非坏人，并不比普通一般人坏些，而且毋宁正是相反；他们具有充分的或者还多少超过充分的那个时代和人民所具有的宗教的、道德的和爱国的情感；他们也是这样一类的人，即在包括我们自己的时代在内的任何时代里也有一切机会可以在不遭谴责而受尊重中过其一生的。那位大牧师，当他扯裂自己的袍服而发出那些在当时国人的一切观念之下足以构成最严重罪行的控词的时候，他的惊惧和愤慨完全可能出于真诚，正如今天一般虔诚可敬的人们在其宗教的和道德的情操方面的真诚一样；而同样，多数在今天对他的行为感到震栗的人们，假如生活在他的时代并且生而为犹太人，也必已采取了恰恰如他所曾采取的行动。有些正统基督教徒总容易想，凡投石击死第一批殉教者的人必是比自己坏些的人，他们应当记住，在那些迫害者之中正有一个是圣保罗（Saintpaul）呢。

　　让我们再加举一例，若从陷入错误者本人的智慧和道德来量这个错误的感印性，这可说是最动人心目的了。假如曾经有过一个人，既享有权力，还有根据可以自居为时人中最好和最开明的人，那就只有马卡斯奥吕亚斯大帝（EmperorMarcusAurelius）了。作为整个文明世界的专制君主，他一生不仅保有最无垢的公正，而且保有从其斯多噶（Stoic）学派教养中鲜克期待的最柔和的心地。所能归给他的少数缺点都只在放纵一方面；至于他的著作，那古代人心中最高的道德产品，则与基督的最称特征的教义只有难于察见的差别，假如还有什么差别的话。这样一个人，这样一个在除开教条主义以外的一切意义上比以往几乎任何一个彰明昭著的基督徒元首都要更好的基督徒，竟迫害了基督教。他居于人类先前一切成就的顶巅，他具有开敞的、无束缚的智力，他具有导引他自己在其道德著作中体现基督理想的品性，可是他竟未能看到基督教对于这世界——这世界是他以对它的义务已经深深投入的——乃是一件好事而不是一个祸害。他知道当时的社会是处于一种可悲的状态。尽管如此，可是他看到，或者他想他看到，这世界是借着信奉已经公认的神道而得维持在一起并免于变得更糟的。作为人类的一个统治者，他认为自己的义务就在不让社会四分五裂；而他又看不到，社会现存的纽带如经解除又怎样能够形成任何其他纽带来把社会重新编结起来。而新的宗教则是公然以解散那些纽带为宗旨的。因此，除非他的义务是在采取那个宗教，看来他的义务就在把它扑灭了。这样，由于基督教的神学在他看来不是真理或者不是源于神旨；由于那种钉死在十字架的上帝的怪异历史在他想来殊难置信，而这样一个全部建筑在他所完全不能相信的基础上的思想体系在他自然不能想见其成为那种调整的动力（殊不知事实上，它即经一切削弱之后仍已证明是那样的）；于是这位最温和又最可亲的哲学家当统治者，在一种庄严的义务感之下，竟裁准了对基督教的迫害。这件事在我心里乃是全部历史中最富悲剧性的事实之一。我一想到，假如基督徒的信仰是在马卡斯奥吕亚斯的庇护之下而不是在君士坦丁（Constantine）的庇护之下被采为帝国的宗教，那么世界上的基督教不知早已成为怎样大不相同的东西，我思想上便感到痛苦。但是应当指出，在马卡斯奥吕亚斯想来，凡能为惩罚反基督的教义提供的辩解没有一条不适用于惩罚传播基督教，如他所实行的；我们若否认这一点，对他便有失公允，与实际亦不相符。没有一个基督徒之相信无神论为谬误并趋向于使社会解体，比马卡斯奥吕亚斯之相信基督教便正是这样，能说是更为坚定的了；而他在当时所有人之中还应该被认为最能理解基督教的呢。这样看来，我便要劝告一切赞成惩罚宣播意见的人，除非他谄许自己比马卡斯奥吕亚斯还要聪明还要好——比他更能深通所处时代的智慧，在智力上比他更为高出于时代的智慧，比他更加笃于寻求真理，而在寻得真理之后又比他更能一心笃守——他就该深自警戒，不要双重地假定自己的和群众的不可能错误性，须知那正是伟大的安徒尼拿斯（Antoninus）所作所为而得到如此不幸的结果的。

  宗教自由的敌人们也觉到，若不用什么论据把马卡斯·安徒尼拿斯说成正当，就不可能替使用惩罚办法来束缚不信宗教的意见的行为辩护；他们在被逼紧的时候间或也承认上述的结果；于是他们就说，就随着约翰生博士（Dr. johnson）一道说：迫害基督教的人还是对的；迫害乃是天机早定的一个大难，真理应当通过而且总会胜利通过的，因为法律的惩罚最后终于无力反对真理，虽然反对为害的错误时则有时发生有益的效果。这是替宗教上的不宽容进行论证的一种形式，这种形式应引起足够的注意，而不应忽略过去。

  这种因迫害无能加害于真理遂称迫害真理为正当之说，我们固不能即斥为对于接受新真理故意怀有敌意，但那样对待加惠人类的人们致使人类有负于他们的办法,我们实不能称为宽厚。须知,对世界发现出一些与它深切有关而为它前所不知的事物,向世界指证出它在某些关系俗界利益或灵界利益的重大之点上曾有所误解,这乃是一个人力所能及的对其同胞的重大服务,在某些情事上正和早期的基督徒和以后的改革者的贡献同样重大,这在与约翰生博士想法相同的人也相信这是所能赠献与人类的最宝贵的礼物。可是这个学说竟认为,作出这样出色的惠益的主人所应得的报答却是以身殉道,对于他们的酬报却应是当作最恶的罪人来对待,而这还不算人类应该服麻捧灰以示悲悼的可悲痛的错误和不幸,却算是事情的正常的并可释为正当的状态。依照这个学说,凡提倡一条新真理的人都应当象并且已经象站在乐克里人(Locri-ans)立法会议中那样,要建议一条新法律时,脖颈上须套一条绞索,一见群众大会听他陈述理由之后而不当时当地予以采纳,便立刻收紧套绳,把他勒死。凡替这种对待加惠者的办法辩护的人,我们不能设想他对那个惠益会有多大评价;而我相信,持有这种看法的人必是认为新真理或许一度是可取的,但现在我们已经有了足够的真理了。

至于说真理永远战胜迫害,这其实是一个乐观的伪误,人们相继加以复述,直至成为滥调,实则一切经验都反证其不然。历史上富有迫害行为压灭真理的事例。即使不是永远压灭,也使真理倒退若干世纪……

(摘自《论自由》,商务印书馆1958年版,许宝骙译)

【导读】 约翰·斯图亚特·密尔(1806—1873)是英国十九世纪博学多才的思想家。其父詹姆斯·密尔(James Mill, 1773—1836)是英国古典经济学的奠基人之一,激进主义的重要代表人物。密尔在其父的影响下,在哲学、逻辑学、政治学及社会学等诸多领域均有很深的造诣,最终成为西方自由主义思想的集大成者。他一生著述丰富,《论自由》是其自由主义思想的代表性著作,在人类思想史上占有突出地位,至今影响深远。

密尔的《论自由》出版于1859年,全书共分五章,以公民自由为中心,由"引论""论思想自由和讨论自由""论个性为人类福祉的因素之一""论社会驾于个人的权威的限度""本文教义的应用"组成。其中"论思想自由和讨论自由"占据该书三分之一的篇幅,集中论述了言论自由的重要性,指出保障思想自由和讨论自由是获得和完善真理的重要前提和条件。

密尔对思想和讨论自由的阐述,其落脚点并不止于获取自由,而是上升到真理的发展；其终极目标既包括个人幸福，也包括了社会的进步。虽然密尔的自由主义是以功利主义为哲学基础的，他所提倡的自由也是以功利为原则的，他坦言："的确，在一切道德问题上，我最后总是诉诸功利的。"不过，密尔的"功利"是广义的，是以兼顾个人幸福和社会进步为目标的功利。他围绕如何发现真理、掌握真理、维护真理、发展真理进行论述，认为无论是从功利的角度还是人类历史发展的角度来说，思想和讨论的自由都有助于社会每个成员的精神提升、个性发展、智力活跃，从而推动人类社会的整体进步。

密尔坚持言论自由的关键原因之一是，他认为人类认识是易于犯错的："对于人类良好的判断力来说，不幸的是，他们易于犯错的这一点在实际判断中所产生的情况远超过理论上所许可的程度。"因为每个人甚至每个时代（或者说集体），受空间和时间的局限，其见识都是有限的，都是会犯错的。"就像任何证据都可以证实一样，时代并不比个人不会犯错；每一个时代所持有的许多见解都被后来的时代不仅视为是错误的，而且是荒谬的。"而要使人类尽可能地突破局限，让错误得以纠正，就必须要通过讨论的方式。"通过讨论和经验，他有能力纠正自己的错误；不过不能单靠经验，还必须有讨论。通过讨论知道应该如何去解读经验。"如此，"错误的意见和实践让位于事实和争辩"，让错误在争辩的过程中得到纠正，并获得智慧。由此他强调"真理必有赖于两组相互冲突的理由的公平较量"，"因为经过真理与谬误的碰撞，会让人们对真理有更清晰的体会和更生动的印象"。

其次，他认为思想自由和讨论自由是个性发展和精神发展的重要前提。他以历史上社会权威压制和阻止个人言论的事件为例，说明只有打破精神垄断，才能使思想得到解放，个人才能方可得到发展和完善；只有否认某个特定原则或学说是绝对肯定的，才能保持智力的活跃，才能实现思想和文化的繁荣；只有提出某种所谓"错误的学说"不再受到处罚时，才能形成公民的独特个性，才会出现伟大的思想家；只有法律的武器不再用来铲除最优秀的人和最崇高的学说时，人的尊严才能真正得到体现，真理才不会被压制。

密尔以详细而缜密的方式，论证了思想自由与讨论自由对个人的个性发展、社会的良性进步、真理的完善发展的重要性，在他看来，思想和讨论自由是人类追求自由的重要前提和基础，是属于公民的最基本权利，保障公民的思想和讨论自由是社会进步的重要标志。

（杨　艳）

学风九编

人文科学的逻辑（节录）

[德] 卡西尔

　　柏拉图曾经说过，惊异其实乃是一种哲学的激情，并且说，一切哲学思维之根本，都可溯源于这一种惊异。假如柏拉图是对的话，便马上产生一问题：最原先唤醒人类的惊异的，并且把人类引导入哲学反省之途径的，到底是一些怎样的对象。它们是一些"物理性"的对象吗？抑或是一些"精神性"的对象呢？此中居枢纽地位的，到底是自然的秩序，抑或是人类自身的创作呢？

　　在这关键上，似乎有一相当直接之假定在显示说，天文学的世界乃是于一片混沌之中首先脱颖而出而被吾人所惊叹的对象。我们几乎于所有伟大的人文宗教传统中都能找到对天体仰慕的情形。透过这一种仰慕，人类得以离开感情的郁抑的樊笼，把自己超拔起来，而活跃地自由自在地对存在之整体作广泛的直观。那一求藉着一些神秘力量去驾驭自然的主观激情终于要隐退了；取而代之，对一普通的客观秩序求作认识这一种向往渐渐抬头了。天体之运行、昼夜之交替，和四时规则性的折返等现象，对人类而言，都是事态的规律性展现的一些伟大的例子。这一事态之展现简直是穷不见根地远迈于人类自身的领域之上，而且是超脱于人类所有意欲与愿望以外的。它既不沾染半点情绪也不沾染半点反复无常性；而这些情绪性与无常性不单普遍存在于人类日常的行为之中，而且正好也刻画出了那"原始"灵异力量的影响。在这一些反省中，一种洞见曙露而出了：那一宇宙事态之展现涉及了一种影响和一种"实在性"，而这种影响与实在性是被范围于一固定的界限之内的，而且是与一种特定的法则相连结的。

　　然而，这样的一种感触立刻便要与另一种感触联结起来。因为除了自然的秩序以外，人类自身的世界中所存在着的秩序对于人类而言，其关系实在是更为接近的。因为人类自身的世界并非只由随意性所控制。个体从他最起初的行动开始，便晓得他自身是被一些他自己无法以一己之力量影响的事物所决定和限制的。而那对他加以约束的，就是风俗习惯的力量。这力量虎视着他的每一举动。不容他享有一瞬刻的行动上的自主。它统辖所及的，不单只是人类的行动，甚至还包括了人类的感受与想像，人类的信仰与幻想。风俗习惯乃是人类存活于斯的一恒久的与持续的气氛；它有如人类所呼吸的空气一般地无法为人类所规避。毫不惊奇地，在人类的思维中，对物理自然世界之直观是无法与对道德人事世界之直观分割的。两种直观是彼此相属的；它们于其根源处是一致的。

所有伟大的宗教其实都把它们的宇宙起源学说和道德学说建立在这一种考虑之上。它们之间似乎有一种共宗之法：它们都共同认为创世神当具足一双重的身份和当担负一双重的职责——即同时作为天文秩序和人事秩序的创制者，和同时使这两种秩序脱离混乱的魔掌。在吉尔甘穆殊叙事诗中，在吠陀经中，乃至在古埃及的创世传说中，我们都可发见这同一种观点。在巴比伦的创世神话里，马杜克即便要与那缺乏形状的混沌——亦即要与怪兽提雅玛——展开斗争。当马杜克战胜了提雅玛后，他便创立了宇宙秩序与法理秩序的种种永恒标记。他规定了星体的轨迹；制定了黄道十二宫的生肖循环；他固定了日、月和年份的次第。与此同时，马杜克还为人类之行为立下了界限，叫人类无法逾分而不遭惩罚；马杜克之为神也，在于彼能"洞察秋毫，诛惩恶贯，做除歪叛，匡持正道。"

与此一人事或道德的秩序相依而立的还有一些其他同样慑人和同样充满神秘感的秩序。因为大凡一切由人类所创造的或一切出自人类双手的事物，都有如一些难以理会的谜一般地萦绕着人类。当人类在观察他自己所一手完成的作品时，似乎简直无法相信他是这些作品的创造者。这些作品似乎凌驾于人类之上；显得不仅不能为某一个体所完成，甚至显得根本是整个人类都不能企及完成一般。若果人类要指出这些作品的根源的话，则他们除了要诉诸一神话性的根源之外，便再无他途了。它们是由一位上帝所创造的。一位救世主把它们自天上带到了世间，并教导了人类如何去使用它们。这一种文化神话贯穿于所有世代和所有民族的神话之中。人类的技术性机巧于过去千百年的历程中所产生的，并不是一些由他们成功地成就出来的事迹，而是一些来自上天的赋给与赐予。每一种工具都有这样的一个超尘世的起源。在许多原始民族中，例如非洲南多哥的艾维部族中，直到今天，他们仍保留一种习俗，就是于每年一度的丰年祭中，对如斧、刨、锯等各种各类的器具作献牲祭典。

与这些物质工具相比较之下，那为人类自己所创造的智性工具，对于人类而言，便更显得高不可攀了。这些智性工具似乎也是一些人力无法企及的力量的展示。此中最好的例子，就是作为一切人际沟通和一切人群社会组织的条件的语言和文字了。那一位手创文字的神祇，于整个神权系谱中一直都被赋给一特殊而且优越的地位。在古埃及的传统里，月神透特便同时是"诸神中的善书者"和天上的裁判者。透特教诸神与众人类知道其各自的位份；因为他决定了事物的尺度。语言与文字即就是这尺度的根源，因为语言和文字除了具备许多能力之外，最重要的，还具有一种能力，足使一切流徙变易的都得到安固，而使其免陷于偶然与随意。

综合上面有关神话和宗教的说明，我们隐约得到一项印象：人类的文化并非单纯地为被给予和单纯地为不言而自明的，相反地，人类文化乃是一种有待诠释的奇迹。但是，要从这一种印象导出一更深邃的自我反省，则人类不仅先要对这一种问题的提出感到有所需求和感到合理，并且还要进一步地去创立一些能够回答这些问题的独特的和自足的程序或"方法"。这一个过渡性的步骤在希腊哲学里首度展现：而这正表征着精神文明的一个重要的转换点。如此地，一种崭新的力量才被发现，只因为这一力量，有关自然的科学和有关人类文化的科学才被孕育出来。神话时代的解释尝试，时而朝向这一现象，时而朝向那一现象，这些神话式的解释尝试的不定多元性如今慢慢消退，取而代之的，人们产生了一种新的想法，承认有所谓存在的贯彻的统一性，而且又认为有一原因上之彻底统一性与上述的统一性相对应。这种统一性只有纯粹的思维能够掌握。那构造神话的想像力的多姿多彩的构作如今要接受思想的批判的考验和被根绝了。

……

在这里，我们只需要构想一下抒情诗的风格之发展史上的一些重要的转换点和重要的高潮，即便可以确实地印证它的这一种基本性格了。藉着把他们的自我倾诉出来的过程，每一个伟大的抒情诗人都让我们认识到一种崭新的对世界之感受。他们把生命和实在以一种吾人以往见所未见的和无法想像的形态显示出来。例如萨福的诗歌、品达的赞歌、但丁的《新生》和彼特拉克的十四行诗，歌德的《西东诗集》，荷尔德林或莱奥帕尔迪的诗句等；这些作品并不单单给我们带来一连串呈现于吾人面前，然后消失，以至于化为乌有的激越的情绪。这些作品是"存在"的，而且是"持续地存在"的。这些作品为我们展现了一种知识，这种知识无法以抽象的概念去掌握，但是却以一些从未被认识的崭新的事物的启示之形式呈现于吾人面前。艺术的一种最大的成就乃是：艺术能够自最特殊之处感受到和认识到那客观普遍的，而自另一方面说，艺术又复能够把它的所有客观内容具体地和特殊地展示于吾人面前，并以最强烈最壮阔的生命去浸润这些客观内容。

(摘自《人文科学的逻辑》，上海译文出版社2013年版，关子尹译)

【导读】恩斯特·卡西尔（1874—1945），德国著名哲学家，为新康德主义马堡学派的重要代表人物。卡西尔一生学术所涉领域甚广，著有《自由与形式》《神话思维的概念形式》《语言与神话》《人论》等。《人文科学的逻辑》一书成于1941年，出版于1942年，与稍后的《人论》一起构成卡希尔晚年文化哲学思考的代表性成果，也是现代西方文化的哲学经典。

卡西尔师从新康德主义中的马堡学派，他一方面不断发展和超越马堡学派的理论，另一方面又不断从欧洲不同时代的人文运动中去吸取养分，关注人文科学的基础问题。在《人文科学的逻辑》一书中，卡西尔就从人文科学的对象、自然与人文的不同感知方式、自然概念与人文概念的差异性、文化形式、文化价值与现代文化悲剧等五个方面入手，解答了人文与人文科学的可能性基础问题。该书除前言外，共五章，分别为：人文科学之对象，事物之感知与表达之感知，自然概念与人文概念，形式问题与原因问题，文化之悲剧。纵观全书，卡西尔借此书达到两个目的：一是阐明人文科学的研究对象并论述其特性；二是透过与自然科学的对比，揭示人文科学的科学性特点。

在第一章中，卡西尔将"符号形式"的思想运用到人类历史的考察过程中，借此思想来研究人文科学的研究对象，同时不断引导读者从"活动"、"功能"和"表达"、"意义"等主题去理解人文科学的对象。卡西尔将人类的各种文化看成各种符号形式，那么人文科学的研究对象就是人类自身的各种符号形式以及这些符号形式的产生与发展。紧接着在第二章中，卡西尔通过分析人类感知的结构，进一步揭示了人文科学的特点。他将人对世界的感知分为两种方式：一是"事物的感知"，二是"表达的感知"。他提出人文科学所要感知的对象并不是"事物"，而是与作为观察者的人具有同样素质的"其他人"。因此，研究人文对象除了要考虑其"物理存在"的层次和"对象表现"的层次外，还涉及其"人格表达"的第三个层次。第三章涉及到人文概念与自然科学中的普遍概念相区别，指出了不能把人文概念简单地归入"描绘性"的或纯属历史性的"事态科学"之中。人文概念的"普遍性"并非一"存在"意义的普遍,而是一"方向"上和"使命"的普遍与统一。第四章中提出"形式"和"原因"作为人们理解世界时的两个典型路径,两者又分别对应于"存在问题"和"变化问题"。最后一章对"文化的悲剧"这一课题进行讨论。卡西尔认为可凭藉康德认为人的文化活动能体现人的尊严之论点得以解脱。他以语言现象为例,指出了语言作为文化成果的"固定性"与语言作为文化创作媒介的"革新性"的意义是同样重要并相辅相成。

卡西尔在他的这本《人文科学的逻辑》中阐释了人文科学的对象及特点,历数了人文科学的价值与责任,建构起人文科学的"科学性"。他的这一人文科学观不仅对西方哲学的发展具有开拓创新的意义,而且还具有较强的现实意义。同时,他也为我们强调了人文科学在这个世界的地位和价值,有利于改变如今重自然科学、轻人文科学,重工具理性、轻人文理性的思想倾向。

(黄 斌)

特立独行的力量

[英] 大卫·洛契弗特

我还是个小女孩的时候,有一天,老师宣布第二天放假,因为住在那高楼大厦里的老人死了,我当时心里纳闷,很多人死了,为什么单单为这个人而放假。

我问司徒华,他是八年级学生,常无所不晓。"他拥有那家工厂!"司徒华对我的无知颇感惊异,"在这一带就算是最有权势的人。"

我们很多人所认为的权势不就是这样的吗?——城中最富有的人,能控制别人的人。

但是权势有许多种面孔。我父亲是新苏格兰的一位善良和蔼的乡下牧师,既无钱亦无声誉。我敢说,没有人怕过他。他64岁的时候,收到旧日教区里一位教堂司事的来信,信上写着:"听说你不久就要退休,你愿不愿意在我们这里定居?我们觉得,如果有你这样诚挚的人居住在我们这里。我们会成为一个更好的社区，更能和睦相处。"

想想看，只要自己特立独行，保持自己的本来面目，就能改变社会。这就是权势。

我想到两千多年前雅典一位平凡的小人物，只因为他发出一些危险的疑问而被处死。他的听众很少，可是如今全世界没有一个识字的人不曾听说过苏格拉底。还有圣雄甘地，他把他的国人从当时世上最强大的帝国手中解放出来，他凭借的就是他所谓的真理的力量。

这些人有什么共同点？他们都是以自己的真实面目发言行事，坚决维护他们的信仰。他们忠于理想，内心纯洁。他们"真实无虚"。

真实无虚可使人获得力量，此生便非虚度。保持自己的本来面目乃是一种自然的、合乎人性的、普遍的力量，随之俱来的是无穷无尽的幸福。

真实不虚的人有许多特点，兹列举如下：

方向感：真实不虚的人能认清自己一生应走的方向。医生薛维泽幼年时，有个朋友提议上山射鸟。薛初颇犹豫，但恐被讥笑，遂随之而去。来到一棵树下，上有群鸟齐鸣，两童乃以石上弩。这时教堂钟声大作，钟声与鸟鸣声混在一起。薛维泽刹时大悟，觉得这是天堂之音。他嘘声驱鸟四散，然后就回家去了。从那天起，在他看起来，对生命的尊重有过于怕被人耻笑。他的抉择是很明确的。

自发的能量：疲乏乃是强迫压抑自我者的普通现象。实际上不是疲倦，而是腻烦。杰克逊医生在她早年所写的心理治疗法入门《战胜我们的神经》那本书里，描写一些病人疲乏得不能举步。她总结说："肌肉力量消失的感觉实际上是心灵力量消失的感觉！"

我们也时常疲倦，不是由于肌肉力量的消失，而是由于不肯特立独行。我们是演员，力图感动别人，那是很难的工作。对比之下，真实不虚的人不浪费力量在矛盾冲突上。他的本身诚实消除了内心的冲突，他觉得生气勃勃，意气飞扬。他做他认为重要的事，不浪费力量在冲突与作为上。

榜样的力量：真实不虚的人由于启发别人。也能动员别人的力量。只消以身作则，便等于宣告什么事情是应该做的。

1920年法国军队占领萨尔区域的时候，德国人民听到黑人殖民军队的暴行，反抗情绪非常高涨，这时候伟大的黑人歌唱家罗兰·海斯面对着柏林的喧嚣而含有敌意的听众，几乎在台上足足等了十分钟。他静静地但是坚决地站在钢琴旁边，等候嘘声停止。然后他向伴奏琴师打个手势，开始轻柔地演唱舒伯特的《你是和平》。才刚唱出该曲最初几个音符，愤怒的群众静下来了。海斯继续唱下去，他的技巧超越了敌意，歌唱家与听众深深地交融在一起了。

自爱的力量：一个自尊自重的人比较容易尊重别人。我们不确知自己是何许人的时候，便会觉得不安。我们就要在开口之前揣摩别人愿我们说些什么；在我们有所举动之前猜测别人愿我们做些什么。我们没有把握的时候，我们对别人的关系不是由别人的需要来控制，而是由我们的需要来控制（多少婚姻在这样的沙洲上触礁颠覆）。真实不虚的人则不然，他们不是为自己，而是为别人。精力不浪费在保护不稳定的自我上。

努力做到真实无虚的境界不是易事。这是要终身努力的，谁都不能一下子就做到。下列几种进行的方法可供参考：

注意你生活中发生的事——内心与外界的。每天写日记，看看你是怎样的在变，发掘你表达了什么隐衷。我们很少人是单纯到内心不存矛盾的。坦白地承认，听取内心的辩难，记在日记本里。

接受与别人不同并不算错的观念——说实在的，我们大家各有不同，而且本来应该如此。哲学家保罗·魏斯说："我们每人都是一个独特的个体，以独特的方式应付世上其他的人。"探寻你内心深处的主张，坚持勿懈，奉为圭臬。

花费时间陪你自己——孤寂是在自我认识的中心里，因为我们在单独时，就学习分辨何为真，何为假，何为庸琐，何为重要。"孤寂"，尼采说，"使我们对自己粗鲁些，对别人温和些"。

就像原子分裂一样，自我剖析使我们得到一种潜力。真是无虚的境界是一种敏感而神圣的力量。达到这种境界，便觉得内心湛然寂静，于是在宇宙中也会觉得宾至如归。这是世界上最大的力量——特立独行的力量。

（摘自《读者文摘》1988年第9期）

【导读】我们中国人的生活往往很容易失去"特立独行"的缕缕芬芳和无穷无尽的幸福的力量，我们曾经热切呼喊的那个个性自由的无拘无束的自我早已不在心灵的大地里回荡，万千奔驰的社会最终改变了我们："我心爱的本来面目，如今你在哪里？"英国著名作家大卫·洛契弗特的这篇文章很容易让我想起鲁迅《野草》里的名作《影的告别》："有我所不乐意的在天堂里，我不愿去；有我所不乐意的在地狱里，我不愿去；有我所不乐意的在你们将来的黄金世界里，我不愿去。然而你就是我所不乐意的。……我独自远行，不但没有你，并且再没有别的影在黑暗里。只有我被黑暗沉没，那世界全属于我自己。"这里直接表现出鲁迅同样十分鲜明的"特立独行"的个体生命意识：厌恶人生常态和世俗社会及其群体存在，毅然告别自我的平安、平静、凝固的生活，去呼唤与寻求一种跃动、飞扬、独立、自由的精神个体的新生活，整个篇章洋溢着对于孤独的个性主义的维护与赞美，也揭示了在中国社会特立独行的"个体"的人生形式不可避免的悲剧性，恰恰暗示出"类"的乐观前景。

在大卫·洛契弗特看来，苏格拉底、甘地之所以能够改变社会，正是因为他们作为一个独立个体存在的不可替代的"特立独行"的个性，最终使自己获得真理的力量，他们"以自己的真实面目发言行事，坚决维护他们的信仰，忠于理想，内心纯洁，真实无虚"。所以，"特立独行"在情感上更加重视自我心灵的力量，坚执于自己认定的生活的方向，沉溺于做自己认为重要的事情而不浪费精力在一些矛盾冲突上，也不怕被人嘲笑，理所当然地就此确认和维护了自我内心世界和个性情感的绝对价值，而且，"特立独行"的个性并非随心所欲的放纵恣肆，它在自由自在的无拘无束之中却是尊重生命、尊重别人，以身作则地启发别人、动员别人，如同伟大的黑人歌唱家罗兰·海斯以自爱的力量最终能够自由地平静地呈现其内在本质的榜样的力量，在这里，"特立独行"的罗兰·海斯歌唱的技巧被赋予了一种神奇强大的品格最终化解了德国人铺天盖地的敌意。

大卫·洛契弗特如此不遗余力地推崇"特立独行"这一人生命题的独特力量，正是十分明确地强调了只有把独立自由、真实不虚作为人生发展的个性表现，最终才能实现最大价值的人的自我的纯粹性与自主性。他说："只要自己特立独行，保持自己的本来面目，就能改变社会，这就是权势。"很显然，大卫·洛契弗特借助"特立独行"的人生命题，同样强化了一种关于独立自由、真实不虚的学术精神的观念，由此进一步确认了"特立独行"个性的美与学者从事学术研究的独立性、超越性的精神世界相互联系的极端重要性。

借助于"特立独行"这一概念，可以发现学者的创造性研究同样也是一个纯粹的独立的人始终如一地坚持己见、忠于理想、孤独地认识自我、发掘自我、剖析自我而在自我的境地里成功表现的结果。正是因为学者的"特立独行"被赋予的落拓不羁、独立不阿、桀骜不驯、一意孤行、勇往直前的种种超凡品格，同时又能不断拒斥外在的规则、法度、力量的种种束缚，所以这一学者必将获得其存在合理性的不可替代的学术创造的种种成果，这是一种真实无虚的神圣境界："达到这种境界，便觉得内心湛然寂静，于是在宇宙中也会觉得宾至如归。这是世界上最大的力量——特立独行的力量。"经由"特立独行"的人生面貌尽情延伸和尽情发挥，确实能够深入挖掘到学术研究的"特立独行"与其合乎逻辑的一脉相同的内在关联：我们是不是完全可以从学者的"特立独行"出发，做出更为精彩的学术研究？我们这些年对于学术研究的焦虑和困惑，是不是也与缺乏"特立独行"的观念与力量有关？这些张扬个性自由、崇尚自由飞翔、反对权威和法则规范的奇异而动人的学术形象，是否才是最为接近真正意义上的学术研究？我们是否从大卫·洛契弗特的描述中获得一些有益的启发呢？由此看来，创造性的学术研究必须打破一切桎梏，必须超越一切经典之术，必须大力赞赏和推行"特立独行"的个性，否则，稍加压抑，便会死气沉沉。

（宾恩海）

论 怀 疑

[日] 三木清

人的理性自由首先在于怀疑之中，我不知道比怀疑的节度更能反映一个人的教养的决定性标志。

正确判断怀疑的意义是极不容易的。在某种场合，怀疑被神秘化，以至产生一个宗教，虽然怀疑的目的在于破除所有神秘。相反，在其他场合，一切怀疑因为其本身的性质，被毫不留情地贬为不道德，虽然怀疑能够成为理性的道德之一。前者，怀疑本身成为一种独断；后者，将怀疑全盘否定也还是一种独断。

不管怎样，确切的事实使怀疑特别具有人性。神那里没有怀疑，动物那里也不存在怀疑。怀疑是非天使非野兽的人所特有的。如果说人因理性而胜于动物，那么怀疑便可成为其特色。实际上，哪有不具任何怀疑的理性人物呢？独断家也不可能只有两张面孔，在某种场合看上去像天使，某种场合看上去像野兽。

第四编　学术要义

人的理性自由首先在怀疑之中。我不知道有那种不进行怀疑活动的自由的人。那些被叫做"真正的人"都进行怀疑活动的,然而这意味着他们是自由人。但是,无论哲学家如何规定自由的概念,现实的人的自由在于节度之中。节度,这一古典人道主义中最重要的道德,在现代思想中却变得很淡薄。怀疑是理性的道德,因而必须有节度,一般说思想家的节度是很关键的。据说蒙田最大的智慧在于他的怀疑具有节度。实际上,不懂节度的怀疑不是真正的怀疑。过度的怀疑并非仅仅是纯粹的怀疑,而是变成作为一门哲学理论的怀疑论,或陷入怀疑的神秘化、宗教化。这都已不是怀疑,而是一种独断。

怀疑作为理性之德净化人的精神,就像啼哭在生理上净化我们的感情一样。怀疑与其说类属于啼哭,倒不如说类属于欢笑。假如欢笑是动物所没有的,而只有人才有的表情,那么自然怀疑和欢笑之间存在着类似之处。欢笑也能净化我们的感情。怀疑家的表情不都是冷若冰霜的。如果怀疑没有理性特有的欢快便不是真正的怀疑。

真正的怀疑家不是古希腊的智者派,而应该是苏格拉底。苏格拉底告诉我们,怀疑只能是无限的探求,他还告诉我们,真正的悲剧家也是真正的喜剧家。

哲学中从来就没有具有永恒生命力而丝毫不含怀疑精神的哲学的。黑格尔是仅有的一个伟大的例外。黑格尔的哲学具有这样的特质,就如历史所展示的那样,一时造就狂热的信奉者,最终却全然不顾。恐怕黑格尔哲学的秘密就在于此。

逻辑学家说,在逻辑的基础上存在着直观。人总是以不能无限证明下去的东西和所有其本身无法被证明,但直观上却是确实的东西为前提进行推论的。但是能否有能证明说逻辑基础中的直观性总是确实的呢?如果它总是确实的,那为什么人不停留在直观上,还需要进行推理呢?我以为直观不全是确实的,也有不确实的直观。一味怀疑直观是愚蠢的,但一概相信直观也是幼稚的。与人们的一般认识相反,我甚至以为,感性的直观其本身的特点是确实的直观,而理性的直观的特征存在于不确实的直观之中。确实的直观——无论是感性的,还是超感性的——其本身不需要逻辑证明,反之,正是不确实的直观——怀疑性直观,或者是直观性的怀疑——才需要逻辑,并付之逻辑推理。不是从逻辑导出怀疑,而是怀疑需要逻辑。因此,需要逻辑便是理性的矜持、自我尊重。所谓逻辑学家仅仅是公式主义者,是独断家的一类而已。

不确实是确实的基础。只要哲学家自身存在着怀疑,他就会从人生世界的根本意义去进行认识，就会进行写作。诚然，他并不是为不确实的东西而工作。帕斯卡写道："人为不确实而工作。"但正确地说，人并非为不确实的东西而工作，而是为不确实的东西所驱动才工作的。人生不仅是工作，而是创造。人生不单是存在，而是一个创造的过程，而且必须如此。因为人为不确实的东西驱动而工作，我们才可以说一切创造过程的基础中都包含着一种冒险的追求精神。

怀疑驾驭独断的力量正是理性驾驭情感的力量的体现。只有当独断是一种冒险时，它才可能是理性的。情感总是单纯的肯定，多数独断的基础在于情感。

多数的怀疑家并不像外表显露的那样具有怀疑精神；多数的独断家也并不像外表显露的那样具有独断能力。

虚荣有时使人具有怀疑心理，但虚荣更多地使人变成独断。这在另一方面表明，人的政治欲望，即对他人的支配欲望是普遍的，同时，他的教育欲望也是普遍的。对政治来说需要独断，但对于教育是否同样需要独断却令人疑惑。确切的事实是，不含政治欲望的教育欲望是极少的。

我们有办法使别人去信一件事，但我们却无法使自己也能同样去信什么。将他人引上信仰之道的宗教家，未必是丝毫不具怀疑心理的人。他渗透他人的力量的一半来自于他身上依然存在着的怀疑。至少，若不是如此，宗教家就不能说是思想家。

有这样的情况，你怀着疑问发表的意见，别人会当作你确信无疑的意见来相信。而最终你也开始相信起自己存有疑义的意见。信仰的根源在于他人。宗教也是如此。宗教家总说自己的信仰的根源在于神。

怀疑只可用散文来表达。这表明怀疑精神的性质，同时反过来也说明散文特有的趣味和它的艰深。

真正的怀疑家追求逻辑。但是独断家根本不进行推理，或只是进行形式上的推理。独断家常是失败主义者、理性的失败主义者。他绝不像外表显露的那样强大，他很弱，以至对别人对自己都感到有必要来显示自己的强。

人可从失败主义发展成独断家，也可从绝望变成独断家。绝望和怀疑不同，伴随着理性时，绝望才能够变成怀疑。但这不如想象的那么容易。

要纯粹地停留在怀疑上是困难的。当人开始怀疑时，情感就在等着机会捕捉他。所以真正的怀疑不属于青春，而表示精神已经成熟。青春的怀疑不断地伴随着感伤，并变成感伤。

怀疑要有节度，有节度的怀疑才名副其实，因为怀疑是一种方法。这是笛卡尔确认的真理。笛卡尔的怀疑并不是显露在外的极端之物，而总是小心翼翼并保持节度。这点上他是人道主义者。他在《方法谈》等三部著作中将道德称作是暂定的或者是一时敷衍之物是极有特征的。

方法的熟练在教养中是最重要的。我不知道还有什么比怀疑的节度更能反映一个人的教养的决定性标志。但是世上却有许多已经失去怀疑能力的有教养的人，或者一旦具有怀疑精神后就不再从任何方法上进行思索的有教养的人。这都表示了那些浅薄的涉猎者所走向的教养的颓废。

只有理解怀疑是一方法的人，才能理解独断也是一方法。若有人未理解前者就只主张后者，那他还不理解何为方法。

让怀疑停留在一处是错误的。打破精神惯性的是怀疑。精神成为惯性，意味着精神中流入了自然。作为破除精神惯性的怀疑已经显示出理性对自然的胜利。不确实是根源，而确实是目的。一切确实之物都是创造而成的，是结果。作为开端的原理是不确实的。怀疑是通向根源的手段，独断是通向目的的手段。我们常依此而下结论说，理论家是怀疑性的而实践家是独断性的；动机论者是怀疑性的而结果论者是独断性的。但是，我们应当理解独断和怀疑都必须是一种方法。

就像肯定在否定之中，物质在精神之中，独断在怀疑之中。

不管一切怀疑如何，人生是确实的。因为人生是创造的过程；因为人生不单是存在，而是被创造的东西。

（摘自《灵魂的边缘》，云南人民出版社，张勤、张静萱译）

【导读】三木清有关"怀疑"的论说源自于其对帕斯卡尔哲学之"中间者"和"动性"概念的关注和理解。帕斯卡尔把人规定为无穷与虚无的中间者，三木认为帕斯卡尔所提出的"中间者"这一人的学说是根本性的和原理性的，缘于人所具有的"中间者"的特性，使人总是处于不确定的、不停运动的状态，使"动性"成为人的生命本质。据此，三木进一步得出"动性"的三个契机论，即人的动性与三个契机相关，分别为"不安定""消遣"和"思想"。"怀疑"论的阐发就来自于第三个契机——"思想"。

在《关于帕斯卡尔的人的研究》中，三木清曾提出"思想"是对生命的自觉，是"自觉的思想"。这种"自觉的思想"是人的品位、是光荣，是作为中间者的人能在所有的被造物中占据最上位的关键因素。

不仅因为"思想造就了人的伟大",还因为"具有思想的人不断地对世界和对自己提出疑问,这是人的存在方式"。三木清将人的思想,或者说精神和理性的自觉归为对人的悲惨状态的认识:"人的状态毫无疑问是悲惨的。然而悲惨同时也能够是伟大的。把悲惨作为悲惨来感知,这只有自觉的人才能做到",因为"人的伟大之所以伟大,就在于他认识到自己悲惨"。这种伟大与悲惨的两重性是"人的存在的根本性规定"。

使人能感知到悲惨的关键在于"自觉的思想",或者说人的伟大之处在于"自觉的思想",具体地说,这种自觉思想的伟大反映在"怀疑"或者说"提出问题"上。在此,三木清把"自觉的思想"划分了层次:"自然"和"自然性"、"不安"和"不安定"。有自觉的思维属于第一层,在这一层次作为"中间者"的人们能感到自身存在的虚无、被遗弃和不安定,这是对自我本性的自觉,是自然性的自觉;只有当这种不安定和自然性驱动了追问,使人产生疑问,产生不安的状态时,才达到了自觉思维的第二层,因为这是寻求确实的生命存在的一种状态和表现。

然而三木清并不认为自觉的思想就能真正解决这种两重性的矛盾,能帮助人寻求确实的生命存在。因为他压根就觉得这是一个不可解的矛盾:"要认识自己就必须要认识伟大与悲惨,但认识这两个方面就认识了自己的矛盾性,而且这个矛盾性又再次使自己成为了不可解的东西。"因其不可解,故而三木清停止了寻求解决的途径,转而把"确实"归入宗教的范畴,称"这种确实只能是上帝"。也就是说,三木清最终把解决人类伟大与悲惨的两重性矛盾的最高维度归之于宗教,因为"能够解决矛盾的只有综合他们的更高的立场,即只有宗教才能够教给我们解决在人的存在中的伟大与悲惨之间的矛盾的方法。……真正的宗教懂得如何说明属于人的本性的伟大与悲惨'这个应该惊异的矛盾性'。生存方式的圆满理解只有宗教才能够做到"。这样的结论将三木清推入争议之中,被认为是具有双重特质的,即"渴求理性、憧憬宗教"的哲学家。

(杨　艳)

第五编 科学思维

学风九编

太史公自序（节录）

司马迁

太史公曰："先人有言：'自周公卒五百岁而有孔子。孔子卒后至于今五百岁，有能绍明世、正《易传》，继《春秋》、本《诗》、《书》、《礼》、《乐》之际？'意在斯乎！意在斯乎！小子何敢让焉！"

上大夫壶遂曰："昔孔子何为而作《春秋》哉"？太史公曰："余闻董生曰：'周道衰废，孔子为鲁司寇，诸侯害子，大夫雍之。孔子知言之不用，道之不行也，是非二百四十二年之中，以为天下仪表，贬天子，退诸侯，讨大夫，以达王事而已矣。'子曰：'我欲载之空言，不如见之于行事之深切著明也。'夫《春秋》，上明三王之道，下辨人事之纪，别嫌疑，明是非，定犹豫，善善恶恶，贤贤贱不肖，存亡国，继绝世，补弊起废，王道之大者也。《易》著天地、阴阳、四时、五行，故长于变；《礼》经纪人伦，故长于行；《书》记先王之事，故长于政；《诗》记山川、溪谷、禽兽、草木、牝牡、雌雄，故长于风；《乐》乐所以立，故长于和；《春秋》辨是非，故长于治人。是故《礼》以节人，《乐》以发和，《书》以道事，《诗》以达意，《易》以道化，《春秋》以道义。拨乱世反之正，莫近于《春秋》。《春秋》文成数万，其指数千。万物之散聚皆在《春秋》。《春秋》之中，弑君三十六，亡国五十二，诸侯奔走不得保其社稷者不可胜数。察其所以，皆失其本已。故《易》曰'失之毫厘，差之千里。'故曰'臣弑君，子弑父，非一旦一夕之故也，其渐久矣'。故有国者不可以不知《春秋》，前有谗而弗见，后有贼而不知。为人臣者不可以不知《春秋》，守经事而不知其宜，遭变事而不知其权。为人君父而不通于《春秋》之义者，必蒙首恶之名。为人臣子而不通于《春秋》之义者，必陷篡弑之诛，死罪之名。其实皆以为善，为之不知其义，被之空言而不敢辞。夫不通礼义之旨，至于君不君，臣不臣，父不父，子不子。夫君不君则犯，臣不臣则诛，父不父则无道，子不子则不孝。此四行者，天下之大过也。以天下之大过予之，则受而弗敢辞。故《春秋》者，礼义之大宗也。夫礼禁未然之前，法施已然之后；法之所为用者易见，而礼之所为禁者难知。"

壶遂曰："孔子之时，上无明君，下不得任用，故作《春秋》，垂空文以断礼义，当一王之法。今夫子上遇明天子，下得守职，万事既具，咸各序其宜，夫子所论，欲以何明？"

太史公曰："唯唯，否否，不然。余闻之先人曰：'伏羲至纯厚，作《易》八卦。尧舜之盛，《尚书》载之，礼乐作焉。汤武之隆，诗人歌之。《春秋》采善贬恶，推三代之德，褒周室，非独刺讥而已也。'汉兴以来，至明天子，获符瑞，封禅，改正朔，易服色，受命于穆清，泽流罔极，海外殊俗，重译款塞，请来献见者，不可胜道。臣下百官力诵圣德，犹不能宣尽其意。且士贤能而不用，有国者之耻；主上明圣而德不布闻，有司之过也。且余尝掌其官，废明圣盛德不载，灭功臣世家贤大夫之业不述，堕先人所言，罪莫大焉。余所谓述故事，整齐其世传，非所谓作也，而君比之于《春秋》，谬矣。"

于是论次其文。七年而太史公遭李陵之祸，幽于缧绁。乃喟然而叹曰："是余之罪也夫？是余之罪也夫！身毁不用矣！"退而深惟曰："夫《诗》、《书》隐约者，欲遂其志之思也。昔西伯拘羑里，演《周易》；孔子厄陈、蔡，作《春秋》；屈原放逐，著《离骚》；左丘失明，厥有《国语》；孙子膑脚，而论兵法；不韦迁蜀，世传《吕览》；韩非囚秦，《说难》、《孤愤》；《诗》三百篇，大抵贤圣发愤之所为作也。此人皆意有所郁结，不得通其道也，故述往事，思来者。"于是卒述陶唐以来，至于麟止，自黄帝始。

（摘自简体字本《史记》，中华书局1999年版）

【导读】《史记·太史公自序》主要写司马迁由于为投降匈奴的李陵辩解，而被关进监牢，身心受辱，后冷静下来思考，周文王、孔子、屈原、左丘明、孙膑、吕不韦、韩非等人，都是在逆境中写出伟大的作品，于是决定化悲愤为力量，完成之前未完成的史著，即上至黄帝，下至武帝，"究天人之际，通古今之变"的历史巨制《史记》。

《论语·阳货》载："诗可以兴，可以观，可以群，可以怨。"心中怨恨的情绪可以通过创作诗歌来发泄，如《诗经》中《魏风·园有桃》云："心之忧矣，我歌且谣。"《小雅·四月》云："君子作歌，维以哀告。"但孔子的怨只能"发乎情，止于礼"，怨而不怒。屈原在《惜诵》中说："惜诵以致愍兮，发愤以抒情。"表达了屈原因为喜欢谏诤而招致祸害，不得已发愤抒情。

这是文学史上第一次提出"发愤"一词。虽然屈原将"发愤以抒情"很好地运用在文学作品中，但他本人并没有对这一理论进行深入探讨，直到司马迁提出"发愤著书"一说。

人一旦遇到不平之事，就会发出不满的呼声。司马迁对朝廷忠心耿耿、刚正不阿，却最终遭遇腐刑，面对如此不公正的待遇，心中自然愤懑、压抑。那如何排解忧闷呢？司马迁想到了著书立说，流芳百世。在司马迁看来，越是苦闷的情绪，越是艰难的环境更能创作出优秀的作品。雪莱说："最甜美的诗歌就是那些诉说最忧伤的思想的。"凯尔纳说："真正的诗歌只出于深切苦恼所炽燃着的人心。"中国的诗歌创作又何尝不是这样？李白、杜甫、辛弃疾等人，他们个个才高八斗，有着治国平天下的雄心壮志，但偏偏怀才不遇，报国无门，但却给我们留下了脍炙人口的名篇。唐代韩愈在《送孟东野序》中写道："大凡物不得其平则鸣……人之于言也亦然，有不得已者而后言。其歌也有思，其哭也有怀。凡出乎口而为声者，其皆有弗平者乎！"宋代欧阳修在《梅圣俞诗集序》中说："世谓诗人少达而多穷，夫岂然哉？盖世所传诗者，多出于古穷人之辞也……盖愈穷者愈工。然则非诗之能穷人，殆穷者而后工也。""物不得其平则鸣"和"穷而后工"是对"发愤著书"说的进一步发展。

"发愤著书"说给我们的启示是，文学创作应是发自肺腑的，而不是无病呻吟，"为赋新词强说愁"。只有真正有感而发，才能创作出好作品。当然，"发愤著书"是需要一颗强壮的心。人生不如意十有八九，人不可能一帆风顺地活着，总会有料想不到的烦恼。《周易》云："天行健，君子以自强不息。"司马迁没有被残酷的现实打到，而是身残志不残。多少文学作品之所以能够问世，都是凭借作者坚强的意志。

（廖　华）

良知在人心

王守仁

夫人者，天地之心，天地万物，本吾一体者也。生民之困苦荼毒，孰非疾痛之切于吾身者乎？不知吾身之疾痛，无是非之心者也。是非之心，不虑而知，不学而能，所谓良知也。良知之在人心，无间于圣愚，天下古今之所同也。世之君子惟务致其良知，则自能公是非，同好恶，视人犹己，视国犹家，而以天地万物为一体，求天下无治，不可得矣。古之人所以能见善不啻若己出，见恶不啻若己入，视民之饥溺犹己之饥溺，而一夫不获，若己推而纳诸沟中者，非故为是而以蕲天下之信己也，务致其良知，求自慊而已矣。尧、舜、三王之圣，言而民莫不信者，致其良知而言之也；行而民莫不说者，致其良知而行之也。是以其民熙熙皞皞，杀之不怨，利之不庸，施及蛮貊，而凡有血气者莫不尊亲，为其良知之同也。呜呼！圣人之治天下，何其简且易哉！

……

何廷仁、黄正之、李侯璧、汝中、德洪侍坐。先生顾而言曰："汝辈学问不得长进，只是未立志。"侯璧起而对曰："洪亦愿立志。"先生曰："难说不立，未是必为圣人之志耳。"对曰："愿立必为圣人之志。"先生曰："你真有圣人之志，良知上更无不尽。良知上留得些子别念挂带，便非必为圣人之志矣。"洪初闻时，心若未服，听说到此，不觉悚汗。

先生曰："良知是造化的精灵。这些精灵，生天生地，成鬼成帝，皆从此出，真是与物无对。人若复得他完完全全，无少亏欠，自不觉手舞足蹈，不知天地间更有何乐可代？"

一友静坐有见，驰问先生。答曰："吾昔居滁时，见诸生多务知解，口耳异同，无益于得，姑教之静坐。一时窥见光景，颇收近效。久之，渐有喜静厌动，流入枯槁之病。或务为玄解妙觉，动人听闻。故迩来只说致良知。良知明白，随你去静处体悟也好，随你去事上磨炼也好，良知本体原是无动无静的，此便是学问头脑。我这个话头，自滁州到今，亦较过几番，只是'致良知'三字无病。医经折肱，方能察人病理。"

一友问："功夫欲得此知时时接续，一切应感处反觉照管不及。若去事上周旋，又觉不见了。如何则可？"先生曰："此只认良知未真，尚有内外之间。我这里功夫，不由人急心认得。良知头脑是当，去朴实用功，自会透彻。到此便是内外两忘，又何心事不合一？"

又曰："功夫不是透得这个真机，如何得他充实光辉？若能透得时，不由你聪明知解接得来。须胸中渣滓浑化，不使有毫发沾带，始得。"

先生曰："'天命之谓性'，命即是性。'率性之谓道'，性即是道。

'修道之谓教',道即是教。"问:"如何道即是教?"曰:"道即是良知。良知原是完完全全,是的还他是,非的还他非,是非只依着他,更无有不是处,这良知还是你的明师。"

问:"'不睹不闻'是说本体,'戒慎恐惧'是说功夫否?"先生曰:"此处须信得本体原是'不睹不闻'的,亦原是'戒慎恐惧'的,'戒慎恐惧'不曾在'不睹不闻'上加得些子。见得真时,便谓'戒慎恐惧'是本体,'不睹不闻'是功夫亦得。"

问:"通乎昼夜之道而知。"先生曰:"良知原是知昼知夜的。"又问:"人睡熟时,良知亦不知了。"曰:"不知何以一叫便应?"曰:"良知常知,如何有睡熟时?"曰:"向晦宴息,此亦造化常理。夜来天地混沌,形色俱泯,人亦耳目无所睹闻,众窍俱翕,此即良知收敛凝一时。天地既开,庶物露生,人亦耳目有所睹闻,众窍俱辟,此即良知妙用发生时。可见人心与天地一体。故'上下与天地同流'。今人不会宴息,夜来不是昏睡,即是妄思魇寐。"曰:"睡时功夫如何用?"先生曰:"知昼即知夜矣。日间良知是顺应无滞的,夜间良知即是收敛凝一的,有梦即先兆。"

又曰:"良知在'夜气'发的,方是本体,以其无物欲之杂也。学者要使事物纷扰之时,常如'夜气'一般,就是'通乎昼夜之道而知'。"

先生曰:"仙家说到虚,圣人岂能虚上加得一毫实?佛氏说到无,圣人岂能无上加得一毫有?但仙家说虚,从养生上来;佛氏说无,从出离生死苦海上来:却于本体上加却这些子意思在,便不是他虚无的本色了,便于本体有障碍。圣人只是还他良知的本色,更不着些子意在。良知之虚,便是天之太虚;良知之无,便是太虚之无形。日、月、风、雷、山、川、民、物,凡有貌象形色,皆在太虚无形中发用流行,未尝作得天的障碍。圣人只得顺其良知之发用,天地万物,俱在我良知的发用流行中,何尝又有一物超于良知之外,能作得障碍?"

或问:"释氏亦务养心,然要之不可以治天下,何也?"先生曰:"吾儒养心,未尝离却事物,只顺其天则自然就是功夫。释氏却要尽绝事物,把心看到幻相,渐入虚寂去了,与世间若无些子交涉,所以不可治天下。"

……

(摘自《王阳明全集》,上海古籍出版社2012年版)

【导读】王阳明(1472—1529),浙江余姚人。字伯安,号阳明子,世称阳明先生，故又称王阳明。中国明代最著名的思想家、哲学家、文学家和军事家。心学之集大成者，精通儒家、佛家、道家，且能够统军征战，是中国历史上罕见的全能大儒。

心学是南宋陆九渊以来的与理学相对的哲学思想体系，其源头可以追溯到孟子，其理论核心亦与孟子的"性善论"有一定关系。陆九渊与朱熹理学相对，强调"心即理"。王阳明是心学的集大成人物，其核心思想"致良知"。什么是良知？王阳明用最简单的推理，说明了这个问题：首先，"命即是性"；其次，"性即是道"；复次，"道即是良知"。如果用简单的三段论推理：A等于B，B等于C，则A等于C，那么我们可以推导出"良知"是"性"、"命"。既然良知是性、命，那么，良知也就是人的本心。

良知是人的本心，是人的是非判断的本心。每个人对于事物都有自己的判断，而人的本心是善良的，诚如孟子所倡导的"性善论"。人一生下来就有善的本心，只是因为在后天的生活中受到各种思想的影响而变得复杂。人只要排除干扰，就能回归本心。良知既是人的本心，自然也就能教人如何做出正确的判断，是的就是是的，非的就是非的。做事要按良知去做，也就是按照自己的本心去做。按良知去做事，没有不对的。所以，良知是人的老师。

做学术研究也有着类似的情况。学术研究讲究对学术本体的研究，各种外部事物都有可能干扰到学术研究的正常进行。学术研究尤其忌讳功利之心。如果一个人做学术只是为了达到盈利的目的，那么很多学问他是做不来的。只有抛弃外部事物的干扰，没有了功利心，人才能做出正确的判断。　　（莫山洪）

科学精神与东西文化

梁启超

一

今日我感觉莫大的光荣，得有机会在一个关系中国前途最大的学问团体——科学社的年会来讲演。但我又非常惭愧而且惶恐，像我这样对于科学完全门外汉的人，怎样配在此讲演呢？这个讲题——《科学精神与东西文化》，是本社董事部指定要我讲的。我记得科学时代的笑话：有些不通秀才去应考，罚他先饮三斗墨汁，预备倒吊着滴些墨点出来。我今天这本考卷，只算倒吊着滴墨汁，明知一定见笑大方。但是句句话都是表示我们门外汉对于门内的"宗庙之美，百官之富"如何欣羡、如何崇敬、如何爱恋的一片诚意。我希望国内不懂科学的人或是素来看轻科学、讨厌科学的人，听我这番话得多少觉悟，那么，便算我个人对于本社一点贡献了。

近百年来科学的收获如此其丰富：我们不是鸟，也可以腾空；不是鱼，也可以入水；不是神仙，也可以和几百千里外的人答话……诸如此类，那一件不是受科学之赐？任凭怎么顽固的人，谅来"科学无用"这句话，再不会出诸口了。然而中国为什么直到今日还得不着科学的好处？直到今日依然成为"非科学的国民"呢？我想，中国人对于科学的态度，有根本不对的两点：

其一，把科学看太低了，太粗了。我们几千年来的信条，都说的"形而上者谓之道，形而下者谓之器"，"德成而上，艺成而下"这一类话。多数人以为：科学无论如何如何高深，总不过属于艺和器那部分，这部分原是学问的粗迹，懂得不算稀奇，不懂得不耻辱。又以为：我们科学虽不如人，却还有比科学更宝贵的学问——什么超凡入圣的大本领，什么治国平天下的大经纶，件件都足以自豪；对于这些粗浅的科学，顶多拿来当一种辅助学问就够了。因为这种故见横亘在胸中，所以从郭筠仙、张香涛这班提倡新学的先辈起，都有两句自鸣得意的话，说什么"中学为体，西学为用"。这两句话现在虽然没有从前那么时髦了，但因为话里的精神和中国人脾胃最相投合，所以话的效力，直到今日，依然为变相的存在。老先生们不用说了，就算这几年所谓新思潮、所谓新文化运动，不是大家都认为蓬蓬勃勃有生气吗？试检查一检查他的内容，大抵最流行的莫过于讲政治上、经济上这样主义那样主义，我替他起个名字，叫做西装的治国平天下大经纶；次流行的莫过于讲哲学上、文学上这种精神那种精神，我也替他起个名字，叫做西装的超凡入圣大本领。至于那些脚踏实地平淡无奇的科学，试问有几个人肯去讲求？——学校中能够有几处像样子的科学讲座？有了，几个人肯去听？出版界能够有几部有价值的科学书，几篇有价值的科学论文？有了，几个人肯去读？我固然不敢说现在青年绝对的没有科学兴味，然而兴味总不如别方面浓。须知，这是积多少年社会心理遗传下来，对于科学认为"艺成而下"的观念，牢不可破；直到今日，还是最爱说空话的人最受社会欢迎。做科学的既已不能如别种学问之可以速成，而又不为社会所尊重，谁肯埋头去学他呢？

其二，把科学看得太呆了，太窄了。那些绝对的鄙厌科学的人且不必责备，就是相对的尊重科学的人，还是十个有九个不了解科学性质。他们只知道科学研究所产结果的价值，而不知道科学本身的价值；他们只有数学、几何学、物理学、化学……等等概念，而没有科学的概念。他们以为学化学便懂化学，学几何便懂几何；殊不知并非化学能教人懂化学，几何能教人懂几何，实在是科学能教人懂化学和几何。他们以为只有化学、数学、物理、几何……等等才算科学，以为只有学化学、数学、物理、几何……才用得着科学；殊不知所有政治学、经济学、社会学……等等，只要够得上一门学问的，没有不是科学。我们若不拿科学精神去研究，便做那一门子学问也做不成。中国人因为始终没有懂得"科学"这个字的意义，所以五十年前很有人奖励学制船、学制炮，却没有人奖励科学；近十几年学校里都教的数学、几何、化学、物理，但总不见教会人做科学。或者说：只有理科、工科的人们才要科学，我不打算当工程师，不打算当理化教习，何必要科学？中国人对于科学的看法大率如此。

我大胆说一句话：中国人对于科学这两种态度倘若长此不变，中国人在世界上便永远没有学问的独立；中国人不久必要成为现代被淘汰的国民。

二

科学精神是什么？我姑从最广义解释："有系统之真知识，叫做科学；可以教人求得有系统之真知识的方法，叫做科学精神。"这句话要分三层说明：

第一层，求真知识。知识是一般人都有的，乃至连动物都有。科学所要给我们的，就争一个"真"字。一般人对于自己所认识的事物，很容易便信以为真；但只要用科学精神研究下来，越研究便越觉求真之难。譬如说"孔子是人"，这句话不消研究，总可以说是真，因为人和非人的分别是很容易看见的。譬如说"老虎是恶兽"，这句话真不真便待考了。

欲证明他是真，必要研究兽类具备某种某种性质才算恶，看老虎果曾具备了没有？若说老虎杀人算是恶，为什么人杀老虎不算恶？若说杀同类算是恶，只听见有人杀人，从没听见老虎杀老虎，然则人容或可以叫做恶兽，老虎却绝对不能叫做恶兽了。譬如说"性是善"，或说"性是不善"，这两句话真不真，越发待考了。到底什么叫做"性"？什么叫做"善"？两方面都先要弄明白。倘如孟子说的性咧、情咧、才咧，宋儒说的义理咧、气质咧，闹成一团糟，那便没有标准可以求真了。譬如说"中国现在是共和政治"，这句话便很待考。欲知他真不真，先要把共和政治的内容弄清楚，看中国和他合不合。譬如说"法国是共和政治"，这句话也待考。欲知他真不真，先要问"法国"这个字所包范围如何，若安南也算法国，这句话当然不真了。看这几个例，便可以知道，我们想对于一件事物的性质得有真知灼见，很是不容易。要钻在这件事物里头去研究，要绕着这件事物周围去研究，要跳在这件事物高头去研究，种种分析研究结果，才把这件事物的属性大略研究出来，算是从许多相类似容易混淆的个体中，发现每个个体的的特征。换一个方向，把许多同有这种特征的事物，归成一类，许多类归成一部，许多部归成一组，如是综合研究的结果，算是从许多各自分离的个体中，发现出他们相互间的普遍性。经过这种种工夫，才许你开口说"某件事物的性质是怎么样"。这便是科学第一件主要精神。

第二层，求有系统的真知识。知识不但是求知道一件一件事物便了，还要知道这件事物和那件事物的关系，否则零头断片的知识全没有用处。知道事物和事物相互关系，而因此推彼，得从所已知求出所未知，叫做有系统的知识。系统有二：一竖，二横。横的系统，即指事物的普遍性——如前段所说。竖的系统，指事物的因果律——有这件事物，自然会有那件事物；必须有这件事物，才能有那件事物；倘若这件事物有如何如何的变化，那件事物便会有或才能有如何如何的变化；这叫做因果律。明白因果，是增加新知识的不二法门，因为我们靠他，才能因所已知推见所未知；明白因果，是由知识进到行为的向导，因为我们预料结果如何，可以选择一个目的做去。虽然，因果是不轻容易谭的：第一，要找得出证据；第二，要说得出理由。因果律虽然不能说都要含有"必然性"，但总是愈逼近"必然性"愈好，最少也要含有很强的"盖然性"，倘若仅属于"偶然性"的便不算因果律。譬如说："晚上落下去的太阳，明早上一定再会出来。"说："倘若把水煮过了沸度，他一定会变成蒸汽。"这等算是含有必然性，因为我们积千千万万回的经验，却没有一回例外；而且为什么如此，可以很明白说出理由来。譬如说："冬间落去的树叶，明年春天还会长出来。"这句话便待考。因为再长出来的并不是这块叶，而且这树也许碰着别的变故再也长不出叶来。譬如说："西边有虹霓，东边一定有雨。"这句话越发待考。因为虹霓不是雨的原因，他是和雨同一个原因，或者还是雨的结果。翻过来说："东边有雨，西边一定有虹霓。"这句话也待考。因为雨虽然可以为虹霓的原因，却还须有别的原因凑拢在一处，虹霓才会出来。譬如说："不孝的人要着雷打。"这句话便大大待考。因为虽然我们也曾听见某个不孝人着雷,但不过是偶然的一回,许多不孝的人不见得都着雷,许多着雷的东西不见得都不孝;而且宇宙间有个雷公会专打不孝人,这些理由完全说不出来。譬如说:"人死会变鬼。"这句话越发大大待考。因为从来得不着绝对的证据,而且绝对的说不出理由。譬如说:"治极必乱,乱极必治。"这句话便很要待考。因为我们从中国历史上虽然举出许多前例,但说治极是乱的原因,乱极是治的原因,无论如何,总说不下去。譬如说:"中国行了联省自治制后,一定会太平。"这话也待考。因为联省自治虽然有致太平的可能性,无奈我们未曾试过。看这些例,便可知我们想应用因果律求得有系统的知识,实在不容易。总要积无数的经验——或照原样子继续忠实观察,或用人为的加减改变试验,务找出真凭实据,才能确定此事物与被事物之关系。这还是第一步。再进一步,凡一事物之成毁,断不止一个原因,知识甲和乙的关系还不够,又要知道甲和丙、丁、戊……等等关系。原因之中又有原因,想真知道乙和甲的关系,便须先知道乙和庚、庚和辛、辛和壬……等等关系。不经过这些工夫,贸贸然下一个断案,说某事物和某事物有何等关系,便是武断,便是非科学的。科学家以许多有证据的事实为基础,逐层逐层看出他们的因果关系,发明种种含有必然性或含有极强盖然性的原则;好像拿许多结实麻绳组织成一张网,这网愈织愈大,渐渐的函盖到这一组知识的全部,便成了一门科学。这是科学第二件主要精神。

第三层,可以教人的知识。凡学问有一个要件,要能"传与其人"。人类文化所以能成立,全由于一人的知识能传给多数人,一代的知识能传给次代。我费了很大的工夫得一种新知识,把他传给别人,别人费比较小的工夫承受我的知识之全部或一部,同时腾出别的工夫又去发明新知识。如此教学相长,递相传授,文化内容,自然一日一日的扩大。倘若知识不可以教人,无论这项知识怎样的精深博大,也等于"人亡政息",于社会文化绝无影响。中国凡百学问,都带一种"可以意会,不可以言传"的神秘性,最足为知识扩大之障碍。例如医学,我不敢说中国几千年没有发明,而且我还信得过确有名医。但总没有法传给别人,所以今日的医学,和扁鹊、仓公时代一样,或者还不如。又如修习禅观的人,所得境界,或者真是圆满庄严。但只好他一个人独享,对于全社会文化竟不发生丝毫关系。中国所有学问的性质,大抵都是如此。这也难怪:中国学问,本来是由几位天才绝特的人"妙手偶得"——本来不是按步就班的循着一条路去得着,何从把一条应循之路指给别人?科学家恰恰相反,他们一点点知识，都是由艰苦经验得来；他们说一句话总要举出证据，自然要将证据之如何搜集、如何审定一概告诉人；他们主张一件事总要说明理由，理由非能够还原不可，自然要把自己思想经过的路线，顺次详叙。所以别人读他一部书或听他一回讲义，不惟能够承受他研究所得之结果，而且一并承受他如何能研究得此结果之方法，而且可以用他的方法来批评他的错误。方法普及于社会，人人都可以研究，自然人人都会有发明。这是科学第三件主要精神。

三

中国学术界，因为缺乏这三种精神，所以生出如下之病证：

一、笼统。标题笼统——有时令人看不出他研究的对象为何物。用语笼统——往往一句话容得几方面解释。思想笼统——最爱说大而无当不着边际的道理，自己主张的是什么，和别人不同之处在那里，连自己也说不出。

二、武断。立说的人，既不必负找寻证据、说明理由的责任，判断下得容易，自然流于轻率。许多名家著述，不独违反真理而且违反常识的，往往而有。既已没有讨论学问的公认标准，虽然判断谬误，也没有人能驳他，谬误便日日侵蚀社会人心。

三、虚伪。武断还是无心的过失。既已容许武断，便也容许虚伪。虚伪有二：一、语句上之虚伪。如隐匿真证、杜撰假证或曲说理由等等。二、思想内容之虚伪。本无心得，貌为深秘，欺骗世人。

四、因袭。把批评精神完全消失，而且没有批评能力，所以一味盲从古人，剽窃些绪余过活。所以思想界不能有弹力性，随着时代所需求而开拓，倒反留着许多沈淀废质，在里头为营养之障碍。

五、散失。间有一两位思想伟大的人，对于某种学术有新发明，但是没有传授与人的方法，这种发明，便随着本人的生命而中断。所以他的学问，不能成为社会上遗产。

以上五件，虽然不敢说是我们思想界固有的病证，这病最少也自秦汉以来受了二千年。我们若甘心抛弃文化国民的头衔，那更何话可说！若还舍不得吗？试想，二千年思想界内容贫乏到如此，求学问的涂径榛塞到如此，长此下去，何以图存？想救这病，除了提倡科学精神外，没有第二剂良药了。

我最后还要补几句话：我虽然照董事部指定的这个题目讲演，其实科学精神之有无，只能用来横断新旧文化，不能用来纵断东西文化。若说欧美人是天生成科学的国民，中国人是天生成非科学的国民，我们可绝对的不能承认。

拿我们战国时代和欧洲希腊时代比较，彼此都不能说是有现代这种崭新的科学精神，彼此却也没有反科学的精神。秦汉以后，反科学精神弥漫中国者二千年；罗马帝国以后，反科学精神弥漫于欧洲者也一千多年。两方比较，我们隋唐佛学时代，还有点"准科学的"精神不时发现，只有比他们强，没有比他们弱。我所举五种病证，当他们教会垄断学问时代，件件都有；直到文艺复兴以后，渐渐把思想界的健康恢复转来，所谓科学者，才种下根苗；讲到枝叶扶疏，华实烂漫，不过最近一百年内的事。一百年的先进后进，在历史上值得计较吗？只要我们不讳疾忌医，努力服这剂良药，只怕将来升天成佛，未知谁先谁后哩！我祝祷科学社能做到被国民信任的一位医生；我祝祷中国文化添入这有力的新成分，再放异彩！

（摘自《为学与做人》，东方出版社2015年版）

【导读】二十世纪初，西学东渐，中国的知识分子左冲右突，企图从西方的文化资源中吸取疗救病弱东方的药方。梁启超自发表《论小说与群治之关系》始，大力引荐西学，认为西方的文学艺术及宗教乃是革新国民及传统积弱文化的秘方。本篇亦不例外，以"科学精神"作为衡量东西方文化是否文明、先进的标准，思考国人的现代命运。

这篇讲演，先用政治上经济上这样主义那样主义的"西装的治国平天下大经纶"，以及哲学上文学上这种精神那种精神的"西装的超凡入圣大本领"两句话，概括出"中学为体西学为用"口号下的老帝国心态。再沿用"体"与"用"的逻辑，将科学本身的价值与科学研究所产生结果的价值加以辨别，道出了国人对于西学的"用"的观念（以为只有数学几何物理化学才用得着科学），恰恰源自于对"科学性质"的匮乏和无知（不知道所有政治学经济学社会学没有不是科学）。国人对于科学的轻视及狭窄的理解，将无法实现学问的独立，自封于传统"圣学"中而被现代社会所淘汰。

在今天看来，其"文学（文学、学问）救国"的观点虽不无夸张之处，但其"有系统之真知识"之说，仍不失为针砭东方文化"笼统""神秘"的一杆旗帜。首先强调"真知识"，次求其系统及因果关系，三究其教学相长的传承性与普适性。这其实已自"学问"而抵"启蒙"。鲁迅曾说"凡事总须研究，才会明白"，梁启超所强调的这三种精神，或可作为"研究"二字的注释。

梁氏所列举两千年思想界的"笼统""武断""虚伪""因袭""散

失"五大病症，显然是国人缺乏科学精神之果。然而他认为，科学精神之有无，只能用来横断新与旧，不能用来纵断东与西。"一百年的先进后进，在历史上值得计较吗？"经过中国隋唐佛学时代与西方文艺复兴时代的对比，这样的质问，又表现出一种新旧交替时代特有的包容和期许。

（陈祖君）

教育的根本要从自国自心发出来

章太炎

本国没有学说，自己没有心得，那种国，那种人，教育的方法，只得跟别人走。本国一向有学说，自己本来有心得，教育的路线，自然不同。几位朋友，你看中国是属于那一项？中国现在的学者，又属于那一项呢？有人说：中国本来没有学说，那种话，前几篇已经驳过。还有说，中国本来有学说，只恨现在的学者没有心得。

这句话虽然不合事实，我倒愿学者用为药石之言。中国学说，历代也有盛衰，大势还是向前进步，不过有一点儿偏胜。只看周朝的时候，礼、乐、射、御、书、数，唤作六艺，懂得六艺的多。却是历史政事，民间能够理会的很少。哲理是更不消说得。后来老子、孔子出来，历史、政事、哲学三件，民间渐渐知道了。六艺倒渐渐荒疏。汉朝以后，懂六艺的人虽不少，总不如懂历史政事的多。汉朝人的懂六艺，比六国人要精许多。哲理又全然不讲。魏、晋、宋、齐、梁、陈这几代，讲哲理的，尽比得上六国。六艺里边的事，礼、乐、数，是一日明白一日。书只有形体不正一点，声音训诂仍旧没有失去，历史政事自然是容易知道的，总算没有什么偏胜。隋唐时候，佛教的哲理，比前代要精审，却不过几个和尚。寻常士大夫家，儒道名法的哲理就没有。数学、礼学，唐初都也不坏，从中唐以后就衰了。只剩得历史、政事，算是唐人擅场。

宋朝人分做几派：一派是琐碎考据的人，像沈括、陆佃、吴曾、陆游、洪适、洪迈都是。王应麟算略略完全些，也不能见得大体。在六艺里面，不能成就得那一种；一派是好讲经世的人，像苏轼、王安石、陈亮、陈傅良、叶适、马端临都是。陈、马还算着实，其余不过长许多浮夸的习气。在历史既没有真见，在当时也没有实用；一派是专求心性的人，就是理学家了。比那两家，总算成就。除了邵雍的鬼话，其余比魏、晋、宋、齐、梁、陈的学者，也将就攀得上。历史只有司马光、范祖禹两家。司马光也还懂得书学。此外像贾昌朝、丁度、毛居正几个人，也是一路。像宋祁、刘敞、刘奉世、曾巩，又是长于校勘，原是有津逮后学的功。但自己到底不能成就小学家。宋、元之间，几位算学先生出来，倒算是独开蹊径。大概宋朝人还算没有偏胜，只为不懂得礼，所以大体比不上魏、晋几朝。（中国有一件奇怪事，老子明说："礼者，忠信之薄"，却是最精于礼，孔子事事都要请教他。魏晋人最佩服老子，几个放荡的人，并且说："礼岂是为我辈设"，却是行一件事，都要考求典礼。晋朝末年，礼论有八百卷，到刘宋朝何承天，删并成三百卷；梁朝徐勉集五礼，共一千一百七十六卷；可见那时候的礼，发达到十分。现在《通典》里头，有六十卷的礼，大半是从那边采取来，都是精审不磨，可惜比照原书，存二十分之一了。那时候人，非但在学问一边讲礼，在行事一边，也都守礼。且看宋文帝已做帝王，在三年服里头生太子，还瞒着人不敢说，像后代的帝王，哪里避这种嫌疑？可见当时守礼的多，帝王也不敢公然逾越。更有怪的，远公原是个老和尚，本来游方以外，却又精于《丧服》。弟子雷次宗，也是一面清谈一面说礼，这不是奇怪得很么？宋朝的理学先生，都说服膺儒术，规行矩步，到得说礼，不是胡涂，就是谬妄。也从不见有守礼的事。只是有一个杨简，通称杨慈湖，在温州做官，遇着钦差到温州来，就去和他行礼，主人升自阼阶，宾升自西阶，一件一件，都照着做，就算奇特非常，到底不会变通，也不算什么高。照这样看来，理学先生，远不如清谈先生。）

明朝时候，一切学问，都昏天黑地。理学只袭宋儒的唾余，王守仁出来，略略改变些儿，不过是沟中没有蛟龙，泥鳅来做雄长，连宋朝人的琐碎考据，字学校勘都没有了。典章制度，也不会考古。历史也是推开一卷。中间有几位高的，音韵算陈第，文字训诂算黄生，律吕算朱载堉，攻《伪古文尚书》算梅鷟，算学也有个徐光启，但是从别处译来，并不由自己思索出来，所以不数。到明末顾炎武，就渐渐成个气候。近二百年来，勉强唤做清朝，书学、数学、礼学，昏黑了长久，忽然大放光明，历史学也比得上宋朝。像钱大昕、梁玉绳、邵晋涵、洪亮吉，都着实可以名家。讲政事的颇少，就有也不成大体。

或者因为生非其时，不犯着讲政事给他人用，或者看穿讲政事的，总不过是浮夸大话，所以不愿去讲。

至于哲理，宋明的理学，已经搁起一边了，却想不出一种道理去代他。中间只有戴震，做几卷《孟子字义疏证》，自己以为比宋儒高，其实戴家的话，只好用在政事一边，别的道理，也并没得看见。宋儒在《孟子》里头翻来翻去，戴家也在《孟子》里头翻来翻去。宋儒还采得几句六朝话，（大概皇侃《论语疏》里头的话，宋儒采他的意颇多。）戴家只会墨守《孟子》。孟子一家的话，戴家所发明的，原比宋儒切实，不过哲理不能专据孟子。（阮元的《性命古训》，更不必评论了。）到底清朝的学说，也算十分发达了。只为没有讲得哲理，所以还算一方偏胜。若论进步，现在的书学、数学，比前代都进步。礼学虽比不上六朝，比唐、宋、明都进步。历史学里头，钩深致远，参伍比较，也比前代进步。经学还是历史学的一种，近代也比前代进步。本国的学说，近来既然进步，就和一向没有学说的国，截然不同了。但问进步到这样就止么，也还不止。六书固然明了，转注、假借的真义，语言的缘起，文字的孳乳法，仍旧模糊，没有寻出线索，可不要向前去探索么！礼固然明了，在求是一边，这项礼为什么缘故起来？在致用一边，这项礼近来应该怎样增损？可不要向前去考究么！历史固然明了，中国人的种类，从哪一处发生？历代的器具，是怎么样改变？各处的文化，是哪一方盛？哪一方衰？盛衰又为什么缘故？本国的政事，和别国比较，劣的在哪一块？优的在哪一块？又为什么有这样政事？都没有十分明白，可不要向前去追寻么？算学本是参酌中外，似乎那边盛了，这边只要译他就够。但以前有徐光启采那边的，就有梅文鼎由本国寻出头路来；有江永采那边的，就有钱大昕、焦循由本国寻出头路来。直到罗士琳、徐有壬、李善兰，都有自己的精思妙语，不专去依傍他人。后来人可不要自勉么！近来推陈出新的学者，也尽有几个。若说现在的学者没有心得，无论不能概全国的人，只兄弟自己看自己，心得的也很多。到底中国不是古来没有学问，也不是近来的学者没有心得，不过用偏心去看，就看不出来。怎么叫做偏心？只佩服别国的学说，对着本国的学说，不论精粗美恶，一概不采，这是第一种偏心。

在本国的学说里头，治了一项，其余各项，都以为无足重轻，并且还要诋毁。就像讲汉学的人，看见魏晋人讲的玄理，就说是空言，或说是异学；讲政事的人，看见专门求是，不求致用的学说，就说是废物，或说是假古玩；彷佛前人说的，一个人做弓，一个人做箭，做弓的说："只要有我的弓，就好射，不必用箭。"做箭的说："只要有我的箭，就好射，不必用弓。"这是第二种偏心。（这句话，并不是替许多学者做调人，一项学术里头，这个说的是，那个说的非，自然要辩论驳正，不可模棱了就算数。至于两项学术，就不该互相菲薄。）

这两项偏心去了，自然有头绪寻出来。但听了别国人说，本国的学说坏，依着他说坏，固然是错；就听了别国人说，本国的学说好，依着他说好，仍旧是错。为什么缘故呢？别国人到底不明白我国的学问，就有几分涉猎，都是皮毛。凭他说好说坏，都不能当做定论。现在的教育界，第一种错，渐渐打消几分；第二种错，又是接踵而来。比如日本人说阳明学派，是最高的学派，中国人听了，也就去讲阳明学，且不论阳明学是优是劣。但日本人于阳明学，并没有什么发明，不过偶然应用，立了几分功业，就说阳明学好。原来用学说去立功业，本来有应有不应，不是板定的。就像庄子说："能不龟手一也，或以候，或不免于洴澼絖。"（不龟手，说手遇了冷不裂；洴澼絖，就是打绵。）本来只是凑机会儿，又应该把中国的历史翻一翻。明末东南的人，大半是讲阳明学派，如果阳明学一定可以立得功业，明朝就应该不亡。又看阳明未生以前，书生立功的也很不少。远的且不必说，像北宋种师道，是横渠的弟子，用种师道计，北宋可以不亡。南宋赵蔡是晦庵的再传弟子，宋末保全淮蜀，都亏赵蔡的力。明朝刘基（就是人人称刘伯温的）是参取永嘉、金华学派的人，明太祖用刘基的策，就打破陈友谅。难道看了横渠、晦庵和永嘉、金华学派的书，就可以立得功业么？原来运用之妙，存乎其人。庄子说得好："豕零桔梗，是时为帝。"（豕零，就是药品里头的猪苓，意思说贱药也有大用。）如果着实说去，学说是学说，功业是功业；不能为立了功业，就说这种学说好；也不能为不立功业，就说这种学说坏。（学说和致用的方术不同。致用的方术，有效就是好，无效就是不好；学说就不然，理论和事实合才算好，理论和事实不合就不好，不必问他有用没用。）现在看了日本人偶然的事，就说阳明学好，真是道听途说了。

又像一班人，先听见宋儒谤佛，后听见汉学人谤佛，最后又听见基督教人也谤佛，就说佛学不好；近来听见日本人最信佛，又听见欧洲人也颇有许多信佛，就说佛学好。也不论佛学是好是坏。但基督教人，本来有门户之见，并说不出自己的理论来；汉学人也并不看佛书，这种话本可以搁起一边；宋儒是看过佛书了，固然有许多人谤佛，也有许多人直用佛书的话，没有讳饰。本来宋儒的学说，是从禅宗脱化，几个直认不讳的。就是老实说直话，又有几个？里面用了佛说，外面排斥佛说，不过是装潢门面，难道有识的人，就被他瞒过么？日本人的佛学，原是从中国传去，有几种书，中国已经没有了，日本倒还有原版，固是可宝。但日本人自己的佛学，并不能比中国人深，那种华严教、天台教的话，不过把中国人旧疏敷衍成篇。他所特倡的日莲宗、真宗，全是宗教的见解，并没有关系学说的话。尽他说的好，也不足贵。欧洲人研究梵文，考据佛传，固然是好；但所见的佛书，只是小乘经论，大乘并没有几种。有意讲佛学的人，照着他的法子，考求言语历史，原是不错。（本来中国玄奘、义净这班人，原是注意在此，但宋朝以后就绝了。）若说欧洲人是文明人，他既学佛，我也依他学佛，这就是下劣的见解了。

　　胡乱跟人，非但无益，并且有害。这是什么缘故？意中先看他是个靶子，一定连他的坏处也取了来。日本出家人都有妻，明明是不持戒律，既信日本，就与佛学的本旨相反。欧洲人都说大乘经论，不是释迦牟尼说的（印度本来有这句话），看不定的人，就说小乘好，大乘不好，那就弃菁华取糟粕了。佛经本和周公、孔子的经典不同：周、孔的经典，是历史，不是谈理的，所以真经典就是，伪经典就不是；佛经是谈理的，不是历史，只要问理的高下，何必问经是谁人所说？佛经又和基督教的经典不同：基督教纯是宗教，理的是非，并不以自己思量为准，只以上帝耶稣的所说为准；佛经不过夹杂几分宗教，理的是非，要以自己思量为准，不必以释迦牟尼所说为准。以前的人学佛，原是心里悦服，并不为看重印度国，推爱到佛经；现在人如果要讲佛学，也只该凭自己的心学去，又何必借重日本、欧洲呢？

　　又像一班无聊新党，本来看自国的人，是野蛮人；看自国的学问，是野蛮学问；近来听见德国人颇爱讲支那学，还说中国人民，是最自由的人民；中国政事，是最好的政事。回头一想，文明人也看得起我们野蛮人，文明人也看得起我们野蛮学问。大概我们不是野蛮人，中国的学问，不是野蛮学问了！在学校里边，恐怕该添课国学汉文。有这一种转念，原说他好，并不说他不好，但是爱教的人，本来胸中像一块白绢，惟有听受施教的话，施教的人却该自己有几分注意，不该听别人的话。何不想一想，本国学问，本国人自然该学，就像自己家里的习惯，自己必定应该晓得，何必听他人的毁誉？别国有几个教士穴官，粗粗浅浅的人，到中国来，要知这一点儿中国学问，向下不过去问几个学究，向上不过去问几个斗方名士。本来那边学问很浅，对外人说的，又格外浅，外人看中国自然没有学问。古人说的，"以管窥天，以蠡测海"。（蠡本来应写蠃，俗写作螺。意思说用蠃壳去臼海水，不能晓得海的深浅。）一任他看成野蛮何妨。近来外人也渐渐明白了，德国人又专爱考究东方学问，也把经典史书略略翻去，但是翻书的人，能把训诂文义真正明白么？那个口述的中国人，又能够把训诂文义真正明白么？你看日本人读中国书，约略已有一千多年，究竟训诂文义，不能明白。他们所称为大儒，这边看他的话，还是许多可笑。（像山井鼎、物观校勘经典，却也可取，因为只按字比较，并不多发议论。其余著作，不过看看当个玩具，并没有可采处。近来许多目录家，看得日本有几部旧书，就看重日本的汉学家，是大错了。皇侃《论语疏》、《玉烛宝典》、《群书治要》几部古书，不过借日本做个书籇子。）这个也难怪他们，因为古书的训诂文义，从中唐到明代，一代模糊一代，到近来才得真正明白。以前中国人自己尚不明白，怎么好责备别国人！后来日本人也看见近代学者的书，但是成见深了，又是发音极不正当，不晓得中国声音，怎么能晓得中国的训诂？既然不是从师讲授，仍旧不能冰释理解，所以日本人看段注《说文》、王氏《经传释词》，和《康熙字典》差不多。几个老博士，翻腾几句文章学说，不是支离，就是汗漫。日本人治中国学问，这样长久，成效不过如此，何况欧洲人只费短浅的光阴，怎么能够了解？

有说日本人欢喜附会，德国人倒不然，总该比日本人精审一点，这句话也有几分合理。日本人对着欧洲的学说，还不敢任意武断。对着中国的学说，只是乱说乱造。或者徐福东来，带了许多燕、齐怪迂之士，这个遗传性，至今还在？欧洲人自然没有这种荒谬，到底时候太浅，又是没有师授，总是不解；既然不解，他就说是中国学问，比天还要高，中国人也不必引以为荣。古人说，"一经品题，声价十倍"，原是看品题人是什么？若是没有品题的资格，一个门外汉，对着我极口称赞，又增什么声价呢？听了门外汉的品题，当作自己的名誉，行到教育一边，也有许多毛病。往往这边学究的陋话，斗方名士的谬语，传到那边，那边附会了几句，又传到这边，这边就看作无价至宝；也有这边高深的话，传到那边，那边不能了解，任意胡猜，猜成了，又传到这边，这边又看作无价至宝，就把向来精深确实的话，改做一种浅陋荒唐的话。这个结果，使学问一天堕落一天。

几位朋友，要问这种凭据，兄弟可以随意举几件来。

（一）日本人读汉字，分为汉音、吴音、唐音各种。却是发音不准，并不是中国的汉音、唐音、吴音本来如此，不过日本人口舌崛强，学成这一种奇怪的音，现在日本人说，他所读的，倒是中国古来的正音，中国人也颇信这句话。我就对那个人说，中国的古音，也分二十几韵，那里像日本发音这样简单？古音或者没有凭据，日本人所说的古音，大概就是隋唐时候的音。你看《广韵》现在，从《广韵》追到唐朝的《唐韵》、隋朝的《切韵》，并没有什么大变动。照《广韵》的音切切出音来，可像日本人读汉字的声音么？那个人说，怎么知道《广韵》的声音不和日本声音一样？我说，一项是声纽，（就是通称字母的。）两项是四声，从隋唐到现在，并没有什么大改，日本可有四声么？可有四十类细目么？至于分韵，元明以来的声音，比《广韵》减少，却比日本还多。日本人读汉字，可能像《广韵》分二百六韵么？你看从江苏沿海到广东，小贩做工的人，都会胡乱说几句英语，从来声音没有读准。假如几百年后，英国人说，"我们英国的旧音失去了，倒是中国沿海的人，发得出英国的旧音"，你想这句话，好笑不好笑？

（二）日本人常说，"日本人读中国的古文就懂得，读中国的现行的文，就不懂得。原来中国文体变了，日本人作的汉文，倒还是中国的古文。"这句话，也颇有人相信。我说：日本的文章，用助词非常的多，因为他说话里头助词多，所以文章用助词也多。中国文章最爱多用助词的，就是宋、元、明三朝，所以日本人拿去强拟，真正隋唐以前的文章，用助词并不多。日本可能懂得么？至于古人辞气，和近来不很相同，就中国人粗称能文的，还不能尽解，更何论日本人？自从王氏做《经传释词》，近来马建忠分为八品，做了一部《文通》，原是用文法比拟，却并没有牵强，大体虽不全备，中国的词，分起来，总有十几品，颇还与古人辞气相合，在中国文法书里边，也算铮铮佼佼了！可笑有个日本人儿岛献吉，又做一部《汉文典》，援引古书，也没有《文通》的完备，又拿日本诘诎聱牙的排列法，去硬派中国文法，倒有许多人说儿岛的书，比马氏好得多，因为马氏不录宋文，儿岛兼录宋文。不晓中国的文法，在唐朝早已完备了，宋文本来没有特别的句调，录了有什么用？宋文也还可读，照着儿岛的排列法，语势蹇涩，反变成文理不通，比马氏的书，真是有霄壤之隔。近来中国反有人译他的书，唉！真是迷了。日本几个老汉学家，做来的文字，总有几句不通，何况这位儿岛学士。现在不用拿两部书比较，只要请儿岛做一篇一千字长的文章，看他语气顺不顺，句调拗不拗？再请儿岛点一篇《汉书》，看他点得断点不断？就可以试验得出来了！

（三）有一个英国人，说中国的言语，有许多从外边来，就像西瓜、芦菔、安石榴、蒲桃（俗写作葡萄）是希腊语，狮子是波斯语，从那边传入中国。这句话，近来信的虽不多，将来恐怕又要风行。要晓这种话，也有几分近理。却是一是一非，要自己检点过。中国本来用单音语，鸟、兽、草木的名，却有许多是复音语。但凡有两字成一个名的，如果两字可以分解得开，各自有义，必不是从外国来。如果两字不能分解，或是从外国来。蒲桃本不是中国土产，原是从西域取来，枝叶既不像蒲，果实也不像桃，唤做蒲桃，不合中国语的名义，自然是希腊语了。师子、安石榴也是一样。像西瓜就不然，瓜是蔬物的通名，西瓜说是在西方的最好。两个都有义，或者由中国传到希腊去，必不由希腊传到中国来。芦菔也是中国土产，《说文》已经列在小篆，两个字虽则不能分解，鸟兽草木的名，本来复音语很多，也像从中国传入希腊，不像从希腊传入中国。至于彼此谈话，偶然一样，像父母的名，全地球没有大异。中国称兄做昆，转音为哥；鲜卑也称兄为阿干。中国称帝王为君，突厥也称帝王为可汗。中国人自称为我，拉丁人也自称为爱伽。中国吴语称我辈为阿旁，（《洛阳伽蓝记》，自称阿侬，语则阿旁。）梵语也称我辈为阿旁。中国称彼为他，梵语也称彼为多他。中国叹词有呜呼，梵语也是阿蒿。这种原是最简的语，随口而出，天籁相符，或者古来本是同种，后来分散，也未可知？必定说甲国的语，从乙国来；乙国的话，从甲国去，就是全无凭据的话了。（像日本许多名词，大半从中国去；蒙古的黄台吉，就是从中国的皇太子变来；满洲的福晋，就是从中国的夫人变来，这种都可以决定。因为这几国都近中国，中国文化先开，那边没有名词，不得不用中国的话，所以可下断语。若两国隔绝得很远的，或者相去虽近，文化差不多同时开的，就不能下这种断语。）有人说中国象形文字从埃及传来；也有说中国的干支二十二字，就是希腊二十二个字母，这种话全然不对。象形字就是画画，任凭怎么样草昧初开的人，两个人同对着一种物件，画出来总是一样。何必我传你，你传我？干支二十二字，甲、己、庚、癸是同纽，辛、戍是同纽，戊、卯、未古音也是同纽。譬如干支就是字母，应该各字各纽，现在既有许多同纽的音，怎么可以当得字母？这种话应该推开。

（四）法国人有句话，说中国人种，原是从巴比伦来。又说中国地方，本来都是苗人，后来被汉人驱逐了。以前我也颇信这句话，近来细细考证，晓得实在不然。封禅七十二君，或者不纯是中国地方的土著人，巴比伦人或者也有几个。因为《穆天子传》里面谈的，颇有几分相近；但说中国人个个是从巴比伦来，到底不然。只看神农姜姓，姜就是羌，到周朝还有姜戎，晋朝青海有个酋长，名叫姜聪，看来姜是羌人的姓，神农大概是青海人。黄帝或者稍远一点，所以《山海经》说在身毒（身毒就是印度），又往大夏去采竹，大夏就是唐代的睹货逻国，也在印度西北，或者黄帝是印度人。到底中国人种的来源，远不过印度、新疆，近就是西藏、青海，未必到巴比伦地方。至于现在的苗人，并不是古来的三苗；现在的黎人，并不是古来的黎。三苗、九黎，也不是一类的。三苗在南，所以说左洞庭，右彭蠡；九黎在北，所以《尚书》、《诗经》都还说有个黎侯，黎侯就在山西。蚩尤是九黎的君（汉朝马融说的），所以黄帝从西边来，蚩尤从东边走，赶到涿鹿，就是现在直隶宣化府地界，才决一大战。如果九黎、三苗，就是现在的黎人、苗人，应该在南方决战，为什么到北方极边去，难道苗子与鞑子杂处？三苗是缙云氏的子孙（汉朝郑康成说的），也与苗子全不相干。近来的苗人、黎人，汉朝称为西南夷，苗字本来写髳字，黎字本来写俚字，所以从汉朝到唐初，只有髳俚的名，从无苗黎的名。后来人强去附会《尚书》，就成苗黎。别国人本来不晓得中国的历史，听中国人随便讲讲，就当认真。中国人自己讲错了，由别国去一翻，倒反信为确据，你说不要笑死了么？

（五）法国又有个人说，《易经》的卦名，就是字书。每爻所说的话都是由卦名的字，分出多少字来。这句话，颇像一百年前焦循所讲的话。有几个朋友也信他。我说，他举出来的字，许多小篆里头没有，岂可说文王作《周易》的时候，已经有这几个字？况且所举的字，音也并不甚合，在别国人想到这条路上，也算他巧思，但是在中国人只好把这种话做个谈柄，岂可当他实在？如果说他说的巧合，所以可信，我说明朝人也有一句话，比法国人更巧。他说《四书》本来是一部书，《论语》后边说，"不知命"，接下《中庸》开口就说："天命之谓性"；《中庸》后边说，"予怀明德"，接下《大学》开口就说："在明明德"；《大学》后边说："不以利为义，以义为利也"，接下《孟子》开口就说："王何必曰利，亦曰仁义而已矣。"这到是天然凑合，一点没有牵强。但是信得这句话么？明末人说了，就说他好笑；法国人说了，就说他有理，不是自相矛盾的么？

上面所举，不过几项，其余也举不尽。可见别国人的支那学，我们不能

学风九编

取来做准，就使是中国人不大深知中国的事，拿别国的事迹来比附，创一种新奇的说，也不能取来做准。强去取来做准，就在事实上生出多少支离，学理上生出多少谬妄，并且捏造事迹。（捏造事迹，中国向来没有的，因为历史昌明，不容他随意乱说；只有日本人，最爱变乱历史，并且拿小说的假话，当做实事。比如日本小说里头，说源义经到蒙古去，近来人竟说源义经化做成吉思汗，公然形之笔墨了。中国下等人，相信《三国志演义》里头许多怪怪奇奇的事，当做真实，在略读书的人，不过付之一笑。日本竟把小说的鬼话，踵事增华，当做真正事实，好笑极了。因为日本史学，本来不昌，就是他国正史，也大半从小说传闻的话翻来，所以前人假造一种小说，后来人竟当做真历史。这种笑柄，千万不要风行到中国才好！）舞弄条例，都可以随意行去，用这个做学说，自己变成一种庸妄子；用这个施教育，使后生个个变成庸妄子。就使没有这种弊端，听外国人说一句支那学好，施教育的跟着他的话施，受教育的跟着他的话受，也是不该！上边已经说了，门外汉极力赞扬，并没有增什么声价，况且别国有这种风尚的时候，说支那学好；风尚退了，也可以说支那学不好。难道中国的教育家，也跟著他旅进旅退么？现在北京开经科大学，许欧洲人来游学，使中国的学说，外国人也知道一点儿，固然是好；但因此就觉得增了许多声价，却是错了见解了。大凡讲学问施教育的，不可像卖古玩一样：一时许多客人来看，就贵到非常的贵；一时没有客人来看，就贱到半文不值。自国的人，该讲自国的学问，施自国的教育。像水火柴米一个样儿，贵也是要用，贱也就要用，只问要用，不问外人贵贱的品评。后来水越治越清，火越治越明，柴越治越燥，米越治越熟，这样就是教育的成效了。至于别国所有中国所无的学说，在教育一边，本来应该取来补助，断不可学《格致古微》的口吻，说别国的好学说，中国古来都现成有的。要知道凡事不可弃己所长，也不可攘人之善。弃己所长，攘人之善，都是岛国人的陋见，我们泱泱大国，不该学他们小家模样！

（摘自《近代中国学术思想》，中华书局2008年版）

【导读】章炳麟（1868—1936），字枚叔，号太炎，浙江余杭人，中国近代著名学者、资产阶级民主革命家、思想家、教育家。章太炎早年从事政治活动，鼓吹民主革命，1918年始退出政界，专事教育和学术研究，一生著述颇丰，主要有《章氏丛书》及其续编和三编、《国故论衡》《国学概论》等行世。其有关教育方面的言论主要辑有《太炎教育谈》一书，该书共两卷六篇，《教育的根本要从自国自心发出来》即出自本书第二卷。

该文是太炎先生的一篇有关中国教育和学术研究方面的重要著述，主要论述了在教育过程中如何处理中外思想文化关系的问题。他认为若"本国一向有学说，自己本来有心得，教育的路线自然不同"，即教育的根本"当从自国自心发出来"。但不少人对此道理并不明了，并出现了两种错误的倾向：一是"只佩服别国的学说，对着本国的学说，不论精粗美恶，一概不采"；二是"在本国的学说里头，治了一项，其余各项，都以为无足重轻，并且还要诋毁"。其实，第一种情况错就错在别国人并不完全明白中国的学问，由于文化的差异，他们对中国学问的了解仅止于皮毛，如果仅凭其评说而看待本国的学问，甚至轻易定论，那将是大错特错的。比如法国学人说中国人种原是从巴比伦来的，但实际并不是这样的。因而，别国人的中国学是不能取来做标准的。对第二种错误倾向，太炎先生认为，凡某项学术或为是或为非，理当辩论驳证，绝不可模棱两可了事。而对待两项学术更应取长补短，万不可互相菲薄。最后，太炎先生郑重指出，"大凡讲学问施教育的，不可像卖古玩一样：一时许多客人来看，就贵到非常的贵；一时没有客人来看，就贱到半文不值"。这里，太炎先生用大量的事实证明了中国文化的源远流长和学问心得的博大精深，进而得出了"自国的人，该讲自国的学问，施自国的教育。像水火柴米一个样儿，贵也是要用，贱也就要用，只问要用，不问外人贵贱的品评"的结论。

章太炎一生在国人的教育方面多有思考，对教育及教学的改革提出了不少精辟的见解，如求学的原则、方法、途径等等，这些对我们今天的求学及教育改革仍有一定的参考价值。尤其是他在晚年倡导复兴国学，积极宣传中华文化，并提出了处理中西文化关系的基本原则：凡事不可弃己所长，亦不可攘人之善。这一观点在今天看来仍有巨大的现实意义。正如有人对太炎先生教育论文的评说，"篇数虽少"，但"差不多把求中国学问的门径与修身立世之道，网罗无遗，读之既增知识，又可培养道德"。（吴齐仁《太炎教育谈》序言）

（卢有泉　陈　鹏）

何谓文化教养（节录）

辜鸿铭

尊敬的各位先生，女士们：

这次我受邀请到贵国演讲以来，受到了各方面的亲切友好的接待，对此，我对大东文化协会表示感谢。

今晚我的演讲题目是："什么是文化教养"，此外还要讲讲加强修养的方法，最后还将讲到为什么必须提高文化修养。

……

简而言之，所谓教养就是有知识。然而，这知识是什么样的知识呢？换言之，为了有教养，我们应知道些什么呢？著名的英国批评家马太·阿诺德说：了解自己，了解世界就是教养。但是，单就世界而论，世界上的知识有多种，哪一种知识才能提高自己的教养呢？即便是小学生也知道世界上有五个大洲。但显然，仅知道这点是不够的，为了提高自己的教养，不仅要了解世界的地理，还要精通世界历史。不光知道报纸上刊载的世界的现状，还要知道世界的过去。而且，仅仅如此还远不够。像孔子所著的《论语》、《大学》等等，表明有教养的人拥有的知识不是暧昧模糊的知识，而是系统的、科学的知识，它是通过"格物"而得到的知识。所谓"格物致知"的"物"，即是与存在相关的、脉络整然的科学知识，"物"在汉语中的意思，不仅仅是物质性的事物，它含有物质、精神两方面的内容。也就是说大凡存在的一切就是"物"，"物"也就是存在。比如孔子就曾说"不诚无物"，这句话翻译过来就是"没有诚意，就没有存在"。

因此，所谓真正的教养，就是指对世界即对存在着的一切拥有系统的、科学的知识。下面涉及的问题是："存在究竟是什么？"我们中国人把存在，即存在于宇宙之间的万物分为三大类：天、地、人。如果借用英国诗人华兹华斯的话，就是"神、自然、人生"。但如果其含义仅仅指天空、地壳、人类，那就毫无意义了。我认为中国的"天、地、人"同华兹华斯的"神、自然、人生"是相应的。为此，我引用《礼记》上的三句美妙的语言，即"天不爱其道，地不爱其宝，人不爱其情"。由此，我们就能领会到天、地、人之间的真正区别，它并非是芜杂地、没有意义地、简单地将天、地、人区分。因此，根据中国哲学，存在着的万物可分为"天、地、人"，即"神、自然、人生"三大类。真正有教养的学者，依中国人的立场，就必须透彻地领会"神、自然、人生"。所谓"儒者通天地人"，就是说真正的教养，乃是充分地理解神、自然、人生。如果按西洋的说法就是，假如不具备真正的、宗教的、历史的、科学的知识，就不能算作是一个学者。总而言之，真正的教养，即文化教养就是有关存在的脉络整然的科学知识。而存在则由"神、自然、人生"三大部分组成。

下面进入今晚演讲的第二个问题，怎样才能提高个人的教养。在讲这个问题之前，我打算指出中国文学和拥有真正的教养内涵的古今西方文学之间有一个大的不同点。西方文学给人们以神、自然、人生三方面的科学知识，用现代的语言来说就是给人们宗教、历史、科学的知识。然而中国文学比如孔子的书，就像已经建成的房子那样，而西方古今文学如还在建筑之中的房子。已经建成的房子由一些必要的建筑材料构成，而正在建筑当中的房子只是由必要的建筑场地和框架构成。关于框架方面的知识，作个比方，宗教就是关于神的学问，像哲学、神学之类。科学就是关于自然方面的知识，由数学那一类的东西构成，我们把这些称为"器物之学"。而在中国文学里，诸如神学、哲学、数学那样的东西几乎没有。

下面讲怎样提高自己的文化教养，为了节省时间，我把它分为三个方面简单地讲一下。要想提高自己的文化教养，必须从以下三方面去努力，即：

第一，清心寡欲。

第二，谦恭礼让。

第三，朴素生活。

孔子"十五而志于学"，即志于教养的修得。一个人如果有志于提高自己的教养，那就要一心一意地排除杂念，狠下苦功夫。汉代的某位大学者曾说：

"正其谊，不计其功；明其道，不计其利。"

这话的意思是这样的，为穷正义之理，是不考虑效果的，为明正道，不是考虑利益的。教养即所学的东西必须为大众服务。比如军人，为本国的名誉而战是当然的事，作为宰相就应为本国的民众谋福利。修身养性的人除了一心一意考虑教养问题之外是不能有任何杂念的，孔子说"有教无类"，即不考虑教养以外的东西。这就是上述清心的含义。

真正有修身养性之志的人，现在很少。这主要是人们认为修身养性是件容易的事。然而我认为这不仅不是件容易的事，而应是件非常难的事。孔子在《大学》里说"止于至善"，而前述的英国批评家阿诺德也认为，"教养发源于对至善的爱"。我所说的教养，包涵各方面的内容。由此可知教养的修得是难而又难的事。如果知道了这个，我们就会变得谦虚。德国的大诗人歌德曾歌云：

Das wenige verschwinder gloich dem Blick，

Der vorwarts sieht，

Wie vielnoh uebrig bleibt。

其中的意思是，"把我们现在已做完的事同我们将来必须要干的事相比较，不由得感到一阵空虚，在茫茫的宇宙面前，人太渺小了。"

《书经》上说："惟学逊志，务时敏，厥修乃来。"

我所讲的谦虚也就是这个意思。

最后，我讲一下朴素生活。三年前，我在北京英中协会作过一次演讲，那时我曾说，真正的中国国民必须保有其国民的特性，在道德上，也必须保有其国民性，为了保持国民性，我们必须坚决捍卫我们所建构的文明理想。

西方近代文明的理想同我们东洋人的理想有哪些不同呢？

近代西洋文明的理想可以说是进步，进步，再进步。它的所谓进步就是尽量提高生活水准。美国人所以排斥我们中国人和日本人，是因为我们不理解他们文明的理想就是提高生活水准这一点。然而，我们东洋人的文明理想是朴素的生活和崇高的思想。即便是我们东洋人当中一贫如洗之辈，也不愿抛弃作为我们理想的朴素生活和崇高的思想，不愿拜倒在西洋人的所谓进步面前。

现代西洋人说我们难以同化于他们之中，于是排斥我们。然而，我想在座的日本人是决不会抛弃自己的理想而接受他们的东西的。我曾多次对来中国和日本的外国人讲过这样的话，那就是，他们不该把我们说成是落后民族，因为，我们东洋人虽然过着朴素的近乎原始的物质生活，但却将自己的文明提高到西洋人曾经达到过的文明的最高峰。这难道不是人类文明史上一件让人惊异的事情吗？

以前，我在欧洲时，研究过希腊文明。欧罗巴文明的高潮是希暗时代，但现代日本所拥有的文明即便不说优于，至少也不劣于古希腊的文明。尽管日本人吃着萝卜根，住在简陋的小房里，但他们却是优秀的国民。这点就证明了我所说的朴素生活的重要性。

最后，我讲讲我们"为什么需要提高自己的教养"？如前所述，李鸿章因为不具备真正的教养，从而使中国陷入了停滞的状态，这就直接导致了今日的中国革命，造成了今日中国的混乱状况。仅此就可以知道教养对一个人来讲是何等的重要。要是按我的说法，什么战争啦，革命啦，混乱啦，究其原因，归根到底就在于一点，即缺乏教养。何以有战争？何以起革命？何以致混乱？这决非人类走向了堕落，而是因人们都不知道怎样去生活。现代的人们，尤其是西洋人知道应该怎样去工作，在这一点上，他们比他们的祖先要进步许多，但是他们却不知道应该怎样去生活。

那么，我们怎么才能知道应该如何去生活呢？我认为只有依靠真正的教养。真正的教养不是教人像机器、像木偶般儿活着，而是指给人们一条作为一个真正的人而生活的路径。我所说的教养对人生所以必要的理由就在于此。

在结束这个演讲之前，我还想谈一下，我这次来到日本，看到日本有"大东文化协会"这样的团体，实在不胜欢欣。这是日本的有识之士不用重商主义、产业主义以及军国主义来开拓日本以及东亚未来的产物，这就是孔子说的以文德立国的表现。如孔子说的那样，"远人不服，则修文德以来之"。但愿日本在处理同其他国家的关系时，不要依恃武力，而应用文德去光大国威。

（摘自《辜鸿铭经典文存》，上海大学出版社2008年版）

【导读】 辜鸿铭是近代著名的翻译家，精通九国语言文化，被孙中山誉为近代中国"英文第一"，翻译了大量的典籍到西方，与严复、林纾并称"福建三杰"。

冯天瑜先生说过，辜鸿铭乃是"中国近代思想文化领域在'古今中西之争'中演化出来的一个奇特而复杂的标本"。辜鸿铭从小旅居欧洲，接受西式教育，但却全盘否定西方文明；而从未受过中式教育的他，则热烈称赞中国传统文明，成为维护中华民族神圣尊严的勇敢卫士。辜鸿铭在《在德不在辫》一文中说："洋人绝不会因为我们割去发辫，穿上西装，就会对我们稍加尊敬的。我完全可以肯定，当我们中国人变成西化者洋鬼子时，欧美人只能对我们更加蔑视。事实上，只有当欧美人了解到真正的中国人——一种有着与他们截然不同却毫不逊色于他们文明的人民时，他们才会对我们有所尊重。"于是，向西方传播中国文化，成为辜鸿铭一生中最主要的事业。

为什么辜鸿铭如此执著于中国的文明呢？法国学者弗兰西斯·波里曾说："综观近代以来的中国，似乎还没有人像辜氏那样毫不含糊地宣称过：评判文明的标准只能是人，是该文明化下之男男女女本身的文化教养状态，而不是人的创造物；也没有一个了解外部世界的人像他这样极度地强调人类生存的道德价值和精神生活的绝对意义。"（《中国圣人辜鸿铭》）也就是说，辜鸿铭迷恋的是中国人的文化教养、精神状态。他称赞中国人有着深刻、广阔与单纯这三种人格特点，并且认为"中国人过着一种心灵的生活"（《中国人的精神》）。在辜鸿铭看来，与西方赤裸裸的金钱关系不同，中国人强调道德观念和精神世界。为什么会有战争？为什么会有永无休止的矛盾？就是因为缺乏教养，不懂得如何生活。于是，《何谓文化教养》一文详细解说了文化教养的含义，即对"神、自然、人生"有系统清晰的认识，对历史、宗教、科学均有着透彻的理解。至于如何提高文化教养，则必须通过"清心寡欲、谦恭礼让、朴素生活"三个方面的努力。这三条途径都是指向人的内心，即修心养性极其重要，即使一无所有，也要拥有独立的人格和崇高的理想。只有这样，才能更好地活着，真正做到"修身、齐家、治国、平天下"。

　　辜鸿铭挖掘中国传统文化，肯定中华文明，强调文化修养的重要性，这是值得我们学习的。

（廖　华）

科学思维与宗教、神话之联系

顾颉刚

　　公元前5世纪左右毕达哥拉斯派认为"灵魂就是太阳的尘埃"。列宁批云："对物质结构的暗示。"这派还认为"在灵魂里，好像在天宇中那样，有七个圆圈（要素）"。列宁批："关于大宇宙和小宇宙相似的猜测、幻想"，又云："注意：科学思维的萌芽同宗教、神话之类的幻想的一种联系。而今天呢，同样，还是有那联系，只是科学和神话间的比例却不同了。"（黑格尔《哲学史讲演录》一书摘要）庆云（关锋）《断想录》云："今天，……科学对于未经探索的新领域毕竟是无知的，……向新的知识领域探索，也还要经过科学的因素、成分和幻想相联系的阶段，只是比例不同。……看到别人探索新得中的错误，有时比较容易；但发现其中的科学成分，予以肯定和帮助，却需要有胆有识，这就很不容易。……人们常犯这种错误：恰恰把将来被证明的科学成分看作可笑的。……就是学术观点全错了，他向新的知识领域探索的勇气和钻研的精神还是应该肯定的；鼓励其再接再厉，这也是雪中送炭。"读此文后甚感动。四十年来，为予辩论古史，不知中了几多明枪暗箭；数年中被批评尤甚，假使于自信力不强，真将被迫作全部否定矣。其中当然有若干假想，但古史本属破甑，不作假想就联系不起；至于其中之科学成分，乃可一笔抹杀乎！"下士闻道大笑之，不笑不足以为道"，《老子》之言洵有人问经验在也。

(摘自《顾颉刚学术文化随笔》，中国青年出版社1998年版)

【导读】顾颉刚（1893—1980），名诵坤，字铭坚，号颉刚，江苏苏州人。中国现代著名历史学家、民俗学家，古史辨学派创始人，现代历史地理学和民俗学的开拓者、奠基人。

作为新史学代表人物的顾颉刚，对于史学的研究有着独到之处。其探索科学的精神，尤为人所敬重。其从事历史研究多年，大胆假设，探索了很多历史学上的问题。本文即表现了其学术探索的精神。

作为对未知世界进行探索的研究，学术研究需要假设，需要猜测和幻想。不是每一个假设最后都能证明是真的。科学研究本来就需要假设，大胆的假设是成功的开始。没有假设，也就没有了发展。学术研究就是要证明假设是否能够成立。当然，既然是假设，就必然存在假的，不真实的。这需要研究者有一定的承受力。要敢于面对失败。顾颉刚的成功就在于他敢于怀疑，敢于通过自己的假设来探讨历史中的问题。

对于未知世界的探索，需要有勇气。勇气本身就是一种科学的精神。如果没有对权威产生怀疑的精神，没有勇气对权威提出质疑，那么，未知世界就不可能被人们所认识。正如作者在文章中引用庆云的话所说的："就是学术观点全错了，他向新的知识领域探索的勇气和钻研的精神还是应该肯定的。"这正说明了勇气在学术研究中的重要性。顾颉刚先生在对历史研究的质疑中有很多创见，当然也不乏错误的地方。但他敢于向权威提出质疑，勇于探索科学真理的精神，值得后学钦佩。他虽多次遭到批评，却仍能坚持自己的做法，其本身就需要一种勇气！

　　学术研究要大胆假设，小心求证。大胆假设，才能有所创新；小心求证，才能确保观点的正确。

（莫山洪）

说　思　辨

冯友兰

　　如果有人叫我用一两个字说明哲学之性质及其精神，我所用之两个字，即是"思""辨"。

　　想到"思"字，普通人总觉得"思"似乎是玄虚不可靠的，而尤易联想到"胡思乱想"之思。"胡思乱想"既是"胡"且"乱"，当然是玄虚不可靠。但此所谓"思"，乃指我们的理智之活动，既不玄虚，也不不可靠。理智与感觉之分别，在西洋哲学里，本早已讲清楚了。但在中国真知此分别之重要者，似乎还不很多。试举例说明此分别。譬如我们说"这是桌子"，"这"是感官所能及，乃感觉之对象，而"桌子"乃是感官所不能及的。我们感官只能及"这"或"这个桌子"，但不能及"桌子"。"桌子"乃是理智之对象，我们只能"思"之。我们"思"之所及范围越广，我们对于事物理解即愈大。例如我们进此屋内，一览即知"这是桌子"，"那是椅子"。但如一狗进来，则它只觉其一大堆东西而已；其实狗亦未必知何为东西，它只觉"漆黑一团"而已。我们与狗，何以不同？狗盖只靠感觉，我们兼靠理智。狗不能"思"，我们能"思"。哲学中之"思"即此种"思"。

　　哲学与自然科学之一不同，即在哲学专靠"思"，而自然科学则不专靠之。例如此有一桌子，物理学及化学可将其分析之，但其分析皆为物质的分析，其分析所得皆是具体的。但如指出此桌子有方之性质，有黄之性质等，则即对于桌子作形而上学的或逻辑的分析，其分析所得是抽象的。此等分析，不能在实验室中进行之，只能于"思"中行之。哲学对于事物之分析，皆只于"思"中行之。

就上举两例，已可见"思"在哲学中之重要。但此仅哲学之一半。因为哲学必需是写出或说出之道理；"思"之所得，必以"辨"出之。中国原来哲学，多只举其结论，对于所以支持此结论之论证，则多忽略，近来国内研究哲学者，犹多如此。其结论不过哲学之一部分，其他部分，乃是所以支持此结论之论证，即"辨"。

故我以为"思""辨"二字最能说明哲学之性质及其精神。

(摘自《三松堂全集》第十一卷，河南人民出版社1992年版)

【导读】冯友兰(1895—1990)，字芝生，河南省南阳市唐河县祁仪镇人。中国当代著名哲学家、教育家。他的著作《中国哲学史》《中国哲学简史》《中国哲学史新编》《贞元六书》等已成为20世纪中国学术的重要经典，对中国现当代学界乃至国外学界影响深远。被誉为"现代新儒家"。

很多人眼中，哲学是复杂而又枯燥的，是很难理解的。著名哲学家冯友兰用两个字来概括哲学的性质及其精神，即"思"和"辨"，将这个复杂的问题简单化，使我们认识了哲学的真谛。

毋庸置疑，哲学需要思考，有思考才有思想。人与动物的最大区别就是人有思想，动物没有。正如作者在文章中所指出的，人看见物品不仅知道这是东西，而且知道这是什么东西。动物最多只知道这是东西，至于是什么东西，就不知道了。这是"思"的结果。人有"思"，所以知道是什么东西；动物没有"思"，所以不知道是什么东西。"思"是人区别于动物的根本。

当然，哲学的"思"也不是胡思乱想，而要有一定的逻辑。因此，哲学层面的"思"又必然有"辨"。事不辨不明，理不辨不清。哲学是讲道理的，要想把道理讲清楚，不可能不进行"辨"。"辨"要有一个完整而严谨的过程。在"辨"的过程中，要把自己的论据摆出来，并通过合理的、符合逻辑的方式展示出来，才能更好地表达自己的观点。否则，说出一个观点，说出一个道理，自己知道是怎么回事，别人并不知道。

作为思维主体的人，其所以能与动物区分开，在于其有"思"、有"辨"。哲学之能与物理学、化学等自然科学区分开来，在于其对事物作形而上的或逻辑的"思"。哲学之能让人信服，则在于其"辨"。人文学科知识分子，尤其应该注重对自己"思""辨"能力的培养。

(莫山洪)

学风九编

关于在中国如何推进科学思想的几个问题

李 济

读了毛子水先生在中国文化论集所发表的《中国科学思想》，颇有所感，因草此文。毛先生的论文，肯定了两件事：一、"西欧近三四百年的科学，的确是我们古代的圣哲所不曾梦想到的"（《中国科学思想》，第67页）；二、他同意李约瑟的说法："如果以往中国有西方那样的气候、地理、社会和经济的因素……近代科学定必发生于中国……"（同上书，第71页）。我没有看过译文的全文，也没有机会读到李约瑟的原文，不敢保证李氏原文的语气是否如译文给我们的印象；但我听过他在李庄讲过这一类的题目，他大致的意见似乎是这样的。不过，在那时他来中国的使命，带有外交性质，故除了搜集所要的资料外，自然也要争取中国读书人的好感，所以说的话也必定检取最好听的。至于他的内心里真实感觉何如，就无从揣测了。我个人的记忆，他似乎有些话没全说；不过，没说的话不一定就是不好听的话。

虽说现在尚有不少的爱国人士以辩护中国古代文化为职业，但是说"西方一切学术都可以在中国古书中寻出根源"的人可以说已经少得不足数了。

所以我们现在最迫切的问题，不是中国是否有过科学，而是在中国如何推进科学。我们现在所面临的时代以及时代精神，有两种趋势是很显然的。一般的意见都承认，现代的中国最需要的是西方的科学；同时，一个更坚定的意见却是，科学中最先需要的为科学工业。以上两趋势，不但在现代政府的措施可以看得很清楚，社会的倾向表现得尤为具体。以今年投考台湾大学的考生选的科目论，志愿在工学院的逾两千人，医预科的逾千人。农学院的也将近千人；但理学院七系，全部投考的学生仅二百余人。换言之，我们所要的是科学的成绩，不是科学的本身；我们对于科学思想的本身，除了少数人外，仍不感觉兴趣。我们尚没摆脱张之洞的中学为体、西学为用的观念。

在这一气氛下，要推进科学思想，我们确实还需要作一番反省的工夫，因此，又不能不追问到中国的固有文化里为什么没有发生科学这一问题了。我对于毛子水先生所引李约瑟博士把中国没产生科学的原因推到中国的气候、地理、社会和经济的因素，觉得有点笼统，觉得有些因素还可以说得更明白一点。因为使中国没产生科学思想的因素也正是阻碍科学思想在现代中国推进的分子，所以我们不能不把这些因素赤裸裸地托出来检讨一下。这可以分数节来说。

一　中国学术的主流

在中国文化早期形成的时代，我们的先圣先贤对于学术的观点，并不是完全不利于科学思想发展的；但是由其中若干观点所引起及养成的思想习惯却另走了一条路径。秦汉以及秦汉以后，在政治上独尊的儒家，对于学术的总体，说得最清楚明了的，同时留在政治与社会影响最深的，莫过于荀卿。荀卿《劝学》的内容：

学恶乎始？恶乎终？曰其数则始乎诵经，终乎读礼；其义则始乎为士，终乎为圣人……故书者政事之纪也，诗者中声之所止也，礼者法之大分，群类之纲纪也；故学至乎礼而止矣！

这一课程表，用现代的语言来解释，除了与诗教有关，孔子说过的"多识草木鸟兽之名"可以附会于科学外，没有任何自然科学的气味。荀卿的意见是：与"法之大分，群类之纲纪"最有关系的"礼"，就是学的最高峰。

以礼为核心，培植出来的中国文化系统，自然涵育了很多人类珍贵的创获，但附丽于这一文化系统所形成的思想习惯，却渐渐地与追求真理的科学思想有点分歧了。荀卿这一宗派传下来的礼教，在政治上与社会上，均发生了决定作用。儒家的正统说法，礼教的最高境界俱见于《白虎通》三纲六纪之说。记得二十余年前，有一位朋友追悼王静安先生的自杀，曾说："……《白虎通》三纲六纪之说，其意义为抽象理想最高之境……若以君臣之纲言之，君为李煜，亦期之以刘秀；以朋友之纪言之，友为郦寄，亦待之以鲍叔……"但是这一最高境界虽说是富有诗意的，为无可奈何的感情所寄托，却并不是针对现实情况的任何推论。同时，由这同一来源所养成的另一社会形态，境界既不高，流毒又更大。《礼论》篇中，有此一段：

故礼者养也，君子既得其养，又好其别。曷谓别，曰贵贱有等，长幼有差，贫富轻重，皆有称者也……

这些"有称"的等差，可以说是中国社会中最讲究的"面子"问题的理论基础。不过，"面子"的涵义还要复杂。荀卿的原意大概只是要说，有德者应该有位，有位的人都应该享受"有称"的养。但到了末流，却只讲位的等差与养的配给，并不究位的等差与德是否相称。《白虎通》的三纲六纪之说，显然只是为实际的社会与政治供给一种理论的基础。

这种极端形式主义形成的过程，仍是值得追述的。最初的理论原是本着"有德者必有位"的假定，而提倡了"有称"的养；目的是在养德。由此一变而为"有位者必有德"的说法，位与养的关系更亲切了，位与德却脱了节。更进一步的演变，位成了社会中所公认的绝对的主体，连德的有无，都可以不论了。"位"的实际的社会意义，用通行的语言解释，就是一个人在社会中的地位。"地位"的重要，因为它不但具有社会的意义，更富有经济的意义，以及群众心理的默许。每一个人对于他自己地位的自觉及希望别人对于他这种自觉的尊重，就构成了社会所公认的"面子"心理。中国人喜欢"装阔"，一半是要维持自己的地位，一半是要别人尊重自己的地位；由此遂得了一种要求社会给他特殊待遇的一个理由：他比别人本来地位高、面子大。更进一层的演变，就是由地位的自觉，化为人格的自觉；这一心理的结合，可称为地位化的人格自觉心。这一自觉心的形成，实是"面子"心理最真实的基础。于是，作了皇帝的，当然就是圣人；作了方丈的，当然就是菩萨；作了神甫的，当然就代表上帝；作了社交妇人的，当然就是美人；作了学生的，当然就是读书人了。若是自己不如此想，或是任何别人不如此想，可就丢了面子了！由此所引起的心理上的反应，是极端严重的。

面子心理造成的社会类型，最明显的一节，为一般地承认人类的行为与思想有表里两个标准，表面的标准重于里面的标准。以虚伪为礼貌，人与人相处互不真诚，尊之为世故；对公事公开的欺骗，名之曰官样。在这一类型的社会希望产生科学思想，好像一个人在养鸡的园庭想种植花卉一样，只有等待上帝创造奇迹了。

面子问题所牵涉的方面太多了，现在举一个与科学思想有关的例，以结束这一段。三十余年前，英国的罗素讲中国问题时，曾写过他在北平讲学的经验。他说，他在北平教中国学生，也同在剑桥教英国学生一样，学生若有不用功者或作业不够标准的话，他总是尽他的责任，直率地教导他们，如同他教导英国学生一样。但是据他的观察，中国学生的反应，却有些两样。要是有些学生不努力而为他告诫的话，他们总表现忸怩不安的状态，而不是恭敬受教的状态；好像所教导的话，使他们感觉失去"面子"似的。罗素跟着就说，人与人相处，完全以直道而行，也许要使精神过分地紧张，人生乐趣减去不少；但是若把诚意隐藏一部分以将就面子，岂不有伤追求真理的精神？两种标准，究竟孰得孰失，他说，他并不能断定。不过有一点，罗素却指明了：讲面子与追求真理，有时是不相容的。进一步地说，愈是讲究面子的人，愈不会对于追求真理发生兴趣；故重视面子的中国社会，同时就没产生真正的科学思想。

二　教育的内容与教育的制度

中国旧日教育的内容，理论上虽包括与日常生活有关的节目，实际的演变，终到了以读书为唯一的目标。"读书人"就等于"士"、"君子"，或者用现在的名词说，"受过教育的人"。读什么书？如何读法？读圣贤书，从识字起。这些都没有可讨论的地方。不过这一目标的追求，及所采取的追求方法，卒致使我们这一民族思想活动力关闭在一个极狭窄的范围内，就是最高天资的人，也好像压在五行山下的孙行者，无法施展他的能力。这罪过并不在识字与读书的本身。我们必须从另外一个角度来看这一问题，方看得出它的核心。这一核心，我认为是旧式教育制度所训练的"对对子"的思维法。

中国的儿童在发蒙时期，甚至发蒙以前，就要学对对子，是人所习知的；真是四海之内，各府、各县、各乡、各镇、各村，只要是有教化的地方，有读书种子的地方，总可以看见白胡子的祖父带着三四岁的孙儿，学对对子。记得清华大学有一次招生的国文题目，只是要考生对几副对子就可以完卷。这主意出于一位国际知名的教授。他的理由，据传说是：中国语文，无所谓文法，只是讲对仗而已；能对好对子，就会作好文章。这一议论曾引起教育界的广泛的注意。是否有人驳过他，我不知道；我个人相信，这是不容易驳的一个命题；因为它不但是洞中窍要，同时也破了神秘的中国思想这个谜。两千年来中国的文学——自汉朝的词赋到清末的八股——只是一连串的好对子，我们可以看出来，读了书的中国人的思想，也只是一连串的对子思想。

对子本身并不是什么有害的事物，它可以启发人不少的美感，增加人类（中国人）生活无穷的意趣。我常设想，并自问，对对子所得的快乐，与解决几何习题所得的快乐，是否有什么分别？它们在精神上的价值也许是完全相同的。但是由欧几里得的几何学训练，就渐渐地发展了欧洲的科学；由司马相如的词赋的学习，就渐渐地发展了中国的八股。八股与科学真是人类文化一副绝妙的对联。

中国教育制度的错误，是在把这一训练当作读书人的毕生之业。它固然可以提高人生的情操，但是，不可免地，也压低了学习者的理性。我并没有意思说，讲逻辑与对对子是先天地不相容；但是，"先入为主"这是我们中国的老话。现代心理学所发现的"联络定律",十足的证明了,行为与思想的习惯都是在成人以前养成的,愈早的教育,扎根愈深。假如在童年的时代所贯注的全是"香稻啄馀鹦鹉粒,碧梧栖老凤凰枝"这一类的巧妙联语,这一脆弱的心灵,要听着人说"凡人皆有死,孔子人也,故孔子也要死"这一类的话,他一定要感觉到这话的浅薄凡俗有辱圣人了。我说"感觉"是有意的,因为他的理性已经为对联关锁了,他是看不出这一话的逻辑性的。

由对对子的文化产生的另一精神负担,就是对联塑定的中国文字的结构与性能。用这种文字来作推进科学思想的工具,有点像用珠算的器械与方法计算统计学内的复杂公式一样。凡是读过中文本的有机化学或解剖学或者分析心理学的人们,大概都有这一感觉。但这只是不方便而已,很可以随着用的人思想发展加以改进;这并不是科学思想的致命伤。

三 对于文字的态度

中国人对于文字的态度,似乎只有一小半把它当作工具看待,一大半仍滞留在旧石器时代的人对于他们画在洞穴里的壁画所持的态度:把它们当符咒看待,以为文字具有无限的威灵,可以随便降灾赐福。过去的对联,现代的标语,都可以代表这一迷信。但这还是比较容易说明的。更深一层的,我们过去,确认为文有载道之事。"文以载道"这句话是不容易加以简单的解释的;不过既信了道在文字里边,求道的人,亦只有求之于文字了;这跟向书中求黄金、求美人,以及求富贵功名相比,似乎也就没有很大的分别。中国的格物致知之说,始终没有离开书本子很远,可以说由于笃信文以载道的说法所致。

现代科学思想的本质,特别显著的一点,就是不迷信文字的威灵,不把它当符咒供奉。科学家使用文字,与使用其他的符号一样,只是表达思想的工具而已,决不把它当作装载思想的神器看。所以他们思想的原料供给,大半由五官的感觉得来;别人的经验,记录在文字里的,只有供他们作比较参考的作用。

由这一观点所发展的教育制度,就是注意官觉与外界的实物接触。一切自然科学均由此作起,冒生命的危险而探险,田野的采集,室内的实验,观察站的建设,所有这些工作的进行,固然都离不开文字,但文字的地位,始终只是工具。这是科学思想的一个基点。

文字既然只是工具,也就同其他的工具一样,用的人可以把它的结构改良,可以规定它的性能,可以限制它的活动。结果是文字的神秘色彩虽是减少了,文字的功能却增多了。

四　今后的科学教育

以上所说，仅就管见所及，说明中国文化没有产生科学的几个可能的主要原因。革命以来，一切的情形都维新了：不但学术主流早已变向，对对子的儿童教育以及以书本子为学术终极的看法，亦皆随时代而俱去；照说科学思想应该欣欣向荣了，为何尚没有长足的进展？是不是还有其他的原因？其他的原因自然是有的，但是主要的，似乎还是上说的三个原因在作祟。要是我们对于我们的社会习惯作一次民俗学的考察，我们将发现，随虚伪的礼教而去的只是个人的尊严；面子心理仍是社会的一个堡垒。美术的对称爱好，已因儿童教育方法的革新而渐消失，但逻辑的训练尚没能代替它的地位。一般的所谓科学入门的教学法，过分地倚赖教科书的文字也是事实。假如我们的教育当局肯下一大决心，以提倡科学教育为某年度的基本工作，下列的几个办法值得考虑一下吧？

（1）小学、中学的自然、常识及其他科学方面的教育，以实物的认识逐渐代替文字的背诵。

（2）大学里近乎职业训练的教育随着工厂去，不必设立在学校内。

（3）近乎研究性质的科学，学生除了运用本国文字的能力外，必须兼能用一种外国文字作他的思想工具，方准入学。

这不是一个偏方，也不是特效药。假如我们要规规矩矩地提倡科学思想，我们应该学禅门的和尚；因为禅门第一戒是不打诳语。科学思想的起点也在此；科学思想里没有世故的说法，也没有官样文章。

（摘自《李济学术随笔》，李光谟 李宁编，上海人民出版社2008年版）

【导读】李济（1896—1979），字受之，后改济之，湖北钟祥郢中人，人类学家、中国现代考古学家、中国考古学之父。1953年8月，应方子卫先生邀请，李济为其《科学方法与精神》作了这篇文章。

关于中国是否存在科学思想的问题，实际上已经没有必要再讨论了，需要关注的是在中国如何推进科学思想。但是，要推进科学思想，就必须要充分认识中国文化的基本特征，并在此基础上去推进科学思想。李济认为，中国文化植根于礼，这种礼制文化与追求真理的科学思想有点分歧。礼制文化发展到极致，就出现了所谓的面子问题。在现实生活中，中国人总是表现出表里不一的状态。掩盖内心，压抑内心，去求得别人的谅解或者同情。更甚者，以表面的强大来掩饰内心的弱小，所谓"狐假虎威"。这也就无论如何与科学精神联系不上。中国过去的教育，是教人做人。学生从小学习的是对对子，最后形成的文章也是八股文，与科学精神了不相关。很多中国人对待文字，是将其作为符咒，也就将文字神秘化。实际上，文字就是工具。面子问题，教育问题，文字问题，成为近代中国没有发展科学思想的重要原因。因此，李济提出的推动科学思想在中国发展的三个办法，都是针对他所认为的阻碍中国科学思想发展的因素：一是实物认识代替文字背诵；二是职业训练直接到工厂；三是作学术研究的人必能用一门外语进行思维。

姑不论李济所提三个办法在今天是否实用，单就其所说的面子问题看，这确实是很难推进科学思想的发展的。科学需要的是真理，是面对一切事物时的真诚状态，科学来不得半点虚假。但是，中国礼制文化的一大特点，就是教人如何做人，如何在社会中游刃有余。荀子说："人之性恶，其善者伪也。"伪善的心理，需要装点门面。于是我们看到人的表面和他的内心是有区别的，不表露真心，成了很多人在社会上与人相处的法则。在社会上与人相处，采用这样的方式无可厚非，毕竟这样可以避免无谓的争端。但是，在科学研究中，如果也用这样的方式，那么就不可能产生真正的科学。不幸的是，受到社会生活的影响，我们很多人在科学研究中也采取了类似的办法。这样，既不会产生对科学的探索，也就更无所谓学术的自由，因而也就无法推动科学思想的发展。

科学研究需要真心，正如李济所说的："科学思想里没有世故的说法，也没有官样文章。"要想推动科学思想在中国的发展，必然要顺应真心。做科学研究的人都不再"伪善"，则学术自由之精神也才会回归。

（莫山洪）

人的思维路径的殊异和指归
——心同理同根源于物同理同

钱钟书

思辨的偶然，各人不一；然而思辨的当然却能殊途同归。这个当然，基于事物的必然。

第五编　科学思维

《周易正义·系辞（六）》

《系辞》下："子曰：'天下何思何虑；天下同归而殊途，一致而百虑'"；《注》："苟识其要，不在博求，一以贯之，不虑而尽矣。"按《史记·自序》论六家要指，引《易大传》云云，意谓不谋而合。康伯此注，则非其意，乃谓执简驭繁，似《龟册列传》所云："人各自安，化分为百室，道散而无垠，故推归之至微"；亦班固《幽通赋》所云："道混成而自然兮，术同原而分流。"思虑各殊，指归同一，《系辞》语可以陆九渊释之。《象山全集》卷二二《杂说》："千万世之前有圣人出焉，同此心，同此理也；千万世之后，有圣人出焉，同此心，同此理也；东、南、西、北海有圣人出焉，同此心，同此理也。"九渊之说，即《乐纬稽耀嘉》所谓："圣人虽生异世，其心意同如一也"（《玉函山房辑佚书》卷五四），而推宙以及宇耳；然仍偏而未匝，当以刘安、列御寇语辅之。《淮南子·脩务训》："若夫水之用舟，沙之用鸠，泥之用輴，山之用蔂，夏渎而冬陂，因高为田，因下为池，此非吾所谓为之。圣人之从事也，殊体而合于理，其所由异路而同归"；《列子·汤问》篇："九土所资，或农或商，或田或渔，如冬裘夏葛，水舟陆车，默而得之，性而成之"，张湛注："夫方土所资，自然而能，故吴越之用舟，燕朔之乘马，得之于水陆之宜，不假学于贤智。慎到曰：'治水者茨防决塞，虽在夷貊，相似如一，学之于水，不学之于禹也'"。心同理同，正缘物同理同；水性如一，故治水者之心思亦若合符契。《文子·自然》："循理而举事，因资而成功，惟自然之势。……夫水用舟，沙用鸱，泥用輴，山用樏，夏渎、冬陂，因高为山，因下为池，非吾所为也"；亦此意，而言之不如二子之明且清矣。思辨之当然，出于事物之必然，物格知至，斯所以百虑一致、殊途同归耳。斯宾诺莎论思想之伦次、系连与事物之伦次、系连相符，维果言思想之伦次当依随事物之伦次，皆言心之同然，本乎理之当然，而理之当然，本乎物之必然，亦即合乎物之本然也。

（摘自《钱钟书论学文选》第一卷，花城出版社1990年版）

【导读】钱钟书（1910—1998），出生于江苏无锡，原名仰先，字哲良，后改名钟书，字默存，号槐聚，曾用笔名中书君，中国现代作家、文学研究家。1941年，完成《谈艺录》《写在人生边上》的写作。1947年，长篇小说《围城》由上海晨光出版公司出版。1958年创作的《宋诗选注》，列入中国古典文学读本丛书。1972年3月，62岁的钱钟书开始写作《管锥篇》，1982年《管锥编增订》出版。

　　本文原载《管锥编》，后以本题收入《钱钟书论学文选》。这是钱钟书先生论述人的思维问题的文章。

　　每一个人都是一个具体的人，都有自己独特的思维方式。不同民族之间的人，因为不同的生活习惯，不同的理想信仰，产生不同的思维方式。对待同一个问题，同样的人在不同的背景下，也会有不同的思考。不同的人，其思维方式不一样，但其对客观世界最终的结论是一样的。这是因为，人虽然各不相同，但是人们面对的事物是相同的。我们面对着千变万化的世界，面对多姿多彩的世界，很容易为其所迷惑。但是，只要我们把握这样一个原则——"千变万化不离其中"——事物的本质都是一样的，那么，我们就很容易真正认识世界。当我们面对同样的事物时，无论哪一个时代的人，在思考时其思维都是一样的。正如治水，大禹的疏导方法并不是只有大禹才想到，各地的人在面对同样的水患时，也会想到同样的方法。

　　受到个人学识影响，人对事物的思辨尽管各不相同。事物的发展规律是相同的，不因为时间的改变而有所变化。面对同样的事物，人们自然会得出一致的思考。"心同理同，正缘物同理同"，说的就是同样的道理。认识到事物发展的客观规律，对于认识世界，有着巨大的帮助。

（莫山洪）

怀疑与信仰

李石岑

　　美国詹姆士提出信仰的意志（Will to believe）做他学说宣传的标志，英国罗素最近也提出怀疑的意志（Will to doubt）做他学说宣传的标志，以与詹姆士对抗；这两个哲学家所走的路向虽有不同，而他们力求主张贯彻的勇气却是一致。詹姆士注重宗教，当然不能不以信仰为出发点；罗素推崇科学，当然不能不以怀疑为出发点。科学家和宗教可不可以两立，便要问怀疑与信仰可不可以并存；所以科学和宗教之下，骨子里面，便是怀疑与信仰之争。我们进一步研究怀疑和信仰可不可以并存，便是解决科学和宗教可不可以两立的一种方法。现在先讲什么是怀疑，再讲什么是信仰，最终讲怀疑和信仰的关系。

怀疑（Donbt，Zweifel）是一种不安定的状态。大抵认我们所得来的知识，都是些不正确的知识。就因为知识都不过是由感觉给我们的一些刺激，并非事物的本身；既由刺激，就不免生出许多错误，所以感觉是最靠不住的。希腊新怀疑学派安诺息底姆士（Aeneside-mus）曾经举出十个条件，作感觉不确实的证明。一，感觉由动物而异；二，感觉由人而异；三，虽同此人又因时而异；四，由身体之状态（主观之变化）而异；五，由空间种种之关系而异；六，感觉之中混有他物，无离他物而独立存在之感觉；七，由外物分量构造之变化而异；八，由物之关系而异；九，由习惯而异；十，由臆见而异。这样看来，由感觉得来的知识，果何从而抵于正确之域？因此有一派人以为感觉既不能作知识上的证据，而我们的生活，又不能毫无所可否，于是事实上不得不只求其盖然；所谓盖然者，乃认识确度之一种，而盖然之度复有数段阶，我们只求其盖然之度较大的以施之于生活，便无往而不宜。这种论调，极为新怀疑派所不满，因为盖然论仍不过是一种独断论；所以新怀疑派的主张，以不下判断为主义，以往前研究为方法。这种态度委实可取。无如我们处于人世之中，何能一切免除判断；且试思不下判断，如何能生活下去；而不下判断的生活，又是如何一种生活。如云"白纸上写黑字"，这句话便有许多可疑之点，所谓白纸是那样一种白，所写的黑字，又是那样一种黑。你所看的黑白，不必与我所看的黑白相同，你我所看的黑白，不必与第三者所看的黑白相同，这就可想见我们通常所说的黑白，实在内容非常含混，然不说出黑白，彼此何从得知，既指出黑白，便是一种判断。又所云白纸，是怎样的一种资料，怎样的一种分量，我所感触到的质料和分量，不必和你感触到的相同，而质料自身不能无变化，因之分量不能无增减，则共触此纸，已非同纸，若不言纸，何能共喻，若以纸名，又属判断。由此类推，"白纸上写黑字"一语，若废去判断，即不能立。所以我们生活上离了判断，便生活不可能。新怀疑派知道这种困难不可免，结果仍不能不主张随习惯、感性及性欲而生活，复不能不与盖然论相接近。所以怀疑也有一种程度，达到某种程度，即当暂时休憩。我们要晓得怀疑乃是强迫观念之一种，如任其强迫，则不能制止，不能制止的结果，便不免走入迷离惝恍一条路上去，而成一种怀疑症（Zweifelsucht，Folie du doute）。如写信付邮，明明发信时遍览全纸无讹字，而既已发去，即觉讹字满纸。又如出门键户，明明出门时各户已全锁闭，而足甫离庭，即欲回身细加审视，至于再至于三。这都是怀疑症的征象。由是以谈，怀疑可以给我们的好处，怀疑也可以给我们的坏处，这完全要看我们利用如何而定。与怀疑相反的便是信仰，现在再论信仰。

信仰一语，照詹姆士所示，为扫荡一切理论的研究的不安之心的状态，与怀疑恰立于正反对之地位，信仰（Belief, Glauben）为确信（Certitude, Gewissheit）或证信（Convict-ion, Uberzengung）之一种，而与知识稍异其趣。确信是对于事物得下正确的判断的，属于广义的知识；确信之充分状态为证信，属于狭义的知识；而信仰与知识虽互相关系，其范围实有不同。信仰非印象之结果的一种表象，亦非概念之分析综合及比较之结果的一种思维，更非快苦之感情，乃过去之全经验之结果之意识一般的状态，对于外来影响之自我反应的状态。由是可知信仰之中，含有知的要素，也含有情意的要素。盖基于吾人经验之全体，与吾人意识的或无意识的所作成之宇宙观及人生观相调和。换句话说，信仰是完全出发于心理的，而知识则出发于数学的理论的；信仰为主观的，而知识则为客观的；信仰不欲仅止于盖然的（Probable, Wahrschelinlich）而必达到必然的（Real, Wahr），知识亦欲达到必然的，而有时不能不退居于盖然的。此信仰与知识不同之处。信仰既具此性质，故每易于妄用，妄用之结果，则为迷信（Superstition, Aberglanben）。迷信者在可以凭依知识不必凭依信仰之时而亦欲凭依信仰之谓，迷信与信仰，在客观批评者有时辨之甚晰，而在主观者或为成见所蔽，不易辨认。由是导出两结论：一，信仰基于人格之全体，在主观的心理状态中，不易辨别孰为真妄，故无由区分迷信与信仰；二，知识非万能，自有一定之界限，在此界限以外即在不可知的境界中，乃有信仰之必要。此中所示吾人之标准有三：一，当知识极明了时，吾人仅恃确信或证信；二，当知识仅能达到盖然时，吾人方求确信或证信于信仰；三，当知识不止达到盖然时，而亦求确信或证信于信仰，则为迷信。惟迷信与信仰，亦不过是比较的区别，而非绝对之区别。信仰既由知识仅能达到盖然时而起，而知识之进步又谁可限量？昨日知识达到盖然的，安知今日不达到必然？则昨日认为信仰的，今日已成为迷信。由地动说望哥白尼（Kopernikus）以前之地心说，则地心说为迷信，由地心说望从前以天象占人事之天文说，则前此之天文说又为迷信。可知知识进步之结果，则知与无知之界限可以推移；知与无知之界限可以推移，则知识与信仰，信仰与迷信之界限也可以推移。由是可知知识与信仰之区别，毕竟是一种比较的区别。信仰之问题，既关系于知识问题，而怀疑之问题，也莫不关系于知识问题，于是进一步论怀疑与信仰之关系。

怀疑的性质，既如上述。从表面观之，似怀疑与知识不能并存者，实则怀疑处处为引进知识的阶梯。今日科学发达的结果，何莫非由怀疑而来？科学多成立于假说，而假说不能不借怀疑以入于实验或入于进一步的假说。天文学上牛顿之引力说，宇宙学上康德及拉普勒士（Lapulace）之星云说，物理学上马雅（Mayer）及黑尔姆鹤尔慈（Helmholtz）之势力说，化学上道尔敦（Dalton）之原子说，光学上哈依根士（Huyghens）之振动说，组织学上史来登（Schleiden）及史婉（Schwann）之细胞说，生物学上拉马克及达尔文之系统说等等，何莫非借怀疑而得多少的修正？单就牛顿之引力说而言。牛顿的引力法则，曾说质点是相互吸引的；然则各质点，假如表现在世界线（Word-line，Welt-line）上，便要生歪斜。换句话说，质点的引力，可使空间和时间生"歪"（distoetion），而牛顿并没顾到这种"歪"。安斯坦所怀疑牛顿引力法则之结果，遂发明其新引力法则，而说明这种"歪"之由来，比牛顿所说遂进步多了。虽未必处处可以实验，却已成为进一步的假说。由此类推，怀疑实在助我们的知识启发不少。所以科学的出发点，不能不推"怀疑"。现在回头再看信仰。我们提到信仰，便不能不联想到宗教；宗教之成立，实推本于信仰。信仰分他力的信仰和自力的信仰两种。前者代表基督教及佛教之净土门，后者代表释迦自悟之宗教及禅宗之宗教；前者为绝对的凭依，绝对的信赖、所谓安心立命之意识状态，后者为绝对的自由，绝对的解脱，所谓大悟正觉之意识状态。然两者虽有自力他力之不同，而求究竟证信（Ultimate conviction）却是一致，即詹姆士所谓扫荡一切理论的研究的不安之心的状态。宗教本为镇定吾人生活上之苦闷烦恼而设，而镇定生活上之苦闷烦恼，计无出于导之于信仰一途；故凡在知识不能达到的部分，皆可藉此省却许多迷惑。所以宗教的出发点，不能不托"信仰"。合上二者观之，怀疑与信仰，均在过去造有长期间之历史，固未易以一端而论定其得失。惟在一般的观察，以为怀疑与信仰二者离之则两美，合之则两伤，故科学与宗教的冲突，直延长了数千年。然平心而论，怀疑与信仰二者，固未必终无调和之理。怀疑与信仰之问题，皆不能离开知识问题。已如上述，而怀疑所能达到者，为知识之盖然性，信仰所能达到者，究亦不过为知识之盖然性。因为安斯坦虽是由怀疑牛顿的引力说而发明相对论，然相对论仍不过是一种盖然的理法；詹姆士虽是极端推崇信仰，然亦不过出于一种想赌赢的心理，（詹姆士把信仰看作一种赌博，以为不信仰的人，只是怕输，因为输赢没有把握，还是不赌为妙；詹姆士不然，詹姆士以为不赌那会赢，我只当作不会输的，所以还是大胆向前去赌的好。）结果他的信仰的对象，仍不外是一种盖然的理法。既双方所达到的同为盖然的理法，则二者不期调和而自调和。由调和之结果，得使盖然之度增大，而人生益知所遵循，不至两有偏倚。并且就知识而论，怀疑实为信仰的基础，因为怀疑为认识的初阶，既已明了认识，方可信仰坚强。反之，信仰亦为怀疑之基础，因为离去信仰，则怀疑者与被怀疑者均失其立足点；如笛卡儿云："我思故我在"（Cogito ergo sum），笛卡儿先信仰"我在"，故由"我在"之立足点以怀疑一切，否则怀疑便无根据。如此推论，可知怀疑与信仰，固两相济而两不相妨。怀疑与信仰之争既去，则科学与宗教之冲突，也不难和缓了。

有些人说，怀疑为求思想之增进，信仰为图生活之安全，二者趋向不同，故永无接触之机会。我以为这种说法，自有是处；不过我认思想与生活，不宜截为两事，我们思想到何处，生活便到何处，思想与生活，要成一整个的，那我们的人生，才是合理的人生。所以文明人的信仰，应该比野蛮人的信仰坚强，因为文明人思想早已启发，不轻于置信，非同野蛮人所信的易被人攻破也。又信徒之怀疑，也应该比非信徒之怀疑坚强，因为信徒的感情比较确定，一经置疑，即锐而不合，非同常人之疑信反覆也。所以怀疑与信仰，处处都有密切交涉。

又有些人说，一部文明史，完全为一部怀疑与信仰之斗争史，中世纪以前，泰半为怀疑的空气所尔漫，一入中世纪，则全为信仰的空气所弥漫，然至启蒙时代而怀疑之风又盛，其后历十八九世纪以至于今，怀疑信仰，遂为盛衰，可见二者始终不易调和。我以为这种说法，虽不为无见，但我以为与其说一部文明史为一部怀疑与信仰之斗争史，毋宁说为一部怀疑与信仰之演进史，因为怀疑常与迷信斗争，却反与信仰演进。由天文学地质学之发明，而天堂地狱之说破，由种源论之产生，而创世纪之说破，是使吾人对于天文学，地质学，种源论等增一度新信仰，而减一度旧迷信。这便是怀疑与信仰演进之一个显例。可见怀疑与信仰，如用得其当，固皆可以树为标帜，正不必对于詹姆士之信仰的意志与罗素之怀疑的意志而漫施其赞否。因为他们主张的不同，正是他们的见解独到之处。

(摘自《李石岑演讲集》，广西师范大学出版社2004年版)

【导读】李石岑（1892—1934），原名李邦藩，字石岑，湖南醴陵枧头洲人。中国现代哲学家。在"五四"新文化运动中，大量介绍西方各派哲学，内容涉及美国杜威的实用主义，法国柏格森的生命哲学，德国倭伊铿的精神生活论，尼采的超人哲学，英国罗素的逻辑实证主义等。在《民铎》杂志上刊出的"尼采专号""柏格森专号""进化论专号"等，颇具影响。本文是当时作者在上海交通大学的演讲。

进行科学研究，必然要有一定的怀疑精神。怀疑是对事物产生疑问，对知识产生疑问。有了怀疑，才有可能去探索新的未知领域。一味地人云亦云，则不可能带来学术的发展。当我们接触到某一个理论，某一个知识的时候，如果不对其产生怀疑，则科学的发展就止于此。正如当年的地心说，如果哥白尼不产生怀疑，就没有后来的地动说。怀疑是科学发展的重要因素。

当然，怀疑也是有限度的。人们不可能对一切事物都持怀疑态度，那样的话人活着也就很艰难了。因为怀疑，就不可能相信他人，不可能相信相应的科学。追求钻研的精神固然可嘉，却也将自己置身于虚无之中。因此，人也要有一定的知识，有一定的信仰。知识是客观的，是帮助我们更好地认识世界的。信仰则带有主观因素。信仰的东西，虽然有很多是客观的，是知识，但是由信仰者本身的意志觉得的，是主观的，有伪科学的成分。科学要前进，需要人去进行研究。人只有具备一定的信仰，对知识的信仰，对宗教的信仰，对理想的信仰，才有可能去揭开世界的真相。

怀疑与信仰是一对矛盾的统一体。怀疑，就是要打破信仰，使既成的理论在检验中露出破绽。信仰，是一种精神，对世界认知的精神。有信仰，才能对一些似是而非的东西加以怀疑，从而去研究。随着知识的不断进步，信仰又成为怀疑的对象，由此而产生新的研究。怀疑与信仰，相辅相成，并非不可调和的矛盾。

在怀疑中前进，在信仰中坚持。这是我们进行科学研究的必备素质。

(莫山洪)

读书破万卷，下笔如有神——天才与灵感

朱光潜

知道格律和模仿对于创造的关系，我们就可以知道天才和人力的关系了。

生来死去的人何只恒河沙数？真正的大诗人和大艺术家是在一口气里就可以数得完的。何以同是人，有的能创造，有的不能创造呢？在一般人看，这全是由于天才的厚薄。他们以为艺术全是天才的表现，于是天才成为懒人的借口。聪明人说，我有天才，有天才何事不可为？用不着去下工夫。迟钝人说，我没有艺术的天才，就是下工夫也无益。于是艺术方面就无学问可谈了。

"天才"究竟是怎么一回事呢？

它自然有一部分得诸遗传。有许多学者常欢喜替大创造家和大发明家理家谱，说莫扎特有几代祖宗会音乐，达尔文的祖父也是生物学家，曹操一家出了几个诗人。这种证据固然有相当的价值，但是它决不能完全解释天才。同父母的兄弟贤愚往往相差很远。曹操的祖宗有什么大成就呢？曹操的后裔又有什么大成就呢？

天才自然也有一部分成于环境。假令莫扎特生在音阶简单、乐器拙陋的蒙昧民族中，也决不能作出许多复音的交响曲。"社会的遗产"是不可蔑视的。文艺批评家常欢喜说，伟大的人物都是他们的时代的骄子，艺术是时代和环境的产品。这话也有不尽然，同是一个时代而成就却往往不同。英国在产生莎士比亚的时代和西班牙是一般隆盛，而当时西班牙并没有产生伟大的作者。伟大的时代不一定能产生伟大的艺术。美国的独立，法国的大革命在近代都是极重大的事件，而当时艺术却卑卑不足高论。伟大的艺术也不必有伟大的时代做背景，席勒和歌德的时代，德国还是一个没有统一的纷乱的国家。

我承认遗传和环境的影响非常重大，但是我相信它们都不能完全解释天才。在固定的遗传和环境之下，个人还有努力的余地。遗传和环境对于人只是一个机会，一种本钱，至于能否利用这个机会，能否拿这笔本钱去做出生意来，则所谓"神而明之，存乎其人"。有些人天资颇高而成就则平凡，他们好

比有大本钱而没有做出大生意；也有些人天资并不特异而成就则斐然可观，他们好比拿小本钱而做出大生意。这中间的差别就在努力与不努力了。牛顿可以说是科学家中一个天才了，他常常说："天才只是长久的耐苦。"这话虽似稍嫌过火，却含有很深的真理。只有死工夫固然不尽能发明或创造，但是能发明创造者却大半是下过死工夫来的。哲学中的康德、科学中的牛顿、雕刻图画中的米开朗琪罗、音乐中的贝多芬、书法中的王羲之、诗中的杜工部，这些实例已经够证明人力的重要，又何必多举呢？

最容易显出天才的地方是灵感。我们只须就灵感研究一番，就可以见出天才的完成不可无人力了。

杜工部尝自道经验："读书破万卷，下笔如有神。"所谓"灵感"就是杜工部所说的"神"，"读书破万卷"是工夫，"下笔如有神"是灵感。据杜工部的经验看，灵感是从功夫出来的。如果我们借心理学的帮助来分析灵感，也可以得到同样的结论。

灵感有三个特征：

一、它是突如其来的，出于作者自己意料之外的。根据灵感的作品大半来得极快。从表面看，我们寻不出预备的痕迹。作者丝毫不费心血，意象涌上心头时，他只要信笔疾书。有时作品已经创造成功了，他自己才知道无意中又成了一件作品。歌德著《少年维特之烦恼》的经过，便是如此。据他自己说，他有一天听到一位少年失恋自杀的消息，突然间仿佛见到一道光在眼前闪过，立刻就想出全书的框架。他费两个星期的工夫一口气把它写成。在复看原稿时，他自己很惊讶，没有费力就写成一本书，告诉人说："这部小册子好像是一个患睡行症者在梦中做成的。"

二、它是不由自主的，有时苦心搜索而不能得的偶然在无意之中涌上心头。希望它来时它偏不来，不希望它来时它却蓦然出现。法国音乐家柏辽兹有一次替一首诗作乐谱，全诗都谱成了，只有收尾一句（"可怜的兵士，我终于要再见法兰西！"）无法可谱。他再三思索，不能想出一段乐调来传达这句诗的情思，终于把它搁起。两年之后，他到罗马去玩，失足落水，爬起来时口里所唱的乐调，恰是两年前所再三思索而不能得的。

三、它也是突如其去的，练习作诗文的人大半都知道"败兴"的味道。"兴"也就是灵感。诗文和一切艺术一样都宜于乘兴会来时下手。兴会一来，思致自然滔滔不绝。没有兴会时写一句极平常的话倒比写什么还难。兴会来时最忌外扰。本来文思正在源源而来,外面狗叫一声,或是墨水猛然打倒了,便会把思路打断。断了之后就想尽方法也接不上来。谢无逸问潘大临近来做诗没有,潘大临回答说:"秋来日日是诗思。昨日捉笔得'满城风雨近重阳'之句,忽催租人至,令人意败。辄以此一句奉寄。"这是"败兴"的最好的例子。

灵感既然是突如其来,突然而去,不由自主,那不就无法可以用人力来解释么?从前人大半以为灵感非人力,以为它是神灵的感动和启示。在灵感之中,仿佛有神灵凭附作者的躯体,暗中驱遣他的手腕,他只是坐享其成。但是从近代心理学发现潜意识活动之后,这种神秘的解释就不能成立了。

什么叫做"潜意识"呢?我们的心理活动不尽是自己所能觉到的。自己的意识所不能察觉到的心理活动就属于潜意识。意识既不能察觉到,我们何以知道它存在呢?变态心理中有许多事实可以为凭。比如说催眠,受催眠者可以谈话、做事、写文章、做数学题,但是醒过来后对于催眠状态中所说的话和所做的事往往完全不知道。此外还有许多精神病人现出"两重人格"。例如一个人乘火车在半途跌下,把原来的经验完全忘记,换过姓名在附近镇市上做了几个月的买卖。有一天他忽然醒过来,发现身边事物都是不认识的,才自疑何以走到这么一个地方。旁人告诉他说他在那里开过几个月的店,他绝对不肯相信。心理学家根据许多类似事实,断定人于意识之外又有潜意识,在潜意识中也可以运用意志、思想,受催眠者和精神病人便是如此。在通常健全心理中,意识压倒潜意识,只让它在暗中活动。在变态心理中,意识和潜意识交替来去。它们完全分裂开来,意识活动时潜意识便沉下去,潜意识涌现时,便把意识淹没。

灵感就是在潜意识中酝酿成的情思猛然涌现于意识。它好比伏兵,在未开火之前,只是鸦雀无声地准备,号令一发,它乘其不备地发动总攻击,一鼓而下敌。在没有侦探清楚的敌人(意识)看,它好比周亚夫将兵从天而至一样。这个道理我们可以拿一件浅近的事实来说明。我们在初练习写字时,天天觉得自己在进步,过几个月之后,进步就猛然停顿起来,觉得字越写越坏。但是再过些时候,自己又猛然觉得进步。进步之后又停顿,停顿之后又进步,如此辗转几次,字才写得好。学别的技艺也是如此。据心理学家的实验,在进步停顿时,你如果索性不练习,把它丢开去做旁的事,过些时候再起手来写,字仍然比停顿以前较进步。这是什么道理呢?就因为在意识中思索的东西应该让它在潜意识中酝酿一些时候才会成熟。工夫没有错用的,你自己以为劳而不获，但是你在潜意识中实在仍然于无形中收效果。所以心理学家有"夏天学溜冰，冬天学泅水"的说法。溜冰本来是在前一个冬天练习的，今年夏天你虽然是在做旁的事，没有想到溜冰，但是溜冰的筋肉技巧却恰在这个不溜冰的时节暗里培养成功。一切脑的工作也是如此。

灵感是潜意识中的工作在意识中的收获。它虽是突如其来，却不是毫无准备。法国大数学家潘嘉赉常说他的关于数学的发明大半是在街头闲逛时无意中得来的。但是我们从来没有听过有一个人向来没有在数学上用工夫，猛然在街头闲逛时发明数学上的重要原则。在罗马落水的如果不是素习音乐的柏辽兹，跳出水时也绝不会随口唱出一曲乐调。他的乐调是费过两年的潜意识酝酿的。

从此我们可以知道"读书破万卷，下笔如有神"两句诗是至理名言了。不过灵感的培养正不必限于读书。人只要留心，处处都是学问。艺术家往往在他的艺术范围之外下工夫，在别种艺术之中玩索得一种意象，让它沉在潜意识里去酝酿一番，然后再用他的本行艺术的媒介把它翻译出来。吴道子生平得意的作品为洛阳天宫寺的神鬼，他在下笔之前，先请斐曼舞剑一回给他看，在剑法中得着笔意。张旭是唐朝的草书大家，他尝自道经验说："始吾见公主担夫争路，而得笔法之意；后见公孙氏舞剑器，而得其神。"王羲之的书法相传是从看鹅掌拨水得来的。法国大雕刻家罗丹也说道："你问我在什么地方学来的雕刻？在深林里看树，在路上看云，在雕刻室里研究模型学来的。我在到处学，只是不在学校里。"

从这些实例看，我们可知各艺术的意象都可触类旁通。书画家可以从剑的飞舞或鹅掌的拨动之中得到一种特殊的筋肉感觉来助笔力，可以得到一种特殊的胸襟来增进书画的神韵和气势。推广一点说，凡是艺术家都不宜只在本行小范围之内用工夫，须处处留心玩索，才有深厚的修养。鱼跃鸢飞，风起水涌，以至于一尘之微，当其接触感官时我们虽常不自觉其在心灵中可生若何影响，但是到挥毫运斤时，他们都会涌到手腕上来，在无形中驱遣它，左右它。在作品的外表上我们虽不必看出这些意象的痕迹，但是一笔一画之中都潜寓它们的神韵和气魄。这样意象的蕴蓄便是灵感的培养。它们在潜意识中好比桑叶到了蚕腹，经过一番咀嚼组织而成丝，丝虽然已不是桑叶却是从桑叶变来的。

（摘自《谈美》，生活·读书·新知三联书店2012年版）

【导读】 本文见收于1932年开明书店出版的《谈美》。该书关于美学相关问题的阐述，其叙述模式都是由具体的审美体验或具体的文学问题谈起，然后从中引申出美学的基本原理，使读者在感同身受中即能领会其中的玄机。

《读书破万卷，下笔如有神——天才与灵感》作为该书的第十四章，针对一般人所认为的"艺术全是天才的表现"，朱光潜针锋相对地提出了"何以同是人，有的能创造，有的不能创造呢""'天才'究竟是怎么一回事"等问题进行质疑，从而围绕着天才和人力的关系这一核心命题，对创造与天才、天才与灵感等问题进行了探索。

在朱光潜看来，遗传和环境对于人只是一个机会、一种本钱，关键还在于人力。即便是玄之又玄的灵感，朱光潜也借助灵感特征的分析以及潜意识发生作用的机理，来讨论人力在其中所起到的关键作用。正因如此，朱光潜认为"读书破万卷，下笔如有神"这一至理名言揭示了天才与灵感中最具创造性的要素——个人的努力！为了避免读者对"读书破万卷"的理解过于狭隘，朱光潜在最后还补充强调了一句"不过灵感的培养不必限于读书，人只要留心，处处都是学问"。

虽然由于历史和时代的局限性，加之《谈美》的体例是漫谈式的，因此朱光潜对古今中外丰富多彩的灵感理论讨论得并不完全，也不透彻，但他还是给玄乎的灵感以合乎逻辑的说明，并将主体精神、心灵提到客观世界的创造主的地位，强调天才与灵感中的主观能动性，阐明人不仅是自在的，而且是自为的。

（黄　斌）

论知性的分析方法

王元化

知性概念

我们习惯把认识分为两类，一类是感性的，另一类是理性的；并且断言前者是对于事物的片面的、现象的和外在关系的认识，而后者则是对于事物的全面的、本质的和内在联系的认识。这样的划分虽然基本正确，但也容易作出简单化的理解。因为它不能说明在理性认识中也可能产生片面化的缺陷。例如知性在认识上的性能就是如此。

康德曾经把认识划分为感性——知性——理性三种。后来黑格尔也沿用了这一说法，可是他却赋予这三个概念以不同的涵义。黑格尔关于知性的阐述，至今仍具有现实意义，对我们颇有启发。笔者将要在本文中借鉴他的一些观点。

这里先谈谈知性的译名。知性的德文译名是Verstand。我国过去大抵把它译作悟性。黑格尔《美学》中译本有时亦译作理解力。现从贺麟译作知性。这一译名较惬恰，不致引起某种误解，而且也可以较妥切地表达理智区别作用的特点。

我觉得用感性——知性——理性这三个概念来说明认识的不同性能是更科学的。把知性和理性区别开来很重要。作出这种区别无论在认识论或方法论上，都有助于划清辩证法和形而上学的界限。根据我的浅见，马恩也是采用知性的概念，并把知性和理性加以区别。马克思在《政治经济学批判导言》中说："我如果从人口着手，那么这就是一个混沌的关于整体的表象，经过更切近的规定后，我就会在分析中达到越来越简单的概念；从表象中的具体达到越来越稀薄的抽象，直到我达到一些最简单的规定。于是行程又得从那里回过头来，直到我最后又回到人口，但是这回人口已不是一个混沌的关于整体的表象，而是一个具有许多规定和关系的丰富的整体了。"从这段话看来，马克思也是运用了感性——知性——理性这三个概念的。如果把马克思的上述理论概括地表述出来，就是这样一个公式：从混沌的关于整体的表象开始（感性）——分析的理智所作的一些简单的规定（知性）——经过许多规定的综合而达到多样性的统一（理性）。马克思把这一公式称为"由抽象上升到具体"的方法，并且指出这种方法"显然是科学上正确的方法"。按照马克思的说法，和这种方法相对立的，则是经济学在初期走过的路程，例如十七世纪的经济学家（他们像恩格斯所指出的那些启蒙学者一样，把"思维的悟性［知性］作为衡量一切的唯一尺度"），就是从混沌的关于整体的表象开始，通过知性的分析方法把具体的表象加以分解，达到越来越简单的概念，越来越稀薄的抽象。这也就是说，从感性过渡到知性就止步了。马克思提出的由抽象上升到具体的方法，则是要求再从知性过渡到理性，从而克服知性分析方法所形成的片面性和抽象性，而使一些被知性拆散开来的一些简单规定经过综合恢复了丰富性和具体性，从而达到多样性统一。从这一点来看，黑格尔说的一句警句是很正确的，那就是理性涵盖并包括了知性，而知性却不能理解理性。

简括地说，知性有下面几个特点：一、知性坚执着固定的特性和多种特性间的区别，凭借理智的区别作用对具体的对象持分离的观点。它把我们知觉中的多样的具体内容进行分解，辨析其中种种特性，把那些原来结合在一起的特性拆散开来。二、知性坚执着抽象的普遍性，这种普遍性与特殊性坚硬地对立着。它将具体对象拆散成许多抽象成分，并将它们孤立起来观察，这样就使多样性统一的内容变成简单的概念，片面的规定，稀薄的抽象。三、知性坚执着形式同一性，对于对立的双方执非此即彼的观点，并把它作为最后的范畴。它认为对立的一方有其本身的独立自在性，或者认为对立统一的某一方面，在其孤立状态下有其本质性与真实性。

由于知性具有上述的片面性和局限性，当我们用知性的分析方法去分析对象时，就往往陷入错觉：我们自以为让对象呈现其本来面目，并没有增减改变任何成分，但是却将对象的具体内容转变为抽象的、孤立的、僵死的了。

不过，知性在一定限度的范围之内也有其一定的功用，成为认识历程中的一个不可缺少的环节。我们不应抹煞它在从感性过渡到理性的过程中的应有地位和作用。一位美学研究者在他写的《略论艺术的种类》中曾经这样说："文学词义所提供的一切都受着确定的知性理解的规范，而使其内容具有知性的确凿性。"知性的作用可以借用黑格尔的一句话来说明："没有理智便不会有坚定性和确定性。"为了论证这一点，他举出一些例证。比如在自然研究中，知性是作为分析的理智来进行的，只有这样我们才可以区别质料、力量、类别，并将每一类孤立起来，而确定其形式，而这一切都是对于自然研究所必要的。再如，在艺术研究中也不能完全离开知性作用，因为我们必须严格区别在性质上不同的美的形式，并把它们明白地揭示出来。至于创作一部艺术作品，也同样需要理智的区别活动。因为作品中的不同人物性格须具有明确性，作者应加以透彻地描写，并且将支配每个人物行为的不同目的与兴趣加以明确地表达。诚然，知性不能认识到世界的总体，不懂得一切事物都在流动，都在不断地变化，不断地产生和消亡。但是当我们要去认识构成总体的细节，就不得不凭借知性的区别作用，把它们从自然的或历史的整体中抽出来，从它们的特性以及它们的特殊原因与结果等等方面来逐个地加以研究。

然而，如果我们一旦习惯于知性的分析方法，只知道把事物当作孤立的、固定的、僵硬的、一成不变的研究对象，并且认为这是不言而喻的唯一正确方法。那么，我们就将陷入形而上学。不少理论家并不认识知性的局限性，他们认为运用知性的分析方法是理所当然、合乎常识的。恩格斯曾针对这种看法说："常识在它自己的日常活动范围内虽然是极可尊敬的东西，但它一跨入广阔的领域，就会遇到惊人的变故。"知性的分析方法在一定领域内是必要的，可是一旦超越这个界限，它就要变成片面的、狭隘的、抽象的，并且陷入不可解决的矛盾，因为它不能认识事物的内在联系和事物的运动与变化。因此，马克思在《政治经济学批判导言》中批判了十七世纪的经济学家的知性分析方法，而提出了由抽象上升到具体的唯一正确的方法。

知性不能掌握美

黑格尔在《美学》中说："知性不能掌握美。"这是就知性总是把统一体的各差异面分裂开来看成是独立自在的东西这一特点来说的。知性的这一特点，显然是破坏了艺术作品必须是生气灌注的有机体这一基本原则。从这一方面来看，我们可以援引黑格尔的话来说明："有机体的官能和肢体并不能仅视作有机体的各部分，惟有在它们的统一里，它们才是它们那样，它们对那有机的统一体互有影响，并非毫不相干。只有在解剖学者手里这些官能和肢体才是机械的部分。但解剖学者的工作乃在解剖尸体，并不在处理一个活的身体。"（《小逻辑》第一三五节）黑格尔很喜欢援用亚里士多德说过的一句话，那就是，把手从身体上割下来就不复是手了。这正好说明采取孤立的、抽象的考察事物的知性分析方法，尽管在艺术研究中具有一定作用，但是如果不是把它作为达到具体的过渡环节，坚执为最终的范畴，那就不可能掌握美。

关于这个问题，黑格尔并未详细地加以深论。我认为如果我们进一步去进行探讨，将会澄清我们在文艺思想上迄今仍存在着的许多混乱。这里我想谈谈我们文艺理论界曾经盛行不衰的所谓"抓要害"的观点。据说抓要害就是要抓住主要矛盾和矛盾的主要方面。这一知性观点经过任意套用已经变成一种最浅薄最俗滥的理论。臭名昭著的"三突出"就是这样发芽滋长出来的，并且直到今天它仍在改头换面传布不歇。最近我看到一篇评论电视片《武松》的文章，论者赞扬这部把《水浒》改编走了样的作品，说它的最大优点就是"一切从主题出发"。我还看到另一篇分析《阿Q正传》的文章，论者把阿Q的精神胜利法作为贯串每一细节中去的主题思想，由此断言鲁迅安排所有细节，连阿Q在小尼姑脸上捏一把，甚至阿Q向吴妈求爱，莫不是有意识地把它们作为阿Q精神胜利法的表现。这就不得不使人认为，直到目前抓要害这一知性的分析方法，仍被当作不容置疑的正确理论。从表面上看，抓要害有什么错？这似乎是无可非议的。但是它却经不起仔细推敲。我们往往以为只要抓住事物的主要矛盾和矛盾的主要方面就抓住了事物的本质。但是，事实上，由此所得到的只是与特殊性坚硬对立的抽象的普遍性，它是以牺牲事物的具体血肉（即多样性的统一）作为代价的。抓住主要矛盾和矛盾的主要方面是不是就可以认识事物的实质？这在自然科学中可以找到回答。有人曾举出下面的例证：半导体材料主要是锗或硅这两种元素。这两种元素可以说是半导体的主要矛盾和矛盾的主要方面，但是却不能形成所需要的半导体的导电性能，因为必须在这两种元素外搀进某些微量杂质，如锑、砷、铟等才可以使半导体的特性充分发挥出来。分析什么是主要矛盾和矛盾的主要方面固然是重要的，但是仅仅到此为止是不够的，还应当更进一步像列宁所说的要研究事物的各个方面、以及其间的种种联系。只有对事物作出这样全面的考察才能认识事物的整体，而不致像知性的分析方法那样支解了事物的具体内容，使之变成简单的概念，片面的规定，稀薄的抽象。

认为艺术作品一切都必须从主题出发这种来自知性的观点是对艺术的最大误解。艺术作品必须有一个占主导地位的情志，但是作者一旦使他的作品的任何部分，包括每一细节，都从主题出发，都必须作为点明主题思想的象征或符号，那么必然会引起尊重感情的读者应有的嫌恶，他将会指摘这种作品或者某些评论者按照这种理论对于一些优秀之作所作的牵强附会的分析。文艺作品固然要表现生活的本质，但是它是通过生活的现象形态去表现生活的本质的。因此，文艺作品不能以去粗取精为借口舍弃生活的现象形态。相反，它必须保持生活现象的一切属性，包括偶然性这一属性在内。甚至像黑格尔这样认为哲学的任务就在于扫除偶然性揭示必然性的理论家也说，偶然性在艺术作品中是必要的。过去，俄罗斯批评家歇唯辽夫认为《死魂灵》中的一切细节都具有反射主题的重要意义。这种理论曾受到车尔尼雪夫斯基的正当讥评。他反驳说："乞乞科夫在到玛尼罗夫家去的路上，也许碰到的农民不是一个人，而是两个人或三个人；玛尼罗夫的村落，也许座落在大路左边，不是右边；梭巴开维支所称呼的唯一正直的人，可能不是检察官，而是民事法庭庭长，或者省长，等等，《死魂灵》的艺术价值一点也不会因此而丧失，或者因此而沾光。"歇唯辽夫把上述这些偶然性都认作是从主题思想中引申出来的，只能是这样，不能是那样。这正是知性不能掌握美的一个例证。

人物性格必须有一个主导的情志（如哈姆莱脱的复仇、夏洛克的贪吝等），但是这种主导的情志不能是唯一的、单线的，尽管它是人物的主要矛盾和矛盾的主要方面。例如《三国演义》中的曹操是以奸诈来满足权势欲作为主导的情志。但是这个人物所以写得很成功，正如高晓声同志所说的，全在于从多方面来展示他的性格的丰满性：曹操杀死吕伯奢全家是一面，官渡之战破袁绍从档案中找出一批手下官员通敌信件看也不看付之一炬又是一面；为报父仇攻下徐州杀人掘墓是一面，征张绣马踏青苗割发代首又是一面；一方面礼贤下士兼收并蓄，另方面却容不下一个杨修；一方面煮酒论英雄表现得很聪明有眼力，另方面又毫不察觉刘备种菜的韬晦之计；一方面在华容道对关羽说："将军别来无恙！"显出一副可怜相，另方面当关羽被杀首级送至曹操，他笑曰："云长公别来无恙！"又显出一副刻薄相。最后，高晓声同志把以上这些写法总结成这样几句话："一个曹操有多副面孔，看来似乎矛盾，但联系着每一特定的场合，却又真实可信。这多副面孔构成曹操的性格，曹操就立体化了，活起来了。"这话说得多好。可是，遗憾的是有些文艺评论者只能按照黑格尔所指摘的法国十七世纪古典主义作家的知性原则去评长道短。他们和普希金相反，把莫里哀的悭吝人看得比莎士比亚的夏洛克更合乎艺术法则。普希金认为悭吝人只是悭吝人，而夏洛克的性格却是活生生的。夏洛克的主导情志固然也是吝啬，但同时他爱女儿，对作为犹太人所受到的歧视和侮辱满怀愤怒，因此他的性格是丰满的、复杂的。但是坚执知性原则的文艺评论家却颠倒看问题，恰恰把普希金所指出的缺点当作长处。

从多方面展开的人物性格的复杂性就在于：一方面他必须有一个主导的情志，成为支配或推动他行动起来的重要动力；另方面他的性格又必须是多方面的，具有多样性统一的性质。一方面作为人物性格中的情志来说是普遍性的，否则就不能引起人们的共鸣；另方面作为个体的人物性格来说，又必须具有和其他人所不同的独特个性。作家怎样通过一条微妙的线索使上述两个方面统一起来，这是艺术创造的真正困难所在。知性不能掌握美，就因为理智区别作用的特点恰好在于把多样性统一的具体内容拆散开来，作为孤立的东西加以分析，只知有分，不知有合，并且对矛盾的双方往往只突出其中一个方面，无视另一个方面，而不懂得辩证法的对立统一。须知，普遍性不能外在于个别性，倘使外在于个别性变成教诲之类的抽象普遍性，就必定会分裂上述的统一，使人物成为听命抽象概念的傀儡，而这正是知性的分析方法给艺术带来的危害。

（摘自《文学沉思录》，上海文艺出版社1983年版）

【导读】 王元化（1920—2008），华东师范大学教授、博士生导师，著名学者、文艺理论家，在中国古代文论、中国文学批评史及中国近现代思想学术史等研究领域皆有开创性的贡献。

早在上世纪三四十年代，王元化就开始从事文艺理论研究了，如其早期的《文艺漫谈》《向着真实》等，在理论界产生了颇大的影响。而上世纪80年代初推出的《文学沉思录》，曾获上海市优秀著作一等奖（1985），可谓新时期最具创见的一部理论巨著。尤其收入其中的《论知性的分析方法》一文，系作者长期精研黑格尔《小逻辑》、反思其思想哲学后的理论结晶，识见深刻、思辨力强，堪称一篇开拓新论域的杰作。

本来，在西方尤其是康德以来的德国古典哲学，一直把知性看作是认识的一个重要环节，非常重视知性的分析方法。但我国则一直"习惯把认识分为两类，一类是感性的，另一类是理性的，并且断言前者是对于事物的片面的、现象的和外在关系的认识，而后者则是对于事物的全面的、本质的和内在的关系的认识"。并将知性简单地归入理性，与理性混为一谈。实际上，二者虽皆属对感性事物的抽象，但区别还是颇大的，这就有必要重新回到德国古典哲学中去，用感性——知性——理性的三段式代替传统的、明显不完善的感性——理性的两段式。这样，作者就为我们疏理出一条从黑格尔到马克思的清晰的思想方法线索，并理清了由三范畴认识论抽象上升到具体的辨证思维系统。

因为知性具有形而上学的性质，无法达到对事物全面、本质和内在联系的认识。所以，"知性不能掌握美"。对黑格尔这一著名的美学命题，王元化先生在此作了进一步的探究。他认为，知性本为认识论中普遍性与个体性的中间环节，其缺陷只能分不能合，也只有简单的规定而无法走向具体同一，如果用知性的分析方法去分析对象，对象的具体内容往往会变得抽象、孤立。因而，"如果用知性来掌握美，就会把美的统一体内的各差异面看成分裂开来的孤立的东西，从而把美的内容仅仅看作一抽象的普遍性，而与特殊性的个体形成坚硬的对立，只能从外面生硬地强加到特殊的个体上去。而另一方面，作为美和形式的外在形象也就变成只是拼凑起来勉强粘附到内容上去的赘疣了"（《读黑格尔〈美学〉第一卷札记》）。就文艺创作与文艺批评而言，由于长期对"知性"概念的误解，出现了一系列错误的文艺观念。即人们习惯于对事物做简单化、概念化、抽象化的处理,而无视其丰富性、生动性。在这里,王元化先生主要列举和批判了抓要害、抓主要矛盾和矛盾的主要方面而忽视其他,还批判了只注重统一而忽视多样等,认为这样的文艺观会限制了人们从多方面、多角度去认识和分析文艺作品乃至社会的其他方面。比如对艺术作品中人物性格的分析,既要有一个主导的情志,成为支配或推动其行动的重要动力;同时,其性格又必须是多方面的,具有多样统一的性质。而作为人物性格中的情志既是普遍的,方能引起人们的共鸣;同时作为个体的人物性格又必须具有和其他人所不同的独特性。可以说,知性思维模式在中国文艺界影响深刻、久远,而王元化先生通过对三范畴哲学认识论和三范畴艺术认识论的考察,通过对知性局限性的批判,以及对"知性不能掌握美"的分析,颇具拨乱反正的意义。

(卢有泉)

精神生活与精神境界

张岱年

精神生活与物质生活都是现在常用的名词,在古代虽没有这类名词,却也认识到精神生活与物质生活的区别。《管子》云:"仓廪实则知礼节,衣食足则知荣辱"。仓廪实,衣食足,是物质生活的内容;知礼节,知荣辱,是精神生活的内容。孟子说:"人之有道也,饱食煖衣,逸居而无教,则近于禽兽。圣人有忧之,使契为司徒,教以人伦。"饱食煖衣是物质生活,教以人伦是精神生活,这种区别还是明显的。

《管子》所谓"仓廪实则知礼节,衣食足则知荣辱",表明物质生活是精神生活的基础。孟子也说:"今也制民之产,仰不足以事父母,俯不足以畜妻子,乐岁终身苦,凶年不免于死亡,此惟救民而恐不赡,奚暇治礼义哉?"也承认必须先解决物质生活的问题。但是孟子又说:"饱食煖衣,逸居而无教,则近于禽兽"。这就是说,物质生活是提高精神生活的必要条件,而非其充足条件。物质生活问题解决了,精神生活可能很缺乏。孟子所谓"逸居而无教，则近于禽兽"，也是符合事实的。

古代儒家承认物质生活的重要。孔子论为邦之道"足食、足兵、民信之矣"。以足食为首。《礼记·礼运》肯定"饮食男女，人之大欲存焉"。但是儒家认为精神生活是更有价值的。孔子说："饭疏食，饮水，曲肱而枕之，乐亦在其中矣！不义而富且贵，于我如浮云。"（《伦语·述而》）更有"君子食无求饱、居无求安"（同书《学而》），"君子谋道不谋食"、"君子忧道不忧贫"之训（同书《卫灵公》），都是强调精神生活高于物质生活。孔子称赞颜渊"一箪食、一瓢饮，在陋巷，人不堪其忧，回也不改其乐，贤哉回也！"（同书《雍也》）就是说，颜渊虽然过着贫苦的物质生活，却有高尚的精神生活，所以是值得赞扬的。

颜子"一箪食、一瓢饮"，还有一箪之食，一瓢之饮，如果连一箪之食、一瓢之饮也没有，那又当如何呢？孔子厄于陈蔡，绝粮，从者病，莫能兴，"于是使子贡至楚，楚昭王兴师迎孔子，然后得免。"（《史记·孔子世家》）这就证明，一定程度的物质生活还是必要的。

物质生活是人类生活的基础，而精神生活则是人类与其他动物不同的特点。如果一个人毫无精神生活，那就与其他动物没有区别了。

人们的精神生活，彼此之间，存在着很大的区别。有的精神生活比较丰富高尚，有的精神生活则比较淡薄。中国古代哲学家特别注重提高精神生活。不同程度的精神生活可以说具有不同的精神境界。人们的精神境界有高低、深浅之分。先秦哲学中，关于人生的精神境界谈论较多的是孔子、孟子、老子、庄子。这里略述孔孟、老庄关于精神境界的思想。

孔子自述云："吾十有五而志于学，三十而立，四十而不惑，五十而知天命，六十而耳顺，七十而从心所欲不逾矩"（《论语·为政》）。"从心所欲不逾矩"即情感与道德原则完全符合毫无勉强。这是孔子所达到的最高境界。孔子又自述为人的态度说："其为人也，发愤忘食，乐以忘忧，不知老之将至云尔。"（同书《述而》）这是孔子在楚国时讲的，当时年未七十。孔子又对颜渊、子路言志说："老者安之，朋友信之，少者怀之"（同书《公冶长》）。这老安少怀表现了孔子"泛爱众"的仁心。"孔子贵仁"（《吕氏春秋·不二》）。但是孔子认为还有比仁更高的境界，就是"博施于民而能济众"的圣的境界。"子贡曰：如有博施于民而能济众，何如？可谓仁乎？子曰：何事广仁，必也圣乎？尧舜其犹病诸！"（《论语·雍也》）孔子以

"博施于民而能济众"为最高境界，即以最有益于广大人民的道德实践为最高境界。

孔子所讲的最高境界，虽然极其崇高，但朴实无华。孟子讲自己的精神境界，则表现了玄想的倾向。孟子提出"浩然之气"，他说："我善养吾浩然之气。……其为气也，至大至刚，以直养而无害，则塞于天地之间。其为气也，配义与道，无是馁也，是集义所生者，非义袭而取之也。行有不谦于心，则馁矣。……必有事焉而勿正，心勿忘，勿助长也"（《孟子·公孙丑上》）。这所谓气指一种状态，"浩然之气"指一种广大开阔的精神状态。"以直养而无害，则塞于天地之间，"即感觉到自己的胸中之气扩展开阔，充满于天地之间，即与万物合而为一。孟子又说："万物皆备于我矣！反身而诚，乐莫大焉。"（同书《居心上》）万物皆备于我，即万物与我合而为一，成为一个大我。孟子又说："夫君子所过者化，所存者神，上下与天地同流，岂日小补之哉！"（同上）上下与天地同流，即与天地生成万物的过程相互契合。孟子谈论修养的最高境界，再三从自我与天地万物的关系立论，这与孔子只讲人际关系不同了。孟子的精神境界表现了浩大的心胸，也表现了神秘主义倾向。

老子以"无为"为人生的最高原则，宣称"为学日益，为道日损，损之又损，以至于无为，无为而无不为。"无为即任其自然。《老子》上下篇中关于精神境界的论述不甚显豁；《庄子·天下篇》论述关尹老聃之学，所讲却比较显明。《天下篇》云："以本为精，以物为粗，以有积为不足，澹然独与神明居。左之道术有在于是者，关尹老聃闻其风而悦之。""以本为精，以物为粗"，即超脱普通事物，而耽求事物的本根。"澹然独与神明居"，即独具最高的智慧。这表现了《老子》五千言的基本态度。

庄子对于精神境界有详细的论述。庄子一方面宣扬"齐物"，否认了价值差别的客观性；一方面又表现了厌世的情绪，希求"游乎尘垢之外"。

庄子认为："自其异者视之，肝胆楚越也；自其同者视之，万物皆一也。"（《德充符》）"以道观之，物无贵贱"。"万物一齐，孰短孰长？"（《秋水》）这是齐物观点。但在与惠施的一次谈话中，庄子以鹓鶵自比："夫鹓鶵发于南海，而飞于北海，非梧桐不止，非练实不食，非醴泉不饮。"（《秋水》）又强调了严格的价值选择。在《逍遥游》篇中，以"背若泰山、翼若垂天之云，抟扶摇羊角而上者九万里"的大鹏与"腾跃而上，不过数仞而下"的斥鴳相比。接着论列不同的人品说："故夫知效一官、行此一乡、德合一君，而征一国者，其自视也亦若此矣。而宋荣子犹然笑之，且举世誉之而不加劝，举世非之而不加沮，定乎内外之分，辨乎荣辱之境，斯已矣。彼其于世未数数然也。夫列子御风而行，泠然善也，旬有五日而后反，彼于致福者未数数然也。此虽免乎行，犹有所待者也。若夫乘天地之正，而御六气之辨，以游无穷者，彼且恶乎待哉？"所谓"知效一官、行此一乡、德合一君，而征一国者"，指普通做官的人，这是境界不高的；宋荣子（即宋研）不以毁誉为荣辱，有独立的气概；列子御风而游，而仍有所待。惟有"乘天地之正，而御六气之变，以游无穷"才是真正的逍遥，这是庄子所讲的最高精神境界。

庄子的这种精神境界，亦称为"天地与我并生、万物与我为一"的境界。《齐物论》："天下莫大于秋毫之末，而太山为小；莫寿乎殇子，而彭祖为夭。天地与我并生，而万物与我为一"。庄子提出"天地与我并生，而万物与我为一"，是从齐寿殇、等大小立论的。天地虽久，亦可以说与我并生；万物虽多，亦可以说与我为一。这样就超越了小我，感到与天地同在了。这是一种神秘主义的境界。

庄子所谓"天地与我并生，万物与我为一"，与孟子所谓"万物皆备于我"，"上下与天地同流"基本相似。但孟子所讲是以道德实践为基础的，其浩然之气是"集义"所生。庄子则主张"忘年忘义"（《齐物论》），这就大不相同了。

孟庄所讲的最高精神境界，都包含主观的浮夸的倾向。孟子所谓浩然之气，"其为气也，至大至刚，以直养而无害，则塞于天地之间"。事实上一个人的气是有限的，何能充塞于天地之间？"万物皆备于我"，我作为个体也是有限的，如何能兼备万物？人可以扩大胸怀，爱人爱物，但是无论如何，个人与万物还是有一定区别的。至于"上下与天地同流"，更只是主观愿望了。庄子讲"天下莫大于秋毫之末，而太山为小；莫寿乎殇子，而彭祖为夭"，由此论证"天地与我并生，而万物与我为一"，实则太山大于毫末、彭祖寿于殇子，还是确定的事实。天地长久，人生短暂；万物繁多，物我有别，还是必须承认的。

孟子庄子论人生最高境界，未免陷于玄远，但是两家论人生修善，也有比较切实的言论。孟子说："君子之于物也，爱之而弗仁；于民也，仁之而弗亲。亲亲而仁民，仁民而爱物。"（《孟子·尽心上》）对于亲、民、物，指不同的态度。亲亲是对于父母的态度，一视同仁是对于人民的态度，泛爱万物是对于物的态度。庄子论生活应无情云："吾所谓无情者，言人之不以好恶内伤其身，常因自然而不益生也。"（《庄子·德充符》）"不以好恶内伤其身"是道家修养的基本原则。

宋代理学家受孟子、庄子的影响，也常常将精神生活与天地万物联系起来。张载讲"大心体物"，他说："大其心则能体天下之物，物有未体，则心为有外。世人之心，止于闻见之狭；圣人尽性，不以见闻梏其心，其视天下无一物非我。"（《正蒙·大心》）又说："合内外，平物我，此见道之大端。"（《语录》）这即以物我合一为最高境界。程颢讲"以天地万物为一体"，他说："学必须先识仁，仁者浑然与物同体。"（《程氏遗书》卷二上）又说："仁者以天地万物为一体，莫非己也，认得为己，何所不至？"（同上）这是主张超越小我，以天地万物的全体作为大我。但天地广阔，万物繁多，如何把天地万物都看似自己，对于天地万物的变化都感同身受呢？难免陷于空虚无实。

张载、程颢也有比较切实的议论。张载所著《西铭》云："乾称父、坤称母，予兹藐焉，乃浑然中处。故天地之塞吾其体，天地之帅吾其性，民吾同胞，物吾与也。"这里以天地为父母，即认为人是天地所产生的，"予兹藐焉"，承认自己是藐小的。以人民为同胞，以万物为相与。"物吾与也"与"视天下无一物非我"，是有一定区别的。承认万物都是吾的伴侣，这是比较符合实际的。

程颢《答横渠书》云："取君子之学，莫若廓然而大公，物来而顺应。"以廓然大公为精神修养的中心原则，这是比较切合实际的。

冯友兰先生在所著《新原人》中详细论述了人生境界，以"天地境界"为最高境界。在一个意义上讲，孟子所谓"万物皆备于我"，"上下与天地同流"可以说是天地境界；庄子所谓"天地与我并生，而万物与我为一"，亦是天地境界。但是如此意义的天地境界未免虚而不实，陷于神秘主义。从另一意义来讲，凡对于人在宇宙中的位置，亦即人与天地的关系有所认识，而超拔于流俗的考虑之外的，亦可谓为天地境界。如孔子说："逝者如斯夫，不舍昼夜"（《论语·子罕》）即对于宇宙大化有深刻的认识；孟子说："圣人之于天道也"（《孟子·尽心下》）以为达于天道为圣人的境界。庄子所谓"乘天地之正、而御六气之辩，以游无穷"，即游心于无穷的宇宙而超拔于流俗的考虑之外，这些都可以说达到了天地境界。这一意义的天地境界是比较踏实的。

以上略说中国哲学史上关于精神生活与精神境界的学说的几种类型，虽然都是过去的了，但仍然是值得参照，值得研究的。

人与其他动物不同，不但有物质生活，而且有精神生活，不但追求本能的满足，而且追求真、善、美的精神价值。真是对于世界的正确认识，善是适当处理人与人、人与物的关系，美是超乎本能的愉悦之感。在社会主义社会，人们摆脱了阶级剥削与不平等的权力压迫，应能逐渐消灭卑鄙与野蛮。人们应能实现高尚的精神生活。今天的社会中，拜金主义、个人享乐主义还比较流行，这些都是缺乏精神生活的表现。古代哲学家力求充实精神生活、提高精神境界的言论，仍然是具有启发意义的。

（摘自《甘肃社会科学》1994年第5期）

【导读】 张岱年（1909~2004），河北沧县人，著名的哲学家、哲学史家。长期从事中国哲学史研究，著作收入《张岱年全集》（全8卷）。

文章首先指出，物质生活是人类生存的基础，但是精神生活是人类与其他动物不同的重要区别与特征。接着阐述了中国哲学史上关于精神生活与精神境界的学说的几种类型。文章最后指出，"精神生活具有高于物质生活的价值"，"精神生活即追求真、善、美的生活"。

张岱年先生主张"由实际生活深处发出的新的人生理想"，不赞同离开现实生活去追求精神生活，但是为了提高精神境界，可以降低物质生活。至于精神境界的内涵，他在《生活理想之四项原则》中也有论述，即"一方面要培养生命力，发展生命力，充实生活，扩大生活；一方面要实践理义，以理裁制生活，使生活遵循理"；"社会、国家与个人融合无间"；"义须应命，又要改变命"；"由戡天而得到天人和谐"，概括起来就是理生合一、与群为一、义命合一、天人合一。

在张岱年看来，荀子和陶渊明是精神生活卓越的典型。荀子说"虚一而静，谓之大清明"，"仁者之思也恭，圣人之思也乐，此治心之道也"。虚一而静，思而恭，思而乐可谓是荀子的精神追求。陶渊明有两首诗，一首是"弱龄寄事外，委怀在琴书。被褐欣自得，屡空常晏如。时来苟冥会，宛辔憩通衢。投策命晨装，暂与园田疏。眇眇孤舟逝，绵绵归思纡。我行岂不遥，登降千里余。目倦川途异，心念山泽居。望云惭高鸟，临水愧游鱼。真想初在襟，谁谓形迹拘。聊且凭化迁，终返班生庐。"另外一首是"袁安门积雪，邈然不可干。阮公见钱入，即日弃其官。乌藁有常温，采莒足朝餐。岂不实辛苦，所惧非饥寒。贫富常交战，道胜无戚颜。至德冠邦闾，清节映西关"。这两首诗表达了陶渊明不畏惧饥寒，自由洒脱的精神境界。

这篇短文对于我们正确理解物质生活与精神生活的关系，正确理解精神生活的含义大有启发。就如张岱年在《物质利益与道德理想》中所说："我们认为，追求真理，固然有提高物质生活的作用，而主要是为了达到更高的自觉。了解自然的奥秘，才能了解人生的奥秘，才能真正自己认识自己。认识真理，达到较高的自我认识，这本身就是具有卓越的内在价值。追求至善，固然要'使人之欲无不遂，人之情无不达'，但不止于此，更重要的是使人人的精神要求都有所满足，使人人都达到崇高的精神境界。追求粹美，更有广阔的天地，绝非追求衣食居处的精美而已。"

（廖　华）

读书中的几种心理现象

金开诚

一　记忆误差

一个人在过去读过一部小说，自己感到对其中某个情节记得相当清楚；可是若干年后再读这部小说，却发现那个情节并不完全与记忆一致，或是人物搞错了，或是细节有差异，这便是记忆误差。这种误差也可能出现在非文艺作品的记忆中，即自己感到对某些论述记得很清楚，但重新阅读时却发现并不完全如此。

记忆误差与记忆淡忘不一样。后者是因为历时既久而自己感到记忆模糊不清了；前者则自己感到"记得很清"，因而相当自信。尝见二人因某书中的某个情节而争论良久，后来还以一斤瓜子打赌。显然其中必有一人记忆误差，但也可能二人都有误差。

记忆误差是较为常见的心理现象，尤以比较主观固执的人易于出现。但世上很少有人自知主观固执，因此，在用书的时候不宜单凭记忆，最好查查原著。

二　初感

一本书读一遍，肯定印象不深或消化不够。但在第一遍阅读中，因为是对神经系统的新刺激，所以往往有较为敏锐的初感。常常有这样的现象，在阅读一本新书或一篇文章的时候，似乎感到某个部分或有些说法不大对头，但因不遑多思，就此忽略过去了。过后可能看到别人写了一篇文章来论析那个不对头的地方，这才后悔当时未作深究。也可能初读某书某文觉得有些话似乎有点意思，可有较多启发；但也因匆匆读过，未有更多的收益。后来看到别人加以引申发挥，才觉得自己原来也隐约有过这些想法。所以在读书时，因初次接触而产生的某些初感是应该善于捕捉并加以深思的，这有助于读书多有所获；犹如有的推理小说中描写的大侦探那样，在现场初勘中总觉得有某个细节不对头，后来经过侦查推理，终于豁然省悟那个产生初感的细节乃是破案的关键之点。

三　从众心理

这种心理的表现就是俗话说的"随大流"或者"一窝蜂"。这在我国各个领域中都是较为多见的。从众心理的产生，主要因为生活在社会群体中的人有意无意地存在着一种心理倾向，即认为多数人的行为可以给个体提供在特定环境中的优化行为方式的可靠信息，因此乐于追随。

就读书而言，从众心理本来可以积极利用，即通过宣传评论的引导来推广好书，批判坏书，以利于读者的精神文明和文化素质的提高。这种宣传评论明显是来自社会群体的信息，广大读者本来是深感可靠的。可惜在一个相当长的时期中宣传评论没有做好，不是思想僵化，便是对什么样的书刊都乱加吹捧，这样就使不少读者感到引导未必可靠。因此，近年来在读书中不断出现的这个热那个热大都是群众中自发产生的，或是在海外信息的引导下产生的。总的来说，这个热那个热并没有对提高读书质量起到积极深刻的作用，多数流于赶时髦。另外，现在"读书无用"（其实只是指"读正经书无用"）又有所表现，假如从众心理在这一点上也起显著作用，那就更不好了。

四　逆反思维

在读书中，从众心理的表现较为多见，逆反心理则往往出现在读书较多又爱思索的人心中。孟子的名言"尽信书不如无书"，便是他读书有过逆反思维的表现。在处士横议、百家争鸣的情况下，读书尤应有一点批判接受的意识。现在书刊中不准确的信息相当多，翻译之作多有误译也照样出版，因此读书不可轻信，要适当运用逆反思维，力求识别真伪或追根究底。

不过，准确运用逆反思维也不是一件容易的事，运用不当反而会排除正确的信息，接受错误的信息。尤其是做学问的人，更要首先运用逆反思维来反思和验证自己的学术成果。因为这种成果来之不易，所以往往过于自信；自信固然不能没有，但自信若是到"文章只有自己的好"那种地步，甚至一听到不同的见解就反感，那学问就再也不能长进了。用逆反思维来反思和验证自己的成果，才能不断地吐故纳新，使学术趋于博大与精深。

（摘自《金开诚学术文化随笔》，中国青年出版社1996年版）

【导读】金开诚（1932—2008），江苏无锡人，著名学者，北京大学教授，九三学社第七届中央委员、第七届全国政协常委。一生专于文艺心理学及楚辞研究，著有《文艺心理学论稿》《艺文丛谈》等。

读书是一件非常有趣的事情，读书中的心理问题尤其是一件有趣的事情。金开诚先生的《读书中的几种心理现象》为我们揭示了读书中存在的几种心理现象，对于我们正确认识读书中的心理现象并正确读书有着非常大的帮助。

每个人的记忆力不同，读书中也就存在着记忆差异。对于同样的一本书，不同的人在阅读后的记忆是不相同的。我们对一些学术大家的记忆力一直都非常佩服，认为他们读书多，记忆力好，很多书都记得清清楚楚。引经据典，博闻强记，确实让人钦佩不已。然而人的记忆毕竟有限，不可能把所有的东西都全部记得清清楚楚。于是，就有了记忆的差异。为了能更好地运用好典籍，最好的办法，还是查阅原文。这个读书中的心理现象告诉我们，不要过于相信自己的记忆力，再好的记忆力也还是有误差的。

人对事物的第一印象往往非常重要，第一印象甚至决定了个人对某一事物的最终态度。这样的心理在读书中同样适用。读书过程中的一点点感触，都有可能是自己对这一本书的最有价值的印象。因此，金开诚告诉我们，千万不要忽视读书过程中的"初读"印象，把握好"初读"中的各种感觉，对我们真正把握书的价值有非常重大的意义。

读书还有这样的现象，即听到大家都在读某本书，自己没读过，于是也会去找来看看，寻找别人在聊天中提到的书的细节，印证别人的观点。这是读书中的一种从众心理。自己对于这本书并不一定很了解，或者说自己的专业与这本书并没有太大关系，但是看到身边的人都在读，于是自己也非得要找来读读。对于书中的观点，或者是对于书的评价，很多人也缺乏必要的判断力，往往是人云亦云。读书不能简单地从众，要有判断力，要有所取舍。社会发展到今天，图书资料的丰富已经不是过去时代所能比拟，图书资料的数量已经是过去的几倍几十倍，甚至上百倍。这些图书资料，不是每一本都对自己有用，也不是每一本都是精品。为了有效地掌握资料，在有效的时间里多读几本有用的书，我们应该有所甄别。

逆反心理是每个人都有的心理，尤其是年轻人。对世界充满好奇的年轻人，往往会对世界多问几个为什么。这是一件好事，有疑问才会去思考，才会想办法去解决。现在图书的出版不像过去那样严格，一些纯粹个人观点的图书也不断涌现。如何去判断这些图书的优劣？还是要有一定的逆反心理，不能"尽信书"。当然，也不能妄自尊大，目空一切，怀疑一切。既要有自己的判断，不"尽信书"，又不怀疑一切，兼收并蓄，养成良好的读书习惯。

了解读书的有关心理，对于我们读好书，有着重大意义。

（莫山洪）

思想出路的三动向

陈　来

要扼要地评估近几年来中国大陆方兴未艾的"文化热"及其未来走向，并不容易。在各种学术刊物及新闻媒介上，从动态报导的角度梳理文化讨论中的诸种观点，已经不乏其人。为免于重复起见，希望通过以下几个"文化典型"的分析，对这一文化讨论作简要的评述。

走向未来

广义地看，近年思想文化活动中最早在青年知识分子中引起较大反响的是"走向未来丛书"，从已发行的几批丛书看，其主要工作是通过编译的形式，向大学生介绍当代西方社会科学方法、理论及思潮（包括某些自然科学的一般性理论）。"走向未来"的成员不少是由自然科学转入人文社会科学领域的中青年学者，编委会特别注重提倡的是"科学精神"，而这种精神显然是指限于希腊逻辑传统从近代西方发展起来的所谓自然科学的分析和实证精神，编委会的代表为金观涛。金观涛把二次大战后发展起来的系统论（及控制论、信息论）方法大胆地应用于中国史领域，把中国历史当作自然科学处理的超稳定系统，以研究其长期稳定停滞的结构及机制，这不啻是对传统的中国史学理论和教条化的马克思主义史学方法一大冲击，提示出一个新的方向，开辟了转化自然科学方法为社会科学方法的广阔领域。不过，金观涛对中国史学的冲击与后者对他的反作用力是成正比的。系统论、控制论的方法，是否适用于历史学，或一般地，自然科学方法能否或应否取代人文社会科学领域的固有方法，这些使金观涛等也经历着巨大的反挑战。以金观涛为代表的"走向未来"的文化活动，主张必须以类似自然科学的方法，尤其是定量分析和数学模型，使人文社会科学"科学化"，以清晰性、证伪性判断人文精神学科是否"科学"。他们使用的科学一词，有强烈的价值判断的涵义，这种以代表自然科学"占领"历史等人文领域的姿态，表现出强烈的科学主义的心态。从狭义的文化关切来看，由于强调科学主义而忽视价值与传统问题，"走向未来"的活动虽然是近年中国文化界的一个重要方面；他们也试图通过科学史的反思对传统作出评价，但缺乏自觉的文化意识，从而使他们的前卫地位受到挑战。

文化：中国与世界

历史学是否是社会科学，本身就有疑问。在西方本来就有实证主义与人文传统的对立。源出欧陆人文哲学传统的当代解释学，更是在英美推进对科学主义的批判。在这个意义上，以解释学出身的甘阳为主编的"文化：中国与世界"系列丛书编委会，正是在自觉的文化关切支配下，一个与科学主义相对立的文化派别。"文化：中国与世界"丛书包括"现代学术文库"、"新知文库"、"学术研究丛书"三个子系列，首轮推出的包括海德格尔的《存在与时间》、萨特的《存在与虚无》的中译本等。（海德格尔入室弟子熊伟教授认为《存在与时间》的中译不逊于其英译本。）编委会中以甘阳为首一批人都是研究西方人文学出身，对当代西方学术界的代表作都组织了翻译。从1986年12月10日《光明日报》刊登的第一批翻译书目来看，其于当代西方人文学术之引介，涵盖之广，规模之大，为五四以来所仅见。这种全方位的西方学术文化的引介，如果不受阻碍干扰，对当代中国学术界的启蒙意义十分深远。与"走向未来"一样，"文化：中国与世界"编委的组成，也是中青年学者，但与前者不同的是，"文化：中国与世界"成员都是研究生毕业以上，受过专门学术训练，现在北大和社会科学院从事研究的学者。"文化：中国与世界"重视人文，特别是哲学、美学、伦理、宗教等领域，它的现代学术文库是以研究生以上的学术界从业员为对象，而不是针对一般知识界，表现出"学院派"的风格。研究伽德玛（Hans-Georg Gadamar）、吕克（Paul Ricoeul）出身的甘阳，试图用解释学方法解决中国文化现代化问题，致力于引入西方文化来发展中国文化。从解释学出发，使"文化：中国与世界"既可避免科学主义的诱惑，并可与传统和现代的问题接头，因为自狄尔泰（W. Dilthey）以来解释学明确区分自然和历史，经验分析性与历史诠释性知识，把"理解"为核心的解释学作为人文学科的基本方法，伽德玛更对传统问题有精辟的论述。不过，从目前来看，"文化：中国与世界"的文化取向比较偏于西方文化，而且带有某种反传统的色彩。如伽德玛的解释学，本来坚持我们的预设不必是理解的障碍，毋宁是理解的前提，而伽德玛讲的解释的预设主要指历史传统造成的视界。但解释学到了甘阳手里，把伽德玛本来强调的传统的连续性意义尽量降低，而强调对传统文化的批判性和对外来文化的吸收在发展传统上的意义，因而提出"继承传统的最好方法就是反传统"，而近于哈伯马斯的批判性解释理论。把对传统的批判意识作为解释的基本预设，引出批判传统文化也是发展文化传统的途径的结论，是"文化：中国与世界"整个活动后面隐藏的观念内涵。

中国文化书院

金观涛以科学为衡量传统文化的标尺；甘阳则从西方文化的价值判断中国文化，两者有代表性地反映了思想界的文化批判思潮，与两者大异其趣的是"中国文化书院"，其创立宗旨之一，即弘扬固有的优秀文化传统，取向比较地认同传统，是显而易见的。但这绝非意味着文化书院代表复古或国粹派，事实上五四时期的国粹派在今天已不复存在，文化书院是具有开放心灵的传统文化研究学者的群体（创办人为汤一介教授）。与"文化：中国与世界"一样，"文化书院"是文化讨论热的自觉参与者，并且实际上是推动者之一。1985年1月的"中国文化讲习班"是书院的第一个活动，此后每年都举办一至二次面向全国的讲习班，邀请国内德高望重的老先生、海外著名华人学者，主讲中国文化的各个方面，并通过发售录音录影带影响全国。讲的内容也由单一的中国文化，逐步结合到科学、未来学及文化比较学。近来又开始设立函授，对推进和普及中国文化及一般文化学，开辟海内外文化交流，起了相当大的作用。与"未来"和"文化"等有明确的理论或观念作为群体代表不同，很难用某个人的文化理论来作"书院"的文化观念的代表，因之描述此一文化活动的性质有一定的困难。在我看来，如果把书院邀请来主讲的学者，作为一个文化学术群体来看待（这可能并不适当），那么代表书院文化观念的不是几位老先生，毋宁是汤一介、李泽厚、庞朴等资深教授的某些观念较大地影响了书院的文化追求。这几位学者都有深厚的马克思哲学的训练，又长期治中国哲学史、思想史，李泽厚更是富创造力的哲学家。在文化上他们摒弃了空想的理想主义，要求发展适应中国当代社会文化环境的新马克思主义文化观念，而对中国传统文化无论从其本身的文化价值，还是对现代生活的社会价值，都给予了充分肯定。一方面赞成吸收外来文化的民主精华，另一方面坚持中国文化的现代化必然是根于传统思想的再发展，这些学者稳健平实的文化宽度，显然与他们长期深入地体认中国文化有关。汤一介首倡古典哲学的范畴体系研究，从真善美统一的哲学角度，以宇宙论的天人合一、知识论的知行合一、美学上的情景合一为中国哲学的优良传统，庞朴肯定儒家文化的人文精神，李泽厚更通过对传统的历史考察来刻画几千年传统文化所"积淀"成的民族"文化——心理的结构"。尤其是，对传统文化的缺陷他们也都有深入的揭示。

持续与嬗递

"走向未来"的科学精神，"文化中国与世界"的文化关怀，"文化书院"的传统忧患，在一定程度上代表了近年中国大陆文化讨论的几个侧面。与大陆所处的历史进程紧密相关，金观涛和甘阳分别想以当代西方的科学文化和人文文化改造中国文化，都表现了一种从文化上推进现代化的努力。要理解近年文化讨论的兴起及其热点，必须了解它所发生的历史背景。鸦片战争一百多年来的与现代化西方持续纠缠的中国历史的主题，事实上就是"现代化"。在文化的意义上，可以说根深蒂固的文化民族主义产生的认同传统的意识，与出于现代化急迫要求而产生的反传统倾向，两者的矛盾起伏构成了整个近代文化的基本格局。其中的基本矛盾也就是"Continuity and Change"，这也是近代世界文化史的普遍意义的课题。五四反传统意识的兴起，是因为大多数青年知识分子不相信固有的传统思想文化，能复兴这个伟大的民族，而国家的强盛是知识分子的首要关切，强烈否定民族文化传统正是基于急迫要求复兴民族国家的危机意识。这种心理几乎支配着五四到今天的每一代青年知识分子。经过多变曲折的历史发展，到了80年代，"现代化"这个近代中国历史的主题、它的全面而深刻的意义，终于被大多数中国人明确地意识到了。近年的文化讨论热衷反思传统文化价值、中西文化比较，都是整个民族对现代化的自觉意识在文化上的反映。

一方面是具有较深文化素养和文化经验的学者注重传统的继承；另一方面是青年知识分子迫切要求现代化导致的反传统情绪，两者的共存是近代中国文化的突出现象。今天，政治生活中的封建恶习、迫切要求现代化的危机感、"文革"导致的以毛为代表的儒家马克思主义权威的失落、与开放俱来的西方文化的影响，这一切使得五四以来的一个新的反传统思潮正在发展，这是不难理解的。在前述三个典型上，我们也不难看到历史的影子。与受自觉的反传统意识支配的广大青年相比，认同传统的学者的声音，似乎显得软弱无力。然而，这即使不是"合理"的，也是"必然"的。这种格局只有到现代化的历史任务完成之后，才有根本改变的可能。

从发展上看，"未来""文化""书院"这三者将会不断相互影响，并在这种相互影响中，各自发生某种改变。如金观涛已表示他的兴趣与其说是在把系统论方法推广到人文领域，不如说他是要致力于建立一种统一的"社会科学规范"。同时他承认应把哲学文学等划在社会科学之外，这表示他对自然科学方法万能的信念已打了折扣，他的进一步成绩可能是在社会科学方法论上，而不是人文精神学科。甘阳最近在《当代》（见《当代》二十期）写的从理性批判到文化批判，从语言学转向谈到哲学的发展方向，也显示出他对东方及中国古典哲学有了进一步理解。李泽厚的思想也必然会接受系统论方法、解释学理论的某些影响。就这三个文化团体的活动来说，在内容上也会互相交叉，不过从较近的未来看，"文化：中国与世界"的影响可能会占比较主要的地位。就个人的发展来说，随着文化体验的加深，金、甘的反传统意向可能会逐步减弱，走向较为圆熟的境地。李泽厚在新加坡动心忍性，相信在理论上正在进行新的准备，我们期待他在文化哲学上升出一个新的方向来。

中国内地的文化发展正处于过渡性时期，一方面外来文化的引介必须转化为中国文化自身建设的成果，另一方面资深学者需要把承担学术中坚的历史责任转交给中青年。令人鼓舞的是，"走向未来""文化：中国与世界"都已创办了自己的学术刊物，"文化书院"拥有自己的学术刊物也只是时间问题。"走向未来"丛书中自著的部分将逐渐增多，"文化：中国与世界"研究丛书，也正积极出版这一代学者研究中国和西方文化的成果。人们有理由期望，经历了科学精神的洗礼，吸收了西方人文文化的营养，再结合起传统的关切，中国文化的建设能够走向一个新的更高的境界。

(摘自《北京·国学·大学》，北京大学出版社2012年版)

【导读】本文于1988年1月1日发表于台湾的《当代》杂志第二十一期。作者陈来现为清华大学哲学系教授，主要研究中国哲学史。

1985至1988这四年间掀起了"八十年代文化热"。这一文化热的兴起，其思想史背景有三：一是"拨乱反正"之后，"现代化"问题的提出；二是对"文化大革命"的检讨，逐渐集中于其所反映的"封建性"遗留问题上，而形成"反封建"的思想解放思潮；三是关于人道主义与异化问题的讨论过后，关于马克思主义的多元理解开始出现。"文化讨论"的核心问题是"传统"问题，即中华文明与西方文明、古典文明与现代文明的关系问题。"文化讨论"中观点争论的焦点在于如何重估"传统"的价值。

在"文化热"的讨论中，一项重要的任务就是要宏观地勾勒出"文化热"的整体历史图景，包括对文化论争的历史线索的描述、重要文化事件及其发生形态的分析、核心话题及其代表性文本的收集、代表性的参与者及其观点与思路的形成过程的剖析等。为此，陈来从参与者的活动方式和代表思路出发，对这些问题进行了思考，并撰成《思想出路的三动向》一文，重点剖析了三个"文化典型"，即"文化热"中最活跃的三个知识分子群体及其文化活动，包括以金观涛等为代表的"走向未来"丛书编委会、以甘阳等为代表的"文化：中国与世界"编委会和以汤一介、李泽厚、庞朴为代表的"中国文化书院"学者群。他认为，这三个学术群体以编译书籍、举办文化活动的方式形成特定的知识群体，并且有着相似的研究思路和知识取向，构成了"文化典型"，成为"文化热"中最有代表性的三种"思想出路"。

陈来所倡导的这种从参与者及其文化活动的角度进行的概括方式，得到了当时"文化热"的亲历者与后来的研究者共同认可，成为一种较为客观的历史叙述，突显了"文化热"并不仅仅表现为一种观念上的论争，更表现为知识群体的社会实践。这是非常有见地，非常有价值的。

(黄　斌)

自助（节录）

［美］爱默生

前些日子，我读了一位著名画家的大作。这是些立意新奇，不落俗套的作品。在这些诗句中，不论其主题是什么，心灵总能听到某种告诫。诗句中所注入的感情比它们所包含的思想内容更可贵。相信你自己的思想，相信凡是对你心灵来说是真实的，对所有其他人也是真实的——这就是天才。披露蛰伏在你内心的信念，它便具有普遍的意义；因为最内在的终将成为最外在的——我们最初的想法终将在上帝最后审判日的喇叭声中得到响应。尽管心灵的声音对每一个人来说都是熟悉的，但是我们认为，摩西、柏拉图和弥尔顿最了不起的功绩是他们蔑视书本和传统，他们论及的不是人们想到的，而是他们自己的思想。人应当学会的是捕捉、观察发自内心的闪光，而不是诗人和伟人们的圣光。但是，人们却不假思索地抛弃自己的思想，就因为那是自己的思想。在每一部天才的作品中，我们都可以找到我们自己抛弃了的那些思想：它们带着某种陌生的尊严回到我们这儿来。伟大的艺术作品给我们最深刻的教诲就是，要以最平和而又最执著的态度遵从内心自然而然产生的念头，即使与其相应的看法正甚嚣尘上。否则，明天某个人便将俨然以一位权威的口吻高谈那些同我们曾经想到、感受到的一模一样的想法，而我们却只好惭愧地从他人手中接受我们自己的想法。

每个人在受教育过程中，总有一天会认识到：妒忌是无知，模仿是自杀。不论好歹，每个人都必须接受属于他的那一份，广阔的世界里虽然充满了珍馐美味，但是只有从给予他去耕耘的那一片土地里，通过辛勤劳动收获的谷物才富有营养。寓于他体内的力量，实质上是新生的力量。只有他自己才知道他能干什么，而且他也只有在尝试之后才能知晓。一张面孔、一个人物、一桩事情在他心中留下了印象，而其他的则不然，这并不是无缘无故的。这记忆中的塑像并非全无先验的和谐。眼睛被置于某束光线将射到的地方，这样它才可能感知到那束光线。大胆让他直抒自己的全部信念吧。我们对自己总是遮遮掩掩，对我们每个人所代表的神圣意念感到羞愧。我们完全可以视这意念为与我们相称而又有益的意念，所以，应当忠实地宣扬它。不过，上帝是不会向懦夫揭示他的杰作的，只有神圣的人才能展示神圣的事物。当一个人将身心倾注到工作中，并且竭尽了全力的时候，他就得到了解脱和欢乐。否则，他将为自己的言行忐忑不安，得到的是没有解脱的解脱。在其间，他为自己的天赋所抛弃，没有灵感与他为友，没有发明，也没有希望。

相信你自己吧：每颗心都随着那弦跳动，接受上苍为你找到的位置——同代人组成的社会和世网。伟大的人物总是像孩子似地将自己托付给时代的精神，披露他们所感知到的上帝正在他们内心引起骚动，正假他们之手在运作，并驾驭着他们整个身心。我们是人，必须在我们最高尚的心灵中接受同样先验的命运。我们不能畏缩在墙角旮旯里，不能像懦夫一样在革命关头逃脱；我们必须是赎罪者和捐助者，是虔诚的有志者，是全能上帝所造之物。让我们向着混沌乱世，向着黑暗冲锋吧……

这些话语当我们独处时可以听到，可是当我们迈进这世界时，话音就减弱了、听不到了。社会到处都是防患各社会成员成熟起来的阴谋。社会是一个股份公司，在这公司里，成员们为了让各个股东更好地保住自己的那份面包，同意放弃吃面包者的自由和文化。它最需要的美德是随众随俗，它厌恶的是自力更生，它钟爱的不是现实和创造者，而是名分和习俗。

任何名副其实的真正的人，都必须是不落俗套的人。任何采集圣地棕榈叶的人，都不应当拘泥于名义上的善，而应当发掘善之本身。除了我们心灵的真诚之外，其他的一切归根结蒂都不是神圣的。解脱自己，皈依自我，也就必然得到世人的认可。记得，当我还很小的时候，有位颇受人尊重的师长，他习惯不厌其烦地向我灌输宗教的古老教条。有一回，我禁不住回了他一句。听到我说，如果我完全靠内心的指点来生活，那么我拿那些神圣的传统干吗呢。我的这位朋友提出说："可是，内心的冲动可能是低下的，而不是高尚的。"我回答说："在我看来，却不是如此。不过，倘若我是魔鬼的孩子，那么我就要照魔鬼的指点来生活。"除了天性的法则之外，在我看来，没有任何法则是神圣的。好与坏，只不过是个名声而已，不费吹灰之力，便可以将它从这人身上移到那人身上。唯一正确的，是顺从自身结构的事物；唯一错误的，是逆自身结构的事物。一个人面对反对意见，其举措应当像除了他自己之外，其他的一切都是有名无实的过眼烟云。使我惭愧的是，我们如此易于成为招牌、名份的俘虏，成为庞大的社团和毫无生气的习俗的俘虏。任何一个正派、谈吐优雅之士都比一位无懈可击的人更能影响我、左右我。我应当正直坦诚、生气勃勃，以各种方式直抒未加粉饰的真理……

我必须做的是一切与我有关的事，而不是别人想要我做的事。这条法则，在现实生活和精神生活中都是同样艰巨困难的，它是伟大与低贱的最大区别。它将变得更加艰巨，如果你总是碰到一些自以为比你自己更懂得什么是你的责任的人。按照世人的观念在这世界上生活是件容易的事；按照你自己的观念，离群索居也不难；但若置身在世人之间，却能尽善尽美地依然保持着个人独立性，却只有伟人才能办得到。

抵制在你看来已是毫无生气的习俗，是因为这些习俗耗尽你的精力。它消耗你的时光，隐翳你的性格。如果你上毫无生气的教堂，为毫无生气的圣经会捐款，投大量的票拥护或反对政府，摆餐桌同粗俗的管家没什么两样——那么在所有这些屏障下，我就很难准确看出你究竟是什么样的人。当然，这样做也将从你生活本身中耗去相应的精力。然而，如果你所做的是你所要做的事，那么我就能看出你到底是什么样的人。做你自己的事，你也就从中增强了自身。一个人必须要想到，随众随俗无异于蒙住你的眼睛。假如我知道你属于哪个教派，我就能预见到你会使用的论据。我曾经听一位传教士宣称，他的讲稿和主题都取材自他的教会的某一规定。难道我不是早就知道他根本不可能即兴说一句话吗？……算了，大部分人都用这样或那样的手帕蒙住自己的眼睛，使自己依附于某个社团观点。保持这种一致性，迫使他们不仅仅在一些细节上弄虚作假，说一些假话，而是在所有的细节上都弄虚作假。他们所有的真理都不太真。他们的二并不是真正的二，他们的四也不是真正的四；他们说的每一个字都使我们失望，而我们又不知道该从哪儿下手去纠正它。同时，自然却利落地在我们身上套上我们所效忠的政党的囚犯号衣。我们都板着同样的面孔，摆着同样的架势，逐渐习惯最有绅士风度而又愚蠢得像驴一样的表达方式。尤其值得一提的是一种丢人的、并且也在历史上留下了自己印记的经历。我指的是"傻乎乎的恭维"——我们浑身不自在地同一些人相处时，脸上便堆起这种假笑；我们就毫无兴趣的话题搭腔时，脸上便堆起这种微笑。其面部肌肉不是自然地运作，而是为一种低下的、处心积虑的抽搐所牵引。肌肉在面庞外围绷得紧紧的，给人一种最不愉快的感觉；一种受责备和警告的感觉。这种感觉，任何勇敢的年轻人都绝不会愿意体验第二次。

世人用不快来鞭挞不落俗套的人……对于一位坚强的深谙世事的人来说，容忍有教养的绅士们的愤怒不是件难事。他们的愤怒是正派得体，谨慎稳重的。因为他们本身就非常容易招来责难，所以他们胆小怕事。但是，若引起他们那女性特有的愤怒，其愤慨便有所升级；倘若无知和贫穷的人们被唆使，倘若处于社会底层的非理性的野蛮力量被怂恿狂吼发难，那就需要养成宽宏大量和宗教的习惯，像神一样把它当做无关紧要的琐事。

另一个使我们不敢自信的恐惧是我们想要随众随俗。这是我们对自己过去的所作所为的敬畏之情，因为在别人眼里能够借以评判我们行为轨迹的依据，除了我们的所作所为之外别无他物，而我们又不愿意使他们失望。

但是，你为什么要往回看呢？为什么你老要抱着回忆的僵尸，唯恐说出与你曾经在这个或那个公开场合说的话有点儿矛盾的话来呢？倘若你说了些自相矛盾的话，那有怎么样呢……

(摘自《爱默生论人生》，上海人民出版社2013年版)

【导读】拉尔夫·沃尔多·爱默生（1803—1882），美国著名散文家、思想家、诗人，19世纪初期超验主义运动主要代表人物。爱默生是确立美国文化精神的代表人物，主张乐观、宣扬个性和神秘主义。美国前总统林肯称他为"美国的孔子""美国文明之父"。1836年出版处女作《论自然》，而后著有《论自助》《论超灵》《圆》等作品。他在文学上的贡献主要在散文和诗歌上。

自美国国家政体和秩序建立后的百年时间里，美国本土文化的建立成为文化精英们，甚至全社会的首要任务。在这样急需建立起美国自己的文化价值和精神信仰的时刻，爱默生以他的演讲承担起塑造文化的历史使命，并于1841发表《自助》一文。在该文中明确提出"个人"这个主题，第一次在文化和思想上正式宣布了美国个人主义的确立。爱默生《自助》一文是爱默生超验主义思想的集中体现，也是其散文风格的代表作。读者既可以把此书看成是关于人生修养和励志内容类的书籍，也可以将其视为一本关于如何看待个人和塑造自我的著作。

《自助》一文除了对个人超越伟人、超越社会、超越历史的自立精神的呼喊外，还始终贯穿着"相信你自己"的思想。围绕这种自立、自主、自信，作者将该书共分为六章。在第一章中，作者希望读者去寻求生命的价值，倡导读者顺从自己的本性去生活，相信自己并强大自己。在接下来的一章中，作者引导读者围绕"倾听爱的声音"这一中心教导个人去发现、维系生活中的爱，包括友谊、爱情、善良。接下来的四章包括：活出生活的色彩、畅想读书的美妙、多给自己一次机会、你可以做得更好。在这四章中，作者都在试图达到同一个目的，即从多个方面强调个人的力量，帮助读者塑造自我，提高个人修养。以上观点是把此书作为一本励志类作品来分析的。当然"一千个读者，一千个哈姆雷特"，在寻求自我价值的人的眼中，这是一部励志作品；而在人文主义研究者的眼中，这是一部有关思维与主体精神的作品，是一部关于发现人的内在能动性，强调个体精神力量，挖掘人内在能力，寻求自立、自信的作品。

就主体精神的角度来看，爱默生《自助》一文的核心在于"相信自己"，作者提出自助的根源是自然或本能，不应是外物，同时作者对自我的价值也给予了充分的肯定。书中散发的这种超验主义灵光足以使读过本书的读者重新认识到自我价值。此外，文中这种强调独立自助、主张积极进取、自我实现、承担责任的人生态度已成为美国人日常生活中的普遍观念，文中强调的人生态度也依然适合于当今社会下的每一个个体。

（黄　斌）

培养独立工作和独立思考的人

[德] 爱因斯坦

在纪念的日子里，通常需要回顾一下过去，尤其是要怀念一下那些由于发展文化生活而得到特殊荣誉的人们。这种对于我们先辈的纪念仪式确实是不可少的，尤其是因为这种对过去最美好事物的纪念，必定会鼓励今天善良的人们去勇敢奋斗。但这种怀念应当由从小生长在这个国家并熟悉它的过去的人来做，而不应当把这种任务交给一个像吉卜赛人那样到处流浪并且从各式各样的国家里收集了他的经验的人。

这样，剩下来我能讲的就只能是超乎空间和时间条件的，但同教育事业的过去和将来都始终有关的一些问题。进行这一尝试时，我不能以权威自居，特别是因为各时代的有才智的善良的人们都已讨论过教育这一问题，并且无疑已清楚地反复讲明他们对于这个问题的见解。在教育学领域中，我是个半外行，除了个人经验和个人信念以外，我的意见就没有别的基础。那么我究竟是凭着什么而有胆量来发表这些意见呢？如果这真是一个科学的问题，人们也许就因为这样一些考虑而不想讲话了。

但是对于能动的人类的事务而言，情况就不同了，在这里，单靠真理的知识是不够的。相反，如果要不失掉这种知识，就必须以不断的努力来使它经常更新。它像一座矗立在沙漠上的大理石像，随时都有被流沙掩埋的危险。为了使它永远照耀在阳光之下，必须不断地勤加拂拭和维护。我就愿意为这工作而努力。

学校向来是把传统的财富从一代传到一代的最重要机构。同过去相比，在今天就更是这样。由于现代经济生活的发展，家庭作为传统和教育的承担者，已经削弱了。因此比起以前来，人类社会的延续和健全要在更高程度上依靠学校。

有时，人们把学校简单地看作一种工具，靠它来把最大量的知识传授给成长中的一代。但这种看法是不正确的。知识是死的，而学校却要为活人服务。它应当在青年人中发展那些有益于公共福利的品质和才能。但这并不意味着应当消灭个性，使个人变成仅仅是社会的工具，像一只蜜蜂或蚂蚁那样。因为由没有个人独创性和个人志愿的统一规格的人所组成的社会，将是一个没有发展可能的不幸的社会。相反，学校的目标应当是培养独立工作和独立思考的人，这些人把为社会服务看作自己最高的人生准则。就我所能作判断的范围来说，英国学校制度最接近于这种理想的实现。

但是人们应当怎样来努力达到这种理想呢？是不是要用讲道理来实现这个目标呢？完全不是。言辞永远是空的，而且通向毁灭的道路总是和多谈理想联系在一起的。但是人格绝不是靠所听到的和所说出来的言语而是靠劳动和行动来形成的。

因此，最重要的教育方法总是鼓励学生去实际行动。初入学的儿童第一次学写字便是如此，大学毕业写博士论文也是如此，简单地默记一首诗，写一篇作文，解释和翻译一段课文，解一道数学题目，或在体育运动的实践中，也都是如此。

但在每项成绩背后都有一种推动力，它是成绩的基础，而反过来，计划的实现也使它增长和加强。这里有极大的差别，与学校的教育价值关系极大。同样工作的动力，可以是恐怖和强制，追求威信荣誉的好胜心，也可以是对于对象的诚挚兴趣，和追求真理与理解的愿望，因而也可以是每个健康儿童都具有的天赋和好奇心，只是这种好奇心很早就衰退了。同一工作的完成，对于学生的教育影响可以有很大差别，这要看推动工作的主因究竟是对苦痛的恐惧，是自私的欲望，还是快乐和满足的追求。没有人会认为学校的管理和教师的态度对塑造学生的心理基础没有影响。

我以为对学校来说最坏的事，是主要靠恐吓、暴力和人为的权威这些办法来进行工作。这种做法伤害了学生的健康的感情、诚实的自信，它制造出的是顺从的人。这样的学校在德国和俄国成为常例；在瑞士，甚至差不多在一切民主管理的国家也都如此。要使学校不受到这种一切祸害中最坏的祸害的侵袭，那是比较简单的，即只允许教师使用尽可能少的强制手段，这样教师的德和才就将成为学生对教师的尊敬的唯一源泉。

第二项动机是好胜心，或者说得婉转些，是期望得到表扬和尊重的心理需求，它根深蒂固地存在于人的本性之中。没有这种精神刺激，人类合作就完全不可能。一个人希望得到他同类赞许的愿望，肯定是社会对他的最大约束力之一。但在这种复杂感情中，建设性同破坏性的力量密切地交织在一起。要求得到表扬和赞许的愿望，本来是一种健康的动机；但如果要求别人承认自己比同学、伙伴们更高明、更强有力或更有才智，那就容易产生极端自私的心理状态，而这对个人和社会都有害。因此，学校和教师必须注意防止为了引导学生努力工作而使用那种会造成个人好胜心的简单化的方法。

达尔文的生存竞争以及同它有关的选择理论，被很多人引证来作为鼓励竞争精神的根据。有些人还以这样的办法试图伪科学地证明个人之间的这种破坏性经济竞争的必然性。但这是错误的，因为人在生存竞争中的力量全在于他是一个过着社会生活的动物。正像一个蚁垤里蚂蚁之间的交战说不上什么是为生存竞争所必需的，人类社会中成员之间的情况也是这样。

因此，人们必须防止把习惯意义上的成功作为人生目标向青年人宣传。因为一个获得成功的人从他人那里所取得的，总是无可比拟地超过他对他们的贡献。然而看一个人的价值应当是从他的贡献来看，而不应当看他所能取得的多少。

在学校里和生活中，工作的最重要的动机是在工作和工作的结果中的乐趣，以及对这些结果的社会价值的认识。启发并且加强青年人的这些心理力量，我看这该是学校的最重要的任务。只有这样的心理基础，才能引导出一种愉快的愿望，去追求人的最高财富——知识和艺术技能。

要启发这种创造性的心理才能，当然不像使用强力或者唤起个人好胜心那样容易，但也正因为如此，所以才更有价值。关键在于发展孩子们对游戏的天真爱好和获得他人赞许的天真愿望，引导他们为了社会的需要参与到重要的领域中去。这种教育的主要基础是这样一种愿望，即希望得到有效的活动能力和人们的谢意。如果学校从这样的观点出发胜利完成了任务，它就会受到成长中的一代的高度尊敬，学校规定的课业就会被他们当作礼物来领受。我知道有些儿童就对在校时间比对假期还要喜爱。

这样一种学校要求教师在他的本行成为一个艺术家。为了能在学校中养成这种精神，我们能够做些什么呢？对于这一点，正像没有什么方法可以使一个人永远健康一样，万应灵丹是不存在的。但是还有某些必要的条件是可以满足的。首先，教师应当在这样的学校成长起来。其次，在选择教材和教学方法上，应当给教师很大的自由。因为强制和外界压力无疑也会扼杀他在安排他的工作时所感到的乐趣。

如果你们一直在专心听我的想法，那么有件事或许你们会觉得奇怪。即我详细讲到的是，我认为应当以什么精神教导青少年。但我既未讲到课程设置，也未讲到教学方法。譬如说究竟应当以语言为主，还是以科学的专业教育为主？

对这个问题，我的回答是：照我看来，这都是次要的。如果青年人通过体操和远足活动训练了肌肉和体力的耐劳性，以后他就会适合任何体力劳动。脑力上的训练，以及智力和手艺方面技能的锻炼也类似这样。因此，那个诙谐的人确实讲得很对，他这样来定义教育："如果人们忘掉了他们在学校里所学到的每一样东西，那么留下来的就是教育。"就是这个原因，我对于遵守古典文史教育制度的人同那些着重自然科学教育的人之间的争论，一点也不急于想偏袒哪一方。

另一方面，我也要反对把学校看作应当直接传授专门知识和在以后的生活中直接用到的技能的那种观点。生活的要求太多种多样了，不大可能允许学校采用这样专门的训练。除开这一点，我还认为应当反对把个人作为死的工具。学校的目标始终应当是使青年人在离开它时具有一个和谐的人格，而不是使他成为一个专家。照我的见解，这一观点在某种意义上，即使对技术学校也是适用的，尽管它的学生所要从事的是完全确定的专业。学校应当始终把发展独立思考和独立判断的能力放在首位,而不应当把取得专门知识放在首位。如果一个人掌握了他所学的学科的基础,并且学会了独立思考和独立工作,就必定会找到自己的道路,而且比起那种其主要训练在于获得细节知识的人来,他会更好地适应进步和变化。

最后,我要再一次强调一下,这里所讲的,虽然多少带有点绝对肯定的口气,其实,我并没有想要求它比个人的意见具有更多的意义。而提出这些意见的人,除了在他做学生和教师时积累起来的个人的经验以外,再没有别的什么东西来作他的根据。

(摘自《文苑:经典美文》2011年第6期,许良英译)

【导读】爱因斯坦(1879—1955),举世闻名的德裔美国科学家。现代物理学的开创者和奠基人。人们称他为20世纪的哥白尼和牛顿。主要成果是发表狭义相对论,在此基础上,又建立了广义的相对论,这项研究成为现代宇宙学天文物理学的开端。同时还提出了光的量子概念等理论。由于发现光电效应定律,于1921年获诺贝尔物理学奖。1999年,被美国《时代周刊》评选为"世纪伟人"。2009年,被诺贝尔基金会评选为诺贝尔奖百余年历史上最受尊崇的三位获奖者之一。著有《广义相对论基础》《论动体的电动力学》等。

《培养独立工作和独立思考的人》一文是1936年10月15日爱因斯坦在纽约州立大学举行"美国高等教育300周年纪念会"上的讲稿。文章指出:"学校的目标始终应当是使青年人在离开它时具有一个和谐的人格,而不是使他成为一个专家。"学校的首要任务不是让学生获取专业知识,而是培养他们独立工作和独立思考的能力。培养这种能力的方法,就是鼓励学生实际行动。至于让学生行动起来的动力,不是恐吓和强制他们,也不是引起他们的好胜心理,而是激发他们的兴趣和追求真理的愿望。本着这样的教育理念,教师和学生将会感受到知识带来的乐趣。

爱因斯坦说:"学会独立思考和独立判断比获得知识更重要。不下决心培养思考习惯的人,将失去生活的最大乐趣。""我就是靠这个方法成为科学家的。"爱因斯坦从小就有独立思考的习惯。12岁能够证明出毕达哥拉斯定理,14岁开始自学几何和微积分,26岁发表了狭义相对论,57岁已是享誉世界的伟大的物理学家。如果不思考,思想终将成为一潭死水,掀不起任何波澜。只有不断思索,才能证明自己的存在,挖掘自己最大的潜能。所以法国哲学家蒙田曾说:"我不愿有一个塞满东西的头脑,而宁愿有一个思考开阔的头脑。"

韩愈在《师说》中谈到教育的作用:传道、授业、解惑。其中"传道"在爱因斯坦看来,就是培养学生独立思考和工作的能力。随着时代的发展,社会越来越需求创新性人才,需要多元化的复合型人才。爱因斯坦对培养人才的独到见解,对当今教育仍有重要的启发意义。

(廖 华)

从罗丹得到的启示

[奥] 茨威格

我那时大约二十五岁,在巴黎研究与写作。许多人都已称赞我发表过的文章,有些我自己也非常喜欢。但是,我心里深深感到我还可以写得更好,虽然我不能断定那症结的所在。

于是,一个伟大的人给了我一个非常伟大的启示。那件事虽然微乎其微,但是成为我一生的关键。

有一晚,我在比利时名作家魏尔哈仑家里,一位年长的画家慨叹着雕塑美术的衰落。我年轻而好饶舌,热炽地反对他的意见。"就在这城里,"我说,"不是住着一个与米开朗琪罗媲美的雕刻家吗?罗丹的《沉思者》《巴尔扎克》,不是同他用以雕塑他们的大理石一样永垂不朽吗?"

当我倾吐完了的时候,魏尔哈仑高兴地指指我的背。"我明天要去看罗丹。"他说:"来,一块儿去吧。凡像你这样称赞他的人都该去会他。"

我充满了喜悦,但第二天魏尔哈仑把我带到雕刻家那里的时候,我一句话也说不出。在老朋友畅谈之际,我觉得我似乎是一个多余的不速之客。

但是,最伟大的人是最亲切的。我们告别时,罗丹转向了我。"我想你也许愿意看看我的雕刻。"他说:"我这里简直什么也没有。可是礼拜天,你到麦东来同我一块吃饭吧。"

在罗丹朴素的别墅里,我们在一张小桌前坐下吃便饭。不久,他温和的眼睛发出的激励的凝视,他本身的淳朴,宽释了我的不安。

学风九编

在他的工作室，有着大窗户的简朴的屋子，有完成的雕像，许许多多小塑样——支胳膊，一支手，有的只是一只手指或者指节；他已动工而搁下的雕像，堆着草图的桌子，一生不断的追求与劳作的地方。

罗丹罩上了粗布工作衫，因而好像就变成了一个工人，他在一个台架前停下。"这是我的近作。"他说，把湿布揭开，现出一座女正身像，以粘土美好地塑成的。"这已完工了。"我想。

他退后一步，仔细看着，这身材魁梧、阔肩、白髯的老人。

但是在审视片刻之后，他低语了一句："就在这肩上线条还是太粗。对不起……"他拿起刮刀、木刀片轻轻滑过软和的粘土，给肌肉一种更柔美的光泽。他健壮的手动起来了；他的眼睛闪耀着。"还有那里……还有那里……"他又修改了一下，他走回去。他把台架转过来，含糊地吐着奇异的喉音。时而，他的眼睛高兴得发亮；时而，他的双眉苦恼地蹙着。他捏好小块的粘土，粘在像身上，刮开一些。

这样过了半点钟，一点钟……他没有再向我说过一句话。他忘掉了一切，除了他要创造的更崇高的形体的意象。他专注于他的工作，犹如在创世的太初的上帝。

最后，带着舒叹，他扔下刮刀，一个男子把披肩披到他情人肩上那种温存关怀般地把湿布蒙上女正身像，于是，他又转身要走，那身材魁梧的老人。

在他快走到门口之前，他看见了我。他凝视着，就在那时他才记起，他显然对他的失礼而惊惶。"对不起，先生，我完全把你忘记了，可是你知道……"我握着他的手，感谢地紧握着。也许他已领悟我所感受到的，因为在我们走出屋子时他微笑了，用手抚着我的肩头。

在麦东那天下午，我学得的比在学校所有的时间都多。从此，我知道凡人类的工作必须怎样做，假如那是好而又值得的。

再也没有什么像亲见一个人一样全然忘记时间、地方与世界那样使我感动。那时，我感悟到一切艺术与伟业的奥妙——专心，完成或大或小的事业的全力集中，把易于弛散的意志贯注在一件事情上的本领。

于是，我察觉我至今在我自己的工作上所缺少的是什么——那能使人除了追求完整的意志而外把一切都忘掉的热忱，一个人一定要能够把他自己完全沉浸在他的工作里。没有——我现在才知道——别的秘诀。

（摘自《美文》2007年第2期）

第五编　科学思维

【导读】斯蒂芬·茨威格（1881—1942），奥地利著名作家、评论家，他从事的文学样式有诗歌、小说、戏剧、人物传记等。著有传记文学《三大师》《三大诗人》，短篇小说集《初次经历》《阿莫克》《感觉的混乱》和长篇小说《一个陌生女人的来信》《伟大的悲剧》等。

《从罗丹得到的启示》是茨威格的一篇给予许多人以启迪的著名散文，被广泛引用以教育一代又一代人。茨威格二十五岁时在巴黎进行研究与写作，遇到了写作上的困境，那便是他面对许多人对他发表的文章的称赞，心里觉得自己可以写得更好，但"不能断定那症结的所在"。后来，由于偶然的机会，在魏尔哈仑的引荐下茨威格有幸结识法国雕塑大师罗丹，并有幸被罗丹邀请到工作室做客，获得了一个有益于他一生的伟大启示："那件仿佛微乎其微的事，竟成为我一生的关键。"于是他将经历和感悟写成《从罗丹得到的启示》一文。文章以简洁质朴的语言叙述了见罗丹的缘起、经过和从中获得的启示。

在这次"做客"经历中，罗丹将茨威格带入工作室，欣赏他最新创作的雕像，但罗丹自己一看到雕像便忘记了客人，完全进入了忘我的工作状态，直到将雕像修改完毕才想起客人的存在。文章融记叙、描写、议论于一炉，生动地再现了罗丹像诚实的工人一样专心致志地完成工作的情景和忘我的创作境界，并由此小细节而生发本质认识。茨威格从这件微小的事情悟出大道理："一切艺术与伟业的奥妙——专心，完成或大或小的事业的全力集中，把易于分散的意志贯注在一件事情上的本领。""一个人一定要能够把他自己完全沉浸在他的工作里，没有——我现在才知道——别的秘诀。"茨威格领悟的关键在于"专心"。

茨威格从罗丹身上获得的启示与感悟是极其准确的，抓住了罗丹的人格精神最核心的内涵，捕捉住了罗丹艺术精神的灵魂。罗丹（1840—1917）是欧洲文艺复兴以来的雕塑巨匠，其代表作品有《青铜时代》《沉思者》《巴尔扎克》等，他认为艺术家成功的秘诀在于"专心"与"意志"，而不在于"灵感"。他曾指出："要有耐心，不要依靠灵感。灵感是不存在的。艺术家的优良品质，无非是智慧、专心、意志。"（《罗丹艺术论》）可见，茨威格从与罗丹会面的一次经历中获得的启示与罗丹自己的艺术观点几乎是完全一致的，茨威格的文章所揭示的一切艺术和伟业成功的规律，不仅对一切从事艺术和创作的人具有启迪，事实上对所有人都具有重要的启示与借鉴意义。

（罗小凤）

怀疑主义的价值

［英］罗素

出于对读者的考虑，我想提出一种恐怕在表面上看来甚为荒谬的和破坏性的理论。这种理论就是：当我们找不到任何理由能说明某个命题是真的时，要相信它就不会是一件令人愉快的事。当然，应该承认，如果这样的看法为人们普遍接受，那将整个改变我们的社会生活和政治制度。由于我们的社会制度和政治制度时下都是完美无缺的，这种理论就必然与之相抵触。我知道更为严重的是，它会使那些机敏之人、著作家，主教以及那些依靠命运多舛者的苦盼苦望为生的人减少收入，所以，我的意见不免要遭到种种诘难。尽管如此，我认为能够给我的表面上荒谬的见解找出证据，并公之于众。

首先，我要为自己作些辩解，免得人们认为我好走极端。我是一个英国辉格党人，具有英国人的调和折中的性格。曾有一个关于毕洛主义创始人毕洛的故事。他认为我们永远没有充分的理由断言某一种行为方式会比另一种更聪明。他年轻时，有一天下午外出散步，看见他的哲学老师（毕洛曾就学于他）正掉进一条灌水渠里，水没头顶而无法出来。毕洛盯着他的老师看了好一会儿，却继续散他的步，因为他觉得找不到充分的理由去认为救了他的老师便是做了一件有益的事。后来，一些不那么相信怀疑主义的人将那位哲学教师救了上来，并责备毕洛太无情了。然而，这位老师由于忠实于自己的怀疑原则，却称赞毕洛言行一致。我主张的并不是毕洛那种过头的怀疑主义，因为我即便不在理论上，也在实际上和普通人一样相信常识。我还准备认可科学上所有已经确定的成果，不在于认为它们是必定正确的，而在于它们报有可能为理性行为提供根据。如果有人宣称某时某刻有月蚀，我认为那就值得留心观察它是否会发生。然而毕洛就不会这样想。基于此，我认为我主张采取一种中间立场是正确的。

对于许多事情，研究它们的人的看法是一致的。例如上面提到的月蚀发生的时间就是一个例子。还有许多事情则情况相反。即使专家们的意见都一致了，他们也还可能会搞错。二十年前爱因斯坦关于在引力作用下光的折射率的观点为所有专家所拒绝，但它却被证明是正确的。然而，无论怎么说，在专家们意见一致的情况下，他们的观点比与其相反的观点更有可能被非专家的人当作正确的观点所接受。我主张的怀疑主义总起来说只是下列三点：（1）当专家们意见一致时，与其相反的意见依旧具有不确定性；（2）当专家们意见不一致时，非专家的人不能认为哪一种意见具有确定性；（3）当所有专家都认为一种肯定的意见缺乏充分的理由时，一般人很可以暂不作出他的判断。

这些命题看来好像是很温和的，然而，如果人们都接受了，那将使人类的生活发生空前的变革。

人们愿为之斗争和苦苦寻求的意见都包括在这种怀疑主义所判定的三种类型之中。当某个意见具有理性根据时，人们往往乐于把这些根据提出来，并期待它们起作用。在这种情况下，人们并不是感情用事地坚持自己的意见，相反，他们心平气和地坚持意见，并冷静地陈述他们的理由。那些因一时的感情冲动而坚持的意见常常缺乏充分的理由；事实上，情感是一种尺度。它用来衡量一个人是否具有以理性服人的能力。政治观点以及宗教观点几乎总是具有情感的色彩。除中国之外，每个人必须在政治以及宗教方面持有坚定的观点，否则便被视力可怜虫；所以人们憎恨怀疑论者，远甚于憎恨同自己意见相背的具有强烈激情的拥护者。人们认为，对实际生活的要求需要对这类问题持某种意见，而且假如我们变得稍稍理性些的话，社会的存在将成为不可能。然而我的意见正相反，我将努力说清楚，为什么我有此想法。

以1920年后的失业问题为例。一派意见认为，这是由于工会的捣乱生非所致；另一派意见认为，这是由于欧洲大陆上的混乱；第三派意见在承认上述两种原因起了一些作用的同时将问题主要归咎于英国银行力图提高英镑币值的政策。据我所知，在第三派中包括大多数专家，而不是其他什么人。政治家是不会对无助于党派之争的观点感什么兴趣的，而一般人则倾向于把不幸归咎于他们敌人的种种阴谋诡计。因此，人们往往支持或反对一些与他们不相干的政策。而少数有理性的人的话却不为人们倾听，因为他们不迁就任何人的感情。如果要争取同盟者，就必须说服人们，使他们相信英国银行是很坏的。如果想争取工党，就必须指出英国银行的总裁们是工联主义的敌人，如果想争取伦敦的主教，就必须指出英国银行的总裁们是"不道德的"。这样，人们才会跟着认为他们关于货币的观点是错误的。

让我们举另一个例子来说明。常常听到有人说，社会主义是同人类的本性相违背的，而社会主义者则反对这种说法，其激烈程度同其敌对者不相上下。最近去世的里弗斯博士——他的死去令人感到无限悲痛——在学院大学的一次讲座中、曾经讨论过这个问题，后来刊行于他的遗稿《心理学和政治学》一书里。就我所知，这是唯一的一次具有科学性的讨论。在这本书中提出一些人类学的材料，说明社会主义在美拉尼西亚群岛并不同人类的本性相违背；接着该书指出，我们并不知道美拉尼西亚与欧洲的人性是否相同；所以结论是：关于社会主义到底同欧洲人的本性是否违背，唯一解决这个问题的办法就是去试验它。有趣的是就根据这个结论，里弗斯愿意做一个工党的候选人，但他却不肯堕入政治争端通常所具有的那种热情和冲动之中。

现在我要大着胆子提出一个一般人以为更难用冷静的头脑去讨论的问题，这就是婚姻的习俗问题。每一个国家的大多数人都认为除了本国的以外，其他一切婚姻习俗都是不道德的，而一些人之所以要反对这种观点，是因为要替他们的放荡生活作辩护。在印度，寡妇的再婚在传统上被看作是一件十分可怕而不可思议的事情。在信仰天主教的国家里，离婚被认为是邪恶的，然而夫妇间的某些不忠却受到宽容，至少在男人方面是这样。在美国，离婚并不难，但一夫一妻制之外的男女关系却受到最严厉的谴责。穆斯林相信一夫多妻制，而我们认为这是堕落。人们以极端热忱的态度各自坚持着自己的看法，并对违背它们的人施以无情的讨伐。然而在任何一个国家还没有一个人作出哪怕是极小的尝试，表明他自己国家的习俗比起别的国家的习俗更有益于人类的幸福。

当我们翻开任何一部关于这个问题的科学论著，例如韦斯特马克的《人类婚姻史》，我们便会感到置身于一种同流行的成见完全不同的气氛之中。我们发现存在各种各样的习俗，其中有很多我们会认为是违背人类本性的。我们认为我们可以将一夫多妻制理解为是男人强加于女人身上的一种习俗，但对于西藏流行的一妻多夫习俗，我们又该怎么说呢？去西藏旅行的人回来告诉我们，那里的家庭生活至少像我们欧洲的家庭生活一样的和睦。稍稍阅读这方面的材料肯定会使任何一个毫无偏见的人很快变成十足的怀疑主义者，因为看来没有什么证据能使我们说，这种婚姻习俗比那种婚姻习俗更好或更坏。几乎所有的习俗都包含着对当地区道德习惯触犯者的不可容忍和残酷惩罚，除此之外它们没有任何共同之处。看来道德上的罪恶是地域性的。按照这个看法，只要向前再走一步就会得出结论说，"罪恶"的概念是虚幻的，因此按照习俗所进行的残酷惩罚也是不必要的。正是这个结论使许多人不高兴，因为自以为带着善意的良心加暴于人正是道德家高兴做的事，这就是为什么他们要虚构出地狱来的原因。

在狂热地信仰一些令人置疑的事物方面，民族主义当然也是一个极端例子。我想可以确定无疑地说，如果现在要写一部有关上次世界大战的历史，每个具有科学态度的历史学家，都要作出许多客观陈述，然而如果这发生在战争期间，他一定会被送进交战国任何一方的监狱中去。除了中国，所有国家的人民都不会对自身的真实情况保持沉默；在平时说出这种情况只不过被看作是一种莽撞行为，而在战时，这就是犯罪。世界上出现的种种含有极端信仰而又相互对立的社会制度，其虚伪性可由下列事实得到证明，那就是只有那些都具有民族偏见的人才去相信这些制度。而如果以理性去考察那些制度，就如同以理性去考察宗教信条一样，都被视为邪恶。当人们被问道，为什么在这个问题上抱怀疑主义算是罪恶时，唯一的答覆就是，神话能帮助我们打胜仗，所以乙个有理性的民族只能被人杀，而不是去杀人。靠大量诋毁外国人以保全自己是可耻的，这个观点，据我所知，除了公谊会教徒之外，至今在职业的道德家中还没有发现任何支持者。如果有人说一个理性的民族将能找到完全避免战争的良方，那么，他将受到辱骂作为回答。

理性的怀疑主义传播开来将会产生什么结果呢？人类的事情源于情感，情感产生出伴随的神话系统。心理分析学者研究了这个过程在已证实和未证实的精神病患者中的表现。一个遭受了某种侮辱的人会臆想一种说法，说他是英国国王，而且对他未能因这种崇高地位而领受应得的尊敬，编造出种种巧妙的解释。在这种情况下，他的幻想并不能得到他的亲邻好友的同情，相反地他们却把他关了起来。然而如果此人不是说有关自己的什么了不起的事，而是说到他的国家、他的阶级或他的主义如何伟大，那他就会赢得一大群附和者，甚至因此而成为政治或宗教领袖，即使在公正的局外人看来，他的观点就如同在疯人院发现的那些夸大狂所说的话一样荒诞。一种团体的疯狂性就是这样产生的，它遵循着和个人的疯狂性一样的规律。人们都知道，同一个自认为是英国国王的人争论是危险的，但当他被隔离起来后，也就被压服了。当整个国家陷入一种幻想时，如果它的自负受到非难，它的愤怒无异于一个发疯的人，此时除了战争之外就无法使它屈服于理性之下。

智力因素在人类行为中究竟起什么作用？这在心理学家中有着许多不同

的看法。最明显的是下列两个问题：（1）信仰作为人类行为的致因，究竟有多大作用？（2）信仰在多大程度上是从逻辑充分的证据中推演出来的，或者说在多大程度上人们能够作这样的推演？对于上述两个问题，心理学家们有一个一致的做法，即尽少地提及智力因素，甚至比一般的人提到的还要少。但在这个大范围内，却存在着程度上的很大差别。现在让我们依次对这两个问题讨论一下。

（1）信仰作为人类行为的致因，究竟有多大作用？我们不从理论上讨论这个问题，让我们以一个凡人的普通一天来做例子。他早晨起床，这多半是由于习惯的作用，而不是任何信仰干预的结果。他吃早饭，赶火车，读报纸，上班，所有这一切也都是依习惯行事，这是由于在过去他形成了这些习惯。但在职业的选择上，至少信仰起着一定的作用。当时，他可能相信他选择的职业是符合他的意愿的。在大多数人那里，信仰对于职业的最初选择是起着一定作用的，而且在此后因这种选择而发生的一切也都受其影响。

在工作中，如果他只是一个一般的工作人员，那么他就可以继续依照习惯从事，无需主动的意志，也无需信仰的明显干预。人们可能认为，如果他在把一系列数字加起来，那他一定是信仰他所应用的算术法则。但这是一种错误的看法；因为这些法则只是他的习惯，就如同打网球的人要遵守规则一样。它们是年轻时候学到的，不是来自于同真理相符的智力信念，而是来自于取悦于老师，就像一条狗学会坐在它的后腿上乞食一样。我不是说一切教育都是属于这种类型的，但读书、写字和做算术这三种学习，大体上也确实如此。

然而，如果我们说到的这位朋友是一个股东或总裁，那么在他的生活中真信可能会应召去作出一些难度颇大的决策。在作决策的过程中，信仰也许起着一定的作用。他相信有些东西将要涨价，有些东西将要跌价，相信某某人是一个资信很好的人，某某人已濒临破产。他就根据这些信念采取行动。正因为他依据信念而不仅仅依据习惯去应召行事，他才会被认为比一个职员能干得多，也因此他才能赚得更多的薪俸，当然这要以他的信念是否正确的作为先决条件。

在他的家庭生活中，信仰差不多以同样的情况作为行为的原因。在平时，他对妻子和孩子的行为受习惯或为习惯修正过的本能所驱使；在重大问题上，例如他提议结婚，决定送子女送到什么学校学习，或发现证据说明他的妻子不忠等，他就不能完全靠习惯指导自己行动；在提议结婚问题上，他可能更受直觉支配，或者他可能受相信这位女士是很富裕的影响。如果他是受着直觉的支配，无疑地他相信这位女士具有各种美德，而这可能就是他作出行动的一个原因。不过，事实上这仅仅是直觉的另一种效应，直觉本身足以用来解释他的行为。为他的儿子选择一个学校也许很像解决一个商业上的难题，这里信念通常起着重要的作用。如果在掌握了能说明他妻子不忠的证据时，他作出的行为很有可能是彻底本能的，不过，这种本能也受信念的支配，因为信念是一切事情的首要原因。

由此看来，信念尽管对于我们的行为直接负有的责任只是一小部分，但它是最为重要的，而且在很大程度上它决定着我们生活的一般作法，特别是在宗教信仰和政治行动，它们同信念是紧密相联的。

（2）现在谈谈第二个问题，这个问题本身包含两个方面：（a）实际上信仰在多大程度上依赖证据？（b）信仰之依赖于证据，其可能或人们希望的程度有多大？

（a）信仰对证据的依赖程度比信仰者所设想的要低得多。举一个最近乎理性的例子，即一个城市里富豪的货币投资。人们经常会发现，他对于法国法郎是涨是跌这个问题的看法依赖于他的政治上的好恶倾向，而且由于他如此坚持这种看法，以致他不惜拿金钱去冒险。在破产的问题上，常常可以发现感情因素乃是陷于破产的基本原因。政治见解很少依赖于证据，除非对于社会公仆来说，而他们又是被禁止谈论政治见解的。当然也有例外的情况。在二十五年前发生的税率改革的争论中，大多数工厂主支持增加他们收入的主张，并且表明他们的意见是真正依据于证据的；然而，他们所说的，很少有人认为确实如此。在这里我们看到一种极为复杂的情况。弗洛伊德学派使我们习惯于一种"理性化"的过程，也就是为一种在实际上完全是非理性的决定或意见，创造出一种在我们自己看来是合乎理性的根据来。然而在这里，特别是在说英语的国家中，存在的是一种正相反的所谓"非理性化"的过程。一个精明的人多少会下意识地从自私的观点把关于一个问题的赞成和反对意见总括起来（至于不自私的考虑问题很少是下意识的，除非涉及到他的子女问题）。等到他借助无意识，得到一种可靠的利己的决定后，他就会提出或从别人那里采用一套娓娓动听的论调，以表明他是如何为追求公共的利益而作出个人的最大牺牲。无论谁如果相信这些论调代表他的真正理性，那就说明他完全不能鉴别证据，因为他所声言的公共利益并没有从他的所作所为中产生出来。在这种情况下，此人显现出比他实际情况较少理性；更奇妙的是，他的非理性部分是有意识的，而理性部分却是无意识的。正是这样一种气质，使得英国人和美国人获得如此成功。

精明，如果是纯真的，它更属于我们性格中的无意识部分。我认为，正是这种特质，使我们在事业上取得成功。从道德的观点来看，它是一种谦卑下的特质，因为它总是自私的；然而它却能使人避免最坏的罪过。如果德国人具有这种特质，他们就不会采用那种无节制的潜水艇战了。如果法国人具有这种特质，他们就不会有在鲁尔的所作所为了。如果拿破仑具有这种特质，那他就不会在亚眠条约之后再去发动战争了。我们可以确立一条很少例外的一般规则，那就是当人们误认为什么是对他们自己有利时，他们自信是明智的行为比实际上真正明智的行为更为有害。因此，凡能使人较好判断于自己有利的事情，其结果都是好的。无数的例证说明，人们由于道德上的理由做了自己相信是跟自己利益相反的事情而结果却交了好运。例如，在早期公谊会教徒中有一些零售商人，他们采取言不二价的习惯对待顾客，不像别的商店那样互相讨价还价，他们之所以采取这种习惯，是因为他们认为要高价是一种说谎的行为。而他们这样做大大方便了顾客，于是人们都到他们店里买东西，结果他们发了财（我忘记在哪里读过这个故事，但是如果我的记忆没错，我敢担保来源可靠）。有人可能出于精明而采用同样的方法，然而事实上没有一个人精明到如此程度。我们的无意识比它促使我们成为有坏心的人还要恶；因此，世界上做到了凡事与自己利益完全相符的人，是那些基于道德的理由有意去做他们相信是与自己利益相反的事的人。其次是那些力图从理性上、意识上考虑什么于自己有利，而尽量排除受情感影响的人。再次便是那些本性上精明的人。最后一种人是那些所怀恶意超过精明的人，这使他们追逐别人的破产衰败，而不知自己也已陷于如此境地。这最后一种人约占欧洲人中的百分之九十。

看来我说的这些好像有点离题了，但我们必须把这种无意识的理性，即所谓精明，同意识的种种变化区别开来。我们平常的教育方法实际上并不影响无意识，所以精明不能靠现今的教育手段来传授。道德也同样如此。除非仅是习惯性的道德：我们似乎也不能靠现今的种种方法来传授道德。无论如何，我从未见到过那些经常受到告诫之人会得到任何仁慈的影响。因此，按照我们现今的方式，任何审慎的改良都应该靠着智慧的方法来获得。我们虽然不知道如何教人精明或具有美德，但我们知道在一定限度内如何教人有理性：唯一必要的就是在一切方面彻底改变教育当局的措施。今后也许我们学会靠控制分泌腺激发或限制它们的分泌来创造美德。但目前看来创造理性比创造美德更容易——这里我们所说的"理性"，意指我们心中能预见我们行为结果的一种科学的习惯。

（b）这一点将我引到这样一个问题上：人们的行动能够或应该合乎理性到什么程度？让我们首先说说"应该"。在我心目中，理性应局限于明确的范围之内，生命的某些最重要的部分常常由于理性的介入而被损害。莱布尼兹老年时曾写信对人说，他一生中只有一次开口要一位女士嫁给他，那是当他五十岁时。"幸运称很。"他接着说："这位女士要求给她一点时间考虑。这同样使我有时间考虑这个问题，后来我便取消了这个提议。"无可怀疑，他的行为是很有理性的，但我不能说我很赞成这种行为。

莎士比亚把"疯子、情人和诗人"相提并沦，称之为"全都是幻想"。而问题在于要保留情人和诗人，去掉疯子。举一个例子来说，1919年我曾在老维克剧院看演出《特洛伊的女人》，其中有一场难以忍受的悲惨场面，那就是希腊人因为担心阿斯脱安纳斯成为赫克托耳第二而把他杀死。剧院中没有人看到这里不为之泪下，但都不相信剧中的希腊人会残忍到如此程度。然而正是在那个时候，那些掉泪的人本身正在实践着一种欧里庇得斯的想像力从未思及的残忍。他们中的大多数人刚刚投票选举的政府在停战后延长对德国的封锁，而且强行封锁俄国。众所周知，这种封锁致使无数儿童死亡，但他们都觉得消灭敌国的人口是合乎他们愿望的：这些儿童，也像阿斯脱安纳斯一样，长大之后也许会像他们的父辈一样与自己为敌。诗人欧里庇得斯唤醒了观众幻想中的情人，然而一出剧院门口就忘记了情人和诗人，具有杀人狂样子的疯子却控制着这些自认为慈悲而又贞洁的男女的政治行动。

是否能够保留情人和诗人而去掉疯子呢？在我们每个人的身上，这三者以不同的程度存在着。它们之间是否联结得如此紧密，以致一个受到控制，而其余两者就要被消灭呢？我不相信这样。我相信在我们每一个人的身上都有一种力量，它定会在并不为理性所引起的行动中得到发泄，也可能按各人之情况在艺术中、在爱和恨中得到发泄。尊严、节制和例行公事——现代工业社会全部铁的纪律——已经扼杀了我们的艺术冲动，并禁锢了我们的爱，使它不再是丰富的、自由的和有创造性的，相反地却必然成为不愉快的和偷偷摸摸的。控制已施予本应得到自由的事情上去了，而妒忌，残忍和憎恨几乎同整个主教团的祝福一样普遍地漫延着。我们身体上本能的器官由两部分构成：一是有助于延长我们自己及后代之生命；一是促使我们假、定的对手缩短生命。前者包括生之快乐、爱情以及在心理学上爱的衍生——艺术；后者包括竞争、爱国心和战争。世俗的道德尽其所能压抑前者，助长后者。真正的道德所要做的恰恰相反。我们同那些所爱的人相处，完全可以依本能行事，而跟那些所恨的人相处，则应该受理性的节制，不可为所欲为。在当代世界中，我们实际上所恨的人都是相距遥远的人群，特别是其他国家的人。我们抽象地想像他们，而且自我欺骗地相信，我们那些实际上充满仇恨的行为是出于对正义的热爱或其他诸如此类的高尚动机。只有大规模的怀疑主义才能够揭开把我们同真理隔开的帷幕。做到了这一步，我们就能开始去建立一种新的道德，这种道德不再基于妒忌和束缚，而是基于对完满生活的愿望和一种理想的实现，即当妒忌的狂热治愈后，他人不但不是一种障碍，而是一种有益的帮助力量。这并不是一种乌托邦的梦想，在伊丽莎白时代的英国就曾部分地实现过。如果人们学会了去追求他们自己的幸福，而不是他人的痛苦，它就能在明天实现。这不是一种苛刻到不可能的道德，然而确立了这种道德，我们就能把尘世变成天堂。

（摘自《真与爱——罗素散文集》，上海三联书店1988年版，江燕译）

【导读】 伯特兰·罗素（Bertrand Russell，1872—1970）是二十世纪英国哲学家、数学家、逻辑学家、历史学家，无神论或者不可知论者，也是上世纪西方最著名、影响最大的学者和和平主义社会活动家之一，罗素也被认为是与弗雷格、维特根斯坦和怀特海一同创建了分析哲学。他与怀特海合著的《数学原理》对逻辑学、数学、集合论、语言学和分析哲学有着巨大影响。1950年，罗素获得诺贝尔文学奖，以表彰其"多样且重要的作品，持续不断的追求人道主义理想和思想自由"。

罗素是一个自由主义者，但他反对一切反抗行为所怀有的那种天生的激进态度和同志感情，却使他对社会主义者反抗贫困的斗争深表同情，因而他的自由主义并不是古典自由主义，而是具有浓厚社会主义倾向的自由主义。作为一名自由主义者，罗素坚持个人的基本自由不应受到侵犯。在文中，罗素提出了自己关于怀疑主义的观点，这无疑在打破世俗的常规，而他认为，人们所谓的常规大多不是理性思考的结果而是"靠激情维持的理论"，所以这样就缺乏了足够的证据基础。为了支撑自己的这个观点，罗素举出了1920年的失业问题、社会主义、婚姻习俗、国家主义等例子从而充分说明了一个道理：人们之间流行的看法不一定就是事情的真相,它往往具有主观性与某种目的性从而歪曲了客观世事,这就是缺乏怀疑主义所导致的结果。那么,怀疑主义者靠什么来了解真相呢,那就是文中所说的"理性",所以在文章的后半部分,罗素重点讨论了理智的成分在人的行为中起到的作用。作者提到了"信念"这个概念,他在承认信念对人的行为起着重大作用的同时又对理性在信念中所占的成分表示怀疑,因为人们在利与理的权衡下往往追求利益,做出符合自身利益的决定。而真正实现自利的,是作者指出的"那些依据道德行事,但表面上似乎有意识地反自利之道而行的人"。

在文章的末尾,作者批判了当时政治生活的矛盾与虚假,指出了社会上流行的道德政治观念只能将国家带入困境,真诚地呼吁欢乐、爱,还有艺术的回归。这也与罗素素来主张的理性、宽容的和平主义相契合。

(黄 斌)

第六编 治学精神

学风九编

答朱载言书

李 翱

某顿首：

足下不以某卑贱无所可，乃陈词屈虑，先我以书，且曰："余之艺及心不能弃于时，将求知者，问谁可，则皆曰：'其李君乎！'"告足下者过也，足下因而信之又过也。果若来陈，虽道德备具，犹不足辱厚命，况如某者，多病少学，其能以此堪足下所望大而深宏者耶？虽然，盛意不可以不答，故敢略陈其所闻。

盖行己莫如恭，自责莫如厚，接众莫如弘，用心莫如直，进道莫如勇，受益莫如择友，好学莫如改过。此闻之於师者也。相人之术有三：迫之以利而审其邪正；设之以事而察其厚薄；问之以谋而观其智与不才，贤、不肖分矣。此闻之于友者也。列天地，立君臣，亲父子，别夫妇，明长幼，浃朋友，《六经》之旨也。浩乎若江海，高乎若邱山，赫乎若日火，包乎若天地，掇章称咏，津润怪丽，《六经》之词也。创意造言，皆不相师。故其读《春秋》也，如未尝有《诗》也；其读《诗》也，如未尝有《易》也；其读《易》也，如未尝有《书》也；其读屈原、庄周也，如未尝有《六经》也。故义深则意远，意远则理辩，理辩则气直，气直则辞盛，辞盛则文工。如山有恒、华、嵩、衡焉，其同者高也，其草木之荣，不必均也。如渎有淮、济、河、江焉，其同者出源到海也，其曲直浅深、色黄白，不必均也。如百品之杂焉，其同者饱于腹也，其味咸酸苦辛，不必均也。此因学而知者也，此创意之大归也。

天下之语文章，有六说焉：其尚异者，则曰文章辞句，奇险而已；其好理者，则曰文章叙意，苟通而已；其溺于时者，则曰文章必当对；其病于时者，则曰文章不当对；其爱难者，则曰文章宜深不当易；其爱易者，则曰文章宜通不当难。此皆情有所偏，滞而不流，未识文章之所主也。

义不深不至于理，言不信不在于教劝，而词句怪丽者有之矣，《剧秦美新》、王褒《僮约》是也。其理往往有是者，而词章不能工者有之矣，刘氏

学风九编

《人物表》、王氏《中说》、俗传《太公家教》是也。古之人能极于工而已，不知其词之对与否、易与难也。《诗》曰："忧心悄悄，愠于群小。"此非对也。又曰："遘闵既多，受侮不少。"此非不对也。《书》曰："朕塈谗说殄行，震惊朕师。"《诗》曰："菀彼柔桑，其下侯旬，捋采其刘，瘼此下人。"此非易也。《书》曰："允恭克让，光被四表，格于上下。"《诗》曰："十亩之间兮，桑者闲闲兮，行与子旋兮。"此非难也。学者不知其方，而称说云云，如前所陈者，非吾之敢闻也。

《六经》之后，百家之言兴，老聃、列御寇、庄周、鹖冠、田穰苴、孙武、屈原、宋玉、孟轲、吴起、商鞅、墨翟、鬼谷子、荀况、韩非、李斯、贾谊、枚乘、司马迁、相如、刘向、扬雄，皆足以自成一家之文，学者之所师归也。故义虽深，理虽当，词不工者不成文，宜不能传也。文、理、义三者兼并，乃能独立于一时，而不泯灭于后代，能必传也。仲尼曰："言之无文，行之不远。"子贡曰："文犹质也，质犹文也，虎豹之鞟，犹犬羊之鞟。"此之谓也。陆机曰："怵他人之我先。"韩退之曰："唯陈言之务去。"假令述笑哂之状，曰"莞尔"，则《论语》言之矣；曰"哑哑"，则《易》言之矣；曰"粲然"，则谷梁子言之矣；曰"攸尔"，则班固言之矣；曰"䫉然"，则左思言之矣。吾复言之，与前文何以异也？此造言之大归也。

吾所以不协于时而学古文者，悦古人之行也。悦古人之行者，爱古人之道也。故学其言，不可以不行其行；行其行，不可以不重其道；重其道，不可以不循其礼。古之人相接有等，轻重有仪，列于《经》《传》，皆可详引。如师之于门人则名之，于朋友则字而不名，称之于师，则虽朋友亦名之。子曰："吾与回言。"又曰："参乎，吾道一以贯之。"又曰："若由也，不得其死然。"是师之名门人验也。夫子于郑，兄事子产；於齐，兄事晏婴平仲。《传》曰："子谓子产有君子之道四焉。"又曰："晏平仲善与人交。"子夏曰："言游过矣。"子张曰："子夏云何？"曾子曰："堂堂乎张也。"是朋友字而不名验也。子贡曰："赐也，何敢望回。"又曰："师与商也，孰贤？"子游曰："有澹台灭明者，行不由径。"是称于师虽朋友亦名验也。孟子曰："天下之达尊三，曰德、爵、年。恶得有其一以慢其二哉！"足下之书曰："韦君词、杨君潜。"足下之德与二君未知先后也，而足下齿幼而位卑，而皆名之。《传》曰："吾见其与先生并行，非求益者，欲速成也。"窃惧足下不思，乃陷于此。韦践之与翱书，亟叙足下之善，故敢尽辞，以复足下之厚意，计必不以为犯。李某顿首。

（摘自《李翱集》，甘肃人民出版社1992年版）

【导读】李翱（772—841），字习之，唐陇西成纪（今甘肃秦安东）人，唐代著名文学家、哲学家，德宗贞元年间进士，历任国子博士、史馆修撰、考功员外郎、礼部郎中、桂州刺史、山南东道节度使等职。李翱曾从韩愈学古文，一生崇儒排佛，主张人的一切言行皆应以儒家的"中道"为标准，是韩愈推进古文运动的得力助手。

李翱毕生尊儒，力图重建儒家的心性理论，作《复性书》三篇，融合道家复性论以探究"性命之源"，认为成圣的最根本途径就是复性，而复性的方法是"视听言行，循礼而动"，并进一步做到"忘嗜欲而归性命之道"。李翱的主张为宋代理学家谈心性开了先河，也为后来道学的发展奠定了基础。

李翱是韩愈的弟子，但其对"古文"的理论主张又与韩多有出入，有自己独特的论文理论。正如章太炎先生所言："李（即李翱）能自立，不屑屑随韩步趋。虽才力稍逊，而学识足以达之。故能神明韩法，自辟户庭。"（《皇甫持正文集书后》）《答朱载言书》是李翱的一篇著名的理论著述，其论文主张也集中体现在该文中。在文中，李翱对六经（《诗》《书》《礼》《乐》《易》《春秋》）和西汉文学、学术较为推崇，但对六朝诗文并不看好，认为其"文卑质丧，气萎体败"，作为遗产，可取之处不多，而要想走出六朝藩篱，就必须创新。因而，本文的重点就是论述为文的创新问题，"创意造言，皆不相师"正是《答朱载言书》的中心论点。用李翱的话说："读《春秋》也，如未尝有《诗》也；其读《诗》也，如未尝有《易》也；其读《易》也，如未尝有《书》也，其读屈原、庄周也，如未尝有《六经》也……如山有恒、华、嵩、衡焉，其同者高也，其草木之荣，不必均也。如渎有淮、济、河、江焉，其同者出源到海也，其曲直浅深、色黄白，不必均也。如百品之杂焉，其同者饱于腹也，其味咸酸苦辛，不必均也。"也就是说，无论《六经》还是屈原、庄周的作品，之所以能流传千古，正是缘于各自互不相类的创新。在内容上，这些典籍的著述者都各抒己见，观点独到，充满新意；在表现形式上，也能互"不相师"，各自"造言"。实际上，李翱的"创意造言，皆不相师"与其老师韩愈的"惟陈言之务去""能自树立不因循"虽有异曲同工之妙，但韩愈对《六经》的尊崇达到了不越雷池一步的程度，"曾经圣人手，议论安敢到？"（《荐士》）而李翱则认为圣贤之论如有不合理之处也能质疑，甚至可以修正。如《尚书·洪范》言："三人占则从二人之言。"即主张从众、随大流，而李翱在其《从道论》中则明确提出了凡事"从道不从众"的主张，无疑是对《尚书》观点的修正。由此看来，李翱的"创新"之说，正是建立在对前贤、对经典大胆质疑的基础之上的，只有质疑方可谈创新，这也正是我们今天治学的必由之路。

（卢有泉）

学问之趣味

梁启超

我是个主张趣味主义的人，倘若用化学化分"梁启超"这件东西，把里头所含一种元素名叫"趣味"的抽出来，只怕所剩下的仅有个0了。我以为，凡人必常常生活于趣味之中，生活才有价值；若哭丧着脸挨过几十年，那么，生活便成沙漠，要他何用？中国人见面最欢喜用的一句话："近来作何消遣？"这句话我听着便讨厌。话里的意思，好像生活得不耐烦了，几十年日子没有法子过，勉强找些事情来消他遣他。一个人若生活于这种状态之下，我劝他不如早日投海。我觉得天下万事万物都有趣味，我只嫌二十四点钟不能扩充到四十八点，不够我享用。我一年到头不肯歇息，问我忙什么，忙的是我的趣味。我以为这便是人生最合理的生活，我常常想动员别人也学我这样生活。

凡属趣味，我一概都承认他是好的。但怎么才算趣味？不能不下一个注脚。我说："凡一件事做下去不会生出和趣味相反的结果的，这件事便可以为趣味的主体。"赌钱有趣味吗？输了，怎么样？吃酒，有趣味吗？病了，怎么样？做官，有趣味吗？没有官做的时候怎么样？……诸如此类，虽然在短时间内像有趣味，结果会闹出俗语说的"没趣一齐来"，所以我们不能承认他是趣味。凡趣味的性质，总要以趣味始，以趣味终。所以能为趣味之主体者，莫如下列的几项：一、劳作，二、游戏，三、艺术，四、学问。诸君听我这段话，切勿误会：以为我用道德观念来选择趣味。我不问德不德，只问趣不趣。我并不是因为赌钱不道德才排斥赌钱，因为赌钱的本质会闹到没趣，闹到没趣便破坏了我的趣味主义，

第六编　治学精神

所以排斥赌钱。我并不是因为学问是道德才提倡学问，因为学问的本质能够以趣味始以趣味终，最合于我的趣味主义条件，所以提倡学问。

学问的趣味，是怎么一回事呢？这句话我不能回答。凡趣味总要自己领略，自己未曾领略得到时，旁人没有法子告诉你。佛典说的："如人饮水，冷暖自知。"你问我这水怎样的冷，我便把所有形容词说尽，也形容不出给你听，除非你亲自喝一口。我这题目：《学问之趣味》，并不是要说学问是如何如何的有趣味，只要如何如何便会尝得着学问的趣味。

诸君要尝学问的趣味吗？据我所经历过的有下列几条路应走：

第一，"无所为"（为读去声）。趣味主义最重要的条件是"无所为而为"。凡有所为而为的事，都是以别一件事为目的，而以这件事为手段；为达目的起见，勉强用手段，目的达到时，手段便抛却。例如学生为毕业证书而做学问，著作家为版权而做学问，这种做法，便是以学问为手段，便是有所为。有所为，虽然有时也可以为引起趣味的一种方面，但到趣味真发生时，必定要和"所为者"脱离关系。你问我"为什么做学问"？我便答道："不为什么。"再问，我便答道："为学问而学问。"或者答道："为我的趣味。"诸君切勿以为我这些话是故弄玄虚，人类合理的生活本来如此。小孩子为什么游戏？为游戏而游戏；人为什么生活？为生活而生活。为游戏而游戏，游戏便有趣；为体操分数而游戏，游戏便无趣。

第二，不息。"鸦片烟怎样会上瘾？""天天吃。""上瘾"这两个字，和"天天"这两个字是离不开的。凡人类的本能，只要哪部分搁久了不用，它便会麻木，会生锈。十年不跑路，两条腿一定会废了。每天跑一点钟，跑上几个月，一天不跑时，腿便发痒。人类为理性的动物，"学问欲"原是固有本能之一种，只怕你出了学校，便和学问告辞，把所有经管学问的器官一齐打落冷宫，把学问的胃口弄坏了，便山珍海味摆放在面前，也不愿意动筷了。诸君啊！诸君倘若现在从事教育事业，或将来想从事教育事业，自然没有问题，很多机会来培养你的学问胃口。若是做别的职业呢？我劝你每日除本业正当劳作之外，最少总要腾出一点钟，研究你所嗜好的学问。一点钟哪里不消耗了？千万别要错过，闹成"学问胃弱"的症候，白白自己剥夺了一种人类应享之特权啊！

第三，深入的研究。趣味总是慢慢的来，越引越多，像那吃甘蔗，越往下才越得好处。假如你虽然每天定有一点钟做学问，但不过拿来消遣消遣，不带有研究精神，趣味便引不起来。或者今天研究这样，明天研究那样，趣味还是引不起来。趣味总是藏在深处，你想得着，便要进去。这个门穿一穿，那个窗张一张，再不曾看见"宗庙之美，百官之富"，如何能有趣味？我方才说："研究你所嗜好的学问。"嗜好两个字很要紧。一个人受过相当教育之后，无论如何，总有一门学问和自己脾胃相合，而已经懂得大概可以作加工研究之预备的。请你就选定一门作为作为终身正业（指从事学者生活的人说），或作为本业劳作以外的副业（指从事其他职业的人说）。不怕范围窄，越窄越便于聚精神；不怕问题难，越难越便于鼓勇气。你只要肯一层一层地往里面追，我保你一定被他引到"欲罢不能"的地步。

第四，找朋友。趣味比方电，越摩擦越出。前两段所说，是靠我本身和学问本身相摩擦，但仍恐怕我本身有时会停摆，发电力便弱了，所以常常要仰赖别人帮助。一个人总要有几位共事的朋友，同时还要有几位共学的朋友。共事的朋友，用来扶持我的职业；共学的朋友和共玩的朋友同一性质，都是用来摩擦我的趣味。这类朋友，能彀和我同嗜好一种学问的自然最好，我便和他搭伙研究。即或不然，他有他的嗜好，我有我的嗜好，只要彼此都有研究精神，我和他常常在一块或常常通信，便不知不觉把彼此趣味都摩擦出来了。得着一两位这种朋友，便算人生大幸福之一。我想，只要你肯找，断不会找不出来。

我说的这四件事，虽然像是老生常谈，但恐怕大多数人都不曾会这样做。唉！世上人多么可怜啊！有这种不假外求，不会蚀本，不会出毛病的趣味世界，竟没有几个人肯来享受！古书说的故事"野人献曝"，我是尝冬天晒太阳滋味尝得舒服透了，不忍一人独享，特地恭恭敬敬地来告诉诸君。诸君或者会欣然采纳吧？但我还有一句话：太阳虽好，总要诸君亲自去晒，旁人却替你晒不来。

（摘自《饮冰室合集》，中华书局1989年版）

【导读】梁启超（1873—1929），字卓如，号任公，又号饮冰室主人。广东新会人。中国近代史上著名的政治活动家、思想家、教育家、史学家和文学家。《学问之趣味》一文是1923年梁启超为南京东南大学暑期班学员所作的一次演讲，其实也是一篇不可多得的散文精品。

文章的开篇即谈到"我是个主张趣味主义的人"，"我以为凡人必须常常生活于趣味之中，生活才有价值"，"我觉得天下万事万物都有趣味"，表达了梁启超追求趣味的人生。趣味人生甚至是梁启超生命价值的最终体现，正如金雅先生所指出的："梁启超不仅将趣味视为审美的要义，也将趣味视为生命的本质和生活的意义。由此趣味人生也构成了梁启超理想人生的最高范型。"（《梁启超美学思想研究》）那么，什么是趣味呢？就是"以趣味始，以趣味终"的事情，那些赌钱、吃酒、做官的趣味是昙花一现，不能永久，只有劳作、游戏、艺术和学问才是有始有终的趣味。至于如何体会学问的趣味，则要做到四点。一是无所为，摒弃浮躁之心，保持平和的心境，做到为学问而学问，不参杂功利等任何杂质；二是不息，天天做、月月做、年年做，日积月累，总会有所收获；三是深入研究，切忌蜻蜓点水，浅尝则止，只有把做学问做透彻，方能悟出真知灼见，感受到做学问的乐趣；四是找朋友，所谓三人行必有我师焉，多切磋交流，容易碰撞出思想的火花。

可以说，整篇演讲稿逻辑清晰，语言通俗，形象生动。现代学者梁实秋在清华大学读书时，有幸目睹了这场演讲，并回忆道："先生尝自谓'笔锋常带情感'，其实先生在言谈讲演之中所带的情感不知要更强烈多少倍！"（《记梁任公先生的一次演讲》）这是一场充满趣味的演讲，台下观众听得津津有味，梁启超在台上讲得妙趣横生，乐在其中。可见，梁启超凡事都讲求趣味，以实际行动贯彻自己的"趣味主义"。当然，在那个动荡不安的年代，梁启超阐发趣味人生，也许有点过于浪漫，不切实际。但是他鼓舞人们努力创作，饱含激情地面对生活，发现生命的美好，强调生命的张力，这对当时的人们来说，未尝不是一种很好的精神食粮，就是对当代的人们来说也仍然具有一定的哲学意义和生活意义。

（廖　华）

修学与从师

蔡元培

修学

身体壮佼，仪容伟岸，可能为贤乎？未也。居室崇闳，被服锦绣，可以为美乎？未也。人而无知识，则不能有为，虽矜饰其表，而鄙陋龌龊之状，宁

学风九编

可掩乎？

知识与道德，有至密之关系。道德之名尚矣，要其归，则不外避恶而行善。苟无知识以辨善恶，则何以知恶之不当为，而善之当行乎？知善之当行而行之，知恶之不当为而不为，是之谓真道德。世之不忠不孝、无礼无义、纵情而亡身者，其人非必皆恶逆悖戾也，多由于知识不足，而不能辨别善恶故耳。

寻常道德，有寻常知识之人，即能行之。其高尚者，非知识高尚之人，不能行也。是以自昔立身行道，为百世师者，必在旷世超俗之人，如孔子是已。

知识者，人事之基本也。人事之种类至繁，而无一不有赖于知识。近世人文大开，风气日新，无论何等事业，其有待于知识也益殷。是以人无贵贱，未有可以不就学者。且知识所以高尚吾人之品格也，知识深远，则言行自然温雅而动人歆慕。盖是非之理，既已了然，则其发于言行者，自无所凝滞，所谓诚于中形于外也。彼知识不足者，目能睹日月，而不能见理义之光；有物质界之感触，而无精神界之欣合，有近忧而无远虑。胸襟之隘如是，其言行又乌能免于卑陋欤？

知识之启发也，必由修学。修学者，务博而精者也。自人文进化，而国家之贫富强弱，与其国民学问之深浅为比例。彼欧美诸国，所以日辟百里、虎视一世者，实由其国中硕学专家，以理学工学之知识，开殖产兴业之端，锲而不已，成此实效。是故文明国所恃以竞争者，非武力而智力也。方今海外各国，交际频繁，智力之竞争，日益激烈。为国民者，乌可不勇猛精进，旁求知识，以造就为国家有用之材乎？

修学之道有二：曰耐久；曰爱时。

锦绣所以饰身也，学术所以饰心也。锦绣之美，有时而敝；学术之益，终身享之，后世诵之，其可贵也如此。凡物愈贵，则得之愈难，曾学术之贵，而可以浅涉得之乎？是故修学者，不可以不耐久。

凡少年修学者，其始鲜或不勤，未几而惰气乘之，有不暇自省其功候之如何，而咨嗟于学业之难成者。岂知古今硕学，大抵抱非常之才，而又能精进不已，始克抵于大成，况在寻常之人，能不劳而获乎？而不能耐久者，乃欲以穷年莫殚之功，责效于旬日，见其未效，则中道而废，如弃敝屣然。如是，则虽薄技微能，为庸众所可跂者，亦且百涉而无一就，况于专门学艺，其理义之精深，范围之博大，非专心致志，不厌不倦，必不能窥其涯涘，而乃卤莽灭裂，欲一蹴而几之，不亦妄乎？

第六编　治学精神

庄生有言：吾生也有涯，而知也无涯，夫以有涯之生，修无涯之学，固常苦不及矣。自非惜分寸光阴，不使稍縻于无益，鲜有能达其志者。故学者尤不可以不爱时。

少壮之时，于修学为宜，以其心气尚虚，成见不存也。及是时而勉之，所积之智，或其终身应用而有余。否则以有用之时间，养成放僻之习惯，虽中年悔悟，痛自策励，其所得盖亦仅矣。朱子有言曰：勿谓今日不学而有来日；勿谓今年不学而有来年，日月逝矣，岁不延吾，呜呼老矣，是谁之愆？其言深切著明，凡少年不可不三复也。

时之不可不爱如此，是故人不特自爱其时，尤当为人爱时。尝有诣友终日，游谈不经，荒其职业，是谓盗时之贼，学者所宜戒也。

修学者，固在入塾就师，而尤以读书为有效。盖良师不易得，借令得之，而亲炙之时，自有际限，要不如书籍之惠我无穷也。

人文渐开，则书籍渐富，历代学者之著述，汗牛充栋，固非一人之财力所能尽致，而亦非一人之日力所能遍读，故不可不择其有益于我者而读之。读无益之书，与不读等，修学者宜致意焉。

凡修普通学者，宜以平日课程为本，而读书以助之。苟课程所受，研究未完，而漫焉多读杂书，虽则有所得，亦泛滥而无归宿。且课程以外之事，亦有先后之序，此则修专门学者，尤当注意。苟不自量其知识之程度，取高远之书而读之，以不知为知，沿讹袭谬，有损而无益，即有一知半解，沾沾自喜，而亦终身无会通之望矣。夫书无高卑，苟了彻其义，则虽至卑近者，亦自有无穷之兴味。否则徒震于高尚之名，而以不求甚解者读之，何益？行远自迩，登高自卑，读书之道，亦犹是也。未见之书，询于师友而抉择之，则自无不合程度之虑矣。

修学者得良师，得佳书，不患无进步矣。而又有资于朋友，休沐之日，同志相会，凡师训所未及者，书义之可疑者，各以所见，讨论而阐发之，其互相为益者甚大。有志于学者，其务择友哉。

学问之成立在信，而学问之进步则在疑。非善疑者，不能得真信也。读古人之书，闻师友之言，必内按诸心，求其所以然之故。或不所得，则辗转推求，必逮心知其意，毫无疑义而后已，是之谓真知识。若乃人云亦云，而无独得之见解，则虽博闻多识，犹书簏耳，无所谓知识也。至若预存成见，凡他人之说，不求其所以然，而一切与之反对，则又怀疑之过，殆不知学问为何物者。盖疑义者，学问之作用，非学问之目的也。

学风九编

从师

凡人之所以为人者,在德与才。而成德达才,必有其道。经验,一也;读书,二也;从师受业,三也。经验为一切知识及德行之渊源,而为之者,不可不先有辨别事理之能力。书籍记远方及古昔之事迹,及各家学说,大有裨于学行,而非粗谙各科大旨,及能甄别普通事理之是非者,亦读之而茫然。是以从师受业,实为先务。师也者,授吾以经验及读书之方法,而养成其自由抉择之能力者也。

人之幼也,保育于父母。及稍长,则苦于家庭教育之不完备,乃入学亲师。故师也者,代父母而任教育者也。弟子之于师,敬之爱之,而从顺之,感其恩勿谖,宜也。自师言之,天下至难之事,无过于教育。何则？童子未有甄别是非之能力,一言一动,无不赖其师之诱导,而养成其习惯,使其情绪思想,无不出于纯正者,师之责也。他日其人之智德如何,能造福于社会及国家否,为师者不能不任其责。是以其职至劳,其虑至周,学者而念此也,能不感其恩而图所以报答之者乎？

弟子之事师也,以信从为先务。师之所授,无一不本于造就弟子之念,是以见弟子之信从而勤勉也,则喜,非自喜也,喜弟子之可以造就耳。盖其教授之时,在师固不能自益其知识也。弟子念教育之事,非为师而为我,则自然笃信其师,而尤不敢不自勉矣。

弟子知识稍进,则不宜事事待命于师,而常务自修,自修则学问始有兴趣,而不至畏难,较之专恃听授者,进境尤速。惟疑之处,不可武断,就师而质焉可也。

弟子之于师,其受益也如此,苟无师,则虽经验百年,读书万卷,或未必果有成效。从师者,事半而功倍者也。师之功,必不可忘,而人乃以为区区修脯已足偿之,若购物于市然。然则人子受父母之恩,亦以服劳奉养为足偿之耶？为弟子者,虽毕业以后,而敬爱其师,无异于受业之日,则庶乎其可矣。

(摘自《蔡元培文选》,上海远东出版社2012年版)

【导读】 蔡元培(1868—1940),字鹤卿,号孑民,浙江绍兴人。我国近代著名民主主义革命家和教育家。后人编其著为《蔡元培全集》《蔡元培教育文选》《蔡元培教育论集》《蔡元培文选》等。

《修学》与《从师》原为蔡元培《中学修身教科书》中的两节,其中

《修学》主要讲述人的外表远不及内在品质来得重要。道德品质的培养需要知识，高尚的品德需要高尚的知识。而知识学问的获取则要做到两个方面，一是持久耐心。学习中遇到挫折是在所难免的，但切不可半途而废，一事无成。所谓学海无涯苦作舟，没有专心致志的刻苦修炼，怎么能学有所成呢？特别是天资平常的人，更要加倍努力。二是珍惜时间。朱子说过，不要以为今天不学习，还有明天可以学习；今年不学习，就等明年再学习；可时间不会变慢，只会匆匆流逝。庄子也说过，生命是有限的，而知识是没有边界的。学无止尽，但时间宝贵，只有充分利用时间才能学到更多的知识。学习知识，首先要读对自己有帮助的作品，读没用的书与不读书没什么区别；其次应以学校平日的课程为主，切忌不懂装懂，一知半解，而是做到真正了解书中的精粹，做到融会贯通的程度。所以平日多与老师或志同道合的朋友们交流，并且要有怀疑精神，面对他人的言论，先仔细琢磨，推理寻找，然后再形成自己的见解。

《从师》讲述具备道德和才能是人之所以成功的原因。文中指出，要想获得道德和才能，有三种方法，分别是经验、读书和跟随老师学习，其中"跟随老师学习"是最为首要的。因为经验需要拥有辨别事理的能力，读书需要事先知道各科的大旨。而老师在孩子什么都不懂的时候，能够给予正确的指引。作为教师，最大的职责就是让学生的思想情绪纯洁正当。作为学生，既然认真听讲，也要专心自学，遇到不懂的地方及时向老师请教，这样才能进步。书籍浩如烟海，老师的教育让学生事半功倍，所以学生要懂得知恩图报，哪怕毕业了，也要敬爱自己的老师，这也是当学生的职责。

蔡元培先生的这两篇短文，对现在的教育仍有很大的启发意义。

（廖 华）

教育与文化

方东美

英国有一位大数学家，晚年也是大哲学家怀特海（A. N. whitehead）说："青年在中学时代，常是低着头，弯着腰，在书桌上面，实验室中消磨。但是等到大学的时候，每个大学生就应当抬起头，挺起胸，高瞻远瞩，才能领略到大学教育乃为了培养真正的人才，发挥人类内在的美德与潜在的天才。然后才可在学术上创造种种的奇迹，不仅贡献国家世界，而且是全人类。"假使大学真正担负了这么一种学术文化上的责任，真是像前面所说在培养人才，训练人才，发挥人创造才能的情形下教育人们，也就是平常说的educationforman。人类应当是不会产生任何问题。但是近代有许多大哲学家拿很高的哲学智慧来看今日的人类，有许多的地方均成了问题，他们称之为问题人，在报章上的名词叫"问题青年"，然而在事实上并不止于青年，即使中年老年亦复如此。因为他们对人的意义无法把握，对人的价值亦无法确定。假使人的内在已成了问题，然后再把他的生命表达出来，我们想这类人的活动是不是正常健康都成了问题。因此我们要问：假如从小学到大学的教育方法都是正常健康的话，这些问题人物是如何训练出来的？更有许多思想家一提到人，就在人的后面画个耳朵，也就是加个问号，说"人是什么？""怎么样才算是人？""人是如何训练教育出来的？"在今日的大学均面临了这些问题，而针对这些问题有许许多多不同的看法。

譬如在欧美有些大学认为现代是科学工业发达的时代，训练教育人的重心应以近代科学工业的需要来分别人的能力。因此十九世纪以前的"自由教育"已成为"技术教育"，同时有许多国家为了怕应付新的学潮，力量完全集中在technicaleducation。但同时也有许多大教育家不同意这个看法。他们认为近代的法国、德国、英国之所以在他的文化中产生极灿烂的成就，那是因为过去巴黎、牛津、剑桥、柏林各大学的功劳，而这功劳主要也不只是建筑在科学与工程上，而是在文学、艺术、哲学、宗教等人文科学上。换句话说，在欧洲这几个大学，从中世纪以来，直至近代几百年间教育的重心仍然在人文科学上。

而在美国，由于是一新兴的国家，想急着赶上欧洲，故须凭藉科学与工程。在大学教育方面，特别著重科学、工程的研究；对人文科学比较忽视，所以就不像科学、工程一样有较大的成就。多少人对美国大学的人文教育感到灰心，因而有人认为要改变这种趋势，应该从科学、工程上转移大部分的智慧于人文科学，藉以产生精神上的智慧，然后再拿这精神智慧去补救美国一百多年来注重scientificeducation，technicaleducation所造成之精神生活在二十世纪中叶逐渐走下坡的趋势。因此他们也都认为problematicMan之产生即由于没有着重人文科学的缘故。总之，现在世界各大学均面临了一个问题：究竟是

technicaleducation训练出来的人靠得住呢？或人文科学训练出来的比较有健康的精神？我们把这个意思提出来之后，暂时把这个问题搁一下。

我们转而从人类文化史来看，无论是希腊、印度、中国的诗人或大哲学家都曾发出同样的论调，即歌颂赞美人类的伟大。但到了十九世纪末，二十世纪初，整个人类的文化史，却产生了不同的景象，当然其产生伴有许多历史条件，我们只指出几点，依照弗洛伊德（S.Freud）的看法，他认为人类从十六世纪起面临着三大打击：（1）天文学的打击，（2）生物学的打击，（3）心理学的打击，这三个打击使人觉得人类自身的渺小。

从天文学上说，在哥白尼以前，整个天文学说均是以地球为宇宙的中心，人又是地球上万物的主宰，所以人是整个宇宙的中心。过去的中国也是持相同的看法。但到了十七世纪，天文学家发现地球只是环绕太阳的一颗渺小卫星，而太阳系在整个天文系统中，更不过是个微尘罢了，是以人在广大的宇宙中，连个灰尘的地位都谈不上。因此自哥白尼以后，无人敢说人类是宇宙的主宰，亦即人不但不伟大，反而是很渺小。

我们再从近代生物学发展前的宗教立场来看人，尤其是希伯莱宗教、印度婆罗门教、中国墨家，都说人是上天创造出来的，是imageofGod，上天的影子。依此而言，人本是宇宙最高精神主宰的创造品，应当值得骄傲的；同时又从人的能力价值看起来，人更是万物的灵长。一切草木禽兽均是生长或者爬行在地上，只有人能够直立起他们的肢干，挺起他们的胸膛。但从达尔文发表物种进化论以后，再加上近代生物学的发展，及更新的证实，更加强了这进化论对人类的影响力。由这理论一直向上追溯，人类究竟从何而来？结果发现人的祖先依次上推，不过是猴子，不过是原生动物。照这样看来，人根本不是宇宙精神的主宰，只是一个从禽兽里变迁演化的最后结果。所以近代讲人类的祖先，多从图腾讲起，再讲到神话，而种种传说及神话的描绘，都表现出人类不过是禽兽之一。这么一来，高贵的人性岂不变成兽性，生物科学的进化论如果是一个精确的学说，这对人类的尊严将是个严重的打击，这叫做"生物学的打击"。

再从心理学来看人性，站在过去理性主义心理学的观点，好像人确是了不起，不仅仅有伟大丰富的情绪，坚强的意志，还有伟大的思想即由理性超升出来。所以人虽属于生物，但从rationalanimal这个名词看起来，人是高出一切生物，从rationlpsychology看人，我们还可以持这个看法。但从近代所谓科学心理学或行为心理学来看人，结果人类过去所挟以自傲自重的心灵是不是存在，都成了问题。所以行为心理学只是个Hamlet Without Hamlet，它所研究的对象，根本就不是mind，而是个nobody的body，它是psychology without mind。

又从心理学发展的历史观之，从过去rational psycholog里面，到了十七、八世纪，已经拿近代物质科学分析的方法，将整个的人加以分割，不把人看成是具有统一的人格，把人的理性化成思想，思想化成概念，复杂的概念化成单纯的概念，最后再分析人的心灵，把人类的构造和物质的构造看成是相似的。这样一来，所谓人的心灵？不过是机械的复合体，它的构造单位即等于原子。那么从这rational psychology来看，它将人分析到最后的构造不过是机械单位。

近代心理学的发展，如行为心理学、科学心理学……等，我们可以把它称之为平面心理学。因其将人类的心灵和智能才性放到解剖桌上加以分析，成为机械单位，然后再将其综合补缀，一切本质都随之丧失殆尽。人类经过这么一种心理学的分析，把周遭看透了，心里一定不满意。换句话说，就如同在小孩时代，当他把一切东西看透了，就一定不高兴，一定要找个万花筒，然后透过这个万花筒去看世界，来满足其好奇心。

因此，近代心理学除了平面心理学的发展外，弗洛伊德更再透过一个心理学的万花镜，把人从表面看到他的内心里去，即所谓"深度心理学"。但是人类经深度心理学一看，人性最后存在的不是理性的意识，而是隐藏在心灵后面的潜意识、下意识、无意识了。而在下意识、无意识的本能，都无非是irrational desires，尤其是所谓性的本能，照这样说，人类只有在表面上能对于其知、情、意施以控制主宰。而隐藏在心后面的情绪，尤其是性的本能，根本无法控制，不只打破了"理忙支配人类行为"的一贯信念，也产生了"人不完全是他自己的工人"。人类经他一分析变成了最不理性的野兽。在这情形下，无论是弗洛伊德或其他心理分析专家也好。他们都从无意识的深度，将人的骄傲汀碎，招洛伊德很自豪地说其为psychological blow upon man。照我们前面听说，所谓近代人已受到了天文学宇宙论的打击，生物学的打打及近代深度心理学的打击，使人们觉得人，T；是伟大而是渺小。尤其是从弗洛伊德的心理学分析之，人几j户是不存在了。人性被分化后，几乎都成了兽性，人不是高贵的人而是低能的人。在这情形下，人类各种怪模怪样都显现出来了。在奸的一方面，如Hippies，只是个人的败坏，自甘堕落，还没有很大的危险。再进一步所谓裸体奔驰，也就是因为理性丧失了高贵性，只剩下兽性，他们想，人为什么要把兽性隐藏起来？因此在此时，人已不是宗教上高贵的人，而是如俄国一位哲学家（Berdyaev）所说的beast—man，假使拿这beast—mall的资格到世界上去从事人的活动，当然干奇百怪的现象都会发生。假使人撇开了艺术、文化、道德、哲学，只是赤裸裸地表现兽性』p么试问中央大学存在的目的是为了什么？巴黎、牛津、柏林大学存在的意义及目的都成了问题。

现在仍面临这么一个问题，人是什么？我们回顾到隋唐时代，中国有个大和尚"智顗"，在《法华玄义》里提出一极重要的话：从佛学的很高智慧来看，我们对人的要求是"勿以牛羊眼看人"，也就是要拿人的眼光来看人，不拿牛羊等禽兽的眼光来看人。

希腊一位哲学家（Xenophanes）也说了一句很调皮的话："假使世界上大艺术家，不仅仅是人，还有牛、羊、狗等禽兽，大家各自画出他们崇拜的上帝，则狗一定把上帝画成狗，牛一定把上帝画成牛，羊也一定把上帝画成羊。"换句话说，从兽性的艺术才情来画人所崇拜的上帝，依然是兽性。不过智顗和尚早在隋唐时代即提出勿以牛羊眼看人，亦即不要拿兽性的眼光来看人性。这观点还只是中国外来的思想，真正中国固有的思想，如原始儒家，孔子在周易里即说："大人者与天地合其德，与日月合其明，与四时合其序，与鬼神合其吉凶。"然后再说"先天而天不违，后天而奉天时"。可知由原始儒家看人，是描述人类具有一伟大的气魄，再以此气魄囊括宇宙的整体，进而与它合而为一，即"与天地合其德，与日月合其明"。孟子亦说："大而化之之谓圣。"作为一个人不仅是寻常人，而且大而化之变成圣人，如此才算是人。《礼记·礼运篇》里面，也把人当作天地的中心："人者，天地之心也。"但为何将其当作天地的中心呢？因为他可发挥创造的才能，完成高贵的生命，而同时又具有一广大无边的同情心，对于一切人类生命，它都珍惜，对于一切未来的生命也均予以欣赏。这么一来，人能尽己之性，尽人之性，尽物之性，甚而赞天地之化育，与天地参矣（参看《礼记·中庸》）。人变成和天地一样的伟大。换句话说，人即成为创造生命的中心，这是原始儒家的思想。

同时在道家的思想里，老子说："域中有四大：道大、天大、地大、王亦大……"王字在甲骨文、钟鼎文中的形象，就是代表一顶天立地的人，故又曰："人亦大。"顺此道理，庄子认为人在宇宙中不是渺小，而是"与天地并生，与万物为一"，亦即"以天为宗，以德为本，以道为门"。这么一来，人类成了神人、圣人、真人、至人，人类一切的精神美德，在他的生命里都可完全表现出来，变成博大之真人，而非假人。

学风九编

故从中国文化的本质看人，无论哪家学说，都是赞美人的伟大，提高人性的价值，使我们所处的宇宙价值愈益提高，我们所有的生命意义更加扩大。纵使人处于宇宙中，星河里，只是一个渺小的生物，若能以其伟大的心灵去思维，产生伟大的宗教、哲学、艺术、科学，就已足够对宇宙交待、负责。人类也就不会像苏俄哲学家所说的成为beast-man，也不会因弗洛伊德的所谓人已受三大打击而倒下。

反过来，我们透过近代心理学，无论是平面心理或是深度心理学，它们所探究的宇宙人生，不过是停留在平面上罢了！他们的宇宙里面没有立体观，他们的生命里也没有立体的精神差别，透过它们来看人性的表现，仅是种种兽性的怪现象。因而我们若想真正探究人性，必须发展height-psychology而非depth—psychol-ogy或者fiat-psychology。我们要运用人类的一切智慧去发展精神科学、文化科学、道德科学，不能光只发展物质科学。物质科学的知识只是人对"认识自然"的一种智慧表现，一种最基本的知识，我们尚有中级知识，高级知识等待寻求。像宗教、哲学、艺术正是我们要求探讨的领域。换句话说，我们要把人的生命领域，一层一层地向上提升，由物质世界——生命境界——心灵境界——艺术境界——道德境界——宗教境界，借用现代人类学的一些名词，我们同时可将人性提升的历程划为层层上跻的价值阶梯。从自然层次的行为的人，到创造行为的人，到知识合理的人，到象征人（符号运用者的人），到道德人（具备道德人格的人），到宗教人（参赞化育），再到高贵的人，就是儒家所谓圣人，道家所谓至人，佛家所谓般若与菩提相应的人，就变做觉者（Buddha），最后更进入所谓玄之又玄，神而又神，高而又高，绝一切言说与对待的神境。这是一种很难达到的境界，但至少应当集中他的全体才能与心性去努力提升，这也就是人们受教育的目的，更是文化与教育的最高理想。

中华民族从十九世纪以来，开始受到西方列强的打击，自信心几乎丧失殆尽。不仅不以伟大神圣的心去努力创造，对于自己所原本拥有的，也丝毫不加以留恋；同时对他国的文化，又没有耐心去学习了解或认识。仅一味地浪费聪明才智于皮毛的追赶。所要"迎头赶上"的是欧美，尤其是较现代化的美国，处处可听到"只有美国的月亮才是圆的"的"美赞"。殊不知西方文化今日的表现，也是经过希腊、希伯莱、中世纪、文艺复兴……数千年的发展孕育而成；有些人更不知今日的美国青年也有"外国的月亮才是圆的"的感叹与苦闷。

文字是记载历史文化的主要工具，我们从稍后的朝代瞻望认识或继承前面一个朝代的历史文化，假借于文字是很容易的。远至黄帝、唐、虞、夏、商、周，近至宋、元、明、清，皆如此传衍赓续，一直没发生过大问题。但是到了近代五十年，由于过分标榜白话文，奉白话文为唯一的文字工具，久而久之，对于中国古代的语文习性就忽略了，对古籍的不易了解，固有文化的认识不深刻而趋于冷淡是极其自然的。如此逐渐地将"历史的可溯性"剥夺以后，我们悉成为无根之人，只好盲目地，好奇地去追求外国的东西。甚至有些留学生竟忘了本国文字，非但英文不能动笔，就连中文都无从着手。

这么说来，我们可以知道过去五十年来的教育，尤其是大学教育根本就成了问题，前三十年学日本后二十年学美国。我们没有独立的教育理想，更没有自己的教育政策；不只忘记了人内在伟大的心灵，更不了解自己的艺术文学与哲学。结果台湾的大学几乎都成了留美预备学校。许多美国大学并不及中央大学、台湾大学；但某些台湾的毕业生去美国后却进入第三、四流大学，然后才勉强进第二流的大学，浪费了许多学习机会和学习过程。在这种情形下，今日大学教育最重要的危机就是"忘本"。在这里面，中国的文化、中国的哲学、中国的艺术、中国的诗歌、中国的音乐几乎没有，即令有，份量也很轻。

再从教育的工具看来，譬如像近代的电视机，这应该是最好的教育工具；但一到中国来，就变成了亡国的工具。在一切节目里面，看不见好的戏剧，听不到好的诗歌，更看不到人类最高度智慧的流露。从生命的情调这方面看起来，处处低俗下流；却迷惑了许多小学的儿童，而中学生要不是功课较紧，我想也是整天的被迷惑了。到了大学，我们知识较高了，一开电视机等于在受精神虐待，这显示了中国在教育上有许许多多的地方成了问题。在美国，他们的教育节目中，总是可听到最好的音乐，看到最好的艺术作品。这样好的近代教育工具，在中国却处处表现出中国人生活上最低落的"渣子"，所表现的尽是没有高贵的人性，只有用鄙陋之心来谈情说爱。从这点表示出，中国教育假使有理想，有文化精神的话，我们又怎能忍受这一类"冻结"我们精神生命的许许多多怪异制度。

从这上面一点看来，中国的大学，应当是和社会相结合，改良社会气质，就像中央大学，可以造环校公路，这是对的，但是绝对不可以再造大学围墙，因为一造了大学围墙，从好的方面看，大学也不过是变成了象牙塔。社会是黑暗、罪恶的，只保持这么一点点清洁地是不够的，即使建了围墙，宵小还是可以混进来，一进来之后，清洁地所培养的高贵人性的教育理想都有危险，清洁地到了那时，也就变成了一样的黑暗，本来是纯洁的，也被染黑了。

所以假定我们教育真有好的制度，好的理想，培养出来的文化也是真正高度的精神文化，时时创造出第一流的艺术作品，第一流的文学作品，第一流的诗歌音乐，使人们在高雅的文化里面潜移默化，那么我们高贵的人性怎么会变成卑鄙的兽性，或成为有问题的人。从这么一点观之，就可以促使我们反省，我想今日各大学里面，校长、教务长、训导长、教授，都是积几十年的训练，才成就今日的身份。今日这些人应把大学当成神圣的文化基地，而青年学生也有权要求国家或负责教育的行政机构，确定高尚教育政策，而这高尚的教育政策也当从高等文化精神产生出来。那么我想在这么一个情形下，一个大学决不会只表现失落的人性，使人成为beast—man，而是培养人们具有伟大的精神人格。

中华文化本身有高潮也有衰退的时代，在今日这文化衰退的时代，应当把衰退时候的一切现象认清。再拿中华民族固有的文化为根据，如原始儒家、道家、墨家、大小乘佛学，尤其是大乘佛学，再往下一直到宋明理学，所表现许许多多伟大的文学艺术作品，根据这些高尚的精神成就，来表达我们高贵的人性，更一心一意向上追求，在宗教方面表现许多智慧，在文学诗歌方面表现诗歌才情，在艺术方面有无数量第一流作品，哲学上有许多的伟大思想，如此中国文化的复兴才有希望。

（摘自《方东美先生演讲集》，中华书局2013年版）

【导读】迄今为止，仍然有不少人忽视教育与文化的关联，使得当今中国教育特别是高等教育的进展中对其背后的文化责任常常视而不见。在方东美看来，中国教育"没有独立的教育理想，更没有自己的教育政策，不只忘记了人内在伟大的心灵，更不了解自己的艺术文学哲学"，忽略中国古代的语文习性，对中国固有文化古籍不了解、认识不深刻而趋于冷淡，逐渐剥夺了历史的可溯性，成为无根之人，只好盲目地、好奇地追求外国的东西，对人的意义无法把握，对人的价值也无法确定，人的内在存在很大问题，不明白"人是什么？"。具体到教育工具（比如电视机）对其影响到的教育者，更是"看不到人类最高度智慧的流露"而使广大接受教育者饱受"精神虐待"，生命的情调上"处处低俗下流"，"所表现的尽是没有高贵的人性"。这就意味着，其一，教育的本质不在于以科学工程技术教育训练成人，而在于人的内在的心灵的成长，在于引领人的高贵的人性一心一意地向上。其二，文化绝对不是教育的外壳，也不是教育的附属品，只有文化才是促使教育真正取得成功的内在力量。

从最为直接的意义上说，教育与文化在审美精神上一脉相通，它们彼此所赋予的重要内涵就是：根据这些高尚的文化精神成就，来教育和表达我们高贵的人性，教育的表现最终正是文化的表现："教育真有好的制度，好的理想，培养出来的文化也是真正高度的精神文化，时时创造出第一流的艺术作品，第一流的文学作品，第一流的诗歌音乐，使人们在高雅的文化里面潜移默化，那么我们高贵的人性怎么会变成卑鄙的兽性，或称为有问题的人。"我们不得不承认，"文化"一词在教育的不同历史语境中充满了丰富的意义，它不仅在那些突破传统规范的教育实践中得到了充分的阐发，而且在"赞美人的伟大，提高人性的价值"，"把人的生命领域，一层一层地向上提升"方面获得了神圣的地位。"知识的教育与文化的影响并不相同；知识的习得更多地关乎思维，文化影响的获致则关乎整个人的存在，首当其冲关乎人的心灵。"（刘铁芳《教育，就是人文化的过程》）忽视人的个体的心灵成长、忽视科技教育进展中的人文艺术、人文精神的培养和引领，这种情况在中国正日益严重。方东美在这篇文章里也特别强调欧美社会正因为科学工业发达，训练教育人的重点就从19世纪以前的自由教育转向技术教育而大大忽视了人文科学。那么，法国、德国、英国的文化成就之所以极为灿烂，功劳主要在文学、艺术、哲学、宗教等人文科学上，他们自中世纪以来的几百年的教育重点就在人文科学上。要知道，那些试图将科学工程技术教育贯彻到底而从始至终缺乏人文科学精神教育和引领的人很难避免幼稚、简单、迷茫、无知的倾向，而最终显得多么拙劣不堪。

今非昔比，随着文化接受、文化选择的重要性在现实教育的具体语境中越来越得到接受主体的尊重和认可，那种长期以来在教育界为人们所追求的技术教育、科学工程教育包括学科教育的意识形态化逐渐失去了其决定性的意义，人的精神科学、文化科学、生命科学、道德科学（不只是物质科学）正是以其客观的真实意义和深刻的存在价值越来越受到人们的重视与实践。特别是大学教育在文化上的责任更加引人关注："培养真正的人才，发挥人类内在的美德与潜在的天才。在学术上创造种种奇迹，不仅贡献国家世界，而且是全人类。"

种种事实表明，教育与文化具有一种天然的亲和力。我们回顾那些所有成功的教育发展历程时，都可以发现，正是文化为教育悄无声息地构筑了受教育者人生经验的价值观、自我生命的生长感、个体心灵的成长感、人性发展的方向感、人对于真善美事物的追求感以及关乎整个人类的美感。在方东美看来，文化与教育的最高理想，就是以第一流的人文作品，以民族固有的高尚的文化精神成就，教育和表达高贵的人性，使人的生命领域层层向上提升，最终做一个圣人、至人、觉者。"在20世纪初，鲁迅也提出过'立人以立国'的思想。在鲁迅看来，实现'近代文明'，不但要'立国'，建立独立、民主、富强的现代民族国家，更要'立人'，保证每一个人的个体精神自由发展。"（钱理群《以'立人'为中心》）鲁迅在此强调了现实教育活动中的任何情感和内在心灵的表现都是"立人"这一终极教育目标，鲁迅的"立人以立国"的思想也是一语道破了教育与文化的最高理想。

（宾恩海）

怀疑与学问

顾颉刚

"学者先要会疑"——程颐

"在可疑而不疑者，不曾学；学则须疑。"——张载

学问的基础是事实和根据。事实和根据的来源有两种：一种是自己亲看见的，一种是听别人说的。譬如在国难危急的时候，各地一定有许多口头的消息，说得如何凶险，那便是别人的传说，不一定可靠；要知道实际的情形，只有靠自己亲自去视察。做学问也是一样，最要紧最可靠的材料是自己亲见的事实根据；但这种证据有时候不能亲自看到，便只能靠别人的传说了。

我们对于传说的话，不论信不信，都应当经过一番思考，不应当随随便便就信了。我们信它，因为它"是"；不信它，因为它"非"。这一番事前的思索，不随便轻信的态度，便是怀疑的精神。这是做一切学问的基本条件。我们听说中国古代有三皇、五帝。便要问问：这是谁说的话？最先见于何书？所见的书是何时何人著的？著者何以知道？我们又听说"腐草为萤"，也要问问：死了的植物如何会变成飞动的甲虫？有什么科学根据？我们若能这样追

问，一切虚妄的学说便不攻自破了。

我们不论对于哪一本书，哪一种学问，都要经过自己的怀疑：因怀疑而思索，因思索而辨别是非；经过"怀疑""思索""辨别"三步以后，那本书才是自己的书，那种学问才是自己的学问。否则便是盲从，便是迷信。孟子所谓"尽信书不如无书"，也就是教我们要有一点怀疑的精神，不要随便盲从或迷信。

怀疑不仅是消极方面辨伪去妄的必须步骤，也是积极方面建设新学说、启迪新发明的基本条件。对于别人的话，都不打折扣的承认，那是思想上的懒惰。这样的脑筋永远是被动的，永远不能治学。只有常常怀疑、常常发问的脑筋才有问题，有问题才想求解答。在不断的发问和求解中，一切学问才会活起来。许多大学问家都是从怀疑中锻炼出来的。清代的一位大学问家——戴震，幼时读朱子的《大学章句》，便问《大学》是何时的书，朱子是何时的人。塾师告诉他《大学》是周代的书，朱子是宋代的大儒；他便问宋代的人如何能知道一千多年前著者的意思。一切学问家，不但对于流俗传说，就是对于过去学者的学说也常常抱怀疑的态度，常常和书中的学说辩论，常常评判书中的学说，常常修正书中的学说，要这样才能有更新更善的学说产生。古往今来科学上新的发明，哲学上新的理论，美术上新的作风，都是这样起来的。若使后之学者都墨守前人的旧说，那就没有新问题，没有新发明，一切学术也就停滞，人类的文化也就不会进步了。

（摘自《中国文化名人谈治学》，大众文艺出版社2004年版）

【导读】 顾颉刚（1893—1980），名诵坤，字铭坚，号颉刚，江苏苏州人。中国现代著名历史学家、民俗学家，古史辨学派创始人，现代历史地理学和民俗学的开拓者、奠基人。1920年，顾颉刚毕业于北京大学，后历任厦门大学、中山大学、燕京大学、北京大学、云南大学、兰州大学等校教授。新中国成立后，任中国科学院历史研究所研究员、中国民间文艺研究会副主席、民主促进会中央委员等职。

做学问要有怀疑的精神，不可盲从。很多人在做学问的时候容易相信前人或者名人的论述，不加甄别，这是不对的。任何学术权威也都有失误的时候。对于每一个观点，每一个提法，我们都应该认真思考，甄别其正误。

提出问题，这是辨伪去妄的基础。真正的大家，不盲从，不轻信。即使大儒朱熹的话，也要进行思考。正如顾颉刚文章中所提到的，戴震之所以能成为大家，就在于其不盲从，不轻信。对于朱熹的提法，他提出的是：宋代的人，怎么会知道一千多年前的人说的话的意思呢？正是因为有这样的怀疑精神，才促使戴震去努力读书，解决自己心中的疑团。戴震的做法，可以说是体现了后学者的创新精神。只有敢于怀疑前人的观点，才有可能出现学术的创新。

当然，敢于怀疑前人的观点，是要建立在自己扎实的基础之上的。怀疑前人，也许人人都可以在不顾后果的基础上实现。真正使这种怀疑转换成一定的成就，则需要有一定的基础。无论是哪种学问，前人提出的观点一定有其合理的地方，后学如果想要超过，只能是更加努力，只能是在掌握前人观点的基础上，结合自己的所学来怀疑前人。建立在扎实基础之上的怀疑，才是真正有价值的怀疑，否则就是纯粹的幻想了。因为没有基础，自己的怀疑可能仅仅是一种大话，是一种无稽之谈，是一种不负责任的"打倒一切"。做学问，这种不负责任是要不得的。所以，我们要对前人的观点提出怀疑，一定是建立在自己广泛阅读，多方涉猎的基础之上的。

大胆怀疑，小心求证，这是古今做学问的根本。盲听盲从，只会让自己陷入到前人的窠臼之中，不能有所创新。但是，如果只是怀疑一切，却没有小心地去求证自己的怀疑，那就只能是空想，只能是说大话。

（莫山洪）

谈 学 问

梁漱溟

一说到学问，普通人总以为知道很多，处处显得很渊溥，才算学问。其实就是渊博也不算学问。什么才是学问？学问就是能将眼前的道理、材料，系统化、深刻化。更扼要地说，就是"学问贵能得要"，能"得要"才算学问。如何才是得要？就是在自己这一方面能从许多东西中简而约之成为几个简单的要点，甚或只几个名词，就已够了。一切的学问家都是如此，在他口若不说时，心中只有一个或几个简单的意思；将这一个或几个意思变化起来，就让人家看着觉得无穷无尽。所以在有学问的人，没有觉得学问是复杂的，在他身上也没有觉得有什么，很轻松，真是虚如无物。如果一个人觉得他身上背了很多学问的样子，则这个人必非学问家。学问家以能得要，故觉轻松、爽适、简单。和人家讲学问亦不往难处讲，只是平常的讲，而能讲之不尽，让人家看来很多。如果不能得要，将所有的东西记下来，则你必定觉得负担很重，很为累赘，不能随意运用。所以说学问贵能得要。得要就是心得、自得！

再则学问也是我们脑筋对宇宙形形色色许多材料的吸收，消化。吸收不多是不行，消化不了更不行。在学问里面你要能自己进得去而又出得来，这就是有活的生命，而不被书本知识所压倒。若被书本知识所压倒，则所消化太少，自得太少。在佛家禅宗的书里面，叙述一个故事，讲一个大师对许多和尚说：“你们虽有一车兵器而不能用，老僧虽只寸铁，便能杀人。”这寸铁是他自己的，所以有用；别人虽然眼前摆着许多兵器，但与自己无关，运用不来；这就是在乎一自得，一不自得也。问题来了，能认识，能判断，能抓住问题的中心所在，这就是有用，就是有学问；问题来了，茫然的不能认识问题的决窍，不能判断，不能解决，这就是无学问。

（摘自《我的人生哲学》，当代中国出版社2014年版）

【导读】 梁漱溟的《谈学问》为我们提供了一种重要的关于学问的方法论的先例。他把以自己活的生命吸收并能消化书本知识、不被书本知识压倒、有问题、能认识、能判断、能抓住问题的中心所在这些特征作为真正的学问家的标志。他在文章一开头就不容置疑地直接表明：处处都显得很渊博不算学问。梁漱溟所探索的是学问家生命存在的奥秘与价值，我们许多人忽略的是那些所谓"学问家"仿佛满腹经纶、口若悬河与其内在生命刻板、干枯的不一致性，从此，你就会采用一种整合的思维方式去把握和传递学问家的外在与内在的统一性，即便是那些"口若不说"的学问家，"心中只有一个或几个简单的意思，将这一个或几个意思变化起来，就让人家看着觉得无穷无尽"。其实，深刻的内容无须一律用雄壮的声音去表达，而那些看似清淡的声音却往往包含着深邃动人的思想与情感。这是梁漱溟的学问的逻辑学和思维术，他认为：真正的学问家"能将眼前的道理、材料，系统化、深刻化"，"在自己这一方面能从许多东西中简而约之成为几个简单的要点"，他"以能得要"，有心得、有自得，"轻松、爽适、简单"。这其实揭示了学问的真正本质之所在：学问不是知识的堆积和渊博，而是自己鲜活的生命对于知识的心得、自得的创造性的运用和发挥。在梁漱溟这里,"学问"已经喻指了一个纯粹的生命状态,它不再负载那些成千上万的知识的累赘,不再承载那些"一车兵器而不能用"的巨大重量,不再陷入那些被书本知识所压倒的境域里而不能自拔,它必须是在知识的吸收与消化中有自己发现的问题,能认识,能判断,如同佛家禅宗的故事里一个大师对许多和尚所说,即令是小小的一寸铁,也必须为我所有,从而达致"杀人"的效果。

把"学问"作为一种生命状态来看待,这对于真正理解"学问"的最终意义是至关重要的。梁漱溟的观点所极力倡导的是学问家在知识的追寻中一定要避免极端化的积累知识,必须要在知识的磨炼与营造的过程中发现自我、挖掘到一些更高、更广的新的问题并力争运用自己的方法最终解决它们。梁漱溟对于"学问"的论述没有单纯地着眼于知识积累的形式层面,他更关注学问主体的精神层面的特征。同时,他还十分注重"学问"里沉潜有个人鲜活的生命而"不被书本知识所压倒","既进得去又出得来",梁漱溟所强调的正是一个人做学问的主体性与个体性的重要性。换句话说,学问并非对于书本知识的无穷无尽的吸收,它在根本上最终决定于学问家的独特的个人发现与创造。回顾与考察我们自身所走过的学术轨迹可以看出,梁漱溟所谓的"学问"的内涵正是我们在接下来的具体实践中尚需进一步追求的一种境界:其一,学问是一种内在生命对于书本知识的激荡,是学问家外在的情感表现与内在的生命跃动相统一的反映,是一种心得满满、洋洋自得的自我生命的延伸之旅;其二,学问不是酒饱饭足的按兵不动,也不是烂醉如泥的不省人事,而是歌舞升平之下的吹毛求疵,光明极乐之中的寒风冷雨,是中国人生长期所焦虑的众多问题在"我"的世界里的崭新发现。

最后需要指出的是,梁漱溟对于"学问"这一错综复杂的问题与概念在这篇文章里就做出了"以能得要""轻松、爽适、简单"的一种示范性的回答,学问其实是深邃的,不容易剖析的,但梁漱溟"能认识,能判断,能抓住问题的中心所在",能"将这一个或几个意思变化起来,就让人家看着觉得无穷无尽"。具有如此简约、精当的描述,足可证明梁漱溟本身就是一位响当当的真正的学问家。

(宾恩海)

第六编　治学精神

生活与思想

吴　晗

　　大概上了所谓"中年"年纪的人，在饭后，在深宵，有一点可以给自己利用的时候，想想过去，想想现在，总会喟然长叹，感觉到有点，甚至于很不安，困恼，彷徨，但愿时光倒流。至于明天，那简直不敢想起，一想起明天，烦躁，恐慌，算了吧，但愿永远不会有明天。明天是一把利刃，对着你的胸膛，使你戒惧，不敢接近。

　　过去的怀恋，现实的不安，未来的恐惧，成为一般有家庭之累的，有生活负担的中年人的普遍的感觉。当然，这里所谓中年人应该除开少数的权贵和大大小小的战时暴发户，也除开有信仰有魄力肯做傻事，希望能够以牺牲自己的微小代价，来换取光明的未来的那些"傻子"们。我不说青年，因为青年还在学校，即使已经走进了社会，也还不到对社会负责任的时候；自然，有些有了中年气味的青年人，也可包含在我所指的事实上的中年人之内。

　　这种普遍的感觉形成一种世纪末的人生观。最好的说明是曹孟德的话，"对酒当歌，人生几何！"苟安甚至麻醉于目前的现实的生活的痛苦，对于未来不敢有计划，有希望，更谈不到理想。这和前一时代相比，和这批中年人的青年时代相比，他们曾幻想明天如何如何，人人如何如何，尽管幼稚，尽管荒唐，却表明他们对前途有信心，有把握，这信心曾经成为很大的动力，推动着时代前进；这信心使他们出汗流血，前赴后继踏着前人的骷髅向前。然而，现在呢，信心是丧失了，勇气被生活所销沉了。一部分人学得糊涂，也乐得糊涂，"各人自扫门前雪，莫管他家瓦上霜"，发发牢骚，哭哭穷苦，横直无办法。而且假使有办法，自己也得救了，不会比别人吃亏；没办法呢，你一个人又济得甚事？一部分人变得聪明了，他们继承而且体会了"明哲保身"的古训。"是非只为多开口"，既然不应该说话，那最好是不说，不该想的最好也不想。做傻事的有的是，办妥了自然不会单撇开我，而且我也是人才，毕竟也撇不开我，弄不好他倒他的霉，也粘不着我。还有一部分呢？会说也会想。

他会告诉人这个不好，那个要不得，批评很中肯，有时也还扼要，可是他只是说说，背着人说说，到末了也还是说说而已。以后有好处，他会说这是我说过的，我出过力气，没好处他也不负责任。这三种人处世的方法不同，看法却是一样的。他们以为"国家兴亡，匹夫有责"，是书呆子的想头，国家不是已经有人民的公仆在负责了吗？军队有指挥官，各级政府有长官，付托得人，要你来操这闲心则甚？最要紧的最要操心的还是自己的生活，开门七件事，柴、米、油、盐、酱、醋、茶，还得加上房租、小菜、灯、水四样。添衣服，买袜子，孩子教育和医药费用固然谈不上，这几件事却缺一不可！你这个月的收入只用5天便完了，其余的25天是准备吃风还是吃空气？假如你嫌风嫌空气不大饱肚子，那得赶紧张罗。衣服卖完了，书籍吃完了，告货的门路都堵住了，那你得另生法门，第一兼差，第二兼业；兼差兼政府机关职员、公司商店职员，什么都可以，只要有全份米贴。兼业更无所谓，教书、做官、开铺子、跑街、做点肥皂牙粉什么的，甚至种菜、种花、养猪、养牛都行，不是说国民应该增加生产吗，这正是替国家增产呀！另外有点什么权带上个把什么长之类的，薪水连米贴合起不过是六七千元。可是雇的女帮工月薪便是两千三千，每天开销几千元满不在乎。他自己原谅，他不如此干就得饿死。社会也同情他，做官不赚个千万百万，那成什么官，而且他是人，他有家眷，他总得吃饭呀！人人抱着吃饭第一，弄钱第一，生活至上，现实至上的宗旨，自然，对于国家，对于民族，对于社会，这些空洞的观念只好姑且束之高阁了。

　　而且最不好的，还是明天。几年来的经验使他深切了解乌龟和兔子赛跑的故事。故事已经改编了，主要的一点是兔子不但不肯睡一会，而且会驾飞机。他已经断了心，放弃了赶上去的幻梦，现实还是现实，第一要明白的是你今天必须活着，而且有活的权利。对于明天以及遥远的后天或下一个月，你不能有什么打算，即使你要打算，时间可不能对你负责任。三个月前的米价是多少，今天是多少，你过去曾打算到了没有？如此这般你本能地明白这个道理，你现在有多少钱，最好及时换成实物，保险你最近不会饿死。票子在市场周流不息地转着，各种货物被大量地小量地囤积着，票子转得愈快，物价就愈高，票子也跟着转得愈快。循环到了一个限度以后，公的私的出入将都以实物来代替票子。人不但对事失去信心，对未来和对自己本身也失去信心。一切都改变了，头昏眼花，精疲力竭，只好守住今天，对现实作最后的挣扎，明天的且到明天再说了。

生活的改变，改变了一般人的人生观：把握现实，苟延残喘，对前途无信心，对未来无理想，对以后不存希望。这是现在最严重的中年人的痼疾，民族的惰性的蔓延，也是"国家"的隐忧。

生活改变了思想，转移了社会风气。我们假如还要有明天的话，唯一的办法是想法请兔子先生下来步行，替乌龟先生预备一辆自行车，让一般替国家社会服务的中年人安心于工作，保证他们明天后天还能和今天一样地生活；而且惟有给他们以明天，才是他们唯一的出路。但是，这个明天谁能给呢？

(摘自《吴晗全集》第7卷，中国人民大学出版社2009年版)

【导读】吴晗（1909—1969），原名吴春晗，字伯辰，笔名语轩、酉生等，浙江义乌人，是中国著名历史学家、社会活动家、现代明史研究的开拓者和奠基者之一。

抗战时期是中国历史上的艰难时期，很多人在这个时期发生了很大变化。在这个民族存亡的危机时刻，知识分子应该怎么做？吴晗的这篇文章虽然写的是抗战时期的生活与思想，为我们展示特定时代的生活追求，却也告诉我们这样一个道理，追求什么样的生活，就会有什么样的思想。

文章以"中年人"作为描述的对象。中年，是一个特有的阶段，学有所成，却又有家庭之累；社会影响不断扩大的同时，却又有着各种烦恼。如果寻求一种"对酒当歌，人生几何"的生活状况，每天沉浸在柴、米、油、盐、酱、醋、茶的困扰之中，每天为生活所计，自然也就会很担心"明天"，或者说根本就没有"明天"。得过且过，将自己更多的精力消耗在赚钱的途径上，消耗在对奢靡生活的追求上。选择这样的生活，在学术上自然也就没有了闯劲，自然就会沉沦。一个只会为自己着想的人，一个有着"明哲保身"思想的人，是很难为国家做出贡献的，当然也不可能在学术上有所突破。

"天下兴亡，匹夫有责。"这句话虽然出自古人之口，但却体现了有作为的知识分子的人生追求。选择这样的生活，可能会过得比较苦。这样的生活，却能让人在艰难的困境中得到突破。有理想，才会去追求。有追求，才会有成绩。寻求有理想的生活，才会有好的思想。

如果只是将学术作为生活的饭资，不可能做出好的研究。只有将自己的研究置于民族兴盛的大业之中，自己所作的学问才能有更积极的意义。

(莫山洪)

取法务上，仅得乎中

华罗庚

同样一件事，反映各不同。努力向上者，取其积极面，自暴自弃者，取其消极面。

宋朝有一位苏洵——苏老泉，到27岁的时候才发愤读书，终于成为一位大文学家。

这故事告诉我们：刻苦学习，不要怕晚嫌迟，不要说我年已一把，还学出个啥名堂来。更不是告诉我们：我年纪还轻呢！今年不过20岁，用什么功来！再过五年才发愤，岂不比苏老泉还早二年吗？

发愤早为好，苟晚休嫌迟，最忌不努力，一生都无知。

想到一穷二白的祖国期待着我们建设，想到社会主义共产主义社会建设的艰巨性和复杂性，想到党的期望，我们恨不得立刻学好本领。放松不得，蹉跎不得，立志务宜早，发愤休迟疑。

元朝有位王冕——王元章，他是一位大画家。他从小贫穷，不能从师学画，买了纸笔和颜料，在放牛的时候，看着荷花临摹起来，经过刻苦锻炼，终于自学成为一位大画家。

这故事告诉我们：如果没有老师，不要怕，只要刻苦自励，自学也是可以有所成就的。但是并不是说：我何必在校学习呢？自学不也很好吗？不也可以成为王冕吗？

自学的习惯是要养成的，而且是终身受用不尽的好习惯，但不要身在福中不知福！有老师的帮助而不知道这帮助的可贵。不明不白处，老师讲解，不深不透处，老师追查。更重要的是，从老师处可以学得深钻苦研的、失败的和成功的经验，学习了他成功的经验，长知识，可以在这基础上更深入地下去；学得了他失败的经验，长阅历，可以知道天才出于勤奋的道理，知道成功从失败中来的道理。

独创精神不可少，这是我们建设前人所未有的事业的时代青年必有的本领,但接受前人的成就也是十分必要的。不走或少走前人已走过的弯路是加快速度的好方法,老师尽他的力量向上带,带到他能带到的最高处。我们在他们的肩膀上更上一层,一代胜似一代。

五代有位韦庄——韦端己填了一首词:

街鼓动,禁城开,天上探人回,凤衔金榜出云来,平地一声雷。莺已迁,龙已化,一夜满城车马,家家楼上簇神仙,争看鹤冲天。

这首词可能是韦庄用来形容科举制度下高科得中的情况的,但是其中却包括词人的浪漫主义的幻想——十分丰富的想象力。

但幻想必竟是幻想。真正要探天归来,真正要带了科学资料"出云来",还得经过千百年来科学家的辛勤劳动。

雄心壮志不可无,浪漫主义的幻想也要有,但不畏艰苦,逐级攀登的踏实功夫更不可少。老老实实,实事求是,不要轻视平淡的一步,前进一步近一步,登高必自卑,行远必自迩。看了韦庄的词,有所启发,而想一步登天,一下子就发明个星槎(星槎,是古代神话中往来天上的木船),遨游六合,岂不快哉?但那是妄想,只有一步一步地先在理论上想出可能,算出数据,再按要求一一分析,步步落实,才有今日。计时已百年,智慧耗无数,对整个历史来说我们的工作可能极渺小的,对整个时代来说可能是微不足道的。正是小环节,小贡献,积小成大,由近至远,大发明大创造才有可能。点点滴滴,汇成江河,眼光看得远,步伐走得稳,不要眼高手低,不要志大才疏。老老实实干,痛下苦功夫,夸夸其谈者,荆棘满前途。

(摘自《华罗庚科普著作选集》,上海教育出版社1984年版,本文原载于1962年6月16日《中国青年报》)

【导读】华罗庚(1910—1985),江苏金坛人,著名数学家,中国科学院院士。华罗庚是中国解析数论、矩阵几何学、典型群、自守函数论等多方面研究的创始人和开拓者,为中国数学的发展作出了无与伦比的贡献,被誉为"中国现代数学之父",也被列为"芝加哥科学技术博物馆中当今世界88位数学伟人之一"。

作为中国最杰出的数学家,华罗庚的一生充满了传奇色彩:他的研究成果被翻译成多种文字而闻名于世,但他竟只有初中学历,并且在初一时数学成绩不及格;他是个残疾人,早年因伤寒导致左腿残疾,但他却靠着坚韧的意志将数学搞得有生有色，取得了令世界瞩目的成果。他不仅个人取得了辉煌成果，还培养出像王元、陈景润等多位在我国数学界具有重要影响的著名数学家。他结合自己自学成才和教人育人的亲身经历、经验，告诉广大青少年，成才无捷径——聪明在于勤奋，天才在于积累。本篇短文《取法务上，仅得乎中》便是华罗庚此教育思想的集中体现。

"取法务上，仅得乎中"出自《易经》："取法乎上，仅得其中；取法乎中，仅得其下。"意思是说，一个人制定了高目标，最后仍然有可能只达到中等水平；而如果制定了一个中等的目标，最后有可能只达到低等水平。华罗庚通过几位古代名人的实例告诉我们，无论治学还是立事，一定要志存高远，才能让我们拥有阔广的胸襟，拓宽自己的视野，增长见识，达成自己美好的理想和事业的巅峰。

华罗庚在此短文中也告诉我们志存高远固然重要，但是绝不能仅仅停留在口号上，真正的志存高远是有理想又能将理想化为行动力，坚持不懈，努力超越极限，方能实现自己的人生理想和抱负。他认为，雄心壮志只能建立在踏实的基础上，否则不叫雄心壮志。这和荀子的"不积跬步，无以至千里。不积小流，无已成江海"、老子的"合抱之木，生于毫末；九层之台，起于累土；千里之行，始于足下"的思想相吻合，所以漫长的征途需要一步步的走，志存高远的雄心壮志也需要一点一滴的奋斗。通往理想的道路是无穷无尽的，然而起点就在脚下。

（卢有泉　陈　鹏）

文化传统和综合创新

张岱年

中国哲学的特点和贡献

最近一段时间以来，有许多人对用西方的逻辑分析方法来整理中国哲学所带来的问题，提出了不同的看法。这是很有意义的。冯友兰先生、金岳霖先生等人都对"中国哲学"和"中国的哲学"进行了区分。我在《中国哲学大纲》和其他的文章中也对这个问题发表过意见，我现在依然坚持那时候的看法。也就是说："中国哲学与西洋哲学在根本态度上未必同；然而在问题及对象上及其在诸学术中的位置上，则与西洋哲学颇为相当。""区别哲学与非哲学，实在是以西洋哲学为标准，在现代知识情形下，这是不得不然的。"基于此，我认为概念分析、命题分析依然是解决中国哲学的问题的最好办法。过去中国哲学讲体会，把理论和实践结合起来讲，但体会的方法和逻辑方法结合起来不矛盾。从方法论的角度看：分析的方法、考据的方法都应重视，但最主要的还是分析的方法。这一点我可能是受罗素的观念的影响。

我们应该看到中国的哲学和文化与西方的哲学和文化之间的差异，但也不能夸大这种差别，或者对这种差别作简单的归纳。比如过去有一种说法，认为中国文化是主静的，西方文化是主动的，把它们作为中西文化的主要区别。这种观念是有偏颇的，不能反映实际情况。主静是道家的思想，虽然有广泛的影响，但并没有在中国文化中占主导地位，而《易传》中"动静不失其时，其道光明"才是儒家的态度。所以，说中国文化是静的文化，那是缺乏充分的理由的。

近来又有人说，西方哲学因为强调主客二分，所以造成了人和自然之间的紧张，所以要达到人与自然之间的和谐必须要求助于中国哲学。我的朋友季羡林先生甚至提出只有天人合一才能拯救人类的主张。对此我们也要进行分析。西方主流思想是强调征服自然，如洛克；但也有主张保护自然的思想，如莱布尼茨。中国讲天人合一，讲人与自然的和谐，但也有征服自然的思想，各种思想都有。不能简单化。

说21世纪中国思想将占主导地位，就是把问题看得简单化了，中西思想虽有偏好，但都主张一方面要改造自然，同时也告诫不要破坏自然，如恩格斯在《自然辩证法》中说过，不能光讲斗争，征服自然，应该强调和谐合作。

同样，我们也要正确看待马克思主义和中国传统文化的关系，现在我们要学习了解孔子、孟子的思想，但关键是要学习马克思主义。只是我们不能像过去一样，将儒学和马克思主义对立起来。

毫无疑问，儒学和马克思主义在本质上是不一样的，儒学主要讲做人的道理。但这两者之间也有一致性。马克思写过一篇文章说，专制主义让人不成其为人，专制主义利用儒家，使许多人将儒家和专制主义等同起来。其实，儒学的主要思想就是要使人成其为人，因此儒家思想中也包含有丰富的反专制和民本的思想，儒家在这一点上还是有贡献的。

现在也有一些海外的学者将马克思主义在中国的发展概括为马克思主义的儒家化，这种提法不合适。毛泽东讲过，与天斗，其乐无穷，把斗争看得最重要。斯大林也强调斗争。但如果认为马克思主义是"仇必仇到底"也不符合实际情况。但以强调斗争和主张和谐作为中西文化或哲学的差异，便是把问题简单化了。的确，儒家把和谐看得最重要，宋儒张载说："有象斯有对，仇必和而解"，我觉得可以改一个字，"仇可和而解"，这样就比较好地解决了斗争和和谐的关系。

文化精神和综合创新

革故取新就能前进，因循守旧必然落后，现在中国传统文化正经历一个舍旧创新的转变过程，这就需要我们认真分析中国传统中是否也包含继续前进的内在根据，中华民族将如何自立于世界文化之林。

近一个多世纪以来，我们对儒家思想进行了很严厉的清算，这是必要的。但是我们要避免那些情绪化的做法，应当根据时代的需要对儒家进行重新的认识，因为儒家构成了中国文化精神的核心内容。中国文化糟粕很多，也有精华。最重要的精华，我常提的有两条：（1）自强不息的精神，永远前进；（2）厚德载物的宽容精神。《易传》提出"刚健"的观念，又提出"天行健，君子以自强不息"的著名命题，二千多年来一直激励着中国人奋发向上。同时儒家强调宽容的态度，允许不同的文化存在。虽然儒家也强调"夷夏之辨"，但它一直强调文化本身的吸引力，而不主张以一种强制的方式推行自己的文化观念。这一点是很重要的。

不过，儒家思想有一个很大的缺点，比如，当时人们提出"正德、利用、厚生"是人类生活中的三件大事，但是孔子只是讲正德，没有讲利用、厚生，这有消极影响。这一点别的学派也有缺陷，魏晋讲玄学、宋明讲理学，都是有所偏，都不注重利用、厚生。西方就强调利用、厚生。墨家利用而不厚生，庄子的《天下》篇中，就批评墨家太苦，一般人接受不了。汉武帝他们讲独尊儒术，这是统治者为了社会的安定，只好这样。可惜墨家思想逐渐消失，道家一直存在。墨家消失的原因很多。墨家有组织，有领袖，它的组织很严密。有组织的被打垮了，没有组织的反而打不垮。

应该说，在中国传统文化中有大量消极的思想观点，应努力加以克服，但也有大量积极的有价值的思想观点应该肯定。有的同志问我，文化的精华和糟粕是很难区分的，能否有一个一般性的标准。我觉得不同的时代会对文化的发展提出不同的要求，但有两条是基本的：（1）真正反映客观实际情况；（2）能够促进文化的发展。第二点是非常重要的标准。列宁说过无产阶级思想最重要的是能不能促进社会的发展，不能促进就是不进步。邓小平同志晚年也说过：发展是硬道理。

我们现在已经进入了社会主义社会，所以要建设的是社会主义的新文化。在文化的发展上，我一直提倡一种"综合创新"观点，简单地说：反对全盘西化和中国文化优越论，要对中西文化进行分析，既要发扬优秀传统，又要吸收西方的优秀文化，合在一起叫综合创新。我在《中国文化和文化论争》一书中对之有详细的论述，后来方克立同志和其他一些同志对这个观点表示支持，最近刘鄂培同志还专门编了一本《综合创新》，也很好。综合创新就是要创造一种新文化，我们的新文化是什么样的呢？我还是愿意用我以前写的文章中的一段话来概括，我们建设社会主义新文化，一定要继承和发扬自己的优良传统，同时汲取西方文化的先进贡献，逐步形成一个新的文化体系。这个新的文化体系，是在马克思列宁主义原则指导下，以社会主义价值观，来综合中西文化之长，而创新中国文化。它既是传统文化的继续，又高于已有的文化，这就是新文化。

（摘自《江海学刊》2003年第5期）

【导读】张岱年（1909—2004），当代中国著名哲学家、中国哲学史专家。河北献县人。著有《中国哲学大纲》《文化与哲学》等。

《文化传统和综合创新》一文系干春松根据张岱年在2002年11月的几次谈话记录、整理而成。在文中，张先生谈论了"中国哲学的特点和贡献"与"文化精神和综合创新"两个问题。

在关于中国哲学的特点和贡献方面，张先生发现最近一段时间以来，有许多人对用西方的逻辑分析方法来整理中国哲学所带来的问题提出了不同的看法。他举例冯友兰、金岳霖等先生都对"中国哲学"和"中国的哲学"进行了区分，而他自己则在《中国哲学大纲》和其他文章中认为："中国哲学与西洋哲学在根本态度上未必同，然而在问题及对象上及其在诸学术中的位置上，则与西洋哲学颇为相当。一区别哲学与非哲学，实在是以西洋哲学为标准，在现代知识情形下，这是不得不然的。"基于此，他认为概念分析、命题分析依然是解决中国哲学问题的最好办法："过去中国哲学讲体会，把理论和实践结合起来讲，但体会的方法和逻辑方法结合起来不矛盾。从方法论的角度看：分析的方法、考据的方法都应重视，但最主要的还是分析的方法。"张先生由于受罗素的观念影响，而重视"分析的方法"。无论对中国哲学还是西洋哲学，或是儒学和马克思主义，都不应该把问题简单化，既不能夸大区别，也不能对差别做简单的归纳，更不能对立起来，而应该用分析的方法，具体问题具体分析，把握其细微差别，从而把握其真正特质和区别。

在关于文化精神和综合创新方面，张先生采取分析的方法指出了中国文化既有很多糟粕，但也有精华。他归纳中国文化最主要的精华有两条，其一是"自强不息的精神，永远前进"，其二是"厚德载物的宽容精神"。由此他指出"不同的时代会对文化的发展提出不同的要求，但有两条是基本的：（1）真正反映客观实际情况；（2）能够促进文化的发展"。张先生认为第二点是非常重要的标准。这与他一贯提倡的"综合创新"的文化观是一致的。他认为："在文化的发展上，我一直提倡一种'综合创新'观点，简单地说，反对全盘西化和中国文化优越论，要对中西文化进行分析，既要发扬优秀传统，又要吸收西方的优秀文化，合在一起叫综合创新。"这种综合创新的文化观，张先生在《中国文化和文化论争》一书中也有过详细的论述，获得方克立和其他一些同志的支持，刘鄂培还专门编过一本《综合创新》的书。张先生提倡的"综合创新"就是要"创造一种新文化"，而这个新的文化体系，是"在马克思列宁主义原则指导下，以社会主义价值观，来综合中西文化之长，而创新中国文化"，张先生指出："它既是传统文化的继续，又高于已有的文化，这就是新文化。"

张先生所提出的"综合创新"的文化观，对于中国当下发扬传统文化依然具有启示作用和历史意义。

（罗小凤）

才能来自勤奋学习

钱伟长

生而知之者是不存在的，"天才"也是不存在的。人们的才能虽有差别，但主要来自勤奋学习。

第六编　治学精神

　　学习也是实践，不断的学习实践是人们才能的基础和源泉。没有学不会的东西，问题在于你肯不肯学，敢不敢学。自幼养成勤奋学习的习惯，就会比一般人早一些表现出有才能，人们却误认为是什么"天才"，捧之为"神童"。其实，"天才"和"神童"的才能主要也是后天获得的。当所谓的"天才"和"神童"，一旦被人们发现后，捧场、社交等等因素阻止了他们继续勤奋学习，渐渐落后了，最后竟落到一事无成者，在历史上是屡见不鲜的。反之，本来不是"神童"，由于坚持不懈地奋发努力，而成为举世闻名的科学家、发明家的却大有人在。

　　牛顿、爱因斯坦、爱迪生都不是"神童"。牛顿终身勤奋学习，很少在午夜两三点以前睡觉，常常通宵达旦工作。爱因斯坦读中学成绩并不好，考了两次大学才被录取，学习也不出众，毕业后相当一段时间找不到工作，后来在瑞士伯尔尼专利局当了七年职员。就是在这七年里，爱因斯坦在艰难的条件下顽强地学习工作着，利用业余时间勾画出了相对论的理论基础。发明家爱迪生家境贫苦，只上了三个月的学，在班上成绩很差。但是他努力自学，对于许多自己不懂得的问题，总是以无比坚强的意志和毅力刻苦钻研。为了研制灯泡和灯丝，他摘写了四万页资料，试验过一千六百多种矿物和六千多种植物。由于他每天工作十几小时，比一般人的工作时间长得多，相当于延长了生命，所以当他年纪79岁时，便宣称自己已经是135岁的人了。著名数学家高斯就曾说过：任何人付出和他同样的努力，都会有他那样的贡献。高斯和他的夫人感情很好，夫人病危时，他正在书房里研究数学，当家人一再催促夫人在临危前要见他一面，他总是说："请她再坚持一会儿，一会儿。"足见高斯是怎样忘我地醉心于科研工作。居里夫人和她的丈夫为了提炼"镭"，在"共和国不要学者"的豪华巴黎，只能在一个没人要的小木板棚里，坚韧不拔地工作了四年。

　　其实不仅是科学，在文学艺术上也是一样。狄更斯曾说："我决不相信，任何先天的或后天的才能，可以无需坚定的长期苦干品质而得到成功的。"巴尔扎克说："不息的劳动之为艺术法则，正如它之为生存法则一样。"

　　在我国历史上也有不少事例。唐代著名诗人白居易有动人的描述："二十以来，昼课赋，夜课书，间又课诗，不遑寝息矣。以至口舌成疮，手肘成胝，既壮而肤革不丰盈，未老而齿发早衰白。"明代伟大的药物学家李时珍为了编写《本草纲目》，研究自然，搜集资料，踏破坎坷，搏击逆浪，勤奋工作了大半生。清代以画竹出名的郑板桥，曾有描绘刻苦学画的诗句：

四十年来画竹枝，

昼间挥写夜间思。

风繁削尽留清瘦，

画到生时是熟时。

总之，人们的才能主要是由勤奋学习得来的。所以牛顿说："天才就是思想的耐心。"爱迪生说："天才，是百分之一的灵感加百分之九十九的血汗。"门捷列夫说："终身努力便是天才。"高尔基说："天才就是劳动。"古人曰："锲而舍之，朽木不折！锲而不舍，金石可镂。"也是说的一个道理。马克思终身好学不倦，为了写《资本论》，花了40年的功夫阅读资料和摘写笔记。他在伦敦，每天到大英博物馆阅读，竟在座位前的地板上踩出一双脚印。马克思是我们的光辉榜样，这双脚印深刻地说明：才能来自勤奋学习。

(摘自《钱伟长文选》第2卷，上海大学出版社2012年版)

【导读】钱伟长（1912—2010），江苏无锡人。我国著名的科学家、教育家和社会活动家。在应用数学、物理学、中文信息学等方面取得了较大成就。著述甚丰，贡献卓越。与钱学森、钱三强并称为"三钱"。

钱伟长被人们称为"天才"和"神童"，但他撰写的《才能来自勤奋学习》一文，却告诉我们，所谓的"天才"是不存在的。其实，钱伟长本人的经历，同样很形象地说明了一个道理，即人的才能主要来自勤奋学习。

钱伟长从小家贫，营养不良，身体瘦弱，考入清华时，身高仅有1.49米，被夏翔先生称为"清华历史上首位身高不达标的学生"，于是体育课中的110米高栏，他没少下功夫。他说："一般高个子运动员是三步一栏，当时我虽已身高1.65米，但也用三步一栏，就必须有跳跃的成分。为了克服这一缺点，我反复分析、改进、苦练，终于掌握了左右脚都能起跳四步一栏的技能。在苦练过程中，我在每个栏上都放一块小瓦片，练到跨栏时蹭掉小瓦片而栏不动，因此我能跨得很低。经过锻炼，到四年级时，我已是全面掌握了跑、跳的运动员。"大学四年级，钱伟长对足球产生兴趣，依然是通过不断练习掌握踢球技术："我苦练掌握用脚尖、脚背、扫射、射门、传球等不同的运球技能，停球常常会失去机会，要练习跑动中踢，要练双脚都能自如运用，射门要用平球，对正上下左右四个门角，起脚要快，要果断，决不能犹豫。掌握这些只有苦练，为了能踢好某一项，都要不断克服缺点，往往要反复踢上几百上千次，熟

练了才能生巧。"（钱伟长《深切怀念我的老师马约翰教授》）

"九一八"事变后，正在清华读书的钱伟长认为，"为什么我们见小日本这么怕呢？那就是我们的科学技术不行，人家的枪炮比我们厉害"。于是，本来读中文的他，毅然改读物理。可是当时他的物理成绩只得了15分，系主任不予接收。然而，他的爱国之心，坚定的意志感动了系主任，终于成功转入物理系。为了学有所成，他挑灯夜读，"这一年里头，我大概一天顶多睡五个小时。我早晨是6点起来的，我自以为了不起了，晚上熄灯大概是10点，我大概是12点睡的。灯在哪儿？我在厕所里看书，宿舍里厕所的灯是通宵开的"。（钱伟长《学习之路》）功夫不负有心人，钱伟长以优异的成绩完成了学业。

陈捷延先生的著作《过客吟》，以诗歌的形式对中国历史与文化进行品评，其中有首诗歌为："休以成败论奇庸，为拯国难甘尝胆。大匠何曾是神童，折节悬梁到险峰。"此诗很好地传达了钱伟长刻苦勤奋的学术精神。

（廖　华）

应有格物致知精神

丁肇中

我非常荣幸地接受《瞭望》周刊授予我的"情系中华"征文特别荣誉奖。我父亲是受中国传统教育长大的，我受的教育的一部分是传统教育，一部分是西方教育。缅怀我的父亲，我写了《怀念》这篇文章。

多年来，我在学校里接触到不少中国学生，因此，我想借这个机会向大家谈谈学习自然科学的中国学生应该怎样了解自然科学。

在中国传统教育里，最重要的书是"四书"。"四书"之一的《大学》里这样说：一个人教育的出发点是"格物"和"致知"。就是说，从探察物体而得到知识。用这个名词描写现代学术发展是再适当也没有了。现代学术的基础就是实地的探察，就是我们所谓的实验。

但是传统的中国教育并不重视真正的格物和致知。这可能是因为传统教育的目的并不是寻求新知识，而是适应一个固定的社会制度。《大学》本身就说，格物致知的目的,是使人能达到诚意、正心、修身、齐家、治国的地步,从而追求儒家的最高境界——平天下。因为这样,格物致知的真正意义被埋没了。

大家都知道明朝的大理论家王阳明,他的思想可以代表传统儒家对实验的态度。有一天王阳明要依照《大学》的指示,先从"格物"做起。他决定要"格"院子里的竹子。于是他搬了一条凳子坐在院子里,面对着竹子硬想了七天,结果因为头痛而宣告失败。这位先生明明是把探察外界误认为探讨自己。

王阳明的观点,在当时的社会环境里是可以理解的。因为儒家传统的看法认为天下有不变的真理,而真理是"圣人"从内心领悟的。圣人知道真理以后,就传给一般人。所以经书上的道理是可"推之于四海,传之于万世"的。这种观点,经验告诉我们,是不能适用于世界的。

我是研究科学的人,所以先让我谈谈实验精神在科学上的重要性。

科学进展的历史告诉我们,新的知识只能通过实地实验而得到,不是由自我检讨或哲理的清谈就可求到的。

实验的过程不是消极观察,而是积极地、有计划地探测。比如,我们要知道竹子的性质,就要特别栽种竹树,以研究它生长的过程,要把叶子切下来拿到显微镜下去观察,绝不是袖手旁观就可以得到知识的。

实验的过程不是毫无选择的测量,它需要有小心具体的计划。特别重要的,是要有一个适当的目标,以作为整个探索过程的向导。至于这目标怎样选定,就要靠实验者的判断力和灵感。一个成功的实验需要的是眼光、勇气和毅力。

由此我们可以了解,为什么基本知识上的突破是不常有的事情。我们也可以了解,为什么历史上学术的进展只靠很少数的人关键性的发现。

在今天,王阳明的思想还在继续地支配着一些中国读书人的头脑。因为这个文化背景,中国学生大部偏向于理论而轻视实验,偏向于抽象的思维而不愿动手。中国学生往往念功课成绩很好,考试都得近100分,但是面临着需要主意的研究工作时,就常常不知所措了。

在这方面,我有个人的经验为证。我是受传统教育长大的。到美国大学念物理的时候,起先以为只要很"用功",什么都遵照老师的指导,就可以一帆风顺了,但是事实并不是这样。一开始做研究便马上发现不能光靠教师,需要自己做主张、出主意。当时因为事先没有准备,不知吃了多少苦。最使我彷徨恐慌的,是当时的惟一办法——以埋头读书应付一切,对于实际的需要毫无帮助。

我觉得真正的格物致知精神,不但是在研究学术中不可缺少,而且在应付今天的世界环境中也是不可少的。在今天一般的教育里，我们需要培养实验的精神。就是说，不管研究科学，研究人文学，或者在个人行动上，我们都要保留一个怀疑求真的态度，要靠实践来发现事物的真相。现在世界和社会的环境变化得很快。世界上不同文化的交流也越来越密切。我们不能盲目地接受过去认为的真理，也不能等待"学术权威"的指示。我们要自己有判断力。在环境激变的今天，我们应该重新体会到几千年前经书里说的格物致知真正的意义。这意义有两个方面：第一，寻求真理的唯一途径是对事物客观的探索；第二，探索的过程不是消极的袖手旁观，而是有想象力的有计划的探索。希望我们这一代对于格物和致知有新的认识和思考，使得实验精神真正地变成中国文化的一部分。

（摘自《散文选刊》1999年第2期。本文系作者于1991年10月18日在人民大会堂举行的"情系中华"大会上接受特别荣誉奖时的演讲）

【导读】"格物致知"是古代儒家思想中的一个重要概念，出于《礼记·大学》："欲诚其意者，先致其知；致知在格物。物格而后知至，知至而后意诚。"但《大学》中并未对"格物致知"作进一步的解释，就是先秦的其他典籍中也鲜见这一概念，致使"格物致知"成了儒学思想的一大难题。第六版《现代汉语词典》（2012年出版）释"格物致知"："穷究事物的原理法则而总结为理性知识。"东汉郑玄曾最早为"格物致知"作注："格，来也。物，犹事也。其知于善深，则来善物。其知于恶深，则来恶物。言事缘人所好来也。此致或为至。"但宋儒对这一概念阐释最多，争议也颇大，其中南宋朱熹的观点颇具代表性，他认为"格物致知"就是探究事物从而获得知识和道理。"格，至也。物，犹事也。穷推至事物之理，欲其极处无不到也。""所谓致知在格物者，言欲致吾之知，在即物而穷其理也。盖人心之灵，莫不有知，而天下之物，莫不有理。惟于理有未穷，故其知有未尽也。是以《大学》始教，必使学者即凡天下之物，莫不因其已知之理而益穷之，以求至乎其极。至于用力之久，一旦豁然贯通，则众物之表裏精粗无不到，吾心之全体大用无不明矣。此谓物格，此谓知之至也。"朱熹乃儒学史上承先启后的一代大儒，他对于"格物致知"的解读自然成了明清两代普遍流行的观点，直至清末的洋务学堂仍把物理、化学等学科称为"格致"学。

本文是著名物理学家丁肇中先生应《瞭望》周刊之约，为其"情系中华"征文活动所发表的一篇演讲。在文中,丁先生以现代的眼光,从一个自然科学家的角度重新解读了儒家的"格物致知"说。他认为:"《大学》里这样说:一个人教育的出发点是'格物'和'致知'。就是说,从探察物体而得到知识。用这个名词描写现代学术发展是再适当也没有了。现代学术的基础就是实地的探察,就是我们所谓的实验。"他认为"格"就是一种实地探察,也就是我们常说的社会实践,具体用在科学研究上,就是实验工作,这是获得新知的基础或前提。这样说来,一种古老的理论就具有了全新的学术意义——"在环境激变的今天,我们应该重新体会到几千年前经书里说的格物致知真正的意义。这意义有两个方面:第一,寻求真理的唯一途径是对事物客观的探索;第二,探索的过程不是消极的袖手旁观,而是有想象力的有计划的探索"。

(卢有泉 陈 鹏)

光荣的荆棘路

[丹] 安徒生

很久很久以前,有一个古老的故事:"在布满荆棘的路上,一个叫做布鲁德的猎人曾经遇到极大的困难,但他克服了这些困难最终赢得了崇高的荣誉,维护了猎人的尊严。"我们很多人在小时候已经听到过这个故事,可能长大后又读到过它,并且非常遗憾自己没有类似的经历。其实,故事和真事没有很大的分界线。不过故事在我们这个世界里经常人为地有一个愉快的结尾,而真事则常常事与愿违,所以人们只好到故事里寻找结果。

历史的进程就像一部巨型的幻灯片,它在现代的黑暗背景上,放映出清晰的片子,说明那些造福人类的伟人和无私的殉道者所走过的荆棘路。

这部客观的幻灯片把各个时代、各个国家都反映给我们看。每张片子只放映短短的几秒钟,但是它却能反映整个人的一生——充满了斗争和胜利的一生。让我们来看看这些殉道者吧——只要这个世界没有灭亡,这个行列就永远不会穷尽。我们现在来看看一个挤满了观众的圆形剧场吧。讽刺和嘲笑的语言像潮水一样四处弥漫。雅典最了不起的一个人物,在人身和精神方面,都受到了舞台上的嘲笑。他是保护人民反抗三十个暴君的战士,名叫苏格拉底,他在混战中救援了阿尔西比亚得和生诺风,他的胆识和智慧超过了古代的神仙。面对不堪的语言,他从观众席上站起来,走到前面去,让那些正在哄堂大笑的人看看,他究竟是不是他们嘲笑的那种人,他站在他们面前,犹如身材伟岸的一个巨人。

多汁的毒胡萝卜,雅典的阴影不是遍街栽种的橄榄树而是你!

在荷马死了以后,七个城市国家在彼此争辩,都说荷马是出生在自己的城市。请看看他活着的时候吧!他每天在这些城市里流浪,靠朗诵自己的诗篇像乞丐似地过着乞讨的生活。他一想起明天的早餐,他的头发就变得灰白起来。这个伟大的先知者,活着时,不过是一个孤独的瞎子。无情的荆棘把这位诗中圣哲刺得遍体鳞伤。然而他的思想、他的歌却是不朽的。通过这些歌,古代的英雄和神仙栩栩如生地站在人们面前。

东西方的图画一幅一幅展现出来。这些国家彼此相距很远,然而它们路上的荆棘路惊人地相似。生满了刺的花枝只有在它装饰着坟墓的时候,才会有鲜花绽放。

一队满载着靛青和贵重的财宝的驼队长途跋涉在棕榈树下,这些东西是这个国家的君主送给一个人的礼物——这个人是人民的骄傲,是国家的光荣。但嫉妒和毁谤却使他背井离乡,直到现在人们才发现他。当骆驼队走到他避乱的那个小镇,城里抬出一具可怜的尸体,骆驼队停下来了。这个死人就正是他们所要寻找的费尔杜西——他已光荣地走完了他的荆棘路。

在葡萄牙繁华的京城里,在奢侈的王宫的台阶上,坐着一个圆脸、厚嘴唇、黑头发的非洲黑人,他是加莫恩的忠实的奴隶,他在向人求乞。如果没有他和他求乞得到的许多铜板,叙事诗《路西亚达》的作者加莫恩恐怕早就饿死了。具有讽刺意味的是贫穷的加莫恩的墓地却极尽豪华。

请看另一幅图画!疯人院里关着一个人,他的面容死一样的惨白,嘴上长着又长又乱的胡子。

这个人说:"我发明了一件东西——一件几百年以来最伟大的发明,但是人们却把我关了二十多年!"

人们若问他是谁。"一个疯子!"疯人院的看守说:"这个疯子的怪念头可真多!他说人们可以用蒸汽推动东西!"

此人名叫萨洛蒙·得·高斯,由于无人能读懂他的预言性的著作,因此他只能在疯人院里了此残生。

还有一个扬帆远航的人,叫哥伦布。许多人常常跟在他后面讥笑他,因为他想发现一个新世界——而且他的梦想也实现了。欢乐的钟声迎接着他凯旋归来,但嫉妒的破锣敲得比这还要响亮。这个发现新大陆的人,这个把美洲黄金的土地从海里捞起来的人,这个把毕生献于航海事业的人,所得到的酬报竟是一条铁链。他希望把这条链子放在他的墓碑上,让后人给予他一个公正的评价。

一幅接着一幅的画面,连接着无穷无尽的荆棘路。

许多人都认为天上只有上帝,一个人却想量出月亮里山岳的高度。他探索星球与行星之间的太空,他能感觉到地球在他的脚下转动,这个人就是伽利略。老年的他,又聋又瞎,坐在那儿,在身体的苦痛和人间的轻视中挣扎。当人们不相信真理的时候,他在灵魂的极度痛苦中曾经在地上跺着抬起的双脚,高喊着:"但是地在转动呀!"

还有一位怀着一颗童心的女子,这颗心充满了热情和信念。她在一个战斗的部队前面高举着旗帜:她为她的祖国带来胜利和解放。然而她却落入了魔鬼之手,在一片狂乐的声音中,一堆大火烧起来了:大家在烧死一个巫婆——冉·达克。在接着的一个世纪中,人们唾弃鄙视这朵纯洁的百合花,但却被人们爱戴的诗人伏尔泰歌颂为"拉·比塞尔"。

一群丹麦的贵族冲进城堡的宫殿里,烧毁了国王的法律。火焰升起来,克利斯二世的时代结束了。但这把火把这个立法者和他的时代都照亮了,他的头发斑白,腰也弯了,但这个形容枯槁的人曾经统治过三个王国。他是一个深受民众爱戴的国王,他是市民和农民的朋友,他是粗犷豪放的平民君王。他的一生曾经有血腥的罪过,但他也为之付出了二十七年被囚禁的代价。

一个人站在船上,留恋地望着渐渐远去的祖国,他是杜·布拉赫。他把丹麦的名字提升到星球上去,但他却被讥笑和迫害,万般无奈下,他跑到国外去。他说:"处处都有天,我并不要求别的东西啊。"这位最有声望的人在国外得到了尊严和理解。

这是一张什么画片呢?这是格里芬菲尔德——丹麦的普洛米修斯——被铁链锁在木克荷尔姆石岛上的一幅图画。人们在几百年来反复地听到他的呼喊:"主啊!愿我身体中难以忍受的苦难早日解脱!"

在美洲的一条大河的旁边,有一大群人来参观,据说可以让船在坏天气中逆风行驶而且具有抗拒风雨的力量的试验。这个试验者名叫罗伯特·富尔登。他的船开始航行,但不久它忽然停下来了。观众大笑起来,连他自己的父亲也跟大家一起"咒骂"起来："自高自大！糊涂透顶！该把这个疯子关起来才对！"

其实，刚才机器不能动是一根小钉子被摇断了的缘故。稍加修理轮子转动起来了，轮翼在水中向前推行，船在逆风中向前开行！蒸汽机的杠杆拉近了世界各国间的距离。

人类的灵魂只有懂得它的使命，才能感到真正的幸福，才会忘却光荣的荆棘路上所遇到的一切苦难，恢复健康、力量和愉快，使噪音变成谐声。而人们可以在一个人身上看到上帝的仁慈，这仁慈再通过一个人普度众生。

光荣的荆棘路其实就是环绕着地球的一条美丽的光环，并非每个人都能在这环中行走，因为那是一条联接上帝与人间的非凡之路。

时间的年轮，已辗过了许多世纪，在黯淡的荆棘路上，也出现了明亮的色彩，来鼓舞大家的斗志，促进内心的平衡。这条光荣的荆棘路，不是童话，不会有一个辉煌或愉快的终点，但它终将超越时代，永垂不朽！

（摘自《安徒生童话全集》第2卷，天津人民出版社2014年版，叶君健译）

【导读】安徒生（1805—1875），19世纪丹麦著名的童话大师，其《卖火柴的小女孩》《皇帝的新装》《冰姑娘》《看门人的儿子》《丑小鸭》和《红鞋》等童话故事，家喻户晓。

《光荣的荆棘路》是安徒生著名的历史散文。该文用宏观勾勒的手法和饱含的深情，描写了苏格拉底、荷马、费尔杜西、加莫恩、高斯、哥伦布、伽利略、冉·达克、克利斯二世、布拉赫、格里芬菲尔德、富尔登等12位历史人物捍卫理想信念、披荆斩棘、至死不渝的壮举。安徒生称他们为"天才的殉道者"：这些人在现代社会中被认为是伟大的人物或"造福人类的善人"，而他们生前却往往被看成是不合时宜的另类。他们为了探求真理或人类的幸福之路与时代所进行的抗争，在后人看来是"光荣"的壮举，但对于其个人却是一条充满血泪的荆棘路。科学的进步和历史的前行永远是艰难的，在通向真理的道路上，总会有惨重的代价和牺牲。这条路安徒生称之为"光荣的荆棘路"，他说"这条光荣的荆棘路，跟童话不同，并不在这个人世间走到一个辉煌和快乐的终点，但是它却超越时代，走向永恒"。

学术研究之路也不是一条坦途，期间会遭遇诸多困难，但只要在这条路上披荆斩棘，同样能沐浴到智慧的荣光。《光荣的荆棘路》充满诗意和哲理，感性的画面、细节的勾勒、诗意的礼赞,在疲惫时读读这篇独具魅力的文章,定能激发更多前行的力量。

(黄 斌)

论 创 造

[法] 罗曼·罗兰

生命是一张弓,那弓弦是梦想。箭手在何处呢?

我见过一些俊美的弓,用坚韧的木料制成,了无节痕,谐和秀逸如神之眉,但仍无用。

我见过一些行将震颤的弦线,在静寂中战栗着,仿佛从动荡的内脏中抽出的肠线。它们绷紧着,即将奏鸣了……它们将射出银矢——那音符——在空气的湖面上拂起涟漪,可是它们在等待什么?终于松弛了。永远没有人能听到乐声了。

震颤沉寂,箭枝纷散;

箭手何时来捻弓呢?

他很早就来把弓搭在我的梦想上。我几乎记不起何时我曾躲过他。只有神知道我怎样地梦想!我的一生是一首梦。我梦着我的爱,我的行动和我的思想。在晚上,当我无眠时;在白天,当我白日幻想时,我心灵中的谢海莱莎特就解开了纺纱竿;她在急于讲故事时,把她梦想的线索搅乱了。我的弓跌到了纺纱竿一面。那箭手,我的主人,睡着了。但即使在睡眠中,他也不放松我。我挨近他躺着;我像那把弓,感到他的手放在我光滑的木杆上;那只丰美的手、那些修长而柔软的手指,它们用纤嫩的肌肤抚弄着在黑夜中奏鸣的一根弦线。我使自己的颤动溶入他身体的颤动中,我颤栗着,等候苏醒的瞬间,那时神圣的箭手就会把我搂入他怀抱里。

所有我们这些有生命的人都在他掌中:灵智与肉体,人、兽、元素——水与火——气流与树脂——一切有生之物……生存何足道!要生活,就必须行动。您在何处,primus movens?我在向您呼吁,箭手!生命之弓在您脚下阑珊地横着。俯下身来,拣起我吧!把箭搭在我的弓弦上,射吧!

我的箭如飘忽的羽翼，嗖地飞去了；那箭手把手挪回来，搁在肩头，一面凝望着向远方消失的飞矢。渐渐地，已经射过的弓弦也由震颤而归于凝止。

神秘的发泄！谁能解释呢？一切生命的意义就在于此——在于创造的刺激。

万物都在期待着这刺激的状态中生活着。我常观察我们那些小同胞，那些兽类与植物奇异的睡眠——那些禁锢在茎衣中的树木、做梦的反刍动物、梦游的马、终身懵懵懂懂的生物。而我在他们身上却感到一种不自觉的智慧，其中不无一些悒郁的微光，表明思想快形成了："究竟什么时候才行动呢？"

微光隐没。他们又入睡了，疲倦而听天由命……

"还没到时候哪。"我们必须等待。

我们一直等着，我们这些人类。时候毕竟到了。

然而对于某些人，创造的使者只站在门口。对于另一些人，他却进去了。他用脚碰碰他们："醒来！前进！"

我一跃而起。咱们走！

我创造，所以我生存。生命的第一个行动是创造的行动，一个新生的男孩刚从母亲子宫里冒出来时，便立刻洒下几滴精液。一切都是种子，身体和心灵均如此。每一种健全的思想是一颗植物种子的包壳，传播着输送生命的花粉。造物主不是一个劳作了六天而在安息日上休憩的、有组织的工人。安息日就是主日，那伟大的创造日。造物主不知道还有什么别的日子，倘若他停止创造，即使是一刹那，他也会死去。因为"空虚"会张开两颚等着他……颚骨，吞下吧，别作声！硕大的播种者散布着种子，仿佛流泻的阳光，而每一颗洒下来的渺小种子就像另一个太阳。倾泻吧，未来的收获，无论肉体或精神的！精神或肉体，反正都是同样的生命之源泉。"我的不朽的女儿，刘克屈拉和曼蒂尼亚……"我产生我的思想和行动，作为我身体的果实……永远把血肉赋予文字……这是我的葡萄汁，正如收获葡萄的工人在大桶中用脚踩出的一样。

因此，我不断创造着……

（摘自《梦幻的创造——世界文学名家传世精品》，改革出版社1999年版）

【导读】罗曼·罗兰，1866年生于法国克拉姆西，是著名的思想家，音乐评论家，社会活动家，是20世纪上半叶法国著名的人道主义作家。他的小说特点被人们归纳为"用音乐写小说"。主要著作有长篇小说《约翰·克里斯朵夫》《母与子》，传记《巨人传》等，另有许多音乐评论、文学评论、日记、回忆录等，1915年因"文学作品中的高尚理想和他在描绘各种不同类型人物所具有的同情和对真理的热爱"而获得诺贝尔文学奖。

《论创造》是一篇短小精悍的散文，语言表达准确、简明、得体、连贯，同时，还特别注重巧妙地、画龙点睛般地使用修辞格来使语言增强气势、神韵、表现力和穿透力。文章开头第一句："生命是一张弓，那弓弦是梦想。"显然，生命不是弓，弓弦也不是梦想，但是，这个比喻用得多么好啊，当一个人用充满美丽梦想的手指拉开一张生命的弓弦时，生命的箭就会向上、向前飞去。作者还运用了丰富的联想，酣畅淋漓地叙述了生命的意义在于创造！要生存，就要创造！生命的第一行动就是创造的行动。另外，细腻的笔法把无形的创造描绘得栩栩如生，让人们似乎真的能够感觉到它的存在，一切有生之物都在它的掌握之中。对这种无孔不钻，无缝不入的创造，驾驭它又办法各异。虽然"万物都在期待着这刺激的状态中生活着"，但兽类和植物只会入睡，"听天由命"，而人类却积极地投入到这场斗争中，一直等待着，只要一听到"醒来！前进"，便"一跃而起。咱们走！"这里将兽类和植物与人类作对比，从反面论证了创造的重要性，也说明了人类的伟大之处在于人能跳出主宰自己命运的罗网，创造、生存，更新世界。如果人类如同兽类、植物一般缺乏创造，那么同样也会失去存在的价值和意义。

（黄　斌）

论人的命运

[英] D·H·劳伦斯

人是必须思考的居家动物。因为思维，他稍低于天使，而喜欢居家又使他有时不如猴子。

硬说大多数人不思考是没有意义的。诚然，大多数人没有独到的见解，或许大多数人根本就不会独自思考。但这改变不了这么一个事实：每个人，每时每刻都在思考，甚至睡着后大脑也不会空白。大脑拒绝出现空白。只要一息尚存，生命之流不断，大脑的磨坊水车就不会终止碾磨。它将不停地碾磨大脑所存的一切思维之谷。

这思维之谷也许十分古老,早就碾成了齑粉。没有关系,大脑的磨臼会一遍又一遍地碾下去。就这一点而言,非洲最野蛮的黑人同威斯敏斯特最高贵的白人议员毫无二致。冒着死亡的危险、女人、饥饿、酋长、欲望以及极度的恐慌,所有这一切是非洲黑蛮所固有的思想。不错,这些思想的产生都基于黑人心与腹部的某些感官反应,无论多么原始,它们仍不失为一种思想。而原始的思想和文明的思想之间并没有很深的鸿沟。从原始到文明,人的基本思想几乎没有发生什么变化,这是十分出人意料的。

人们如今喜欢谈论自发性,自发的感情,自发的情欲,自发的情感。但我们最大的自发性其实只是一种思想。现代所有的自发行为都是先在大脑中孕育,在自我意识中酝酿出来的。

自从人类很早就成了会思维的居家动物、略逊于天使一筹以来,他很早就不再是受本能役使的野兽了。我也不相信人曾经是那种动物,在我看来,那些最原始的穴居人也不过是一种理想的四足兽而已。他也在那儿碾磨他原始而朦胧的思想。同我们一样,他也不是出没于山间的野鹿和豹子。他在他沉重的头盖骨下笨重而缓慢地碾磨自己的思想。

人从来不会自发行事,不像我们想象中的鸫或雀鹰那样,总是受本能的驱使。无论人多么原始、野蛮、明显地不开化,无论是东南亚的达雅克人还是西南非洲的霍屯督人,你都可以确信他在碾磨自己固有而奇特的思想。他们不会比伦敦汽车上的售票员更自发行事,或许还稍稍差一些。

绝对天真无知的自然之子是不存在的。如果偏偏来个人类意识中的意外,出现华兹华斯笔下的那个露茜,那也是因为她的生命力比较弱,她单纯的本性非常接近傻子的缘故。你尽可以和叶芝一样,赞赏这些傻子,把他们称为"上帝的呆子",但对我来说,乡村白痴是个毫无情趣的怪物。

即便让人降到原始得不能再原始的地步,他还是有思想。只要与此同时在他的性格中注入某种激情,在他的激情与大脑之间便会产生思想,多少有些裨益的思想,抑或多少有些怪异的思想,但无论是益是畸,它终究是一种思想。

比较而言,野蛮人对他的物神、图腾或禁忌的思考,要比我们对爱情、救世以及行善的思索更专注,更认真。

还是打消无辜的自然之子的念头吧。这样的人是不存在的,过去没有,将来没有,也不可能有。无论人处在文明的哪个阶段,他都有自己的头脑,也有情欲,而在大脑与激情中间便产生了思想的窝子,如果你愿意的话,可以把它称为主持理想的天使。

让我们接受自己的命运。人不可能凭本能生活,因为他有大脑。蛇,即便头被砸烂了,还知道沿它的脊骨盘算,让嘴里吐出毒液。蛇具有非常奇特的智慧,但即便如此,它还是不会思维。人有大脑,会思维。因此,向往纯朴无知和天真的自发是十分幼稚的。人从来没有自发性,小孩也没有,绝对没有。他们显得那样,是因为他们那很少几个占主导地位的幼稚想法没有组成逻辑的联系。小孩的思想也很顽强,只不过组合的方式有些滑稽,而个中产生的情感搅得他们有些荒唐可笑罢了。

思想是大脑与情感结合的产物。你也许会说,情感完全可以不受充满理性的大脑的束缚而自由发挥。

这是不可能的。因为,既然人吃了禁果,获得了思想,或者说有了思维意识,人的情感就像个出了阁的女人,失去了丈夫,她就不成其为完人。情感不可能"自由自在"。你喜欢的话,可以随心所欲地放纵情感,可以让它们"撒野",但这种放纵和自由相当糟糕,它们留给你的只能是烦恼和无趣。

不经大脑管束的情感只会变成烦恼,而缺乏情感的思想则是个干巴巴的尤物,使一切索然无味。怎么办呢?

只好将它们结合成一对。两者分开,有害无益。不经大脑批准而点燃的情感只能是歇斯底里的发作,而不经情感同意和激励的大脑无异于一根干柴,一棵死树,除了用作棒子去威胁和抽打别人之外,毫无其他用处。

所以,就人的心理而言,我们有了这么一个简单的三位一体:情感、大脑以及这对令人起敬的夫妻的结晶——思想。人受其思想的制约,这是毋庸置疑的。

让我们再来看一个例子。一对被解放的情人决定摆脱他们所厌恶的理想的束缚,去过自己想过的日子。这就是全部的目的,去过他们自己的生活。

让我们来看看他们!他们在"过自己的日子"时,做的都是他们知道别人在过"自己的日子"时做的事。他们极力想按照自己的想法不是去行善,而是闹顽皮。结果怎么样呢?还是老方一帖。他们表演的仍是老一套,只不过方向相反而已。不是从善而是顽皮,以逆向重踏旧辙,以相反的方向围着同一个古老的磨臼打转。

如果有个男人去找妓女。那又怎么样?他做的与他同自己的妻子做的是一样的事，只是方向相反。他不是从正直的自我出发，而是从顽皮的自我出发去做一切。起初，摆脱正直的自我也许给他带来轻松感。但过不了多久，他就会垂头丧气地发现，自己只不过是以相反的方向在走老路。康索特亲王认认真真地围着磨臼打转，以他的善行搞得我们头昏目眩，而爱德华国王则以相反的方向围着磨打转，以他的淘气搅得我们难辨是非。我们对乔治时代十分惶惑，因为我们对整个循环的正反两个方向了如指掌。

循环的中心还是情感问题。你爱上了一个女人，娶了她，共享天伦，生了孩子，你一心扑在家庭和为人类谋福的事业上，其乐融融。或者，同一种意念，但从另一个方向出发：你爱上了一个女人，但没有娶她，却秘密地与她生活，不顾社会的反对，纵情享乐。你让你妻子去怨恨，去流泪，还把女儿的嫁妆花得干干净净，坐吃山空，尽情挥霍人类堆积起来的食粮。

拉磨的驴子从这个方向走，可以把粮食从壳里碾出来，换个方向，则可能将粮食踩进泥里。这里的中心还是老问题：爱情、服务、自我牺牲，以及生产效率。关键就看你朝哪个方向走。

这就是你的命运，可怜的人！你们能做的就是像一头驴子那样地打转，不是朝这个方向，就是朝那个方向，围着某个固定的中心思想，沿着一系列不那么重要的边缘思想轨道——爱的思想，服务、婚姻、繁殖等等边缘性理想。

即使是最俗气的自我寻找者也在同样的轨道上疾走，得到同样的反应，只是没有中心情感的激奋罢了。

怎么办？现在正在采取什么措施？

人生的角斗场越缩越小。俄国是个各种思想的混合地，古老而野蛮的王权思想、不负责任的强权思想，以及神圣的奴役思想，同平等、社会公仆、生产效率等现代思想互相冲突，混乱不堪。这种状态必须清理。俄国以其辉煌、苦痛、野蛮和神秘曾像个巨大而令人迷惑的马戏团（一切都必须改变）。于是，现代人改变了它。那个表现人类畸形的马戏团也终将变成一个生产的打谷场，一个理想的磨坊，即一个已达到目的的思想磨坊。

怎么办？人是理想的动物：一种会制造思想的动物。纵然有思想，人还是动物，而且常常连猴子都不及。而另一方面，尽管他具有动物属性，却只能按照那些脱离现实的思想行事。怎么办？

同样很简单，人并没有被他的思想所束缚，那就让他冲破那只禁锢他的罐子吧。从观念上说，他是被禁锢的，如同困在一只罐子里，根须伸不开，受到挤压，生命正在离开他，就像一棵长在土罐里的小苗，慢慢地失去了浆液。

那么，就把罐子打破吧。

不能等到条件逐渐成熟再来打破罐子。现在的人正是喜欢那样做。他们知道罐子迟早要被打破，知道我们的文明迟早会被击得粉碎，因而说："顺其自然吧！还是让我先过过小日子。"

这无可厚非，却完全是懦夫的态度。他们会辩解说："呵，是的，任何文明最后都将消亡，罗马就是一例。"很好，那就看看罗马吧。你瞧见什么呢？当一大批所谓"文明的"罗马人在那儿大谈特谈"自由"之时，成群结队的野蛮人——匈奴人或其他部落的人冲上去将他们消灭，并在这一举动中扩张自己的势力。

中世纪的情况又怎么样呢？当时，意大利大片土地荒芜，如同不曾开发过的原野，成群的饿狼和笨熊漫步在里昂的大街上，那又怎么样呢？

好极了！可还有什么呢？看看另一点点事实吧。罗马原被罐子禁锢着，后来罐子被击为碎片，高度发达的罗马生命之树躺在一边，死掉了。可不久，新的种子又开始萌芽。在龟裂的土壤中，孕育着基督教的小树，它细小而微贱，几乎难以识辨。在屠杀和动乱留下的荒野里，那些因过于卑微而免遭劫掠的寺院，始终把人类不朽的艰辛努力之火维持不灭，保持着清醒的意识。几个可怜的主教，奔走于动乱之中，联络思想家以及传道士的勇气。一些被冲得七零八落的人找到了一条通往上帝的新径，一条探求生命之源的道路。他们为重新同上帝取得联系而欣喜，为找到新路，使知识之火不灭而兴奋不已。

这便是罗马王朝灭亡后中世纪的基本历史。我们现在谈起来，就好像人类勇气的火焰曾经完全熄灭过，后来又奇迹般地不知从哪儿重新点燃，产生了种族的融合，造就了新的野蛮血统，等等。真是一派胡言，纯属阿谀！事实上，人的勇气从未中断过，虽说有时勇气的火焰变得十分微弱；人类不断更新的意识之光从未熄灭过。大城市的灯光可以熄灭，使一切沦为黑暗，但自从有人类以来，纯真而笃信上帝的人类意识之光一直闪亮着；有时，比方说在中世纪，这种意识之光十分微弱，但虔诚的火光星星点点，遍布各地；有时，比方说在我们伟大的维多利亚时代，人类的"理解"之光大放光芒。总之，意识之光从未熄灭过。

这就是人类的命运：意识之光不灭，直至世界的末日。人类对意识的探索，说到底，就是对上帝认识的探索。

第六编　治学精神

人类对上帝的认识，时盛时衰，仿佛烧的是不同的燃油。人可谓一艘奇怪的船，他身上有一千种不同的油，供意识之光所用。然而，很明显，他一时只能用一种油。而一旦他使用的那种油枯竭，他便面临一个危机：或挖掘新的油井，或让意识之光默默地熄灭。

罗马时代便是这种情况。异教徒古兰的知识之火渐渐熄灭了，其源泉干枯了。这时，耶稣点起了一个崭新而陌生的小火星。

今天，漫长的基督教之火行将熄灭，我们应该在自己身上找到新的光源。

等待大动荡是无济于事的。我们不能说："噢，这世界不是我创造的，因此怎样修补不由我决定，那是时间和事变的事儿。"不，时间和事变什么作用也不起，一次大的动荡之后，人只会变得更糟。那些从革命的恐怖中"逃"出来的俄国人，大多已不再称得上是人了。人的尊严已荡然无存，剩下的只是垮掉的行尸走肉，还在那儿解嘲说："看看我，我还活着，还能吃更多的香肠。"

动荡救不了人类。几乎每次动荡以后，人们灵魂中那些正直和自豪便会在灾难的恐慌中消失殆尽，使人成为痛苦而孱弱的动物，耻辱的化身，什么也干不了。这便是动荡带来的最大危险，特别在信仰出现危机的今天更是如此。人丧失了信念和勇气，无法使自己的灵魂始终保持清醒、激奋，不受破坏。接下去，便是漫长的忍辱负重。

可怜、清醒又永远摆脱不了动物属性的人类面临着极其严峻的命运，想逃也逃不掉。这一命运决定人必须不断地进行思想的探索，永不停步。人是天生的思想探索者，必须探索不已，一旦他为自己建造起房子，以为可以稳坐在里面吃知识的老本，他的灵魂就会失常，他就会开始毁掉自己的房子。

今天，人成了房子的奴隶。人类意识营造的房子过于窄小，无法使我们在那儿自由自在地生活。我们的主导思想不是北极星，而是挂在我们脖子上的磨石，使我们透不过气来。这古老的磨石！

这就是我们命运的组成部分。作为有思维的生灵，人命里注定要去寻找上帝，去形成生活的概念。但是，由于无形的上帝是想象不出来的，由于生活永远不仅仅只是抽象的思想，因此，请注意：人类对上帝和生活的概念往往遗漏掉许多必不可少的东西，而这些遗漏物最终会向我们算账，这就是我们的命运。

没有什么能改变这种情况。当那个被我们遗忘的上帝从冥冥中向我们发起猛攻，当被我们拒之门外的生活在我们的血管里注入毒液和疯狂时，我们剩下可做的只有一件事：挣扎着去寻找事物的心脏，那儿存放着不灭的火焰，用它为自己重新点燃另一盏灯。总之，我们得再进行一次艰苦的跋涉，一直进入能量的中心，以探求律动的思想。我们得在无畏的大脑和鲁莽的真情之间萌发新的种子——新思想的种子。要么是重新认识上帝，要么是重新认识生活，反正是一种新的认识。

这新的种子将膨胀、成长，也许会长成一棵大树，最后又将枯死消亡，同人类其他的知识之树一样。

但那又有什么关系呢？我们大踏步地向前，我们度过了白天，也度过了黑夜。小树慢慢地成长为参天大树，不久又匆匆地倒伏于大地变成尘埃。对每个人来说，都有一段很长很长的白昼，然后，便是黑而宽阔的停尸房……

我生我死，我别无所求，我所产生的一切既生又死。对此，我亦已满足。上帝是永恒的，但我对上帝的认识是我自己的，他也是会消亡的。人类的一切——知识、信仰、情感——都会消亡，这是好事。倘若不是这样，一切都将变成铸铁，当今世上，这种铸件委实太多了。

是不是因为我知道大树终将要死而不去播种了呢？不，这样做我便是自私、懦怯。我喜爱小小的新芽、孱弱的籽苗，喜爱单薄的幼树、初生的果实，也喜爱第一粒果实落地的声音，喜爱参天的大树。我知道，到了最后，大树会被蛀空，哗啦一声倒地，成群的蚂蚁将爬过空洞的树干，整棵大树会像精灵那样回到腐土之中。对此，我毫不悲伤，只是感到高兴。

因为这就是一切造物（感谢上帝）的运动周期，只要有勇气，这个周期甚至可以使永恒免于陈腐。

人类苦苦地探求对生活和上帝的认识，就像他在春天播种一样，因为他知道，播种是收获的唯一途径。如果收获之后又是严冬，有什么关系呢？这本来是季节合情合理的变化。

但即使仅仅播种，你还要花很大的气力。要播种，你必须先铲除野草，掘开大片大片的土地。

（摘自《在文明的束缚下·劳伦斯散文精选》，新华出版社2006年版，姚暨荣译）

【导读】 戴维·赫伯特·劳伦斯（1885—1930）是20世纪英国备受争议的作家之一，被称为"英国文学史上最伟大的人物之一"。一生创作颇丰，有十余部小说、三本游记、三本短篇小说集、多本诗集、散文集、书信集。代表作有小说《虹》《恋爱中的女人》《查泰莱夫人的情人》,以及诗集《爱神》《如意花》等。

文章首先阐述什么是人的命运。与雀、鹰等动物有别,人类是不会总受本能的驱使,因为人是有思想的。思想是大脑和情感结合的产物,而能称之为人,必然是情感、大脑、思想三位一体。那么人的命运就是,人不可能凭着本能生活,情感是要受到大脑、思想的束缚。当然,你也可以随心所欲地放纵自己的情感,不计后果地"撒野",但最终留下的是无尽的烦恼,仍然摆脱不了思想带来的约束。就如文中所说:"不经大脑管束的情感只会变成烦恼,而缺乏情感的思想则是个干巴巴的尤物,使一切索然无味。"这就是人的命运,能够拥有亲情、爱情、友情等各种情感,但却有两种不同的道路,任性而为带来的苦恼,及履行职责带来的愉悦。无论是你选择哪种道路,都绕不开你的思想。

接着,文章分析人类应该如何对待自己的命运。劳伦斯举了一个例子说:"是不是因为我知道大树终将要死而不去播种了呢?不,这样做我便是自私、懦怯。……我知道,到了最后,大树会被蛀空,哗啦一声倒地,成群的蚂蚁将爬过空洞的树干,整棵大树会像精灵那样回到腐土之中。对此,我毫不悲伤,只是感到高兴。"为什么感到高兴呢?劳伦斯有首长诗《命运》可为之解读:

没有人,甚至没有神,能把叶片还给大树,/一旦它已坠落飘零。/没有人,甚至没有上帝,耶稣或其他人/能把人的生命与活着与宇宙再度相联,/一旦连接已告中断,/而人已变得以我为中心。/只有死亡,通过慢慢长远的支离分解/可以把游魂/带入树根冥府/再融汇成川流不息的生命之树的源泉。

死亡是人生的必然,却不是终点,而是另一种生机的开始。就像某些人,他们的肉体不在了,但是精神却永存,影响着千千万万的后来人。所以,我们应该坦然面对死亡。生活中遇到的各种困境、甚至绝境,又何尝不是这样?不能因为死亡,我们就选择碌碌无为;不能因为挫折,我们就自暴自弃。文中说"人是天生的思想探索者,必须探索不已","我们得在无畏的大脑和鲁莽的真情之间,萌发新的种子,新思想的种子",在有限生命里,在理智与情感之间,用人类独特的思想不断探索,积极发现,这应该就是对待命运的正确方式,也是治学的精神所在。

(廖 华)

走自己的路

[美] 卡耐基

著名的威廉·詹姆斯在谈到那些永远不能认识自己的人时说，一般人对自己的天赋只能发挥出10%。"与我们应该的那样相比，"他写道，"我们只是半觉醒的。我们只是在利用自己脑资源的一小部分。大胆一点儿说，每个人生活的范围都远远没有超出自己的限度。他具备各种力量，然而却习惯性地没有去加以运用"。

你与我都有这种能力，所以让我们都不要忧伤，因为我们与他人不同。过去就从没有任何一个完全像你的人，而且在将来的一切时代里也绝不会再有一个完全同你一样的人。遗传学这门新科学告诉我们，你之所以是你，主要是因为你的双亲各自提供了24个染色体，而这48个染色体就构成了决定你要继承什么的各种因素。阿姆拉姆·斯彻菲尔德说："在每个染色体内部的任何地方都可能会有20至上百个基因——有时仅仅一个基因就能改变一个人的整个生命。"千真万确，我们的构造是既"神"且"妙"。

你的双亲接触并结合之后，只有三千万亿分之一的机会产生你这个特殊的人！换言之，如果你有三千万亿个兄弟姐妹，他们也将与你截然不同。这全都是想象吗？不，这是科学事实。如果你想了解更多，那就到公共图书馆去借阅阿姆拉姆·斯彻菲尔德写的那本名为《你与遗传》的书吧。

对于走自己的路这一问题，我很有把握发表一些意见，因为我对此深有感触。我对自己讲什么已胸有成竹，我从痛苦而昂贵的经历中获得了认识？例如，当我从密苏里的玉米田来到纽约后，我考入了美国戏剧艺术学院，渴望当一名演员。当时，我自认为具备了一种绝妙的思想和一种成功的诀窍，这种思想是如此简单明了，以至我根本不明白为什么成千上万雄心勃勃的人竟然还没有发现它。我研究了当时的明星——约翰·德鲁、瓦尔特·汉普登以及奥蒂斯·斯金诺——是如何获得成功的，然后，我又模仿他们各自的长处，兼收并蓄，熔各家之长于一炉。多么愚蠢！多么荒唐！我拼命地去模仿他人，以便让模仿到的东西渗入我那厚厚的密苏里脑壳,而我必须让这只脑壳是我自己的——当然也根本不可能是他人的——就为了这个,我曾浪费了不少的青春。

那段痛苦的经历本该使我接受一次持久的教训,然而并非如此,接受教训的不是我。我太固执了,我必须重新学起。数年之后,我开始写一本公开为商人说话的书、而且我认为它将是人们所说的杰作。对于如何写这本书我又产生了同样愚蠢的想法:我打算从其他作家那里借思想,然后全部并入一本书中,使之成为一本包罗万象的书。于是我找来二十多本讨论公开讲演的书,并花了一年时间去将他们的思想编入我的手稿。可是最后我又一次恍然大悟到自己是在做蠢事。我拼凑的这种大杂烩是如此虚假,如此枯燥,没有任何人能硬着头皮将这味同嚼蜡的东西读完。我只好作罢,将一年的心血付之于废纸筐,然后从零做起。这次我对自己说:"你必须做戴尔·卡耐基,当然避免不了他的缺陷,但你不可能是别人。"于是我不再设法去当一个别人的结合物,而是卷起衣袖,摩拳擦掌地去做我该做的那些最重要的事:我以一名演说家、一名教师的身份写了一本如何讲演的教科书。这是根据我自己的经历、观察,饱含自信写成的。我接受了——我希望永远接受了——沃尔特·雷利的教训(我不是在讲那个把自己的衣服扔在泥里让女王踩着走路的沃尔特先生)。"我写不出与莎士比亚相媲美的著作。"他说,"可是我能根据自己写出一本书"。

我学会走自己的路,按照欧文·伯林给已故的乔治·格什温的劝告那样办事。伯林和格什温初次会面时,伯林十分钦佩格什温的才能,本想请他担任自己的音乐秘书,那样格什温的薪水差不多相当于他原来的三倍。然而伯林最后还是劝告格什温说:"可是你不要干了,不然你会发展成一个'二等伯林'。然而如果你能坚持走自己的路,有一天你会成为一名'一等格什温'。"

格什温牢记那个忠告,最终成为他那个时代美国杰出的作曲家。

查理·卓别林、威尔·罗杰斯、玛丽·玛格丽特·麦克布利蒂、吉纳·奥特利以及不计其数的其他名人都不得不接受我在这里极力阐述的教训。而且为此,他们不得不经历万分艰辛的历程——正如我一样。

查理·卓别林开始从事电影事业时,影片导演坚持让他去模仿当时一位著名的德国喜剧演员。查理·卓别林在表演自身之前可以说是一事无成。鲍伯·霍普也有类似的经历:在一个剧种里花费了数年之久,在开始表演说俏皮话和达到纯熟之前也是一事无成的。威尔·罗杰斯在歌舞杂耍剧目中担任扭绳角色就有好几年,而且是任劳任怨。在他发现自己在幽默方面的天才之前,在他能够一边扭绳一边讲话之前，他也是一事无成的。

玛丽·玛格丽特·麦克布利蒂在从事广播事业之前，极力要做一名爱尔兰喜剧演员，然而失败了。当她努力按照自己的本来面目表演时，这个来自密苏里的普通村姑成了纽约最负盛誉的广播演员之一。

吉纳·奥特利起初要极力改掉自己的得克萨斯腔调，想像一个城市青年那样讲话，而且自称是纽约人，然而人们都在背后嘲笑他。当他开始一边拨着班卓琴一边唱着牛仔民歌时，才为自己开创了一项事业，从而成为电影和广播界里最著名的牛仔。

你是这个世界上的新人，应该为之高兴，要充分利用大自然赋予你的一切。归根结底，所有的艺术都是自传性质的。你只能根据自己的条件唱歌，你只能根据自己的条件绘画。你必须是你的经验、你的环境，以及你所继承的一切所造就的样子。无论如何，你必须细心管理你自己的小苗圃；无论如何，你必须运用生活交响乐中你自己的那件小乐器。

正如爱默生在他关于"依靠自己"的那篇文章中所说的："在每个人的教育中都有一个他能自信的时刻：他自信嫉妒是无知的表现；他自信模仿就是自杀；他自信无论如何必须把自己看成是一份遗产；他自信虽然大自然充满了食物，可是除了靠在大自然给予自己去耕种的田地上辛勤劳动外，不能等从天上掉馅饼。在他身上所隐含的力量从本质上讲是全新的，只有他才知道他能做到的究竟是些什么事，可是，虽说如此，他也是经过一番努力之后才知道的。"

以上是爱默生对这一点的表述，而一位诗人——已故的道格拉斯·马尔洛赫是这样表述的：

如果你不能做一棵青松屹立山巅，
就去做峡谷中一丛灌木——
但要做最好的小丛摇曳在溪边；
如果你不能做参天大树，就做一棵矮树乐而无怨。
如果你不能做一棵矮树，就去做一株小草，
把大道装点得更加美丽；
如果你不能做一条大马斯吉鱼，那就做一尾小鲈鱼也好——
但要做最快活的小鲈鱼在湖中游戏！
如果我们不能做船长，那就做水手，
在这里我们都有广阔的天地。

要做的事巨细都有,

而我们必须急事优先。

如果你不能做大道,那就做小路,

如果你不能做太阳,那就做小星;

大小并非决定成败的关键——

不管做什么,

要做就要做得出类拔萃精益求精。

要培养一种使我们从忧虑中获得安宁与自由的观念,法则如下:不要模仿他人。认识自己,走自己的路。

(摘自《世界最美的散文》,北京时代华文书局2014年版)

【导读】戴尔·卡耐基(1888—1955),美国著名作家、演说家、教育家;20世纪美国最伟大的成功学大师,美国现代成人教育之父。著有《人性的弱点》《林肯传》《如何停止忧虑开创人生》等,其中《人性的弱点》被誉为西方世界最持久的人文畅销书。

《走自己的路》是卡耐基给成人的又一碗心灵鸡汤。"走自己的路"最早出自意大利诗人但丁的《神曲》一诗中,被广泛引为世界名言。卡耐基引这句诗为标题,并将其作为自己文章的核心观点,他援引大量生活中和历史上最简单的故事说出要独立地"走自己的路"这一人生要义。

为了论证自己提出的观点,卡耐基先从遗传学的角度分析每个人与其他人是不同的,因而每个人的路是不同的。然后他从自己痛苦而昂贵的人生经历中讨论自己的认识和感悟,他谈及自己先是模仿当时的明星是如何获得成功的,想兼收并蓄,熔各家之长于一炉,经过很多尝试后才发现这种方法实在愚蠢与荒唐,不过是浪费了不少的青春;进而他再谈及他写一本公开为商人说话的书,打算从其他创作家那里借思想并入一本书,于是找来二十多本讨论公开讲演的书,并花了一年时间将他们的思想编入自己的书稿,但最后却恍然大悟是"做蠢事",于是一年心血付之于废纸筐。他由这两个经历告诫自己从此吸取教训,对自己说:"你必须做戴尔·卡耐基,当然避免不了他的缺点,但你不可能是别人。"此后,他根据自己的经历、观察和自信写一本自己的书,他自我鼓励:"我写不出与莎士比亚相媲美的著作,可是我能根据自己写出一本书。"由此他提出自己的观点:"学会走自己的路"。

卡耐基为了论证这个从他自己的人生经历中总结出来的观点，还以欧文·伯林与乔治·格什温的故事、查理·卓别林的经历以及鲍伯·霍普、威尔·罗杰斯、玛丽·玛格丽特·麦克布利蒂、吉纳·奥特利等人的相似经历得出结论："你是这个世界的新人，应该为之高兴，要充分利用大自然赋予你的一切""所有的艺术都是自传性质的""你必须是你的经验、你的环境，以及你所继承的一切所造就的样子"，反复强调要走"自己"的路，独特的路。他还引用道格拉斯·马尔洛赫的诗和阿·巴巴耶娃的名言对自己提出的观点进行论证，并语重心长地告诫世人："不要模仿他人。认识自己，走自己的路"。

卡耐基所反复强调的是"自己的"，是每个人独特的路。人与人之不同，很大程度上便体现在他是否具有独特性，是否走出一条脱离了模仿而具有个性的路。只有不在乎别人的眼光，不以别人做楷模进行模仿，而注重独创性、独特性、个性，坚持自己选定的道路，才能获得成功。

（罗小凤）

科学革命的性质和必然性（节录）

［美］库恩

什么是科学革命，它们在科学发展中的作用是什么？……前面的讨论已经特别提出，科学革命在这里被当作是那些非积累的发展事件，在其中一套较陈旧的规范全部或局部被一套新的不相容的规范所代替。可是，还有许多话要说，而且它的主要部分可以由进一步询问一个问题提出。为什么规范的变化应当称为革命？在政治发展和科学发展之间的巨大的和本质上的差别面前，什么对应能证明两者中发现革命的隐喻是正确的？

对应的一个方面必须已经是明显的。政治革命是由于愈来愈感到，尽管常常限于政界的一部分，现有制度已不足以应付由它们造成的环境所提出的问题而开始的。大体上相同，科学革命也是由于愈来愈感到，尽管也常常限于科学界的一个狭小的部分，现有的规范在探索自然界的一个方面已不起作用而开始的，对这个方面规范本身以前是起带头作用的。在政治发展和科学发展中，机能失灵的感觉能导致危机，它是革命的先决条件。而且，虽然公认它曲解了这个隐喻，即对应不仅适合于可归因于哥白尼和拉瓦锡的那些主要的规范变化，而且也适用于小得多的规范变化，它是同吸收一种新现象像氧或x射线等联系在一起的。正如我们在第五节末尾注意到的，科学革命需要只对那些现象看来好像是革命的，它们的规范是受他们影响的。对于局外人来说，他们也许像20世纪初的巴尔干革命一样，看来好像是发展过程的正常部分。例如，天文学家们能把x射线仅仅当作一种附加的知识来接受，因为，它们的规范是不受新辐射的存在影响的。但是，对于像开尔文、克鲁克斯（Crookes）和伦琴等人来说，他们的研究讨论了辐射理论，或阴极射线管、x射线的出现必然违背了一种规范，就像它创造了另一种规范一样。那就是为什么这些射线只有通过某些最初同正常研究不对头的东西才能发现。

对政治发展和科学发展之间这种类似事件的遗传方面应当不再受怀疑。可是，这种类似还有第二和更意味深长的方面，第一方面的意义也依赖于这个方面。政治革命的目的是要用禁止那些制度的办法去改变政治制度。因而，它们的成功必须部分地消灭一套制度，以支持另一套制度，而在过渡期间，社会根本不是完全受制度支配的。最初只有危机减弱政治制度的作用，就像我们已经看到它减弱规范的作用一样。显然有越来越多的个人同政治生活日益疏远，并在其中表现出越来越离心离德。然而，随着危机深化，这些人中有许多人献身于在一种新制度的框架中改造社会的某些具体建议。这个社会在那些问题上分化为竞争的阵营或党派，一派力求保卫旧制度，其他派别则力求建立某些新制度。一旦两极分化已经出现，政治上求助就破产了。因为，他们对制度的模型意见不同，政治变革就是在这种制度模型内达到并予以评价的，因为他们承认并没有超制度的框架用以判断革命的分歧，各党派对革命的冲突最终必须诉诸大规模的说服方法，常常包括武力。虽然革命在政治制度的发展中曾经具有生死存亡的作用，那种作用依赖于它们部分地是在政治和制度以外的事件。

这篇论文的剩余部分目的在于说明，规范变化的历史研究暴露了科学进展中的极为类似的特征。在竞争着的规范之间就像在竞争着的政治制度之间作出选择一样，原来只要在社会生活的不相容的方式之间作出选择。因为，这种选择的特征并不是而且也不能是仅仅由常规科学所特有的评价程序来决定，这些特征部分地依赖于一种特殊的规范，而那种规范是处在争论中的。当规范进入关于规范选择的争论时，它们的作用必然是循环的。每一个集团都用它自己的规范去为保卫那种规范辩护。

当然，循环的结果不会使论据错误或无效。不过以一种规范为前提的人在为这种规范辩护时，对那些采纳新自然观的人们会喜欢什么科学实践还是能提供一个清楚的说明的。那种说明可以是很有说服力的，常常也是令人不能不相信的。然而，不论它有多大力量，循环论据这种情况只是有说服力。它不能从逻辑上甚至从几率上迫使那些拒绝这种说明的人们进入这个集团。两派对一场关于规范的争论所具有的前程和价值是不够广泛的。在规范选择中就像在政治革命中一样，没有比有关团体的赞成更高的标准了。为了发现科学革命是怎样产生的，我们就不仅必须考察自然界的和逻辑的冲突，而且必须考察在相当专门的集团中生效的有说服力的辩论技巧，那种集团组成科学家的团体。

为了发现为什么规范选择这个问题决不能单靠逻辑和实验明确地解决，我们必须简短地考察一下把传统规范的支持者同他们的革命的继承者分开的各种分歧的性质。这种考察是这一节和下一节的主要对象。可是，我们已经指出了这种分歧的许多例子，而且没有一个人会怀疑历史能提供其他许多例子。可能怀疑他们的存在的是什么？因而，必须首先考虑的是什么？那就是提供关于科学本性的主要资料的例子。同意抛弃规范已经是一种历史的事实，是否说明人类的轻信和混乱呢？为什么吸收一种新现象或者一种新的科学理论必须要求拒绝一种较陈旧的规范呢？是否有本质的理由呢？

首先要注意，如果有这样的理由，他们也不是从科学知识的逻辑结构中引伸出来的。原则上，一种新现象出现应当对过去的科学实践的任何部分都没有破坏性。虽然在月球上发现生命对现存的规范是有破坏性的（这些规范告诉我们有关月球上的事物似乎同那儿有生命存在是不相容的），而在银河系的某些不大著名的部分发现生命就不会。由于同样的原因，一种新理论并不一定同它的先驱冲突。它唯一地应当讨论的是以前不知道的现象，就像量子理论讨论（意味深长地但不是唯一地）20世纪以前未知的亚原子现象。或者，这种新理论只不过是比那些以前已知的更高水平的理论，一种把一整批较低水平的理论连在一起的理论，而没有从实质上改变任何一种理论。今天能量守恒理论正好把力学、化学、电学、光学和热理论等连接起来。在新旧理论之间还能设想出其他可以和谐共有的关系。他们全部应当由历史过程来说明，科学已经通过这种历史过程发展起来了。只要他们是这样，科学的发展就会是真正的积累。各种新现象只不过揭示自然界的一个方面的秩序，在那里以前什么也没有看到。

在科学的进展中，新知识将代替无知而不是代替另一种不相容的知识。

当然，科学（或者某些其他事业，也许效果较小）应当以那种完全积累的方式发展。许多人相信它是这样发展的，大多数人似乎仍然设想，积累至少是历史发展会发扬的一种理想，只要它不那么经常地被人类物质所歪曲。那种信念是有重要理由的。在第X节中我们将发现，"科学是积累"的这种观点同一种占优势的认识论多么紧密的纠缠在一起，那种认识论认为知识是由思维直接放在原始感觉资料上的一种结构。在第XI节中，我们将考察由有效的科学教育方法对同样的编史工作纲要提供的强有力的支持。不过，尽管那种理想的形象似乎很有理由，也有日益增长的理由怀疑它能不能是科学的一种形象。在前规范时期以后，吸收所有新理论和几乎所有新现象，事实上都要求破坏以前的规范，以及随后发生的科学思想的竞争着的各学派之间的冲突。由积累而获得没有预料到的新颖事物，对科学发展的规则来说已证明几乎是不存在的例外。认真对待历史事实的人，必然怀疑科学并不倾向于我们对它的积累形象所提示的理想。也许它是另外一种事业。

可是，如果反对的事实能把我们推进得那么远，那么再看一看我们已经涉及的理由，就会暗示，由积累获得新颖事物不仅事实上很少，而且原则上未必会有。正常研究是积累的，它把它的成就归功于科学家们有规则地选择问题的能力，那种问题能用接近于那些已经存在的概念和仪器的技术去解决。（那就是为什么对有用问题的过分关心能如此容易地抑制科学发展，而不顾它们同现有知识和技术的关系。）可是，力求解决由现存知识和技术规定的问题的人，不只是东张西望。他知道，他想得到什么，他设计他的工具，并适当地指导他的思想。没有预料到的新颖事物，新的发明，只有在他对自然界的预期和他的仪器果然是错误的范围内才能出现。最终的发明的重要性本身常常是同它所预兆的反常现象的范围和难对付成正比的。于是，在揭示反常现象的规范和后来使反常现象类似规律的规范之间必然有冲突。在第vi节中考察的通过规范的破坏而发明的例子并不使我们只面临历史上的偶然事件。在这些例子中发明必然是引起的，也没有其他有效的方法。

同样的论据甚至可以更清楚地应用于发现新理论。原则上一种新理论可以提出的原则上只有三种类型的现象。第一种是由现存规范已经很好地说明了的现象组成的，而且这些现象很少为理论建设提供动机或出发点。当他们像第VII节末尾讨论过的用三种著名的预期去处理时，结果是理论很少被接受，因为自然界没有为辨别是非提供根据。第二类现象是由那些其性质为现存规范表明的现象组成的，但是它们的细节只有通过理论的进一步连接方式才能被理解。科学家们有许多时间把他们的研究对准这些现象，但是那种研究目的在于连接现有的规范，而不是发现新规范。只有当这些连接的企图失败时，科学家们才遭遇第三类现象，即已被认识的反常现象，其特征是它们顽固地拒绝被现有规范吸收。只有这类现象才引起新理论。除了各种反常现象以外，规范为科学家的视野中由理论决定的地方提供一切现象。

但是，如果新理论要解决现有理论对自然界的关系中的反常现象，那么这个成功的新理论必须容许在某些地方有不同于来自前人的预见。如果两者在逻辑上是不相容的，就不可能发生那种不同。在被吸收的过程中，第二种理论必须取代第一种理论。甚至像能量守恒那样的理论，今天看来好像是一种合乎逻辑的上层结构，它仅通过独立建立的理论与自然界联系起来，没有规范破坏，历史上也不发展。相反，它是由一次危机产生的，其中一个主要因素是牛顿力学和某些新近形成的热的热质论结果之间的互不相容。只是在热质论已经被抛弃以后，能量守恒才能成为科学的组成部分。而且也只有在它已经成为科学的组成部分若干时间以后，它才能被看成是一种逻辑上较高类型的理论，一种同前人不冲突的理论。在关于自然界的信念中没有这些破坏性的变化，就很难看出新理论是怎样兴起的。虽然逻辑上包括在内仍然是连续的科学理论之间的关系中的一个可以容许的观点，它从历史上看是难以置信的。

我想，在一个世纪以前，让革命的必然性停留在这一点上是可能的。但是，今天，不幸已经不行了，因为，如果接受现代最流行的关于科学理论的本质和作用的解释，那就不可能保持上面提出的关于这个问题的观点。那种解释同早期的逻辑实证主义密切有关，并没有无条件地被它的后继者抛弃，它将限制一种已被接受的理论的范围和意义，以便使它不可能同任何后来的对某些同样的自然现象做出预言的理论冲突。关于科学理论的这种受限制的概念的最著名和最强有力的情况是在讨论现代的爱因斯坦力学同牛顿的《原理》传下来的较古老的力学方程之间的关系时出现的。按照本文的观点，这两种理论在由哥白尼和托勒密天文学的关系所说明的那种意义上是根本上互不相容的：只有承认牛顿的理论是错误的，爱因斯坦的理论才能被接受。今天，这仍然是少数人的观点。因而，我们必须考察最流行的反对它的意见。

这些反对意见的要点如下：相对论力学不能证明牛顿力学是错误的，因为牛顿力学仍然被大多数工程师极为成功地运用着并且被许多物理学家有选择地应用着。而且，运用这种旧理论的适当理由已经代替它的理论本身在其他应用中证明。爱因斯坦的理论能用来证明，来自牛顿方程的预言，同我们满足于少数限制性条件中应用的测量工具一样好。例如，牛顿理论要提供一个良好的近似解，被考察的物体的相对速度同光速比较必须是小的。在受这种条件和其他少数条件支配下，牛顿理论好像是可以从爱因斯坦理论中推导出来的，因而，它是爱因斯坦理论的一个特殊情况。

但是，反对意见继续指出，没有一种理论有可能同它的特殊情况冲突。如果爱因斯坦的科学似乎使牛顿力学错了，那只是因为有些牛顿主义者是如此不小心，以致要求牛顿产生完全精确的结果，或者要求它在很高的相对速度上也有效。既然他们不可能有任何证据支持这样的要求，当他们提出这样的要求时，就背叛了科学的标准。就牛顿理论曾经是受到有效证据支持的真正的科学理论而论，它仍然是真正科学的理论。只是对这理论的过高要求——那种要求决不是科学的正确部分——才能被爱因斯坦证明是错误的。清除了这些人为的过高要求，牛顿理论从来没有而且也不可能受到挑战。

这种论据的某些变种，完全可以使被一个著名的有能力的科学家集团运用过的任何理论免受攻击。例如，很有害的燃素说，使大量物理现象和化学现象有了秩序。它说明了为什么物质燃烧，是因为他们的燃素丰富，以及为什么金属和它们的矿石有这么多共同的性质。因为金属全部是由各种元素同燃素化合而成的，全部金属共有的燃素产生了共同的性质。另外，燃素说明了许多反应的原因，在这些反应中，酸是由像碳和硫那样的物质燃烧形成的。它也说明了，当燃烧在一份体积有限的空气中发生时体积的减少，因为空气吸收了由燃烧释放的燃素，"损坏了"空气的弹性，正如火"损坏了"钢制弹簧的弹性一样。如果这些是燃素理论家对他们的理论所要求的仅有的现象，那种理论就决不可能受到挑战。同样的论据将满足曾经完全成功地应用于任何现象范围的任何理论。

但是，要用这种方法来拯救各种理论，它们的应用范围必然受到那些现象和观察的精确性的限制，手头的实验证据已经讨论了这个问题。只要再前进一步（一旦迈出了第一步，就很难避免这一步），这样一种限制就会禁止科学要求"科学地"谈论任何不是已经观察到的现象。这种限制即使在它的现代形式中也禁止科学家在自己的研究中依靠一种理论，再当研究进入一个领域，或者追求某种程度的精确时，过去的实践和理论都没有为这种研究提供先例。这种禁令在逻辑上是不能排除的。但是，接受这些禁令的结果便会是研究的终结，通过这种研究，科学可以进一步发展……

(摘自《科学革命的结构》，上海科学技术出版社1980年版，李宝恒等译)

【导读】托马斯·塞缪尔·库恩（1922—1996），美国科学哲学家。出生于俄亥俄州，毕业于哈佛大学物理系。1962年，库恩发表了其最重要的一本著作《科学革命的结构》，从而为他赢得了世界性的声誉，这本书也是科学哲学的历史学派的奠基之作。

本篇文章《科学革命的性质和必然性》就是出自库恩的这本著作之中，并且在整部书中占据了非常重要的位置。因为在文中，库恩把自己关于科学革命的核心观点展开来进行了论述。开篇作者就提出了科学革命的定义及其作用的问题，并抛出了自己的观点，即科学革命应该被当成是非积累的发展事件，反对那种把科学知识的增长看成直线似的积累。这被看作是以库恩为代表的历史主义流派的最具代表性的理论之一。这个观点在当时的科学界是十分惊人的，因为在传统的科学理论学家看来，积累以往的、被规范化的理论知识是很重要的，而且认为新知识是对旧有的知识的继承而不是破坏。但是库恩却一反人们思考的常态，他认为，新知识的出现必然要打破旧有的藩篱，新旧知识之间有部分是绝不相容的，甚至可以否定以往那些被人们奉为权威与经典的科学理论。为了让自己的观点更加通俗易懂，库恩在文中引用了政治革命来与科学革命作对比，让读者明白科学革命同政治革命一样，也是始于危机，且一定会突破旧有的理论体系。

除此之外，在文中还频繁出现了一个理论，那就是范式理论。所谓范式，大体说来就是一个科学家集团所普遍接受的共同信念，一种得到普遍承认的科学成就。在本文中，库恩将其称之为"规范"。库恩指出，当科学家们遵循前人的"规范"进行研究时，如果遇到了反常现象，且这种现象拒绝现有的规范，那么这样就会产生新的理论知识。为此，库恩举出了爱因斯坦力学与牛顿的力学原理之间的关系这个著名的例子，并批驳了牛顿主义者认为两者之间是继承关系的观点。他在文中指出，"爱因斯坦学说的概念的物理参照系同那些牛顿学说的有同样名称的概念决不是相等的"。从而再一次支撑了自己的理论，并向当时的科学界阐明，当新的范式来替代旧的范式，科学革命就开始了，新旧范式之间是不可以通约的，他们之间有的只是质的差别。

本文是科学性的论文，语言比较严谨，论述时引用了大量的科学理论与专有名词，所以专业的学术气息浓厚。其中许多论断已被当代的科学哲学学科奉为圭臬，成为了从事科学哲学研究的学者们的必读文献。

（黄　斌）

所有的小径都通向山顶

［印］奥修

最高的巅峰是一切价值的极点：真理、爱、觉知、本真，以及整体。在巅峰它们是不可分割的。它们只有在我们觉知的幽谷里才是分离的。它们只有在被污染，在与别的事物相混杂的时候才是分离的。一旦它们变得纯净了，它们便是一体的；越纯净，它们就聚得越紧。

比如，每种价值都处于很多不同的层次；每种价值都是一架有很多横档的梯子。爱是色欲——最低的一级横档，与地狱相接；爱亦是祈愿——最高一级的横档，与天堂相连。而在这两者之间，还有很多易于识别的横档。

在色欲中，爱只有百分之一的成分：百分之九十九是其它的东西：嫉妒、自我的羁绊、占有欲、愤怒、性欲。它更物理化，更化学化，没有更深入一点的东西了。它是极其肤浅的，甚至连肤浅还不及。

随着你步步高升，事物会变得越来越深入，它们开始具有新的方方面面。原本只是生理的东西开始增添了一个心理的维度。原本只是生物学的领域变成了心理学的范畴。我们可以与动物同处一个生物学的领域，但我们绝不会与动物同属一个心理学的范畴。

当爱继续上升——或者更深入，其含义是一样的——它便会开始具有某种灵性的东西。它变得抽象了。只有佛陀、克利希纳、耶稣基督才能领悟爱的这种品质。

爱就是这样一路传播的，其它品质亦是如此。当爱百分之一百纯洁时，你便再也无法区分爱与觉知了；于是它们不再是两个分离的个体。你甚至无法区分爱与神；它们也不再是两个分离的个体。因此耶稣说上帝就是爱。他把它们视为同义词。这其中极具卓识远见。

在生命的外围一切都是单独出现的，在外围有许多的存在。当你越来越接近中心时，这么多的存在就会开始融化、溶解，并开始变为一个整体。在中心，所有的一切都是一个整体。

因此你的问题只有在你尚未领悟爱与觉知的这种最高品质前是对的。如果你对珠穆朗玛峰，这个最高的巅峰有一点点的认识，你的问题就绝对是没有意义的。

你问："觉知是不是比爱具有更高的品质？"

并没有谁低谁高的问题，事实上根本就不存在两种品质。从低谷通向巅峰有两条小径。一条是觉知、静心：禅宗的途径。另一条是爱的途径，是奉献者之道，宗教徒之道，苏非之道。在你旅途开始之初，这是两条不同的道路，你不得不加以选择。但无论你选择哪一条道路，它们都通向同一个巅峰。当你接近巅峰时，你会惊奇地发现：在另一条道上的旅人正在向你靠近，慢慢地，两条小径逐渐合到了一起。当你到达顶点时，它们便合二为一了。

那些追随觉知之路的人把爱看作是他觉知的结果，是觉知的一种副产品，是觉知的一个影子。而那些沿着爱之路走来的人则把觉知当作是爱的结果，爱的副产品，爱的影子。它们是同一枚硬币上的两个面。

要记住：如果你的觉知缺少爱，那它也同样不会纯粹；它仍然没有达到百分之百的纯正。它仍然不是真正的觉知；它一定与非觉知的东西掺和在一起了。它不是纯净之光；在你的内在一定还有部分深藏的黑暗在活动，在起作用，在影响你，在统治你。如果你的爱没有觉知，那么它也不真是爱。它一定是某种较低层次的东西，某种更接近于色欲而不是祈祷的东西。

所以要以此为尺度：如果你走觉知之路，那就以爱为标准。当你的觉知突然盛开成爱的花朵时，你要全然地去领悟觉知的发生，即三摩地的获得。如果你遵循爱之道，那就让觉知作为一种标准，一种试金石。突然之间，觉知的火焰从你爱的中心开始升腾，你要全然地领悟它……要欢庆！你到家了。

（摘自《传世经典散文99篇》，长江文艺出版社2014年版）

【导读】奥修（1931—1990），印度哲人，曾获全印度辩论冠军，生前曾周游印度各地和世界各国进行演讲，曾在印度杰波普大学哲学系担任长达九年的教授。迄今已根据其演讲出版图书650多种，并被译成30多种文字畅销世界各地。

《所有的小径都通向山顶》是奥修的一篇充满禅理的文章，告诉人们生活的哲理和生命的最高意义在于真理、爱、内心的觉知、本真的融合，其融合程度与它们自身的纯净度相关。

在奥修看来，世间的每种价值都同时拥有不同的层次，即"每种价值都是一架有很多横档的梯子"。他以"爱"为例，分析爱所拥有的不同层次。他指出"色欲"与"祈愿"分别是"爱"最低和最高的两个横档，其间还有很多易于识别的横档。他细致分析了"色欲"中的成分，认为在色欲中，爱只有百分之一，百分之九十九是嫉妒、自我的羁绊、占有欲、愤怒、性欲，都是极其肤浅的，应该是最低层次的价值。但爱高升到一定层次，便会拥有灵性，爱的层次越高，爱就越纯洁，当爱百分之百纯洁时，爱与觉知就无法区分了。这便是爱的最高层次。由此，奥修指出从低谷通向巅峰的小径有两条，一条是禅宗的途径，即觉知、静心，一条是爱的途径。而这两条途径其实都通向同一个巅峰。因此，爱和觉知都是通向同一个巅峰的两条不同途径。在他看来，如果觉知缺少爱，那觉知是不纯粹的，还没有达到百分之百的纯正。同样，如果爱没有觉知，也并非真是爱，而是一种较低层次的东西，接近于色欲而不是祈祷的东西。因此他提出："如果你走觉知之路，那就以爱为标准。当你的觉知突然盛开成爱的花朵时，你要全然地去领悟觉知的发生，即三摩地的获得。如果你遵循爱之道，那就让觉知作为一种标准，一种试金石。突然之间，觉知的火焰从你爱的中心开始升腾，你要全然地领悟它……要欢庆！你到家了。"事实上，奥修指出了人们修行的两条途径，但无论是觉知的途径还是爱的途径，都是通向同一个巅峰。在巅峰上，爱和觉知是水乳交融，不能分割的，这是修行的最高境界。

奥修在文章中所言的"觉知"，其实就是静心，这是奥修的核心主张之一，他在许多其他演讲中都反复强调"静心"，认为这是人们在物欲横流、纷繁复杂的当下社会修炼的重要途径。而"爱"是博爱，是对一切人、事、物的爱，是超越世俗的爱，只有做到泛爱、博爱才能修炼到家。爱和觉知都是尘世间的两条小径，只有不断提升各种价值的横档，才能通向山顶，抵达巅峰。

（罗小凤）

社会同学问的关系

[日] 涩泽荣一

学问同社会并没有很大的不同，但学生时代所想象的却非常大，以后目睹了丰富多样、活生生的社会状态，大有出乎意料之感。今天的社会，与往昔迥然不同，形形色色，十分复杂；在学问方面，也划分为许多科目，有政治、经济、法律、文学，此外还有农、商、工等的区别。在各分科中，还有各种不同的分科，例如工科中有电气、蒸汽、造船、建筑、采矿、冶金等等。即使看起来比较单纯的文学，也能分为哲学、历史等各学科。因而从事教育的，创作小说的，也都是各从其好，内容复杂多义。由此可知，实际社会中，各自活动的范围并不像学校中分科那样分明，稍一不注意，就易于迷失致误。学生平常必须注意这些方面，着眼根本，不误大局，站稳自己的立脚点；也就是说，不要忘记相对地分清自己的立场与他人的立场。

急功趋利，忘了大局，这点是人情之常，多数人习惯于追逐热门事物，稍有寸进，便感满足，而对并不关痛痒的失败，就灰心泄气。学校毕业的学生，都轻视社会实际工作；因此对实际发生的问题而发生误解，多数是由此而来。这种错误的认识必须改正。最为参考，我想举一个例子来考察学问与社会的关系。就像看地图和实地步行那样。打开地图，注目一看，世界尽收眼底，一国一乡好像都在弹指一挥间。军用地图，十分详细，从小河小丘，到地形的高低倾斜，都明确描绘出来。即使如此，与实际一比较，仍有许多意想之外的地方，如果对此不作深入考虑，不充分地熟悉，一踏入实地，就会感觉茫然一片，手足无措的。要在山高谷深，森林成片，河流湍急之中，寻道而行时，就会碰到高山在前，无论如何攀登，也难到达山顶；或者为大河所阻，无路可寻；不知是否可走出等等，随处可以见到苦难重重。此时如果缺乏坚定的信念，没有把握大局的睿智，就会不知所措，失望灰心，陷入自暴自弃的境地，造成山野不分，左右旋转，最后陷于不幸的境地。

把这一例子，运用到学问同社会的关系上，我想立即就能迎刃而解。总之，即使在事前对社会事物的复杂性已有充分了解，而且有所准备的，但一旦到实际应用时，仍有许多意外的事情发生，所以，学生平常就必须对任何事物加以专心致志的研究不可。

（摘自《论语与算盘——人生·道德·财富》，中国青年出版社1996年版，王中江译）

【导读】涩泽荣一（1840—1931），日本明治和大正时期的著名实业家，被誉为"日本企业之父"，出身埼玉县的豪农家庭。1868年创立日本第一家银行和贸易公司，1869年到大藏省任职，积极参与货币和税收改革，1873年任日本第一国立银行总裁，1883年后创办大阪纺织公司，确立他在日本实业界的霸主地位。终其一生，其资本曾涉入铁路、轮船、渔业、印刷、钢铁、煤气、电气、炼油和采矿等经济领域，1916年退休后致力于社会福利事业。

有人称涩泽荣一为日本的一代儒商，其著作《论语与算盘》总结一生的商海经验：既讲精打细算赚钱之术，也讲儒家的忠恕之道。在他看来，不合乎儒家伦理道德的发财致富只能是暂时的，并不能成为真正的商人和实业家。实际上，他把《论语》当作了自己的第一经营哲学，因而提出了"士魂商才"的观念。认为一个成功的商人既要有"士"的操守、道德和理想，又要有"商"的才干与务实。"如果偏于士魂而没有商才，经济上也就会招致自灭。因此，有士魂，还须有商才。"同时，"所谓商才，本来也是要以道德为根基的。离开道德的商才，即不道德、欺瞒、浮华、轻佻的商才，所谓小聪明，决不是真正的商才"。本文即选自《论语与算盘》中的"立志与学问"一节中，主要讲述了学问与社会实际的密切关系。在此，他把学问和社会的关系比作看地图与实地步行，假使是十分详细的军用地图，但与实地比较，仍有许多意想不到的地方，"如果对此不作深入考虑，不充分地熟悉，一踏入实地，就会感觉茫然一片，手足无措"。因此，学生平时做学问，一定要对"任何事物加以专心致志的研究"，并且，还要有坚定的信念和把握大局的睿智。实际上，涩泽的这一观点是与他一贯地在商业活动中看重学问是分不开的。他认为，从商也需学问，修学与经商是同步而行、缺一不可的。当然，他这里所谓的"学问"，既指各种专业知识，也包括道德修养。

有人认为，涩泽的《论语与算盘》简直是商业社会的一部人生的指南。的确，涩泽在该书中谈了诸多的人生问题，因为结合了自己的人生经历和生活体验，设身处地，娓娓道来，既有言传又有身教，这对身处于商业大潮，道德失衡，人生充满迷茫的青年一代来说，如何重新设计自己的人生，如何取得成功，从而实现有价值的人生，肯定具有一定的启迪意义。

（卢有泉）

第七编 治学方法

学风九编

第七编　治学方法

读书、作文与做人

曾国藩

道光二十二年九月十八
四位老弟足下：

九弟行程，计此时可以到家。自任邱发信之后，至今未接到第二封信，不胜悬悬，不知道上有甚艰险否？四弟、六弟院试，计此时应有信，而折差久不见来，实深悬望。

予身体较九弟在京时一样，总以耳鸣为苦。问之吴竹如，云只有静养一法，非药物所能为力。而应酬日繁，予以素性浮躁，何能着实养静？拟搬进内城住，可省一半无谓之往还，现在尚未找得。予时时自悔，终未能洗涤自新。

九弟归去之后，予定刚日读经，柔日读史之法。读经常懒散不沉着。读《后汉书》，现已丹笔点过八本；虽全不记忆，而较之去年读《前汉书》，领会较深。九月十一日起同课人议每课一文一诗，即于本日申刻用白折写。予文、诗极为同课人所赞赏，然予于八股绝无实学，虽感诸君奖许之殷，实则自愧愈深也。待下次折差来，可付课文数篇回家。予居家懒做考差工夫，即借此课以摩厉考具，或亦不至临场窘迫耳。

吴竹如近日往来极密，来则作竟日之谈，所言皆身心国家大道理。渠言有窦兰泉者（云南人），见道极精当平实。窦亦深知予者，彼此现尚未拜往。竹如必要予搬进城住，盖城内镜海先生可以师事，倭艮峰先生、窦兰泉可以友事。师友夹持，虽懦夫亦有立志。予思朱子言，为学譬如熬肉，先须猛火煮，然后用漫火温。予生平工夫全未用猛火煮过，虽略有见识，乃是从悟境得来。偶用功，亦不过优游玩索已耳。如未沸之汤，遽用漫火温之，将愈煮愈不熟矣。以是急思搬进城内，屏除一切，从事于克己之学。镜海、艮峰两先生亦劝我急搬。而城外朋友，予亦有思常见者数人，如邵蕙西、吴子序、何子贞、陈岱云是也。

蕙西尝言："'与周公瑾交，如饮醇醪'，我两人颇有此风味。"故每见辄长谈不舍。子序之为人，予至今不能定其品，然识见最大且精；尝教我

515

云:"用功譬若掘井,与其多掘井而皆不及泉,何若老守一井,力求及泉而用之不竭乎?"此语正与予病相合。盖予所谓"掘井多而皆不及泉"者也!

何子贞与予讲字极相合,谓我"真知大源,断不可暴弃"。予尝谓天下万事万理皆出于乾坤二卦。即以作字论之:纯以神行,大气鼓荡,脉络周通,潜心内转,此乾道也;结构精巧,向背有法,修短合度,此坤道也。凡乾以神气言,凡坤以形质言。礼乐不可斯需去身,即此道也。乐本于乾,礼本于坤。作字而优游自得、真力弥满者,即乐之意也;丝丝入扣,转折合法,即礼之意也。偶与子贞言及此,子贞深以为然,谓渠生平得力,尽于此矣。陈岱云与吾处处痛痒相关,此九弟所知者也。

写至此,接得家书,知四弟、六弟未得入学,怅怅。然科名有无迟早,总由前定,丝毫不能勉强。吾辈读书,只有两事:一者进德之事,请求乎诚正修齐之道,以图无忝所生;一者修业之事,操习乎记诵词章之术,以图自卫其身。进德之事难以尽言,至于修业以卫身,吾请言之:

卫身莫大于谋食。农工商劳力以求食者也;士劳心以求食者也。故或食禄于朝,教授于乡,或为传食之客,或为入幕之宾,皆需计其所业,足以得食而无愧。科名者,食禄之阶也,亦需计吾所业,将来不至尸位素餐,而后得科名而无愧。食之得不得,穷通由天作主,予夺由人作主;业之精不精,则由我作主。然吾未见业果精,而终不得食者也。农果力耕,虽有饥馑,必有丰年;商果积货,虽有壅滞,必有通时;士果能精其业,安见其终不得科名哉?即终不得科名,又岂无他途可以求食者哉?然则特患业之不精耳。

求业之精,别无他法,曰专而已矣。谚曰"艺多不养身",谓不专也。吾掘井多而无泉可饮,不专之咎也。诸弟总须力图专业。如九弟志在习字,亦不必尽废他业。但每日习字工夫,断不可不提起精神,随时随事,皆可触悟。四弟、六弟,吾不知其心有专嗜否?若志在穷经,则需专守一经;志在作制义,则需专看一家文稿;志在作古文,则需专看一家文集。作各体诗亦然,作试帖亦然,万不可以兼营并骛,兼营则必一无所能矣。切嘱切嘱,千万千万。此后写信来,诸弟各有专守之业,务需写明,且需详问极言,长篇累牍。使我读其手书,即可知其志向识见。凡专一业之人,必有心得,亦必有疑义。诸弟有心得,可以告我共赏之;有疑义,可以问我共析之。且书信既详,则四千里外之兄弟不啻晤言一室,乐何如乎?

余生平于伦常中,惟兄弟一伦抱愧尤深。盖父亲以其所知者尽以教我,而我不能以吾所知者尽教诸弟，是不孝之大者也。九弟在京年余，进益无多，每一念及，无地自容。嗣后我写诸弟信，总用此格纸，弟宜存留，每年装订成册。其中好处，万不可忽略看过。诸弟写信寄我，亦须用一色格纸，以便装订。

谢果堂先生出京后，来信并诗二首。先生年已六十余，名望甚重，与予见面，辄彼此倾心，别后又拳拳不忘，想见老辈爱才之笃。兹将诗并予送诗附阅，传播里中，使共知此老为大君子也。

予有大铜尺一方，屡寻不得，九弟已带归否？频年寄黄英（芽）白菜籽，家中种之好否？在省时已买漆否？漆匠果用何人？信来并祈详示

咸丰六年九月二十九夜

字谕纪鸿儿：

家中人来营者，多称尔举止大方，余为少慰。凡人多望子孙为大官，余不愿为大官，但愿为读书明理之君子。勤俭自持，习劳习苦，可以处乐，可以处约，此君子也。余服官二十年，不敢稍染官宦气习，饮食起居，尚守寒素家风，极简也可，略丰也可，太丰则吾不敢也。凡仕宦之家，由俭入奢易，由奢返俭难。尔年尚幼，切不可贪爱奢华，不可惯习懒惰。无论大家小家、士农工商，勤苦俭约，未有不兴；骄奢倦怠，未有不败。尔读书写字不可间断，早晨要早起，莫坠高、曾、祖、考以来相传之家风。吾父、吾叔皆黎明即起，尔之所知也。

凡富贵功名，皆有命定，半由人力，半由天事。惟学作圣贤，全由自己作主，不与天命相干涉。吾有志学为圣贤，少时欠居敬工夫，至今犹不免偶有戏言戏动。尔宜举止端庄，言不妄发，则入德之基也。

咸丰八年七月二十一

字谕纪泽儿：

余此次出门，略载日记，即将日记封每次家信中。闻林文忠家书，即系如此办法。尔在省，仅至丁、左两家，余不轻出，足慰远怀。

读书之法，看、读、写、作，四者每日不可缺一。看者，如尔去年看《史记》《汉书》《韩文》《近思录》，今年看《周易折中》之类是也。读者，如《四书》《诗》《书》《易经》《左传》诸经、《昭明文选》、李杜韩苏之诗、韩欧曾王之文，非高声朗诵则不能得其雄伟之概，非密咏恬吟则不能探其深远之韵。譬之富家居积，看书则在外贸易，获利三倍者也，读书则在家慎守，不轻花费者也；譬之兵家战争，看书则攻城略地，开拓土宇者也，读书

则深沟坚垒,得地能守者也。看书如子夏之"日知所亡"相近,读书与"无忘所能"相近,二者不可偏废。至于写字,真行篆隶,尔颇好之,切不可间断一日。既要求好,又要求快。余生平因作字迟钝,吃亏不少。尔须力求敏捷,每日能作楷书一万则几矣。至于作诸文,亦宜在二三十岁立定规模;过三十后,则长进极难。作四书文,作试帖诗,作律赋,作古今体诗,作古文,作骈体文,数者不可不一一讲求,一一试为之。少年不可怕丑,须有狂者进取之趣,此时不试为之,则后此弥不肯为矣。

至于做人之道,圣贤千言万语,大抵不外"敬恕"二字。"仲弓问仁"一章,言敬恕最为亲切。自此以外,如立则见参于前也,在典则见其倚于衡也;君子无众寡,无小大,无敢慢,斯为泰而不骄;正其衣冠,俨然人望而畏,斯为威而不猛。是皆言敬之最好下手者。孔言"欲立立人,欲达达人";孟言"行有不得,反求诸己"。"以仁存心,以礼存心","有终身之忧,无一朝之患"。是皆言恕之最好下手者。尔心境明白,于恕字或易著功,敬字则宜勉强行之。此立德之基,不可不谨。

科场在即,亦宜保养身体。余在外平安,不多及。

涤生手谕(舟次樵舍,下去江西省城八十里)

再,此次日记,已封入澄侯叔函中寄至家矣。余自十二至湖口,十九夜五更开船晋江西省,二十一申刻即至章门。余不多及。又示。

咸丰八年八月初三

字谕纪泽儿:

八月一日,刘曾撰来营,接尔第二号信并薛晓帆信。得悉家中四宅平安,至以为慰。

汝读《四书》无甚心得,由不能虚心涵泳、切己体察。朱子教人读书之法,此二语最为精当。尔现读《离娄》,即如《离娄》首章"上无道揆,下无法守",吾往年读之,亦无甚警惕。近岁在外办事,乃知上之人必揆诸道,下之人必守乎法。若人人以道揆自许,从心而不从法,则下凌上矣。"爱人不亲"章,往年读之,不甚亲切。近岁阅历日久,乃知治人不治者,智不足也。此切己体察之一端也。"涵泳"二字,最不易识,余尝以意测之,曰:涵者,如春雨之润花,如清渠之溉稻。雨之润花,过小则难透,过大则离披,适中则涵濡而滋液;清渠之溉稻,过小则枯槁,过多则伤涝,适中则涵养而浡兴。泳者,如鱼之游水,如人之濯足。程子谓鱼跃于渊,活泼泼地;庄子言濠梁观鱼，安知非乐？此鱼水之快也。左太冲有"濯足万里流"之句，苏子瞻有夜卧濯足诗、有浴罢诗，亦人性乐水者之一快也。善读书者，须视书如水，而视此心如花如稻如鱼如濯足。则"涵泳"二字，庶可得之于意言之表。尔读书易于解说文义，却不甚能深入。可就朱子涵泳体察二语悉心求之。

邹叔明新刊地图甚好，余寄书左季翁，托购致十副。尔收得后，可好藏之。薛晓帆银百两宜璧还。余有复信，可并交季翁也。此嘱。

父涤生字

（摘自《全本曾国藩家书》，中央编译出版社2015年版）

【导读】曾国藩（1811—1872），字伯函，号涤生，近代政治家、理学家、文学家，湘军统帅，与李鸿章、左宗棠、张之洞并称"晚清四大名臣"。官至两江总督、直隶总督、武英殿大学士，封一等毅勇侯，谥曰文正。

曾国藩年轻时曾致力于学术研究，其学问涵盖了历史、理学、典章制度及文学与书法等，后忙于军事和官场之争，再无时间及精力研究学问，所以终未成为著作等身的学问大家。但他留下的一部《曾国藩家书》足以体现他的学问造诣和道德修养，所以历来备受推崇，是他留给后人的一份宝贵的精神财富。正如南怀瑾在《论语别裁》中所谓："清代中兴名臣曾国藩有十三套学问，流传下来的有两套，其中之一就是《曾国藩家书》。"家书主要记录了曾国藩在清道光至同治三十年间的思想和人生经历，包括《与祖父书》《与父母书》《与叔父书》《与弟书》《教子书》等，所涉内容广泛，包括修身养性、读书治学、为人处世、交友识人、持家教子、理财用人、治军从政等，是曾国藩一生治政、治家、治学、治军之道的完整体现，从中也展示了他"修身、齐家、治国、平天下"的毕生理想和追求。尤其可贵的是，曾国藩作为一代文学家和理学大师，其家书行文自然、从容，随想随写，挥洒自如，但又不失恭谨、严肃之文风，且往往于看似平淡、如数家常中蕴涵着真知灼见和深刻的人生社会大道，可谓一部家书处处妙语连珠，处处金玉良言。

此处所选四则，为曾国藩的教弟、教子书，所谈亦为读书作文之法和为人处事之道。关于读书与作文，曾国藩常以其读书、治学的经验和认识，谆谆告诫子弟。如咸丰八年七月二十一日给长子纪泽的信，不仅分析了读书与写字作诗文的关系，还对读书方法作了透辟的总结："读书之法，看、读、写、作四者每日不可缺一。看者，如尔去年看《史记》《汉书》《辞文》《近思录》，今年看《周易折中》之类是也。读者，如《四书》《诗》《书》《易经》《左传》诸经，《昭明文选》、李杜韩苏之诗、韩欧曾王之文，非高声朗诵则不能探其深远之韵。"在此，什么是读书，什么是看书，二者目的和功效之不同，非切身体会是难以说得如此清楚明白的。接下来的一番形象、精彩的比喻，更能体现出其对读书做学问的独到见解和高深的学养。可以看出，曾国藩谈读书之方法，既有他多年的经验之谈，也有他毕生的所见所感，有的放矢，非常实用。如他在谈到读史时告诫纪泽、纪鸿二子："尔拟于《明史》看毕，重看《通鉴》，即可便看王船山《读通鉴论》，尔或间作史论或咏史诗。惟有所作，则心自易入，史亦易熟，否则难记也。"即读史书时要边读边写，或史论或史诗，随性书写，读写结合，方可强化记忆，牢牢记住。曾氏在与两个儿子谈读书时，一面循循善诱，一面也不忘自责。一者他深感"书到用时方恨少"，再者他以自己的经验觉得某些书确实该读但一直未读，深感懊悔。于是，他把这样的经验和感受告诫两个儿子，希望他们不要步自己的后尘："余生平三耻：学问各途，皆略涉其涯，独天文算学，毫无所知，虽恒星五纬也不识认，一耻也；每作一事，治一业辄有始无终，二耻也；少时字，不能临摹一家之体，遂致屡变而无所成，迟钝而不适于用，近岁在军，因作字太钝，废阁殊多，三耻也。"作为一代中兴名臣，仍能如此看待读书与做学问，孜孜以求，不断上进，足见儒者之人生境界与风范。对于作文，曾氏向来视之与读书是相辅相成的，并常常将作文与读书相提并论。作为文章大家，曾国藩在谈作文之道时，也见解独到，非常深刻——"至于作诗文，亦宜在二三十岁立定规模；过三十后，则长进极难。作四书文，作试帖诗，作律赋，作古今体诗，作古文，作骈体文，数者不可不一一讲求，一一试为之。少年不可怕丑，须有狂者进取之趣，过时不试为之，则后此弥不肯为矣"。将二三十岁作为立定"作文"规模的年龄，也是曾国藩的经验之谈，完全合乎为文之道。纵观文学史上的诗文名家，其才能与资质也大抵在这个年龄段彰显出来了，有的甚至脱颖而出，卓然成一代大家。曾氏在教导子弟作文时，还特别强调对各种文体的模仿和尝试性写作，先事摹仿，先作短文，循序渐进，方能锻炼自己的写作能力，并逐步确立自己的写作路径。"时文亦必苦心孤诣去作，但常常作文。心常用则活，不用则窒；常用则细，不用则粗……"（咸丰十年二月二十四日）写作本是一件轻松自在的兴趣事，如苦心劳作，勉强而为，肯定行不通。但话又说回来，写作也肯定要用心用力，常常炼笔，自然会使思维敏捷、灵活、缜密。有关诗文的写作技术，曾国藩结合自身写作经验，将其独到的见解告诉子弟说："无论古今何等文人，其下笔造句，总以珠圆玉润四字为主。无论古今何等书家，其落笔结体，亦以珠圆玉润为主。故吾前示尔书，专以一重字救尔之短，一圆字望尔之成也。世人论文家之语圆而藻丽者，莫如徐（陵）庚（信），而不知江（淹）鲍（照）则更圆……至于马迁、相如、子云三人，可谓力趋险奥，不求圆适矣，而细读之，亦未始不圆。"（咸丰十年四月廿四日信）把作文与书法联系起来，形象生动，颇见创意。在这里，曾国藩特别强调的"珠圆玉润"，既是书法之道，也是造句为文之妙，更是做人之道，他实际就是要求子孙珠圆玉润地做人。

我们翻读曾国藩的《教子书》发现，曾国藩对两个儿子谈读书、谈作文，其目的正是为教导二子如何做人，做人之道才是全部教子家书的核心。因此，在教子书中，大部分内容都涉及到了如何做有德之人、杰出之人的内容，每信几乎都是千叮咛万嘱咐，我们透过那句句严肃而又温暖的语言，"令人感到这些信札实在是曾氏精神建构的结实的骨架，是他精神生命的生气的延续，是他那大儒修养的第二次张扬。这些文字又一次折射出一个血肉之人，有理性有感情的踏在实地上普通人所极其向往与真诚修炼完美的理性的人生，和一个被人夸大为'完人'的正人君子形象"。（孙钋《大儒教子》）如咸丰六年九月二十九日与纪鸿信，满纸充满了警言和理语，整篇洋溢着淳朴与善德，属典型的儒家道德家教范型。这也正体现了曾国藩的高尚之处，身处高位却出淤泥而不染，大富大贵却永葆乡民本色。总之，曾国藩对儿女做人之道的谆谆教导，主要是要求他们不能沾染官宦人家习气，要树立平民百姓的传统美德，这体现了他一定的民本思想。

（卢有泉）

国学之本体与治国学之方法

章太炎

我在东京曾讲演过一次国学，在北京也讲演过一次，今天是第三次了。国学很不容易讲，有的也实在不能讲，必须自己用心去读去看。即如历史，本是不能讲的，古人已说"一部十七史，从何处说起"，现在更有二十四史，不止十七史了。即通鉴等书似乎稍简要一点，但还是不能讲；如果只像说大书那般铺排些事实，或讲些事实夹些论断，也没甚意义。所以这些书都靠自己用心去看，我讲国学，只能指示些门径和矫正些近人易犯的毛病。今天先把"国学概论"分做两部研究：

甲、国学之本体

一、经史非神话；二、经典诸子非宗教；三、历史非小说传奇；

乙、治国学之方法

一、辩书籍真伪；二、通小学；三、明地理；四、知古今人情变迁；五、辨文学应用。

甲、国学之本体

一 经史非神话

在古代书籍中，原有些记载是神话，如《山海经》《淮南子》中所载的，我们看了，觉得是怪诞极了。但此类神话，在王充论衡里，已有不少被他看破，没有存在的余地了。而且正经正史中本没有那些话，如盘古开天辟地，天皇地皇人皇等，正史都不载。又如"女娲炼石补天"，"后羿射日"那种神话，正史里也没有。经史所载，虽在极小部分中还含神秘的意味，大体并没神怪离奇的论调。并且，这极小部分神秘记载，我们也许能作合理的解释：

《诗经》记后稷的诞生，颇似可怪。因据《尔雅》所释"履帝武敏"，说是他底母亲，足蹈了上帝底大拇指得孕的。但经毛公注释，训帝为皇帝，就等于平常的事实了。

《史记·高帝本纪》，说高祖之父太公，雷雨中至大泽，见神龙附其母之身，遂生高祖。这不知是太公捏造这话来骗人，还是高祖自造？即使太公真正看见如此，我想其中也可假托。记得湖北曾有一件奸杀案：一个奸夫和奸妇密议，得一巧法，在雷雨当中，奸夫装成雷公怪形，从屋脊而下，活活地把本夫打杀。高祖的来历，也许是如此。他母亲与人私通，奸夫饰做龙怪的样子，太公自然不敢进去了。

从前有人常疑古代圣帝贤王都属假托：即如《尧典》所说"钦明文思安安，克明俊德……"的话，有人很怀疑，以为那个时候的社会，那得有像这样的完人。我想：古代史家叙太古的事，不能详叙事实，往往只用几句极混统的话做"考语"，这种考语，原最容易言过其实。譬如今人作行述，遇着没有事迹可记的人，每只用几句极好的考语；尧典中所载，也不过是一种"考语"，事实虽不全如此，也未必全不如此。

《禹贡》记大禹治水，八年告成；日本有一博士，他说："后世凿小小的运河，尚须数十年或数百年才告成功，他治这么大的水，那得如此快？"因此，也疑《禹贡》只是一种奇迹。我却以为大禹治水，他不过督其成，自有各部分工去做；如果要亲身去，就游历一周，也不能，何况凿成？在那时人民同受水患，都有切身的苦痛，免不得合力去做，所以"经之营之，不日成之"了。《禹贡》记各地土地腴瘠情形，也不过依报告录出，并不必由大禹亲自调查的。太史公作五帝本纪，择其言尤雅驯者，可见他所记述的很确实；我们再翻看经史中，却也没有载盘古三皇的史事；所以经史并非神话。

其他经史以外的书，若《竹书纪年》《穆天子传》，确有可疑者在。但《竹书纪年》今存者为明代伪托本，可存而不论；《穆天子传》也不在正经正史之例，不能以此混彼。后世人往往以古书稍有疑点，遂全目以为伪，这是错的！

二　经典诸子非宗教

经典诸子中有说及道德的，有说及哲学的，却没曾说及宗教。近代人因为佛经及耶教的圣经都是宗教，就把国学里底"经"，也混为一解，实是大误。"佛经""圣经"那个"经"字，是后人翻译时随意引用，并不和"经"字原意相符。经字原意只是一经一纬的经，即是一根线，所谓经书，只是一种线装书罢了。明代有线装书的名目，即别于那种一页一页散着的八股文墨卷；因为墨卷没有保存的价值，就让它们散叶，别的要保存的，就用线穿起。古代记事书于简，不及百名者书于方；事多一简不能尽，遂连数简以记之；这连各简的线，就是"经"。可见"经"不过是当代记述较多而常要翻阅的几部书罢了，非但没含宗教的意味，就是汉时训"经"为"常道"，也非本意。后世疑经是经天纬地之经，其实只言经而不言天，便已不是经天的意义了。

中国自古即薄于宗教思想，此因中国人都重视政治；周代诸学者已好谈政治，差不多在任何书上都见他们政治的主张。这也是环境的关系；中国土地辽广，统治的方法，急待研究，比不得欧西地小国多，没感着困难。印度土地也大，但内部实分着许多小邦，所以他们的宗教易于发达。中国人多以全力着眼政治，所以对宗教很冷淡。

老子很反对宗教，他说："以道莅天下，其鬼不神。"孔子对于宗教，也反对；他虽于祭祀等事很注意，但我们体味"祭神如神在"底"如"字底意思，他已明白告诉我们是没有神的。《礼记》一书很考究祭祀，这书却又出自汉代，未必是可靠的。

祀天地社稷，古代人君确是遵行；然自天子以下，就没有与祭的身份。须知宗教是须普及于一般人的，耶稣教底上帝，是给一般人膜拜的；中国古时所谓天，所谓上帝，非人君不能拜，根本上已非宗教了。

九流十家中，墨家讲天、鬼，阴阳家说阴阳生尅，确含宗教的臭味；但墨子所谓天，阴阳家所谓"龙""虎"，却也和宗教相去很远。

就上讨论，我们可以断定经典诸子非宗教。

三　历史非小说传奇

后世的历史。因为辞采不丰美，描写不入神，大家以为是记实的；对于古史，若《史记》《汉书》，以其叙述和描写的关系，引起许多人的怀疑：

《刺客列传记》荆轲刺秦王事，《项羽本记》记项羽垓下之败，真是活龙活现；大家看了，以为事实上未必如此；太史公并未眼见，也不过如《水浒传》里说武松宋江，信手写去罢了。实则太史公作史，择雅去疑，慎之又慎。像伯夷叔齐的事，曾经孔子讲及，所以他替二人作传；那许由、务光之流，就缺而不录了。项羽、荆轲的事迹，昭昭在人耳目，太史公虽没亲见，但传说很多，他就可凭着那传说写出来了。《史记》中详记武事，原不止项羽一人；但若夏侯婴、周勃、灌婴等传，对于他们底战功，只书得某城，斩首若干级，升什么官，竟像记一笔帐似的；这也因没有特别的传说，只将报告记了一番就算了。如果太史公有意伪述，那么刺客列传除荆轲外，行刺的情形，只曹沫、专诸还有些叙述，豫让、聂政等竟完全略过，这是什么道理呢？水浒传有百零八个好汉，所以施耐庵不能个个描摹；刺客列传只五个人，难道太史公不能逐人描写么？这都因荆轲行刺的情形有传说可凭，别人没有，所以如此的。

商山四皓一事，有人以为四个老人那里能够使高祖这样听从，《史记》所载未必是实。但须知一件事情的成功，往往为多数人所合力做成，而史家常在甲传中归功于甲，在乙传中又归功于乙。汉惠免废，商山四皓也是有功之一，所以在《留侯世家》中如此说，并无可疑。

史书原可多疑的地方，但并非像小说那样的虚构。如刘知几《史通》曾疑更始刮席事为不确，因为更始起自草泽时，已有英雄气概，何至为众所拥立时，竟羞惧不敢仰视而以指刮席呢？这大概是光武一方面诬蔑更始的话。又如史书写王莽竟写得同呆子一般。这样愚騃的人怎能篡汉？这也是汉室中兴，对于王莽，当然特别贬斥。这种以成败论人的习气，史家在所不免，但并非像小说的虚构。

考《汉书·艺文志》已列小说于百家之一，但那只是县志之类，如所谓《周考》《周纪》者，最早是见于《庄子》，有"饰小说以干县令"一语；这所谓小说，却又指那时的小政客，不能游说六国侯王，只能在地方官前说几句本地方的话。这都和后世小说不同。刘宋时有《世说新语》一书，所记多为有风趣的魏晋人底言行；但和正史不同的地方，只时日多颠倒处，事实并非虚构。唐人始多笔记小说，且有因爱憎而特加揄扬或贬抑者，去事实稍远；《新唐书》因《旧唐书》所记事实不详备，多采此等笔记。但司马温公作《通鉴》，对于此等事实，必由各方面搜罗证据，见有可疑者即删去，可见作史是极慎重将事的。最和现在小说相近的，是宋代的"宣和遗事"，彼记宋徽宗游李师师家，写得非常生动，又有宋江等三十六人，大约《水浒传》即脱胎于此书。古书中全属虚构者也非没有，但多专说神仙鬼怪，如唐人所辑《太平广记》之类；这与《聊斋志异》相当，非《水浒传》可比，而且正史中也向不采取。所以正史中，虽有些叙事很生动的地方，但决与小说传奇不同。

乙、治国学之方法

一 辨书籍真伪

对于古书没有明白那一部是真，那一部是伪，容易使我们走入迷途。所以研究国学，第一步要辨书籍的真伪。

四部底中间，除了集部很少假的；其余经、史、子三部，都包含着很多的伪书，而以子部为尤多；清代姚际恒《古今伪书考》，很指示我们一些途径。

先就经部讲：《尚书》现代通行本共有五十八篇；其中只有三十三篇是汉代的"今文"所有，另二十五篇都是晋代梅赜所假造。这假造的尚书，宋代朱熹已经怀疑他，但没曾寻出确证；直到清代才明白地考出，却已雾迷了一千多年。经中尚有为明代人所伪托，如汉魏丛书中的子贡诗传，系出自明丰坊手。诠释经典之书，也有后人伪托，如孔安国尚书传，郑氏孝经注，孟子孙奭疏……之类，都是晋代底产品。不过"伪古文尚书"，和"伪孔传"，比较的有些价值，所以还引起一部分人一时间的信仰。

以史而论：史没人敢假造；别史中就有伪书。越绝书，汉代袁康所造，而托名子贡；宋人假造飞燕外传、汉武内传，而列入汉魏丛书；竹书纪年，本是晋人所得，原已难辨真伪，而近代通行本，更非晋人原本，乃是明人伪造的。

子部中伪书很多，现在举其最著者六种，前三种尚有价值，后三种则全不足信。

（一）《吴子》此书中所载器具，多非当时所有，想是六朝产品。但从前科举时代，把他当作"武经"，可见受骗已久。

（二）《文子》《淮南子》为西汉时作品，而《文子》里面大部分抄自《淮南子》，可见本书系属伪托；已有人证明他是两晋六朝人做的。

（三）《列子》信《列子》的人很多，这也因本书做得不坏，很可动人的原故。须知列子这个人，虽见于《史记·老庄列传》中，但《列子》这部书中所讲，多取材于佛经；佛教自东汉时始入中国，那能提前就说到？我们用时代证他，已可水落石出。并且《列子》这书，汉人从未有引用一句，这也是一个证明。造《列子》的也是晋人。

（四）《关尹》这书无足论。

（五）《孔丛子》这部书是三国时王肃所造。《孔子家语》一书也是他所造。

（六）《黄石公三略》唐人所造。又《太公阴符经》一书，出现在《黄石公三略》之后，系唐人李筌所造。

经、史、子，三部中的伪书很多，以上不过举个大略。此外，更有原书是真而后人参加一部分进去的，这却不能疑他是假。四子书中有已被参入的；《史记》中也有，如《史记》中曾说及扬雄，扬在太史公以后，显系后人加入，但不能因此便疑《史记》是伪书。

总之，以假为真，我们就要陷入迷途，所以不可不辨清楚。但反过来看，因为极少部分的假，就怀疑全部分，也是要使我们傍徨无所归宿的。如康有为以为汉以前的书都是伪的，都被王莽、刘歆改窜过，这话也只有他一个人这样说。我们如果相信他，便没有可读的古书了。

二　通小学

韩昌黎说，"凡作文章宜略识字"；所谓"识字"，就是通小学的意思。作文章尚须略通小学，可见在现在研究古书，非通小学是无从下手的了。小学在古时，原不过是小学生识字的书；但到了现代，虽研究到六七十岁，还不能尽通的；何以古易今难至于如此呢？这全是因古今语言变迁的缘故。现在的小学，是可以专门研究的，但我所说的"通小学"，却和专门研究不同；因为一方面要研究国学，所以只能略通大概了。

《尚书》中《盘庚》《洛诰》，在当时不过一种告示，现在我们读了，觉得"佶屈聱牙"，这也是因我们没懂当时的白话，所以如此。《汉书·艺文志》说："尚书，直言也。"直言就是白话。古书原都用当时的白话，但我们读尚书，觉得格外难懂，这或因《盘庚》《洛诰》等都是一方的土话；如殷朝建都在黄河以北，周朝建都在陕西，用的是河北的土话，所以比较的不能明白。《汉书·艺文志》又说，"读尚书应尔雅"，这因《尔雅》是诠释当时土话的书，所以尚书中于难解的地方，看了《尔雅》就可明白。

总之，读唐以前的书，都非研究些小学，不能完全明白；宋以后的文章和现在差不多，我们就能完全了解了。

研究小学有三法：

（一）通音韵　古人用字，常同音相通，这大概和现在的人写别字一样。凡写别字都是同音的，不过古人写惯了的别字，现在不叫他写别字罢了。但古时同音的字，现在多不相同，所以更难明白。我们研究古书，要知道某字即某字之传讹，先要明白古时代的音韵。

（二）明训诂　古时训某字为某义，后人更引伸某义转为他义；可见古义较狭而少，后义较广而繁。我们如不明白古时的训诂，误以后义附会古义，就要弄错了。

（三）辨形体　近体字中相像的，在篆文未必相像，所以我们要明古书某字的本形，以求古书某字的某义。

历来讲形体的书，是说文；讲训诂的是尔雅；讲音韵的书，是音韵学。如能把说文、尔雅、音韵学都有明确的观念，那么，研究国学就不至犯那"意误""音误""形误"等弊病了。

宋朱熹一生研究五经四子诸书，连寝食都不离，可是纠缠一世，仍弄不明白。实在他对小学方面没有工夫，所以如此。清代毛西河事事和朱子反对，但他也不从小学下手，所发反对的论调，也都错了。可见通小学对于研究国学是极重要的一件事了。清代小学一门，大放异彩，他们所发现的新境域，着实不少。

三国以下的文章，十之八九我们能明了。其不能明了的部分，就须借助于小学。唐代文家如韩昌黎、柳子厚的文章，虽是明白晓畅，却也有不能了解的地方。所以我说：看唐以前的文章，都要先研究一些小学。

桐城派也懂得小学，但比较的少用工夫，所以他们对于古书中不能明白的字，便不引用，这是消极的免除笑柄的办法，事实上总行不通的。

哲学一科，似乎可以不通小学，有人专凭自我的观察，由观察而发表自我的意思，和古人完全绝缘，那才可以不必研究小学。倘仍要凭藉古人，或引用古书，那么，不明白小学就要闹笑话了。比如朱文公研究理学，（宋之理学即哲学）释"格物"为"穷至事物之理"，便召非议。在朱文公原以"格"可训为"来"，"来"可训为"至"，"至"可训为"极"，"极"可训为"穷"，就把"格物"训为"穷物"。可是训"格"为"来"是有理，辗转训"格"为"穷"，就是笑话了。又释"敬"为"主一无适"之谓（这原是程子说的），他的意思是把"适"训作"至"，不知古时"适"与"敌"通，淮南子中的主"无适"，所谓"无适"实是"无敌"之谓，"无适"乃"无敌对"的意思，所以说是"主一"。

所以研究国学，无论读古书或治文学哲学，通小学都是一件紧要的事。

三　明地理

近顷所谓地理，包含地质、地文、地志三项，原须专门研究的。中国本来的地理，算不得独立的科学，只不过是子、史、经的助手；也没曾研究到地质、地文的。我们现在研究国学，所需要的也只是地志，且把地志讲一讲。

地志可分两项：天然的和人为的。天然的就是山川脉络之类。山自古至今，没曾变更；大川若黄河，虽有多次变更，我们在历史上可以明白考出；所以关于天然的，比较地容易研究。人为的就是郡县建置之类。古来封建制度至秦改为郡县制度，已是变迁极大，数千年来，一变再变，也不知经过多少更张。如秦汉时代所置的郡，现在还能大略考出，所置的县，就有些模糊了。战国时各国的地界，也还可以大致考出；而各国战争的地点和后来楚汉战争的地点，却也很不明白了；所以人为的比较地难以研究。

历来研究天然的，在乾隆时有水道提纲一书。书中讲山的地方甚少。关于水道，到现在也变更了许多，不过大致是对的。在水道提纲以前，原有水经注一书，这书是北魏人所著，事实上已用不着，只文采丰富，可当古董看罢了。研究人为的，有读史方舆纪要和乾隆厅府州县志。民国代兴，废府留县，新置的县也不少，因此更大有出入。在方舆纪要和府厅州县志以前，唐人有元和郡县志，也是研究人为的，只是欠分明。另外还有大清一统志，李申耆五种，其中都有直截明了的记载，我们应该看的。

我们研究国学，所以要研究地理者，原是因为对于地理没有明白的观念，看古书就有许多不能懂。譬如看到春秋战国的战争，和楚汉战争，史书上已载明谁胜谁败，但所以胜所以败的原因，关于形势的很多，就和地理有关了。

二十四史中，古史倒还可以明白，最难研究的，要推南北史和元史。东晋以后，五胡阑入内地，北方人士，多数南迁，他们数千人所住的地，就侨置一州，侨置的地方，大都在现在镇江左近，因此有南通州、南青州、南冀州等地名产生。我们研究南史，对于侨置的地名，实在容易混错。元人灭宋，统一中国，在二十四史就有元史的位置。元帝成吉思汗拓展地域很广，关于西北利亚和欧洲东部的地志，元史也有阑入，因此使我们读者发生困难。关于元史地志，有元史译文证补一书，因著者博证海外典籍，大致可说不错。

不明白地理而研究国学，普通要发生一种谬误。南北朝时南北很隔绝。北魏人著水经注，于北方地形，还能正确；记述南方的地志，就错误很多。南宋时对于北方大都模糊，所以福建人郑樵所著通志，也错得很多——这是臆测的谬误。中国土地辽阔，地名相同的很多，有人就因此纠缠不清——这是纠缠的错误。古书中称某地和某地相近，往往考诸实际，相距却是甚远。例如：诸葛亮五月渡泸一事，是大家普通知道的，泸水就是现今金沙江，诸葛亮所渡的地，却是现在四川宁远。后人因为唐代曾在四川建泸州，大家就以为诸葛亮五月渡泸，是在此地，其实相去千里，岂非大错吗？——这是意会的错误。至于河阴、河阳当在黄河南北，但水道已改，地名还是仍旧，也容易舛错的。

我在上节曾讲过"通小学"，现在又讲到"明地理"，本来还有"典章制度"也是应该提出的，所以不提出者，是因各朝的典章制度，史书上多已载明，无以今证古的必要。我们看那一朝史，知道那一朝的典章制度就够了。

四　知古今人情变迁

社会更迭变换，物质方面继续进步，那人情风俗也随着变迁，不能拘泥在一种情形的。如若不明白这变迁之理，要产生两种谬误的观念。

（一）道学先生看做道德是永久不变，把古人的道德，比做日月经天，江河行地，墨守而不敢违背。

（二）近代矫枉过正的青年，以为古代的道德是野蛮道德。

原来道德可分二部分——普通伦理和社会道德——前者是不变的，后者是随着环境变更的。当政治制度变迁的时候，风俗就因此改易，那社会道德是要适应了这制度这风俗才行。古今人情的变迁，有许多是我们应该注意的！

第一，封建时代的道德，是近于贵族的，郡县时代的道德，是近于平民的——这是比较而说的。大学有"欲治其国者先齐其家"一语，传第九章里有"其家不可教而能教人者无之"一语，这明是封建时代的道德。我们且看唐太宗的历史，他的治国，成绩却不坏——世称贞观之治。但他的家庭，却糟极了，杀兄，纳弟媳。这岂不是把大学的话根本打破吗？要知古代的家和后世的家大不相同；古代的家，并不只包含着父子夫妻兄弟……这一辈人，差不多和小国一样，所以孟子说"千乘之家"、"百乘之家"。在那种制度之下，大学里的话自然不错；那不能治理一县的人，自然不能治理一省了。

第二，古代对于保家的人，不管他是否尸位素食，都很恭维。史家论事，对于那人因为犯事而灭家，不问他所做的是否正当，都没有一句褒奖。左传已是如此，后来史、汉也是如此。晁错创议灭七国，对于汉确是尽忠，但因此夷三族，史家就对他苛责了。大概古代爱家和现代爱国的概念一样，那亡家也和亡国一样，所以保家是大家同情的。这种观念，到汉末已稍稍衰落，六朝又复盛了。

第三，贵族制度和现在土司差不多，只比较的文明一些。凡在王家的人，和王的本身一样看待；他的兄弟在旧王去位的时代，都有承袭的权利。我们看尚书到周公代成王摄政那一件事，觉得很可怪。他在摄政时代，也俨然称王，在康诰里有"王若曰，孟侯，朕其弟，小子封"的话，这王明是指周公，后来成王年长亲政，他又可以把王号取消。春秋记隐公、桓公的事，也是如此。这种摄政可称王，退位可取消的情形，到后世便不行。后世原也有兄代弟位的，如明英宗被掳，景泰帝代行政事等。但代权几年，却不许称王；既称王却不许取消的。宋人解释尚书，对于这些，没有注意到，强为解释，反而愈解释愈使人不能解了。

第四，古代大夫的家臣，和天子的诸侯一样，凡是家臣对于主人有绝对服从的义务。这种制度，西汉已是衰落一些，后汉又复兴盛起来；功曹、别驾都是州郡的属官，这种属官，既要奔丧，还要服丧三年，俨有君臣之分。三国时代曹操、刘备、孙权，他们虽未称王，但他们属下的官，对于他们都是皇帝一般看待的。

第五，丁忧去官一件事，在汉末很通行，非但是父母三年之丧要丁忧，就是兄弟姐妹期功服之丧也要丁忧。陶渊明诗有说及奔妹丧的，潘安仁悼亡诗也有说及奔丧的，可见丁忧的风，在那时很盛。唐时此风渐息，到明代把他定在律令，除了父母丧不必去官。

总之，道德本无所谓是非，在那种环境里产生相适应的道德，在那时如此便够了。我们既不可以古论今，也不可以今论古。

五　辨文学应用

文学的派别很多，梁刘勰所著文心雕龙一书，已明白罗列，关于这项，将来再仔细讨论，现在只把不能更改的文体讲一讲。

文学可分二项，有韵的谓之诗，无韵的谓之文。文有骈体、散体的区别，历来两派的争执很激烈。自从韩退之崛起，推翻骈体，后来散体的声势很大。宋人就把古代经典都是散体，何必用骈体，来做宣扬的旗帜；清代阮云台起而推倒散体，抬出孔老夫子来，说孔子在易经里所著的文言系辞，都是骈体的。实在这种争执，都是无谓的。

依我看来，凡简单叙一事，不能不用散文；如兼叙多人多事，就非骈体不能提纲。以礼经而论，同是周公所著，但周礼用骈体，仪礼却用散体，这因事实上非如此不可的。仪礼中说的是起居跪拜之节，要想用骈也无从下手。更如孔子著易经用骈，著春秋就用散，也是一理。实在散、骈各有专用，可并存而不能偏废。凡列举纲目的以用骈为醒目，譬如我讲演国学，列举各项子目，也便是骈体。秦汉以后，若司马相如、邹阳、枚乘等的骈文，了然可明白；他们用以序叙繁杂的事，的确是不错。后来诏诰都用四六，判案亦有用四六的——唐宋之间，有龙筋凤髓判——这真是太无谓了。

凡称之为诗，都要有韵，有韵方能传达情感。现在白话诗不用韵，即使也有美感，只应归入散文，不必算诗。日本和尚娶妻食肉，我曾说他们可称居士等等，何必称做和尚呢？诗何以要有韵呢？这是自然的趋势。诗歌本来脱口而出，自有天然的风韵；这种风韵，可表达那神妙的心意，你看，动物中不能言语，他们专以幽美的声调传达彼等的感情，可见诗是必要有韵的。"诗言志，歌永言，声依咏，律和声"，这几句话，是大家知道的，我们仔细讲起来，也证明诗是必要韵的。我们更看现今戏子所唱的二黄西皮，文理上很不通，但彼等所唱也能感动人，就因有韵的原故。

白话记述，古时素来有的；尚书的诏诰，全是当时的白话，汉代的手诏，差不多亦是当时的白话，经史所载更多照实写出的。尚书顾命篇有"奠丽陈教则肄肄不违"一语，从来都没能解这两个"肄"字的用意，到清代江艮庭始说明多一肄字，乃直写当时病人垂危，舌本强大的口吻。汉书记周昌"臣期期不奉诏"，"臣期期知其不可"等语，两"期期"字也是直写周昌口吃。但现在的白话文，只是使人易解，能曲传真相却也未必。"语录"皆白话体，原始自佛家，宋代名儒如二程朱陆亦皆有语录；但二程为河南人，朱子福建人，陆象山江西人，如果各传真相，应所纪各异，何以语录皆同一体例呢？我尝说，假如李石曾、蔡子民、吴稚晖三先生会谈，而今人笔录，则李讲官话，蔡讲绍兴话，吴讲无锡话，便应大不相同，但纪成白话文却又一样，所以说白话文能尽传口语的真相，亦未必是确实的。

（摘自《国学概论》，中华书局2009年版）

【导读】 五四新文化运动之后，在倡导西学的基础上，全盘怀疑、否定、贬斥中国固有文化的极端思潮也随之高涨；与之针锋相对的是，一些比较熟悉我国传统文化的学者反过来大力提倡国学。在这样的背景下，在上世纪的二三十年代，章太炎和钱穆的《国学概论》就先后问世了。

《国学概论》原是章太炎1922年在上海讲国学的记录稿，由曹聚仁记录整理，主要从横的方面对国学的内涵与源流展开了论述，共分五章。第一章为概述，讲述国学之本体和治国学之方法；第二章为经学之派别，讲述经学的历史；第三章为哲学之派别，讲述诸子学、道家、佛家和宋明理学；第四章为文学之派别，讲述散文、诗歌的体制和流变；第五章为国学之进步，主张经学以比类知原求进步，哲学以直观自得求进步，文学以移情止义求进步。

从《国学之本体与治国学之方法》所述来看，章太炎宣扬的"国学本体"意指我国古代文献经史子集中所包含的中国传统的学术思想和文化，特别是儒家的学术伦理思想。而为了研究蕴藏在中国古代文献中的传统学术思想，就必须精通传统的音韵学、文字学和训诂学等领域，同时还要掌握基本的研究方法与原则。为此，他分别对"辨书籍真伪、通小学、明地理、知古今人情变迁、辨文学应用"等研究方法与原则展开了详细论述。

章太炎以其在国学上的精深研究以及对国学研究方法的系统梳理而成为国学大家，同时他也培养了像黄侃那样的国学大家，薪火相传，形成了以研究国学和传统语言文字学著称的章黄学派。通过《国学之本体与治国学之方法》的阅读，我们可窥见其学术思想及学术方法，对青年学子将来的学术研究肯定有所裨益。

（黄　斌）

第七编　治学方法

清代学者的治学方法（节录）

胡　适

一

　　研究欧洲学术史的人知道科学方法不是专讲方法论的哲学家所发明的，是实验室里的科学家所发明的，不是亚里士多德（Aristotle）、培根（Bacon）、弥儿（Mill）一班人提倡出来的，是格利赖（Galileo）、牛敦（Newton）、勃里斯来（Priestley）一班人实地试行出来的。即如世人所推为归纳论理的始祖的培根，他不过曾提倡知识的实用和事实的重要，故略带着科学的精神。其实他所主张的方法，实行起来，全不能适用，决不能当"科学方法"的尊号。后来科学大发达，科学的方法已经成了一切实验室的公用品，故弥儿能把那时科学家所用的方法编理出来，称为归纳法的五种细则。但是弥儿的区分，依科学家的眼光看来，仍旧不是科学用来发明真理解释自然的方法的全部。弥儿和培根都把演绎法看得太轻了，以为只有归纳法是科学方法。近来的科学家和哲学家渐渐的懂得假设和证验都是科学方法所不可少的主要分子，渐渐的明白科学方法不单是归纳法，是演绎和归纳互相为用的，忽而归纳，忽而演绎，忽而又归纳；时而由个体事物到全称的通则，时而由全称的假设到个体的事实，都是不可少的。我们试看古今来多少科学的大发明，便可明白这个道理。更浅一点，我们走进化学实验室里去做完一小盒材料的定性分析，也就可以明白科学的方法不单是归纳一项了。

　　欧洲科学发达了二三百年，直到于今方才有比较的圆满的科学方法论。这都是因为高谈方法的哲学家和发明方法的科学家向来不很接近，所以高谈方法的人至多不过能得到一点科学的精神和科学的趋势；所以创造科学方法和实用科学方法的人，也只顾他自己研究试验的应用，不能用哲学综合的眼光把科学方法的各方面详细表示出来，使人了解。哲学家没有科学的经验，决不能讲圆满的科学方法论。科学家没有哲学的兴趣，也决不能讲圆满的科学方法论。

　　不但欧洲学术史可以证明我这两句话，中国的学术史也可以引来作证。

二

当印度系的哲学盛行之后，中国系的哲学复兴之初，第一个重要问题就是方法论，就是一种逻辑。那个时候，程子到朱子的时候，禅宗盛行，一个"禅"字几乎可以代表佛学。佛学中最讲究逻辑的几个宗派，如三论宗和法相宗都很不容易研究，经不起少许政府的摧残，就很衰微了。只有那"明心见性，不立文字"的禅宗，仍旧风行一世。但是禅宗的方法完全是主观的顿悟，决不是多数人"自悟悟他"的方法。宋儒最初有几个人曾采用道士派关起门来虚造宇宙论的方法，如周濂溪、邵康节一班人。但是他们只造出几种道士气的宇宙观，并不曾留下什么方法论。直到后来宋儒把《礼记》里面一篇一千七百五十个字的《大学》提出来，方才算是寻得了中国近世哲学的方法论。自此以后，直到明代和清代，这篇一千七百五十个字的小书仍旧是各家哲学争论的焦点。程、朱、陆、王之争，不用说了。直到二十多年前康有为的《长兴学记》里还争论"格物"两个字究竟怎样解说呢！

《大学》的方法论，最重要的是"致知在格物"五个字。程子、朱子一派的解说是：

> 所谓"致知在格物"者，言欲致吾之知，在即物而穷其理也。盖人心之灵莫不有知，而天下之物莫不有理。惟于理有未穷，故其知有不尽也。是以《大学》始教，必使学者即凡天下之物，莫不因其已知之理而益穷之，以求至乎其极。至于用力之久，而一旦豁然贯通焉，则众物之表里精粗无不到，而吾心之全体大用无不明矣。（朱子补《大学》第五章）

这一种"格物"说便是程、朱一派的方法论。这里面有几点很可注意。（1）他们把"格"字作"至"字解，朱子用的"即"字，也是"到"的意思。"即物而穷其理"是自己去到事物上寻出物的道理来。这便是归纳的精神。（2）"即凡天下之物，莫不因其已知之理而益穷之，以求至乎其极"，这是很伟大的希望。科学的目的，也不过如此。小程子也说："语其大至天地之高厚，语其小至一物之所以然，学者皆当理会。"倘宋代的学者真能抱着这个目的做去，也许做出一些科学的成绩。

但是这种方法何以没有科学的成绩呢？这也有种种原因。（1）科学的工具器械不够用。（2）没有科学应用的需要。科学虽不专为实用，但实用是科学发展的一个绝大原因。小程子临死时说："道著用，便不是。"这种绝对非功用说，如何能使科学有发达的动机？（3）他们既不讲实用，又不能有纯粹的爱真理的态度。他们口说"致知"，但他们所希望的，并不是这个物的理和那个物的理，乃是一种最后的绝对真理。小程子说，"今日格一件，明日格一件，积习既多，然后脱然有贯通处"。又说，"自一身之中，至万物之理，但理会得多，自然豁然有觉悟处"。朱子上文说的"至于用力之久，而一旦豁然贯通焉，则众物之表里精粗无不到，而吾心之全体大用无不明矣"。这都可证宋儒虽然说"今日格一事，明日格一事"，但他们的目的并不在今日明日格的这一事。他们所希望的是那"一旦豁然贯通"的绝对的智慧。这是科学的反面。科学所求的知识正是这物那物的道理，并不妄想那最后的无上智慧。丢了具体的物理，去求那"一旦豁然贯通"的大彻大悟，决没有科学。

再论这方法本身也有一个大缺点。科学方法的两个重要部分，一是假设，一是实验。没有假设，便用不着实验。宋儒讲格物全不注重假设。如小程子说，"致知在格物，物来则知起。物各付物，不役其知，则意诚不动"。天下那有"不役其知"的格物？这是受了《乐记》和《淮南子》所说"人生而静，天之性也，感于物而动，性之欲也"那种知识论的毒。"不役其知"的格物，是完全被动的观察，没有假设的解释，也不用实验的证明。这种格物如何能有科学的发明？

但是我们平心而论，宋儒的格物说，究竟可算得是含有一点归纳的精神。"即凡天下之物，莫不因其已知之理而益穷之"一句话里，的确含有科学的基础。朱子一生有时颇能做一点实地的观察。我且举朱子《语录》里的两个例：

（1）今登高山而望，群山皆为波浪之状，便是水泛如此。只不知因什么事凝了。

（2）尝见高山有螺蚌壳，或生石中。此石即旧日之土，螺蚌即水中之物。下者却变而为高，柔者却变而为刚。此事思之至深，有可验者。

这两条都可见朱子颇能实行格物。他这种观察，断案虽不正确，已很可使人佩服。西洋的地质学者，观察同类的现状，加上胆大的假设，作为有系统的研究，便成了历史的地质学。

三

起初小程子把"格物"的物字解作"语其大至天地之高厚，语其小至一物之所以然"，又解作"自一身之中，至万物之理"。这个"物"的范围，简直是科学的范围。但是当科学器械不完备的时候，这样的科学野心，不但做不到，简直是妄想。所以小程子自己先把"物"的范围缩小了。他说"穷理亦多端，或读书讲明义理，或论古今人物，别其是非，或应接事物，处其当然：皆穷理也"。这是把"物"字缩到"穷经，应事，尚论古人"三项。后来朱子便依着小程子所定的范围。朱子是一个读书极博的人，他的一生精力大半都用在"读书穷理"、"读书求义"上。他曾费了大工夫把《四子书》、《四经》（《易》、《诗》、《书》、《春秋》）自汉至唐的注疏细细整理一番，删去那些太繁的和那些太讲不通的，又加上许多自己的见解，作成了几部简明贯串的集注。这几部书，八百年来，在中国发生了莫大的势力。他在《大学》、《中庸》两部书上用力更多。每一部书有《章句》，又有《或问》，《中庸》还有《辑略》。他教人看《大学》的法子，"须先读本文，念得，次将《章句》来解本文，又将《或问》来参《章句》，须逐一令记得，反复寻究，待他浃洽，既逐段晓得，将来统看温寻过，这方始是"。看这一条，可以想见朱子的格物方法在经学上的应用。

他这种方法是很繁琐的。在那禅学盛行的时代，这种方法自然很受一些人的攻击。陆子批评他道："易简工夫终久大，支离事业竟浮沉。""支离事业"就是朱子一派的"传注"工夫。陆子自己说："学苟知本，则《六经》皆我注脚。"又说，"《六经》注我，我注《六经》"。他所说的"本"，就是自己的心。他说，"宇宙即是吾心，吾心即是宇宙"。他又说，"万物皆备于我。只要明理。然理不解自明，须是隆师亲友"。

朱子说，"人心之灵，莫不有知，而天下之物，莫不有理。"这是说"理"在物中，不在心内，故必须去寻求研究。陆子说，"此心此理，实不容有二。"心就是理，理本在心中，故说"理不解自明"。这种学说和程、朱一系所说"即物而穷其理"的方法，根本上立于反对的地位。

后来明代王阳明也攻击朱子的格物方法。阳明说：

> 众人只说格物要依晦翁，何曾把他的说去用。我着实曾用来。初年与钱友同论做圣贤要格天下之物，因指亭前竹子，令去格看。钱子早夜去穷格竹子的道理，竭其心思，至于三日，便致劳神成疾。当初说他是精力不足，某因自去穷格，早夜不得其理，到七日亦以劳思致疾。遂相与叹，圣贤是做不得的，无他大力量去格物了！

王阳明这样挖苦朱子的方法，虽然太刻薄一点，其实是很切实的批评。朱子一系的人何尝真做过"即凡天下之物，莫不因其已知之理而益穷之"的工夫？朱子自己说："夫天下之物，莫不有理，而其精蕴则已具于圣贤之书，故必由是以求之。"从"天下之物"缩小到"圣贤之书",这一步可算跨得远了!

王阳明自己主张的方法大致和陆象山相同。阳明说:"心外无物。"又说:"物者,事也。凡意之所发,必有其事。意所在之事谓之物。"又说:"如吾心发一念孝亲,即孝亲便是物。"他把"格"字当作"正"字解,他说:"格者,正也,正其不正以归于正也。"他把"致知"解作"致吾心之良知",故要人"于其良知所知之善者,即其意之所在之物,而实为之,无有乎不尽;于其良知所知之恶者,即其意之所在之物,而实去之,无有乎不尽"。这就是格物。

陆、王一派把"物"的范围限于吾心意念所在的事物,初看去似乎比程、朱一派的"物"的范围缩小得多了。其实并不然。程、朱一派高谈"即凡天下之物",其实只有"圣贤之书"是他们的"物"。陆、王明明承认"格天下之物"是做不到的事,故把范围收小,限定"意所在之事谓之物"。但是陆、王都主张"心外无物"的,故"意所在之事"一句话的范围可大到无穷,比程、朱的"圣贤之书"广大得多了。还有一层,陆、王一派极力提倡个人良知的自由,故陆子说,"《六经》为我注脚",王子说,"夫学贵得之心,求之于心而非也,虽其言之出于孔子,不敢以为是也"。这种独立自由的精神便是学问革新的动机。

但是独立的思想精神,也是不能单独存在的。陆、王一派的学说,解放思想的束缚是很有功的,但他们偏重主观的见解,不重物观的研究,所以不能得社会上一班人的信用。我们在三四百年后观察程、朱、陆、王的争论,从历史的线索上看起来,可得这样一个结论:"程、朱的格物论注重'即物而穷其理',是很有归纳的精神的。可惜他们存一种被动的态度,要想'不役其知',以求那豁然贯通的最后一步。那一方面,陆、王的学说主张真理即在心中,抬高个人的思想,用良知的标准来解脱'传注'的束缚。这种自动的精神很可以补救程、朱一派的被动的格物法。程、朱的归纳手续,经过陆、王一派的解放,是中国学术史的一大转机。解放后的思想,重新又采取程、朱的归纳精神,重新经过一番'朴学'的训练,于是有清代学者的科学方法出现,这又是中国学术史的一大转机。"

四

中国旧有的学术,只有清代的"朴学"确有"科学"的精神。"朴学"一个名词包括甚广,大要可分四部分:

（1）文字学（Philology）。包括字音的变迁，文字的假借通转，等等。

（2）训诂学。训诂学是用科学的方法，物观的证据，来解释古书文字的意义。

（3）校勘学（Textual Criticism）。校勘学是用科学的方法来校正古书文字的错误。

（4）考订学（Higher Criticism）。考订学是考定古书的真伪，古书的著者，及一切关于著者的问题的学问。

因为范围很广，故不容易寻一个总包各方面的类名。"朴学"又称为"汉学"，又称为"郑学"。这些名词都不十分满人意。比较起来，"汉学"两个字虽然不妥，但很可以代表那时代的历史背景。"汉学"是对于"宋学"而言的。因为当时的学者不满意于宋代以来的性理空谈，故抬出汉儒来，想压倒宋儒的招牌。因此，我们暂时沿用这两个字。

"汉学"这个名词很可表示这一派学者的共同趋向。这个共同趋向就是不满意于宋代以来的学者用主观的见解来做考古学问的方法。这种消极方面的动机，起于经学上所发生的问题，后来方才渐渐的扩充，变成上文所说的四种科学。现在且先看汉学家所攻击的几种方法：

（1）随意改古书的文字。

（2）不懂古音，用后世的音来读古代的韵文，硬改古音为"叶音"。

（3）增字解经。例如解"致知"为"致良知"。

（4）望文生义。例如《论语》"君子耻其言而过其行"，本有错误，故"而"字讲不通，宋儒硬解为"耻者，不敢尽之意，过者，欲有余之辞"，却不知道"而"字是"之"字之误（皇侃本如此）。

这四项不过是略举几个最大的缺点。现在且举汉学家纠正这种主观的方法的几个例。唐明皇读《尚书·洪范》"无偏无颇，遵王之义"，觉得下文都协韵，何以这两句不协韵，于是下敕改"颇"为"陂"，使与义字协韵。顾炎武研究古音，以为唐明皇改错了，因为古音"义"字本读为我，故与颇字协韵。他举《易·象传》"鼎耳革，失其义也；覆公悚，信如何也"，又《礼记·表记》"仁者，右也；道者，左也；仁者，人也；道者，义也"，证明义字本读为我，故与左字、何字、颇字协韵。

又《易·小过》上六："弗遇过之，飞鸟离之。"朱子说当作"弗过遇之"。顾炎武引《易·离》九三，"日昃之离，不鼓缶而歌，则大耋之嗟"，来证明"离"字古读如罗,与过字协韵,本来不错。

"望文生义"的例如《老子》"行于大道,唯施是畏",王弼与河上公都把"施"字当作"施为"解。王念孙证明"施"字当读为"迤",作邪字解。他举的证据甚多:(1)《孟子·离娄》,"施从良人之所之",赵岐注,"施者,邪施而行",丁公著音迤。(2)《淮南·齐俗训》,"去非者,非批邪施也",高诱注,"施,微曲也"。(3)《淮南·要略》,"接径直施",高注,"施,邪也"。以上三证,证明施与迤通,《说文》说,"迤,衺行也。"(4)《史记·贾生传》,"庚子日施兮",《汉书》写作"日斜兮"。(5)《韩非子》的《解老》篇解《老子》这一章,也说,"所谓大道也者,端道也。所谓貌施也者,邪道也。"以上两证,证明施字作邪字解。这种考证法还不令人心服吗?

这几条随便举出的例,可以表示汉学家的方法。他们的方法的根本观念可以分开来说:

(1)研究古书,并不是不许人有独立的见解,但是每立一种新见解,必须有物观的证据。

(2)汉学家的"证据"完全是"例证"。例证就是举例为证。看上文所举的三件事,便可明白"例证"的意思了。

(3)举例作证是归纳的方法。举的例不多,便是类推(Analogy)的证法。举的例多了,便是正当的归纳法(Induction)了。类推与归纳,不过是程度的区别,其实他们的性质是根本相同的。

(4)汉学家的归纳手续不是完全被动的,是很能用"假设"的。这是他们和朱子大不相同之处。他们所以能举例作证,正因为他们观察了一些个体的例之后,脑中先已有了一种假设的通则,然后用这通则所包涵的例来证同类的例。他们实际上是用个体的例来证个体的例,精神上实在是把这些个体的例所代表的通则,演绎出来。故他们的方法是归纳和演绎同时并用的科学方法。如上文所举的第一件事,顾炎武研究了许多例,得了"凡义字古音皆读为我"的通则。这是归纳。后来他遇着"无偏无颇,遵王之义"一个例,就用这个通则来解释他,说这个义字古音读为我,故能与颇字协韵。这是通则的应用,是演绎法。既是一条通则,应该总括一切"义"字,故必须举出这条"义读为我"的例,来证明这条"假设"的确是一条通则。印度因明学的三支,有了"喻体"(大前提),还要加上一个"喻依"(例),就是这个道理。

(摘自《胡适文存》第一集，生活·读书·新知三联书店2014年版。本文原载于1919年11月、1920年9月、1921年4月《北京大学月刊》第5、7、9期。原题《清代汉学家的科学方法》，收入《胡适文存》时作者作了修改。）

【导读】胡适先生集历史学家、文学家、哲学家于一身，学术成就斐然，是我国现代著名学者。而胡先生之所以在各方面研究都能取得巨大成果，正是与其平生治学最讲方法分不开的。《清代汉学家的治学方法》一文著于1919年至1921年间，主要是对清代学者的治学方法与西方近代科学方法进行比较研究，既是其整理国故的重要内容之一，也体现了其通过中西文化对接以再造中华文明的思想。

在该文中，胡先生按历史顺序论述了宋明以来历代学者的治学方法，强调了西方归纳法与演绎法在现代学术研究中的重要性，"近来的科学家和哲学家……渐渐的明白科学方法不单是归纳法，是演绎和归纳互相为用的，忽而归纳，忽而演绎，忽而又归纳"。进而以清代训诂学、音韵学为例总结了"朴学"中既有归纳法，又有演绎法，二者相互融合，足以见出清代"朴学"中所具有的"科学"精神。这里，胡先生把杜威的思想与中国清代学者的治学方法结合起来，总结出了清代学者的治学方法："（1）大胆的假设。（2）小心的求证。假设不大胆，不能有新发明。证据不充足，不能使人信仰。"

作为一种治学的方法，胡先生的"大胆假设，小心求证"影响深远。早在1919年3月上旬，他曾作过一场题为《实验主义》的演讲，将美国实用主义哲学家杜威的思想方法归纳为"五步说"，即疑难的境地；疑难之所在；假设的解决方法；决定何种假设有效；证明。同年6月，胡适又发表了《中国之少年精神》的演讲，提出："少年中国不可不有一种新方法，这种新方法，应该是科学的方法。"并将科学方法归结为："第一注重事实；第二注重假设；第三注重证实。"实际上，胡适通过这几次演讲，将杜威的实用主义哲学作了通俗化的解读和总结，即归纳事实、提出假设、注重求证。也就是他一贯倡导的研究问题的基本方法——大胆假设，小心求证。

胡适先生一生治学最讲"科学方法"，是一位方法论的学者。1952年他应台湾大学校长钱穆先生的邀请，做了有关"治学方法"的三场讲演，胡先生说："凡是做学问、做研究，真正的动机都是求某种问题、某种困难的解决，所以动机是困难，而目的是解决困难。"从发现困难到解决困难的过程中，就需要一种方法，在此胡先生为青年学子介绍了他的三种治学方法：大胆的假设，小心的求证；方法的自觉——勤、谨、和、缓；方法与材料——充分的扩张研究的材料。关于"大胆的假设、小心的求证。"胡先生的解释是：要大胆的提出假设，但这种假设还得想法子证明。所以小心的求证，要想法子证实假设或者否定假设，就是要找证据、找资料，进行分析、验证，这样才能解决问题，这比大胆的假设还更重要。

（卢有泉）

明学术与古书源流

胡怀琛

一

我们读古书有两件事应该知道。一是明学术源流，二是明古书源流。今先说明学术源流。以前，中国的读书者不注重学术源流，所以关于这一类的书并不多，这是给我们读书人的一个困难之点。而且中国的学术自己另成一个系统，和西洋学术的系统不同，我们拿西洋学术的名称来支配中国原有的学术，不是支离割裂，就是牵强附会，名为整理，实在是越整理越糟糕。这是给我们读书人的第二个困难之点。

我不是说中国旧学不应该整理，不过不能用固定的机器来作工。今人把整理旧学看得太容易，以为把古书拿来一翻，凡是说到"财"字的，就把他当是经济学看；凡是说到"庠""序""学校"等字的，就把他当教育学看；凡是说到"心"字的，就把他当心理学看；凡是说到"物"字的，就把他当物理学看；其实何尝是如此。例如"人心惟危，道心惟微"，并不是心理学。"致知在格物"，并不是物理学。倘然这样的支配起来，就要弄得莫名其妙。又如《大学》从正心，修身，说到齐家，治国，平天下，原是一个系统。倘然把他分割开来，正心是心理学，修身是伦理学，齐家是社会学，治国平天下是政治学，而况正心以前还有什么诚意，致知等，那么，这一章是分开来讲呢？还是一直讲下去？这不过是极浅的两个例，以外如此之类的事很多，我们固然要希望寻出一个纲领来，以便于后来的人去研究，但是决不能采用西洋的方法呆板的来用。所以我们要读古书，是要先明白原有的学术源流，就是要把他重新整理一下，也要先明白他原有的源流。旧有关于这类的书虽然不好，但是我们在今日不读古书就罢，如要读古书，这些书是不得不先看一下子的。现在把几种必须用的开列如下：

《汉书·艺文志》

《隋书·经籍志》

要明学术源流，这两种书是必须备的。而《汉书·艺文志》尤为重要。如没有《二十四史》的人，可单买一部《八史经籍志》，那么，《汉志》《隋志》都包括在中间。近人顾实有《汉书·艺文志讲疏》，可供参考。

《三通序》

杜佑《通典》，郑樵《通志》，马端临《通考》，共称为《三通》。后人单刻其序文为《三通序》。

《传经表》

《通经表》

清毕沅撰。在《式训堂丛书》中。（即校经山房丛书）

《经学历史》

清皮锡瑞撰。原刻本。有商务影印本。又有学生国学丛书标点注解本。

以上三书是专门讲所谓"经学"传授的源流的。

《史通》

唐刘知几撰。清浦起凤有《史通通释》比较的易读。这是专门研究史学的书，史学源流也包括在中间。

《文史通义》

清章学诚撰。可供参考。

《庄子·天下篇》

在庄子书内。又有顾实《庄子·天下篇讲疏》。

《司马谈论六家要旨》

在《史记·太史公自序》内。

《刘子九流篇》

北齐刘昼撰。《刘子》有崇文书局《百子全书本》。以上三篇，讲诸子源流很详。

《文心雕龙》

梁刘勰撰。古代专门研究文学的书，只不过这一部。在今日看起来，虽不能说完全好，但有一部分确是好的。文学源流也包括在中间。

《古文辞类纂序目》

清姚鼐撰。《古文辞类纂》人家都当他是一部古文选本看，其实，选得并不好，只有前面一篇序目，把古文源流说得很清楚，确有相当的价值，我们不得不一读。

《经史百家杂钞序例》

清曾国藩撰。性质和《古文辞类纂序目》一样。但价值比他高。以上两书版本很多，但以木版的为佳。

以上所列的书目，都是十二分切实适用的。此外再有近人新著的书，如胡适《中国哲学史大纲》，王国维《宋元戏曲史》，某君《中国小说史略》，及《中国绘画史》，《中国音乐史》之类，或是有新的见解，或是那种学术在以前没有人十分注意，（如戏曲史之类）这些书在今日为创作，都是应该找来略看一看。

我们把学术源流明白了，然后去读古书，自然是事半功倍。若因为时间关系，不能先把以上各书读完了，然后去读其他古书，也无妨同时并读。总之，不必执固不通，我们可照自己的环境及自己的性情，变通办理。这也是所谓"通"了。

二

现在再说明古书源流。所谓古书源流，与学术源流略有不同。学术源流是指学派而言，古书源流是指书的本身而言。

要明白古书源流，又当分为两层来说。一是目录，二是版本。今先说目录。我们读书的人，必先有了一份目录，然后知道有些甚么书，是一定的道理。把全部分书籍整理一下，编定一个目录，这是从刘向起头。孔子虽然整理过旧书，但没有编订过目录。刘向校书于天禄阁，把那时候所有一切的书分了七种门类，编了一个目录，名叫《别录》；后来他的儿子刘歆，又另编定了一个目录，但仍因袭着他老子的七种门类，称为《七略》。班固的《汉书·艺文志》，就是根据于《七略》《别录》而编定的。今《七略》《别录》已不传，（除了清人辑本不算）所以今日所见的讲目录的书，以《汉书·艺文志》为最古。其次便是《隋书·经籍志》了。

书目大概可分为备查的和备读的两种。

备查的又有下列四类：

（一）史志中的书目　如《汉书·艺文志》《隋书·经籍志》之类。又有后人补作的如《补后汉书·艺文志》《补元史·艺文志》之类。

（二）地方志中的书目　如《某某省志》《某某县志》，关于某一个地方的人所著的书，都是一个书目在里面。

（三）国家藏书的书目　如《七略》《别录》，就是汉代国家藏书的书目。后来唐代的《开元四库书目》（今不传），宋代的《崇文总目》（今存《汗筠斋丛书》中），明代的《文渊阁书目》（今存《读画斋丛书》中），清代《四库总目》等都是。今日《国立图书馆的书目》也归入此类。

（四）私人藏书的书目　以唐人吴兢《西斋书目》为最早，但今不存。其存在的，以宋人尤袤的《遂初堂书目》为最早。其他如《天一阁书目》《绛云楼书目》《铁琴铜剑楼书目》等都是此种书目，更多不胜举，今但举几种最著名的如上。

这一类的书目只是供给备查的，并不是指示读书门径的。指示读书门径的书目，我们称为备读的书目。

备读的书目以张之洞《书目答问》为最适用（其中所举也有不是必须读的，阅者自己可以分别）。其他就是近人梁任公、胡适之等人所开的书目了。

上面讲完了目录，如今再讲版本。中国刻书虽始于唐及五代，而实盛于宋。故在今日"宋版"的书已算是最名贵的了。不过，当古董看自然以"宋版""元版"为名贵，若是拿来当书读，"宋元版"不及清人精刻的好。因为刻工及校对都是后人比前人精，这是无可讳言的。今就刻书的性质，把版本分为三种如下：

（一）官刻本　或称为国家刻本。就是中央政府所刊行的。如明代国子监所刊的书就是。南国子监所刻的称为"南监本"，北国子监所刻的称为"北监本"。又如清代的"殿版书"是刊于武英殿的。如殿版《二十四史》之类便是。又有武英殿《聚珍版丛书》，所包涵的书很多。此外各省多有省立的书局，专门刻书的，如江苏有苏州书局（现改归苏州图书馆），浙江有浙江书局（现改归浙江图书馆），江西有江西书局（现改归豫章图书馆），广东有广雅书局，湖南有思贤书局，湖北有崇文书局，扬州有淮南书局；他们所刊的书也可称为官刻本。又有书院所刻的也称为官刻本。如广州的学海堂所刻的《经解》及《学海堂丛刻》，福州的正谊堂所刻的《正谊堂全书》，都是最有名的。

（二）家刻本　就是私人刻的。大多数是自著自刻的。以外就是大部的丛书。如《粤雅堂丛书》（伍崇曜刻），《知不足斋丛书》（鲍廷博刻）都是。明末最著名的私家刻书者，就是汲古阁主人毛晋。但是他刻书的性质已介于家、坊之间了。（坊刻见下）

（三）坊刻本　就是书铺里刻的。书铺刻书卖钱，在南宋已有。明、清以来，日盛一日。到了今日，几乎除了坊刻本之外，只有极少数的家刻本，官刻本已没有了。

以上三种刻本之中，应以家刻为最好，因为自著自刻，当然是很经心的。官刻之目的，虽然在宣传文化，然校阅的人，都是雇用的，对于校阅不免有敷衍塞责的地方，只要蒙过了经办人的眼睛就完了，况且经办人也未必个个是内行。所以官刻本也有不可靠的地方。至于坊刻，目的是在谋利，刻工愈省愈好，出品愈快愈好，版本自身的好不好，是他们所不注意的了。明代的书坊刻书往往有贪图工料节省，把全书抽去若干，而仍混称为全书的。又往往利用简笔字以节省刻工。校阅方面，更不能精审了。所以三种版本之中以坊刻为最不好。

以上的版本，是指木版而言。如在今日，除了木版以外，更有石印、铅印种种。而石印、铅印的古书，必有根据。倘然所根据的版本好，当然是好，所根据的版本不好，就不好。至于石印、铅印的本身好不好，乃又另是一个问题。

石印又分为三种：一种是照原书影印的（简称影印），一种是铅印的，一种是写印的，所以总共有三种。而三种之中，以影印为最佳，其次是铅印，最不好的是写印。

本来目录学和版本学好像已成了两种专门的学问，内容非常复杂，决不是我这样的几句话所能道其万一。但是我们现在也不必研究到甚么很深的程度。只要有相当的程度，已够用了。如要讲到精深，那么一般的读书人反而比不上贩卖旧书的书贾。然而书贾终是书贾，只知买书卖书，而不能读书。

关于专门讲版本的书有叶德辉的《书林清话》（家刻本），关于专门讲雕版源流的书，有孙毓修的《雕版源流考》（商务本），可供参考。

（摘自《国学大师论国学》，上海东方出版中心1998年版）

【导读】胡怀琛（1886—1938），笔名寄尘，安徽泾县人，近代著名学者。曾与柳亚子共主《警报》《太平洋报》笔政，并先后执教于中国公学、沪江大学、国民大学等。柳亚子称之为："少年英俊，方有志于经世之务，出其余绪，作为小诗，清新俊逸，朗朗可诵，视世之涂棘以为工者，夐乎异矣。"当代学者李鸿渊也说："胡怀琛不仅是我国近现代著名的教育家、学者、文学家，而且是一位具有民族气节的爱国人士。"胡怀琛一生好学，家境贫寒，但以购书藏书为乐，所藏以诗文集和课本为主，如《三字经》《百家姓》《千字文》《千家诗》等，版本收集最全，可惜抗战时多半毁于战火。近代以来，东西方文化碰撞交流，孕育出一批大师级的学人，胡怀琛即为其一，其一生著述主要有《中国文学通评》《中国诗学通评》《古书今读法》等。本文即选自后者。

胡怀琛的《古书今读法》主要介绍了今人读古书的意义、方法，及工具书和材料的选用等，其中的《明学术与古书源流》着重谈了中国学术与古书的源流问题，对今人治学颇有启迪意义。首先，胡氏在《古书今读法》中对"古书"这一概念作了颇具创见的解读，他认为："中国旧有的人情、风俗、哲学思潮、文学思潮等，完全没有受过西洋影响的，我们认为是中国古代的人情、风俗等等；凡记载或说明这种种的书籍，我们认为是古书。不管他是木刻的，石印的，线装的，洋装的，我们通认为是古书。"可以说，他的这一说法已超越了同代人，具有一定的科学性。之后，针对学子的治学门径，胡氏又着重谈了古书及中国传统学术的源流问题。关于古书的源流，胡氏认为学子应先从目录学和版本学入手，并根据版本的不同来判断古书的学术价值，进而由历代学人的著述及图书的流变来了解传统学术的整体情况。至于学术的源流，他认为学术源流主要是就学派而言的，学人应按照经、史、子、集的分类方法，分别从清皮锡瑞的《经学历史》《三通》（杜佑《通典》、郑樵《通志》、马端临《统考》）及唐刘知几的《史通》等前贤的文献典籍中理清中国传统学术的流派演变历史，并了解各流派的研究方向及取得的实绩。因而，可以说，胡氏在此所谈学术及典籍源流，为有志于传统学术研究者提供了一条治学途径，颇具指导意义。

（卢有泉）

第七编　治学方法

治学的方法与材料

胡　适

现在有许多人说：治学问全靠有方法；方法最重要，材料却不很重要。有了精密的方法，什么材料都可以有好成绩。粪同溺可以作科学的分析，《西游记》同《封神演义》可以作科学的研究。

这话固然不错。同样的材料，无方法便没有成绩，有方法便有成绩，好方法便有好成绩。例如我家中的电话坏了，我箱子里尽管有大学文凭，架子上尽管有经史百家，也只好束手无法，只好到隔壁人家去借电话，请电话公司派匠人来修理。匠人来了，他并没有高深学问，从没有梦见大学讲堂是什么样子。但他学了修理电话的方法，一动手便知道毛病何处，再动手便修理好了。我们有博士头衔的人只好站在旁边赞叹感谢。

但我们却不可不知道上面的说法只是片面的真理。同样的材料，方法不同，成绩也就不同。但同样的方法，用在不同的材料上，成绩也就有绝大的不同。这个道理本很平常，但现在想做学问的青年人似乎不太了解这个极平常而又十分要紧的道理，所以我觉得这个问题有郑重讨论的必要。

科学的方法，说来其实很简单，只不过"尊重事实，尊重证据"。在应用上，科学的方法只不过"大胆的假设，小心的求证"。

在历史上，西洋这三百年的自然科学都是这种方法的成绩；中国这三百年的朴学也都是这种方法的结果。顾炎武、阎若璩的方法同伽利略（Galileo）、牛顿（Newton）的方法，是一样的：他们都能把他们的学说建筑在证据之上。戴震、钱大昕的方法，同达尔文（Darwin）、柏司德（Pasteur）的方法，也是一样的：他们都能大胆地假设，小心地求证。

中国这三百年的朴学成立于顾炎武同阎若璩；顾炎武的导师是陈第，阎若璩的先锋是梅鷟。陈第作《毛诗古音考》（1601—1606），注重证据；每个古音有"本证"，有"旁证"；本证是《毛诗》中的证据，旁证是引别种古书来证《毛诗》。如他考"服"字古音"逼"，共举了本证十四条，旁证十条。

顾炎武的《诗本音》同《唐韵正》都用同样的方法。《诗本音》于"服"字下举了三十二条证据，《唐韵正》于"服"字下举了一百六十二条证据。

梅鷟是明正德癸酉（1513）举人，著有《古文尚书考异》，处处用证据来证明伪《古文尚书》的娘家。这个方法到了阎若璩的手中，运用更精熟了，搜罗也更丰富了，遂成为《尚书古文疏证》，遂定了伪古文的铁案。有人问阎氏的考证学方法的指要，他回答道：

不越乎"以虚证实，以实证虚"而已。

他举孔子适周之年作例。旧说孔子适周共有四种不同的说法：

一、昭公七年（《水经注》）

二、昭公二十年（《史记·孔子世家》）

三、昭公二十四年（《史记·索隐》）

四、定公九年（《庄子》）

阎氏根据《曾子问》里说孔子从老聃助葬恰遇日食一条，用算法推得昭公二十四年夏五月乙未朔日食，故断定孔子适周在此年（《尚书古文疏证》卷八，第一百二十条）。

这都是很精密的科学方法。所以"亭林、百诗之风"造成了三百年的朴学。这三百年的成绩有声韵学，训诂学，校勘学，考证学，金石学，史学，其中最精彩的部份都可以称为"科学的"；其间几个最有成绩的人，如钱大昕、戴震、崔述、王念孙、王引之、严可均，都可以称为科学的学者。我们回顾这三百年的中国学术，自然不能不对这班大师表示极大的敬意。

然而从梅鷟的《古文尚书考异》到顾颉刚的《古史辨》，从陈第的《毛诗古音考》到章炳麟的《文始》，方法虽是科学的，材料却始终是文字的。科学的方法居然能使故纸堆中大放光明，然而故纸的材料终久限死了科学的方法，故这三百年的学术也只不过文字的学术，三百年的光明也只不过故纸堆的火焰而已！

我们试回头看看西洋学术的历史。

当梅鷟的《古文尚书考异》成书之日，正哥白尼（Copernicus）的《天文革命》大著出世（1543）之时。当陈第的《毛诗古音考》成书的第三年（1608），荷兰国里有三个磨镜工匠同时发明了望远镜。再过一年（1609），意大利的伽利略（Galileo）也造出了一座望远镜，他逐渐改良，一年之中，他的镜子便成了欧洲最精的望远镜。他用这镜子发现了木星的卫星，太阳的黑子，金星的光态，月球上的山谷。

伽利略的时代，简单的显微镜早已出世了。但望远镜发明之后，复合的显微镜也跟着出来。伽利略死（1642）后二三十年，荷兰有一位磨镜的，名叫李文厚（Leeuwenhoek），天天用他自己做的显微镜看细微的东西。什么东西他都拿来看看，于是他在蒸馏水里发现了微生物，鼻涕里和痰唾里也发现了微生物，阴沟臭水里也发现了微生物。微菌学从此开始了。这个时候（1675）正是顾炎武的《音学五书》成书的时候，阎若璩的《古文尚书疏证》还在著作之中。

从望远镜发见新天象（1609）到显微镜发现微菌（1675），这五六十年之间，欧洲的科学文明的创造者都出来了。试看下表：

	中国	欧洲
1606	陈第《古音考》。	
1608		荷兰人发明望远镜。
1609		伽利略的望远镜。 解白勒（Kepler）发表他的火星研究，宣布行星运行的两条定律。
1610	黄宗羲生。	
1613	顾炎武生。	
1614		奈皮尔（Napier）的对数表。
1619	王夫之生。	解白勒的"行星第三定律"。
1618—1621		解白勒的《哥白尼天文学要指》
1622	毛奇龄生。	
1625	费密生。	
1626		培根死。
1628	用西法修新历。	哈维（Harvey）的《血液运行论》。
1630		伽利略的《天文谈话》。 解白勒死。
1633		伽利略因天文学受异端审判。
1635	颜元生。	
1636	阎若璩生。	
1637	宋应星的《天工开物》	笛卡儿（Descartes）的《方法论》，发明解析几何。
1638		伽利略的《科学的两新支》。
1640	徐霞客（宏祖）死。	
1642		伽利略死，牛顿生。

549

续表

	中国	欧洲
1644		伽利略的弟子佗里杰利（Torricelli）用水银试验空气压力，发明气压计的原理。
1655	阎若璩开始作《尚书古文疏证》，积三十余年始成书。	
1657	顾炎武注《韵补》。	
1660		英国皇家学会成立。 化学家波耳（Boyle）发表他的气体新试验。（波耳氏律）
1661		波耳的《怀疑的化学师》。
1664	废八股。	
1665		牛顿发明微分学。
1666	顾炎武的《韵补正》成。	牛顿发明白光的成分。
1667	顾炎武的《音学五书》成。	
1669	复八股。	
1670	顾炎武初刻《日知录》八卷。	
1675		李文厚用显微镜发现微生物。
1676	顾炎武《日知录》自序。	
1680	顾炎武《音学五书》后序。	
1687		牛顿的杰作《自然哲学原理》。

我们看了这一段比较年表，便可以知道中国近世学术和西洋近世学术的划分都在这十年中定局了。在中国方面，除了宋应星的《天工开物》一部奇书之外，都只是一些纸上的学问；从八股到古音的考证固然是一大进步，然而终久还是纸上的工夫。西洋学术在这几十年中便已走上了自然科学的大路了。顾炎武、阎若璩规定了中国三百年的学术的局面；伽利略、解白勒、波耳、牛顿规定了西洋三百年的学术的局面。

他们的方法是相同的，不过他们的材料完全不同。顾氏、阎氏的材料完全是文字的，伽利略一班人的材料完全是实物的。文字的材料有限，钻来钻去，总不出这故纸堆的范围；故三百年的中国学术的最大成绩不过是两大部《皇清经解》而已。实物的材料无穷，故用望远镜观天象，而至今还有无穷的天体不曾窥见；用显微镜看微菌，而至今还有无数的微菌不曾寻出。但大行星已添了两座，恒星之数已添到十万万以外了！前几天报上说，有人正积极实验同火星通信了。我们已知道许多病菌，并且已知道预防的方法了。宇宙之大，三百年中已增加了几十万万倍了；平均的人寿也延长了二十年了。

然而我们的学术界还在烂纸堆里翻我们的筋斗！

不但材料规定了学术的范围，材料并且可以大大地影响方法的本身。文字的材料是死的，故考证学只能跟着材料走，虽然不能不搜求材料却不能捏造材料。从文字的校勘以至历史的考据，都只能尊重证据，却不能创造证据。

自然科学的材料便不限于搜求现成的材料，还可以创造新的证据。实验的方法便是创造证据的方法。平常的水不曾分解成氢气和氧气，但我们用人工把水分解成氢气和氧气，以证实水是氢气和氧气合成的。这便是创造不常有的情境，这便是创造新证据。

纸上的材料只能产生考据的方法；考据的方法只是被动的运动材料。自然科学的材料却可以产生实验的方法；实验便不受现成材料的拘束，可以随意创造平常不可得见的情境，逼拶出新结果来。考据家若没有证据，便无从做考证；史家若没有史料，便没有历史。自然科学家便不然。肉眼看不见的，他可以用望远镜，可以用显微镜。生长在野外的，他可以叫他生长在花房里；生长在夏天的，他可以叫他生在冬天。原来在人身上的，他可以移种在兔身上，狗身上。毕生难遇的，他可以叫他天天出现在眼前；太大了的，他可以缩小；整个的，他可以细细分析；复杂的，他可以化为简单；太少了的，他可以用人功培植增加。

故材料的不同可以使方法本身发生很重要的变化。实验的方法也只是大胆的假设，小心的求证；然而因为材料的性质，实验的科学家便不用坐待证据的出现，也不仅仅寻求证据，他可以根据假设的理论，造出种种条件，把证据逼出来。故实验的方法只是可以自由产生材料的考证方法。

伽利略二十多岁时，在本地的高塔上抛下几种重量不同的构件，看他们同时落地，证明了物体下坠的速率并不依重量为比例，打倒了几千年的谬说。这便是用实验的方法去求证据。他又做了一块板，长十二个爱儿（每个爱儿长约四英尺），板上挖一条阔一寸的槽。他把板的一头垫高，用一个铜球在槽里滚下去，他先记球滚到底的时间，次记球滚到全板四分之一的时间。他证明第一个四分之一的速度最慢，需要全板时间的一半。越滚下去，速度越大。距离的相比等于时间的平方的相比。伽利略这个试验总做了几百次，他试过种种不同的距离，种种不同的斜度，然后断定物体下坠的定律。这便是创造材料，创造证据。平常我们所见物体下坠，一瞬间便过了，既没有测量的机会，更没有比较种种距离和种种斜度的机会。伽氏的试验便是用人力造出种种可以测量，可以比较的机会。这便是新力学的基础。

哈维研究血的循环，也是用实验的方法。哈维曾说：

> 我学解剖学同教授解剖学，都不是从书本子来的，是从实际解剖来的；不是从哲学家的学说上来的，是从自然界的条理上来的。（他的《血液运行》自序）

哈维用下等活动物来做实验，观察心房的跳动和血的流行。古人只解剖死动物的动脉，不知死动物的动脉管是空的。哈维试验活动物，故能发现古人所不见的真理。他死后四年（1661），马必吉（Malpighi）用显微镜看见血液运行的真状，哈维的学说遂更无可疑了。

此外如佗里杰利的试验空气的压力，如牛顿的试验白光的七色，都是实验的方法。牛顿在暗室中放进一点白光，使他通过三棱镜，把光放射在墙上。那一圆点的白光忽然变成了五倍大的带子，白光变成了七色：红，橘红，黄，绿，蓝，靛青，紫。他再用一块三棱镜把第一块三棱镜的光收回去，便仍成圆点的白光。他试验了许多回，又想出一个法子，把七色的光射在一块板上，板上有小孔，只许一种颜色的光通过。板后面再用三棱镜把每一色的光线通过，然后测量每一色光的曲折度。他这样试验的结果始知白光是曲折力不同的七种光复合成的。他的实验遂发明了光的性质，建立了分光学的基础。

以上随手举的几条例子，都是顾炎武阎若璩同时人的事，已可以表见材料同方法的关系了。考证的方法好有一比，比现今的法官判案，他坐在堂上静听两造的律师把证据都呈上来了，他提起笔来，宣判道：某一造的证据不充足，败诉了；某一造的证据充足，胜诉了。他的职务只在评判现成的证据，他不能跳出现成的证据之外。实验的方法也有一比，比那侦探小说里的福尔摩斯访案：他必须改装微行，出外探险，造出种种机会来，使罪人不能不呈献真凭实据。他可以不动笔，但他不能不动手动脚，去创造那逼出证据的境地与机会。

结果呢？我们的考证学的方法尽管精密，只因为始终不接近实物的材料，只因为始终不曾走上实验的大路上去，所以我们的三百年最高的成绩终不过几部古书的整理，于人生有何益处？于国家的治乱安危有何裨补？虽然做学问的人不应该用太狭义的实利主义来评判学术的价值，然而学问若完全抛弃了功用的标准，便会走上很荒谬的路上去，变成枉费精力的废物。这三百年的考证学固然有一部份可算是有价值的史料整理，但其中绝大的部分却完全是枉费心思。如讲《周易》而推翻王弼，回到汉人的"方士易"；讲《诗经》而推翻郑樵、朱熹，回到汉人的荒谬诗说；讲《春秋》而回到两汉陋儒的微言大义，——这都是开倒车的学术。

为什么三百年的第一流聪明才智专心致力的结果仍不过是枉费心思的开倒车呢？只因为纸上的材料不但有限，并且在那一个"古"字底下罩着许多浅陋幼稚愚妄的胡说。钻故纸的朋友自己没有学问眼力，却只想寻那"去古未远"的东西，日日"与古为邻"，却不知不觉地成了与鬼为邻，而不自知其浅陋愚妄幼稚了！

那班崇拜两汉陋儒方士的汉学家固不足道。那班最有科学精神的大师——顾炎武、戴震、钱大昕、段玉裁、孔广森、王念孙、王引之等——他们的科学成绩也就有限的很。他们最精的是校勘训诂两种学问，至于他们最用心的声韵之学，简直没有多大成绩可说。如他们费了无数心力去证明古时有"支""脂""之"三部的区别，但他们到如今不能告诉我们这三部究竟有怎样的分别。如顾炎武找了一百六十二条证据来证明"服"字古音"逼"，到底还不值得一个广东乡下人的一笑，因为顾炎武始终不知道"逼"字怎样读法。又如三百年的古音学不能决定古代究竟有无入声；段玉裁说古有入声而去声为后起，孔广森说入声是江左后期之音。二百年来，这个问题似乎没有定论。却不知道这个问题不解决，则一切古韵的分部都是将错就错。况且依二百年来"对转""通转"之说，几乎古韵无一部不可通他部。如果部部本都可通，那还有什么韵部可说！

三百年的纸上功夫，成绩不过如此，岂不可叹！纸上的材料本只适宜于校勘训诂一类的纸上工作；稍稍逾越这个范围，便要闹笑话了。

西洋的学者先从自然界的实物下手，造成了科学文明，工业世界，然后用他们的余力，回来整理文字的材料。科学方法是用惯的了。实验的习惯也养成了。所以他们的余力便可以有惊人的成绩。在音韵学的方面，一个格林姆（Grimm）便抵得许多钱大昕、孔广森的成绩。他们研究音韵的转变，文字的材料之外，还要实地考察各国各地的方言，和人身发音的器官。由实地的考察，归纳成种种通则，故能成为有系统的科学。今年一位瑞典学者珂罗倔伦（Bernhard Karlgren）费了几年的工夫研究切韵，把二百六部的古音弄的清清楚楚。林语堂先生说：

学风九编

珂先生是切韵专家，对中国音韵学的贡献发明，比中外过去的任何音韵学家还重要。（《语丝》第四卷第廿七期）

珂先生的成绩何以能这样大呢？他有西洋的音韵学原理作工具，又很充分地运用方言的材料，用广东方言作底子，用日本的汉音吴音作参证，所以他几年的成绩便可以推倒顾炎武以来三百年的中国学者的纸上功夫。

我们不可以从这里得一点教训吗？

纸上的学问也不是单靠纸上的材料去研究的。单有精密的方法是不够用的。材料可以限死方法，材料也可以帮助方法。三百年的古韵学抵不得一个外国学者运用活方言的实验。几千年的古史传说禁不起三两个学者的批评指摘。然而河南发现了一地的龟甲兽骨，便可以把古代殷商民族的历史建立在实物的基础之上。一个瑞典学者安特森（J.G.Anderson）发现了几处新石器，便可以把中国史前文化拉长几千年。一个法国教士桑德华（Pere Licent）发见了一些旧石器，便又可以把中国史前文化拉长几千年。北京地质调查所的学者在北京附近的周口店发现了一个人齿，经了一个解剖学专家步达生（Davidson Black）的考定，认为远古的原人，这又可以把中国史前文化拉长几万年。向来学者所认定纸上的学问，如今都要跳在故纸堆外去研究了。

所以我们要希望一班有志做学问的青年人及早回头想想。单学得一个方法是不够的；最要紧的是关头是你用什么材料。现在一班少年人跟着我们向故纸堆去乱钻，这是最可悲叹的现状。我们希望他们及早回头，多学一点自然科学的知识与技术：那条路是活路，这条故纸的路是死路。三百年的第一流的聪明才智消磨在这故纸里，还没有什么好成绩。我们应该换条路走走了。等你们在科学试验室里有了好成绩，然后拿出你们的余力，回来整理我们的国故，那时候，一拳打倒顾亭林，两脚踢翻钱竹汀，有何难哉！

（摘自《有几分证据说几分话：胡适谈治学方法》，北京大学出版社2014年版。本文原载于1928年11月10日《新月》第1卷第9号）

【导读】 胡适（1891—1962），安徽绩溪人，中国现代著名学者、诗人、历史学家、文学家、哲学家。因提倡文学革命而成为新文化运动的领袖之一。胡曾师从哲学家杜威，接受其实用主义哲学，并一生服膺，自称杜威教他怎样思想，其"大胆地假设，小心地求证"的治学方法就是从杜威提出的思想五步法提炼而来的。由此，胡适毕生倡言"大胆地假设，小心地求证"、"言必有证"的治学方法。

胡适是中国新文化运动的发起人之一,他把新文化运动定义为中国的文艺复兴运动,但当新文化运动对传统批判得如火如荼的时候,胡适却开始"整理国故":他对《西游记》《三国演义》《红楼梦》《三侠五义》《镜花缘》《海上花列传》等十余种古典小说进行了考证。从1920年到1933年间,胡适以小说前的序和"导论"形式,写了30万字的古典小说考证文字。一个首倡"新文学"与"新文化"的激进教授,突然转身扑进曾反对的旧文化的"故纸堆"中,这中举动不免让人心生疑惑。

胡适之所以要整理国故,一方面是对激进的新文化运动进行恰当的纠偏,避免全盘西化;另一方面是对保守派的治学方法进行釜底抽薪的批判,因为胡适"整理国故"用的正是"大胆的假设,小心的求证"的科学方法,其实"欲以催灭国故"。胡适此举有深远的考虑与丰富的价值,但当时一些不明就里,只看到表面的青年也跟着"整理国故"重新钻入故纸堆。在这样的情况下,一方面胡适也需要对他之前用科学方法施行于国故的具体实践进行方法论上的总结,另一方面也需要理论文章对这些走回头路的青年进行治学方法上的引导。基于这些原因,胡适写了《治学的方法与材料》一文,对相关治学方法进行了较为明确而系统的总结,也是对他"整理国故"实践的总结。

在《治学的方法与材料》一文中,他强调"大胆的假设,小心的求证"是东西方所共同采用的方法,不过由于材料的不同,存在着考据方法与实验方法的分野。对此,胡适不仅列表比较了中国与欧洲从1606年至1687年八十多年的学术成就的巨大差异,还枚举了很多例子来阐明依靠纸上的材料的考证的局限性和自然科学所采用的实物材料的无限广阔的前景。因此,他希望有志做学问的青年人,不应去钻那故纸堆的"死路",而应多学自然科学的知识与技术,换条路走走。

胡适一生受杜威实用主义哲学影响,他"换条路走走"的建议直接面向实践,抛开历史时代的因素来看,胡适关于治学方法的认识至今仍然是非常科学,非常深刻,极富见地的。

(黄　斌)

中国史料的整理

陈 垣

一 引言

为什么我们的史料要整理呢？理由是很简单的：人类的寿命有限，史料的增加却是无穷，举一个很浅显的例，唐宋人研究历史只须研究到唐宋为止，我们现在就要研究唐宋以后的历史了；不止这样，唐宋人研究历史的范围只局于中国及中国附近，我们现在因为交通便利东西文化接触的结果，就要把范围扩大到全世界去；这么一来，我们若是不想法子先把中国的史料整理起来，就不免要兴庄子的"吾生也有涯，而知也无涯，以有涯随无涯殆已"之叹了。

中国史料这么多，使人感觉到无从整理的困难，就有人便主张索性把这些史料统统烧了。但是这种焚书的办法到底不是根本的解决。譬如蒙古西藏我们暂时不能积极经营，断无把它放弃之理。我以为我们若是肯大家来想法子，把这些史料都弄成整个有用的东西，或很容易运用的史料，那自然也不用烧了。反之，我们若是自己不来整理，恐怕不久以后，烧又烧不成，而外人却越俎代庖来替我们整理了，那才是我们的大耻辱呢！

近代西洋机械的发达可算达于极点了，什么东西都可以用机器代替工人，印书打字的机器早就发明了，唯有机器代读书的事情现在还没有听到。但是我们虽然不能以机器代替我们读书，我们尽可以改良读书的方法，整理研究的材料，使以最经济的时间得最高的效能。正如我们中国现在虽然不能全筑起铁路来，尽可以先修成公路马路一样。今天我所要说的便是这种修成公路马路的方法。

二 中国史料整理的方法

今天我所要说的中国史料，是单就文字记录方面来说的，至于那些考古发掘遗迹遗物等等尚谈不到。关于文字记录方面，我把它们分做两大类：一是已成书册的史籍，一是未成书册的档案。

（甲）史籍的整理

（1）书籍翻印的改良——中国的书籍多半是不分句，不分段，不分章节的，至于标点符号更是绝少了，越是有名的著作，越是没点句，不特古书是这样，就是最近出版的《王静安先生文集》也是没有点句的；这样使研究的人事倍功半，浪耗精力时光。所以现在我们要整理史料，第一步的工作便是有翻印旧书的时候，最低限度，要将旧书点句，能分段分节，加以标点符号更佳。从前由天津到北平要三日，有了铁路以后，三小时可就到了；《史记》著成已二千年，前人要三个月读完，我们今日仍要三个月才能读完，岂不是因为没缩短的方法吗？点句分段，就是使人节省精力时光的一种方法。原来这种需要章句标点的感觉并不是最近才有的，八九百年前宋代的学者，便已经整理出一部现在我们所见到的章节句读非常明白的四子书了；就是旧刻的佛家的经典，也是有圈点的。

（2）类书工具书的改良——中国工具书虽然比较的不多，但也并非完全没有；不过旧式的工具书缺点顶多，若不加以改良，其利用恐亦有限。现在随便举出几个例来：（一）《历代地理志韵编》，这一部书成于百年前，内容系将各史地理志所有的地名按韵编成，然后在每个地名之下注以当时系郡系县与历朝沿革。这部书算是研究地理历史很好的工具书，但是却有不少缺点，最明显的，第一，本书是按韵编的，要检查本书须先了解检韵的大概，要不然，就很难利用了。其次是排列不得法，往往是几个地名一行行地连下去，使检查的人不能一目了然。（二）《纪元编》，这部书也是成于百年前，是专门讲年号的，譬如我们要检查某个年号系属于某朝某帝，只须按那年号的末一字音韵检去便可检出；但是这部书也犯了同样的毛病，排列并不整齐，而且年表内每页年数又并无一定，是很不方便的。（三）《说文通检》，这部书成于五十年前，自从这部书出现以后，检查《说文》简便了许多；但也有一个大毛病，就是检查的人须先知道他所要查的字是属于那一部，而后才能查出。这又是不便于普通学者了，且此书排列法亦不整齐，不便寻检。（四）《读书记数略》，是一部专门汇集有数字关系典故的参考书，例如：十八罗汉、三纲、五常一类的典故都可以从那里检出。不过这部书也有一个缺点，就是未分数先分类，其分类又非常繁琐，每每遇一名词，不知其应归何类，即须检阅数卷而后得。总而言之，中国的工具书无论在编制方面，排印方面都是应加改良的，要做到小学生都能利用才行。

（3）书籍装订的改良——中国书籍的装订往往只顾形式不问内容，只求每函每套册数厚薄的均等，而不问每函每套的内容是否相关联的；并且于目录的编置更无一定，有时使检阅的人感到无限麻烦。例如《全唐文》这一部书，一共有一千卷，里面收集所有唐代的文章，以人为单位依次编成。这部书虽然有总目和每卷的详细目录，但是因为目录是配置在每卷之首，使检查的人要检某人的某篇文章在某卷，非花了许多时间从头到尾慢慢查过，总是检不出。此外中国书的装套也是非常的不讲求，往往是把一人一类的文章不装在一套内，而随意归入上套或下套。这些都是装订方面的缺点。倘若能够把目录和每卷的目录统通集合起来另订成册，并且装套时无连上连下之弊，那么检查《全唐文》的人不是要便利了许多吗？

（4）笔记的整理——唐宋以来，笔记的著作日多一日，因为笔记是杂志性质，内容非常复杂，篇章不拘短长，所以较易写作。这种笔记看来好似无关重要，其实是绝好的社会史风俗史的资料，有许多的东西在正史里寻不到，在笔记里却可以寻到。但是笔记是非常难读的：一来笔记的分量多，内容复杂；二来笔记的编制非常不经济，除了极少数的每段有目录外，其余的不是完全无题目，便是有题目而无总目。要想从笔记里寻材料的，除了以披沙沥金的法子慢慢去找寻以外，着实没有办法。所以笔记题目的整理是非常必需的；要把所有的笔记，无目录的加上目录，有目录的加上总目，有总目的编为索引，使后来要从笔记里找寻任何材料的都可以一目了然。

（5）文集的整理——中国文集在所有书籍中占最多数，《四库全书》亦以集部为最多，便可以看出中国文集的多了。但是中国文集虽然每篇必有目录，而常没有总目录，就是《四库全书》里的文集，也全是没有总目录的。这确是一个大缺点。从前我感到检查文集手续的麻烦，曾将《四库全书》集部中外间传本稀罕的，抄了一部总目，虽只一小部分，但已便利许多矣。所以我以为倘若我们有了一部完整的所有文集的总目录或索引，对于我们研究学问一定大有帮助。

（6）群书篇目汇纂——群书篇目汇纂是想把所有重要书籍的篇目按类编成一部总目，使人一检即知某书的内容。这一类的书中国已经有过，清代朱彝尊撰的《经义考》便是一个好例：这一部书把所有关于经义书籍的序跋统通录下，并且还注其存佚，附以诸家论断，的确是一部研究经学很好的工具书。不过其范围只限于序跋方面；若是将各书的篇目，都汇集起来，更方便了。普通所谓目录学，多只注重书目，我以为篇目也是要紧的，就如《诗经》里的篇目，如"卷耳"，如"葛覃"，两个字的最多，但有三个字的，如"麟之趾"，如"殷其雷"，又有一个字的，如"氓"，如"绵"，如"板"，有四个字的，如"匏有苦叶"，有五个字的，如"昊天有成命"，若是没有一种经验，如何知得"氓"是个篇名。又如《吕氏春秋》里的什么"览"，《淮南子》里的什么"训"，有经验的一望便知为某书的篇目，无经验的便不容易明白了。若是有一部群书篇目汇纂或索引，岂不是帮助人容易明白许多吗？

（7）重要书籍索引——上面所讲的是限于目录的索引，此处所谓索引，是以书做单位，把每一部重要书籍的内容凡是有名可治的，都编成索引，使检查者欲知某事某物系在某书之某卷某篇，皆能由索引内一索即得。西洋近出的书籍差不多都有索引，故学者研究学问时间极省而效能极高。我以前听宣道师的说经，见他们每举一经节，皆能将所有同意的经节散见于《新旧约》者征引无遗，心中颇佩其记性之强，到后来一问，才知道他们所靠的是一部《圣经索引》。这样看起来，索引的功用是何等的大啊！倘若我们能够把我们的重要史籍，如《左传》，如《史》《汉》，如《资治通鉴》等都编出索引来，那么除了专门研究历史的以外，什么人都可以不读《左传》《史》《汉》《通鉴》而能利用它们了。

（8）分类专题编集——分类专题编集是以题做单位，然后将群书中所有有关系的材料统通都编集在一起，使后来研究的人不用再费时去搜集。例如：以运河或长城做专题，然后将所有书籍中有关于运河或长城的材料都编集在一块便是。去年北平学术界不是有个古代铁器先用于南方的论战？倘若我们已经有了关于铁字专题的编集，那岂不是要省事得多吧？这种分类专题的编集中国以前并非没有，类书中如《艺文类聚》《北堂书钞》《太平御览》《古今图书集成》都有这种意思，就如《文献通考》之类也是这种意思；不过从前搜集的目的，多注重供给人作诗文的词料，我们今日的目的，在注重便利人的检寻，其目的不同，其方法之疏密自异。

以上八点是整理史籍的方法，现在再谈谈整理档案的方法。

（乙）档案的整理

什么是档案呢？档案，简单点说，便是未成书册的史料。现在北平所谓档案，多数是前清政府的文件，有些也是明末的，里面有很多重要史料。从前本来是存在内阁大库或军机处的，到了民国，经教育部会同各部派人整理过一次，然而到底没有做成功。有八千麻袋已作废纸卖丢，有一部分归到北京大学研究所国学门稍为整理上架。现在这些档案大部分是分存在故宫博物院内南三所，东华门内的实录大库，南池子的皇史宬和景山西的大高殿各处。档案既然是很重要的史料并且份量又是这样多，尘土又是这样厚，收拾又是这样零乱，那么要如何整理呢？我以为整理档案亦有八种方法，现在简略地说一说：

（1）分类——分类是按照档案的种类，或由形式分，如纸样格式，长短大小，颜色红白，与乎成本的，散页的，都把它们汇别起来；或由文字分，如汉文的满文的蒙文的，都分在一起，这是最初步的工作。

（2）分年——分年是分类之后，以年做单位，把同一年份的同类文件都集在一起。例如，先分明清，清又分康熙、乾隆，乾隆又分开六十年，同年的按月日先后集在一起。

（3）分部——档案有属于各部署的。例如：兵部的文件归于兵部，礼部的文件归于礼部，这样类推下去。

（4）分省——例如，报销册一项，有浙江省来的归在浙江省，福建省来的归在福建省。

（5）分人——把一省一省的督抚所来的文件按人分在一起。雍正朱批谕旨，即是这样分法。

（6）分事——分事是整理档案的较为细密的工作，把所有与某一事情有关系的文件，如乾隆时纂修《四库全书》的文件，接待英国使臣的文件，凡同一事的，都按月集在一块，这样便理出头绪来，可以检阅了。

（7）摘由——完成了分析的工作以后，再把每一文件的事由摘出来，使研究的人一看摘由便能了解内容的大概。此种工作，非常重要。

（8）编目——编目是最末一步的工作，就是把所有整理成功的档案编成几个总目，或分部，或分省，或分人，或分事，使后来检查档案的人只须将总目一查，便能依类检出。

以上是整理档案的方法，前五项若有人指挥，稍认得字的，便能做的，后三项则非有相当程度的人，不能干了。至于装置储藏的方法，又是另一问题，今日尚谈不到。

三 小结

我已经简略地把中国史料整理的方法说过了；倘若能够依着这种方法整理下去，那么中国的史料虽多也不用烧了，我们的寿命虽不加长，也不难窥见中国史料的全貌了。从前人们所谓"博闻强记""一目十行""过目不忘"等等也不过脑中有一部索引，假如我们各书的索引能告成功，就人人都可以有过

第七编　治学方法

目不忘的本领了。我们有广阔的土地，而无普遍的铁路；有繁盛的人口，而无精密的户口册；有丰富的物产，而无详细的调查；有长远的历史，丰富的史料，而无详细的索引；可算是中国的四大怪事。我们若是肯从此努力，把我们的史料整理起来，多做机械的工夫，笨的工夫，那就可以一人劳而万人逸，一时劳而多时逸了。

（摘自《中国现代学术经典·陈垣卷》，河北教育出版社1996年版。本文是作者在燕京大学现代文化班的讲演，由翁独健笔录，原题《中国史料急待整理》，原载于《史学年报》第1期，发表于1929年）

【导读】陈垣（1880—1971），字援庵，我国近现代著名教育家、史学大师，毕生治宗教史、元史和中西交通史，并作出了开拓性贡献。尤其在古籍整理方面，成果卓著，方法完善，对今天的古籍整理与研究仍有一定的指导意义。

陈垣先生年轻时曾热心于资产阶级革命，是一位杰出的爱国主义者，其后从事教育与学术研究，但爱国思想是一以贯之的，尤其在古籍整理方面，并未将其作为一项单纯的学术工作，而是目的明确，就是为国争光，为弘扬中华文化尽力。如其在本文中所说："中国史料这么多，使人感觉到无从整理的困难，就有人主张索性把这些史料统通烧了。但是这种焚书的办法到底不是根本的解决。我以为我们若是肯大家来想法子，把这些史料都弄成整个有用的东西，或很容易运用的史料，那自然也不用烧了。反之，我们若是自己不来整理，恐怕不久以后，烧又烧不成，而外人却越俎代庖来替我们整理了，那才是我们的大耻辱呢！"一种为国争光、争气的强烈使命感跃然纸上。

在本文中，陈垣先生主要为我们讲述了史料整理的科学方法，即注重实证性和实用价值。史料整理的主要任务包括标点、注释、辑佚、校勘、辨伪、翻译及编制目录索引和资料汇编等，其中标点和分段、分节是最基础的工作，陈垣先生在本文中明确指出："现在我们要整理史料，第一步的工作便是在翻印旧书的时候，最低限度，要将旧书点句，能分段分节，加以标点符号更佳。"一部古籍，标点和段落清晰，不仅便于一般读者的阅读，也极大地方便了学者的研究，实际古人在这方面早就有过探索，"八、九百年前宋代的学者，便已经整理出一部现在我们见到的章节句读非常明白的《四子书》了。就是旧刻的佛家经典，也是有圈点的"。陈垣先生在史料整理中还特别看重目录和索引的编制，他在谈到"书籍装订的改良""笔记的整理""文集的整理"时，曾多次提出这个问题，"中国文集虽然每篇必有目录，而常没有总目录，就是《四库全书》里的文集，也全是没有总目录的"。据研究者考查，陈垣先生一生的治学都是从目录学入手的，所以他对于编制古籍目录、索引有自己的独到见解，提出了编制群书篇目目录和重要书籍索引的设想，"我以为倘若我们有了一部完整的所有文集的总目录或索引，对于我们研究学问一定大有帮助"。为此，他还身体力行，曾亲自动手将《四库全书》集部中的部分文集篇目抄录编排，以便于使用。制作书籍索引本是西方人的做法，陈垣先生在当时即开风气之先，大胆引进，提出"把每一部重要书籍的内容凡是有名可治的，都编成索引，使检查者欲知某事某物系在某书之某卷某篇，皆能由索引内一索即得"，这样会使"学者研究学问时间极省而效能极高"。如他点校《新五代史》和《旧五代史》时，就提前让刘乃和先生编制人名、地名索引，极大地方便了点校工作。

在"分类专题编集"中，陈垣先生还提出"将群书中所有有关系的材料统通都编集在一起"，即将有关材料以分类或专题的方法编纂成资料汇编，"使后来研究的人不用再费时去搜集"，极大地便利了他们开展研究，这也是史料整理的重要方法之一。至于档案的整理，陈垣先生认为与成册的史籍同等重要。陈垣先生曾主持过故宫博物院的工作，对档案的整理既有经验的积累，更有自己摸索出的一套独特方法。他认为整理档案的方法主要有八种，即分类、分年、分部、分省、分人、分事、摘由、编目。八种方法由简到繁，条分缕析，实际上正是档案整理的八个步骤，目的就是方便使用。因此，有人认为"以现代思想和方法整理古代档案史料，陈垣先生是当之无愧的开拓者和奠基人"（邓瑞全《陈垣与古籍整理》）。实际上，陈垣先生有关史籍和档案整理中所体现出的"现代思想和方法"，在现代学术研究中仍具有重要的意义，尤其是资料的收集和处理工作，仍不失指导价值。

（卢有泉）

治 学 篇

钱基博

上篇

余任课大学甲戌两组国文。将始业，乃遵章而校其艺业，试以论文，曰《周秦学派述评》，陆懋德教授之所命，而甲组诸生作焉。曰《清代学术衡论》，孟宪承教授之所命，而戊组诸生作焉。余校阅诸生之作，而患治学之未尽知方也，作《治学篇》。

治学有方，贵能会异见同，即同籀异；匪是无以通伦类，诏途辙。然而诸生之论学则何如？言周秦学派者，徒条其流别，而未观其会通；则会异而不知见同也。言清代学术者，徒言清儒之治汉学，而未明汉学清学之究何以殊；则是即同而未能籀异也。夫会异而不知见同，则所知毗于畸零，而无以明其会通。倘即同而未能籀异，则用思嫌于笼统，而奚以较其大别？二者所蔽不同，而为失则均。斯固近日学者之通患，而诏诸生以知儆；匪徒好为引绳批根之论也。

班固《汉书·艺文志》著录诸子十家，曰儒家、道家、阴阳家、法家、名家、墨家、纵横家、杂家、农家、小说家，而许为可观者，儒、道、阴阳、法、名、墨、纵横、杂、农九家而已。然余观纵横一家，仅苏秦、张仪数人，恃其利口捷给，捭阖短长，游说王公大人以取一时富贵；夸诞无学，固与远西之雄辩家绝殊。而杂家之学，兼儒墨，合名法，宗旨不纯，又奚名家？盖家则不杂，杂则非家，未可兼而称之也。至农家者流，播百谷，劝农桑以足衣食；樊迟请学稼，疑汲其流；然孔子斥之曰"小人哉"（见《论语·子路》第十三），则卑之无甚高论矣。宁只小说者流之媲于小道，泥于致远也？然则诸子十家可观者，儒、道、阴阳、法、名、墨六家而已，而儒与道德二者，尤为一切学术之所宗焉。

余读司马迁《史记·老庄韩非列传》，赞"申子卑卑，施之于名实；韩子引绳墨，切事情，明是非；其极惨礉，少恩，皆原于道德之意"。则是刑名法术之学，原于道德也。老子所贵道虚无因应，变化于无为，而为法家之术所自出。申不害之学，原于道德之意而主刑名，以名责实，尊君卑臣。其佚文曰："名者，天地之纲，圣人之符。张天地之纲，用圣人之符，则万物之情无所逃之，故善为主者倚于愚，立于不盈，设于不敢，藏于无事，窜端匿迹，示天下无为，是以近者亲之，远者怀之。示人有余者人夺之，示人不足者人与之；刚者折，危者覆，动者摇，静者安。名自正也，事自定也，是以有道者自名而正之，随事而定之也。"（见《群书治要》引《大体篇》）著书二篇，号曰《申子》。相韩昭侯十五年，国治兵强，无侵韩者。申子言术，而卫鞅为法，法者臣之所师，而术者人主之所执。法者，赏存乎慎法，罚加乎奸令，编著之图籍，设之于官府，而布之于百姓者也。术者，因任而授官，循名而课实，藏之于胸中，以偶万端而潜御群臣者也（详见《韩非子·定法》第四十三）。故术不欲见，而法莫如显；术用在潜，而法行以信。卫鞅之书曰："吏明知民知法令也，故吏不敢以非法遇民；民不敢犯法以干法官也。""故圣人为法，必使之明白易知。"（见《商君书·定分》第二十六）此"法莫如显"之说也。又曰："国皆有法，而无使法必行之法。国皆有禁奸邪、刑盗贼之法，而无使奸邪、盗贼必得之法。""圣人有必信之性，又有使天下不得不信之法。"（见《商君书·画策》第十八）此"法行以信"之说也。秦孝公善其言，用为相，变法更令，传《商君书》二十九篇，亡者五篇。顾韩非患卫鞅之无术，而又病申子未尽法；于是综法术道德，著书五十五篇。其言曰："道者，万物之始，是非之纪也。是以明君守始以知万物之原，治纪以知善败之端，故虚静以待令。令名自命也，令事自定也。虚则知实之情，静则知动者正。有言者自为名，有事者自为形，形名参同，君乃无事焉。归之其情，故曰'君无见其所欲'。""道在不可见，用在不可知。虚静无事，以暗见疵。见而不见，闻而不闻，知而不知。知其言以往，勿变勿更，以参合阅焉。官有一人，勿令通言，则万物皆尽。函掩其迹，匿其端，下不能原。去其智，绝其能，下不能意。"（见《韩非子·主道》第五）所以明术也。又曰："十仞之城，楼季勿能逾者，峭也；千仞之山，跛牂易牧者，夷也。故明王峭其法而严其刑也。布帛寻常，庸人不释；铄金百镒，盗跖不掇。不必害，则不释寻常；必害手，则不掇百镒。故明主必其诛也。是以赏莫如厚而信，使民利之；罚莫如重而必，使民畏之；法莫如一而固，使民知之。故主施赏不迁，行诛无赦。"（见《韩非子·五蠹》第四十九）此所以饬法也。其极惨礉少恩，皆原于道德之意。然道德者术之所由出，而为法者，道之所不许，何以明其然？老子言："民不畏死，奈何以死惧之？"（见《道德经》第七十四章）太史公《酷吏列传》亦引"法令滋章，盗贼多有"之说，而云"法令者，治之具，而非制治清浊之源"。然则为法者道之所不许，此太史公列传所为别署商君，而不以同于申韩，次之老、庄之后者也。惟老、庄兼综有名无名，阐道之玄；而申不害贵名之正，韩非亦言刑名参同，断断焉致谨于名。斯所以异耳。

《汉书·艺文志》载："名家者流，盖出于礼官。"而礼者儒之所特重，孔子论治人情，礼之不可以已（见《礼记·礼运》第九）。晏婴讥孔子盛容饰，繁登降之礼（见《史记·孔子世家》第十七）；而太史公谈亦称儒者"序君臣父子之礼"为不可易（见《史记·太史公自序》第七十），斯皆儒家重礼之证。而古者名位不同，礼亦异数，故齐礼者必正名。此名家之学所由起；而孔子所为发正名之对（见《论语·子路》第十三），荀子所以著《正名》之篇也。则是名家儒之所自出也。儒者修祭祀，敬鬼神，而阴阳家者流，依于鬼神之事，好言祧祥。驺衍深观阴阳消息而作怪迂之变，《终始》《大圣》之篇十余万言，其语宏大不经，先序今以上至黄帝，大并世盛衰，因载其祧祥制度，五德转移，治各有宜。然要其归必主乎仁义节俭，君臣上下六亲之施（见《史记·孟子荀卿列传》）。然则所谓阴阳家者，儒家之支与流裔耶？余读荀卿《非十二子篇》称："略法先王而不知其统，然而犹材剧志大，闻见杂博。案往旧造说，谓之五行，甚僻违而无类，幽隐而无说，闭约而无解，案饰其辞而祇敬之，曰：'此真先君子之言。'子思倡焉，孟轲和焉。"则是阴阳五行之学倡于子思、孟轲也。顾或者引杨倞注谓"五行，五常，仁义礼智信"，非也。夫五行之说造于《洪范》，"一曰水，二曰火，三曰木，四曰金，五曰土"，而仁义礼智信五者谓之"五常"，自古无"五行"之说。且儒家之常言，非思、轲所创，奚所谓"僻违""幽隐""闭约""无类""无解"也？驺衍《终始》《大圣》之篇，序今以上至黄帝学者所共术，大并世盛衰；因载祧祥制度，五德转移，治各有宜，是正荀卿非子思、孟轲所称"略法先王，案往旧造说，谓之五行"者也。"五行"者，殆即"五德转移"之谓，而驺衍之见轲于马迁者，曰"怪迂之变"，曰"宏大不经"。今观荀卿非思、轲所称"材剧志大，闻见杂博"，倘即"宏大"之异词耶？所谓"甚僻违无类，幽隐无说，闭约无解"，倘即"怪迂"、"不经"之异词耶？学同，故所以被轲者亦同，宁只"要其归于仁义节俭、君臣上下六亲之施"之足以证"阴阳家言之自儒"也哉！惟马迁为能明诸子学术之流变，故次驺衍以附儒家孟子之传；犹之次申不害、韩非以附道家老庄之传也。马迁之传申、韩，推其本于黄老道德，犹之传驺衍之"要其归于仁义节俭"；要以著学术之自出，见附传之用心焉。虽然，儒与墨不同术，而马迁次墨翟以附儒家《孟子荀卿列传》后者曷居？曰：墨与儒不同术而出自儒。《淮南子·要略训》称"墨子学儒者之业，受孔子之术，以为其礼烦扰而不说，厚葬靡财而贫民，服伤生而害事，故背周道而用夏政"，欲变文而反之质。然谆深切，陈古讥今，喜称道《诗》《书》，与儒者类，则墨者亦儒之继别为宗者矣。近儒扬榷先秦诸子学者，往往称墨学足与孔、老雄，然此以论墨子当日则可；匪所语于后来也。余观先秦而后，数千祀间：汉初尚黄老，汉武礼儒者，魏晋谭老庄，唐宋宗孔、孟，迭相赴仆，实为孔、老代兴之史，宁有墨学回翔之余地者？而墨学中兴，不过挽近数十年间尔。自欧化之东渐，学者惭于见绌，返求之己，而得一墨子焉。观其《兼爱》《非攻》本于《天志》，类基督之教义；而《经说》《大取》《小取》诸篇，又与欧儒逻辑之学不违，由是谭欧化者忻得植基于国学焉。此挽近墨学之所为大盛，而骎驾孔子之上者也。若论其朔，则墨子者不过孔子之继别为宗者尔。

孔子之为学，与老子殊。老子之明道也，究极于"玄之又玄"（见《道德经》第一章）；而孔子则以"诚"为归（见《礼记·中庸》第三十一）。老子崇道于天地万物之先（参见《道德经》第二十五章、第四十二章），而孔子则体诸人伦日用之间。老子斥礼者道德仁义之失，忠信之薄（见《道德经》第三十八章）。而孔子则明礼起于大道之隐，所以救忠信之薄，刑仁讲让而示民之有常（见《礼记·礼运》第九）。此孔子之所以别于老子也。然问礼于老（见《史记·孔子世家》第十七、《老庄申韩列传》第三），渊源有自。孔子"礼顺人情"（见《礼记·礼运》第九），"率性为道"（见《礼记·中庸》第三十一）之说，奚必不本于老之"道法自然"（见《道德经》第二十五章）？辙迹显然，不容讳也。孔子曰："道不同，不相为谋"（见《论语·卫灵公》第十五）；其然，岂其然耶？余观周秦学者：有相为谋而不同道者，如申、韩之原于道德；名、墨、阴阳之出自儒者，孔子之问礼于老，是也。然有同道而不相谋者，如荀子之于孔子是也。荀子以从性顺情为恶，违性制情为礼（见《荀子·性恶篇》第二十二），矫自然而不法自然；言礼义与孔子同，而所以言礼言义者则与孔子异。孔子祖述尧舜（见《礼记·中庸》第三十一）。而荀法后王（见《荀子·非相篇》第五）。孔子道率性，而荀重师法（参见

《荀子·修身篇》第二、《性恶篇》第四十三）。孔子作《春秋》，明天人相与之际（见董子《贤良对策》）；而荀子《天论篇》则明于天人之分，而斥天人之不相与。孔子曰："夫礼，必本于天"，以人情为本（见《礼记·礼运》第九）；而荀子曰："礼义者生于圣人之伪，非故生于人之性也"（见《荀子·性恶篇》第四十三）。要之荀子之意，率性而适自然，则失其所以为人；拂性而矫自然，乃即其所以为礼，此又荀子之所以大别于孔也。呜呼！二帝三王已还，天叙天秩，既垂典常（见《书·皋陶谟》第一）；而老子之"道法自然"，孔子之"率性为道"，罔不尊自然而崇天则。迨荀子之起而悉摧拉无余焉，可特笔也。然则荀子者，虽自谥曰"仲尼之徒哉"，殆不啻孔学之革命者耳；宁只性恶之说，与孟子立异也哉！厥后荀子之高第弟子韩非薄仁义，厉刑禁（参见韩非子《说难》《难势》《五蠹》《显学》诸篇），李斯绌《诗》《书》，陈督责（见《史记·李斯列传》第二十七），论者或以为惨酷少恩。自余观之，二人者，皆笃信荀子"矫性起伪"之师说而蕲措诸行事者也。虽所施或拂人心之同然。韩退之有言："士之特立独行，适于义而已。不顾人之是非，皆豪杰之士，信道笃而自知明者也。一家一国非之，力行而不惑者，寡矣。"至于韩非、李斯者，举世非之，力行而不惑；彼岂无所挟持而能之哉！殆笃信师说而不惑于流俗耳。余故特表而出之以念治国故者。荀子之为学，始诵经，终读礼，綦重章句文学，诵数以贯，思索以通（见《荀子·劝学篇》第一），而汉儒穷经，《诗》鲁、毛，《春秋》之《谷梁》《左氏》，皆传自荀卿，《礼》大小戴记文多采《荀子》书，厥为汉儒朴学之宗。而孟子受业孔子之孙子思；传中庸率性之道，作七篇书，明心见性而阐性道之要，则导宋儒性学之先。其大较然也。荀子读礼，化性而起伪；庄生任天，齐物于无为；所尚不同，然原大道之无不在，訾百家之多得一，则亦有不相为谋而同者。余谓《庄子·天下篇》载："古之所谓道术者，……无乎不在。""天下多得一察焉以自好。譬如耳目鼻口，皆有所明，不能相通；犹百家众技也，皆有所长，时有所用。虽然，不该不徧，一曲之士也。判天地之美，析万物之理，百家往而不反，道术将为天下裂！"则是百家者道术之裂。曷言"百家者道术之裂"？曰：荀子则既言之矣："万物为道一偏，一物为万物一偏，愚者为一物一偏，而自以为知道，无知也。""夫道者，体常而尽变，一隅不足以举之。曲知之人，观于道之一隅而未之能识也。凡人之患，蔽于一曲而暗于大理。""慎子有见于后、无见于先，老子有见于诎、无见于信，墨子有见于齐、无见于畸,宋子有见于少、无见于多。""墨子蔽于用而不知文,宋子蔽于欲而不知得,慎子蔽于法而不知贤,申子蔽于执而不知知,惠子蔽于辞而不知实,庄子蔽于天而不知人。"其著于《天论》《解蔽》两篇,所以明大道之无不在,百家之多得一者,何合契庄生如一辙耶!宁独荀子?《尸子》曰:"墨子贵兼,孔子贵公,皇子贵衷,田子贵均,列子贵虚,料子贵别,囿其学之相非也。数世矣,而已皆弇于私也。天、帝、后、皇、辟、公、弘、廓、宏、溥、介、纯、夏、帆、冢、晊,贩皆大也;十有余名而实分一也。若使兼公虚,均衷平,易别囿,一实也,则无相非也"(见萧山汪继培辑《尸子·广泽》篇)。故曰"百家者,道术之裂"。太史公谈引《易》大传:"天下一致而百虑,同归而殊途。夫阴阳、儒、墨、名、法、道德,此务为治者也;直所从言之异路,有省不省耳。"(见《史记·太史公自序》第七十)然则论周秦学派者,徒明百家之得一,而未识殊途之同归,斯可谓知一而不知二者也。余故辨章源流以明百家之有相自,勘比同异以明百家之何所别;庶几学者知览观焉。

下篇

夫言周秦学派者,既昧于所同;而衡清学汉学者,又昧其所异。请更端以竟其说。

论者之言曰:"清代学术,以探求前人古书之意义为本旨,以考据训诂为方法,所谓汉学是也。"(见杨生锡龄文)此固非一人之私言,而袭人人之公言也。然而事实所昭,博不能无异议。

清学者,反本修古,不忘其初者也。夷考厥始;由明之王学,矫而反之宋本之朱学,此顺、康间之学也。由宋之朱学,又反而溯之东汉许、郑古文之学,旁逮周秦诸子之书,此乾、嘉时之学也。由东汉许、郑古文之学,又矫而反之西汉今文十四博士之学,此道、咸、同、光四朝之学也。然则汉学者,清学之一事,而不足以尽清学也。清初当姚江王阳明之学极盛,余姚黄宗羲尝受学山阴刘宗周以承阳明之绪,言满天下,称东南大师;而教学者读书不多,无以证斯理之变化;多而不求诸心,则为俗学。自以为守其先师之法,传之后进,谊无所让也,此为王学之后劲矣。同时容城孙奇逢讲学燕蓟,周至李颙倡道关中,皆以王学为桴应。然奇逢蚤岁与定兴鹿善继论学以象山、阳明为宗,晚更和通朱子之说,著理学宗传,表周、程、张、邵、朱、陆、薛、王及罗念庵、顾泾阳为十一子。而颙教学者当先观象山、阳明之书,阐明心性,直

第七编　治学方法

指本初，以洞斯道之大原；然后取二程、朱子书玩索以尽践履之功；否则醇谨者乏通慧，颖悟者杂异端，无论言朱言陆，于道皆未有得也。则是二人者，固已折衷朱子，而不坚持王学之壁垒焉。昆山顾炎武竺志六经，谓经学即理学也；自有舍经学言理学者，乃堕于禅学而不自知。故持论悉本朱子说，而诃阳明甚峻，至比之王弼、何晏清谈之祸晋室。其持论见《日知录》者，可覆按也。自是之后，王学稍衰，而平湖陆陇其著绩循吏，安溪李光地持枢中朝，皆高名雅望，学宗朱子，挟登高之呼，为儒林之宗；而朱学于是大昌也。时则萧山毛奇龄、太原阎若璩，皆不慊朱子之注经，而有所论说。而奇龄才气自负，说经长辨驳，多与宋儒凿枘，而雄辨足以济之，著《四书改错》一书，于朱子盛气攻辨，语或过当；然自明以来，申明汉儒之学，使儒者不敢以空言说经，实奇龄开其先路。厥后元和惠栋三世传经，（祖父周惕、父士奇）竺信汉学，谓"汉人通经，有家法，故有五经师。训诂之学，皆师所口授，其后乃著竹帛，所以汉经师之说，立于学官，与经并行。古字古言．非经师不能辨，是故古训不可改也，经师不可废也。"休宁戴震稍后出，而诵说汉学，一本许慎《说文解字》书，遂尽通《十三经注疏》，能全举其辞，尝曰："经以载道。所以明道，辞也。所以成辞者，字也。学者当由字以通其辞，由辞以通其道。"学者遵为典则，以此治六经，即以此疏诸子；而东汉许、郑之学于是臻极盛焉。嘉、道以后，学者又由许、郑之学，溯洄而上。《易》宗虞氏以求孟义，《书》宗伏生、欧阳、夏侯以距马、郑，《诗》宗齐、鲁、韩三家以正毛、郑，《春秋》宗《公》、《谷》以难《左氏传》。发轫于武进庄存与、刘逢禄，极倡于仁和龚自珍、邵阳魏源，乃刊落训诂名物之末，专求其所谓微言大义者，述伏、董之遗文，寻武、宣之绝轨，是谓"西汉今文之学"。学愈进而愈古，义愈推而愈高。方其始也，循朱子之道问学，以救王学尊德性之空。而其既也，又发西汉今文之微言大义，以矫东汉名物训诂之碎。然则论者所谓"探求前人古书之意义，考据训诂之方法"者，特又东汉许、郑之学而为清儒治汉学之一节；宁得概其全体大用也耶？

且清学之用汉学，特考据训诂之法耳。而其动机，其精神，一出于宋学。清学之初为朱学，朱子尝教人看注疏，不可轻议汉儒。云："汉初诸儒，专治训诂；如教人亦只言某字训某字，自寻义理而已（见《语类》卷一百二十七）。自晋以来，却改变得不同，王弼、郭象辈是也。汉儒解经，依经演释，晋人则不然，舍经而自作文（见《语类》卷六十七）。作文，则注与

569

经各为一事，人惟看注疏而忘经。须只似汉儒毛、孔之疏，略释训诂名物，及文义理致尤难明者；而其易明处，更不须贴句相续，乃为得体。盖如此则读书看注即知其非经外之文，却须将注再就经上体会，自然思虑归一，功力不分；而其玩索之味亦益深长矣（见《记解经》）。学者苟不先涉汉魏诸儒之名物训诂，则亦何以用于此。"（见《语孟集义序》）顾炎武"经学即理学"之论，即体斯旨。然则玩索朱学之功深，而渐竟其委于汉儒训诂之说，此又必至之势，自然之符也。且改经改注而衷于是，持宋儒之所勇为，而汉儒之不敢出者也。汉儒传经，最谨家法，专门授受，递禀师承；非惟训诂相传，莫敢同异；即篇章字句，亦恪守所闻；其学笃实谨严。而清儒则一衷于是而不为墨守。金坛段玉裁师戴震而非戴震之说，时见《说文解字》注。而经注文意有不惬，旁考博征而得心之所安，摆落汉唐，改定以求其是，而"粤若稽古"，独宋儒有此精神尔。然则清学者，盖本宋儒求是之精神，而用汉学考证之方法者也。特宋儒勇于求是而考证不密，斯所以不逮清学而嫌武断耳。然而尚论清学者，必以此盛奖汉学，而屏绝宋为不足道；斯又曲学之拘虚，未足语于大方也。夫清学之出于宋者何限；言《说文》者以二徐（徐铉、徐锴）书为蓝本；而薛尚功《历代钟鼎彝器款识法帖》一书，则为清儒以金文补证篆籀者之先河。言音韵者以《广韵》（宋陈彭年、邱雍等奉敕所撰）为蓝本；而吴棫《诗补音》、《楚辞释音》及《韵补》三书，尤辟清儒以诗骚推求古音者之径途。至司马光《切韵指掌图》，则清儒言双声迭韵之指南也。王应麟辑《周易》郑康成注及《诗》三家考，则清儒辑佚经佚注之前导也。如此之比，更仆难数。此小学经学之本诸宋有可证者也。若秦蕙田《礼书》之多采陈祥道，章学诚史学之惠称郑樵，尤勿论焉。

且清儒何尝薄宋学？阎若璩著《古文尚书疏证》以纠古文二十九篇之伪，论者推其推陷廓清之功，然其论实发于吴棫《书裨传》，若璩亦引重其说。而朱子《语录》、蔡沈《书集传》，亦有"孔安国是假书"之疑。则是《尚书古文》之伪发覆于宋儒也。戴震之学，于清儒最为绝出，而出自婺源江永，称永学自汉经师康成后罕其俦匹。然永尝注朱子《近思录》，所著《礼经纲目》亦本朱子《仪礼经传通解》，戴震作《原善》《孟子字义疏证》，虽与朱子说经牴牾，然《毛郑诗考正》，则采朱子之说。段玉裁受学戴震，议以震配享朱子，跋《朱子小学》云："或谓汉人言小学谓六书，非朱子所云，此言尤悖。夫言各有当：汉人之小学，一艺也；朱子之小学，蒙养之全功也。"夫段玉裁以嬗治六书之人，而不以汉人小学，薄朱子小学，然则清儒何尝薄朱学也？吾故曰："玩索朱学之功深，而渐竟其委于汉儒训诂之说者，此必至之势，自然之符"也，不其然乎？不其然乎？

然则谓清学即汉学者非也，夫衡学以后来为胜，以其尽有前代之长而不袭其短也。而清学之所以成清学者，亦以用汉学考据之法而不为其拘阂；衷宋儒求是之旨而不敩其武断；故非汉非宋而独成其为清学也。倘清学即汉学，则是陈陈相因而掇拾前代之唾余尔；奚所于尚焉！余文质无底，宁曰有当。然而衷求是之旨，藉考据之法，罗证事实，勘比异同；则固清儒之所以治学之精神、之方法也。作《治学篇》。

(摘自《中国现代学术经典·钱基博卷》，河北教育出版社1998年版)

【导读】钱基博（1887.2—1957.10），字子泉，又字哑泉，别号潜庐，江苏无锡人。无锡钱氏文脉绵长，属世儒大家，钱基博从小即深受国学熏陶，四岁起由其母授读《孝经》，"五岁从长兄子兰基恩受书；九岁毕《四书》《易经》《尚书》《毛诗》《周礼》《礼记》《春秋左氏传》《古文翼》，皆能背诵。十岁，伯父子仲眉公（钱熙元）教为策论，课以熟读《史记》、诸氏唐宋八大家文选。而性喜读史，自十三岁读司马光《资治通鉴》、毕沅《续通鉴》，圈点七过"（《自传》）。由此可见，钱基博毕生研究国学，以弘扬国学为己任，在少年时期就打下了良好的根基。而纵观其一生，以著述教学为业，其硕学高文之著述名震海内外，曾被清季状元张謇誉为"大江以北，未见其伦"。就其国学研究而言，熔裁经史，兼涉百家，乃一代通儒，为我们留下了《骈文通义》《中国文学史》《桐城派文论》《经学通志》《版本通义》《〈周易〉解题及其读法》等等，及大量的诗文著述；就其教学而言，钱先生先后执教于清华大学、无锡国学专门学校、上海圣约翰大学、浙江大学等，直至1957年于"反右"声浪中忧逝于华中师范学院历史系教任，可谓桃李成荫，学脉绵延。

《治学篇》原载于1936年《清华周刊》第廿四卷之四号、五号，分上、下两篇。其主旨是谈治学的基本方法，所持之论，一者"观其会通"，即"自同观异，自异观同"；二者"正人狭鄙"，即"主张一代有一代之学术，一代有一代之精神"。钱先生文史兼善，学贯古今，治学最讲会通，甚至在《自传》不无自负地说："基博论学，务为浩博无涯，诂经谭史，旁涉百家，抉摘利病，发其闿奥。……所作论说、序跋、碑传、书牍，颇为世所诵称。"

故而,钱氏治学,既博又深,著述极为丰富。小学有《近五十年许慎说文流变考论》,目录版本学有《版本通义》,地理学有《中国地舆大势论》,凡四万言,刊布于梁启超编《新民丛报》。他还撰写了《读史方舆纪要跋》,区域文化研究有《近百年来湖南学风》,兵学有《孙子章句训义》,等等。正如当代学者张舜徽在评及钱基博的治学精神时所说:"(钱基博)学问的渊博,文章的雄奇,著述的宏富,举世皆知,足传不朽。"(《学习钱子泉基博"学而不厌,诲人不倦"的精神》,载《华中师范大学学报——纪念钱基博诞生百周年专辑》,1987年)

钱先生毕生从事教育工作,首先特别注重培养人的学养,主张"告人以正""维系人道于不敝",提倡学人应像东汉郑玄那样,具有诚信正直的人格精神——"郑康成经师人师,楷模儒冠,而名字不在党籍"。当然,作为学人之学术做工,更应具有独创精神,开一代之风气,正是一代有一代之学术,一代学人有一代学人之精神。在此,清代学人开创"清学"新貌,堪称楷模,"清学之所以成清学者,亦以用汉学考据之法而不为其拘阂;衷宋儒求是之旨而不敦其武断;故非汉非宋而独成其为清学也……然而衷求是之旨,藉考据之法,罗证事实,勘比异同;则固清儒之所以治学之精神、之方法也"。我们展读钱基博的《治学篇》,发现钱先生既然这样服膺清代学人的治学方法,自己又何尝不受其影响呢?整篇文章"罗证事实,勘比异同",对治学方法之阐述,也多来自自身治学心得和经验之积累,故处处落在实处而非泛泛之论。

(卢有泉)

史学方法导论(节录)

傅斯年

史料论略

我们在上章讨论中国及欧洲历史学观念演进的时候,已经归纳到下列的几个结论:

一、史的观念之进步,在于由主观的哲学及伦理价值论变做客观的史料学。

第七编　治学方法

二、著史的事业之进步，在于由人文的手段，变做如生物学地质学等一般的事业。

三、史学的对象是史料，不是文词，不是伦理，不是神学，并且不是社会学。 史学的工作是整理史料，不是作艺术的建设，不是做疏通的事业，不是去扶持或推倒这个运动，或那个主义。

假如有人问我们整理史料的方法，我们要回答说：第一是比较不同的史料，第二是比较不同的史料，第三还是比较不同的史料。假如一件事只有一个记载，而这个记载和天地间一切其他记载（此处所谓记载，不专指文字，犹史料之不以文字为限）不相干，则对这件事只好姑信姑疑，我们没有法子去对他做任何史学的工夫。假如天地间事都是这样，则没有一切科学了，史学也是其一。不过天地间事并不如此。物理化学的事件重复无数，故可以试验，地质生物的记载每有相互的关系，故有归纳的结论。历史的事件虽然一件事只有一次，但一个事件既不尽止有一个记载，所以这个事件在这种情形下，可以比较而得其近真；好几件的事情又每每有相关联的地方，更可以比较而得其头绪。

在中国详述比较史料的最早一部书，是《通鉴考异》。这是司马君实领导着刘攽、刘恕、范祖禹诸人做的。这里边可以看出史学方法的成熟和整理史料的标准。在西洋则这方法的成熟后了好几百年，到十七八世纪，这方法才算有自觉的完成了。

史学便是史料学：这话是我们讲这一课的中央题目。史料学便是比较方法之应用：这话是我们讨论这一篇的主旨。但史料是不同的，有来源的不同，有先后的不同，有价值的不同，有一切花样的不同。比较方法之使用，每每是"因时制宜"的。处理每一历史的事件，每每取用一种特别的手段，这手段在宗旨上诚然不过是比较，在迎合事体上却是甲不能转到乙，乙不能转到丙，丙不能转到丁……徒然高揭"史学的方法是以科学的比较为手段，去处理不同的记载"一个口号，仍不过是"托诸空言"；何如"见诸实事之深切著明"呢？所以我们把这一篇讨论分做几节，为每节举一个或若干个的实例，以见整理史料在实施上的意义。

第一节　直接史料对间接史料

史料在一种意义上大致可以分做两类：一、直接的史料；二、间接的史料。凡是未经中间人手修改或省略或转写的，是直接的史料；凡是已经中间人手修改或省略或转写的，是间接的史料。《周书》是间接的材料，毛公鼎则是直接的；《世本》是间接的材料（今已佚），卜辞则是直接的；《明史》是间接的材料，明档案则是直接的。以此类推。有些间接的材料和直接的差不多，例如《史记》所记秦刻石；有些便和直接的材料成极端的相反，例如《左传》《国语》中所载的那些语来语去。自然，直接的材料是比较可信的，间接材料因转手的缘故容易被人更改或加减；但有时某一种直接的材料也许是孤立的，是例外的，而有时间接的材料反是前人精密归纳直接材料而得的，这个都不能一概论断，要随时随地的分别着看。

直接史料的出处大致有二：一、地下；二、古公廨、古庙宇及世家之所藏。不是一切东西都可在地下保存的，而文字所凭的材料，在后来的，几乎全不能在地下保存，如纸如帛。在早年的幸而所凭借者是骨，是金，是石，是陶，是泥；其是竹木的，只听见说在干燥的西域保存着，在中国北方的天气，已经很不适于保存这些东西于地下。至于世家，中国因为久不是封建的国家，所以是很少的，公廨庙宇是历经兵火匪劫的。所以敦煌的巨藏有一不有二，汲冢的故事一见不再见。竹书一类的东西，我也曾对之"寤寐思服"，梦想洛阳周冢，临淄齐冢，安知不如魏安僖王冢？不过洛阳陵墓已为官匪合作所盗尽，临淄滨海，气候较湿，这些梦想未必能实现于百一罢？直接材料的来源有些限制，所以每有偏重的现象。如殷卜辞所记"在祀与戎"，而无政事。周金文偏记光宠，少记事迹。敦煌卷子少有全书（其实敦煌卷子只可说是早年的间接材料，不得谓为直接材料）。明清内阁大库档案，都是些"断烂朝报"。若是我们不先对于间接材料有一番细工夫，这些直接材料之意义和位置，是不知道的；不知道则无从使用。所以玩古董的那么多，发明古史的何以那么少呢？写钟鼎的那么多，能借殷周文字以补证经传的何以只有许瀚、吴大澂、孙诒让、王国维几个人呢？何以翁方纲、罗振玉一般人都不能呢？（《殷虚书契考释》一书，原是王国维作的，不是罗振玉的）珍藏唐写本的那么多，能知各种写本的互相位置者何以那么少呢？直接材料每每残缺，每每偏于小事，不靠较为普遍、略具系统的间接材料先作说明，何从了解这一件直接材料？所以持区区的金文，而不熟读经传的人，只能去做刻图章的匠人；明知《说文》有无穷的毛病，无限的错误，然而丢了它，金文更讲不通。

以上说直接材料的了解，靠间接材料做个预备，做个轮廓，做个界落。然而直接材料虽然不比间接材料全得多，却比间接材料正确得多。一件事经过三个人的口传便成谣言，我们现在看报纸的记载，竟那么靠不住。则时经百千年，辗转经若干人手的记载，假定中间人并无成见，并无恶意，已可使这材料全变一番面目；何况人人免不了他自己时代的精神：即免不了他不自觉而实在深远的改动。一旦得到一个可信的材料，自然应该拿它去校正间接史料。间接史料的错误，靠它更正；间接史料的不足，靠它弥补；间接史料的错乱，靠它整齐；间接史料因经中间人手而成之灰沉沉样，靠它改给一个活泼泼的生气象。我们要能得到前人所得不到的史料，然后可以超越前人；我们要能使用新得材料于遗传材料上，然后可以超越同见这材料的同时人。那么以下两条路是不好走的：

一、只去玩弄直接材料，而不能把它应用到流传的材料中。例如玩古董的，刻图章的。

二、对新发现之直接材料深固闭拒的，例如根据秦人小篆，兼以汉儒所新造字，而高谈文始，同时说殷墟文字是刘铁云假造的章太炎。

……

第二节　官家的记载对民间的记载

官家记载和私家记载的互有短长处，也是不能一概而论的。大约官书的记载关于年月、官职、地理等等，有簿可查有籍可录者，每较私记为确实；而私家记载对于一件事的来源去脉，以及"内幕"，有些能说官书所不能说，或不敢说的。但这话也不能成定例，有时官书对于年月也很会错的，私书说的"内幕"更每每是胡说的。我们如想作一命题而无违例，或者可说，一些官家凑手的材料及其范围内之记载，例如表、志、册子、簿录等，是官家的记载好些，而官家所不凑手或其范围所不容的材料，便只好靠私家了。不过这话仿佛像不说，因为好似一个"人者，人也"之循环论断。我们还是去说说他们彼此的短处罢。

官家的记载时而失之讳。这因为官家总是官家，官家的记载就是打官话。好比一个新闻记者，想直接向一位政府的秘书之类得到一个国家要害大事之内容，如何做得到？势必由间接的方法，然后可以风闻一二。

私家的记载时而失之诬。人的性情，对于事情，越不知道越要猜，这些揣猜若为感情所驱使，便不知造出多少故事来。史学的正宗每每不喜欢小说。《晋书》以此致谤；《三国志·注》以此见讥。建文皇帝游云南事，明朝人淡得那样有名有姓，有声有色，而《明史》总只是虚提一笔。司马温公的《通鉴》虽采小说，究竟不过是借着参考，断制多不从小说；而他采《赵飞燕外传》的"祸水"故事,反为严整的史家所讥。大约知道一件事内容者,每每因自己处境的关系不敢说,不愿说,而不知道者偏好说,于是时时免不了胡说。

论到官家记载之讳,则一切官修之史皆是好例,所修的本朝史尤其是好例。禅代之际,一切欺人孤儿寡妇的逆迹;剪伐之朝,一切凶残淫虐的暴举,在二十四史上那能看得出好多来呢?现在但举一例:满洲的人类原始神话,所谓天女朱果者,其本地风光的说法,必不合于汉族之礼化,于是汉士修满洲原始之史,不得不改来改去,于是全失本来的意义。(陈寅恪先生语我云:王静安在清宫时有老阉导之看坤宁宫中跳神处,幔后一图,女子皆裸体,而有一男老头子。此老阉云:宫中传说这老头子是卖豆腐的。此与所谓天女者当有若何关系?今如但看满洲祀天典礼,或但看今可见坤宁宫中之杀猪处,何以知跳神之礼,尚有此"内幕"耶?)犹之乎顺治太后下嫁摄政王,在清朝国史上是找不出一字来的。(其实此等事照满洲俗未可谓非,汉化亦未可谓是。史事之经过及其记载皆超于是非者也。清朝人修的《太祖实录》,把此一段民间神话改了又改,越改越不像。)一部二十四史经过这样手续者,何其多呢?现在把历史语言研究所所藏的稿本影印一叶以见史书成就的一个大手续——润色的即欺人的手续。

论到私书记载之诬,则一切小说稗史不厌其例。姑举两个关系最大谬的。元庚申帝如非元明宗之子,则元之宗室焉能任其居大汗之统者数十年,直到窜至漠北,尚能致远在云南之梁王守臣节?而《庚申外史》载其为宋降帝瀛国公之子,则其不实显然。这由于元代七八十年中汉人终不忘宋,故有此种循环报应之论。此与韩山童之建宋号,是同一感情所驱使的。又如明成祖,如果中国人是个崇拜英雄的民族,则他的丰功伟烈,确有可以崇拜处,他是中国惟一的皇帝能跑到漠北去打仗的。但中国人并不是个英雄崇拜的民族,(这个心理有好有坏。约略说,难于组织,是其短处;难于上当,是其长处)。而明成祖的行为又极不合儒家的伦理,而且把"大儒"方正学等屠杀的太残酷了,于是明朝二百余年中,士人儒学没有诚心说成祖好的。于是乎为建文造了一些逊国说,为永乐造了一个"他是元朝后代的"骂语(见《广阳杂记》等)。这话说来有两节,一是说永乐不是马后生,而是碽妃生,与周王同母,此是《国榷》等书的话。一是说碽妃为元顺帝之高丽妾,虏自燕京者,而成祖实为庚申帝之遗腹子。(此说吾前见于一笔记,一时不能举其名,待后查。)按碽妃不见明《后妃传》,然见《南京太常寺志》。且成祖与周王同母,隐见于

《明史·黄子澄传》，此说当不诬妄。至其为元顺帝遗腹说，则断然与年代不合。成祖崩于永乐二十二年（1424），年六十五，其生年实为元顺帝至正二十年（1360）四月，去明兵入燕尚有十年（洪武元年为1368），冒填年龄不能冒填到十年。且成祖于洪武三年封燕王，十三年之藩。如为元顺帝遗腹子，其母为掠自北平者，则封燕王时至多两岁，就藩北平时，至多十二岁；两岁封王固可，十二岁就藩则不可能。以明太祖之为人，断无封敌子于胜国故都、新朝第一大藩之理。此等奇谈，只是世人造来泄愤的，而他人有同样之愤，则喜而传之。（至于碽妃如为高丽人，或是成祖母，皆不足异。元末贵人多蓄高丽妾，明祖起兵多年，所虏宦家当不少也。惟断不能为庚申帝子耳。）所以《明史》不采这些胡说，不能因《明史》的稿本出自明遗臣，故为之讳也。《清史稿》出于自命为清遗臣者，亦直谓康熙之母为汉人辽东著姓佟氏也。

官府记载与野记之对勘工夫，最可以《通鉴考异》为例。此书本来是记各种史料对勘的工夫者，其唐五代诸卷，因民间的材料已多，故有不少是仿这样比较的。因此书直是一部史料整理的应用逻辑，习史学者必人手一编，故不须抄录。

第三节　本国的记载对外国的记载

本国的记载之对外国的记载，也是互有短长的，也是不能一概而论的。大致说起，外国或是外国人的记载总是靠不住的多。传闻既易失真，而外国人之了解性又每每差些，所以我们现在看西洋人作的论中国书，每每是隔靴搔痒，简直好笑。然而外国的记载也有他的好处，他更无所用其讳。承上文第二节说，我们可说，他比民间更民间。况且本国每每忽略最习见同时却是最要紧的事，而外国人则可以少此错误。譬如有一部外国书说，中国为蓝袍人的国（此是几十年前的话），这个日日见的事实，我们自己何尝觉到呢？又譬如欧美时装女子的高跟鞋，实与中国妇女之缠足在心理及作用上无二致，然而这个道理我们看得明显，他们何尝自觉呢？小事如此，大者可知。一个人的自记是断不能客观的，一个民族的自记又何尝不然？本国人虽然能见其精细，然而外国人每每能见其纲领。显微镜固要紧，望远镜也要紧。测量精细固应在地面上，而一举得其概要，还是在空中便当些。这道理太明显，不必多说了。例也到处都是，且举一个很古的罢。

（《史记·大宛传》）自大宛以西至安息国，虽颇异言，然大同俗，相知言。其人皆深眼，多须髯。善市贾，争分铢。俗贵女子；女子

所言而丈夫乃决正。

这不简直是我们现在所见的西洋人吗？（这些人本是希腊波斯与土人之混合种，而凭亚里山大之东征以携希腊文化至中亚者。）然而这些事实（一）深眼，（二）多须髯，（三）善市贾，（四）贵女子，由他们自己看来，都是理之当然，何必注意到呢？外国人有这个远视眼，所以虽马哥孛罗那样糊涂荒谬、乱七八糟的记载，仍不失为世上第一等史料；而没有语言学人类学发达的罗马，不失其能派出一个使臣答西涂斯（Taeitus）到日耳曼回来，写一部不可泯灭的史料（De Cermania）。

第四节　近人的记载对远人的记载

这两种记载的相对是比较容易判别优劣的。除去有特别缘故者以外，远人的记载比不上近人的记载。因为事实只能愈传愈失真，不能愈传愈近真。譬如李心传的《建炎以来系年要录》，其中多有怪事。如记李易安之改嫁，辛稼轩之献谀，文人对此最不平。我也曾一时好事，将此事记载查看过一回，觉得实在不能不为我们这两位文人抱冤。这都由于这位作者远在西蜀，虽曾一度参史局，究未曾亲身经验临安的政情文物。于是有文书可凭者尚有办法，其但凭口传者乃一塌糊涂了。这个情由不待举例而后明。

第五节　不经意的记载对经意的记载

记载时特别经意，固可使这记载信实，亦可使这记载格外不实；经意便难免于有作用，有作用便失史料之信实。即如韩退之的《平淮西碑》，所谓"点窜《尧典》《舜典》字，涂改《清庙》《生民》诗"者，总算经意了罢？然而用那样诗书的排场，那能记载出史实来？就史料论，简直比段成式所作的碑不如。不经意的记载，固有时因不经意而乱七八糟，轻重不讨，然也有时因此保存了些原史料，不曾受"修改"之劫。

例如《晋书》《宋史》，是大家以为诟病的。《晋书》中之小说，《宋史》中之紊乱，同是不可掩之事实；然而《晋书》却保存了些晋人的风气，《宋史》也保存了些宋人的传状。对于我们，每一书保存的原料越多越好，修理的越整齐越糟。反正二十四史都不合于近代史籍的要求的，我们要看的史料越生越好！然则此两书保存的生材料最多，可谓最好。《新五代史记》及《明史》是最能锻炼的，反而糟了。因为材料的原来面目被他的锻炼而消灭了。班固引时谚曰，"有病不治，常得中医"。抄帐式的修史，还不失为中医，因为虽未治病，亦未添病。欧阳《五代史记》的办法，乃真不了，因为乱下药，添了病。

第六节　本事对旁涉

本事对旁涉之一题，看来像是本事最要，旁涉则相干处少，然而有时候事实恰恰与此相反。因为本事经意，旁涉不经意，于是旁涉有时露马脚，而使我们觉得实在另是一回事，本事所记者反不相干矣。有时这样的旁涉是无意自露的，也有时是有意如此隐着而自旁流露个线索的，这事并不一样。也有许多既非无意自露，又非有意自旁流露，乃是考证家好作假设，疑神疑鬼弄出的疑案。天地间的史事，可以直接证明者较少，而史学家的好事无穷，于是求证不能直接证明的，于是有聪明的考证，笨伯的考证。聪明的考证不必是，而是的考证必不是笨伯的。

史学家应该最忌孤证，因为某个孤证若是来源有问题，岂不是全套议论都入了东洋大海吗？所以就旁涉中取孤证每每弄出"亡是公子""非有先生"来。然若旁涉中的证据不止一件，或者多了，也有很确切的事实发见？举一例：汉武帝是怎么样一个人，《史记》中是没有专篇的，因为"今上本纪"在西汉已亡了。然而就太史公东敲西击所叙，活活的一个司马迁的暴君显出来。这虽不必即是真的汉武帝，然司马子长心中的汉武帝却已借此出来了。

第七节　直说与隐喻

我们可说，这只是上节本事对旁涉的一种；不过隐喻虽近旁涉，然究不可以为尽等于旁涉，故另写此一节。凡事之不便直说，而作者偏又不能忘情不说者，则用隐喻以暗示后人。有时后人神经过敏，多想了许多，这是常见的事。或者古人有意设一迷阵，以欺后人，而恶作剧，也是可能的事。这真是史学中最危险的地域呵……

第八节　口说的史料对著文的史料

此一对当，自表面看来，我们自然觉得口说无凭，文书有证，其优劣之判别像是很简单的。然而事实亦不尽然。笔记小说虽是著于文字的材料，然性质实在是口说，所以口说与著文之对当在此范围内，即等于上文第二节所论列，现在不须再说，但说专凭口说传下来的史料。

专凭口说传下来的史料，在一切民族的初级多有之。《国语》（《左传》一部分材料在内）之来源即是口说的史料，若干战国子家所记的故事多属于此类。但中国的文化，自汉魏以来，有若干方面以文字为中心。故文字之记载被人看重，口说的流传不能广远；而历代新兴的民间传说，亦概因未得文人为之记录而失遗。宫帷遗闻，朝野杂事，每不能凭口说传于数十年之后。反观古昔无文字之民族，每有巫祝一特殊阶级，以口说传史料，竟能经数百年，未甚失其原样子者。（《旧约》书之大部分由于口传，后世乃以之著史）故祝史所用之语，每非当时之普通语言，而是早若干时期之语言。此等口传的史料，每每将年代、世系、地域弄得乱七八糟，然亦有很精要的史事为之保留，转为文书史料所不逮？汉籍中之《蒙古源流》，即其显例也。

古代及中世之欧洲民族所有之口传史料，因文化之振兴及基督教之扩张而亡遗，独其成为神话作为诗歌者，以其文学之价值而得幸存，然已非纯粹之口传史事矣。近代工业文明尤是扫荡此等口传文学与史事者，幸百年之前，德俄诸国已有学者从事搜集，故东欧西亚之此等文学与史料，尚藉此著于文字者不少，而伊兰高加索斯拉夫封建之故事，民族之遗迹，颇有取资于此，以成今日史事知识者焉。

（摘自《傅斯年史学论著》，上海书店出版社2014年版）

【导读】傅斯年（1896—1950），字孟真，山东聊城人。著名历史学家、教育家、现代学术开拓者。傅斯年生于名门望族，家学渊源，其先祖傅以渐是满清入关后的第一个状元。在有清一代，家族科考得意、高官厚禄者不计其数，被誉为"开代文章第一家"。故而，傅斯年从小受到了良好的教育，国学功底非常深厚，大学期间虽只十几岁，但治学功底甚至强过当时北大的某些教授，被人戏称"国学小专家"。傅于北京大学读书期间正值五四运动爆发，他是学生领袖之一，后积极创办中央研究院历史语言研究所，并首任所长，还曾任北京大学代理校长、台湾大学校长等职。傅是中国近代科学考古史上的第一功臣，对中国学术事业作出过巨大的贡献。尤其是他在历史研究中提出的"上穷碧落下黄泉，动手动脚找东西"的原则，对后世影响深远，胡适先生曾这样评价他："人间一个最稀有的天才。他的记忆力最强，理解力也最强。他能做最细密的绣花针工夫，他又有最大胆的大刀阔斧本领。他是最能做学问的学人，同时他又是最能办事、最有组织才干的天生领袖人物。他的情感是最有热力，往往带有爆炸性的；同时，他又是最温柔、最富于理智、最有条理的一个可爱可亲的人。这都是人世最难得合并在一个人身上的才性，而我们的孟真确能一身兼有这些最难兼有的品性与才能。"其一生的主要著述有：《东北史纲》（第一卷）、《性命古训辨证》《民族与古代中国》（稿本）、《古代文学史》（稿本）及《傅孟真先生集》六册。

《史学方法导论》也是傅先生的一篇代表性的著作，是其在北京大学任教时的讲义，原书共七讲，但仅有第四讲。在此文中，傅斯年先生既详细分析了各种史料的发掘、鉴别与应用方法，还特别强调了其一贯的观点——"史学的工作是整理史料"。他认为："史学的对象是史料……史学的工作是整理史料，不是做艺术的建设，不是做疏通的事业，不是去扶持或推倒这个运动，或那个主义。"全文从八个方面阐述了史料的价值及应用史料的方法。第一，直接史料对间接史料。傅先生指出，直接材料比较可信，间接材料因转手的缘故容易被人更改或加减。有时，对直接材料的了解，要靠间接材料做个预备，做个轮廓，做个界落；但间接材料的错误、不足，要靠直接材料来更正、弥补。第二，官家的记载对民间的记载。傅先生认为，官书记载关于年月、官职和地理等等，每较私记为准确；而私记对一件事情的来龙去脉及"内幕"的描述较详细。并且，官家的记载时而失之讳；私家的记载时而失之诬，即受感情驱使免不了胡说。第三，本国的记载对外国的记载。傅先生认为，本国的研究如显微镜，能见其精细；外国的记载如望远镜，每每能见其纲要。第四，近人的记载对远人的记载。傅先生认为，一般来说，近人的记载比不上远人的记载，因事实只能愈传愈失真。第五，不经意的记载对经意的记载。傅先生认为，经意的记载固然可使史料更加真实，但也可使史料失其原貌。因经意难免于有作用，有作用便会修改润色史料，而不经意则往往可保存原史料。第六，本事对旁涉。傅先生认为，本事经意，旁涉不经意，于是旁涉有时露马脚，使我们获得更多有价值的史料。但有时旁涉是无意自漏或有意流露个线索，还有的是考证家好做假设弄出的疑案。第七，直说对隐喻。傅先生认为，隐喻接近旁涉，凡事不便直说，作者又不能忘情不说，则用隐喻以暗示后人。第八，口说的史料对著文的史料。傅先生认为，古昔无文字之民族，每有巫祝这一特殊阶级，以口说传史料，竟能传数百年，未甚失其原样子者。尽管此等口传史料，常将年代、世系、地域弄得乱七八糟，但也有很精要的史事保留下来。我国近年开始较为重视口述史料，而傅先生在这里强调口述史料的重要价值，无疑是很超前的。

傅斯年的史学观，简单地说就是"史学即是史料学"，他认为史家的任务就是"上穷碧落下黄泉，动手动脚找东西"。这个"东西"就是史料，治史者"只要把材料整理好，则事实自然显明了。一分材料出一分货，十分材料出十分货，没有材料便不出货"。因此，傅先生关于"史学方法"的论断，突出了治史中"史料"的作用，并通过"比较史学"的方法，特别阐述了如何"辨别史料"，如何能客观、真实地重现历史等一系列问题，其中既有理论论证，又有一件件案例，这些对青年治史者无疑是一盏盏指路的明灯。

（卢有泉）

读 书 法

马一浮

前示学规，乃示学者求端致力之方。趣向既定，可议读书。如人行远，必假舟车。舟车之行，须由轨道，待人驾驶。驾驶之人，既须识途，亦要娴熟。不致迷路，不致颠覆，方可到达。故读书之法，须有训练，存乎其人。书虽多，若不善读，徒耗日力。不得要领，陵杂无序。不能入理，有何裨益？所以《学记》曰："记问之学，不足以为人师也。"古人以牛驾车，有人设问曰："车如不行，打车即是？打牛即是？"此以车喻身，以牛喻心。车不自行，曳之者牛；肢体连用，主之者心。故欲读书，必须调心。心气安定，自易领会。若以散心读书，博而寡要，劳而少功，必不能入。以定心读书，事半功倍。随事察识，语语销归自性。然后读得一书，自有一书之用，不是泛泛读过。须知读书即是穷理博文之一事，然必资于主敬，必赖于笃行。不然，则只是自欺欺人而已。

《易·系辞》曰："上古结绳而治，后世圣人易之以书契，百官以治，万民以察，盖取诸夬。夬者，决也。"（决是分别是非之意，犹今言判断。决去其非，亦名为决。）此书名所由始，契乃刻木为之，书则箸于竹帛。故《说文》曰："书，箸也。从聿。所以书者，是别白之词，声亦兼意。"孔颖达《尚书正义》曰："道本冲寂，非有名言。既形以道，生物由名。"举圣贤阐教，事显于言，言惬群心。书而示法，因号曰书。名言，皆诠表之辞，犹筌蹄为渔猎之具。书是能诠，理即所诠。《系辞》曰："书不尽言，言不尽意。"故读书在于得意，得意乃可忘言。意者，即所诠之理也。读书而不穷理，譬犹买椟还珠。守此筌蹄,不得鱼兔,安有用处?禅家斥为"念言语汉",俚语谓之"读死书"。贤首曰:"微言滞于心,首转为缘虑之场,实际居于目前,翻成名相之境。"此言读书而不穷理之过。记得许多名相,执得少分知解,便傲然自足,顿生狂见。自己无一毫受用,只是增长习气。《圆觉经》云:"无令求悟,唯益多闻,增长我见,此是不治之证。"故读书之法,第一要虚心涵泳,切己体察。切不可以成见读书,妄下雌黄,轻言取舍,如时人所言批评态度。南齐王僧虔《诫子书》曰,"往年有意于史,后复徙业就玄","犹未近彷佛。曼倩有云:'谈何容易。'见诸玄,志为之逸,肠为之抽。专一书,转通数十家注,自少至老,手不释卷,尚未敢轻言。汝开《老子》卷头五尺许,未知辅嗣何所道,平叔何所言?马、郑何所异指?例何所明?而便盛挥麈尾,自呼谈士,此最险事"。"就如张衡思侔造化,郭象言类悬河,不自劳苦,何由至此?汝曾未窥其题目,未辨其指归;六十四卦,未知何名?庄子众篇,何者内外?《八袠》所载,凡有几家?四本之称,以何为长?而终日欺人,人亦不受汝欺也。"据此文可知,当时玄言之盛,亦如今人之谈哲学、新学。后生承虚接响,腾其口说,骛名无实,其末流之弊有如是者。僧虔见处,犹滞知解,且彼自为玄家,无关儒行。然其言则深为警策,切中时人病痛,故引之以明"知之为知之,不知为不知,是知也"之旨,慎勿以成见读书,轻言批评。此最为穷理之碍,切须诫绝也。

今以书为一切文籍记载之总名。其实古之名书,皆以载道。《左氏传》曰:"楚左史倚相能读《三坟》《五典》《八索》《九丘》。"读书之名始此。《尚书序》曰:"伏羲、神农、黄帝之书,谓之《三坟》,言大道也;少昊、颛顼、高辛、唐、虞之书,谓之《五典》,言常道也;至于夏、商之书,虽设教不伦,雅诰奥义,其归一揆。是故历代宝之,以为大训。八卦之说,谓之《八索》。九州之志,谓之《九丘》。丘,聚也。言九州所有,土地所生,风气所宜,皆聚此书也。"此见上古有书,其来已远。《书·序》复云:"孔子生于周末,睹史籍之烦文,惧览者之不一,遂乃定《礼》《乐》,明旧章,删《诗》为三百篇,约史记而修《春秋》,赞《易》道而黜《八索》,述《职方》以除《九丘》。(疑当时《八索》者,类阴阳方伎之书,故孔子作《十翼》,以赞《易》道之大,而《八索》遂黜。《职方》,孔颖达以为即指《周礼》。疑上古亦有方志,或不免猥杂,故除之。)讨论《坟》《典》,断自唐、虞以下,讫于周。芟夷烦乱,翦截浮辞,举其宏纲,撮其机要,足以垂世立教。""所以恢弘至道，示人主以轨范也。"此义实通群经言之，不独《尚书》也。《尚书》独专"书"名者，谓其为帝王遗书，所谓"文武之道，布在方策"者是也。"文王既没，文不在兹乎？"文所以显道，事之见于书者，皆文也。故六艺之文，同谓之书；以常道言，则谓之经；以立教言，则谓之艺；以显道言，则谓之文；以竹帛言，则谓之书。《论语》记"子所雅言，《诗》《书》、执礼"，"子不语怪、力、乱、神"，此可对勘。世间传闻古事多属怪、力、乱、神，如《楚辞·天问》之类。（《山海经》疑即《九丘》之遗。如《竹书纪年》《汲冢周书》《穆天子传》等，固魏、晋间人伪书。然六国时人最好伪撰古事，先秦旧籍多有之。）故司马迁谓"诸家言黄帝，其言不雅驯，荐绅先生难言之"。可知孔子删《书》，所以断自唐虞者，一切怪、力、乱、神之事，悉从刊落。郑康成《书论》引《尚书纬》云："孔子求书，得黄帝玄孙帝魁之书，迄于秦穆公，凡三千二百四十篇，断远取近，定可以为世法者百二十篇。今伏生所传今文，才二十九篇，益以古文，并计五十八篇。"（《古文尚书》虽有依讬，并非全伪。）据此可见，孔子删后之《书》，决无不可信者。群经以此类推，为其以义理为主也。故曰："述而不作，信而好古。窃比于我老彭。""我非生而知之者，好古，敏以求之者也。"此是孔子之读书法。今人动言创作，动言疑古，岂其圣于孔子乎？不信六经，更信何书？不信孔子，更信何人？"夏礼，吾能言之，杞不足徵也。殷礼，吾能言之，宋不足徵也。文献不足故也。足，则吾能徵之矣。""吾犹及史之阙文也。今无亡矣夫！"此是考据谨严态度。今人治考古学者，往往依据新出土之古物，如殷墟甲骨、汉简之类，矜为创获，以推论古制。单文孤证，岂谓足徵？即令有当，何堪自诩？此又一蔽也。孔子读《易》，韦编三绝，漆书三灭，铁挝三折，其精勤专久如此。今人读书，不及终编，便生厌倦，辄易他书，未曾玩味，便言已瞭，乃至文义未通即事著述。抄撮剿袭，自矜博闻，缪种流传，每况愈下。孔子曰："盖有不知而作之者，我无是也。"此不独浅陋之甚，亦为妄诞之尤。其害于心术者甚大。今日学子，所最宜深诫者也。

《易》曰："天在山中，大畜，君子以多识前言往行，以畜其德。"伊川曰："天为至大而在山之中，所畜至大之象。""人之蕴畜，由学而大，在多闻前古圣贤之言与行，考迹以观其用，察言以求其心，识而得之，以畜成其德，乃大畜之义。"此学之所以贵读书也。"登东山而小鲁，登泰山而小天下"，乃知贵近者必遗远也。河伯见海若而自失，乃知执多者由见少也。读书非徒博文

第七编　治学方法

又以蓄德，然后能尽其大。盖前言往行，古人心德之著见者也，畜之于己，则自心之德与之相应。所以言"富有之谓大业，日新之谓盛德。"业者，即言行之发也。君子言而世为天下法，行而世为天下则，故乱德之言，非礼之行，必无取焉。书者何？前言往行之记录是也。今语所谓全部人生，总为言行而已矣。书为大共名，六艺为大别名。古者左史记言，右史记事，言为《尚书》，事为《春秋》，初无经史之分也。尝以六艺统摄九家，总摄四部，闻者颇以为异。（《泰和会语·楷定国学名义》）其实理是如此，并非勉强安排。庄子所谓"道术之裂为方术，各得一察焉以自好"。《汉志》以九家之言皆"六艺之支与流裔"，亦世所熟闻也。流略之说，犹寻其源；四部之分，遂丰其蔀。今言专门，则封域愈狭，执其一支，以议其全体，有见于别而无见于通，以是为博，其实则陋。故曰："井蛙不可以语于海，拘于墟也；夏虫不可以语于冰，笃于时也；曲士不可以语于道，束于教也。"守目录校雠之学而以通博自炫者，不可以语于蓄德也。清儒自乾嘉以后，小学一变而为校勘，单辞碎义，犹比窥观。至目录一变而为版本，则唯考论椠刻之久近，行款之异同，纸墨之优劣，岂徒玩物丧志，直类骨董市谈。此又旧习之弊，违于读书之道者也。

以上略明读书所以穷理，亦所以畜德。料简世俗读书不得其道之弊，大概不出此数端。然则读书之道，毕竟如何始得？约而言之，亦有四门：一曰通而不局。二曰精而不杂。三曰密而不烦。四曰专而不固。局与杂为相违之失，烦与固为相似之失。执一而废他者，局也；多歧而无统者，杂也；语小而近琐者，烦也；滞迹而遗本者，固也。通则曲畅旁通而无门户之见；精则幽微洞彻而无肤廓之言；密则条理谨严而无疏略之病；专则宗趣明确而无泛滥之失。不局不杂，知类也；不烦不固，知要也。类者辨其流别，博之事也；要者综其指归，约之事也。读书之道尽于此矣。

《学记》曰："一年视离经辨志。"郑注："离经，断句绝也。辨志，谓别其心意所趣向。"是离经为章句之学，以瞭解文义为初学入门之事。继以辨志，即严义利之辨，正其趋向，否则何贵于读书也。下文云："三年视敬业乐群，五年视博习亲师，七年视论学取友，谓之小成；九年知类通达，强立而不反，谓之大成。"敬业、博习、论学，皆读书渐进功夫。乐群、亲师、取友，则义理日益明，心量日益大，如是积累，犹只谓小成。至于"知类通达"，则知至之目，"强立而不反"，（郑注云："强立，临事不惑也。不反，不违失师道。"犹《论语》言"弗畔"。）则学成之效。是以深造自得，然后谓之大成。故学必有资于读书。而但言读书，实未足以为学。今人读书，但欲瞭解文义，但谓能事已毕。是只做得离经一事耳，而况文义有未能尽瞭者乎！

《汉书·艺文志》曰："古之学者耕且养，三年而通一艺，存其大体，玩经文而已，是故用日少而畜德多，三十而五经立也。后世经传既已乖离，博学者又不思多闻阙疑之义，而务碎义逃难，便辞巧说，破坏形体。说五字之文，至于二三万言，后进弥以驰逐，故幼童而守一艺，白首而后能言，安其所习，毁所不见，终以自蔽。此学者之大患也。"此见西汉治经，成为博士之业，末流之弊，已是如此，异乎《学记》之言矣。此正《学记》所谓"呻其佔毕，多其讯"者。乃适为教之所由废也。汉初说《诗》者，或能为《雅》而不能为《颂》，其后专主一经，守其师说，各自名家。如《易》有施、孟、梁丘；《书》有欧阳、夏侯；《诗》有齐、鲁、韩，人持一义，各不相通。武帝末，壁中古文已出，而未得立于学官；至平帝时，始立《毛诗》、《逸礼》、《古文尚书》，《左氏春秋》。刘歆《让太常博士书》，极论诸儒博士不肯置对，专己守残，"挟恐见破之私意，而亡从善服义之公心"，"雷同相从，随声是非"。此今古文门户相争之由来也，此局过之一例也。及东汉末，郑君承贾、马之后，遍注群经，始今古文并用，庶几能通者，而或讥其坏乱家法。迄于清之季世，今文学复兴，而治古文家者亦并立不相下，各守封疆，仍失之局。而其为说之支离破碎，视说"曰若稽古"三万言者犹有过之，则又失之烦。汉、宋之争，亦复类此。为汉学者，诋宋儒为空疏，为宋学者，亦鄙汉儒为锢蔽。此皆门户之见，与经术无关。知以义理为主，则知分今古汉宋为陋矣。然微言绝而大义乖，儒分为八，墨分为三，邹、鲁之间，龂龂如也，自古已然。荀子《非十二子》，其态度远不如庄子。《天下篇》言"古之道术有在于是者，某某闻其风而说之"，故道术裂为方术，斯有异家之称。刘向叙九流，言九家者，皆六艺之支与流裔，礼失而求诸野，彼异家者，犹愈于野已，此最为持平之论。其实末流之争，皆与其所从出者了无干涉。推之儒佛之争、佛老之争，儒者排二氏为异端；佛氏亦判儒家为人天乘，老庄为自然外道；老佛互诋，则如顾欢《夷夏论》，甄鸾《咲道论》之类；乃至佛氏亦有大小乘异执、宗教分途，道家亦有南北异派，其实与佛、老子之道皆无涉也。儒家既分汉、宋，又分朱、陆，至于近时，则又成东方文化与西方文化之争、玄学与科学之争、唯心与唯物之争，万派千差，莫可究诘，皆局而不通之过也。大抵此病最大，其下三失随之而生。既见为多歧，必失之杂；言为多端，必失之烦；

意主攻难，必失之固。欲除其病本，唯在于通。知抑扬只系临时，对治不妨互许，扫荡则当下廓然，建立则异同宛尔，门庭虽别，一性无差。不一不异，所以名如；有疏有亲，在其自得。一坏一切坏，一成一切成，但绝胜心，别无至道。庄子所谓："恢（诡）（谲）怪，道通为一。"荀卿所谓："奇物变怪，仓卒起一方，举统类以应之，若辨黑白。"禅家所谓："若有一法出过涅槃，我亦说为如梦如幻。"《中庸》之言最为简要，曰："不诚无物。"孟子之言最为直截，曰："万物皆备于我矣。"《系辞》之言最为透彻，曰："天下同归而殊涂，一致而百虑。天下何思何虑？"盖大量者，用之即同。小机者，执之即异。总从一性起用，机见差别，因有多途。若能举体全该，用处自无差忒，读书至此，庶可"大而化之"矣。

学者观于此，则知天下之书不可胜读，真是若涉大海，茫无津涯。庄子曰："吾生也有涯，而知也无涯。以有涯随无涯，殆已。"然弗患其无涯也，知类，斯可矣。盖知类则通，通则无碍也。何言乎知类也？语曰：群言淆乱，折衷于圣人，摄之以六艺，而其得失可知也。《汉志》叙九家，各有其长，亦各有其短。《经解》明六艺流失，曰愚、曰诬、曰烦、曰奢、（亦曰《礼》失则离，《乐》失则流。）曰贼、曰乱。《论语》"六言"、"六蔽"，曰愚、曰荡、曰贼、曰绞、曰乱、曰狂。孟子知言显言之过为詖淫邪遁，知其在心者为蔽陷离穷。皆各从其类也。荀子曰："墨子蔽于用而不知文，宋子蔽于欲而不知得，慎子蔽于法而不知贤，申子蔽于势而不知知，惠子蔽于辞而不知实，庄子蔽于天而不知人。故由用谓之，道尽利矣；由欲谓之，道尽嗛矣；由法谓之，道尽数矣；由势谓之，道尽便矣；由辞谓之，道尽论矣；由天谓之，道尽因矣。此数具者，皆道之一隅也。夫道者，体常而尽变，一隅不足以举之。"荀子此语，亦判得最好。蔽于一隅，即局也。是知古人读书，先须简过，知其所从出，而后能知其所流极，抉择无差，始为具眼。凡名言施设，各有分齐。衡诚悬，则不可欺以轻重；绳墨诚陈，则不可欺以曲直；规矩诚设，则不可欺以方圆。以六艺统之，则知其有当于理者，皆六艺之一支也；其有乖违析乱者，执其一隅而失之者也。袪其所执，而任其所长，固皆道之用也。《诗》之失何以愚？《书》之失何以诬？《礼》之失何以离？《乐》之失何以流？《易》之失何以贼？《春秋》之失何以乱？失，在于不学。又学之不以其道也。故判教之宏，莫如《经解》。得失并举，人法双彰。乃知异见纷纭，只是暂时歧路。封执若泯，则一性齐平。寥廓通涂，谁为碍塞？所以囊括群言，指归自性，此之谓知类。

何言乎知要也？《洪范》曰："会其有极，归其有极。"老子曰："言有宗，事有君。"荀卿曰："圣人言虽万变，其统类一也。"王辅嗣曰："物无妄然，必由其理，统之有宗，会之有元，故繁而不乱，众而不惑。自统而寻之，物虽众则可以执一御也；由本以观之，义虽博则知可以一名举也。故处璇玑以观大运，则天地之动，未足怪也；据会要以观方来，则六合辐凑，未足多也。"此知要之说也。《诗谱序》曰："举一纲而万目张，解一卷而众篇明。"康成可谓善读书者也。试举例以明之，如曰：《诗》以道志，《书》以道事，《礼》以道行，《乐》以道和，《易》以道阴阳，《春秋》以道名分，六艺之总要也。"思无邪"，《诗》之要也。"毋不敬"，《礼》之要也。"告诸往而知来者"，读《诗》之要也。"言忠信，行笃敬"，学《礼》之要也。"惧以终始，其要无咎"，学《易》之要也。"君君、臣臣、父父、子子"，《春秋》之要也。"礼，与其奢也，宁俭；丧，与其易也，宁戚"，此亦礼之要也。"报本反始"，郊社之要也。"慎终追远"，丧祭之要也。"尊尊亲亲"，丧服之要也。"谨始"，冠昏之要也。"尊贤养老"，燕飨之要也。"礼主别异，乐主和同；序为礼，和为乐；礼主减，乐主盈。礼乐只在进反之间"。此总言礼乐之要也。"好贤如《缁衣》，恶恶如《巷伯》"。"将顺其美，匡救其恶"。此亦《诗》之要也。"《天保》以上治内，《采薇》以下治外"。"《小雅》尽废，则四夷交侵，中国微矣"。《诗》通于政之要也。"婚姻之礼废，则淫僻之罪多；乡饮酒之礼废，则争斗之狱繁；丧祭之礼废，则倍死忘生者众；聘觐之礼废，则倍畔侵陵之败起"。"明乎郊社之礼，禘尝之义，治（天下）如示诸掌"，议礼之要也。"逝者如斯夫"，"四时行，百物生"，读《易》观象之要也。"清斯濯缨，浊斯濯足"，"未之思也，（夫）何远之有"，读《诗》耳顺之要也。"智者观其《象辞》，则思过半矣"，亦学《易》之要也。"杂物撰德，辨是与非，非其中爻不备"，则六位之要也。六十四卦之大象，用《易》之要也。"齐一变至于鲁，鲁一变至于道"，《春秋》三世之要也。"其或继周者，虽百世可知也"，《尧曰》一篇，皆《书》之要也。《乡党》一篇，皆《礼》之要也。孟子尤长于《诗》《书》，观孟子之道"性善"，言"王政"，则知《诗》、《书》之要也。《论语》群经之管钥，观于夫子之雅言，则知六艺之要也。他如子夏《诗序》、郑氏《诗谱序》、王辅嗣《易略例》、伊川《易传序》、胡文定《春秋传序》、蔡九峰《书集传序》，皆能举其大，则又一经之要也。如是推之，不可殚述，验之于人伦日用之间，察之于动静云为之际，而后知心性之本，义理之宗，实为读群书之要。欲以辨章学术，究极天人，尽此一生，俟诸百世，舍此无他道也，此之谓知要。

《孔子闲居》曰："天有四时，春秋冬夏，风雨霜露，无非教也；地载神气，神气风霆，风霆流形，庶物露生，无非教也。"观象，观变，观物，观生，观心，皆读书也。六合之内，便是一部大书。孟子曰："观于海者难为水，游于圣人之门者难为言。"夫义理无穷，岂言语所能尽？今举读书法，乃是称性而谈，不与世俗同科，欲令合下识得一个规模，办取一副头脑，方免泛滥无归。信得及时，正好用力，一旦打开自己宝藏，运出自己家珍，方知其道不可胜用也。

（摘自《复性书院讲录》，山东人民出版社1999年版）

【导读】马一浮（1883—1967），原名浮，字一浮，浙江会稽（今浙江绍兴）人，中国现代思想家、书法家，精通古代哲学、文学、佛学，是新儒家的早期代表人物之一，与梁漱溟、熊十力合称"新儒家三圣"。先生青年时期目睹清廷腐败，无法效力于社会，便闭门专研国学，曾寄居杭州西湖广化寺一禅房遍读"文澜阁"所藏《四库全书》，并博览群书，精研诸子、佛典，旁涉欧美哲学和文艺书籍。马一浮治学，并不求人知，一生仅有两次公开讲学，一次是抗战初应浙江大学之邀，为浙大学生讲授国学；另一次是自1939年至抗战胜利，应国人礼聘，于四川乐山乌龙寺创办复性书院并任主讲，凡六年之久。马先生认为："学术、人心所以分歧，皆由溺于习而失之，复其性则然矣。"故名曰"复性书院"。新中国成立后，先后任浙江文史研究馆馆长、中央文史研究馆副馆长、全国政协委员等职。一生著述颇丰，后人辑为《马一浮集》。

本文选自马一浮《复性书院讲录·卷一》。全讲录共六卷，是马先生于复性书院做主讲时对学生的演讲稿。讲录卷一主要篇目包括《开讲日示诸生》《学规》《读书法》《通治群经必读诸书举要》等，系六卷讲录之总纲，旨在告诫学者为学的内容、方法、途径及目的。作为近代以来少有的硕学通儒，马一浮先生一生以读书治学为业，其创办复性书院的宗旨也"在于培养读书的种子而已"，因而，马先生于复性书院的首讲即开讲"读书法"，可见其对学生读书方法培养的重视。当然，马先生的"读书法"也绝非泛泛之谈，而是从自身的读书治学经验中总结出的"系统心法"。首先，马一浮认为，读书贵在调心，也就是先要"定心"，要集中精力。他说："欲读书，先须调心。心气安定，自易领会。若以散心读书，博而寡要，劳而少功，必不能入。以定心读书，事半功倍。"一般人读书或为消遣，或为取乐，仅随心浏览，而学者治学，只有"定心"读书，方可有所收获，如孔子读《易》，韦编三绝。其次，马一浮还反复谈了读书一定要尽意、穷理。每部书都要表达一种"意"，而读书正在于获得此"意"。正如《易经·系辞》言，"书不尽言，言不尽意"，马一浮也以为"读书在于得意，得意乃可忘言"。

至于读书的穷理之道，马一浮指出："读书而不穷理，譬犹买椟还珠。守此筌蹄，不得鱼兔，安有用处？"也就是说，这样的读书方法，正是"禅家斥为念言语汉，俚语谓之读死书"。因而，马一浮一再劝勉学生说："读书之法，第一要虚心涵泳，切己体察，切不可以成见读书，妄下雌黄，轻言取舍，如时人所言批评态度。"要达到穷理，就必须"说理须是无一句无来历，作诗须是无一字无来历，学书须是无一笔无来历，方能入雅"。这样，在读书时就不能囫囵吞枣，泛泛而读，而要做到"忠信笃敬"，也只有在这四个字上狠下功夫，方能达到"沉着痛快"的效果。再次，马一浮认为读书的终极目的是明理"畜德"、成就圣贤人格。也即读书的终极目的在于修身，在于不断提高自身的修养，并进而提出了"唯有指归自己一路是真血脉"的践行主张。也就是说，学人在明理的基础上还须身体力行："但说取得一尺，不如行取一寸。"即只有将书本的义理落到实处，才能算"真学"。同时，因为读书培植了自身的道德（即"畜德"），又能促进人们更好地明理、践行。譬如，当学人在身体力行的实践中，具备了开放、谦虚、包容的品质时，他能更好的吸收他人有益的东西，进而更利于扩大其视野，开阔其心胸，进而帮助其更好地通晓天下之理。

另外，马一浮还具体提出了读书的方法，即"读书之道"。他认为，凡为学问而读书，需恪守这四种读书法："一曰通而不局；二曰精而不杂；三曰密而不烦；四曰专而不固。"他进一步解释说："通，则曲畅旁通而无门户之见。精，则幽微洞彻而无肤廓之言。密，则条理谨严而无疏略之玻专，则宗趣明确而无泛滥之失。不局，不杂，知类也。不烦，不固，知要也。类者，辨其流别，博之事也。要者，综其指归，约之事也。读书之道，尽于此矣。"实际上，四种读书法就是为解决博与专、简与繁、核心与边缘等问题的。在此，马一浮还进一步推出了读书在于"会通"的大道。天下之书不可胜读，义理也是无穷的，正如庄子所言："吾生也有涯，而知也无涯，以有涯随无涯殆已然，弗患其无涯也。"因而，读书"在于会通，在于知心性之本"，"盖知类则通，通则无碍也"。如此精辟之结论，确为揭人之未揭的读书大道，可谓其读书经验之结晶。总之，马一浮作为一位大学问家，博览群书，学贯中西，其读书法既承接了前贤读书的方法（如宋人朱熹的读书法），又总结了自己数十年的读书治学实践，处处充满了真知灼见，是留给我们当今读书人的一笔宝贵的精神财富。

（卢有泉）

怎样运用文学的语言

郭沫若

怎样运用文学的语言？

这个问题我还不曾过细的考虑过。似乎应该先规定是哪一种文学。照一般的分类，我们姑且按着小说、戏剧文学、诗和抒情的散文来加以考察吧。

小说注重在描写，我感觉着它和绘画的性质相近。它的成分是叙述和对话。叙述文是作家自己的语言，对话便应该尽量地采用客观的口语。

作家自己的语言依作家的气质而不同，有的偏于诗的，有的偏于散文的。过分的诗了，反伤于凝滞，局势便不能展开，描写也难于切实。过分的散文了，则伤于琐碎，局势便流于散漫，描写也不一定能够扼要。

最好要简洁，和谐，熨贴，自然。任何一种对象，无论是客观的景物或主观的情调，要能够用最经济的语言把它表达得出。语言除掉意义之外，应该要追求它的色彩，声调，感触。同意的语言或字面有明暗、硬软、响亮与沉抑的区别。要在适当的地方用有适当感触的字。太生涩的字眼不能用。笔画太多的字也宜忌避，我感觉着那种字必然附带有一种闷感，如蠚郁齷齪之类。应该用极平常的字眼而赋予以新鲜的情调。由二字或三字的配合可以自由自在地组成新词，作家是有这种权利的。

形容词宜少用，的的的一长串的句法最宜忌避。句调不宜太长，太长了使人的注意力分散，得不出鲜明的印象。章节也宜考究，大抵轻松的文体宜短，沉重抑郁的文字宜长。无论语言、句调、章节都要锤炼，而且要锤炼到不露痕迹的地步。

对话部分要看你所写的是什么人，要适合于他的身分、阶层、年龄、籍贯、性别，而尽量地使用他们自己的言语。这事情相当的难，非有充分的研究或经验是不能够运用的。因此一个小说家对于自己所能写的范围或人物应该有一定的限度。没有研究的东西不能写，要想写便应该从事研究。

戏剧文学中的话剧，其用语与小说中的对话相同，但应该还要考虑到舞台上的限制。小说中的对话是供人看，话剧中的对话除供人看之外还要考虑到供人听。声调固必须求其和谐，响亮，尤须忌避同音异义字的绞线。太长了的对话不宜于舞台，但一句话中太简单了的词汇反而容易滑脱听者的注意。话剧的语言最好是多念几遍，念给自己听，念给朋友听，务求其容易听懂，而且中听。有好些语言的适合度要经过试演之后才能判定。

诗剧的情形又不同，我觉得这有点像图案画，应该尽力求其和谐，匀称，美妙。各个人物的个性固然是须得考虑的，作家要化身为各个人物，用那各个人物的语言表抒他们自己的情感，做出各个人的抒情诗。

诗剧在西方舞台上的演出，和话剧无甚区别，并不是唱而是念。念出时并不依诗的韵脚而停顿，全依词意的起转。这种尝试在中国还不曾有过。旧时的杂剧曲套必须唱，应该是属于西方的歌剧的范畴了。

诗的语言恐怕是最难的，不管有脚韵无脚韵，韵律的推敲总应该放在第一位。和谐是诗的语言的生命。

古诗爱用双声、叠韵，或非双声叠韵的连绵字，这种方法在新诗里也是应该遵守的，尤其中国语文是在从单音转化为复音的过程中，正要靠着这种方法以遂成其转化。

新诗的韵律虽然没有旧诗严，但平仄的规定是不能废的。有时同一是平声的字也应该分别阴平与阳平，同一是仄声的字也应该分别上去入。但过于铿锵了也是一种累赘，而且那样的诗便会流而为歌了。这里应该有一个法则可循，我相信会有心细的人在不久的将来要把它寻出的。

字面的色彩和感触同样很重要，应该称着诗的格调去选择，恕我也不能有什么具体的方法贡献。大凡一个作家或诗人总要有对于言语的敏感，这东西"如水到口，冷暖自知"，实在也说不出个所以然。这种敏感的养成，在儿童时代的教育很要紧，这非作家或诗人自己所能左右，差不多要全靠做母亲的人来担负。因此一个优秀的作家或诗人每每有卓越的母亲。

但作家或诗人自己的努力不用说是不容懈怠的，多读名人的著作，而且对于某几种作品还须熟读、烂读，便能于无法之中求得法，有法之后求其化。古人所谓"《文选》烂，秀才半"，就是说的这个秘诀。

我们是用中国字、中国语言写东西的人，对于中国的书不读是最要不得的。"五四"以后有些人过于偏激，斥一切线装书为无用，为有毒，这种观点是应该改变的了。我自己要坦白的承认，我在中国古书中就爱读《庄子》《楚辞》《史记》。这些书对于我只有好处，没有怎样的毒。明、清两代的几部大小说读来也很够味。不过这些书究竟和我们的时代相隔得远了，在生活情调上不能合拍，因而便不感觉得怎么亲切了。在这一点上近代欧美名家的作品反而更亲近于我们，可以提供我们无数近代式的表现方法。

学习新的方法来锻炼本国的语言吧，最好要把方块字的固体感打成流体，中国有好些美妙的词曲是做到了这步工夫的。语言能够流体化或呈流线形，那么抒情诗和抒情散文也就可以写到美妙的地步了。

自己写出的东西要读得上口，多读几遍，多改几遍，先朗诵给自己亲近的人听，不要急于求发表，这也是绝好的方法，这便是古人所说的"推敲"。

1942年5月26日

（摘自《郭沫若谈创作》，黑龙江人民出版社1982年版）

【导读】无论是什么样的文学，其语言都应有一个重要的特点，那就是美妙。在郭沫若看来，美妙的语言是要读得上口的。在这篇文章中，他围绕文学语言的特性，结合各种文学题材本身的特点，分别阐述在创作过程中小说、戏剧文学、诗的语言应如何使用和处理。

他从小说开始谈起，提出小说的重点是描写，其内容以叙述和对话为主，而处理叙述语言的手段与对话是不一样的。

首先，叙述语言应遵循"简洁、和谐、熨贴、自然"的原则。所谓简洁，就是用最经济的语言表达；所谓和谐、熨贴，就是语言的意义、色彩、声调、感触与语境之间要相互匹配；所谓自然，就是"用极平常的字眼"。其次，要注重对语言、句调和章节的锤炼。比如少用形容词，不宜使用太长的句法和句调，依据文章的风格来划分章节的长短等。显然符合以上四个原则的叙述语言也是容易读得上口的。

在此基础上，郭沫若又提及如何在叙述语言中使用自己的语言、如何进行创新，以体现作家自己的气质，使其具有独特的文学性。他说，叙述时作家可以发挥自己的气质和风格，使用自己的语言，无论是带着诗性的还是散文风格的语言。只是要注意，这种诗性和散文化不宜太过，只要在一定范围之内都是可取的。也可以有所创新，比如"用极平常的字眼"时，作家可以将这些平常的字进行自由组合形成新词，赋予这平常的字以新鲜的情调。

而写对话部分的语言则相当难，必须要对对话人物有所研究，只有这样才能写出符合对话者身份的语言。

随后郭沫若分析了戏剧的语言。戏剧分为话剧和诗剧，话剧语言和诗剧语言的使用各不相同。话剧语言的重点是对话，它应具有的特点是中听，并且让观众容易听懂。诗剧语言的重点是抒情性，它的特点是讲求韵律。所以诗剧的语言在考虑人物个性的基础上，"应该尽力求其和谐、匀称、美妙"。

他指出话剧对话与小说对话既相同又不同，小说对话作为纯文本文学是给人看的，话剧对话则属于舞台剧文学，既要给人看也要给人听。因此写作者必须要把舞台的限制性因素考虑进去：首先，为了能更好地供人听，话剧对话所使用的语言，其声调要相协调，要足够响亮；其次，要注意避免同音异义字的使用带来的误解；第三，句子的长短应适中。而锻炼话剧语言使其符合以上要求的方法就是多念和反复试演。

接着他阐释了诗的语言。诗的重点是格调，因而诗的语言讲究韵、讲究和谐。无论是古诗还是新诗，虽各自在平仄和韵脚的严格性方面的要求不同，但不可否认的是诗的语言特点都是以韵律为第一位，这就意味着诗的语言的限制是最大的，因而"诗的语言恐怕是最难的"。

虽然难，但也并非毫无章法可循，郭沫若在此给出处理诗的语言的诀窍和方法：其一是多使用连绵词，无论是双声、叠韵还是非双声叠韵的连绵词，都有使音调和谐的作用，因为大多连绵词有将单音衍化为复音形式的作用，这无疑增强了诗的咏唱性，并从而更具有韵味，更易于协调字音与字音之间的关系；其二是找到诗与其用字在平仄方面的规律，使其更富有韵律更为和谐。以上两种方法关键就在"和谐"二字，因为"和谐是诗的语言的生命"。

在文章的最后，郭沫若就文学语言的"养成"提出了建议，那就是培养语感。语感的培养一方面依赖于母亲在儿童时代针对语言的敏感度所进行的教育,另一方面有赖于自己对名人著作进行熟读和烂读,无论是中国古代的、近代的,还是欧美的,总之是要吸取各种作品的优点。尤其是主要用于抒情的诗和散文,应锻炼和推敲成为舒畅的流线形,这样的抒情诗、抒情散文就能达到美妙的地步。

郭沫若的文学美学的主张产生于我国文学美学理论的初创阶段,在今天看来有明显的不足,部分观点也显得有些强硬(如其认为小说叙述的语言应简洁经济、少用形容词等),但在那个写意语言盛行而写实语言又过于直白和干枯的年代,郭沫若的观点既具有针对性又具有修正作用,对此后文学语言的走向和我国文化的进步无疑有一定指导意义。

(杨 艳)

写作的艺术

林语堂

写作的艺术是比写作艺术的本身或写作技巧的艺术更广泛的。事实上,如果你能告诉一个希望成为作家的初学者,第一步不要过分关心写作的技巧,叫他不要在这种肤浅的问题上空费工夫,劝他表露他的灵魂的深处,以冀创造一个为作家基础的真正的文学性格;如果你这样做,你对他将有很大的帮助。当那个基础适当地建立起来的时候,当一个真正的文学性格创造起来的时候,风格自然而然地成形了,而技巧的小问题便也可以迎刃而解。如果他对于修辞或文法的问题有点困惑不解,那老实说也没有什么关系,只要他写得出好东西就得了。出版书籍的机关总有一些职业的阅稿人,他们便会去校正那些逗点,半支点,和分离不定法等等。在另一方面,如果一个人忽略了文学性格的修养,无论在文法或文艺的洗炼上用了多少工夫,都不能使他成为作家。蒲丰(buf—fon)说:"风格就是人。"风格并不是一种写作的方法,也不是一种写作的规程,甚至也不是一种写作的装饰;风格不过是读者对于作家的心思的性质,他的深刻或肤浅,他的有见识或无见识,以及其他的素质如机智、幽默,尖刻的讽刺,同情的了解,亲切,理解的灵敏,恳挚的愤世嫉俗态度或愤世嫉俗的恳挚态度,精明,实用的常识,和对事物的一般态度等等的整个印象。世间并没有一本可以创造"幽默的技巧",或"愤世嫉俗的恳挚态度的三小时课程",或"实用常识规则十五条"和"感觉灵敏规则十一条"的手册。这是显而易见的。

我们必须谈到比写作的艺术更深刻的事情。当我们这样做的时候,我们发现写作艺术的问题包括了文学,思想,见解,情感,阅读和写作的全部问题。我在中国曾提倡复兴性灵派的文章和创造一种较活泼较个人化的散文笔调;在我这个文学运动中,我曾为了事实上的需要,写了一些文章,以发表我对于一般文学的见解,尤其是对于写作艺术的见解。我也曾以"烟屑"为总题,试写一些文艺方面的警句。这里就是一些烟屑:

(甲)技巧与个性

塾师以笔法谈作文,如匠人以规矩谈美术。书生以时文评古文,如木工以营造法尺量泰山。

世间无所谓笔法。吾心目中认为有价值之一切中国优秀作家,皆排斥笔法之说。

笔法之于文学,有如教条之于教会——琐碎人之琐碎事也。

初学文学的人听见技巧之讨论——小说之技巧,戏剧之技巧,音乐之技巧,舞台表演之技巧——目眩耳乱,莫测高深,哪知道文章之技巧与作家之产生无关,表演之技巧与伟大演员之产生亦无关。他且不知世间有个性,为艺术上文学上一切成功之基础。

(乙)文学之欣赏

一人读几个作家之作品,觉得第一个的人物描写得亲切,第二个的情节来得迫真自然,第三个的丰韵特别柔媚动人,第四个的意思特别巧妙多姿,第五个的文章读来如饮威士忌,第六个的文章读来如饮醇酒。他若觉得好,尽管说他好,只要他的欣赏是真实的就得。积许多这种读书欣赏的经验,清淡,醇厚,宕拔,雄奇,辛辣,温柔,细腻……都已尝过,便真正知道什么是文学,什么不是文学,无须读手册也。

论文字,最要知味。平淡最醇最可爱,而最难。何以故?

平淡去肤浅无味只有毫厘之差。

作家若元气不足,素养学问思想不足以充实之,则味同嚼蜡。故鲜鱼腐鱼皆可红烧,而独鲜鱼可以清蒸,否则入口本味之甘恶立见。

好作家如杨贵妃之妹妹,虽不涂脂抹粉,亦可与皇帝见面。宫中其他美人要见皇帝皆非涂脂抹粉不可。作家敢以简朴之文字写文章者这么少,原因在此。

(丙)笔调与思想

文章之好坏乃以有无魔力及味道为标准。此魔力之产生并无一定规则。魔力生自文章中,如烟发自烟斗,或白云起于山巅,不知将何所之。最佳之笔调为"行云流水"之笔调,如苏东坡之散文。

笔调为文字、思想及个性之混合物。有些笔调完全以文字造成。

吾人不常见清晰的思想包藏于不清晰的文字中,却常看见不清晰的思想表现得淋漓尽致。此种笔调显然是不清晰的。

清晰的思想以不清晰的文字表现出来,乃是一个决意不娶之男子的笔调。他不必向老婆解释什么东西。康德(Immanuel kant)可为例证。甚至蒲脱勒(samuel butler)有时也这么古怪。

一人之笔调始终受其"文学情人"之渲染。他的思想方法及表现方法越久越像其"文学情人。"此为初学者创造笔调的唯一方法。日后一人发现自己之时,即发现自己的笔调。

一人如恨一本书之作者,则读那本书必毫无所得。学校教师请记住这个事实!

人之性格一部分是先天的,其笔调亦然。其他部分只是污染之物而已。

人如无一个心爱之作家,则是迷失的灵魂。他依旧是一个未受胎的卵,一个未得花粉的雌蕊。一人的心爱作家或"文学情人",就是其灵魂之花粉。

人人在世上皆有其心爱的作家,惟不用点工夫去寻耳。

一本书有如一幅人生的图画或都市的图画。有些读者观纽约或巴黎的图画,但永远看不见纽约或巴黎。智者同时读书本及人生。宇宙一大书本,人生一大学堂。

一个好的读者将作家翻转过来看,如乞丐翻转衣服去找跳蚤那样。

有些作家像乞丐的衣服满是跳蚤,时常使读者感到快乐的激动。发痒便是好事。

研究任何题目的最好方法,就是先抱一种不合意之态度。如是一人必不至被骗。他读过一个不合意的作家之后,便较有准备去读较合意的作家了。批评的心思就是这样成形的。

作家对词字本身始终本能地感到兴趣。每一词字皆有其生命及个性,此种生命及个性在普通字典中找不到,《简明牛津字典》("concise oxford dictionary")或《袖珍牛津字典》("pocket oxford dictionary")之类不在此例。

一本好字典是可读一读的,例如《袖珍牛津字典》。世间有两个文字之宝藏,一新一旧。旧宝藏在书本中,新宝藏在平民之语言中。第二流的艺术家将在旧宝藏中发掘,唯有第一流的艺术家才能由新宝藏中得到一些东西。旧宝藏的矿石已经制炼过,新宝藏的矿石则否。

王充分(一)"儒生"(能通一经),(二)"通人"(博览古今),(三)"文人"(能作上书奏记),(四)"鸿儒"(能精思著文连接篇章)。(一)与(二)相对,言读书;(三)与(四)相对,言著作。"鸿儒"即所谓思想家;"文人"只能作上书奏记,完全是文字上笔端上工夫而已。思想家必须殚精竭虑,直接取材于人生,而以文字为表现其思想之工具而已。"学者"作文时善抄书,抄得越多越是"学者"。思想家只抄自家肚里文章,越是伟大的思想家,越靠自家肚里的东西。

学者如乌鸦,吐出口中食物以饲小鸟。思想家如蚕,所吐出的不是桑叶而是丝。

文人作文,如妇人育子,必先受精,怀胎十月,至肚中剧痛,忍无可忍,然后出之。多读有骨气文章有独见议论,是受精也。时机未熟,擅自写作,是泻痢腹痛误为分娩,投药打胎,则胎死。出卖良心,写违心话,是为人工打胎,胎亦死。及时动奇思妙想,胎活矣大矣,腹内物动矣,心窃喜。至有许多话,必欲迸发而后快,是创造之时期到矣。发表之后,又自诵自喜,如母牛舐犊。故文章自己的好,老婆人家的好。笔如鞋匠之大针,越用越锐利,结果如锈花针之尖利。但一人之思想越久越圆满,如爬上较高之山峰看景物然。

当一作家恨某人,想写文加以痛骂,但尚未知其人之好处时,他应该把笔再放下来,因为他还没有资格痛骂那个人也。

(丁)性灵派

三袁兄弟在十六世纪末叶建立了所谓"性灵派"或"公安派"(公安为袁氏的故乡),这学派就是一个自我表现的学派。"性"指一人之"个性","灵"指一人之"灵魂"或"精神"。

文章不过是一人个性之表现和精神之活动。所谓"divine afflatus"不过是此精神之潮流,事实上是腺分泌溢出血液外之结果。

书法家精神欠佳,则笔不随心;古文大家精神不足,则文思枯竭。

昨夜睡酣梦甜，无人叫而自醒，精神便足。晨起啜茗或啜咖啡，阅报无甚逆耳新闻，徐步入书房，明窗净几，惠风和畅——是时也，作文佳，作画佳，作诗佳，题跋佳，写尺牍佳。

凡所谓个性，包括一人之体格、神经、理智、情感、学问、见解、经验、阅历、好恶、癖嗜，极其错综复杂。先天定其派别，或忌刻寡恩，或爽直仗义，或优柔寡断，或多病多愁，虽父母师傅之教训，不能易其骨子丝毫。又由后天之经历学问，所见所闻，的确感动其灵知者，集于一身，化而为种种成见、怪癖、态度、信仰。其经历来源不一，故意见好恶亦自相矛盾，或怕猫而不怕犬，或怕犬而不怕猫。故个性之心理学成为最复杂之心理学。

性灵派主张自抒胸臆，发挥己见，有真喜，有真恶，有奇嗜，有奇忌，悉数出之，即使瑕瑜并见，亦所不顾，即使为世俗所笑，亦所不顾，即使触犯先哲，亦所不顾。

性灵派所喜文字，于全篇取其最个别之段，于全段取其最个别之句，于造句取其最个别之辞。于写景写情写事，取其自己见到之景，自己心头之情，自己领会之事。此自己见到之景，自己心头之情，自己领会之事，信笔直书，便是文学，舍此皆非文学。

《红楼梦》中林黛玉谓"如果有了奇句，连平仄虚实不对，却使得的"，亦是性灵派也。

性灵派又因倾重实见，每每看不起辞藻虚饰，故其作文主清淡自然，主畅所欲言，不复计较字句之文野，即崇奉孟子"辞达而已"为正宗。

文学之美不外是辞达而已。

此派之流弊在文字上易流于俚俗（袁中郎），在思想上易流于怪妄（金圣叹），讥讽先哲（李卓吾），而为正人君子所痛心疾首，然思想之进步终赖性灵文人有此气魄，抒发胸襟，为之别开生面也，否则陈陈相因，千篇一律，而一国思想陷于抄袭模仿停滞，而终至于死亡。

古来文学有圣贤而无我，故死，性灵文学有我而无圣贤，故生。

惟在真正性灵派文人，因不肯以议论之偏颇怪妄惊人。苟胸中确见如此，虽孔孟与我雷同，亦不故为趋避；苟胸中不以为然，千金不可易之，圣贤不可改之。

真正之文学不外是一种对宇宙及人生之惊奇感觉。

宇宙之生灭甚奇，人情之变幻甚奇，文句之出没甚奇，诚而取之，自成奇文，无所用于怪妄乖诡也。实则奇文一点不奇，特世人顺口接屁者太多，稍稍不肯人云亦云而自抒己见者，乃不免被庸人惊诧而已。

性灵派之批评家爱作者的缺点。性灵派之作家反对模拟古今文人，亦反对文学之格套与定律。袁氏兄弟相信："信腕信口，皆成律度"，又主张文学之要素为真。李笠翁相信文章之要在于韵趣。袁子才相信文章中无所谓笔法。黄山谷相信文章的词句与形式偶然而生，如虫在木头上啮成之洞孔。

（戊）闲适笔调

闲适笔调之作者以西文所谓"衣不扣钮之心境"（unbut—toned mood）说话，瑕疵俱存，故自有其吸人之媚态。

作者与读者之关系不应如庄严之塾师对其生徒，而应如亲熟故交。如是文章始能亲切有味。

怕在文章中用"吾"字者，必不能成为好作家。

吾爱撒谎者甚于谈真理者，爱轻率之撒谎者甚于慎重之撒谎者，因其轻率乃他喜爱读者之表现也。

吾信任轻率之傻子而猜疑律师。

轻率之傻子乃国家最好之外交家。他能得民心。

吾理想中之好杂志为半月刊，集健谈好友几人，半月一次，密室闲谈。读者听其闲谈两小时，如与人一夕畅谈，谈后卷被而卧，明日起来，仍旧办公抄账，做校长出通告，自觉精神百倍，昨晚谈话滋味犹在齿颊间。

世有大饭店，备人盛宴，亦有小酒楼，供人随意小酌。吾辈只望与三数友人小酌，不愿赴贵人盛宴，以其小拘牵故也。然吾辈或在小酒楼上大唉大嚼，言笑自若，倾杯倒怀之乐，他人皆不识也。

世有富丽园府，亦有山中小筑，虽或名为精舍，旨趣与朱门绿扉婢仆环列者固已大异。入其室，不闻忠犬喑喑之声。不见司阍势利之色，出其门，亦不看见不干净之石狮子，惟如憺漪子所云："譬如周、程、张、朱辈拱揖列席于虙羲氏之门，忽有曼倩子瞻，不衫不履，排闼而入，相与抵掌谐谑，门外汉或啧啧惊怪，而诸君子必相视莫逆也。"

（己）何谓美

近来"作文讲话""文章作法"的书颇多。原来文彩文理之为物，以奇变为贵，以得真为主，得真则奇变，奇变则文彩自生，犹如潭壑溪涧未尝准以营造法尺，而极幽深峭拔之气，远胜于运粮河，文章岂可以作法示人哉！天有星象，天之文也；名山大川，地之文也；风吹云变而锦霞生，霜降叶落而秋色变。夫以星球运转，棋列错布，岂为吾地上人之赏鉴，而天狗牛郎，皆于天意中得之。地层伸缩，翻山倒海，岂为吾五岳之祭祀，而太华昆仑，澎湃而来，玉女仙童，耸然环立，供吾赏览，亦天工之落笔成趣耳。以无心出岫之寒云，遭岭上狂风之叱咤，岂尚能为衣裳着想，留意世人顾盼？然鳞章鲛绡，如锦如织，苍狗吼狮，龙翔凤舞，却有大好文章。以饱受炎凉之林树，受凝霜白露之摧残，正欲收拾英华，敛气屏息，岂复有心粉黛为古道人照颜色？而凄凄肃肃，冷冷清清，竟亦胜于摩诘南宫。

推而至于一切自然生物，皆有其文，皆有其美。枯藤美于右军帖，悬岩美于猛龙碑，是以知物之文，物之性也，得尽其性，斯得其文以表之。故曰，文者内也，非外也。马蹄便于捷走，虎爪便于搏击，鹤胫便于涉水，熊掌便于履冰，彼马虎熊鹤，岂能顾及肥瘦停匀，长短合度，特所以适其用而取其势耳。然自吾观之，马蹄也，虎爪也，鹤胫也，熊掌也，或肉丰力沉，颜筋柳骨，或脉络流利，清劲挺拔，或根节分明，反呈奇气。他如象蹄如隶意，狮首有飞白，斗蛇成奇草，游龙作秦篆，牛足似八分，麂鹿如小楷，天下书法，粲然大备，奇矣奇矣。所谓得其用，取其势，而体自至。作文亦如是耳。势至必不可抑，势不至必不可展，故其措辞取义，皆一片大自然，浑浑噩噩，而奇文奥理亦皆于无意中得之。盖势者动之美，非静之美也。故凡天下生物动者皆有其势，皆有其美，皆有其气，皆有其文。

（摘自《生活的艺术》，江苏人民出版社2014年版）

【导读】 林语堂（1895—1976），中国现代著名作家、学者、翻译家、语言学家。出生于福建一个基督教牧师家庭。曾任教于清华大学、北京大学、厦门大学等高校。于1940年和1950年先后两度获得诺贝尔文学奖提名。曾创办《论语》《人世间》《宇宙风》等刊物，著有小说《京华烟云》《啼笑皆非》、散文和杂文文集《人生的盛宴》《生活的艺术》等。

林语堂在《写作的艺术》一文中畅谈写作艺术的问题，主要为写作方法及艺术鉴赏。他分别从文学个性、语言表达、思想内涵、表现方式、写作笔法以及美在自然的角度进行论述。

林语堂非常注重文学个性，他认为"个性为艺术上文学上一切成功的基础"。在林语堂看来，文无定法，文学最为重要的是笔调与思想，笔调"为文字、思想及个性的混合物",最佳的笔调是"行云流水"。林语堂的文章一贯生动活泼,诙谐幽默,机智风趣,善用形象的比喻以说明抽象的道理。文中便以妇人生子、十月怀胎的比喻形象阐释了文学实际上是思想经过作家孕育后以合适文字表达的过程。

林语堂非常推崇自我表现的性灵派文学。文中先说性灵派的流弊"在思想上易流于怪妄(金圣叹),讥讽先哲(李卓吾),而为正人君子所痛心疾首",但他随后笔锋一转:"然思想之进步终赖性灵文人有此气魄。抒发胸襟,为之别开生面也。否则陈陈相因,千篇一律,而一国思想陷于抄袭模仿停滞,而终至于死亡。"在林语堂看来,文章的"性灵"颇为重要,"自己见到之景,自己心头之情,自己领会之事,信笔直书,便是文学",否则只能走向死亡。关于"性灵",林语堂有他自己的阐释:"'性'指一人之'个性','灵'指一人之'灵魂'或'精神'。"在林语堂看来,"性灵就是自我",这是林语堂提出的性灵主张。林语堂的"性灵说"显然与明末公安派"独抒性灵,不拘格套"的理论主张是一脉相承的。林语堂还将"性灵说"用于理论中,他倡导"以性灵为主,不为格套所拘,不为章法所役"的小品文理论,这种理论注重的是说自己所要说的话,表自己所要表的意,不复为圣人立言,不再受"物质环境"的制约。可见,林语堂提倡的"性灵说"对于小品文写作具有积极的意义。

林语堂还在文中表达了闲适畅达、自然为美的艺术观。主张文章要亲切有味,美存在于一切自然事物之中,文学艺术并不是刻意的追求技巧,更重要的是在一种闲适之中孕育自己丰厚的思想,然后作一种畅快自由的表达。这样的文学,才是真正美的艺术。这种艺术观对于文学创作亦具有积极意义。

(罗小凤)

谈读诗与趣味的培养

朱光潜

据我的教书经验来说,一般青年都欢喜听故事而不欢喜读诗。记得从前在中学里教英文,讲一篇小说时常有别班的学生来旁听;但是遇着讲诗时,旁听者总是瞟着机会逃出去。就出版界的消息看，诗是一种滞销货。一部大致不差的小说就可以卖钱，印出来之后一年中可以再版三版。但是一部诗集尽管很好，要印行时须得诗人自己掏腰包作印刷费，过了多少年之后，藏书家如果要买它的第一版，也用不着费高价。

从此一点，我们可以看出现在一般青年对于文学的趣味还是很低。在欧洲各国，小说固然也比诗畅销，但是没有在中国的这样大的悬殊，并且有时诗的畅销更甚于小说。据去年的统计，法国最畅销的书是波德莱尔的《恶之花》。这是一部诗，而且并不是容易懂的诗。

一个人不欢喜诗，何以文学趣味就低下呢？因为一切纯文学都要有诗的特质。一部好小说或是一部好戏剧都要当作一首诗看。诗比别类文学较谨严，较纯粹，较精致。如果对于诗没有兴趣，对于小说戏剧散文等等的佳妙处也终不免有些隔膜。不爱好诗而爱好小说戏剧的人们大半在小说和戏剧中只能见到最粗浅的一部分，就是故事。所以他们看小说和戏剧，不问他们的艺术技巧，只求它们里面有有趣的故事。他们最爱读的小说不是描写内心生活或者社会真相的作品，而是《福尔摩斯侦探案》之类的东西。爱好故事本来不是一件坏事，但是如果要真能欣赏文学，我们一定要超过原始的童稚的好奇心，要超过对于《福尔摩斯侦探案》的爱好，去求艺术家对于人生的深刻的观照以及他们传达这种观照的技巧。第一流小说家不尽是会讲故事的人，第一流小说中的故事大半只像枯树搭成的花架，用处只在撑持住一园锦绣灿烂生气蓬勃的葛藤花卉。这些故事以外的东西就是小说中的诗。读小说只见到故事而没有见到它的诗，就像看到花架而忘记架上的花。要养成纯正的文学趣味，我们最好从读诗入手。能欣赏诗，自然能欣赏小说戏剧及其他种类文学。

如果只就故事说，陈鸿的《长恨歌传》未必不如白居易的《长恨歌》或洪升的《长生殿》，元稹的《会真记》未必不如王实甫的《西厢记》，兰姆（Lamb）的《莎士比亚故事集》未必不如莎士比亚的剧本。但是就文学价值说，《长恨歌》《西厢记》和莎士比亚的剧本都远非他们所根据的或脱胎的散文故事所可比拟。我们读诗，须在《长恨歌》《西厢记》和莎士比亚的剧本之中寻出《长恨歌传》《会真记》和《莎士比亚故事集》之中所寻不出来的东西。举一个很简单的例来说，比如贾岛的《寻隐者不遇》：

松下问童子，言师采药去。

只在此山中，云深不知处。

或是崔颢的《长干行》：

君家何处住？妾住在横塘。

停舟暂借问，或恐是同乡。

里面也都有故事，但是这两段故事多么简单平凡？两首诗之所以为诗，并不在这两个故事，而在故事后面的情趣，以及抓住这种简朴而隽永的情趣，用一种恰如其分的简朴而隽永的语言表现出来的艺术本领。这两段故事你和我都会说，这两首诗却非你和我所做得出，虽然从表面看起来，它们是那么容易。读诗就要从此种看来虽似容易而实在不容易做出的地方下功夫，就要学会了解此种地方的佳妙。对于这种佳妙的了解和爱好就是所谓"趣味"。

各人的天资不同，有些人生来对于诗就感觉到趣味，有些人生来对于诗就丝毫不感觉到趣味，也有些人只对于某一种诗才感觉到趣味。但是趣味是可以培养的。真正的文学教育不在读过多少书和知道一些文学上的理论和史实，而在培养出纯正的趣味。这件事实在不很容易。培养趣味好比开疆辟土，须逐渐把本非我所有的变为我所有的。记得我第一次读外国诗，所读的是《古舟子咏》，简直不明白那位老船夫因射杀海鸟而受天谴的故事有什么好处，现在回想起来，这种蒙昧真是可笑，但是在当时我实在不觉到这诗有趣味。后来明白作者在意象音调和奇思幻想上所做的工夫，才觉得这真是一首可爱的杰作。这一点觉悟对于我便是一层进益，而我对于这首诗所觉到的趣味也就是我所征服的新领土。我学西方诗是从十九世纪浪漫派诗人入手，从前只觉得这派诗有趣味，讨厌前一个时期的假古典派的作品，不了解法国象征派和现代美国的诗；因为这些诗都和浪漫派诗不同。后来我多读一些象征派诗和英国现代诗，对它们逐渐感到趣味，又觉得我从前所爱好的浪漫派诗有好些毛病，对于它们的爱好不免淡薄了许多。我又回头看看假古典派的作品，逐渐明白作者的环境立场和用意，觉得它们也有不可抹煞处，对于他们的嫌恶也不免减少了许多。在这种变迁中我又征服了许多新领土，对于已得的领土也比从前认识较清楚。对于中国诗我也经过了同样的变迁。最初我由爱好唐诗而看轻宋诗，后来我又由爱好魏晋诗而看轻唐诗。现在觉得各朝诗都各有特点，我们不能以衡量魏晋诗的标准去衡量唐诗和宋诗。它们代表几种不同的趣味，我们不必强其同。

对于某一种诗，从不能欣赏到能欣赏，是一种新收获；从偏嗜到和他种诗参观互较而重新加以公平的估价，是对于已征服的领土筑了一层更坚固的壁垒。学文学的人们的最坏的脾气是坐井观天，依傍一家门户，对于口味不合的作品一概藐视。这种人不但是近视，在趣味方面不能有进展；就连他们自己所偏嗜的也很难真正地了解欣赏，因为他们缺乏比较资料和真确观照所应有的透视距离。文艺上的纯正的趣味必定是广博的趣味；不能同时欣赏许多派别诗的佳妙，就不能充分地真确地欣赏任何一派诗的佳妙。趣味很少生来就广博，好比开疆辟土，要不厌弃荒原瘠壤，一分一寸地逐渐向外伸张。

趣味是对于生命的彻悟和留恋。生命时时刻刻都在进展和创化，趣味也就要时时刻刻在进展和创化。水停蓄不流便腐化，趣味也是如此。从前私塾冬烘学究以为天下之美尽在八股文、试帖诗、《古文观止》和了凡《纲鉴》。他们对于这些乌烟瘴气何尝不津津有味？这算是文学的趣味么？习惯的势力之大往往不是我们所能想象的。我们每个人多少都有几分冬烘学究气，都把自己围在习惯所画成的狭小圈套中，对于这个圈套以外的世界都视而不见，听而不闻。沉溺于风花雪月者以为只有风花雪月中才有诗，沉溺于爱情者以为只有爱情中才有诗，沉溺于阶级意识者以为只有阶级意识中才有诗。风花雪月本来都是好东西，可是这四个字联在一起，引起多么俗滥的联想！联想到许多吟风弄月的滥调，多么令人作呕！"神圣的爱情"、"伟大的阶级意识"之类大概也有一天都归于风花雪月之列吧？这些东西本来是佳丽，是神圣，是伟大，一旦变成冬烘学究所赞叹的对象，就不免成了八股文和试帖诗。道理是很简单的。艺术和欣赏艺术的趣味都必有创造性，都必时时刻刻在开发新境界。如果让你的趣味围在一个狭小圈套里，它无机会可创造开发，自然会僵死，会腐化。一种艺术变成僵死腐化的趣味的寄生之所，它怎能有进展开发？怎能不随之僵死腐化？

艺术和欣赏艺术的趣味都与滥调是死对头。但是每件东西都容易变成滥调，因为每件东西和你熟悉之后，都容易在你的心理上养成习惯反应。像一切其他艺术一样，诗要说的话都必定是新鲜的。但是世间哪里有许多新鲜话可说？有些人因此替诗危惧，以为关于风花雪月、爱情、阶级意识等等的话或都已被人说完，或将有被人说完的一日，那一日恐怕就是诗的末日了。抱这种过虑的人们根本没有了解诗究竟是什么一回事。诗的疆土是开发不尽的，因为宇宙生命时时刻刻在变动进展中，这种变动进展的过程中每一时每一境都是个别的，新鲜的，有趣的。所谓"诗"并无深文奥义，它只是在人生世相中见出某一点特别新鲜有趣而把它描绘出来。这句话中"见"字最吃紧。特别新鲜有趣的东西本来在那里，我们不容易"见"着，因为我们的习惯蒙蔽住我们的眼睛。我们如果沉溺于风花雪月，也就见不着阶级意识中的诗；我们如果沉溺于油盐柴米，也就见不着风花雪月中的诗。谁没有看见过在田里收获的农夫农妇！但是谁——除非是米勒（Millet），陶渊明和华兹华斯（Wordsworth）——在这中间见着新鲜有趣的诗？诗人的本领就在见出常人之所不能见，读诗的用处也就在随着诗人所指点的方向，见出我们所不能见；这就是说，觉到我们所素认为平凡的实在新鲜有趣。我们本来不觉得乡村生活中有诗，从读过陶渊明、华兹毕斯诸人的作品之后，便觉得它有；我们本来不觉得城市生活和工商业文化之中有诗，从读过美国近代小说和俄国现代诗之后，便觉得它也有诗。莎士比亚教我们会在罪孽灾祸中见出庄严伟大，伦勃朗（Rambrandt）和罗丹（Rodin）教我们会在丑陋中见出新奇。诗人和艺术家的眼睛是点铁成金的眼睛。生命生生不息，他们的发见也生生不息。如果生命有末日，诗才会有末日。到了生命的末日，我们自无容顾虑到诗是否还存在。但是有生命而无诗的人虽未到诗的末日，实在是早已到生命的末日了，那真是一件最可悲哀的事。"哀莫大于心死"，所谓"心死"就是对于人生世相失去解悟和留恋，就是对于诗无兴趣。读诗的功用不仅在消愁遣闷，不仅是替有闲阶级添一件奢侈；它在使人到处都可以觉到人生世相新鲜有趣，到处可以吸收维持生命和推展生命的活力。

诗是培养趣味的最好的媒介，能欣赏诗的人们不但对于其他种种文学可有真确的了解，而且也绝不会觉到人生是一件干枯的东西。

（摘自《朱光潜美学文学论文选集》，湖南人民出版社1980年版）

【导读】学术有时是很枯燥的，治学也需要坐冷板凳，但也不尽然。如果能深刻体会到学术与人生的联系，那么，这样的学术活动也许就是一种内含激情的有趣味的工作。著名美学家朱光潜先生就是如此，他虽然不是诗人，但却爱诗，爱读诗，以诗人之心从事美学研究和文学研究。早在抗战期间，他就出版了一本《诗论》，并在北京大学、武汉大学等学府开设诗歌研究课程。

《谈读诗与趣味的培养》表面上是在谈读诗与趣味生成的关系，实际上却反映了朱光潜先生独到而丰富的文艺美学思想，也是一篇治学的经验之谈。其中大致谈了以下几个方面的意思。

首先，诗歌是文学的灵魂，或者说，一切上乘的文学作品都必须具有诗的特质。一部好的小说和戏剧，其背后往往有诗的意趣，因为诗比别类文学较谨严，较纯粹，较精致。如果对于诗没有兴趣，对于小说戏剧散文等等的佳妙处也终不免有些隔膜。时下的青年读者，不喜欢读诗，诗集也没有小说故事集那样畅销，这只能说明一般青年读者的文学趣味还是很低。要养成纯正的文学趣味，必须从读诗入手，去发现作品背后艺术家对人生的深刻观照。贾岛的《寻隐者不遇》看似一个平常故事，但这个故事背后却有情趣。读诗就要从此种看来虽似容易而实在不容易做出的地方下功夫，就要学会了解此种地方的佳妙。对于这种佳妙的了解和爱好就是所谓"趣味"。

其次，诗歌的趣味是可以培养的。人各不同，对某一类诗歌的趣味可能存在偏好，同时也会因时间变化而发生趣味的迁移转换，但总归来说，趣味是可以培养的。新趣味的培养，有如征服新的领土。对于某一种诗，从不能欣赏到能欣赏，是一种新收获；从偏嗜到和他种诗参照互较而可以重新加以公平的估价。这样，趣味也便获得了丰富、进化和发展。换句话说，文艺上的纯正的趣味应当而且必定是广博的趣味，不能同时欣赏许多派别诗的佳妙，就不能充分地正确地欣赏任何一派诗的佳妙。趣味具有包容性的特点。

第三，艺术和欣赏艺术的趣味都必有创造性。趣味是对于生命的彻悟和留恋，生命时时刻刻都在进展和创化，趣味也就要时时刻刻在进展和创化。一首诗在读过之后，变得熟悉了，觉得平常了，那么就要创造新的东西以更新经验和阅读感受。这就是艺术创造的"陌生化"原则。诗要说的话都必定是新鲜的，否则就会变成陈词滥调。写诗的难度很高，诗人的本领就在于见出常人之所不能见并用新的独特的语言形式表述出来。生命生生不息，创造也就永无止境。同样，读诗的功用也不仅仅在于消愁遣闷，而是在于使人到处都可以觉到人生世相新鲜有趣，到处发现生命的新活力，提升审美的境界。

作为著名的美学家、文艺理论家和翻译家，朱光潜先生的这些关于诗歌的论述无疑是相当深刻精妙的。他告诉人们，诗歌修养是最重要的人文修养，任何人都需要了解诗歌，读一些诗歌。做学问的人也应如此。事实上，做学问与写诗、读诗之间，二者虽难，但却有相通之处，除了内敛的激情和热爱之外，还可以让人获得一种不断翻新的趣味而不至于觉得枯燥。诚然，学术过程从根本上讲同样需要心灵的投入与体悟，这或许就是《谈读诗与趣味的培养》给予从文从学者的一点启示。

（李志远）

学风九编

谈谈有关宋史研究的几个问题

邓广铭

一　应当建立一支研究宋史的宏大队伍

就我国目前对各个断代史的研究情况来说，辽宋金史的研究是断代史研究中一个比较薄弱的环节。与日本的辽宋金史研究情况相较，我们的研究工作，特别是在辽金史的研究方面，也得承认是落后一些的。现在只谈谈宋史的研究。

宋史研究在近代之所以不曾得到长足的发展，原因之一，应在于前代人没有给我们遗留下较多的研究成果。《宋史》一书在元代末年修成以后，明代即有很多学者对之很不满意，有的要重修而未果，例如汤显祖、归有光等；有的则已经有了成书，例如王洙的《宋史质》、柯维骐的《宋史新编》、钱士升的《南宋书》等。但明代学风，驰骛于空疏议论者较多，而笃实缜密则非所趋重，故上举诸人，不论已有成书与否，其着眼点之所在，都不外乎"史法""义例""文章""褒贬"等事，却不注意对元修《宋史》史料的增补和失误的订正诸方面，对后来之研究宋史者实无多少助益可言。清代的史学家们，包括乾嘉学派的人物在内，因大都没有机会看到《续资治通鉴长编》和《建炎以来系年要录》等书，所以致力于宋代史事之研究而写成专书者，仅有清末陆心源的《宋史翼》诸书是颇见功力之作。原因之二，似乎是在于没有足以震动一时的新史料的发现，像商朝的甲骨、周朝的钟鼎、秦汉的竹简木牍、敦煌石室的北朝隋唐文书、明清的档案等，因而缺乏一种刺激和吸引的力量，不能使大量历史学家趋向于宋史这门学科之故。

但是，前代人没有为我们遗留下较多的研究成果，这固然可以说是一件不幸的事；而没有足以震动一时的大量新史料的发现，却又使有关宋史的资料有较大的稳定性，不会像其他断代那样，因为有层出不穷的新史料，以致常常使昨日研究的成果，今日又可能为新的资料所动摇或推翻。当然，在没有大量新发现的史料的情况下，宋代的史料，对任何一个宋史研究者来说，也是异常丰富，足供搜讨和采择的。这是因为，在宋代，刻板术已极盛行，造纸术也有很大的发展，所以各种文字记载之流传于后代者特别多。其中，不但纪传、编年、纪事本末这几种体裁的著作是历史书，即对于古代经典的注释中，也常常有一些涉及当代军国大事的评述，笔记杂谈一类书中专记时事的也非常多，而各种文集当中的碑传墓志更多与一代史事相关联。清代的章学诚曾说"六经皆史"，就宋代人的著述来说，则更不妨说"四部"皆史。既有如此丰富的史料遗存，又没有新发现的史料对它们进行冲击，这对于今天的宋史研究者来说，应该说是一种最有利的条件，有了这样的条件，对于前面所说的那一不利条件，即前代研究成果的太少，也正可以变坏事为好事，这正便于我们可以纵横驰骋于宋代历史的各个方面和各个角落，去做一些具有开拓性、开创性的工作，不患英雄无用武之地。更何况，即使前代人已经作出了研究成果的一些问题，在今天，我们也应当在辩证唯物论和历史唯物论的思想、方法的指引下，去一一重新给予估价和考察，用武之地就更为无限了。

我们不应当容忍宋史的研究长此落后于其他断代，甚至落后于域外学者对于这一断代的研究。我们所有有志于宋史的研究者，应当群策群力，分工协作，以迎接挑战的姿态（因为事实上我们早已面临着挑战了），深入地进行一些理论的探讨，踏踏实实而又穷搜博采地收集一些资料，把宋史的研究开展起来，使我们的优势得以充分发挥，对于建设具有中国特色的社会主义精神文明来说，这是我们应当作出的贡献，也是我们能够作出的贡献。唯一的先决条件，就是我们必须以拼搏精神，付出极大的努力，而不容许寻求捷径，甚或投机取巧！

二　必须正确估价宋代历史在中国历史上的地位

宋代是我国封建社会发展的最高阶段。两宋期内的物质文明和精神文明所达到的高度，在中国整个封建社会历史时期之内，可以说是空前绝后的。这说明，封建社会在其时还具有很旺盛的生命力，还处于向前缓慢发展的阶段，而不是已经到达了封建社会的没落时期，也还并没有出现资本主义的萌芽。

且就下举一些事例来论证上述的论点：

1、在农业生产方面，江南湖泊水渠较多的地区，在北宋期内已出现了大量的圩田，这使农业生产力得到很大的提高，因而出现了"苏湖熟，天下足"的民谣。

2、中国的四大发明，造纸术虽开始于汉代，而其普遍盛行和技术的大量提高，则是宋代的事；火药和刻板术的发明虽都是唐代的事，但此二者之被广泛采用也都在宋代；发明胶泥活字的毕升也是北宋人；指南针的发明则无疑为宋代的事。

3、沈括的《梦溪笔谈》当中，记载了很多关于科学技术的事，这固然说明沈括本人科学知识的丰富，同时却也反映出宋代社会上科学技术的水平较前代大为提高。

4、哲宗时曾做过宰相的苏颂，发明了一种名为水运仪象台的报时器，也可简称为天文钟。其中已经使用了擒纵器。

5、两宋海上贸易之盛，远非前代之所能比。运往国外的物品，主要为丝绸、瓷器等，这也反映出这两种物品生产量之如何丰富。

6、在精神文明方面则是：

①文学——北宋前期的士大夫们已在大力提倡写作韩愈、柳宗元式的古文，使宋代文风较前代起了很大变化。所谓的唐宋八大家，北宋一代就占了六名。改骈为散，对于学术文化的传播有很大便利。为了配合音乐，便于歌唱，由五七言诗衍化而成的长短句，即"词"，在宋代也发展到登峰造极的地步，为元明清诸代之所不能企及。

②史学——宋代史学的发展所达到的水平，在封建社会历史时期内也是最高的。在官修的史书当中，有起居注、时政记、日历、实录、会要、国史等类别的书，所记录的都可称为原始资料，尽管其中也包含了大量的弄虚作假的东西。我认为，宋代史学的发展，主要的不是体现在官修史书种类之多，而是体现在私家著述的质量及其所创立的体裁方面。且以司马光的《资治通鉴》为例：

对于司马光的政治主张及其实践，似乎都很难给予很高的评价，但对他在史学方面所作出的贡献，却应予以充分肯定。司马迁自述其撰写《史记》的宗旨是："究天人之际，通古今之变，成一家之言。"司马光编写《资治通鉴》时虽不曾标举出这样的宗旨，而《通鉴》却也确实体现了这样的宗旨。他在编写《通鉴》时，首先把有关资料编写为"长编"，最后则又把不采入正文中的歧异记载收入另册，名曰《考异》，与《通鉴》并行。在历史编纂学方面，从此开创了一种新的而且是很好的方法和体裁。于正书之外再有《考异》，就可以使后来的研究者有"递相稽审，质验异同"的余地了。南宋史学家李焘的《续资治通鉴长编》、李心传的《建炎以来系年要录》诸书，于每条记事之下，大都附有大段的注文，胪举各种异说异文，虽没有辑成专书，称作

"考异"，与本书并行，实际上却完全是沿用《通鉴考异》的做法。可见司马光新开辟的这条修史蹊径，对于后代的史学界起了何等重要的影响。

李焘遵循司马光编写"长编"时那一"宁失之繁，毋失之略"的原则，和胪举异说以便读者参考抉择的办法，所以，他虽然是一个"耻读王氏（按指王安石）书"的人，而在他的《续资治通鉴长编》记宋神宗朝的史事当中，却大量地引用了王安石的《熙宁奏对日录》，有的写入正文，有的附入注文之内。在这部《日录》久已亡佚的情况下，我们正可藉此而得深入了解有关变法的一些议论和周折。另如关于宋太祖太宗兄终弟及时的"斧声烛影"事件，李焘写在正文中的文字不是太多，而注文中所附录的各种记载却是"连篇累牍"，又复不加辨析，以致被《四库全书总目提要》评为"考据未明"，使成"千古疑窦"。其实李焘对于此事一定是不敢直书其所见（看来他是认为太祖乃为太宗所害的），故意地引录众说，使之迷离惝恍，启读者之疑窦的。这也正好体现了"考异"的一种妙用。而"考异"又是前代的任何史学著作和宋朝任何一种官修史书中所都没有的。

着重于当代史的记述，是中国史学家们的一个优良传统，司马迁《史记》的最精采部分即在于秦与西汉前期的一些叙事；陈寿的《三国志》也可算是以当代人记当代事。司马光的《资治通鉴》的最精采之处则是唐至五代十国部分。然而唐和五代还只算是司马光的近代史，依照司马光的设想，原是打算在写完《通鉴》之后再着手写一部《资治通鉴后记》，即专写北宋建国后的历史，也就是司马光的当代史。他早已开始了积累资料的工作，可惜他的这一志愿终于未能实现。李焘的《续资治通鉴长编》和李心传的《建炎以来系年要录》以及徐梦莘的《三朝北盟会编》等书，却都是以当代人记当代事了。可见着重当代史的这一优良传统，在两宋的史学家中也得到了很好的发扬。

③哲学思想——北宋的思想家们，对于从汉到唐的儒生们拘守其各家的师法，并拘限于章句训诂之学的学风，大都深致不满，都要对儒家经典所涵蕴的义理进行阐发，遂形成了一种与汉学对立的所谓宋学。过去，人们大都把宋学与理学等同起来，这是很不恰当的。理学（即《宋史》所称"道学"）是北宋末年和南宋初年才形成的一个学派，一直到十一世纪之末，即宋徽宗即位之前，在北宋的学术界是不存在理学家这一学派的。

着重于阐发儒家经典义理的宋学，也可以称作新儒学。事实上，它是儒家学者与佛家学者和道家学者在长时期的互相排斥、互相斗争、互相渗透、互相吸取之后的一个产物。黄老学派，以及由这一学派演化生成的道教，全是中国的产物，久已与儒家学派在发生着既排斥又交流的关系，不只宋代为然。对此问题，姑置不论。下面只略述佛学与儒学的关系。

东汉时期传入中国的佛教，是宗教而不是一个学术流派。魏晋南北朝期内，佛教经典著述大量译为汉文，才传入了佛学。当其时，玄学与清谈之风正盛行于士大夫之间，其内容乃是儒家思想与老庄思想的混合物，这正好为接受佛典及其义理准备了条件。故在南朝，讲习佛教的经、论之风即大为盛行，出现了一些知名的经师和论师。及讲说日久，在理论上既各有发展，且多与儒家道家的互相糅杂，从而各派也不再恪守经说，大多有所改造。例如天台宗、华严宗所讲论的均已不是印度的原貌。禅宗所倡导的"佛性本自具足，三宝不假外求"和"顿悟成佛"诸说，即皆出自魏晋玄学，全非来自印度。从隋唐时起，各教派即都自认为"得正法"，受真传，借为本派力争正统地位。还都极力抬高本教派的传授历史。例如，中国僧人所创立的禅宗，定要追认菩提达摩为其始祖；天台宗也定要上溯至北朝的慧文、慧思。各派都搞"定祖"活动以争取法统、道统中的正统地位。

受到佛教争法统（道统）的影响，唐代的儒家人物韩愈便首先在《原道》一文中也提出儒家道统的继承问题，说什么"尧以是传之舜，舜以是传之禹，禹以是传之汤，汤以是传之文武周公，文武周公传之孔子，孔子传之孟轲，轲之死不得其传焉"。此说一出，后来的儒家便一致接受并世代相传。理学家并不推崇韩愈，但对于"道统"之说则不但接受而且维护。

佛教徒众的生活来源，最初只靠行乞与"受请设会"（即由施主布施）二者，但南北朝的统治阶级大多崇信佛法，寺院财产（包括动产与不动产）均极雄厚。这对各教派的发展具有极大推动力。具有雄厚经济基础的寺庙，在唐代即频频举行僧讲（专对僧人讲佛教经典）和俗讲（专对世俗人讲通俗道理以募集钱财）。

儒家学派的人也因此而受到启发和刺激，故在唐末五代就开始出现了儒家创建的书院，到宋代更出现得较多，且有著名的四大书院。

儒家学者之所以要抛弃汉唐学者的章句训诂之学而趋重于阐发经典中的义理内涵，其内在原因固在于对汉儒繁琐哲学的厌弃而要转移方向，而其外部原因则也是在于看到佛教的那些学问僧都在讲说心性之学，便也想在这一方面能与之一较高低之故。与韩愈同时的李翱写了一篇《复性书》以阐发《礼记》

的《中庸》篇中"尽性命之道"的道理，是从事于这种努力的第一人，也可以说他是宋学的一个先导。

既然要在讲说义理方面与佛教学者和道家学者争高低，便不能不把佛学和道家的理论中可以吸取的部分尽量加以吸取。生活在宋真宗、仁宗之际的一个名叫晁迥（993—1059）的学者，既"崇尚佛乘""归心释教"，又把"老庄儒书汇而为一"，而他却始终是以一个儒者的面目出现。尽管他在《宋元学案》中并未占有一席之地，但他的这种学风在当时是很有代表性的。

《宋元学案》把胡瑗列居宋代学者的首位。胡瑗所著《安定易说》《周易口义》等书，全是着重于义理的阐发，而对于《易》中的"象数"则"扫除略尽"，成为宋代以义理说《易》的先驱。这也应是受到了释家讲说心性的影响的。他先后在苏州和湖州的州学中做教授，把学舍分为两种：经义斋和治事斋。"经义则选择其心性疏通、有器局、可任大事者，使之讲明六经。"这可见，胡瑗的治学，已经不是去搞章句训诂，而是重在讲明大义，所以要选取一些"心性疏通"的人去治经义。他所选取的人，还要"有器局，可任大事"，说明他的"讲明六经"是要"学以致用"。看不出胡瑗与佛道两家在学术上的直接关系，但他并不像石介那样地排斥佛老。就对北宋的学术影响来说，在所谓"宋初三先生"当中，胡瑗是远远高于孙复和石介的。

《宋元学案》的诸作者，对于王安石（1021—1086）都存有偏见，故把《荆公新学略》置诸最后，这是很不公允的。

作为政治家的王安石，是一个援法入儒的人；作为学问家的王安石，又是一个把儒释道三家的义理融合为一的人。他曾当面向宋神宗说："臣观佛书，乃与经合。盖理如此，则虽相去远，其合犹符节也。""臣愚以为，苟合于理，虽鬼神异趣，要无以易。"（《续资治通鉴长编》卷二三三，熙宁五年五月甲午）又，释惠洪在《冷斋夜话》中载有一事说："舒王（按：即王安石）嗜佛书，曾子固欲讽之，未有以发之也。居一日，会于南昌，潘延之（名嗣兴）亦至。延之谈禅，舒王问其所得，子固熟视之。已而又论人物，曰：'某人可秤（抨？）。'子固曰：'弇用老而逃佛，亦可一秤。'舒王曰：'子固失言也。善学者读其书，惟理之求，有合吾心者，则樵牧之言犹不废；言而无理，周、孔所不敢从。'子固笑曰：'前言第戏之耳！'"我认为这段记载也是可信的。

王安石还曾说："圣人之大体，〔后世〕分裂而为八九……有见于'无思无为，退藏于密，寂然不动'者，中国之老、庄，西域之佛也。"（《涟水军淳化院经藏记》）而他本人不但对佛经作了《楞严经解》，还对《老子》作了注释。

《宋史·王安石传》说他对于"先儒传注一切废而不用"，是事实。他与新党的吕惠卿等人共同撰写的《三经新义》，也都是重在发挥义理而不是重训诂名物方面的。

晁公武的《郡斋读书志》，在《王氏杂说》的《解题》中引有蔡卞所作《王安石传》（可能是《神宗实录》中的附传）中的一段话，说道："宋兴，文物盛矣，然不知道德性命之理。安石奋乎百世之下，追尧舜三代，通乎昼夜阴阳所不能测，而入于神。初著《杂说》数万言，世谓其言与孟轲相上下。于是天下之士始原道德之意，窥性命之端云。"在《字说》的《解题》中则又说道："介甫晚年闲居金陵，以天地万物之理著于此书，与《易》相表里。而元祐中言者指其糅杂释老，穿凿破碎，聋瞽学者，特禁绝之。"

《杂说》《字说》两书俱已失传，《杂说》的内容不可知，《字说》则是讲文字学的，亦即属于"小学"一类的书，王安石却结合天地万物之理去阐发文字的涵义，可知他和他的同党们所编纂的《三经新义》更必然是把重点放在阐发义理方面的。而他所阐发的义理，如所周知，又都是为他的变法服务的。这也就是说，他的通经也是为了致用的。

周敦颐（1017—1073），即所谓"濂洛关闽"中之"濂"（他是湖南道州营道人，家居濂溪）。他的学术渊源是：陈抟得《先天图》于麻衣道人，以授种放，种放授穆修与僧寿涯，穆修以《无极图》授周敦颐，而僧寿涯则以"先天之偈"授周。因此，受禅学影响很深的陆九渊对周敦颐是不太推重的。他曾写信给朱熹说："希夷之学，老氏之学也。""《老子》首章无名天地之始，有名万物之母……无极而太极即是此旨。老氏学之不正，见理不明，所蔽在此。"

朱熹和张栻，因受道家思想影响比陆九渊较多，对周敦颐就都极为推崇。朱熹说他"奋乎百世之下，乃始深探圣贤之奥，疏观造化之原，而独心得之，立象著书，阐发幽秘，辞义虽约，而天人性命之微，修己治人之要，莫不毕举"（《袁州州学三先生祠记》）。张栻说他"崛起于千载之后，独得微旨于残编断简之中……孔孟之意于以复明"（《南康军濂溪祠堂记》）。试看朱张称颂周敦颐的这些话，与蔡卞称颂王安石的那些话是何等的相似！

程颢程颐兄弟受学于周，大概只属于启蒙教育，但二程却把儒家学说发展得更抽象、更玄妙精微，并且也更着重于个人的身心的修养。其后再经程门的一传、再传的弟子们的宣扬传布，到南宋便形成了理学家这一流派。

北宋的这些学者们，全都是以"致广大、尽精微"为其治学宗旨的。唯其要致广大，故都有其治国平天下的抱负；唯其要尽精微，故都要把儒家学说的义理进行深入的探索。以这一治学宗旨为标准，除上举诸人之外，范仲淹、李觏、欧阳修、司马光以及三苏等人，也全都可以算作宋学中的重要人物，尽管他们的思想见解有大相歧异之处。

宋朝南迁后，理学的流派已经形成，又有朱熹、陆九渊等数大师出现，这一学派在学术界和思想界的声势和影响都很大，但并不能说它已居于支配地位。例如与朱陆同时的著名学者林栗、程迥、程大昌，先后出生于浙东的吕祖谦、郑伯熊、薛季宣、陈傅良、陈亮、叶适等，就都不能列入理学家中，而是只能称作"宋学家"的。其专以史学家著称的李焘、李心传、彭百川、王赏、王称等人，自然更都不能称为理学家了。

总之，宋代新儒学（包括理学而不应太突出理学）的发展，在中国封建社会历史时期内，也可说是空前绝后的。

三　怎样研究宋代的历史

第一、宏观的研究方法

这首先要从中国历史的发展规律来研讨，察看宋代的历史究竟处于封建社会的哪个阶段。对于这一问题，在宋史研究者中迄今并未得出一致的意见。有很多人认为，在宋代，已经出现了资本主义生产关系的萌芽；在地租形态中，也已经出现了货币地租。我以为，这一说是不很妥当的。因为，所谓资本主义的萌芽，必须具备一些一定的条件，例如：（1）劳动力的商品化，即劳动者可以自由出卖其劳动力；（2）必须有规模较大的手工工厂；（3）必须有包买商人的出现；等等。而在宋代，却是并不具备这些条件的。至于货币地租，则一直到解放之前，中国全部境土上还不曾出现过货币地租，更无论于宋代了。在宋代出现的类似货币地租的，全只是一种折租，即仍以实物租为本位，而因某种缘由，临时把实物折合为货币缴纳的。这不能叫货币租。这种种说法既都不能成立，故两宋时期仍然是封建社会。如前所举述的物质文明和精神文明诸事例，说两宋已届封建社会的衰落期或崩溃期也是不妥当的。最正确的说法应该是：它依然处于封建社会缓慢上升的时期，也可称之为封建社会的中期。

其次，须与十至十三世纪世界上其他国家相比较，以确定两宋所应占有的历史地位。不论从物质文明或精神文明发展的水平来说,当时的中国(以宋政权为代表)实际上全是居于领先地位的。这不但从中国的四大发明来说,只有造纸术是在唐代传入西方的,印刷术、指南针以及火药的使用,西亚和欧洲诸国则无不是在十三世纪以后;而从两宋与亚、欧、非诸洲的海上贸易来说,从中国运出的,大都为瓷器、丝绸以至铜钱之类,亦即大多为手工业制造品,而从那些地区与国家交换来的,则多为香料、药材、象牙、玛瑙、车渠、苏木等物,亦即大多为从自然界采集而得者。两相比较,其孰为进步,孰为落后,自然也是很清楚的。

为什么中国的封建社会在宋代(或者说从十至十三世纪)能发展到这样的高度?这个问题当然要从历史发展的动力来寻求解答。在今天,我们不应该对这个动力问题仅仅给予简单的答复,例如说,只有农民的战争和农民的起义,才是推动社会前进的唯一动力。北宋政权并不是农民战争的产物;在北宋末年发生的宋江、方腊所领导的起义,也全是局部性的,与唐末、元末或明末的大规模农民起义无法相比,我们不能牵强附会地说方腊(更不要说宋江了)的起义曾迫使地主阶级对农民的剥削压迫有过什么改善。南宋一代的许多次农民起义,包括初期的钟相、杨幺、范汝为,以及发生于晚期的江西、福建等地的农民起义,也无不如此。因此,只给予简单的解释是不能解决问题的。

恩格斯在《〈社会主义从空想到科学的发展〉英文版导言》中说:"用'历史唯物主义'这个名词来表达一种关于历史过程的观点,这种观点认为一切重要历史事件的终极原因和伟大动力是社会的经济发展、生产方式和交换方式的改变、由此产生的社会之划分为不同的阶级,以及这些阶级彼此之间的斗争。"他在《论住宅问题》一文中也说道:"唯物史观是以一定历史时期的物质经济生活条件来说明一切历史事变和观念、一切政治、哲学和宗教的。"我认为,要追寻人类社会发展的终极原因,也包括要寻求宋代的物质文明与精神文明之所以有那样高度的发展,是必须遵循着这样一些原则,从极为错综复杂的一些方面去寻求,才最为妥当的。

第二、微观的研究方法

宏观是对于这一特定历史时期的笼罩全局的鸟瞰,微观则是对具体到这一特定历史时期内的某种典章制度,某种社会现象,某种新兴事物或思想学说,某个特定事件,某次群众运动,某一特定历史人物,以及类似这样的一些问题的研究。这样的研究便要要求研究者能广泛地去阅读有关史籍,大量地钩稽有关资料，再做一番去粗取精、去伪存真的审核考订工作，然后细致地加以排比和梳理，分析和综合，阐发和评价，写为论文或专著。

从事于微观研究，必须练就一些基本功力。过去，我曾因提出目录、职官、年代、地理为治史的四把钥匙而受到批判，那是发生在极左思潮占统治地位期内的事。严肃认真地说来，在我们以马列主义为指导、运用辩证的方法进行研究时，上举四个方面的基本功还是必须具备的。现在只就与研究宋史有关的目录学略说几句。

从研究宋代史事来说，单凭靠一部清人编纂的《四库全书总目提要》就可以从中找到绝大部分可用史籍。从十九世纪以来，新出现的重要宋代史籍，只有《宋会要辑稿》《宋大诏令集》和《庆元条法事类》等书，为数有限。但是，我在前面尽管说过，从乾嘉以至近代，研究宋史的成果并不多，而对那些仅有的成果我们却必须心中有数。对于当今国内外学者研究宋史的信息和情况也必须灵通和了解。目前欧、美、日本的汉学家中专家辈出，不予以足够的重视，不把过去长时期中外学术隔绝所造成的损失疾起进行补救，那对我们今后的研究工作也是极为不利的。以上也可算作目录学知识的一个组成部分。

就研究宋史的必读书籍来说，不论你所想要研究的是属于哪一方面的问题，下开几种最基本的史籍是非阅读不可的：

1、李焘的《续资治通鉴长编》五百二十卷

2、李心传的《建炎以来系年要录》二百卷

3、徐梦莘的《三朝北盟会编》二百五十卷

4、《宋史》中的部分《志》（如《选举》《兵》《食货》《河渠》等）和部分《列传》。《宋史》既极芜杂，且卷帙过多，只应从中选读一些篇卷，而很难遍读全书。

5、马端临的《文献通考》各《考》中讲述宋代的部分。清人章学诚虽对马端临和《文献通考》均力加贬抑，但《通考》中对宋代各种典章制度的记载，却都是可与《宋史》中的《志》互相补充的。

6、黄宗羲、全祖望等人著《宋元学案》一百卷

以上虽然把宏观与微观分别列举，事实上，对每个研究者来说，必须力求把这两种研究方法结合起来才行。因为，如果不在一种正确的观点指引之下，而心中又无全局，这样就去进行微观的研究，则势必失之支离繁琐而无所统属；如果不在微观方面作一些踏踏实实的搜讨钻研，而好高骛远，专去从事

于宏观的探讨，那等于没有坚牢精密的部件而硬要拼凑为航空飞机，是不会不失败的。

最后我要附带说明一个问题。两宋政权只是从十世纪到十三世纪先后出现在中国境土上的几个割据政权之一，而先后与之对峙的辽（也叫契丹）、西夏和金，也都同样是当时的一个割据政权。对其同时并存的诸政权，例如辽与北宋和西夏，金与南宋和西夏，如果我们只以其中的某一个政权及其统辖区域内的事物作为研究对象，对其他的两个则弃置不顾，这是很不合适的，实际上也是做不通的。所以说很不合适，是因为我们不论要以哪个政权及其统辖区域内的事物作为研究对象，我们都必须对那一时期的全局作宏观的观察，不能再依照历史上原来的政治格局而加以分割。所以说实际上做不通，则是因为，它们之间既经常有些交涉和战争，如仅仅明了一方的情况而不了解对方的，则这一研究工作必不能到达应有的深度与广度，也就是说，从微观研究方法的角度来说，它也是并不合格的。

中国是一个多民族的国家，地大物博，而各地区的经济发展则极不平衡，各民族的风俗习惯彼此不同，各政权的典章制度也互有歧异，因此，在某些并不互相关联的问题上，不但可以把辽、宋、西夏、金的历史问题分别进行研究，即在辽、宋、西夏与金的辖区之内，也可以进行分地区、分行业、分专题的研究。我在上面所说的话，并不是排斥这样一些研究工作的。

（摘自《宋史十讲》，中华书局2015年版）

【导读】 邓广铭（恭三，1907—1998）山东临邑人，1936年毕业于北京大学史学系。曾任复旦大学教授。建国后，历任北京大学历史学系中国古代史教研室主任、历史学系主任、中国中古史研究中心主任。主要研究中国古代史，尤其是宋辽金史方面，成就突出。重要著作有"四传二谱"，即《陈龙川传》《辛弃疾传》《岳飞传》《王安石》和《韩世忠年谱》《辛稼轩年谱》。

《谈谈有关宋史研究的几个问题》刊发于《社会科学战线》1986年第2期。文章提出了关于宋代历史的一系列核心议题，有不少真知灼见，对如何研究宋代及其各朝代的历史均大有裨益。如文章认为："宋代是我国封建社会发展的最高阶段。两宋期内的物质文明和精神文明所达到的高度，在中国整个封建社会历史时期之内，可以说是空前绝后的。"改变了过去认为宋朝是没落时期，是腐败王朝的看法。又如很长一段时间里，学界大多将宋学与理学混为一谈，但邓广铭先生在这篇文章中则指出："过去，人们大都把宋学与理学等同起来，这是很不恰当的。"后来在《略谈宋学》中又明确谈到："理学是从宋学中衍生出来的一个支派，我们却不应该把理学等同于宋学。"这就给宋学的研究重新指明了方向。

从邓广铭先生对宋史的研究可窥探其治学方法和治学精神。北京大学出版的《邓广铭治史丛稿》一书中，有一篇邓广铭本人写的序言，他指出，历史学家对学术的要求，必须具备独到的见解和考索的功力。刘浦江《邓广铭与二十世纪的宋代史学》（《历史研究》1999年第5期）谈到邓广铭先生的治学风格时说，"学风严谨；忠诚于学术；反复再三的修改、增订乃至彻底改写；字斟句酌，决不苟且"。包伟民《邓广铭先生的学术风格》（南开学报（哲学社会科学版）2015年第5期）则认为邓先生"特立独行，志在高远；大处着眼，小处着手；考索之功，基础至上；解析史料，重在批判；文史交融，研叙并举。"周一良教授也曾评价说："与一般史学家不同的一点是，他不但研究历史，而且写历史。他的几本传记，像《王安石》《岳飞传》《辛弃疾传》等，都是一流的史书，表现出他的史才也是非凡的。……当代研究断代史的人，很少有人既能研究这一段历史，又能写这一段历史。"

邓广铭先生严谨的科学态度和执著的学术精神令人敬佩，也颇值得我们借鉴学习。

（廖　华）

从对对子学起（节录）

王利器

利器幼承庭训，发蒙的老师是清代秀才刘昌文先生。他教我们读《四书》《五经》《古文观止》《声律启蒙》《幼学琼林》《千家诗》《唐诗三百首》《赋学正鹄》《白香词谱》，后来又上《纲鉴易知录》《文选》《古文辞类纂》等，书都是要死背的。他认为上路了，才让我们开笔学做文章，在渣滓尽去、清光大来之后，就学对对子。他说："对子又叫做对联，是由若干方块字组合起来的产物,风标独特,讲平仄,讲对仗,缘情体物,具有形式对称、高度概括之美,掌握它,是处都派得上用场。"当年武昌起义,在同盟会领导下,重庆成立了军政府。1912年元旦,孙中山在南京就任临时大总统,蜀军政府秘书院长向楚为蜀军政撰元旦门联:

奉新元为正朔,

扬大汉之天声。

典雅堂皇,盛传一时,誉为合作。邑人钟云舫撰《振振堂集》,几乎全是对联,极少佳作。他在狱中写了一副临江城联,一边就有1600多字,自谓"阅者笑我之无耻,当谅我之无聊也"。其实也不过是一篇八股文的两比而已,东拉西扯,生吞活剥,虽多亦奚以为。这是不足为法的。

以上所记刘老师之言,有些是原话,有些是大意。在我记忆中。有一次,老师出上联:

风送荷香来十里,

我对的是:

月移花影近三更。

老师说:"'近'字下得好。"

之后,学做诗,记得有一次,题是咏史,我写道:

十七年闻须尽白,

数千里外冢偏青。

英雄何必分儿女,

一样威名重北庭。

老师说:"收得好。"又一次,题是春归,我写了一首七言绝句,全诗记不起来了,只记得末两句是:

满地落花红不扫,

尚留春色在人间。

老师评语道:"一结有俞曲园'花落春犹在'之意。"并为言俞曲园以此诗名其堂曰春在之故。至是,我才于终日读高头讲章之外,知道有俞樾俞荫甫其人,油然而生景仰之心。后来,我在北京大学中文系任教,和俞平伯先生谈及此事。他说:"想不到您还是受先曾祖曲园老人的影响而入门的。"从此以后,我就想方设法把"春在堂全书"配齐,至今它还是我手边经常翻阅之书呢。在重庆菜园坝念书时,曾过江去南岸游观,访邑人陈竹坡所书"涂山"摩崖两大字，有记其事：

> 涂山今一到，回首望尘寰。
> 雾意涵虚白，波光共蔚蓝。
> 临江如带水，比屋欲梯山。
> 百战雄关在，征人去不还。

会对对子、会写诗之后，老师就教做四六、做律赋。记得有一次，出的题是浔阳琵琶赋，以"同是天涯沦落人"为韵，限定要押官韵。就是要把限定之字，在这七段文章中，押入每段的第一联或最后一联。我做的这篇赋，开头两句是：

> 江心月白，人面花红。

老师很欣赏，圈了夹圈，眉批道："一起全神在握。"像这样练笔的文章，不知写了多少，都20岁了，我才谢师，考入江津中学。适逢其时，三年级有位同学死了，学校开追悼会，我代表我们那班新生送了一副挽联，写道：

> 逢君却又别君，叹砥砺无缘，红树青山人已去；
> 相见争如不见，恨文章憎命，素车白马我方来。

那次追悼会，送挽联者不下百余副，咸推此联为合作。在重庆大学高中部时，向宗鲁先生教我们读章太炎先生写的《清儒》。向先生当时被重庆大学誉为"三鲁"之一，即何鲁、文伯鲁、向宗鲁也。向先生尝有春联：

> 为学远承都水使，
> 立身端似蒋山傭。

举似刘向、顾炎武以为立身蕲向，人以为文如其人也。向先生"工为骈俪之文，在武汉时，值武汉人为黎元洪铸铜像，征求像赞。他写一篇骈文应征，被推为第一"（《四川省近现代人物传》）。向先生在青年时，颇尝做诗，不自珍惜。逝世后，门人屈守元君搜辑得《挥弦斋诗稿掇残》，其后记云：

> 右先师巴县向宗鲁先生（承周）诗，今年夏，谒师母牟鸿仪先生于电讯学院，举以见示。原本为先生门人所录，水渍碎滥，竭数日之力，理出律绝诗32首（附黄季刚一首，不计入），残阙者犹有一半。因属门下黎君孟德写清本二份，一贻同门王君藏用（利器），一以自存，拟用复制，以广其传。先生笔记旧题挥弦斋之名，因署之为《挥弦斋诗稿掇残》云。诗皆先生30岁前作也。甲子大寒，守元记。

……

学风九编

在四川大学中文系毕业时，适逢国民政府在陪都重庆举办第一届全国大学生毕业会考，四川大学推选我的毕业论文《风俗通义校注》应考，哪里谙到竟得了第一名，还加封为荣誉学生。（时人称之为状元。《风俗通义校注》已于1981年1月中华书局出版。）尔时，中央、地方的大小报纸都登载了这个消息。解放后在上海、南京、武汉遇上一些当年同时毕业的朋友，还戏呼为状元呢。当时，国民政府对于荣誉学生还颁发一大笔奖金，事隔两年，在成都的四川大学同学才给我领下来，恰恰够买一方端砚。若是当时立即领下来，必然拿去购置田地，成为一个不大不小的封建地主无疑。尝读宋人罗大经《鹤林玉露》四《买砚诗》：

> 徐渊子诗云："俸余拟办买山钱，却买端州古砚砖；依旧被渠驱使在，买山之事定何年？"刘政之贺其直院启云："以载鹤之船载书，入觐之清标如此；移买山之钱买砚，平生之雅好可知。"

徐渊子拟办之事，余乃成为事实，一个荣誉学生之憾事，直可谱成民国儒林外史了。得了这个头衔以后，颇引起乡人重视，于是前来求写寿序者有矣，求写墓志铭者有矣。其寿序我俱以骈文出之，记得有一篇节寿序有云：

> 酒边之柳色初匀，
>
> 海上之樱花在望。

以其夫死于赴日求学途中也。有一篇墓志铭，是应重庆某银行家所作，送致一笔为数可观的润笔之资。在江津建立创业银号的同学吴崇忠、颜如南等知道此事，遂邀约我作股东，而银号遂升级为银行（当时，须有资本60万法币以上，始得称为银行），招牌是请但懋辛先生写的。但懋辛先生，川人称之为黄花冈七十三烈士，以其幸免于难也。1941年11月，四川大学中文系主任向宗鲁殉职于峨眉，由我经手把向师旅榇运回故山，其旱路一切费用无着，我就毅然决然把创业银行的股金全部提出来用了。今天，有人知道此事，说我有先见之明，不然，解放以后，我就为一个不折不扣的资本家了。

打从我读川大中文系，潜心朴学以来，就很少做诗，然亦偶尔为之。1982年春，第一次去香港中文大学讲学，应《大公报》之约，写了新《北京竹枝词》100首，以歌唱新中国的新人新事。有如：

> 数红道绿两依稀，月份牌前笑脸迷；
>
> 识得幼儿心上事，原来明日是星期。
>
> 白色围裙一斩齐，门前接得幼儿归；

谁家小小童真甚，错把妈妈叫阿姨。
附耳墙头选距离，小名大姓两心知；
天坛一试回音壁，切切如闻私语时。
向往京华作壮游，五湖四海汇洪流；
人生何处留鸿爪，金水桥头好镜头。
卫星直上九霄重，科学尖端大不同；
一代强音谁比拟，太空响彻东方红。
系铃推鼓费安排，自向天公夺巧来；
试到唐花坞里看，春兰秋菊一时开。
米盐琐碎说当家，七事开门都要他；
却喜农村丰产日，市场开遍自由花。
回到自然郊外行，十年树木已成荫；
自从绿化荒山后，不放黄云作塞尘。
历史搬将上舞台，艰难创业展鸿裁；
长征脚印留天地，万水千山走过来。
考查国计与民生，生产低于人口增；
儿孙满堂思想旧，光荣今属独丁丁。

眼前有景，随手拈来，都无惊人之语，虽水调山歌，不过如斯而已。后来，日本横滨大学波多野太郎教授又以之译成日诗，登在《龙溪》杂志。亦有同声相应、同气相求，以诗代柬，互道胜常者……

（摘自《往日心痕》，山西人民出版社1997年版）

【导读】"对对子"就是做对联。传统语文课的教育中学"对对子"是学写作的基础课程之一，它的特点是"讲平仄，讲对仗，缘情体物，具有形式对称、高度概括之美"。

如王利器所述，在中国传统文化中，"对对子"能俗能雅，其俗可为传统佳节增添一份乐趣，为众人欢聚平添一份情致；其雅又可状文人墨客游历之趣旨，可道学人一生的坎坷艰辛，可言哲人饱含机锋的警世之语。

多数受过传统文化教育的人几乎都认为学"对对子"是很重要的，除了王利器外，陈寅恪、启功、周汝昌、周祖谟等老一辈学者都深有所感，并都曾撰文阐述这一观点。

说起陈寅恪与"对对子"的故事，最为大家耳熟能详的便是1932年清华大学国文系主任刘文典（字叔雅）请陈寅恪为清华大学入学考试出题一事，因为陈寅恪出人意料地在这次入学的国文考试中出了一道"对对子"的题目，在当时引起了广泛争议。为此陈寅恪还专门撰写了《与刘叔雅论国文试题书》一文，阐述他出题的理由和目的。他说："其（即国文试题）形式简单，而涵义丰富，又与华夏民族语言文学有密切关系者，……似无过于对对子之一法。"又数"对对子"可考察的四个方面分别是"可以测试应试者能否分别虚实字及其应用""可以测试应试者能否分别平仄声""可以测验读书之多少及语藏之贫富""可以测试思想条理"。

周汝昌和周祖谟后来也曾就此出题事件撰文。在回忆的同时，他们阐发了各自的观点，说明"对对子"与汉语特色的关系，在汉语文章写作中的重要性，及对汉语使用的重大影响和作用。也表达了尊重陈寅恪等老一辈学术大师、重视传统文化的观点。（参见周汝昌《"对对子"的感触》，周祖谟《陈寅恪先生论对对子》）

今天的学者张鸣也撰文讨论过陈寅恪出"对对子"为题一事，他说："传统上，汉语写作要求音韵上有节奏，就是说，文字读起来要有铿锵的感觉，起伏的节律，因此要讲究平仄……音韵上的讲究，是与文字的意蕴和色彩结合在一起的，也就是说，文字不仅需要表达意义，而且还要有字与词本身含义的组合所传递出来的色彩，为意义生色。只有这样的文字，才算是好文字……从这个意义上说，私塾教育对对子的训练，固然是为了日后八股文的写作，但对于学生掌握和理解汉语，其实倒也是有必要的。"（《"对对子"考大学》）

张鸣结合汉语的语言特点，道出了传统汉语写作的要求及传统汉语文章的特点。对于今天的汉语使用者而言，似乎是要革传统文言写作的命的，是要摆脱"文言文的束缚"、走向现代白话文写作的，但从根本上来说，真正讲究"美"的汉语文章，又怎么能摆脱汉语本身的语言特点，怎么能不讲究文字形音义相结合的美呢？不仅如此，作为汉语典籍和汉语文化的继承者，必然要学会理解和欣赏传统典籍文章的美，其中就包括形声对仗之美。如周祖谟所言："声调的抑扬高下是构成汉语书面语的音律美的固有的条件，不能分平仄，就不能欣赏诗歌韵语和美术性的散文……如果不了解平仄，那就很难领略作者的用心，其中用词之美妙处也就无从欣赏了。"

日本著名汉学者盐谷温称"对联为骈文之余波，亦为中国文学之特产"。（见盐谷温著、孙俍工译《中国文学概论讲话》）这个"特产"是在汉语语言特点的基础上，将华夏民族特有的思维和审美情趣相糅，将汉语形音义密切结合而形成的文学形式，是值得我们今天每一位汉语使用者和汉文化传承者重视的艺术遗产。"从对对子学起"，可将汉语文化之精粹发扬，使汉语在国际文化交流中大放异彩。

（杨　艳）

治学"十六字诀"

茅以升

治学就是做学问。何谓有学问？用简单明了的话说，就是懂得的知识多，能运用这些知识。范成大《送别唐卿户曹擢第四归》有句诗："学力根深方蒂固"。世界上没有"生而知之"的圣人，只有学而知之的"天才"。要使自己懂得多，首先就要学得多。我经常和年轻同志们说要"博闻强记"，就是这个意思。学习要学得深，但不要钻"牛角尖"。许多知识都是互相联系的。要想学得深，在某一方面作出成就，首先就要学得广，在许多方面有一定的基础。正像建塔一样，一个高高的顶点，要有许多材料作基础。世界上许许多多专家，没有一个是钻"牛角尖"钻出来的。马克思、恩格斯是搞社会科学的专家，但他们对数学有浓厚的兴趣，而且很有造诣。据一些研究马、恩的同志说，马克思、恩格斯能在社会科学方面作出如此辉煌重大的突破和创见，一个重要的原因，是靠学数学锻炼了自己严谨的科学思维能力。马克思、恩格斯自己也说过类似的话。因此，要想当专家，首先应该是"博"士，要想成为某一门知识的专家的同志，千万别把自己的视野限制在这门学科的范围内。学文科的要学理，学理科的要学文。大家都可以学点音乐、美术之类。现在，有些同志对专业研究颇有见地，但因为文学水平差，论文写不好，研究成果表达不清，得不到别人的承认，更谈不上研究成果为社会服务。有些知识，看起来与自己的专业无关，但学了，见多识广，能启迪你的思想，加深对知识的理解，促进学习。

当然,所谓"博闻",不是说什么都去搞。"博闻",不仅是对各科知识而言,一个学科里面的各方面,也有一个"博闻"的问题。对搞专业研究的同志来说,要掌握比例,不要丢开专业,不要"喧宾夺主"。早年,我在唐山工业专门学校读书时,兴趣是广泛的,但特别是对力学、桥梁建筑感兴趣。看到贫弱的祖国许多铁路和桥梁修建权被帝国主义把持,如济南泺口黄河大桥是德国人修的,郑州黄河大桥是比利时人修的,沈阳浑河大桥是日本人修的,云南河口人字桥是法国人修的,广州珠江大桥是美国人修的。凡是像样一点的桥梁的修建权都落入"洋人"之手,实在令人痛心。对祖国的热爱,激起了我发奋读书的意志,决心要在桥梁事业上为中国人民争口气。那时我二十来岁,正当学习的黄金时代,就从踏踏实实地学习做起,力求在比较短的时间内学到较多的知识。没有教科书,就去找有关的书和资料,有时带着一个问题,找来五本十本。不仅读得多,而且反复地读,拼命地记。这样,一个个的问题弄懂了,自己的知识面也一点点地拓宽了;学过的知识记住了,以后学习就方便了,不必在查工具书上花过多的时间。在唐山读书五年,各科考试都名列全班第一。后来到美国去留学,白天在匹兹堡的一家著名桥梁工厂里,实习桥梁的制造和安装,晚上广泛地查阅各方面的资料,把各家知识吸收为自己的东西,从而获得加里基理工学院第一个工学博士学位。我在回顾和总结自己各项研究成果时,不能不把成绩的起点上溯到那时的"博闻强记",因为这种方法为以后的研究工作,打下了扎实的基础。

"博闻强记"只能说是一种学习方法,是接受知识,为自己的研究和创造打基础。搞研究工作,要出成果有创见,还要"多思多问,取法乎上"。有人打比方说,文章是固体,言语是液体,思想是气体。我提倡多用这看不见、摸不着的气体——思想。这不是怕写文章讲话要被人抓住把柄,更没有同"知无不言"、"凡事无所不可言"背道而驰的意思。我的意见是:多想比多写多说更重要。对知识不但要知其然,而且要知其所以然。多问几个为什么,大胆地提出自己的疑问和设想。学术上的许多突破和创见,无不是从大胆的怀疑和设想开始的。有疑问,有设想,才能去证实,才能有突破。1921年留学回国以后,我先后在唐山交通大学、南京东南大学、河海工科大学、天津北洋大学、北京交通大学和中国铁道科学研究院等高等院校、研究院任教和从事专业研究。我经常给自己出难题,也经常要学生出难题。过去讲课有个老习惯,在上课的前十几分钟,教师提问题要学生回答。我在任教的时候，也有问学生的，但更多的是倒过来，让学生提问题由教师回答，或这个同学提的问题让那个同学回答。学生提的问题教师答不出，就给这位同学以满分；你提不出问题，那么就请你回答后面同学提出的问题。根据学生提的问题的水平、深度打分数，也根据学生回答问题的结果打分数。这样做，看起来作答的同学更难些，在分数上吃亏，但可以鼓励和促进他们想问题，提高解决问题的能力。实践证明，这种方法是可行的。因为教师问学生是主观的，学生懂的，回答你，收效不大；学生问教师是客观的，可以根据所提问题的深浅判别他掌握知识的情况，也可以由此而检查教师的教育质量。有些问题课堂上不能解答，就成了学生的课外作业，有的还成为我的雅韭课题。记得有一次讲力学，学生提出了"力"是什么的问题。这在书上是有定论的，但书本上行说的很概念化，不清楚；做老师的也说不清。于是，它就成了一个研究课题。通过一段时间的研究，我作出了比较形象明确的解释。现在，有的青年同志怕提问题，认为这会暴露自己的弱点。有的同志则想一步登天，不愿在研究一个个的小问题上花功夫。这些都是做学问搞科研的拦路虎。荀子的《劝学》篇有句话说："不积跬步，无以至千里；不积细流，无以成江海。"荀子这句话说得很有道理。要到千里之遥，就要踏踏实实地从一步一步走起；要渊要博，就不能嫌涓涓细流。搞研究工作，只有从一个个的小问题入手，进行种种设想，提出种种方案，在各种方案的对比衡量中，采取正确的方法，才能从微到著，从小到大，有所突破，有所创见。

以上所说的这些，可以说是很一般的道理。大多数同志是明谙的，也能够这样做。那么，为什么许多同志不能达到目的呢？应该说，确实是因为先天智力不行的，那只是极少数，而极大部分同志是因为对自己所执的事业不够专注。治学有没有自觉性，能不能持之以恒，这是成败的关键。有许多人，他（或她）的先天条件并不十分优越，可是因为他对事业专注，几十年如一日，有的甚至扑上了全部身心，因此取得了举世公认的成就。爱因斯坦小时候曾被当作迟钝的孩子，记忆力也很差，一个校长曾这样下评语："干什么都一样，反正他绝不会有什么成就。"但爱因斯坦没有因自己的先天不足而畏葸不前，他具有坚持不懈的恒心，不为物质生活，交际应酬所分心。正是由于他对事业的专注，创立了相对论，在别的领域成就也很大。与此相反，也有许多人先天条件十分优越，可是因为他见异思迁，虎头蛇尾，结果却终身碌碌无为。这样的例子举不胜举。三天打鱼，两天晒网，不是一个好渔民。怕苦怕累怕脏的人，不可能成为好的农民和工人。做学问的人也一样，想靠憋一阵子气，咬一下子牙而出成果，是不可能的。做学问要有决心，更要有恒心。下个决心并不难，做到有恒心就不容易了。这要靠自己督促自己。学习研究都要有计划。有了计划就要严格地执行，不要自己骗自己。我二十来岁的时候下决心搞桥梁研究，六十多年来，在理论上作了不少探讨和阐述，也参加了许多大小工程的建设。每当取得一项研究成果或看到由自己参加的一项工程胜利完成时，都感到莫大的快慰，党和人民也给了我很大的荣誉。但我总感到不足，从未产生过可以歇一歇或者改换研究课题的念头。可以说，每时每刻，我的案头都有几本备读的书，都有几个问题在自己的考虑研究之列。这样不间断的学习和研究，虽然从一个时期一个阶段看，收效不一定很大；但连贯起来看，就可贵了。因此，在回顾和总结自己学习经验的时候，我要与青年同志们说的最后一句话，就是要"持之以恒"。

"博闻强记，多思多问，取法乎上，持之以恒。"这是我经常和青年同志说的几句话，也是自己几十年来学习研究的基本方法。权且称为"十六字诀"吧！

（摘自《赤竹心曲》，北京师范大学出版社2005年版）

【导读】茅以升（1896—1989），字唐臣，江苏镇江人。土木工程学家、桥梁专家、工程教育家，中国科学院院士，美国工程院院士。1916年毕业于唐山工业专门学校，1917年获美国康乃尔大学硕士学位，1919年获美国卡耐基理工学院博士学位。茅以升曾主持修建了中国人自己设计并建造的第一座现代化大型桥梁——钱塘江大桥，成为中国铁路桥梁史上的一块里程碑；新中国成立后，他又参与设计了武汉长江大桥。晚年，他编写了《中国桥梁史》《中国的古桥和新桥》等。

怎么开展学术研究，这是每个开始接触学术研究的人要面对的问题，甚至一些已经长期从事研究工作的人都还没弄清楚的问题。茅以升应《浙江日报》的邀请，作了这样一次讲座，论述了其从事学术研究的方法，也就是他在文章中所提到的"十六字诀"。

做好学问，首先要有扎实的基础，这也就是茅以升说的"博闻强记"。任何知识体系都是从基础学起，没有坚实的基础，万丈高楼不可能修建。我们的学习，从小学到初中，再到高中、大学，都是一个积累的过程。在这个过程中，我们应该不断夯实自己的基础，为将来从事学术研究打下坚实的基础。正如茅以升在文章中引用范成大诗句指出的那样，"学力根深方蒂固"。只有坚实的基础，才有从事学术研究的可能。不过，在打基础的时候，知识面也不宜过窄。"博闻强记"，除了"强记"，"博闻"也是重要的。各种知识之间相互贯通，才能成为大家。就如马克思和恩格斯，之所以能有辉煌的成就，他们的"博闻"可以说起了很大的作用。茅以升说"博闻强记"是一种方法，一种接受知识的基础，就是强调这种方法的重要性。

当然，我们在"博闻"的时候也容易犯一种错误，就是以为"博闻"是什么都去学，都去掌握，没有重点。这是一种误解。"博闻"还是有一定的范围的。茅以升指出，"对搞专业研究的同志来说，要掌握比例，不要丢开专业，不要'喧宾夺主'"，说的就是这个意思。所以，我们每个人的兴趣，还应该以自己的专业作为基础。

有了"博闻强记"，还要善于"多思多问，取法乎上"。有思想，才能不被人所左右，才能做出真正的研究。否则，只能是重复别人的劳动，毫无创造性。对于学术研究来说，没有创造，也就不可能推陈出新，不可能有新的收获。有思考才能提出问题。提不出问题，那就是没有思考。提出问题，才会去思考如何解决问题。思考—提问—思考，这是学术研究的基本程序。学术研究还要注意博采众家之长，"取法乎上"。每个人对问题的认识都有其特点，也有其长处，只有善于借鉴，才能更好地解决问题。

有了好的方法，还要有"持之以恒"的态度。人们都会有很多想法，会有很多发现，但是要持之以恒，确实不容易。任何事情，难就难在坚持。做一个小时可以，做一天可以，做十天，做一年，甚至是十年，这确实需要坚持。学术研究不能三天打鱼，两天晒网。茅以升六十多年的坚持不懈，也因此取得了辉煌的成就。如果他没有这样的精神，自然不能成为著名的桥梁专家。

"博闻强记，多思多问，取法乎上，持之以恒。"这是我们从事学术研究的人必须牢牢谨记的治学口诀。

（莫山洪）

我的史学观和我走过的学术道路（节录）

何兹全

我的历史研究工作，用力多的是中国社会经济史，主要又是古代、中世纪阶段。我另外的两个研究领域：中国寺院经济史和汉唐兵制，也是社会经济史的分支，是从社会经济史的角度进行研究的。

1930年前后，中国知识界先后有农村社会性质、中国近代社会性质和中国社会史三大论战。当时是北伐战争之后，国共分裂，国民党一步步走上腐败、反共、反民主的道路。人们都在探索中国的出路。三大论战都是在人们探索革命道路的思潮下产生的，是人人关心的问题。对各路论战的文章，我也翻看。

1931年，我考入北京大学史学系，学习上逐渐倾向中国社会经济史。我学社会经济史，没有政治目的，不是为找革命出路，而是学术研究。我想弄清楚中国历史发展的客观道路究竟是什么。

我模糊地认识到，大论战中谈的理论多是"以论代史"。引用文献也多是类书、政书，很少从正史中找材料钻问题。我是史学系学生，应该读书，从搜集史料做起。中学时期，读过李笠先生在《东方杂志》上写的一篇国学读书书目，大有按照他的路子，照他开的书目来读书的"雄心"。

我生性比较笨，特别缺乏应变之才，又无家学渊源。有一位在国民党政府做官的兄长就说我不要研究学问："咱们不像孟真（傅斯年），人家家学渊源，从小就读古书，咱们研究学问没有条件。你做学问，我可帮不上忙，顶多送你出国。"可又说我做官也不行："你好，给你介绍个人，一次熟，再次生，三次不认得。"我自己觉得做官是真不行，做学问或许还勉强可以。我虽然笨，但我好想问题，凡事都要问个究竟。不盲从，谁说什么我都得考虑考虑。自己想通了，才算完。就这样，认真读起书来。

几十年了，在中国古代、中世纪社会经济史研究方面，还有点成就，有不同于人的自己的史学观点。下面就从这几方面谈谈我的史学观点。另外，也谈谈我所走过的学术道路。

……
汉魏之际封建说

几十年研究中外历史的知识积累，使我认识中国的封建社会是从汉魏之际开始的，战国秦汉是古代社会，魏晋进入封建社会。这种认识，可以由下述几方面说明。

（一）由交换经济到自然经济

中国的商业活动，起自古老时代。远的不说，西周时代，齐地的商业交换活动已很繁盛。司马迁说："于是太公劝其女功，极技巧，通鱼盐，则人物归之，繈至而辐凑。故齐冠带衣履天下，海岱之间，敛袂而往朝焉。"（《史记·货殖列传》）春秋初期，齐桓公、管仲依靠商业交换活动使齐国富强称霸，九合诸侯，一匡天下。直到战国中期，齐国称为强国。司马迁所说："天下熙熙，皆为利来，天下攘攘，皆为利往。夫千乘之王，万家之侯，百室之君，尚犹患贫，而况匹夫编户之民乎？"（同上）大约是春秋战国时在商业、交换经济发达下所出现的人心急急为利而来、为利而往的活跃气氛。

春秋晚年，齐地之外，地居天下之中水路交通方便的陶，已是商业发达的大城市。曾使越王勾践称霸中原的范蠡，晚年退居陶，史称陶朱公，"乃治产、积居，与时逐"。"十九年中，三致千金"，"遂至巨万"（同上）。孔老夫子的弟子子贡，在卫做官，在曹、鲁之间做生意，"七十子之徒，赐最为饶益"（同上）。以陶为中心的今山东西部、河北南部、河南东部这一地带，是齐地之外又一商业交换发达的地区。

战国时候，商业交换经济的发达，不仅渗入到上层人士贵族阶级生活中去，也渗入到民间，到人民生活中去。

孟子时候，有个信奉神农氏之学的许行，主张国君"与民并耕而食，饔飧而治"。孟子和他辩论，用事实迫他不得不承认，他穿的衣物，日常生活中用的釜甑，耕地用的铁农具等等，无一不是"纷纷然与百工交易"（《孟子·滕文公上》）才得来的。就是一个以"自食其力，自给自足"相标榜的农学家，在生活上也离不开市场，离不开交换。李悝相魏文侯尽地利之教，他估计农民一家生活费用，除田租外，日常生活、养生送死、社会交往，无不是以钱计算。用钱计算就说明所需所用无不是通过交换从市场上得来的。

《荀子·王制篇》有段话说："北海则有走马吠犬焉，然而中国得而畜使之。南海则有羽翮齿革曾青丹干焉，然而中国得而财之。东海则有紫紶鱼盐焉，然而中国得而衣食之。西海则有皮革文旄焉，然而中国得而用之。故泽人足乎木，山人足乎鱼，农夫不斫削不陶冶而足械用，工贾不耕田而足菽粟。"中国，指的中原。这段话的前四句，显示全中国已形成一个交换网，中原四方的物品，都运到中原来卖。自然中原的物品也运到四方去。四方的物品也互相交易。后面几句话，更深刻地指出战国时期由于生产上的分工而引起的人民在生活上对交换的需要和依赖。泽人、山人、农夫、工贾，通过交换卖出他们生产的，买进他们所需的。他们都依赖市场交换，才能满足他们生活上的需要。

和商业、交换经济并起的是城市的兴起和发展。战国时期已兴起许多大都市。战国时期的齐都临淄，有七万户。以每户五口计，则有三十五万人；以八口计，则有五十六万。这在古代说得上是大城市了。

秦汉统一，给商业、交换经济创造了更有利于发展的条件。

《史记·货殖列传》记述了西汉前期全国各地的大小城市，其中以"一都会也"来指名的大城市就有：邯郸、燕、临淄、陶、吴、寿春、番禺、南阳等。这些城市，有些是地方上的政治中心，但司马迁所着眼的却是它的经济性质。他谈大小城市，都说这一城市近区的物产（商品）和它的交通、商业网所及的地区。如他说：巴蜀"亦沃野，地饶卮、姜、丹沙、石、铜铁、竹木之器。南御滇僰，僰僮（即奴隶），西近邛笮，笮马旄牛"。杨、平阳、陈"西贾秦翟，北贾种代"。温轵"西贾上党，北贾赵、中山"。燕"一都会也。……有鱼盐、枣、栗之饶，北邻乌桓、夫余，东绾秽貉朝鲜、真番之利"。

汉代使用两种金属货币，一是黄金，二是五铢铜钱。黄金一斤等于铜钱一万。两种货币在社会上广泛地流通着。大大小小的城市，都是一个地区或一个广大地区的经济中心，贸易往来的枢纽。各种生活用品都可取给于市。

商品，一类是各地的土特产，靠远距离的运输，交换而成为商品，像上面所引荀子所说北海、东海、西海、南海的产品。商品生产，也在发展。司马迁曾举出"安邑千树枣，燕、秦千树栗，蜀、汉、江陵千树橘，……及名国万家之城，带郭千亩亩钟之田，若千亩卮茜，千畦姜韭，此其人皆与千户侯等"（《史记·货殖列传》）。这里所举千树枣、千树橘，都是土特产，但已逐渐有商品生产，它们是为了交换才被生产的。带郭之田的千亩卮茜、千畦姜韭，就完全是商品生产了。

两汉之间，虽然经过战乱破坏，但两汉四百年间，商业交换、城市经济一直是发展的。东汉中叶的思想家王符描述他看到的城市经济情况说："今举俗舍本农，趋商贾，牛马车舆，填塞道路。游手为巧，充溢都邑。……今察洛阳，资末业者什于农夫，虚伪游手什于末业。……天下百郡千县，市邑万数，类皆如此。"（《潜夫论·浮侈篇》）东汉末年的仲长统也说："豪人之室……船车贾贩，周于四方，废居积贮，满于都邑"，"豪人货殖，馆舍布于州郡"（《昌言·理乱篇》）。

战国秦汉七百来年的发达的商业交换经济、繁荣的都市生活，在汉末经受黄巾暴动、董卓之乱之后，天地颜色陡变。熙熙攘攘的繁华热闹的城市不见了。三国时期，房颓人散，土地荒芜，人口稀少，真像小说家常用的句子：落了片白茫茫大地真干净。

城市破坏无遗。孙权的谋臣朱治说："中国萧条，或百里无烟，城邑空虚，道瑾相望。"（《三国志·吴志·朱治传》）仲长统说："以及今日，名都空而不居，百里绝而无民者，不可胜数。"以两汉都城洛阳、长安为例，洛阳是"宫室烧尽，街陌荒芜，百官披荆棘，依丘墙间"（《三国志·董卓传》）。洛阳城外，"二百里内，无复孑遗"。长安亦复如此。献帝逃回洛阳后，"长安城空四十余日，强者日散，羸者相食，二三年间关中无复人迹"（同上）。

人口减少。百里无烟，百里绝而无民，已是人口减少的最好说明。《三国志·魏志·张绣传》："是时，天下户口减耗，十裁一在。"当时人说到当时户口，不是说："今虽有十二州，至于民数，不过汉时一大郡。"（《三国志·蒋济传》）就是说："今大魏奄有十州之地，而承丧乱之弊，计其户口不如往昔一州之民。"（《三国志·杜恕传》）

土地荒芜。仲长统说："今者地广民稀，中地未垦。"司马朗建议恢复井田，说："往者以民各有累世之业，难中夺之，是以至今。今承大乱之后，民人分散，土地无主，皆为公田，宜及时复之。"（《三国志·司马朗传》）

"中地未垦"、"土地无主，皆为公田"和"万里无烟"、"千里无烟"等等当时人的话，都足以说明土地荒芜的情况了。王粲离开长安投奔荆州时诗句："出门无所见，白骨蔽平原"，更透露着"土地荒芜"后面人间世界之惨了。

谷帛为货币。西汉的黄金、五铢铜钱流通全国，交易以金钱为媒介，财富以金钱计，贮藏也以金钱计价。东汉黄金少了，但五铢钱仍为通行货币。三国以后，以谷帛为货，这情况一直维持到唐中叶。开元、天宝以后，金属货币才又流通起来，代替了布帛。布帛为货，前后维持了五百来年。

通常把钱货不行,归之于董卓毁五铢钱另造小钱。《三国志·魏志·董卓传》载初平二年(191年),董卓"悉椎破铜人钟虡及坏五铢钱,更铸为小钱,大五分,无文章,肉好无轮郭,不磨鑢。于是货轻而物贵,谷一斛至数十万。自是后,钱货不行"。

天下哪有这么简单的事,通行了几百年的金属货币,仅只由董卓一次破坏就不复通行,而布帛为货一来就是几百年!金属货币的不被使用,应和交换经济的衰落,土地荒芜,城市破坏,自然经济盛行一系列问题联系起来理解。

战国秦汉经济繁荣、社会兴旺、国力强大的里面包含着危机。这危机也是危急,是战国秦汉社会生产方式中所隐含着的矛盾,是无法克服的矛盾,最终毁灭自己。

交换经济促使公社解体,独立的个体小农成长起来。小农个体经济的健康发展,成为社会繁荣、国力强大的基础。但交换经济的继续发展,就促使富人越富,穷人越穷。富人兼并农民,农民失掉土地而流亡,流亡山林、麇集城市,小农和小农经济衰落,晁错所说"此商人所以兼并农人,农人所以流亡者也",已可以看到一点消息。加上战争的破坏,加速了农民的破产。武帝时流民有二百万。此后便一路发展下去。

农民流亡,就意味着生产力(农民)和生产手段(土地)的分离,就意味着生产的停止,生产的衰落,农村的破产。

农民脱离土地的情况,在汉代是越来越严重的。前面引过的贡禹的话:"故民弃本逐末,耕者不能半。"一半的农民离开了土地。前引王符的话,99%的人口集中在城市。从城市说,人口集中城市,是城市的繁荣;从农村说,则是农业的破产。王符是重农的,他希望人口能回到农村去。他的话,可能是想说得严重些,好引起人的注意。但他不会夸大到无边。他说话是要人相信的。如果没有大量人口集中到城市,具体地说,如果没有一半以上的人口集中到城市里,他的话就不会使人相信,不会起到他希望起的作用。

根据文献记载,西汉垦田有八百万顷,东汉七百万顷,少了一百万顷。就是东汉这个数字,也是不实的。东汉地方官写人口、垦田的报告,常常是虚伪不实的。《后汉书·殇帝纪》载,皇帝敕司隶校尉、部刺史说:"郡国欲获丰穰虚饰之誉,遂覆蔽灾害,多张垦田;不揣流亡,竞增户口。"

桓帝时刘陶上疏说:"当今地广而不得耕,民众而无所食。"

综合所有的材料来看,汉代的人口是不断减少,土地大量失耕的。这是汉代生产方式内部所包含的矛盾。东汉末年一遇战争，社会矛盾总爆发了，生产衰落，交换停滞，出现自然经济的局面。

魏晋乃至南北朝隋唐自然经济的出现，是古代社会内部所包含的矛盾发展的必然结果，用战争（黄巾暴动、董卓之乱）来解释，是解释不通的。只举出一个历史事实，就足以破战争破坏论。战国是战乱最多的时代，而且坑杀人也最多，最盛行。但战国是中国历史上经济社会飞速发展的时代。

战争的破坏，只是短期的，暂时的。

（二）自由平民、奴隶到依附民

古代社会向中世纪转化的第二个标志，可能是最重要的标志，是自由平民、奴隶到依附民包括农奴的变化。

战国秦汉古代社会中人数最多的是编户齐民。有人估计，战国时人口有两三千万。这个很难说。我们确切知道的是两汉的编户齐民人数大约在五千万上下，有时高些，有时低些。

编户齐民之外，人数多的是奴隶。据我的估计，汉代的奴隶人数约为四百五十万到六百五十万左右，约为编户平民的十分之一。对奴隶数量的估计，可能偏低了些。

自由平民、奴隶到依附民的质的转化时期是汉魏之际。转化的端倪在两汉之际已经看到，依附制的盛世在晋南北朝时期。

在谈到自由平民、奴隶向依附民转化之前，我想先谈一个问题，即我对农奴制在人类历史上两个时代（不同时代）出现的认识过程。这种认识，对我的学术观点，如认识西周春秋为早期古代社会、早期国家，都很有关系，应先谈谈。

早年（大约在北大一二年级读书的时期）读过奥本海末尔著作《国家论》，他在游牧社会或奴隶社会之前列出一个"原始封建社会"，给我的印象很深。后来把他的书的内容全都忘了，独独这个题目忘不了。忘不了的原因，也许是在社会史论战时期，使我想起他，只有他特别，在奴隶社会之前列出一个原始封建社会。

在研究中国社会史分期这个问题时，我虽然认为汉魏之际是中国社会由古代进入中世纪封建社会的时期，在西周春秋社会上有近乎农奴、依附民的徒、私属、私徒属的存在也是事实，因之如何说明西周春秋时期不是封建社会这问题也困惑着我。

后来再读恩格斯的《家庭、私有制和国家的起源》才注意到，在氏族制解体、奴隶制出现的同时也出现了农奴制。恩格斯引证马克思的话说："对这一点，马克思补充说：现代家庭在萌芽时，不仅包含着奴隶制，而且也包含着农奴制。因为它从一开始就是同田间耕作的劳役有关的。它以缩影的形式包含了一切后来在社会及其国家中广泛发展起来的对立。"后来又读到1882年12月22日恩格斯给马克思的一封信也提到农奴制这个问题，信说："毫无疑问，农奴制和依附关系并不是某种特有的中世纪封建形式，在征服者迫使当地居民在为其耕种土地的地方，我们到处，或者说几乎到处都可以看到，——例如在特萨利亚很早就有了。这一事实曾经使我和另一些人在中世纪农奴制问题上感到困惑不解；人们很爱轻易地单纯用征服来说它，这样解决问题又顺当又省事。"这封信，前面也引证过。

从这些我联系到我读欧洲古代史所得到的一知半解的知识，使我认识到西周春秋出现的依附制、农奴制，乃是马克思所说的现代家庭在萌芽时，即氏族制末期，所出现的农奴制，因为它从一开始就是同田间耕作的劳役有关的。

在1955—1956年，我写《关于中国古代社会的几个问题》时，就在这个新认识指导下，把西周春秋时期定为前期古代社会，是从氏族贵族统治到发展的奴隶制国家的过渡时期。

对农奴制的进一步研究思考，对西周春秋历史的进一步研究思考，又学习欧洲古代史，使我在1983年写《关于古代史的几个理论问题》时，在《农奴制和封建制的关系问题》一节里，明确提出："在人类社会历史上有两个历史阶段都出现过农奴制、依附关系，一是氏族制解体国家产生的时期，一是中世纪封建时期。它们是不同时代、不同社会阶段的产物，两者是有区别的。"

马克思、恩格斯对两者的区别何在，没有作进一步的说明。我当时说："从恩格斯不同意简单地从征服的角度去解释中世纪封建农奴制，又说在古代在有征服的情况下，只要征服者仍使被征服的居民留在土地上耕田纳贡，到处或几乎到处都出现农奴制来看，恩格斯可能有意思是说：古代农奴制的出现主要是由于征服，中世纪封建农奴制的出现则有着更深刻的社会经济内在的原因。"我当时说："这是我的想法。可能是错误的。"现在我说：我的理解大约是不错的。即使是错误地理解了马、恩的意思，也没有错误理解历史。农奴制在人类历史上是在两个不同时代出现，一在原始氏族制解体后，一在中世纪封建社会时代。

我从和欧洲古代史的比较研究和从马克思、恩格斯的研究中得到的启示，使我认识到：西周春秋时期出现的依附关系、农奴制，是氏族部落解体、现代家庭在萌芽时，和奴隶制同时出现的农奴制，是前期古代社会、或如我现在所称的早期国家、由部落向国家过渡时期的农奴制。西周春秋不是封建社会。汉魏之际发展起来的依附关系、农奴制，才是封建依附关系，封建农奴制。

农奴是翻译来的，中国有隶农，没有农奴。隶农和农奴的意义差不多，但中国魏晋南北朝隋唐的依附民和农奴一般称作客、部曲等名称。

汉魏之际是依附民农奴即部曲、客大量涌现的时候，它的萌芽可以追溯到王莽时代。王莽改制，有"改天下田曰王田，奴婢曰私属，皆不得买卖"（《汉书·食货志》）一条。改天下田曰王田，是注定要失败的，因为它要把地主的私有土地变成国有。命令颁布了两年就取消了。改奴婢曰私属却是成功的。私属仍然属于主人，不离开主人。私属就是依附民、农奴。改奴婢曰私属，奴隶主是可以接受的。说不定这是民间奴隶主已经实行中的办法。改善奴隶的身份和待遇，奴隶高兴，奴隶主得利。王莽改奴婢曰私属，只是采用了民间已出现的办法。

东汉初年，社会上大量出现的豪族强宗都有千百的部曲、客。这些部曲、客一部分来自自由平民的投靠。战乱中无以自保和无法生活的自由平民，投靠豪族强宗以求生存。一部分来自奴隶解放，但并没有完全解放，而是半解放不离开本主。到东汉末年，豪族强宗属下的依附人口已经很多。仲长统说："豪人之室，连栋数百，膏田满野，奴婢千群，徒附万计。"（《昌言·理乱篇》）又说："井田之变，豪人货殖，馆舍布于州郡，田亩连于方国。身无半通青纶之命，而窃三辰龙章之服；不为编户一伍之长，而有千室名邑之役。"（《昌言·损益篇》）这"徒附万计"、"千室名邑之役"的人，就是豪人大家的依附民。个别的例子，如东海糜家。《三国志·蜀志·糜竺传》："糜竺，……东海朐人也。祖世货殖，僮客万人，货财巨万。……先主转军广陵海西，竺于是进妹于先主为夫人，奴客二千、金银货币以助军费。"僮是奴隶，客是依附民。东汉以来，僮客逐渐混同。他分给刘备的奴客二千人，到刘备军中就都是兵士了。汉末三国的兵，身份在逐步降低，接近依附民的身份。

董卓乱后，统一的帝国瓦解，形成各地军人割据。正像曹丕《典论·自序》中所说：讨董卓时，"大兴义兵，名豪大侠，富室强族，飘扬云会，万里相赴"，"大者连郡国，中者婴城邑，小者聚阡陌"。小民无以自保，投靠依附，大量出现。田畴"入徐无山中，营深险平敞地而居，……数年间至五千余家"(《三国志·田畴传》)。许褚"聚少年及宗族数千家，共坚壁以御寇"(《三国志·许褚传》)。

地方势力，豪强势力，在他们翅膀硬了以后，便不复希望有任何人来管辖他们，他们不希望他们的依附人口向任何政府交纳租税，负担徭役。这种情况，在东汉末年是到处存在的。"胶东人公沙卢宗强，自为营堑，不肯应发调。"就是曹操治下，此种情况亦复难免。"曹洪宾客在县（长社）界，征调不肯如法。"(《三国志·贾逵传》)"曹操以芝为营长。时天下草创，多不奉法。郡主簿刘节，旧族豪侠，宾客千余家，出为盗贼，入乱吏治，……前后未尝给徭役。"(《三国志·司马芝传》)这些人时运不好，遇上强有力的县令长，像杨沛、司马芝又有更强的曹操为后台，遂遭受打击，在袁绍治下的河北，则是"豪族擅恣，亲戚兼并，下民贫弱，代出租赋"(《三国志·武帝纪注》)。

对国家免除租赋徭役，形成人口分割，这是封建依附制、农奴制一条重要内容，曹操时欲继承汉帝国的集权，打击此种新生的变化，但大势所趋，他究竟是抵抗不住的。司马氏以给豪族强宗依附人口免赋役特权买好豪强，终移魏祚。在曹魏后期，大约司马氏已掌握大权的时候，就出现"魏氏给公卿已下租牛客户，数各有差。自后小人惮役，多乐为之，贵势之家，动有百数。又太原诸部，亦以匈奴胡人为田客，多者数千"(《晋书·王恂传》)。

司马氏取得政权，西晋政府正式颁布法令承认品官占田和占有人口。规则以九品为差，按品古有衣食客和佃客。这些佃户皆无课役，皆注家籍。

孙吴的人口分割和豪族强宗的依附人口都是免除役调的，国家正式承认他们是豪强的私家人口，称为复客。复客皆无课役。

孙吴还有世袭领兵制，父兄领的兵，死后可以由子弟代领。这成为制度。世袭领兵，虽不是私兵化，但至少有此倾向。它有助于孙吴地区依附制和农奴制的膨胀和发展。邓艾对司马师说："孙权已殁，大臣未附，吴名宗大族，皆有部曲，阻兵仗势，足以建命。"(《三国志·邓艾传》)葛洪说孙吴豪家之盛："僮仆成军，闭门为市，牛羊掩原湿，田池布千里。"(《抱朴子·外篇》)

部曲、客（依附民和家奴）社会身份是半自由的，低于自由平民而高于奴隶。

王莽改"奴婢曰私属"，已限定了私属的身份是主人的私属，他没有脱离主人的自由，但已由奴隶中脱解出来，不是奴隶。所以"私属"本义就是半自由人。

《三国志·吴志·陈武传附子陈表传》:"初,表所受赐复人得二百家,在会稽新安县。表简视其人,皆堪好兵,乃上疏陈让,乞以还官,充足精锐。诏曰:先将军有功于国,国家以此报之,卿何得辞焉?表乃称曰:今除国贼,报父之仇,以人为本。空枉此劲精以为僮仆,非表志也。皆辄料还以充部伍。所在以闻,权甚佳之,下郡县,料正户羸民以补其处。"

这段材料,说明依附民的身份是和奴隶接近的。东汉开始,历魏晋南北朝,僮仆、奴客常是连用的。这说明客的身份是接近奴隶的。陈武的这些赐复户,被赐予又被归还国家,都是身不由己,任人支配的。

东晋初年,元帝一个诏书说:"昔汉二祖及魏武,皆免良人;武帝时,凉州覆败,诸为奴婢亦皆复籍。此累代成规也,其免中州良人遭难为扬州诸郡僮客者,以备征役。"(《晋书·元帝纪》)王敦以诛刘隗为名,给元帝的上疏曾说:"陛下践祚之始,投刺王官本以非常之庆使像蒙荣分,而更充征役。复依旧名,普取出客。从来久远,经涉年载,或死亡灭绝,或自赎得免,或见放遣,或父兄时事身所不及。有所不得,辄罪本主。百姓哀愤,怨声盈路。"(《晋书·王敦传》)元帝诏说明,客和奴一样需要经过"'免'才能恢复良人的身份。王敦的上疏,比元帝的诏书更明确地证明,客的身份是不自由的,已是年代久远之前已经固定的,制度化的。"从来久远,经涉年载",可以远到汉魏。

这两段材料,也说明奴客身份的混同,显示出奴是不自由人,客是半自由人。魏晋南北朝时期这种情况一直存在。《晋书·华廙传》:"初袁(廙父)有赐客在鄗,使廙因县令袁毅录名三客各代以奴。及毅以贿赂致罪,狱辞迷谬,不复显以奴代客,直言送三奴与廙。……遂于丧服中免廙官。"可以以客换奴,可见在社会上奴客身份是混淆不清的。

但在诏令和法律上,客与奴的区别还是显然的。北周武帝一个诏书说:"自永熙三年七月以来,去年十月以前,东土之民被抄略在化内为奴婢者,及平江陵之后良人没为奴婢者,并宜放免,所在附籍,一同民伍。若旧主人犹须共居,听留为部曲及客女。"(《周书·武帝纪》)

在唐律里,"奴婢部曲,身系于主"(《唐律疏义》卷十七)。虽然奴婢、部曲都同是身系于主,身份却不同。唐代大和尚释道宣说:"部曲者,谓本是贱品,赐姓从良而未离本主。"(《量处轻重仪》卷上)道宣的话,正是北周武帝诏书所说的注脚。奴婢放免,就"所在附籍,一同民伍"。这样就都变为郡县民。"若旧主人犹须同居,听留为部曲及客女。"这样就变为主人的依附民。

魏晋南北朝的郡县编户民,仍称为良人。良人者,自由平民也。如元帝的诏书:"其免中州良人遭难为扬州诸郡僮客者。"(《晋书·元帝纪》)范宁的上疏:"兵役既竭,枉服良人。"(《晋书·范宁传》)北周武帝的诏书:"平江陵之后良人没为奴婢者,并宜放免,所在附籍。"

但实际上,魏晋南北朝的郡县编户民在依附民、农奴制盛行的大环境影响下,亦多多少少有些依附民化,身份不如战国秦汉编户齐民"齐"了。

1935年1月间,我曾写过一篇《三国时期国家的三种领民》。我说三国时期国家领民以其性质和对国家之剥削关系的不同可以分为三种人,一是州郡领民,二是屯田客,三是军户(按:应该说是士家)。州郡领民属于州郡县政府,这是独立自由民性质,对国家的负担有田租、户调、徭役三项。屯田客不同于州郡领民,州郡领民是独立的小土地所有者,他的劳动是自由的。屯田客是国家的佃户,耕种公家的田,向国家纳租,其他活动则受限制。军户对国家的关系,打仗之外就是屯田。三种领民,分属三个系统,州郡民属于郡县,屯田客属于典农中郎将,军户属于军府镇将。三种领民的地位,以州郡领民为最高,屯田客次之,军户最低。到东晋时,军户已渐渐成为低于编户的人户。刘宋武帝有"军户免为平民"的诏书。军户是最近于农奴形态的劳动者了。

五十八年过去了,我大体上仍维持原来的想法。军户最接近农奴,屯田客也是依附民性质。对州郡领民的看法,变化比较大。那时我认为当时的州郡领民和秦汉的郡县领民身份地位差不多,都是小土地所有者,都是自由平民;现在我则认为:第一,魏晋南北朝的州郡领民身份地位和部曲、客依附民农奴是相通的,他们的地位也有些依附民化了。第二,编户民内部已不"齐"了,有了阶级分化。

就编户民与依附民是相通的来说,前面引证过的孙权以二百户赐给陈武的事例就是一个很好的例子。孙权赐给陈武的二百户,在会稽新安县。陈武死后,陈武的儿子陈表发现这二百户都是精壮,皆堪好兵,于是把他们退还国家,说"枉此劲锐以为僮仆,非表志也"。孙权接受了陈表的退还,使县"料正户羸民以补其处"。

赐给陈武的二百户是编户民还是兵户,不详。从陈表说是"枉此劲锐"看,可能是兵户;从"料正户羸民以补其处"看,又可能是编户民。因为"补其处",自然是补会稽新安县,又是"料正户羸民以补其处"。但孙吴的办法，得了山越人民是以强者补兵、弱者补户的。他们原来究竟是兵户还是编户，仍是不清楚的。

但有一点是清楚的，在当时人的眼里，政府编户民（正户赢民）和国家兵户、私家依附民（赐客、复客）是相通的。今天是编户民，明天可能成为兵户，又可以变为私家的依附民。兵户、依附民客，身份地位都是半自由民。那么，身份和他们相同的郡县编户，身份自然也是低下，不能和秦汉的郡县编户齐民相比了。

就编户民的内部说，汉代郡县编户齐民的身份社会地位是平等的。虽宰相之子，也要远出服役。如淳说："虽丞相子，普遍在戍边之调。"盖宽饶"身为司隶，子常步行自戍北边"（《汉书·盖宽饶传》）。

魏晋开始，情况就不同了，编户民中，先有了士庶之分，即贵贱之分。到了南北朝时，当时人就说："士庶之分，实自天隔。"（《宋书·王弘传》）当时的大官僚、史学家沈约在这问题上独具慧眼，他看出了魏晋以来和两汉的不同。他指出："周汉之道，以智役愚，台隶参差，用成等级；魏晋以来，以贵役贱，士庶之科，较然有辨。"（《宋书·恩幸传序》）他看出两汉之道，是以智役愚，有才能就能有地位；魏晋以贵役贱，一切都靠门第、身份等级。

士庶之分以外，庶族之中又有各种等级。各种等级的不同名称，除屯田户、兵户外，郡县民中就有旧门、将门、次门、役门、三五门等的区别，各门有各门的身份社会地位，各有等级。这是南朝。北朝显著的有番户、杂户、隶户、营户，身份地位都比平民低。而士族之中，也有等级，依等决定他们贵族身份的高低。

战国秦汉，除少数王侯贵族外，社会上只有两种人，自由平民和奴隶，自由平民犯罪或穷困自卖则变为奴隶，奴隶解放则变为平民。魏晋南北朝则社会阶层复杂化，首先是士庶之分，即贵族、平民之分。而贵族、平民之中，又各分多少等次。从奴隶到平民，又有番户、杂户、隶各种等次阶层。这是魏晋南北朝和战国秦汉社会的显著区别，这区别是古代社会和中世封建社会的区别，这变化的质的改变时期就是汉魏之际。

（三）宗教世界的来临

儒家是人世的积极的人生观，讲的是修身、齐家、治国、平天下的大道理。但儒家经典设立博士弟子后，儒学发展，儒家人数增加，儒学成了利禄之学，豪族强宗成了儒学世家，官吏多是儒。

学风九编

东汉后期，政治腐败，使儒学儒生产生动荡。一部分儒者变成腐朽的官吏，一部分儒者保持原儒家治国平天下的思想，批评现实政治，一部分儒生看不见政治前途，思想意识向消沉转化。

东汉马融，一代大儒，认为"生贵于天下"，思想意识走向老庄之途。达生任性，不拘儒者之节。教养诸生，常有数千，但"前授生徒，后列女乐"。精神空虚，生活腐朽。

汉末老庄思想抬头，玄学出现。

佛教传入中国，大约在西汉后期。张骞通西域，在大夏见到由蜀地输出到身毒（印度）去的蜀布、邛竹杖。中国物品既然可以由蜀地传入印度，佛教自然也可以沿着蜀布、邛竹杖道路传入中国。只是早期只在民间传出传入，未见文献记载。

中国向有东汉明帝于洛阳建立白马寺的传说，有说真有说假。但无论真假，东汉初年佛教在徐州一带的传布已见诸史书记载。《后汉书·楚王英传》说楚王英信佛，"为浮屠斋戒祭祀"，还供养桑门（僧人）。佛教在徐州民间大为传布，东汉末年笮融在这地区大造佛寺，修佛事，来者且万余人。

魏晋以后，佛教在中国大兴起来。北方北魏北齐佛教最盛时，僧尼大众有三百万人，寺庙三四万所。北魏人口是三千二百万人，北齐人口二千万。僧尼人数约为编户民的十分之一左右。北齐文宣帝一个诏书甚至说："乃有缁衣之众，参半于平俗。"（《广弘明集》卷二四）南朝建康有寺院五百所，僧尼之众多，使"天下户口几亡其半"（《南史·郭祖深传》）。

仿效佛教组织，道教也在东晋末年发展起来。黄巾起义就是以太平道为组织力量，爆发起来的一次大规模的道教徒农民大暴动。青徐滨海地区是道教发展的圣地。黄巾暴动遍及全国各地，那也说明道教曾在全国各地发展。

魏晋南北朝时期，广大人民投入宗教，主要原因是逃避调役。徐陵《谏仁山深法师罢道书》说做和尚的好处是："家休大小之调，门停强弱之丁。"北魏末年，"于时民多绝户而为沙门"，原因就在"百姓之情，多方避役"（《魏书·李孝伯传》），《魏书·释老志》指出："正光已后，天下多虞，王役尤甚，于是所在编民，相与入道，假慕沙门，实避调役。"

寺院和僧尼免除国家租赋徭役，形成人口分割，本身就是封建性的人口占有。和豪族强宗一样，寺院组织本身就是封建组织。寺院中除僧尼大众之外，占有众多依附民和农奴、奴隶。有僧祇户、寺户、养女、白徒，各种名称。僧尼贵族和这些人口，是封建关系。

宗教信仰，即使不是人民入道的主要原因，但它在人民群众中的吸引力，也不能忽视。

宗教信仰和宗教组织，是汉魏之际兴起的，魏晋南北朝是宗教世界。知识界要向宗教求人生哲理；贪污腐败荒淫阶层还想求来生仍富有；广大人民受尽人世苦，要向来世求慰藉。

我走过的学术道路

大约1926—1927年，我还在山东菏泽南华初中读书，从同学中中共地下党员处借到一篇列宁的《远方来信》，这是我第一次接触马列的著作，佩服得五体投地。这篇文章的政治意义，我当时是完全不懂的，我佩服的是列宁讲说问题的逻辑性，真是周密、细致、深刻。

1930年到北京，1931年考入北大史学系。在北大一二年级，读到恩格斯的《家庭、私有制和国家的起源》《德国农民战争》，考茨基的《托马斯·穆尔及其乌托邦》《基督教之基础》。马克思《资本论》第一卷和第三卷都只读了一部分。从日本人那里翻译过来的唯物史观、辩证法、社会经济史的书，当时很"潮"，读了不少。印象比较深的是河上肇讲的辩证法和唯物史观。

在上述一些马、恩等人的著作中，对我以后形成的史学思想中影响最大的是恩格斯的《家庭、私有制和国家的起源》《德国农民战争》和考茨基的《基督教之基础》。我读理论书，多在书上画圈或点点，做眉批，不怎么写笔记。我偏心于多读。理论书，读一遍有一遍的收获，逐渐化成了自己的思想，自己的"理论体系"。小时候，我有一间小屋，屋里墙壁上挂着一副对联，是："人海身藏焉用隐，神州坐看可无言。"起先，我一点也不懂是啥意思；其后，慢慢懂一点、懂一点。越老越觉得体会得多。我想，它已深入我的人生观、世界观。这两句话，有问题，太消沉了。但它却引导我深刻去体会人生，理解世界，认识世界。读理论书，学治学方法，我的体会亦复如此。读一遍，理解深入一步，自己的思想境界便提高一个层次。读，思考，玩味，化到自己思想里去。

1935年北大毕业后，到日本读了一年书，因病回国。抗日战争时期，接受中英庚款董事会的专款协助在重庆中央大学历史系研究魏晋南北朝史。后来进入中央研究院历史语言研究所，继续研究魏晋南北朝史。1947年去美国，在纽约哥伦比亚大学历史研究院读欧洲古代、中世纪史。

我读欧洲古代、中世纪史，不是为了研究欧洲史而是为了和中国古代、中世纪作比较研究。

我喜欢读的书有罗斯托夫采夫关于古希腊、古罗马史的书和皮伦关于欧洲中世纪的书,特别是他讲欧洲中世纪经济的书。我读遍了他的有英译本的著作。

遗憾的是,我只会点点英语,希腊文、拉丁文不会,德文、法文也不会。不要说原材料不会看,欧洲古代、中世纪史的专著好书,也十之六七、七八在德文、法文里。我只能用英语猜猜书的目录内容,越是想看越看不懂。好在我只是想求比较知识,也只好望"洋"兴叹算了。

研究历史,有几点我是得益的。我研究任何问题,总是把它看做历史长河中的一点、整体社会中的一点来处理。有句俗话,说是"牵一发而动全身",意思是说事物是个整体,你牵动任何部分,哪怕是最小的部分,都会牵动整体。任何部分,都是整体的一部分,和整体都是有牵连的。历史亦复如此,任何一个问题,哪怕是个小问题,都是整个社会的一部分,都要从整个社会的一部分这角度去研究,才能全面认识它。同时它又是历史长河中的一点,它有来龙有去脉,要从来龙去脉去研究它,理解它,认识它,才能从发展中认识它。考茨基写《基督教之基础》,就是从当时罗马帝国时代的社会、奴隶制度、国家生活、时代思潮、犹太民族,才讲到基督教的起源、教会组织的。我在北大三年级时(1933—1934年),研究中国佛教寺院和寺院经济,写出《中古时代之中国佛教寺院》就是在《基督教之基础》的启示下写出的。

我们现在常说"宏观和微观"。我想"宏观"就是从全面看问题,从整体看问题;"微观"是一个个具体问题的深入钻研和发掘。这话很有意义。文化大革命时出现过一句话:"只拉车,不看路。"这句话在文化大革命时代的政治斗争意义,我们这里可以不管,我当时就觉得把这句话移到做学问上来却很有意思。看路,就是宏观;拉车,就是微观。做学问确实要从宏观和微观两方面着手的。我不懂应该如何给哲学下定义。我自己觉得从某个角度来说,哲学就是从宏观来研究宇宙万事万物,科学就是从微观来研究宇宙万事万物。对宇宙万事万物来说,要想研究得透、全面,就要从宏观和微观两方面着手。我做学问,长处在我能从宏观和微观两方面研究问题,但缺点在宏得不够高,不够全面;微得不够深,不够透。这是我对我自己的剖析。

荀子有句话:"不以所已臧害所将受。"(《荀子·解蔽篇》)《中庸》:"诚之者,择善而固执之者也。"这两句话,也是做学问的人应领会的。"不以所已臧害所将受",不以自己已经接受的东西(即已成为自己的见解了），来排斥、损伤将要接受的新东西。这句话说起来容易，做起来难。我们常说某某主观强，听不进话。就是"以所已臧害所将受"。主观是要强，这就是"择善而固执之"。要有点"固执"精神，做事、做人、做学问，都是一样，不能东说东倒，西说西倒。做学问，要"择善"，要"固执"之。但要"不以所已臧害所将受"。择善中之"择"字，就已包括不以所已臧害所将受。择善、固执、不以所已有害所将受，要辩证地来看，辩证地来用。

近年来，对相对真理也多有体会。我在我的《中国古代社会》的序言中曾说过这几句话："没有一部历史著作或历史记事不是在作者主观思想指导下写出来的，也可以说没有一部历史著作或历史记事不是在作者的偏见指导下写出来的。人所能认识的只是相对真理，随着人类的开化和科学进步，人所认识的相对真理会一步步地接近绝对真理，但永远不会达到绝对真理。因此，人的认识总是有偏见的，史学家的历史著作，也总会是有偏见的。但史学家的世界观、认识论越进步，他所认识的相对真理就越一步步接近真理。史学家思想越进步、越高明，他的著作就越会反映历史真实，越少主观偏见。史学家应当认识并承认自己的著作是有偏见的，但应努力学习改进认识客观的能力，减少偏见，使自己的著作符合客观真实，接近真理。"

做学问要谦虚，认识相对真理和绝对真理的关系，会使人对谦虚有点理论基础，谦虚得更有基础、更真实。

1993年7月15日

（摘自《师道师说·何兹全卷》，东方出版社2013年版）

【导读】何兹全（1911—2011），山东菏泽人，我国著名史学家，主要致力于研究中国社会史（周到隋唐）、汉唐佛教寺院经济、汉唐兵制，是汉魏封建论的提出者。成果丰硕，著述良多，中华书局于2006年出版六卷本《何兹全文集》。其中论著《中国古代社会》是其史学观点的代表作，被史学称为"汉魏封建论的扛鼎之作"和"新中国史学史上的一个里程碑"。

何兹全先生在文章中自述了其有关史学的思想，从中可见其治学方法。比如，关于历史分期的问题，学界曾有过激烈的争论，以范文澜先生为代表的"西周封建说"，及郭沫若先生的"春秋战国之际封建说"，可谓是"两大学派执中国史坛牛耳"。何兹全先生则运用马克思主义的唯物论、辩证法，提出了"汉魏之际封建说"。他说："研究任何历史问题，都要从当时的整个时代、社会出发，都要从历史发展的大形势出发。任何历史现象，从纵的方面说，都是历史发展长河中的一点；从横的方面说，都是全面形势中的一环。不了解历史发展大势和当时社会全面形势，就不会真正认识任何历史现象和问题的本质。"而且，他还认为，历史研究需要一定的理论指导。他在《杂谈学习魏晋南北朝史》中谈到："在功力方面，我们比乾嘉一代的学人可能差得很远，但我们有比他们高明处，高明就高明在我们有马克思主义理论。忽略马克思主义理论，埋头在史书堆里，我们很难超越他们，也不是正确的方向。"

发表于《北京师范大学学报》2001年第5期的《九十自我评述》，是何兹全先生对自己学术的评价，其中有段话是这么说的："在历史研究中，我的特点是：（一）能抓大问题。我研究的题目都是有关国计民生的大问题和反映时代面貌的大问题。（二）我继承了中国史学传统，重材料，重考证，重把问题本身考订清楚。我受有近代西方史学思想的影响，更受有马克思主义历史理论的训练。我重视从宏观、微观看问题，从发展上看问题，从全面看问题，形成我宏观、微观并重，理论、材料并重的学术风格。问题在都没有学到家，也没有作到家。如果要自我评估一下我的史学道路和成就，可以概括说：我欣赏在创始性、突破性和开拓新领域（如对佛教寺院经济的研究）方面有成就。"紧密联系社会实际，并且史论并重、点面结合、实事求是，力求创新、不落窠臼，大概就是何兹全先生治学的特点与方法。

（廖　华）

广博·勤奋·赶超

谈家桢

千里远行足下始，治学严谨能成才，这已被无数事实所证明。我的老师、美国著名实验胚胎学家、遗传学家摩尔根，治学态度很严谨。他在前人研究的基础上，创立了著名的基因学说，曾荣获诺贝尔奖金。

如何治学？古往今来，众说纷纭，各有千秋。我想是否可以从以下三方面去理解。

首先，知识面要广博。俗话说得好，一块石头砌不成金字塔，一根木头造不了洛阳桥。我们有志于攀科学高峰，攻克技术尖端，没有广博的知识怎么行？现在有的人似乎也懂得这个道理，但是他们"两耳不闻天下事，一心只读专业书"，知识面狭窄得很，知识少得很。这种状况必须尽快地改变。摩尔根早年从事实验生物学的研究，后来转向研究遗传学，但是实验生物学方面的知识对他研究遗传学很有用。可以这样说，如果他没有实验生物学方面的知识，也许他在遗传学方面就没有这么高的建树。

在学生时代，我主要攻读进化论、优生学和遗传学等学科，但也学过财政学、新闻写作、治外法权和比较宗教学。这些课程扩大了我的知识面，对我进行瓢虫色斑遗传的研究不无裨益。现在有人提出要文理相通，我是非常赞成的。基础科学和应用科学休戚相关，各门类科学相互渗透是当前科学发展的必然趋势。例如，生物学不仅是医学和农学的基础，而且与社会科学的关系也日益密切。国际上生物学的一个发展趋向，就是利用生物材料进行深入细致的探讨，来解决人类思维、记忆、感觉、行为等高级物质运动形态问题，使自然科学与社会科学之间的关系进一步密切起来。因此，我很赞赏外国大学把文科和理科放在一起叫做文理学院的做法。

其次，要勤奋。俗话说，"业精于勤，勤能补拙"。这句话富有哲理性。

从事社会科学的人要勤奋。唐朝大诗人白居易在给友人书中说，"……二十以来，昼课赋，夜课书，间又课诗，不遑寝息矣。以至于口舌成疮，手肘成胝。既壮而肤革不丰盈，未老而齿发早衰白，瞥瞥然如飞蝇垂珠在眸子中也，动以万数。盖以苦学力文所致……""劳心灵，役声气，连朝接夕，不自知其苦"。这里总结他之所以取得成功的一条重要经验，就是一个"勤"字。

从事自然科学的人同样离不开勤奋。我的老师摩尔根一生著有《基因论》《实验胚胎学》等专著十余种。这些著作都浸透了他辛劳的汗水。他的家在实验室对面，但是他经常在实验室里忙个不停，甚至连星期天也很少休息。他在治学中的勤奋态度还表现为不因循守旧，不通过实践决不轻易下结论。他起先对染色体的遗传学是持怀疑态度的，但是当他通过从果蝇的实验遗传研究中证实了这种学说的正确性的时候，他就把它加以宣传，并进而提出了基因理论。

在摩尔根这种治学精神的感染下，我发愤攻读，悉心研究，三年内在美、英、德等国的一些学术性刊物上发表了十余篇论文。抗战期间回国后，随浙江大学内迁到贵州的湄潭。在当时异常艰苦的条件下，我和我的同事及同学们利用当地的唐家祠堂作为安身之处，坚持科学研究，并取得了成果，提出了嵌镶显性遗传理论。

"书山有路勤为径，学海无涯苦作舟。"勤奋中也包含着刻苦，怕苦怕累的人是不能真正做到勤奋的。这是无须赘述的。

再次，学生要有雄心赶上并超过老师。荀子说得好："青，取之于蓝，而青于蓝；冰，水为之，而寒于水。"这两个生动的比喻说明，学生不仅要学习老师，更要超过老师。老师要允许、欢迎学生超过自己。我自己看到学生的进步就很高兴。我有个学生，叫徐道觉，现在是美国休斯顿德克萨斯大学肺癌研究中心细胞生物系主任。他首先确定了人类染色体的数目，在细胞生物领域里有很多创造，包括细胞冷冻储藏技术的发明，能将细胞保存上千年。这件事在国外很受重视，有人曾提名授予他诺贝尔奖金。我认为一个教师如果教出来的学生超不过自己，那就是失败。科学，总是一代胜过一代的。

在相处中，师生应该互相尊重。小的尊重老的，是尊重历史；老的爱护小的，是爱护未来。教师和学生互相尊重，这是值得提倡的新风尚。记得1934年，我远渡重洋，到美国加州理工学院，进入摩尔根实验室专攻博士学位的时候，我对业师摩尔根非常尊重；摩尔根对我以及他的其他学生也很尊重，充分发挥我们的独创精神，从不把自己的看法强加于我们，而是让我们去独立思考，自由发展。

在学术上，教师应该鼓励学生超过自己，而且要创造条件让他们超过自己。俗话说，教师引入门，进修在自身。教师的责任是引路，而不是画地为牢，把学生圈死在一个圈子里。课堂教学应着重启发式，教科书可以作参考书，发给学生自学，教师可以多讲一些自己的独特见解。如果一堂课中给学生有一点启发，就是成功。否则是培养不出杰出人才的。有人也许会认为，鼓励学生超过教师，这是对教师不尊重。事实难道真的是这样吗？我认为，学生超过教师，正是对教师的最大尊重，因为学生帮教师做了教师想做而没有能做的事情，推动了学术的发展。

陆游有这样两句诗："纸上得来终觉浅，绝知此事要躬行。"治学方法再好，如果不去实践，那也等于零。黑发不知治学苦，皓首方悔实践迟。在建设祖国现代化的今天，让我们牢记这两句至理名言，努力从现在做起吧！

（摘自《学人谈治学》，浙江人民出版社1982年版）

第七编 治学方法

【导读】 谈家桢（1909—2008），浙江宁波人，中国现代遗传科学奠基人之一，在中国建立了第一个遗传学专业，创建了第一个遗传学研究所，组建了第一个生命科学院，被称为"中国的摩尔根"。

《广博．勤奋．赶超》从三个方面谈到治学方法。首先是知识面要广博。谈家桢反对"学会数理化，走遍全天下"的观点，他认为："一块石头砌不成金字塔，一根木头造不了洛阳桥。我们有志于攀登科学的高峰，攻技术尖端，没有广博的知识怎么行？"同时还认为："一个成功的科学家往往有着广泛的兴趣，这种兴趣来自于他的博学和实践。"各个学科相互渗透是当今科学发展的必然趋势。广博的知识有利于创新思路，也有利于人格的培养。正如培根所说："读史使人明智，读诗使人灵秀，数学使人精确，科学使人深刻，伦理学使人庄重，逻辑修辞使人善辩。总之'知识能陶冶人的性格'。"

其次是勤奋好学。谈家桢本人非常努力勤奋。1926年，谈家桢被免试保送到苏州东吴大学生物系学习，三年半时间便修完了四年的学分，提前毕业并获得学士学位。又在短短的一年半时间里，完成了一篇具有高水平的研究论文，获得了硕士学位。他的导师李汝祺先生曾回忆说："我怎么也没有想到，他在一年半时间里，竟搜集到那么多的材料，做了那么多的工作，又看了那么多的书，这是出乎我意外的。"又说："我在谈家桢身上其实并没有花很多精力，但他的工作却做得那么出色。"这就说明，谈家桢十分刻苦，比常人更为努力才获得了如此成绩。

最后是要有超越别人的雄心壮志。要想超越他人，就要有质疑的精神。谈家桢曾对恩格斯的"生命是蛋白质的存在方式"与"劳动创造了人"两个科学命题提出质疑，这是对权威理论发出的挑战。谈家桢一直坚持一个信念："培养学生的目标，是要让他们超过自己。"学生要勇敢超越教师，教师也要鼓励学生超过自己。比如，谈家桢有位学生非常优秀，发表的论文在学界引起轰动，谈家桢很是高兴地说："如果学生始终停留在老师的水平上，那是教育的失败。我的愿望就是要求学生超过我。"美国著名学者摩尔根（谈家桢的老师）看到那个学生的论文后，给谈家桢写信道："我终于又一次看到了一个年轻的中国人超过了我，也超过了你。特别使我骄傲的是，你亲自培养的学生超过了你。"其实，学生超越老师，是对教师最大的尊重。

（廖　华）

读书·读人·读物

金克木

据说现在书籍正处于革命的前夕。一片指甲大的硅片就可包容几十万字的书，几片光盘就能存储一大部百科全书，说是不这样就应付不了"信息爆炸"；又说是如同兵马俑似的强者打败病夫而大生产战胜小生产那样，将来知识的强国会户矛胜过知识的弱国，知识密集型的小生产会胜过劳动力密集型的大生产。照这样说，像过去有工业殖民地那样会不会出现"知识殖民地"呢？这种"殖民地"是不是更难翻身呢？有人说目前在微型电子计算机和机器人方面已经有这种趋势了。从前农业国出产原料廉价供给工业国加工以后再花高价买回来，将来在知识方面会不会出现类似情况呢？不管怎么说，书是知识的存储器，若要得知识，书还是要读的，不过读法不能是老一套了。

我小时候的读书法是背诵，一天也背不了多少。这种方法现在大概已经被淘汰了。解放初，有学生找我谈读书方法。我当时年轻、大胆，又在学习政治理论，就讲了些什么"根据地""阵地战""游击战"之类的话。讲稿随后被听众拿走了，也没有什么反应，大概是没多大用处，也没有多大害处。后来我自知老经验不行了，就不再谈读书法。有人问到，我只讲几句老实话供参考，却不料误被认为讲笑话，所以再也不谈了。我说的是总结我读书经验只有三个字：少、懒、忘。我看见过的书可以说是很多，但读过的书却只能说是很少，连幼年背诵的经书、诗、文之类也不能算是读过，只能说是背过。我是懒人，不会用苦功，什么"悬梁""刺股"说法我都害怕。我一天读不了几个小时的书，倦了就放下。自知是个懒人，疲倦了硬读也读不进去，白费，不如去睡觉或闲聊或游玩。我的记性不好，忘性很大。我担心读的书若字字都记得，头脑会装不下，幸而头脑能过滤，不多久就忘掉不少，忘不掉的就记住了。我不会记外文生字；曾模仿别人去背生字，再也记不住，索性不背，反而记住了一些。读书告一段落就放下不管，去忘掉它，过些时再拿起书来重读，果然忘了不少，可是也记住一些，奇怪的是反而读出了初读时没有读出来的东西。

忘得最厉害的是有那么十来年，我可以说是除指定必读的书以外一书不读，还拚命去忘掉读过的书。我小学毕业后就没有真正上过学，所以也没有经历过考试。到60岁以后，遭遇突然袭击，参加了一次大学考试，交了白卷，心安理得。自知没有资格进大学，但凭白卷却可以。又过几年，这样不行了，我又检起书本来。真是似曾相识，看到什么古文、外文都像是不知所云了。奇怪的是遗忘似乎并不比记忆容易些。不知为什么，要记的没有记住，要忘的倒是忘不了；从前觉得明白的现在糊涂了，从前糊涂的却好像又有点明白了。我虽然又读起书来，却还离不开那三个字。读得少，忘得快，不耐烦用苦功，怕苦，总想读书自得其乐，真是不可救药。现在比以前还多了一点，却不能用一个字概括。这就是读书中无字的地方比有字的地方还多些。这大概是年老了的缘故。小时候学写字，说是要注意"分行布白"。字没有学好，这一点倒记得，看书法家的字连空白一起看。一本书若满是字，岂不是一片油墨？没有空白是不行的，象下围棋一样。古人、外国人和现代人作书的好像是都不会把话说完、说尽的。不是说他们"惜墨如金"，而是说他们无论有意无意都说不尽要说的话。越是啰嗦废话多，越说明他有话说不出或是还没有说出来。那只说几句话的就更是话里有话了。所以我就连字带空白一起读，仿佛每页上都藏了不少话，不在字里而在空白里。似乎有位古人说过："当于无字处求之。"完全没有字的书除画图册和录音带外我还未读过，没有空白的书也没见过，所以还是得连字带空白一起读。这可能是我的笨人笨想法。

我读过的书远没有我听过的话多，因此我以为我的一点知识还是从听人讲话来的多。其实读书也可以说是听古人、外国人、见不到面或见面而听不到他讲课的人的话。反过来，听话也可以说是一种读书。也许这可以叫做"读人"。不过这决不是说观察人和研究人。我说的是我自己。我没有那么大的本事，也不那么自信。我说的"读人只是听人说话。我回想这样的事最早可能是在我教小学的时候。那时我不过十几岁，老实说只是小学毕业，在乡下一座古庙里教一些农村孩子。从一年级到四年级都在大殿上课，只有这一间大教室。一个教师一堂课教四个年级，这叫做"复式教学法"。我上的小学不一样，是一班有一个教室的；我的小学老师教我的方式这里用不上。校长见我比最大的学生大不了多少，不大放心，给我讲了一下怎么教。可是开始上课时他恰恰有事走开了，没有来得及示范。我被逼出了下策，拜小学生为老师，边教边学。学生一喊："老师！先教我们，让他们做作业。"我就明白了校长告诉的教学法。幸而又来了两位也不过二十岁出头的教师做我学习的模范。他们成了我的老师。他们都到过外地，向我讲了不少见闻。有一位常在放学后按风琴唱郑板桥的《道情》，自己还照编了一首："老教师，古庙中，自摇铃，自上课……"这一个学期我从我教的小学生和那两位青年同事学到了很多东西，可是工资除吃饭外只得到三块银洋拿回家。家里很不满意，不让我再去教了。我觉得很可惜。现在想起来才明白，我那时是开始把人当作书（也就是老师）来读了。现在我身边有了个一岁多的小娃娃。我看她也是一本书，也是老师。她还不会说话，但并不是不通信息。我发现她除吃奶和睡觉外都在讲话。她发出各种各样信号，不待"收集反映"就抓回了"反馈"，立刻发出一种反应，也是新信号。她察颜观色能力很强，比大人强得多。我由此想到，大概我在一岁多时也是这样一座雷达，于是仿佛明白了一些我还不记事时的学习对我后来的影响。

我听过的话还没有我见过的东西多。我从那些东西也学了不少。可以说那也是书吧，也许这可以叫做"读物"。物比人、比书都难读，它不会说话；不过它很可靠，假古董也是真东西。记得我初到印度时，在加尔各答大学本部所在的一所学院门前，看到大树下面有些大小石头，很干净，像是用水洗过，有的上面装饰着鲜花。后来才知道这是神的象征。又见到一些庙里庙外的大小不同的这样的神象石头以后，才知道这圆柱形石头里面藏着无穷奥妙。大家都知道这是石头，也知道它是像什么的，代表着什么，可是有人就还能知道这里面有神性，有人就 看不出。对于这石头有各种解说。我后来也在屋里桌上供了一个这样的石头，是从圣地波罗奈城买来的。我几乎是天天读它，仿佛学习王阳明照朱熹的"格物" 说法去"格"竹子那样。晚清译"科学"一词为"格致"，取《大学》说的"格物致知"之意。我"格物"也像王阳明一样徒劳无功，不过我不像他那样否定"格物"，而是"格"出了一点"知"，觉得是应当像读书一样读许多物。我在印度鹿野苑常去一所小博物馆（现在听说已扩大许多倍），看地下挖出的那些石头，其中包括现在作为印度国徽的那座四狮柱头，还常看在馆外的断了的石柱和上 面的刻字。我很想明白，两千多年前的人，维持生活还很困难，为什么要花工夫雕刻这些石头。我在山西云岗看过石窟佛像，当时自以为明白其实并不曾明白其中的意义，没有读懂。我幼时见过家里的一块拓片，是《大秦景教流行碑》，连文字也没有读懂。读《呐喊·自序》也没明白鲁迅为什么要抄古碑。有些事情实在不好懂。例如我们现在有很多博物馆，却没有听说设博物馆专业和讲博物馆学，像设图书馆专业和讲图书馆学那样。有的附在考古专业里，大概只讲古，不讲今。听说南京大学和杭州大学有，但只是半个，叫做"文博"（文物考古和博物馆？）专业。北京大学曾有过半个，和图书馆学在一起，不知为什么取消了。我孤陋寡闻，不知别处，例如中山大学，还有没有。我们难道只是办展览会把古物、今物给别人去读么？可见"物"不大被重视，似乎是要"物"不要"读"，"读物"不如读书。记得小时候一位老师的朋友带给他一部大书看，说是只能当时翻阅，随即要带还原主。老师一边翻看，一边赞叹不已。我没见过那么大的书，也夹在旁边站着看。第一页有四个大篆字，幸而我还认得出是《西清古鉴》。里面都是些古董的画。我不懂那些古物，却联想到家中有个奇怪的古铜香炉，是我哥哥从一个农民那里花两块银洋买来的，而农民是耕地耕出来的。还有一把宝剑，被人先买走了。我想，如果这些刻印出来的皇宫古物的画都得到老师赞叹，那个香炉若真是哥哥说的楚国的东西，应是很有价值了。我却只知那像个青铜怪兽，使我想到《水浒》中杨志的绰号"青面兽"。我家只用它来年节烧檀香。这个香炉早已不知何处去了。我提到这个，只希望不再出现把殷墟甲骨当作龙骨，当药卖掉、吃掉，只想说明到处有物如书，只是各人读法不同。即便是书中的"物"也不易读。例如《易经》的卦象，乾、坤等卦爻符号，不知有多少人读了多少年，直到17世纪才有个哲学家莱布尼兹，据说读了两年，才读出了意思。这位和牛顿同时发明微积分的学者说，这是"二进位"数学。又过了二百多年，到20世纪40年代才出来了第一台电子计算机，用上了我们的祖宗画八卦的数学原理。听说《河图》、《洛书》中的符号在外国也有人正在钻研，有些是科学家、工程师，是为了实用目的。读《易经》、《老子》的外国人中也有科学家，各有实际目的，不是无事干或为了骗人。物是书，符号也是书，人也是书，有字的和无字的也都是书，读书真不易啊！我小时念过《四时读书乐》，到老了才知读书真不易。

从读书谈到读人、读物，越扯越远，终于又回到了读书。就此打住。

（摘自《师道师说·金克木卷》，东方出版社2013版）

【导读】金克木（1912—2000），字止默，笔名辛竹，安徽寿县人。他是一个传奇人物，仅小学毕业，却先后执教于湖南大学、武汉大学、北京大学，成为著名文学家、翻译家、学者，是"未名四老"之一（其他三位是季羡林、张中行、邓广铭），也有人将其与海德格尔、维特根斯坦、德里达、钱钟书齐名，称为当代五大学术大师。金克木精通多国语言文字，涉猎多个领域，均颇有建树，自称"杂家"。著有《梵语文学史》《印度文化论集》《比较文化论集》等学术专著，诗集《蝙蝠集》《雨雪集》，小说《旧巢痕》《难忘的影子》，散文随笔集《天竺旧事》《燕口拾泥》《燕啄春泥》《文化猎疑》《书城独白》《无文探隐》等。

金克木小学毕业后虽然没有真正上过学，但他却靠勤奋读书而终成大师。金克木小学毕业前后曾翻阅过家里祖辈留下的几十箱藏书，感到"从那里仿佛可以看到清代后期五朝（1821—1911）文化变化的一角"，在他看来，"书是知识的存储器，若要得知识，书还是要读的"。金克木总结自己的读书治学经验为"读书、读人、读物"，因而写成《读书·读人·读物》这篇谈论如何读书的文章。

金克木在文章中分析了何为读书、读人、读物，谈论了自己对读书的独特看法。对于读书，他并不认为看书就是读书，也不认为背书是读书，将"读"与"看"、"背"相区别，因此他认为自己一生"看见过的书可以说是很多，但读过的书却只能说是很少"，他将读书的准则总结为"少、懒、忘"三字诀，他认为自己是个"懒人"，硬读又读不进去，只要疲倦了就去"睡觉或闲聊或游玩""读书告一段落就放下不管，去忘掉它，过些时再拿起书来重读，果然忘了不少，可是也记住一些。奇怪的是反而读出了初读时没有读出来的东西"，这种"少、懒、忘"让他自得其乐。晚年时他读书更有趣，是"连字带空白一起读"，觉得收获更大。对于"读人"，他指出："其实读书也可以说是听古人、外国人、见不到面或见面而听不到他讲课的人的话""听话也可以说是一种读书"，此即为"读人"。而对于"读物"，金克木认为凡是见过的东西都是书，比如文物，从中均可学到不少知识。在金克木看来，"物是书，符号也是书，人也是书，有字和无字的都是书"，因此，要读书，就要既读文字之书，也读人，也读物，如此方能掌握丰富的知识。

金克木的读书法拓展了"书"的范围，也拓展了"读"的范围和方法，能给一代又一代读书人提供参照。当下是一个电子媒介时代，各种知识的传播比过去更为迅捷、方便，其阅读更需要读书、读人、读物的阅读姿态。

（罗小凤）

学 读 书

金克木

教我读书识字的开蒙老师是大嫂，实际上教我读没写成文字的书的还是我的两位母亲。

大妈识字，大概不多。她手捧一本木板印的线装书看一会儿，这是极其稀罕的事。她看的书也是弹词。多半时间是半躺在床上，常要我给她捶背。或者自己坐在桌前玩骨牌，"过五关，斩六将"，看"酒、色、财、气"，一玩一上午。身体精神特别好时，她会叫我坐在她腿上，用两手拉着我的两手，轻轻慢慢一句一句说出一首儿歌。是说出或者念出，不是唱出，那不能算唱，太单调了。

"小老鼠，上灯台，偷油喝，下不来。叫小妞，抱猫来，叽里咕噜滚下来。"

我跟着一句一句学。什么意思，她不讲，我也不问。

妈看到大妈这样喜欢我，很高兴。在我跟着她睡的自己房间里，她也轻轻慢慢半说半唱教我。

"打起黄莺儿，莫教枝上啼。啼时惊妾梦，不得到辽西。"

她不认识字，怎么会背这首古诗？是我父亲教他的？还是她听来自己学会的？我不知道，也没问过，只是跟着她像说话一样说会了这四句诗，也不知道这叫做诗。

大嫂教我《三字经》时，她不看着书，和大妈、妈妈一样随口念出，用同说话一样的腔调，要我跟着学。我以为书就是这样说话的。不同的只是要同时认识代表每一个音的字。这有什么难？大嫂用手按住教的两句，只露出指缝间一个字，问是什么。我答对了。不久，她又拿出一个纸盒，里面装满了许多张方块纸片，一面是楷书大字，另一面是图。这是"看图识字"，都是实物，也有动作。正好补充《三字经》所缺少的。像"人之初"的"之"字画不出，好像是没有，也许是有字没有画，记不得了。

每天上午大嫂在房里非常仔细地做自己的美容工作，我坐在桌边读书识字，看着她对着镜子一丝不苟地修理头发，还刷上一点"刨花水"，使头发光得发亮。还用小粉扑在脸上，轻轻扑上点粉，再轻轻抹匀，使本来就白的脸更显得白。那时大哥还在北方，不在家里，她又不出门，打扮给谁看？是自然习惯把？她已经满40岁了吧？她是大哥的继室，自己只生过一个女儿，七岁上死了。是不是她把小弟弟当做自己的孩子教，排除寂寞？

我把《三字经》和那些方块字都念完了。觉得大妈、妈妈、大嫂的说话都不一样，还有书上的、口头的，"小老鼠""黄莺儿""人之初"也不一样，都很自然。她们说的话我都懂，不论音调、用词、造句有什么不同。书上文字写的就不全懂，我想，长大了会懂的。她们不讲，我也不问，只当做是说话。

这时三哥中学毕业，天天留在家里了。那时中学是四年制。他上的是省立第一中学，是全省最高学府。全国的大学，除外国人办的不算，只有戊戌变法时办的"京师大学堂"，改名为北京大学。中学毕业好比从前中了举人，还有人送来木板印刷的"捷报"贴在门口。大哥是秀才，在山西、陕西、河南什么"武备学堂"当过"督监"。二哥和三哥本来在家塾请一位老师教念古书。大概父亲后来受到维新变法思潮影响（这从家里书中可以看出来），送二哥进了什么"陆军测绘学堂"，三哥进了中学。二哥成为高度近视，戴着金丝眼镜回老家结婚没出来。三哥念完了中学，成绩优秀，是家中的新派人物。

有一天，大嫂在午饭桌上向全家宣布，从今以后，四弟归三弟教了。第二天我就被三哥带到他的房间。室内情况和大嫂的大不相同，有一台小风琴和一对哑铃。桌上放的书也是洋装的。有些书是英文的。有一本《查理斯密小代数学》，我认识书面上的字，不知道说的是什么。我正在惊奇和兴奋中，三哥叫我坐在桌边，说以后我陪他念书，给我面前摊开了一本书。又说："你念完了《三字经》，照说应当接下去念《百家姓》《千字文》《千家诗》，也就是三、百、千、千。那些书你以后可以自己念，现在跟我念这一本。"这是第一代的中国"国文教科书"吧？比开头是"人、手、足、刀、尺"的教科书还早一代，大概是戊戌变法以后，维新志士张元济，也就是商务印书馆的创办人和主持人之一，发起编订由"商务"出版的。

这书的开头第一课便是一篇小文章，当然是文言的，不过很容易，和说话差不多。三哥的教法也很特别，先让我自己看，有哪个字不认识就问他。文章是用圈点断句的，我差不多字字认识。随后三哥一句一句叫我跟着念，他的读法和说话一样。念完了，问我懂得多少。我初看时凭认得的字知道一点意思，跟着他用说话口气一念，又明白了一些，便说了大意。三哥又问了几个难字难句要我讲，讲不出或是讲得不对，他再讲解、纠正。末了是叫我自己念，念熟了背给他听，这一课便结束了。他自己用功写大字，念英文、古文，我一概不懂，也不问。有时他弹风琴，偶尔还唱歌。我也看到过他两手拿着哑铃做体操。

这是我在家里正式上学了。这本教科书的内容现在记不得，书中浅显如同口语的文言更使我觉得熟悉了书本的说话。现在回想，书中有两课讲的故事和画的插图又出现了。是不是在第一册里，记不准。

一课是"鹬蚌相争，渔翁得利"。文中对话平易而生动。三哥问我，双方对衔着怎么还有嘴说话，而且说人话？我答不上来。他便说，这是"寓言"，对话是作文章的人代拟的。以后读的书中这类话多得很，不可都当真。这是假做动物说人话，说的是人，重要的是意思，是讲给人听的。

另一课是"卞庄子刺虎"。"两虎相斗，必有一伤"，这时再去杀虎，两虎都不能抵抗了，还是第三者得利。意思和那一课一样，只是文中老虎没有说人话。忘了这是我提出来的，还是三哥讲的。

在争斗之中，双方都是相持不下，宁可让第三者得利彼此同归于尽，也不肯自己让步便宜对方。让渔翁和卞庄子得利的事不会断绝的。

小老鼠怕猫，黄莺儿唱歌挨打，鹬蚌、两虎相争，宁可让别人得利，这些便是我学读书的"开口奶"。这类故事虽有趣，那教训却是没有实际用处的，也许还是对思想有伤害而不利于处世的。到四十年代初，我曾作两句诗，说不定是从这幼年所受无形影响结合后来见闻才会有的：

世事原知鹿是马，人情贯见友成仇。

（摘自《游学生涯》，东方出版中心2008年版）

【导读】 1941年金克木经缅甸到印度，任一家中文报纸编辑，同时学习印地语和梵语，后到印度佛教圣地鹿野苑钻研佛学，同时跟随印度著名学者学习梵文和巴利文，走上梵学研究之路。1946年金克木回国，应聘任武汉大学哲学系教授，1948年后任北京大学东语系教授。曾任中华全国世界语协会理事，中国世界语之友会会员，第三至七届全国政协委员，九三学社第五届至七届常委，宣传部部长。

作为一位有着突出成就的学者，金克木的学习经历有着非常特殊的意义。其"学读书"给我们展示的是一个少年成长的历程。

文章给我们叙述了作者小时候"学读书"的情况。作者的"学读书"可以分为两个阶段：一是旧式启蒙教育阶段；二是新式教育启蒙阶段。

旧式教育，讲究的是"三、百、千、千"，《三字经》《百家姓》《千字文》《千家诗》，这是这种教育最基本的学习内容。金克木小时候就是在大妈、妈妈和大嫂的教导下学习这些知识。从最初的儿歌到古诗，再到《三字经》，金克木就在这样的教育下读书识字，并掌握了相当的知识。只是从教学的方式看，无论是大妈，妈妈，还是大嫂，她们的教法都只是简单地教金克木识字，至于儿歌、古诗和《三字经》中的知识体系或者艺术手法，则完全没有体会。

金克木的三哥接受的是新式教育，三哥也把这种教育教给了金克木。与大妈等人的教育不同的是，三哥虽然也教金克木读书识字，但更重要的是，三哥教金克木怎么去体会文章的艺术性，怎么在文章中发现问题。读书的一个重要意义，就是在读的过程中能发现问题，能有所收获。三哥教金克木读书，要金克木对故事中的问题进行思考，这是一种启发式的教学。通过这样的思考，金克木也才能掌握"代拟"的手法，才知道什么是"寓言"。经常带着问题读书，才能有更大的收获。我们平时读书，也应该习惯于带着问题读书，这才会有长进。这应该也是金克木之所以能成为大家的重要原因吧。

读书就是要善于发现问题，只有发现问题，才能去思考问题。单纯的读书，不假思索的读书，只是简单地认识字。这样的读书没有任何意义。因此，我们读书的时候，要多问几个为什么，多想想其中的真谛。这也就是读书最基本的方法，也是做学问的前提。

但是，无论是哪种教育，在金克木看来，都存在这样的问题：他所学的知识，从故事来看，都只是一些"对思想有伤害而不利于处世的"。从中也可以看出，中国传统教育更注重的是对人的思想的教育。

（莫山洪）

论学术文章的写作

任继愈

写学术文章，可以说没有共同的程式，却不能说没有共同的要求。

朱谦之先生治学兴趣广泛，对中西文化交流史、中国哲学史、日本哲学史、朝鲜哲学史、音乐史、戏剧史、宗教史、目录学都有专门著作问世，曾得到国内外学术界的重视。他写文章的特点是快。每天早晨四、五点钟开始写作，到八、九点钟停止。他写作时，手不停挥，文不加点，一两万字的文章，一挥而就。有时连引文也懒得查对。汉代文学家枚乘，文思敏捷，草拟紧急文书"倚马可待"。枚乘写文章快是快，但不是学术著作，总数量也不多，比朱谦之先生差远了。

冯友兰先生晚年目力不佳，他写文章由自己口授，助手记录，冯先生在记录稿上做些修改，最后整理成书。解放后出版的几部《中国哲学史新编》，都是以这种方式写成的。古人中有下笔成文、出口成章的作家，多半指的诗、赋或即席应酬之作。口授几十万字的学术文章的却不多见。冯先生善于化繁为简，逻辑性强，使人读后印象明确。他的观点别人不一定赞同，但不会由于表达不清楚而使读者误解。这是他的功力之所在。

朱光潜先生写文章，先把必要的材料收集齐备，把文章的大端、纲目列出来，摆在手边。然后按拟定的纲目，逐章逐段地写下去。朱先生的文章条理分明，不蔓不枝，如潺湲山泉，有曲折，有起伏，而说理明畅，沁人心脾，有理论文的清新，又有诗的韵味。

熊十力先生写文章富有批判、论战风格。有时急于下笔，随手抓几张纸（多半用别人来信的信纸背面起草），奋笔疾书，字如狂草。写到会心处，口里不断讽诵。文章写完，他认为最重要的段落，加上浓密圈点。有时高兴了圈点的地方占了一半以上，重点反而不明显了。他为文气势磅礴，如长江大河，字句不加雕饰，看似漫不经心，而用字遣词，又十分准确，不可更动。

汤用彤先生写文章，慢条斯理，不以敏捷擅长。中年以后，患高血压，手颤,用毛笔写字很吃力,几千字的文章要断断续续写好几天。写作过程中不断修改,一稿往往修改多次。他的文章虽非一次写成,并没给人以不连贯的感觉。使人读后觉得清通简要,文质得中,寓典丽于高古,深得魏晋风格,却没有魏晋文风虚诞浮华的弊病。

上述几位老先生中,除朱谦之先生属于才子气的写作方式,别人不容易学以外,其它如冯、朱、熊、汤几位先生都有特长。他们的文章,不论长篇巨著,还是札记短笺,讲的都是他们熟悉的东西,不讲他们不熟悉的东西。因而讲起来总是头头是道,如数家珍。鲁迅先生曾说过,章太炎先生晚年社会上尊奉为国学大师,他不讲他熟悉的文字学,却喜欢讲文字学以外的东西。出了范围,他的言论往往不大正确。鲁迅对此,很为章太炎惋惜。这里讲的几位先生文章写得好,受到内行人的尊重,原因是在学术问题上从不"越位"。这一点,值得学习。专家,所专的只不过一个小范围,小范围以外,专家未必专,也许很外行。

现代人写学术文章,不同于古代人。评论学术,分析概念,要求清晰、准确。《庄子·天下篇》是学术论文,用庄子《天下》的写作方式,表达不了当前的百家争鸣局面。写学术文章,要有系统的现代科学方法的训练。上面所举的这几位先生超过乾嘉学者,也超过同光时代新学派的学者的地方,就在于他们接受了现代思想方法。

所谓"现代",并没有一个固定的疆界,现代中最根本的一条标志,即看作者是否熟悉现代的科学的思想方法。有了科学的思想方法,才可以保证我们的学术论文水平不断提高。科学的发展无止境,学术研究的深度、广度也无止境。

学术文章风格因人而异,好比人的性格不能强求一律。所谓"文如其人",即指文章风格,也指人的品格。写文章离不开技巧,要有基本训练。这是每一个学者在青少年应当学会的本领,这里不去说它。我只说学术论文最要紧的是文章的科学性。如果内容缺乏科学性,就等于人患了软骨病,站不起来,成为不治之症。学术文章,先有"学术",再谈"文章",因为文章的支柱是它的学术内容,而不是词藻、结构、章法。旧社会所谓"桐城义法",写不出学术论文,用"马列义法"装点的文章多短命,有的文章连一两年的寿命也没有维持下来,一点也不奇怪,理应如此,因为文章缺少科学性。

(摘自1986年12月1日《光明日报》第3版)

第七编　治学方法

【导读】任继愈此文开篇即言"写学术文章，可以说没有共同的程式，却不能说没有共同的要求"。

任继愈所说的"程式"倾向于写作风格。他以朱谦之、冯友兰、朱光潜、熊十力、汤用彤五位老先生的写作习惯和特点为例，通过他们各有特色的写作方式及风格来说明，优秀学术文章的写成并无共同的"程式"。朱谦之在写作方式上的特点是"快"，其学术风格是所涉专业广泛、学术内容丰富，由此可见，其学术文章的写成有赖于学术根基之广博；冯友兰晚年写作方式上的特点是"出口成章"，其学术风格特点是善于化繁为简、逻辑性强且表述清晰，其学术文章所表现的自然也是学术根底的深厚；朱光潜在写作方式上的特点是在材料齐备的基础上举纲张目，其学术风格特点是讲究条理性，但语言又不枯燥，而是清新且富于诗韵，由此其学术文章所折射出的也是其学术能力之强；熊十力在写作方式上的特点是随性，虽是即兴性的创作，"看似漫不经心"，但"用字遣词，又十分准确，不可更动"，不能不说这是学术功力炉火纯青的一种表现……总之，以上各位老先生看似写作"程式"不同，学术风格各异，但归根结底，他们之所以能写出优秀的学术著作，都源于他们学术根基和学术功力的深厚与扎实。

对于一般学者而言，要培养扎实的学术功底就必然要讲究一个"专"字，搞学术研究要"小范围"，写学术文章要写自己熟悉的东西，也就是任继愈所说的"在学术问题上从不'越位'"，如此才能写出正确的、"受内行人尊重"的学术文章。可以说，这是写优秀学术文章的第一个"共同的要求"。

第二个"共同的要求"是表述要"清晰、准确"。评价五位老先生的学术文章时，任继愈曾突出强调他们的文章语言，或"使人读后印象明确"，或"说理明畅"，或"十分准确、不可更动"，或"清通简要"。作为学术文章，尤其是现代学术文章，或要评论学术、或要分析概念，其文章内容本身具有较强的专业性，意欲读懂必要具备一定的专业知识和基础，需要破译和转换的语码较多，这就要求文章的写作者在表述时尽量表达到位、清楚，不能使读者误解，或读之而不得解。

要达到以上两个要求，必须要接受系统的学术训练，所以任继愈提出，"写学术文章，要有系统的现代科学方法的训练"。这种训练既包括学术思维的训练，也包括学术文章写作的训练。从学术思维的训练来讲，其重点在于"接受现代思想方法"，能在某一专业学术领域有所拓展，自己的研究能使某一领域的学术研究在深度和广度上有所发展。从学术文章写作的训练来讲，其重点在于要使文章具有科学性，"先有'学术'，再谈'文章'，因为文章的支柱是它的学术内容"。总之，写学术文章的要点就在于学术性和科学性。

（杨　艳）

"四书"教学的经验与问题

陈　来

这次由清华大学国学院与中山大学高等研究院共同主办的"四书"教学经验研讨会，我学到了不少东西，我现在要讲的，说不上是总结，只是尝试把大家的讨论归纳一下，当然不可能全面，算是我的体会心得跟大家作一汇报。

这次会议有几十位老师发言，所涉及的，主要有六个问题：

一　四书合教与单书教学

从大家的发言来看，迄今为止，高校的四书课程，语、孟、学、庸四书合教的课程较少，而《论语》或《孟子》的单书教学较多。四书合教课程的教法一般是导读、精选，而《论语》《孟子》的单书课程一般采取逐章精读的方法。此外，单书课程的科目虽然可以独立，也可以纳入在不同的科目框架中，如"四书——《论语》"，或"儒家经典——《孟子》"。"四书"是固有的经典体系的名称，较适合国学班类的课程；"儒家经典"弹性较大，使儒家经典的结集和教学有开放性。

二　德育取向与文化取向

从教师课程教学的立场、态度、出发点来看，目前四书教学主要有两种不同的态度：一是德育取向的，包含以帮助学生"安身立命"为目标；一是文化取向的，包含从人文素质、历史文化、扩大知识等方面提高学生素养。就德育取向的教学来说，我的印象是，比较成功的教学往往依赖于教师的个人魅力、个人能力、个人的生命感召力，而这并不容易普遍化。就文化取向的教学来说，我觉得儒家经典课程有一项重要的功能，即引导学生对于中国文化和儒家形成正确认识，这个文化功能很重要，应进一步引起重视，而这不是单纯的

"知识"或"智育"所能涵盖的。

三　加强吸引力与培养敬畏感

课程教学需要有吸引力，一般来说大家都同意，如何加强四书课程的吸引力，很多老师实践了不同方法，尝试了一些新的手段，甚至有包括动漫片段的课件设计。而另一些老师，注重于营造和培养学生的敬畏感，这种敬畏感是指对文化和传统的敬畏。而要求学生背诵经典文本，是许多老师经过实践认为可行且有效的一种方式。加强吸引力是教学教法的共同要求，探索可以更加开放；培养敬畏感是注重文化的功能，这类的努力是可贵的。

四　经典文本与内容体系

在近年经典阅读流行的风气下，多数四书课程采取文本讲解的方法，以篇章的自然顺序，逐段讲读，其结果是突出"经典"的意识。也有一些老师，不采取经文逐章讲读的方法，而就一书的内容体系，加以介绍，就单书教学而言，应当说这也是可以的；而它所突出的就不是"经典文本"，而是"思想系统"。两者在通识课程中根据不同需要都可以采用。

五　通识课程与普及教材

通识类课程，若以经典文本的精读方式教学，多不需要编写教材用书。而以内容体系介绍经典著作的课程，则往往需要编写教本。目前担任四书教学的老师中有些同时编写了普及性、通俗性的书，可以作为同类课程的教材使用。这些教材还有一种用途，就是提供给新任课的青年教员一个范本，使得他们的课程有例可循。这些教材可以互相交流，我们还可以推荐其中的优秀教材。

六　授课教师的综合素养

四书课程的教授者不仅承担课程文本的教学，作为儒学经典的讲授者，必然也要承担对学生有关儒家文化疑问的解答。多年来社会上流传了各种对儒学的错误认识，要帮助同学正确认识这些问题，就需要讲授者本身建立正确和妥当的文化观，具有相关的历史文化知识，才能正确指导和回答学生的问题。因而，对于儒家经典四书的教学而言，教育主体必须不断提高文化自觉和综合修养，才能保证教学目的的实现。

一天半的讨论，很热烈也很充分，讨论并没有结论，问题是开放的。除了以上六个问题外，我以为目前四书课程教学有两个总的特征：

第一，课程的设计、教法、教材、形式都是多元的、多样的，但殊途而同本，即大家的出发点是一致的，都在关注中国文化的传承与发扬。教学方法和形式的一本万殊，今后也必然如此。

第二、目前承担四书教学的老师，都是充满了文化责任感和文化理想的老师，都是主动要求承担这类课程的，他们的精神和生命状态令人感动，这是非常难得的。希望大家继续保持和发扬。

(摘自《北京·国学·大学》，北京大学出版社2012年版)

【导读】陈来（1952— ），哲学博士，清华大学哲学系教授，当代著名哲学家、哲学史家。其主要研究方向为儒家哲学、宋元明清理学和现代儒家哲学。

国学热是近年来社会出现的重大现象，不少院校都举办了国学院，开展国学教育。作为国学教学的基础，四书即《论语》《孟子》《大学》《中庸》的教学显得尤为重要。陈来的这篇演讲，就是对四书教学研讨会上所碰到的问题所作的归纳与总结。

陈来在文章中就四书教学问题作了六点归纳。在这六个问题中，四书教学的基本问题都囊括其中。

首先是四书教学的方式。四书合教与单书教学是当前四书教学的基本形式。四书合教有助于学生全面把握儒家的经典著作，有助于学生全面理解儒家的核心思想，这种教学方式具有提纲挈领的特点。单书教学则能加强学生对其中某一部经典的认识，提升学生对经典的理解。两种教学方式各有特点，不可或缺。陈来在第四点中所提到的"经典文本"与"内容体系"问题，与此项类似。即单书教学更多注重"经典文本"，四书合教则注重"内容体系"。

其次是对待四书教学的价值取向。陈来指出，当前四书教学有两个价值取向，即德育取向与文化取向。德育取向目的在于培养学生"安身立命"，培养学生良好的道德取向。文化取向则在于培养学生的人文素养，提升学生正确认识儒家文化、中国文化的能力，对于弘扬中国优秀传统文化有着极大的帮助。

第三是课程培养的目标。四书教育既要吸引学生，使学生对儒家文化产生兴趣，又要培养学生对传统文化的敬畏心理，从而更好地去学习传统文化，弘扬传统文化。

为了更好地普及儒家文化，更好地开展四书教学，陈来认为，一些从事四书教学的老师所编订的普及性、通俗性读物可以作为教材，引导更多人学习四书。此外，作为从事四书教学的教师，还应该具备综合素养，在儒家文化的修养上应该达到一定的境界。这也是教师之所以成为教师的根本。

国学热已经有一段时间，在当前国家大力弘扬传统文化背景下，国学教学尤其显得重要。如何加强国学教学，陈来在这篇文章中以四书教学为例，为我们展示了国学教学所应注意的问题。

（莫山洪）

论作家的人生哲学

[美] 杰克·伦敦

终生只想制作粗制滥造的作品的文学匠，不要读这篇文章，因为它只是白白地浪费了时间，又破坏了自己的情绪。这篇文章不包括怎样编排手稿、怎样加工素材这样的建议，也不包括对编辑的大笔的任意所为、对副词与形容词变化的评价加以分析。不可救药的"多产作家们"，此文不是为你们写的。文章是给有理想的作家——即使他目前只写出了很平庸的作品，是给追求真正的艺术并幻想着他不必再向农业报纸或家庭杂志登门求告的时刻的作家们的。

亲爱的先生们，太太、小姐们，在您选中的部门里，您取得了什么成就？您是天才吗？原来您并不是天才。如果您是天才，便不要读此文。天才把一切桎梏和偏见抛到一边，不能控制他，不能令其顺从。天才！珍贵的鸟，象我和您一样，不在每一片树丛中飞来飞去。

也许您是有才华的人？当然，这也可能。当赫拉克勒斯还在襁褓时，他的二头肌也细得可怜。您也是这样，您的才华还没有得到发展。假如它得到适当的营养，它就会像样地成长起来，您便不会因读此文而浪费了时间。如果您真的相信您的才华已经成熟，那时便放下它，不要再读下去。如果您认为它还没有达到这一水平，那么，在您看来，要通过怎样的方法才能达到呢？

"要做一个有独创性的人。"您不假思索地回答到。而后又添加到："逐渐地发展自己的独创性。"好极了。但是问题并不在于做一个有独创性的人，这连黄口小儿也知道。而在于怎样成为有独创性的人？怎样唤起读者对您的作品的强烈兴趣，而使出版商极想得到它？

亦步亦趋地跟在别人——哪怕是最有才华的人的后边，反射着别人独创性的光芒，也不能成为有独创性的人。要知道，任何人也没有为瓦尔特·斯可特和狄更斯，为埃得加·坡和朗费罗，为乔治·埃略特和亨福利·瓦尔得夫人，为斯帝文森和吉普林、安东妮·贺普、马丽·高瑞利、斯帝文·克来恩，以及许多其他作家，名单可以无限延长——铺平道路。出版商和读者直到如今还闹嚷嚷地要他们的书。他们达到了独创性。为什么？就是因为他们不象随风转动的无思无虑的顺风旗，他们的起点也就是那些和他们一起而终为败北者的起点。他们所得到的遗产也是那个世界，以及那些平淡无奇的传统。但是他们同败北者的区别只有一个，就是他们抛弃了别人使用过的材料，而直接从源泉汲取。他们不相信别人的结论、别人权威性的意见。他们认为，必须在自己经手的事业上打上自己个人的烙印——标志要比作者的权利重要得多。他们从世界及其传统（换言之，从人类的文化和知识）汲取为建立自己的人生哲学所必需的材料，就像从直接源泉汲取一样。

至于"人生哲学"这一用语，并没有准确的定义。首先人生哲学不解决个别问题。它不特别集中注意这样的问题，诸如过去和将来灵魂之受苦，不同的或共同的两性道德的规范、妇女的经济独立、性能遗传的可能性、招魂术、变异、对酒精饮料的看法等等，等等……不过他还是要研究这些问题，以及在生活道路上经常遇到的一切其它障碍。这不是抽象的，脱离现实的，而是日常的工作的人生哲学。

每一个获得持续成就的作家都有这样的哲学。这样的作家有特殊的、他个人独特的对事物的看法。他用一个尺度或一组尺度来衡量落入他的视野里的一切。根据这个哲学，他创造性格并作出某些概括。由于它，他的创作看来是健康的、真实的、新鲜的、显露出世界期待听取的新东西。这是他个人的，而不是被重新安排好的、老早就被咀嚼过的、全世界都已知晓的真理。但是，请谨防误会，掌握这种哲学完全不意味着从属于教学论。根据任何理由表达个人观点的才能，并不能成为用教训小说烦扰读者的依据，可是也不禁止这样做。应当看到，作家的这个哲学很少表现为想让读者这样或那样地解决某个问题，只有不多的几个大作家才是公开进行教育的。同时，某些作家，如大胆而优美的罗伯特·路易斯·斯蒂文森，几乎完全把自己表现在创作中，甚至回避对教训的暗示。许多人把自己的哲学当作秘密的工具，他们借助哲学形成了思想、情结、性格，在完美的作品里，他渗透在各个方面而不显露出来。必须懂得，这些工作的哲学，使作家不仅可以把自己，而且也可以把他审查过的和评定过的、通过他的"我"而反映出来的东西写进自己的著作里去。

以上谈到的，可以通过智力的巨人、著名的三巨头——莎士比亚、歌德、巴尔扎克的例证，特别鲜明地予以说明。他们各人是各人，以至不能把他们相互比较。每一个人从自己的仓库里、从自己的工作哲学中挖掘，又按照个人的理想创作自己的作品。非常可能，在刚一出生时，他们和一般的孩子没有什么两样，然而，他们从世界及其传统中学会了某种他们的同龄人没有学会的东西，而正是那个，是应当告诉给世界的。而您呢？青年作家，您有什么要说的？如果有，又是什么使您不能说出来呢？如果您能够发表世界愿意听到的那些思想，您就像您所想的那样表现出来吧。如果您想得清楚，您也会写得清楚；如果您的思想有价值，您的文章也会有价值。但是，如果叙述得淡而无味，那是因为您的思想淡而无味；如果您的叙述很狭隘，那是因为您本身狭隘。如果您的思想不清楚和自相矛盾，难道可以期待表现得清楚吗？如果您的知识是贫乏和杂乱无章的，难道您的叙述会是流畅和合乎逻辑的吗？没有巩固的基础，没有工作的哲学，难道可以从混乱中造出秩序来？难道能够正确地理解和预见吗？难道可以确定您所拥有的那一点点知识的大小和相对价值吗？而没有这一切，难道您能够是您自己吗？难道您能给被操劳过度而弄得疲惫不堪的世界带来什么新的东西吗？

只有一个方法能够赢得这样的哲学——这就是探求的方法，从知识宝库，从世界文化中汲取材料，从而形成这一哲学的方法。当您还不理解作用于锅底的力时，您知道蒸汽的气泡是什么？当一个艺术家还没有形成关于欧洲历史和神话学的概念，还不懂得总的形成犹太人性格的不同特点——他的信仰和理想、他的热情和眷恋、他的希望和恐惧，难道能够画出《你们看这个人》来吗？如果作曲家对伟大的古日尔曼史诗一无所知，他能创作出《瓦尔基利亚女神》来吗？这一切都和您有关——您必须学习，您应当学会带着观点观察生活。为了理解某个运动的性质和发展阶段，您应当知道那些促使个人和群众行动起来的动机，那些产生了伟大的思想，并使之发挥作用，把约翰·布朗送上了绞刑架，把基督送到厄尔厄他的动机。作家应当掌握生活的脉搏，而生活便给他个人的工作哲学。借助于这种哲学，他本身便开始评价、衡量、对比，并向世界说明生活。正是这个个人的烙印，个人对事物的观点，被称之为个性。

从历史学、生物学、从学习进化论、伦理学，以及从一千零一种知识部门，您知道了些什么？您表示异议说："可是，我看不到这一切怎么会帮助我写小说或长诗？"他毕竟会帮助您的。不是直接的，而是间接的影响，知识给您的思想以广阔天地，扩大您的视野，开拓您的活动范围，知识用自己的哲学武装您，这种哲学和其它任何一种哲学一样，将唤醒您独创性的思想。"可是这项任务太庞大了。"您抗议说："我没有时间。"然而它的规模并没有吓住别人。您可以生活很多很多年。当然，不能期望着您会懂得一切。然而正是根据您将掌握知识的程度，您的写作技艺和您对他人的影响，不断地增长。

　　时间！当谈到时间不够时，指的是不能够有效地利用时间。您学会了正确地读书吗？在一年里，您在多少本平庸的短篇和长篇小说上消耗了时间？或者企图研究短篇小说的写作艺术，或者锻炼自己的批评才能？您从头到尾读完了几本杂志？这就是您的时间，而您糊里糊涂地把它浪费掉了，而它不再回来。要学会精心地选择阅读材料，学会快速阅读，抓住主要的东西。您讥笑老年人昏匮糊涂，他们通读每天的报纸，包括广告。难道您逆着当代文学的洪流而拚命挣扎就不那么可怜吗？还是不要避开这一洪流，要读好一些的，只是好一些的书。不要怕放下已经开始还没有读完的短篇小说。要记住，只有读别人的作品，您才能重新安排作品，否则，您本人就没有什么好写的了。时间，如果您不去寻找时间，我向您担保，世界不会寻来时间听您使唤。

（摘自《外国散文经典100篇》，人民文学出版社2003年版，王岷源等译）

　　【导读】杰克·伦敦，原名约翰·格利菲斯·伦敦（John Griffith London），美国著名的现实主义作家，是世界文学史上最早的商业作家之一，因此被誉为商业作家的先锋。

　　杰克·伦敦在《论作家的人生哲学》中，主要谈论了人生哲学对于作家创作的作用与意义。一般的作家谈创作，大都谈如何编排手稿，如何加工素材，如何塑造人物形象，如何遣词造句，如何设计情节，如何布局构思，如何抒情达意，但杰克·伦敦谈的却是作家的人生哲学对于创作的作用。在他看来，作家不仅应该掌握一些写作技巧，还应懂得一些人生哲学。他认为凡是有理想的作家或追求真正的艺术，只有拥有一定的人生哲学，才能拥有特殊的、他个人独特的对事物的看法，才能创作出健康的、真实的、新鲜的作品，显露出世界期待听取的新东西。而只有让作品中拥有让世界期待听取的、作家个人的新东西，这样的作品才是杰作，才是世界需要的。因此杰克·伦敦在《论作家的人生哲学》一文的开篇便建议作家和一般的写作者们去了解或探索一定的人生哲学，并坚信"每一个获得持续成就的作家都有这样的哲学"，其所言

"人生哲学"具体包括对生活、人生、道德、经济等诸问题的态度与理解。杰克·伦敦认为,一个作家有没有这个"人生哲学",区别是很大的:"作家应当掌握生活的脉搏,而生活便给他个人的工作哲学,借助于这种哲学,他本身便开始评价、衡量、对比并向世界说明生活。"他认为一个作家如果懂得一些"人生哲学",一个作家的立意就会更高,他对世界也就有了自己的分辨能力,在创作上就可以更上一个层次。因此,他对自己和其他作家都提出自己的希望和要求:"每一个人从自己个人的仓库里、从自己的工作哲学中挖掘,又按照自己个人的理想创造自己的作品。"

然而,杰克·伦敦虽然建议作家拥有一定的人生哲学,但并非主张让作品成为说教,成为教育世人的教科书。他援引反例罗伯特·路易斯·斯蒂文森,认为他"完全把自己表现在创作中,甚至回避对教训的暗示",杰克·伦敦对他的这种做法表示否定,他认为处理得好的作家是"把自己的哲学当做秘密的工具。他们借助哲学形成了思想、情节、性格,在完美的作品里,它渗透在各个方面,却不显露出来",而且"各人是各人,以致不能把他们相互比较",只有这样的作家,他们的作品才能成为杰作,才能成为经典。

确实,作家一方面需要拥有一定的人生哲学,才能拥有独特的看世界的眼光,获得不同于他人的看法和思想,创作时才能传达新的思想和见解,给人新的启示。但另一方面又必须避免让自己的作品成为教科书,而是应该巧妙、隐晦、含蓄地传达自己想要传达的思想和见解。如此,既便于读者接受其思想,更显示出作家的创作艺术和作品质量。杰克·伦敦的这种创作理念对于当下作家的创作依然具有重要的借鉴价值。

(罗小凤)

如何阅读一本书(节录)

[美] 莫提默·艾德勒

我们已经完成了在本书一开始时就提出的内容大要。我们已经说明清楚,良好的阅读基础在于主动的阅读。阅读时越主动,就读得越好。

所谓主动的阅读，也就是能提出问题来。我们也指出在阅读任何一本书时该提出什么样的问题，以及不同种类的书必须怎样以不同的方式回答这些问题。

我们也区分并讨论了阅读的四种层次，并说明这四个层次是累积渐进的，前面或较低层次的内容包含在后面较高层次的阅读里。接着，我们刻意强调后面较高层次的阅读，而比较不强调前面较低层次的阅读。因此，我们特别强调分析阅读与主题阅读。因为对大多数的读者来说，分析阅读可能是最不熟悉的一种阅读方式，我们特别花了很长的篇幅来讨论，定出规则，并说明应用的方法。不过分析阅读中的所有规则，只要照最后一章所说的略加调整，就同样适用于接下来的主题阅读。

我们完成我们的工作了，但是你可能还没有完成你的工作。我们用不着再提醒你，这是一本实用性的书，或是阅读这种书的读者有什么特殊的义务。我们认为，如果读者阅读了一本实用的书，并接受作者的观点，认同他的建议是适当又有效的，那么读者一定要照着这样的建议行事。你可能不接受我们所支持的主要目标——也就是你应该有能力读得更透彻——也不同意我们建议达到目标的方法——也就是检视阅读、分析阅读与主题阅读的规则。（但如果是这样，你可能也读不到这一页了。）不过如果你接受这个目标，也同意这些方法是适当的，那你就一定要以自己以前可能从没有经历过的方式来努力阅读了。

好书能给我们什么帮助

"手段"（means）这两个字可以解释成两种意义。在前面的章节中，我们将手段当作是阅读的规则，也就是使你变成一个更好的阅读者的方法。但是手段也可以解释为你所阅读的东西。空有方法却没有可以运用的材料，就和空有材料却没有可以运用的方法一样是毫无用处的。

以"手段"的后一种意思来说，未来提升你阅读能力的手段其实是你将阅读的那些书。我们说过，这套阅读方法适用于任何一本，以及任何一种你所阅读的书——无论是小说还是非小说，想像文学还是论说性作品，实用性还是理论性。但是事实上，起码就我们在探讨分析阅读与主题阅读过程中所显示的这套方法并不适用于所有的书。原因是有些书根本用不上这样的阅读。

我们在前面已经提过这一点了，但我们想要再提一遍，因为这与你马上要做的工作有关。如果你的阅读目的是想变成一个更好的阅读者，你就不能摸到任何书或文章都读。如果你所读的书都在你的能力范围之内，你就没法提升自己的阅读能力。你必须能操纵超越你能力的书，或像我们所说的，阅读超越你头脑的书。只有那样的书能帮助你的思想增长。除非你能增长心智，否则你学不到东西。

因此，对你来说最重要的是，你不只要能读得好，还要有能力分辨出哪些书能帮助你增进阅读能力。一本消遣或娱乐性的书可能会给你带来一时的欢愉，但是除了享乐之外，你也不可能再期待其他的收获了。我们并不是反对娱乐性的作品，我们要强调的是这类书无法让你增进阅读的技巧。只是报导一些你不知道的事实，却没法让你增进对这些事实的理解的书，也是同样的道理。为了讯息而阅读，就跟为了娱乐阅读一样，没法帮助你心智的成长。也许看起来你会以为是有所成长，但那只是因为你脑袋里多了一些你没读这本书之前所没有的讯息而已。然而，你的心智基本上跟过去没什么两样，只是阅读数量改变了，技巧却毫无进步。

我们说过很多次，一个好的读者也是自我要求很高的读者。他在阅读时很主动，努力不懈。现在我们要谈的是另外一些观念。你想要用来练习阅读技巧，尤其是分析阅读技巧的书，一定对你也有所要求。这些书一定要看起来是超越你的能力才行。你大可不必担心真的如此，只要你能运用我们所说的阅读技巧，没有一本书能逃开你的掌握。当然，这并不是说所有的技巧可以一下子像变魔术一样让你达到目标。无论你多么努力，总会有些书是跑在你前面的。事实上，这些书就是你要找的书，因为它们能让你变成一个更有技巧的读者。

有些读者会有错误的观念，以为那些书——对读者的阅读技巧不断提出挑战的书籍——都是自己不熟悉的领域中的书。结果一般人都相信，对大多数读者来说，只有科学作品，或是哲学作品才是这种书。但是事实并非如此。我们已经说过，伟大的科学作品比一些非科学的书籍还要容易阅读，因为这些科学作者很仔细地想要跟你达成共识，帮你找出关键主旨，同时还把论述说明清楚。在文学作品中，找不到这样的帮助，所以长期来说，那些书才是要求最多，最难读的书。譬如从许多方面来说，荷马的书就比牛顿的书难读——尽管你在第一次读的时候，可能对荷马的体会较多。荷马之所以难读，是因为他所处理的主题是很难写好的东西。

我们在这里所谈的困难，跟阅读一本烂书所谈的困难是不同的。阅读一本烂书也是很困难的事，因为那样的书会抵消你为分析阅读所作的努力，每当你认为能掌握到什么的时候又会溜走。事实上，一本烂书根本不值得你花时间去努力，甚至根本不值得作这样的尝试。你努力半天还是一无所获。

读一本好书，却会让你的努力有所回报。最好的书对你的回馈也最多。当然，这样的回馈分成两种：第一，当你成功地阅读了一本难读的好书之后，你的阅读技巧必然增进了。第二，长期来说这一点更重要——一本好书能教你了解这个世界以及你自己。你不只更懂得如何读得更好，还更懂得生命。你变得更有智慧，而不只是更有知识——像只提供讯息的书所形成的那样。你会成为一位智者，对人类生命中永恒的真理有更深刻的体认。

毕竟，人间有许多问题是没有解决方案的。一些人与人之间，或人与非人世界之间的关系，谁也不能下定论。这不光在科学与哲学的领域中是如此，因为关于自然与其定律，存在与演变，谁都还没有，也永远不可能达到最终的理解，就是在一些我们熟悉的日常事物，诸如男人与女人，父母与孩子，或上帝与人之间的关系，也都如此。这事你不能想太多，也想不好。伟大的经典就是在帮助你把这些问题想得更清楚一点，因为这些书的作者都是比一般人思想更深刻的人。

书的金字塔

西方传统所写出的几百万册的书籍中，百分之九十九都对你的阅读技巧毫无帮助。这似乎是个令人困恼的事实，不过连这个百分比也似乎高估了。但是，想想有这么多数量的书籍，这样的估算还是没错。有许多书只能当作娱乐消遣或接收资讯用。娱乐的方式有很多种，有趣的资讯也不胜枚举，但是你别想从中学习到任何重要的东西。事实上，你根本用不着对这些书做分析阅读。扫描一下便够了。

第二种类型的书籍是可以让你学习的书——学习如何阅读，如何生活。只有百分之一，千分之一，甚或万分之一的书籍合乎这样的标准。这些书是作者的精心杰作，所谈论的也是人类永远感兴趣，又有特殊洞察力的主题。这些书可能不会超过几千本，对读者的要求却很严苛，值得做一次分析阅读——一次。如果你的技巧很熟练了，好好地阅读过一次，你就能获得所有要获得的主要概念了。你把这本书读过一遍，便可以放回架上。你知道你用不着再读一遍，但你可能要常常翻阅，找出一些特定的重点，或是重新复习一下一些想法或片段。（你在这类书中的空白处所做的一些笔记，对你会特别有帮助。）

你怎么知道不用再读那本书了呢？因为你在阅读时，你的心智反应已经与书中的经验合而为一了。这样的书会增长你的心智，增进你的理解力。就在你的心智成长，理解力增加之后，你了解到——这是多少有点神秘的经验——

这本书对你以后的心智成长不会再有帮助了。你知道你已经掌握这本书的精髓了。你将精华完全吸收了。你很感激这本书对你的贡献，但你知道它能付出的仅止于此了。

在几千本这样的书里，还有更少的一些书——很可能不到一百种——却是你读得再通，也不可能尽其究竟。你要如何分辨哪些书是属于这一类的呢？这又是有点神秘的事了，不过当你尽最大的努力用分析阅读读完一本书，把书放回架上的时候，你心中会有点疑惑，好像还有什么你没弄清楚的事。我们说"疑惑"，是因为在这个阶段可能仅只是这种状态。如果你确知你错过了什么，身为分析阅读者，就有义务立刻重新打开书来，厘清自己的问题是什么。事实上，你没法一下子指出问题在哪里，但你知道在哪里。你会发现自己忘不了这本书，一直想着这本书的内容，以及自己的反应。最后，你又重看一次。然后非常特殊的事就发生了。

如果这本书是属于前面我们所说第二种类型的书，重读的时候，你会发现书中的内容好像比你记忆中的少了许多。当然，原因是在这个阶段中你的心智成长了许多。你的头脑充实了，理解力也增进了。书籍本身并没有改变，改变的是你自己。这样的重读，无疑是让人失望的。

但是如果这本书是属于更高层次的书——只占浩瀚书海一小部分的书——你在重读时会发现这本书好像与你一起成长了。你会在其中看到新的事物———套套全新的事物——那是你以前没看到的东西。你以前对这本书的理解并不是没有价值（假设你第一次就读得很仔细了），真理还是真理，只是过去是某一种面貌，现在却呈现出不同的面貌。

一本书怎么会跟你一起成长呢？当然这是不可能的。一本书只要写完出版了，就不会改变了。只是你到这时才会开始明白，你最初阅读这本书的时候，这本书的层次就远超过你，现在你重读时仍然超过你，未来很可能也一直超过你。因为这是一本真正的好书——我们可说是伟大的书——所以可以适应不同层次的需要。你先前读过的时候感到心智上的成长，并不是虚假的。那本书的确提升了你。但是现在，就算你已经变得更有智慧也更有知识，这样的书还是能提升你，而且直到你生命的尽头。

显然并没有很多书能为我们做到这一点。我们评估这样的书应该少于一百本。但对任何一个特定的读者来说，数目还会更少。人类除心智力量的不同之外，还有许多其他的不同。他们的品味不同，同一件事对这个人的意义就大过对另一个人。你对牛顿可能就从没有对莎士比亚的那种感觉,这或许是因为你能把牛顿的书读得很好,所以用不着再读一遍,或许是因为数学系统的世界从来就不是你能亲近的领域。如果你喜欢数学——像达尔文就是个例子——牛顿跟其他少数的几本书对你来说就是伟大的作品,而不是莎士比亚。

我们并不希望很权威地告诉你,哪些书对你来说是伟大的作品。不过在我们的第一个附录中,我们还是列了一些清单,因为根据我们的经验,这些书对许多读者来说都是很有价值的书。我们的重点是,你该自己去找出对你有特殊价值的书来。这样的书能教你很多关于阅读与生命的事情。这样的书你会想一读再读。这也是会帮助你不断成长的书。

生命与心智的成长

有一种很古老的测验——上一个世纪很流行的测验——目的在于帮你找出对你最有意义的书目。测验是这样进行的:如果你被警告将在一个无人荒岛度过余生,或至少很长的一段时间,而假设你有时间作一些准备,可以带一些实际有用的物品到岛上,还能带十本书去,你会选哪十本?

试着列这样一份书单是很有指导性的,这倒不只是因为可以帮助你发现自己最想一读再读的书是哪些。事实上,和另外一件事比起来,这一点很可能是微不足道的。那件事就是:当你想像自己被隔绝在一个没有娱乐、没有资讯、没有可以理解的一般事物的世界时,比较起来你是否会对自己了解得更多一点?记住,岛上没有电视也没有收音机,更没有图书馆,只有你跟十本书。

你开始想的时候,会觉得这样想像的情况有点稀奇古怪,不太真实。当真如此吗?我们不这么认为。在某种程度上,我们都跟被放逐到荒岛上的人没什么两样。我们面对的都是同样的挑战——如何找出内在的资源,过更美好的人类生活的挑战。

人类的心智有很奇怪的一点,主要是这一点划分了我们心智与身体的截然不同。我们的身体是有限制的,心智却没有限制。其中一个迹象是,在力量与技巧上,身体不能无限制地成长。人们到了30岁左右,身体状况就达到了巅峰,随着时间的变化,身体的状况只有越来越恶化,而我们的头脑却能无限地成长与发展下去。我们的心智不会因为到了某个年纪死就停止成长,只有当大脑失去活力,僵化了,才会失去了增加技巧与理解力的力量。

这是人类最明显的特质,也是万物之灵与其他动物最主要的不同之处。其他的动物似乎发展到某个层次之后,便不再有心智上的发展。但是人类独有的特质，却也潜藏着巨大的危险。心智就跟肌肉一样，如果不常运用就会萎缩。心智的萎缩就是在惩罚我们不经常动脑。这是个可怕的惩罚，因为证据显示，心智萎缩也可能要人的命。除此之外，似乎也没法说明为什么许多工作忙碌的人一旦退休之后就会立刻死亡。他们活着是因为工作对他们的心智上有所要求，那是一种人为的支撑力量，也就是外界的力量。一旦外界要求的力量消失之后，他们又没有内在的心智活动，他们便停止了思考，死亡也跟着来了。

电视、收音机及其他天天围绕在我们身边的娱乐或资讯，也都是些人为的支撑物。它们会让我们觉得自己在动脑，因为我们要对外界的刺激作出反应。但是这些外界刺激我们的力量毕竟是有限的。像药品一样，一旦习惯了之后，需要的量就会越来越大。到最后，这些力量就只剩下一点点，甚或毫无作用了。这时，如果我们没有内在的生命力量，我们的智力、品德与心灵就会停止成长。当我们停止成长时，也就迈向了死亡。

好的阅读，也就是主动的阅读，不只是对阅读本身有用，也不只是对我们的工作或事业有帮助，更能帮助我们的心智保持活力与成长。

（摘自《如何阅读一本书》第21章《阅读与心智的成长》，商务印书馆2004年版，郝明义等译）

【导读】莫提默·J.艾德勒（1902—2001），美国著名学者、教育家、编辑人，因主编《西方世界的经典人》并担任1974年第十五版《大英百科全书》的编辑而闻名于世。

《如何阅读一本书》初版于1940年，1972年由莫提默的助手和继承人查尔斯·范多伦大幅度增补改写而重新出版。至今，该书畅销全球70年，销量超过700万册，中文版5年18次印刷。为何这本书能得到读者如此青睐？书中说："太多的资讯就如同太少的资讯一样，都是一种对理解力的阻碍。换句话说，现代的媒体正以压倒性的泛滥资讯阻碍了我们的理解力。"的确，现代网络资讯铺天盖地，但是这种阅读是"被动阅读"，对于知识仅达到"知道"的程度，而并没有真正理解。《如何阅读一本书》正是指导读者如何真正理解书本的知识，所以受到读者的欢迎。

全书将读书的层次分为四种：基础阅读、检视阅读、分析阅读和主题阅读。书中附录有建议阅读书目、四种层次阅读的练习与测验等。中国人谈论读书的方法也有很多种，比如"精度""粗读"，但却没有这样细致完整地体系和层次。

基础阅读和检视阅读的层次比较低,只要理解书中的大概内容和你感兴趣的篇章即可。正如弗朗西斯·培根所说:"有些书可以浅尝即止,有些书是要生吞活剥的,只有少数的书是要咀嚼和消化的。"需要"咀嚼和消化"的,属于"分析阅读",是"特别在追寻理解的",有时候需要边看边画线边做笔记。主题阅读是高层次的阅读,是为了解决一个问题,需要搜集相关资料。文中指出:"在做主题阅读时,阅读者会读很多书,而不是一本书,并列举出这些书之间相关之处,提出一个所有的书都谈到的主题。但只是书本字里行间的比较还不够。主题阅读涉及的远不止此。借助他所阅读的书籍,主题阅读者要能够架构出一个可能在哪一本书里都没提过的主题分析。因此,很显然的,主题阅读是最主动、也最花力气的一种阅读。"最高层次的"主题阅读"大多是专家学者们为研究一门学问,研究一个课题所作的阅读。

书中还谈到很多阅读技巧,值得借鉴。比如:"要矫正眼睛逗留于一点的工具有很多种,有些很复杂又很昂贵。无论如何,任何复杂的工具其实都比不上你的一双手来得有用,你可以利用双手训练自己的眼睛,跟着章节段落移动得越来越快。你可以自己做这样的训练:将大拇指与食指、中指合并在一起,用这个'指针'顺着一行一行的字移动下去,速度要比你眼睛感觉的还要快一点。强迫自己的眼睛跟着手部的动作移动。一旦你的眼睛能跟着手移动时,你就能读到那些字句了。继续练习下去,继续增快手的动作,等到你发觉,你的速度已经可以比以前快两三倍了。"

(廖 华)

谈谈方法(节录)

(英)笛卡尔

第一部分

良知,是人间分配得最均匀的东西。因为人人都认为自己具有非常充分的良知,就连那些在其他一切方面全都极难满足的人,也从来不会觉得自己的良知不够，要想再多得一点。这一方面，大概不是人人都弄错了，倒正好证明，那种正确判断、辨别真假的能力，也就是我们称为良知或理性的那种东西，本来就是人人均等的；我们的意见之所以分歧，并不是由于有些人的理性多些，有些人的理性少些，而只是由于我们运用思想的途径不同，所考察的对象不是一回事。因为单有聪明才智是不够的，主要在于正确地运用才智。杰出的人才固然能够做出最大的好事，也同样可以做出最大的坏事；行动十分缓慢的人只要始终循着正道前进，就可以比离开正道飞奔的人走在前面很多。

拿我来说，就从来没有以为自己的才智完美，有什么胜于常人的地方。甚至于我还常常希望自己能有跟某些人一样敏锐的思想，一样清楚分明的想像，一样广博或者一样鲜明的记忆。除了这些以外，我不知道还有什么别的品质可以使才智完美，因为拿理性或良知来说，既然它是唯一使我们成为人、使我们异于禽兽的东西，我很愿意相信它在每个人身上都是不折不扣的，很愿意在这一方面赞成哲学家们的意见，就是：同属的各个个体只是所具有的偶性可以或多或少，它们的形式或本性并不能多点少点。

不过我可以大胆地说，我觉得自己非常幸运，从年轻的时候起，就摸索到几条门路，从而作出一些考察，得到一些准则，由此形成了一种方法。凭着这种方法，我觉得有办法使我的知识逐步增长，一步一步提高到我的平庸才智和短暂生命所能容许达到的最高水平。因为我已经用这种方法取得了那么多的成果，尽管我对自己的评判一贯从严，总是力求贬抑，不敢自负，尽管我用哲学家的眼光看世人从事的各种活动和事业，觉得几乎没有一样不是虚浮无益的，我还是抑制不住对自己认为在寻求真理方面已经取得的那种进展感到极大的满意，觉得前途无量，如果在正派人从事的行业中有一种是确实有益而且重要的，我敢相信那就是我所挑选的那一种。

然而很可能这是我弄错了，也许只捞到点黄铜、玻璃，我却把它当成了金子、钻石。我知道，在牵涉到自己本人的事情上，我们是非常容易弄错的；朋友的评判对我有利的时候，也是非常值得我们怀疑的。不过，我很愿意在这篇谈话里向大家说清楚我走过哪些道路，把我的经历如实地一一描绘出来，使大家都能作出评判，好从群众的议论里听取大家对我的意见。这可以说是我在惯常采用的那些自我教育办法之外添上的一种新办法。

因此，我并不打算在这里教给大家一种方法，以为人人都必须遵循它才能正确运用自己的理性；我只打算告诉大家我自己是怎样运用我的理性的。从事向别人颁布训条的人一定认为自己比别人高明，如果稍有差错就该受到责备。可是这本书里提供的只是一种传记性的东西，也可以说只是一种故事性的东西，其中除了某些可以仿效的例子以外，也许还可以找到许多别的例子大家有理由不必遵循，所以我希望它会对某些人有益而对任何人无害，也希望我的坦率能得到大家的赞许。

我自幼受书本教育。由于听信人家的话，认为读书可以得到明白可靠的知识，懂得一切有益人生的道理，所以我如饥似渴地学习。可是等到学完全部课程，按例毕业，取得学者资格的时候，我的看法就完全改变了。因为我发现自己陷于疑惑和谬误的重重包围，觉得努力求学并没有得到别的好处，只不过越来越发现自己无知。可是我进的是欧洲最著名的学校，如果天下有饱学之士的话，我想那里就该有。我把这所学校里别人所学的功课全部学完，甚至不以学校讲授的学问为满足，凡是大家认为十分希奇、十分古怪的学问，只要捞得到讲它的书，我统统读了。此外，我也知道别人对我的评判，我没有见到任何人认为我不如我的同学，虽然他们当中已经有几位被选定为老师的接班人了。最后，我觉得我们这个时代人才辈出，俊杰如云，不亚于以往任何时代，这就使我可以自由地对所有的人作出我自己的判断，认为世界上根本没有一种学说真正可靠，像从前人们让我希望的那样。

尽管如此，我还是重视学校里所受的各种训练。我很明白：学校里教的语言文字，是通晓古书的必要条件；寓言里的机智，可以发聋振聩；史传上的丰功伟业，可以激励人心；精研史册，可以有助于英明善断；遍读好书，确如走访著书的前代高贤，同他们促膝谈心，而且是一种精湛的交谈，古人向我们谈出的只是他们最精粹的思想。我也明白：雄辩优美豪放无与伦比；诗词婉转缠绵动人心弦；数学有十分奥妙的发明，用处很大，既能满足好奇心，又能帮助各种技艺，减轻人们的劳动；宣扬风化的文章包含许多教训、许多箴言，劝人淑世为善；神学指引升天大道；哲学教人煞有介事地无所不谈，博得浅人敬佩；法学、医学等类学问给治学者带来盛名厚利。而且我还明白：博学旁通，连最迷信、最虚妄的东西也不放过，是有好处的，可以知道老底，不上它们的当。

可是我认为自己用在语言文字上的功夫已经够多，诵读古书、读历史、读寓言花的时间也已经不少。因为同古人交谈有如旅行异域，知道一点殊方异俗是有好处的，可以帮助我们比较恰当地评价本乡的风俗，不至于像没有见过世面的人一样，总是以为违反本乡习惯的事情统统是可笑的、不合理的。可是旅行过久就会对乡土生疏，对古代的事情过分好奇每每会对现代的事情茫然无知。何况寓言使人想入非非，把许多不可能的事情想成可能。就连最忠实的史书，如果不歪曲、不夸张史实以求动听，至少总要略去细微末节，因而不能尽如原貌；如果以此为榜样亦步亦趋，每每会同传奇里的侠客一样陷于浮夸，想出来的计划每每会无法实现。

我很看重雄辩，并且热爱诗词。可是我认为雄辩和诗词都是才华的产物，而不是研究的成果。一个人只要推理能力极强，极会把自己的思想安排得明白易懂，总是最有办法使别人信服自己的论点的，哪怕他嘴里说的只是粗俗的布列塔尼土话，也从来没有学过修辞学。一个人只要有绝妙的构思，又善于用最佳的辞藻把它表达出来，是无法不成为最伟大的诗人的，哪怕他根本不知道什么诗法。

我特别喜爱数学，因为它的推理确切明了；可是我还看不出它的真正用途，想到它一向只是用于机械技术，心里很惊讶，觉得它的基础这样牢固，这样结实，人们竟没有在它的上面造起崇楼杰阁来。相反地，古代异教学者们写的那些讲风化的文章好比宏伟的宫殿，富丽堂皇，却只是建筑在泥沙上面。他们把美德捧得极高，说得比世上任何东西都可贵；可是他们并不教人认识清楚美德是什么，被他们加上这个美名的往往只是一种残忍，一种傲慢，一种灰心，一种弑上。

我尊敬我们的神学，并且同别人一样要求升天。可是人家十分肯定地说：最无知的人也同最博学的人一样可以进天堂，指引人们升天的天启真理不是我们的智力所能理解的。我听了这些话，就不敢用我的软弱推理去窥测那些真理了。我想一定要有天赐的特殊帮助，而且是个超人，才能从事研究那些真理，得到成就。

关于哲学我只能说一句话：我看到它经过千百年来最杰出的能人钻研，却没有一点不在争论中，因而没有一点不是可疑的，所以我不敢希望自己在哲学上的遭遇比别人好；我考虑到对同一个问题可以有许多不同的看法，都有博学的人支持，而正确的看法却只能有一种，所以我把仅仅貌似真实的看法一律看成大概是虚假的。

至于其他的学问，既然它们的本原是从哲学里借来的，我可以肯定，在这样不牢固的基础上决不可能建筑起什么结实的东西来。这类学问所能提供的名利，是不足以促使我去学习它们的，因为谢天谢地，我并不感到境遇窘迫，要拿学问去牟利，以求改善生活；我虽不像犬儒派那样自称藐视荣誉，对于那种只能依靠虚假的招牌取得的名声我是很不在意的。最后说到那些骗人的学说，我认为已经摸清了它们的老底，再也不会上当受骗，不管它是炼金术士的包票，还是占星术士的预言，是巫师的鬼把戏，还是那些强不知以为知的家伙的装腔做势、空心牛皮。

就是因为这个缘故，一到年龄容许我离开师长的管教，我就完全抛开了书本的研究。我下定决心，除了那种可以在自己心里或者在世界这本大书里找到的学问以外，不再研究别的学问。于是趁年纪还轻的时候就去游历，访问各国的宫廷和军队，与气质不同、身分不同的人交往，搜集各种经验，在碰到的各种局面里考验自己，随时随地用心思考面前的事物，以便从中取得教益。因为在我看来，普通人的推理所包含的真理要比读书人的推理所包含的多得多：普通人是对切身的事情进行推理，如果判断错了，它的结果马上就会来惩罚他；读书人是关在书房里对思辨的道理进行推理，思辨是不产生任何实效的，仅仅在他身上造成一种后果，就是思辨离常识越远，他由此产生的虚荣心大概就越大，因为一定要花费比较多的心思，想出比较多的门道，才能设法把那些道理弄得好像是真理。我总是如饥似渴地要求学会分清真假，以便在行动中心明眼亮，一辈子满怀信心地前进。

的确，我在专门考察别国风俗的阶段，根本没有看到什么使我确信的东西，我发现风俗习惯是五花八门的，简直同我过去所看到的那些哲学家的意见一样。所以我由此得到的最大的好处就是大开眼界，看到有许多风俗尽管我们觉得十分离奇可笑，仍然有另外一些大民族一致赞成采纳，因此我懂得不能一味听从那些成规惯例坚信不移，这样，我就摆脱了许多错误的看法，免得我们天然的灵明受到蒙蔽，不能听从理性。可是，我花了几年工夫像这样研究世界这本大书、努力取得若干经验之后，终于下定决心同时也研究我自己，集中精力来选择我应当遵循的道路。这样做，我觉得取得的成就比不出家门、不离书本大多了。

第二部分

我那时在日耳曼，是那场尚未结束的战争把我招引到了那里。我参观皇帝加冕后回到部队的时候，冬天已经到了，只好留在驻地。那里既找不到人聊天解闷，幸好也没有什么牵挂，没有什么情绪使我分心，我成天独自关在一间暖房里，有充分的闲暇跟自己的思想打交道。在那些思想当中，第一个是我注意到：拼凑而成、出于众手的作品，往往没有一手制成的那么完美。我们可以看到，由一位建筑师一手建成的房屋，总是要比七手八脚利用原来作为别用的旧墙设法修补而成的房屋来得整齐漂亮。那些原来只是村落、经过长期发展逐渐变成都会的古城，通常总是很不匀称，不如一位工程师按照自己的设想在一片平地上设计出来的整齐城镇；虽然从单个建筑物看，古城里常常可以找出一些同新城里的一样精美，或者更加精美，可是从整个布局看，古城里的房屋横七竖八、大大小小，把街道挤得弯弯曲曲、宽窄不齐，与其说这个局面是由运用理性的人的意志造成的，还不如说是听天由命。如果考虑到这一点，那就很容易明白，单靠加工别人的作品是很难做出十分完美的东西的。我也同样想到，有些民族原来处于半野蛮状态，只是逐步进入文明，感到犯罪和争吵造成麻烦，迫不得已才制定了法律，它们的治理程度就比不上那些一结成社会就遵奉某个贤明立法者的法度的民族。由神一手制定清规的真宗教，就确实精严无比，胜过其他一切宗教。拿人的事情来说，我认为，斯巴达之所以曾经十分强盛，并不是因为它的每一条法律都好，其中就有许多条非常古怪，甚至违反善良的风俗；其所以如此，原因在于它的全部法律是由一个人制定的，是为着同一个目的的。我又想到，书本上的学问，至少那些只说出点貌似真实的道理、却提不出任何证据的学问，既然是多数人的分歧意见逐渐拼凑堆砌而成的，那就不能像一个有良知的人对当前事物自然而然地作出的简单推理那样接近真理。我还想到，既然我们每个人在成年以前都当过儿童，都不能不长期受欲望和教师的支配，教师们的意见又常常是互相抵触的，而且谁的教导都未必总是正确，那么，我们的判断要想一尘不染，十分可靠，就像一生下来就完全运用理性、只受理性指导一样，那是简直不可能的。

我们虽然没见过谁把全城的房屋统统拆光，只是打算换过样式重建，把街道弄漂亮；可是常常看到许多人把自己的房子拆掉，打算重盖，也有时候是因为房子要塌，或者房基不固，不得不拆。以此为例，我相信：个人打算用彻底改变、推翻重建的办法改造国家，确实是妄想；改造各门学问的主体，或者改造学校里讲授各门学问的成规，也是同样办不到的；可是说到我自己一向相信的那些意见，我却没有别的好办法，只有把它们一扫而空，然后才能换上好的，或者把原有的用理性校正后再收回来。我深信，用这种办法做人，得到的成就一定可观，大大超过死守旧有的基础、一味依赖年轻时并未查明是否真实就贸然听信的那些原则。因为我虽然看到这样做有种种困难，那些困难却不是无法克服的，并不像涉及公众的事情那样，哪怕鸡毛蒜皮，改革起来都困难无比。那些大体制推倒了就极难扶起，甚至动摇了就极难摆稳，而且垮下来是十分可怕的。至于它们的毛病，那是有的，单凭它们的分歧就足以肯定它们有毛病，可是习惯确实已经使毛病大大减轻，甚至在不知不觉中使大量毛病得以免除，或者得到改正，我们凭思虑是做不到那么好的。而且，沿用旧体制几乎总是比改换成新体制还要好受一些；旧体制好比盘旋山间的老路，走来走去就渐渐平坦好走了，还是照着它走好，不必翻大山过深沟抄直走。

因此，有些人飞扬浮躁，门第不高，家赀不厚，混进了官场，却老想改革政治，我是决不能赞成他们的。我要是想到这本书里有一点点东西可以令人怀疑我有那么愚蠢，我就会十分懊悔让它出版了。我的打算只不过是力求改造我自己的思想，在完全属于我自己的基地上从事建筑。尽管我对自己的工作相当满意，在这里向大家提出一个样品，这并不表明我有意劝别人学我。那些得天独厚的人也许会有比我高明的打算，可是对于很多人来说，我很担心我这个打算已经太大胆了。单拿下决心把自己过去听信的意见统统抛弃这一点说，就不是人人都应当效法的榜样。世界上的人大致说来只分为两类，都不宜学这个榜样。一类人自以为高明，其实并不那么高明，既不能防止自己下仓促的判断，又没有足够的耐性对每一件事全都有条有理地思想，因此，一旦可以自由地怀疑自己过去接受的原则，脱离大家所走的道路，就永远不能找到他所要走的捷径，一辈子迷惑到底。另一类人则相当讲理，也就是说相当谦虚，因而认定自己分辨真假的能力不如某些别人，可以向那些人学习，既然如此，那就应该满足于听从那些人的意见，不必自己去找更好的了。

至于我自己，如果我一直只有一位老师，或者根本不知道自古以来学者们的意见就是分歧的，那我就毫无疑问属于后一类。可是，我在学生时期就已经知道，我们能够想像得出来的任何一种意见，不管多么离奇古怪，多么难以置信，全都有某个哲学家说过。我在游历期间就已经认识到，与我们的意见针锋相对的人并不因此就全都是蛮子和野人，正好相反，有许多人运用理性的程度与我们相等，或者更高。我还考虑到，同一个人，具有着同样的心灵，自幼生长在法兰西人或日耳曼人当中，就变得大不相同；连衣服的样式也是这样，一种款式十年前时兴过，也许十年后还会时兴，我们现在看起来就觉得古里古怪，非常可笑。由此可见，我们所听信的大都是成规惯例，并不是什么确切的知识；有多数人赞成并不能证明就是什么深奥的真理，因为那种真理多半是一个人发现的,不是众人发现的。所以我挑不出那么一个人我认为他的意见比别人更可取,我感到莫奈何,只好自己来指导自己。

不过,我好像一个在黑暗中独自摸索前进的人似的,下决心慢慢地走,每一样东西都仔细摸它一摸,这样虽然进步不大,至少保得住不摔倒。我甚至于宁愿先付出充分的时间为自己所要从事的工作拟出草案,为认识自己力所能及的一切事物寻找可靠的方法,而不一开始就大刀阔斧把过去未经理性指引潜入我心的一切意见完全抛弃。

我早年在哲学方面学过一点逻辑,在数学方面学过一点几何学分析和代数。这三门学问似乎应当对我的计划有所帮助。可是仔细一看,我发现在逻辑方面,三段论式和大部分其他法则只能用来向别人说明已知的东西,就连鲁洛的《学艺》之类也只能不加判断地谈论大家不知道的东西,并不能求知未知的东西。这门学问虽然确实包含着很多非常正确、非常出色的法则,其中却也混杂着不少有害或者多余的东西,要把这两类东西区别开来,困难的程度不亚于从一块未经雕琢的大理石里取出一尊狄雅娜像或雅典娜像。至于古代人的分析和近代人的代数,都是只研究非常抽象、看来毫无用处的题材的,此外,前者始终局限于考察图形,因而只有把想像力累得疲于奔命才能运用理解力;后者一味拿规则和数字来摆布人,弄得我们只觉得纷乱晦涩、头昏脑胀,得不到什么培养心灵的学问。就是因为这个缘故,我才想到要去寻找另外一种方法,包含这三门学问的长处,而没有它们的短处。我知道,法令多如牛毛,每每执行不力;一个国家立法不多而雷厉风行,倒是道不拾遗。所以我相信,用不着制定大量规条构成一部逻辑,单是下列四条,只要我有坚定持久的信心,无论何时何地决不违犯,也就够了。

第一条是:凡是我没有明确地认识到的东西,我决不把它当成真的接受。也就是说,要小心避免轻率的判断和先入之见,除了清楚分明地呈现在我心里、使我根本无法怀疑的东西以外,不要多放一点别的东西到我的判断里。

第二条是:把我所审查的每一个难题按照可能和必要的程度分成若干部分,以便一一妥为解决。

第三条是:按次序进行我的思考,从最简单、最容易认识的对象开始,一点一点逐步上升,直到认识最复杂的对象;就连那些本来没有先后关系的东西,也给它们设定一个次序。

最后一条是:在任何情况之下,都要尽量全面地考察,尽量普遍地复

查，做到确信毫无遗漏

我看到，几何学家通常总是运用一长串十分简易的推理完成最艰难的证明。这些推理使我想像到，人所能认识到的东西也都是像这样一个连着一个的，只要我们不把假的当成真的接受，并且一贯遵守由此推彼的必然次序，就决不会有什么东西遥远到根本无法达到，隐蔽到根本发现不了。要从哪些东西开始，我觉得并不很难决定，因为我已经知道，要从最简单、最容易认识的东西开始。我考虑到古今一切寻求科学真理的学者当中只有数学家能够找到一些证明，也就是一些确切明了的推理，于是毫不迟疑地决定就从他们所研讨的这些东西开始，虽然我并不希望由此得到什么别的好处，只希望我的心灵得到熏陶，养成热爱真理、厌恶虚妄的习惯。但是我并不打算全面研究一切号称数学的特殊学问。我看出这些学问虽然对象不同，却有一致之处，就是全都仅仅研究对象之间的各种关系或比例。所以我还是只从一般的角度研究这些关系为好，不要把它们假定到某种对象上面，除非那种对象能使我们更容易认识它们，更不要把它们限制到某种对象上面，这样，才能把它们同样恰当地应用于其他一切对象。我又注意到，为了认识这些关系，我有时候需要对它们一一分别研究，有时候只要把它们记住，或者放在一起理解。所以我想：为了便于分别研究它们，就该把它们假定为线的关系，因为我发现这是最简单的，最能清楚地呈现在我们的想像和感官面前；另一方面，为了把它们记住或者放在一起研究，就该用一些尽可能短的数字来说明它们；用这个办法，我就可以从几何学分析和代数里取来全部优点，而把它们的全部缺点互相纠正了。

实际上，我可以大胆地说，由于严格遵守我所选择的那不多几条规则，我轻而易举地弄清了这两门学问所包括的一切问题，因此在从事研究的两三个月里，我从最简单、最一般的问题开始，所发现的每一个真理都是一条规则，可以用来进一步发现其他真理。这样，我不但解决了许多过去认为十分困难的问题，而且对尚未解决的问题也觉得颇有把握，能够断定可以用什么办法解决，以及可能解决到什么程度。这一点，也许大家不会觉得我太夸口，因为大家会考虑到，一样东西的真理只有一个，谁发现了这个真理，谁就在这一点上知道了我们能够知道的一切。比方说，一个学了算术的小孩按照算术规则做完一道加法题之后，就可以确信自己在这道题的和数上发现了人心所能发现的一切。因为说到底，这种方法教人遵照研究对象的本来次序确切地列举它的全部情况，就包含着算术规则之所以可靠的全部条件。

第七编　治学方法

不过这种方法最令我满意的地方还在于我确实感到，我按照这种方法在各方面运用我的理性，虽不敢说做到尽善尽美，至少可以说把我的能力发挥到了最大限度。此外我还感到，由于运用这种方法，我的心灵逐渐养成了过细的习惯，把对象了解得更清楚、更分明了。我没有把这种方法固定到某种对象上，很希望运用它顺利地解决其他各门学问的难题，跟过去解决代数上的难题一样。不过我并没有因此放大胆一开头就去研究所有的一切学问，因为那样做本身就违反这种方法所规定的次序。我考虑到一切学问的本原都应当从哲学里取得，而我在哲学里还没有发现任何确实可靠的本原，所以我想首先应当努力在哲学上把这种本原建立起来；可是这件工作是世界上最重要的事情，又最怕轻率的判断和先入之见，我当时才二十三岁，不够成熟，一定要多等几年，事先多花些时间准备，一面把过去接受的错误意见统统从心里连根拔掉，一面搜集若干经验作为以后推论的材料，并且不断练习我所规划的那种方法，以便逐渐熟练巩固。

（摘自《谈谈方法》，商务印书馆2000年版，王太庆译）

【导读】勒内·笛卡尔（1596—1650），西方近代哲学的奠基人，唯理论哲学的开启者。他的墓碑上有这样一句话："笛卡尔，欧洲文艺复兴以来，第一个为人类争取并保证理性的人。"黑格尔曾经评价他说："笛卡尔事实上是近代哲学的真正创始人，因为近代哲学以思维为原则，他的'方法'和'我思'概念最大的意义在于，开始了对世界的清楚描绘，使现在的我们可能对世界有一幅清楚的图画。""笛卡尔"在法语中已经成为"清楚明晰的"的代名词。其主要哲学著作有：《指导心智的规则》《谈谈方法》《第一哲学的沉思》《哲学原理》《论灵魂的激情》等。

《谈谈方法》是决定发表他的屈光学、几何学和气象学等著作时写的一篇前言，全译为"谈谈正确运用自己的理性在各门学问里寻求真理的方法"。全书分为六个部分，主要回顾了自己的思想历程，说明创作意图，重点论述自己的方法论思想。比如，普遍怀疑的方法。笛卡尔认为："任何一种看法，只要我能够想象到有一点可疑之处，就应该把它当成绝对虚假的抛掉，看看这样清洗之后我心里是不是还剩下一点东西完全无可怀疑。"于是，他对哲学、数学、神学加以怀疑。通过怀疑发现，只有"我在怀疑"本身是不可怀疑的，由此提出对后世影响深远的哲学命题"我思故我在"。

另外，笛卡尔还谈到寻找方法的规则。比如："凡是我没有明确地认识到的东西，我决不把它当成是真的接受。也就是说，要小心避免轻率的判断和先入之见，除了清楚分明地呈现在我心里、使我根本无法怀疑的东西以外，不要多放一点别的东西到我的判断里。""按次序进行我的思考，从最简单、最容易认识的对象开始一点一点逐步上升，直到认识最复杂的对象；就连那些本来没有先后关系的东西，也要为它们设定一个次序。""在任何情况下，都要尽量全面地考察，尽量普遍地复查，做到确信毫无遗漏。"这些规则相互联系，相互补充，有助于对客观理性知识的认识。

笛卡尔《谈谈方法》用通俗易懂的法文写成，篇幅不长，言简意赅，其方法论思想对我国众多学科的基础建设仍有着积极的指导作用。

（廖　华）

怎样做文献综述（节录）

[美] 劳伦斯·马奇等

也许你需要写一篇文献综述。这篇综述可能是你在完成一篇硕士论文或博士论文之前必须做的基础性工作。不管你是一个初学者还是有经验的研究者，撰写综述的原因可能同出一辙：你想要提高技能和增长知识。你想去学习，并圆满地完成工作。要成功，你就要避免一个常见的现象："有些人往往缺乏第一次就把事情做好的耐心和远见，却有无限的耐心和能力去一次又一次地返工。"

值得庆幸的是，你不用自己"重新发明"一个文献综述的过程，不用反复尝试、反复失败。现成的步骤和技能能够帮助你更容易、更高效地完成任务。本书提供了撰写文献综述的方法和途径。认真使用本书，你会成功地到达目的地。本书结合研究者的经验和其他信息，提供了一些研究小贴士和研究工具。掌握本书提供的这些信息，你可以节约写作时间，减少写作过程中出现的大大小小的麻烦。这样，你就能把握文献综述写作的进程，达到自己满意的效果。

本书的前言部分将告诉你如何选定目标——也就是如何选定你所做的文

献综述的目标。开始的时候，你要问自己："我的论文是要呈现有关研究课题的现有知识，还是要对研究的问题进行论证，以便做进一步的深入研究？"

文献综述的目的

文献综述的目的因研究的性质不同而不同。如果你的研究目的是要展现有关某个研究课题的现有知识，那么你要做的是一个基本文献综述。如果你的目的是为了揭示一个研究问题，从而进行深入研究，那么你要做的是一个高级文献综述。

基本文献综述是对有关研究课题的现有知识进行总结和评价。它的目的是陈述现有知识的状况，这可以作为一个研究论题（thesis）。

基本文献综述从选择和确立研究兴趣或研究话题（issue）开始——这就是研究问题（study question）。随着写作的不断进行，研究问题将不断缩小和澄清，成为一个研究主题（topic）。研究主题为文献综述提供了具体指向和框架。文献综述必须包括：一个研究论题的发现及论者的观点、对研究问题的回答。一般来说，不管是一份课程作业还是一篇硕士论文，都会要求有一个基本文献综述。

高级文献综述比基本文献综述更进一步。它也要选择研究兴趣和主题；之后再对相关文献进行回顾，确立研究论题。这时，它要提出进一步的研究，从而建立一个研究项目，这个研究将得出新的发现和结论。高级文献综述是确立原创性研究问题的基础，也是对一个研究问题进行探索的基础。

在高级文献综述中，研究者首先陈述有关研究问题的现有知识。根据发现，研究者提出研究论题，即哪方面还需要深入研究。高级的硕士论文和所有的博士论文都以高级文献综述为寻找研究课题中未知领域的垫脚石。

虽然基本文献综述和高级文献综述所包含的任务内容有所不同，但是它们呈现知识和提出论题的方式是相似和并行不悖的。

文献综述的定义

文献综述是一种书面论证（written argument），它建立在前人研究的基础上。研究者从前人的研究中寻找到可信的证据，建立自己的论据，从而将一个论题推向前进。它为人们了解有关某一研究课题的现有知识服务，提供环境和背景性的信息，并列出逻辑论据来证明有关某一论题的观点。下面是我们对文献综述的定义：

> 文献综述是一种书面论证。它依据对研究课题现有知识的全面

理解，建立一个合理的逻辑论证；通过论证，得出一个令人信服的论点，回答研究问题。

文献综述的过程

文献综述对选定的研究课题进行有组织的研究。文献综述的撰写是推进性的，它有六个步骤，其中每一步的工作都为下一步打下基础。下面是对六个步骤的简要说明。

第一步：选择主题

一个好的研究课题通常是从对现实问题的兴趣中产生的。这种兴趣必须要从日常生活语言转化为能够成为研究课题的想法（ideas）。这个研究课题必须是一个明确的问题，并与具体的学术领域相联系。使用学科语言、提炼研究兴趣、选择学术观点，这是建立研究课题的必经之路。这些任务完成之后就可以得出一个确定的研究课题，从而为第二步指出方向。

第二步：文献搜索

文献搜索决定文献综述将包含的信息。文献搜索的任务是选择信息，找出能支持论题的最有力的资料证据。在搜索文献时，必须预览、选择和组织资料，可以借助浏览、资料快速阅读和资料制图等技巧对相关资料加以分类和存储。

第三步：展开论证

要成功地论证主题，需要建立和呈现论证方案。论证方案要对论断进行逻辑安排，对相关资料加以组织，使之成为证据主体。证据主体则要对关于研究课题的现有知识进行解释。

第四步：文献研究

文献研究对检索到的资料进行集中、综合和分析，从而建立探究式论证。依据证据，建立一系列合乎逻辑的、可信的结论和论断。这些结论就是阐释研究问题的基础。

第五步：文献批评

文献批评是对研究课题现有知识的理解，分析先前的知识是如何回答研究问题的。

第六步：综述撰写

论文写作使研究项目转变为可供别人参考的资料。通过构思、塑造、修改，文献献综述成为一份可以准确传递研究内容，让目标读者明白研究问题的书面资料。写作者要经过撰写、审读和修改等步骤创作出精雕细琢的成稿。

以上对文献综述的描述虽然简略，但可以让你初步了解你已经掌握了哪些知识，还需要学习哪些知识。后面的章节将详细讲述每一个步骤的具体细节，帮助你完成每一个任务，从而建立一个强有力的论题立场，写出一份漂亮的文献综述。我们现在要讨论一些基本要素——质疑、研究者精神和研究计划。

质疑：必要的前提

所有成功的研究都始于提出疑问。研究者必须要善于提出疑问，有好奇心，并且善于学习和发现。研究者必须有直觉，能够觉察到现有知识的不充分之处，要有足够的洞察力去发现不足。

· 好奇心可以激发探索未知的火花，这种热情可以使最初的研究开始萌芽。善于提出疑问的研究者带着这样的问题开始他们的研究："为什么……？假如……？这是真的吗？"这些以及类似的问题是研究的基石，没有它们就没有好的研究。

· 善于提出疑问的研究者知道，每一个人都有其偏见、观点、个人信仰、价值观和个人经历。这些因素使每个人都有自己独特的研究视角。虽然这些是基本的人性特点，但是研究者在进行研究时要将它们排除。个人的观点不应影响研究者的思考，不干扰研究过程，这是理想的状态。

· 研究者在研究过程中要保持开放的思想。研究者要客观，去除个人偏好，不可以预先下结论。要接受任何可能的结果，排除预定程序，认真衡量每一个证据的价值。

· 善于提出疑问的研究者有锐利的眼睛。他寻找记录下的资料间的细微差别，不断探询资料间的联系和资料的类型。他可以看到树木，也可以看到森林。

· 善于提出疑问的研究者要进行批判性思考，衡量所有资料的正确性和价值。他寻找证据，检验任何问题的正反面，并通过具有充分证据的有力论证来提出论点。

· 善于提出疑问的研究者是勤奋的。他知道扎实的研究来自长时间的艰辛工作。资料的鉴别、收集、分类和存储需要大量时间，是没有捷径可循的，所以好的研究都建立于对事实完整调查的基础之上。任何一个做侦探的人都知道，成功完成调查要有"踏破铁鞋"的耐力。

· 善于提出疑问的研究者是考虑周全的。他在研究中不断推理，并对任何事提出疑问。研究和研究者在不断地自我审查："我完成了什么？有什么意义？有什么作用？下一步应该做什么？"他不断学习，不断反思过去，从而指导现在的工作。在检验现在的工作的同时，为将来的研究找到最好的方向。

·善于提出疑问的研究者的工作是符合道德要求的。窃取别人的观点和话语是绝对不可以的。有道德的研究者应该感谢所有前人，他明白牛顿的话："如果说你看得更远，那是因为你站在巨人的肩膀上。"

这些行为规范是学术规则和纪律的基石。研究者必须依靠一定的规则和纪律来指导工作，完成任务。严守纪律的研究从根本上说需要谨慎和反思。研究者必须翻起每一块石头，认真查看沿途的任何事物，并有意识地记录所有的发现。这些行为规范是创作高质量作品、进行有道德的研究和探索真正的科学的工具。记住，"要想跑得快，先要走得稳。"

在开始写作之前认真积累和准备

成功的旅行需要计划和准备，文献综述（某种程度上也是一种旅行）也是如此。成功的研究者必须有身体和精神上的准备，并且要有行动方案。写出好的文献综述需要有集中的时间和勤奋努力，这就需要对日常生活进行重新安排。像文献综述这样的研究项目不可能是"在时间允许的时候进行"，因为时间是不可能允许的。我们要做的不是把这个工作添加到已经很忙碌的生活中去，而是制订一个新的时间计划，从中找到解决方式。

首先，要创造一个不被干扰的工作环境。确保工作场所有好的采光，各种必需工具应该伸手可及。你需要一台电脑，有网络连接，可以打印和复印，有记事本、写作工具和储存空间。你还需要至少一部高质量的字典和专业词典。参考书籍、研究方法和写作技巧也非常重要。在开始工作之前设计空间，并做好安排。

与任何复杂的研究项目一样，文献综述需要集中注意力。好的精神状态需要心态的稳定平衡。工作的时候，必须在精神上和心理上保持积极状态。如果压力侵入了你的精神空间，那么注意力就会减少或消失。沉思是保持情感稳定的好办法。新的一天的研究开始时，先把情绪和压力放在一边（它们在后面的过程中会出现的），告诉自己你现在准备好开始工作了，这时再开始工作。记住，专心致志就是一切！

计划可以提高效率。建立一个三个层次的计划。首先，制作一个整体的计划和时间安排。然后，把整体的计划分解成一些短期目标。最后，建立每天的计划，把前面的部分再分成以天为单位的部分。记住，计划意味着目标。可以允许自己修改计划，不要一成不变地进行。计划提供给你努力的方向和工作的组织方式。你通过计划形成一整套方案，以帮助自己应对在文献综述中可能碰到的多重而又复杂的问题。下面是建立计划的几点建议。

1、建立整体的计划。使用文献综述模式图来制订整体计划。首先，估计每个月的研究时间。以小时为单位，估算完成每一步任务所需要的时间。如果你不善于安排完成任务的时间，那么向有经验的同事或指导人员咨询。然后，建立整体计划和时间轴。确定要保留额外的时间以备不时之需。

2、对你研究的整体安排进行分割，分割的每一部分都可以包含一个短期目标。分割的标准可以是时间或任务。如果以时间作为进程的标尺，那么可以选择按照月份来分割。如果以任务完成情况为标尺，那就可以按照文献综述模式中的步骤来分割。安排好部分工作的时间，必要时对整体计划做出适当调整。按照一定标准进行的分割可以推动工作进程。它提供给你一个稳定的进度表。这时工作就变得有章可循了。

3、设定每天的计划。每一段工作时间都必须有目标。每天都要问自己："我今天都做了什么？"如果可能，每段工作时间至少应有两个小时的时长。早晨工作对于很多人来说是最好的，因为家中或图书馆中很安静，你更容易集中注意力。对于你来说，也可能其他的时间更好。找一个没有干扰、环境安静的时间工作。给自己充足的时间，这样就可以在每一步的安排中完成大量的工作。我们推荐以天为单位安排每部分工作的时长。每天两个小时作为一个工作时间段不太实际，以天为单位则更为实际。在工作时间段之间不应该间隔太长，那样会影响你的注意力。文献综述是一项严肃的工作，以天为单位来安排工作计划，不要把任务拖到最后一分钟完成。当然，在以天为单位的工作计划中，对于短期目标的改变和整体的计划，你可以灵活安排。

小结

本章意在对文献综述的写作和基本内容作一个整体性介绍，讨论了善于质疑对研究者而言意味着什么，也讨论了优秀研究者的特点。如果你对研究项目有了初步理解、周密思考和大致计划，那么可以说，你已经做好开始研究课题的准备了。

（摘自《怎样做文献综述——六步走向成功》，上海教育出版社 2011 年版，陈静等译）

【导读】 按照《怎样做文献综述——六步走向成功》中的解释，文献综述的是指"一种书面论证。它依据对研究课题现有知识的全面理解，建立一个合理的逻辑论证；通过论证，得出一个令人信服的论点，回答研究问题"。可以说，文献综述是论题研究之前的基础工作。只有做好了文献综述，才能知道论题是否可选，观点是否新颖，哪些论点和材料已有前人论述，哪些研究仍是空白或需要进一步深入探讨。如果某个论题，学界已经研究得很透彻，很全面，就没有继续研究的必要了。所以，撰写论文前所做的文献综述是很有必要的。

该书从六个步骤讲解文献综述的写法，分别是选择主题（选择研究兴趣→从日常生活中选择研究兴趣→根据研究兴趣确定研究课题→访问图书馆）、文献搜索（发现需要审阅的文献→进行文献查询→浏览文献→使用网络→资料管理→快速阅读文献→将资料化为图表→精炼主题→主题扩展）、展开论证（为文献综述建立论证方案→论证→评价论证的基本要素→形成论断→复杂论点的论证）、文献研究（集中收集到的资料→综合信息→分析资料类型）、文献批评（对研究进行阐述，即隐含推理→二度论证→论证模式→推理保障→谬误论证→方案即一切）、综述撰写（通过写作增进自身理解→通过写作促进他人理解）。

书中还有一些辅助性内容，包括"练习"，可以检验读者对本章内容的理解；"技术参考"，为读者推荐软件资源，帮助读者轻松地组织资料和修改论文；"图、表和模型"，突出呈现研究的中心主题，利用图片把错综复杂的主题及其研究步骤表现得更为清晰；"小贴士"，每章的最后都有一个小贴士，向读者提供掌握和使用每章内容的具体建议，可以帮助读者把学习内容立即应用于实践；"小结"，每章都有一个小结，它对该章内容进行简单的概括，可以帮助读者复习和回顾该章的学习内容；"自测表"，每章的最后都有一份自测表，读者可以对照检查整个文献综述的进展过程。

此书针对要撰写硕士论文和博士论文的研究生，主要阐述了两种文献综述的写作技巧，即基本文献综述法，面对需要完成课程作业或硕士研究项目的学生来说；还有一种是高级文献综述法，面对的是要求复杂，更有深度的部分硕士论文和大部分博士论文。另外，书中举例丰富，并能考虑到不同学科角度的文献，如社会和组织心理学、社会学和团体心理学等。总之，该书指导性强，能帮助读者有效提高文献综述的写作技能。

（廖　华）

第八编 治学经验

学风九编

清华八年(节录)

梁实秋

一

我自民国四年进清华学校读书,民国十二年毕业,整整八年的功夫在清华园里度过。人的一生没有几个八年,何况是正在宝贵的青春?四十多年前的事,现在回想已经有些模糊,如梦如烟,但是较为凸出的印象则尚未磨灭。有人说,人在开始喜欢回忆的时候便是开始老的时候。我现在开始回忆了。

民国四年,我十四岁,在北京新鲜胡同京师公立第三小学毕业,我的父亲接受朋友的劝告要我投考清华学校。这是一个重大的决定,因为这个学校远在郊外,我是一个古老的家庭中长大的孩子,从来没有独自在街头闯荡过,这时候要捆起铺盖到一个陌生的地方去住,不是一件平常的事,而且在这个学校经过八年之后便要漂洋过海离乡背井到新大陆去负笈求学,更是难以设想的事。所以父亲这一决定下来,母亲急得直哭。

清华学校在那时候尚不大引人注意。学校的创立乃是由于民国纪元前四年美国老罗斯福总统决定退还庚子赔款半数指定用于教育用途,意思是好的,但是带着深刻的国耻的意味。所以这学校的学制特殊,事实上是留美预备学校,不由教育部管理,校长由外交部派。每年招考学生的名额,按照各省分担的庚子赔款的比例分配。我原籍浙江杭县,本应到杭州去应试,往返太费事,而且我家寄居北京很久,也可算是北京的人家,为了取得法定的根据起见,我父亲特赴京兆大兴县署办入籍手续,得到准许备案,我才到天津(当时直隶省会)省长公署报名。我的籍贯从此确定为京兆大兴县,即北京。北京东城属大兴,西城属宛平。

那一年直隶省分配名额为五名,报名应试的大概是三十几个人,初试结果取十名,复试再进选五名。复试由省长朱家宝亲自主持,此公凤来喜欢事必躬亲,不愿假手他人,居恒有一颗闲章,文曰:"官要自作"。我获得初试入选的通知以后就到天津去谒见省长。十四岁的孩子几曾到过官署?大门口的站班的衙役一声吆喝，吓我一大跳，只见门内左右站着几个穿宽袍大褂的衙役垂手肃立，我逡巡走近二门，又是一声吆喝，然后进入大厅。十个孩子都到齐，有人出来点名。静静的等了一刻钟，一位面团团的老者微笑着踱了出来，从容不迫的抽起水烟袋，逐个的盘问我们几句话，无非是姓甚、名谁、几岁、什么属性之类的淡话。然后我们围桌而坐，各有毛笔纸张放在面前，写一篇作文，题目是"孝弟为人之本"。这个题目我好像从前作过，于是不假思索援笔立就，总之是一些陈词滥调。

过后不久榜发，榜上有名的除我之外有吴卓、安绍芸、梅贻宝及一位未及入学即行病逝的应某。考取学校总是幸运的事，虽然那时候我自己以及一般人并不怎样珍视这样的一个机会。

就是这样我和清华结下了八年的缘分。

二

八月末，北京已是初秋天气，我带着铺盖到清华去报到，出家门时母亲直哭，我心里也很难过。我以后读英诗人Cowper的传记时之特别同情他，即是因为我自己深切体验到一个幼小的心灵在离开父母出外读书时的那种滋味——说是"第二次断奶"实在不为过。第一次断奶，固然苦痛，但那是在孩提时代，尚不懂事，没有人能回忆自己断奶时的懊恼，第二次断奶就不然了，从父母身边把自己扯开，在心里需要一点气力，而且少不了一阵辛酸。

清华园在北京西郊的海淀的东北。出西直门走上一条漫长的马路，沿途有几处步兵统领衙门的"堆子"，清道夫一铲一铲的在道上洒黄土，一勺一勺的在道上泼清水，路的两旁是铺石的路专给套马的大敞车走的。最不能忘的是路边的官柳，是真正的垂杨柳，好几丈高的桠杈古木，在春天一片鹅黄，真是柳眼挑金。更动人的时节是在秋后，柳丝飘拂到人的脸上，一阵阵的蝉噪，夕阳古道，情景幽绝。我初上这条大道，离开温暖的家，走上一个新的环境，心里不知是什么滋味。

海淀是一小乡镇，过仁和酒店微闻酒香，那一家的茵陈酒莲花白是有名的，再过去不远有一个小石桥，左转趋颐和园，右转经圆明园遗址，再过去就是清华园了。清华园原是清室某亲贵的花园，大门上"清华园"三字是大学士那桐题的，门并不大，有两扇铁栅，门内左边有一棵状如华盖的老松，斜倚有态，门前小桥流水，桥头上经常系着几匹小毛驴。

园里谈不到什么景致，不过非常整洁，绿草如茵，校舍十分简朴但是一尘不染。原来的一点点中国式的园林点缀保存在"工字厅""古月堂",尤其是工字厅后面的荷花池。徘徊池畔,有"风来荷气,人在木阴"之致。塘坳有亭翼然,旁有巨钟为报时之用。池畔松柏参天,厅后匾额上的"水木清华"四字确是当之无愧。又有长联一副:"槛外山光,历春夏秋冬,万千变幻,都非凡境;窗中云影,任东西南北,去来澹荡,洵是仙居。"(祁寯藻书)我在这个地方不知消磨了多少黄昏。

西园榛莽未除,一片芦蒿,但是登土山西望,圆明园的断垣残石历历可见,俯仰苍茫,别饶野趣。我记得有一次郁达夫特来访问,央我陪他到圆明园去凭吊遗迹,除了那一堆石头什么也看不见了,所谓"万园之园"的四十美景只好参考后人画图于想像中得之。

……

八

临毕业前一年是最舒适的一年,搬到向往已久的大楼里面去住,别是一番滋味。这一部分的宿舍有较好的设备,床是钢丝的,屋里有暖气炉,厕所里面有淋浴有抽水马桶。不过也有人不能适应抽水马桶,以为做这种事而不采取蹲的姿势是无法达成任务的(我知道顾德铭即是其中之一,他一清早就要急急忙忙跑到中等科去照顾那九间楼),可见吸收西方文化也并不简单,虽然绝大多数的人是乐于接受的。

和我同寝室的是顾毓琇、吴景超、王化成,四个少年意气扬扬共居一室,曾经合照过一张像片,坐在一条长凳上,四副近视眼镜,四件大长袍,四双大皮鞋,四条翘起来的大腿,一派生楞的模样。过了二十年,我们四个人在重庆偶然聚首,又重照了一张,当时大家就意识到这样的照片一生中怕照不了几张。当时约定再过二十年一定要再照一张,现在拍照第三张的时期已过,而顾毓琇定居在美国,王化成在葡萄牙任公使多年之后病殁在美国,吴景超在大陆上,四人天各一方,萍踪飘泊,再聚何年?今日我回忆四十年前的景况,恍如昨日:顾毓琇以"一樵"的笔名忙着写他的《芝兰与茉莉》,寄给文学研究会出版,我和景超每星期都要给《清华周刊》写社论和编稿。提起《清华周刊》,那也是值得回忆的事。我不知哪一个学校可以维持出版一种百八十页的周刊,历久而不停,里面有社论、有专文、有新闻、有通讯、有文艺。我们写社论常常批评校政,有一次我写了一段短评鼓吹男女同校,当然不是为私人谋,不过措词激烈了一点,对校长之庸弱无能大肆抨击。那时的校长是曹云祥先生（好像是作过丹麦公使，娶了一位洋太太，学问道德如何则我不大清楚），大为不悦，召吴景超去谈话，表示要给我记大过一次。景超告诉他："你要处分是可以的，请同时处分我们两个，因为我们负共同责任。"结果是采官僚作风，不了了之。我喜欢文学，清华文艺社的社员经常有作品产生，不知我们这些年轻人为什么有那样大的胆量，单凭一点点热情，就能振笔直书从事创作，这些作品经由我的安排，便大量的在周刊上发表了，每期有篇幅甚多的文艺一栏自不待言，每逢节日还有特刊副刊之类，一时文风甚盛。这却激怒了一位同学（梅汝璈），他投来一篇文章《辟文风》，我当然给他登出来，然后再辞而辟之。我之喜欢和人辩驳问难，盖自此时始，我对于写稿和编辑刊物也都在此际得到初步练习的机会。周刊在经济方面是由学校支持的，这项支出有其教育的价值。

我以《清华周刊》编者的名义，到城里陟山门大街去访问胡适之先生。缘因是梁任公先生应清华周刊之请写了一个《国学必读书目》，胡先生不以为然，公开的批评了一番。于是我径去访问胡先生，请他也开一个书目。胡先生那一天病腿，躺在一张藤椅上见我，满屋里堆的是线装书。这是我第一次见到胡先生，清癯的面孔，和蔼而严肃，他很高兴的应了我们的请求。后来我们就把他开的书目发表在《清华周刊》上了。这两个书目引出吴稚晖先生的一句名言："线装书应该丢到茅厕坑里去！"

我必须承认，在最后两年实在没有能好好的读书，主要的原因是心神不安，我在这时候经人介绍认识了程季淑女士，她是安徽绩溪人，刚从女子师范毕业，在女师附小教书。我初次和她会晤是在宣外珠巢街女子职业学校里。那时候男女社交尚未公开，双方家庭也是相当守旧的。我和季淑来往是秘密进行的，只能在中央公园、北海等地约期会晤。我的父亲知道我有女友，不时的给我接济，对我帮助不少。我的三妹亚紫在女师大，不久和季淑成了很好的朋友。青春初恋期间谁都会神魂颠倒，睡时，醒时，行时，坐时，无时不有一个情影盘据在心头，无时不感觉热血在沸腾，坐卧不宁，寝馈难安，如何能沉下心读书？"一日不见，如三秋兮！"更何况要等到星期日才能进得城去谋片刻的欢会？清华的学生有异性朋友的很少，我是极少数特殊幸运的一个。因为我们每星期日都风雨无阻的进城去会女友，李迪俊曾讥笑我们为"主日派"。

对于毕业出国，我一向视为畏途。在清华有读不完的书，有住不腻的环境，在国内有舍不得离开的人，那么又何必去父母之邦？所以和闻一多屡次商

第八编　治学经验

讨，到美国那样的汽车王国去，对于我们这样的人有无必要？会不会到了美国被汽车撞死为天下笑？一多先我一年到了美国，头一封来信劈头一句话便是："我尚未被汽车撞死！"随后劝我出国去开开眼界。事实上清华也还没有过毕业而拒绝出国的学生。我和季淑商量，她毫不犹豫的劝我就道，虽然我们知道那别离的滋味是很难熬的。这时候我和季淑已有成言，我答应她，三年为期，期满即行归来。于是我准备出国。季淑绣了一幅《平潮秋月图》给我，这幅绣图至今在我身边。

出国就要治装，我不明白为什么外国人到中国来不需治中装，而中国人到外国去就要治西装。清华学生平素没有穿西装的，都是布衣布褂，我有一阵还外加布袜布鞋。毕业期近，学校发一笔治装费，每人约三五百元之数，统筹办理，由上海恒康西服庄派人来承办。不匝月而新装成，大家纷纷试新装，有人缺领巾，有人缺衬衣，有的肥肥大大如稻草人，有的窄小如猴子穿戏衣，真可说得上是"沐猴而冠"。这时节我怀想红顶花翎朝靴袍褂出使外国的李鸿章，他有那一份胆量不穿西装，虽然翎顶袍褂也并非是我们原来的上国衣冠。我有一点厌恶西装，但是不能不跟着大家走。在治装之余我特制了一面长约一丈的绸质大国旗——红黄蓝白黑的五色旗，这在后来派了很大的用场，在美国好多次集会（包括孙中山先生逝世时纽约中国人的追悼会）都借用了我这一面特大号的国旗。

到了毕业那一天（六月十七日），每人都穿上白纺绸长袍黑纱马褂，在校园里穿梭般走来走去，像是一群花蝴蝶。我毕业还不是毫无问题的，我和赵敏恒二人因游泳不及格几乎不得毕业，我们临时苦练，豁出去喝两口水，连爬带泳，凑合着也补考及格了，体育教员马约翰先生望着我们两个人只是摇头。行毕业礼那天，我还是代表全班的三个登台致词者之一，我的讲词规定是预言若干年后同学们的状况，现在我可以说，我当年的预言没有一句是应验了的！例如：谢奋程之被日军刺杀，齐学启之殉国，孔繁祁之被汽车撞死，盛斯民之疯狂以终，这些倒霉的事固然没有料到，比较体面的事如孙立人之于军事，李先闻之于农业，李方桂之于语言学，应尚能之于音乐，徐宗涑之于水泥工业，吴卓之于糖业，顾毓琇之于电机工程，施嘉炀之于木工程，王化成、李迪俊之于外交……均有卓越之成就，而当时也并未窥见端倪。至于区区我自己，最多是小时了了，到如今一事无成，徒伤老大，更不在话下了。毕业那一天有晚会，演话剧助兴，剧本是顾一樵临时赶编的三幕剧《张约翰》。剧中人物有女性二人，谁也不愿担任，最后由我和吴文藻承乏。我的服装有季淑给我缝制的一条短裤和短裙，但是男人穿高跟鞋则尺寸不合无法穿着，最后向Miss Lyggate借来一试，还嫌累松一点点。演出时我特请季淑到校参观，当晚下榻学生会办公室，事后我问她我的表演如何，她笑着说："我不敢仰视。"事实上这不是我第一次演戏，前一年我已经演过陈大悲编的《良心》，导演人即是陈大悲先生。不过串演女角，这是生平仅有的一次。

拿了一纸文凭便离开了清华园，不知道是高兴还是哀伤。两辆人力车，一辆拉行李，一辆坐人，在骄阳下一步一步的踏向西直门。心里只觉得空虚怅惘。此后两个月中酒食征逐，意乱情迷，紧张过度，遂患甲状腺肿，眼珠突出，双手抖颤，积年始愈。

家父给了我同文书局石印大字本的前四史，共十四函，要我在美国课余之暇随便翻翻，因为他始终担心我的国文根底太差。这十四函线装书足足占我大铁箱的一半空间，这原是吴雅晖先生认为应该丢进茅厕坑里去的东西，我带过了太平洋，又带回了太平洋，差不多是原封未动缴还给家父，实在好生惭愧。老人家又怕我在美膏火不继，又给了我一千元钱，半数买了美金硬币，半数我在上海用掉。我自己带了一具景泰蓝的香炉，一些檀香木和粉，因为我认为这是中国文化中最好的一项代表性的艺术品，我一向响往"焚香默坐"的那种境界。这一具香炉，顶上有一铜狮，形状瑰丽，闻一多甚为欣赏，后来我在科罗拉多和他分手时便举以相赠。我又带了一对景泰蓝花瓶，后来为了进哈佛大学的原故在暑期中赶补拉丁文，就把这对花瓶卖了五十元美金充学费了。此外我还在家里搜寻了许多绣活和朝服上的"龖子"，后来都成了最受人欢迎的礼物。

民国十二年八月里，在凄风苦雨的一天早晨，我在院里走廊上和弟妹们吹了一阵胰子泡，随后就噙着泪拜别父母，起身到上海候船放洋。在上海停了一星期，住在旅馆里写了一篇纪实的短篇小说，题为《苦雨凄风》，刊在创造周报上。我这一班，在清华是最大的一班，入学时有九十多人，上船时淘汰剩下六十多人了。登"杰克逊总统号"的那一天，船靠在浦东，创造社的几位到码头上送我。住在嘉定的一位朋友派人送来一面旗子，上面亲自绣了"乘风破浪"四个字。其实我哪里有宗悫的志向？我愧对那位朋友的期望。

清华八年的生涯就这样的结束了。

（摘自《雅舍杂文》，文化艺术出版社1998年版）

第八编　治学经验

【导读】 梁实秋（1903—1987），原名梁治华，浙江杭县（今余杭）人，出生于北京。中国著名的散文家、学者、文学批评家、翻译家，国内第一个研究莎士比亚的权威，曾与鲁迅等左翼作家多次笔战。一生给中国文坛留下了两千多万字的著作，其代表作有《雅舍小品》《莎士比亚全集》（译作）等。早年曾在清华学校读书，1923年8月赴美留学，取得哈佛大学文学硕士学位。1926年回国后，先后任教于国立东南大学、国立青岛大学（今山东大学）等。1949年到台湾，任台湾师范学院英语系教授，1987年11月3日病逝于台北。

《清华八年》是梁实秋先生的一部回忆录，叙述了其由14岁到22岁在清华的求学经历，内容包括对清华园的美好印象、清华八年的生活与学习，及日常所接触的恩师与同学的回忆。

梁先生在清华八年接受的中西合璧式的教育，可以说使其一生受益匪浅，对我们当今的中等、高等教育也不无启迪。通过梁先生的回忆我们可以看到：首先，清华有一套非常严格的管理体制。如学生身上不允许带钱，钱一律存在学校银行，身上只可带少许零用钱，但花费一角一分都需记账；明确规定洗澡次数，一周不洗警告，再不洗公布名单，仍不洗便强制执行；严惩偷盗，不论所偷之物有多小，一经发现立即开除……这套管理对学生来说看似过于严酷，但梁先生认为："许多作人作事的道理，本来是应该在幼小的时候要认识的。许多自然主义的教育信仰者，以为儿童的个性应该任其自由发展，否则受了摧残后，便不得伸展自如。至少我个人觉得我的个性没有压抑以至于以后不能充分发展。"俗话说，无规矩不成方圆，对正在成长的青少年学生来说，适当的惩戒是必要的，并不影响其心理健康。其次，当时的清华作为留美预备学校，从其课程设置看，清华的教育属中西合璧。如上午的课程有英文、数学、地理、西洋史、生物、物理、化学、政治学、社会学、心理学等，皆用英语讲授，课本也用美国的；下午的课程有国文、历史、地理、修身、伦理学、中国史等，皆用国语授课，课本也是中国的，且教师不乏前清考过功名的老先生。这样的课程和教学模式，使学生既能打下较深的国学功底，又可接受良好的西学熏陶，而中西合璧式的教育也终使民国一时人才辈出，大师云集。其三，清华对学生的教育既重动手又讲全面。如每次上课前学生必须读老师的指定资料，以为课前准备，学生还要经常主动到图书馆查找资料，以训练发现和解决问题的能力。并且，从课程设置看，清华非常看重学生的博学和全面发展。如课程中既有人文学科的哲学、历史、国文，又有艺术学科的音乐、美术、手工，还有生物、物理、化学等自然学科。尤其是对体育的重视，这让现代的中等和高等教育都颇为汗颜。按梁先生的回忆，当时清华每天上午的第二节与第三节的课间有十五分钟的柔软操，下午四点到五点还有一小时的强制运动，到时寝室、教室一律锁门，学生必须到户外活动。正如梁先生所说，一个人若缺少了艺术教育，其人生也自然少了一份浪漫的情怀，而若缺少了科学教育，必定无法理解生活中的种种现象，也自是人生的一大遗憾……由此我们也自然会想到，什么是教育的终极目标，肯定不是什么"家"或什么高官大贾，应该是合格的、高素质的国民，这样的培养目标，才能提高国民的整体素质，才能使这个国家摆脱奴役立足于世界民族之林。由此也可见清华设计者们的良苦用心和具有世界性的眼光。

可以说，清华的八年孕育了梁先生这位博学之士，也为中国的高等教育提供了一面可资借鉴的镜子。在这里，养成了梁先生不羁的个性，广泛的学习兴趣和活跃的思想、开阔的眼界、激扬的情感……而梁先生在台湾一直被誉为现代圣人，我想这也与八年的清华熏陶是不无关系的。而梁先生的散文精致内敛，恬淡自然，别有一种绅士风范和大德气度，想来也是由此而培养出来的，所谓文如其人、人如其文，即此道理也。

（卢有泉）

我的教学与研究生涯

陈岱孙

首都师范大学出版社来惠洽我出版一本自选集，编入他们的《学术论著自选集丛书》。我迟疑不敢应，以1989年北京大学同仁已为出版两卷《论文集》为托辞。实际上，虽然这托辞不无一些理由，但其后面还有一不愿暴露的思想问题。我不愿意对于我过去几十年学术生涯作一回顾，因为在我从教之始曾自我许下一宏愿。而后来主客观条件的变幻使我的遐想随这一宏愿的失落而消灭。

我于1927年从欧洲返国后，应清华大学经济学教授之聘，从事教学工作。我的择业可以说似带有偶然性，而实不尽偶然。在我在自欧返国的路上，我的确想到了返国后工作方向的问题。但我当时,对这一问题的态度,无宁说,是无意无必的。我回国后不几天忽得一位从未谋面过的、随当时国共合作的北伐军到了武汉的清华、哈佛先后同学的信,让我即日赴汉参加革命工作。如果不是在北伐军打下上海、南京之后不久,形势大变,宁汉分家,第一次革命失败,汉口政府归于倾覆,我的一生也许走上了所谓从政的道。但迅变的时局代我解决了这一问题。清华的聘书适逢其会地改换了我一生的道路。但我仍是在清华两三年之后,亲身看到宦海现象和积习,想到了古书中"胁肩谄笑,病于夏畦"一语后,才得出我不是做官的材料的结论,才真正地绝意于仕进,而以教书为我安身立命的事业。

但随之而来的却又是对学术生涯如何安排的一系列问题。我初来清华任教时,和当时一般大学教授一样,每学年都得担任三门全年课,每周不少于8—9小时。由于我在国外学习时,以财政学为专业,在三门的课中,财政学是必开的一课。其余两门则随需要,而时有不同。不久我就感到当时大学中一急于待决的问题就是各类的不同层次的教材。当时我国各大学各学科的开设都因袭西方国家的制度。但我们连自编的各科初阶性的教科书都几乎全赋缺如,更不必说可供深入学习参考之用的各专著了。北京城内各校采用的为讲义制,将教员在讲课时所口授的内容择要,于课前或课后印发给学生。清华,则因学生英文基础较强,索性直接使用外文教科书。这一缺点,在我思想中,一直是一个待决而又不能速决的问题。我认为我有责任对我所一直担任的财政学这一主课,作改变这一缺点的尝试。

年青人总有点好大喜功。我不满足于只写出讲义式的财政学概论一类的教科书。我借鉴于近代德国学派的各经济学名家写作经济学系列丛书的经验,计划用若干年的时间,编写出一套较全面而相互配合的财政学教材。我打算以《预算制度》一书的写作为突破点,以英、法、美、苏四国为典型,结合中国当时实际,进行比较。然后再在这一书的基础上,分题进行研究。但就在这第一关前,我就遇到困难。我所需要的关于这些国家预算制度的,无论论著或官私方资料,在我国内,几乎是全缺,而即在国外亦不多见。因此,我利用1932—1933年,休假的机会去法、英两国从搜集材料做起,在法、英两国的9个月中,我埋头于巴黎的"法国国家图书馆"和伦敦的"不列颠博物院",徜徉于两地的新旧书店,搜集了可用的资料分批邮寄回国。1933年秋,我休假期满返国后三四年中,虽然教学行政工作占了我不少时间,我仍然挤出时间,对这些资料进行整理，写作了这一预期著作的部分章节初稿，分放在我在清华校内的家里和图书馆楼下我的办公室的书柜内。

1937年抗战军兴，一切都变了。七七事变之日，我在北平校内，10来天之后，我去庐山开会，会毕返至天津火车站，平津战役即于是日清晨在平津路上之杨村爆发，铁路交通断绝。我被困在天津旅店中，直至平津沦陷，交通恢复，才赶回北平，暂寄住友人家。经和校内在梅校长尚在南京未返时、维持校务的校务委员会同仁电话联系，他们认为我出城返校，交通没有保证，建议由他们进城和我一起开一校委会紧急会议。紧急会议决定指派我立即返津，设法南下商议学校南迁大计。我对这过家门而不入的决议开始是有点犹豫的。但一转念，关系民族兴亡的战事已经起来了。打仗总得有损失。我只应认为我的家已毁于炮火。我翌日返津，旋即辗转取海道经青岛转济南，到了南京，始悉北大、清华、南开已联在长沙成立临时大学，三校长已于前几日首途赴长沙。我和三校流落在南京的几位同仁也沿江至汉口转赴长沙。到了长沙，我们几个人真是一身之外别无长物。在长沙一学期，后又迁昆明改称西南联合大学。到昆后不久，我们得消息，清华园全部校舍为敌军所占，公私财物全被毁掠。我在校内的家和图书馆办公室的书物当然是在劫难逃。我对于身外之物的损失没什么顾惜，但对于两处的书稿、和难得的资料的损失还不能不耿耿于怀。

八年抗战，颠沛流离。抗战胜利，清华复校，而校舍残破，图书设备损失殆尽。接之而来的是解放战争，共和国成立，1952年院系调整。我先奉调参加中央财政学院组建工作。翌年，学院改组，我又调来北大经济系，从此又有了固定的教学工作。但由于当时北大经济系财政学课只是一半年的课程且已有一教师担任，我就改授西方经济学说史一课，从此就算改了行，几十年来就再也不触及财政学的教研工作了。我过去对于经济学说史也有兴趣，在清华联大时，有时，由于安排课程和教师的承乏需要，也曾断断续续地讲授过这一类的课程。但是一方面，年龄大了，青年时期那种好高骛远的遐想，消磨殆尽。另一方面，不同于财政学，经济学说史的系统著作，在西方国家里，已经丰富，而文献资料亦较易搜集。因此我在北大的工作只是围绕着本课的教学进行。除了参加教材编写工作之外，我只是对在教学中所发现的某些问题进行探讨，偶有所得则以专著、短文的形式予以发表以就正同行。而这些文字似乎集中于70年代末迄今的十几年。

这就是上面所说的对于发行《自选集》有所迟疑的思想问题。但出版社的盛意难却。因才商定，这部《自选集》以选取有关经济学思想的各类文章为限；得40余万言，勉以应命。非敝帚之敢以自珍，亦以聊志一段教学生涯鸿泥之迹而已。

1993年6月

(摘自《东方赤子·大家丛书·陈岱孙卷》，华文出版社1998年版)

【导读】陈岱孙（1900—1997），原名陈总，福建省闽侯县人，是我国经济学界的一代宗师，在财政学、统计学、国际金融、经济学史等方面都取得了很高的成就。《我的教学与研究生涯》是陈岱孙为首都师范大学1994年出版的《陈岱孙学术论著自选集》所撰写的序言，文中回顾了他几十年的教学与学术生涯。

陈岱孙先生从事教学工作有一定的偶然因素，可他一旦成为教书先生，便兢兢业业、勤勤恳恳。教学之初，他发现教材无法满足学生学习的要求，于是想到自己编写教材，而且"不满足于只写出讲义式的财政学概论一类的教科书"。为了完成这一艰巨任务，他把业余时间充分利用起来，稍有空闲便找资料，写教材。尽管编写的过程中遇到资料匮乏等诸多问题，但还是靠着顽强的毅力坚持下来，完成了部分书稿。此事在陈岱孙先生看来，是"年轻人总有点好大喜功"，但在我们看来，却是体现了一种认真教导学生，敢于创新，任劳任怨的教学态度。可以说，陈先生从未忘记他作为一名教师的职责。年逾七旬，他仍要站在讲台上授课，年过九旬，他还要亲自指导研究生。反观现在的教学现状，很多教师为了评职称，只想着如何发论文，如何争取课题，而忽视了教学工作，甚至以科研为挡箭牌，推卸教学任务。难怪有的专家指出，用科研敷衍教学比学术腐败更可怕。

据一位资深编辑的看法，《我的教学与研究生涯》一文"绝不止于是对作者向来不愿出版文集之'思想问题'的坦诚解释，事实上也是对当年祖国与民族悲惨命运的一种折射，因而具有时代的内涵和意义"。的确，从该文中可以看到，陈岱孙先生在八年抗战、解放战争期间，过着颠沛流离的生活，甚至"过家门而不入"，即使重返学校教学，也是"校舍残破，图书设备损失殆尽"，没有较好的教研环境。好不容易熬到共和国成立，可以稳定下来，却要面临院系调整，由教授财政学转为教授西方经济学说史。然而，无论怎样艰难的环境，陈岱孙先生从未放弃教学和科研。这种为祖国学术事业积极贡献的精神，实属可贵。

(廖　华)

我的学思进程

牟宗三

我这一生，是处在中华民族大变动的时期。我是民国前三年，也就是宣统元年出生，中间经历辛亥革命、袁世凯称帝（国号洪宪）、张勋复辟、北洋军阀，以及民国十七年北伐成功、八年对日抗战及至于今又是四十年。总之中华民族最动荡不安的近百年，我是亲眼见到的。这一百年变动的经过，到底问题出在哪里？而我个人亲身经历、感受这个时代，在思考应如何把握这个时代，如何了解、领导这个时代？

配合著名哲学家康德思考人类理性的问题

我思考的经过，虽出自个人，但却和整个时代有关。这并非只是政治、经济方面的问题，整个说来，是文化的问题，也是人类理性的问题。我想从我个人感受的角度来谈谈这个经过。我一生从事于哲学思辨，既未从事政治活动，也不曾经商，也无"安邦定国之大业"。抗战八年，我没有到前线打日本鬼子，没有"汗马功劳"，既未参军，也未做官；我只在后方走遍西南各省，只陪着整个民族的苦难受苦，可以说只有"苦"劳，没有功劳。对于现实国家的遭遇，我不是行动的参与者，而只是一个旁观的人，是一个旁观的生命，只有在现实上陪着受苦。我自北大哲学系开始，一直没有停止过思考。

哲学家康德一生八十多岁，也没有从事过别的事情，以三部书（《纯粹理性批判》、《实践理性批判》、《判断力批判》）为他主要的哲学纲领，思考人类理性中所涉及的一切问题。这三大批判所代表的一整个系统，并不简单，杜威有一套，罗素有一套，海德格尔有一套，甚至怀特海、胡塞尔均有一套。"套"多得很，但内容价值完全不一样，这是大家所应当郑重了解的。

我一生是配合着康德的思考来了解人类理性的问题，到现在仍然在了解康德第三批判的问题。康德自己构思了一"套"，是从自己生命中的真知灼见而发，消化处理了以往哲学家的一切业绩而予以恰当的衡定。他像唱戏一样，有板有眼、有规有矩。这世上那么多哲学家，有那么多套，有几个能"合板眼"的呢？这实在很难。我也没有康德那样的本事，他能从自己的生命里直接就人类理性所牵涉的一切领域所有的学问，独立构思一套来加以说明与衡定。我这一生也八十多岁了，我从大学读书开始，就配合着康德一生所思考的问题来思考。我并不是一个"康德专家"，一生也并非只念他那三部书。我是通过读古典文献，来配合他的思考，例如我写的《才性与玄理》，是说明中国魏晋时代的思想。另一部《佛性与般若》两大册，是我退休后写的。我并非佛弟子，但我了解中国吸收佛教的全部经过，吸收后如何消化，消化了以后如何又开宗，开天台宗、华严宗与禅宗。但这三宗在佛教与人类理性里占了什么地位呢？这有多少人能了解呢？下一阶段是宋明理学，我用了八年时间来整理这六百年期间的思想而成《心体与性体》三册，后又出第四册《从陆象山到刘蕺山》。这六百年重新讲述儒家的学问，现在有多少人能了解这六百年的用心所在呢？我所用的心思和工夫都是整理古典文献，但在整理中我同时也注意康德思考所发出的问题。

我到台湾这些年，出了不少书。《佛性与般若》是在这里印的，《心体与性体》是在这里印的，后来翻译康德的《纯粹理性批判》和《实践理性批判》也是在这里印的，我写的《现象与物自身》，还有《圆善论》（讲最高善（The grest Good），也是在这里印行。这是主要的几部大书，也都是配合康德来思考，但我非只读康德三大批判，而也读了许多中国古典文献，来把握民族的智慧。

化生命的疏隔与畅通

现在大家的生命都隔了，不能与民族生命、化生命相通。通不起来，就整天胡言乱语，到处乱骂，没一句正当的话。大陆上出了本《河殇》，说黄河流域已经没落了，它的文化创造力枯竭了，奶水已干了。其实我们并非没有水喝，没有奶吃，而是说《河殇》这些话的人是"饿鬼"。文化之水没有停流，是自己"作孽"，见了水不能喝，见了饭不能吃。佛教所谓的"饿鬼"，乃是眼前明明是大米饭，你看是沙子；眼前明明是水，你看是火油。沙子不能吃，火油不能喝。但为什么会把大米饭看成沙子，把水看成火油呢？这是你的罪孽深重，所以受到这样的果——成了饿鬼，看不见文化的水。去了解文化生命的发展和学术传统，是多么重要的事。可是自从民国以来，甚至从明朝亡、清军入关以来，文化生命就断了。这样一来，文化生命上下不通气，怎能吸收西洋文化，又怎能现代化？所以了解了中华民族过去的精神生命和文化生命，了解了古人，也就了解了康德。先让自己的文化生命具有生气，才能了解西方的文化生命。

在这将近一百年的大动荡时代，我是无奈何地闹中取静，透过对古典的疏导，来了解康德所启发的理境。但为什么不能配合罗素或杜威呢？或再往前讲，为什么不配合柏拉图、亚里斯多德呢？我不能用我全部的生命来配合柏拉图、亚里斯多德，这是有道理的。希腊传统固然精彩，然开不出道德主体，故亦开不出真正的价值之源。希腊传统足以开学统，但并不出道统，不能作为终极的智慧方向。民国初年，罗素曾访问过中国，被视为西方圣人，但罗素那专讲数理逻辑，特尊逻辑分析的思想形态，怎能配合人类理性的活动之全部，怎能依之来了解中国文化之方向呢？胡适宣传杜威学说，杜威是实用主义。其实胡适所了解杜威的程度很差，但他享有大名，这种大名对中国社会并无实质裨益。胡适所了解的杜威思想，其实只是《如何去思考？》（How We think?）这个小册子，其他著作可能均未涉及，以这种程度来吸收西方文化，怎么够资格讲现代化呢？瞎嚷嚷是没有用的，这些人其实是反对现代化的。但是他们讲科学、讲自由、讲考据，好像现代化、科学都在他们那儿一样，这是很荒谬的现象。那些天天宣扬科学、崇拜民主的人，是最不科学、最不民主的人，这是很古怪、荒谬的现象。我们不能以这些思想来和我们的文化生命或智慧方向相配合。只有康德可以，他可以和中国文化生命之方向相配合。

学思三阶段

我的哲学思想进程，大致可分为三个阶段。

头一个阶段是"开端"。

我在大学时代，最喜欢怀特海。他的著作，我大体都读过，现在好多人讲怀特海，在我看来有点班门弄斧的感觉；虽然我的思想转变到另一阶段以后，我就绝口不提怀特海了。我当时一面读怀特海，一面于中国哲学则念《易经》，我总是这样双线进行。当时北大没有开《易经》这门课，也没有人知道我在做这方面的工作。我当时了解的《易经》，是从象数这条路去理解。虽不限于象数，但我是从整理汉易开始。汉易是象数之易，所以讲王弼、讲朱夫子，讲得都不精彩。王弼是从道家的玄理来讲易经，故不相应。朱夫子那套义理，那时我也不甚懂。我现在所了解的易传，是孔门义理；我那时也没达到这程度。我当时了解《易经》，只能从象数这条路，把它当《自然哲学》看——中国式的自然哲学，那是我青年时期的兴趣。所谓中国式的自然哲学，意即和柏拉图以前的希腊时代的自然哲学并不相同。《易经》所启发的自然哲学，发展到最高峰，是清朝初年的《易经》专家胡煦，此人有哲学头脑。这个人没有旁人注意到，是我首先发现的。但他还没有达到照我们现在所了解的、由《易传》所表现的孔门义理这层次，只在自然哲学的层次。怀特海的思想也是自然哲学，他的那套宇宙论，就是自然哲学式的宇宙论，那是英国式的由宇宙论之玄思来反康德的。我当时的兴趣，还是实在论的，并不了解康德，所以在哲学的趣味上特别欣赏怀特海。当时我整理《易经》并写了一部书，现在已经重印，那时只有二十四岁，算很年轻，所以对《易经》只能了解到这层面。就是这层面也是配合着怀特海始能达至的。经过十七、十八、十九世纪的现代化，逻辑、数学与物理之高度的发展，怀特海的自然哲学当然能很吸引人，这已非希腊时代的自然哲学了。要了解怀特海的自然哲学，先要读他与罗素合著的《数学原理》，要有数理逻辑的那套底子，再加上近代理论物理的知识。现在台湾有些人讲怀特海，都是抓几句漂亮话题来瞎发挥一下，并不真能懂怀特海。

当时不仅在西洋哲学方面喜欢怀特海的自然哲学和宇宙论，在中国哲学方面喜欢《易经》，也当一个自然哲学看，同时我还有逻辑方面的兴趣，所以读罗素的数理逻辑。因为中国并没有这方面的传统，读来就不像在哲学方面那样轻松，读得相当辛苦，我只能勉力以赴而已。在中国第一位开数理逻辑这门课的，正是我一位老师张申府先生。当时班上只有三个学生，其他两位很少来，只剩我一个。念数理逻辑，花了我十年工夫；当时维特根斯坦的书已出版，所以我对他那套也发生兴趣。但我并没有成为逻辑专家，也没有成为逻辑实证论者。我花的十年工夫，乃是配合着康德来读的，目的是想用康德的思路来消化怀特海、罗素，直接方面是消化罗素和维特根斯坦的数理逻辑，间接方面是消化怀特海的哲学思想。能消化，就必须在更深的基础上来处理这有关的问题。

知性之逻辑性格与知性之存有论的性格，进而论两层立法

消化的工夫，费了我大学毕业后的十多年时间，呈现于最近再出版的《认识心之批判》上、下两册。这可以算是我的第二阶段，一直到四十岁为止，正是民国三十八年来台湾的时候。所以第二阶段是消化英国实在论与康德之冲突。

我用的虽是康德思路，但并非就是康德的哲学，因当时我对他的哲学并不完全了解。我能了解他所见到的知性（Understanding）之自发性。因此我可

以了解我们的知性有一套并不一定是康德所想的那一套。所以我当时从知性来安排罗素、维特根斯坦对于逻辑与数学的理解，所成的《认识心之批判》，大体还是实在论的立场，因为我虽然用康德的思路，但还不赞成康德《先验综合批判》的最高原则，即"知识可能的条件，就是知识对象可能的条件"。我当时并不认为如此，我以为知识可能之条件并不就是知识对象可能之条件。我想把知识之对象从知性之自发性里解放出来，这当然是实在论的倾向。

自从退休以后，我就觉得我的"认识心之批判"这一套并不能代替康德的那一套；原来以前我所了解的只是"知性之逻辑性格"，而非"之性之存有论性格"。康德并非不解知性之逻辑性格，但因那时逻辑甚简单，只是亚里斯多德的逻辑，所以他于知性之逻辑性格之了解甚为贫乏。他的重点是落在纯粹知性之存有论的性格。康德的十二范畴分四类：质、量、关系、情态，重要的是前面三类，都是属于存有论的概念，是从知性本身发出来，或说为知性本身所提供。他以这些存有论的概念作为知识可能之条件，同时亦即是知识对象可能之条件，因此而宣说"知性为自然立法"，这样才有知性之存有论性格。这种思想，一般人是很难了解的，即连将康德"纯粹理性批判"译成英文的史密司也不懂；从一般实在论看来，"知性为自然立法"太过主观主义，不能相信。

当时有些朋友很称赞我的"认识心之批判"，以为可以代替康德那一套，但我后来以为不能代替。如是我觉得我们对于知性须有两层超越的分解，一层是分解其逻辑的性格，一层是分解其存有论的性格。如是，我们就要想办法进一步如何来把握、了解康德所说的"知性之存有论的性格"，如何了解"知性为自然立法"，如何了解十二范畴之超越的决定作用。范畴是从知性自身发出来，所以知性才能为自然立法。这一套，现在西方人不懂，英美的分析哲学不懂，胡塞尔的现象学、海德格尔的存在哲学同样不懂，中国人现在这肤浅混乱的头脑更无法懂。中国人现在很肤浅，枉费聪明，表面聪明是最糟糕的。王船山有句痛心的话："害莫大于肤浅"，胡适就是肤浅的代表。荀子曰"真积力久则入"，中国人好像对于任何正面的东西不能真正投入，故肤浅、混乱、邪僻、暴戾，此皆生命无力、精神脆弱之象也。

我一直在疏释中国各期之哲学智慧，配合康德来思考这"为自然立法"之问题。后来有"中西哲学之会通"十四讲，登在东海大学的《中国文化月刊》，就是疏解这问题。不但康德的"知性为自然立法"不能反对，就是牵连到他所作的"现象与物自身之区分"也不能反对。一般人所了解的现象与物自身的分别，大体是洛克的第一性与第二性的分别。康德所说的"现象"与"物自身"均有特别的意义，如果不"默逆于心"，就只能"服人之口，而不能服人之心"。这一方面固因为康德说明不够，以及其说明之方式散见不集中，故不易把握，另一方面也由于对中国之智慧传统学思不足因而不能悟入，故亦不能了解康德之所说。须知若依中国哲学之智慧尤其是佛教之智慧而观，则康德之所说固甚易明甚易解也。

了解了"知性为自然立法"这一步以后，就可以进到第二批判，了解"实践理性（意志自由）为行动立法"。康德系统是两重立法。实践理性立法的问题，在孟子就是《仁义内在》，《仁义内在》于"心"。"仁义内在于心"才可以说"心即理"，陆象山这句话是根据孟子而说的，以后王阳明能以辩论的方式而明之（见"答顾东桥书"）。"仁义内在"以康德的话说，就是"自律道德"。"知性为自然立法"与"自由意志为行为立法"这两重立法如能透彻明白，就能比对着中国从先秦儒家以后经过道家、佛家和宋明理学之发展来对看，看看中国智慧表现在哪里，康德哲学所代表的西方智慧表现在哪里，并将如何消化之。

真美善的圆成

讲了两层立法后，再进一步就是我在"圆善论"所处理的问题，这已超过康德所说的理境，是儒家的本怀之终极的彰显。我本以"圆善论"为最后一册著作，但最近我又打算把康德第三批判（"判断力批判"）翻译出来。我已将"审美判断"与最后的"目的论批判"译出，"壮美"（Sublime）那段没翻。中国人对壮美的品味很高，壮美判断并非审美判断本身的意义，理学家品题"圣贤气象"，这种品味就是属于壮美的；所以这段我不打算翻。但"壮美"后面有一段关于审美判断的超越推证（transcendental deduction），凡是讲到推证的问题，就是批判哲学最精彩的部分。这部分是说，审美判断不是从概念中来，却有普遍性。这朵花是美的，并不单单是对我为美，这个审美判断是对任何人有效，就是有普遍性，而且是必然的。

目的判断在关联于审美判断的主要意思，我要写《真善美的分别说与合一说》这一部书。康德的第一批判讲"真"，第二批判讲"善"，第三批判讲"美"。但"即真、即美、即善"的合一境界，康德并没有，中国人在这方面却能达到相当高的境界。合一讲的真善美与分别说的真善美之间的关联如何，是最后的圆成的问题，康德也没有达到这境界。"圆善论"是最高圆满的善，仍然是顺着善讲。这部书则是把美也包括进来，是最后的圆融。我之所以要消化康德的这些问题，就是为的要畅通中国的文化生命。我们现在是在文化的发展中。我们现在要求现代化，要求民主。其实只要中华民族的文化生命能畅通，西方的文化生命并非没有问题。现代化是必须经过的，然不是最后圆满的。科学与民主是人类理性中的应有事，并非是"非理性的事"，焉有不能至者？又有何可反对者？

我一生通过疏解中国古典文献，来消化康德所思考的问题。康德是18世纪的人，这是人类理性最健康、最正常的一个时代，我们现在20世纪快要结束，却不了解甚么是科学，甚么是民主政治！西方人在17、18世纪为此而奋斗，所以西方18世纪有最健康的思想，因为他们能顺人类理性之所有而健康正常地循序渐进，步步悟入，以探其本。现在的人瞧不起18世纪，天天讲20世纪，讲后现代化的问题。现代化的问题还没懂，就讲后现代化的问题，当然有问题。现代化并非穷尽一切，并非绝对。我们需要科学，但科学并非绝对；我们需要民主政治，但民主政治也非绝对。如果明了这些，就知道有现代化的益处，也有现代化的弊病，也就接触到后现代化的问题。如果不经过17、18世纪的思想，只讲20世纪的思想，认为这两世纪的思想都是过时的古董，则舍本逐末，漂浮无根，便丧失了开辟的思想与创造的智慧，而只以纤巧无本思想为思想，或曰流于肤浅而只受制于科技的机械享受之牙慧，或曰旋转于现代化社会中的自由与多元而空说废话以为学术。

康德的思想已出现了二百多年，试问其思想内容之奥秘与精彩，其立言之正大与稳妥，又有几人能深入而契应之？其书虽早已风行于世，然其光华并未暴露于人之面前。你不要把康德看成是18世纪的古董而忽视之。若真是如此，则孔子活在二千五百年以前，岂不更是老古董？然孔子孟子终究是智慧之所在。

我之一生消耗在三个阶段的学思中，也不过是疏解中国传统之智慧方向、配合康德之思考，一方面消化康德，一方面畅通中国之文化生命，开源畅流，如是而已。

（摘自《牟宗三学术文化随笔》，中国青年出版社1996年版）

【导读】牟宗三（1909—1995），字离中，生于山东省栖霞县牟家疃。中国现代学者、哲学家、哲学史家，是当代新儒学的集大成者。1934年从北京大学毕业。1949年渡海至台湾，前后任教于多所大学，独立翻译了康德的《三大批判》，以立基于中国哲学的传统，谋求与康德哲学会合，借以体现中国传统哲学的价值，代表作有《现象与物自身》《圆善论》《才性与玄理》《佛性与般若》等。

二十世纪初，西方的民主科学思想经由一群受过西方教育的人的极力宣传，逐渐传入中国。新文化运动后，"新道德"和"新文学"兴起，"德先生"和"赛先生"被树立，但传统被推翻，"孔家店"被打倒，城市与乡村脱了节。那时的中国社会，以陈独秀、李大钊和鲁迅等人为代表的激进民主主义者，从学术思想、文学艺术和伦理道德等方面向封建复古势力进行了猛烈的冲击，并集中抨击了作为封建专制统治思想基础的孔子学说，掀起打倒"孔家店"的潮流，与此同时还提出了纯粹全盘西化论。

但是，牟宗三并没有随波逐流，反而像他在《我的学思进程》这篇文章里所提到的那样，致力于守本、疏本、立本——返本开新地疏通中国的文化生命的哲学创造。牟宗三的学思，涉及的领域十分宽广，其心态是开放的，面向宇宙，面向历史，面向时代。尤其是面向历史时，不论是反省中国文化还是疏导西方哲学，必从历史的角度着手，从头疏解中华民族的文化生命。另外，牟宗三还注重传统与现代相结合，中国与西方相结合，文化与哲学相结合，《中西哲学之会通十四讲》便是其在深透疏导解析儒道佛三教的系统骨干和义理纲脉后，在畅通中国哲学史的演进发展过程和消化融摄康德哲学的基础之上的一部重要著作——疏通中西哲学会通的道路，恢复中西哲学所共有的"实践的智慧学"的古义，指出中西哲学"一心开二门"的哲学原型和哲学间架，使二者上升到一个更高层次的会通。

正如港台学者所说："在当代中国哲学学者之中，能够批判地、恰当地、系统地和主要地应用一套西方哲学的概念和思想建构而使中国哲学中的枢机概念得以明确化和条理化的，似乎仅有牟宗三一人。"牟宗三在中西哲学的会通研究方面树立了独立不倚的研究形态，同时还提出了一套具有现代诠释学意义的研究方法论，具有开创性的意义——沟通二者的相同之处来达到解消各时代的哲学问题的目的，通过发现中学西学相得益彰之处来疏通中国的学术生命，为中国文化的发展开辟出新的道路。牟宗三哲学创造的典范意义对后代学者的研究奠定了坚实的基础，且提供了非常重要的借鉴价值。

（黄　斌）

我的治学道路

夏承焘

一

1900年阴历正月十一日，我出生在浙江省温州市。温州有谢池巷，巷有春草池，相传为南朝谢灵运住宅，名谢池坊。六岁时即随大哥就读蒙馆，课余时间曾到布店学习商业。十四岁那年，我报考孙诒让创办的温州师范学校，当时签名报考共二千余人，体格淘汰后尚有千余人，考额只四十名。我以第七名的资格进入了温师。记得当时的作文题目是《学然后知不足，教然后知困》。这个题目我觉得做得比较满意，因而这也就在我幼小的心灵中埋下了勤奋学习的种子。

温师的课目甚多，有读经、修身、博物、教育、国文、历史、人文地理、几何学、矿物学、化学、图画、音乐、体育以及英文、西洋史等十几门课程。我因为一开始就潜心于古籍之中，对于英、算等学科，常常是临时抱佛脚，采取应付的态度，绝大部门自修时间，都用于读经、读诗文集子。那几年，每一书到手，不论难易，比先计何日可完功，非迅速看完不可。我是一个天资很低的人，但我想，必须勤奋。因此，一部《十三经》，除了《尔雅》以外，我都一卷一卷的背过。记得有一次，背得太疲倦了，从椅子上直扑向地面。那时，我每天看书，从未间断。

1916年6月11日，在我的日记本上，曾有这么一段记载：

> 晚饭过与家人坐庭下，闲谈予家昔年事。父亲谓当十余年前，金选卿公设帐，予时方二三岁，头上生异疮，昼夜号啕，唯金公抱之庭外，见庭联即破涕为笑，且目注联上字，不少瞬。因大奇之，尝嘱告家人曰：是子未离乳臭，即知如此，他日必善读书云云。噫！予生性驽钝，年已弱冠，而尚屑琐自牵，虚度韶光，视诸古人，既不能如终军之称缨，为国家建勋立业，又不能如李长吉之赋高轩，王子安之赋滕王，为文章见重公卿，乃上蒙现任虚许如此，实所不解。谨述之于斯，其亦以之当座右铭，勤勤来日，虽不敢望必达金公之言，希幸不致无闻于世与

草木同腐焉也可。

前辈的赞许，家人的期望，不断鞭策着我发奋攻读。

我曾经谐笑地告诉一位朋友："'笨'字从'本'，笨是我治学的本钱。"因为常常觉得天资不高，就更加促使自己发奋苦学，这是我在实践中得出的经验。

在温师的五年时间，我从图书馆和同学朋友处借阅了大量古书。学习过程中，常与师友磋商，获益不浅。在我的记忆中，最难忘的是国文教师张震轩先生和高班同学李仲骞。他俩人堪称为我的良帅益友。当我刚进温师校，童心未除，懵不知为学，由于李仲骞的启发，才引起了我对于古籍和诗学的兴趣。他借我袁枚的《随园诗话》和黄仲则的《两年轩诗集》等。几年当中，我沉潜于旧书堆中，自《四书》而《毛诗》、而《左传》，各相继读完。而且，我也开始了旧体诗词创作。有一次，我在一位同学处见到一本《词谱》，试作一首《如梦令》，最后两句是："鹦鹉、鹦鹉，知否梦中言语。"张震轩先生看到颇为赞赏，在句旁加了秘密的朱圈。这几个朱圈，至今我仍有深刻的印象，好像还是耀在我的眼前。我之所以能够走上治词的道路，与两位师友的影响是分不开的。

1918年，我以第十名卒业于温州师范学校，张震轩先生临别赠诗曰：

诗亡迹熄道沧胥，风雅欣君能起予。

一发千钧唯教育，三年同调乐相于。

空灵未许嗤黄九，奔竞由来笑子虚。

听尔夏声知必大，忍弹长铗赋归欤。

张老先生的勉励，深刻地留在我的记忆之中。

二

我从温师毕业之后，即分配到任桥第四高小任教职。从此，60年来，我就一直在教育战线上工作。

所谓"学然后知不足，教然后知困"。《礼记·学记》中这两句话，看来很有道理。当我离开温师，就更加觉得学生生涯的短促和宝贵。我多么渴望能有机会继续深造啊！

1920年，南京高等师范开办暑假学校，我和几位同学前往旁听，教师如胡适之、郭秉文等，皆新学巨子，当时都亲自为暑假学校开课。一个多月里，听了胡适之《古代哲学史》《白话文法》，梅光迪《近世欧美文学趋势》以及其他许多新课程。本来，我想于七月间乘机投考高等师范，由于家庭经济困难，加上自己平时不注重科学，英、算甚生疏，临渴掘井，恐无把握，便决定在教师岗位上边工作边自学。

返回温州后，苦于失去进修机会，无名师指点，时时感到困惑。但在自学过程中，我也找到了许多老师，其中包括不会说话的老师。比如，我看了李慈铭《越缦堂日记》，就以李氏为榜样，坚持写日记，锻炼自己的意志力；又比如读《龙川文集》，便为陈亮平生抱天下志的大丈夫气概所感动，以为"作诗也似修道，第一工夫养气来"。同时，经常与同学朋友一起探讨，也大受其益。在温州任教期间，我参加了当时的诗社组织——慎（瓯）社，社友中如刘景晨、刘次饶、林鹓翔、梅雨清、李仲骞等，于诗学都有甚高造诣，经常与他们在一起谈论诗词，论辩阴阳，收获很大。我的诗词习作也开始在《慎社》杂志上刊载。

温州有许多诗人活动过的地方，东晋开始就见诗人踪迹。在温师时，我就喜欢访求名胜，登临山水。十五岁游平阳的南雁荡，十六岁秋登乐清的北雁荡。"游踪虽未半天下，已胜当年谢客儿。"这是我当年写下的诗句。十九岁时，游西湖惠山，游上海、无锡、南通，心胸知识为之一展。我想："安得他日再探五岳，登天台、峨眉、武夷、巴蜀诸胜以及世界最繁华之区。以一饱我眼福哉。"我把游历和读书一样看待。所谓"行万里路，读万卷书"，正是希望自己的诗词文章，能够得到江山之助。

1921年秋，我应友人之招，到北京任《民意报》副刊编辑，得到了北游的机会。当时，我曾写下了一首《登长城》诗，曰：

不知临绝顶，回顾忽茫然。

地受长河曲，天围大漠圆。

一九吞海日，九吴数齐烟。

归拭龙泉剑，相看几少年。

此后，我又转向西北，在西安中学、西北大学任教。在西安期间，有机会实地考察古代长安诗人行踪，更为今后的研究工作，提供了丰富的感性知识。

20岁至30岁是我治学多方面探索的阶段。温师毕业后，在北京和西安住过五六年，那时我对王阳明、颜习斋的学说发生了兴趣，在西北大学讲过《文史通义》，写过《唐铸万学考》。我的设想很多，计划十分庞大。我一度曾发愿研究《宋史》，妄想重新写一部宋代历史，并且花了五六年工夫，看了许多有关资料，后来知道这个巨大工程决非个人力量所能完成，方才放弃。但是，我又想编撰《宋史别录》、《宋史考异》，想著《中国美术大事表》等等。

25岁时，我回到温州。那时瑞安黄仲荃先生参绥阁的藏书移藏在温州籀园图书馆里，我将家移至图书馆旁边，天天去借书看，几乎把参绥阁藏书本本都翻过，每天晚上把它记入日记。

1925年至1929年间，我在严州第九中学任教。这里是一个美丽的风景区，严子陵钓台就在这个地方。严州第九中学原来是严州府书院，里头有州府的藏书楼。我到学校，校长带我到各处走走。我拿了钥匙，一个房间、一个房间打开看，结果发现一个藏书间，里头尽是古书，真是喜出望外。尤其是，其中有涵芬楼影印《二十四史》、浙局《啸园丛书》等，在严州得此，如获一宝藏！校长交代把这些古书整理出来。我就在此扎扎实实地看了几年书。这期间，许多有关唐宋词人行迹的笔记小说以及有关方志，我全都看了。

但是，对于如何做学问，我还经常处于矛盾当中，早晚枕上，思绪千万。有时候欲为宋史，为《述林清话》，为《宋理学年表》，有时候欲专心治词，不旁骛，常苦无人为予一决。经过反复思索，我发现了自己"贪多不精"的毛病。根据平时的兴趣爱好和积累，决定专攻词学。因此，我的《唐宋词人年谱》以及姜白石研究资料，基本上就在30岁之前写成。

三

词学对我来说，先是感到兴趣。我在十多岁就已经试着填词，但研究工作，还是30岁前后的事。研究词学，我是从校勘和考订入手的。当时，我所做的工作，似乎有点"不入时"，但我想："人生在世，能各发挥其一己之才性，何必阿附流俗，强所不能。我国文学待掘发垦植之地尚多，只看其方法当否耳，不入时何足病哉。"我已认定目标，决心向词学高峰攀登。

为了争取名师指点，1929年冬，由龙榆生介绍，我开始与近代词学大师朱彊村老人通信。12月11日，我接到了彊村老人的亲笔信，云：

瞿禅道兄：

榆生兄转贲惠笺，十年影事，约在眼中，而我兄修学之猛，索古之精，不朽盛业，跂足可待，佩仰曷极。梦窗生卒考订，凿凿可信，益滋谫说之莽卤矣。梦窗与翁时可、际可二人为亲伯仲，草窗之说也。疑本为翁氏出为吴后，今四明鄞慈诸邑，翁姓甚繁，倘有宋时家牒可考，则梦窗世系，亦可瞭然。弟曩曾丐人广求翁谱，未之得也。我兄于彼郡人士有相洽而好事者，或竟求得佳证，梦窗系属八百年未发之疑，自我兄而昭晰，岂非词林美谭？阁下其有意乎？弟衰惫之质，无可举似。宏著有写定者，尚盼先睹也。率复，即颂撰安不一一。

彊村老人谦恭下逮，使我深受感动，我把彊村老人的复信恭录在日记本上。

彊村老人住在上海东有恒路德裕里。当时，他已经七十多岁，仍对后进尽心栽培。我寄去的论词文稿，他细心审阅，给我的鼓励极大。我的第一本专著《白石道人歌曲考证》，彊村老人亲为题签。彊村老人并约我"过沪相访"。

能有机会得到彊村老人的教诲，这对于我这个由自学入门的词学爱好者说来，实在难得。那期间，直到彊村老人病逝为止，我们通了八九回信，见了三四次面。每次求教，老人都十分诚恳地给予开导。老人博大、虚心、态度和蔼，这对于培养年轻人做学问的兴趣关系极大。几十年来，这位老人始终给我留下深刻的影响。

在词学研究过程中，我除了利用书信的形式，各处求教，还曾特地外出访师问友。我著《白石道人歌曲考证》，曾与吴梅（瞿安）商讨，得到了许多启示。吴梅与我谈词书信，至今存下六七件。1934年11月，我曾特地到南京寻访吴梅，但吴梅已离开南京到苏州，为了解决研究中碰到的疑难问题，我又特地赶到苏州。我和吴梅先生虽早有书信来往，但这还是初次见面。当时吴梅51岁，微须瘦颊，和易近人。吴梅读了我的著作《石帚辨》，谈了他对宋词歌谱的看法，同时也谈了许多词坛掌故。这次当面请教，收益甚著。那期间，我还走访了夏敬观、蔡嵩云、陈匪石、马一浮等文坛先辈。当我闻知江都任二北、南京唐圭璋于词学素有研究，就马上与他们取得联系，向他们求救。

师友间经常探讨，对于个人研究工作帮助极大。有一次，龙榆生来信说，我作词专从气象方面落笔，琢句稍欠婉丽，或习性使然，建议多读清真词以药之。这段话引起了我的深省。记得我20岁时，作诗苦无元龙气概，那时，我曾作六绝句以自警，其一曰：

落笔长鲸跋浪开，生无豪意岂高才。

作诗也似人修道，第一工夫养气来。

30岁时，我认为中国词中，风花雪月、滴粉搓酥之辞太多，词风卑靡尘下，只有东坡之大、白石之高、稼轩之豪，才是词中胜境。平时作诗词，专喜豪宕一派。经过一番探索，自审才性，觉得自己似乎宜于七古诗而不宜于词。我想，如驱使豪语，断不能效苏辛，纵有成就亦不过中下之才，如龙洲、竹山而已。但是，对于清真词，风云月露，甚觉厌人。因而，我觉得，此后为词，不可不另辟新境，即合稼轩、白石、草窗、竹山为一炉。这就成为我几十年来治词的努力方向。

我20岁前后开始进行诗词创作，30岁以后专门从事词学研究，60年来，我的全部心神都用在词学上，虽然取得了一些成绩，但是，还有许多问题没解决，我应做的工作还很多，还时时感到不满足。

四

30岁时，我到之江大学任教，一直到"文化大革命""批林批孔"期间。这当中，除去抗战八年，我的大半生都在西子湖畔度过。

西子湖优美宁静，但生活仍然充满着风雨。

刚到之江大学，我住在钱塘江边秦望山的月轮峰上，与六和塔为邻。小楼一秀，俯临大江，江声帆影，常在心目。当时，我写了四首《望江南》（自题月轮楼），其中第三首云：

秦山好，面面面江窗。千万里帆过矮枕，十三层塔管斜阳，诗思比江长。

这首词正反映了我当时美好的心境，我的治词生涯，也就从此跨出了重要的一步。

我在之江所授课程主要有《词选》《唐宋诗选》《文心雕龙》《文学史》《普通文选》五门，每周共十六小时。虽纷繁不得专心，但是，做学问的条件总比以往优越。此时，我所做《石帚辨》《姜白石词考证叙例》《白石词斠律》以及《温飞卿系年》《韦端己年谱》《冯正中年谱》《南唐二主年谱》《张子野年谱》《二晏年谱》《贺方回年谱》《周草窗年谱》《姜白石系年》《吴梦窗系年》等十余种词人年谱，大都陆续地在《词学季刊》上发表。此后，我所做研究工作，主要是作《词例》。

正当我认定目标、走上全力治词的道路时，"九一八"事件爆发了。时局十分紧张。此时，我一方面尽心力于故纸，一方面却深感陆沉之痛。9月20日，闻知日本兵突于昨早六时占据沈阳及长春、营口，惊讶无已。9月24日，学生外出宣传，停课，我也参加教职员组织的"抗日会"。9月27日，我在日记中写道："予发誓今日始不买外货。"当时，我很想放弃词学，想改习政法经济拯世之学。11月19日，我从报纸上闻知"嫩江捷讯"，十分振奋，随即写了一首《贺新郎》词，云：

沉陆今何说？看神州，衣冠夷甫，应时辈出。一夜荒郊鹅鸭乱，坚垒如云虚设。这奇耻，定须人雪。空半谁翻天山旆，比伏波，铜柱尤奇绝。还一击，敌魂夺。边声陇水同鸣咽。念龙荒，头颅余几，阵云回结。梦踏巫间听战鼓，万里瓦飞沙立。正作作，天狼吐舌。待奋形天干戚舞，恐诸公先复楸坪劫。歌出塞，剑花裂。

国家民族面临着生死存亡的紧要关头，而我还夜作《词例》，为此无益之务，回顾世局，屡欲辍笔，但又想，"非如此心身无安顿处"，真是欲罢不能。

1938年7月16日，我在日记中写道：

日本开发华北志在必行，黄河泛滥将至苏北，长江灾象亦近年所无。内忧外患如此，而予犹坐读无益于世之词书，问心甚疚。顾欲一切弃去，读顾孙颜黄诸家书，以俚言著一书，期于世道人心得裨补万一，而结习已深，又不忍决然舍去。日来为此踌躇甚苦。

抗战爆发后，我随之江搬迁到了上海。当时，政治腐败，通货膨胀，学校里经常发不出薪水，知识分子处境十分艰难。南京汪精卫卖国的伪政权不惜用封官许愿或威胁利诱等手段拉拢知识分子投靠南京，以为其张目。我当时也曾受到了这种所谓招邀，但民族的大义、国家的存亡，使我毫未受其所惑，而严辞予以拒绝。记得当时我为抒发爱国之志，曾经写了一首《水龙吟》（皂泡词），指出投南京事"乍明灭，看来去"，片时即破，如同皂泡，而我们中华民族，终将如东升皎月，"一轮端正"，永远照耀祖国山河大地。

"南辛北党休轻拟，雁荡匡庐合共归。"这是我《鹧鸪天》送友人词中的两句话。当时，我已作了归计。因此，上海快沦陷时，我便回到家乡，上雁荡山，在雁荡师范和浙大龙泉分校，继续过我清苦的教书生活。抗战胜利后，我始出山，重返西子湖畔。

1949年，杭州解放，我也获得了新生。当时，我对于共产党、新中国，充满着信心和希望。我曾写了一首《杭州解放歌》，曰：

半年前事似前生，四野哀鸿四国兵。醉里哀歌愁国破，老来奇事见河清。著书不作藏山想，纳履犹能出塞行。昨梦九州鹏翼底，昆仑东下接长城。

1950年12月，与浙江大学中文系师生，前往嘉兴、皖北等地参加土改。居乡见闻，皆平生所未有。我的诗词创作和研究，也进入了一个新的阶段，开辟了新的境界。

我在解放以前一二十年所作校勘、考订的基础上，开始写评论文章。诸如《李清照词的艺术特色》《评李清照的〈词论〉》《论陆游词》《辛词论纲》《论陈亮的〈龙川词〉》等等，都是在这期间写成的。同时，为了适应社会主义文化事业蓬勃发展的需要，我也着手进行词学研究的普及工作。直到"文革"开始，我先后以《唐宋词欣赏》《河畔谈词》《西溪词话》《月轮楼说词》为底子，写了数十篇有关唐宋词的欣赏文章，在各报刊上连载。

由于党和政府对知识分子的关怀重视，1952年，我担任浙江师范学院中文系主任；我先后在浙江师院和浙江大学任教授，1961年还兼语言文学研究室主任。浙江省作协分会成立，我被选为理事，并曾出席第三次全国文代会。中国科学院文学研究所（现属中国社会科学院）聘我为特约研究员和《文学研究》编委。1964年，到北京参加全国政治协商会议第四次会议。我的一些词学研究著述，也在解放后相继出版。比如《唐宋词人年谱》《唐宋词论丛》《姜白石词编年笺校》等等。

拙著《唐宋词人年谱》正式出版后，海内外学人见此书者，有的惠寄信件，有的并在报刊上发表文章进行评介，予以热忱的支持。日本著名汉学家、京都大学教授吉川幸次郎来信询问："词人总谱何时出书？"清水茂教授在日刊《中国文学报》第五册，撰文评介（此文译载于1957年10月6日《光明日报》）。清水茂教授说："自各谱刊出于《词学季刊》以来，20年来，由于学者所发表之学术论文（如陈寅恪《读〈秦妇吟〉》等）以及夏氏本人研究之成果，使此著作益臻完善。虽不能谓其一无缺欠，然今日研究词学，此必为重要参考书之一。"清水茂教授并对拙著提出了不少宝贵意见。1958年杭州大学举办全校科学研究成果展览会，将此书作为一大成果向全校师生展出。

我感激党和政府给我的优厚待遇，决心把自己的一生奉献给祖国的文化教育事业。解放以后，我开始承担指导研究生、进修生的任务。十几年来，亲眼看到学生们一批一批地毕业，走上各自的工作岗位，我更是感到无比快慰。但是，1966年"文化大革命"开始，一夜之间，我的所有工作，马上变为"罪行"。大字报、漫画、打倒声、声讨声，铺天盖地而来。因此，我在牛棚内外，触灵魂，受审查，度过了整整十年。

我在牛棚里没有词书可看，但我还能思想。我的《瞿髯论词绝句》八十首，绝大多数是在牛棚里写成的。

"四人帮"覆灭，我再次获得了新生。消息传来，无比兴奋。当时，我写了《筇边和周（谷城）、苏（步青）两教授》诗，曰：

学风九编

筇边昨夜地天旋，比户银灯各放妍。快意乍闻收雉雏，论功岂但勒燕然。冰消灼灼花生树，霞起彤彤日耀天。筋力就衰豪兴在，谁同万里着吟鞭。

三四年来，我又有机会重操旧业。于是，我把旧时书稿、日记重新摆到案上。我的《月轮山词论集》（1979年，中华书局）、《瞿髯论词绝句》（1979年，中华书局）、《夏承焘词集》（湖南人民出版社出版）、《天风阁诗集》（浙江人民出版社出版）、《唐宋词欣赏》（1980年，天津百花文艺出版社）、《韦庄词校注》（中国社会科学出版社出版）、《域外词选》（书目文献出版社出版）、《唐宋词选》（再版）等等，这些所谓"大毒草"，也才见了天日，恢复了名誉。同时，1978年11月26日，《浙江日报》登载题为《把事实作为落实政策的根本依据》的报道中，公开为我平反，称："夏承焘在全国解放后，热爱党和毛主席，拥护社会主义，找不到他有什么'勾结帝修反'的言行。为此，党委专门作了决定：推倒原来强加在夏承焘教授头上的一切诬陷不实之词，恢复名誉，彻底平反。"十三年来，压在我头上的"资产阶级反动学术权威"的帽子，也摘掉了。

1979年，我80岁。10月，我十分高兴地出席了全国第四次文代会。我先后还担任中国古代文学理论学会顾问、《词学》主编、《文献》顾问等。

回顾60年生涯，觉得自己能有今日，是经历了几番风雨的。而今，虽已垂垂老矣，但在有生之年，我愿为社会主义祖国的文化事业的繁荣，在词学研究方面，做出最后一份贡献！

（摘自《夏承焘年谱》，光明日报出版社2012版）

【导读】 夏承焘（1900—1986），字瞿禅，别号谢邻、梦栩生，浙江温州人，毕生致力于词学研究和教学，曾任浙江大学教授、中国科学院浙江分院语言文学研究室主任兼研究员、《词学》主编等，是现代词学的开拓者和奠基人，被人誉为"一代词宗""词学宗师"。夏承焘先生勤于思考、研究，一生著述颇丰，仅出版词学专著即近30种，其中代表作有《唐宋词人年谱》《唐宋词论丛》《姜白石词编年笺校》《月轮山词论集》《龙川词校笺》等，尚有诗词创作《夏承焘词集》《天风阁诗集》及独具特色的《天风阁学词日记》等。夏承焘先生学术的最大成就是开创了词人谱牒之学，奠定了现代词学的科学基石，为中国当代词学建设作出了独特的贡献。

第八编 治学经验

《我的治学道路》是夏承焘先生晚年所写的一篇回忆文章，真实地记录了其一生的读书、治学和创作经历，完整地再现了他学术生涯的一系列重要活动，从中既可见其取得卓越词学成就的缘由，也可对后学踏入学问门径产生重要的启迪意义。

从夏先生的治学道路看，首先他是由诗词创作步入词学研究的，既有创作实践，又有理论研究，二者相辅相成，且皆取得了杰出的成就，这可以说是夏先生治学的一大特点。早在温州师范学校读书期间，一方面发奋苦读，用他的话说，觉得自己"笨"，天资不高，便更加"发愤苦学"，读了大量古书，同时开始了诗词的创作，"有一次，我在一位同学处见到一本《词谱》（即《白香词谱》），试作一首《如梦令》，最后两句是：'鹦鹉，鹦鹉，知否梦中言语。'张震轩先生看到颇为赞赏……"可见，在少年时代他就走上了创作的道路，而专注于词学的研究则是在三十岁左右，但一个不容忽视的事实是，正由于长期的创作实践和丰富的艺术经验的积累，为他日后的词学研究打下了坚实的基础。在温师毕业到30岁之前，他曾先后从事过小学、中学、大学教育及报纸编辑，并访求名师，游历山水，遵循"行万里路，读万卷书"的古训，在创作和学术研究的道路上探索、前行。他说，那时"对于如何做学问，我还经常处于矛盾当中……有时候欲为宋史，为《述林清话》，为《宋理学年表》，有时候欲专心治词，不旁骛，常苦无人为予一决。经过反复思索，我发现了自己'贪多不精'的毛病。根据平时的兴趣爱好和积累，决定专攻词学"。夏先生的这番经历，实际上也反映了青年学人探索治学门径、走上专门研究前的普遍经历。他一旦找到了专攻的方向——词学研究，并未好高骛远，而是从最基础的校勘和考订入手，首先拿出来《唐宋词人年谱》和《白石道人歌曲考证》，之后，以此为起点，撰写了大量词学研究论文。当然，在他的治学道路上，名师的指点，师友的帮助也为他助力不少。就在他确定专治词学后，先后得到过龙榆生、朱彊村、吴梅、任二北、唐圭璋等词界泰斗们的帮助、提携，他的代表性词学专著《白石道人歌曲考证》就曾与吴梅多次商讨、由彊村老人亲自题签面世的，正如他所说："师友间经常探讨，对于个人研究工作帮助极大。"

从夏承焘先生的治学路径中我们还应该看到，要做好任何一门专门的学问，绝对不能"孤军深入"、只专不博，而要既专且博，精于每一专业还要旁涉其他相关专业。夏先生之所以在立志于词学研究后不久，便取得了累累硕果，先后推出了《唐宋词人年谱》和《姜白石词编年笺注》这两部迄今仍令学界推崇备至的大著，正是因为他的词学研究是以经史为功底的，早在专门从事词学研究之前就对经学、史学、佛学等广泛涉猎，并狠下了一番功夫。据本文介绍，在温师读书期间，除《尔雅》外，他一卷一卷地背过《十三经》，"自《四书》而《毛诗》、而《左传》，各相继读完"，后来又在瑞安孙诒让的藏书处饱览经书，在严州九中任教时，又阅读到了涵芬楼影印廿四史等典籍。治学中，先从治经再到治史、治宋明理学，最后专治词学。这样，对中国学术文化之源流有了全方位的深入的了解，学术视野开阔，再回过头来专治词学，既见树木又见森林，于博中求精，往往能见前人之未见、发他人之未发。尤其是史学的功底和治史的方法，培养了他词学研究中"爬罗剔抉的疏理功夫"，使他的词学研究一开始就特别注重校勘、目录、版本、笺注、考证之术。正如他在《唐宋词人年谱自序》中所说："《唐宋词人年谱》十种十二家，予三十前后之作也。早年尝读蔡上翔所为《王荆公年谱》，见其考订荆公事迹，但以年月比勘，辨诬征实，判然无疑，因知年谱一体，不特可校核事迹发生之先后，并可鉴定其流传之真伪，诚史学一长术也。"由此可见，史学对夏先生治词学的影响。俗话说，博学之士无不旁涉。夏先生既是词学专家，又是博学之士，他专治词学，又旁涉经学、史学，包括宋明理学和佛学，并且，在治词学时，处处可见这些"旁学"的功力和影响。因此，夏先生在词学研究中之所以能取得这一系列开创性的成就，原因就在于其具有扎实的经学、史学和佛学的功底，正所谓"词内成就词外功夫"。

（卢有泉）

我的治学经历

谢国桢

我是一个愚笨的人，做起事来粗枝大叶，错误百出，虽然读了点书，都是浮光掠影，不求甚解；纵然也写了些不成熟的文章，徒负虚名，不过是抄撮成文，徒见笑于通人。所以时光虚度，从小到老以至于皓首无成。要是说在明

第八编　治学经验

清史和版本目录学上尚有一知半解的话，也是承良师益友的启示和帮助，自己也是不敢自居其功的。

我出身了于没落的官僚地主家庭，由于受到大家庭中内部矛盾的排挤，仅在私塾中念过几年书，不过是"子曰""学而"那一套陈腐的东西而已。连英文、算术等科都毫无门径。到了十八九岁的时候，就从家乡河南的安阳到北京来投考学校，这时两眼乌黑，什么也不知道，只有到高等补习学校去读书。连年投考北京大学，连考三年都没录取。眼看着年岁长大，没有就学的机会了，只好托人情去谋个小差事，混一辈子而已。我每次走过北京大学的时候，只有望红楼而兴叹，见沙滩而增悲，感到研究学问这件事真是"他生未卜此生休"了。到了1925年，在彷徨歧路的时候，碰巧考取了清华学校国学研究院，当时的导师为梁启超、王国维、赵元任、陈寅恪、李济诸位先生。那时我学费都缴不起，衣食无着，只有教私馆为生，混过了肄业的期间。结业以后，就承梁启超先生叫我到天津他的家饮冰室去教他的子女（梁思永的弟弟妹妹思达、思懿等），并为中华文化基金会请梁先生主编的《中国图书大辞典》充当助手。从此以后，我走上了研究历史科学的征途。

梁启超先生在清末戊戌政变中，起过一定的推动作用；可是到后来，他仍主张君主立宪，还组织了宪政会和进步党。梁先生曾说过："要以今日之我，来责伐昨日之我。"这话是说得不错的。可惜的是，他不能实行其诺言，终究是一位改良主义者。但是当他政治生涯失败之后，转而以其诲人不倦的态度创办清华学校国学研究院来教诲后一代，却培养了一批人才，这是值得肯定的。

当时我还年轻，要教育儿童，从事科研编纂的工作，真是栗栗畏惧，不知从何处下手才好。可是梁先生性情豪爽，对待学生如子侄一般，和易近人。茶余饭后，他最喜欢谈天，真是知无不言，言无不尽，使人听了忘倦。那时我的腹中，一无所有，面对这位大学问家的老师，我是这样做的：第一是不怕羞，不知道的就是不知道，不强装知道；第二是心勤、手勤、笔勤，听见老师说的我马上拿小本记下来。我和梁启超先生朝夕相聚，同桌吃饭，饭后他常为我们谈文人逸事的故事。他谈到苏东坡南贬儋耳（海南岛）和如何渡海的事迹，"九死南荒吾不恨，此游奇绝快平生"的诗句，记叙了苏东坡当时的心境。可怜，那时候我连东坡南迁渡海的故事也不知道，我马上问先生，他并不以为我浅薄无知而加以耻笑。他连忙给我讲宋代元祐党争的事迹，这样我就知道这回事情了。

有一天梁先生高兴，他要我和他的子女，即我的学生围坐在一张长桌子旁，他为我们讲《天人三策》。他一面吸着纸烟一面走着，一面背诵一面讲解。我很惊讶。等他讲完之后，我问他："先生背的这样熟？"梁先生笑着对我说："我不能背《天人三策》，又怎样能上《万言书》呢！"还记得这年夏天，有一次吃过晚饭之后，在院中乘凉，在楼前的林荫当中，呈现了一钩小月，清风徐来，先生兴致怡然。在座的有同学吴其昌、梁廷灿诸君，我率然而问他戊戌政变的经过。梁先生非常高兴，他从容地为我们讲他少年时在万木草堂从康有为先生读书，由戊戌政变一直讲到蔡锷在云南起义，一口气讲完，望眼一看东方已现鱼肚白了。我稍睡片刻。醒来后就写了一篇《梁启超先生少年逸事》，登在《益世报》上（亦已收入本书）。

由于我读过梁先生著的《清代学术概论》《近三百年学术思想史》及清江藩《汉学师承记》，因之我曾研究过顾炎武、黄宗羲的学术思想。往这个基础上，梁先生又给我讲明末清初的遗事，我之所以喜欢研究明末清初的历史，就导源于此。

时间过得很快，我在梁家教馆也不过一年，到了第二年夏天，梁先生就把他的子女送到南开中学去上学；又把我介绍到南开高中去教书，不久又叫我到北京图书馆去服务。临行的时候，梁先生送给我他收藏的影印本《淳化阁帖》，并写有题字，以作纪念。此外还送给我他仿效秦权所写的长条，以及余绍宋画竹梁先生题字的横幅。这个横幅后来被我的好友郑振铎先生拿去，一直挂在他的书斋之中，作为西谛书斋中的长物。不久梁先生就归道山，至今想起来，还为之黯然。

我服务于北京图书馆差不多十年，其初是编辑馆藏丛书的目录，后来就在梁启超先生纪念室里整理馆藏金石碑版和作我的明清史研究工作。我每当休息的时候，依扶着北海玉石栏杆遥望琼岛的春荫和太液的秋波，同时又缅想着江南的烟景。回到馆阁式的图书馆里，在梁先生所用的书案上，写成了《晚明史籍考》《清开国史料》以及《明清之际党社运动考》《明末奴变考》《叠石名家张南垣父子事辑》等篇，陆续问行于世。为了研究这些问题，作专题论文，搜集了一些人舍我取的冷僻资料。我之有收藏野史笔记的嗜好，就开始于此。我记得在清华国学研究院的时候，有助教赵万里，同学有刘盼遂、吴其昌、王庸、刘节、陈守寔、王力、徐中舒、周传儒、王静如、戴家祥、蒋天枢诸君。在北京图书馆工作期间，徐森玉先生是领导，同事中有赵万里、刘国

第八编 治学经验

钧、王重民、孙楷第、胡文玉、向达、贺昌群,稍后有谭其骧、张秀民诸位先生,都是埋首从事于所专长的研究工作。当时我们都是研究我们喜爱的学问,有时一般人还认为馆中养了一批吃闲饭的人,却想不到,到解放以来,在建设社会主义社会上,还除了我以外,都派了用场。

我自解放以后,承党的感召和范文澜同志的照顾,叫我到华北大学政治研究所去学习,初步学了一些马列主义和毛泽东思想,试图用新的观点来指导科研工作,写出新的论著。文化大革命发生后,我被打成"牛鬼蛇神",编入"资产阶级学术权威"之列。在这场疾风暴雨的冲击下,我的老同学刘盼遂先生被迫害投水自尽了;孙楷第先生把他所藏的小说秘籍和他亲笔批的书籍以及手稿,用七分钱一斤都卖掉了,我一想起来就很难过。在"靠边审查"期间,我和我的难友同坐于一室之内,我想这是我读书的大好机会到了。于是就读《鲁迅全集》《朝花夕拾》《故事新编》以及《呐喊》《彷徨》《且介亭杂文》等书,读起来是很有意思的,对研究明清时代的野史笔记很有启发。我又把两汉史迹最基本的书籍,如《史记》《前汉书》《后汉书》《东观汉纪》《七家后汉书》《西京杂记》《三辅黄图》等都拿来通读了一遍,记载新出土文物的《文物》杂志,我也拿来看。凡我要知道和要解决的问题,都分门别类的做了卡片。在这期间,我把以前所搜辑的明清野史笔记的资料,编成《明代社会经济资料选编》《明代农民起义资料选编》。又把新出土的汉代文物用史乘记载来证明,并试图阐述当时劳动人民是如何不断改进衣食住行的,试图编著成《两汉社会生活概述》一书。及至1972年春天,从河南明港干校回到北京,得以重理旧业。我曾经以乐观的情绪,写成了《明港杂事诗》二卷。

我从25岁一直到年垂80,风里来,雨里去,不怕跌跟斗,头上跌了包,抚摩着伤痕,爬起来再往前走。这就是我的治学经历。假若有同志问我怎样学习明清史的,我就只能这样的答复。鲁迅先生说:"弄文学的人,只要(一)坚忍,(二)认真,(三)韧长。就可以了。不必因为有人改变,就悲观的。"我觉得研究历史的人尤其是应该这样,我们应该效法鲁迅先生。

1980年3月10日灯下写完,时年七十有九

(摘自《明末清初的学风》,上海书店出版社2004年版,原载《书林》1980年第5期)

【导读】谢国桢(1901—1982),字刚主,河南安阳人,祖籍江苏常州。

1926年入清华大学研究院国学门，师从梁启超先生。毕业后曾先后任职于国立北平图书馆、国立中央大学、云南大学，解放后又长期在南开大学和中国科学院历史研究所从事教学和研究工作。谢国桢先生一生主要从事明清史、文献学、金石学等领域的研究，曾出版过《清开国史料考》《晚明史籍考》《明清之际党社运动考》等重要著述，及《清初农民起义史料辑录》《明代农民起义史料选编》《明代社会经济史料选编》等资料汇编。谢国桢治史另辟蹊径，即重视明清笔记小说类资料的收集和利用，并以此为佐证，已补正史之不足。他曾说："我研究历史，侧重于明清交替之际，并着眼于古代文献和社会经济这一方面，而搜辑史实，研究问题，想从人所不甚注意的野史笔记当中寻找滋补的材料。"这可以说是他新史学思想体系的一大特色，也是他对明清史学科建设的一大贡献。

《我的治学经历》一文作于上世纪80年代初，是谢先生晚年对自己成长及治史经历的回顾。据其所述，他出生于没落的官僚地主家庭，由于大家庭的矛盾，少时生活清苦，一直未入正式学校就读，幸赖祖母朱夫人能文善书，教其诗书及历史，培养了他的文史兴趣。他说自己是一个愚笨的人，曾三次报考北京大学未果，每经过北大，颇有"望红楼而兴叹，见沙滩而增悲"之感，但他从没有潦倒，在逆境中不气馁、不自弃，好学求知之心愈挫而弥坚，经过数年刻苦地努力，终于考入清华国学研究院。进入清华研究院后，他追随梁启超、王国维、赵元任、陈寅恪诸导师，勤奋好学，原有的文史积累更加厚重。尤其是在梁启超先生家坐馆的一年，于茶余饭后，亲听梁任公纵谈治学经验和明末清初遗事，在梁先生的影响下，对明清史、金石学及版本目录学越发喜好，从此"走上研究历史科学的征途"，正如他所说："由于我读过梁先生著的《清代学术概论》《近三百年学术思想史》及清江藩《汉学师承记》，因之我曾研究过顾炎武、黄宗羲的学术思想。在这个基础上，梁先生又给我讲明末清初的遗事，我之所以喜欢研究明末清初的历史，就导源于此。"结束梁家教职后，在梁先生的推荐下，谢先生到北京图书馆供职，时间长达十年之久，"最初是编辑馆藏丛书目录，后来就在梁启超先生纪念室里整理馆藏金石碑版和作我的明清史研究工作"。尤为难得的是，北京图书馆藏书丰富，环境幽雅，同事中又有赵万里、刘国钧、王重民、向达、孙楷第、谭其骧、张秀民等一批海内奇才高士，可以随时请教、切磋。就在这样较为自由的学术气氛中，博阅群书，埋首研究，一批批学术成果很快做出来了。

就职北京图书馆期间，可以说是谢先生治学历程的黄金十年。就在这里，先生开始笃于收集明清野史笔记，精心爬梳整理这批冷僻文献，以为治史之用。同时，先生还遍访各地学者、藏书家，砥砺学问，访求明清史籍。"凡藏书之地，无不亟往求之。"经数年间对各地公私度藏的考辨、梳理，先后完成了《清初三藩史籍考》《清开国史料考》等著述，并于1931年推出了一部煌煌巨制——《晚明史籍考》。该书著录了明万历间至清康熙间文献一千一百四十余种，未见书目达六百二十余种，可谓蔚为学林之大观，诚如后学王春瑜先生所评："今天，研究明末及清初历史的人，没有一个不是以这本书为入门的向导，然后才逐渐步入堂奥的；并且在研究过程中，仍然需要不时翻捡此书，从而断定所用史料的价值，或者在此基础上，再去进一步开掘史料，扩大研究的范围。"（《秋夜话谢老》，见《学林漫录》第10辑）

总之，在谢先生五十余年的治史生涯中，一直保持着勤奋好学，锲而不舍的治学精神，所谓的"心勤、手勤、笔勤"也始终见诸于他的学术实践中。因而，他的学术成果既具有丰富性，又颇具开创性。就丰富性这一点来看，其研究领域涉及历史、政治、经济、文化艺术等诸方面，身后留下了十多部专著，数百篇论文、札记，还有数百万字的史料汇辑；就其开创性这一点来看，他致力于明末清初历史的梳理，科学地揭示了王朝演变的历史真相与规律，以《晚明史籍考》《明清之际党社运动考》《清初东北流人考》《南明史略》等开创性的著述，独步史林。他在该文的最后引用鲁迅的话说："弄文学的人只要（一）坚忍；（二）认真；（三）韧长，就可以了，不必因为有人改变，就悲观的。我觉得研究历史的人，尤其是应该这样。"这是他对自己一生治学经验的总结，也是对后学的明示和诚心告诫。

（卢有泉）

我是如何走上研究语言学之路的

罗常培

我半生没有什么成就，即使说有一些成就，也是微不足道的。不过，我觉得半生以来我的治学精神，有可供青年同志学习的地方。我心里常有几个字，就是"在缺陷中努力"。我总是感到知识不够，不如别人，因此要求自己要加倍努力。另外，我有一股子知其不可而为之的劲儿，明明知道自己的力量不够做某一件事，但勇于担负起做那件事的责任，不怕困难，不怕辛苦。我总觉得人人都可以做自己的老师。如果说我有什么长处，这就是我的一点长处。

我也有不可学习的一面，这就是我没有把力量放在革命事业上。在我做学问的时期，正是中国反帝、反封建的大革命时期。我做研究工作，没有跟革命配合，而是努力争个人的名利；没有发扬革命英雄主义，而是发展了个人英雄主义。希望大家不要学我，应当把研究工作跟革命事业结合起来，为社会主义革命和建设贡献力量。

下面我谈一谈我是怎么走上研究语言学这条路的。

一　根基薄弱

我家不是地主、资本家或官僚家庭，而是一个没落的封建家庭。我的父兄都不是读书人。我小时候读私塾，到9岁上小学。魏（建功）先生14岁就能读《说文》，我到20岁还不知道有《说文》这么一部书。所以说我的根基薄，不是家学渊源的。旧书我只读了《四书》《诗经》《书经》和半部《左传》。中学毕业以后，没有上预科就考入北大文科本科。我是蹿等生，程度比同班同学都差，傅斯年能背半部《文选》，能读英、法、德文的书。我在中学上学时，英文还不错，上大学不要求学外文，我选了丁班外文，读Royal Reader第四册，教师教得不好，我也没有好好学。现在有的同志觉得在大学时期没有能够认真读书，没有学到什么东西，这不要紧，假如及时努力，仍可以学到所要学的东西。

二　我研究语言学的萌芽

我研究语言学并不是没有原因的。我在中学读书时，利用业余时间跟人学习速记，学会了22个声母、32个韵母的记法。本来我是想要用速记来记笔记的。正赶上1917年黎元洪当大总统，恢复旧国会，我的速记老师约我到国会用速记作记录，每月工资大洋80元。我每次记30分钟，会后要用4个小时整理。我学会了声、韵母符号，并用来作会议记录，记音就有了训练。另外，国会里有各省的人，他们说各种不同的方言，我很喜欢听外省人讲话，也愿意学他们的话，我记得当时我学会了汤化龙的湖北话。后来，我学习了王照的《官话字母》，又学习了注音字母，我对拼音、记音发生了很大的兴趣，打下了研究语言学的基础。

三　在上大学时期的暗中摸索

我的基础不好，旧学问、洋学问都不够。当时我的大学同学都比我强。朱希祖讲文学史，我听不懂，夏锡祺讲课，我也听不懂。只有钱玄同（名夏，字仲季，号玄同，后改"疑古老爹"）年轻，讲话清楚。文字学，一部为音韵篇，钱玄同著，一部为形义篇，朱宗莱著，因为我有记音训练，我对他讲的东西有了兴趣。当时我对古书知道的很少，先生和同学们提到的书名我都不知道。那时我手中有国会给的薪水，他们说一部，我就去买一部。只有陈澧的《切韵考》买不到，这书是广东木刻版，木版烧了，所以不易买到，我只好到理学院去抄。后来我到广东教书时，才买到了《切韵考》。大学时期我听刘师培的课，用速记记笔记。由于我不是书香门第，不会做学问，尽管有著名的学者做老师，我未能提纲挈领地去找参考书，发现问题向老师求教，我只是暗中摸索。

四　教书以后的锻炼

1924年我虚岁26岁，大学毕业后在西北大学做教授，校址在西安。我兼国学专修科主任，前任是胡光炜"胡小石"，很难接，我的确有点心虚。但我打定主意埋头苦干，还是接下来了。我教的课是文字学，兼教中国文学史、修辞学。课程多，备课很苦。文字学没有教完，只教了一年，因军阀刘镇华和胡景翼打仗，我回到北京。谈到教书，起初我想什么都可以教，只要好好备课，写出讲义就行了，但事后证明，教书不能专凭讲义。因为上课时，学生要提问，超出讲义所讲的范围，就回答不上来了，所以自己必须把问题都弄清楚，才能教学生。举一个例子：钱玄同讲音韵学时引劳乃宣《等韵一得》上的话说戛音作戛击之势，透音作透出之势，轹音作轹过之势，捺音作按捺之势，我自己并不明白是怎么回事，我给学生也这么讲，学生怎么能懂？不能以其昏昏使人昭昭。后来我看高元的《国音学》，才给我解决了问题。高元引用Henry Sweet的话给端、透、来、泥作了形象的描写，我对劳乃宣的戛、透、轹、捺就明白多了。所以，我觉得遇到问题应当多找几本书，看各家是怎么讲的，这非常重要。从这时起，我就开始摸索语音学了。我的头一本语音学的书是从丸善株式会社买的。这是1924年的事。

就在这个时候，陈嘉庚请鲁迅、张星烺、顾颉刚、陈万里到厦门大学去教书，我也被请去了。到那里以后，听当地人说"去哪里？"是k'ito lo，我觉得厦门方音很有意思，我就存心要学厦门话。当时我开的课有经学通论、中国音韵学史，课余之暇，请人给我发厦门音。

1927年，我到广东中山大学任教，开声韵学、等韵研究、声韵学史等课，搜集材料很多，现在还保留着一些讲义。在广州，我为了研究《广韵》，每月出30元港币跟人学广州话。因为我对劳乃宣把音分为戛、透、轹、捺四组有很多疑问，看了高元的《国音学》，也只是明白了一些，并不是彻底明白。1928年赵元任先生到广州调查方言，我就向赵请教戛、透、轹、捺的问题，赵先生在三天之内把我三年的疑问都解决了。赵和我的关系是介于师友之间的。赵记音的时候，我也记，记完以后，如果发现自己记的和赵记的相同，就非常高兴，增加了记音的自信心；如果自己记的和赵记的不相同，知道自己记得差，应当向赵学习。

五　在中研院七年

在中山大学教书的过程中，我觉得自己的学问不充实，应当先充实自己再去教书。于是我辞去中山大学中文系主任的职务，进了中央研究院历史语言研究所。那时研究所只是一个筹备处，设在广州东山，傅斯年任所长。我主要想整理音韵学史，我想把汉语发展史全部列入计划。我又想研究广州话的虚词，又想学瑶语，东西乱抓，不知道先搞什么好。后来有人说我的坏话，我就打定主意发愤努力。我记得在1929年元旦我有意保险20年，我要玩儿命，非干出个名堂来不可。那时候我的文章都不离开汉语音韵发展史，第一篇文章是《耶稣会士在音韵学上的贡献》。写这篇文章，我是先整理《西儒耳目资》和《程氏墨苑》，我手边没有《西儒耳目资》，托人到东方图书馆把《西儒耳目资》中的音韵部分抄录出来，每日苦干，废寝忘食。

不久研究所搬到北京。我想写《厦门音系》，请林藜光发音半年。我手边还有1927年在厦门记的材料，我利用那些材料作了一个字表，请发音人校正。厦门话文言与白话相差很远，我只问文言的音，请发音人把音灌在蜡筒上。我先把灌的音用国际音标记出来，然后请赵元任先生听蜡筒上的音，给我校正。赵先生记音非常有经验。特别是声调，赵先生记得最准确，经常改正我的错误。后来，我考学生也是在蜡筒上灌音，让他们记音，然后评定正确与否。《厦门音系》这本书我自己并不太满意。现在苏联要翻译我的《厦门音系》《临川音系》和《唐五代西北方音》这三本书，我认为只有《唐五代西北方音》写得较好，可以翻译。

我写的第二本书是《唐五代西北方音》。写这本书，完全出于偶然，同时觉得导师非常重要。有一天我到团城古籍堂去找罗庸，在他那里我见到《敦煌遗书》，其中有羽田亨搜集的被伯希和拿走的《藏汉对译千字文》（伯希和《敦煌文件》第3419号），我正在研究汉语语音演变史，就向罗庸借了这本书，把每个字都抄在卡片上。当时陈寅恪先生在北京，我得到他很大的帮助。他指导我读参考书，找其他材料。我埋头钻研，以三个月的时间完成了这一本书。当时正是长城战役猛烈进行，北京可以听到炮声的时候！

第三本书是《临川音系》。1933年我到青岛去讲演，见到游国恩，他是临川人，我觉得他说的话很有特点，我就记了他的音。回到北京以后我又找辅仁大学的黄森梁记音。我认为如果把江西客家话研究清楚，可以解决民族迁徙的一些问题。

第四本书是《徽州方言调查》，共调查了6个县46个点的材料，稿子尚未整理。

另外还有几件未完成的工作：

1.《两汉三国南北朝韵谱》，1933年已开始作，参加工作的有丁声树、周殿福、严学宭、吴晓铃，后来交给周祖谟整理。昨天周把稿子交来，但第二、三、四章没有写完，如何校对很成问题。

2.《经典释文音切考》，声韵类已有百分之八十完成。

3.《唐五代宋金元词韵谱》。

4.《韵镜校释》，共搜集了二三十个本子。

我在中国音韵学方面的底子不是在上大学时期打的，而是在中央研究院摸到的门。我不是读好了书再写书，而是用剥茧抽丝法和磁石吸铁法为写书而搜集材料，材料越集越多，1928年至1934年这七年间写了一些文章。大家如果把自我培植和工作结合起来，在工作中磨炼，就会随时有所发现，引出问题，设法解决这些问题，就是你们的成就。

（摘自《罗常培文集》，山东教育出版社2008年版）

【导读】罗常培（1899—1958），字莘田，号恬庵，出生于北京，满族正黄旗人，著名语言学家、教育家。1921年于北京大学毕业后，曾先后任厦门大学、中山大学、北京大学教授，历史语言研究所研究员。新中国建立后，筹建中国科学院语言研究所，并任第一任所长，还曾任《中国语文》总编辑、中国文字改革委员会委员、普通话审音委员会委员和召集人等职。罗先生毕生从事语言学、音韵学、少数民族语言研究及方言调查,与赵元任、李方桂被誉为中国早期语言学界的"三巨头"。其学术成就主要包括:音韵学方面有《汉语音韵学导论》《汉魏晋南北朝韵部演变研究》等;汉语方言方面有《厦门音系》《临川音系》《唐五代西北方音》《八思巴字与元代汉语》等;语言学方面有《普通语音学纲要》《国音字母演进史》《语言与文化》《北京俗曲百种摘韵》等,以及各研究领域的大量学术论文。他的这些研究成果均具有开拓性,如用现代语音学理论解读音韵学的术语,使之既从玄虚笼统的概念中解脱出来,又提升了汉语音韵学的学科水平,对后来的语言学和音韵学研究都产生了巨大的影响。所以,罗常培先生被誉为中国现代语言学的重要奠基者,是继往开来的"一代宗师"。

作为现代语言学研究的开拓者,罗先生在《我是如何走上研究语言学之路的?》一文中主要谈了其从事语言学研究的一些经历。在文中,他首先以自己的经验提出一个非常值得青年学子思索的观念——"在缺陷中努力"。就是一个人首先要明白自己的不足,然后加倍地努力,知其不可为而为之,"明明知道自己的力量不够做某一件事,但勇于担负起做那件事的责任,不怕困难,不怕辛苦"。正因为知道自己的缺陷——根基薄弱,没有家学,旧书读的太少。所以,在确定了语言学、音韵学等学科的研究方向后,不断努力,边学习边研究。在大学期间,因不会做学问,不会找参考书,无法发现问题向名师求教,只能一个人在"暗中摸索";大学毕业从教之后,开始摸索语音学,积极搜集材料,埋头苦干,并虚心向赵元任请教;在中研院史语所的7年,自觉学问不充实,更加发愤努力,不仅摸到了音韵学的门,还登堂入室,先后撰写了《厦门音系》《唐五代西北方音》《临川音系》等音韵学名著。因此,罗常培先生的治学道路,实际上给青年学子们提供了一个后天努力的样板,正如他总结的,做学问有时并"不是读好了书再写书,而是用剥茧抽丝法和磁石吸铁法为写书而搜集材料",这是他独有的一种治学经验和方法,也是他"在缺陷中努力"这一观念在学术实践中的具体运用。正因为基础薄弱,在学术研究中只好"把自我培植和工作结合起来,在工作中磨炼,就会随时有所发现,引出问题,设法解决这些问题",学术成就也由此而出。实事求是地讲,罗先生的这条成功的经验虽有点自谦,但也不乏道理。而他在语言学、音韵学和方言等方面的研究能不断推出新思路、新方法,不断取得开拓性的成果,恐怕与这一独特的治学路径也不无关系吧。

(卢有泉)

第八编　治学经验

读书与游历（节录）

钱　穆

行万里路，读万卷书，古人每以游历与读书并言，此两者间，实有其相似处，亦有其相关处。到一新环境，增新知识，添新兴趣，读新书正亦如游新地。但游历必有导游。游罗马、巴黎、伦敦，各地不同。入境问俗，导游者会领导你到先该去的处所。读书亦然，亦该有导读。一美国人去罗马，总会去看梵蒂冈教廷。去巴黎，总会登拿破仑凯旋门。去伦敦，总会逛西敏寺。但总不该去罗马巴黎伦敦寻访白宫与自由神像。游客兴趣不同，尽可或爱罗马，或爱伦敦、巴黎。亦可三处全爱或全不爱。但游客总是客，游览则贵能客观。

读书亦然，读书求客观，先贵遵传统，有师法，亦即如游客之有导游。如欲通中国文学，最先当读《诗经》。读《诗经》，便应知有风雅颂与赋比兴。不知此六义，《诗经》即无从读起。朱子《诗集传》，是此八百年读《诗经》一导游人。但导游人亦可各不同。领你进了梵蒂冈教廷，先后详略，导游人指点解说可以相异。朱子作《诗经》导读，先教人不要信诗传，那却在朱子前后数千年来，引起了种种争论。朱子解说国风，又说其间许多是男女淫奔之诗，此在朱子前后数千年来，又有莫大异同。读《诗经》者，可以循着朱子之导读，自己进入《诗经》园地，触发许多新境界，引生许多新兴趣。亦尽容你提出许多新问题，发挥许多新意见。

近人读《诗经》却不然，好凭自己观点，如神话观，平民文学观等，那都是西方文学观点。如带一华盛顿导游人去游罗马、巴黎、伦敦，最多在旅馆中及街市上，可有许多相似处。此游人尽留恋其相似处，不愿亦不知游览其相异处。却还要说罗马、巴黎、伦敦不如华盛顿。他在华盛顿生长，自可留恋华盛顿，但不妨暂游异地，领略其风光景色，倦而思返，亦尽可向华盛顿居民未去过罗马、巴黎、伦敦者作一番新鲜报道。使听者亦如身游，依稀想像，知道华盛顿外尚有罗马、巴黎、伦敦诸城市之约略情况。

读书人在人群中之可爱处正在此。行万里路，读万卷书，茶余酒后，至少可资谈助，平添他人一解颐。若要说《诗经》中亦有神话，亦有平民文学，正如说罗马、巴黎、伦敦亦有咖啡馆，则何贵其为环游欧邦一游客。其实咖啡馆亦不寻常。余曾游罗马，有一咖啡馆，有数百年来各地名诗人作家前往小饮，签名留念，我亦曾去一坐。临离时，飞机误点，从上午直耽搁到下午，一位久居罗马的朋友送行，陪着我接连到了许多新去处。下午两时后，飞机继续误点，那位朋友问我，曾去过某一咖啡店否。余答未。那朋友云：此刻尚有余暇，可一去。待到那咖啡店，才知不虚此行。临走还买了大包咖啡上飞机。香溢四座，赢得同机人注意。但我因在罗马住过了一星期，才觉此咖啡店值得一去。若初来罗马，即专诚去那咖啡店，岂不荒唐之甚。又若无那位久住罗马的朋友，又何从去访此咖啡店。

　　读一新书，究比游一新地，复杂更多。识途老马，游历易得，读书难求。近人读书，好凭新观点，有新主张。一涉传统，便加鄙弃。读《诗经》，可以先不究风雅颂与赋比兴，譬如逛罗马，不去梵蒂冈。凭其自己观点，尽在《诗经》中寻神话，寻民间文学，《诗经》中亦非没有。譬如去罗马，尽进咖啡馆。但若读了《诗经》还读《楚辞》，《楚辞》中亦有神话，却少见民间文学。读了《楚辞》，更读汉赋，连神话气息也少了。这如游了罗马再去意大利其他城市，在游者心中，渺不见各城市除却马路汽车咖啡馆外，更有何关联之点，便肆口说意大利无可游。

　　其实凭此心情，再去巴黎、伦敦，乃及英法其他各城市，亦将感英法无可游。只因此游者先凭自己观点，自己主张，要去异地亦如家乡，宜其感到无可留恋，只有废然而返。但今天我们中国读书人心情，却又颠倒正转，只感异地好，家乡一无是处。我是江南太湖流域人，上有天堂，下有苏杭，洞庭西湖，名胜古迹，庙宇园亭，人情风俗，花草树木，饮膳衣著，自幼浸染，一到外地，亦懂得欣赏新异，但总抹不去我那一番恋旧思乡之情绪。我读《诗经》十五国风，不论是郑风，邶、鄘、卫、魏、秦诸国，每感他们之间，各各有别。读三千年前人古诗，亦如游神往古，抑且遍历异地，较我读后人诗，如范石湖，如陆放翁，他们所咏，正多在我家乡太湖流域一带，但我纵爱太湖，亦爱其他地区。如读陶渊明诗，便想像到庐山栗里。读郑子尹诗，便想像到贵州遵义。我幸而也都曾去过，异乡正如家乡，往代正如现代。读书也等如游历，而游历还等如读书，使我在内心情绪上，平增无限愉快。

　　我不幸不能读外国书。我又不幸而不能漫游世界各地，只困居在家乡太湖流域之一带。常爱孔子一车两马，周游列国。爱司马迁年二十即南游江淮，上会稽，探禹域，窥九疑，浮于沅湘，北涉汶泗，讲业齐鲁之都，观孔子之遗风。乡射邹峄，厄困鄱薛彭城，过梁楚以归。后人所谓行万里路读万卷书之想像，即从司马迁来。我则只能借读书为卧游。又幸中国书中异地广，历史久。我常爱读郦道元之《水经注》，不仅多历异地，亦复多历异时。古代北方中国，依稀仿佛，如或遇之。

我中年后，去北京教书，那时北大清华燕京诸校，每年有教授休假，出国进修，以一年或半年为期。一则多数教授由海外学成归来，旧地重游，亦一快事。二则自然科学方面，日新月异，出国吸收新知，事更重要。亦有初次出国，心胸眼界，得一新展拓。此项制度，备受欢迎。但我认为，我们究是中国人，负中国高等教育之大任。多读外国书，也不应不读些中国书。多去国外游历，也不应不在国内稍稍走走。我更想中国人文地理，意义无穷。我家乡三四华里内，有一鸿山，亦名皇山，实则仅是一小土丘，但相传西周吴泰伯，逃避来此，即葬此山。东汉梁鸿孟光，亦隐居在此。每逢清明，乡人来此瞻拜祭奠者麋集。我幼年即常游此山。稍后读书愈多，于吴泰伯梁鸿，仰慕备至。游山如读书，读书如游山。举此为例，中国各地，名胜古迹何限。中国几千年历史人物，及其文化积累，即散布在全中国各地。我爱读中国地理书籍，上自《汉书·地理志》，下迄清代嘉庆《一统志》，而吾乡周围数十里内，有《梅里志》一书，上自吴泰伯，下迄清人如浦二田钱梅溪之流，几乎三里五里，即有人物，即有故事，即有历史，即有古迹，时代已过，而影像犹存。由此推想，中国各地，大如一部活书，游历即如读书，而又身历其境，风景如旧，江山犹昔。黄鹤已去，而又如丁林威重返。读中国书而不履中国地，岂不大可惋惜。所以我当时曾提倡，北京每年一批休假学人，何不分出一部分，结队漫游中国本土，较之只往国外，应有异样心情，异样兴感。而惜乎我那年虽亦有休假机会，而并未轮到。

但第二年正值抗战，北方学人，大批去西南，我获游历了广东湖南广西云南四川贵州各省，加之在北方几年，亦曾游历了河北山东河南陕西察哈尔绥远各省，更加以东南浙江福建江西湖北各省，足迹所到亦不少，然心中想去而没有能去的太多了。想多留而不能多留的又太多了。中国书读不完，中国地也走不完。而更所遗憾的，当吾世之中国人，似乎心不爱中国，不爱读中国书，亦不爱游中国地。更主要的，是不爱中国古人，因此中国古人所活动的天地，也连带受轻忽，受厌弃。像是天地景物都变了，总似乎外国的天地景物，都胜过了中国。不读中国书，则地上一切全平面化了。电灯自来水汽车马路都比不上外国，但中国古人所想像天人合一的境界，则实是在中国地面上具体化了。即论北京一城，历史相传，已经有八百年以上，一游其地，至少八百年历史，可以逐一浮上心头，较之游罗马，至少无愧逊。较游巴黎伦敦，则远为胜之。外国人游中国，都称中国社会人情味浓。若彼辈来游者，能多读几本中国书，则知中国地面上之人情味，乃是包涵古今。三四千年前中国古社会之人情，仍兼融在中国地面上，可使游者心领神会，如在目前。如游台湾嘉义吴凤庙，瞻谒之余，两百多年前吴凤一番深情蜜意，忠肝义胆，其感天地而泣鬼神者，固犹可跃然重现于游人之心中乎？中国人称人杰地灵，中国历史悠久，文化深厚，三四千年来全国人物，遍及各地，又一一善为保留其供后人以瞻拜游眺之资。故就全世界言，地之最灵，宜莫过于中国，而中国书则为其最好之导游。

余尝爱读王渔洋诗，观其每历一地，山陬水滋，一野亭、一古庙、一小市、一荒墟，乃至都邑官廨，道路驿舍，凡所经驻，不论久暂，无不有诗。而其诗又流连古今，就眼前之风光，融会之于以往之人事，上自忠臣义士，下至孤嫠穷儒，高僧老道，娼伎武侠，遗闻轶事，可歌可泣，莫不因地而兴感，触目而成咏。乃知中国各地，不仅皆画境，亦皆是诗境。诗之与画，全在地上。画属自然，诗属人文，地灵即见于人杰。中国人又称，天下名山僧占尽，其实是中国各地乃无不为历史人物所占尽。亦可谓中国人生于斯，长于斯，老于斯，葬于斯，子子孙孙永念于斯。三四千年来之中国文化，中国人生，中国历史，乃永与中国土地结不解缘。余尝读中国诗人之歌咏其所游历而悟得此一意，而尤于渔洋诗为然。久而又悟得渔洋诗之风情与技巧，固自有其独至，然渔洋又有一秘诀，为读其诗者骤所不晓。盖渔洋每至一地，必随地浏览其方志小说之属，此乃渔洋之善择其导游。否则纵博闻强记，又乌得先自堆藏此许多琐杂丛碎于胸中。若果先堆藏此许多琐杂丛碎于胸中，则早已窒塞了其诗情。然其诗情则正由此许多琐杂丛碎中来。若果漫游一地，而于其地先无所知，无有导游，何来游兴。今日国人，已多不喜读中国书，则又何望其能安居中国之土地，而不生其侨迁异邦之遐想乎？

犹忆十九年前在美国，偶曾参加一集会，两牧师考察大陆，返国报告，携有许多摄影放映，多名胜古迹。南方如杭州之西湖，北方如山东之泰山，更北如万里长城等，预会者见所未见，欣赏不置，因叹美中国之大陆，而连带向往共党之统治。认为在此统治下而有此美境，此种统治绝不差。两牧师宣传宗旨，果获成绩。不悟此种名胜古迹，乃从中国历史文化中产出，与现实政权无关。即论西湖，远自唐代白乐天兴白堤，中历五代吴越国钱武肃王勤疏浚，宋初林和靖高隐，中叶苏东坡兴苏堤，下逮南渡，建都余杭，西湖规模，始约略粗定。这已有了三四百年以上不断创建之历史。泰山更悠远。战国不论，秦皇汉武，登临封禅，下迄宋真宗。其他儒道人物，种种兴建及其遗迹，遂得为中国五岳之冠冕。其历史年代，尤远在西湖之上。而万里长城，更与中国国防历史古今联贯。一登其遗址，自起人生无穷之怀思。故知凡属中国之地理，都已与中国历史融成一片。不读书，何能游。不亲身游历，徒睹历史记载，亦终为一憾事。余在香港，又识一比利时青年，因游大陆，深慕中国文化。转来台湾，娶一中国籍女子为妻。又转来香港，受读新亚。其人读中国书尚浅，而其在中国大陆之游历，则影响其心灵者实深。

余亦因游伦敦、巴黎、罗马，乃始于西欧历史文化，稍有悟解，较之从读书中得来者，远为亲切。每恨未能遍游欧土。然每念如多瑙莱因两河，在彼土已兼融古今，并包诸邦，若移来中国，殆亦如四川嘉陵江，湖南湘江之类，只属偏远省区一河流。若如中国之长江大河，在欧美殆无其匹。而如广西之漓江，浙江之富春江，其风景之幽美，恐在欧土，亦将遍找不得。即如洞庭彭蠡太湖，以拟美国之五湖，不论人文涵蕴之深厚，即论自然地理方面，其形势风光之优美多变，殆亦有无限之越出。而天台太华五岳之胜，人文自然，各擅绝顶。又如云南一省，天时地理，云霞花草，论其伟大复杂，应远在瑞士之上。惟瑞士在欧土之中，云南居中国之偏，若加修治，必当为世界之瑞士。以瑞士比云南，将如小巫之比大巫无疑。若如长安洛阳，较之欧土之有维也纳，在历史人文上，更超出不可以道里计。纵在中国宋后一千年来，不断荒废堕落，然稍经整葺，犹可回复其往古盛况之依稀，供人之凭吊想望于无尽。

故中国地理，得天既厚，而中国人四千年来经之营之，人文赓续自然之参赞培植之功，亦在此世独占鳌头。计此后，在中国欲复兴文化，劝人读中国书，莫如先导人游中国地。身履其地，不啻即是读了中国一部活历史，而此一部活历史，实从天地大自然中孕育酝酿而来。不仅是所谓天人合一之人文大理想，而实具有几千年来吾中华民族躬修实践之大智大慧而得此成果，可以有目而共睹。求之历史，不易骤入，求之地理，则惊心动魄，不啻耳提而面命。

举其一例言之，中国以农立国，水利工程，夙所注意。四川省灌县有都江堰，可谓至今尚为世界上最伟大最奇险之一工程。抗战时，多有欧美农业水利专家来此参观。吾国人好问如此工程当作何改进。彼辈答，如此工程，作长期研究尚了解不易，何敢遽言改进。此工程远起秦代李冰，已具有两千年以上之历史。只求国人能一游其地，即可知科学落后，是近代事，在古代固不然。尤值发人深思者，中国科学建设，不仅专着眼在民生实利上，又兼深造于艺术美学上。游人初履其地，反易忽略其对农田灌溉上之用心，而震骇于其化险为夷、巧夺天工处。而其江山之美，风景之胜，则又如天地之故意呈显其奇秘于吾人之耳目，而人类之智慧与努力，乃转隐藏而不彰。

其次再言园亭建设，即如苏州一地，城乡散布，何止百数。言其历史，有绵历千年之上者。言其艺术价值，莫不精美绝伦，各擅胜场，举世稀遘。再推而至于太湖流域江浙两省，其他各县，或属公有，或属私家，或在僧寺道院，或系祠墓庙宇。分言之，则星罗棋布。合言之，则实可谓遍地已园亭化。如游北京，更可了然。再推言之，亦可谓全中国已成园亭化，即读古今诗人吟咏，一一默识其所在之地，亦可知其非夸言矣。

再次如言桥梁，自唐以下，各种体制，尚保留其原型，争奇斗胜，各不相同。遍中国，就其脍炙人口，流传称述，而迄今仍可登临瞻眺者，亦当不止二三十处。其他模拟仿佛者可勿论。又次如雕刻，大同之云冈，洛阳之龙门，甘肃之敦煌，特其汇聚之尤富者。而其他古雕刻或在庙，或在墓，分散各地，更难缕指。要之，此乃全中国地面园亭化之某种点缀而已。

更次如言农村。多读中国诗，观其所歌咏，再作实地观察，自知中国农村，实亦如大园亭中一点缀。故中国园亭设计，苟占地稍广，每喜特为布置农村一角，此非园亭设计家之匠心独创，实只是其模拟中国地面园亭化之一境而已。又次言市集，亦可纳入规模愈大之园亭中成为一景，即如北京颐和园之后山是也。

农村然，市集然，则城镇又何独不然。故中国之大城镇，几乎皆成为园亭化中之一角。尤可体认者，如古代之长安洛阳金陵开封余杭，苟成为全国中央政府之所在地，无不经营成园亭化，曾一游北京城者，便可想知。北京及其四郊，尤其是西郊，展扩益远，共同合成一大园亭结构。除皇宫外，有名的园亭，可供分别游览者，何止数十处。即私家住宅，拥有宅内园亭者，若大若小，又何止百数千数。在此一园亭化之大结构内，又拥有若干农村市集，莫不如在大园亭中一小角落。

第八编 治学经验

我游欧陆，最好注意其中古时期所遗存下的堡垒。因在中国绝难见到。即在中国古籍，上自《诗经》三百首，下至《春秋》三传所载二百四十年事，亦绝无见有此等堡垒之存在。同样是封建时代，在西欧为堡垒化，在中国则为都市农村化。魏晋南北朝以至隋唐时代之门第，今国人亦称之为变相的封建，然其居家，不论本宅乃至别墅或庄园，皆园亭化，不堡垒化。余又好游西方之教堂，亦与中国僧寺道院不同。中国僧寺道院皆园亭化，西方教堂则不论哥特式乃至文艺复兴后之新式，莫不带有堡垒化。所谓堡垒化者，乃谓其划然独立于四围自然与人文界之外，其存在之意义与价值，则各自封闭隔绝，外界则仅供其吸收与攫取之资。所谓园亭化者，则内外融凝为一。天地自然，草木鸟兽，人文历史，皆合为一体。中国人之所谓通天人合内外，则胥可于其居处认取。

即言近代建筑，东西双方，亦可以堡垒化与园亭化作分别。余在民初，曾屡游西湖；或步或艇，绕堤环水，眺瞩所及，总觉整个西湖，浑成一境。纵有许多建筑，又有十景之称，但气味调和，风光不别。后来再去，忽有美术学校一座西式大楼出现，平添了极浓重的占据割裂气氛，至少那一边的西湖旧景是破坏了。附近有平湖秋月一景，那只是一小亭，除其背倚堤岸的一面外，三面伸入湖中，湖光月色，沆瀁无际。但一翼新楼，巍峨崛起，把视线全挡了。只剩两面，风景大为抹杀。固然一窗一楹，到处可以望湖睇月，但平湖秋月旧景之取义，则渺不复睹。而且以一小亭相形于庞然大物之旁，自顾卑秽，登其亭者，将滋局促不安之感。游者本求心情之宽畅，何耐心情之压迫。若使此等新建筑接踵继起，各踞片隅，互争雄长，则整个西湖，亦成一割据分裂之局面。又使西湖而现代化，首先必有大旅社，使都市娱乐，可以尽量纳入。湖上必备快速汽艇，使湖水尽成雪花飞溅，而四围景色，可以转瞬掠过。灵隐韬光诸寺，当先建宏伟之停车场。静观默赏，则以摄影机代之。湖山乃供侵略，风景不为陶冶。西方式之游乐区，自成一套，亦将不见为不调和，但与中国式之情味则大不相同。

余又曾屡游灌县，漫步街市，在一排中国式房屋之一端，忽矗立西式洋楼，使我骤睹，一如心目被刺，而整条街市，亦显见为不调和。中国房屋，每在整条围墙内，分门列居。其内部固各有安顿，其外面则调和浑一。而西式洋楼，则必分离独立，互相对峙。中国式之房屋，其内部各有一天地，外面则共成一天地。西式房屋，内部无天地，四面开窗，天地尽在外面。余亦曾游欧陆都市，一排住宅，同临一马路，可通电车汽车，前后开窗，可对外面天地。故住宅区与街市，形式无分。因此，西方都市，比较单式化，而中国都市则较为复式化，此观于北京与巴黎华盛顿而即可知。亦如西方园亭较为单式化，中国园亭则较为复式化，此观于伦敦之中央公园与北京之中央公园与北海中南海公园而可知。凡此单式化与复式化之比，任择一例即可知。此因中国历史社会文化人生乃在复式中求调和，而西方历史社会文化人生则在单式中争雄长。此在游历中可获实地观察，而单凭读书，则仅能作抽象之思索。但非读书，则游历亦无从作观察。

因此我又想起，从前的中国知识分子，所谓士大夫阶级，自有大一统的中央政府，远从西汉以来，因有地方察举制度，下及隋唐后之考试制度，全国各偏远地区之知识分子，几乎无不有长途跋涉、游历中央政府所在地之机会。而自入仕以后，又因限制不在本土服务，更多遍历全国各地之可能。凡属担任国家公共事务者，则无不使其有广大而亲切的对国家土地上一切有情感有认识的方便。这也是中国有悠久的历史传统一大关键。

不幸而近代国人，多读外国书，多游外国地。更不幸而三十年来，青少年生长于台湾一岛之上，更无从亲履中国地。仅读中国书，亦无以亲切了解中国之实情。不久我们重返大陆，却宛如骤游异地，尚不能像赴欧美般，还比较有些影像，这实是我们当前一大堪隐忧警惕之事。

（摘自《中国文学论丛》，生活·读书·新知三联书店2002年版）

【导读】国学大师钱穆一生潜心于学术，著作等身，"是我国20世纪学术思想史上的一座丰碑，亦是我们青年学子立身行世的楷模"（郭齐勇、汪国群《钱穆评传》）。而其之所以能成为一代国学大师，全赖于自学苦读，因此，他的读书方法也一直备受瞩目，对一代代青年学人也最具启发意义。

他曾说过："读书须精力，又须聪明……每一时代的学者，必有许多对后学指示读书门径和指导读书方法的话。寻此推导，不仅可以使我们知道许多学术上的门径和方法，而且各时代学术的精神、路向和风气之不同，亦可借此窥见。"（钱穆《学龠》）他的这些独特的读书观念和方法，无疑对青年学子是大有裨益的。当然，在他的读书方法中，最具说服力的当推读书联系社会实际——读万卷书，行万里路。这可以说是一个老话题，但在钱穆这里则颇有新意，这就是他在《读书与游历》中所阐述的读书之大道理。

在钱穆先生看来，读书与游历虽是人生的两大话题，但道理是相通的。

他说:"古人每以游历与读书并言,此两者间,实有其相似处,亦有其相关处。到一新环境,增新知识,添新兴趣,读新书正亦如游新地。"钱先生早年一直生活在民族多难、社会动荡的环境,他把游历作为了解社会、参与社会实践的一条重要途径,读书治学之余,游历过不少地方,如厦门、苏州、北京、昆明、成都、重庆等地,也常与胡适、熊十力、马一浮、梁漱溟、顾颉刚、冯友兰等著名学人交游,这些不仅增长了知识和人生的经验与阅历,也更多地了解了所处的社会实际,正如培根所说:"游历对年轻人来说是教育的一部分;对年长的人来说是经验的一部分。"因而,游历对于人一生的影响,与关在屋子里读书是一样的重要,都是一个人成长乃至治学不可或缺的。书本的知识多是前人的、也是死的;而游历的知识是现代的,也是鲜活的。正如钱先生所言,"游历也如读史,尤其是一部活历史";"中国各地,大如一部活书,游历即如读书,而又身历其境,风景如旧,江山犹昔。黄鹤已去,而又如丁林威重返。读中国书而不履中国地,岂不大可惋惜"。因为游历除了能使人于触摸大自然中,感受生活的七彩阳光,身心获得休憩外,还可了解各地风俗民情、历史文化及各种奇闻逸事,进而获得丰富的知识,修正原有的思想和价值观等等。这对个人的学术长进,对国家民族的文化复兴,都是颇有意义的,"中国欲复兴文化,劝人读中国书,莫如先导人游中国地。身履其地,不啻即是读了中国一部活历史,而此一部活历史,实从天地大自然中孕育酝酿而来"。关于读书与游历的通理,钱先生的精彩结论是:"读书当一意在书,游山水当一意在山水。乘兴所至,心无旁及……读书游山,用功皆在一心。能知读书之亦如游山,则读书自有大乐趣,亦自有大进步。否则认读书是吃苦,游山是享乐,则两失之矣。"

总之,钱穆先生一生志在治学和教书育人,其留下的丰富著述,无疑是我们后人取之不尽用之不竭的一份宝贵的精神财富。就其读书与游历的高论而言,也确是"弱水三千,取一瓢饮"。对我们今天的青年学子之读书治学,肯定是大有帮助的,正所谓"念念不忘,必有回响",我们若真能深刻体会,用心实践,也肯定会事半功倍,在治学的路途中大有长进。

(卢有泉)

我苦学的一些经历

蔡尚思

这个问题，说来话长。现在只讲我做学问的主要经过和为什么会把重点放在孔学及中国思想史方面。

从1913到1920年，可以说是我入私塾、死背经书时期。我生在福建的德化县，这个县到处是山林而又崎岖不平，非常闭塞，全县只剩下一个前清举人，听说只他有一部《史记》而又秘不示人。我边在农村做农业劳动，边入私塾读书，被拉去在"大成至圣先师孔夫子神位"前行开学礼以后，就是天天死背儒家经书，背得最熟的是《四书》，光背诵而不了解其意义，真感痛苦；一直到了懂得它的内容之后，才觉得幼时死背书的好处，自恨没有多背些古书。现在无论是自己和别人的有关著作，那怕只差一个字，我一看就知道其非原文。这比之一部分中青年人，我和读过私塾者都是占了便宜的。内地崇拜孔圣人的空气非常浓厚，我当然也不可能不是一个尊孔者。

到了20年代的前半，是我去永春打学问基础时期。永春是我的邻县，我称它为第二故乡。那里有一个省立中学，校长是前清举人郑翘松，他也是一个有名的诗人。他藏书相当丰富，我就向他借先秦诸子书来读。这么一来，有得比较，我就逐渐对孔子和诸子一视同仁了。我的知识就扩大到诸子的哲学、《史》《汉》的史学、唐宋八家的文学等等，特别是用功研究韩文、《史记》《庄子》，也能背诵其大部分，主要目的在于模仿写作古文。后来把文稿带去北京发表，张恨水、梅光羲等都看出我对于韩文研究有一定基础。

我坚决要离开文化很低的内地到文化很高的北京去深造，遇到的阻力可真不少，有经济上的阻力，有思想上的阻力，我主要的回答是：我宁愿到北京饿死，也不愿留在家乡平安地过一生。"人生无处不青山"、"死到沙场是善终"。

从1925年到1928年，是我独自远上北京从师问学时期。我因闽南发生战事迟到，来不及报考新开办的清华学校研究院，于是特去拜望王国维，请他指示"应当怎样研究经学，要从哪些主要著作入手"。他面谈和复书都指出段（玉裁）、王（念孙）著作和《史记》《汉书》等书的重要性。他勉励我："年少力富，来日正长，固不可自馁，亦不可以此自限"。这是我到北京第一次得到的前辈鼓舞和深刻教育。我从王老师这人想到许多重大问题：他只有大学问而没有什么大资格大名气，可见一个学者在实学而不在什么虚名。他宁做教授，不做院长，足见学术专家的地位和贡献并不下于行政领导。他的《殷周制度论》《宋元戏曲史》《人间词话》等书，令人想见学术专著在精不在多，在质量不在数量。他在政治思想上是清末遗老，在学术成就上几乎首屈一指。学术与政治并不完全一致，我们固然不好以其政治倾向而否定其学术贡献，可也千万不要以其学术贡献而肯定其政治倾向。他对于古文字学的基础比同时的学者都好，所以他研究殷周古史的成就也比同时的学者都大。我对于他特长的甲骨文未免望而生畏。同时，我又把关于评论先秦诸子思想的一本稿子请梁启超指正，他用"更加覃究，当可成一家言"等语来郑重勉励我。由于我在中学时代就仰慕他的大名，多读他的大作，一旦接到他的来书，真是喜出意外，无比感动。从此时起，我更加努力研究先秦诸子思想，也是我决心研究中国思想史的正式开始。梁启超等在教育上真是"循循然善诱人"！

当时的北京学术界，仅北京大学研究所的导师，文字学方面有沈兼士等，旧文学方面有马裕藻、江瀚等，新文学方面有周作人、刘半农等，历史学方面有朱希祖、陈垣、柯邵忞等，考古学方面有俄人钢和太等，艺术方面有叶瀚等，西洋哲学方面有陈大齐等，佛学方面有梅光羲、李翊灼等。陈寅恪也招青年学子跟他考证梵文本某佛经。权威学者群集北京，真是极一时之盛！

我觉得很需要多方面地向他们学习，而又自苦没有多少工夫去向他们学习。结果只能就历史学、哲学、佛学等方面去向这些专家质疑问难。生平师长之多，以此时为第一。好得北大研究所和清华研究院不同，它全是自学，没有年限，用不着上课，因此我非常满意，主要生活是：一、经常去北京大学和北京图书馆看书。二、访问各导师，同他们接谈学术问题。三、自由地间断地去听一些课和学术报告。但因为我很穷，住不起公寓，只好住在宣武门外的永春会馆里，从城南到城北，距离很远，每次跑来跑去，既浪费时间，又疲劳不堪，难免影响了我专心一意的学术研究。

我在北京求学时期，正因为不必上课，就先后考上两个研究所，以资比较。另一个是孔教大学研究科，校长是康有为的高足陈焕章，听人家说他既是前清进士，又是美国哥伦比亚大学哲学博士，我也很想"识荆"与受业。那会料到我考进后，他约我谈话，要我第一、精读董仲舒、何休的著作，认为董、何的看法才是孔子的看法；第二、对孔教要先信后学，不信孔就不能学孔。我一听见，大起反感，就开始同他辩论，以为：第一、汉代经学分为今文古文两个学派，经今文学派的许多奇谈怪论反而不能代表孔学。第二、我们做学问，应当先学后信。因为先信后学是主观的，是宗教家的语言；先学后信是客观的，是科学家的语言。他要我写出关于董仲舒《春秋繁露》的书稿，我交上后，他又叫我去谈话，说我大方向不对头。我此时觉得我们彼此已经没有共同的语言；加以后来的一个冬至节，他在孔教大学内大庭中举行祭天大礼，小菜一碗一碗地排列到十来桌之长，他独自一个人头上戴一个自做的大概是竹片做成的什么古冠，大讲"复，其见天地之心乎"的经文，丑态百出，令人作呕！我自有知以来，这还是第一次遇见哩。从此以后，我再也不去上他的当了。我心中想着：我是来北京求学的，不是来入教的。北京高等学校中，北大和孔教大学，真是处于对立的地位。

1929年，我在告贷度日之后，由蔡元培介绍，开始到上海一个大学教书，又被学店老板高度剥削，过着就业失业无定和半失业的一种生活。最值得我纪念而终身难忘的倒是三十年代去南京国学图书馆读书和搜集思想史料时期。我利用失业的时间，入住图书馆，每天吃咸菜稀饭，经过馆长历史学家柳诒徵的特别关照，得以自由搬书阅书查书，有时每天搬到几十部书，馆员也不敢表示厌烦。我只有一些晚上去同柳馆长谈学术和掌故问题，经常每天自己规定必须看书十六小时以上。其步骤是：一、书目的自备。自己买一部该馆印出的《图书总目》集部五大册，放在桌上，先熟悉一下，以备随时在其中作记号。二、借书的范围。凡诗、词、歌、曲、赋之类以外的所有历代文集，一部一部的依次序翻阅下去，遇有重要的资料，就在《图书总目》上注明某篇某节某行某句，以便将来请人代抄，让自己赶快多看些书。结果从数万卷文集中搜集到数百万字的思想史资料。这种读书搜集材料法，可以说是矿工开矿式的，也是蜜蜂采蜜式的，它是再好也没有的一种读书搜集材料法。

我自从此次住馆读书以后，深信人要有两个老师，一为活老师，二为死老师即图书；活老师固然可贵，而死老师的可贵又超过活老师，活老师也是从死老师来的，死老师是"太上老师"，图书馆是"太上研究院"。我过去读的两个研究所比之大图书馆，实在有如小巫之见大巫。

我过去对一些国学大师、史学专家过于盲目崇拜，到了此时才发觉他们也未必完全正确，例如章太炎的考据均田井田思想，以为历史上只有几个人，我却查出几十个人。陈垣的《史讳举例》一书，我做学生时不敢说一个"不"字，此时就为它补出好多类例来。才真体会到古人所谓"学然后知不足"，"学无止境"。北大研究所的研究生，期限是由自己规定的，期满可由自己延长。我自认一辈子都是研究生，永久不会毕业，自己到死也不会满足自己的求知欲。我当时还不到三十岁，所可惜的是，此后再也没有此种机会了！我至今还羡慕此种生活哩。

在解放战争时期，我曾同郭沫若、杜国庠等发起全国学术工作者协会上海分会；在地下党领导下，同张志让等发起"上海大教联"，并成立一个文化研究所。我在各报章杂志上发表文章之多，此后没有超过这二、三年的。当时的某大学和国民政府教育部都以孔夫子自居，而痛斥我为少正卯："言伪而辩，悖逆反动"。我对文化界的尊孔派，也写出不少文章，予以揭露。

解放以来的三十年，对我来说似乎可以说是理论与实践有所提高、学术文化上有所突破时期，但是在文化大革命的十年中，遭遇"四人帮"的封建法西斯专政，精神上的痛苦和学术文化上的损失，比起北洋军阀、国民党、汉奸日帝任何统治时期都来得惨。我心血所聚的积稿，尤其是《中国思想史通论》一稿七十多万字，至今下落不明，最使我伤心！

也算得是"坏事变成好事"吧，"四人帮"把我从历史学系调到哲学系，不许我搞教学和科研，我就利用空闲时间钻研和温习佛学，发现佛教的三纲思想比儒法二家有过之而无不及；而佛教各宗的观点，原来也是大同小异、万变不离其宗的。

我从考进北大研究所到现在，一直在企图总结孔子思想体系。直到六十年代，才大反自己过去几十年的一个根本看法，而深信不疑地肯定孔子思想体系的核心是礼而不是仁。

一九七九年十月写于复旦大学

（摘自《治学集》，上海人民出版社1983版）

【导读】蔡尚思（1905—2008），号中睿，福建德化人，著名历史学家，中国思想史研究专家。曾先后在上海大夏大学、光华大学、东吴大学、复旦大学等校任教，并担任过复旦大学副校长、上海市史学会副会长、全国宗教学会常务理事、中国史学会理事等职。蔡尚思先生青年时期在北京自由听讲和就学于孔教大学、北京大学期间，曾受业于王国维、梁启超、陈垣、朱希祖、梅光羲、陈焕章等学界名流。20余岁于大学任教职后，曾向太虚学佛学，向章太炎学国学，向李石岑学哲学，向柳诒徵学文化史，这为他之后的治学打下了良好的基础。其一生治学文史哲相结合，主要贡献在中国思想史、学术史、文化史等方面，主要著述有《中国思想研究法》《中国历史新研究法》《中国传统思想总批判》《中国文化史要论》《孔子思想体系》《中国近现代学术思想史论》《中国古代学术思想史论》及《蔡尚思全集》（共8册）等，几乎每部著述都在学术界产生了颇大的影响。

蔡尚思先生一生勤于治学，著作等身，而写于改革开放初期的《我苦学的一些经历》一文，正是对其一生治学经历的回顾和总结，内中所述的治学精神和路径也是最值得青年学子们学习和效仿的。

从先生的治学路径看，他一生的学术生涯经历了三个非常重要的阶段：一是故乡私塾的打学问基础阶段。在这一阶段，他开始在私塾天天死背儒家经书，自觉到"幼时死背书的好处，自恨没有多背些古书"，后来又从儒家经书拓展到先秦诸子、《史记》《汉书》及唐宋八大家，这为其以后治学夯实了基础。二是北京从师问学阶段。这个阶段他在北京大学和孔教大学的研究所就学，主要生活是：自由地听课和学术报告，常到北大图书馆读书，向各位名师问学。据他在自传中说："师长方面，首推郭鹏飞的勤于为我改作文。王国维的教我治经学与勉励我不可自馁自限。梁启超的鼓励我成一家言与研究思想史。陈垣的教我言必有据，戒用浮词。梅光羲每两星期必从天津到北京讲学，来枉顾一次，最鼓励我治佛学。蔡元培在教育行政上的做出最好榜样与常介绍我教大学。柳诒徵的给我多读书多搜集史料的机会与经常为讲近代掌故……"尤其是王国维的勉励，使他确立了研究中国思想史的方向。三是南京"太上研究院"读书阶段。这一阶段他利用失业的闲暇，入住南京国学图书馆苦读并搜集思想史资料。他为自己定下规矩，每天看书16小时以上，利用一年的时间读完了除诗、赋、词、曲之外的所有历代文集数万卷，从中抄录中国思想史资料数百万言。从而他认识到，做学问需要有两个老师，一为活老师，一为死老师——图书，这死老师是"太上老师"，而图书馆正是"太上研究院"。有了这样的研究院，他的治学更注重材料，更具理性和科学性，也再不会盲目崇拜权威、大师了。在这一阶段，最终完善了一个学者的学术修养。

总之，从蔡先生三个阶段的经历看，其治学之道，首先在多读书，多搜集材料；并且，其治学精神勤奋、严谨，追求创新，意志坚强。正如其《忘年人》一诗中间几句所述："思想求日新，只知路向前，不迷神仙，不迷圣贤。治学意志坚，自甘做异端，不愿效尤，不愿守残。"因而，蔡先生的学行，足堪为广大青年学人的楷模。

（卢有泉）

我的学术思想是什么（节录）

罗尔纲

谈我治学，应该首先问我的学术思想是什么，从何而来。

幼儿时，母亲给我说了许多神话故事，幼小的心灵还分辨不到现实与虚无，但却知道要求真实，对没有见过的事物，总是向她追问这个、那个。她从来没有挫折过她儿子的疑问，却尽了她的智能来满足她的孩子。这样，她培养了我对观察事物的怀疑态度，"打破砂锅纹（问）到底"的精神。

五四时代我是中学生，受了五四思想熏陶，在学术思想上，接受辩伪求真、追求真理的思想。我国早在2300多年前，孟子就开了怀疑古史风气。他说："尽信书则不如无书，吾于《武成》取二三策而已矣。"略后于孟子的韩非子在《韩非子·显学》怀疑孔子、墨子说的尧、舜，唐代刘知几《史通》的《疑古》《惑经》，清代崔述《考信录》等，都是疑古的名著。五四时代在学术思想上提倡的辩伪求真便渊源于此。顾颉刚的《古史辨》便是这种风气的产品。指导顾颉刚研究的著名学者钱玄同，给人题书名便作"疑古玄同"，可见当时疑古的风气。当时我家订有一份胡适主编的《努力周报》，在这个周报里有一个附刊《读书杂志》，那些怀疑古史的文章正在这个附刊上发表。我就直接受了它的影响，怀疑虚谬，追求真实，便成为我今后的主导学术思想。

我受了这个学术思想的影响，断不盲从，断不轻信。故为去伪存真要探索、要考证，为实事求是要探索、要考证，为求知要探索、要考证。

（摘自《罗尔纲全集》，社会科学文献出版社2011年版）

【导读】 罗尔纲（1901—1997），广西贵县（今贵港市）人。著名历史学家，太平天国史研究专家，训诂学家，开创了"综合体"的通史新体例。并将唯物辩证法成功应用于考据学，从而改革了历史研究方法。

今天做学问的人，都会碰到这样一个问题，即很多东西前人已经做了研究。自上个世纪以来，可以说学术界中的很多问题都有大家进行研究。即如当前的唐代文学研究，已经从文学自身研究到了文学的外围，有人说这已经不是文学研究了！在这样的情况下，我们还怎么去进行学术研究？

罗尔纲先生的这篇文章指给我们一种新的思路。罗尔纲的学术思想现在看来，也是延续了其前辈钱玄同等人的观念，即"疑古"。历史上很多问题、很多事件，已经前人多方考证，似乎已经没有了可以再探讨的余地。但正如孟子所说："尽信书不如无书。"前人的著作摆在那里，白纸黑字，言之凿凿。但是否都是正确的呢？是否还有研究得不够透彻的呢？这需要有一定的疑古精神，敢于怀疑，大胆怀疑。辨伪求真，这是对前人研究成果的一个负责任的态度，也是学术研究必不可少的思想。

怀疑不是漫无目的地怀疑，怀疑要有一定的根据。对前人的研究有怀疑，要通过科学严谨的论证去证明。这样，才能使怀疑真正上升到研究层面，也才能使自己的怀疑落到实处。

（莫山洪）

我和敦煌学

饶宗颐

敦煌学在我国发轫甚早。我于1987年写过一篇《写经别录》，指出叶昌炽在《缘督庐日记》中，他已十分关注石窟经卷发现与散出的事情，有许多重要的报道。近时荣新江兄发表《叶昌炽——敦煌学的先行者》一文，刊于伦敦《IDP News》（1997年，七期），说得更加清楚。

20世纪80年代以后至今，国内敦煌研究，浸成显学，专家们迎头赶上，云蒸霞蔚，出版物包括流落海外各地收藏品的影刊——英京、俄、法以至黑水等处经卷的整理集录，令人应接不暇，形成一支充满朝气的学术生力军。以往陈寅老慨叹敦煌研究为学术伤心史，现在确已取得主动地位，争回许多面子。此后，海外藏品陆续影印出来，学者们不必远涉万里重洋，人人可以参加研究了。

我一向认为敦煌石窟所出的经卷文物，不过是历史上的补充资料，我的研究无暇对某一件资料做详细的描写比勘，因为已有许多目录摆在我们的面前，如英、法两大图书目录所收藏均有详细记录，无须重复工作。我喜欢运用贯通的文化史方法，利用它们作为辅助的史料，指出它在历史某一问题上关键性的意义，这是我的着眼点与人不同的地方。

张世林先生两度来函，要我写《我与敦煌学》一文，万不敢当，久久不敢下笔。我本人过去所做的敦煌研究，荣新江兄已有文评述，见于复旦大学出版的《选堂文史论苑》（265—277页），我的重要著述和对学界的影响，详见该文，不必多赘。现在只谈一些值得记述的琐事，追忆我如何对敦煌资料接触的缘遇。

我最先和敦煌学结缘是因为从事《道德经》校勘的工作。1952年我开始在香港大学中文系任教，那时候《正统道藏》还是极罕见的善本，我还记得友人贺光中兄为马来亚大学图书馆从东京购得小柳气司太批读过的《正统道藏》，价值殊昂，当时香港及海外只有两部道藏，无异秘笈。我因代唐君毅讲授中国哲学的老、庄课程，前后三载，我又研究索沨写卷（有建衡年号），做过很详细的校勘工作。我和叶恭绰先生很接近，他极力提倡敦煌研究，他自言见过经卷过千件，对于索沨卷他认为绝无可疑（可参看他的《矩园馀墨》）。以后我能够更进一步从事《老子想尔注》的仔细探讨，实导源于此。正在这时候，日本榎一雄在伦敦拍制Stein搜集品的缩微胶卷，郑德坤先生正在剑桥教书，我得到友人方继仁先生的帮助，托他从英伦购得了一部，在20世纪50年代，我成为海外唯一私人拥有这部缩微胶卷的人物。我曾将向达《唐代长安与西域文明》中的伦敦读敦煌卷的初步记录核对一遍，这样使我的敦煌学知识有一点基础。我讲授《文心雕龙》亦采用英伦的唐人草书写本，提供学生参考。1962年，香港大学《中文学会年刊》印行的《文心雕龙研究专号》最末附印这册唐写本，即该缩微影本的原貌。当时我已怀疑榎氏拍摄的由第一页至第二页中间，摄影有遗漏。1964年我受聘法京，再至伦敦勘对原物，果有遗漏。这一本专号所复印，实际上是唐本的第一个（有缺漏的）影印本，如果要谈《文心雕龙》的版本，似乎应该提及它，方才公道。

所谓"变文"，本来是讲经文的附属品，源头出于前代陆机《文赋》"说炜晔而谲诳"的"说",与佛家讲诵结合后,随著佛教在华的发展,逐渐形成一崭新的"文体"的变种。但从"变"这一观念加以追寻,文学有变种,艺术亦有变种,两者同时骈肩发展,和汉字的形符与声符正互相配合。文字上的形符演衍为文学上的形文,文字上的声符演衍为文学上的声文。刘勰指出的形文、声文、情文三者,形与声二文都应该从文字讲起。所谓变文,事实上应有形变之文与声变之文二者。可是讲变文的人,至今仍停留在"形"变这一方面。古乐府中仍保存"变"的名称,声变则凡唱导之事皆属之。试以表示之如下：

形文→变相 图像之属

声文→字音节奏 韵律唱腔之属

我写过一篇从《经呗唱导师集》第一种《帝释天乐般遮琴歌呗》加以说明的文章。姜伯勤兄因之撰《变文的南方源头与敦煌唱导法匠》,唱导是佛经唱诵音腔的事,我所说变文的声变之文应该是这一类。大家热烈讨论形变之文的变相,只讲"变文"的一面,对于声变之文这另一面则向来颇为冷落,甚至有误解。王小盾博士对这一点有深刻的认识,可惜不少人至今尚不能辨析清楚。南齐竟陵王萧子良在鸡笼山邸与僧人讲论的是"转读"问题,即谋求唱腔的改进,与声调完全不相干。到了唐代教坊有大量的"音声人",音声人还可以赏赐给大臣。《酉阳杂俎》记玄宗赐给安禄山的物名单,其中即有音声人一项,《两唐书·音乐志》音声人数有数万人之多。敦煌的乐营有乐营使张怀惠（P.4640）与画行、画院中的知画都料董保德（S.3929）相配合,一主声变的事务,一主形变（变相）的事务,两者相辅而行。变文之音声部分,还需再作深入的研究。敦煌乐舞方面,亦是我兴趣的重点,我于1956年初次到法京,看了P.3808号原卷,写有专文补正林谦三从照片漏列的首见乐曲的《品弄》谱字,由于我在日本大原研究过声明,又结识林谦三和水源渭江父子,对舞谱略有研究。我于1987年初提出研究舞谱与乐谱宜结合起来看问题,我讲敦煌琵琶谱,仔细观察法京原件及笔迹,事实是由三次不同时期不同人所书写的乐谱残纸,黏连在一起,把它作为长卷,长兴四年才写上讲经文,可以肯定琵琶谱书写在前,无法把它作为一整体来处理。叶栋当它全部视为一套大曲是错误的。我这一说已得到音乐界的承认。我主张乐、舞、唱三者应该联结为一体之说,引起席臻贯的注意,他力疾钻研乐舞,把它活现起来,因有乐舞团的组织,我忝任顾问,他二度到香港邀我参观,深获切磋之乐。1994年9月6日我到北京,在旅馆读《China Daily》的文化版得悉他病危,十分痛惜。1995年7月,敦煌乐舞团随石窟展览在港表演，我追忆他写了一首律诗云："贺老缠弦世所夸。紫檀抡拨出琵琶。新翻旧谱《胡相问》，绝塞鸣沙不见家。孤雁忧思生羯鼓，中年哀乐集羌笳。潜研终以身殉古，叹息吾生信有涯。"表示我对他的哀悼。

敦煌各种艺术，尤其是壁画，是我最喜欢的，由于长期旅居海外，无条件来做长期考察，无法深入研究，只得就流落海外的遗物做不够全面的局部扪索。我所从事的有画稿和书法二项。我们深感唐代的绘画真迹的缺乏，所谓吴道子、王维都是后代的临本。1964年我在法京科学中心工作，我向戴密微先生提出两项研究工作，其一是敦煌画稿，后来终于写成《敦煌白画》一书，由远东学院出版。我年轻时学习过人物画像的临摹，有一点经验，我特别侧重唐代技法的探索，粉本上刺孔的画本，法京有实物可供研究，亦为指出，我方才明了到，布粉于刺孔之上留下痕迹断续的线条便于勾勒，这样叫做粉本。近日看见胡素馨（F. S. Fraser）的《敦煌的粉本和壁画之间的关系》一文（《唐研究》三期），文中在我研究的基础上归纳出粉本草稿有五种类型，计壁画、绢幡画、藻井、曼陀罗四类，绢幡画则可分临与摹二类。实则临与摹二者，临是依样而不遵照准确轮廓，摹则依样十足。这些画样，画人运用起来可以部分摹、部分临，亦不必限于幡画。

书法的研究，我在接触过Stein全部微卷之后，即加以重视，立即写一篇《敦煌写卷的书法》附上《敦煌书谱》，刊于香港大学1961年的《东方文化》第五卷。后来居法京排日到国家图书馆东方部借阅敦煌文书。先把法京收藏最早的北魏皇兴五年书写的《金光明经》和永徽年拓本的唐太宗书《温泉铭》作仔细的研究。以后遍及若干重点的经卷写本，作过不少专题研究，除作解题之外还注意到字体的花样，1980年秋后在日本京都讲学，承二玄社邀请为主编《敦煌书法丛刊》，分类影印，从1983年起，月出一册，共29册，前后历时三载。每一种文书都做过详细说明或考证。由于翻成日文，在国内流通不广，周绍良先生屡对作者说"各文书的说明，极深研几，应该合辑成一专书，独立出版。"至今尚无暇为之。本书又有广东人民出版社刊印本，题曰《法藏敦煌书苑菁华》，共八册。

我于1963年出版《词籍考》一书，戴密微先生了解我对词学薄有研究，约我合作写《敦煌曲》，由于任老旧著《敦煌曲校录》录文多所改订，与原卷不相符，须重行勘校，我又亲至英伦检读原件，时有弋获，如《谒金门》开于阗的校录、五台山曲子的缀合等等。任老后出的《总编》和我有一些不同看法，特别对《云谣集》与唐昭宗诸作，我有若干专文进行讨论，已收入另著《敦煌曲续论》中（台湾新文丰出版公司1995年出版）。《昭明文选》的敦煌本，亦是我研究的专题，我首次发表敦煌本《文选》的总目，和对《西京赋》的详细校记，我现在汇合吐鲁番写本，另附精丽图版与详尽叙录勒成专书，将由中华书局印行。

《文选》序有"图像则赞兴"一句话，我作了详考，在《敦煌白画》书里面，我有一章讨论邈真赞的原委。法国友人陈祚龙君从敦煌写本邈真赞最多的P.3 556（9人）、3718（18人）、4660（39人）三卷及其他录出，辑成《唐五代敦煌名人邈真赞集》一专书，开辟一新课题，继此有作，得唐耕耦、郑炳林二家。1991、1992年间余复约项楚、姜伯勤、荣新江三君合作重新辑校，编成《敦煌邈真赞校录并研究》，方为集成之作。

所谓敦煌学，从狭义来说，本来是专指莫高窟的塑像、壁画与文书的研究，如果从广义来说，应该指敦煌地区的历史与文物的探究。汉代敦煌地区以河西四郡为中心，近年出土秦汉时期的简册为数十分丰富，尚有祁家湾的西晋十六国巨量陶瓶。又吐鲁番出土文书中有敦煌郡所领的冥安县佛经题记。所以广义的敦煌研究应该推前，不单限于莫高窟的材料。

1987年得到香港中华文化促进中心协助，与中文大学合作举办敦煌学国际讨论会。1992年8月，该中心帮助我在香港开展敦煌学研究计划，在中文大学的新亚书院成立"敦煌吐鲁番研究中心"，延揽国内学人莅港从事专题研究，由我主持出版研究丛刊，主编专门杂志。先时于《九州学刊》创办《敦煌学专号》，出过四五期。后来与北京中国敦煌吐鲁番学会、北京大学中古史研究中心、泰国华侨崇圣大学中国文化研究院合作，办一杂志即《敦煌吐鲁番研究》，由季羡林、饶宗颐、周一良主编，每期30万字，至今已出版第一卷（1996年）、第二卷（1997年），第三卷正在排印中。此外香港敦煌吐鲁番中心复出版专题研究丛刊，由我主其事，先后出版者有八种。我提倡辑刊《补资治通鉴史料长编》，用编年方法，把新出土零散史料加以编年，使它如散钱之就串，经过数年工夫，已稍有可观。兹将香港敦煌吐鲁番中心已出版《敦煌吐鲁番中心研究丛刊》开列如下：

(1) 饶宗颐主编《敦煌琵琶谱》。

(2) 饶宗颐主编《敦煌琵琶谱论文集》。

(3) 饶宗颐主编，项楚、姜伯勤、荣新江合著《敦煌邈真赞校录并研究》。

(4) 荣新江编著《英国图书馆藏敦煌汉文非佛教文献残卷目录（记录S.6981—13624号）》。

(5) 张涌泉著《敦煌俗字研究》。

(6) 黄征《敦煌语文丛说》（此书获得董建华基金奖）。

(7) 赵和平《敦煌本甘棠集研究》。

(8) 杨铭《吐蕃统治敦煌研究》。

(9) 饶宗颐主编《敦煌学文薮》。

《补资治通鉴史料长编稿系列》，由饶宗颐主编，已出版及排印的有八种：

(1) 王辉《秦出土文献编年》。

(2) 饶宗颐、李均明著《敦煌汉简编年考证》。

(3) 饶宗颐、李均明著《新莽简辑证》。

(4) 王素著《吐鲁番出土高昌文献编年》。

(5) 王素、李方著《魏晋南北朝敦煌文献编年》。

(6) 刘昭瑞著《汉魏石刻编年》。

(7) 陈国灿著《吐鲁番出土唐代文献编年》。

(8) 李均明著《居延汉简编年》。

其他在撰写中的有下列各种：

胡平生著《楼兰文书编年》。

姜伯勤著《唐代敦煌宗教文献编年》。

荣新江、余欣著《晚唐五代宋敦煌史事编年》。

莫高窟储藏的经卷图像早已散在四方，据粗略统计有数万点之多，目前正在清查，作初步比较可靠的全盘统计。这些秘笈为吾国文化史增加不少的研究新课题，同时开拓了不少新领域，为全世界学人所注目。近日在欧洲方面，特别在英京已有《国际敦煌学项目通讯》（News Letter of the International Dunhuang Project，缩写为 IDP）的刊物。我和日本藤枝晃教授被推为资深 editor 人物之一，殊感惭愧。目前我所从事的研究工作，还有甲骨学、简帛学部分，忙不过来，只好挂名附骥，聊尽推动之责。我于上文列出的各种工作，我要衷心感谢得到国内多位年轻有为学者的支持，还希望有力者对我们鼎力充分的佽助，使我能够继续完成这一心愿。以渺小之身，逐无涯之智，工作是永远做不完的，我这一点涓滴的劳绩，微不足道，匆促写出，备感惶悚，就到此为止，算是交卷了吧。

（摘自《饶宗颐集》，花城出版社2011年版。本文原载于《饶宗颐二十世纪学术文集》卷八，新文丰出版股份有限公司出版）

【导读】饶宗颐，字固庵，号选堂，1917年6月生于广东省潮安县（今潮安市）。其父饶锷为近世潮州学术大家，饶宗颐幼承家学，于经史释道等传统文化有雄厚的学问根底。"学界中人提起饶宗颐，都称他为'一代通儒'。"（何华《老春水》P161）因其学问成就极高，故而学界或将其与钱钟书并提而称"北钱南饶"，或以其与季羡林并齐而称"北季南饶"，由此可见饶宗颐的学术地位得到了学术界的广泛认同。

柴剑虹曾强调，敦煌学并非一般的新学术潮流，而是"世界学术之新潮流"。它之所以能成为世界性的新学问，是与敦煌材料与论题的特殊性密切相关的。从敦煌材料的角度来说，莫高窟现存数万件四至十一世纪的珍贵文献，皆带有丝路咽喉的地域性印记，可以说莫高窟就是一座世界四大古老文明交汇的，中华诸子之学与释、祆、摩尼等宗教文化并存的文明信息场。材料的世界性是决定敦煌学特殊学术品格的基础和前提。其一面世即被英法俄日等国学者重视，反映了其材料的世界性；王国维、罗振玉、陈垣等学养深厚、学识广博的学术大师能成为中国敦煌学界的先驱和领军人物，则反映了敦煌学具有特殊的学术品格。即因其材料是世界性的，因此其研究论题也必须是世界性的。作为敦煌材料的研究者须"提出世界性的新论题，求索新答案，形成新潮流。预此潮流的基本条件是学养既深且广，而其最高境界则是融贯中西、会通百家"。承王国维、罗振玉、陈垣等学者以继，饶宗颐"以其淹博的学识"，"成为集敦煌研究之大成的一代宗师"。（柴剑虹《融贯中西会通百家——读〈论饶宗颐〉有感》）

饶宗颐说："念平生为学，喜以文化史方法，钩沈探赜，原始要终，上下求索，而力图其贯通；即文学方面，赏鉴评骘之余，亦以治史之法处理之。"从饶宗颐的治学范围和成就来看，也的确是以"贯通"为旨的。他对敦煌遗书的整理和研究广涉宗教典籍文献、文学作品、语言材料、曲谱、绘画、书法等，充分显示了其"业精六学、才备九能"的旨趣与学养。他"以词人、词学家的身份研究敦煌曲词，以文学史家的眼光审视敦煌变文，以史学家的才识来校证敦煌本道教秘籍，以古琴行家的热诚来考察敦煌曲谱，以书画名家的灵慧来探索敦煌书画艺术的真谛"，"可谓六学皆当行，九能显本色"。（柴剑虹《融贯中西会通百家——读〈论饶宗颐〉有感》）

研究敦煌学除了要"精六学、备九能",还要有独到的研究视角。如荣新江所言:"敦煌遗书散在英、法、俄、日等国,在英法分别于60年代初和70年代末公布所藏之前,研究起来亦非易事。而且写本数量庞大,内容博杂,以佛典居多,所以要从中拣选出最具学术价值的文书,除了要有雄厚的学养外,还要独具慧眼。"(《饶宗颐教授与敦煌学研究》)饶宗颐也说:"我喜欢运用贯通的文化史方法,利用它们(即敦煌石窟所出的经卷文物)作为辅助的史料,指出它在历史某一问题上关键性的意义,这是我的着眼点与人不同的地方。"而提出变文既是形变之文又是声变之文,主张敦煌乐、舞、唱三者应联结为一体,强调在敦煌壁画的研究中要侧重唐代佛像临摹技法的探索等观点,皆给敦煌后学者以重要启示,是其独具学术慧眼的重要表现。

总之,饶宗颐的敦煌研究是在其深厚学养的基础上,从敦煌材料的本质出发,以"贯通"为旨,在学术交叉中寻找敦煌学研究的新论题,以其独有的学术视角探索敦煌学的新答案的。他因此而成为推动敦煌学走向世界的领军人物之一,成为"融贯中西、会通百家"的导夫先路的学术大师。

(杨 艳)

路漫漫兮修远——简述我的学术研究道路

姜亮夫

我一生从事中国文化的研究工作,现在回忆起来,这个思想体系的基础最初是我父亲帮我建立的,后来得益于几位名师的指导。

我父亲是云南昭通十二州县光复时的领导人之一。年轻时,就接受梁启超、章太炎先生的影响,是非常爱国的。从小除要我读《致格教科书》《地球引言》《历代都邑歌》等科学知识的书,同时也要我读"四书"、"五经"。一部《论语》是父亲从头给我讲到底,印象很深,可以说《论语》的思想影响了我一辈子。父亲喜欢文天祥的《正气歌》,几乎每年都要写一次,而且都写成大的条屏,可以挂在墙上的。所以我八岁时就把它背熟了,父亲还给我讲解。我一生之所以有一些爱国思想,恐怕最初是来源于父亲。

学风九编

有一次，我躲在稻草堆下看《红楼梦》，被父亲发现了，他问我："孩儿，你看《红楼梦》是怎么看的？讲给我听。"我怎么讲得出来，不过是看故事嘛！父亲就启发地说："书里边的人仔细看看，到底有哪些人？他们之间的关系是怎样的？你给我列一张人物关系出来！"我得了这个题目，就认认真真地看，并列出表，连大小丫头表上也有。这样一理，不仅人物线索清楚，而且对这书的思想内容有更深的认识，这点意外收获使我非常高兴。父亲顺势开导我："做学问读书就是要这样认真细致，老老实实一件件事一个个人去研究，只有经过这样艰苦后，才能知道这件事物的真谛，学问才能上得去！"这席话使我一生都忘不了，同时激起我研究中国文化的兴趣，这恐怕也是我走上研究中国文化的最原始的起因。

我的治学基础除了家教外，还得力于在成都高师读书时的林山腴和龚向农两位老师，两先生教我读基础书，那几年我扎扎实实地读了儒家经典、前四史、《说文》《广韵》。龚先生说："这些书好似唱戏吊嗓子、练武功。"林先生教人"作诗万不可从读诗话入手，读史万不可从读史论入手"。这些话使我一生奉为至宝，我自认一生治学的根柢与方法，都是这两位老师之赐，为我一生所不能忘的。

考入清华大学国学研究院后，跟王国维学文字、声韵之学，从梁任公先生学史学。其实我原本想作个诗人，就把在四川所写的四百多首诗词请教于王、梁两先生，他们都认为我不适应于文艺创作，主要是"理障"，而无才华，这竟与林先生意见全同。回到寝室，一根火柴把诗词集烧了，诗人之梦幻灭！这是我治学道路中的一个关键性转变。

后来王静安先生投昆明湖死，对我打击很大，继而任公先生又离京去津，在这"群龙无首"的情况下，我只得离开清华南下以教书为生，我的教书生涯也即开始于此。

1927年大革命失败后，大多数知识分子对国家前途、个人的出路都感到苦闷和彷徨，我也处在十分困惑之中。加之日军侵华开始，国家处在纷乱危急之中。我想，在我国历代文人中词章彪炳、深得忠爱之情的代表人物是屈原！他是中华民族精神的象征。为此，我走上治楚辞、研究屈原的路子，开始收集楚辞的有关材料，也以此纪念先师王静安先生，继承先生治学的路子。后来我进一步对材料进行了史实的考证，及异文校勘、文字训诂等工作，最后探其意蕴，终于在"九一八事变"后不久，写成《屈原赋校注》，此后楚辞学研究成为我治学方向之一。

　　学而知不足，教而知困，带着思想和学术上的惶惑，我又受业于太炎先生。太炎先生重根柢之学，提倡探源明变，反对浅尝辄止，太炎先生言行身教，自励勉人，对我影响尤深。先生说："凡学须有益于人，不然亦当有益于事！"太炎先生在《訄书》《文始》《新方言》中所应用的综合研究之法，成了我一生治学的主要方法，后来我写成的180万字的《楚辞通故》就是学习这种综合研究方法的尝试。太炎先生使我一生受用无穷，使我一生不敢稍怠。

　　为了更好地继承和发扬我国五千年文明古国的文化遗产，我舍弃去中山大学任教授的机会，自费赴法学习考古学，想用西方的科学方法来建立中华民族的新考古学。在法国我一边进修，一边参观许多博物馆、图书馆及专藏中国艺术品的美术馆，发现他们研究中土文物制度历史的方法，与我们大不相同。例如看了他们研究青铜器的化学成分、纹样分类，并制作大量表解图样，都是我们国内"学人"所不曾想到的，这是真正的科学的整理工作呀！同时也使我越看越痛心，因为中国的稀世窑瓷、字画、钟鼎、碑刻、泥俑、壁画、造像、经卷……比比皆是，有的甚至流失在街头小摊上！我痛心这些守国重器流失他乡，心中感慨万千！而故国却战祸连年，民不聊生。我当即决定，放弃考古学博士学位的机会，立即投入抢救散失在国外的文物工作，并把这里故国文物的情况想法告诉国人，期望有朝一日能雪耻辱！于是我全力投入工作，奔走于法国的许多博物馆、图书馆，走其藏室、记其体貌、论其品质、摄其图像、拓其铭刻，忙得我透不过气来，整理成《欧洲访古录》。其时好友王重民、向达两君在巴黎国民图书馆编伯希和弄去的《敦煌经卷目录》，约我摄录语言学部分的韵书卷子和儒家经典部分，白天抄写拓铭，摄影校录；夜幕回到寓所灯下整理续补，有时至天明，不知疲倦，如此数月共得百十余卷。为使资料更全，次年又赴伦敦、罗马、柏林馆室续抄补录，在边录边整理的过程中，终于发现了被湮没一千多年的隋陆法言《切韵》资料，这是研究我国汉语音韵学发展史上的大事。此时日本侵华之势犹如弦上之箭，不容我再在欧洲停留，冒着生命危险，从西伯利亚转道回国。回国七天后，果然"卢沟桥事变"爆发，我从国外带回的千余件青铜器铭、石刻字画的摄影记录实物全毁于日机轰炸，仅存敦煌经卷稿复本日不离身，后又经20年之颠簸，才于1955年整理出版，从此与敦煌学研究结下不解之缘。而今天能看到我们国家地位的提高、敦煌学研究辉煌的成果和强大的研究队伍，更深深感到我所选择的道路没有走错，这也是我生平治学至今极为欣慰的一件大事。

（摘自《姜亮夫全集》第24卷，云南人民出版社2002年版）

【导读】姜亮夫（1902—1995），著名的楚辞学、敦煌学、语言音韵学、历史文献学家，云南昭通人。原名寅清，字亮夫，以字行。1921年考入成都高等师范学校国文部。1926年，考入清华大学国学研究院，师从王国维、梁启超、陈寅恪等先生，后任大夏大学、暨南大学、复旦大学教授及北新书局编辑。新中国成立后，先后任浙江师范学院、杭州大学中文系教授。著有《中国文学史论》《文学概论讲述》（4卷）、《屈原赋校注》《楚辞书目五种》《中国声韵学》《敦煌学概论》等。

本文是姜亮夫先生对自己治学道路进行全面回顾的一篇文章。这篇文章从几个方面描述了自己从读书到走上治学道路的历程。更为重要的是，本文从一个侧面强调了做学问与爱国之间的关系。

治学基础的奠定对于一个学者来说尤其重要。姜亮夫先生指出，自己之所以走上治学道路，与自己的父亲有着密切关系。幼时父亲对自己的教育，对自己读书方法的培养有着极大地帮助。父亲教姜亮夫学会了做学问的基本方法。而父亲所说的"做学问读书就是要这样认真细致，老老实实一件件事一个个人去研究，只有经过这样艰苦后，才能知道这件事物的真谛，学问才能上得去"，对于每一个做学问的人来说，都有着非常重大的意义。做学问就是要这样认真细致，就是要"一件件事一个个人去研究"。

人的一生能遇到好的老师是一件大幸事，而能受到多位名师的指导，更是不容易。姜亮夫先生不仅得到了林山腴和龚向农两位先生的教导，还得到了王国维、梁启超两位大师的教诲，这对于他的成长无疑有着巨大地帮助。也正是在这些老师的引导下，姜亮夫先生走上了学术研究的道路。

尤其难能可贵的是，姜亮夫先生将自己的学术研究与爱国主义结合在一起，开创了学术研究的新领域。爱国主义从一开始就植根于姜亮夫先生心中，这与其父亲的教诲分不开，也与时局有着密切的关系。成长于上世纪二三十年代的姜亮夫先生，面对着时局的混乱，帝国主义的入侵，感受到的是国家的积贫积弱，也由此形成了其治学的基本领域。屈原是他认为的"我国历代文人中词章彪炳、深得忠爱之情的代表人物"，面对日本侵略者的入侵，姜亮夫想到的是通过研究楚辞、研究屈原，来重振中华民族精神。而在法国留学期间，面对众多流落他乡的中国古文物，"痛心这些守国重器流失他乡"，转而开始收集散失异国他乡的各种文物，并逐渐形成了其治学的又一方向——敦煌学。正是在这样的爱国情怀的作用下，姜亮夫先生在学术上形成了自己独具特色的研究领域。

学术研究不仅仅是单纯的学术研究，学术研究要与国家民族大业联系在一起。学术研究也不是象牙塔里的纯学术研究，学术研究必须有助于世。这样的学术研究才有一定的意义，才能对现实产生一定的影响。将爱国情怀，关心世事的情怀与自己的学术研究结合起来，才能创造出更加精彩的学术。

（莫山洪）

我走上了历史教学和研究的道路

戴 逸

我一生在历史学的路途上跋涉近六十年，不能说一帆风顺，也还称得上比较畅通，没有遇到太多的坎坷和阻难。也许因为磨难不多，故成就不显，碌碌平庸，在学术上鲜有业绩。我一生过着读书人的普通生活，虽攻研有恒，执笔尚勤，著作十余部，文章六百余篇，但满意者少，总有一种"学力不厚"、"贡献不多"的负疚之感。

人生总会有多次机遇，我青少年时代有幸抓住了三次机遇，走上历史教学研究的道路。

第一次机遇：顽劣学童的转变

第一次机遇是小学毕业以后。小学时，我不吵不闹，不好说话，不愿交往，但不爱读正课，从不好好阅读课本，却爱好各种游艺，读各种小说、连环画。因此成绩劣等，功课好几门不及格，小学几乎未能毕业，幸而学校网开一面，给我们班两个最差的学生"奉送"毕业。毕业典礼那天，我知道自己不能毕业，在家中躺在一张藤床上，发闷犯愁。手里拿着一本弹词小说《天雨花》，也看不进去。忽然，另一位与我同班不能毕业的劣等生，飞步进入我家，高兴地大喊："戴秉衡，快走！快走！学校去，今天典礼会上宣布要发给我们毕业证书，我们也能毕业了。"我听了自然喜出望外，赶紧去学校，果然

学风九编

拿到了毕业证书。

毕业是毕业了，但下一步考初中又是个难关。报考县立中学，发榜的那天，我父亲去看榜。回家来脸色阴沉，不言不语，我情知不妙，连羞带怕，躲到亲戚家去了。

中学没考上，很可能就此断绝了接受教育的机会，去当商店学徒，我的几位堂兄就是这样走上人生道路的。偏偏这年"七七事变"爆发，全国开始了抗战，我们家庭逃难到了上海。我的两个姐姐进了"苏女师"读书，邻居的孩子们也在小学和中学读书。每天晚上都在我家复习功课，演算习题，灯火通明。虽宁谧静寂，但孩子们用心灵和语言交流，亲密友好。他们都有书可读，唯独我静坐在壁角里无事可做，打不进这个读书圈。如此情景，长达半年之久。这时我心底逐渐升腾起渴望上学的强烈愿望。每天早上坐在窗台上目送两个姐姐上学，晚上盼着两个姐姐回家。有时偷偷翻开姐姐的书包，似懂非懂地偷阅她们的书本。人类本能中蕴藏的求知之火燃烧了起来。

机遇来了，第二年夏天我考上了苏州中学（因抗战迁至上海租界，校址在四马路外滩）。因成绩很差，只是个备取生，候补正取名额，也有了上学的机会，兴冲冲每天远道赴校上学。

现在回想，我并不是一个顽劣透顶、愚笨不堪的孩子。小学时虽不爱读书，却很喜欢读小说，说故事，听京戏，听评书，简直入了迷。在小学中《水浒传》《三国演义》《西游记》《说岳全传》，还有剑侠书、小人书，无不遍读。至今还能报出《水浒传》一百单八将的绰号与姓名。有一次听评书出了神，晚饭没有吃，竟在书坊里听到晚间十点钟，急得家里到处找我。住在上海时，有一次到新世界听上了京戏（演员是夏月珊和王竞妍，后来才知道是名角），从下午站着看戏一直站到夜间，粒米未进。人看似顽劣愚蠢，却往往有内心的爱好与潜在的才能，蕴藏在心底，得到正常的教育，人的潜能才会成熟，才可能脱颖而出。

进了苏州中学，好运气接连光临。我是备取生，不能和正取生坐在一起，只能坐在最后。正取生是按高矮排列的，有两位最年长的正取生长得最高，学习成绩最佳，且品行端正，坐在最后排，和我这个矮小年幼且成绩不佳的备取生坐在一起。日子久了，我们三个人成了最亲密的学侣，一起读书，一起游玩，一起走路回家。他们的学习、谈吐、品行时刻影响我，像春风细雨一样不知不觉地沐浴着熏陶着我。我的学业成绩突飞猛进，虽还不能夺取第一、第二,但已名列前茅,特别是语文课,学期末常能夺得冠军。从此我初中和高中的成绩稳步上升,摘掉劣等生的帽子而成为班上优等生。

第二次机遇:爱好诗文词赋

我中学期间的语文课本都是文言,从未学过语体文。初中时代的语文老师姓郜,松江人,是一位精通古文、认真教学的好老师。我在课外阅读的大多是《曾文正公日记》《浮生六梦》以及林琴南翻译的外国小说,略略有了一点古文的爱好。

进入高中正是日本偷袭珍珠港,美日开战的时候。上海租界被日军占领,我回到故乡的常熟中学(后改名省立第七中学),期中插班,就读于高中一年级,这年开设了一门中国文学史课程。我入学时已学到汉赋。这门课程令我赏心悦目,心怀大开,课本是欧阳溥存编写的,由商务印书馆出版。老师是杨毅庵先生。杨家是常熟恬庄的望族,族人杨崇伊是戊戌变法时奏劾康有为的顽固旧派,杨崇伊的两个儿子杨沂孙和杨泗孙都是著名的才子、名人,杨沂孙曾任吴佩孚的幕僚长,著《江山万里楼诗集》,2007年才出版。我购置一套,品读其诗,雄浑峻拔,气象万千,确是一代作手。杨毅庵先生是无锡国学专修馆的高才生,又家学渊源,深受陶冶,对中国古代诗文极有造诣。他讲授的中国文学史课程非常精彩,指点文章,论说千古,把我这个16岁的孩子听得如痴如醉,十分入迷。杨先生对我的用心学习似乎也很欣赏,要我在中国人名大辞典和其他书籍中查找古代文士诗人的小传,汇集成册,用钢板刻印后,发给同学们参考。不久我成了杨先生的义务"助教",帮他查找资料,抄写作品。他也悉心教授我古文作业。每到寒暑假,我几乎每天上午都到他家中补习课程,他为我和其他学生讲授《左传》《诗经》《荀子》《庄子》和《昭明文选》。他的讲授,清晰细微,一篇文章立意之新,用笔之妙,炼句之工,用字之切,讲得头头是道。他讲授时精神贯注,口若悬河,还能运用古人吟诗诵文的方法,琅琅上口。尤其是读词赋和读骈体文,平仄对仗,神妙之至,我们最喜欢听杨先生吟诗诵文,抑扬顿挫,声遏行云,真正是美的享受。

在杨毅庵先生将近三年的指导下,我高中时代就接触到经史子集各部类的书籍。空闲时分,我经常逛旧书摊,用很少一点零钱购买旧书。日久也积存了一批线装书,夜深人静,独坐小楼,披卷阅览,随笔圈点,自得其乐。这样我的古文修养有了较大提高。

"人生难得一恩师。"杨毅庵先生是我故乡小城的普通文士,清贫一生，终身以教书为业。我从他那里学习所得最为丰厚。至今我每逢教师节总要想起杨先生对我的殷殷教诲，他帮助我奠筑了历史研究的知识基础，是我在学术领域的第一个领路人。我总想写一篇纪念杨毅庵先生的文章，惭愧的是我只知道他的姓名，略知他的家世，关于他的事迹，当年竟不闻不问，一无所知，连他的岁数也不知道。前几年几次向往日同学们打听杨先生的事迹，也无人知晓，纪念他的文章一直未能动笔，令我深以为憾。

第三次机遇：跨入北京大学历史系的门槛

在高中时代，我擅长的课程是语文和历史。但1944年高中毕业后，却考进了上海交通大学铁路管理系，这是因为抗日战争期间上海学校都迁往内地，没有一所像样的文科学校，我不甘心在二三流的大学就读。而且读文科在当时毫无出路，毕业后就是失业。因此一下狠心，报考当时在上海最为驰名的交大。

幸而考上了交通大学，就读一年后，抗日战争胜利，沦陷区的人民欢呼雀跃，迎接胜利。我正在交大上二年级，但我一心向往文科，对所学的铁路管理毫无兴趣，所学非所爱，心中感到苦闷。也就是硬着头皮学下去，毕业后能够在铁路部门混个饭碗，度过一生罢了。

1946年夏，暑假。我住在上海交大徐家汇的校舍里，没有返回常熟老家。突然有一天宿舍楼下来了一帮人，张贴告示，挂上布幅，布置教室，原来是北京大学从昆明迁北京，准备在上海招生。考场就借用交大，刚好设在我所住宿舍的楼下。这真是送上门来的好机会，我没有多作考虑，报名投考北京大学历史系一年级。本意不过是试一试，不见得被录取。考试发榜，居然考上了历史系的正取生。这倒反使我为难起来。

我在交通大学读二年级，下学期即将升三年级，两年后就可毕业，我现在要上北京大学的一年级，从头开始要读四年，岂不是太亏了？我的同学、朋友、亲戚多数劝我不要去北大，我确实很犹豫。但是对文史专业的想慕，对北京大学的仰望，又使我情不自禁地想远走北京。特别是有件事加强了我前往北京的决心。上海交通大学是汪精卫伪政府下的学校，留在上海读书的学生竟被称为"伪学生"，只有从重庆沙坪坝迁回的交通大学学生才是正牌学生，能拿到国家公费，上学、住宿、吃饭都不必花钱，而"伪学生"须经甄别考试，考试合格才能成为正牌学生。这一歧视性的规定对沦陷区的学生是很大的刺激，蒋介石来上海时，所谓"伪学生"曾成群包围蒋的行辕进行抗议。现在我考上北大历史系一年级正取生，虽然亏了两年，却毋须甄别，入学即能得到公费。四年在学期间，学习和

第八编　治学经验

生活都有经济保证。有了这层原因，我毅然决然放弃交大学籍，投奔北京大学，跨进心仪已久的历史系门槛，选择了终生从事历史教学和研究的道路。

我热爱历史专业，对这一选择，无怨无悔。我一直认为：这是命运对我的眷顾与关爱。

人生道路十分曲折漫长，有顺境也有逆境，会遭遇各种各样的事件，有各种各样的机遇和选择。有时，一个偶然的机会便改变了人生的路程，如我幼年时因避日军而逃到上海，失学一年，却激发了我的读书渴求；中学时遇到了杨毅庵老师而能多读古典文史书籍，稍窥学习门墙；大学时一个偶然投考北大的机会，使我从此进入了历史研究领域。人生无常！似乎许多偶然性在左右着一切，但仔细琢磨又觉得并不尽然。我小学时习性顽劣，但又有爱读课外书的潜能，因此辍学一年，反而激活了自己的求知欲，又遇到优秀同学的帮助，故中学时代学习成绩常名列前茅。正因如此，遇到杨先生的指引，初中特爱好语文课的我，如鱼得水，学业日进。因为自己当年对文史甚为嗜爱，所以北大招考，我能够毅然舍弃交大的两年学业，改考北大，就此走上了历史教学和研究的道路。

人一生中会碰到许多次机遇，但机遇要在人的生活中发生作用，还必需有人自身的回应。要能应答机遇，抓住机遇，及时做出正确的选择，否则，机遇将和你擦身而过，不发生任何作用，甚至人也并未意识到某种机遇曾经光顾自己，只是叹惜和埋怨命运不济，没有给自己发展的机会。

老天并不吝惜给每人以发展的机遇，重要的是时刻准备着，努力充实自己，当机遇光临，你能够迅速地认识它、抓住它，选择对自己最为适合的道路勇敢地走下去！

（摘自2007年9月12日《中华读书报》）

【导读】 在常人眼里，做学问，从事学术研究，往往是一件神圣的高不可攀深不可测的事情，至少必须有年少时的梦想，一生的孜孜以求。其实未必全都如此。著名的清史研究专家戴逸先生，就用自己成才的例子告诉读者，从学之路，必然中也有偶然，机遇十分重要，只有抓住机遇应答机遇的人，才有可能取得成功。

在《我走上了历史教学和研究的道路》这篇随笔中，戴逸介绍了自己是如何抓住三次人生机遇，从一个顽劣不驯的学童成长为乐学有为的历史学家的经历。其中事迹，颇富启迪意义。

其一，戴逸成才的故事表明，今日流行的"不能输在起跑线上"的世俗教育观念并不一定正确或准确。他自己原先就是一个少不更事的顽劣学童，从不好好阅读课本，却爱好各种游艺，读各种小说、连环画，导致成绩劣等，功课好几门不及格，还是靠学校格外开恩才拿到小学毕业证的，最后连中学都没有考上。及至抗战爆发后他才似乎有所觉醒，心底逐渐升腾起了上学读书的强烈愿望，于是努力复习功课，考上了苏州中学的备考生。戴逸抓住了这次机遇，开始发奋读书，多与班上品行端正、成绩优秀的正取生交往，一起学习，所谓近朱者赤，从此学业突飞猛进，摘掉了劣等生的帽子而成为班上的优等生。照戴逸的说法，少时顽劣并不可怕，人看似顽劣愚蠢，却往往有内心的爱好与潜在的才能，只要得到正常的教育，人的潜能就会成熟，就可以脱颖而出。

其二，教师的领路作用很重要。戴逸读中学时爱好诗文词赋，对历史又有特别的浓厚兴趣，这都拜他的中学语文老师杨毅庵先生所赐。杨老师是无锡国学专修馆的高才生，又家学渊源，深受陶冶，对中国古代诗文极有造诣，他十分欣赏戴逸这个用心学习的学生，还利用假期专门为戴逸补习功课和国学经典。在杨老师的指点下，戴逸高中时就接触到经史子集各部类的书籍，古文修养迅速提高，奠定了日后历史研究的知识基础。戴逸称杨毅庵老师是其学术领域的第一个"领路人"，并慨叹道："人生难得一恩师。"

其三，要学有所爱，在机遇面前要敢于选择。在高中阶段，戴逸擅长的是语文和历史，但毕业后却因种种缘由考进了上海交通大学铁路管理专业。因学非所爱，常常感到心中十分苦闷。读到大二时，恰逢北京大学借用交大考场招生，他便报名投考了北京大学历史系，发榜时，考上了历史系的正取生。出于对文史专业的热爱，戴逸最后毅然决然放弃交大学籍，投奔北京大学，跨进心仪已久的历史系门槛，选择了终生从事历史教学和研究的道路。他把这次"弃工从文"的机遇与选择看成是"命运的眷顾与关爱"，此后数十年如一日，教书育人，博学约取，始终保持对学术的热爱和追求，成就卓越，成为当代少有的清史大家。

是的，许许多多像戴逸一样成才的学人的人生经历和学术生涯告诉人们，在人的一生中，总会碰到几次机遇。不要一味叹惜命运不济，而是要善于珍惜机遇，抓住机遇，对机遇做出应有的回应，敢于选择，勤勉工作，方能获得辉煌的成就。

（李志远）

熊十力先生的为人与治学（节录）

任继愈

30年代初，我在北大哲学系当学生，后来又在北大教书，熊先生这三十年间，有短暂的时间不在北大，可以说基本上没有离开北大哲学系。这三十年间。国罹劫难，人遭苦厄，社会相、人心相呈现得更加分明，使人加深了对熊老师为人与为学的认识与怀念。

从课堂讲授到书院式的讲学

记得1934年考入北京大学时，听高年级的同学们介绍北大的老师们，其中有一位唯一在家里上课的老师，是熊先生。比我高两届的同学说，他们听熊先生讲课还在北大红楼。到了我们这届，1935年始就不在教室上课了。因为他受不了上下课时间的拘束。熊先生认为听者得不到实际的益处，记得他写给选他课的同学们的一封信，有"师生蚁聚一堂，究竟有何受益"的话，这封信贴在哲学系办公室有很长时间。

熊先生冬天室内不生炉火。北京的冬天差不多有四个多月，听课的学生全副冬装，坐着听讲。熊先生开的课是两个学分，也就是两节课。但熊先生讲起来如长江大河，一泻千里，每次讲课不下三、四小时，而且中间不休息。他站在屋子中间，从不坐着讲。喜欢在听讲者面前指指划划，讲到高兴时，或者认为重要的地方，随手在听讲者的头上或肩上拍一巴掌，然后哈哈大笑，声振堂宇。有一次和张东荪谈哲学，张在熊先生面前，也成了学生，一巴掌拍在张的肩上，张东荪不得不眨眨眼，逡巡后退，以避其锋芒。抗战时，听郑昕先生说他在天津南开中学求学时，听熊先生讲课，他怕熊先生的棒喝，每次早一点到场，找一个离老师远一点的位子坐下。我才知道熊先生这种讲课方式由来已久。

听熊先生讲课，深感到他是教书又教人，讲"新唯识论""佛家名相通释"往往大骂蒋介石东北失陷，不抵抗，卖国投降。熊先生不止传授知识，他那种不媚俗，疾恶如仇的品格，感染了听讲的人。

学风九编

颠沛流离中不废讲学

自从"九一八"以后,北平,昔日故都就成了边城,日本侵略势力逐年向华北延伸。华北之大,摆不下一张安静的书桌。熊先生平时深居斗室,不参与政治运动,但他对同学们的罢课、游行是支持的。同学们罢课,反对华北独立,熊先生的课也上不成,熊先生是同情学生的。对胡适强迫学生上课,也表示不满。"七七"事变后,北平为日军占领,熊先生冒险,化装成商人,乘运煤的货车逃出北平。随行的有刘锡嘏(公纯),也是北大的学生,一路照料,火车上正值大雨倾盆,衣履尽湿,生怕熊先生感受风寒,幸好未生病。熊先生辗转到了武汉,又到了四川壁山县。这时已是1938年的冬天。

熊先生从北平脱险后,住在壁山县中学里,中学校长钟芳铭欢迎熊先生住下。熊先生的学生钱学熙夫妇、刘公纯也随熊先生留在那里,熊先生没有闲着,写他的《中国历史讲话》。贺麟先生和我从重庆南温泉去壁山看望他。熊先生兴致勃勃地谈他的《中国历史讲话》的内容梗概,大意是讲"五族同源"说。在民族危急存亡关头,对中华民族的热爱,促使他不知疲倦地撰写他的这一著作。我们去时,熊先生很得意地讲述他如何解决了"回族"的起源问题。说,这个问题使他苦苦思考了很久,才解决的。这时,他已同时着手写他的《新唯识论》语体文本。由钱学熙译为英文,刘公纯代他抄写。

在四川八年,熊先生生活很不安定,物价飞涨,大后方民不聊生,熊先生只好投靠老朋友、老学生,艰难度日,和家属不在一起。但他没有一天不讲学,没有一天不修改他的《新唯识论》语体文本。他看到国民党横行霸道,胡作非为,还是指名道姓地骂蒋介石,却从不显得灰心丧气,给人的印象是勇猛精进,自强不息。

熊先生在1939年离开壁山中学,住到南温泉鹿角场学生周鹏初家,我当时也在南温泉,每星期天到熊先生处。后来,我回到昆明,他中间到过嘉定乌尤寺,和马一浮主持"复性书院"。不久,书院遭到日寇的轰炸,熊先生膝部中弹片受伤,他也离开了复性书院,和马一浮先生还发生过小的不愉快。熊先生回到壁山来凤驿,与梁漱溟先生住在一起,借住在一所古庙西寿寺。我和贺麟先生同去看过他。那天晚上,梁先生还讲述了他到延安,和毛泽东同志在一个大炕上,连续谈过八个通宵的事。熊先生这时还没有忘了讲学,韩裕文从复性书院退出,随侍熊先生。熊先对韩裕文也分外关心。按通常习惯,我们对熊先生自称学生,熊先生命韩裕文称"弟子"。"弟子",大概有及门或入室的意思吧。韩裕文是我在大学的同班同学，为人笃实，学问也朴实，对中国的理学、西方的古典哲学，有很深厚的基础。在熊先生那边，学了一两年，因为生活无法维持，不得不离开，到了昆明贺麟先生主持的"西方哲学名著编译会"当专职的翻译，每月有了固定收入，略相当于大学的讲师。1947年间，赴美留学，因肺癌不治，半年后病逝于美国。熊先生为此十分伤痛。如果天假以年，韩裕文在哲学上的成就必有可观。

梁漱溟先生在重庆北碚金刚碑创办了勉仁中学，熊先生被邀到勉仁中学去住，梁先生的几个学生，黄艮庸、云颂天、李渊庭等也成了熊先生的学生，这时熊先生也还是修订他的《新唯识论》语体文本。我在西南联大哲学系，利用暑期，到北碚勉仁中学熊先生处住一两个月。熊先生在北碚除了给勉仁中学讲讲哲学，还结识了郭沫若先生。郭沫若听说熊先生爱吃鸡，滑竿上捆了两只鸡去看熊先生，以后两人通信，讨论先秦诸子及中国传统文化问题。这时郭还向熊先生介绍周恩来同志，他的信上说"周恩来先生，忠厚长者"，愿来看望先生。熊先生与郭沫若结下的友谊，到全国解放后，一直维持着。

在北碚时，牟宗三、徐佛观（后来改为复观）等都常来熊先生处，牟宗三也住在那里。

胸怀坦荡　古道热肠

熊先生的老朋友邓高镜先生，抗日战争期间，没有到大后方去，北平收复后，熊先生回到北京大学，又见到他。见他生活潦倒，很困难，熊先生自己还约集林宰平、汤用彤诸先生按月给他生活费，由我每月发工资后汇寄给他。这种资助一直到邓老先生逝世。

抗战时期南京的支那内学院迁到四川的江津，称支那内学院蜀院。欧阳竟无先生是内学院的创立者，有一大批弟子。熊先生、吕澂先生、汤用彤先生都从欧阳先生问学。吕先生是欧阳先生的事业的继承人。梁启超当年在南京也从欧阳先生学佛学。熊先生的哲学体系已突破佛教思想体系，融佛入儒，欧阳先生认为他背离佛教，背离师说，命人写《破新唯识论》以驳斥熊先生的学说。熊先生又著《破破新唯识论》。从此师生不相来往。我和熊先生相处三十年间，熊先生谈起欧阳先生，总是带有十分敬意，认为他是一代伟人，有造诣的学者，没有不满的言词，只是在学术观点上不一致。欧阳先生在江津病危，熊先生听说后，还是到江津内学院探视，希望与老师最后见一面。当时内学院的同仁，认为欧阳先生垂危，怕见了熊先生情绪激动，受刺激，反而不好，没有让熊先生与欧阳先生见面。熊先生出于师生情谊，前往作最后的诀别。事后人们谈论起这件事，都认为熊先生做得对。

马一浮先生与熊先生多年来是学术上的知己，互相了解，也互相欣赏。熊先生的《新唯识论》出版时，马先生为此书作序。文中有"生肇敛手而咨嗟，奘基矫舌而不下"的话，认为此书的见解超过道生、僧肇、玄奘、窥基。抗战期间在复性书院有一段时间有点不愉快而分手，后来抗战胜利后，两人友好如初。我和熊先生通信，有些见解，熊先生认为有道理的，也把信转给马先生看，马先生的信，也有时熊先生转给我。熊先生的生日，马先生有诗相赠，有云"生辰常占一春先"，因为熊先生的生日在农历正月初四。

全国解放后，熊先生在北京时，收了一个义女，命名"仲光"，和他自己的女儿又光、再光排行。仲光喜静，爱读佛书，帮助熊先生料理家务，抄写稿子，熊先生一生很少和师母在一起，子女也不学哲学，在北京及在四川，都是独立生活，晚年有一女儿作为弟子，又能听他讲学，十分满意，他说"伏女传经，班女受史，庞女传道"，今得仲光，又多了一个可以传道之人。熊先生南下后，仲光留在北京未随去。

熊先生一生没有积蓄，有时靠亲友的资助，抗战时期有几年很困难。熊先生对他的学生凡是去看他的，他都留下，吃住和他在一起。学生给老师带点礼物，如带只鸡，送点药物，熊先生也不客气，慨然收下，相处如一家人。但是在学问上有错误（对古人的思想理解不对），熊先生也不客气地指出从不说敷衍、客气话。有问必答，甚至问一答十。跟熊先生在一起，令人有虚而往、实而归的感觉。和熊先生相处，好像接近一盆火，灼热烤人，离开了，又使人思念难以忘怀。

昂首天外　挥斥八极

北京大学蔡元培当校长时，仿照西方大学的规章，教授要开三门课程。只担任一门课的，聘为专任讲师，外校教授在北大讲授一门课程的，聘为兼任讲师。当年鲁迅就是兼任讲师，我在北大时，清华大学的张申府、金岳霖先生都担任过北大的兼任讲师，林宰平、周叔迦先生也是兼任讲师。熊先生经蔡元培先生介绍到北大哲学系，是专任讲师，每月薪水120元。那时蒋梦麟主持北大，熊先生的为人，不会与人俯仰，只是做自己的学问，他这个讲师的名义一直继续到"七七"事变，离开北京为止。他从不参加系里的开学、毕业、迎新送旧的活动。他这个讲师，在任何教授面前屹然而立。不论什么人来访问，他从不和人谈论天气,一谈起来,就是讲学问。除学生们前来请教的以外,在北平常和熊先生来往的,有汤用彤、林宰平、蒙文通、贺麟、张东荪诸先生。都是这些先生到熊先生家,熊先生从不回访。抗战时期在重庆,有不少国民党的达官显宦来访,居正是当年辛亥革命时的朋友,陈铭枢从欧阳竟无先生学过佛学,与熊先生也友好。熊先生住北碚时,陈铭枢请熊先生在一个背山面江风景优美的饭馆吃饭。熊先生朝江面看风景,陈铭枢面对熊先生,背对着江面。熊先生问陈,你为什么不看看风景,陈说,你就是很好的风景。熊先生哈哈大笑,声振堂宇。说:"我就是风景?"熊先生对他们也是讲他的"体用不二"的道理。不论什么人,只要常到熊先生处,听他讲学,不知不觉地就成了他的"学生"了。熊先生有一种气势,或者说有一种"境界"把来访的人慑服了。

我的老朋友韩裕文,曾对我说过,熊先生告诉他,做学问,不能甘居下游,要做学问就要立志,当第一流的学者,没有这个志向,就不要做学问。做学问,要像战场上拼杀一样,要义无反顾,富贵利禄不能动心,妻子儿女也不能兼顾。天才是个条件,但天才不能限制那些有志之士。他还告诫,青年学者,要爱惜精力,他在勉仁中学写了一联赠一青年学者"凝神乃可晋学;固精所以养气"。他对韩裕文讲过像×××,人很聪明,可以成器,他就是爱嫖,这也成不了大器(据说此人现在台湾)。

全国解放后,董必武同志、郭沫若同志函电邀请他到北京来。熊先生路过武汉,当时林彪、李先念主持中南工作,设宴招待他,他还是讲他的唯心主义哲学。到北京后,对人讲,林彪心术不正,怕不得善终。老朋友们劝他不要随便乱说。到北京后,毛泽东同志给他送了几本书,还写了信。熊先生申明,他拥护共产党,爱新中国,一辈子学的是唯心论,无法改变自己的哲学主张。我们的党没有勉强他,还出钱帮他出版了好几种唯心主义的著作。他的表里如一、爱国、热爱学术的精神,受到共产党的尊重。

他住在上海,担任全国政协委员,到北京开会,他先说明,我保证"三到"(开幕、闭幕、照像),其余的大小会都不参加。会议期间他有机会去与多少年的老朋友叙叙旧,也很高兴。他与钟泰、张难先、吕秋逸过从。陈毅同志也前往拜访。鼓励他写他的书,帮他出版。解放后,熊先生的心情基本上是舒畅的。

以理想滋润生命　以生命护持理想

从熊先生和许多良师益友的身上,使我懂得了应当走的路和如何去走。

教训深刻，而又使我铭记不忘的，使我首先想到的是熊先生。

熊先生这个人，以他的存在向人们展示了一种哲学的典型。一生坎坷，没有遗产留给儿孙，家庭关系处理得也不尽妥善。几十年来，没有见他穿过一件像样的考究的衣服。伙食注意营养，却不注意滋味，甚至可以说他吃了一辈子没有滋味的饭，人们认为值得留连的生活方式，对熊先生毫不沾边。熊先生博览群书，不讲究版本，手头藏书很少，可以说没有藏书。我认识的学者中，熊先生是唯一没有藏书的学者。别人也许觉得他贫困，他却显得充实而丰足。别人也许认为他不会安排生活，他却过得很幸福、坦然。他也像普通人一样，有时为了一点小事发脾气，过后，却深自谴责，好像雷阵雨过后，蓝天白云分外清新，他胸中不留纤毫芥蒂，真如古人所说的，如光风霁月。他具有只有他才具有的一种人格美。

我常想，是一种什么力量使他这样？这里面大有学问。我感到熊先生在生命深处埋藏着一个高远的理想，有了这个理想，使他百折不回，精进不已，勇往直前，义无反顾。在四川北碚时，熊先生说他在北平寓所有一副自写的对联："道之将废也，文不在兹乎"。胡世华同学看了想要，熊先生送给了他。前不久遇见胡世华，问起这件事，他说确有此事，还补充说，熊先生取下这副对联，在上面写上"此联吾自悬于座，世华见而索之"。"文化大革命"劫火之后，不知此联是否尚在人间。这十个字，充分说明了熊先生的理想。他孜孜不倦，汲汲遑遑，从南到北，开门授徒，著书立说，无非是为了这个理想。熊先生讲学，不问对象（有学人，也有官僚政客、商人）是否值得讲，听讲者是否真正愿意听，他总是苦口婆心，锲而不舍地讲授。讲述的中心，无非要人们认识中华民族传统文化的价值。他中年以后，建造自己的哲学体系后，"舍佛归儒"。除了在他著作中写出来的，理论上发现的佛教哲学缺失外，还有一个埋藏在他内心深处的"第一因"——对中华民族传统文化的热爱。有了这种深挚的爱，虽长年病躯支离，却肩起振兴中华文化的责任。这种深挚而悲苦的责任感，是二十世纪多灾多难的中国爱国的知识分子独有的。对中国传统文化了解得愈深刻，其深挚而悲苦的文化责任感也愈强烈。这就是熊先生理想的动力。

熊先生抽象思维、辨析名相的功力为常人所不及，《因明大疏删注》即是明证。但熊先生的著作中反复申明的，倒不在于抽象思维的训练，而是教人端正学习的态度。他指出学问的精髓不在于言说文字，而在善于体认言说文字之外的中心恻怛的心怀（超乎小我的感情），他一再教人不要把学问当作知解看待，要学会体认心之本体。他在著作中反复叮咛：玄学不同于科学，中国哲学不同于西方哲学。这里不存在抬高中国哲学，贬低西方哲学的意思。熊先生只是提供人们如何正确理解中国传统文化的一把钥匙。因为中国传统文化的核心部分，熊先生称为"玄学"（与西方玄学、形而上学意义不同），它既有思辨之学，又有道德价值观，美学观等更丰厚的内容，这些内容确实是近代西方意义的哲学所包容不进去的。

"道之将废也，文不在兹乎"，这说明进入二十世纪，中西文化接触后，引起中国有识之士的广泛而深刻的反省。西方侵略国家挟其船坚炮利的余威，给中国的经济生活以破坏，连带引起社会生活、政治生活、以至家庭生活的变革。面临前所未有的大冲击、震荡，发展下去，必然引起知识分子深刻的世界观的动荡。春秋战国在中国历史上曾被认为是个大变革，它与"五四"以后的变革相比，简直微不足道。熊先生的哲学的核心问题，与其说它讲的哲学问题，不如说它讲的文化问题、传统文化的前途、出路问题。

熊先生"弃佛归儒"，正是由于儒家传统带有浓重的民族特色，而佛教（特别法相唯识之学）更多思辨特色。思辨精神与中华民族的生死存亡的关系不是那么直接。"为生民立命"，在西方近代哲学家看来，本不是哲学家的事，而中国知识分子则认为责无旁贷。熊先生与欧阳竟无先生的分歧在于：熊先生以佛为妄而舍佛归儒；欧阳竟无先生在抗战前后发表的关于《大学》《中庸》的论著，以及对孔孟的评价，也有"舍佛归儒"的倾向，只是欧阳先生认为儒家高明博大，佛亦不妄，佛儒交相融摄，更趋向于儒而已。

熊先生为了他的理想，生死以之。他很早就宣布他不能接受马列主义，不能相信唯物论。像他这样一位爱国的知识分子，这是可以理解的。

我和熊先生相处多年，相知甚深。我过去一直是儒家的信奉者。新旧中国相比较，逐渐对儒家的格、致、诚、正之学，修、齐、治、平之道，发生了怀疑。对马列主义的认识，逐渐明确。在1956年，我与熊先生写信说明，我已放弃儒学，相信马列主义学说是真理，"所信虽有不同，师生之谊长在"，"今后我将一如既往，愿为老师尽力"。熊先生回了一封信，说我"诚信不欺，有古人风"。以后，书信往来，就不再探讨学问了。熊先生历年给我的信很多，可惜毁于十年劫灰中……

（摘自《任继愈学术论著自选集》，北京师范大学出版社1991年版）

学风九编

【导读】 熊十力（1885—1968），中国著名哲学家、思想家，国学大师，新儒家开山祖师，湖北省黄冈人。因反对文革，绝食身亡。著有《新唯识论》《原儒》《体用论》《明心篇》《佛教名相通释》《乾坤衍》等书。《大英百科全书》称"熊十力与冯友兰为中国当代哲学之杰出人物"。

1985年12月，由北京大学、武汉大学、湖北省政协等单位在湖北黄冈联合举办"纪念熊十力先生诞辰一百周年国际学术研讨会"。来自世界各地的近百位学者参与盛会。《熊十力先生的为人与治学》是任继愈先生在此纪念会上的长篇发言。

任先生以"从课堂讲授到书院式的讲学""颠沛流离中不废讲学""胸怀坦荡 古道热肠""昂首天外 挥斥八极""以理想滋润生命 以生命护持理想"等小标题回忆概括了熊十力先生在为人与治学方面的品质与特性。"从课堂讲授到书院式的讲学"中任先生回忆了熊十力先生的讲学特色就是在家里上课，不受上课时间限制，不受课堂纪律约束，以一种书院式的教学方法进行教学。任先生的感慨是"听熊先生讲课，深感到他是教书又教人。""颠沛流离中不废讲学"则回忆了熊先生在战乱的颠沛流离中也不废讲学的教学精神："在四川八年，熊先生生活很不安定，物价飞涨，大后方民不聊生，熊先生只好投靠老朋友、老学生，艰难度日，和家属不在一起。但他没有一天不讲学，没有一天不修改他的《新唯识论》语体文本。"在谈及熊先生的教学精神时任先生还提及熊先生对学生的爱护与珍惜，如对韩裕文的痛惜等。"胸怀坦荡 古道热肠"中则回忆了熊先生对待自己师长、学生、朋友的态度，尤其是对其老师欧阳先生，由于二人在学术上有分歧而"不相来往"，但在师生情谊上，熊先生一直敬重欧阳先生，认为他是一代伟人，由此任先生感觉："跟熊先生在一起，令人有虚而往，实而归的感觉。和熊先生相处，好像接近一盆火，灼热烤人，离开了，又使人思念难以忘怀。""昂首天外 挥斥八极"中则回忆了熊先生以讲师身份在任何教授面前"屹然而立"的姿态与风骨，熊先生从不闲谈，一谈必是学问，以"境界"折服来访的人。尤其是熊先生说的"做学问，不能甘居下游，要做学问就要立志，当第一流的学者，没有这个志向，就不要做学问。做学问，要象战场上拼杀一样，要义无返顾，富贵利禄不能动心，妻子儿女也不能兼顾"。可见其做学问的决心。"以理想滋润生命 以生命护持理想"中则概括了熊先生对追求与坚守理想的毅力与恒心及风霁月的人格美，任先生认为从熊先生的身上，"使我懂得了应当走的路和如何去走"，

"熊先生这个人,以他的存在向人们展示了一种哲学的典型"。熊先生的人格魅力打动了任先生:"我常想,是一种什么力量使他这样?这里面大有学问。我感到熊先生在生命深处埋藏着一个高远的理想,有了这个理想,使他百折不回,精进不已,勇往直前,义无反顾。"这种为了理想生死以之的学术精神,对于当下的知识分子依然具有启示意义。

(罗小凤)

我所了解的陈寅恪先生(节录)

周一良

我认识、了解的陈寅恪先生,可以用这样十二个字来概括:儒生思想、诗人气质、史家学术。

先谈儒生思想。我觉得陈先生的文化主流是儒家思想。听说当初在昆明西南联合大学有三位名教授,一位是冯友兰先生,一位是汤用彤先生,一位是陈寅恪先生,当时就有儒、释、道三种说法。冯先生是大胡子,人称"冯老道",代表道教;汤先生是研究佛学的,是代表释教的;陈先生就是儒生,代表儒教,故时人用儒、释、道三字来代表这三位教授。当时这固然是开玩笑,但现在看起来也有一些道理。陈先生代表儒家,他的主体思想是儒家的。

怎么理解这句话呢?我想还是用陈先生自己的话来说,他的思想是介于湘乡南皮之间。湘乡指曾国藩,曾国藩的思想主要是什么呢?就是孔孟之道,是儒家的思想,也是中国传统文化的主流。曾国藩在镇压太平天国时,曾作过《讨粤匪檄》,檄文的主要内容就是讲中国的名教,讲孔孟之道,讲弘扬儒教;说太平天国要破坏中国的名教,破坏中国的孔孟之道,要搞耶稣,搞西方的那一套东西。所以曾国藩的思想的核心及他一生的行为、言论的表现都可以说是典型的儒家。而陈先生说他的思想介于湘乡南皮之间,可见他对曾国藩的敬仰。南皮指张之洞,张之洞主张"中学为体,西学为用",张之洞也是陈先生钦佩之人。当然,介于湘乡南皮之间的说法是比较早期的说法,是上世纪30年代的说法,到了60年代陈先生晚年是否依然如此呢?我觉得是没有根本的改变的。关于此点，吴雨僧先生在他的日记中也曾经提到过，说寅恪的思想没有改变，还是跟他开初想的一样。吴先生的这段记载，我觉得可以说明陈先生以儒家思想为主导，是没有变化的。

陈寅恪先生在审查冯友兰教授哲学史的报告中，又说思想出入于"咸丰同治之际"，为什么陈先生不说"同治光绪之际"或"光（绪）宣（统）之际"，而说"咸丰同治之际"呢？至今我对此也不能很好地解释。我只有想，曾国藩是死在同治十一年（1872），是否陈先生所说的"咸丰同治之际"是与"湘乡南皮之间"相呼应，以推崇曾国藩呢？陈寅恪先生的思想，是以儒家文化占主导地位的，这一点，我还想通过一些日常生活小事来加以说明。他在给王观堂的挽诗中已经讲了关于儒家传统文化。有一位当时清华国学研究院的学生讲过这么一件小事：王静安先生遗体入殓时，清华一些老师与学生都去了，对王先生遗体三鞠躬以敬礼。不久，陈寅恪先生来了，他穿着袍子、马褂，跪在地下叩头，并是三叩头，一些学生见陈先生行跪拜礼，也跟着行跪拜礼。实际情况我不大知道，我们至少可以知道陈先生在王静安先生入殓时行的是跪拜礼，这个就是封建文化、封建传统的很典型的一个表现。陈先生不行洋礼三鞠躬，而行传统跪拜礼。

还有一个例子，我也是听别人说的。说陈先生在国学研究院时，有一些陈先生的学生到上海陈先生家中去谒见散原老人，散原老人与这帮学生谈话，散原老人坐着，这帮学生也坐着，而陈先生是站在旁边的，并坚持到谈话完毕。这说明什么？这是过去时代很严格的旧式家庭的礼教，指导这种礼教行为的是什么思想呢？当然是儒家思想，是孔孟之道。

还有一个例子。今年暑假，天气太热，我看新近出版的《郑孝胥日记》。《郑孝胥日记》共五本，两千多页，我用五十天的时间翻了一遍。郑孝胥死于1938年，散原老人是"七七事变"后，拒绝服药、进食，在忧愤之中过世的，表现了崇高的爱国主义精神，但当时做汉奸的郑孝胥与散原老人是老朋友。郑孝胥在东北与另一位叫陈曾寿的老朋友谈到散原的去世，非常悲哀。他居然也悲哀！他不知道自己与散原实际上是完全对立的两个立场。1937年下半年，郑孝胥在日记中写道：听说散原去世了，在他身边有一个儿子，就是在清华做教习（他不用教授）的那个儿子。他说，这个儿子既不给散原开吊，自己也不服丧，言外之意，似乎这个儿子是离经叛道的。1937年冬，郑孝胥从东北跑到北京来，在某一天日记中，他写道：到散原家吊唁，见到陈隆恪及陈登恪。郑孝胥在东北听到的谣言，说陈寅恪先生不为父亲开吊、不穿丧服。我想是因为当时北平已经沦陷，陈先生才不愿意开吊，但是郑孝胥日记中说陈先生不服丧，是胡说八道。因为就是1937年11月份陈先生全家到南方途经天津时，我曾亲见陈先生穿着布袍子，即传统孝子的衣服，陈师母头上还戴着白花。所以说，散原老人去世后，传说陈寅恪先生不开吊是有可能，是因为陈先生不愿在沦陷区开吊、办丧事，但是说他不服丧，是郑孝胥的传闻之误，也可能是他的偏见。从这个例子来看，陈先生遵守、维持传统礼俗，也就是尊重传统文化。

接着前面"湘乡南皮之间"说，南皮的"中学为体，西学为用"，主要是讲船坚炮利，指西方的声光电化，而陈先生对西方之学的认识，比张之洞要高得多。关于此点，我们从陈先生留学时期与吴宓的谈话（据《吴宓日记》）中看出，如陈先生对照中、西方哲学，认为西方哲学比东方哲学高明，更有思辨性，所以，陈先生对西方的文史之学有很深刻的认识。陈先生的"中学为体，西学为用"表现在什么方面呢？当然，不表现在船坚炮利。陈先生的"中学为体，西学为用"，一方面表现在学术自由。陈先生送北大学生的诗，季羡林先生已引其一，其二是这样说的，"天赋迂儒自圣狂，读书不肯为人忙"，说天生我这么一位狷介的儒生，我念书不是为别人，是为了我自己，我根据独立之精神、自由之思想而研究。然后又对北大学生讲，"平生所学宁堪赠"，我平生所学没有什么值得告诉你们的，最后一句，"独此区区是秘方"，意思是只有这区区的一点是我的秘方。秘方是什么呢？就是"读书不肯为人忙"，就是强调读书一定要独立，独立思考，并有独立之思想，不为别人希望的某种实用主义左右而读书。对学术自由，陈先生是一直坚持下来的，直到解放后写《柳如是别传》，我觉得这一点是陈先生受西方学术思想影响的一个方面。

还有一点，就是蔡鸿生教授《"颂红妆"颂》中谈到的"颂红妆"。陈先生所谓的"颂红妆"，在某种程度上体现了西方男女平等、民主自由之思想，当然，他的思想比西方民主自由还更深一步，对红妆的理解，对红妆的同情，对红妆的歌颂，他的思想基础，还是西方自由民主的思想。如果没有西方民主自由的思想，完全是儒家的东西，如孔孟之道的"唯女子与小人难养也"，那就是另外一种想法。所以说，陈先生的思想是以儒家思想为主，"三纲""六纪"是他信奉的东西，同时，也有"西学为用"，他的"西学为用"表现在学术自由，表现在"颂红妆"等许多方面。这看来似乎很矛盾，实际上恐怕并不矛盾。因为人的思想是比较复杂的，特别是在转变时期，有这方面的东西，也有那方面的东西，可以理解。

第二讲陈先生的诗人气质。气质是什么东西，比较复杂，包括性情、感情、思想等。陈先生诗人气质是十分浓厚的。他作诗有各方面的因素与条件。首先是他的家世，散原老人是一位著名诗人，成就很突出。据说宣统年间（1909—1911），有一个叫陈衍的福建诗人立了一个"诗人榜"，榜上没有第一名，实际上第二名就是第一名，这个第二名就是汉奸郑孝胥，第三名就是散原老人。可见当时公认散原老人的诗是很好的。陈先生的父亲是大诗人，陈先生的母亲俞夫人，也有诗集传世。他的舅舅俞明震，也是清朝末年民国初年有名的诗人。所以，陈先生的家世是一个诗人的家世，他从小受到作诗的训练，受到了诗的熏陶，这是一个方面。另一个方面，我觉得陈先生的诗人气质还表现为多愁善感。这是老话了，诗人都多愁善感，陈先生也是这样的。善感，陈先生是一个有丰富感情的人，特别是《柳如是别传》中表现出感情非常丰富、非常深厚，这是大家都知道的；多愁呢，李坚先生讲陈先生诗中体现的悲观主义，讲得十分细致。陈先生确实有悲观主义，这与他后半生的经历有关：抗战时期避难来到南方，已经流离颠沛；后来香港沦陷，又流离颠沛；然后回北京，北京又解放了。这几件事不能等量齐观，但都使他产生一种流离颠沛的感觉，因而出现害怕战争、躲避战争的想法，加上陈先生晚年眼病，经过30年逐渐加深并最终失明，复又腿部受伤，卧床不起，这切身的折磨使他感到悲观，这也是完全可以理解的。

陈先生的诗人气质，我想还可以举这样一个例子。我的老师洪煨莲先生有一个口述自传，有英文本，听说香港也出了中文本。在自传中，他讲到，他在上世纪20年代"一战"期间到哈佛去，夏天，在哈佛校园中看见一个中国学生口诵中国诗歌，来回朗诵。这位学生的衬衣整个都露在裤子外边。大家都知道，从前西方穿衣服，衬衣后部因很长而应塞入裤子里面，露在外面是一种不礼貌、非常可笑的行为。洪先生看到这人有些奇怪，就问别人此人是谁，别人告诉他，这是哈佛大学很有名的一个学生，叫陈寅恪。从此记录可见陈先生是落拓不羁，有诗人气质的。

由诗人气质我联想到陈先生很喜欢对联。他常以对联这一形式来开玩笑。清华大学国学研究院的学生聚会，他作了一副对联，上联是"南海圣人再传弟子"，意思是康南海（康有为）是梁启超的老师，而这帮学生为梁启超的学生，所以这帮学生也就成为了南海圣人的再传弟子，下联是"大清天子同学门人",意思是王国维先生是南书房行走,在某种意义上是宣统的师傅,你们呢,就是宣统的师傅的弟子,与大清天子是同学啦!可见,陈寅恪先生对联语很感兴趣,而且有一挥而就的才能。

大家都知道,陈先生出过中文题,一题目为"孙行者",据说考试时,有学生对为"胡适之",这个学生就是北大中文系教授周祖谟先生。我问过周祖谟先生,他说确实如此,不过后来与胡适先生见面时,不敢把这件事告诉他。除此事外,那一年研究生的中文考试卷中也有一个对联:"墨西哥",据说也没有人对出来,这是听北大西语系英语教授赵萝蕤先生说的。赵先生那年从燕京大学毕业,考清华大学的研究生,这是在纪念吴宓先生的会上听说的。由此想到,季羡林先生去韩国后回来说,韩国的人也很喜欢写对联,好像吃饭时以写对联来唱和,作为一种游戏。对联不仅仅是简单的几个字,还可以了解平仄。对联要对得好很不容易。我们北京大学有一位现已过世的王瑶教授,为纪念他出了一本纪念文集。文集中有很多很好的文章,很感人的文章,是王先生的学生写的。文章后附有一些对联,但与感情丰富、文采飞扬的纪念文章,极不相称。对联甚不工整,甚至不像对联,说明北京大学中文系在古典文学的训练方面还有待改进。我觉得,研究中国古典文学的人,如果不能写一点诗,不能够写几句古文的话,恐怕不是很完美的,这正如研究京剧的人应会唱几段一样。

第三点我想谈的就是陈先生的史家学术。我的体会是,陈先生的学术是很广泛的,博大精深,但归根到底是史家,即陈先生的研究重点在历史。虽然陈先生精通多种语言,研究佛经,又受德国兰克学派的影响,对中国古典文献也非常熟悉。总而言之,他具备了各方面的条件来研究历史。陈先生的历史之学归根到底得益于什么?陈先生脑子非常灵敏、敏锐,别人看不到的东西他可以看到。怎样分析陈先生研究历史看得这样透彻、分析得这样精深呢?我觉得与辩证法有关系。就是说,陈先生的思想含有辩证因素,即对立统一思想、有矛盾有斗争的思想、事物之间普遍联系的思想。在许多混混沌沌之中,他能很快找出重点,能因小见大,而这些思想、方法与辩证法有关。比如说,他讲唐朝的政治,把中央的政治与少数民族的情况联系起来,把看起来没有关系的东西联在一起,陈先生的论文很多属于这一类。我们从中看不到的关系、因果和联系,陈先生却能发现。又如,讲陶渊明的《桃花源记》,陈先生从这篇文学作品联想到魏晋时期堡坞的情况。还有,讲唐朝制度的来源,陈先生能找出众多来源中的重点,加以分析。再如,对曹魏宫中事无涧神事,陈先生认为无涧神就是阿鼻Avici,即阎王爷的地狱,并由无涧神考察到曹魏时期可能已有佛教在社会上层流传。又如,陈先生考证武惠妃的卒年,究竟是在当年年底,还是在次年年初,与当时政治无甚关系。但陈先生的考证,是为了考证杨贵妃入宫,杨贵妃是什么时候入宫的。而考证杨贵妃入宫的时间,是为了考证杨贵妃什么时候嫁给寿王,是否合卺。而杨贵妃与寿王是否合卺(是否以处女之身入宫),与李唐皇室不讲礼法、具有胡族之风的事实是相连的,这才是陈先生所要说明的问题。

我所讲的陈先生的史家学术,都是在陈先生解放以前著作中所见到的。从《柳如是别传》就更进一步看到陈先生写书时的确非常投入,设身处地,把自己搁在钱谦益与柳如是当时的环境之中。对钱谦益、柳如是两人该肯定的地方肯定,该否定的地方否定,富于理解与同情。这部书与陈先生过去的著作有很大的不同,里面有很多地方表现了他自己的思想感情,如用偈语、律诗表达自己的思想感情,把自己与历史人物浑然融为一体。这种做法,是陈先生史学发展到一个新阶段的标志。

(摘自《书生本色》,北京大学出版社2009年版)

【导读】周一良(1913—2001),著名历史学家,曾先后任清华大学、北京大学历史系教授。主要著述有《魏晋南北朝史论集》《魏晋南北朝史札记》《毕竟是书生》等。

如何以史学家的独特眼光去审视、解读另一位史学家,这是周一良《我所了解的陈寅恪先生》一文最具魅力的地方。不过,周一良先生并未像一般论者那样,仅仅将陈寅恪先生放在"治史"一隅评介,而是从"儒生思想、诗人气质、史家学术"三个层面来诠释自己了解的陈寅恪先生。

就陈寅恪的思想而言,毫无疑问其主流是儒家思想。用陈先生自己的话说是介于"湘乡南皮"之间。所谓"湘乡"即指曾国藩,曾国藩的主要思想是儒家的,其一生言行皆尊奉孔孟之道。而陈寅恪一生最敬仰曾国藩,其思想及一言一行也莫不体现儒家的主导地位。如尊师、如孝亲等等,谨守传统礼俗礼教,尊重传统文化。俞大维曾说:"寅恪先生认为礼法为稳定社会的因素,礼法随时俗而变更,至于礼之根本,则终不可废。"至于"南皮",则指张之洞,张主张"中学为体,西学为用"。事实上,陈寅恪先生虽也钦佩张之洞,但对西学的认知则远远高于张之洞。在陈先生眼里,"中学为体,西学为用"并不表现在船坚炮利上,而是更多地表现在对学术自由的追求上。他曾提出"读书不肯为人忙",就是强调读书要独立思考,要有独立之思想,而不受某种实用主义之左右。陈先生还特别看重西方男女平等、民主自由之思想,如对"红妆"的理解、同情和歌颂,正是这一思想基础的体现。所以,陈先生一生其思想始终以儒家思想为主,信奉"三纲""六纪",同时也肯定西方的哲学思想,追求民主和学术自由。

再看陈寅恪的诗人气质,陈先生出生在一个诗人家世,从小受过诗的熏陶和严格的作诗训练,同时,陈先生有时多愁善感,有时又落拓不羁,这些莫不体现出诗人特有的气质。而我们读《陈寅恪诗集》,也可以深刻地体味到——"兴亡之感、家国之思、身世之叹和乱离之悲"正是贯穿其中的主题。也正因为诗人的气质和艺术素养,使他一生行文多显诗性,如喜欢对"对子",就连清华研究生入学考试也以"对联"为题,在当时曾引起不小的争议。

至于陈先生的"史家学术",首先治史是建立在广泛的,博大精深的学养上的,他精通语言学、佛学,对中国古典文献和文学也非常熟悉,但专业是历史,这就是博中有专,所以他对历史问题往往能发他人之未发,分析精深、透彻。另外,陈先生的史学思想含有辩证因素,也就是"对立统一思想、有矛盾有斗争的思想、事物之间普遍联系的思想"。如从陶渊明的《桃花源记》发现魏晋时期堡坞的情况,足见陈先生治史的独特之处。还有,从《柳如是别传》可以看出,陈先生治史往往"史中有我",即对历史的叙述能设身处地,自我投入,将自己与历史人物浑然融为一体,充满自己的思想感情。这可以说是陈先生史学的一大发明,也是其史学著述的魅力所在。即学术著作同样充满风花雪月,同样"好看",这对当今学界动辄将学术文章写得云里雾里,语言晦涩,令人望而生畏,无疑是一种警戒、一种启迪。

总之,周一良先生对陈寅恪先生的十二字概括,足以助我们清楚了解陈先生一生的为人和治学,这些既是他独特的发现,也是对陈寅恪先生治学实践的完美总结,非常值得后学者引为借鉴。

(卢有泉)

开风气，育人才

费孝通

今天我借这个纪念北大社会学研究所成立10周年的机会，同时纪念吴文藻老师逝世10周年。这两件值得纪念的事并不是巧合，而正是一条江水流程上的会合点。这条江水就是中国社会学、人类学、民族学的流程，北大社会学研究所的成立和后来改名为北大社会学人类学研究所，还有吴文藻老师一生的学术事业，都是这一条江水的构成部分，值得我们同饮这江水的人在此驻足溯源，回忆反思。因之，我挑选这时刻说一些感想，和同仁们一起鼓劲自励。

水有源，树有根，学术风气也有带头人。北大社会学人类学研究所怀有在中国人文科学的领域里开创一种风气的宗旨。在过去10年里，所里已经有不少年轻学者为实现这个风气而作出了一定的成绩。把这个风气带进中国来的，而且为此努力一生的，我所知道，吴文藻老师是其中的一个重要的带头人。现在回过头来看这个研究所力行的那些学术方针中，有不少就是吴老师留下的教导。因之在吴老师逝世的10周年回顾一下他始终坚持的学术主张，对这个研究所今后的继续发展，应当是有用的，对同人们今后在学术领域里继续开拓和创造也是有益的。

吴文藻老师的生平和主要论述，在1990年民族出版社出版的《吴文藻人类学社会学研究文集》里已经有了叙述和重刊，我不在这里重复了。我只想从我个人的经历和体会中捡出一些要点，略作诠释。

首先我想说的是吴文藻老师的为人，他在为中国社会学引进的新风气上，身教胜于言传。他所孜孜以求的不是在使他自己成为一个名重一时的学人在文坛上独占鳌头。不，这不是吴老师的为人。他着眼的是学科的本身，他看到了他所从事的社会学这门学科的处境、地位和应起的作用。他在65年前提出来的"社会学中国化"是当时改革社会学这门学科的主张。我在和他的接触中有一种感觉，他清醒地觉察到中国原有的社会学需要一个彻底的改革，要开创一种新的风气，但是要实行学术风气的改革和开创，绝不是一个人所能做到的，甚至不是一代人所能做到的。所以，他除了明确提出一些方向性的主张外，主要是在培养能起改革作用和能树立新风气的人才。一代不成继以二代、三代。学术是要通过学人来传袭和开拓的，学人是要从加强基础学力和学术实践中成长的。人才，人才，还是人才。人才是文化传袭和发展的载体。不从人才培养上下功夫，学术以及广而大之的文化成了无源之水、无根之本，哪里还谈得上发展和宏扬。从这个角度去体会吴老师不急之于个人的成名成家，而开帐讲学，挑选学生，分送出国深造，继之建立学术研究基地、出版学术刊物，这一切都是深思远谋的切实工夫，其用心是深奥的。

只有了解了65年前中国各大学里的社会学系的实情，才容易理解吴老师当时初次踏上讲台授课时的心情。正如前述《文集》的附录里"传略"所引用吴老师自己的话说，当时中国各大学里社会学是"始而由外人用外国文字介绍，例证多用外文材料，继而由国人用外国文字讲述，有多讲外国材料者"。接着他深有感慨地总结了一句，"仍不脱为一种变相的舶来物"。

我是1930年从苏州东吴大学医学预科转学到燕京大学来学社会学、有缘见到吴老师初次上台讲"西洋社会思想史"的一个学生。我从中学时就在教会学校里受早期教育，是个用舶来物滋养大的学生。吴老师给我上的第一堂课上留下了我至今难忘的印象。这个印象说出来，现在中国的大学生一定很难理解。我当时觉得真是件怪事，这位从哥伦比亚大学得了博士回来，又是从小我就很崇拜的冰心女士的丈夫，在课堂上怎么会用中国的普通话来讲西洋社会思想？我当时认为是怪事的这个印象，在现在的大学生看来当时我会有这种印象才真是件怪事。这件事正好说明了这65年里我们的国家已发生了一个了不起的变化。这个变化不知耗尽了多少人的生命和心血，但只有在这个变化的大背景里才能领会65年前老师和学生的心态和他们在这65年中经历的苦乐。

现在来讪笑当时的"怪事"是很容易的，但如果置身于65年前的历史条件里，要想把当时的学术怪胎改造成一门名副其实能为中国人民服务的社会学，却并非一项轻而易举的工作，吴老师当时能做到的只是用本国的普通话来讲西洋社会思想史。这一步也不容易，因为西洋社会思想所包含的一系列概念，并不是中国历史上本来就存在的。要用中国语言来表达西方的概念，比起用中国衣料制造西式服装还要困难百倍。

65年前在燕京大学讲台上有人用中国语言讲西方社会思想是一个值得纪念的大事，在中国的大学里吹响了中国学术改革的号角。这个人在当时的心情上必然已经立下了要建立一个"植根于中国土壤之中"的社会学，使中国的社会和人文科学"彻底中国化"的决心了。

从65年前提出"社会学中国化"的主张，现在看来会觉得是件很自然的事，不过是纠正在中国大学里竟要用外语来讲授社会和人文科学的课程的怪事。经过了一个甲子，除了教授外文的课程之外，在中国学校里用本土语言来授课已成了常态，但是，社会和文化科学的教材以本国的材料为主的似乎还说不上是正宗。吴老师所提出的"社会学中国化"，在目前是不是已经过时，还是个应该进一步认真研究的问题。北大社会学人类学研究所坚持以结合中国社会文化实际进行科学研究为宗旨，实质上是继承和发扬吴老师早年提出的"社会学中国化"的主张。

这个社会和人文科学中国化问题牵涉到对科学知识在文化中的地位和作用的根本问题。其实在大约60年前在燕京大学的社会学系学生所办的《社会研究》周刊，就曾经展开过一番"为学术而学术"和"学术为实用"之争。尽管"为学术而学术"就是为了丰富人类知识而追求知识，固然也是一种不求名利的做人态度，有它高洁的一面。但是我在这场辩论中始终站在"学术为实用"这一面，因为我觉得"学以致用"是我们中国的传统，是值得继承和发扬的。吴老师当时没有表态，但后来把英国社会人类学的功能学派介绍进来，为学以致用提出了更有力的理论基础。在功能学派看来，文化本身就是人类为了满足他们个人和集体的需要而创造出来的人文世界。满足人类的需要就是对人类的生活是有用的意思。人文世界就建立在人类通过积累和不断更新的知识之上。知识是人文世界的基础和骨干。学以致用不就是说出了知识对人是有用的道理了么？用现在已通行的话说，学术的用处就在为人民服务。

吴老师所主张的"社会学中国化"原来是很朴实的针对当时在大学里所讲的社会学不联系中国社会的实际而提出来的。要使社会学这门学科能为中国人民服务，即对中国国计民生有用处，常识告诉我们，这门学科里所包括的知识必须有中国的内容。提出"社会学中国化"，正反映了当时中国大学里所讲的社会学走上了错误的路子，成了"半殖民地上的怪胎"。

把中国社会的事实充实到社会学的内容里去是实现"社会学中国化"所必要走的初步工作。我记得30年代的初期当时的社会学界在这方面已逐步成为普通的要求，出现了两种不同的倾向，一种是用中国已有书本资料，特别是历史资料填入西方社会和人文科学的理论；另一种是用当时通行于英美社会学的所谓"社会调查"方法，编写描述中国社会的论著。在当时的教会大学里偏重的是第二种倾向。开始引进这方法的还是在教会大学里教书的外籍教师，其中大多不懂中国话，雇佣了一批中国助手按照西方通用的问卷，到中国人的社会里去，按项提问，按表填写，然后以此为依据，加上统计，汇编成书。这在当时的社会学里还是先进的方法。南京金陵大学的JLBuck教授是其中之一，他用此法开创了中国农村经济的调查，不能不说是有贡献的。这个方法不久就为中国的社会学者所接受和运用并加以改进，适应中国的情况。最著名的是当时在平民教育会工作后来转入清华大学的李景汉教授。他在河北定县和北京郊区一个农村的调查首开其端，接着燕京大学的杨开道教授也开始了北京附近清河镇的社会调查。这些实地调查在中国社会学的进程中有它们重要的地位。到了抗战时期在社会调查工作方面，清华大学国情普查所曾经结合经济学在滇池周围各县进行过人口调查，由陈达教授给予了指导，方法上也得到了进一步的提高，并形成了一种传统，为中国人口学奠定了基础，则是后话。

吴文藻老师当时对上述的两种研究方法都表示怀疑。利用已有的书本上的中国史料来填写西方的理论和基本上借用西方的问卷来填入访问资料，都不能充分反映中国社会的实际。1933年燕京大学社会学系请到了美国芝加哥大学社会学系的RobertPark教授来校讲学，给燕京大学的师生们介绍了研究者深入到群众生活中去观察和体验的实地调查方法。吴老师很敏捷的发现了这正是改进当时"社会调查"使其科学化的方法。他从Park教授得知这种方法是从社会人类学中吸收来的，而且在美国芝加哥大学已用当时所谓"田野作业"的方法开创了美国社会学的芝加哥学派。吴老师抓住这个机遇，提出了有别于"社会调查"的"社会学调查"的方法论，并且决定跟着追踪进入社会人类学这个学科去谋取"社会学中国化"的进一步发展。

现在我又回想起1933年燕京大学社会系里在我们这批青年学生中掀起的派克热。派克带着我们这些学生到北京去，去现场参观贫民窟、天桥、监狱甚至八大胡同，从而领会了派克所说要从实际上存在的各种各样的社会生活中去体验社会的实际。这正是吴老师提出"社会学中国化"时要求我们用理论去结合的实际。这个实际就是人们社会生活的实际，这个中国就是中国人生活在其中的中国。当Park教授讲学期满返国时，我们这辈学生出版了一本《派克社会学论文集》送他作纪念。可惜，这本书我到现在已找不到了。

就在那年暑假，这一群青年学生就纷纷下乡去搞所谓社会学的"田野作业"。吴老师则正开始认真考虑怎样去培养出一批能做"社会学调查"的学生，他知道要实现他改革社会学的事业，不能停留在口头的论说，必须做出有分量的研究成果，让这些研究成果对社会的效益去奠定这项学术改革的基础。能做这种"社会学调查"的人在哪里呢？当时各大学还没有培养出这种人才。所以吴老师就采取了现在已通行的"请进来，走出去"的办法。他在1935年请来了著名的英国人类学家Radcliffe-Brown到燕京大学讲学。又在燕大的学生中挑出一部分有志于做这项工作的人去学人类学。我就是其中之一，由吴老师介绍，考入清华大学研究院跟俄籍人类学家史禄国学人类学。其后又为李安宅、林耀华等安排出国机会到美国学文化人类学。吴老师自己利用1936年休假机会去美国和英国遍访当时著名的人类学家。我在该年从清华毕业后得到公费出国进修的机会，在伦敦由吴老师的介绍才有机会直接接受马林诺斯基的指导进行学习。

我提到这些似乎是私人的事，目的是要点出吴老师怎样满怀热情地为社会学学科在中国的发展费尽心计。我在这里引一段冰心老人在她《我的老伴》一文中所引吴老师自传中的一段话："我对于哪一个学生，去哪一个国家，哪一个学校，跟谁为师和吸收哪一派理论和方法等问题，都大体上做出了具体的、有针对性的安排"。现在李安宅已经去世，林耀华和我今年都已到了85岁，这几个人就是吴老师这段话里所说的那些学生，都是吴老师亲自安排派出去学了人类学回来为"社会学中国化"工作的人，也是吴老师开风气、育人才的例证。

吴老师把英国社会人类学的功能学派引进到中国来，实际上也就是想吸收人类学的方法，来改造当时的社会学，这对社会学的中国化，实在是一个很大的促进。直至今天看来，还是一个很重要的选择，仍然不失其现实的意义。事实上从那个时候起，社会人类学在中国的社会学里一直起着很重要的作用。60多年前开始的这个风气，是从"社会学中国化"这个时代需要的命题中生长起来的。即使是今天的人，无论是国外的学者，还是国内的专家，只要想扎扎实实地研究一点中国的社会和文化问题，常常会感到社会人类学的方法在社会学研究中的重要性。这个问题说起来，当然还有更深的道理。因为社会学研究的对象是人，人是有文化的，文化是由民族传袭和发展的，所以有它的个性（即本土性），所以在研究时不应照搬一般化的概念。早期西方的人类学是以"非西方社会和文化"作为它的研究对象的，因而注意到文化的个性（即本土性），因而强调研究者应采取田野作业的方法，吴老师提出"社会学中国化"

就是着重研究工作必须从中国社会的实际出发。中国人研究中国（本社会、本文化）必须注意中国特色，即中国社会和文化的个性。这就是他所强调中国社会学应引进人类学方法的用意。同时他把这两门学科联系了起来，认为社会学引进人类学的方法可以深化我们对中国社会文化的理解。

吴老师出国休假期满，回到燕京大学，正值抗日战争前夕。他原想返国后在燕京大学试行牛津大学的导师制，并为实现他提出的社会学调查工作继续培养人才。这个计划事实上因战争发生已经落空。他和他同辈的许多爱国的学人一样，不甘心在沦陷区苟延偷安，决心冒风险、历艰苦，跋涉千里进入西南大后方，参与抗战大业。吴老师于1938年暑期到达昆明接受云南大学的委托建立社会学系。不久，我也接踵从伦敦返国，立即投入云大新建的社会学系，并取得吴老师的同意在云大社会学系附设一个研究工作站，使我可以继续进行实地农村调查。这个研究工作站在敌机滥炸下迁居昆明附近的呈贡魁星阁，"魁阁"因而成了这个研究工作站当时的通用名称。在这里我回想起魁阁，因为它是在吴老师尽力支持下用来实行他多年的主张为社会学"开风气，育人才"的实验室。在他的思想号召下吸引了一批青年人和我在一起共同在十分艰苦的条件下，进行内地农村的社会学研究工作。尽管1940年底吴老师离开昆明去了重庆，这个小小的魁阁还坚持到抗战胜利，并取得一定的科学成果。

吴老师到了重庆后，又着手支持李安宅和林耀华在成都的燕大分校成立了一个社会学系和开展研究工作的据点，并适应当时和当地的条件，在"边政学"的名义下，展开对西南少数民族的社会学调查和研究，同样取得了优秀的成绩。昆明和成都两地的社会学研究工作应当说是吴老师为改造当时的社会学在抗战时期取得的初步成果。抗战胜利后，1946年吴老师出国去日本参加当时中国驻日代表团的工作。新中国成立后他即辞去代表团职务，于1951年克服种种困难返回祖国怀抱。

在吴老师返国后，于1952年高校院系调整中，原在各大学中的社会学系被取消了，原来在社会学系里的教师和学生分别安置在各有关学系里。其中一部分包括我自己，转入新成立的民族学院，开展有关少数民族历史和社会调查研究。这项研究实际上和吴老师在成都时所开展的少数民族研究是相衔接的，所以从学术上看去吴老师所主张的联系中国实际和吸收人类学的田野作业方法在新的条件下，还是得到了持续。而且适应当时民族工作的需要而得到了为人民服务的机会。

学风九编

吴老师本人1951年从国外归来后，1953年参加了民族学院的教学工作。不幸的是他和其他许多社会学者一样在1957年受到反右扩大化的影响，被错划为右派，失去了继续学术工作的机会。又经过了二十多年，到1979年吴老师的右派问题才得到彻底改正。这时他已经年近80岁了，但对社会学的关心从未间断过。当1978年社会学得到重新肯定和在准备重建的时候，他在自传里曾说："由于多年来我国的社会学和民族学未被承认，我在重建和创新工作中还有许多事要做。我虽年老体弱，但仍有信心在有生之年为发展我国的社会学和民族学做出贡献。"

社会学作为一门学科，中断了有二十多年，这是历史事实，而且正中断在它刚刚自觉地要改造成为一个能为中国人民服务的学科的时刻。社会学在重新获得合法地位时，实质上是要在中国土地上从头建立起一门符合当前新中国需要的社会学。因此不只是在大学里恢复一门学科，在大学里成立社会学系，而是要对社会学本身进行改造和创新。正是吴老师在上引自传的话里着重提出重建和创新的意义。其实他也说出了怎样去重建和创新的路子，就是实行他一生主张的理论联系实际和从具体现实的人们生活中去认识和表达社会事实。吴老师是在1985年去世的，他在自传中的这句话不幸已成了他对中国社会学重建和创新的遗嘱。

我纪念吴老师的话说到这里可以告一段落。现在可以转身过来纪念北大这个社会学研究所成立10周年了。这两件值得纪念的事在时间上正好在今年相衔接在一起。我在这次讲话的开始时就说，今天我们所要纪念的两件事并不是巧合，而是有内在的密切联系。因为这个研究所的宗旨正符合吴老师总结了一生经验而表达于他遗嘱中的主题，所以两者是一脉相通的。而且我自己正是把两者结合在一起的中介人。因之接下去我应当说一下这个研究所成立的经过。

1979年改革开放政策开始时，邓小平同志在"坚持四项基本原则"的讲话里，讲到了社会学，并说："现在也需要赶快补课"。这可以说是对社会学这门学科在学术界地位的肯定。接着是怎样落实这项政策的具体工作。当时在过去大学里讲过社会学的老师大多数已经去世，留下的不多，我是其中之一，所以理应响应这个号召。但我当时的心情是很复杂的。社会学这门学科能得到恢复，我当然由衷地感到鼓舞，但是对于重新建立这门学科的困难，我应当说是有充分的估计的。社会学在中国，在我看来在解放前并没有打下结实的基础，正如我上面所说的，它是正处于有人想改造的时候中断的，所以提到恢复这门学科时,我曾经认为它是先天不足。又经了这中断二十多年,可以调动的实力不强。对重建这门学科,我的信心是不足的。最后我用"知难而进"的心情参与重建社会学这项工作。

我记得胡乔木同志在该年社会学研究会成立时的讲话中曾说"要赶快带徒弟,要教学生,即在大学里边恢复社会学系,现在许多同志(指学过社会学的人)都老了。我们希望从我们开这次会到有些大学设立起社会学系这中间不要开追悼会"。在大学里办社会学系,一要教师,二要教材,而当时正是教师教材两缺。既然在一些大学里恢复社会学系作为一个紧急任务提了出来,我们也就不得不采取应急的措施。于是从各大学里征集愿意学社会学的各有关学科的青年教师进行短期集中学习。从若干期学习班里挑选一部分较优秀的成员,采取集体编写教材的方法,加工自学。经过反复讨论修改编出了《社会学概论》这一本基本教材,然后由编写人分别在一些大学里试讲。通过这我们所谓"先有后好"的方针,到1980年起在南开、北大、上海、中山等大学里开始有社会学这门课程的设置。在这个基础上陆续在一些大学里建成社会学系。到现在全国已有15所大学建立了社会学系或专业。1985年我在教委召开的一次社会学教学改革座谈会上的发言中表示重建社会学的任务到这时可以说已初步告一段落。"戏台是搭好了,现在要看各位演员在台上的实践中去充实和提高这门学科了"。我说这句话时的心情并不轻松。怎样去帮助教师们能在实践中充实提高还是一个必须考虑的问题。

这问题其实我在采用上述的速成法培养社会学教师时早就看到了的。我从吴老师的遗言里得到启发,看来我们还得从他所指出过的路子上去解决这个充实和提高社会学内容的问题。所以我在《社会学概论》的试讲本前言的结束语里说:"我认为编写人必须定期选择专题投身到社会调查工作中去,联系相应的理论研究,用切实的从中国社会中观察到的事实和实践经验来充实《概论》的内容,并提高社会学的理论和应用水平。"

话是说出了口,但如果我自己不能以身作则,这些话很可能成为一套空言。因之我一方面在说"戏台已经搭成",另一方面我想有必要再创立一个机构使社会学这个学科的教师能够不断接触实际,进行田野作业。所以我建议北大成立社会学系之后,再设立一个社会学研究所,并自愿担任该所的所长,以便继续带头进行实地调查农村和少数民族社区的田野作业。我力求能继承吴老师的"开风气,育人才"和"身教重于言传"的精神,用我自己的研究工作去带动北大社会学学科的教师和研究生的实地研究风气。这样开始我的"行行重行行"。为了摆脱该所的行政事务，1987年我辞去所长职务，但依旧以名誉所长名义保留学术指导的任务，直到目前。

人类学的调查方法是我们认识中国社会实际的重要途径，结合人类学来创建和改造中国的社会学，是我们实现"社会学中国化"的基础工作。我在1990年给北大校领导的信中曾建议："从我几年来亲自实践的经验看，把社会学和人类学结合起来，以社区为对象，用实地调查研究方法，对学科建设和培养年轻一代扎实的学风很有必要，而且可以突出北大的特点和优势……可把所名改为社会学人类学研究所。"这样可以继承传统，加强国际学术交流，也更加名副其实。1992年研究所正式更名。社会学人类学研究所成立10年来，主要从事了三个方面的工作：边区开发、城乡研究、中华民族多元一体格局的探讨。这些研究都是跨学科的，体现了社会学与人类学综合的想法。同时，这些工作的开展与我多年来十分关注的社会学、人类学的现实应用是密切相关的。中国社会的发展，需要一代接一代人的不断努力。我们社会学人类学工作者不能像西方学者那样，采用对人民生活漠不关心的贵族态度。处在社会变迁中的学术工作者，应当努力为社会现实的发展与人民生活素质的改善，付出不懈的劳动。这一点也许也是中国社会学与人类学的一大特色。

从该所建所的1985年到今年已有10年。回顾这10年，这个研究所是取得了一定成就的，我们应当饮水思源，感激吴文藻老师为我们大家开创出这一条改革社会学、使其能适应不断在发展中的新中国的道路。因此在纪念这个研究所的第一个10年的时候，我愿意同时纪念吴文藻老师逝世的10周年。应当说这两件值得纪念的事连接在一起是恰当的，同时也正应当用以加强同人们任重道远的认识和自觉的责任心。

（摘自《中国社会学年鉴》，中国大百科全书出版社1996年版。原文根据10月30日纪念会上的发言录音稿改写）

【导读】费孝通（1910—2005），江苏吴江人，著名社会学家、人类学家，长期从事社会学和人类学领域的研究工作，著述颇丰。早年曾以《江村经济》一书被认为是"人类学实地调查和理论工作发展中的一个里程碑"，之后出版有《行行重行行》《学术自述与反思》《从实求知录》等，被誉为中国社会学和人类学的奠基人之一。

第八编 治学经验

社会学作为一门舶来的学问，如何使之适应中国文化，为中国社会的发展服务？这是老一代社会学者颇为关心的问题。费孝通先生在此文中主要回忆了其业师吴文藻先生治社会学的实践经验和杰出成就，他认为，吴文藻先生不仅是中国早期社会学研究的带头人，也为中国社会学的研究开创了一代风气，那就是他清醒地看到了这门学科在当时中国的处境、地位及应当起什么样的社会作用，进而提出了"社会学中国化"的改革主张。按当时实情，社会学在中国各大学里"始而由外人用外国文字介绍，例证多用外文材料，继而由国人用外国文字讲述，有多讲外国材料者"。因而，他对这一"舶来"学问深有感触，也极大地激发了他的社会责任感和民族意识——建立一门"植根于中国土壤之中"的社会学，使中国的社会和人文科学"彻底中国化"。为此，他抛开个人名利，而积极"开帐讲学，挑选学生，分送出国深造，继之建立学术研究基地、出版学术刊物，这一切都是深思远谋的切实工夫，其用心是深奥的"。

吴文藻先生提出的"社会学中国化"的主张，以及作为学者的社会担当意识，在今天看来仍有其积极的意义。首先，北京大学社会学研究仍结合中国社会文化的实际来进行科学研究，正是吴文藻先生当年提出的"社会学中国化"主张的继承和发扬；其次，一门新兴学科引进后，如何消化，如何进行新的理论构建以实现中国化，仍是学界需认真研究的问题，可谓任重而道远。另外，社会学的"中国化"也涉及到一门学科的社会功用问题。"尽管'为学术而学术'就是为了丰富人类知识而追求知识，固然也是一种不求名利的做人态度，有它高洁的一面。"但"学以致用"作为中国的传统，仍需继承和发扬，而吴文藻先生的"社会学中国化"实际上有强调"学以致用"，学术为社会服务的一面。即要让社会学这门引进的学科为中国的国计民生服务，其中所包括的知识内容就必须中国化。如引入人类学功能学派的调查方法，重视中国社会基层的调查资料，将中国社会实际与学科建设紧密结合起来，已达到"学以致用"的目的，等等。因而，正如费孝通先生所总结的，"吴老师把英国社会人类学的功能学派引进到中国来，实际上也就是想吸收人类学的方法，来改造当时的社会学，这对社会学的中国化，实在是一个很大的促进。直至今天看来，还是一个很重要的选择，仍然不失其现实的意义"。

总之，吴文藻先生毕其一生致力于建立"中国的社会学"，其自觉的责任心和担当意识很值得我们后学敬仰和学习，正像费孝通先生在本文开篇所讲的，如果将中国社会学比作一条江水，吴文藻先生一生的学术事业便是构成这条江水的重要一部分，值得我们同饮这江水的人永远驻足溯源，回忆反思。

（卢有泉）

学如逆水行舟，不进则退

侯仁之

难得夕阳无限好，何须踌躇近黄昏。

在我度过92岁生日的时候，曾经多次会想起自己决心走上读书治学的道路并坚持前进时所遇到的一些挫折甚至灾难。正是这些挫折和灾难，终于使我认识到前人的一句名言："学如逆水行舟，不进则退。"现在我想在我人生的晚年尚可勉强执笔的情况下，就尽其所能地把自己一生中在"逆水行舟"的过程中，加强自信献身治学的经历，简要地写在下面。

（一）前半生：在抗日战争中遭日寇逮捕，判徒刑一年，缓刑三年，取保开释后，坚持治学从教之路。

1940年7月，抗日战争正在进行中，我在沦陷中的北平燕京大学研究生院毕业，留校任教，并兼任学生生活辅导委员会的主席。主要任务之一就是协助自愿离校参加抗日的学生，投身到实际的工作中去。出乎意外的是，1941年12月7日，日美太平洋战争爆发，8日晨，侵华日军进入燕大校园，9日一早，全部燕大学生被迫离校。当时我家住校南门外，是部分教职员居住区，这时，以医预科学生黄国俊为首的六位广东学生随身携带着自己的东西，就一直跑到我家中来。妻子张玮瑛已于前一日由岳母接回天津家中，于是我决定安排同学们暂住。当时，我已考虑到由于自己兼任学生生活辅导委员会的工作，有可能遭日寇查问，逃避已不可能。更重要的是，当时我正利用课余之暇，着手研究原始的河湖水系与历史上北京建都的关系问题。其中有一条小河名曰金水河，与元明清三朝的宫城建设至关重要，但是史书记载屡有抵牾，浏览所及，疑窦丛生，于是我首先决定先写一篇《北京金水河考》，而且已经开始起草。正是在这种情况下，为了安心写作，我决定携带有关的图书资料，暂时到天津岳父母家中写作，争取早日完稿，再作返回北平的计划。

我到天津后，立即开始《北京金水河考》的写作计划，按着下列的提纲写下去：1、题解；2、金水释名；3、疏导沿革（金元两代玉泉疏导之先后）；4、河源辨异（元代金水河源之独出）；5、河道考实一（元代西郊金水河道之探讨）；6、河道考实二（元代城内金水河道之分合）；7、河道考实三（明代金水源流之演变）；8、河道考实四（清代金水河之蜕余）；9、结论。

提纲的完成，前后用了将近一周的时间。正在准备开始正文写作的一天清晨，竟遭日寇逮捕，连同书桌上已经抄清的上述提纲和一幅北京城的地图，一齐被收走，最后乘火车转到北京，与被逮捕的燕大师生二十余人，关押在日寇宪兵队本部，也就是原来的北京大学红楼。此后一直到1942年2月10日这一天，我又和燕大教授等十一人转送到铁狮子胡同日本军事法庭。我的罪名是"以心传心，抗日反日"，转押在东直门内炮局三条候审，一直到6月18日宣判。我被判处有期徒刑一年，缓刑三年，取保开释，三年之内无迁居旅行自由。我立即赶回到天津岳父母家，与妻子和已出生四个月的女儿相聚一起，欢慰之情，一言难尽。但是，第二天我又必须赶回北京，首先找到在城内开设私人诊所的原燕大校医吴大夫作辅保，到日本宪兵队说明，同时要求返还我被捕时收走的正在起草的论文提纲和地图，结果却一无所得。这就终于促使我下定决心，重新执笔。把脑海中酝酿已久的"北京金水河考"写下来。正是这种心情下，"学如逆水行舟，不进则退"的格言，竟成为推动我不断继续前进的力量。

就是在这样的情况下，我充分利用寄居在天津的时光，集中力量首先于1943年4月18日写成了《北京金水河考》一文。篇首的题解是这样写的：

> 北京有金水河，其名数见于元史，私家著录，亦多及之，历明至清，相沿不废。其为地理上一固定河流，初无可疑。嗣考其实，则数百年来官私记载，屡有抵牾，而浏览所及，金水一名，又若似无限象征色彩，附丽其间。以是名实未审，依意所加，忽此忽彼，疑窦滋生，作金水河考。

随后，又分节讨论金水释名，疏导沿革，河道考实等，最后又附加小注如下：

> 作者遁迹津门，居心世外，探求故实，聊寄所欲。唯以聚书之难，不能广求博证，疏漏遗误之处，自料难免。幸见而读之者有以教我。

初稿写成于1943年4月18日。随后，我立即抄写一份，托人呈送寄居北平城内的我师洪业（煨莲）教授。洪师是我在燕京大学读书时获益最大的教授。

燕大被日寇占领时，他也是遭逮捕到日本宪兵队并被押到日本军事法庭的学者之一。只是由于他在校内没有任何行政职务，又是一位国际上知名的学者，遂被提前开释。洪师收到我的文稿后，不仅在原稿上做了批示，又提笔写信给我，现将信中有关部分节录如下：

> 金水河考已匆匆读过一遍，得见创获累累，胸中为之一快。一年有半以来，此为第一次见猎心喜也。中间有尚可斟酌者若干点，容暇当细为答出，下次相见时可就而讨论之……

这样的评语，对我是极大的鼓舞。事后，该文经我师指点后再做修改。定稿之后，遵我师之命，安心等待抗日战争胜利的到来。这样一直等到日本战败投降，燕京大学复校后，才刊登在《燕京学报》第30期（1946年）发表。

在这里需要补充说明的是，在这篇论文的写作过程中，也并非一帆风顺的安心向学。最初是日寇的特务前后几次到家中查问，随后还有来自燕大的熟人竟然沦为汉奸前来找我，表示要为我介绍工作，这时还传来消息，日伪正在筹划北平办一个研究机构，要把遭受敌伪逮捕而后被释放的燕大教师也列在其中。正是在这种情况下，我了解到曾在燕大任教的原天津南开大学经济系教授袁贤能，和其他几位未能南下昆明的南开大学教授，在日寇未及占领的英国和法国租界中办了一所"达仁商学院"，便于学生就地入学。其地点距离我所寄居的地方相距很近，经私下联系，我决定到该校担任地理学老师，免被敌伪特务再到家中找麻烦。因此，我在1942年的秋学期就得以前去讲课。每周两次，每次两小时。于是我一边教课，一边继续写作，也再未遇到日伪干扰。终于在转年（1943年）的4月18日，完成了《北京金水河考》的初稿。可以说，比于"逆水行舟"，这总算小有收获了。但是没有想到，一波未平，一波又起。有可靠的消息传来，当时的天津日伪政府，要求达仁商学院办理呈报立案，校领导迫不得已，竟未征得我同意，主动把我列为学校的"教务长"。我得到消息后，断然决定辞职。幸而天无绝人之路，我在1943年秋，转到天津工商学院任教，可以在课外继续"逆水行舟"了。

天津工商学院是法国天主教会所创办，校园是西式建筑，规模可观，由著名史前考古学者德日进和桑志华两位神甫所建立的博物馆就设在这里。院长由一位中国神甫担任。当时，因故不能离开沦陷区南下的教授，也有人集中到该校任教。我到校后，现在商学院任教，随后又到该校创办的女子文学院史地系兼课。教课之余，我有幸结识了土木工程系主任高镜莹教授，他了解到我已写成《北京金水河考》一文，有意向校方推荐作为特刊之一，由学校公开发表。他的盛情可感，但是我想到洪师缓期发表的意见后，还是认为暂缓付印才好。经过再三考虑，我决定为我正在考虑中的一个新课题，即关于天津城市起源的研究，写作完成交给工商学院出版，实际上这也是我个人"逆水行舟"的计划之一。最后以《天津聚落之起源》命名的小书终于在1945年8月，也就是侵略军投降的前夕，正式出版。书中有"提要"一篇，略见全书内容，录如下：

> 天津之名，于史晚出。肇建之始，其地曰直沽。直沽之名，初见于金史，至元而有大小之别，中叶之后，于其地设海津镇，而直沽之名不废。故欲探讨天津聚落之起源，应以直沽地方之开辟始。
>
> 明初创立天津卫，设官署，筑城池，益以官军二籍，聚落攸兴。以言天津人文之正式发展，当以此为滥觞。
>
> 天津置卫之后，又值迁都北京，地当京师门户，更系水陆咽喉，舟车所会，庶口繁昌。然商贩之聚散无已，户籍之交替有恒，此固一般都市人口之常态，而于天津初期聚落之发展，有足述者，故并及之。
>
> 至于本文主旨，意在探本求源，剥落天津近代都市之外型，而还其土著之本原。盖非如此，不易观察天津地方所受地理环境之影响也。以言天津地理之研究，则此为初步耳。

我决心把这本小书交给工商学院出版，一个重要的原因，就是因为当时我仍处于日寇军事法庭的"三年缓刑"期间，而工商学院公然聘我为"教授"，又在该校所属的女子文学院史地系兼职，这就使我在社会上有公开来往的可能。这期间，我获益最大的就是得到私人藏书家的支持，其中有两事，我已在该书的序文中，作了如下的叙述：

> 故实之探求，聚书为难。幸得任振采先生、金息侯先生慷慨以藏书惠借，嘉惠后学，最可感激。况天春园方志收罗之富，士林同仰，余何幸也，得览其珍藏于指顾之间，窥其秘藏于乱离之世，真所谓因缘有自，虽强求而不可得者矣。唯其书庋藏在外，余雅不忍老前辈为余一再奔波（任老先生每次取书，辄持舍下，于心实不有安），故虽知天春园已有其书，未可省则省，得略且略，此又本文参阅志书之未能尽如所愿者也。

该书序文写成于1944年11月，离我缓刑期满（1945年6月）尚有七个多月。待我缓刑期满正式交稿之后两个月，也就是1945年8月15日，日寇战败投降之后，该书终于正式出版，书的封面上说明："民国三十四年八月天津工商学院印行"。这又是"逆水行舟",在个人学习上坚持不懈的纪念。

写到这里,又使我联想起,在抗日战争中取得最后胜利的前一年,也就是1944年夏,我应邀写给工商学院一位毕业班同学的临别赠言,抄录如下:

> 在中国,一个大学毕业生的出路,似乎不成问题,但是人生的究竟,当不尽在饮食起居,而一个身受高等教育的青年,尤不应以个人的丰衣足食为满足。他应该抓住一件足以安身立命的工作,这件工作就是他的事业,就是他生活的重心。为这件工作,他可以忍饥,可以耐寒,可以吃苦,可以受折磨。而忍饥耐寒吃苦受折磨的结果,却愈发使他觉得自己工作之可贵、可爱,可以寄托性命。这就是所谓的"献身",这就是中国读书人所最重视的坚韧不拔"士节"。一个青年能在三十岁以前抓住了他所献身的事业,努力培养他的"士节",这是他一生最大的幸福,国家和社会都要因此而蒙受他的利益。
>
> 诸君就要离开学校了,职业也许是诸君目前最关心的问题,但是职业不过是求生的手段,而生活的中心却要在事业上奠立。愿诸君有坚定的事业,愿诸君有不拔的士节,愿诸君有光荣的献身。

出乎我意料的是,这篇赠言收录在《1945年工商学院校史简志》的附录中。现在回想,我在33岁写下这些话,是因为我在自己献身的事业上,既已经历了反抗日本侵略者的严重考验,但更重要的是因为,在心灵深处接受我的师长所给予我为人为学的亲切教导,以及明清之际的几位学者志士如徐霞客、顾炎武和陈潢给予我的深刻影响。

(二)后半生:在"文化大革命"后期,下放到江西鄱阳湖畔鲤鱼洲"劳动改造",乃自愿加强劳动锻炼,一心期待再次献身学术事业的征途。

还是在1961年,当时担任北京市副市长、致力群众科普工作的历史学家吴晗主编《中国历史小丛书》,我应邀写过其中一册小书,题作《徐霞客》。随后他又邀请我担任了他所建议出版的《中国地理小丛书》副主编,写了《历史上的北京城》。

我和吴晗并没有任何个人关系。可是1966年夏,"文化大革命"在北京大学爆发。北京市委书记处书记邓拓、北京市委统战部部长廖沫沙和北京市副市长吴晗被中央点名为北京市"反革命集团三家村"。由此我就被扣上了和吴晗有黑关系,是"三家村黑干将"的罪名,多次被拉出去批斗,戴高帽、挂牌、游街示众,受到人身迫害。在被监管劳动时,随时被打骂侮辱,遭受多次监禁,审讯中对我不仅拳打脚踢而且用鞭子抽。1968年5月我被关进"牛棚"长达十个月，随后被下放到江西鄱阳湖畔鲤鱼洲北大干校，在监管下接受"劳动改造"。

我对干校情况一无所知，只知道是由解放军、工宣队领导，分成连队。我所在的七连，仍是原来地理系各专业的教师。一般教工群众既有大小会上的学习，也参加劳动锻炼。我是被管制的，只能接受劳动改造，不能参加任何会议和学习，不准离开驻地到附近地区参观。从1969年10月到1971年8月，我在鲤鱼洲经历了近两年的劳动改造。

初到鲤鱼洲不久，正赶上鄱阳湖水暴涨，情况危险。首先动员参加劳动改造的人挑土固堤，我也在其中。每人一根扁担一付筐，由当地老乡铲土入筐，挑着土奋力上大堤。我最难忘的是为我铲土装筐的那位老乡，给别人都是填满筐，大概认为我年纪大了，体力有限，每次只填半筐土就催我走。当时我受管制不能讲任何话，但是此情此景，我牢记心头，至今难忘。

还有一件与大堤有关的劳动，是从湖上运来大量的袋装水泥，靠人背上岸，再由大汽车运往工地。我被指定上船背水泥，运到岸上的卡车。当时天气很热，我只穿了裤衩背心，肩上垫了一块破布。扛起一装水泥，从船上下到岸边，要经过一条木板，走在上面一步一颤。到了湖边，还要经过一段河滩地，再攀登44个砖砌的台阶，才来到停在岸边的卡车。然后背向卡车，转身把水泥袋卸在车上，这时已是大汗淋漓了。

此外，我还被派去挑砖，一担18块，扁担每头9块，从湖边一直挑到工地。在冬天到来之后，我也曾被派去参加一个打柴队，一共十几个人，有一个工宣队师傅带队，早去晚归。沿途经过一片野草丛生的滩地，为了避免血吸虫叮，还要在双腿涂上防毒虫水。每到中午，有人从队里送饭来。傍晚收工时，带队的工人师傅把空的饭桶和饭碗餐具收拾在一起，命令我挑回住地，其他的人，每人都是背着一大捆柴。这当然是在照顾我这个年近花甲的老人，这也是我永远不忘的。

以上这些劳动都是临时性的，而常年进行的稻田劳动，我都是和全连一起参加的。只有冬季育苗，用的劳动力有限，我被指派去参加这项劳动。天寒地冻，要赤脚跳入育苗地泥浆中，反复踩泥。在泥浆中踩一段时间，冻得不行了，脚完全失去知觉，就到岸上来回跳动着暖和一下，最后还是完成了任务。

育苗完成后，全连出动全部下田，从插秧一直到最后收割。最初，我要担稻秧到田间。稻埂又窄又滑，常常跌倒。但是这是派给我的任务，我必须完成。到了收割的时候，我和全连的人一起，直到收割完毕。从最初的育秧、挑秧到水稻丰收，这期间遇到过许多困苦艰难，我都挺过来了。

在干校，我只能参加劳动改造，不能参加任何正常学习。晚上，连队在各自居住的大棚里开学习小组会，我也不能参加。到了开会的时候，我必须到外头去找个临时的地方，一直等到看见住处的灯光下不断有人走动，说明会已开完，我才能回去就寝。我借一个人呆在外头的机会，在附近的机耕路上跑步，跑累了就坐在地上休息一下。冬天晚上很冷，有时也下小雪，我就躲在伙房外面靠近锅炉的一边，背倚着墙，还可得到一点温暖。我找机会锻炼身体，因为我相信，我还是要回到自己专业的野外考察中去的。

果然，经过近两年的时间，我终于在六十岁的时候，回到了在北京大学的家中。我随身带到鲤鱼洲的一根木扁担，又带回来。它完好如新，因为我在那里劳动时，用的都是当地的竹扁担。我把这根随我南下木扁担，好好地保留至今。

回校后继续劳动。到了1972年，我可以自己安排一些时间了，就在家中整理被"文革"中断多年的研究工作。正在这时，"文革"中被迫停刊已久的《文物》期刊的主编，忽然来到家中，告诉我《文物》和《考古》首批被批准复刊了，嘱咐我写稿寄去。我立即整理残存的野外考察资料，写成《从红柳河上的古城废墟看毛乌素沙漠的变迁》一文，又与俞伟超合作写成《乌兰布和沙漠的考古发现和地理环境的变迁》一文，得以分别发表在《文物》1973年第一期和《考古》1973年第二期。然而更重要的是，继续投身沙漠考察的工作热情由此激发起来。1978年春出席全国科学大会之后，我又先后两次参加了中国科学院西北沙漠考察队的活动，再赴沙区，直到1990年9月，就要八十岁了，我还有幸参加了全国政协组织的"西北防护林"观察团，写出了最后一篇关于沙漠地区的论文《祁连山水源涵养林的保护问题迫在眉睫》。

我想写到这里，这篇晚年回忆的记录，也就可以到此为止了。

二零零四年一月六日　北京大学燕南园，时年九十有三

（摘自《师道师说·侯仁之卷》，东方出版社2013年版）

【导读】侯仁之（1911—2013），山东恩县人，历史地理学家，中国历史地理学奠基人之一，中国科学院院士。1936年毕业于燕京大学，后留学英国，获利物浦大学哲学博士学位，回国后先后任燕京大学、清华大学、北京大学等校教授。侯仁之先生学术贡献在于发展了现代历史地理学，开创了"城市历史

地理"和"沙漠历史地理"两个新的研究领域,揭示了几种类型的城市发展规律与特点,为城市规划做出了重要的贡献,并通过实地考察,探索出西北部分地区沙漠化的过程及成因,为防治沙漠化的工作提供了科学的依据。其主要学术著述有《中国古代地理学简史》《历史地理学的理论与实践》《历史地理学四论》《历史上的北京城》《黄河文明》等。

《学如逆水行舟,不进则退》是侯仁之晚年对自己一生在"逆水行舟"中自强不息,积极献身学术事业之经历的回忆。作为老一代学人,自身的学术事业与国家、民族的命运是始终联系在一起的。当他大学毕业,正要安心从事学术研究时,正逢太平洋战争爆发,由美国教会办的燕京大学这一孤岛也不复存在了,身为燕大教师的他先是遭日寇逮捕,后被判处一年徒刑,缓刑三年,失去人身自由。但他并未屈服,仍"逆水行舟",坚持治学、从教。这期间,他利用课余时间完成了《北京金水河考》《天津聚落之起源》等著述,尤其是前者,受到了洪业先生的高度评价,奠定了他在历史地理学研究领域的学术地位。侯先生曾在1944年夏为他任教的一届毕业生题写临别赠言说:"人生的究竟,当不尽在饮食起居,而一个身受高等教育的青年,尤不应以个人的丰衣足食为满足。他应该抓住一件足以安身立命的工作,这件工作就是他的事业,就是他生活的重心。为这件工作,他可以忍饥,可以耐寒,可以吃苦,可以受折磨。而忍饥耐寒吃苦受折磨的结果,却愈发使他觉得自己工作之可贵、可爱,可以寄托性命。这就是所谓的'献身',这就是中国读书人所最重视的坚韧不拔'士节'。一个青年能在三十岁以前抓住了他所献身的事业,努力培养他的'士节',这是他一生最大的幸福,国家和社会都要因此而蒙受他的利益。"这既是他对青年人的勉励,也无疑是他自己心志的剖露和人生的写照。正由于他抓住了自己的"事业",具备了"士节"的精神,所以就是年逾花甲,再次身陷囹圄,或接受繁重的劳动改造,仍能屹立不倒,"一心期待再次献身学术事业的征途"。果然,当结束改造,重返燕园后,他再次焕发了学术研究的青春,先后推出《从红柳河上的古城废墟看毛乌素沙漠的变迁》《乌兰布和沙漠的考古发现和地理环境的变迁》《祁连山水源涵养林的保护问题迫在眉睫》等一系列颇具分量的有关沙漠治理的学术论文,继续开拓了他选定的"事业",为我国西部地区的改沙治沙提供了理论依据。由此,国家和社会也真"蒙受他的利益"匪浅。

对我们年轻一代学人来说,从侯仁之先生的这篇回忆文字可以得到这样的启示:即一个人的学术征途并非总是一帆风顺的,难免会遇到这样那样的坎坷，但一旦选定了自己的学术"事业"，就要坚韧不拔，矢志以求，成功总是与勤奋、与逆水行舟相伴而生。侯仁之先生曾总结自己的一生说："少年飘零，青年动荡，中年跌宕，老而弥坚。"而他的一生能取得如此辉煌的学术成果，确与他以顽强的毅力与逆境抗争，坚持不懈、勤奋治学密不可分。这一点，也是我们当今青年学人最该学习的。

（卢有泉　陈　鹏）

我与《说文》

陆宗达

我学习、研究与运用许慎的《说文解字》，至今已有六十个年头了。

如果说我在《说文》研究上还有些造诣的话，则主要受我的老师黄侃（季刚）先生所赐。1926年，我在北京通过吴检斋（承仕）先生认识了季刚先生，为他的学问和治学方法所折服，当即拜他为师。后来，季刚先生到了南京，我也去了，同他的侄子黄焯一起住在教习房。至此，我跟从季刚先生学习以《说文解字》为中心的文字、音韵、训诂学，深感自己的学习与生活发生了很大变化。

季刚先生指导我研治《说文》，他的办法很独到：首先要我连点三部《说文段注》。他说："一不要求全点对，二不要求都读懂，三不要求全记住。"头一部规定两个月时间。点完了，他看也不看，也不回答问题，搁在一边，让我再买一部来点。这样经过自己钻研、比较、体会，三遍下来，理解加深了，有些开始不懂的问题也豁然明白了。之后，季刚先生要我抛开《段注》，专看《说文》白文。季刚先生这样指导，是很有道理的，总的精神是充分调动我的学习主动性和积极性，由我自己去思考、鉴别、把握。而就学习程序而言，首先连读三遍《段注》，是为了把《说文》的词句点断读懂，为正确理解《说文》的含义创造条件；接着光读《说文》白文，则是为了集中全力练好钻研《说文》的基本功。季刚先生强调说："学《说文》，贵在反复玩索大徐（徐铉）本白文，并与小徐（徐锴）本相参照，《说文》的基本功都在白文里。"

第八编　治学经验

钻研《说文》白文，季刚先生教给我的方法是利用全书进行形、音、义的综合系联。为什么要进行这种系联？因为《说文》凝聚了中国传统文化的宝藏，又是中国传统语言文字学史上第一部分析字形、说解字义、辨识音读的字典，是小学书的"主中之主"（季刚先生语），值得我们花一番工夫去精细地研究。《说文》在编纂时已有明确的、比较成熟的形、音、义相结合的理论作指导，非常注重形、音、义的系统。这种系统不但表现于每个字、词的说解都分形、音、义三部分，更重要的是书中的绝大部分字、词都包含在形、音、义的系统中。《说文》的编排是"以形为主，经之以五百四十部，以义纬之，又以音纬之"（段玉裁语），这种"以形为主"的编排固然有助于人们理解汉语字、词形、音、义的联系，但也在很大程度上掩盖了形、音、义的系统。我们在学习《说文》时只有把每个字的形、音、义拆开，同时又从《说文》全书的整体上按照相应的系统来重新组合、编排这些拆开了的每个字的形、音、义，这样才能重现形的系统、音的系统、义的系统，以及这三个系统的综合与穿插。而从每一系统以及系统之间的综合上来认识一个字，才能认识得全面、深刻。

利用《说文》全书进行形、音、义的综合系联，具体做法是：把书里关于某个字的散见在各处的形、音、义材料都集中在这个字头儿上。例如，五上《工部》"巨"下说："矢者其中正也。"五下《矢部》"短"下说："有所长短，以矢为正。"三下《支部》："政，正也。"八上《人部》："估，正也。"这几条都要抄在"正"字头儿上。而二下《正部》："正，是也。"二下《是部》："是，直也。"十二下《乚部》："直，正见也。"则"是"、"直"也要抄在"正"字头儿上。这是有关"正"的意义的材料。把这一类材料集中起来，就可显现出某个意义系统，发现其中的核心、层次及联系的环节。还有关于字形的材料。例如八上《尸部》："尸，陈也，象卧之形。""居"下："从尸，古者居。""屋"下："尸，所主也，一曰，尸象屋形。"这些"尸"的字形有无联系？有何区别？把这些材料汇集起来比较，就可发现有关的构形系统和它们的表义功能。还有读音的材料。例如十一下《鱼部》"鱼䲔"又作"鲸"，知"䲔"、"京"一音，这条则要分别抄在"䲔"、"京"二字下。三下《支部》"（度文）读若杜"，又需把"度文"抄在"杜"下。此外，还需把全部形声字归纳到所属的声符下面，并把每个声符字按声和韵填到古韵表里。从这些读音材料中，就可归纳出《说文》的声音系统。为了进一步研究音义关系，还得把说解中与正篆音近义通的字挑出来。

801

例如，一上《一部》："天，颠也，至高无上，从一大。""天"是正篆，"颠"、"至"、"上"与"天"或双声韵近，或迭韵声近，或声韵皆同，意义又彼此相通，就都要挑出来。

这种综合系联的工作，工程相当大，需要高度集中注意力，需要把《说文》反复通读若干遍。不过，这项工作下来，我对《说文》已十分熟悉，对《说文》的理解也似乎发生了质变。这使我懂得，任何高深的学问，都要从最简单笨拙的工作一点一滴地做起，并坚持做完。在这种有着明确目标的每一琐细繁难的工作后面，即展示着一派果实丰盈的学术研究新境界。

在《说文》带动下，我重新精读了《毛诗》《左传》《三礼》《周易》等先秦文献，又跟着季刚先生读《文选》和历代诗词，掌握了更多的古代文学语言。《说文》搞熟了，再去研究《尔雅》《玉篇》《广雅》《广韵》《集韵》等书，也容易深入了。记得季刚先生曾让我根据《集韵》的反切，把《说文》的字作成韵表，我用半年时间这样做了，便摸清了《说文》的文字、声音变化的轨迹，把文字、声韵的学习推到一个新的阶段。

从事以上工作，实际上是处理好基础与专攻、广博与精深的关系，这对于我的学习与研究，起了很大的推动作用。几十年来，我总是离不开以《说文》作桥梁，通过运用《说文》，帮助自己解决古代文献语言中的疑难问题，解决《说文》与训诂研究的普及与应用的问题，解决发展汉语词义学的理论与方法诸问题。

解决古代文献语言中的疑难问题，对古代文献语言材料进行解读、辨认、分析和归纳时，我都坚持严格地从文献语言材料出发。也就是说，提出的课题来自文献语言，得出的结论所需的证据也采自文献语言。因为《说文》本身就是取证于经籍群书并解释文献语言的专书。运用《说文》解决文献的疑难问题时坚持以文献语言材料的实际为准，自己的研究工作才有源头、有根据，《说文》与文献才能互相贯通。

在振兴民族文化的今天，这种对于古代文献语言材料的研究不应当只是局限在学术的殿堂内，还应当同时面向社会，注重普及，强调应用。针对《说文》与训诂研究的材料较古，历来方法与理论比较陈旧的情况，在做这种普及工作时，我注意读者所关心的问题，写一些应用的文章，用现代人可以接受的语言，把方法论的阐说同具体事例的解释结合起来，努力做到深入浅出，便于群众理解与应用。

在建立适合汉语特点的汉语语言学的工作中,《说文》应当而且必能发挥重要的作用。从语言科学理论的现状看,中国语言学最薄弱的环节是语义学。当代语言学以引进为主,传统语言学只被看作历史,很多人以为不再有发展的必要和可能了。我认为,汉语的特点加上记录它的汉字的特点,决定了只有批判地继承古代文献语言学的材料、理论和方法,才能发展出适合汉语情况的语言科学。《说文》贮存了系统的文献词义,书中包含了深刻的词义学理论与方法。两千年来特别是清代学者的研究,进一步明确地阐释了《说文》的词义与发展了文献词义学的理论与方法。采用当代先进的科学理论和方法继承、改造这批成果,是建立符合汉语和汉字特点与规律的语言科学的根本途径。

总之,从文献语言材料出发,以《说文》为中心,以探讨词义为落脚点,重视继承,建立适合汉语特点的汉语语言学,面向现代社会,重视普及和应用,这是我学习、研究、运用《说文》的指导思想。我写的《说文解字通论》、《训诂简论》,与王宁合写的《训诂方法论》、《古汉语词义答问》以及80年代发表的一些文章,都是遵循着这些指导思想的。这一两年来,我着重进行汉语同源字的研究,已为季刚先生的"《说文》同文"作出了考证,又以批判继承的精神对第一部系统研究《说文》同源字的专著——章太炎先生的《文始》进行评注,并在对于硕士研究生和博士研究生的教学中,与我的学生一起,着手写一部以探讨文献词义为中心的《说文解字研究》。我深深感到,随着《说文》研究的深入,吸收当代新的科学方法论成果,从整体上系统研究《说文》,为振兴民族文化尽力,我要学的东西、要做的工作都还多着呢!

(摘自《陆宗达语言学论文集》,北京师范大学出版社1996年版)

【导读】陆宗达研究《说文》自其师从黄侃始,其研治《说文》的方法既传统又严谨,走的是从文献校点到训诂考据的路径,是基础与专攻、广博与精深相结合的研究工作。也就是说,研治《说文》既要在反复玩索中越过千年的历史阻隔,去了解作者编纂时的思想和理论;也要以此为基础实现全书的系统性综合系联,将散见各处的形音义材料以科学的方法集中起来。这样做不仅有助于推动《说文》研究进入更科学更系统的阶段,有助于与《说文》密切相关的文字学、音韵学、词汇学、辞典学等整体汉语言研究体系的更新和发展,还有助于先秦文献和历代辞书的整体考察与系联。

陆宗达提到黄侃指导方法的总精神是"充分调动我的学习主动性和积极

性，由我自己去思考、鉴别、把握"。之所以要在研治过程中不断进行思考、鉴别、把握，是因为"围绕着古代遗献和古典语言所产生的大大小小各种学问知识的发展变化，从词形变化、正字、音读、词源、韵体、句法、修辞，到注疏、校勘、辑佚、目录、字典，再到品第、批评、摘要、选集、传抄、类书，甚至还有模仿、暗袭、伪托、翻译，等等。这些行为活动，置于不同时代的教育、宗教、政令、风俗、地域等环境因素之中，呈现出千变万化的风貌。"（张治《蜗耕集》）可以说，中西古典文献研究过程中所面临的问题是相同的，因此中西方历代学者在处理古典文献学术细节时都应在思考、鉴别、把握的过程中实现研究的进步。

陆宗达表示解决古代文献语言中的疑难问题应坚持以文献语言材料的实际为准，这样的研究工作才有源头、有根据，才能将《说文》研究与文献研究相互贯通。这是将训诂考据与文献梳理交相融合的研究理念。

在中国学术史上，历来有"读书必先校书"的理念，尤其清代乾嘉学者王鸣盛提出这一说法后，小学学者多以校书为训诂考据之第一要务。以熟读某一文献为前提，对其进行版本源流的考证，辨析其文字演变线索和路径，并在此基础上进行训诂释义和篇章分析是传统小学历来认同的研治之法，是实证性的研究方式，是"有证据的探讨"（胡适语）。这种研治方式尤其适用于"窄而深"的研究，对"喜专治一业"的研究者而言，是将专题研究推向细致紧密、博贯融通之地的最佳途径。往往围绕一个问题，搜求的证据多至百余，在巨细毕究的研讨过程中，所治者已远远超越该问题本身，而直指古典文本和文字间千丝万缕的逻辑关系和历史规律，这是一种博证精神，也是一种严谨的科学精神。千百年来，将训诂考据和文献梳理相结合始终是中国学术研究的根本方法，被一代代学者运用和发展。

同时陆宗达也指出，继承优秀民族文化传统的正确方式，是将其与当代先进的科学理论和方法相结合，从而建立适合汉语特点和规律的学术体系。近年来，传统小学研治方法在新的历史语境下发生了新的科学化的转化，在继承先贤优秀学术精神和理论的同时，将学术眼光、研究范围、考证途径和论证方式进一步开放并优化，与统计计量、心理分析、逻辑推演、信息处理等理论和方法相结合，新的学术系统和体系正逐步形成，传统小学研究方式成为当代实证性研究方法的基石，适用于更广泛的研究领域。

（杨　艳）

我的读书经历

杨宪益

一些爱好文史知识的年轻朋友要我写写"治学"经验。谈起"治学",实在不敢当之至。我虽也爱好文史,过去也写过一些零七八碎的笔记,但大都是一时兴起,随手捡来的东西,说不上治学。这里只能简单谈一谈过去读书经历的道路,也许从中可以总结出几条个人经验和教训,不过对旁人不一定有用。每个人所处的环境不同,条件也不同。所以古人说"学我者病"。只要肯学,肯下功夫,每个人总是会摸索到适合自己的学习方法的。

我小时读书的条件很好,家里有不少先辈留下来的旧书,可以偷着自由翻看;这些各式各样的旧书,从一些经史子集的专著到明清近代的笔记小说,包括一些今天已经不容易看到的笔记小说如《子不语》《阅微草堂笔记》《梵天庐杂俎》等,还有整套的林译"说部丛书",此外就是一些当时流行的所谓"鸳鸯蝴蝶派"文学等等。当时老家在天津。每天傍晚还有小贩来喊卖"闲书",可以叫到院子里来挑选,也可以租看,看完了过几天再还给他,内容都是些《施公案》《彭公案》之类。这些东西同今天流行的通俗武侠小说差不多,看多了也没有什么好处,只是也可以增长一点社会知识。

我没上过小学,家里给我请了一位中文老师,是个秀才。相当于别家孩子上小学的年纪,我在家里在老师的指导下读书。初读的书是《三字经》《百家姓》《龙文鞭影》《千家诗》。十岁以后读"四书",然后是《诗经》《书经》《左传》。此外还有《古文观止》《古文释义》《唐诗三百首》《楚辞》,这些都是要背诵的。我小时记性不错,一般的书分段读个二三遍,就可以背下来了,所以并不感到吃力。老师只是把大意说一说,并不逐字逐句的教,所以有的书读完了,文字也并不完全懂,许多地方还是后来回忆起来,查了查书,才弄懂的。这种死背书的教学方法实在不足为训,只是小时背过的书,后来再回过头弄懂,至少不需要再翻找原文了。如果说这样有什么用处,其实不过如此。

学风九编

上了中学以后，古文就放下来了。在初中时，兴趣主要是英文以及中外史地和自然科学知识声光化电之类，这与当时学校的条件有关。我上的是一个英国教会办的学校，所请的中文老师都不太高明，学生也不佩服。自然科学和中外史地方面的老师却都很不错。英文当然是好的，许多课本都是英国出版的，讲课也用英文。到了高中阶段，我主要花时间在课外阅读方面。当时天津有两家外文书店，我经常去买书，看了不少外文书，因此兴趣也就转到西方文学方面去了。同时我有一个要好的同学廉世聪爱写一些旧体诗，我因此向他学习，也写了不少古诗。英文诗也试译过一些，同时也摹仿写过几首。

中学毕业时，家里同意让我去英国读大学。我决定考牛津大学，读希腊拉丁文学（后来又读了半年中古法国文学和一年多英国文学）。因为原来没有学过希腊拉丁文，因此在伦敦先补习了一年多。在这期间又读了不少书，不限于外国文学方面，还有历史、地理、音乐、美术、民俗学、心理学、哲学等等，我对什么都有兴趣。也开始读了一些马恩列斯的马克思主义的经典著作。

回国以后，头几年在内地教书，当时是抗日战争期间，外国的新书不容易看到，读书就限于中国文学方面。后来在重庆到了一个国立编译馆做翻译工作。编译馆有一个不错的图书馆，收藏了不少过去人编辑的各种丛书，这样又读了不少文史杂集、笔记小说之类。由于一些偶然的条件和朋友们的鼓励和启发，开始写了一些有关文史考据和古代中外史地方面的笔记。

建国后这三十多年，主要时间和精力都放在翻译工作方面，尤其是外文翻译方面，变成了完完全全的翻译匠。由于周围条件的限制以及各次政治运动的干扰，读书和补充各种文史知识的时间比以前少得多了。聊以自慰的是搞文字翻译的时间多了，在这方面也算做出了一定成绩，但自己同一些专心从事学术研究的朋友比较，总觉得自己做出的贡献太少，未免惭愧。

以上就是个人过去在文史方面读书经过的一个粗浅轮廓。至于谈体会或者说经验教训，我想有一点可能对别人也是适用的，就是在学习方法上，重要的一条是首先要启发学习者对某方面知识的兴趣，并且主要靠自学。死背教条，死灌什么东西，增加许多上课时间，增加学习者的负担，都是没有什么用处的。我在英国牛津大学读书时，他们教学实行的是导师制，每个学生被指定有一个或两个导师，每星期只约定时间谈个一两小时，让导师了解一下这个星期读了哪些书，看看所写的短篇论文或笔记，指点一下，提供一些在所学方面需要读的书，此外时间完全让自己支配，上午或下午愿意去听一些公开讲课也可以，不愿听课，去图书馆自己读书也可以。一般读书都在晚上到深夜，或找些同学彼此交换意见，互相启发。我觉得这种启发式读书方法比坐在课堂里听许多课的死灌方法要好得多。其次就是博与专的问题，我认为开始读书，范围还是广泛一些为好。当然像我个人经历那样，因为开头缺乏有人指导，个人兴趣又太广泛，搞的方面太杂一些，也走了不少冤枉路，浪费了不少时间，涉猎了许多可以不读的东西，但是学习的道路总是要自己摸索得来的。兴趣开头广泛点总比一开头就专门研究个小的方面要好一些。另外一点就是，治学总要有一点"锲而不舍"的坚持精神。我除了搞外文翻译略有一点成绩而外，在学术研究方面，虽有所涉猎，但都是浅尝辄止，无论在古今文史、或中西交通等方面，都没有写出什么像样的专著。这是一个教训，也可以供后学者参考，作为前车之鉴吧。

但是读书兴趣广泛一些，总不是一件坏的事，开头涉猎群书，总不免要杂一些。问题在于要先博后专。也许有人会说，天下学问那么多，怎么能读尽所有的书？实际上，读书也不是那么难的事，只要对一门学问感到兴趣，就会钻进去，把问题弄懂。专门研究一行，觉得搞不清楚的时候，就要去看看其他方面的材料，天下事物都是互相联系的。研究一个文学方面的问题，往往要查一下当时的历史资料，也许还要研究一下地理，也许还要点外文知识，也许还要研究一下古代和现代的天文历法、民间风俗习惯等等，有时甚至要一点自然科学常识。所以在治学上，广泛的知识总是必要的，广泛要与专精相辅相成。个人深感学疏才浅，现在年纪又比较大了，精力不如从前，许多过去想做的事都没有搞成，实在也说不出有什么治学经验，拉拉杂杂，就写到这里吧。

（摘自《文史知识》1986年第2期）

【导读】 杨宪益（1915—2009），祖籍淮安盱眙，今江苏省淮安市。中国著名翻译家、外国文学研究专家、诗人。曾与英籍夫人戴乃迭合作翻译全本《红楼梦》、全本《儒林外史》等多部中国名著，在国内外的翻译界产生广泛影响。

《我的读书经历》是杨宪益回顾过去读书经历的一篇短文，发表于《文史知识》1986年第2期。他回顾了过去读书经历过的道路，总结了个人的经验教训，不过在他看来，"对旁人不一定有用，每个人所处的环境不同，条件也不同"，他认为，"只要肯学，肯下功夫，每个人总是会摸索到适合自己的学习方法的"。

文章中杨先生大致回顾了自己的读书经历：小时候读家里先辈留下的旧书，自由翻看，从经史子集的专著到明清近代的笔记小说，也读过一些小贩卖的闲书，增加了社会知识。到了该上小学的年纪，家里请了中文老师，在这位老师的指导下读了从《三字经》《百家姓》到《诗经》《书经》《左传》等古文书。中学时主要是读英文以及中外史地和自然科学知识声光化电之类的书，开始摹仿写诗。中学毕业后去英国读大学，读希腊拉丁文学、中古法国文学和英国文学以及历史、地理、音乐、美术、民俗学、心理学、哲学等，并开始读一些马恩列斯等马克思主义经典著作。工作后读各种中国文学、文史杂集、笔记小说等，开始写一些有关文史考据和古代中外史地方面的笔记。建国后主要从事翻译工作。杨先生粗线条地回顾自己的读书经历，从中总结经验教训，认为有几点：首先是要启发学习者对某方面知识的兴趣，并且主要靠自学。他认为死背教条，死灌什么东西，增加许多上课时间，增加学习者的负担，都是没有什么用处的。他赞成国外的导师制和启发式读书方法，而不是坐在课堂里听许多课的死灌方法。其次是博与专的问题，他认为读书应该先博后专，广泛阅读与涉猎知识总不是坏事。另外是治学总要有一点"锲而不舍"的坚持精神。他认为这是他的教训，应该作为大家的前车之鉴，因为他除了翻译没有写过任何其他专著，都是零零杂杂写了写文史考据或笔记之类的，没有坚持下去，因而学术建树不多。

杨先生关于读书应该用启发式教学、先博后专、锲而不舍的经验，对于年轻学生和初从事学术研究的学者都无疑具有重要的借鉴价值。

（罗小凤）

我和北大

邓广铭

自从我在山东第一师范读书时，我就已醉心于北京大学，成了一个北大迷。原因是，北大是"五四运动"的策源地，是新文化运动的策源地，而新文化运动的旗手和主将，例如胡适、鲁迅、周作人、钱玄同等人，直到20年代中期，还都在北大任教，所以我对北大向往之至。

我本应在1929年夏间在山东第一师范毕业，可在1927年秋，我就因参与驱逐张宗昌（山东的军事善后督办）、王寿彭（清末状元，当时任山东教育厅长）委派来校的一位冬烘守旧的校长，而被开除学籍了。因我家贫，又无毕业证书，故虽依然向往北大，却不得其门而入。直到1930年冬，我才来到北京，进入一家私立中学的高三，取得了一张"文凭"。但1931年夏我报考北大却未被录取，便考入辅仁大学的英文系读了一年。

据我当时所闻知：北大的文学院长为胡适，史学系的原系主任因翻印一本高中教材作自己的讲义而受到学生的反对，辞职离校，由傅斯年代理系主任。傅也是五四运动中的主将之一，是《新潮》杂志的创办人，当我在村塾中读书时即已知道他是"当今黄河流域的第一才子"，所以也极为仰慕。在1930年的《燕京学报》上发表了《刘向刘歆父子年谱》的钱穆先生，据说也被聘到北大史学系任教了。钱的此文，发表不久我就读过，很钦服；1931年春在北大旁听胡适先生的中国中古哲学吏，胡先生也提及此文，说它是使当时学术界颇受震动的一篇文章；说他本人和一些朋友，原也都是站在今文派一边的人，读了这篇《年谱》之后，大都改变了态度云云；这使我更知道钱氏此文的作用之大，它扭转了而且端正了从19世纪以来风靡中国学术界将及百年的一种风气，因而更加强了我对钱的崇敬之心。有这样一些大学者在北大史学系，我对北大的向心力便更加强大，所幸1932年我又一次投考北大时，终于被录取了。

北宋的苏辙，在进士及第之后曾写信给当时的枢密陡韩琦，自述其学识进展的情况说，他出了四川后才知道天地之广大；过秦汉故都，见终南诸山和奔腾东下的黄河，才慨然想见古之豪杰；到了京城，看到了翰林学士欧阳修，听到他的雄伟博辩的谈吐，看到他的秀雅的风度，和他的朋友门生们交游，"而后知天下之文章聚乎此也！"我呀，迈进了北大的文学院，听了一些大师们的讲课，在课堂外与他们有了一些接触，听其言论，观其风采，而后知天下之学术聚于北大！ 这怎能不成为促使我天天向学、自强不息的强大动力！

我接触较多的胡适、傅斯年、钱穆三位先生，全都是毛主席在《丢掉幻想准备斗争》一文中所说的，属于帝国主义和中国的反动政府所能控制的极少数中国的知识分子之一，但这是对他们政治立场的批判，不是针对他们的学术观点的。这三人的学术观点和治学方法是并不相同甚至可以说是大不相同的，但有一点在此三人都是完全相同的，即他们不论在课堂上或在课外接触时，都对学生和后辈学人绝口不谈政治。假如有学生主动去找他们谈政治，即使是属于反共的或拥蒋的，他们也将对他十分轻视，因为，他们是专要培养做学问的人。傅斯曾长期担任中央研究院历史语言研究所的所长，他一直是要把研究所办成个经院式的，只希望全体研究人员都是书呆子，谁热衷于政治问题是会遭受他的鄙视的。

我毕业后留在北大工作，抗日战争的前半段，我曾先后接受"中华教育文化基金董事会"和"中英庚款管理委员会"的资助，从事于《辛稼轩年谱》和《稼轩词笺注》等类的工作，但编制一直还在北大。

从1942年夏到1943年夏，我在重庆的一家出版社主编一个叫做《读者通讯》的刊物。从1943年秋又转到由上海迁移到重庆北碚的复旦大学史地系任教，初去时为副教授，一年半后提升为教授，到1946年北大由昆明复员北平，我又重回北大史学系任教。在复旦前后整整三年。以上四年，是我完全与北大脱离了关系的四年。是从1932年到今天的60年内，仅有的四年。

在1945年抗日战争胜利之后，南京政府的教育部发表胡适为北大校长，在他未回国前，由傅斯年为代理校长。傅先生知道我在复旦已是教授，而且从复旦校长的口中也知道我在复旦教课的效果，有一天我在重庆与他相见，他向我说："我要请你回北大史学系教书，可得降级使用，因为，你们同届毕业的，理科各系和外语各系的，凡是不曾出国留学的，还大多只是讲师，连副教授还没有做到，你回去做教授就显得太特殊了。所以得降级使用。你考虑考虑，干不干？"我并未经过考虑，当即就回答说："我干！我是由北大培育出来的，应当对北大作出我的报偿。"就这样，我就一言为定，又回到北大的历史系，并一直延续到今天。

试想，如果不是北大历史系，而是其他任何一个名牌大学，或是待遇优厚的某个教会大学，要我放弃了复旦大学的教授职位而去该校作一名副教授，可能吗？当然是不可能的。然而北大就是这样做了，而且做通了，而且就在那样的条件下，我本人心甘情愿地回到北大历史系来了。在这件小事的全部过程当中，我认为，全都体现着北大和北大历史系所具有的强大魅力。

（摘自《神之日——光明日报"文荟"副刊作品精粹》，光明日报出版社1997年版。本文原载于《光明日报》1993年1月2日）

【导读】邓广铭（1907—1998），历史学家，主要著有《辛弃疾传》《辛稼轩年谱》《稼轩词编年笺注》《宋史职官志考正》《宋史刑法志考正》等。

"江山代有人才出",在这一代又一代的人才中,很多都是北大培养的,因此,一直以来,许多著名人士都写过回忆或怀念北大的文章,如沈尹默、季羡林、邓广铭、费振刚等,都书写了自己的北大情结,抒发了自己对北大的独特深情,呈现了自己对北大精神的领悟。邓广铭便在《我和北大》一文中追溯了自己的"北大情结",谈及了他对北大精神、魅力的发现和领悟。

邓广铭先是追溯他作为"北大迷"的北大情结。由于北大是五四运动的策源地而成为"北大迷",但他却因各种原因而无法登入北大之门。而这并没有挫伤他对北大的向往之心,由于钱穆等大学者在北大,邓广铭再次投考北大,终被录取,圆了北大梦。而"迈进了北大的文学院,听了一些大师们的讲课,在课堂外与他们有了一些接触,听其言论,观其风采,而后知天下之学术聚于北大!"这成为促使他天天向学、自强不息的强大动力。

邓广铭谈及他对胡适、傅斯年、钱穆三位先生的看法。他发现他们三人在学术观点和治学方法方面是并不相同甚至可以说是大不相同的,但有一个共同点是完全相同的,"他们不论在课堂上或在课外接触时,都对学生和后辈学人绝口不谈政治","他们是专要培养做学问的人的",这是邓先生对北大精神的一种认识。但在某种程度上也是对胡适的误解。胡适确实曾提出"不谈政治",但事出有因,这种主张的提出是有历史语境的。一直以来,研究者大都误解了胡适对政治的兴趣,尤其不了解他回国以后立下"二十年不谈政治"的誓言的来龙去脉,而以讹传讹,误下判断。事实上,胡适曾在《我的歧路》里说:"我是一个注意政治的人。当我在大学时,政治经济的功课占了我三分之一的时间。当1912至1916年,我一面为中国的民主辩护,一面注意世界的政治。我那时是世界学生会的会员、国际政策会的会员、联校非兵会的干事。1915年,我为了讨论中日交涉的问题,几乎成为众矢之的。1916年,我的国际非攻论文曾得最高奖金。"

一个如此注意政治的人为何后来立下"二十年不谈政治的决心"?胡适在《我的歧路》里也有过说明:"1917年7月我回国时,船到横滨,便听见张勋复辟的消息;到了上海,看了出版界的孤陋,教育界的沉寂,我方才知道张勋的复辟乃是极自然的现象,我方才打定二十年不谈政治的决心,要想在思想文艺上替中国政治建筑一个革新的基础。"

大多数人都只截取"二十年不谈政治"这半句话,对胡适说这话的前后文和当时语境都全部略掉。如此推论，必然得出胡适不谈政治的片面论断。其实，胡适回国是为了从事"治国"大业的，只不过当时的政治形势使胡适不得不调整自己的战略，"想在思想文艺上替中国政治建筑一个革新的基础"。而后来，胡适又转向谈政治，既是新的政治形势使然，亦是胡适回国目的的重新复活。因此，邓广铭在一定程度上对胡适产生了误读。

此外，邓广铭还以自己留校任教、离开四年、放弃复旦大学的教授职位而返回北大做副教授的经历证明北大的强大魅力，呈现了他对北大独特的感情。

（罗小凤）

我和《左传》

杨伯峻

我生于封建家庭，祖父以上三代单传，我祖父生男孩子三人，我父亲居长，我是母亲的第二胎，未足月而生，生来很瘦弱，却是长房长孙，所以祖父母生怕我像我姐姐那样又夭折，爱护备至。从小不出家门，由我祖父亲自授读古书。读完《诗经》，便读《左传》（《春秋经》不读），同时兼读吕祖谦的《东莱博议》。后来插班进了小学三年级，仍然在放学后到祖父书房受读《左传》和《东莱博议》。当时虽能背诵，却不很懂原文意义。直到进入北京大学中文系，取《春秋左氏传》加以温习，才逐渐懂得一些，但离十分理解还差很远。

我买了一部《刘申叔遗书》，其中有关《左传》的文字不少，感觉到刘师培之为人虽不可取，但《左传》之熟，读书之多，却使我十分羡慕，无怪乎章炳麟能捐弃前嫌，要营救他，说是为中国留一读书种子。建国后，刘文淇等三代所著《左传旧注疏证》已由科学出版社出版，同时章行严世丈（士钊）在《文史》发表一篇关于《黄帝魂》的文章，其中说，他和刘申叔相交时，不见他很用功，他家屡世以习《左传》有名，申叔的有关《左传》文字可能是剿袭他父、祖辈以至曾祖的遗稿。我当时正细读刘文淇的《疏证》，又细读刘申叔有关《左传》文章，认为行严世丈的说法未必可信。刘申叔一则承受家学，二则天资聪敏过人，所以虽然只活三十六岁，便著作等身，而于《左传》尤为精熟，能发挥自己的独见。我仔细比较《春秋左氏传旧注疏证》和刘申叔的有关《左传》文章，有把握地认为，申叔的治《左传》，超过他父辈、祖辈甚至刘文淇，他的文章不可能是剿袭而来的。我这意见也曾当面告诉章行严世丈。

我也曾读了一些有关《左传》的书，除当时坊间的所谓《左传白话解》一类的只图赚钱丝毫没有学术价值的书以外，尽可能搜集有关《左传》材料。坊间有《杜林合注左传》，我也不用，直接用《十三经注疏》本的杜预注，林尧叟之说都不可取，便废而不用。

清朝人对所谓经书，除《礼记》以外，都有整理本，有的甚至不止一种。但《春秋左传》，除一些札记式的书外，洪亮吉的《左传诂》分量太少，唯有刘文淇一家的《旧注疏证》，而且还没有写完，甚至难以令人满意。而《左传》一书，名为经书，实是一部春秋史书。在所有经书中，文学价值又最高。我既然阅读了一些必要的参考书籍，便决心整理这部著作。它在《十三经》中，分量最大，经和传将近二十万字，非全力以赴不可。

我首先熟读本书，搞清经和传的体例。这是注解任何一部古书最必要的基础条件。我大致对《春秋经》和《左氏传》的撰写体例理解了，然后做第二步工作。这便是访求各种版本，除阮元作《校勘记》已采取的版本外，我还得了杨守敬在日本所见的版本，又得了日本的金泽文库本。金泽文库本是六朝人手写的，而且首尾完具，可说是最有参考价值的版本。用来互相校勘，并且参考各种类书和其他唐宋以前文、史、哲各种书籍的引文，取长舍短，作为定本。然后广泛阅览经史百家之书，除《春秋》《左传》的专著必读以外，《三礼》和《公羊》《谷梁》二传，也在必读之列。尤其是《史记》，如《十二诸侯年表》春秋各国《世家》，必须一一和《左传》相对勘，说明两者的同异。

我又重新温习了一遍甲骨文和青铜器铭文，并且泛阅有关这类的书籍，有可以采取的都摘录下来。又对历来从地下所得资料，都摘录在有关文字下面。把以上所说各种资料，作为长编。可惜这个长编在"文革"时期丧失了一部分，又再没有工夫将它补全，只好就记忆所及，临时检书稍作补充。就凭这一不太完具的长编，删繁就简，淘汰无用部分，加以自己研究所得，写成初稿。再就初稿进行修改补充，因为原稿比较杂乱，只好请人誊正，就算基本定稿了。

我发现近代人对《左传》最熟的，除刘申叔外，要数章太炎（炳麟）。他在日本时，曾用《左传》教授一些中国留日学生，著有《春秋左传读》一书。这部书是他读其他书的时候对《左传》的心得札记，不是依《左传》次序写的，是读书时，联想到《左传》某句而发挥的。他一定对《左传》极熟，并且能记得某句在《左传》某公某年，基本上是凭记忆札记下来。可惜这部书当时并没有印多少，后来他编《章氏丛书》时，只用这部书的《叙录》，可能他自己不很重视这书，没有收入《丛书》中。他的小弟子潘承弼影印了一百部，流传不广。我费了大力搞到一部，字迹比蚂蚁还小，又模糊得很，用放大镜都难看清楚，幸而我对他所引用的书大都读过，只要认识几个字，便可以检查上下文。这部书所说的，只有一小部分是正确的，无怪乎他以后不再提起这书了。但太炎先生对《左传》之熟，对著作之认真，这种精神，是值得后学景仰而学习的。

《春秋左氏传》是一部中国重要典籍，刘文淇累代传授《左传》并且著作，因此《清史稿》替他三代立传。然而用功八十年，经历三四代，并没有写完，仅到襄公五年为止，成就比孙诒让的《周礼正义》相差不可以道里计。我以一人之力，又遭"十年浩劫"，短期内赶紧完功，虽然凭借前人成果，但错误脱漏之处一定不少。桑榆虽晚，幸还能读书，决心在有生之年中，再加以补充修改，以期做到较为完善。

再说几句，这本《春秋左氏传》脱字、错字、衍字不少，第二次印刷本虽校正了一些，还有不少错、脱、衍文存在。现在我在重新校对，又得几位热心读者来信指出，打算校正完毕后，重新排印，以减少内疚。

（摘自《学林春秋》，中华书局1998年版）

【导读】据杨伯峻所言，其自小就由祖父亲授《左传》，而他正式研究《左传》是在其进入北京大学任职之后，激发他对《左传》兴趣的是刘师培的《刘申叔遗书》，刘师培在《左传》方面的深厚学识令他心生羡慕。如果说对刘师培的羡慕是外因，幼年时期的熟读是潜在性内因，那么促使他确定以《左传》为研究对象的契机则是发现了《左传》研究的不足之处，即没有一部完整的、令人满意的注本。因此在熟读《春秋经》《左氏传》，了解"经""传"的撰写体例，广泛访求各种版本，对比历代经史（尤其是《史记》）与《左传》的异同，参考历来考古资料后，他写成了《春秋左传注》。为整理这部著作，杨伯峻披阅了大量书籍，抄录了大量资料，该书定稿时所征引的著作就达344种之多。

缘于他对《左传》涵泳于胸数十年之久，对该书的熟悉程度非常人可比，达到仅依凭几个字便可检查《左传》上下文的程度，这为他获得更多的参考资料赢得先机，也是其校勘和注释这部古文献的绝对性优势。细读《春秋左传注》，我们不难发现其对资料的取舍和组织颇有精到之处，往往能以精炼的叙述、过硬的资料，将问题一一阐释清楚。

《春秋左传注》以阮元刻为底本，参考杨守敬在日本所见版本及日本金泽文库本等校对而成。在研治先秦文献的过程中，杨伯峻形成并建立了一套以注释、译文、词典三位一体的整理方法，三个方面各有所主又相互补充，组成一个有机的整体，是将古籍整理与研究相结合的范例。同时他还提出，在研究先秦文献的过程中，应突破某些狭隘的观念，从整体上系统地对先秦文献进行考察，在分析其史学价值的同时，还要看到其文学价值、语言价值、思想价值等。主张做学问应讲究交融，研究方法应讲究彼此渗透，创造性地吸收和改变，做到一切皆为我所用，才能开拓出学术的新境界、新天地。

杨伯峻所持有的认真、不懈的态度是他令人信服的另一关键所在。如其所言，"我以一人之力，又遭十年浩劫，短期内赶紧完功，虽然凭借前人成果，但错误脱漏之处一定不少。桑榆虽晚，幸还能读书，决心在有生之年中，再加以补充修改，以期做到较为完善"，"现在我在重新校对，又得几位热心读者来信指出，打算校正完毕后，重新排印，以减少内疚"。可见，他的这种认真态度是骨子里的，他在提及章太炎《春秋左传读》时曾言，"太炎先生对《左传》之熟，对著作之认真，这种精神是值得后学景仰而学习的"。学术精神的传承就是这样如薪火般相续，今天，在我们这些后学者心中，又将杨伯峻与章太炎等先贤一起作为我们景仰和学习的对象。

（杨　艳）

我的民俗学探究历程

钟敬文

民俗学事业的有关活动，尽管有种种方面，但是主要的还是在于研究、探索民俗事象。一般情形如此，我个人的实践活动也不例外。我虽然在民俗学活动的好些方面尽过力，但是在长时期里，对于民俗各种现象——特别是民间文学方面的探究，无疑用力较多，成果也比较显著些。现在我试就这方面的活动过程简要地梳理一下，有的地方并附上些看法。

像过去曾说过的，我开始从事民俗学（主要是民间文艺学）理论的活动，在20年代中期。当时我沉醉于民间文学，特别是歌谣的搜集、整理工作，同时开始了对它的理论思索。我在短时期内写作了十多篇关于歌谣（包括谚语）的随笔——《歌谣杂谈》，寄投北京大学出版的《歌谣》周刊。不久陆续在该刊上发表了。以后，我就经常写作一些关于民间文学的短论、随笔（如《绝句与词发源于民歌》《疍民文学的一脔》《儿童游戏的歌谣》等）。在中大编辑刊物时，写作更多些。也正是在这些时期，我汇集所作编成一册论集《民间文艺丛话》出版（中大民俗学会丛书，1928）。有些较长的论文，如《楚辞的神话和传说》，后来还印成单行本（中大民俗学会，1930）。除谈论民间文学的论文外，据现在所记忆，有《七夕风俗考》（中大《语言历史学研究周刊》，1928）。《僮族考略》（同前）等。由于自己专业知识和相关科学（如民族学、宗教学等）知识的欠缺，加以执笔时间匆促，这时期的文章，大都是"前著作的"，因此，本书收录的很少。

我的稍有学术价值的民俗学论文，大都是在杭州和东京居住时期（1930—1937）执笔的。这时期，阅读专业等的理论书（中文的和外文的）较多，心力也更专注。更重要的是从事民俗学事业的意志更坚定了。写作的文章，数量不一定比前期多，但内容和形式都有进步。论文题材更广阔，题旨也更鲜明了。文章篇幅更为展开，结构也更为严密。从民俗学的门类说，论民间文学（神话、传说、民间故事、歌谣）的仍占多数，但论考其他民俗事象的也有一定份量。这些论文，现在看来还略有保存意义的，我觉得有如下各篇：《天鹅处女型故事》《关于植物起源的神话、传说》《槃瓠神话的考察》《老獭稚传说的发生地》《民谣机能试论》《金华斗牛的风俗》《中国民间传承中的鼠》等。自然，这些文章，从严格的观点和要求看，是不能令人满意的，但作为历史的产物（它们都是半个世纪以前的作品），也就不能过于苛求了。

在抗日战争时期（前期我在南方前线参加抗日工作，后期在移至粤北的中山大学教书），由于工作本身的要求和环境的不同等原因，民俗学的理论探索和写作，暂时基本上被搁置了——特别在前期。但是，也并不是完全绝缘。在后期，我除编辑中大的《民俗》季刊外，也写作了《诗与歌谣》（此文虽然后来在香港达德学院教书时才发表，但写作时间却在抗战后期）等文。再者，这时期在我所写的诗论、一般文艺论中，也往往应用了我在民俗学方面的理论知识。但从总体看，我这时期的学术研究活动，是比较偏于一般文艺学（或者说，作家文艺学）的。我的已出版的《兰窗诗论集》（1993）和即将刊行的《芸香楼文艺论集》，大量收录了这方面的论文随笔。

在香港教书时期，由于政治的需要，我参加了当时当地的左翼文化、文艺活动。因此，成为一个在文艺理论（及准理论）上处于比较多产时期的作者。我写作了几篇作家论及回忆文，更多的却是关于"方言文学"性质及创作等问题的论文，大约有六七篇。在这些文章里，有的直接谈到方言文学与民众口头文艺的关系，更多的是我利用自己的民间文学的知识、观点去论述方言文学问题。这一点是在当时学者们讨论这个题目（方言文学）的文章中我的独特之处。此外，我在大学课堂上也讲授了"民间文艺"的基本知识，颇起到一种普及这门学科的作用。同时自己在理论上也有些新的感受。因而有利于自己以后进一步的理论探索。

在我过去所从事的民俗学（包括民间文艺学）理论活动中有较大发展的时期，还是在居住北京的40多年。这数十年中，大概可分为前后两个时期，即"文革"前与"文革"后。前一时期，本来也还可分为两段，为免琐屑就不细分了。建国之后，虽然一般的民俗学（或者说民俗学的整体）遭受歧视乃至抹煞，但作为民俗事象的一部分的"民间文学"和"民间艺术"，却受到尊重，甚至于受到特别宠爱。在这时期机构的建立，收集、整理工作的进行，以及理论探讨的重视等方面，都可以证明这点。我既在北京一些大学里讲授这门功课，并在北师大首先培养了这方面的研究生，同时也在一些期刊上发表自己固有见解或新的探索成果。这时期，学术批判运动一个接着一个，作为一个学术界成员，势不能不被卷进去。在批评武训、胡适、胡风（初期）等运动中，我都曾从自己专业的角度写了批评文章。尽管我写这些文章时，态度是比较注意说理的。但是，在那种氛围中，又怎能真正做到"实事求是"的地步呢？因此，近年来在出版文集时，我就很少有勇气去收录它们。但是，另一方面，在写作这类批判文章的同时，我也写作了一些其他性质的文章，如《口头文学：一桩重大的民族文化财产》《海涅与人民创作》等。这是比较实事求是的理论作品。

"五七"年的"反右"斗争，我跟其它学艺界的一些同志一样，被那漫天盖地的黑浪卷了进去。我们从左派一变为"人民敌人"。讲堂不准上了，学术活动当然也被禁止了。但是，到后期（1963年前后），形势略有些缓和，对学术抱着一股痴情的我，就在艰难的环境中，忍苦进行关于"近代民间文艺学史"的研究，陆续写作了几篇这方面的论文，如《晚清革命派著作家的民间文学观》《晚清改良派学者对民间文学的观点及其应用》等。这是这方面学科史的新垦地，也是我国民俗学事业决不可缺少的一项工作。

黑夜过去，晨晖灿然。"四人帮"倒台后，我们的祖国大地上各种事业都回复了活力与生气，民俗学也从禁区里跨步出来。经过同志们的努力，它很快呈现了一种中兴景象。我在着手其他方面的工作的同时，也恢复了研究、探索的活动。在"四人帮"的王朝将临覆灭命运之际，我就奋力利用有关考古文物所提供的新资料，进行了一次神话学的新研究，那就是《马王堆帛画的神话史意义》。"四人帮"倒台后，我当即精神饱满地写作了《民族志在古典神话研究上的作用》《刘三姐传说试论》等论文。在民俗学史方面，我陆续发表了《民俗学的历史及今后的任务》《我与浙江民间文化》《浙江民俗学的历史、问题和今后的工作》《中大民俗学运动及其成果》及《六十年的回顾》）（纪念中大民俗学会诞生六十周年）等长篇讲词或论文。这一组讲话、文章，是对我国现代民俗学运动史提供比较可靠的资料，也试图对它们做一些科学评价。从我个人的学术活动史说，它们是对60年代前期写作的那组民间文学史论文的继续和发展。

近年来，我在这个学术领域里，又开垦了一块新园地，那就是"民俗文化学"。1989年，因为应约参加社会科学院所召开的"五四"运动70周年国际学术讨论会，我重新翻阅了当时的史料，参照近年来国内文化科学的发展情况，领悟到当时进步学者们对祖国固有文化的态度是双重的，对于上层的封建文化（士大夫的文化）是抨击的、否定的。反之，对于中、下层的民俗文化，一般都是赞赏和扶植的。它并不像某些学者所想象的，只有打倒，没有拥护。于是，我根据我的理解和初步探索结果，写作了《"五四"时期民俗文化学的兴起》（《"五四"文化运动与现代化》，社科出版社，1991）。此后，我继续思考这个问题，于前年对北师大研究生和访问学者作了题为《民俗文化学发凡》的讲话（记录稿，刊《北师大学报》，1992年第五期）。这个讲话，是企图初步给这门交叉的新学科勾画出一个科学结构的轮廓。

在这十多年里，我虽然已是耄耋老翁，却仍在民俗学领域里，作了一些研究、探索工作，有的还具有一定创新的意义。究其原因，主要有如下两点：(1)社会气氛较为有利（主要是由于"解放思想，实事求是"原则的提出）。

（2）一般学术、文化的相对繁荣，特别是国外新学理的输入，国内新著作的涌现。当然，除此之外，个人的认真反省和不敢自逸，也有一定关系。总之，这段时期，在我个人的学术历程上，应该说是有着较明显进境的一个时期。

1994年3月8日于北师大

（摘自《中国文化研究》1994年第4期）

【导读】钟敬文（1903—2002），广东海丰人。民俗学家、民间文学家、教育家、北京师范大学教授。主要著作有《钟敬文民间文学论集》《民俗文化学》《民间文艺学及其历史》，以及人民出版社2008出版6卷本《中国民俗史》等。

　　钟敬文先生构建了中国民俗学和民间文学的理论框架，不断开拓民俗学理论研究。从教80年，殚精竭虑，悉心培育民俗文化人才，建立了一支根基深厚的民俗文化学队伍，他领导的民俗学学科成为我国第一批博士点、国家"211工程"重点建设学科，因此被国内外学者誉为"中国民俗学之父"，中国民俗学的学术泰斗，是中国民俗学、民间文艺学的开拓者和奠基人之一。《我的民俗学探究历程》一文可以窥探钟敬文先生的学术精神。钟先生在长期的治学生涯中，形成了"勤谨、创新、开放"的治学风格。他曾说："我是一个天资平凡和所处的物质环境、文化环境都不怎么优越的学人。但自从青年时代成了这门学问的虔诚信徒，我就下了一种决心，要在我的祖国的这既贫瘠（主要指理论等）又丰饶或比较丰饶（指现实资料及历史遗产）的学术土地上，培植这门科学的花林。因此，长期以来，我尽力凭借一切能够利用的条件，单枪匹马或结合同志，奋战在这块土地上，披荆斩棘，播种施肥，以促成它的生长和繁荣。我把它看成是历史给予我的庄严任务，我个人则不过是一个勤谨的执行者罢了。"所以，钟先生在十分艰难的环境下，也要进行民俗学的相关研究，耄耋之年仍在民俗学领域里作一些研究、探索工作。钟敬文先生还说："一种科学的对象，从多种角度去加以研究，这是近今世界学术发展的自然趋势。"比如，在建构中国民俗学学科体系中，他将历史民俗学置于非常重要的位置，强调历史民俗学是与理论民俗学、记录民俗学同等重要的学问。可以说，钟先生对于学术研究从来都不是墨守成规，而是秉持开放、创新的精神。

　　北京师范大学王宁教授曾高度评价钟敬文先生，说他的"学术思想不只属于一个学科，它引领着中国的一切既要继承又要走向现代的人文学科和历史学科"。因此，钟敬文先生的学术贡献和治学精神业已成为后学的宝贵财富。

（廖　华）

我和校雠学

程千帆

我祖籍湖南宁乡，上代已迁居长沙，故我于1913年9月21日出生于长沙。家境虽清贫，但有文学传统。曾祖父名霖寿，字雨苍，有《湖天晓角词》；伯祖父名颂藩，字伯翰，有《伯翰先生遗集》；叔祖父名颂万，字子大，有《十发居士全集》；父亲名康，字穆庵，有《顾庐诗钞》。母亲姓车，名诗，字慕蕴，江西南昌人；外祖父名赓，字伯夔，侨居湖南，以书法知名当世。

我三岁时，母亲就去世了。我的儿童时代是在外家度过的。1923年左右，因军阀混战，在长沙不易谋生，我家迁居湖北武昌，我也回到自己家里。我在武昌住了五年，短期进过武昌圣约瑟中学附属小学和汉口振华中学，但大部分时间是随堂伯父君硕先生学习的。伯父名士经，是子大叔祖的长子，以早慧知名，二十岁以前就出版了他的第一部文集《曼殊沙馆初集》。他是我学习中国古代文学的启蒙老师，同学十余人，都是同族兄弟与少数世交。伯父对我们要求很严，虽然我们只是十几岁的少年，但学习的起点很高。他认为当时一般私塾常读的书如《古文观止》等都是俗学，而教我们的则是为打好国学基础的一些经典著作。因此，我那时作为正课，就通读了《诗经》《左传》《礼记》《论语》《孟子》《通鉴》《文选》《古文辞类纂》等书（显然不可能全然了解）。此外，还泛览了许多书籍，甚至像吕坤的《呻吟语》、陆陇其的《松阳讲义》、曾国藩的《曾文正公家训·家书》、袁枚的《小仓山房尺牍》之类，也曾认真看过。每天写大小字、作日记，每周作文，也有严格规定。这几年的学习是刻苦而乏味的，同时也是有益的。它成功地培养了我阅读古书和写作文言文的能力，使我对古典文学的通解及古体诗文的写作，能略窥门径。

1928年秋，我赴南京，考人金陵中学初中三年级，在金陵中学学习了四年，多方面接触了现代科学。我至今怀念在中学时代给过我教益的语文老师。

带着浓重安徽口音的张剑秋先生，他的诗人风度和抒情性的讲授是非常富于吸引力的。泰州林从周先生永远的那么容止闲雅，谈笑从容，知识便在不知不觉中流进了学生们的心田脑海。余姚黄云眉先生，后来是海内外知名的明史专家，在上高中三年级课时，一个学期就只为我们讲了一篇曾国藩的《圣哲画像记》，事实上却是以此为纲，上着国学概论的课。这种概论式的宏观论述是我在私塾学习时所不曾接触过的，所以"受之者其思深"。由于我在作业中发表了一些对李商隐诗的谬论，黄先生还特地将我叫了去，勉励有加。这些半个多世纪以前的事，是我难以忘怀的。

1932年秋，我进入金陵大学中国文学系，除以中国文学为专业外，也还读过文学以外的哲学（特别是逻辑学）、社会科学（特别是中外历史）以及文科以外的数学、生物学等课程。这种安排不仅使自己的知识更丰富，思想变得开阔，而且对生活于其中的环境进而带实证性的理解，我认为是很有意义的。

30年代南京的高等学府，大师云集。有的我获得受业门下亲承音旨的机会，有的虽未尝从学，却也曾登龙门，有所请益。现在想起来，确实是一种非常难得的机会。在大学四年中，我从黄季刚（侃）先生学过经学通论、《诗经》《说文》《文心雕龙》，从胡小石（光炜）先生学过文学史、文学批评史、甲骨文、《楚辞》，从刘衡如（国钧）先生学过目录学、《汉书·艺文志》，从刘确杲（继宣）先生学过古文，从胡翔冬（俊）先生学过诗，从吴瞿安（梅）先生学过词曲，从汪辟疆（国垣）先生学过唐人小说、诗和目录学，从商锡永（承祚）先生学过古文字学。这些先生的学术主张、治学方法、讲学风格，各有不同。季刚先生树义谨严精辟，谈经解字，往往突过先儒，虽然对待学生过于严厉，而我们都认为先生的课是非上不可的，挨骂也值得。小石先生的语言艺术是惊人的，他能很自在地将复杂的问题，用简单明确的话表达出来，由浅入深，使人无不通晓。瞿安、辟疆先生不长于课堂讲授，但瞿安先生批改作业之精细，辟疆先生回答问题之博洽，却使我终生难忘。

我现在已届垂暮之年，回想起大学的学习生活，许多往事都还历历在目。季刚先生在课堂上由于我们不够勤奋而大声斥责；翔冬先生在小酒馆里捋着长胡子一边喝酒，一边谈诗；瞿安先生由于习作迟交而笑嘻嘻地向我们伸手"讨债"；锡永先生身穿笔挺的西装在黑板上写甲骨文和金文，形成饶有趣味的古今中外强烈对照；还有我和孙望获得图书馆长刘衡如先生的特许，进入书库查资料，站着抄卡片，一站就是半天。如此等等，回忆起来，都觉得是甜蜜的、幸福的。当时我已初步理解杜甫"转益多师"的道理，而老师们又都循循善诱，导而弗牵，加上师生之间感情很好，质疑问难，毫无顾虑，所以高校四年，大有提高。

大学毕业后，我先在金陵中学任教一年。抗日战争爆发，避难安徽屯溪，在安徽中学任教，就在那里和沈祖棻结婚。从此，我们携手度过了四十年艰难坎坷的生活。她在《千帆沙洋来书》，有"四十年文章知己，患难夫妻，未能共度晚年"之叹，《感赋》一诗中作了记录：

> 合卺苍黄值乱离，经筵转徙际明时。廿年分受流人谤，八口曾为巧妇炊。历经新婚垂老别，未成白首碧山期。文章知己虽堪许，患难夫妻自可悲。

1938年春，我辗转回到长沙，在益阳龙洲师范学校教了一个多月书，又因生病离开。其后，为了逃避日寇及餬口，曾流转于武汉、重庆、康定等地，在国民党西康省政府中任一小职员，直到1940年才重回教育界，在四川乐山技艺专科学校担任国文教员，生活稍为安定，可是因种种关系，工作单位仍屡次变迁。1941年到1945年，先后任教于当时在乐山的武汉大学，在成都的金陵大学、四川大学和四川省立成都中学。1945年抗战胜利后，才又回到武汉大学，一直延续了三十二年。

我在几个大学工作期间，也有几位同事是我所极为尊敬而事以师礼的。四川大学的赵少咸（世忠）先生、庞石帚（俊）先生和武汉大学的刘弘度（永济）先生对我教诲、提拔、鼓励是多方面的。我有问题请教他们，无不获得详尽的解答，稍微做出了一点成绩，都获得过分的奖饰。他们的指导使我在各方面都能够不断地充实原有的知识。

1957年被错划为资产阶级右派分子，直到1975年才摘掉帽子，而得到彻底改正，又是几年之后，接着我就奉命"自愿退休，安度晚年"。1977年，沈祖棻在一次车祸中逝世，又给我一次极大的打击。在划为右派分子的十八年中，参加过各种繁重的劳动，承受着难堪的侮辱，这些，我并不怎么在意。所感到惋惜的，乃是在我年富力强、学问稍有基础的时候，工作机会却长期被剥夺了，以致一生成就很少，否则，也许能为祖国和人民多做出一些贡献。

1978年夏，南京大学校长匡亚明先生聘请我这已经六十五岁的街道居民为南京大学教授，从而开始了我新的学术生涯。翌年，和陶芸结婚。在初到南大时，我就暗下决心，要努力工作，夺回失去了的时间。十二年来，我带出了一批博士、硕士研究生，著作、编辑、整理了十多部书籍。在还想继续前进的时候，年龄已达七十七岁，心脏病更使我精力日衰，便在1990年5月退休了。退休后，我仍然继续指导中青年教师从事科研工作，以夺回被浪费了的时间，弥补长期不能参加教学与科研工作的遗憾。

我的治学可以说是从校雠学入手的。衡如先生给学生讲授目录学，兼及版本、校勘，事实上即校雠学。他首先强调这门学问作为治学门径的特殊性质和重要意义，我信受奉行。同时，也常向汪辟疆先生请教诗学和校雠学方面的问题，因之对于这门科学发生了强烈的兴趣。我认真学习过由《汉书·艺文志》到《书目答问》等目录以及郑樵、章学诚等诸家目录学著作。1934年秋，我跟刘衡如老师学习目录学，写了一篇题为"《汉志·诗赋略》首三种分类遗意说"的学期论文，将《七略》和《汉书·艺文志》中屈赋、荀赋、陆赋三家分类的标准，作了合理的说明。此文发表于1935年《金陵大学文学院季刊》第2卷第1期。这是我发表的第一篇论文，那时我是大学三年级的学生。为了巩固自己的学习，我又连续写了几篇论文，其中有《别录、七略、汉志源流异同考》《杂家名实辨证》《杜诗伪书考》等。这些论文集为《目录学丛考》，1939年由中华书局出版，该书为我的第一本论文集。我在1938年写的一首诗中，曾描述过当年学习校雠学的心态：

> 恒情恶贫贱，得饱更求余。吾亦常苦贫，而不乐簪裾。撑肠借旧业，发箧著我书。注杜称千家，幽猨烦爬梳。孳孳事目录，琐琐及虫鱼。埋梦盈荒斋，聊可鬼载车。虚窗对平野，此意同春锄。

当时的学术界对校雠学名称、范畴的理解众说纷纭，莫衷一是，而对于校雠学的主要内容版本、校勘、目录、典藏，往往又专精其中的某一方面。我对这一问题，曾作过深入思考，并将思考的结果记录在1941年写的《校雠广义叙录》中，略云：

> 今欲尽其道，则当折中旧说，别以四目为分。若乃文字肇端，书契即著，金石可镂，竹素代兴，则版本之学宜首及者一也。流布既广，异本滋多，不正脱讹，何由籀读？则校勘之学宜次及者二也。篇目旨意，既条既撮，爰定部类，以见源流，则目录之学宜又次者三也。收藏不谨，斯易散亡，流通不周，又伤锢蔽，则典藏之学宜再次者四也。盖由版本而校勘，由校勘而目录，由目录而典藏，条理始终，囊括珠贯，斯乃向、歆以来治书之通例，足为吾辈今兹研讨之准绳。而名义纷纭，

当加厘定,则校雠二字,历祀最久,无妨即以为治书诸学之共名,而别以专事是正文字者,为校勘之学。其余版本、目录、典藏之称,各从其职,要皆校雠之友与流裔。庶几尚友古人,既能追溯而明家数;启牖来学,并免迷罔失鉴衡,其亦可也。

余以颛蒙,尝攻此道,熏习既久,利钝粗知。阅览古今著述,其治斯学也,或颇具深思,而零乱都无条理;或专精一事,而四者鲜有贯综。其极至主版本者,或忘其校勘之大用,而陷于横通;主校勘者,或详其底本之异同,而遗其义理;主目录者,或侈谈其辨章考镜,而言多肤廓;主典藏者,或矜秘其一麈十驾,而义乏流通。盖甚矣,通识之难也。今辄以讲授余闲,董其纲目,正定名义,厘析范畴,截取旧文,断以律令,明其异同得失,详其派别源流,成书四编,命名广义。俾治书之学,获睹其全,入学之门,得由斯道。

1942年秋,金陵大学已迁至成都,我就母校之聘。那时,衡如先生仍然担任着文学院院长,工作非常忙,因为知道我在继续学习校雠学,并且计划写一部比较全面的书,就将这门功课派我担任。这对我来说,当然是既求之不得,又诚惶诚恐的事。于是就一边讲,一边写下去。1945年,我改到武汉大学工作,担任的课程当中,仍然有这一门,积稿也随之逐渐充实。解放以后,进行教学改革,这门课被取消了。随后我又因人所共知的原因,离开了工作岗位近二十年,对这部没有完成的稿子更是理所当然地无暇顾及了。但是对衡如先生的谆谆教诲与殷切期望,我一直铭记在心,尝写《上衡如先生》诗二首:

老厌京尘自闭关,还将肠胃绕钟山。长怀寂寞刘夫子,广座春风梦寐间。

争关梦觉叹何曾,敬业传薪愧不能。未死白头门弟子,尚留孱魄感师承。

1978年,我重新出来工作,在南京大学指导研究生。考虑到如果要他们将来能够独立地进行科学研究,则校雠学的知识和训练对他们仍然是必要的,于是就从"十年浩劫"中被抢夺、被焚烧、被撕毁、被践踏的残存书稿中去清查那部未完成的《校雠广义》,结果是校勘、目录两部分还保全了若干章节,至于版本、典藏两部分,则片纸无存。但因为工作需要,也只好仓促上马,勉力讲授。这就是后来由南京大学研究生徐有富、莫砺锋、张三夕和山东大学研究生朱广祁、吴庆峰、徐超等同志记录整理的《校雠学略说》。

徐有富同志毕业之后,留校任教。和当年我随刘、汪两位先生学习这门科学时深感兴趣一样,他也对校雠学有强烈的爱好,并且有对之进行深入研究的决心。因此，我就不仅将这门功课交给了他，并且将写成这部著作的工作也交给他了。迈入耄耋之年的我，体力就衰，要想写成一部比较完整的校雠学著作已经力不从心。在这种情况下，我能够与有富同志合作写这部书，教学相长，薪尽火传，实为晚年的一大乐事。在《校雠广义》的写作过程中，我与有富合作得十分愉快。有富年富力强，治学细致认真，为此书的编写付出了辛勤的劳动。可以毫不夸张地说，如果没有有富同志的参与，《校雠广义》不知要到何年方能杀青。

《校雠广义》一书可以说写了半个世纪，终于在1996年完成了。根据我国传统文化而建立的包括版本、校勘、目录、典藏四个部分的校雠学，也许这是第一次得到全面的表述。我们将重点放在这门科学的实际应用方面，而省略其历史发展的记载。因为，照我们的理解，校雠学与校雠学史属于两个不同的范畴。应该指出的是，校雠学并不是我专攻的专业，本书也说不上是一本校雠学的学术专著。前辈的目录学大师如余嘉锡、姚名达等先生，其学术水平非我能望其项背者。同时代的专家如张舜徽、来新夏等先生，其专业知识也远胜于我和有富同志。我比较有自信心的是，上述诸名家的校雠学著作或综论校雠学史，或专论校雠学某一分支的深奥问题，而本书则是比较全面地论述校雠学的实际操作方法的教科书。所以对于初涉文史研究工作的学生而言，本书或许具有更大的实用价值和指导意义。

今天中文系学生知识面狭窄，不能融会贯通，不会搜集和整理材料，当然也就难以从事谨严的科学研究。这和他们不能跨系选读有关课程，又不开设古籍导论、工具书使用法和校雠学之类的辅助课程有关。科学研究，大体上总可分为搜集材料和整理材料，由低而高这样两个不同的阶段。研究人员必须在大学学习的时候，就初步掌握从事这两个不同而又互相联系的阶段的研究方法。必须初步积累较广博的知识，具备运用各种辅助科学的能力，来独立地搜集、鉴别、运用第一手的资料。要做到这一点，单靠上课读教科书仍然是不够的，还得要求学生读原始文献，做练习，使学生们能够在实践中进一步掌握和运用校雠学知识。我指导研究生，除上课外，还为学生开《专业文献选读书目》，指导他们写读书笔记，要求他们将《四库全书总目提要》读一遍，写出读书报告，并劝每一位同志最好做一做像系年、考订、校勘、编目之类最艰苦、最枯燥、最没有趣味的工作。这些工作虽然艰苦、枯燥、没有趣味，然而是做学问必须具有的本领。因为有了这样一些本领，你才能打开那些没有开过的门。收集资料阶段尽管是低级的,但,是不可缺少的,是最基础的。对学生作业也要严格要求,写错了的字要醒目标出,引文未详细注明原始出处的,要学生们重查。

凡学过校雠学的研究生,通常具有较为扎实的文献学功底与严谨求实的学风。例如在南京大学中文系古代文学专业、古典文献研究所,已经出现了一批优秀的中青年学术骨干。他们完成了国家教委重点科研项目"唐宋诗派研究",并出版了一批有影响的专著。此外,他们还发表了不少高质量的学术论文。分在其他单位从事教学、科研、编辑出版工作的研究生,也都胜任愉快,并能挑起比较重的担子。《校雠广义》已被教委古委会资助,国家古籍整理出版规划小组列入了《中国传统文化研究丛书》,并由齐鲁书社于1998年春出版,一些学校也将《校雠广义》定为研究生的必读书。

本人从事文史研究,也得益于校雠学知识,撰著《文论要诠》《唐代进士行卷与文学》《史通笺记》等,固然离不开版本、校勘、目录学知识,而我写的有关古典诗歌方面的数十篇论文,也是以校雠学知识作为基础的。我历来主张研究文学,要将考证与批评密切地结合起来,将文献学与文艺学密切地结合起来。文学批评应当建立在考据的基础上,文艺学研究应当建立在文献学知识的基础上。从事文学,特别是古代文学研究的人,不一定人人成为文献学家,但应当人人懂得并会利用校雠学知识。

(摘自《学林春秋》,中华书局1998年版)

【导读】程千帆(1913—2000),名会昌,字伯昊,40岁以后,别号闲堂,千帆乃其笔名。

在《我和校雠学》一文中,程千帆讲述了自己的家学渊源,描绘了自己求学经历中的转益多师,介绍了自己的治学经验。虽然他从事学术研究和教育教学工作时遭遇了命运的种种磨难,但他却未将困难无限放大,反而将抗战的烽火与反右和文革的劫难轻轻带过,当他能有幸重新开始被迫中断了二十年的教学和学术研究时,他将精力最优的壮年被荒废的遗憾放下,对能在劫后余生的耄耋之年仍有机会从事教学与学术研究而倍感珍惜,加倍努力。一是对自己几十年的学术思考进行总结,写成著作贡献给学术界。二是抓紧时间培养学生,努力弥补十年动乱造成的人才断层。治学是一条苦途,一路免不了寂寞与困苦,当我们面对这些困扰的时候该怎么办?程千帆以他感同身受的诉说,给了我们一份智者的参考答案，值得我们细细揣摩，深入体会。

除了治学实践外，在研究的经验与方法上，程千帆也给我们指出了科学的路径。虽然他用力最勤、创获最巨的是古典诗歌研究，但他十分重视文献学研究及文献整理，他成功的治学之路就是从校雠学入手的。他认为，对于古代文学研究而言，校雠学正是收集材料、整理文献的基本手段，也是开展学术研究的基石。其实何止古代文学研究，无论是哪一门类，哪一学科的研究，文献研读都是最为基础的工作，舍此则无由进阶。

（黄　斌）

我和中国神话（节录）

袁　珂

简历

1916年7月12日，我出生在四川省新繁县（今新都县新繁镇）的黄豆市上。那是一个新旧交替、社会大变革的时期，我先入旧式的私塾就读，学文言；后来上小学，改学白话，正好反映了这个时代的变革风气。随后，我以全县小学观摩会会考第一的成绩考入华阳县立初级中学。华阳初中在语文方面实行严格的文言文训练，我的古文基础就是在这里打下的。记得有一次，国文老师出了一道作文题："苦租谣"，我把题纸拿回家，做了整整一个星期，做成一篇约二千多字古风体的五言长诗，颇得老师好评，评语有"竭掉臂游行之概"、"具此才华，可期一日千里"等语，对我而言，这是极大的鼓励和鞭策。初中毕业后，考入成都私立协进中学。1937年暑期，曾赴南京投考中央大学，以抗日战争紧迫折返，就近考入四川大学中文系。1939年，我随川大疏散到峨眉山，在那里参加了川大"文艺研究会"，这是一个受地下党领导的进步的文艺团体。我先被选为研究总干事，后被选为壁报总编辑，主编了壁报十五期，文艺特辑十二个。我们的活动引起了反动校方当局的注意。1940年上半年，我因所谓的"纵火案"代人受过，无端被指控为"蓄谋纵火"，要开除学籍，赖具有正义感的老师——叶石荪、谢文炳、罗念生、刘盛亚——和同学的救助获免。我在川大站不住脚，只得离去，转学到成都华西大学。

那时许寿裳先生恰好作为中英庚款特约教授在那里授课，使我能幸遇名师。许先生主讲的"小说史"和"传记研究"两门课，我都选修了。1941年，我在许先生的指导下，完成毕业论文《中国小说名著四种研究》，深得许师的赞赏，给予95分的高分。

我从华西大学毕业后，辗转各地，先后到几个中专学校教书。1946年，许先生到台湾担任编译馆馆长，函邀我赴台。我欣然往，在编译馆任职编辑。工作不到一年，便遇"二·二八"事变，省政府改组，编译馆撤消，许先生去台湾大学任中文系主任，我去教育厅编审委员会任职编审。我于此时开始研究中国神话。1948年初，许先生在台北市青田街寓所惨遭杀害，我悲痛至极，知此间不可久留，旋于1949年初回到成都，迎候解放。

1950年夏，我随随军南下的西北艺校同志到重庆去创建西南人民艺术学院，在校任教三年，主讲《作品选读》《写作实习》《艺术讲话》等课程。1953年院系调整，我先后到中国作家协会重庆分会、四川省作家协会从事专业文艺创作。1978年四川省社会科学院成立，我调入该院文学研究所任研究员，正式走上神话研究的道路。从那时起直到现在，整整经过二十个年头，我的神话研究工作，一直未曾中辍。

从文艺创作到神话研究

青少年时代，我本是搞文艺创作的，凡属文艺创作领域里的各种文体，我都莫不尝试为之。我写过诗歌、散文、特写、童话、剧本、通讯报导、文艺评论、短篇小说和长篇小说……等等，由于主编壁报，还学会了作插图，制刊头，画漫画。十八般武艺，我仿佛是件件俱能，却没有一样精通。

我研究神话，是从1947年在台湾编审委员会做编审时开始的，写了简本《中国古代神话》和神话论文《山海经里的诸神》。那是受了茅盾先生《中国神话研究ABC》的启发，觉得应该把散珠碎玉般的神话资料缀集起来，使它们成为一件比较完整的东西。普及到读者中去，以发扬曾经璀璨一时的我国古代神话的精神。做这种工作，当时也只是为了排遣寂寞，打发无聊的日子，偶尔为之，并没有以此为终身的职志。

我的奋斗目标，还是在文艺创作。解放初期在西南人民艺术学院任教，教的是文学、艺术课程，间或也写一些短篇杂文，始终没有离开文艺这个圈子。后来调到作协重庆分会搞专业创作，更明确地走上了文艺创作的道路。似乎可以大有所为了，然而实践的结果，却是处处格塞，不如所望。

1954年在广汉三水乡体验生活，先后写了《新棉袄》《搬家》《新槐村纪事》等几个短篇，均未得到发表。主观原因自然是我的生活基础差，写作的功底不够；客观原因则是当时文艺界"左"的思想浓厚，政治标准订得过高，我的作品不能达到这个要求，因而每每遇到阻碍。这对我是相当沉重的打击，使我有"此路不通"的感觉。

与此情况相反，我的简本《中国古代神话》自从1950年年底在商务印书馆出版以后，却是连年都在再版，到1955年，已印行第六版了，出版社为了扩大影响，来函和我商议，要求我增补修订此书到十五万字的光景。我欣然接受了他们的要求，在征得作协领导的同意以后，就于1956年上半年借住到川大去，开始做这项工作。由于在川大图书馆意外地发现先前未收的资料很多，所以我的工作进行得非常顺利。工作了大半年，全部稿子就已完毕，字数竟达三十万以上，超出预约的字数一倍有余。此稿寄去，出版社大为鉴赏，不到一年便出版，还给了相当高的稿酬。不久以后，就有了日本和苏联的翻译本。中国青年出版社和人民文学出版社也先后来信要我替它们编写适合青少年阅读的神话故事书。一方面是此路不通，另一方面却是畅通无阻，于是使我不得不在文艺创作和神话研究二者之间徘徊彷徨了。我想把路子转到神话研究上去，但我的工作岗位却是专业创作。神话研究需要到大专院校或科研单位去才更适宜，而我却无请调工作的能力，也无调动工作的机遇。我的研究只能在简陋的居室里搞，成了名符其实的"居民段学者"。虽然如此，我还是在十年动乱前完成了《古神话选释》初稿，写了十多篇神话论文，校注了《山海经》的《海经》部分，给中国青年出版社编写了一部《神话故事新编》，于1963年出版。十年动乱前期，我在湾丘"五七"干校牧鸭；1972年初牧鸭回来，当多数同志还在大念革命经的时候，我又一头栽进故纸堆里编写起《中国神话词典》来。那时自然预见不到我的神话研究会有什么光明前途，只是积习成瘾，权且以此消遣长日，不使光阴虚度。1978年我调到新成立的四川省社会科学院以后，研究工作终于走上了正轨，几十年辛勤的积累渐次开花结果。我在编写《神话词典》的过程中，更逐步确定了广义神话观点的研究方向。在这以后的二十年中，我先后出版了《古神话选释》《神话选译百题》《山海经校注》《神话论文集》《中国神话通论》《中国神话史》《中国神话传说词典》《中国民族神话词典》《中国神话传说》《中华文化集粹丛书·神异篇》《山海经全译》《袁珂神话论集》《中国神话大词典》诸书。1984年，中国神话学会在四川省峨眉山成立，我被选为学会主席，连任至今。

神话研究的六个方面

从解放前夕直到如今，我研究神话，走过了许多崎岖艰苦的道路，终于取得这一点微薄的成绩。距离理想要求，虽然还远，但是作为一个普通知识分子的才力和能力所能达到的，也只能是这样了。我相信我是尽到了相当的努力，虽然这当中难免也有消极怠惰的时候，但努力还是占主导地位的。我将我研究神话的具体工作，分为六个方面。这六个方面起初似乎是随着机缘境遇的不同，分头并进，各不相谋。到后来我的广义神话思想日益明确了，更由于政治形势的变化，境遇日佳，障阻日除，这些分头探索的研究，自然就互相联系起来，成为一个有机的整体，它们都和广义神话的指导思想密不可分。现在就将所研究的这六个方面的情况逐一分述如下：

1. 中国神话的整理

中国古代神话，一向以零散不成体系著称。以至被外国人误解为中国缺乏神话，乃至没神话。我将这些散珠碎玉般的零片神话缀集起来，使它们从简本《中国古代神话》到繁本《中国古代神话》，字数也从七、八万字扩展到三十多万字。但我对此仍不满意，于是从1982年下半年起，又将原书拆散，重新结构，增加新材料，特别是添加了周秦时代带有神话因素的传说。这次大规模的增订，篇幅又扩充了一倍，达到六十万字，书更名为《中国神话传说》。这一系列的工作，使中国神话成为灼然可见的较有体系的丰美壮观的东西，让外国人无话可说、不敢轻视，因而这几部书便获得了世界上好几个国家如俄国、日本、韩国、英国、捷克斯洛伐克的译本。此外，应各出版社的邀请，我还撰有一些专为青少年所作的神话书，如《中国神话》《神话故事新编》《中国神话选》《中国神话故事》《中国传说故事》《中华文化集粹丛书·神异篇》（此书最能见到我的广义神话思想的精神）《巴蜀神话》《中国神话传奇》《上古神话》等，这些书对中国神话的普及工作也起到了一定的作用。

2. 关于《山海经》的研究

《山海经》是保存神话资料最丰富也最古老的一部古籍，然而文字的脱、讹、倒、衍，经文入注、注入经文、错简和他书阑入的情况，也较其他古籍为甚。这些情况，历代的注家并没有完全将它搞清楚，所以此书比较难读。

"五四"以来，各种古籍都有人整理过，独没有人整理《山海经》，尤其没有人从神话角度去整理《山海经》，原因也就在此。我花了二十多年的努力，从神话角度将此书校勘、注释出来，算是填补了神话研究的一项空白，这就是由上海古籍出版社出版的《山海经校注》。《山海经》是我用力最勤整理出的一部古籍，对它的每个字词，我都反复思考，不轻易放过，自谓有些创见。如释《山海经》之"经"乃"经历"之义，而非普通所谓"经典"之义，其义殆同于《水经》之"经"；又如《海内经》"大嗥爰过"之"过"，郭璞注为"经过"，我经过细心考察，释为"上下于天"之义；又如《大荒西经》的"重献上天、黎邛下地"，我释"邛"为"印"字之讹，即"抑"、"按"的意思，等等。这些解释已为大多数学者所接受。在这个基础上，又作了《山海经校译》和《山海经全译》的译注工作，没想到后者自1991年付梓刊行后，颇受读者欢迎，连年再版，到1995年已出了四版。

此外，由于长期钻研《山海经》，累积了不少心得，我先后撰写了《〈山海经〉写作的时地及篇目考》《略论〈山海经〉的神话》《〈山海经〉"盖古之巫书"试探》《〈山海经〉中有关少数民族的神话》等多篇论文。

……

我的师友

我搞神话研究，是自己摸索、冲闯出来的一条路子，其间并无直接的师承。许寿裳先生指导我治"小说史"，我对中国几部古典小说名著的研究，就是接受许先生的熏陶完成的。但是许先生却没有指导我研究神话。当我把建构简本《中国古代神话》的设想告诉老师时，治学一向谨严的老师起初还认为我的想法未免过奢，后来终于鼓励我姑且尝试为之。遗憾的是我将七八万字的稿本杀青时，老师在台湾已惨遭杀害，来不及将此稿呈去聆听教诲了。

要说我有师承，我是间接师承鲁迅、茅盾、闻一多三位大师的。他们在文学和学术上各有其灿烂辉煌的成就，神话研究只不过是其微小的一端，然而我已从大师们的言论著述中获益匪浅。鲁迅先生是我终身心仪的革命导师。在神话研究方面最使我受益的，是先生说《山海经》"盖古之巫书"（见《中国小说史略》）的教诲，经我仔细研究，《山海经》确实是一部巫书，先生审慎地使用的那个"盖"字可以取消了。又先生在《汉文学史纲要》中说："巫以记神事，更进，则史以记人事也。"对我也有很大启发。它不但准确解释了《国语·鲁语》"家为巫史""巫史"连文的意义，更阐明了在远古时期神话与历史不可分割的关系。

茅盾先生1978年10月曾在《人民日报》发表《重印〈中国神话研究ABC〉感赋》一诗，两称"专家"，一则曰："不料专家出后贤。"再则曰："仰望专家阿弥陀。"编者注云："专家指解放后作《古神话选释》的袁珂同志。"茅盾先生的奖誉和期许使我深受感动。然而其间也不无调诙之辞，则"阿弥陀"的"专家"是也。盖古典派神话观的茅盾先生，对我的广义神话观是不大赞成的。

但茅盾先生的《中国神话研究ABC》（后更名《中国神话研究初探》，收入在1981年百花文艺出版社出版的《神话研究》中）这部以人类学派方法研究中国神话的名著，对我早期的神话研究却曾有过明显的影响。最明显的就是相信有一部分史家曾将某些神话转化为历史，而我们现在要做的工作则是要将这些历史还原为神话。我在做神话整理工作时，就是沿着这条路子做去的，现在看来这其实也并无大错。古史辨派学者用的也是这种方法，只不过他们在将大量的历史剔除为神话时，做得有些过分罢了。

闻一多先生对语言文字、名物训诂有扎实的功底，治学精神又非常谨严，曾使我无限景仰。他的《神话与诗》和《古典新义》二书成为我案头必备的参考读物，我在《古神话选释》和《山海经校注》中常引用之。所以闻先生也是我间接师承的老师之一。

继三位先生之后，现今犹在的，还有钟敬文先生。他比我年长十三岁，可说是我的师而兼友，因为在1963年全国文联在北京举办的第二期读书会上，我们曾经短时期同学。那时组织给我安排的住房和钟老邻近，因而我们得以时常过往。1983年上半年去北京参加民间文艺研究会年会，会上提出广义神话的设想，其时大家对此尚多疑虑，钟老独表示赞同，并谓先前古典派学者的神话议论，都是从德国转输过来的，已经老掉牙齿了。前年我八十寿辰，机关开会祝贺，钟老特从远地亲笔书写一联赠我云："稽古搜遗殚力中华神话学，修心养性成功东陆地行仙"，落款是"钟敬文时年九十三"。上联自是过誉，下联"地行仙"云云，对我这个患腔穴性脑梗阻腿足极不灵便、行步维艰的人说来，恰成为友情温暖、善意的嘲讽，只好是莞尔心领了。

此外，有些中年学者（有的或者已接近老年）是我神话研究的战友，其中有些人曾把我当作是他们的老师，我实在愧不敢当，一律以友视之。这里不能罗列记叙，姑举其名于后：陈钧、萧兵、潜明兹、马昌仪、张振犁、李子贤、刘城淮、刘晔原等同志。

我的海内外师友也仅举其名于后：台湾有王孝廉教授、王国良教授、黄博全先生，俄罗斯有李福清高级研究员，新加坡有林徐典教授，日本有御手洗胜教授、伊藤清司教授、铃木健之教授、广川胜美教授，韩国有全寅初教授，英国有白安妮博士，美国有艾兰教授、田笠教授，法国有雷米·马蒂厄研究员，哥伦比亚有李复华先生，加拿大有秦家懿教授，等等，他们各自都给了我很多教益和很大帮助。

（袁珂口述　贾雯鹤整理）

（摘自《学林春秋：初编》，朝华出版社1999年版）

【导读】在二十世纪中国神话研究史上，袁珂是继茅盾、闻一多之后的代表人物。在他近六十年的神话研究历程中，他以沉着、刚毅而严谨的学术态度，从中国神话资料整理开始，一步步扎扎实实，为中国神话学的完善和成熟奠定了厚重的基石。编著了《中国古代神话》《中国神话故事新编》《山海经校注》《山海经校译》《神话资料集萃》等一系列广为流传的作品，而其最大的贡献莫过于将丰富而零散的中国神话古籍资料进行整理和汇编，是我国当代神话学方面著述最丰的学者，人称"神话专家"。

袁珂的《我和中国神话》一文由《从文艺创作到神话研究》《居民段学者》《神话研究的六个方面》《神话研究的主体建构》等组成，详述其中国神话研究之路。

袁珂的中国神话研究从古籍文献整理开始。他一直认为："研究中国神话，向古籍文献取材和从田野作业取材，两者都是很重要的。"（参见袁珂为张振犁《中原古典神话流变论考》所作的《序》）

二十世纪初，中国神话学的现状是，材料多零散于各文献之中，而少部分整理之作既不全面，也不够严谨。早在1947年，袁珂随许寿棠前往台湾编译馆任干事时，就开始了神话资料整理的工作，完成了简本《中国古代神话》，该书于1950年由商务印书馆出版。自此，袁珂的中国神话研究之路正式开启。

确切地说，袁珂的神话研究之功主要体现在两个方面。首先，他"建造一座中国神话的殿堂"，为中国神话研究提供了"特定的砖瓦"。袁珂用数十年的时间将古代零散的神话古籍缀连起来，建立起完善而系统的神话传说体系，编成一系列完整的神话传说资料集和工具书。该工程规模浩大，资料的搜集难度又极具挑战性，且整理模式又无可借鉴者，因此，袁珂对中国神话资料的整理，既是他研究神话的起点，也是中国神话学界的新起点，在中国神话学术史上有筚路蓝缕之功。不仅如此，他还对神话资料作了详尽的校勘和注释工作，其解说颇具专业性，解决了不少文学、文献学、神话学方面的难题。在古籍注释的基础上，又进一步收集相关条目和词目，编著了《神话选释百题》《中国神话传说词典》等工具书，为神话学的发展做出巨大的贡献。

其次，在资料的收集整理过程中，袁珂于中国神话的理论探索亦屡有创见：对神话起源的探讨将神话与宗教相联系，对神话基本要素的确定突破了传统神话观的局限，"广义神话"的提出更是拓展了神话研究的视野和领域。他的这些理论和观点对神话学的理论体系有完善和推动作用，在中国神话学术史上有拓荒之功。

虽然袁珂的学术观点在学术界褒贬不一，但他对中国神话学的推动和拓展作用是不容否定和忽视的。

（杨　艳）

我走过的路（节录）

余英时

我求学所走过的路是很曲折的。现在让我从童年的记忆开始，一直讲到读完研究院为止，即从1937年到1962年。这是我的学生时代的全部过程，大致可以分成三个阶段：1937—1946年，乡村的生活；1946—1955年，大变动中的流浪；1955—1962年，美国学院中的进修。

我变成了一个乡下孩子

我是1930年在天津出生的，从出生到1937年冬天，我住过北平、南京、开封、安庆等城市，但是时间都很短，记忆也很零碎。1937年7月7日，抗日战争开始，我的生活忽然发生了很大的变化。这一年的初冬，大概是10月左右，我回到了祖先居住的故乡——安徽潜山县的官庄乡。这是我童年记忆的开始，今天回想起来，好像还是昨天的事一样。

第八编　治学经验

……

现在我要谈谈我在乡间所受的书本教育。我离开安庆城时，已开始上小学了。但我的故乡官庄根本没有现代式的学校，我的现代教育因此便中断了。在最初五六年中，我仅断断续续上过三四年的私塾；这是纯传统式的教学，由一位教师带领着十几个年岁不同的学生读书。因为学生的程度不同，所读的书也不同。年纪大的可以读《古文观止》、四书、五经之类，年纪小而刚刚启蒙的则读《三字经》《百家姓》。我开始是属于启蒙的一组，但后来得到老师的许可，也旁听一些历史故事的讲解，包括《左传》《战国策》等。总之，我早年的教育只限于中国古书，一切现代课程都没有接触过。但真正引起我读书兴趣的不是古文，而是小说。大概在十岁以前，我偶在家中找到了一部残破的《罗通扫北》的历史演义，读得津津有味，虽然小说中有许多字不认识，但读下去便慢慢猜出了字的意义。从此发展下去，我读遍了乡间能找得到的古典小说，包括《三国演义》《水浒传》《荡寇志》（这是反《水浒传》的小说）、《西游记》《封神演义》等。我相信小说对我的帮助比经、史、古文还要大，使我终于能掌握了中国文字的规则。

我早年学写作也是从文言开始的，私塾的老师不会写白话文，也不喜欢白话文。虽然现代提倡文学革命的胡适和陈独秀都是我的安徽同乡，但我们乡间似乎没有人重视他们。十一二岁时，私塾的老师有一天忽然教我们写古典诗，原来那时他正在和一位年轻的寡妇谈恋爱，浪漫的情怀使他诗兴大发。我至今还记得他写的两句诗："春花似有怜才意，故傍书台绽笑腮。"诗句表面上说的是庭园中的花，真正的意思是指这位少妇偶尔来到私塾门前向他微笑。我便是这样学会写古典诗的。

在我十三四岁时，乡间私塾的老师已不再教了。我只好随着年纪大的同学到邻县——舒城和桐城去进中学。这些中学都是战争期间临时创立的，程度很低，我仅仅学会了二十六个英文字母和一点简单的算术。但桐城是有名的桐城派古文的发源地，那里流行的仍然是古典诗文。所以我在这两年中，对于中国古典的兴趣更加深了，至于现代知识则依旧是一片空白。

大变动中的流浪

1945年8月第二次世界大战结束时，我正在桐城。因为等待着父亲接我到外面的大城市去读书，便在桐城的亲戚家中闲住着，没有上学。第二年（1946）的夏天，我才和分别了九年的父亲会面。这里要补说一下：父亲在战争时期一直在重庆,我是跟着伯父一家回到乡间逃避战乱的。我的父亲是历史学家,学的是西洋史,战前在各大学任教授,1945年他去了沈阳,创立了一所新的大学——东北中正大学。1946年6月我先到南京,再经过北平,然后去了沈阳。

这时我已16岁了,父亲急着要我在最短时间内补修各种现代课程,准备考进大学。1946年至1947年间,我一方面在高中读书,一方面在课外加紧跟不同的老师补习,主要是英文、数学、物理、化学等现代科目。我在这一年中,日夜赶修这些课程,希望一年以后可以参加大学的入学考试。我还记得,我第一次读一篇短短的英文文字,其中便有八十多个字汇是陌生的。这时我已清楚地认识到,我大概绝不可能专修自然科学了,我只能向人文科学方面去发展。好在我的兴趣已完全倾向于历史和哲学,所以并不觉得有什么遗憾。1947年夏天,我居然考取了东北中正大学历史系。我的治学道路也就此决定了。

战后的中国始终没有和平,因为紧接着便爆发了国共内战。1947年底读完大学一年级上学期后就没有上学的机会了。

1948年到北平的十个月里,我自己思想上也发生了极大的波动。这是中国学生运动最激烈的阶段,北平更是领导全国学运的中心。在中共地下党员的领导下,北京大学、清华大学的"左倾"学生发动了一次又一次的"反内战、反饥饿、反迫害"的大规模游行示威。我的一位表兄当时便是北大地下党的领导人,他不断地向我进行说服工作,希望我加入"革命的阵营"。这样一来,我的政治、社会意识便逐渐提升了,我不能对于中国的前途、甚至世界的趋势完全置身事外。我不是在学的学生,因此从来没有参加过"左派"或"右派"的学生活动,但是我的思想是非常活跃的,在左、右两极间摇摆不定。我开始接触到马克思主义,也深入地思考有关民主、自由、个人独立种种问题。当时的学生运动虽然由中共地下党员领导,但普通的知识分子并不了解内幕,他们仍然继承着五四的思潮,向往的仍然是"民主"和"科学"。我在北平期间常常阅读的刊物包括《观察》《新路》《独立时论》等,基本上是中国自由主义者的议论。不过那时自由主义者在政治上已迅速地向左、右分化,左翼自由主义者向中共靠拢,右翼自由主义者以胡适为首,坚决拥护西方式的民主和个人自由。

我自1946年离开乡间以后,曾读了不少梁启超、胡适等有关中国哲学史、学术史的著作,也读了一些五四时期的有关"人的文学"的作品。因此我在思想上倾向于温和的西化派,对极端的激进思潮则难以接受。马克思主义的

第八编　治学经验

批判精神是我能同情的,然而阶级斗争和我早年在乡村的生活经验格格不入。我也承认社会经济状态和每一时代的思想倾向是交互影响的,但是唯物史观对我而言是过于武断了。总之,1948年在北平的一段思想经历对我以后的学术发展有决定性的影响。我对西方文化和历史发生了深刻的兴趣。我觉得我必须更深入地了解西方文化和历史,才能判断马克思主义的是非。

1949年夏天,我的父亲、母亲和弟弟离开了上海,乘渔船偷渡到舟山,然后转往台湾。我是长子,父亲要我料理上海的家,因此留下未走。这一年秋天,我考进了北平的燕京大学历史系二年级。从8月到12月,我又恢复了学生的生活。在燕大的一学期,除了修西洋史、英文、中国近代史等课程之外,我更系统地读了不少马克思主义的经典著作。

这个时期,我们还可以比较自由地讨论马克思主义的理论问题。不过越讨论下去,不能解答的问题也越多,而且也远远超出了我们当时的学术和思想的水平。

我本来是不准备离开中国大陆的。但1949年年底,我意外地收到母亲从香港的来信,原来他们又从台北移居到香港。1950年元月初,我到香港探望父母,终于留了下来,从此成为一个海外的流亡者。一个月之后,我进入新亚书院,这是我的大学生活中所走的最后一段路。

新亚书院是一所流亡者的学校,由著名的史学家钱穆先生和他的朋友们在1949年秋天创办的,学生人数不多,也都是从大陆流亡到香港的。从此我便成为钱先生的弟子,奠定了我以后的学术基础。

钱穆先生是中国文化的维护者,一般称之为传统派,恰恰与西化派是对立的。他承认五四新文化运动在学术上有开辟性的贡献,但完全不能接受胡适、陈独秀等人对中国传统的否定态度。坦白地说,我最初听他讲课,在思想上是有隔阂的,因为我毕竟受五四的影响较深。不过由于我有九年传统乡村生活的熏陶,对于传统文化、儒家思想我并无强烈的反感。到香港以后,我又读了一些文化人类学的著作,认识到文化的整体性、连续性,我也不能接受全盘西化的主张。但是我继续承认中国要走向现代化,吸收西方近代文化中的某些成分是必要的,而且也是可能的。因此我对于钱先生的文化观点有距离,也有同情。但是最重要的还是他在中国史学上的深厚造诣对我的启示极大。我深知,无论我的观点是什么,我都必须像钱先生那样,最后用学问上的真实成就来建立我自己的观点。我必须暂时放下观点和理论,先虚心读古人的经典,而且必须一部一部地仔细研读。我不能先有观点,然后在古籍中断章取义来证实我的观点。这样做便成了曲解误说,而不是实事求是了。

另一方面,我也始终没有放弃对西方文化与历史的求知欲望。我依旧希望以西方为对照,以认识中国文化传统的特性所在。中西文化的异同问题,一个世纪以来都在困扰着中国的学术思想界,我也继承了这一困扰。这不仅是学术问题,并且是现实问题。中国究竟应该走哪一条路?又可能走哪一条路?要寻找这些答案,我们不能只研究中国的传统文化,对西方文化的基本认识也是不可缺少的。

西方人文与社会科学在20世纪有巨大的进步,但也付出了巨大的代价。它的进步是愈来愈专精,代价则是分得过细之后,使人只见树木,不见森林。怎样在分析之中不失整体的观点,对于今天研究历史的人,这是一项重大的挑战。带着这许多不能解答的问题,我最后到了美国。

美国的进修

我在新亚时代,在钱先生指导之下,比较切实地研读中国历史和思想史的原始典籍。与此同时,我又在香港的美国新闻处和英国文化协会两个图书馆中借阅西方史学、哲学与社会科学的新书。但我在香港时对西方学问仍是在暗中摸索,理解是肤浅的。1955年到哈佛大学以后,我才有机会修课和有系统地读西方书籍。我的专业是中国思想史,在这一方面我至少已有了一定的基础。在哈佛大学的最初两三年,我比较集中精力读西方的史学和思想史。所以我正式研修的课程包括罗马史、西方古代与中古政治思想史、历史哲学、文艺复兴与宗教改革等。我并不妄想在西方学问方面取得高深的造诣。我的目的只是求取普通的常识,以为研究中国思想史的参考资料。

由于我从童年到大学时代都在战争和流亡中度过,从来没有受过正规的、按部就班的知识训练,我对于在美国研究院进修的机会是十分珍惜的。从1955年秋季到1962年1月,我一共有六年半的时间在哈佛大学安心地读书。第一年我是访问学人,以后的五年半是博士班研究生。这是我一生中唯一接受严格的学术纪律的阶段。这一段训练纠正了我以往十八年(1937—1955)的自由散漫、随兴所至的读书作风。依我前十八年的作风,我纵然能博览群书,最后终免不了泛滥无归的大毛病,在知识上是不可能有实实在在的创获的。尽管我今天仍然所知甚少,但我至少真正认识到学问的标准是什么。这是中国古人所说的"虽不能至,心向往之"。我的运气很好,在香港遇到了钱先生,在哈佛大学又得到杨联陞教授的指导。杨先生特别富于批评的能力，又以考证谨严著称于世。他和钱先生的气魄宏大和擅长综合不同，他的特色是眼光锐利、分析精到和评论深刻。这是两种相反而又相成的学者典型。杨先生和日本汉学界的关系最深，吉川幸次郎和宫崎市定都是他的好朋友。在杨先生的鼓励之下，我也开始关注日本汉学界的发展。这又是我在哈佛大学所获得的另一教益，至今不敢或忘。

由于时间所限，关于在美进修的一段，只能简单叙述至此。我在学问上走过的路，以上三个阶段是前期最重要的三大里程碑。后来三十年的发展都是在这条路上继续走出来的，就不能详说了。

（摘自《余英时访谈录》，中华书局2012年版）

【导读】余英时（1930—），生于天津，祖籍安徽安庆，当代华人世界著名历史学者、汉学家，被公认为全球最具影响力的华裔知识分子之一，曾在密西根大学、哈佛大学、耶鲁大学等任教，曾担任香港新亚书院院长兼中文大学副校长，现居美国。著有《士与中国文化》《中国思想传统的现代诠释》《中国文化与现代变迁》《文化评论与中国情怀》《现代儒学论》等。

《我走过的路》最初发表于《关西大学中国文学会纪要》16（大阪：1995），这篇文章叙述了他曲折的求学之路，梳理了他1937年至1962年这段从童年的记忆直到读完研究院的学生时代的全部过程。余英时将之分为三阶段，即1937—1946年的乡村生活，1946—1955年在大变动中的流浪，1955—1962年在美国学院中的进修。这三个阶段在余英时的求学、治学之路上都产生了深远的影响。

对于第一阶段，余英时认为自己在八九年的乡居生活对他后来的学术研究产生了重要影响，"相当彻底地生活在中国传统文化之中，而由生活体验中得来的直觉了解对我以后研究中国历史与思想有很大的帮助"。1937年7月7日抗日战争开始，刚上小学的余英时便离开安庆回到故乡，但故乡在当时还没有现代学校，采用的都是纯传统式的教学，因此最初五六年中余英时断断续续上过三四年私塾，接受的都是文言文的古文教育，他十一二岁时在乡间私塾老师教导下学写古典诗，读遍乡间能找得到的古典小说，掌握了中国文字的规则；而十三四岁时他去桐城派古文的发源地桐城读中学，这学校流行的也是古典诗文。这种教育经历夯实了他的古典文学修养，也为他对中国古典的兴趣奠定了基础。

对于第二阶段，余英时认为决定了他的治学道路。在这一阶段中，余英时思想上始终处于波动、活跃之中。1945年第二次世界大战结束后余英时的父亲督促他补修各种课程，于1947年考取东北中正大学，但国共内战的爆发不断中断其大学学业，使他经历了一年半的流亡生活。1948年在北平的十个月对他的思想产生了重要影响，北平是全国学运的中心，余英时看到了各种"反内战""反饥饿""反迫害"的大规模游行示威，而其表兄是北大地下党的领导人，不断想把他拉入革命阵营，不断说服工作，因而提升了他的政治、社会意识，让其思想产生了动摇。由此他接触到马克思主义，开始深入思考有关民主、自由、个人独立等问题，但他一直在左右之间摇摆，思想上倾向于温和的西化派，对极端的激进思想难以接受，但也同情马克思主义的批判精神，却又对阶级斗争持怀疑态度，认为唯物史观过于武断。这段思想对他后来的学术发展具有"决定性的影响"，使他对西方文化和历史发生了深刻兴趣。1949年余英时恢复了学生生活，他因此更系统地阅读了马克思主义的各种经典著作。1950年余英时到香港探望父母亲后定居香港，进入新亚书院，成为钱穆先生的弟子，奠定了后来的学术基础。他在钱穆先生那里接受的传统文化教育与乡村传统文化的积淀融汇成一股力量，而他所接受的"五四"新文化又形成一股力量，两种力量交汇在一起，为形成他自己独特的学术之路做了坚实的准备。

第三阶段在美国的进修，尤其是博士班研究生阶段，余英时认为"是我一生中唯一接受严格的学术纪律的阶段"，纠正了他过去十八年的自由散漫、随性所致的读书作风，并接受了哈佛大学杨联陞教授的指导，接受了与钱穆先生风格迥然不同的另一种学术风格的洗礼，"他和钱先生的气魄宏大和擅长综合不同，他的特色是眼光锐利、分析精到和评论深刻"，两种相反而又相成的学术风格显然对余英时形成自己的学术风格产生了重要影响。

余英时认为自己学术之路上的这三个阶段决定了他后来三十年的发展方向。可见，人生的每一个阶段都是至关重要的，无论是和平还是流亡，无论是祸还是福，其实都会成为宝贵的人生经验，奠定未来发展的基石，决定后来的发展路向。

（罗小凤）

谈翻译的甘苦

董乐山

翻译甘苦谈

报载萧乾在上海把他的近译《尤利西斯》稿费全部捐给一份叫《世纪》的刊物，与此相对比，有些年轻作家在拍卖市场上竞相拍卖小说稿就显得有些叫人为他们感到惭愧了。

不过话也得说回来，捐献稿费是一回事，作家为自己的知识产权争取应得的报酬是另一回事，只是拍卖竞价是不是属于保护知识产权则又是另一回事了。

这里只想由此谈一谈翻译的报酬问题，作为翻译甘苦谈的话题之一，是否显得笔者过于庸俗，有待读者公评。但人总是要吃饭的，人的劳动成果必须得到应有的报酬，套句流行的话，这符合"市场规律"。

翻译报酬过低，中外一律。在美国，作家出书按百分比抽版税，而翻译一本书，往往只一次性给一笔翻译费，与该译本以后的销多销少无涉。这种办法倒颇像国内的稿费制度。

国内的稿费标准，翻译要比创作低一些，最高只有24元人民币一千字，这是十多年前定的，如今物价已涨了好几倍，甚至工资也提高了，惟独稿费没有提高。最近一位出版界朋友来访，我问及稿费是否有提高，他说当然，提高的也有，听说有些小报的千字稿费高达百元甚至百元以上，不过只限于耸人听闻的社会新闻报道或者名家的千字短文，至于翻译稿费仍按原来标准发给。即使遇到名家，略为提高，也只一成左右。比如上海出版巴金旧译，稿费给的是30元一千字，南京出版杨绛的旧译给的是32元一千字，此次萧乾译的《尤利西斯》，千字给了35元，算是最高的了。我粗略算一下，全书100万字，稿费共约3.5万元，还要扣去14%的个人所得税，总共只有三万出头。他们夫妇俩花了四年时间，每人一年只获4000元钱不到，远远比不上合资企业一位白领小姐的月薪！

回想起来，我当初译《西行漫记》时，稿费标准千字只有4元，出版社为了多给我一些报酬千方百计地"巧立名目",除了翻译稿费以外,又给我开了校订费、资料费等等,一共拿了2000元钱,正好够我买了一张单程机票去纽约探亲。后来我跟那个出版社的朋友开玩笑,你们一共销了160万册,我不要10%的版税,只要每本给我一分钱,我也满足了。他听了哈哈大笑。

难怪海外的一些出版商纷纷都到大陆来找人译书,出千字5元美金的报酬就能觅到译界高手,这同工商界到大陆来办工厂剥削廉价劳动力没有什么区别。

再谈翻译甘苦

自从钱钟书先生引用了所谓"翻译者即反逆者"以后,不少论者在谈论翻译的性质的时候莫不引用这句名言,以证明翻译之不可为。但是知其不可为而为之仍大有人在,这大概是他们还是信奉钱先生文中在那句名言之后又引用的两句话之故罢。这就是释赞宁所说的"翻也者,如翻锦绮,背面俱花,但其花有左右不同耳"那句话和堂·吉诃德说阅读译本就像从反面来看花毯如出一辙。这种反面的花,尽管做不到像苏州女绣工那样丝毫不差的双面绣,但是已是难能可贵,差强人意了。怕就怕的是花样和颜色都走了样。

日前偶翻旧箧,拣出一张十年前的《出版商周刊》的剪报,内容是美国一位老翻译家的经验谈。他在《我的话》专栏文中一开头引用的4世纪通俗拉丁文《圣经》译者圣吉罗美的话,我觉得比上述"翻译者即反逆者"(Traduttore taditore)更加贴切一些。他的这句原话是拉丁文Non versions sed eversions,译成英文是Not versions but perversions。但是要译成中文而仍保持拉丁文和英译文的拼法和读音双关几乎不可能:"不是译文而是歪曲"这岂不成了地地道道的歪曲?

或谓这种谐音异义的双关语,和幽默诗一样,属于每一种语言中极少的不可译的一部分,可以用解释法来解决,而大部分仍是可译的。这话当然也有道理。但是我们在日常读到的译文中的原文受到歪曲的情况,并不属于这极少的不可译或难以译得形神兼备的部分,而是可以译而且可以译好的部分,这还不包括纯粹译错的。

这篇文章的作者除了翻译以外50年中从8种语言译了近70本书!还兼任赛蒙舒斯特等多家出版公司的外语书籍初读推选工作。他的经验之谈,有两点颇引人共鸣。一是为人校订译稿,不如自译,因所花精力和时间常两倍于自译。你既要忠实于原文,又要照顾不尽理想的译文,能用则用,实在不能用才改,这就多费了一道周折和斟酌。你如放手改去,那不是成了推倒重译吗?二是翻译是中年人的工作：太年轻，人生经验和语言修养都不足，（报上经常载有某有志青年自学外语，成绩显著，已译有外语资料二三百万字云云，我对此是感到怀疑的，作为鼓励是可以的，但若以此与外商谈判或安装机器，恐怕要出问题，若出版书籍，恐怕是经不起核对的。）太年老，则往往不把原著放在眼里，甚至认为文理不通："我可以写得比这垃圾更好。"据作者称，这种想法常常是有道理的。我想大概也会引起不少人的同感。

（摘自《董乐山文集》第二卷，河北教育出版社2001年版）

【导读】董乐山，1924年11月14日生于浙江宁波，他最为世人所熟悉的身份是翻译家，但其一生大展身手之地并不限于译坛一处，其子董亦波在总结他一生事迹时说："（董乐山）从事新闻翻译和英文教学多年，晚年转学术界研究著书，终以著名翻译家、作家和学者辞世，……他开创的译风承先启后，继往开来，他的翻译文笔隽永流畅，琅琅上口。他在翻译介绍国外重要学术和文学作品时掇英拾蕊，慧眼独具，在国内思想界和一般读者间产生过广泛的影响。他在翻译上所取得的成就证明他是继巴金等老一代翻译家之后的优秀代表人物之一。……是我国一位才华横溢、不可多得的翻译家、作家和学者。"（董亦波《与命运抗争》，见《董乐山文集》第一卷）

此番评述并非溢美之词，"不能成为一个小说家、艺术评论家，董乐山可能是引为终身遗憾"。（李辉《找一片天空自由呼吸》，见《董乐山文集》）早在二十岁之前，他就以笔锋犀利、老到辛辣的剧评在上海影剧界出尽风头。其后，凭借早年所接受的中西结合的文化教育基础，扎实老到的语言能力，敏锐的观察力和敏捷的思维力，以及严谨的学风，才华不凡的他在进入翻译界后，依旧走出一条属于自己的翻译之路，成为译坛一代领军式人物。

董乐山的翻译能力之所以能得到学界的广泛认同，其翻译作品能得到读者的一致认可，自然与他所具有的学识和素养密不可分，但另一重要因素也不可忽视，那就是他注重翻译工作的经验总结。

在总结翻译经验的过程中，他撰写了《翻译的要求》《翻译与知识》《翻译五题》等四十来篇文章，《翻译甘苦谈》和《再谈翻译甘苦》便是其中之一。董乐山在这两篇文章中讨论了一个问题——"翻译是否可为"。不同语言间存在的差异，在翻译的过程中会显得尤为明显和深刻，且主要体现在翻译的内容和形式两个方面。

如董乐山所举拉丁文"Non versions sed eversions"一样，在形式上，这句拉丁文使用了谐音异义的修辞方式，若仅译为"不是译文而是歪曲"，则原话的修辞方式尽失，原文暗含的意味不再，口吻失真，这样的翻译显然是蹩脚的，故而董乐山称之为"地地道道的歪曲"。

因语言差异而造成的翻译困难，是几乎每个翻译者痛苦的根源。范存忠《漫谈翻译》中也曾提到："严格地说，译品最好能和原作品相等——内容相等，形式相等，格调相等，只是所用的语言不同。这就是马建忠所说的译品和原著完全一样，而读者看了译品能和看原著一样，但这是一个不可能完全实现的理想。为什么？原因之一就是两种语言（任何两种语言）之间，总是存在着差距。"（范存忠《漫谈翻译》，见张柏然主编的《译学论集》，译林出版社1997年版）

傅雷更是将两国语言的不同归纳为十一种："两国文字词类的不同，句法构造的不同，方法与习惯的不同，修辞格律的不同，俗语的不同，即反映民族思想方式的不同，感觉深浅的不同，观点角度的不同，风俗传统信仰的不同，社会背景的不同，表现方法的不同。"（傅雷《〈高老头〉重译本序》，见罗新璋编《翻译论集》，商务印书馆1984年版）

钱钟书在《林纾的翻译》一文中也表达了类似的疑惑，认为在译文中不可避免地存在"失真和走样的地方，在意义或口吻上违背或不尽贴合原文"，造成"翻译者即反逆者"的局面。

面对两种语言间存在的不可逾越的障碍性差异，董乐山认为这是"属于每一种语言中极少的不可译的一部分"。他用这句话、用自己的方式为"翻译是否可为"这一问题给出了答案，即翻译是可为的。从客观角度而言，他承认两种语言间的差异，承认翻译存在一定局限性，必有一部分翻译不能实现完全理想化的"内容相等，形式相等，格调相等"的情况；但同时又认为，这只是每一种语言中极少的一部分。也就是说，在他看来大部分的翻译是可以实现理想化翻译的。董乐山就是持着这种观点、凭着这份信念坚持走着自己的翻译之路的。

（杨　艳）

第八编　治学经验

梦想悠悠

[美] 阿莱克斯·黑利

许多年轻人对我说，他要做一个作家，我总是鼓励这些人，但同时解释说，当作家与发表作品之间有很大差别。这些人大多梦想的是财富与名声，不是打字机旁漫长时间的孤军作战。"你是想发表作品。"我对他们说："不是想当作家。"

事实上，写作是一种孤寂、隐遁、不赚钱的事情。每一位受到司命女神青睐的作家背后，都站着千万个壮志未酬的人们。那些成功者常常都经受过长期的冷遇与贫穷，我就是这么过来的。

结束20年海岸警卫队生涯时，我想成为一个自由作家，但毫无前途可言。我真正拥有的，是纽约市的一位朋友乔治·西姆斯，我和他是在田纳西州的亭宁一起长大的。乔治在我家里找到了我，家是一间搬空了的小仓库，在格林威治村公寓楼，他是这里的管理人。屋里阴冷，没有浴室，我不在乎。很快买来一台旧手工打字机，感觉如同一个天才大文豪。

过了大约一年，我仍然没什么突破，开始对自己产生怀疑。卖出一篇小说是那么艰难，吃饭的钱都挣不够。但我明白我仍然要写作，我梦想这个许多年了，我不想成为这样一种人，临死时候还在想：假如我怎么怎么就可能会怎么怎么。我要保持操守，哪怕这意味着生活在收入不可靠与失败的忧惧之中。这是希望的幽冥区，大凡有一个梦想的人，都得学会过这种生活。

后来有一天，我接到一个真正奠定我一生的电话，并非什么代理人或编辑的大宗约稿，正相反，倒像是海妖塞壬在引诱我放弃我的航程。打电话的是海岸警卫队的老相识，此时驻扎在旧金山，他曾借给我钱，并喜欢借此奚落我。"我什么时候能拿回那15美元呢，亚历克斯？"他取笑说。

"下次卖出文章的时候。"

"我倒有个好办法。"他说："我们急需一个新的公共信息助理，年薪6000美元。如果你干，准行。"

学风九编

6000美元一年！这在1960年真还不少。可以买到一套好公寓，一辆汽车，可以偿还债务，也许还能储蓄一点。尤其是，可以边工作边写作。

正当美元在我脑子里漫天飞舞的时候，内心深处某种倔强的东西抬头了。我一直都在梦想成为一个作家，全日制专业作家。"谢谢你，我不要。"我听得自己在说："我要写作到底。"

然后，我在小屋子里踱来踱去，开始觉得自己是一个傻瓜。伸手摸进我的餐橱，一个钉在墙上的香橙板条箱，拿出里面所有的东西：两罐沙丁鱼。双手插进身上的口袋，掏出18美分。我把这两样东西放进一个揉皱了的纸包。这个，亚历克斯，我对自己说，就是眼下你为自己挣到的一切。我不能肯定，我从前是否像当时那样懊恼沮丧过。

真希望我的写作水平立刻提高，但没有。唯一感谢上帝的是，有乔治帮我苦度窘境。

通过他，我结识了另外一些只身奋斗着的艺术家，如乔·德莱尼，来自田纳西州诺克斯维尔的老兵画家。乔经常没钱吃饭，不得不去造访左邻右舍，一个屠夫给他一些带少许肉的骨头，一个杂货商给他一些萎蔫了的蔬菜，乔用这些东西煮便餐汤喝。

另一位同村人是标致的年轻歌手，他惨淡经营一个餐馆。据传，如果顾客点了牛排，歌手就一溜烟跑出去，到街对面超级市场去买一份现成的来。他的名字叫哈里·贝拉方特。

德莱尼和贝拉方特这些人成了我的模范。我懂得，要坚持不懈为理想而工作，人得作出牺牲，过有创造性的生活。

艰苦磨炼中，我渐渐卖出一些文章。写了当时许多人谈论的问题：公民权，美洲和非洲的黑人。不久，像鸟儿南飞一样，我的思想老是回到了孩提时代。在我静静的房间里，好像听见奶奶，堂兄乔治亚，婶婶普拉斯，姑妈丽兹，舅妈蒂尔的声音，他们在讲述我们家族和奴隶制。

从前这些故事美国黑人是不对外人讲的，我也基本上守口如瓶。但有一天与《读者文摘》编辑们共进午餐时，我讲起了我的奶奶姑婶堂兄，而且我说，我想追溯家族根由，直到那用铁链拴着卖到这边海岸上来的第一个非洲人。我带着一份合同离开餐桌，它将支持我采访写作9年。

这是一个爬出黑暗的漫长过程。然而1976年，离开海岸警卫队17年后，《根》出版了。立刻，我尽情享受着少数作家所体验过的成功与名声带来的欢乐。眩目的聚光灯赶跑了漫长的黑暗。

平生第一次，我有了钱，到处的门为我敞开。电话整天响，不断结交新的朋友，签署新的协约。我收拾行李，搬到洛杉矶，帮助拍摄电视连续剧《根》。这是一个忙乱兴奋的时期，成功之光照得我蒙头转向。

忽然有一天打开行李时，我无意间看到多年前住村里时装东西的一个箱子，里面有一个棕色纸包。

我倒出包中物，两个腐败了的沙丁鱼罐头，一个五分镍币，一个一角银币，三个便士。往事像漩涡似地一下子涌上心头，和打字机一起蜷缩在阴冷、滴漏的单间斗室的情景历历在目。然后我对自己说，纸包里的东西也是我的一部分根，终生不可忘记。

我把罐头送去加装有机玻璃框。把那个塑料箱干干净净摆放在天天看得到的地方。如今它们摆放在我在诺克斯维尔的桌子上，放在一起的还有普利策长篇小说奖杯；电视剧《根》九项埃美金像奖的半身雕像；还有美国有色人种协会最高荣誉——斯平加恩奖牌。我很难说出哪样东西对我最重要。但唯有那第一样东西给我以勇气与恒心，使我在梦想悠悠之中保持对事业的忠贞不二。

这是所有胸怀梦想的人们都得修炼的功课。

（摘自《散文》1991年第12期）

【导读】 阅读美国作家阿莱克斯·黑利的这篇《梦想悠悠》的漫话絮语，也让我努力地从自己经历的简单的生活、点滴的文学创作与学术研究中去捕捉我无情的多情、多情的无情里的人生的悠悠梦想，我也始终翻腾着对于人生的爱恋，始终礼赞着人性的烈焰在我心底燃烧，燃烧着生命之火赋予我不可磨灭的对于创作与研究的艺术感悟，正如阿莱克斯·黑利所说：它"给我以勇气和恒心，使我在梦想悠悠之中保持对事业的忠贞不二"。我以为，阿莱克斯·黑利论述的写作的事业所显现的个体生命的凛然不羁的富有力感的审美追求与学术研究相同，两者的方向也是一致的："漫长时间的孤军作战"，"孤寂，隐遁，不赚钱，经受长期的冷遇，贫穷"，但是过的是"有创造性的生活"，体现的是人类的最高的心灵与良知、正义感、呼唤力、判断力，以及由真诚、高尚、悲喜、梦想、压抑、苦闷、困惑、痛苦、矛盾、绝望所构成的情感世界。事实上，在目前社会的文化格局中，的确存在着文学创作与学术研究这两种文化阶层，花开两枝，相安无事，前者以抒情性的语言与文字追求着自己独树一帜看取人生的文化趣味,后者以论证式、抽象性的语言与文字分析与解决社会各个领域的问题和方案。这两者都具有成熟的和创造性的种种可能的探索,都是主张以某种不为别人所涉及的新颖性而超越陈腐之事和常规之说不断获得成功的喜悦。

这样,阿莱克斯·黑利论述的"写作"的事业就被我转化为"学术研究"的事业,由"写作"的意义转述为"学术"的意义。我常想,在初步确立了"要坚持不懈为理想而工作"之后,怎样保持梦想悠悠的鲜艳和芬芳?怎样保持学术的勇往直前的激情与渴望?

其一,学术是孤寂的事业,倘若靠近众心,为各种世俗所扰,必将一事无成。美国作家阿莱克斯·黑利在梦想悠悠的路途上陷入阴冷破败的生存环境("一间搬空了的小仓库")、"收入不可靠与失败的忧惧"、老相识的奚落取笑和诱惑(提供年薪优厚的工作)的局面之中也无人相伴,无人理解,无人支持,"这是一个爬出黑暗的漫长的过程"。写作与学术的事业一样,时而是美好的,时而是疯狂的,但长期是孤寂的,需要的是像阿莱克斯·黑利那样始终"保持操守"、"做出牺牲"而内心依然无比倔强。所谓"孤寂"的学术就是要求你始终坚守独立的人格,理智地对待情感与生活的变迁,始终对学术的梦想与信念毫不动摇,竭尽全力将自己的思想与情感纳入学术的运转轨迹。冰心说:"成功的花,人们只惊慕她现时的明艳,然而当初她的芽儿,浸透奋斗的泪泉,洒遍了牺牲的血雨。"到此为止,你终于可以明白,学术成功的明艳的花朵是用你自己无数的孤寂的爱恋所结出的果实。

其二,学术是坚持不懈的事业,倘若半途而废,则前功尽弃。没有坚执若水一直向前的努力,哪来大江大河日夜不息的奔腾?谈到学术的坚持不懈,它在许多意义上就是一种永远不向自己的敌人低头的气概,就是一种像美国作家阿莱克斯·黑利那样即使全部家产只剩下两罐沙丁鱼和18美分钱,也倔强地抬起头坚持写作到底,这是一种把自己当做一个傻瓜的肯定到底的气概。学术从来都是非常神奇和美妙的事物。它并不明媚如春,却有着无法抵挡的万千美丽与温暖久久停留在你孤寂的心间;它并不冷酷如铁,但也常常会有一种深入虎穴斗智斗勇的"丰富的痛苦"随处散落在你坚持不懈的平静的"黑森林";它虽然宁静朴实,无声无息,但它所潜隐的那些丰富而高远的思想、美丽隽永的品格和灵智闪烁的优雅的精神却是如此浩浩荡荡纷至沓来。我想,"学术"在人们心间的悸动、感念与实践总是维系着我们每一个孤寂而坚持不懈的生命的永远向前的真谛和秘密，维系着人类精神的永远向上的追逐与梦想。只要我们心中有美感有爱意，有梦想悠悠，就会是诗意绵绵的永远的存在。

（宾恩海）

我为什么要写作

［美］G·奥威尔

从很小的时候开始，也许是五六岁的时候，我就知道了我在长大以后要当一个作家。在大约十七到二十四岁之间，我曾经想放弃这个念头，但是我心里很明白，我这么做是违背我的天性的，或迟或早，我会安下心来写作的。

我是三个孩子里中间的一个，与两边的年龄差距都是五岁，我在八岁之前很少见到我的父亲。为了这个原因和其他原因，我的性格有些孤僻，我很快就养成了一些不讨人喜欢的习惯和举止，这使我在整个学生时代都不太受人欢迎。我有孤僻孩子的那种倾心于编织故事和同想象中的人物对话的习惯，我想从一开始起我的文学抱负就同无人搭理和不受重视的感觉交织在一起。我知道我有话语的才能和应付不愉快事实的毅力，我觉得这为我创造了一种独特的隐私天地，我在日常生活中遭到的挫折都可以在这里得到补偿。不过，我在整个童年和少年时代所写的全部认真的——也就是说真正当作一回事的作品，加起来不会超过五六页。我在四岁或者五岁时，写了第一首诗，我母亲把它记了下来。我已经什么都记不得了，除了它说的是关于一只老虎，那只老虎有"椅子一般的牙齿"，不过我想这首不太合格的诗是抄袭布莱克的《老虎，老虎》的。我十一岁的时候，爆发了1914—1918年的战争，我写了一首爱国诗，发表在当地报纸上，两年后又有一首悼念基钦纳伯爵逝世的诗，也刊登在当地报纸上。长大一些以后，我不时写些蹩脚的而且常常是写了一半的乔治时代风格的"自然诗"。我也曾尝试写短篇小说，但都以失败告终，几乎不值一提。这就是我在那些年代里实际上用笔写下来的全部认真的作品。

但是，从某种意义上来说，在这期间，我确也参与了与文学有关的活动。首先是那些我不花什么力气就能很快写出来的但是并不能为我自己带来很大乐趣的应景之作。除了学校功课以外，我还写些带有应付性质半开玩笑的打油诗，我能够按今天看来是惊人的速度写出来——十四岁的时候，我曾只花了大约一个星期的时间，模仿阿里斯托芬的风格写了一部押韵的完整的诗剧。我还参加了编辑校刊的工作，这些校刊都是些可笑到可怜程度的东西，有铅印稿，也有手稿。我当时为它们所花的力气比我今天为最有价值的新闻写作所花的力气少得多了。与此同时，在大约十五年以上的时间里，我还在进行一种完全不同的写作练习：那便是编造一个以我自己为主人公的连续"故事"，一种只存在于心中的日记。我相信这是许多人少儿时期都有的一种习惯。我在很小的时候就常常想象我是侠盗罗宾汉或什么的，把自己想象为刺激的冒险故事中的英雄，但是很快我的"故事"就不再是这种露骨的自我陶醉性质了，而越来越成为对我自己在做的事情和看到的东西的客观的描述。有时我的脑际会连续几分钟出现这样的句子："他推开门进了房间。一道淡黄色的阳光透过细布窗帘斜照在桌上，上面有一盒打开的火柴放在墨水瓶旁。他把右手插在口袋里，向窗前走去。下面的街上有一只棕色的猫在追逐一片落叶。"等等。这个习惯一直持续到我二十五岁的时候，贯穿了我还没有从事文学活动的年代。虽然我得花力气寻觅适当词语，我似乎是在某种外力的驱使下，几乎不自觉地在做这种描述景物的练习。可以想象，这个故事一定反映了我在不同的年龄所崇拜的不同作家的风格，不过就我记忆所及，它始终保持了在描述上一丝不苟的特点。

大约十六岁的时候，我突然发现了词语本身所带来的乐趣，也就是词语的声音和联想。《失乐园》里有这么两句诗：

这样他艰辛而又吃力地

向前：他艰辛而又吃力

今天在我看来这句诗已不是特别精彩了，但是当时却使我全身发抖。至于描述景物的意义，我早已全部明白了。因此，如果说我在那个时候要写书的话，我要写的书会是什么样就可想而知了。我要写的会是大部头的结局悲惨的自然主义小说，里面尽是细致入微的详尽描写和明显比喻，而且还满眼是华丽的词藻，所用的字眼一半是为了凑足音节而用的。事实上，我的第一部完整的小说《缅甸岁月》就是一部这样的小说，那是我在三十岁的时候写的，不过在动笔之前已经构思了很久。

我之所以提供这些背景资料是因为我认为：不了解一个作家的历史和心态是无法估量他的动机的。他的题材由他生活的时代所决定，但是在他开始写作之前，他就已经形成了一种感情态度，这是他今后永远也无法超越和挣脱的。毫无疑问，提高自己的修养和避免在还没有成熟的阶段就贸然动手，避免陷于一种反常的心态，都是作家的责任；但是如果他完全摆脱早年的影响，他就会扼杀自己写作的冲动。除了需要以写作作为谋生手段之外，我想从事写作，至少从事散文写作，有四大动机。在每一作家身上，它们都因人而异，而在任何一个作家身上，所占比例也会因时而异，要看他所生活的环境氛围而定。这四大动机是：

一、纯粹的自我中心。希望人们觉得自己很聪明，希望成为人们谈论的焦点，希望死后人们仍然记得你，希望向那些在你童年的时候轻视你的大人出口气等等。如果说这不是动机，而且不是一个强烈的动机，完全是自欺欺人。作家同科学家、政治家、艺术家、律师、军人、成功的商人——总而言之，人类的全部上层精华——几乎都有这种特性。而广大的人类大众却不是这么强烈的自私。他们在大约三十岁以后就放弃了个人抱负——说真的，在许多情况下，他们几乎根本放弃了自己是个个人的意识——主要是为别人而活着，或者干脆就是被单调无味的生活重轭压得透不过气来。但是也有少数有才华有个性的人决心要过自己的生活到底，作家就属于这一阶层。应该说，严肃的作家整体来说也许比新闻记者更加有虚荣心和以我为中心，尽管不如新闻记者那样看重金钱。

二、审美方面的热情。有些人写作是为了欣赏外部世界的美，或者欣赏词语和它们正确组合的美。你希望享受一个声音的冲击力或者它对另一个声音的穿透力，享受一篇好文章的抑扬顿挫或者一个好故事的启承转合，希望分享一种你觉得是有价值的和不应该错过的体验。在不少作家身上，审美动机是很微弱的，但即使是一个写时事评论的或者编教科书的作者都有一些爱用的词句，这对他有一种奇怪的吸引力，也许他还可能特别喜欢某一种印刷字体、页边的宽窄等等。任何书，凡是超过列车时刻表以上水平的，都不能完全摆脱审美热情的因素。

三、历史方面的冲动。希望还原事物的本来面目，找出真正的事实把它们记录起来供后代使用。

四、政治上所作的努力。这里所用"政治"一词是从它最广泛的意义上而言的。希望把世界推往一定的方向，帮助别人树立人们要努力争取的到底是哪一种社会的想法。再说一遍，没有一本书是能够没有丝毫的政治倾向的。有人认为艺术应该脱离政治,这种意见本身就是一种政治。

显而易见,这些不同的冲动必然会互相排斥,而且在不同的人身上和在不同的时候会有不同的表现形式。从本性来说,所谓你的"本性"是指你在刚成年时达到的状态——我是一个前三种动机压倒第四种动机的人。在和平的年代,我可能会写一些堆积词藻的或者仅仅是客观描述的书,而且很可能对我自己的政治倾向几乎视而不见。但实际情况是,我却为形势所迫,成了一种写时事评论的作家。我先在一种并不适合我的职业中虚度了五年光阴(缅甸的印度帝国警察部队),后来又饱尝了贫困和失败的滋味。这增强了我对权威的天生的憎恨,使我第一次意识到劳动阶级存在的事实,而且在缅甸的工作经历使我对帝国主义的本性有了一些了解。但是这些还不足以使我确立明确的政治方向。接着来了希特勒、西班牙内战等等。到了1935年底,我仍没有作出最后的抉择。我记得在那个时候写的一首小诗,表达了我处于进退维谷的困境。

西班牙内战和1936年至1937年之间的其他事件最终导致了天平的倾斜,从此我知道了自己应该去做些什么。我在1936年以后写的每一篇严肃的作品都是指向极权主义和拥护民主社会主义的,当然是我所理解的民主社会主义。在我们那个年代,认为自己能够避免写这种题材,在我看来几乎是痴人说梦。大家不过在用某种方式作为写作这种题材的遮掩。简而言之,这就是一个你站在哪一边和采取什么方针的问题。你的政治倾向越是明确,你就更有可能在政治上采取行动,并且不牺牲自己的审美和思想上的独立性和完整性。

在过去的整整十年,我一直在努力想把政治写作变为一种艺术。我的出发点是由于我总有一种倾向性,一种对社会不公的个人意识。我坐下来写一本书的时候,我并没有对自己说:"我要加工出一部艺术作品。"我之所以写一本书,是因为我有谎言要揭露,我有事实要引起大家的注意,我最先关心的事就是要有一个机会让大家来听我说话。但是,如果这不能同时也成为一次审美的活动,我是不会写一本书的,甚至不会写一篇杂志长文。凡是稍微留心看一看我的作品的人都会发现,即使这是直接的宣传,它也包含了一个职业政治家会认为与本题无关的许多内容。我不能够,也不想完全放弃我在童年时代就形成的世界观。只要我还健康地活着,我就会一如既往地对散文这一文体抱有强烈的感情,去热爱地球上的一切事物,对具体的东西和各种知识表达我的关注,尽管这些可能是片面的或者无用的。要压抑这一方面的自我,我是做不到的。我该做的是把我天性的爱憎同这个时代对我们所要求的和应该做的活动调和起来。

　　这样做不仅在结构和语言上有障碍，而且这还涉及到了真实性的问题。我这里只举一个由此而引起的那种比较明显的困难的例子。我写的那部关于西班牙内战的书《向加泰隆尼亚致敬》当然是一部有鲜明观点的政治作品，但是基本上我是用一种相当超然的态度和对形式的尊重来写的。我在这本书里的确作了很大努力，要把全部真相说出来而又不违背我的文学本能。但是除了其他内容以外，这本书里有很长的一章，尽是摘引报纸上的话和诸如此类的东西，为那些被指控与佛郎哥一个鼻孔出气的托派分子辩护。显然这样的一章会使全书黯然失色，因为过了一两年后普通读者会对它兴趣全无。一位我所尊敬的批评家指责了我一顿："你为什么把这种材料掺杂其中？"他说，"本来是一本好书，你却把它变成了时事评论"。他说得不错，但我只能这样做。因为我正好知道英国只有很少的人才被获准知道真实情况是：清白无辜的人遭到了诬陷。如果不是出于我的愤怒，我是永远不会写那本书的。

　　语言的问题是个大问题，讨论起来要花太多的时间。我这里只想说，在后来的几年中，我努力写得严谨些而不那么大肆渲染。不管怎么样，我发现等到你完善了一种写作风格的时候，你总是又超越了这种风格。《动物农庄》是我在充分意识到自己在做什么的情况下努力把政治目的和艺术目的融为一体的第一部小说。我已有七年不写小说了，不过我希望很快就再写一部。它注定会失败，因为每一本书都是一次失败，但是我相当清楚地知道，我要写的是一本什么样的书。

　　回顾刚才所写的，我发现自己好像在说我的写作活动完全出于公益的目的。我不希望让这成为最后的印象。所有的作家都是虚荣、自私、懒惰的，在他们的动机的深处，埋藏着的是一个谜。写一本书是一桩消耗精力的苦差事，就像生一场痛苦的大病一样。你如果不是由于那个无法抗拒或者无法明白的恶魔的驱使，你是绝不会从事这样的事的。你只知道这个恶魔就是那个令婴儿哭闹要人注意的同一本能。然而，同样确实的是，除非你不断努力把自己的个性磨灭掉，你是无法写出什么可读的东西来的。好的文章就像一块玻璃窗。我说不好自己的哪个动机最强烈，但是我知道哪个动机值得遵从。回顾我的作品，我发现在我缺乏政治目的的时候我写的书毫无例外地总是没有生命力的，结果写出来的是华而不实的空洞文章，尽是没有意义的句子、词藻的堆砌和通篇的假话。

（摘自《我为什么要写作》，上海译文出版社2011年版，董乐山译）

学风九编

【导读】乔治·奥威尔（1903—1950），英国左翼作家，新闻记者和社会评论家。生于英属印度彭加尔省（孟加拉邦）摩坦赫利（莫蒂哈里）一个政府下级官员的家庭，父亲供职于印度总督府鸦片局，1905年除了父亲仍任职于印度总督府的鸦片局外，全家返回英国牛津的亨利。著有《动物庄园》《一九八四》等。

《我为什么要写作》是奥威尔关于自己写作背景、经历、动机、出发点、写作心态、创作理念和创作过程的陈述，成为解读奥威尔写作风格、写作理论的重要线索。

在《我为什么要写作》中，奥威尔首先对写作的早期经历进行了回顾，他认为早期经历对一个作家的写作动机是非常重要的："评估一个作家的写作动机，就得对他的早期经历有一个大致的了解。他的写作主题是由他所生活的时代决定的，至少在我们这个充满动荡与变革的时代是如此，但他在真正开始写作之前，通常就已经形成一种特定的情感倾向，这种倾向在后来的创作中永远不能彻底摆脱。毫无疑问，作家有责任控制自己的性情，使之不至于纠缠在某种幼稚的阶段，或陷于某种反常的情绪之中，但他如果完全从早期影响中脱离出来，那也会扼杀自己的写作热情。"确实，奥威尔幼时的贫穷家境和穷学生的遭遇影响了他后来的写作观念，使他在小说中对权力的本能憎恨和对底层劳动阶级的同情，甚至影响他的政治观，他在作品中都是"直接或间接地反对独裁主义和拥护我心目中的民主社会主义"。

然后他分析了写作的四种动机，即纯粹利己主义（想显得聪明，被人谈论，死后让人回忆）、审美热情（对于外部世界的美或在另一方面对于词语及其正确的组合具有的感觉）、历史冲动（希望看到事情的本来面目，发掘出真实的事件，并将它们储存起来留给子孙后代）、政治目的（想把世界推向某一特定的方向，改变人们对于应努力争取的社会类型的特点）。

奥威尔还对他写作的出发点进行了阐述："总是由于我有一种倾向性，一种对社会不公的强烈意识。我坐下来写一本书的时候，我并没有对自己说，'我要生产一部艺术作品。'我所以写一本书，是因为我认为有一个谎言要揭露，有一个事实要引起大家的注意。"其实，这个出发点就是"使政治性写作成为艺术"，这是奥威尔的独特写作追求与风格，使奥威尔最终确立了"奥威尔式"风格。奥威尔的创作分为纪实性小说、传记性小说和寓言式或虚构式的政治小说，这些作品都是要"揭穿某些谎言"。正是在"使政治性写作成为艺术"的出发点上，奥威尔的小说既有政治性又有艺术性，政治性表现在他的小说大都是反极权与反乌托邦的，艺术性体现在他的小说总是处在虚构与真实相融、深刻与直观兼顾及的不动声色的描写中。尤其是西班牙战争的爆发，让奥威尔彻底投身政治性写作。他的《动物庄园》《一九八四》都是他政治性写作的典范之作，包含了他对极权的理解和对帝国主义本质的探求。

奥威尔是一个独特的作家，关键点在于他坚持自己的个性和创作原则，形成了自己的独特风格。《我为什么写作》正呈现了他的坚持与独特。

（罗小凤）

我的病历

[英] 斯蒂芬·霍金

人们经常问我：运动神经细胞病对你有多大的影响？我的回答是，不很大。我尽量地过一个正常人的生活，不去想我的病况或者为这种病阻碍我实现的事情懊丧，这样的事情不怎么多。

我被发现患了运动神经细胞病，这对我无疑是晴天霹雳。我在童年时动作一直不能自如。我对球类都不行，也许是因为这个原因我不在乎体育运动。但是，我进牛津后情形似乎有所改变。我参与掌舵和划船。我虽然没有达到赛船的标准，但是达到了学院间比赛的水平。

但是在牛津上第三年时，我注意到自己变得更笨拙了，有一两回没有任何原因地跌倒。直到第二年到剑桥后，我母亲才注意到并把我送到家庭医生那里去。他又把我介绍给一名专家，在我的二十一岁生日后不久即入院检查。我住了两周医院，其间进行各式各样的检查。他们从我的手臂上取下了肌肉样品，把电极插在我身上，把一些放射性不透明流体注入我的脊柱中，一面使床倾斜，一面用X光来观察这流体上上下下流动。做过了这一切以后，除了告诉我说这不是多发性硬化，并且是非典型的情形外，什么也没说。然而，我合计出，他们估计病情还会继续恶化，除了给我一些维他命外束手无策。我能看出他们预料维他命无济于事。这种病况显然不很妙，所以我也就不寻根究底。

学风九编

意识到我得了一种不治之症并在几年内要结束我的性命,对我真是致命打击。这种事情怎么会发生在我身上呢?为什么我要这样地夭折呢?然而,住院期间我目睹在我对面床上一个我稍微认识的男孩死于肺炎。这是个令人伤心的场合。很清楚,有些人比我还更悲惨。我的病情至少没有使我觉得生病。只要我觉得自哀自怜,就会想到那个男孩。

不知什么灾难还在前头,也不知病情恶化的速率,我不知所措。医生告诉我回剑桥去继续我刚开始的在广义相对论和宇宙论方面的研究。但是,由于我的数学背景不够,所以进展缓慢,而且无论如何,我也许活不到完成博士论文了。我感到十分倒楣。我就去听瓦格纳的音乐。但是杂志上说我酗酒是过于夸张了。麻烦在于,一旦有一篇文章这么说,另外的文章就照抄,这样可以起轰动效应。似乎在印刷物上出现多次的东西都必定是真的。

那时我的梦想甚受困扰。在我的病况诊断之前,我就已经对生活非常厌倦了。似乎没有任何值得做的事。我出院后不久,即做了一场自己被处死的梦。我突然意识到,如果我被赦免的话,我还能做许多有价值的事。另一场我做了好几次的梦是,我要牺牲自己的生命来拯救其他人。毕竟,如果我总是要死去,做点善事也是值得的。

但是,我没死。事实上,虽然我的将来总是笼罩在阴云之下,我惊讶地发现,我现在比过去更加享受生活。我在研究上取得进展。我定婚并且结婚,我还从剑桥的凯尔斯学院得到一份研究奖金。

凯尔斯学院的研究奖金及时解决了我的生计问题。选择理论物理作为研究领域是我的好运气,因为这是我的病情不会成为很严重阻碍的少数领域之一。而且幸运的是,在我的残废越来越严重的同时,我的科学声望越来越高。这意味着人们准备给我许多职务,我只要作研究,不必讲课。

我们在住房方面也很走运。我们结婚的时候,简仍然是伦敦的威斯特费尔德学院的一名本科生,所以她周中必须上伦敦去。因为我不能走很远。这就表明我要找到位于中心的能够料理自己的地方。我向学院求助过,但是当时的财务长告诉我,学院不替研究员找住房。我们就以自己的名义预租正在市场建造的一组新公寓中的一间。(几年后,我发现这些公寓是学院所有的,但是他们没有告知我这些。)当我们在美国过完夏天返回剑桥之时,这些公寓还未就绪。这位财务长作了一个巨大的让步,让我们住进研究生宿舍的一个房间。他说:"这个房间一个晚上我们正常收费十二先令六便士。但是,由于你们两个人住在这个房间,所以收费二十五先令。"

我们只在那里住了三夜。然后我们在离我大学的系大约一百码的地方找到一幢小房子。它属于另一间学院的,并租给了它的一位研究员。他最近搬到郊区的一幢房子里,把他租约还余下的三个月分租给我们。在那三个月里,我们在同一条街上找到另一幢空置的房子。一位邻居从多塞特找到房东并告诉她,当年轻人还在为住宿苦恼时让她的房子空置是太不像话。这样她就把房子租给我们。我们在那里住了几年后,就想把它买下并作装修,我们向学院申请分期贷款。学院进行了一下估算,认为风险较大。这样最后我们从建筑社得到分期贷款,而我的父母给了我装修的钱。

我们在那儿又住了四年,直到我无法攀登楼梯为止。这时候,学院更加赏识我并且换了一个财务长。因此他们为我们提供了学院拥有的一幢房子的底层公寓。它有大房间和宽的门,对我很合适。它的位置足够中心,我就能够驾驶电动轮椅到我的大学的系去。它还为学院园丁照管的一个花园所环绕,对我们的三个孩子也十分惬意。

直到1974年我还能自己喂饭并且上下床。简设法帮助我并在没有外助的情形下带大两个孩子。然而此后情形变得更困难,这样我们开始让我的一名研究生和我们同住。作为报酬是免费住宿和我对他研究的大量注意,他们帮助我起床和上床。1980年我们变成一个小团体,其中私人护士早晚来照应一两小时。这样子一直持续到1985年我得了肺炎为止。我必须采取穿气管手术,从此我便需要全天候护理。能够做到这样是受惠于好几种基金。

我的言语在手术前已经越来越不清楚,只有少数熟悉我的人能理解。但是我至少能够交流。我依靠对秘书口授来写论文,我通过一名翻译来作学术报告,他能更清楚地重复我的话。然而,穿气管手术一下子把我的讲话能力全部剥夺了。有一阵子我唯一的交流手段是,当有人在我面前指对拼写板上我所要的字母时,我就扬起眉毛,就这样把词汇拼写出来。像这种样子交流十分困难,更不用说写科学论文了。还好,加利福尼亚的一位名叫瓦特·沃尔托兹的电脑专家听说我的困境,他寄给我他写的一段叫做平等器的电脑程序。这就使我可以从屏幕上一系列的目录中选择词汇,只要我按手中的开关即可。这个程序也可以由头部或眼睛的动作来控制。当我积累够了我要说的,就可以把它送到语言合成器中去。

最初我只在台式计算机上跑平等器的程序。后来,剑桥调节通讯公司的大卫·梅森把一台很小的个人电脑以及语言合成器装在我的轮椅上。我用这个系统交流得比过去好得多，每分钟我可造出十五个词。我可以要么把写过的说出来，要么把它存在磁碟里。我可以把它打印出来，或者把它"召来"一句一句地说出来。我已经使用这个系统写了两部书和一些科学论文。我还进行了一系列的科学和普及的讲演。听众的效果很好。我想，这要大大地归功于语言合成器的质量。一个人的声音很重要。如果你的声音含糊，人们很可能以为你有智能缺陷。就我所知，我的合成器是最好的，因为它会抑扬顿挫，并不像一台机器在讲话。唯一的问题是它使我说话带有美国口音。然而，现在我已经和它的声音相认同。甚至如果有人要提供我英国口音，我也不想更换。否则的话，我会觉得变成了另外的一个人。

我实际上在运动神经细胞病中度过了整个成年。但是它并未能够阻碍我有个非常温暖的家庭和成功的事业。我要十分感谢从我的妻子、孩子以及大量的朋友和组织得到的帮助。很幸运的是，我的病况比通常情形恶化得更缓慢。这表明一个人永远不要绝望。

（摘自史蒂芬·霍金《霍金讲演录——黑洞、婴儿宇宙及其他》，湖南科技出版社1995年版，杜欣欣等译）

【导读】斯蒂芬·霍金是一个奇迹，身患重病，一直依靠轮椅和语言合成器生活，却成为当代最重要的广义相对论和宇宙论家，被誉为继爱因斯坦后世界上最著名的科学思想家和最杰出的理论物理学家，1988年获沃尔夫物理学奖。著有科学巨著《时间简史》等。

《我的病历》是斯蒂芬·霍金在1987年10月于伯明翰召开的英国运动神经细胞病协会会议上的发言稿，对自己所遭遇的病痛和自己的经历进行了叙述。虽然霍金在不治之症中度过整个成年，但他热爱生活，懂得享受生活，他力图像正常人一样生活，坚持阅读、写作和研究，他懂得在残疾和缺陷中发挥自己的力量，做自己能做的事情，在毅力和乐观中成就了成功的事业，并且拥有温暖的家庭。霍金在文章中传达给人们的核心启示是"永远不要绝望"。他告诉人们，无论在什么样的灾难、病痛的袭击下，都应该保持一颗乐观的心态。

霍金21岁时被发现患有运动神经细胞病，虽然，他总觉得自己的将来总是笼罩在阴云之下，但他却并没有气馁、绝望，更没有放弃，而是比过去更加享受生活，在他的努力下，不仅研究上取得进展，生活上也收获爱情，与简订婚并结婚，还获得奖学金，解决了生计问题。当他残疾越来越严重的同时，科学声望却越来越高。这便是他没有因为疾病自暴自弃的收获。

　　后来霍金的病情恶化，言语越来越不清楚，只有非常熟悉的人能理解，但他依然没有放弃，而是依靠对秘书口授写论文，通过一名翻译做学术报告，继续他的研究工作。接下来，他完全失去语言能力，失去了跟人交流的机会，但他想方设法寻找各种办法进行交流，最后终于找到语言合成器帮助他跟人进行交流。凭借语言合成器的帮助，他写了两部书和一些科学论文，还进行系列科学讲演，《时间简史》等便是他在这种身体状态下写就的。

　　英国有霍金的传奇，中国有张海迪、史铁生的故事，他们都在逆境中坚持自己的人生追求，做自己喜欢的事情，最后获得成功。他们的故事都告诉人们如何对待有缺陷的生活，如何在逆境中坚持自己的事业和追求。面对病痛、痛苦、残缺，我们需要毅力，更需要乐观的心态，需要承受痛苦的勇气和懂得享受生活的心态。

（罗小凤　陈　鹏）

第九编 学术规范

学风九编

救学弊论

章太炎

　　士先志，不足以启其志者，勿教焉可也。尊其所闻则高明，行其所知则光大，不足以致高明光大者，勿学焉可也。末世缀学，不能使人人有志，然犹什而得一，及今则亡。诸学子之躁动者，以他人主使故然，非有特立独行如陈东、欧阳澈者也。且学者皆趣侧诡之道，内不充实，而外颇有诪闻，求其以序进者则无有，所谓高明光大者，亦殆于绝迹矣。

　　凡学先以识字，次以记诵，终以考辨，其步骤然也。今之学者能考辨者不皆能记诵，能记诵者不皆能识字，所谓无源之水，得盛雨为潢潦，其不可恃甚明。然亦不能尽责也。识字者古之小学，晚世虽大学或不知，此在宋时已然。以三代之学明人伦，则谓教字从孝，以《易》之四德元合于仁，则谓元亦从人从二，此又何责于今之人邪？若夫记诵之衰，仍世而益甚，则趣捷欲速为之。盖学问不期于广博，要以能读常见书为务。宋人为学，自少习群经外，即诵荀、扬、老、庄之书。自明至清初，虽盛称理学经学者，或于此未悉矣。

　　明徐阶为聂豹弟子，自以为文成再传，亦读书为古文辞，非拘于王学者。然陈继儒《见闻录》载其事，曰：吾乡徐文贞督学浙中，有秀才结题用颜苦孔之卓语。徐公批云杜撰，后散卷时，秀才前对曰：此句出《扬子·法言》。公即于台上应声云：本道不幸科第早，未曾读得书。是明之大儒未涉《法言》也。清胡渭与阎若璩齐名，于易知河洛先天之妄，于书明辨古今水道，卓然成家。然《尚书·蔡沈传》有云陟方乃死，犹言殂落而死。胡氏以为文义不通，不悟殂落而死语亦见《法言》。且扬子于《元后诔》亦云殂落而崩，以此知《法言》非有误字，必以文义不通为诟，咎亦在扬子，不在蔡沈矣。是清初大儒未涉《法言》也。夫以宋世占毕之士所知，而明、清大儒或不识，此可谓不读常见书矣。自惠、戴而下，诵览始精，有不记必审求之，然后诸考辨者无记诵脱失之过。顾自诸朴学外，粗略者尚时有。章学诚标举《文史》《校雠》诸义，陵厉无前，然于《汉·艺文志》儒家所列平原老七篇者误仞为赵公子胜，于是发抒狂语，谓游食者依附为之，乃不悟班氏自注明云朱建，疏略至是，亦何以为校雠之学邪？是亦可谓不读常见书者矣。如右所列，皆废其坦途，不以序进，失高明光大之道。然今之学者又不必以是责也。

吾尝在京师，闻高等师范有地理师，见日本人书严州宋名睦州，因记方腊作乱事，其人误以方腊为地名，遂比附希腊焉。而大学诸生有问朱元晦是否广东人者，有问段氏《说文注》是否段祺瑞作者，此皆七八年前事，不知今日当稍进邪？抑转劣于前邪？近在上海闻有中学教员问其弟子者，初云孟子何代人，答言汉人，或言唐、宋、明、清人者殆半。次问何谓五常，又次问何谓五谷，则不能得者三分居二。中学弟子既然，惧大学过此亦无几矣。

然余观大学诸师，学问往往有成就者，其弟子高材勤业亦或能传其学，顾以不及格者为众，斯乃恶制陋习使然。制之恶者，期人速悟，而不寻其根柢，专重耳学，遗弃眼学，卒令学者所知，不能出于讲义。习之陋者，积年既满，无不与以卒业证书，与往时岁贡生等。故学者虽惰废，不以试不中程为患。学则如此，虽仲尼、子舆为之师，亦不能使其博学详说也。夫学之弇鄙，无害于心术，且陋者亦可转为娴也。适有佻巧之师，妄论诸子，冀以奇胜其俦偶，学者波靡，舍难而就易，持奇诡以文浅陋，于是图书虽备，视若废纸，而反以辨丽有称于时。师以是授弟子，是谓诬徒，弟子以是为学，是谓欺世，斯去高明光大之风远矣。其下者或以小说传奇为教，导人以淫僻，诱人以倾险，犹曰足以改良社会，乃适得其反耳。苟征之以实，校之以所知之多寡，有能读《三字经》者，必堪为文学士，有能记鲍东里《史鉴节要便读》者，则比于景星出黄河清矣。

老氏云：大道甚夷而民好径。夫学者之循大道亦易矣，始驱之于侧诡之径者，其翁同龢、潘祖荫邪？二子以膏粱余荫，入翰林为达官，其中实无有。翁喜谈《公羊》，而忘其他经史。潘好铜器款识，而排《说文》，盖经史当博习，而《说文》有检柙，不可以虚言伪辞说也。以二子当路，能富贵人，新进附之如蚁，遂悍然自名为汉学宗。其流渐盛。康有为起，又益加厉。谓群经皆新莽妄改，谓诸史为二十四部家谱。既而改设学校，经史于是乎为废书，转益无赖，乃以《墨子·经说》欺人，后之为是，亦诚翁、潘所不意，要之始祸者必翁、潘也。

他且勿问，正以汉学言之。汉人不尽能博习，然约之则以《论语》《孝经》为主，未闻以《公羊》为主也。始教儿童皆用《仓颉篇》，其后虽废，亦习当时隶书，如近代之诵《千字文》然，未闻以铜器款识为教也。盖为约之道，期于平易近人，不期于吊诡远人。今既不能淹贯群籍，而又以《论语》《孝经》《千字文》为尽人所知，不足以为名高，于是务为恢诡，居之不疑，异乎吾所闻之汉学也。子夏曰："贤贤易色，事父母能竭其力，事君能致其身，与朋友交言而有信，虽曰未学，吾必谓之学矣。"子夏为文学之宗，患人不能博习群经，或博习而不能见诸躬行，于是专取四事为主。汉世盖犹用其术。降及明代，王汝止为王门高弟，常称见龙在田，其实于诸经未尝窥也。然其所务在于躬行，其言学是学此乐，乐是乐此学者，为能上窥孔颜微旨。借使其人获用，亦足以开物成务，不必由讲得之。所谓操之至约，其用至博也。诚能如是，虽无识字、记诵、考辨之功何害？是故汉、宋虽异门，以汉人之专习《孝经》《论语》者与王氏之学相校，则亦非有殊趣也。

徐阶政事才虽高，躬行不逮王门者旧远甚，即不敢以王学文其弇陋之过。且其职在督学，督学之教人，正应使人读常见书，己不能读而诸生知之，于是痛自克责，是亦不失为高明光大也。若翁、潘之守《公羊》执铜器，其于躬行何如？今之束书不观，而以哲学墨辨相尚者，其于躬行复何如？前者既不得以汉学自饰，后者亦不得以王学自文，则谓之诳世盗名之术而已矣。是故高明光大之风，由翁、潘始绝之也。

夫翁、潘以奇诡眇小为学，其弊也先使人狂，后使人陋。尽天下为陋儒，亦犹尽天下为帖括之士，而其害视帖括转甚。则帖括之士不敢自矜，翁、潘之末流敢自矜也。张之洞之持论，蹈乎大方，与翁、潘不相中，然终之不能使人无陋，而又使人失其志，则何也？凡学者贵其攻苦食淡，然后能任艰难之事，而德操亦固，汉、宋之学者皆然。明虽少异，然涉艰处困之事，文儒能坦然任之。其在官也，虽智略绝人，退则家无余财，行其素而不以钓名，见于史传者多矣。

张之洞少而骄蹇，弱冠为胜保客，习其汰肆，故在官喜自尊，而亦务为豪举。以其豪举施于学子，必优其居处，厚其资用，其志固以劝人入学，不知适足以为病也。自湖北始设学校，其后他省效之，讲堂斋庑备极严丽，若前世之崇建佛寺然，学子家居无是也；仆从周备，起居便安，学子家居无是也。久之政府不能任其费，而更使其家任之，学子既以粉华变其血气，又求报偿，如商人之责子母者，则趣于营利转甚。其后学者益崇远西之学，其师或自远西归，称其宫室舆马衣食之美，以导诱学子。学子慕之，惟恐不得当，则益与之俱化。以是为学，虽学术有造，欲其归处田野，则不能一日安已。自是惰游之士遍于都邑，唯禄利是务，恶衣恶食是耻，微特遗大投艰有所不可，即其稠处恒人之间，与齐民已截然成阶级矣。向之父母妻子，犹是里巷翁媪与作苦之妇也。自以阶级与之殊绝，则遗其尊亲，弃其伉俪者，所在皆是。人纪之薄，实以学校居养移其气体使然。

观今学者竞言优秀，优秀者何？则失其勇气，离其淳朴是已。虽然，吾所忧者不止于庸行，惧国性亦自此灭也。夫国无论文野，要能守其国性，则可以不殆。金与清皆自塞外胜中国者也，以好慕中国文化，失其朴劲风，比及国亡，求遗种而不得焉。上溯元魏，其致亡之道亦然。蒙古起于沙漠，入主中夏，不便安其俗，言辞了戾，不能成汉语（观元时诏书令旨可知），起居亦不与汉同化，其君每岁必出居上都，及为明所覆，犹能还其沙漠，与明相争且三百年。清时蒙古已弱，而今喀尔喀犹独立也。匈奴与中国并起，中行说告以勿慕汉俗，是故匈奴虽为窦宪所逐，其遗种存者犹有突厥、回纥横于隋唐之间，其迁居秦海者，则匈牙利至今不亡。若是者何也？元、魏、金、清习于汉化，以其昔之人为无闻知，后虽欲退处不毛，有所不能。匈奴蒙古则安其土俗自若也。夫此数者悉野而少文，保其野则犹不灭，失其野则无噍类，是即中国之鉴矣。

中国人治之节，吾所固有者已至交，物用则比于远西为野。吾守其国性，可不毙也。今之学子慕远西物用之美，太半已不能处田野。计中国之地，则田野多而都会少也。能处都会不能处田野，是学子已离于中国大部，以都会为不足，又必实见远西之俗行于中国然后快。此与元魏、金、清失其国性何异？天诱其衷，使远西自相争，疮痍未起，置中国于度外耳。一日有事，则抗节死难之士必非学子可知。且夫儒者柔也，上世人民刚戾，始化以宗教，渐又化以学术，然后杀伐之气始调。然其末至于柔弱，是何也？智识愈高，则志趣愈下，其消息必至于是也。善教者使智识与志趣相均，故不亟以增其智识为务，中土诸书皆是也。今之教者唯务扬其智识，而志趣则愈抑以使下，又重以歆慕远西，堕其国性，与啖人以罂粟膏，醉人以哥罗方，无以异矣。推学者丧志之因，则张之洞优养士类为之也。

吾论今之学校先宜改制，且择其学风最劣者悉予罢遣，闭门五年然后启，冀旧染污俗悉已涤除，于是后来者始可教也。教之之道，为物质之学者，听参用远西书籍，唯不通汉文者不得入。法科有治国际法者，亦任参以远西书籍授之。若夫政治经济，则无以是为也。然今诸科之中，唯文科最为猖披，非痛革旧制不可治。微特远西之文徒以绣其肇蜕，不足任用而已，虽所谓国学者，亦当有所决择焉。夫文辞华而鲜实，非贾傅、陆公致远之言。哲学精而无用，非明道定性象山立大之术。欲骤变之，则无其师，固不如已也。说经尚矣，然夫穷研训故，推考度制，非十年不能就。虽就或不能成德行，不足以发越志趣。必求如杜林、卢植者以为师，则又不可期于今之教员也。此则明练经文，粗习注义，若颜之推所为者，亦可以止矣。欲省功而易进，多识而发志者，其唯史乎？其书虽广，而文易知，其事虽烦，而贤人君子之事与夫得失之故悉有之。其经典明白者，若《周礼》《左氏内外传》，又可移冠史部，以见大原（昔段若膺欲移《史记》《汉书》《通鉴》为经，今移《周礼》《左氏》为史，其义一也），所从入之途，则务于眼学，不务耳学。为师者亦得以余暇考其深浅也。如此则诡诞者不能假，慕外者无所附，顽懦之夫亦渐可以兴矣。厥有废业不治，积分不足者，必不与之卒业证书。其格宜严而不可使滥，则虽诱以罢课，必不听矣。

然今之文科，未尝无历史，以他务分之，以耳学圄之，故其弊有五：一曰尚文辞而忽事实。盖太史兰台之书，其文信美，其用则归于实录，此以文发其事，非以事发其文，继二公为之者，文或不逮，其事固粲然。今尚其辞而忽其事，是犹买珠者好其椟也。二曰因疏陋而疑伪造。盖以一人贯串数百年事，或以群材辑治，不能相顾，其舛漏宜然，及故为回隐者，则多于革除之际见之，非全书悉然也。《史通》曲笔之篇，《通鉴》考异之作，已往往有所别裁。近代为诸史考异者，又复多端，其略亦可见矣。今以一端小过，悉疑其伪，然则耳目所不接者，孰有可信者乎？百年以上之人，三里以外之事，吾皆可疑为伪也。三曰详远古而略近代。夫羲农以上，事不可知，若言燧人治火，有巢居桧，存而不论可也。《尚书》上起唐虞，下讫周世。然言其世次疏阔，年月较略，或不可以质言。是故孔子序《甘誓》以为启事，墨子说《甘誓》以为禹事，伏生太史公说《金縢》风雷之变为周公薨后事，郑康成说此为周公居东事，如此之类，虽闭门思之十年，犹不能决也。降及春秋，世次年月，始克彰著。而迁、固以下因之，虽有异说，必不容绝经如此矣。好其多异说者，而恶其少异说者，是所谓好画鬼魅，恶图犬马也。不法后王而盛道久远之事，又非所以致用也。四曰审边塞而遗内治。盖中国之史自为中国作，非泛为大地作。域外诸国与吾有和战之事，则详记之，偶通朝贡则略记之，其他固不记也。今言汉史者喜说条支、安息，言元史者喜详鄂罗斯、印度，此皆往日所通，而今日所不能致。且观其政治风教，虽往日亦隔绝焉。以余暇考此固无害，若徒审其踪迹所至，而不察其内政军谋何以致此。此外国之人之读中国史，非中国人之自读其史也。五曰重文学而轻政事。夫文章与风俗相系，固也。然寻其根株，是皆政事隆污所致。怀王不信逸，则《离骚》不作，汉武不求仙，则《大人赋》不献。彼重文而轻政者，所谓不揣其本，求之于末已。且清谈盛时，犹多礼法之士。诗歌盛时，犹有经术之儒。其人虽不自襮于世，而当世必取则焉。故能持其风教，调之适中。今徒标揭三数文士。以为一时士俗，皆由此数人持之，又举一而废百也。扬榷五弊，则知昔人治史，寻其根株。今人治史，摭其枝叶。其所以致此者，以学校务于耳学，为师者不可直说事状以告人，是以遁而为此。能除耳学之制，则五弊可息，而史可兴也。

吾所以致人于高明光大之域，使日进而有志者，不出此道。史学既通，即有高材确士欲大治经术，与明诸子精理之学者，则以别馆处之。诚得其师，虽一二弟子亦为设教。其有豪杰间出，怀德葆真，与宋明诸儒之道相接者，亦得令弟子赴其学会。此则以待殊特之士，而非常教所与也。能行吾之说，百蠹千穿，悉可以使之完善。不能行吾之说，则不如效汉世之直授《论语》《孝经》，与近代之直授《三字经》《史鉴节要便读》者，犹愈于今之教也。

一九二四年八月

（摘自《章太炎自述》，人民日报出版社2012版）

【导读】《救学弊论》原载于1924年8月25日《华国月刊》第1卷第12期。在该文中，章太炎主要就当时的国学研究、青年学生的治学风气、大学与中学的教育制度及教学方法等方面出现的诸多弊端，发表自己的看法，要求改革旧的教育体制，革除弊端，端正教师和学生的治学态度，挽救学事。

在教材选取与教学内容的设置上，章太炎对不以常见国学经典为教学重点，而趋于侧诡之径的教学之道不以为然，对此他总结指出了"尚文辞而忽事实""因疏漏而疑伪造""详远古而略近代""审边塞而遗内治""重文学而轻政事"五种弊病，认为这是"囿于耳学"所致，提出要"务于眼学，不务耳学"。在教育制度上，章太炎批评现代教育体制所引发的无知骄横与新学之士的慕富贵患贫贱的倾向，他主张回归民间办学和书院教育，认为书院教育的回归能强调道德气节的修养，突出师生的情感交流等，容易形成相对独立的学风。

章太炎对中国私学传统的推崇，在学术精神上是力主自由探索"互标新义"，反对定于一尊与曲学干禄；而在具体操作层面，则借书院、学会等民间教育机制，来传国故继绝学，进而弘扬中国文化。虽然如此，但是章太炎也明白传统书院无法取代正规的大学教育，因此他也承认"为物质之学者，听参用远西书籍"；"治国际法，亦任参以远西书籍授之"。晚年的章太炎，倾全力办书院、组学会，已将目标缩小为"扶微业辅绝学"，而不再是正面挑战现代教育制度。

总之，章太炎的《救学弊论》在某种程度上指出了当时的教育确实存在的问题，但他对"学之弊"的总结与对"弊之救"的阐发，都是基于他一贯的发扬国学的立场出发的，是他所提出的"国粹教育思想"的具体呈现。现在看来，他的这些主张也有一定的局限性。

（黄　斌）

论学术道德

吴世昌

一

在这时代谈道德，似乎有点不合时宜，至少将被一般人目为迂腐。因为照目前中国的情形，政府不以腐败贪污为可耻，政党不以分赃食言为可耻，整个国是，不以自相残杀为可耻。不以破坏人权为可耻；社会各方，不以非法牟利为可耻，不以谎骗诒谀为可耻。总之是，上无道揆，下无法守。日本打败了，外蒙独立了，似乎已经没有敌国外患；制宪成功了，政治民主了，也不必再有法家辟士。此时谁有勇气冲破道德的藩篱，谁便能够获得最大的利益，最高的权位，最阔的享受；在今日而尚从事于学术工作的人，已经是不识时务，活该倒霉，再要谈什么道德，岂非迂腐？但我们这个国家如果不想上进，永久甘于处在殖民地的状况之下，仰他国之鼻息，供他国之驱策，则不妨让目前的情况继续下去，不合理的社会畸形发展下去，正在发育的青年，由他们一任各种不良风气引诱下去，抗战八年，几千万人的血算是白流！如果今日还有人真想重建国家，补偿这次大战中精神、物资的损失，在这一代的青年身上寄托建国的希望，准备一个可以使国家现代化的环境，则我们决不能忽视这个看似迂腐而其实急于燃眉的道德问题。

一提到道德二字，自有许多心死已久而脑满肠肥的人物哄然讪笑，嗤之以鼻；也许多夤缘时会而十分得意的人物貌似首肯，暗讥落伍，对于他们，除了货利权势，任何话都是白费。也必有许多开口"精神文明"，闭口"人心不古"的人物，闻此欣然色喜，以为吾道不孤，德必有邻；对于他们，也请暂勿高兴。中国今日所面临的是一个现代化问题，在现代国家之中，只有科学文明，决无尧天雨露。科学文明的道德，比他们理想中的"三代盛世"，可以"比屋而封"的道德，要高明得多，严格得多。所以本文之作，绝不是为上述三种人，虽然他们如愿虚心学习，也是好的。我们现在的希望，只寄托在担负建现代化国家责任的青年身上。现在的青年大都在学校里，若论整个道德问题，真是"兹事体大"非短文所能尽。其中错综复杂，往往牵涉到过去八年和现行的教育政策与制度问题。例如思想统制与奴化——这并不指沦陷区。如限制文理法科的招生与留学，鼓励实科训练，既有嬴政"提倡种树医药之学，尚禁毁诸子百家"的流风遗韵，又使青年受了急功近利的短视训练。如"贷金""公费"等等，即使青年有不劳而获的侥幸心理，而种种手续，事实上又往往使他们非捏报谎报，则冻馁堪虞；洁身自爱者，已觉其难堪甚于"嗟来"之食。——凡此种种，且留待当代的教育专家们去研究罢。本文所要说的，只限于学术研究范围之内。这样一限制，似乎与青年的处世为人之道并无多少关系，实则一个人如果对于客观的真理有信仰，治学的方法守道德，则其人格的基础早已奠定，所谓处世为人之道，也可说只是学术之一端，自然也包括在内了。

在未论到这个问题之前，尚须说明一点，即在抗战时期后方统制教育所给予青年，尤其是中学生，精神健康之损害，实在是无比重大的。在这里不必详述，但可略说统制的结果，即在使比较聪明的，不甘受统制的或流于颓废享乐，或流于偏激，或从此根本瞧不起当局，对任何事都失去热忱与信仰，中智以下，则大都精神受了麻痹，思想变成贫血，有的确被催眠了，也许应该叫作党化了，有的却老实勿客气奴化了。这种惨果，对于使中国今后现代化的准备工作，亦即是本文所要讨论的学术道德这根本问题，增加了许多的困难。因为物质的复员还容易，思想的复员却很难！

二

现代化的国家必须从现代学术上建立其基础，而现代学术的基础则是客观的真理信仰，尤其是现代自然科学，其发展过程，可说是一部客观真理的奋斗史。我们两千多年的文物制度，未尝不粲然大备，然而就因为缺少这点基础，和现代文明的国家一接触，立刻吃了大亏，几乎有亡国灭种之祸。浅见者流，以为只要"船坚炮利"（现在要说雷达飞机原子弹），便可以救中国，今之提倡实用科学，限制文理法学科者，其思想未脱"船坚炮利"说的余毒。如果现代文明真能如此廉价便可取得，张之洞、李鸿章早已救了中国，无需乎孙中山先生四十年的革命，也不致有八年的苦战了。凡稍习西洋史者，都知道现代科学的始祖是伽利略。因为他发明了一个望远镜，发现了地球不过是太阳系中一颗星，不再是宇宙的中心。他用拉丁文（给上流社会看的）和意大利文（给老百姓看的）著书立说，告诉人类宇宙的伟大，地球的渺小，摧毁了过去妄自尊大的心理，重新估计人类的价值，才启发后世西洋人自觉的努力，打破中古时代宗教的迷信，使欧洲脱离了所谓黑暗时代；才有今日的科学文明。但当时伽利略发表了他的"太阳中心说"以后，因为破坏亚历斯多德以来"地为中心说"的传统观念，曾经招致当时社会最猛烈的攻击。罗马教廷用尽了一切威胁利诱的方法，强迫他悔过认错，他因为不肯背叛真理，曾被教廷秘密审问，备受人间惨毒的刑罚。这种不为利禄而坚信客观的真理的道德，比起我国历史上为一姓之争而甘诛十族价值如何？我翻这些旧账，并不是长人家志气，灭自己威风。我不过要指出两点：

第一，近代西洋的科学文明，完全靠几个笃信真理的学者建设起来的。试想中古时代罗马旧教风靡天下，一言不慎，立刻会蒙异教徒的恶名，有杀身之祸！在这样的高压之下，那些人立一新说，既不能博当世权贵，又未必有身后声名，为的是什么？无非是心智所见，不肯汩没真理，才不惜冒生命之险，以求人类的进步，遂使西洋进到现代文明。孟轲说："富贵不能淫，威武不能屈，贫贱不能移，此之谓大丈夫。"他说的是一个抽象的道德原则，而中国人向来只把这原则应用在伦理方面，换句话说，只用在为人处世的道德上，却没有人用在探求真理，笃信真理这方面。南北朝以后的高僧大德在信仰方面虽有这种精神，却又偏于宗教。中国科学之所以不发达，我想这也未尝不是一个原因。倒是西洋的科学家，他们在信仰真理这一点上，真有孟轲所谓大丈夫的精神。我们现在谈现代化，老是等人家发明了科学用具，买来现成享用是不够的，也是没有出息的，甚至我们自己也学些实用科学，制些用具或代用品，也是不够的。我们必须在普遍与高深两方面赶上国际的科学标准，才能也有所发明，才配列于世界强国之林。而谈到发明，虽有许多条件，而笃信真理却是最重要的一个条件，并且是可以自我决定的。

第二。我要指出现代西洋科学文明的发达，并不是单靠"形而下"的"器""用"造成的。世界上没有一种文明可以脱离了"形而上"的"道"而能存在，发展一切器用，都是从这特殊的"道"里发生出来的。这里所谓"道"，也称为"精神"，也称为"意识形态"。有些人称西洋近代文明为"物质文明"，仿佛他们没有精神文明似的，这是不但不合事实，而且不合逻辑的。张之洞之流的"船坚炮利说"之所以救不了中国，不能把中国变成同时期的日本，便误在"中学为体（即道、精神）西学为用"，这观念上面。而时贤论者，颇有主张恢复张之洞理论的，不知是事理不明，还是故作警语？若另有作用，则是学术上的不道德。我们在都市中时见有阔人家结婚，前面一列铜乐队（奏的也许是西洋的丧乐），后面一辆结彩的迎亲汽车，开得比骆驼还慢。这是"中学为体，西学为用"的最好例子，假使发明汽车的人见了，一定哭笑不得。西洋现代的所谓"物质文明"，自有它自文艺复兴以来的"精神"基础。假使伽利略也有东方圣人那种"呼我为'牛'，以'牛'应之；呼我为'马'，以'马'应之"的精神。一经反对便放弃了他的主张，或者为了个人利禄，不惜昧着良心瞎说，试问西洋会产生现代的科学文明吗？所以如果我们没有他们的科学精神为"体"，即使买了他们的工具，也是不会"用"，不配"用"的。甲午海军的质量并不比同期的日本海军差；但是效果如何？原因很简单，日本是变法，学了西洋的"船坚炮利"（用），更学他们的政治法制（体）。郭嵩焘在当时即指出此点，他在伦敦，见日本的贵族青年学法制者占最多数，学船炮者极少数，所以他说："兵者，末也。"但郭嵩焘因有这种见解，是被当时的爱国分子目为思想有问题的危险分子的。中国当时主张"中学为体，西洋为用"，体既千孔百疮，用亦无所附丽。这样血淋淋的教训难道还不足以发人猛省，仅仅半世纪的时间就忘得一干二净吗？

三

其次论治学该守道德。中国是一个最爱谈道德的国家。但我们且不说别的道德，若论到学术道德，实在不很高明，虽孝子贤孙，亦无法为之讳。六经是我们的"国粹"，可是没有一经没有伪作。即以《尚书》而论，自孔壁古文以至汉宣帝河南女子所献"泰誓"，张霸的百两篇《尚书》，梅赜所奏的古文《尚书》，姚方兴所上大航头《尚书》，作伪造假，真是"何代蔑有"？不知费了学者多少脑筋，直到清初阎若璩才算把它弄清楚。其他易经则有伪"连山""归藏"，《春秋》则有种种纬书，《诗经》又有伪序，《礼经》也是一篇糊涂账。即不论宋代欧阳修、吴棫、朱熹、陈振孙、王柏诸人的辨伪工作，两千多卷的皇清经解中有好几百卷是辨伪工作，这是中国学术史上许多学者精力的对销———一面造伪，一面辨伪！这种现象的根本原因，（造伪的表面原因当然是为利禄），我不知道留心中国文化问题的学者们有否想过？据我想来，还是由于中国人对于"真理"观念的薄弱。中国文化史上有一件平凡的事实，说出来大家也许要惊诧，六经中没有西洋人所谓"真""善""美"或"真理"的"真"字！《说文》给"真"字所下的定义是："仙人变形而登天也。"连先秦诸子所谓"真"，也没有真理的观念。庄子所谓"谨守而勿失，是谓反其真。""真者精诚之至也。"都不是客观的真理之真，其他"真人""真君""真宅"，更是玄之又玄。"真相""真如""真言"又都是佛教中语，亦与西人所谓真理不同。因为真理观念之薄弱，甚至影响到是非观念。孟子虽然提倡"是非之心"，庄子却说："此亦一是非，彼亦一是非。"其意若曰："非者固不是，是者亦未必是。"后世"是非"二字连用，成为"口舌"或"麻烦"代替词——多是非，惹是非，等于多口舌，惹麻烦。因此历来对于客观的真理，既乏探求的热忱，更少笃信的意念。清代考据家颇有求真的精神，但又为材料所限，其贡献也只在故纸堆中。所以我们今日要研究科学（不论是自然科学或人文科学），探讨真理，不但物质的条件不够，连精神的凭借也太贫乏。中国学者素爱标榜"师承""家法"，而西洋二千多年前的大师就说："吾爱吾师，但更爱真理。"（虽然韩愈也有"弟子不必不如师，师不必贤于弟子"的说法，但他又是在讲"贤不贤"的伦理，不是"真不真"的真理。）因为讲师承，学生不敢违背师说，学术受了限制，越传越稀薄，当然只有退步了。因为讲家法，于是乎有门户之见，于是乎有党同伐异的恶习（而所党所伐者，不幸又不是为真理的辩驳，而大都为意气之争）。所以我们今后对于任何学术问题，先要定下一个严守真理的道德信条。为了这信条，应有不惜任何牺牲的决心，违反这信条，不论在任何情形之下，都不道德。依此信条，就其大体而言，至少要做到下列各点；

第一，学术是最客观的，所以要屏绝一切主观与成见，尊重客观的证据。不论自己怎样爱好的意见，如果与客观的证据冲突，必须割爱放弃，或加以修正；不可阿其所好，固执成见。孔子所谓"毋固，毋意，毋我"，亦不外此意。一个人要改变一个已有的观念，本来是很苦痛的事，但为了真理，一切牺牲都该忍受。有许多人往往因为先发表或构成了一种意见，以后即使发现有相反的证据，也不肯改正，这应该认为是不道德的行为。有许多人因为某种目的，不惜抹杀或歪曲客观证据，故作违心之论，那就不仅违反学术道德，简直连人格都发生问题了。——这是就律己方面说。

第二，学术是最不势利的，所以研究的人也要屏绝势利，只求真理。不论是老师、尊长、名人、或显要的意见，如果与真理冲突，那也只好舍前者而取真理。即使是父亲也并不例外。清代的朴学家是有此精神的。他们在讨论学问时会说："家大人曰：……按家大人之说非也。"如果他父亲也是个忠实的学术工作者，他应该庆幸有此跨灶之子。为了真理，有时应该承认和自己反对的学派的主张。有时也应该牺牲自己所崇拜的人的意见。在学术范围之内，只有真理，只有是非，没有权贵，也没有冤亲，违背了这个原则，也是不道德。——这是就对人方面说。

第三，研究学问虽不讲势利，不讲情面，却要有点风度，有点雅量。学术上的意见不妨各异，受人批评也是常事，但不必，亦不可，牵涉到感情上去。有许多，本来是很好的朋友，或虽非朋友，却也非仇敌，往往因为学术上意见不同，浸假而成为仇敌；甚至由学术上的仇敌，而变成政治上的仇敌，这是最不幸的事。这都由于缺乏风度与雅量。古代印度有一种公开辩论学问的制度，辩论双方立下条约，请好证人，如果输了，把自己的脑袋割给对方。玄奘在印度那烂陀寺时曾接受过这样的一次挑战，对方是六派外道胜论大师顺世。结果玄奘辩胜了，外道顺世便要履行条约，但玄奘不许他自杀，于是顺世请玄奘收他为奴仆，玄奘又不许，他又请玄奘为师，这才许了，但同时又向顺世请教，向他学习六派外道的理论。印度对于探讨真理的过分认真固然令人骇异，但玄奘的大度、雅量与虚心毋宁更令人起敬。目前朝野许多爱谈名理的人物，如果他们能有较高的风度与雅量，我想可以避免许多不幸事件；对于国家前途，一定有很大的好处。

第四，研究学问要对自己忠实，最忌取巧。例如自然科学的第一课是计量，假使一个学生初进物理试验室，用精密仪器量一个圆柱形的体积，规定量二十次直径，求得一个平均数，这平均数也许会与只量一次是相同的；聪明的人也许觉得量二十次真是愚蠢，但二十次的平均数是正确的科学的。量一次所得的数字也许也是正确的，但是不科学的，偶然的。一个取巧的学生如果只量一次，还自以为聪明省事，便是违反了学术道德的信条。自然科学如此，其他社会科学的统计报告，人文科学的调查记录，也莫不如此。一个统计数字的错误，一节调查报告的失实，可以影响到政府的施政方针，甚至影响到国计民生。一个人的学术工作是不一定有人监督的，所以要全靠对自己忠实。中国的哲人也教导人："君子慎独"，此话本意虽指伦理道德，我们今日却要把它应用在探求真理的学术道德方面。

学术工作是国际的赛跑，我们过去落伍的原因是物质与精神的凭借都不够。物质条件可以借助于人，精神凭借却非靠自己不可。凭我们今日的学术标准、道理标准能否赶上别人？

四

上面所谈，都是些迂阔而平凡的话，毫无警策之语，也不能耸人听闻。恐亦未必为青年读者所喜。但我想真正关心中国前途而默察当前时势的人，也许会觉得我这些话在这时候还有说说的必要。假使这样平凡的话而居然还有说说的必要，这是应该令人悲哀的。但在这时代，悲哀也成了奢侈品，还是加入赛跑是正经。

（摘自《吴世昌学术文丛·文史杂谈》，北京出版社2000年版。本文原收入《中国文化与现代化问题》，1948年出版）

【导读】吴世昌（1908—1986），字子臧，浙江海宁人，著名词学家、红学家，还是一位学贯中西、精通文史的大学问家。他从小父母双亡，小学没读完即入中药店当学徒，艰难的岁月将吴世昌磨砺出一股奋发向上的精神。1929年考入燕京大学英文系，毕业后以优异成绩被破格吸收为哈佛燕京学社国学研究所研究生。1947年，吴世昌应聘赴英国牛津大学讲学，并任牛津、剑桥两大学博士学位考试委员。1962年回国后，任中国科学院哲学社会科学部文学研究所研究员。1978年起，兼任国务院学位委员会第一届学科评议组成员。吴世昌晚年还积极参加各种社会活动，是政协第四、五届全国委员，全国人大常委会委员和人大教科文卫委员会副主任委员。

吴世昌先生出身贫苦，基本靠半工半读完成了学业。1930年冬，当他还是燕京大学英文系二年级学生时，就以一篇《释〈书〉〈诗〉之"诞"》轰动学界。之后，这位英文专业的学子便一头扎到故纸堆中，专心于中国古代文史的研究。从吴世昌的治学路径看，他从最基础的训诂学入手，以中国古代文学为研究主向，又旁涉文史领域的多门学科，经过几十年的辛勤耕耘，成果卓著，已然属名副其实的"国学大师"。正如日本汉学家桥川时雄所说："吴氏就学期间以来，尝试多方面的著述，文史无所不通。"（1936年编，《中国文化界人物总鉴》）当然，吴世昌治国学又有他独特的方法和路径，从教会学校受西式教育，后又旅居英伦十五载，且长期执教于牛津大学，广泛接触了西方文化的熏陶，使得他既治国学又能放眼世界，并借用西方的理论和方法来进行研究，往往新见迭出，给人耳目一新的感觉。

吴世昌也是民国以来讲究学术规范的少有的学者之一，最能体现其这方面追求的当属发表于1948年的《论学术道德》（最早收入《中国文化与现代化问题》中）一文。该文发表于中国改朝换代的前夜，面对国是日非的局面，吴世昌从学术的层面呼唤"道德"的回归。他认为，一个"现代化的国家必须从现代学术上建立其基础，而现代学术的基础则是客观的真理信仰"，中国之所以现代学术欠发达，关键就是"中国人对于'真理'观念的薄弱"。因此，要实现国家的现代化，"今后对于任何学术问题，先要定下一个严守真理的道德信条"，并依此信条，学人必须做到：学术研究一定要屏绝一切主观与成见，要尊重客观的证据，既不能固执己见，更不可阿其所好；学人要屏绝势利，心目中没有权贵，也没有亲宽，只有真理；学人研究学问虽不讲势利，不讲情面，但要有接受不同意见和他人批评的风度与雅量；学人研究学问也要讲"慎独"，无论有无监督，皆要对自己忠实，万不可投机取巧。凡词四条，乃探求真理的学术道德操守，在日常的具体学术活动中，中国学者只有坚定地恪守之，才能学术研究的"国际赛跑"中赶超西方，才能实现我们国家的现代化。吴世昌先生对中国学人的这番告诫，虽时隔六十多年了，但我们今天听起来总觉犹言在耳，并不陌生。

记得吴世昌在其《七十自述》中有这样的诗句："读书常不寐，嫉恶终难改。"他还说过："虽尊师说，更爱真理，不立学派，但开学风。"这可以说是他学术生涯的真实写照。吴世昌先生在治学上主张独立思考，从不人云亦云，也不迷信权威，在原则问题上更不退让，坚持真理，存真求实，一如其为人。因此，其告诫学人恪守的学术道德准则既是言传，也是其身教。

（卢有泉）

东方文学研究的范围和特点（节录）

季羡林

在这里，我想谈两个问题：一个是"东方文学的范围"，一个是"东方文学的特点——内容和发展规律"。

东方文学的范围

要讲东方文学史，首先要问：什么是东方文学？如果这个概念弄不清楚，这一部书就会失掉可靠的基础。

可是偏偏这个貌似简单的问题实际上并不简单。过去似乎还没有人认真考虑过这个问题。大家都说东方文学，习以为常，没有引起什么疑问。我在下面先就这个问题提出一些个人的看法，供大家参考。

既然称为"东方"，当然就是一个地理概念。从整个地球来看，我国和本书中讲到的国家都处于东半球，称之为"东方"，无疑是完全正确的。可是处于东半球的并不只是这一些国家，为什么单单这一些国家算是"东方"呢？

因此还必须进一步加以探讨。

我感觉到，在全世界，在中国，所谓"东方"，有一个历史演变过程。专就中国而论，古代所谓"东方"纯粹是一个地理概念。以中国为中心，在西边的称为西方，在东边的称为东方。拿印度来作例子，在几千年的长时间内，在中国人心目中，印度属于西方。大家都知道，在佛教信徒眼里，印度是西方极乐世界。唐代高僧玄奘到印度去取经，描写这个故事的长篇神怪小说就叫《西游记》。类似的例子多得举不胜举。

这种情况沿袭下来，很少变动。只是随着中外交通的加强，以及地理知识的扩大，区分越来越细致了。到了明朝初叶，人们对东西方的概念渐趋细致，不像以前那样笼统了。

中国以南大洋中的许多国家，过去统称之为"海南""南海"或者"南洋"。此时这些名称很少用了，而把南亚和东南亚国家分为"东洋"和"西洋"。《明史》卷323《婆罗传》说："婆罗（Borneo）又名文莱

（Brunei），东洋尽处，西洋所自起也。"这里把东西洋区分得非常清楚。举世闻名的郑和下西洋的壮举，明明白白地说明是下西洋。他所经过的地方，实际上已经越出了上面提到海南、南海或者南洋的范围，而是包括了印度、阿拉伯国家以及非洲东部在内。所有这些国家和地区都属于西洋的范围。跟着郑和出使当翻译的几个人都写了游记。马欢写的叫《瀛涯胜览》，费信写的叫《星槎胜览》；巩珍写的就叫《西洋番国志》，鲜明地标出"西洋"二字。其后，在明代还有一些书，比如黄省曾的《西洋朝贡典录》，也标明是"西洋"。最值得注意的是万历年间张燮著的《东西洋考》这一部书。他详细地区分了东洋和西洋。"西洋列国"有下列诸地：占城、暹罗、下港、柬埔寨、大泥、旧港、麻六甲、哑齐、彭亨、柔佛、丁机宜、思吉港、文郎马神、迟闷等等。"东洋列国"包含下列诸地：吕宋、苏禄、猫里务、沙瑶呐哔啴、美洛居、文莱等等。在这里，实际上是以文莱（婆罗洲）为东西洋的分界线。张燮的"西洋"比郑和的要小些，这里不包括印度、阿拉伯国家等，更不包括东非。大概是以从前的海南、南海或南洋为限。

到了明末，情况又有了改变。此时，地理知识进一步扩大，海外交通更加频繁。从欧洲来的耶稣会教士称欧罗巴、葡萄牙为大西洋，称印度、卧亚（果阿Goa）为小西洋。西洋的范围扩大了。

到此为止，所谓东方和西方是以中国为基点而确定的，是"中国中心论"。

到了近代，就中国来说，就是1840年鸦片战争以后，情况有了根本性的改变。在此之前，西方殖民主义国家已开始东侵。在一二百年的时间内，几乎整个亚洲都受到殖民主义者，后来是帝国主义者的压迫与剥削。此时，不仅中国和亚洲其他国家的人民地理视野空前扩大，而且观察的角度也迥乎不同。所谓东方和西方就不再以中国为基点，而以欧洲为基点，成了"欧洲中心论"。到了这时候，不但中国，日本和朝鲜等国算是东方，连以前我们中国人认为是西方的印度、阿拉伯国家，包括非洲在内，都成为东方了。

事情还没有到此为止。殖民主义和帝国主义的侵略改变了东方和西方的涵义，由一个地理概念改变为一个政治概念。列宁在很多文章和讲话里使用的"东方各国"或"东方人民"这些词儿中就有明白无误的政治涵义，在《在东部各民族共产党组织第二次代表大会上的报告》中，列宁说："这个革命（即社会主义革命——羡林注）将是受帝国主义压迫的一切殖民地、一切国家和一切附属国反对国际帝国主义的战争。""东方的人民群众将作为独立的斗争参加者和新生活的创造者起来奋斗，因为东方亿万人民都是一些不独立的、没有平等权利的民族，至今都是帝国主义对外政策的掠夺对象，是资本主义文化和文明的养料。"（《列宁全集》，第30卷）在这里，东方人民明显地有了政治涵义，他们是被压迫的、不独立的、没有平等权利的帝国主义的剥削对象。在列宁的其他文章里，在斯大林的一些文章里，东方都有这个涵义。

在上面极其简略的叙述里，我们可以看到，东方的概念有一个历史发展过程，决不是一成不变的。今天我们讲东方文学史就是指这个历史发展的结果的东方概念。其中既有地理概念，也有政治概念，二者不能偏废。

在这里，还必须顺便交代一个问题：按照上述的概念，中国毫无疑问地属于东方，现在这里讲东方文学史，为什么单单缺少中国呢？其中并没有深文奥义，只不过约定俗成而已。我们现在在中国讲什么东方文学史，东方历史，东方什么，什么，一般都不讲中国。因为，第一，对中国的文学史，中国的历史等等，我们都有专门课程，时间长，内容丰富，我们都十分清楚；第二，勉强在东方文学史、东方历史等等里面来讲，遵照篇幅的比例，只能简略地来讲，费力而不讨好，毫无用处。我们这一部《简明东方文学史》中不包括中国文学史，其理由就是如此。但是，在下面，有时候又讲到中国文学；那是在讲其他国家的文学与中国文学的关系时讲的，同我上面讲的不是一个范畴，理由明晰，用不着再在这里想方设法去加以解释了。

东方文学的特点——内容和发展规律

所谓特点或者内容决定于两个条件：一个是一个民族或者一个地区的许多民族的共同的心理素质；一个是文学的表达工具，语言文字。斯大林给民族下定义时说："人们在历史上形成的一个有共同语言、共同地域、共同经济生活以及表现在共同文化上的共同心理素质的稳定的共同体。"（《斯大林全集》卷二）这里明确地说明了文化与心理素质的关系。我们讲共同的心理素质，必然要讲到文化。文化是这种心理素质的最重要的表现形式。至于语言文字这样的表达工具，更显而易见地是一个民族文学的特点。对于这两个条件，我在下面分别加以叙述。

先谈心理素质与文化的问题。

在过去几千年的文明史上，全世界各个民族，在不同的地域和不同的时间内，各自创造出水平不一、内容悬殊的文化。这是一个历史事实，不容否认。

哪一个民族也无权垄断整个文明的创造。对于人类文化源流区分的研究，历来都有人或深或浅地进行过探讨与研究。但是至今还没有形成一致的看法。英国历史学家汤因比（Arnold J. Toynbee）在这方面做了比较细致的工作。他把整个人类历史划分为二十一个文明。这二十一个文明并非同时同地出现，其间也有一些接受渊源关系。后来有人试图把二十一个文明组合归并，把总的数目减少。这些工作是有意义的；但是仍然是仁者见仁，智者见智，无法定于一尊。

根据我个人的看法，人类历史上的文化可以归并为四大文化体系。在这里，我先讲一讲，什么叫做"文化体系"。我觉得，一个民族或若干民族发展的文化延续时间长、又没有中断、影响比较大、基础比较统一而稳固、色彩比较鲜明、能形成独立的体系就叫做"文化体系"。拿这个标准来衡量，在五光十色的、错综复杂的世界文化中，共有四个文化体系：

一、中国文化体系

二、印度文化体系

三、波斯、阿拉伯伊斯兰文化体系

四、欧洲文化体系

这四个体系都是古老的、对世界产生了巨大影响的文化体系。拿东方和西方的尺度来看，前三者属于东方，最后一个属于西方。还有必要再解释几句。有人可能说，埃及和巴比伦的文化也是非常古老而又有影响的，为什么不能单独成为文化体系？我认为，这两地的古代文化久已中断。阿拉伯伊斯兰文化继承了它们的一些东西，因此可以归入这个文化体系。同样，美国可以归入欧洲文化体系，不能成为独立的文化体系。

这样形成的文化体系是一个客观存在，不是哪一个人凭主观想象捏造出来的。我们也并不是说，哪一个体系比哪一个优越、高明。我们反对那种民族自大狂，认为唯独自己是文化的创造者，是"天之骄子"，其他民族都是受惠者。因为这不符合实际情况。

东方的三个文化体系之间有什么差异之点，又有什么共同之处呢？过去的论者往往集中精力谈东西文化之比较，专谈东方文化者少。有人主张，东方的是精神文明，西方的是物质文明，似亦简单而笼统，好像还没有搔着痒处。中国的严复详细地分析了东西文化之差异。他说："中之人好古而忽今，西之人力今以胜古。中之人以一治一乱、一盛一衰为天行人事之自然；西之人以日进无疆，既盛不可复衰，既治不可复乱，为学术政化之极则。……中国最重三纲，而西人首明平等；中国亲亲，而西人尚贤；中国以孝治天下，而西人以公治天下；中国尊主，而西人隆民；中国贵一道而同风，而西人善党居而州处；中国多忌讳，而西人众讥评。其于财用也，中国重节流，而西人重开源；中国追淳朴，而西人求欢虞。其接物也，中国美谦屈，而西人多发舒；中国尚节文，而西人乐简易。其于为学也，中国夸多识，而西人尊新知。其于祸灾也，中国委天数，而西人恃人力。"（《论世变之亟》）这样的对比，细致而真切，但好像过于支离破碎，缺少一点提纲挈领的东西。中国近代还有一些学者谈到东西文化的差异，这里不一一赘述了。

在三个东方文化体系之间也是有差异的。我在这里只谈中国与印度的差异。中印两国已经有了几千年的文化交流的历史。过去中国有不少的人已经注意到两国间的差异。我只举一个例子。宋赞宁《高僧传》卷27《释含光传》，《系》中说："又夫西域者，佛法之根干也。东夏者，传来之枝叶也。世所知者，知枝叶，不知根干；而不知枝叶殖土，亦根生干长矣。尼拘律陀树是也。盖东人之敏利何以知耶？秦人好略，验其言少而解多也。西域之人淳朴，何以知乎？天竺好繁，证其言重而后悟也。由是观之，西域之人利在乎念性，东人利在乎解性也。"（《大正大藏经》）在这里，"西域之人"指的是印度人，"秦人"和"东人"指的是中国人，赞宁是从文体和思维方式来看中国同印度的差异。

到了本世纪20年代，又有人讨论东西文化及其哲学的问题。这里的"西"有时指的是印度。这是历史上以中国为中心确定的方位，不是后来以欧洲为中心而确定的东与西的概念。这个问题我在上面本文的第一部分中已经详细讨论过了。

上面谈的是差异之处。但是，与差异并存的还有共同之处。这共同之处是从哪里来的呢？就一个民族来说，它来自共同的心理素质，就一个文化体系内的若干民族来说，它来自各个民族的共同的心理素质，再加上民族之间的相互影响。东方三大文化体系之间的共同之处，在过去表现得不十分鲜明。到了近代殖民主义和帝国主义肆虐之后，东方国家几乎都处在被压迫、被剥削的地位，政治造成的共同之处就十分突出而强烈了。

我在上面曾经谈到，文化体系的基础统一而稳固。但是，这只是相对而言。每一个民族的文化经常不断地变动和发展，经常不断地接受外来的影响，即所谓文化交流。每一个文化体系也是如此。在东方三大文化体系之间，交流活动是经常的。每一个文化体系都是既接受，又给予，从而丰富了自己，增添了发展活力。文化交流是推动世界文化发展的一个基本动力。哪一个文化体系也不可能是封闭式的。封闭式的文化是没有发展前途的。

根据我上面讲的文化体系的发展情况或者规律，我现在谈一谈一个民族的文化发展规律。我觉得，一个民族的文化发展约略可以分为三个步骤。第一，以本民族的共同的心理素质为基础，根据逐渐形成的文化特点，独立发展。第二，接受外来的影响，在一个大的文化体系内进行文化交流；大的文化体系以外的影响有时也会渗入。第三，形成一个以本民族的文化为基础、外来文化为补充的文化混合体作或者汇合体。这三个步骤只是大体上如此，也决不是毕其功于一役。这种发展是错综复杂的、犬牙交错的，而且发展也决不会永远停止在某一个阶段，而是继续向前进行的，永远如此。

到此为止，我主要讲的是有关文化和文化交流的问题，我现在讲一讲文学的问题。文学是文化的重要表现形式，文学的发展规律不能脱离文化的发展规律。因此，一个国家、一个民族的文学的发展也可以分为三个步骤：第一，根据本国、本民族的情况独立发展。在这里，民间文学起很大的作用，有很多新的东西往往先在民间流行，然后纳入正统文学的发展轨道。第二，受到本文化体系内其他国家、民族文学的影响。本文化体系以外的影响也时时侵入。第三，形成以本国、本民族文学发展特点为基础的、或多或少涂上外来文学色彩的新的文学。同文化汇合一样，文学的相互交流和影响也是异常复杂的。这三个步骤只是一个大体上的轮廓而已。

同文化一样，不同国家和民族文学之间既有共性，也有个性。共性是受人类共同的思维规律所制约的。个性则表现在差异方面。在这一方面，古今中外已经有不少的人作过一些观察。我在这里只举一个例子。德国伟大诗人歌德对东方文学，其中包括中国文学，非常喜爱。1827年1月31日，他同爱克曼谈话，谈到他自己正在读一本"中国传奇"（可能是《风月好逑传》）。于是以此为话题，歌德阐发了他对中国文学的看法，他说：

> 中国人在思想、行为和情感方面几乎和我们一样，使我们很快就感到他们是我们的同类人，只是在他们那里一切都比我们这里更明朗，更纯洁，也更合乎道德。在他们那里，一切都是可以理解的，平易近人的，没有强烈的情欲和飞腾动荡的诗兴，因此和我写的《赫尔曼与窦绿台》以及英国理查生写的小说有很多类似的地方。他们还有一个特点，

人和大自然是生活在一起的。你经常听到金鱼在池子里跳跃，鸟儿在枝头歌唱不停，白天总是阳光灿烂，夜晚也总是月白风清。……还有许多典故都涉及道德和礼仪。正是这种在一切方面保持严格的节制，使得中国维持到几千年之久，而且还会长存下去。

歌德接着讲到法国诗人贝朗瑞，他说：

中国诗人那样彻底遵守道德，而现代法国第一流诗人却正相反，这不是极可注意吗？

最后歌德说：

所以我喜欢环视四周的外国民族情况，我也劝每个人都这么办。民族文学在现代算不了很大的一回事，世界文学的时代已快来临了。

（《歌德谈话录》，朱光潜译）

歌德在这里既提到中国同西方的共同之点，也提到差异之点。他的想法很值得重视。他提出的世界文学的概念，已经越来越多地为文学的发展所证实，它受到全世界研究文学的学者们极其热烈的重视，是理所当然的了。

我在上面讲的是文学、文化和民族的共同心理素质等等问题，这是决定一国的文学特点的第一个条件。第二个条件是文学的表达工具，语言文字。我现在就谈谈这个问题。

我常常感觉到，内容与形式的矛盾是推进文学发展的动力。所谓内容，是指与民族的共同心理素质有联系的思想感情。所谓形式，是指表达这种思想感情的工具，语言文字。随时反映客观环境的思想感情决定语言文字的发展。为了具体地说明我的想法，我举中国文学的发展作一个例子。在远古的时候，中国人同世界上其他国家的人一样，思想、感情、感觉都比较单纯；因为那时候的客观环境就是比较单纯的。在这时候，具体地讲，在周代前期以前，表达思想感情的文学工具是诗歌，主要是四言诗。但是，随着社会的进化，客观环境日益多样化、复杂化。人们的感觉、思想、感情也随之而越来越复杂；越来越细致。表现在语言文字方面，词汇越来越丰富，语法结构越来越复杂和细致。简短的诗歌不够用了，诗句向着长的方向发展，文学题材和体裁也增添了新的形式，比如说赋。散文文体逐渐出现，既能记事，又能抒情。诗歌的句子越来越长，由四言而五言，由五言而七言。这只是一个大体的发展倾向，字数有少于此数者，也有多于此数者。诗歌的题材和体裁也越来越丰富：绝句、律诗、古诗一一出现。后来又出现了小说，由短篇而长篇。戏剧大概是古已有之的，只是剧本没有流传下来，宋元以后乃大发展。诗歌中的词也是兴起得比较晚的。在所有的这些变化中，中国民间文学起了巨大作用。外来的影响也不能忽视。最早的是印度来的影响，到了近代，则是西方的影响。眼前流行全国的诗歌、小说、戏剧，就内容来说，表达的是中国现代人民的思想；然就形式而论，与其说是继承了中国固有的传统，毋宁说是模仿了西方的传统了。

举一反三，在文学发展方面，内容与形式的关系，以及形式所起的作用，在其他国家大体上也就是这个样子。

在形式方面，也就是语言文字方面，最能表现一个国家文学特点的是诗歌的格律。这是因为，格律与语言文字密切相联。诗歌必须有格律，而格律的产生则源于人类生理和心理的共同要求。在现代，有人主张诗歌不要格律，我不在这里讨论这个问题。文学艺术最忌平板单调。如果只有一个音，则根本没有音乐。文学要求有节奏，而格律所表达的正是节奏与变化。文学也要求有统一，一些国家诗歌中的押韵的办法，表达的就是这种统一。变化与统一错综结合，就形成了诗歌。表示变化的手段，格律，因语言文字之不同而不同。汉文有四声，所以用平仄来表示变化，表示节奏。过去有非常少的诗句全句完全用平声，或完全用仄声。这只能算是文字游戏，偶一为之而已。平仄表示的主要是声音的高低，但是其中也有长短的因素。平声长，入声短，这是人所共知的现象。

为了把问题说得更清楚、更具体起见，我在这里选出几个东方国家，举一些例子来谈诗歌的格律。首先还是中国，专谈中国汉诗的格律。汉诗格律的重要特点就是平仄，这一点刚才已经谈过。这个特点起源颇早。到了唐代，由于诗歌的体裁已经具备，格律也渐趋定型。在当时以及以后，诗歌分为两大类：今体诗和古体诗。今体诗又分为两大类：律诗和绝句。律诗又有五律和七律之分。五言律诗的平仄有四个句型，四个句型又化为四种平仄格式。我只举一种，以见一斑，即首句仄起仄收式：

仄仄平平仄，平平仄仄平。

平平平仄仄，仄仄仄平平。

仄仄平平仄，平平仄仄平。

平平平仄仄，仄仄仄平平。

七言律诗的平仄也有四个句型，也化为四种平仄格式。我举一种：首句平起平收式：

平平仄仄仄平平，仄仄平平仄仄平。

仄仄平平平仄仄，平平仄仄仄平平。

平平仄仄平平仄，仄仄平平仄仄平。

仄仄平平平仄仄，平平仄仄仄平平。

绝句分为三绝和七绝。五言绝句是五言律诗的一半，所以也有四种平仄格式。我举一种：首句仄起仄收式：

仄仄平平仄，平平仄仄平。

平平平仄仄，仄仄仄平平。

七言绝句是七言律诗的一半，也有四种平仄格式。我举一种：首句平起平收式：

平平仄仄仄平平，仄仄平平仄仄平。

仄仄平平平仄仄，平平仄仄仄平平。

古体诗也讲究平仄，不过与今体诗大不相同。就五言、七言的三字脚来说，有下列四种格式：

仄平仄；

仄仄仄；

平仄平；

平平平。

（以上都据王力《诗词格律概要》）

我们看，中国汉诗的格律好像是异常地错综复杂。但是，只要把握住原则，把握住纲，则纲举目张，完全有规律可循，一点也不错乱。这个原则就是创造节奏，创造变化，避免平板单调。这是一切文艺的基本要求。而创造的办法就是：一句之中平仄错综协调，一首之内，平仄互相配合。

中国汉诗的格律大体上就是这个样子。

我再举一个与汉文在语法结构方面处于南北极情况的梵文来作例子。梵文是音节字母。只有长短，没有四声，无法用平仄来表达节奏，只能利用音节的长短来表达，极少数用音节瞬间的数目。前者术语叫vṛtta，后者叫Jàti。梵文诗歌每一偈有四个音步。音步相同的，术语叫 samavṛtta；音步间隔相同的，术语叫ardhasamavṛtta；音步不相同的，术语叫visamavṛtta。这三者都属于vṛtta范围。

samavṛtta按每个音步音节数目不同而分为许多类。音节数目最少的是每音步四个。格式如下，"—"指长元音，"V"指短元音：

— — — —

每音步五个音节的，格式如下：

— V V — —

每音步六个音节的，有四种格式，第一种是：

— — — V V —

其余从略。最著名的、使用最广的诗体叫输洛迦（sloka），每音步八个音节。共有多种格式，第一种按照《罗摩衍那》的说法应该是：

— V — — V — — V V V — — V — V —

— — — V V V — — V V V — — V — V —

《罗摩衍那》中的这一偈（1.2.14），与格律书上的规定并不协调。姑录之，以供参考。

每音步有九个以上的音节的例子不再列举。按规定，音步可以长到有999个音节。这显然是印度的夸张，完全不能信的。

ardhasamavrtta的音步奇数相同，偶数相同。共有六种不同形式，第一种是：

奇数 V V V V V V — V — V —

偶数 V V V V — V V — V — V —

其余从略。

visamavrtta的音步各不相同。格式是：

第一音步 V V — V — V V V — V

第二音步 V V V V V — V — V —

第三音步 — V V V V V V — V V —

第四音步 V V — V — V V V — V — V —

在以音节瞬间的数目为标准的Jàti中，最常见的叫ârya。在这里，短元音算一个数目，长元音算两个数目。其格式是：

第一音步有12个音节瞬间

第二音步有18个音节瞬间

第三音步有12个音节瞬间

第四音步有15个音节瞬间

梵文诗歌的格律大体如此。看上去五花八门，错综复杂，但是隐藏在背后的基本原则却是异常地简单：利用音节长短、音节瞬间数目的多少，来创造节奏，创造变化，避免平板，摆脱单调，如此而已。

在中国和印度在语法结构方面一个南极、一个北极之间，东方国家语言系属不同，因而表达节奏的方法也不同……

(摘自《季羡林学术精粹》第4卷，山东友谊出版社2006年版)

【导读】季羡林（1911—2009），山东临清人，字希逋，又字齐奘。在《东方文学研究的范围和特点》一文中，季羡林以漫谈的方式对东方文学研究中的范围与特点这两个核心问题进行了较为细致的阐说。

关于东方文学的范围，从学理上说，应该是指包括中国在内的亚洲和非洲各国的文学。然而，学术界对这一概念的使用却一直比较含混，有的以东方指代中国，将东方文学作为中国文学的代名词；有的将其作为外国文学的一个分支学科，从而将中国文学排除在东方文学之外。这样的人为的学科划分，使"东方文学"成为一个内涵模糊、外延不清的概念。对此，季羡林认为"东方"概念其语义绝不是一成不变的，有一个历史发展的过程。在这个发展过程中，"东方"从一个地理概念演变为一个政治概念。在这个发展过程中，"东方"经历了一个从以中国为视点到以欧洲为视点的演变过程。同时他还提及了东方文学为何未将中国文学纳入的缘由。通过季羡林系统的梳理，学界对东方文学的内涵和外延都有了较为明晰的认识。

关于东方文学的特点及发展规律，季羡林抓住心理素质与语言表达工具这两个核心要素进行了文化体系的划分、文学规律的总结等内容的探讨。在世界文化体系的划分上，他的标准是"一个民族或若干民族发展起来的延续时间长、又没有中断、影响比较大、基础比较统一而稳固、色彩比较鲜明、能形成独立的体系"。由此，他把五光十色、错综复杂的世界文化划分为四大体系，即中国文化体系、印度文化体系、波斯阿拉伯伊斯兰文化体系和欧洲文化体系。拿东方和西方的尺度来看，前三者属于东方，最后一个属于西方。划分好体系后，他还以文化交流为抓手，分析了这些文化体系的个性与共性，相同点与相异点。最后，他以中印诗歌的韵律节奏为例，简要地剖析了文学发展中内容与形式的相互促进关系。

这篇文章虽为漫谈形式，但却遵循了严谨的学术规范，思辨深入，论证充分，理论体系明晰，观点富于创见，细读定能收获良多。

(黄　斌)

"知行合一"之源

杜维明

1509年，大约是大悟一年之后，贵州提学副使席书聘请阳明主持贵阳书院。在正式聘请之前，这位提学使曾多次拜访阳明。第一次，他向阳明请教朱熹和陆象山在精神取向上的差异。阳明虽然承认这个问题在哲学上和史学上都很重要，但他不愿意讨论这个问题，倒是详细论述了自己对儒学真义的理解。可以推测，这种理解是通过大悟经验得到的。席书告别离去时，对他的新想法很着迷，但对其思想的可靠性满怀疑虑。

第二天，席书又来了。阳明再次详细讲述了他对儒学的解释，集中阐述了知行的本体问题。他满有把握地引用了"五经"中的一些段落和儒学大师的著作来证实他的新观点。席书开始领会阳明思想的意旨。经过多次访谈之后，他终于更充分地理解了阳明的思想，并断言"圣人之学复睹于今日"。现在，席书相信，朱熹和陆象山的观点不需要辩诘，也不需要追究，因为真正的问题不是找出客观真理，而是寻求自我实现。因此，儒家思想的首要价值很少取决于它们的论证力量，而主要取决于它们可以应用到个人的内心追求上。在这个意义上，诉诸人的内在自我，朱熹和陆象山之间的差异就可以得到恰当的评价，至少可以显现出来。

的确，席书对阳明的新观点心悦诚服，于是他联合毛应奎下令重修省立书院，并亲自率领贵阳官学学生（秀才）以师礼尊事阳明。于是，阳明的儒学导师的角色第一次得到了官方的承认，他的公共形象与他自己的责任感合为一体。

简略地说，这就是《年谱》对划时代的知行合一观的首次表达方式的叙述。可以认为，有一首诗是阳明有感于这次官方聘任而写的。奇怪的是，这首诗显示出阳明热情不高。此诗题为《答毛拙庵见招书院》，诗里有不少常见的托词。如果离开当时的环境来读，很容易把这些托词误解为标准的谦虚之词。在诗中，他称自己为野夫，承认病卧使他变得疏懒了。他抱歉他许久没有用功阅读和研究经典，担心自己不值得居处高位。他说，实在很惭愧受到过高的官方称扬。由于他即将找医生治病,所以,虽然讲堂"虚席"以待,但他还是不想接受这个职位。最后,阳明用了一个典故并带点幽默地预言,如果他试图靠道德原则过日子,他的学生可能没有收获,他就会处于著名的车夫王良的困境。

王良的典故需要做点解释。据孟子讲,王良有一次陷入非常难堪的境地:在一次出猎时,他按规范驾车,乘车的是一个品德可疑的人。这个人这次一只鸟也没有捕到;下一次他以诡异的方式驾车拦截飞鸟,此人一早晨就捕到十只。结果,王良决定断绝同这个人的关系。他说,"我不惯于给一个卑鄙的人驾车。"孟子解释说,这个故事的教训如下:

> 御者且羞与射者比,比而得禽兽,虽若丘陵,弗为也。如枉道而从彼,何也?……枉己者,未有能直人者也。

阳明的诗给人的印象是,他对这个新职位并不热心。与人们的期望相反,他甚至表现得一点也不在乎。我们在前一章已经指出,在龙场,阳明关心的中心问题是儒学教育。用他自己的话说,是圣学。有机会主持贵阳书院,代表了官方的信任,因此这对于他的远大目标应该是很重要的。后来,他不仅接受了这个职位,而且他极有创造性地讲授知行合一观。虽然不刻意图谋,却使书院远近闻名。这一事实表明,阳明知道这个职位的重要性。那么,阳明为什么仍然感到闷闷不乐呢?

我们还记得,阳明最初引导他的学生进入儒学领域时,他感到他的主要任务不是打击有佛家或道家倾向的人,而是那些职业气的儒生。他们读经书的惟一目的,是通过科举考试取得政治上的成功。如何使他们的注意从外在价值转向内在的自我修养,成了阳明关心的基本教育问题。遭放逐肯定产生了一系列精神危机,在龙场达到内心宁静之后,他恢复了自信。虽然完全没有政治上的影响和有形的成就,但他发现其教学经验有内在的收获。

因此,与他给长沙周生提出的建议一样,阳明对龙场诸生的教导不是参政,而是道德上的自我改造。现在,当他决定担负起儒学教师的责任之后,阳明又陷入了新的困境。如果接受一个有名声有影响的职位,受命做贵阳书院的主持人,那么他可能别无选择,只有去指导当地的秀才,而他们的主要目标是与他的教学宗旨相背离的;如果众学生不能通过科举考试,那将是很大麻烦;如果众学生一心一意只关心科举考试,那将是难以容忍的。对于阳明,指明圣贤之路是教学的首要目标,而学生的目的却是读书做官。正如车夫王良的故事所喻示的,阳明绝不会以枉道为代价,去迎合学生的功利动机。在这样的情况下，阳明如何能够激励他的学生全心全意随他行道呢？阳明的两难困境，可能对他提出知行合一观起了有益的作用。

后来，阳明有好几次说到，他提出知行合一观，是对时势做出的反应：

> 今人却就将知行分作两件去做，以为必先知了然后能行，我如今且去讲习讨论做的工夫，待知得真了方去做行的工夫，故遂终身不行，亦遂终身不知。此不是小病痛，其来已非一日矣。某今说个知行合一，正是对病的药。

我们无法确定阳明实际上如何把他的知行合一观应用到贵阳书院的教学实践中，但我们知道，他告诫他的学生，如果他们把经书当做与日常生活无关的一堆文献来学习，就不可能真正掌握经书的意，即使能背诵也是一样。

他的告诫隐含着对当时整个教育过程的运行方式的批评。在这种科举制度之下，学生要掌握经书，把它当做政治升迁的工具。做一个学生，其责任就是记住经书里的话。在取得学者—官员的地位之后，他才有机会把他的知识付诸实践。如果他不能获取官职，他就别无选择，只有把他的全部时间和精力用在读书应试上。由于读书和实践是两个明确分开的阶段，所以，考试就成了将所学用于社会的惟一途径。结果，先有知、后有行的学说迫使学生完全埋头于书本知识，把它当作将来学以致用的必要准备。阳明指出，不幸的是，这种思想很容易导致错误的知识和长久没有行动。

阳明的医治方法是，要求学生从学业开始就面对读书的用途问题。这样就能促使学生把求知活动与伦理宗教信念联系起来。阳明指出，求知不是吸收一堆外在的价值，而是在具体的行动上展现他的真正的理解。相信求知可以独立于知识的应用，那完全是误会。如果你学习圣人之言时，以为它们与你的身心毫无关系，那么，你一定会成为自我欺骗的牺牲品。圣人之言一定要在经验中学习。认知理解的过程不可能使它们完全深入内心。真正的身体力行是学习过程的一个不可分割的部分，把行动放在将来等于是对知识的否定。

阳明论证，圣学知识必须与身体和心灵的行动直接联系起来，从而指斥流行观点无效。按流行观点，读经是应用行动的前提。阳明说：

> 夫学、问、思、辨、行，皆所以为学，未有学而不行者也。如言学孝，则必服劳奉养，躬行孝道，然后谓之学，岂徒悬空口耳讲说，而遂可以谓之学孝乎？

因此，阳明教导他的学生在生活中展现学习的意义，而不能等到外部条件发生根本改变之后才去实施他们的思想。阳明所倡导的，实际上是通过在亲身体验中理解圣人的教导来求得自我实现。只有以这样一个精神修养过程为背景，求官之路才是有意义的。

然而，我们不能误以为阳明的观点纯粹是作为一种矫正措施提出来的。阳明相信，他的原则是对症的良药，不是因为它正好可以治疗盛行的社会病，而是因为它的内在价值。他指出，这个观点不是为了某种特定的功利目的而发明的，因为"知行的本体原只是一个"。他的立场有明确的陈述："此虽吃紧救弊而发，然知行之体本来如是，非以己意抑扬其间，姑为是说以苟一时之效者也。"为什么阳明主张知和行在本体上是同一的呢？他做这样的断定，实际上是以什么为依据的呢？

你完全可以论证说，只要这个观点事实上可以医治时代的思想病患，知和行的实质本来是不是一，就不重要了。然而，对于阳明，这个问题至关重要，因为知和行的统一是真正的儒学精神的本质特征，是读书的真正意义所在：

> 尽天下之学无有不行而可以言学者，则学之始固已即是行矣。笃者敦实笃厚之意，已行矣，而敦笃其行，不息其功之谓尔。盖学之不能以无疑，则有问，问即学也，即行也；又不能无疑，则有思，思即学也，即行也；又不能无疑，则有辨，辨即学也，即行也。辨既明矣，思既慎矣，问既审矣，学既能矣，又从而不息其功焉，斯之谓笃行。非谓学、问、思、辨之后而措之于行也。

阳明心里所想的不只是积累经验知识，而且更重要的是为做圣贤而读书学习。事实上，正是通过他自己追求自我实现的亲身经验，他最终形成了知行不可分的见解。

在追求自我实现的过程中，不积极进行精神的修养，就不能真正有知；不有意识地努力深化和扩充自己的自我意识，就不能有行。具体地说，你若有知，你立志做圣贤，这并不意味着你是被动的观察者，客观地知道什么。相反，这意味着你努力更新你承担的自我改造的任务。同样，如果你按照圣贤之道去行动，你不是去遵守一套外在的规则，而是努力扩大自我知识。这就给我们提出了主体性问题。实际上，正是由于这样的见解，阳明常常被看作陆象山的追随者。我们将对这个论断进行探讨。我们的目的有两个方面，一方面对阳明的伟大见解来自陆象山这一论断提出疑问，另一方面把知行合一观置于恰当的视野之中。

(摘自《杜维明全集》第三卷，武汉出版社2002年版)

【导读】 杜维明（1940—），祖籍广东省南海县，生于云南省昆明市，美国哈佛大学讲座教授、燕京学社社长，主要从事中国儒家传统的现代转化研究，是现代新儒学的代表。他推崇儒家文化所蕴涵的道德理性、人文关怀和入世精神，景仰明其道不计其功的胸襟。

本文选自《青年王阳明》的第四章的第一部分，题目为编者所加。此书是关于王阳明的思想传记。作者从考察王阳明的生平经历和明朝的社会历史出发，旨在探究早年王阳明各个时期思想轨迹的外在影响和内在心理动因，即其经历与学说之间的"动态机制"。本书的独特之处在于抛开对阳明的哲学思想研究，而是对其思想形成的原因进行社会学和心理学层面的分析，从而确立其思想的来源。对于史上关于阳明学的争议焦点，作者也做了个人的判断与论证。

本文主要讲述了王阳明"知行合一"观的思想来源。龙场"大悟"后，贵州提学使席书多次拜访王阳明，从最初试图区分朱陆精神取向的差异到对阳明新想法的着迷与怀疑，再到慨叹"圣人之学复睹于今日"，随后聘请阳明主持贵阳书院。席书变成了阳明的忠实信徒，同时，因为席的鼎力支持，阳明的儒学导师角色才首次得到官方认可，这一角色对阳明意义非凡。

令人始料未及，对于官方的聘任，阳明似乎兴致索然。在《答毛拙庵见招书院》一诗中，借王良的典故预言自己很可能陷入的困境。其后，他接受任职并讲授他的思想，书院遐迩闻名。那最初他不乐意的原因是什么呢？这就涉及到他的毕生追求——发扬圣学，即传播儒学教育。他初入儒学领地时就深切感受到最紧要的任务是让那些职业气的儒生的"着力点"由外转向内，从寻求外在价值转向培养内在修养，即重视在道德上进行自我改造。

受命不久，他之前预言的困境便应验了。阳明的教学初衷是为短目儒生指明圣贤之路，而这些书院儒生只想通过科举考试达到做官的目的。师生目标背道而驰，他如何在行道和满足学生的功利需求中找到一个结合点？

两难困境催生了阳明的新思想。他自己曾说知行合一观的提出是对时势做出的回应，所以他承认新思想的产生有应运因素存在。他的思想常体现在告诫学生的话语上，他的劝诫其实是对当时先"知"后"行"流行观点的批判。针对社会顽疾，阳明主张以重"行"之法医治。他追求"内圣"，强调求知当向内，而不是外。"知"不能独立于"行"，"知"与"行"的统一才是学习、应用智慧的正法。

阳明的观点仅仅是应运而生吗？答案是否定的。"知行合一"有其本身的内在价值。他不是为了唱反调而标新立异，只是想揭示客观真理："知行的本体原只是一个。"这一真理是王阳明饱经磨难的人生经历的宝贵结晶，而它恰恰也是儒学精神的精华。阳明在追求自我实现的过程中坚持以自我为主体，努力进行自我改造，从而成为优秀的学者——将军，成为一代不朽的传奇。

"知行合一"思想没有过去时，只有进行时。尤其在当下重"知"不重"行"、割裂"知"和"行"的急功近利的时势，它就显得更为重要。它为汲汲营营的人们指明一条康庄大道，让儒学的精髓传播更深远，为整个社会的发展提供了一种强大的精神动力。由此看来，它的作用不可估量。

（黄　斌）

论白鹿洞书院学规

任继愈

白鹿洞书院是朱熹讲学基地之一。朱熹一生从事讲学工作，以培养人才为己任。他对当时的教育制度不满意，提出自己的办学宗旨。看来，这是朱熹的教育方针，它的实际意义远远超出了教育范围。白鹿洞书院的学规应当看作朱熹的哲学世界观的纲领。

一

在学规中指出教育的目的不在于传授知识、务记览、为词章、钓声名、取利禄，而在于给从学者讲明义理以修其身，推以及人，最终为圣贤。朱熹相信尧舜时代，曾使契为司徒（教育之官）"敬敷五教"为总纲。这五教是：

父子有亲，君臣有义，夫妇有别，长幼有序，朋友有义。

尧舜时代是否可能提出这五种社会规范，这里且不论。但可以断言，朱熹认为"五伦"观的确立是人生的头等大事，它是维护社会秩序，明确人伦关系的永恒准则。离开这"五教"就没有学问，它是为学的基础，也是为人的根本。基本内容有五项：

博学、审问、慎思、明辨、笃行。

前四者属于知识传授范围，最后一项"笃行"不属于知识而属于实践。朱熹主张知在先，行在后，学知识为了实践。笃行属于修身范围。修身的要点有四条：

言忠信，行笃敬，惩忿窒欲，迁善改过。

这四条中，包括言论规范、行为态度、心理活动、道德修养。也就是从内心到行动的全部要求。

行为必然接物和处事。朱熹对处事要求做到：

正其义不谋其利，明其道不计其功。

这本来是董仲舒的格言，朱熹全部继承了下来。处理人与人的关系的原则（接物之要），朱熹要求做到：

己所不欲，勿施于人；行有不得，反求诸己。

这本来是孔子、孟子的古训，朱熹也全部继承下来，以此教育学者，作为处理人与人的关系的准则。

这个学规，张贴于大门上方最醒目的地方，以引起学生们的注意。不但记住它，并且要见诸实际行动，用它来规范学生们的全部言行和心理活动。不符合这"五教"原则，不但不应去做，不应去说，而且不应去想："思虑云为之际，其所戒慎恐惧，必有严于彼者矣。"

二

白鹿洞书院学规所涉及的不限于该地听讲的学生，也不限于文字表面的意义，文字明白，不难理解。它还有更深一层的社会含义，值得引起人们的注意。这个学规与其说它是朱熹的办学方针，不如说它是朱熹的施政方针；与其说它是朱熹的哲学思想，不如说它是朱熹的宗教思想；与其说它是朱熹的政治学的大纲，不如说它是朱熹的政教合一的体现。

政教合一，历史学界认为曾流行于西方欧洲中世纪，宗教领袖兼地方行政领袖，或是地方行政领袖接受宗教领导。在伊斯兰教流行的地区，也是政教合一，教权领导王权。我国西藏在改革以前，也是政教合二的形式，改革以后，行政与宗教分离。在中国内地广大地区，一般认为不存在政教合一的历史现象。有的历史学家还认为这是中国历史的特点和优点，因而没有遭受过欧洲中世纪那样的困扰。这种见解是不对的，因为它不符合事实。

提起宗教，人们习惯地用基督教、佛教、伊斯兰教作为标准，和那些宗教一样的，认为是宗教，不一样的不算宗教。我们还是从实际出发，先不用一种固定的模式来判断活生生的历史。

从人类学、考古学、社会学，以及历史文献记载，迄今为止，还没有发现过哪一个民族没有宗教信仰的。只是宗教信仰的品类不同，其间有高低深浅的差别。以华夏民族为主体的中华民族来说，它也有宗教。宗教是一种社会现象，随着历史的前进而变化。

自秦汉以后，政治上形成大一统的封建大国。秦汉大一统为此后二千年的政治格局打下了基础。为了维护这个格局，我国历代政治家、思想家、哲学家，从各个角度做出努力，使这个总格局得到发展和巩固，使它的统治系统日趋完善。从经济结构看，中国土地辽阔，自然经济呈现出地区封闭的状态，不利于统一。从政治要求看，为了中华民族的整体利益（如兴水利、御外侮、救灾荒）则要求高度统一，要求统一，哲学思想、宗教思想力求与政治思想相配合。配合得好，得到政府的鼓励。不利于统一的受到限制，破坏统一的受到制止。一代一代传下去，中国封建社会的制度越来越完善。与全世界比较，中国封建制度最完善，封建文化最发达。

维护中国封建社会靠政治力量，同时还得有哲学与宗教的配合。秦汉时期中国的宗教与哲学相配合，维护大一统的局面，董仲舒开始建立儒教体系。利用社会上流行的天人感应思潮，为王权服务。此后，汉代的神学经学已经是政教合一的雏形。中国的政教合一与欧洲不同处，是王权为主，神权为辅，神权为王权效劳。汉代的宗教神学比较粗糙。三国以后，有了更为精致的宗教，道教正式建立，佛教大量输入。佛、道两教各自为中国的政权尽力。都曾为维护三纲、五常封建制度说教。忠君爱国也成了宗教教义的主要内容。他们的说教有的直接，有的间接。总之，宗教活动与政治活动基本协调一致。到了隋唐，三教（儒、释、道）鼎立，互相配合，共同为王权效力。

北宋开始，在三教鼎立的基础上，进一步促成三教合一，以儒家为主流，吸收佛教、道教中特有而儒家所缺少的，如心性论的分析、宗教修养、禁欲主义的内容，使之融合为一个体系。这一方面，北宋诸儒做了大量工作。朱熹是继北宋诸儒之后，成就最大的学者，也是政教合一的集大成者，在历史上起了决定性的作用。

中国的政教合一，继承中国传统宗教信仰（可以上溯到西周），敬天法祖、王权神授思想（王者天命所归，受命于天），对稳定中央集权起了推动作用，儒教的专职传播者儒者（士大夫）形成了一个特殊阶层，他们以道自重，为王者师，不充当最高领导者，而是给政府及皇帝出主意、定规划，提供指导思想。宗教与教育相结合，制定教育制度，用科举制度培养儒教的接班人，不断向中央输送后备力量，加强中央政权。以经典指导政法措施，用经典解释法律条文，引经决狱。经典解释权归儒者传享。从中央到地方设有儒教组织系统，中央有太学，地方有府学、县学。教育者享有崇高的社会地位，不同于一般行政官吏。从中央到地方有一系列组织保证，如地方上官绅共治，乡里有乡规民约，内容贯彻了封建三纲、五常的原则。从白鹿洞书院学规到清朝康熙年间颁布的学宫圣训十六条，有着一脉相承的关系。

政教合一，是中世纪封建社会的共同现象，不是西方所专有，但各地区的政教合一，各有自己的特点。它有它的历史使命，它的出现是历史的客观需要。它的历史使命完成后，即应退出历史舞台。封建社会后期，中国的政教合一早已失去其积极作用，理应功成身退。随着新政权的建立，旧政权即行结束。思想意识方面的影响，则是长期的，很难短时期完全清除干净。这是我们今天建设社会主义精神文明、从事思想教育工作的科学工作者共同的任务。

三

朱熹的政教合一体系，不能仅仅看作朱熹个人的，它代表着宋、元、明、清长达八百年的政治体制。政教合一体系，不在于培养哲学家、科学家，而在于为封建大一统王朝培养大批比过去任何时期更适合巩固封建秩序的合格人才。历史证明，这一体制收到预期的效果。

"博学、审问、慎思、明辨"均属求知，它不是教人穷天地万物之理，落实在人伦日用之中。有人认为朱熹讲格物，教人穷万物之理，王守仁讲格物，教人格自家内心。实际上，朱熹教人为学的最终目标还是充实内心修养，"言忠信，行笃敬，惩忿窒欲，迁善改过"。这里有人生哲学，也有宗教的禁欲主义。这一点，程、朱、陆、王没有两样。后来清代理学中涌现出一些批判朱熹的革新派，从唯心唯物的观点来看，他们不同于前人，但他们仍未超出儒教的范围。

儒教有其独特的体系和结构，神权王权之间没有尖锐的矛盾，没有生死斗争，它利用政权的杠杆，随时调节两者的关系，使它温和地发展着，因而没有发生过像欧洲中世纪那样的教权与王权长期的战争。儒教即国教，儒家经典有不可亵渎的神圣性，儒教领导人足以为帝王师，但不可以为帝王。王权拥有最终的管理实权,但必须以儒者为师。

(摘自《儒教问题争论集》,宗教文化出版社2000年版)

【导读】白鹿洞书院位于江西九江庐山五老峰南麓的后屏山之阳,始建于宋初,但直到朱熹将之重建才扬名国内,享有"海内第一书院""天下书院之首"的美誉。

南宋哲学家吕祖谦曾说:"学者亦必以规矩,大抵小而技艺,大而学问,须有一个准的规矩。射匠皆然,未有无准的规模而成就者。"(《东莱集》第18卷))不以规矩,无以成方圆,学校有了规章制度,才能有效办学。所以,朱熹不仅在书院内讲学,而且亲自制订了《白鹿洞书院学规》,明确书院的教育目标,教学的准则。任继愈先生的《论白鹿洞书院学规》一文为我们讲解了这一学规的具体内涵。

文章第一部分阐述白鹿洞书院学规的主要内容。即办学的宗旨是达到封建伦理的五教五常,要求学生身体力行,以"博学、审问、慎思、目辨、笃行""言笃信,行笃敬,惩忿窒欲,迁善改过""正其义不谋其利,明其道不计其功""己所不欲,勿施于人;行有不得,反求诸己"等作为言行举止的准则,将修身进德作为终身的追求,并最终确立了"德育为先"的教育方针。文章第二部分分析了朱熹的办学方针,其实也是朱熹本人的政治理念。文中说:"与其说它是朱熹的办学方针,不如说它是朱熹的施政方针;与其说它是朱熹的哲学思想,不如说它是朱熹的宗教思想;与其说它是朱熹的政治学的大纲,不如说它是朱熹的政教合一的体现。"所言甚是,政教合一是中国传统文化的特征之一,所谓"教"就包括"教育"的"教"。国家的政权和学校的组织从来都是联系在一起的。朱熹自然也希望自己的政治抱负能够通过教育的途径来实现。文章第三部分讲到,朱熹的办学理念不仅仅体现了朱熹的政治思想,而且还体现了"格物、致知、诚意、正心、修身、齐家、治国、平天下"等一套儒家学说。朱熹是宋代著名的理学家、思想家、哲学家、教育家,也是孔子、孟子以来最杰出的弘扬儒学的大师。他将文化教育与儒学教育相互融合,这种教育教育体制能够推进儒学社会化,从而巩固封建王朝的统治。也正是因为这个原因,《白鹿洞书院学规》成为后世诸多学院共同遵守的精神纲领。

(廖 华)

国学要对现实有用

金开诚

我一向认为"知识能用才是力量",对国学的看法也不例外。

所谓国学,在我看来就是研究中国特有的传统文化(包括传统典籍)的学问。这种学问有什么用?可以先从挖掘传统文化中所包含的思维经验来说,这种思维经验有两个层次:

第一个层次是古人总结的某种思维经验,现在已有更为高深、准确的认识乃至理论了,然而古人在对道理的阐释中却有其独特的感悟,今人看了仍能启益心智,这便有用。例如《老子》讲的辩证法是朴素的,当然不及现代的唯物辩证法高深、准确。但《老子》的有些阐述却相当精辟,因此至今看来仍有打动人心的力度。例如他论证"有"与"无"的辩证关系,说"开凿门窗造房屋,有了门窗四壁中间的空隙,才有房屋的作用"(《老子》第十一章,用任继愈先生译文)。现在造房子用砖块、预制板之类,这便是"有";但如果"有"过了度,整个空间都被建筑材料砌满了,请问那房子还有什么用?因此今人分配住房十分重视究竟有多少"使用面积"。当然他也应该知道,倘若没有"建筑面积",那么"使用面积"也便不存在了。再把这个实例提高到一般来说,《老子》就作出了"有之以为利,无之以为用"的结论。

又如欧阳修的名作《五代史伶官传序》,其中反对天命论的彻底性不仅比不上后世的唯物论,甚至还比不上某些先秦思想家。文中所讲的"忧劳兴国,逸豫亡身"的道理也很一般化,近似"老生常谈"。但欧阳修在论证这些道理的时候,却用了生动的事例,并以富有感情色彩的笔墨表述了他的深刻体会,于是这篇文章便也能打动人心。"人心"这个东西有时很冥顽不灵,往往需要从各个角度、用各种方式来打动它,方能形成比较牢固的正确认识。正因为如此,所以说"真理是不怕重复的",只要不是简单的重复就行。

第二个层次是传统文化中有些思维经验,直到现在尚未见有更为高深、准确的理论可以取而代之,这就显然更表现了有中国特色的独创性,因而不但有用，而且大有研究之必要。这种思维经验在中国思想史中是不乏其例的（如儒家学说中有利于调节人际关系的思想），但为了更少疑义而易于论述，不妨以中国艺术史中的思维经验为例。南齐谢赫在《古画品录》中，以"气韵生动"为绘画"六法"之首，从那以后，中国画家无不追求"气韵"，中国有经验的欣赏者也都能从优秀的画作中感知"气韵"；这说明"气韵"作为一种美的表现的确存在，然而至今无人能说清楚它究竟是什么，以及如何能达到"气韵生动"。推而广之来看，像"气韵"这样在中国艺术史上频繁出现的独特概念无虑数十。每一个概念都像一把钥匙，有可能打开一个富有中国特色的美学体系的宝库，那真是大大有用有益的事情。

传统文化中有许多有用有益的东西，加以挖掘、筛选、阐释与发扬，便是国学的任务。这个国学的概念，其内涵比旧的以"整理国故"、考校古籍为主的"国学"是大得多了；研究的动机也不完全相同。因为从前研究"国学"有逃避现实的因素在，现在研究国学则是面向现实的。因此新的国学研究必须大大增加对现实有用有益的内容，以利于有中国特色社会主义的两个文明的建设；国学的发展也必将因此而获得新的强大的生命力。但新的国学研究既然有艰巨的去伪存真、去芜存精的任务，那就必须充分继承和发扬从前"国学"研究中那种求真求实、实事求是的优良学风，也必须充分利用从前"国学"研究中的正确方法与丰富成果。

国学要真正能对现实有用，看来一方面不能对传统文化采取"玩儿"的态度，更不能把它当作"模特"，常常穿了不断变化的"时装"来表演；但另一方面恐怕也不能一味强调"坐冷板凳""两耳不闻窗外事，一心只读圣贤书"。因为任何学问要对现实有用，都必须了解现实，甚至还要转变观念，才能使真才实学与客观实际挂钩对口，从而有的放矢地解决实际问题。

（摘自《金开诚学术文化随笔》，中国青年出版社1996年版）

【导读】中国传统文化的内容是一个庞大的体系，因此金开诚谈中国传统文化时往往从传统文化的观念形态（即狭义的文化）着眼，力求找到中国传统文化思维经验的中心点和模式，阐释中国传统文化之所以被传承下来的内核和力量。

在《思维模式与文化传承（访谈录）》中，金开诚曾说："（一种思维模式）能否建成，能否模拟、复制，主要取决于它是否正确反映了事物之间的关系（也就是内在联系）。它如能正确反映事物之间的内在联系，那便有了某种规律性，能够在同质事物中长久起作用（复制），或挪用于'异质同构'的事物（模拟）。这样的'思维模式'就能够长久传承了。所以，在传统文化中，能构成模式的思维经验总是最有生命力和传承性的，它们是整个传统文化（指狭义的、观念形态的文化）中的核心成分。"

也就是说，金开诚认为中国传统文化之所以能传承千年，关键在于其思维模式能正确反映事物之间的关系。他所指的这种思维模式就是"两点论模式"。在《中国人的智慧——谈传统文化中最重要的思维模式》（1995年5月13日《人民日报》海外版）一文中，他明确提出"在中国传统文化中，最有影响和张力的思维模式，就是今人所说的'两点论'"。之所以将"两点论模式"视为中国传统思维模式的核心成分（或者说是"母模式"），是因为它可以在不同历史时期、不同社会状态和关系下被不断复制和模拟为相应的子模式；是因为这种模式既有鲜明的中国特色，又具有社会普遍性，是其他一切模式的哲理依据。历史和事实证明，这种模式正确反映了事物之间的内在联系，是中国传统文化思维经验的中心。

以上所述都可视为《国学要对现实有用》的注脚，在金开诚看来，传统文化必不可弃，今人应思考的关键问题是如何使传统文化为今所用。要真正对现实有用，实现古为今用，首先要看到传统思维经验的特色。在金开诚看来，无论是否被更高深、准确的理论取而代之，中国传统文化的思维经验都可以通过挖掘、筛选、阐释与发扬来实现复制和模拟。

在《思维模式与文化传承（访谈录）》中，金开诚详细地阐述了古为今用的思想："古为今用主要是思维模式的复制与模拟，从严格、直接的意义上说，古代的思维经验大都是不能切合现在的。只有思维经验构成了思维模式，才可以在存在'变数'的情况下复制和模拟。"同时"复制和模拟"传统思维模式的关键是"诠释"，即从母模式出发，去抓住当前各事物间的内在关系。如此便会发现传承千年的思维经验和思维模式之精深所在，如此才能创造出富有民族特色的新的卓越文化，也才能真正实现古为今用。

（杨　艳）

第九编 学术规范

中国学术规范的传统与前景

葛剑雄

一些年轻的朋友以为中国古代没有学术规范，所以我们没有学术规范的传统，只能从西方引进。这种看法不符合历史事实，由于学术环境和社会环境等各方面的差异，中国古代的学术规范的确与今天有很大的不同，不少今天已经习以为常的规范当时还不存在，这是很自然的。

例如，由于书籍的流传相当困难，特别是在印刷术普及以前，古代学人对前人的著作或研究成果往往只能依靠记忆和背诵，所以他们在引用前人著作或别人的成果时常常无法逐字逐句地直接引用，而只能取其大意，一般都是间接引用。他们大多不习惯于注明出处，往往将前人的话与自己的话混在一起，或者完全按自己的意思改写了。用今天的眼光，我们可以指责这种做法是剽窃，是掠人之美，或者是侵犯了别人的署名权和著作权，但如果了解了当时的情况，我们就不难理解古人的苦衷：在书写条件很困难的条件下，或者完全靠记忆和背诵时，自然越简单越好；用自己的话更容易记住，更便于表达自己的意思。本来就不存在署名权或著作权，引用时当然不会有这样的概念。

又如，古人为了做学问或学习的方便，也为了克服找书和读书的困难，经常将从看到的书籍和资料中摘录出有用的内容，分门别类编为类书。这些类书，有的是为自己用的，有的是为别人编的，或者是奉皇帝命令用公费开馆编纂的。很多类书的资料来源和引文都不注明出处，除了一些现成的诗文或整段资料有时会提一下作者或书名外，一般就按内容编入不同的类别。但要知道，这种类书的编纂，无论是因公还是因私，都不会有什么著作权，更拿不到稿费，所以只要编得质量高，编得实用，就会博得"嘉惠学林"的赞誉，就是被引用的人也不以为忤，而只着眼于知识或成果的传播。还有一个实际困难，一些资料或成果经过无数次的传播，原作者是谁已经无法弄清，并且早已面目全非。

古代还有一种故意作伪的现象，将自己或别人的作品假托为古代或当代的名人，如先秦的不少作品都冠以大禹、周公、孔子；文章要假托历史上的名人，诗词的作者都写上唐宋大家。但除了极少数人是出于政治或经济目的外，这类做伪者大多是很可怜的。因为无钱、无势、无名，即使他们的作品很有价值也无法流传，而一旦托名于古代圣贤或当今名流，就有可能被刻成碑，印成书，传诵一时，流传千古。尽管绝大多数真正的作者依然默默无闻，但他们的自我价值还是得到了一定程度的满足。这是专制集权社会的学术悲剧，我们应该予以理解和同情。

这些并不意味着中国古代没有学术规范，相反，在一些重大的学术问题上，从先秦开始就存在着严格的规范。例如，儒家典籍和学说的传承与解释，不仅流派分明，次序严密，而且任何注或疏都署明作者，原文与注释、注释者和传播者绝不相混。在《汉书·儒林传》中，对儒家不同流派的传承过程和人物有明确的记载，其中多数人并没有留下自己的著作，但他们对传播儒家学说的贡献却得到充分的肯定。一些重要的历史、地理著作也有这样的传统，如对《史记》《汉书》做注释的学者代有其人，但对有价值的注释，后世学者无不尊重作者的署名，即使有些作者名不见经传，甚至有名无姓，也都一一注明。如唐朝的颜师古为《汉书》做注时，就本着"凡旧注是者，则无间然，具而存之，以示不隐"的原则，收录了23位前人的注释，其中既有应劭、郭璞、崔浩这样的著名学者，也有像李斐、项昭那样不知道籍贯的人，甚至有像郑氏、臣瓒那样连姓名都不全的人，但他们的成果都得到了颜师古和后世学人的尊重。

《水经注》研究史上有一场延续至今的学术公案，那就是戴震在四库全书馆中校勘《水经注》时究竟有没有袭用赵一清的《水经注释》。本来，全祖望和赵一清的研究成果完成在前，戴震要加以引用或采用是顺理成章的事，但在戴震校订的殿本《水经注》中，他完全没有提及全、赵等人的本子，而将一切重要的判断和改动都归结于当时其他读者看不到的《永乐大典》本。怀疑他的人认为以戴震当时所处的地位，他肯定能看到四库全书馆所征集到的全部本子，包括赵一清的本子在内。支持戴震的人则认为，以戴氏的学术水平，根本没有必要抄袭赵一清，而且大典本《水经注》确实存在，其中不乏戴震校勘的依据。

这场争论或许永远不可能做出双方都能接受的结论，但争论的焦点是事实，即究竟戴震有没有使用赵一清的成果而没有加以说明，而对这一原则——使用别人的研究成果必须注明出处——是毫无疑义的。所以，包括戴震的学生在内的支持他的人极力证明戴氏校勘本与赵氏《水经注释》的相同之处纯粹是出于巧合，真正的原因是大典本与赵氏本本来就相同。要是大典本不存在或不是如此，那么他们就百口莫辩了。

可见中国并不缺少学术规范的传统，我们今天面临的问题，是如何继承这样的传统，建立起适应现代学术发展需要的新规范。20世纪西学的大规模传入，特别是改革开放以来，中国传统的学术规范面临着新的挑战，但由于历史的原因。中国的学者能够平等地、自主地考虑如何适应国际学术规范的时间并不长，很多问题自然还来不及解决。从上面的论述不难看出，中国的传统学术规范与西方及国际通行的学术规范之间并没有什么本质上的差异，所不同的只是具体做法、方式和程度。

于是有人认为，既然如此，我们何必要学外国的学术规范，为什么要与国际接轨？我想，这取决于我们的目的。如果我们的学术成果既不愿意让外国了解，也不希望与外国交流，那么当然不必考虑别人的要求，甚至完全不必用外文发表论著或者将论著译成外语。但我们今天的学术发展离不开国际交流，不能自外于世界潮流。源于国外、传入中国的学问不必说，就是中国的传统文化、纯粹的国学（实际上也并非未受到过外来影响）也不能固步自封，闭门称雄，同样需要吸收国外的优秀成果和经验，面向世界，走向世界。再说，学术规范与国际接轨或国际化并不是一味学外国，或者非要采用外国的标准，也可以向外国推广中国行之有效、具有国际先进水平的学术规范，在一些富有中国特色或传统的学科领域内尤其可以做到。

（摘自《文艺报》2001年11月29日）

【导读】葛剑雄（1945—），浙江绍兴人，复旦大学教授、图书馆馆长。主要著述包括《西汉人口地理》《中国人口发展史》《中国移民史》《葛剑雄自选集》等。

俗语云：无规矩不成方圆。所谓学术规范，也就是学人在进行学术活动时理应坚守的"学术规矩"。自改革开放以来，随着西方学术思潮和学术方法的大量引进，学术规范问题也越来越受到了学界的重视，不少大学自上世纪90年代起，就将"学术规范"纳入研究生教学的必修课程。但何为学术规范，不同的学科门类如何制定适合本学科的学术规范，学术规范是否是西方独有的，中国古代有无学术规范？等等。这些问题一直在学界颇有争议，而葛剑雄教授此文正是针对青年人认为中国古代学术规范缺失这一认识作出的回答。

葛先生认为，源于悠久的历史文化和独特的学术环境，中国的学术规范自有自己的传统，绝不能用西方近现代的尺度去衡量。比如由于印刷术不发达，书籍资料稀缺，古代学者引用前人著作全凭记忆，无法做到逐字逐句的直接引用，只能间接引用其大概意思，甚至将前人的著述混杂在自己的叙述中，不习惯或根本无法注明出处，这些绝不能用今人的眼光目为剽窃；还有编撰类书，伪托前人或时贤著述的行为，都有其特殊的历史缘由，都应得到今人的理解，不可轻率地视之为一种侵权行为。实际上，古人在一些重大学术工程中，还是很注重学术规范问题的。比如儒家经典、正史的注释，出处、注疏内容、著者姓名等皆会一一注明。唐颜师古注《汉书》时，本着"凡旧注是者，则无间然，具而存之，以示不隐"的原则，凡引用前人的注释都标得清清楚楚。由此看来，在严肃的学术活动中，尊重前人成果，坚守学术规矩，恪守学术道德，中外皆然，二者并无本质的差异，仅在具体方式和程度上有所不同而已。

而通过葛先生的这篇文章，我们也可以明确地看到，学术规范不是西方人的发明，我们中国自有自己的学术规范传统，而摆在我们青年学人面前亟待解决的问题是，如何继承我们的学术传统，如何吸收西方学术规范的标准，如何建立起适应中国现代学术发展需要的新规范？如此等等，这些都是值得青年学人深思的问题。

（卢有泉）

关于学术规范化的若干问题

许纪霖

关于学术的规范化问题，已经在中国学术界讨论多时。这一讨论的发生学语境是不言而喻的，即在中国向世界开放，全球的知识系统日趋一体化背景下，中国的学术研究如何与世界接轨？作为这场发生在中国土地上的理论探讨，尽管已经涉及到一定的方面，但仍有一些基本的问题尚未提出和解决，比如，所谓的学术规范究竟何指？有没有一种通用于各学科、各学派的元规范？如果有，它究竟以什么样的方式存在？如果没有，各学科、学派之间如何沟通？我们试尝讨论一下这些问题。

我们现在所说的学术规范究竟何指？在元话语层面是否存在着一个学术规范？在本质主义受到当代哲学全面清算的今天，也许这是一个无法作出本质性回答的问题。尽管如此，我们仍然可以对这一问题加以必要的理解和阐释。

后期的维特根斯坦在论述语言规则时，认为我们根本无法为语言活动下定义，因为语言作为一种游戏没有其固定不变的性质，各种语言游戏之间只有"家族类似"的特点，不同的游戏就有不同的规则。规则是无法言说的，只有通过参与游戏活动本身，我们才能体验到什么是游戏的规则，规则正是在游戏过程中才得以自我呈现。

从语言学的角度说，学术活动可以说也是一种高级的、人工的语言游戏，按照维特根斯坦的说法，它不可能有一种共同的本质，我们只能以一种"家族类似"的方式来理解它。与此相联系，学术规范也是无法脱离具体的学术过程抽象地加以理解或概括，规范总是具体的，总是与一定的学科或范式相联系。各种学科或范式的规范在性质上也是一种"家族类似"，我们无法在实质的意义上确定一个普遍的、必然的、绝对的学术元规范。这情形正如球类竞赛规则一样，各种球类游戏都有自己不同的竞赛规则，而且这些规则都呈现出一种"家族类似"的性质，但是并不存在一种普遍适用的球类竞赛元规则。

不过，关于这一问题，在当代西方学界，无论是英美哲学还是欧陆哲学仍然是一个分歧很大的问题。在英美科学哲学领域，在有没有科学进步的元标准问题上，一直形成两种意见。波普、拉卡托斯尽管反对传统的证实主义原则，持一种批判理性主义的证伪立场，但他们仍然认为元标准是存在的，波普将它定位于理论的可否证度，而拉卡托斯则认为可以根据与科学史或标准的科学实践活动的符合程度加以判定。而库恩、费耶尔本德这些科学历史主义学派的代表人物，则坚持元规范的虚妄性。他们认为各种相互竞争的范式之间是不可通约的，什么是好的、什么是不好的纯粹取决于人们非理性的选择，费耶尔本德甚至提出"怎么都行"的相对主义口号。在欧陆哲学内部，德国的哈贝马斯与法国的利奥塔就有没有哲学的元话语和元叙事问题也展开了激烈的争论。哈贝马斯为了捍卫现代民主制度的合法性基础，坚持将交往理性作为一切语言活动的元准则，而利奥塔则以为，科学知识与叙事知识发展到当代在范式上是不可通约的，那种整体主义的元话语、元叙事将不复存在，取而代之的只能是不同范式的局域性话语。

这些一流思想家究竟孰是孰非，是一个也许永远不可能确切有答案的形而上的问题，自然不是我们这里能简单解决的。从我们所讨论的特定问题来说，只能这样说，在后现代哲学文化语境之下，不可能有一个跨越不同学科或不同范式的、适用于所有时间和领域的实质意义上的元规范。在元规范的问题上，我们只能同意维特根斯坦的说法，以一种"家族类似"的特征来描述它，除此之外，没有别的。这一点，将成为我们接下去讨论问题的基本理论预设。

既然那种实质性的、整体性的元规范不复存在，那么，我们所指称的学术规范究竟以一种什么样的方式存在呢？正如前述，规范总是具体的、局域性的，它不是一种独立的、自怡的存在；规范总是与一定的学科或范式相联系。拉卡托斯的"科学研究纲领"学说表明，"科学研究纲领"作为一种学术研究的范式，分为硬核和保护带两部分，其中硬核部分，除了最基本的理论假设之外，就是该范式特有的方法、规范、范例等等。另一位美国科学哲学家拉雷·劳丹（LarryLaudan）也有类似的观点。他认为一定的研究规范是与一定的"研究传统"相联系的。所谓"研究传统"不是个别的理论，而是一种理论的系列，或者说理论的谱系，它是在长期的学术研究过程中历史形成的，每个"研究传统"都有其区别于其他"研究传统"的形而上学的信念、禁忌、规则和方法。拉卡托斯和劳丹都是以各自的理论话语丰富了库恩的范式理论，我们可以从中看到，一定的学术规范总是从属于一定的学术范式，它同该范式特定的形而上理论假设、禁忌系统一起，形成了信奉该范式的共同体成员所必须遵守的公共规则。

维特根斯坦说过，遵守规则不是私人性的行为，规则总是具有公共的、约定的，"当我遵守规则时，我不选择，我盲目地遵守规则。"这就意味着，对学术规范的遵守，是拥有某个共同范式的学术共同体的公共行为，对于共同体全体成员来说，不是一个选择性的行为，而是不得不服从的行为。因此，今天我们说中国学术界缺乏学术规范，或者说要重建学术规范，首要的问题还不是学术规范本身，而是如何自觉地形成学术研究的各种范式和学术共同体。正是因为我们在学术研究之中在范式上缺乏自觉，缺乏学术传统的自明性归属，所以才无规范可言；即使自认为有规范，也匮乏一定的范式和共同体归属。

我想，只有中国的学术界在不同的学科和跨学科研究中组成不同的学术共同体，并且形成多种范式的竞争，我们才能对自己的研究范式有一种理论上的自觉，才能真正谈得上遵守学术规范的问题。

尽管不同的研究范式、不同的学术规范之间是不可通约的，但这并不意味着它们之间就不存在着交流、对话、沟通和竞争的必要和可能性。如果一种范式所希望的不是仅仅被共同体内部的少数成员所接受，而是为更多的其他共同体成员所分享，那么，知识的存在方式不应该是封建割据式的独白，而应该是相互之间充分有效的对话。

罗蒂在哈贝马斯与利奥塔关于有无元话语之争中坚决站在利奥塔一边，但是他依然认为不同范式和话语之间的对话和沟通是绝对必要的。因为只有在对话之中不同的范式之间才能相互沟通，只有在与其他范式共同体沟通的过程之中我们才能不断地发现自己的问题，从而超越自我，实现加达默尔所希望的"视界融合"。

在英美科学哲学内部，拉卡托斯和费耶尔本德也从各自的角度强调了不同的范式之间对话和竞争的意义。拉卡托斯既不像波普那样将科学史视作是试错史，也不同意库恩的观点将常态的科学史看作是只有一种范式占据着话语的霸权。相反地，他心目中的科学史正是相竞争的科学纲领史。竞争在科学史中并非是科学革命时期的特殊现象，而是一种常态，不同的科学纲领相互之间通过对话、讨论、辩驳，以推动科学的进步和增长。科学哲学中的"无政府主义者"费耶尔本德则以一种多元真理论的知识立场强调，不同的范式都有自己认识上的真理和理论上的盲点。所谓真理并非是通过经验的分析，而是通过理论的比较才发现的。因此，不同范式之间的充分竞争是永远必要的。知识的发展不是一个趋向理想观点的过程，而是各种理论同步增长的过程。通过对话和竞争，每一种知识范式都迫使别的范式阐明得更清晰、完美一些。在科学史中，所有的理论都对发展我们的心智能力作出了贡献。

不过，接下来的问题是，在学术研究的元规范不复存在的背景下，那些彼此之间不可通约的知识范式将如何沟通？有效沟通的可能性条件究竟是什么？关于这一点，哈贝马斯假设了一个实现"无障碍沟通"的理想语言环境，即"三真（正）"原则：一是真实性，陈述的内容必须是真实的；二是真诚的，说话者不是想有意欺骗听众；三是正当的，话语应符合相应的社会规范。尽管利奥塔和罗蒂都认为哈贝马斯仍在建构另一种元叙事、元话语，但我们应该看到，哈贝马斯的这一语言沟通规则与过去我们所常见的实质性的元规范不一样，它仅仅是在一种非经验、非实质的形式化意义上体现出它的有效性。就像康德为道德立法一样，哈贝马斯为对话所立的法也是形式化、普遍化的，是一切有效性对话得以进行的可能性条件。正如哈贝马斯所指出的，沟通行动中这一理性主义的规则不是选择的问题，而是遵守的问题，只要我们进行讨论和对话，就不得不承认对话过程中所蕴涵着的合理交往的理性规则。即使是一个非理性主义者在反驳理性主义的时候，他也预设了他所反对的理性主义（程序理性主义）立场。理性主义的深厚基础就在于，如果有人想通过辩论来反对理性主义，就会陷入"践履性的矛盾"，即他反驳的东西正是他反驳活动本身所假定的东西。

哈贝马斯所假定的其实是不同的话语结构彼此之间交往所必须遵守的形式化的合理性有效规则。不同意哈贝马斯的罗蒂则在道德的意义上提出了另一个合理性的规则，他指出：合理性在另外的意义上说"指的是某种'清醒的'、'合情理的'东西而不是'有条理的'东西。它指的是一系列的道德德性：容忍、尊敬别人的观点、乐于倾听、依赖于说服而不是压服……在'合理性'的这样一种意义上，这个词与其说是指'有条理'不如说是指'有教养'。"显然，罗蒂这里所强调的正是不同范式之间对话的道德性规范。

于是，我们可以发现，严格意义上的学术规范仅仅与具体的研究范式相关联，在不同的范式之间并不存在实质性的、普遍性的元规则，但这并不意味着范式之间的对话、沟通和竞争过程之中就不存在着形式化的合理性程序。哈贝马斯所设定的"无障碍沟通"的三项有效性要求，正是在程序层面规定了范式之间交往的合理化规则，而罗蒂所强调的是在这过程之中交往主体的道德规范。

总而言之，如果我们认识了学术规范化的意义及其他的合理性限度，我们就可以在收敛性思维与发散性思维之中保持一种优美的张力，从而在建构不同层面和话语之学术规范的时候，使这些规范所赖以存在的研究范式具有开放的、动态的和多元的性质，并为不同范式之间的对话和竞争提供必要的形式化可能性条件。这，大概就是我们开展学术规范讨论的部分目标所在。

（摘自《中华学林名家文萃》，文汇出版社2003年2月版）

【导读】 许纪霖（1957—），上海人，华东师范大学教授，上海历史学会副会长，当代著名史学家。1980年代以来，许纪霖先生持续关注学界前沿和文化热点，撰写了大量观点独特又颇有争议的文章，在历次重要的思想论争中均有不容忽视的声音。近年来，许先生主要从事二十世纪的中国思想史和知识分子问题的相关研究。

建立和完善学术规范，杜绝学术不端行为，是本世纪以来最为学界关注的问题。那么，如何规范学术行为，向来见仁见智。就目的而言，学术规范旨在端正学风，使学术研究更具科学性和严密性，以提高研究者乃至整个国家的学术水准，进而促进学术交流，达成与国际接轨之目的。那么，究竟何为学术规范呢？许纪霖先生在文中首先引用维根斯坦对语言规范问题的论述，认为"学术规范也是无法脱离具体的学术过程抽象地加以理解或概括，规范总是具体的，总是与一定的学科或范式相联系……我们无法在实质的意义上确定一个普遍的、必然的、绝对的学术元规范"。也就是说，学术规范因学科的不同而不同，并没有一种通用于各学科、各学派的元规范，"规范总是具体的、局域性的，它不是一种独立的、自怡的存在；规范总是与一定的学科或范式相联系"。但学科、学派之间不同的研究范式和学术规范是可以相互交流、对话和沟通的，"如果一种范式所希望的不是仅仅被共同体内部的少数成员所接受，而是为更多的其他共同体成员所分享，那么，知识的存在方式不应该是封建割据式的独自，而应该是相互之间充分有效的对话"。通过这样的对话和沟通，促成各学科范式的改进和发展，使之更完善、更清晰。而至于如何沟通，作者主要例举了哈贝马斯的"三真"原则和罗蒂的道德性规则，并认为"严格意义上的学术规范仅仅与具体的研究范式相关联，在不同的范式之间并不存在实质性的、普遍性的元规则，但这并不意味着范式之间的对话、沟通和竞争过程之中就不存在着形式化的合理性程序。哈贝马斯所设定的"无障碍沟通"的三项有效性要求，正是在程序层面规定了范式之间交往的合理化规则，而罗蒂所强调的是在这过程之中交往主体的道德规范"。在学术演进史上，正因为有了这样的沟通，所有的学科理论才能不断地丰富、完善，而人类的心智也才得以不断地向前发展。

因此，建立和健全学术规范，从标准和技术上约束学术不端，从制度和法律上规范学术行为，从教育和引导上建设学术道德，乃是相当长一个时期我国教育及科研机构的重要工作，尤其是对培养青年学人来说，更是重要的思路和策略。

（卢有泉）

漫谈词语错用

金开诚

无论说话写文章，能不能正确地运用词语，这是一个重要的文化现象，或者说是人们的文化素质的表现。从前，如果有人在说话或写作中错用了词语，或写了别字，那就会遭到他人的讥议。讥议虽然使人难为情，却可能因此留下深刻的印象，起到"吃一堑长一智"的作用。现在词语错用的现象常在大众信息媒体中出现，讥议就没有用了（因为作者、编者都听不见），而以讹传讹甚至"污染"文化环境的坏作用，却非个人出点差错可比。这个问题已有不少同志谈及，但没有收到什么效果。

当然，无论是口语或书面语的发展，都既有稳定性又有变动性，所以也不是一切不合传统的用法都要不得。例如副词"大都"写成"大多"，这是早有其例，现在更为普遍。笔者对此本来很不以为然，但后来自己稿子上的"大都"都被编者改为"大多"了，才意识到约定俗成的力量；只恐再若坚持，反倒要遭受讥议了。又如成语"情有可原"被说成"有情可原"，从前者本有出处这一点来看，应该说后者是错的。但成语不乏字序变动之例，而两种写法中的"情"也都作"情理"或"情况"解。既然"每下愈况"与"每况愈下"可以两存，那么"情有可原"与"有情可原"似乎也不妨照办。再如"不能尽如人意"被简化为"不尽人意"，仔细想想，"不尽人意"好像也还可通。从实际出发，恐怕也只能从宽对待了。

在口语的书面化方面，也有一些词例。如北京话"贾门贾氏"现在有多种写法，最常见的是"假模假式"，这也可以理解。本来，如王家的女儿嫁到张家，就叫"张门王氏"，或简称"张王氏"。"贾门贾氏"即贾家之女嫁到贾姓人家，"贾"谐音"假"，"氏"谐音"事"，所以用"贾门贾氏"来形容假而又假或假的样子。随着妇女地位的提高，"X门X氏"这种叫法久已没有了，而"模式"二字却极为流行，所以过去口语中的"贾门贾氏"便写成了"假模假式"。这一语言变化反映了社会的实际，而且改谐音字为直写也更加简单明了，因此不能算错。又如"不抬敬"一语原出于古代白话"厮抬厮敬"，"厮"，是"互相"的意思，"厮抬厮敬"即互相抬举敬重；而其相反的说法则是"不抬敬暇"。但"厮"作"相"解和"厮抬厮敬"一语在现代汉语中已基本不用，所以尚存在北方口语中的"不抬敬"便被写成"不待敬"或"不待见"。口语写到书面上，一音多字久有先例，所以只要字面意思相同或相似，也就不必"较真"。说到"较真"一词，也可以作为一例。它的原词乃是"叫阵"，是挑战的意思。现在打仗已有飞机大炮，想打就打，用不着"叫阵"了。于是口语中尚存的"叫阵"便被用来描述挑起吵架或争论。但吵架或争论毕竟不同于"摆开阵势，决一死战"，所以便演化出种种写法，目前的趋势是正在统一为"较真"。从"叫阵"到"较真"，虽然连意思也有所变化，但如硬要它恢复原状，恐怕反而会使一些人看不懂了。

但是，有些词语的错用却是必须"较真"的。

例如把"不以为意"误为"不以为然"，虽然有的学者认为清代已有其例，但仍不能成为错用的理由。"不以为意"是说不把它放在心上；"不以为然"则指不认为那是对的。《新华字典》和《现代汉语词典》都把"是""对""不错"列为"然"字的第一义项，可见在现代汉语中它的意义是毫不含糊的。把"不以为意"误为"不以为然"，不仅会使人误解文意，而且还会将"不以为然"的本意挤掉，使成语减少一个，而这个成语恰恰是经常要使用的。

把"启事"写成"启示"，也是现在相当多见的错误。"启事"之"启"，是陈述的意思，但含有敬意，是陈述的客气说法。所以如有什么事情要向公众陈述，以取得关注或帮助，就写个"启事"张贴或刊出。"启示"则是启发指示的意思，带有居高临下的意味。由此可见，如果人们有什么事要请求公众关注或帮助，是决不能用"启示"的。某大学的布告栏内贴满了各种启事，都是有求于人的却都写作"启示"。该校文科副校长是著名的语言学家，看了之后很不以为然，特意在全校大会上指出这个问题；然而许多学生听了却丝毫不以为意，仍然大写"启示"。由此可见，错用词语也并非无人指正，它的难以克服是同漫不经心或一种自以为是的固执心理分不开的。

把"即使"写成"既使"，"既然"写成"即然"，也常常在报刊上出现。这个错误本来吴语地区的人是不会犯的（因为即与既读音不同），但某一吴语地区的大报竟也曾把"即使"误为"既使"，可见蔓延之广。"即使"是表示假设之词，"即使下雨，也要出去玩"，可见雨还不一定下。"既然"是表示已然之词，如"既然下雨，就在家呆着吧"，可见雨是已经在下了。其实，即与既在普通话中读音的声调也是不同的（即为阳平，既为去声），所以稍加留心是不难区别的。

　　成语"差强人意"本是"大体上使人满意"的意思，现在却被许多人错误地用作"很不满意"的替换词，意思正相反。"差强人意"是有出处的，最早见于南朝宋范晔所撰的《后汉书·吴汉传》，本意是稍能振奋人的意志；后来便演化为大体使人满意。今人一看到"差"字便想到"缺欠""不好"的意思，不知它还能解释为"稍稍"，便连"强"字也不管了，或认为"强"字更强化了"差"字，因而理解为很不满意。实际上完全是想当然，难免出错。

　　"明日黄花"比喻过时的事物，本是一个不常用的成语；但现在只要用到这个成语，几乎都错成了"昨日黄花"，可见以讹传讹为害之大。"昨日黄花"一语的出现也是由于想当然，以为昨天的黄花到了今天岂不过时，却不想到了明天岂不更加过时？其实，"明日黄花"也和"差强人意"一样是有明确出处的。宋代苏轼《南乡子·重九涵辉楼呈徐君猷》词："万事到头都是梦，休休，明日黄花蝶也愁。"题目明写"重九"，可见"黄花"是专指重阳节欣赏的菊花。"明日"是指重阳节已过的九月初十，那时黄菊便成为过了节令之物，因此连蝴蝶也为之惆怅了。当然，黄菊长在枝头，只隔一天也不见得就衰。但正如唐代郑谷《十日菊》（十日指九月初十）诗所说："自缘今日人心别，未必秋香一夜衰。"可见，不完全是个植物生理问题，而是对黄菊过了重阳不再被人专赏的感慨，意味是相当深长的。把"明日黄花"错写为"昨日黄花"，那历史地凝结在这个成语上面的情味便一点也没有了。所以，错用词语有时也是对祖国传统文化的糟蹋。

　　笔者在一些选编小说的刊物上，曾不止一次看到在小说的人物对话中把别人的父母称为"家父"、"家母"，因此感到错用词语的情况相当严重。因为这类刊物上的小说至少已经过三个知识分子之手（作者、编者、选编者），何以还有这样的错误？联系到客观的形势来考虑，事情更不容忽视。当前，国家实行对外开放政策，中外文化交流日益增多；海内外中华儿女又正需要团结起来，为实现祖国的统一而奋斗；国外汉学的发展势头长盛不衰，汉语汉字且被一些人视为21世纪的语言文字。在这种形势下，尽可能消除词语错用的现象，以维护和提高祖国的文化形象和文化声誉，实在是非常重要的事情，很需要广大人民（特别是文化工作者）为之共同努力。

(摘自《金开诚文集》第四卷，浙江教育出版社2007年版)

【导读】从语言的交际功能来看，其最主要的特性是约定俗成。

众所周知，在使用过程中，语言受各种因素的影响会产生许多种变异，致使其形、音、义及语用都发生不同程度的改变，如此同一字词出现多种形、音、义并存的情况屡见不鲜，而约定俗成会使该字词的使用形式、方法和意义得到相对统一，以保障其顺利实现交际的功能。也就是说，在语言的变动期，约定俗成的作用是使它的变动符合语言演变规律，维护语言的规范性，使其健康发展。

凡是研究语言的学者，都知道"异体字""假借字""通假字"与"错别字"之间是存在差异的。但大多学者没有指明，其间的差异并不是在于字词的使用是否正确，而在于是否约定俗成。也就是说，"异体字""假借字""通假字"的现象，是被当时一部分人或大部分人认同的、可用于替代某一本字（这个替代期或长或短）的情况；而出现"错别字"则是未被他人认同的、因误认误笔而造成的替代某一本字的情况。

金开诚《漫谈词语错用》中就将"一切不合传统用法"的词语分别进行阐释，以"大都"（今多用作"大多"）、"情有可原"（今或用为"有情可原"）、"每下愈况"（今多用作"每况愈下"）等为例，说明了约定俗成的影响力和结果。尤其是像"贾门贾氏"（今常用作"假模假式"）、"不抬敬"（今常用作"不待见"）、"叫阵"（今常用作"较真"）等词语，虽然从其出处来看，今天的常用形式都是错的，但这种语言变化反映了社会实际，与社会生活实际更加相符，在表意上已经不存在争议，更重要的是其常用形式的普及程度更高。像以上两种不符合传统用法却使用更为普遍，词语形式与语意相吻合的情况，是符合语言变异规律的，是约定俗成的结果。从尊重语言演变规律出发，不可硬性规定其恢复原状，而应该允许其存在。

而不符合语言演变规律，意义和使用明显存在区别的词语则必不可误用。如将"不以为意"误为"不以为然"、"启事"误为"启示"、"既然"误为"即然"，是明显把"意"和"然"、"事"与"示"、"既"与"即"相混淆的现象，是不明字义的结果。而将"差强人意"误看作"很不满意"，将"明日黄花"误写为"昨日黄花"，甚至将别人的父母误称为"家父、家母"，这都是自以为是，是想当然，是糟蹋历史和传统文化。因此对这样的误用必须要及时更正，不然就会形成"语文传染病"（见《略说传媒中的语文错误》），这种"病"如果不治，将会对语言和文化的传播造成不良影响。

虽然在现实交际过程中（无论是口头交际还是书面交际），不可能会有一个绝对没有错别字的社会和时代。但一个社会、一种文化、一种语言发展到高级阶段的标志之一，就是语言使用规范性的提高。因此，金开诚提出"无论说话写文章，能不能正确地运用词语，这是一个重要的文化现象，或者说是人们的文化素质的表现"。尤其在国力日渐强盛，国际影响日渐扩大的今天，"汉语汉字必将成为具有世界性的语言文字"，这就更加要求我们要"珍惜祖国的语言文字，要尽最大努力来维护其纯洁和健康"（《略说传媒中的语文错误》）。

换句话说，从体现国民文化素质、维护和提高国家文化形象和声誉的角度出发，我们也必须要重视词语使用的规范性和正确性的问题。

（杨　艳）

文后参考文献著录指南（存目）

（《文后参考文献著录指南》，段明莲等著，中国标准出版社2006年版）

【导读】 参考文献是论著中非常重要的部分。2005年，中华人民共和国国家质量监督检验检疫总局、中国国家标准化管理委员会发布了《文后参考文献著录规则》。目前，出版社、杂志社越来越强调书籍、期刊的参考文献要统一规范。2013年，段明莲、陈浩元编著的《文后参考文献著录指南》一书，由中国质检出版社和中国标准出版社联合出版，旨在指导学术写作如何规范化。

著作共分8章，各章节的主要纲目如下：第1章《概述》阐述了文后参考文献的目的与作用，参考文献的类型，以及GB/T7714的修订原因、背景与修订依据等；第2章《参考文献著录通则》分析著录信息源、著录项目、著录用符号和著录细则；第3章《专著的著录》探讨专著的特征、印本图书的书名页、专著的著录项目与格式、专著信息源和专著的著录特点、专著中析出文献的著录项目与著录格式、专著中析出文献的著录特点；第4章《连续出版物的著录》论及连续出版物的特征、连续出版物的著录项目与格式、连续出版物的著录特点、连续出版物中析出文献的著录项目与著录格式、连续出版物中析出文献的著录特点；第5章《专利文献的著录》主要讨论专利文献的特点、专利基本结构、专利文献的著录项目与格式、专利文献的著录特点；第6章《电子文献的著录》分析电子文献概述、电子文献的结构、电子文献著录项目与格式、电子文献著录应注意的几个问题；第7章《参考文献的标注》分别介绍了顺序编码制标注法和著者—出版年制标注法；第8章《文后参考文献著录规则的分析比较》论述GB/T7714-2005、GB/T7714-1987之间的差异，以及GB/T7714-2005与ISO690、ISO690-2的联系与区别。著作还附有《名词术语》、《GB/T7714-2005文后参考文献著录规则》和《ISO4：1984 文献工作——期刊名缩写的国际规则》。

总之，《文后参考文献著录指南》详细解说了参考文献的一般规定，并具体阐述专著、连续出版物、专利文献、电子文献等的著录方法，辅以图例、示例，讲解详细、通俗易懂，可为各个学科、各种类型出版的著者、编者提供参考。

(廖 华)

科学技术报告、学位论文和学术论文的格式（存目）

(《国家标准〈GB7713-87科学技术报告、学位论文和学术论文的编写格式〉宣传贯彻手册》，谭丙煜等著，中国标准出版社1990年版)

【导读】谭丙煜，中国耐火材料及核能材料领域的先驱，科学技术期刊编辑学的开创者。1921年生于湖南衡阳，1939年考入浙江大学化工系，1951—1952年成功研制碳化硅耐火材料，挽救了我国的炼锌产业。1963年，担任我国自行研制核潜艇动力反应堆的二氧化铀燃料元件芯体子课题的负责人。1956年由其创刊的《金属学报》是我国最早的刊登材料科学与工程及冶金科技领域高水平论文的学术期刊。

本文选自由中国标准出版社1990年7月出版的《国家标准〈GB7713-87科学技术报告、学位论文和学术论文的编写格式〉宣传贯彻手册》（以下简称《手册》）。《手册》介绍了标准化和标准，论述了制订GB7713-87的必要性和依据，阐明了科学技术报告、学位论文和学术论文的定义及作用等，并叙述了报告论文重要部分的撰写，收录了有关的国际标准和国家标准。

《孟子·离娄上》："离娄之明，公输子之巧，不以规矩，不能成方员（'员'通'圆'）。师旷之聪，不以六律，不能正五音；尧舜之道，不以仁政，不能平治天下。"古人了解标准的重要性，甚至将它视为成功的保证。在现代，我们也很看重标准。1988年12月20日，经全国人大常委会通过了标准化法，1989年4月1日起施行。标准化是标志工农商各行业、各类产品和科学技术发展水平的尺度，衡量现代化发达的程度，它关系着商品和技术的现代化以及有无竞争力。标准是标准化的结果，是经过公认的权威机关批准的一项特定标准化工作的结果。标准权威性的核心在于其客观性或科学性。

为报告论文制订统一格式有什么必要性？

一是时代的需要。信息时代要求更频繁的协作与沟通，而报告论文是传播科技信息的载体。互联网的发展也使传播方式由人人传播、人物传播升级为"人－机－人"的群众传播。同时，高速时代对传播信息的准确性、及时性、有效性要求极高。这时，标准化便有了用武之地。只有将这些载体标准化了，才有利于信息的处理与传播。所以从信息加工处理、传播的需要，从社会信息时代的需要来讲，报告论文的编写格式必须进行标准化和规范化。

二是自身的需求。科技报告及论文或类似文件本身是科学研究成果和技术进步的科学记录，是记录科学进步的历史性文件，它们最终要纳入科学宝库。科技是人类文明的重要部分，要传承必须先记录，要记录就要有统一的范式。报告论文只有实现编写格式的标准化，才符合科学的本质特征，才能真正体现出科学的内涵，准确表达科学内容，优化信息传播。

三是国内现实的需要。1978年后，科技发展日渐放在国家经济发展的首要位置。科技人员、高等院校的毕业生日益增多，他们都要撰写这类文章。加上，编辑界的新手各行其是，缺少规范化的训练。制订一个使之遵循的标准是十分必要的。

本文共分八个部分。引言部分明确了标准的制订目的及适用范围。要制订关于报告论文的标准，首先要清楚报告论文是什么，为什么写，写给谁这三个问题。随后，作者分别对科学技术报告、学位论文和学术论文作了界定，强调了撰写目的、接受群体、必要信息和易入误区等等。在总体概括编写格式和要求后，作者又详细叙述了报告论文的四个构成部分：前置部分、主体部分、附录、结尾部分。之后是各个部分的主要内容、每个内容的具体编写规则和注意事项、各部分的地位和作用等。最后，附录举例说明了报告论文的编写格式。

标准格式的确立可供广大科学研究工作者、工程技术人员、高等学校师生和研究生、科技编辑、图书馆工作人员学习和使用。标准的统一利于科技、学术思想的保存、传播与交流，促进人类文明的可持续发展。

（黄　斌）

全球化时代文学研究还会继续存在吗

［美］希利斯·米勒

新电信时代会导致文学、哲学、精神分析学甚至情书的终结

雅克·德里达在他的著作《明信片》这本书中，借其主人公之口，写了下面这段耸人听闻的话：

……在特定的电信技术王国中（从这个意义上说，政治影响倒在其次），整个的所谓文学的时代（即使不是全部）将不复存在。哲学、精神分析学都在劫难逃，甚至连情书也不能幸免……在这里，我又遇见了那位上星期六跟我一起喝咖啡的美国学生，她正在考虑论文选题的事情（比较文学专业）。我建议她选择二十世纪（及其之外的）文学作品中关于电话的话题，例如，从普鲁斯特作品中的接线小姐，或者美国接线生的形象入手，然后再探讨电话这一最发达的远距离传送工具对一息尚存的文学的影响。我还向她谈起了微处理机和电脑终端等话题，她似乎有点儿不大高兴。她告诉我，她仍然喜欢文学（我也是，我回答说）。很想知道她说这句话的涵义。

以上引用的德里达或者他的作品主人公在《明信片》中说的这段话实在是骇人听闻，至少对爱好文学的人是这样，比如像我，以及在文中与主人公对话、正在寻找论文选题并且有点儿不高兴的美国比较文学专业的研究生。这位主人公的话在我心中激起了强烈的反响，有焦虑、疑惑，也有担心、愤慨，隐隐地或许还有一种渴望，想看一看生活在没有了文学、情书、哲学、精神分析这些最主要的人文学科的世界里，将会是什么样子。无异于生活在世界的末日！

德里达在《明信片》中写的这段话在大部分读者心目中可能都会引起强烈的疑虑，甚至是鄙夷。多么荒唐的想法啊！我们强烈地、发自本能地反对德里达以这样随意、唐突的方式说出这番话，尽管这已经是不言自明的事实。在最主要的信息保留和传播媒介身上发生的这种表面的、机械的、偶然的变化，说得准确点儿，就是从手抄稿、印刷本到数码文化的变化，怎么会导致文学、哲学、精神分析学、情书——这些在任何一个文明社会里都非常普遍的事物——的终结呢？它们一定会历经电信时代的种种变迁而继续存在？当然，我可以通过电子邮件写情书！当然，我可以在连接着因特网的电脑上创作并发送文学、哲学作品，甚至是情书，就如同我以前用手写、打字机、或者印刷出来的书来完成这些事情一样。但是，精神分析学这门原本依赖面对面的谈话（被称为"谈话疗法"）的学科怎么可以束缚在印刷机的控制之下，并进而迫于数码文化的转向而走向终结呢？

德里达这些唐突甚至有点儿近乎放肆的话在我心中产生了强烈的反感，正如那个研究生在听到德里达这样古怪的建议后心里涌起的想法。顺便提一下，阿维塔尔·罗奈尔对德里达这个建议却另有一番理解，而且，毫无疑问，她没有把它当作德里达对正面提问的回答。电话中的普鲁斯特和德里达的《明信片》都出现在了罗奈尔的名作《电话簿》中，并以自己的方式预言了新一轮电信时代的到来。劳伦斯·里克尔斯像弗里德里希·基特勒一样，也早就在现代文学、精神分析和文化中概括然而鲜明地提到了电话。

然而，德里达就是这样断言的："电信时代"的变化不仅仅是改变，而且会确定无疑地导致文学、哲学、精神分析学，甚至情书的终结。他说了一句斩钉截铁的话："再也不要写什么情书了！"可是，这怎么可能呢？不管怎么说，德里达这些话——不管是他（或者《明信片》中的主人公）跟那位研究生的，还是你我在那本书中读到的——在我们的心中都激起了强烈的恐惧、焦虑、反感、疑惑，还有隐隐的渴望，这些话是"恰如其分"的施为性话语。他们实践着他们的箴言而间接地带来了文学、情书等等的终结，正如德里达在最近一次研讨会上所讲的，说"我爱你"这句话，不仅仅会在说话者心中产生爱的波澜，而且还会在听话者心中产生信念和爱的涟漪。

尽管德里达对文学爱好有加，但是他的著作，像《丧钟》和《明信片》，的确加速了文学的终结，关于这一点，我们已经从特定的历史时期和文化中（比如欧美国家过去200年或者250年的历史文化）得知。在西方，文学这个概念不可避免地要与笛卡尔的自我观念、印刷技术、西方式的民主和民族独立国家概念,以及在这些民主框架下言论自由的权利联系在一起。从这个意义上说,"文学"只是最近的事情,开始于17世纪末、18世纪初的西欧。它可能会走向终结,但这绝对不会是文明的终结。事实上,如果德里达是对的(而且我相信他是对的),那么,新的电信时代正在通过改变文学存在的前提和共生因素而把它引向终结。

德里达在《明信片》这本书中表述的一个主要观点就是:新的电信时代的重要特点就是要打破过去在印刷文化时代占据统治地位的内心与外部世界之间的二分法。在书中,作者采用在某种程度上已经过时的形式对这个新时代进行了讽喻性的描写,即不仅引述主人公与其所爱(一位或者多位)进行的大量电话谈话,而且还利用正在迅速消逝的手写、印刷以及邮寄体系这些旧时尚的残余:明信片。明信片代表而且预示着新的电信时代的公开性和开放性,任何人都可以阅读,正如今天的电子邮件不可能封缄,所以也不可能属于个人。如果它们正好落在我的眼皮底下,如德里达在《明信片》和他令人欣羡的散文《心灵感应》中展示的明信片和信件,我就会使自己成为那个接收者,或者,我被奇妙地变成了那个接收者,那么,那些正好落入我眼帘的明信片或者电子邮件上的信息就是为我所写;或者说,我认为它们是为我写的,不管它们到底是写给谁的。在我读以上我从《明信片》这本书中引用的段落时,情况就是这样。说话人传达给那位研究生的坏的甚至是讨厌的信息——文学、哲学、精神分析和情书将会终结——也同时传达给了我,我也成了这个坏消息的接受者。在书中,由于主人公的话而使那位学生心中产生的强烈反感也同样在我的心中产生。

或许,德里达在上面引述的这段话中所说的最让人心惊的话就是:比起那种导致文学、哲学、精神分析和情书终结的新的电信统治的力量,"政治的影响倒在其次"。说得再准确点儿,德里达的原话是,"从这个意义上说,政治的统治是第二位的"。我认为,"从这个意义说",是指他不否认(我也不会)政治影响的重要性,但是,新的电信统治的力量是无限的,是无法控制的,除非是以一种"不重要"的方式,受到这个或那个国家的政治控制。

众所周知,在西方,始于19世纪中叶的第二次工业革命是从以商品的生产和销售为中心的经济向越来越以信息的开发、储存、检索和发送为主导的经济的重大变革。现在,甚至连货币都首先是信息,它以光的速度通过电信网络在世界范围内兑换和发放,而同样的电信网络也在以数码的形式传播着文学。例如，亨利·詹姆斯的几部小说现在可以从因特网上看到，而其它大量的文学作品仍然属于现在这个正在迅速走向衰落的、在印刷机统治下的历史时代。

新的电信通讯对地域或者跨意识形态的产生将有巨大影响

照相机、电报、打印机、电话、留声机、电影放映机、无线电收音机、卡式录音机、电视机，还有现在的激光唱盘、VCD和DVD、移动电话、电脑、通讯卫星和国际互联网——我们都知道这些装置是什么，而且深刻地领会到了它们的力量和影响怎样在过去的150年间变得越来越大。正像三好将夫以及其他人曾经提醒我们的那样，在世界上各个国家和人们中间，对这些设施的占有及其相应的影响很不均衡。目前，在美国只有50%的家庭拥有个人电脑，当然，这个比例在其它许多国家还要小得多。但是，不管以这种还是那种方式，在某种程度上，几乎每个人的生活都由于这些科技产品的出现而发生了决定性的变化。随着越来越多的人可以上网，这种变化还会加快，就像当初电视的出现给人们的生活带来了巨大变化一样。这些变化包括政治、国籍或者公民身份、文化、个人的自我意识、身份认同和财产等各方面的转变，文学、精神分析、哲学和情书方面的变化就更不用说了。

民族独立国家自治权力的衰落或者说减弱、新的电子社区或者说网上社区的出现和发展、可能出现的将会导致感知经验变异的全新的人类感受（正是这些变异将会造就全新的网络人类，他们远离甚至拒绝文学、精神分析、哲学的情书）——这就是新的电信时代的三个后果。毫无疑问，各种电信设施的出现在拓宽人们感知视野（例如，电视就是耳朵的延伸）的同时，也危及到了各种个人的空间和自由，它的后果或者是由于反动保守的民族主义（往往是分裂的民族主义）而致使曾经稳定的国家或者联盟内部形势恶化，就像今天在非洲和巴尔干半岛发生的事情一样，或者是激起人们对种族灭绝和"种族清洗"的恐惧。正是出于对这些新科技产品的恐惧，相关的预防措施也应运而生，例如，美国国会通过了《通讯文明法案》，旨在控制因特网的不良发展态势。显然，这一法案并不符合宪法，而是对美国宪法所保护的言论自由之权利的破坏。法庭已经做了这样的裁定。

至于新的电信技术的激进后果，在我看来，最令人哗然的事情或许就是，没有一个发明者曾经预想到他的发明会有这么大的影响或者有意要这样做。电话或者卡式录音机的发明者只不过是创造性地摆弄金属线、电流、振动膜片、塑料带用以探索技术上的可能性。据我所知，这些科学家们无意于终结文学、情书、哲学或者民族独立国家，是原因与结果之间的不通约性，再加上巨大影响的意外的一面——它们并不亚于人类历史上一次急遽的动乱、变革、暂时中断或者重新定位——才造成这样令人惊惧的后果。

新的电信通讯对当地或者跨国意识形态的产生有着巨大的影响。如果有谁胆敢宣称我们已经走到了"意识形态的终结"，那么，这人无疑是一个鲁莽轻率的书呆子。意识形态不会那么容易地消逝，这一点毋庸置疑。而且，我认为，马克思在《德意志意识形态》中对意识形态的分析并没有完全丧失它的针对性。马克思和路易·阿尔都塞虽然在某种程度上是以不同的方式来诠释，但他们二人都认为，意识形态是建立于人类现实的物质存在条件，也即人们赖以存在的商品生产、销售和流通模式之上的虚构的、想象的上层建筑。他们都认为，意识形态不会因为教育或者理性的论争而发生改变，而会由于存在的物质条件的改变而改变。意识形态也不只是纯粹的、主观的、幽灵般的或者不真实的谬误和堆积。它有力量（往往是不幸的）干预历史而导致事情的发生，例如，在我居住的加利福尼亚州，严厉的移民法和稀奇古怪的宣布英语为加州官方语言的法律条文就是这种意识形态的力量的反映。虽然保罗·德曼不是一个马克思主义者（不管怎么说，确切点儿，那意味着，现在或者任何时候），但他却是马克思《德意志意识形态》这本书的忠实读者。马克思和阿尔都塞两个人可能都会认同他在《抵制理论》这篇文章中对意识形态进行的界定："这并不意味着想象叙事不属于世界和现实的一部分；它们对世界的巨大影响可能远远超出了予人慰藉的范畴。我们所称为意识形态的东西恰恰是语言与自然的现实以及相关和现象的混合体。"

我想在德曼所说的基础上再补充一点：并非语言本身有那么大的力量可以形成意识形态错觉，而是受到这种或者那种媒介影响的语言，例如嗓音、书写、印刷、电视或者连接因特网的电脑。所有这些复制技术都会利用那种奇怪的倾向以栖居于人人都拥有的想象或者幻想的空间。读者、电视观众或者因特网用户的身体——在眼睛、耳朵、神经系统、大脑、激情这个意义上的真实的人体——通过所有生物个体中人类所独有的奢侈的倾向，至少是以夸张的形式，被挪用以成为幻象、精神和大量萦绕于心的回忆相互纠缠的战场。我们把身体委托给没有生命的媒介，然后，再凭借那种虚构的化身的力量在现实的世界里行事。塞万提斯的堂吉诃德、福楼拜的爱玛·包法利、康拉德的吉姆爷就是依靠在读书过程中形成的幻觉在现实世界里生活。这也是读者在阅读小说、在与堂吉诃德、爱玛·包法利和吉姆爷交流对话的过程中萦绕于心的话题。这就是意识形态方面的著作或者说意识形态的工作。比起过去那些书籍来，现在这些新的通讯技术不知道又要强大多少倍！

新的通信技术在形成和强化意识形态方面有很大的作用。它们通过一种梦幻的、催眠似的吁求来达到这个目的。这一点虽然不容易甚至不可能理解清楚，但却很容易看到。因为理解的工具被需要理解的内容牵制住了。过去是报纸，现在是电视、电影和越来越多的因特网。有人可能会认为，从某种意义上来说，这些技术在意识形态的意义上是中性的。它们只会告诉什么就传播什么。但是，正像马歇尔·麦克鲁汉曾经说过的一句广为人知的话，"媒介就是信息"。我觉得这句话就像德里达以自己独特的方式所说的，媒介的变化会改变信息。换一种说法就是，"媒介就是意识形态"。对德曼来说，意识形态不是处于理性意识的层面上、很容易就可以修正的错误，马克思和阿尔都塞也都这样认为，尽管在一定程度上他们采取的方式不尽相同。意识形态是强有力的无意识的谬误。阿尔都塞说过，在意识形态中，"人们以想象的方式向自己再现真实的生存状况"。在我引述的这段话中，德曼这样说的目的是要说明，我们所称为意识形态的东西是语言和自然的现实的混合体。在意识形态中，纯粹属于语言幻象或者幽灵似的创造的东西被认为是对事物的准确陈述。这种谬误总是被那么想当然地认作是无意识的。我们对自己说，当然了，事情原本就是这样的。由于意识形态的偏差是无意识形成的，人们往往对此不假思索，所以，只是简单地指出来"那是错的"不可能修正意识形态本身的谬误，就像你不能指望指出被爱人的缺点而拯救陷入爱河中的人一样。

我想对以上的阐述再做一些补充，正像我在上面提到的，创造和强化意识形态的，不仅是语言自身，而且是被这种或那种技术平台所生产、储存、检索、传送所接受的语言或者其它符号。手抄稿和印刷文化是这样，今天的数码文化也是如此。阿尔都塞在上面引用过的文章中把"电信通讯国家意识形态机器（出版社、广播和电视等等）"与教育、政治体系、司法体系等等并列在一起，作为各种国家意识形态机器的一部分。印刷技术使文学、情书、哲学、精神分析，以及民族独立国家的概念成为可能。新的电信时代正在产生新的形式来取代这一切。这些新的媒体——电影、电视、因特网不只是原封不动地传播意识形态或者真实内容的被动的母体。不管你乐意不乐意，它们都会以自己的方式打造被"发送"的对象，把其内容改变成该媒体特有的表达方式。

这就是德里达所谓的"从这个意义上说，政治的影响倒在其次"。你不能在国际互联网上创作或者发送情书和文学作品。当你试图这样做的时候，它们会变成另外的东西。我从网上下载的亨利·詹姆斯的小说《金碗》早已经变得面目全非。同样，政治和公民身份的意义也不同于互联网的用户、电视观众或者旧日时尚的报纸读者。电视对政治生活的改变在最近的美国总统选举中表现得极其引人注目。人们都根据候选人在电视屏幕上表现出来的风采投票，而不会基于其它节目的客观评述，更不会根据他们在报纸上读到的评介报道。现在阅读报纸的人已经越来越少了。

我们可以很容易地指出通过新的电信手段传送到世界各地的意识形态之最显著的特征。容易的原因是许多专家学者已经告诉了我们它们是什么，如我开头引用的德里达写下的话。印刷时代使现代的民族独立国家、帝国主义对世界的征服、殖民主义、法国和美国的大革命、精神分析、情书，以及从笛卡尔、洛克、休谟一直到康德、黑格尔、尼采、胡塞尔、海德格尔的哲学成为可能（后面的三位已经不情愿地、顾虑重重地进入了打印机和留声机的时代）。

印刷机将渐渐让位于电影、电视和互联网

我并不是说印刷业的发展是造成18世纪到20世纪初这些文化特征的唯一"原因"。其它因素无疑也有助于它们的形成，比如蒸汽机车、邮寄系统、珍妮纺纱机、欧洲式的火药、功率和效率越来越高的大炮等等，这就像内燃机车、喷气式飞机、晶体管收音机、火箭等等是二次工业革命所必需。但是，我坚持认为所有这些目前正在走向衰落的文化特色委实建立在印刷技术、报纸，以及印发《宣言》的地下印刷机和出版商的基础之上，正是这些秘密印刷机和出版商冒着新闻审查的风险，才使这些人的书得以问世：笛卡尔、洛克、理查生、托马斯·潘恩、马克斯·德·萨德、狄更斯、巴尔扎克、马克思、陀思妥耶夫斯基、普鲁斯特和乔伊斯。

印刷业的发展鼓励并且强化了主客体分离的假想；自我裂变的整体与自治；"作者"的权威；确切无疑地理解他人的困难或者不可能性；再现或者一定程度上的模仿的体系（我们过去常常说，，"那是现实，这是现实在印刷的书中的再现，它将受到超出语言之外的现实真实性的检验"）；民族独立国家的民族团结和自治的设想——它得到了阿尔图塞所列出的那些国家机器的加强，其中包括"电信通讯ISA"；法律法规通过印刷得到了强制执行；报纸的印发使一定的国家意识形态得到了连续的灌输；最后，现代研究型的

大学获得了发展，成为向未来公民和公务员灌输国家道德观念的基地。当然，这些观念经常遭到来自印刷媒体的驳斥，但是，我觉得，它们自己又在不断地强化它们予以驳斥的东西，甚至不惜采用设问的方式。例如，过去我们常常听到，"如果让我控制出版机关，我将能够控制整个国家"。现在这类人或许可以说，"让我控制所有的电视台和所有的无线电广播电台，我将能够控制整个世界"。

读者可能会注意到，所有这些印刷文化的特色都依赖于相对严格的壁垒、边界和高墙；人与人之间、不同的阶层/种族或者性别之间、不同媒介之间（印刷、图像、音乐）、一个国家与另一个国家之间、意识与被意识到的客体之间、超语言的现实与用语言表达的现实的再现，以及不同的时间概念（例如，在西方语言中，历史叙事和小说借助于时态结构来强化这一点）。

印刷机渐渐让位于电影、电视和因特网，这种变化正在以越来越快的速度发生着，所有那些曾经比较稳固的界限也日渐模糊起来。自我裂变为多元的自我，每一个不同层面的自我都缘于我碰巧正在使用的机构。这也是情书现在不大可能存在的一个原因。在电话或者因特网上，我变成了另外一个人，再也不是原来那个写情书然后再通过邮局邮寄的那个人。从笛卡尔一直到胡塞尔的哲学所赖以存在的主客体之间的二元对立也被极大地削弱了，因为电影、电视或者因特网的屏幕既不是客观的、也不是主观的，而是一线相连的流动的主体性的延伸。这可能是德里达所说的"新的电信时代将会带来哲学的终结"的内涵之一。

再现与现实之间的对立也产生了动摇。所有那些电视、电影和因特网产生的大批的形象，以及机器变戏法一样产生出来的那么多的幽灵，打破了虚幻与现实之间的区别，正如它破坏了现在、过去和未来的分野。人们常常难以分辨电视节目里的新闻和广告。一部小说作品（至少使用西方语言创作的作品是这样）会通过动词的时态变化告诉读者，正在描述的事情应该被认为发生在想象中的现在，还是应该属于用一般现在时讲述的过去。电视或者电影形象属于比较奇怪的一类——非现在的现在，要想说清楚它到底是不是"目击新闻"，即是不是所说的现在正在发生的事情，还是如他们所说的，一种"仿像"，也常常不是那么容易的事情。许多人原来认为，而且可能仍然这样认为，美国人并没有真的登上月球，登月场景摄制于一家电视演播厅。因为唯一的证据就是屏幕上那些舞动的形象，你怎么能够确信呢？

国际互联网是推动全球化的有力武器

新的电信通讯媒体也正在改变着大学，不管是喜还是忧，大学再也不是自我封闭的、只服务于某个国家的象牙塔，它越来越多地受到那些跨国公司的侵扰，得到它们的资助并为其利用。新型研究型的综合大学也为全新的跨国社区和联合发展提供了舞台。民族独立国家之间的界限也正在被因特网这样的信息产业所打破，任何人只要拥有一台电脑、一个调制解调器、一个服务器，几乎马上就可以链接到世界上任何一个网址。国际互联网既是推动全球化的有力武器，也是致使民族独立国家权力旁落的帮凶。

最近，不同媒体之间的界限也日渐消逝。视觉形象、听觉组合（比如音乐），以及文字都不同地受到了0到1这一序列的数码化改变。像电视和电影、连接或配有音箱的电脑监视器不可避免地混合了视觉、听觉形象，还兼有文字解读的能力。新的电信时代无可挽回地成了多媒体的综合应用。男人、女人和孩子个人的、排他的"一书在手，浑然忘忧"读书行为，让位于"环视"和"环绕音响"这些现代化视听设备。而后者用一大堆既不是现在也不是非现在、既不是具体化的也不是抽象化的、既不在这儿也不在那儿、不死不活的东西冲击着眼膜和耳鼓。这些幽灵一样的东西拥有巨大的力量，可以侵扰那些手拿遥控器开启这些设备的人们的心理、感受和想象，并且还可以把他们的心理和情感打造成它们所喜欢的样子。因为许多这样的幽灵都是极端的暴力形象，它们出现在今天的电影和电视屏幕上，就如同旧日里潜伏在人们意识深处的恐惧现在被公开展示出来了，不管这样做是好是坏，我们可以跟它们面对面，看到、听到它们，而不仅仅是在书页上读到。精神分析的基础——意识与无意识之间的区别——而今也不复存在了。我想，这可能就是德里达所谓的新的电信时代正在导致精神分析的终结吧。

当然，我书架上的这些书也都是招致幽灵般的世界产生的有力工具，因此，它们也是借助于书籍来强化意识形态的有力工具：在我读黑格尔和海德格尔的书时，黑格尔的"精神"或者海德格尔的"存在"从我眼前闪过；在我读精神分析方面的著作时，无意识的鬼魅或者弗洛伊德的病人如伊尔马、安娜和多拉跃然纸上；而当我读小说时，作品中那一群人物形象也都跳将出来：菲尔丁的汤姆·琼斯、司汤达的法波里丘、福楼拜的爱玛·包法利、乔治·爱略特的多萝西娅、亨利·詹姆逊的伊莎贝尔、乔伊斯的列奥波德·布卢姆。正如弗里德里希·基特勒所言，所有的书"都是为死者而写，就像那些源于埃及的典籍代表着（西方）文学的源头"。书籍构成了一种强有力的武器，使我们得以结识所有那些栖居在哲学、精神分析和文学大厦里的幻象。

但是，电视和电影屏幕上的鬼魅形象看起来要客观、公开得多，人人都可以观看，不用我自己费神读书就可以感受到它们的存在。其次，如我已经说过的，这些新的电信技术，以及那么多以新的方式与鬼接触的新设施，也产生了新的意识形态母体。例如，它们打破了黑格尔在《现象学》中以为前提又进而否定的主客观之间、意识与意识客体之间的屏障。

在这种前所未有的新形势下，我们该怎么办？如我借德里达的话在上面提过的，新的电信时代可能形成于资本主义，但是它已经超出了它的缔造者，并且注入新的力量，开始了自己独立的旅程。这就是德里达所谓的"从这个意义上说，政治的影响倒在其次"。这也正是我们的机会所在：新型电信通讯的开放性，它可以促进我们的流动或者康复，以及新的同盟的形成。这一切怎么可能发生呢？一个答案就是承认，批评性分析或者说诊断总是具有施为和述愿的层面。虽然这些技术对新形式被赋含的含义有巨大影响，但是，它们可以被挪用为人类合作惯例的新形式。我们并不是单纯受它们的支配。对新型通讯技术的挪用可能以各种各样的新的网络社区的名义进行。我沿用比尔·雷丁斯的习惯，称之为"有着分歧的社区"。乔治·阿甘本称这种多样的联合为"未来的社区"。

新的通讯技术还可以用来促进政治责任感的施为行为。那些行为作为一种可能的不可能性，是对未来前卫要求的"未来民主"的回应。如果这种完美的民主被列为一种不可避免的未来，如果它从一定可以预见这个意义上来说是可能的，那么，它就不会要求我们的实践。只是在设置的连续性上作为没有间断的不可预见的和不可能的，它才吸引我们、要求我们或者强迫我们的施行性规范。

这方面的一个范例就是《美国独立宣言》中的一句话："我们认为这是不言自明的真理：人生而平等，上帝赋予他们这些不可或缺的权利——生命、自由、追求幸福"。一方面，这句话肯定这些真理是不言自明的，它们不必诉求政治行为来保证它的实现。另一方面，这句话说，"我们认为这是不言自明的真理。""我们认为"是一个施为性言语行为。它创造了声称为不言自明的真理，而且使所有读到这些话的人都会情不自禁地支持、承诺遵循，并且努力去实现它。我的一位祖先，罗得岛的塞缪尔·霍普金斯（Samuel Hopkins）就曾经在《美国独立宣言》上签名。这些话鼓励我们努力工作以在未来的施为行为中实现这种梦想。蕴含在这些话中的承诺在美国远未完美地兑现。虽然这些话属于过去，属于我们的父辈缔造这个国家的时刻，它们仍然等待我们在未来去更圆满地实现这些承诺。这些话正在从遥远的民主的地平线呼唤我们的到来。

那么，文学研究又会怎么样呢？它还会继续存在吗？文学研究的时代已经过去了。再也不会出现这样一个时代——为了文学自身的目的，撇开理论的或者政治方面的思考而单纯去研究文学。那样做不合时宜。我非常怀疑文学研究是否还会逢时，或者还会不会有繁荣的时期。这就赋予了黑格尔的箴言另外的涵义（或者也可能是同样的涵义）：艺术属于过去，"总而言之，就艺术的终极目的而言，对我们来说，艺术属于，而且永远都属于过去"。这也就意味着，艺术，包括文学这种艺术形式在内，也总是未来的事情，这一点黑格尔可能没有意识到。艺术和文学从来就是生不逢时的。就文学和文学研究而言，我们永远都耽在中间，不是太早就是太晚，没有合乎适宜的时候。

现在，我们换种方式结束这篇文章，也许这与黑格尔的话相悖，但我坚持认为，文学研究从来就没有正当时的时候，无论是在过去、现在、还是将来。不管是在过去冷战时期的文学，还是现在新的系科格局正在形成的全球化了的大学，文学只是符号体系中一种成分的称谓，不管它是以什么样的媒介或者模式出现，任何形式下的大学院所共同的、有组织的、讲究实效的、有益的研究都不能把这种媒介或者模式理性化。文学研究的时代已经过去，但是，它会继续存在，就像它一如既往的那样，作为理性盛宴上一个使人难堪、或者令人警醒的游荡的魂灵。文学是信息高速公路上的沟沟坎坎、因特网之神秘星系上的黑洞。虽然从来生不逢时，虽然永远不会独领风骚，但不管我们设立怎样新的研究系所布局，也不管我们栖居在一个怎样新的电信王国，文学——信息高速路上的坑坑洼洼、因特网之星系上的黑洞——作为幸存者，仍然急需我们去"研究"，就是在这里，现在。

（摘自《文学评论》2001年第1期，国荣译）

【导读】世纪之交，互联网技术的广泛运用和日趋普及，加速着全球化进程。值此之际，美国文学批评家、后现代主义文化学者希利斯·米勒发表了题为《全球化时代文学研究会继续存在吗》的演讲，依次论述了印刷技术以及电影、电视、电话和国际互联网这些电信技术对文学、哲学、精神分析学甚至情书写作的影响，提出了著名的"文学终结论"。该文经翻译发表后，随即引起了中国学界特别是文学理论批评界的热烈讨论和争鸣，促进了学人对信息技术条件下对文学危机的关注和对文学研究新的可能性的反思。

这篇演讲从德里达的名作《明信片》谈起，引出这样一个话题，即：新的信息技术对传统手工书写、印刷的代替，是否会引发文学、哲学、精神分析和情书的终结。显然，米勒认同德里达的"预言"，认为"电信时代"必然带给前述人文学科领域以致命性的影响，必然导致这些学科走向衰落或"边缘化"的处境，尽管这样的现实让米勒本人感到焦虑、疑惑。究其原因，新的电信时代正在通过改变文学存在的前提和共生因素（concomitants）而把它引向终结。拿互联网来说，文学在此语境下，其存在形态、传播、阅读与批评（信息反馈）等诸多环节，都发生了与传统纸媒时代不可同日而语的巨大变化。传统文学的精英写作和阅读体验模式，已经无法适应互联网思维及电信技术新特征，因而势必被大众化多媒体化的网络文学和快餐式感官阅读所取代。互联网信息交流的特征，与后现代主义文化的碎片化、扁平化、去深度和游戏性等旨趣不谋而合，同样也引起了哲学、精神分析和情书的危机，米勒由此解嘲式地说道："你不能在国际互联网上创作或者发送情书和文学作品。当你试图这样做的时候，它们会变成另外的东西。"毋庸置疑，现代电信技术彻底颠覆了原有的文学生态乃至文学观念。米勒的"文学终结论"，敏锐地洞察到了新技术的革新带给传统人文领域种种解构性的"现代性后果"。

除此之外，米勒也顺带论及到电信技术之于民族独立国家、大学、社区、媒体和意识形态等的重大影响。他强调了德里达的观点，指出，比起那种导致文学、哲学、精神分析和情书终结的新的电信统治的力量，"政治的影响倒在其次"，因为新的电信统治的力量是无限的，是无法控制的。一个十分显著而且悖谬的现象是，电信技术既可以用于电子社区的建设以利民主，又可以产生出"跨国意识形态"并通过媒体来强化意识形态对个人的催眠与控制。可以想见，文学会终结，但意识形态永远不会终结。

最后，米勒将眼光转回到文学研究上来。他一方面认为，新电信时代下，随文学写作一道，文学研究的时代已经过去了，为此而非常怀疑文学研究是否还会逢时，或者还会不会有繁荣的时期；另一方面，米勒又坚持认为，虽然文学研究的时代已经过去，但是，它会继续存在，就像它一如既往的那样。不过，米勒将全球化时代电信技术宰制下的文学研究比喻为"理性盛宴上一个使人难堪、或者令人警醒的游荡的魂灵""信息高速公路上的沟沟坎坎、因特网之神秘星系上的黑洞",这既彰显出新世纪文学研究某种不安的悲剧性的情状,又喻示出文学研究作为一种异质性的存在其所能发生作用的可能性前景——恰如德里达表达过的那样,有一种疯狂守护着梦想——当然,如果文学和文学研究还被视为梦想的话,那么,情况就是如此。

(李志远)

科学要遵循人道的规律

[法] 巴斯德

有一天,我忽然感觉到那使细菌减低毒性的发明的前途是很远大的,便亲自跑到我的家乡,好得到些帮助来建立一种规模宏大的实验室,它不但可以应用预防癫狂病的方法,并且可以研究传染和险恶的疾病。这一天,我得到了很满意的援助。这座伟大的建筑如今终于落成了。我们可以说,没有一块石头不是慈善的思想的物质的表征。这个建筑物是集合了各种道德而造成的啊!

我走进这座建筑,我的悲伤使我握紧了我的拳头,因为我是个落伍的人了,我的周围没有一个导师了,也没有一个竞争的同伴了,没有了竺马斯,没有布赖,没有了包耳·伯尔,也没有了福耳比羊,福耳比羊先生对于癫狂病的治疗法是一位最诚恳、最有力量的拥护者。

他们都不在世了。我虽然没有引起他们的辩论,但是我曾经忍受过他们的不少的辩论。如果他们不能够听见我宣布我需要他们的劝告和辅助,如果我在他们死后觉得悲伤,那么我想到我们共同开创的事业永远不会灭亡,心里至少可以得到一些安慰。我的合作者们和我的学生们对于科学都有同样的信仰。

我的亲爱的合作者们,你们从最初的时刻起就有了这样的热心,你们永远地保持着吧。但是你们还得给它找个不可分离的伴侣,这就是严格的观察。遇到不能用简单而确切的方法证明的,切切不要前进!

你们一定要尊重批评家。他既不是一个思想的唤醒者,又不是一个大事业的兴奋者。但是,如果没有他,一切又难免是错误的。他终归有一个最后的建言。我现在向你们所要求的,也即是你们将来向你们的学生们所要求的,的确是发明家所最难能可贵的。

你相信你在科学上发现了一个重要的事实,你很殷切地想发表,而你一天一天地、一周一周地、一年一年地忍耐着,总想推翻你自己的实验,必要等到一切相反的假设完全消灭了之后,才宣布你的发明。是的,这的确是很不容易的事啊。

但是,在尽了许多努力之后,终归可以得到确定的结果,到那时候,你就会感觉到人类的灵魂所能感受到的一种伟大的快乐;而一想到他的祖国也因此荣耀,这快乐就更加不可思议了。

科学固然没有国界,然而,科学家应该有自己的国家,应该将他的工作在这个世界上所能产生的力量贡献于他的国家啊!

主席先生,如果您允许我谈谈你出席这个工作厅所引起的我的哲学思考的话,我就得说:"两个相反的定律如今是在斗争着。一个是血与死的定律,每天只想象着新的战斗法,使各民族永远作战场上的准备;一个是和平与工作的定律,只想到解除那些包围着人类的苦难。"

一个只寻觅那些强暴的征服,一个只是想方设法地维护人道。后者把人类的生命放在一切的胜利之上。前者却为个人的欲望而牺牲千千万万的生命。以我们为工具的定律竟要在屠杀场中医治那战争定律的流血的伤口。我们用消毒的方法做成的那些绷带能够救活成千上万的伤兵。究竟是哪一个定律能够克服另一定律呢?这只有上帝知道。但是,我们所能保证的是:法国的科学一定要顺着人道的定律,努力去扩大生命的界限。

(摘自《巴斯德传》,中华书局1949年版,丁柱中译)

【导读】显而易见,"科学的理性"是著名微生物学家、化学家、近代微生物学的奠基人法国的路易斯·巴斯德《科学要遵循人道的规律》这篇文章的核心内容。这一内容已经在我们生活的各个领域占据核心的位置,尽管天才的爱因斯坦极其理智地在1948年的世界知识分子和平会议组委会上提醒大家:"通过痛苦的经验我们懂得,理性思考不足以解决我们社会生活中的诸多问题。深入的研究和敏捷的科学工作对人类常常具有悲剧性的含义。"我们必须吸取从前的教训,把纯粹的科学技术工作转而投入观察现实社会人们的具体实在的生活真相及其人们内在心灵的实际需要,使科学创造活动既具有理性知识，又能依据理性知识产生其特殊价值。

"对一个'精神贵族'来说，科学的价值自然更多还是体现在对人的心灵的扩充上，而不是在于其工具性。爱因斯坦正是如此看待科学技术及其功用的……爱因斯坦对科学主义的批判，包含在他对科学与社会的关系的思考中。……他认为，科学通过两种方式影响人类事务：'第一种方式所有人都很熟悉：科学直接地，更多程度上是间接地生产出完全改变了人类生活的工具。第二种方式带有教育性质——它作用于人的心灵。'爱因斯坦满怀忧虑地指出：科学对人类事务的前一种影响方式，在给人类带来功利的同时，也更给人类制造了无穷困难。'技术——或者应用科学——却使人类面临极为严重的问题。人类能否继续生存，取决于这些问题的圆满解决。'"在爱因斯坦这里，科学具有统辖一切物质的巨大能力，但同时又是科学被工具化的过程。"这种把科学工具化，夸大科学的功利效果的思维模式，是科学和科学精神的异化，它的致命缺陷，是没有树立起对科学的真正的尊重，降低了科学的独立性和精神意义，进一步说，它所造就的技术恐惧反映了人道主义的短缺，实际上也是对人的不尊重。在科学被异化的时候，不幸的是，人也被异化了，人也沦为了工具。"（程亚文《科学主义与科学精神》）当人们凭借科学的力量来把握世界时，这一活动本身会产生不可思议的矛盾。因此，法国的路易斯·巴斯德在这篇文章里特别论述的两个相反的定律即"血与死的定律"与"和平与工作的定律"的基本矛盾被看作是践行"科学的理性"之深刻性的一种检验。正如他在文中所说："以我们为工具的定律竟要在屠杀场中医治那战争定律流血的伤口，我们用消毒的方法做成的那些绷带能够救活成千上万的伤兵。"一方面在科学意义的层面上完全证实这是真正的具有超越性的科学行为、科学创造，另一方面，这些科学发明又被作为伤害人类的确切实例来表达人们的悲哀与愤怒，这里已经戏剧化地表现了科学发展与人类生活之间的纠缠不清的状况。

那么，"科学的理性"是什么？"正是这样一种衡量尺度的具体表现。其本质就在于怀疑、批判的认识态度，与超越、创新的价值趋归，表现为以不同的方式来解释世界，通过不同的途径追求真知，而绝不停止于已有的认识水平。"（刘为民《科学与现代中国文学》）为了做到这些，科学不能简单地凭借科学的信仰与想象保持自身的存在，相反，它必须把民众的现实生活纳入到自身的结构之中，在终于对这个世界采取行动之时，"科学的理性"就会显现出来：除了始终保持对于科学的热心之外，必须"严格的观察"和"尊重批评家",并使其永久化;"促使科学朝着正确的目标发展,扩大对于全人类谋利益的知识范围,而不是阻止科学本身的发展""力求把自己的目标放在更加广泛的基础之上,以及他不能轻率地为着少数人而去危害多数人"(海森堡《科学的责任》)一言以蔽之,只有遵循"科学和技术的进展符合于社会利益","科学的理性"才能完成其特殊使命。

当然,在上述的境域中,"科学的理性"的基本要求得到了保持。但是,要作为一种衡量尺度的全面性和充足性的更高标准而言,"科学的理性"最是以"顺着人道的规律,努力去扩大生命的界限"为最高标准:必须不压迫和不限制人的善良的天性,特别是不能依据来自社会体制或利益集团方面的要求斩断和抛弃人们正在发展的机会,唯科学至尊,依靠科学的强大的支配力简单和迅速地将现实社会正在经历的千姿百态的贯穿始终的思想传统与精神力量一举推倒和消除。必须努力捍卫人的自然天性和人的个体自我意识的绝对合理性,始终保持人的尊严和个人的价值。"顺着人道的规律,扩大生命的界限"这一焦点内容并不是"科学的理性"所采取的最终形式。

(宾恩海)

科学家是怎样做成的

[美]费恩曼

对于科学,我一向是很专一的。年轻的时候,几乎倾了全部心力在它上面。那些年月里,我没有时间,也没有耐心,去学习所谓的人文学科。大学里开的文科必修课,我也是能逃就逃。只是到了后来,年事渐长,也有了一些余闲,我的兴趣才扩展了些。我学了绘画,也读了点书,可我仍然是个相当专门的人,所知不多。心力是有限的,只能把它用在某一特定的方面。

没等我出生,父亲就跟母亲说:"生个儿子,将来就是个科学家。"我还是个小男生的时候,放在高脚童椅里只有一点点,父亲拿来许多铺浴室用的小瓷砖,各种颜色的都有。我俩一块儿玩。父亲把小瓷砖在我的高脚椅上一块块竖起来,摆成多米诺骨牌的样子,我推动一头,它们就全倒下。

玩了一会儿，我就下手和父亲一块儿排。很快，我们就玩起了更加复杂的花样：两白一蓝，两白一蓝，如此这般。母亲看见了说："才多大的孩子呀，别难为他了。他要摆块蓝的，就让他摆块蓝的好了。"

可我父亲说："不。我要叫他看到什么是排列，排列是多么有趣。我在教他基础数学呢。"就这样，他很早就开始告诉我这个世界如何如何，多么有趣。

我家有一部大英百科全书。我小时候，他常常把我放在他膝上，给我读里边的条目。我们读到比如说有关恐龙的条目。条目里谈到霸王龙，会说："这种恐龙高25英尺，头宽6英尺。"

这时父亲会停下来，说："那，咱来看看这什么意思。这就是说，假如它站在咱们院子里，它的头能够到咱家的窗户，到这儿（我们那时在二楼）。可是，它钻不到屋里来：它的大脑袋比窗户还宽哪。"不管读什么，他都要给我翻译一通，尽量让那东西有点现实感。

我和父亲常去凯茨基尔山区，那是纽约的城里人消夏的地方。做父亲的都到城里上班，周末才返回山中。周末，父亲带我到树林里散步，那时候，他会给我讲一些树林里正在发生的有趣的事情。父亲会指着树上的鸟对我说："看见那只鸟了吗？那是只斯氏鸣禽。我们不能只知道它叫什么名字，咱们来仔细看看那只鸟在做什么吧——这才是重要的。"于是，我很早就学会了什么是知道一件事情的名称，什么叫懂得那件事。

他说："比如，你瞧：这只鸟一直在啄弄它的羽毛。看见了吗？它一边遛来遛去，一边还在啄弄羽毛。"

我说："唔，大概它们飞行时弄乱了羽毛，所以要理理整齐？"

"好嘞！"他说，"那样的话，刚飞完时，它们就要很勤快地梳理，而过一会儿以后，就该缓下来了。那么，咱来看看，是不是刚降落的时候啄弄得多些"。

这不难看出：那些落地以后遛了一会儿的鸟，跟那些刚刚降落的鸟，梳理羽毛的行为差不很多。于是我说："得，我想不出来。那您说，鸟儿为什么要梳理羽毛？"

"因为虱子在困扰它们。"父亲说，"鸟的羽毛上会掉下一些蛋白质片片儿。虱子就吃这些片片儿"。

又有一回，是我长大一些的时候。他采下一片树叶。叶子上有块坏死的疤，通常我们是不大在意这些东西的。那是一条C形的弧线，从叶子的中线开始，弯向边缘。

"瞧这条枯黄的线。"他说，"起头儿细细的，越往边上越粗了。这是什么呢？这是一头蝇，一头黄眼睛、绿翅膀的青蝇，飞来产下一枚卵。卵孵化，成了毛毛虫一样的小蛆，蛆吃树叶——就在这儿吃一辈子，哪也不去。它一路吃，一路便留下坏死的组织。小蛆边吃边长大，这条线也就越来越宽，吃到叶边，它也长够个头了，就又变成一头蝇，黄眼睛，绿翅膀，嗡的一声飞走，飞到另一片叶子上，再产卵"。

这次也是，我知道，这些细节未必都对，说不定还是只甲虫呢！可是，父亲想要说明的那个意思却是生命现象中顶有趣的部分：整件事情就是繁殖。不管过程多么复杂，要点却只是：再来一遍！

生来只有这一个父亲，所以当时我并没以为他多了不起。他是怎么学到的那些深刻的科学原理，怎么爱上的科学，科学背后是些什么，为什么科学值得做……我从没有当真问过他。因为，我想当然地以为，那些事做父亲的都该知道。

父亲培养了我留意观察的习惯。一天，我在玩马车玩具。车斗里有个球。拉车时，我注意到球的运动方式。我找到父亲，说："嘿，爸爸，我注意到一件事。我一拉车，球滚到车后边。走一会儿突然停下，球又滚到车前边。这是为什么？"

"那个嘛，没人知道。"他说，"总的原理是，运动的物体趋于运动，静止的物体趋于静止，除非你用力推它。这种趋向叫做惯性，可是没有人知道为什么会这样"。你看，这便是很深入的理解。他不只是告诉我那叫什么。

他接着说道："从边上看，开始拉动的时候，车动了，而球往后滚，位置好像没动。实际上，球在滚动的时候，是车板摩擦着球。由于这个摩擦，球相对于地面还是往前走了一点。它并没有往后走。"

我跑回去，把球放到小车上，从边上观察。父亲说的没错。开始拉车的时候，相对于人行道，球果然是往前挪了一点。

我父亲就是这样教我的，用那样的一些例子和讨论。没有压力，只有兴味盎然的讨论。这种教育成了我一生的动机，使我对所有的科学感到兴趣。我只不过碰巧在物理学上做得更好些而已。

人小时候，你给他一个极好的东西，他就会永远向往那个东西。我就是这样迷上了科学。我像个小孩子一样，永远期待着要去发现的奇妙，尽管不是每次都能得到。

除了物理，父亲还教会我许多别的。举个例子说，我小时候，他常把我放在他腿上，叫我看《纽约时报》的报刊插图栏，就是刚见诸报刊的那些图片。有一次，看见一张图上是一群信徒在对着教皇鞠躬。父亲说："喏，你看看这些人哪。一个人站那儿，其他人都朝他鞠躬。喏，他跟别人有什么区别呢？就因为这个人是教皇。"不知怎么，他讨厌教皇。

他说："他跟别人不同的，就是他戴的那顶帽子罢了。"假如图片里是个军官，父亲会说不同的就是肩章罢了。总之是那些显示地位的穿呀戴呀。"可是，"他说："这教皇也是个人，跟所有人一样也有各种各样的问题。他也得吃喝拉撒，洗澡也得扒光衣服。也就是个人罢了。"顺便说一句，我父亲是做制服生意的，所以知道人穿上官服跟脱了官服并无不同，衣服底下总还是那个人。

他对我还是很满意的，我想。可是，有一回，我从麻省理工学院回来时（我去那儿好几年了），他对我说："现在你在这方面算是有学问了。有个问题我一直闹不懂。"

我问他是什么问题。

他说："我知道，原子从一个状态转向另一个状态的时候，会放出一个叫做光子的粒子来，原子里是原先就有个光子吗？"

"不，事先并没有什么光子。"

"那么，"他说："它又是从哪里来的呢？怎么就冒出来了？"

我费了很大劲跟他解释，说光子的数目不是守恒的；它们是由电子的运动创生出来的，等等，等等。可是我没能解释清楚。我说："就像我现在发出的声音，它并不是事先就在我嗓子里的呵。"

这件事我没能让他满意。我也始终没能给他讲清楚他所不懂的那些东西。这样说来，他是不成功的：他送我上这大学那大学，为的就是弄明白这些东西，可他到底没弄明白。

我母亲一点科学也不懂，可她对我的影响也很大。特别是，她有非常好的幽默感，她让我懂得，我们所能达到的最高形式的理解，乃是笑声和人类的同情。

（摘自《青年文摘》2005年第11期，李绍明 李超译）

【导读】费恩曼（Richard.P.Feynman，1918—1988），美国物理学家，由于他在量子电动力学基础性工作及基本粒子物理方面的杰出贡献，于1965年成为诺贝尔物理学奖得主，享有"科学顽童"之美誉，是20世纪最伟大的物理学家之一。

费恩曼除了物理学方面的成就外，他还非常擅长讲故事，他小时候一起打鼓的伙伴拉尔夫·莱顿根据费恩曼讲述的故事编成《你干吗在乎别人怎么想》一书，《科学家是怎样做成的》便是其中一篇。

对于如何成为一位科学家，费恩曼在文中详细叙述了其父母尤其是父亲对于他成为科学家的培养过程和作用。他介绍其父亲从小便培养他对任何事物的敏感、好奇和兴趣，培养他留意观察、善于发现的习惯，总用生动具体的实例和兴味盎然的讨论教他一些深奥的科学知识，使他对所有的科学都感到兴趣。对此，他说："人小时候，你给他一个极好的东西，他就会永远向往那个东西。"父亲给予他的教育影响了他对科学的兴趣，他把科学当做享受，专心地钻研科学。1955年费恩曼曾在题为《科学的价值》的演讲中谈到科学的趣味问题，他把它叫作"心智的享受"。费恩曼认为这种"心智的享受"，有人从读科学、学科学、思索科学得到，也有人从研究科学得到。他说，倘若社会的目标就是要人们能够享受自己所做的事情，那么，科学带来的享受就会像别的事情一样重要。如果以负责人的态度运用科学，科学就不仅有趣，而且对人类社会的未来会有不可估量的价值。费恩曼把研究科学作为心智的享受，而不是压力。他常说，他研究物理不是为了荣誉，也不是为了奖章和奖金，而是因为它好玩，是为了一种纯粹的发现的快乐——探明自然如何运作，什么使它如此准确。当人们问他每周用多长时间搞物理时，他真的没法说，因为他不知道他什么时候是在工作什么时候是在玩乐——看起来他是为了消遣而玩赏物理。

费恩曼将物理视为一种审美活动，一种乐趣，因而，他在文章一开篇所谈到的是他对于艺术家与科学家对于美的欣赏与感受的观点。费恩曼不赞成他的一位艺术家朋友对于花的观点："你看，作为艺术家，我用欣赏的眼光看出一朵花儿有多美，可是你们科学家，用分析的方法把花儿剖析开来看，就把它弄得索然无味了。"在费恩曼看来，尽管他的审美眼光可能没有那位艺术家朋友那么精致，但一朵花儿的美丽他还是能够欣赏的，而且他认为自己比那位艺术家所看到的更多："与此同时，我从这朵花中所见到的东西，却要比他多得多。我能想到其中的细胞，那些细胞里面复杂的运动也自有一种美。不光在厘米的尺度上有美，在更小的尺度上或者内部的结构上，也同样有美。"因此，费恩曼认为科学知识绝对不会有损于美，而且能看到更多的美。比如花为了吸引昆虫来授粉而进化出色彩,意味着昆虫能够看到色彩。并能引发很多问题:这些较为低等的生命形式也有美感么?颜色为什么会引起美感呢?费恩曼认为所有这些有趣的问题表明科学只会增加你对花的兴味、神秘感,甚至敬畏,只会增进美。费恩曼认为科学是有趣的,是可以增进审美能力的。

费恩曼还在文中强调了"专心"的重要性,他说:"对于科学,我一向是很专一的。年轻的时候,几乎倾了全部心力在它上面。""我是个相当专门的人。""心力是有限的,只能把它用在某一特定的方面。"因此,他在面对"我是否具有成为一名科学家所需要的资质"的提问时,费恩曼的看法是:别把科学家想得那么特别,普通人跟科学家的差距没那么远,他认为:"其实我们所做的事再正常、平凡不过,唯一不同寻常的是,科学家做这些事的频率非常密集,以至于多年来,在某一个特定的主题上所获得的经验都会累积起来。"高度肯定了"专心"、"专一"对于他成为科学家的重要性。

费恩曼在文章中所指出的如何成为科学家的要素对于教育小孩、培养小孩都具有重要意义。

(罗小凤)

科学家与头脑

(日)寺田寅彦

一位和我很要好的老科学家。有一天对我说:"要当个科学家,头脑不好是不成的。"这是人们常常提到的看法。从某种意义看,它很正确。但是,另一方面也有人说:"要当个科学家,头脑不笨点是不成的。"从某种意义看,这个观点也反映了实际情况。不过,不仅能提出这个论断,并且能加以分析的人,还为数不多。

这两个乍看上去互相矛盾的观点,实际体现了事物的相互对立又相互共处的两个侧面。不用说,这两个表面上完全相反的观点,是由于"头脑"这一名词的定义模糊不清造成的。

为了在一环紧扣一环的逻辑的锁链中不丢掉任何一个环节;为了在复杂

纷乱的事物中不忽略任何局部和整体的关系，就需要正确而又周密的思考。当我们处在方向难辨的三叉路口时，为了不致误入歧途，就必须有高瞻远瞩的判断力与观察力。从这个意义上来看，科学家的头脑的确必须是敏锐的。

但是在一般人认为毫无疑问的常识性问题中，以及在普通意义上所说的头脑不灵的人也觉得容易弄懂的、司空见惯的现象中，去发掘疑点并设法寻求答案，作出解释，这对于从事科学教育工作的人自不必说，就是对于从事科学研究的人来说，也是更为重要的课题。此时，科学家就应当成为较一般笨人更加头脑迟钝、更加理解力低下的粗人或"木头人"。

所谓头脑好的人，就如同步伐轻快的云游者，他可以比别人捷足先登，到达人们尚未去过的地方，但是，他可能会忽略掉路旁或岔道上的珍贵物品。头脑笨拙的人和行路缓慢的人，虽远远落于人后，却常能轻而易举地拾到这些宝贝。

头脑好的人很可能只是走到富士山麓，由此望望富士山顶，以为自己认识了她的全貌，于是返回东京。殊不知不登上富士山顶是无法了解其全貌的。

头脑好的人，眼光敏锐，所以能看到所有路途上的难关险阻。至少他们自己是这样认为的。为此，稍遇不顺就丧失前进的勇气。头脑笨拙的人，由于未来的道路处于云遮雾罩之中，分辨不清远处事物，反而在前途问题上持乐观态度。即使遇到难关，也能出人意外地想方设法冲杀过去。因为本来世上就极少有无法渡过的难关。

所以，那些从事科学研究的学生，不要轻易向头脑过于聪明的老师去求教。他会把摆在前面的重重难关，一个不漏地和盘托出，使你对自己原来寄以期望的、辛苦拟就的计划产生绝望。如果不管三七二十一地大胆干下去，有时也许能够意外轻松地通过那些难关；相反，有时也会遇到老师未能指出的意外困难。

头脑敏锐的人有可能过于相信自己的思考能力。其结果是，当大自然表现出的现象和自己头脑考虑的结论不一致时，往往会认为"是大自然违背了常规"，即便不至于如此严重，也容易产生类似的倾向。这样一来，自然科学也就不成其为研究大自然的科学了。

另一方面，在自然界表现出自己预想的结果时，又容易忽略另一个极为重要的工作，即进一步研究这个结果是否可能是自己不曾想及过的原因造成的偶然现象。

头脑不灵的人又拼命坚持到底的劲头，总是把那些头脑聪明者凭着灵机一动、一开始就宣判无望的试验，坚持做下去。当他们最终弄清确实无望时，却常常无意中发现了其他有希望的线索。这种线索，许多是那些开头就不敢尝试的人所无法碰到的。因为大自然会从那些束手就坐桌前向空中描绘图画的人的面前溜走，它唯独朝着那些赤身裸体奔入大自然怀抱的人打开自己神秘的大门。

科学的历史，从某种意义上说，就是错觉和失败的历史，是伟大的顽愚者以笨拙和低效能进行工作的历史。

头脑好的人适合做批评家，却很难成为行动家。因为所有的行动都伴随着危险。害怕受伤的人不能作木匠，害怕失败的人不能成为科学家。科学是在头脑笨拙的无所畏惧者的尸骨上建起的宫殿，是在鲜血汇成的河岸上开辟的花园。在个人利害得失面前，头脑聪明的人很难成为勇士。

头脑好用的人，容易看到别人工作的漏洞。结果往往把别人看得愚蠢无知，错以为唯有自己聪明能干。这样一来，他的上进心自然就会松弛，不久他的进步也就停止。头脑迟缓的人总是钦佩别人的工作成绩，同时又觉得自己也能完成那些伟大人物的工作。为此，他的上进心自然能够不断得到激励和鼓舞。

有这样一种头脑聪明的人，他们能看出别人工作的漏洞，却看不到自己工作的缺点。这种人在贬低别人工作的同时，自己尚能进行某些工作，因此对学术界还有一些贡献。但也有一部分头脑更加聪明的人，对自己工作中的问题也看得一清二楚。这种人尽管也搞研究，却永远没有结果，最后以不了了之告终。从实际效果来看，他们等于什么也没干。这种人什么都懂，只是忘记了"人类是犯错误的动物"这一事实。另一方面，那些几乎连大小、方圆都不会区分的笨人，倒是敢于无所顾忌地进行试验。把自己的理论公诸于众，结果在一百个错误中弄出一两个真理，因而为学术界作出某些贡献。有时甚至被误认为是专家和名人。在科学的世界里，谬误如同泡沫，很快就可消失，真理则是永存的。所以，作出某些成绩的人，总比那些毫无所为的人贡献要大。

有些头脑好的学者，尽管想出了恰当的课题，却有时常只从课题的价值考虑，预计自己即使费上九牛二虎之力最终也不会取得惊人奇迹，便弃之不顾了。但那些头脑迟缓的人不像他们那样善于预料得失，所以别人认为是没有价值的工作，他也拼命去干，一心一意地坚持下去，有机会在这个过程中取得意外的重大成果。这说明，那些聪明人是过于相信人类的思维能力，却忘掉了大自然的无限的奥秘。一个科研结果的价值如何，在它出现之前，一般是任何人都无法预料的。但也有一些成果，刚刚出世时没有人承认它的价值，直到十年、百年之后才得到公认，这种情况已不足为奇了。

那种头脑好、而且自己也认为自己头脑聪明、灵活的人，尽管可当教师，却不能成为科学家。他们只有觉悟到人的脑力有局限性，因而把自己笨拙的赤裸裸的身心全部投入到大自然中，并且决心只去倾听大自然的直接教诲之后，才能成为科学家。当然，光靠这一点还是不能当个科学家的。不言而喻，必须进行周密而正确的观察、分析和推理。

总之，头脑迟缓，但必须善于动脑筋。

对这一客观事实认识不足，常常会阻碍科学的正常进步。我认为这是从事科学研究的人必须审慎自省的问题。

最后我还要强调一点：那些头脑聪慧的、特别是一些血气方刚的青年科学工作者，尽管是个出色的科学家，有时也常陷入一种错觉，他们以为科学似乎就是人类智慧的一切。事实上科学不过是孔子所说的"格物"之学，是"致知"的一部分而已。在现代科学的土壤上，还没有一条道路通往伍巴尼沙德、老子和苏格拉底的世界，也还没有与芭蕉、广重的世界打交道的手段。但是这种自然科学之外的世界的存在是客观事实，并非推理。不顾这个事实，误以为只有自然科学才是学问，因而飘飘然起来，这种思想尽管不会妨碍他成为科学家，但终究对他成为有卓识远见的人，会带来不少障碍。我觉得这本来是个十分清楚的问题，却又往往容易被人们所忽略，而且看来又是一个忽略不得的大问题。

读完老科学工作者的这篇冗文而感到不快的，定是令人羡慕的聪明过人的学者；而读后会露出会心的微笑的，定是同样令人羡慕的头脑不够敏捷的优秀科学家。读后没有任何感触的，大概是那些与科学世界根本无缘的科教工作者，或者是贩卖科学的商人吧。

（摘自《世界文学随笔精品大展》，上海文化出版社1992年版，庞春兰译）

【导读】 寺田寅彦（1878—1935），生于东京。1896年进入熊本县第五高等学校读书，师从文科和英语教授夏目漱石和物理教授田丸卓郎。1899年考入东京大学物理系，毕业后任东京帝国大学及地震研究所教授，是日本著名的物理学家、随笔作家。主要作品有《地理物理学》《薮柑子集》《龙舌兰》《冬彦集》《续冬彦集》等。

本文主要论述了两个相互矛盾的论点之间的对立统一关系，即为什么科学家的头脑必须要好但又必须要笨？通过客观的分析与论证，作者表明自己的观点——不反对科学家头脑聪明，但反对自命不凡、聪明反被聪明误的人；号召科学家向头脑笨的人学习，学习他们的做事方法与坚忍不拔、屡败屡战的精神与勇气。在这篇文章中，寺田寅彦向我们展示了头脑好与头脑笨的哪些优缺点呢？大致可以归纳如下：

首先，头脑好的人在复杂的情况中不会忽略任何一个关系，能轻松迅速地发现"新大陆"，在需要辨明前进的方向的时候具有"高瞻远瞩的判断力与观察力"，不会误入歧途；头脑笨的人可以在司空见惯的现象中去发现那些容易被忽视的细小的疑点，进行探究并作出解释。以上这些都是科学家应该具备的特质，所以科学家有时需要保持头脑灵活，有时又需要反应迟钝。

其次，头脑不好的人较有敏锐头脑的人在遇到困难时，更能坚持，更有坚强的意志和毅力去克服。前者不管什么时候总是能保持着一种积极乐观的态度去面对各种问题，直至达到目标。

接着，头脑好用的人只适合做批评家，很难成为行动家，他们易看到别人工作中的不足，却看不到自己的缺点，因此易导致其自恃聪明，自命不凡，但无所作为；头脑不好的人却总是充满自信，始终相信自己也能完成伟人所做的事，无所顾忌，勇于探索，为学术界作出自己的贡献。

然后，头脑好的人总是去计较利害得失，计算所研究的课题的价值，如无利可图便会弃之不顾；但头脑迟缓的人不善于预料得失，对于任何一个工作都只会一心一意地拼命干，有机会便能取得重大成果。

最后，自认为脑袋聪明、灵活的人，可为人师，但成不了科学家，因为他们缺乏"周密而正确的观察、分析和推理"，所以，头脑迟缓，只要善于动脑筋，也会成为一个科学家。

通过以上对头脑好与不好的人的几点特点的对比分析，在文章的结尾，作者给出了自己的见解：科学家应该有一个聪明的头脑，但不会因此而骄傲自满，轻视他人，而应有笨人积极乐观、不计得失、不轻易放弃和勇于追逐真理的精神，这样才能成为一个有卓远见识的科学家。

总之，寺田寅彦的《科学家与头脑》运用形象生动的比喻，通过正反对比，结合实际，明确地阐释了一个科学家应有的品质和精神，有一定的启示作用，值得细细品味。

（黄　斌）

人的创造力

[印] T.V.巴山德

　　自然主义者强调从无机物的微粒到猛犸巨物的每一样事物的重要性，但不知道人的天性，这是很不合理的。人类心灵之中毕竟总是潜伏着对目前状况的不满和以更好的东西来取代目前状况的永恒渴求。我们是如此的饥饿，只怕是吞下了整个宇宙，也还难以满足我们的胃口，犹如荒野中撒旦的灵魂，人一诞生，便贪婪地呼唤着给养。我们每天早上伴着肚子的饥饿起床，黑夜时带着未实现的愿望入寝。我们每一个人的手中都有一个乞丐的大碗，金色的太阳盛于其中恐怕还没有饼干那么大。碗中，命运掷了一个小小的钱币，由此使得我们处于永远的欲求之中。事情便处于如此悲伤的情境之中。它刺激着我们不停地求索，尽管失望重复而至。欲望没有尽头，永远难以满足，这是事实；但是欲望就是生活，欲望的消失就是死亡，这也是事实。如果我们不能把普通金属变成金，把地球置于手掌中，征服地球的引力，支配星系，那么欲望便没有尽头。正是欲望之不可满足的性质导致一些创伤的灵魂以对人生的某种逃避方式转向弃绝和宗教式的人生否定。没有任何的圆满能导向我们知足，因此渴求任何一件事从根本上说都是枉然，这种思想是弃绝行为的根源所在。这些人在涉水之前就已使自己的双脚变得冰凉。凝视着最终的否定，他们在壮丽的人生中没有发现任何益处。

　　敏思者尽力了解生活的秘密，他知道分子的无尽运动和对世界的最终弃绝都没有太大的意义。在生命的延续中，只是生命开出鲜花时才有意义。因此，在体验生活之前他不会弃绝生活，也不会以苦行禁欲的方式对人类命运的不良处境进行抱怨。人的天性和自我否定是对立的，它反对人对自我的自卑自弃。存在于我们内部的生命力蔑视自杀的冲动，驱使我们去生活；生活就像火炬的燃烧一样，谁也没法从这种燃烧中逃避。欲望只是这种生命火花的别名罢了。

　　正是这种不可征服的欲望因素驱使我们通过体验而忍耐、而成熟。欲望以其美女似的秋波俘获了我们，我们像狂热的男子一般追逐着她，在追逐的过程中得到无价值的直觉。表面上看，这个轻佻女子是非道德的，但最终的结果则是通过子孙的延续而使种族得以延续——这一点是任何道德都不能贬损的。天性之狡黠在于它把罪恶变成美德，通过贪婪而播下勤劳的种子。它使用暴君的专制来创建宏伟的帝国，通过不公正的法令来发展民主和联合系统，因此为达到神圣的目的，魔鬼会成为工具，魔鬼也会发生变化或变形。宇宙的灵魂是完善的舵手，他驾驶着航船走过急流险滩，风暴无阻，海浪无碍。生命包含着经验——或许经验就是生命本身。那些拒绝体验，不为潮流所动的人因思想火花的黯然和心灵之光的失色而内枯外竭。

试想一想，平凡的生活表层下面掩藏着何等的潜力。因为观察到壶盖被蒸汽掀起，人在某一天便发明了蒸汽机；看到闪电通过铁棒导入地上，人便设计了电网将电力传于千里之外。我们的古代圣哲不知道，正是燃火的技术使人高于其他生物。我们供于"祭坛"的火极大地增强了我们对自然的控制能力。就像树生于小小的种子一样，极大的潜力隐匿于小小的事物之中。难以想象人们的生活体验会有尽头，因为人的自在之力无尽。原初的地球上高山耸立，人海汹涌，沙漠一望无际，莽林无处不生。比较如今的世界，我们不正是在沼泽与疟疾横行的地球上建成了伟大的城市和文明的中心，田野无际，工厂林立？想一想，人类是怎样出现的，人作为小小的精子开始了他的旅途，最后达于月球和其他星球。大自然把气化于海洋、高山、沙漠和森林，同时也使微生物变成巨物，最后它创造了体现它最新力量的人类。生命就是借助于才智、意志而求自身发展的创造力。甚至只是奇情异想，一时的冲动和偏见也能驱使我们强化自己的武装，如此，纯化我们的神经系统，使我们的意识达于更高的境界。在造化的安排之中，人无疑不过是一种奇情异想的动物罢了。在自然化育出巨兽与鲸鱼之后，在自我忘却的瞬间，造化诞生为人，人不是屈服于造化，而是造化服务于人的意志。为某种比自己更好的东西而奋斗，简言之，爱最好的，是一种少见的优良品质，造化正是基于这种品质而创造了人，人可能完成造化之神秘的目的。每一个人在生命中都有隐秘的目的，它推动着人超出有限的能力，尽可能地去达到它。所以当一个人为了同类、为了地球上的环境而使用他生命中的宝贵财富时，他不仅与那永在体验的造化相竞争，同时他也是帮助造化实现其神秘的欲望。因此，在每一个人的自我之中都潜藏着一个神秘的欲望——支配自然力和宇宙的统治权，正是这种创造力使人达到至高无上的神的境界。

（摘自《外国散文百年精华》，人民文学出版社2001年版）

【导读】 巴山德，印度籍德语作家，主要创作短篇小说、诗、散文和传记等。

中国汉代有王充用禀气的厚薄解释人的智愚，宋代有张载用禀气不同解释人性，欧洲哲学史中有用人的自然属性解释人的道德现象，在这些主张用自然原因或自然原理来解释一切现象的理论（即自然主义）大行其道之时，巴山德反而主张从人本身这一角度去看待这个社会的发展和变化。

印度作家巴山德的杂文《人的创造力》以其特殊的笔法阐释出人正是因为拥有无限的欲望才会催生出无限的创造力，所以人才能成为人，才能达于至高无上的神的境界。文章开篇就指出自然主义者不知道人的天性是不合理的。人的天性是追求永无止境的欲望，巴山德将这种欲望形象而生动的比喻为人类的饥饿，哪怕吃下整个宇宙，这种欲望也难以抚平。在文中，巴山德形容人对欲望的追求有如乞丐的大碗中有一枚小小的钱币，这枚钱币也在不断地刺激人类去求索。求索不得或求索不能达到满足，就会导致一些人对人生的否定。巴山德以其特有的角度看待人生存的意义，只有敏思者会尽力去了解生活的秘密，欲望驱使人去生活。欲望虽然看起来是非道德的，但是也是这种欲望的驱使才推动了人及整个社会的发展。在这种欲望的驱使下，人发挥出他无限的潜能和创造力。每一个生命都带着生命中的隐秘目的，促发出生命的无限能力去努力实现。正是也因为人的无限不可满足的欲望催生出人无限的创造力，最终推动人达到至高无上的神的境界。

在《人的创造力》一文中，巴山德强调了人的欲望催发人的创造力，也是这种创造力在人和社会的发展中起到了巨大作用。这篇文章的独特之处就在于不再强调自然主义的重要地位，而从人的本身去进行关注，强调人的创造力而非自然的力量，这是其关注角度的独特。另一方面，文章的语言非常独特，抛弃了说理式、教科书式的议论，以形象生动而又别具一格的比喻来形容人的欲望以及整个追求欲望的过程，这样的比喻令读者耳目一新却又印象深刻。比喻之外，间杂对人的欲望及创造力的评述，语言简短却饱含哲思。两相结合，整个文章给人以新颖独特之感，文章表达中心清晰明确，围绕中心进行的特有阐释令人信服。这篇文章不论是从观点还是从内容、笔法上，都带给读者一种完全不同的体验。该文的创作手法是十分值得借鉴的，同时，文中所提观点也当唤起当下学术界对人的关注。

（黄　斌）